Rechnen an spanenden Werkzeugmaschinen

Ein Lehr- und Handbuch zum Gebrauch in
Werkstatt, Büro und Schule

Von

Franz Riegel

Oberstudienrat, Masch.-Ing. VDI

Fünfte neubearbeitete und erweiterte Auflage

Mit 575 Abbildungen, 411 Beispielen, 462 Formeln,
43 Berechnungstafeln, 17 Zahlentafeln
15 Bewegungstafeln und 7 Maschinentafeln

Springer-Verlag Berlin Heidelberg GmbH 1964

ISBN 978-3-642-92889-5   ISBN 978-3-642-92888-8 (eBook)
DOI 10.1007/978-3-642-92888-8

Vorwort zur fünften Auflage

Obwohl das Buch ursprünglich für den Mann an der Maschine gedacht war, erwies sich bald auch seine Brauchbarkeit in den technischen Büros der Arbeitsvorbereitung und der Konstruktion. Es sollte vor allem dazu beitragen, in der Produktion die Einrichtezeit durch Rückfragen, Studium der Bedienungsanweisungen oder mühsames Probieren nicht unerträglich zu verlängern. Aus der Erfahrung heraus, daß nur die Kenntnis der theoretischen Grundlagen und Zusammenhänge zur vollen Beherrschung eines Fertigungsverfahrens führen kann, wurde das Buch weiterentwickelt und führte so zur Schaffung einer Unterlage, die erfreulich viel Zustimmung fand und heute in Schule und Praxis verwendet wird.

Rein theoretische Betrachtungen ohne praktische Auswirkung wurden auch in der nun vorliegenden fünften Auflage weggelassen oder nur kurz angedeutet. Der umfangreiche Stoff ist wieder leicht verständlich und sofort anwendbar dargeboten. Die Erklärung der Formelbuchstaben wurde beibehalten. Der Verfasser war bemüht, Abschnitte, deren Inhalt nicht mehr dem heutigen Stand der Technik entsprechen, weitgehend neu zu gestalten und zu erweitern. Auch wurden Hinweise aus Leserkreisen auf mögliche Verbesserungen und Ergänzungen und die geänderten oder neu herausgegebenen DIN-Normen berücksichtigt. Die reichhaltig den einzelnen Stoffgebieten beigegebenen Beispiele enthalten das, was für den in der spanenden Metallbearbeitung tätigen Fertigungsfachmann von Bedeutung ist. Ein dem neuesten Stand entsprechendes Literaturverzeichnis verweist den Leser auf Werke und Aufsätze für ergänzende und vertiefte Studien.

Verfasser und Verlag bitten auch weiterhin alle, die aus der praktischen Arbeit mit dem Buche Erfahrungen sammeln, um Anregungen und sachliche Kritik.

Es ist mir noch eine angenehme Pflicht, Herrn Prof. Dr.-Ing. WALTER SCHMIDT, Lehrstuhl und Institut für Werkzeugmaschinen und Betriebstechnik der Technischen Hochschule Karlsruhe, für seine wertvollen Anregungen und dem Springer-Verlag für seine Unterstützung bei der Gestaltung und sorgfältigen Drucklegung des Buches Dank zu sagen.

Nürnberg, im August 1963

Franz Riegel

Aus dem Vorwort zur ersten Auflage

Wiederholte Anregungen seitens meiner früheren, schon länger in der Praxis
stehenden Schüler und die vielseitigen Anfragen, welche mir von seiten meiner
Hörer immer wieder zugehen, haben mich zur Herausgabe des vorliegenden Buches
veranlaßt. Das Buch stellt in der Hauptsache den Lehrgang dar, den ich seit Jahren
in meinem Unterricht an der Berufsoberschule der Stadt Nürnberg zur Ausbildung
von Betriebsfachleuten und in engster Fühlungnahme mit den städtischen Schul-
werkstätten verfolge.

Der Lehrstoff des Unterrichtsfaches „Rechnen an spanenden Werkzeugmaschinen" umfaßt sämtliche rechnerischen Arbeiten an spanenden Werkzeugmaschinen
der metallverarbeitenden Industrie, wie sie zur Vornahme der Einstellung und Bemessung des Werkzeuges und Werkstückes für die verschiedensten Arbeiten des
praktischen Maschinenbaues unerläßlich sind. Die richtige Anwendung der Werkzeuge für die Zahnradherstellung setzt die Kenntnis der Bestimmung der Zahn-
und Radabmessungen voraus. Aus diesem Grunde wurde ein Abschnitt über die
Ermittlung der Radabmessungen für die verschiedenen Zahnradgetriebe in ge-
drängter Form beigegeben. Für den Werkmann bleibt die Tatsache unumstritten,
daß auch die neuzeitlichste Werkzeugmaschine, trotz aller die Einstellung erleich-
ternden Tabellen, beim verantwortlichen Meister und Facharbeiter unbedingt ein
gewisses Maß rechnerischer Kenntnisse voraussetzt, weil von der Norm abweichende
Einstellungen tagtäglich nötig sind. In Verbindung mit der Fähigkeit zur klaren
Erkenntnis mechanischer Vorgänge ergibt sich wirkliches und volles Verständnis
der Berufspraxis; dann wird es auch möglich sein, Tabellen an und für Werkzeugmaschinen zu verstehen, aus ihnen zu lesen, mit ihnen wirtschaftlich zu arbeiten
oder im Bedarfsfalle für eine gegebene Maschine selbst brauchbare Tabellen anzufertigen.

Die unter Voraussetzung einfachster mathematischer Kenntnisse mit ausführ-
lichen Lösungen und Anleitungen durchgeführten praktischen Berechnungsbeispiele
geben die Möglichkeit, das Buch zum Selbstunterricht erfolgreich zu verwenden;
als leichtverständliches und schnell zu übersehendes Handbuch soll es den in der
Praxis stehenden Schülern nützlich zur Seite stehen. Das Buch wendet sich auch
an jene Lehrkräfte, denen in Gewerbe-, Fach- und Werkschulen Lehrlingsjugend
im Pflichtunterricht, Gesellen und Meister in Fortbildungskursen anvertraut sind.
Möge diese Arbeit sowohl in Schul- als auch in Industrie- und Handwerkerkreisen
viele Freunde finden.

Nürnberg, im Februar 1937

Franz Riegel

Inhaltsverzeichnis

3 Zerspanvolumen und Antriebsleistung

6 Werkstück und Werkzeug

7 Teilkopfarbeiten

8 Zahn- und Kettenradfertigung

9 Tafeln

9.4 Umrechnungstafeln

Nr.   Bezeichnung

9.5 Näherungswerttafeln

Nr.   Bezeichnung

9.6 Tafeln für Vielfache von π und Teile von 25,4

Nr.   Bezeichnung

9.7 Maschinentafeln

Nr.   Bezeichnung

Angeführte DIN-Blätter: Soweit zugänglich wurden die neuesten Ausgaben der Normblätter des Deutschen Normenausschusses berücksichtigt. Maßgebend und allein verbindlich bleiben stets die letzten Ausgaben der Normblätter im Format DIN A 4, die nach den angegebenen Nummern bei der Beuth-Vertrieb G.m.b.H., Berlin W 15, Uhlandstraße 175, oder Köln 1, Friesenplatz 16, bezogen werden können. Gleiches gilt für VDI-Richtlinien und für REFA- sowie AWF-Veröffentlichungen.

1 Geschwindigkeit

Werkzeugmaschinen sind Maschinen, die nur zur Betätigung von Werkzeugen dienen. Ihr Zweck ist die Formgebung der Werkstücke. Diese Formgebung kann unter Abtrennen von Spänen oder durch spanlose Verformung vor sich gehen. Nachfolgende Betrachtungen beschränken sich auf das Gebiet der *spanenden* Werkzeugmaschinen.

1.1 Gleichförmige, geradlinige Bewegung

Legt ein Körper in gleichen Zeiteinheiten (Minute, Sekunde) gleiche Wege zurück, so ist er gleichförmig bewegt. Das Maß für die Schnelligkeit, mit welcher eine Bewegung erfolgt, ist die *Geschwindigkeit*. Die Geschwindigkeit (v) eines sich gleichförmig bewegenden Körpers ergibt sich durch Division des von ihm zurückgelegten Weges (s) durch die Anzahl der dazu gebrauchten Zeiteinheiten (t).

Geschwindigkeit bei gleichförmig geradliniger Bewegung[1]
$$v = \frac{s}{t}$$
(1)

Beispiel 1. Der Tisch einer Langhobelmaschine (Abb. 102) legt beim Rücklauf in 3,6 Sekunden eine 1,8 Meter lange Wegstrecke (Hublänge) zurück. Die Geschwindigkeit des Rücklaufes berechnet sich zu

$$v = \frac{s}{t} = \frac{1,8 \text{ Meter}}{3,6 \text{ Sek.}} = 0,5 \frac{\text{Meter}}{\text{Sek.}} = 0,5 \text{ m je Sekunde} = 0,5 \frac{\text{m}}{\text{s}} = 0,5 \text{ m/s} *.$$

Je nach Wahl der Einheit für Weg und Zeit kann die Größenangabe der Geschwindigkeit verschiedenartig erfolgen. Mit Bezug auf Beispiel 1:

0,5 m/s = 30 m/min [Meter je Minute] oder 0,5 m/s = 500 mm/s [Millimeter je Sekunde].

Die Geschwindigkeitsgleichung (1) dient bei Angabe zweier Größen zur Ermittlung der dritten, z. B. bei gegebener Geschwindigkeit und gegebener Zeit zur Bestimmung des Weges nach Gl. (2).

Weg bei gleichförmig geradliniger Bewegung
$$s = v\,t$$
(2)

Die Geschwindigkeitsgleichung dient auch zur Bestimmung der Zeit, die erforderlich ist, um einen Weg s mit der Geschwindigkeit v zu durchlaufen, nach Gl. (3).

Zeit bei gleichförmig geradliniger Bewegung
$$t = \frac{s}{v}$$

In den Gln. (1), (2) und (3) bedeutet: s = zurückgelegter Weg, v = Geschwindigkeit, t = verbrauchte Zeit bei gleichförmig geradliniger Bewegung[2].

(3)

Beispiel 2. In 2 Min. 45 Sek. erteilt der Tisch einer Einfachfräsmaschine (Abb. 39) dem Werkstück 825 mm Vorschub. Wie groß ist die Geschwindigkeit des Werkstückes in mm/min?

Lösung: [Gl. (1)] Mit s = 825 mm, t = 2 Min. 45 Sek. = 2,75 Min. wird $v = \dfrac{s}{t} = \dfrac{825}{2,75} = 300$; Werkstückgeschwindigkeit v = 300 mm/min.

---

[1] Die Bearbeitung der Werkstücke erfolgt meist mit gleichförmiger Geschwindigkeit; deshalb gelten die diesbezüglichen Gesetze der Mechanik.

* Ein schräger Bruchstrich gilt soviel wie ein waagerechter, z.B. ist $3/4 = \dfrac{3}{4}$.

[2] Technische „Formeln" sind Gleichungen [z. B. Gl. (2)] zwischen irgendwelchen technischen Maßgrößen. Diese technischen Größen werden durch Symbole (Sinnbilder, Formelzeichen in Form von lateinischen Buchstaben) dargestellt. Die Symbole charakterisieren also nicht nur einen bestimmten Begriff, sondern gleichzeitig auch eine bestimmte Maßgröße oder Dimension. Damit ergibt sich das Maß der links vom Gleichheitszeichen stehenden Größe zwangsläufig aus den rechts vom Gleichheitszeichen stehenden Maßen. Klammern, Plus- und Minuszeichen, Wurzelzeichen usw. sind mathematische Zeichen.

Beispiel 3. Die Schleifscheibe einer Rundschleifmaschine verschiebt sich beim Außenrundschleifen (Abb. 70) minutlich um 350 mm. Wie viele Sekunden sind für 140 mm Schaltweg erforderlich?

Lösung: [Gl. (3)] Mit $s = 140$ mm, $v = 350$ mm/min wird $t = \dfrac{s}{v} = \dfrac{140}{350} = 0{,}4$ min; Zeit $t = 24$ sek.

Anmerkung: Die geradlinige Bewegung spielt bei der Schnitt- wie bei der Vorschubbewegung der Werkzeugmaschinen (vgl. S. 4) eine bedeutende Rolle; bei Einstellbewegungen findet sie fast ausschließlich Anwendung. Hobel-, Stoß-, Räummaschinen und Bügelsägen verwenden die geradlinige Bewegung für den Schnitt, Drehmaschinen[1], Bohr-, Fräs- und Schleifmaschinen für den Vorschub. Beispiele für gleichförmige, geradlinige Bewegung: Werkzeugschlitten (Bettschlitten) einer Drehmaschine bei selbsttätigem Längsvorschub, Planschlitten bei selbsttätigem Planvorschub usw. Vorschubeinrichtungen an Werkzeugmaschinen machen eine gleichförmige Bewegung, weil die Beanspruchung der Schneidwerkzeuge während des Schnittes möglichst gleich bleiben soll. In der Regel wird die geradlinige Bewegung von drehenden (kreislinigen) Bewegungen abgeleitet. Zu ihrer Umwandlung in die geradlinige Bewegung dienen Schraub-, Zahn-, Kurbel-, Kurven- und hydraulische Getriebe.

1.2 Gleichförmige, kreislinige Bewegung

Der Begriff Geschwindigkeit behält seine Bedeutung bei, nur wird die Geschwindigkeit hier *Umfangsgeschwindigkeit* genannt. Unter Umfangsgeschwindigkeit ist der Weg zu verstehen, den ein Punkt auf dem Umfange einer sich drehenden, kreisförmigen Scheibe (Abb. 474) in der Zeiteinheit zurücklegt.

Bedeutet $d =$ Durchmesser der Scheibe [m], $n =$ Umlaufzahl in der Minute [1/min][2], $v =$ Umfangsgeschwindigkeit, so ergibt sich: Weg des Punktes bei einer Umdrehung (Umfang) $= d\,\pi$ [m], Weg des Punktes bei n-Umdrehungen $= d\,\pi\,n$ [m], Weg des Punktes in 1 Minute (Umfangsgeschwindigkeit) $= d\,\pi\,n$ [m/min], Weg des Punktes in 1 Sekunde (Umfangsgeschwindigkeit) $= \dfrac{d\,\pi\,n}{60}$ [m/sek].

Umfangsgeschwindigkeit in der Minute

$$v = d\pi n$$

Umfangsgeschwindigkeit in der Sekunde

$$v = \frac{d\pi n}{60}$$

Die Gln. (4) und (5) für die Umfangsgeschwindigkeit, also für den Kreisweg in der Zeiteinheit, besagen: einem Vielfachen des Durchmessers oder der Drehzahl entspricht *dasselbe* Vielfache der Umfangsgeschwindigkeit. (4) (5)

Bei allen Bewegungsberechnungen ist auf Übereinstimmung der Maßeinheiten zu achten. Je nach Wahl der Einheit für Umfangsgeschwindigkeit und Durchmesser ergeben sich verschiedene Gleichungen für Umfangsgeschwindigkeit, Durchmesser und Umlaufzahl. Vgl. **Berechnungstafel 1, S. 300.**

Beispiel 4. Berechne die Umfangsgeschwindigkeit [m/min] einer Riemenscheibe mit 200 mm Durchmesser, die mit der normalen Lastdrehzahl[3] von 800 1/min umläuft.

Lösung: [Z. 2, B.T. 1][4] $v = d\,\pi\,n = 0{,}2\,\pi \cdot 800 = 502{,}65$ oder $v = \dfrac{d\,n}{1000} = \dfrac{200\,\pi \cdot 800}{1000} = 502{,}65$; Umfangsgeschwindigkeit $v \approx 503$ m/min.

Beispiel 5. Elektromotor ist mit Riemenscheibe zu versehen; dieselbe ist im Durchmesser so zu bemessen, daß die Riemengeschwindigkeit (Umfangsgeschwindigkeit der Scheibe) 9,5 m/s erreicht. Motordrehzahl 1445 je Minute. Welcher Durchmesser [mm] ergibt sich für die Riemenscheibe?

Lösung: [Z. 8, B.T. 1] $d = \dfrac{60\,v}{\pi\,n} = \dfrac{60 \cdot 9{,}5}{\pi \cdot 1445} = 0{,}125$; Riemenscheibe $d = 0{,}125$ m $= 125$ mm.

Beispiel 6. Eine Schleifscheibe hat 350 mm Durchmesser und 25 m/s Umfangsgeschwindigkeit. Welche Drehzahl hat die Schleifspindel?

Lösung: [Z. 12, B.T. 1] $n = \dfrac{60\,v}{d\,\pi} = \dfrac{60 \cdot 25}{0{,}35 \cdot \pi} = 1364$ oder $n = \dfrac{60 \cdot 25 \cdot 1000}{350 \cdot \pi} = 1364$; Schleifspindel $n = 1364$ 1/min. Im letzten Bruch kommt der Faktor 60 von der Umwandlung der m/s Geschwindigkeit in m/min, der Faktor 1000 von der Umwandlung der mm Durchmesser in m.

---

[1] Neuerdings wird die Bezeichnung „Drehmaschine" verwendet (Vorschlag des Fachnormenausschusses Werkzeugmaschinen im Deutschen Normenausschuß), womit man zum Ausdruck bringt, daß der übliche Name „Drehbank" nicht mehr dem fortschrittlichen Aufbau dieser Maschinengattung entspricht.

[2] Unter Umlaufzahl, Tourenzahl oder Drehzahl sind diejenigen Umdrehungen zu verstehen, die eine kreisrunde Scheibe oder Welle in einer *Minute* ausführt. Vgl. auch Anmerkung S. 300.

[3] Die Lastdrehzahlen gelten für die Arbeitsspindeln von Werkzeugmaschinen (DIN 804) bei voller Belastung des Antriebsmotors. Ihre Nennwerte sind auf der Drehzahltafel oder Einstellskala an der Maschine anzugeben und auch für die Stückzeitberechnung (vgl. S. 16) zu verwenden. Die Berücksichtigung der Lastdrehzahlen mit 0,94 der Leerlaufdrehzahlen (6 % Drehzahlabfall als ungefährer Schlupf gebräuchlicher Drehstrommotoren) bei vollbelastetem Antriebsmotor führt zur Aufstellung der geeigneten Drehzahlreihen für normale Drehmaschinen. Vgl. auch Abschnitt 3.35.

[4] Z. 2, B.T. 1 bedeutet: Zeile 2, Berechnungstafel 1.

Weitere Beispiele für gleichförmige, kreislinige Bewegung: sämtliche Werkstücke beim Bearbeiten auf der Drehmaschine, Werkzeuge für Werkzeugmaschinen mit drehender Schnittbewegung, wie Fräser, Bohrer, Reibahlen, Schleifscheiben, Kreissägen usw.; weiterhin Zahnräder, Kettenräder u. dgl.

1.3 Winkelgeschwindigkeit

Die sekundliche Umfangsgeschwindigkeit berechnet sich nach Z. 3 oder 4, B.T. 1; für $d = 2\,r$ gesetzt: $v = \dfrac{2\,r\,\pi\,n}{60} = \dfrac{r\,\pi\,n}{30}$. Drehen sich nach Abb. 1 zwei Punkte A und B von ungleichen Drehhalbmessern r und r_1 mit der gleichen Umdrehungszahl n [1/min] um Achse M, so folgt als Umfangsgeschwindigkeit für Punkt $A : v = \dfrac{r\,\pi\,n}{30}$, für Punkt $B : v_1 = \dfrac{r_1\,\pi\,n}{30}$. Durch Division wird $\dfrac{v}{v_1} = \dfrac{r}{r_1}$ oder $v : v_1 = r : r_1$. Die Umfangsgeschwindigkeiten bei gleichförmiger Drehbewegung verhalten sich wie die Entfernungen der Punkte von der Drehachse; es gehört also zur doppelten Entfernung die doppelte Geschwindigkeit.

Um bei Angabe der Umfangsgeschwindigkeit unabhängig von der Größe des Durchmessers zu sein, wird die Geschwindigkeit am Halbmesser $r = 1$ (Einheitskreis) angegeben. Der Kreisbogen, den ein Punkt des Einheitskreises in einer Sekunde zurücklegt, wird *Winkelgeschwindigkeit* genannt. Kommt nach Abb. 2 der Strahl AM in einer Sekunde nach BM, so bedeutet der Bogen AB die Winkelgeschwindigkeit; sie wird mit dem griechischen Buchstaben ω (omega) bezeichnet.

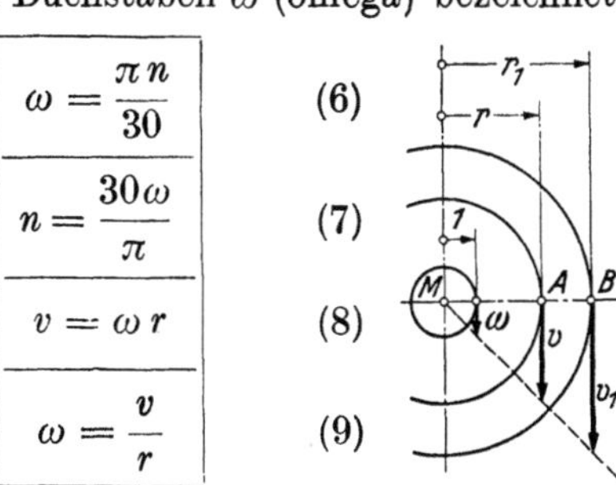

Abb. 1. Winkelgeschwindigkeit und Umfangsgeschwindigkeiten

Winkelgeschwindigkeit aus Umlaufzahl[1]	$\omega = \dfrac{\pi\,n}{30}$	(6)
Umlaufzahl aus Winkelgeschwindigkeit[1]	$n = \dfrac{30\,\omega}{\pi}$	(7)
Umfangsgeschwindigkeit aus Winkelgeschwindigkeit und Halbmesser	$v = \omega\,r$	(8)
Winkelgeschwindigkeit aus Umfangsgeschwindigkeit und Halbmesser	$\omega = \dfrac{v}{r}$	(9)

ω = Winkelgeschwindigkeit [1/s, gesprochen: eins durch Sekunde], n = Umlaufzahl [1/min], v = Umfangsgeschwindigkeit [m/s], r = Drehhalbmesser [m].

Die Einheit für die Winkelgeschwindigkeit ist wie die Drehzahl ein Zeitmaß:

$\omega = \dfrac{v}{r} = \dfrac{\text{m/s}}{\text{m}} = \dfrac{\text{m}}{\text{s}\cdot\text{m}} = \dfrac{1}{\text{s}}$. Statt $\dfrac{1}{\text{s}}$ kann man auch schreiben s^{-1} (gesprochen: Sekunde hoch minus eins).

Beispiel 7. Wie groß ist die Winkelgeschwindigkeit einer Scheibe, wenn sie 240 1/min ausführt?

Lösung: [Gl. (6)] $\omega = \dfrac{\pi\,n}{30} = \dfrac{\pi \cdot 240}{30} = 8\,\pi\,* = 25{,}13$. Winkelgeschwindigkeit $\omega = 25{,}13\,\dfrac{1}{\text{s}}$.

Beispiel 8. Welche minutliche Umlaufzahl hat ein Zahnrad, das die Winkelgeschwindigkeit $\omega = 1$ [s^{-1}] besitzt?

Lösung: Mit $\omega = 1$ ergibt Gl. (7): $n = \dfrac{30\,\omega}{\pi} = \dfrac{30 \cdot 1}{\pi} = 9{,}55$; Umlaufzahl $n = 9{,}55$ 1/min.

Beispiel 9. Wie viele Grade, Minuten und Sekunden legt ein beliebiger Punkt des Zahnrades im Beispiel 8 in einer Sekunde zurück?

Lösung: Faßt man nach Abb. 2 die zum Winkel α gehörende Winkelgeschwindigkeit ω als Bogen im Einheitskreis mit dem Umfang $2 \cdot 1 \cdot \pi$ auf, so steht die Winkelgeschwindigkeit zum Umfang des Einheitskreises in folgender Beziehung: $\omega : (2 \cdot 1 \cdot \pi) = \alpha° : 360°$; daraus $\alpha° = \dfrac{\omega \cdot 360°}{2 \cdot 1 \cdot \pi} = \dfrac{\omega \cdot 180°}{\pi}$.

---

[1] Es kann auch gerechnet werden: $\omega = \dfrac{\pi}{30}\,n = 0{,}1047\,n$ [s^{-1}] und $n = \dfrac{30}{\pi}\,\omega = 9{,}549\,\omega$ [1/min] oder näherungsweise $\omega \approx n/10$ [s^{-1}] und $n \approx 10\,\omega$ [1/min].

* Die Winkelgeschwindigkeit kann als Vielfaches von π ausgedrückt werden. Winkelgeschwindigkeit π bedeutet einen Winkel von 180°, der in einer Sekunde zurückgelegt wird, also $1/2$ Umdrehung je Sekunde. Demnach entspricht $8\,\pi$ einem Winkel von $8 \cdot 180° = 4 \cdot 360°$ je Sekunde, also 4 Umdrehungen je Sekunde. 240 Umdrehungen je Minute = 4 Umdrehungen je Sekunde. (Vgl. auch Beispiel 10.)

Mit $\omega = 1$ erhält man $\alpha° = \dfrac{1 \cdot 180°}{\pi} = \dfrac{180°}{3{,}14159} = 57{,}2958° = 57°\,17'\,45''$; Winkel je Sekunde $= 57°\,17'\,45''$.

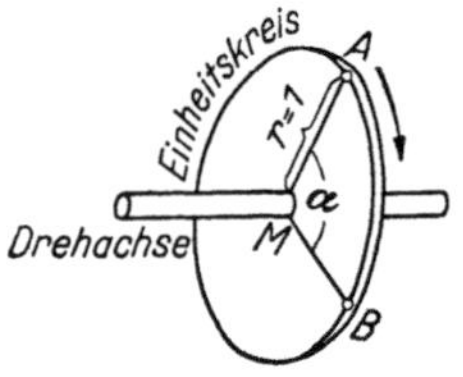

Abb. 2. Winkelgeschwindigkeit als Bogenmaß

Bei gleichförmiger Drehbewegung ist die Winkelgeschwindigkeit konstant. Aus Beispiel 9 folgt: Gradmaß des Drehkörpers (überstrichener Winkel) je Sekunde

$$\varphi° = \frac{\omega \cdot 180°}{\pi} \qquad (10)$$

Für langsame Drehbewegungen rechnet man vielfach mit der *Umlaufzeit T*, d. h. mit der für einen Umlauf benötigten Zeit in Sekunden.

Umlaufzeit aus Umlaufzahl

$$T = \frac{60}{n}$$

Umlaufzeit aus Winkelgeschwindigkeit

$$T = \frac{2\pi}{\omega}$$

In den Gln. (10), (11) und (12) bedeuten: $\varphi°$ = Gradmaß eines beliebigen Punktes des Drehkörpers in einer Sekunde [°], ω = Winkelgeschwindigkeit [1/s], T = Umlaufzeit = Zeit für einen Umlauf [Sek.], n = Umlaufzahl [1/min]. (11) (12)

Beispiel 10. Ein Zahnrad läuft mit $n = 120$ 1/min. Wie groß ist der in einer Sekunde zurückgelegte (überstrichene) Winkel?

Lösung: Mit $\omega = \dfrac{\pi\,n}{30}$ [Gl. (6)] ergibt Gl. (10) das Gradmaß $\varphi° = \dfrac{\omega \cdot 180°}{\pi} = \dfrac{\pi\,n \cdot 180°}{30\,\pi} = 6°\,n = 6° \cdot 120$ $= 720°$. Das Zahnrad legt je Sekunde einen Winkel von $\varphi = 720°$ zurück. Da $360°$ einer vollen Umdrehung entsprechen, führt das Rad bei $\varphi = 720°$ zwei volle Umdrehungen je Sekunde aus. Dies entspricht auch der Angabe $n = 120$ 1/min $= 2$ U/s (Umdrehungen je Sekunde).

Beispiel 11. Eine Scheibe $d = 400$ mm macht $n = 300$ 1/min. Wie groß ist die Umlaufzeit?

Lösung: [Gl. (11)] $T = \dfrac{60}{n} = \dfrac{60}{300} = 0{,}2$; Zeit für eine Umdrehung $T = 0{,}2$ Sek.

Anmerkung: Während zwei verschieden große, auf einer Welle befestigte Räder gleichgroße Winkelgeschwindigkeiten und verschiedene Umfangsgeschwindigkeiten haben, laufen zwei auf verschiedenen Wellen sitzende, ungleich große, ineinandergreifende Räder, mit gleicher Umfangsgeschwindigkeit, jedoch ungleicher Winkelgeschwindigkeit.

1.4 Arbeitsweise der Werkzeugmaschinen

(Vgl. dazu Abb. 9 und entsprechende Abbildungen im Abschnitt 2)

Soll eine Werkzeugmaschine ein Werkstück selbsttätig durch Abtrennen von Spänen bearbeiten (zerspanen), so muß sie zwei selbsttätige Bewegungen hervorbringen, die *Schnittbewegung* und die *Vorschubbewegung*. Nach DIN 6580 (Entwurf) sind die Bewegungen bei einem Zerspanvorgang Relativbewegungen zwischen Werkstück und Werkzeugschneide. Sie werden auf das ruhend gedachte Werkstück bezogen. Dabei ist bei sämtlichen spanenden Bearbeitungsverfahren zu unterscheiden zwischen solchen Bewegungen, die unmittelbar die Spanentstehung bewirken (Abb. 3 bis 5) und solchen, die nicht unmittelbar an der Spanentstehung beteiligt sind.

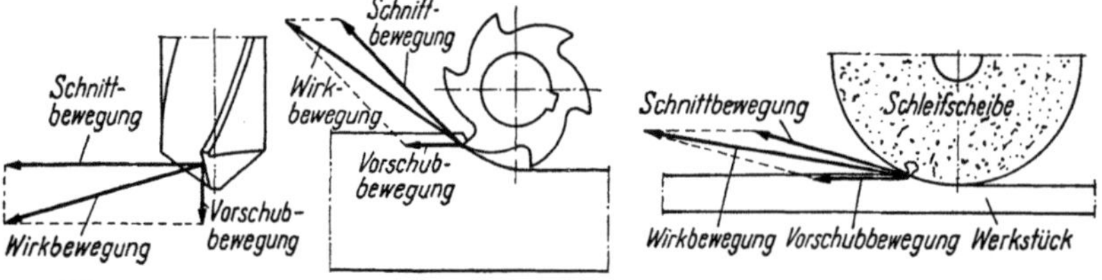

Abb. 3. Bohren   Abb. 4. Fräsen   Abb. 5. Schleifen

Abb. 3 bis 5. Schnitt-, Vorschub- und Wirkbewegung beim Bohren, Fräsen und Schleifen nach DIN 6580 (Entwurf)

Unmittelbar bewirken die Spanentstehung: Die **Schnittbewegung** als diejenige Bewegung zwischen Werkstück und Werkzeugschneide, die ohne Vorschubbewegung grundsätzlich nur eine einmalige Spanabnahme (während einer Umdrehung oder eines Hubes des Werkstückes oder Werkzeuges) bewirken würde. Die **Vorschubbewegung** als diejenige Bewegung zwischen Werkstück und Werkzeugschneide, die zusammen mit der Schnittbewegung eine mehrmalige oder stetige Spanabnahme während mehrerer Umdrehungen oder Hübe ermöglicht. Sie kann schrittweise oder stetig vor sich gehen. Die **Wirkbewegung** ist diejenige Bewegung zwischen Werkstück und Werkzeug, die das Abheben der Späne bewirkt. Sie entsteht aus der Schnittbewegung und Vorschubbewegung, sofern diese gleichzeitig mit der Schnittbewegung ausgeführt wird (Abb. 3 bis 5). Nicht unmittelbar an der Spanentstehung beteiligt sind die **Anstellbewegung**, mit der das Werkzeug vor dem Zerspanen an das Werkstück herangeführt wird, die **Zustellbewegung**, die die Dicke der jeweils abzunehmenden Schicht im voraus bestimmt und die **Nachstellbewegung**, die den Werkzeugverschleiß ausgleichen soll.

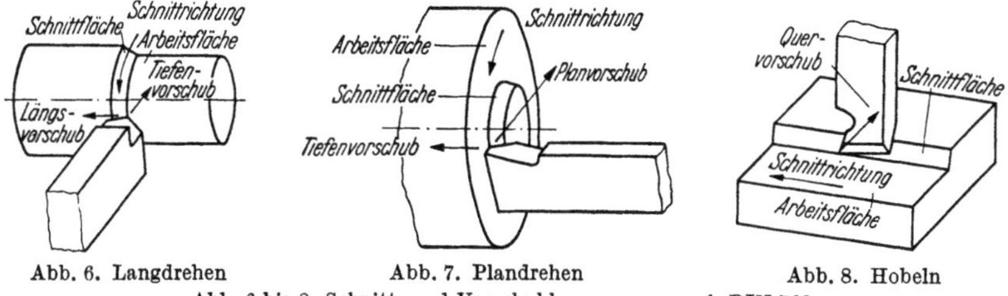

Abb. 6. Langdrehen   Abb. 7. Plandrehen   Abb. 8. Hobeln

Abb. 6 bis 8. Schnitt- und Vorschubbewegungen nach DIN 768

Die Vorschubbewegungen werden dem Werkzeug oder dem Werkstück oder beiden erteilt; sie erfolgen nach DIN 768 und Abb. 6 bis 8: a) *Zuschub* (Vorschub) in der Schnittrichtung oder entgegengesetzt dazu (Tangentialmeißel, Walzenfräser); b) *Tiefenvorschub* in der Tiefenrichtung; c)*Quervorschub* quer zur Schnittrichtung (Längsvorschub beim Langdrehen, Planvorschub beim Plandrehen). Die Resultierende aus Schnittbewegung und Vorschubbewegung wird Arbeitsbewegung genannt. Die Bewegungen zwischen Werkzeug und Werkstück sind stetig oder unterbrochen, kreisend oder pendelnd. Nach Abb. 6 bis 8 unterscheidet man weiterhin die *Schnittfläche* als die am Werkstück unmittelbar unter der Schneide entstehende Fläche und die *Arbeitsfläche* als die durch den Schneidvorgang erzielte Oberfläche des Werkstückes. Werkzeugmaschinen werden nach der Art der Schnittbewegung eingeteilt in Werkzeugmaschinen mit drehender Schnittbewegung (Dreh-, Bohr-, Fräs- und Schleifmaschinen, Kreissägen) und Werkzeugmaschinen mit gerader Schnittbewegung (Hobel-, Stoß- und Räummaschinen, Band- und Bügelsägen). Die verschiedenen Vorschubarten bei Werkzeugmaschinen sind nach dem Gesichtspunkt ihrer zeitlichen Folge zur Spanabnahme zu unterscheiden. Werkzeugmaschinen mit drehender Schnittbewegung arbeiten mit *Dauervorschub*, der sich ununterbrochen (stetig) auf die ganze Dauer der Spanabnahme erstreckt. Dabei sind wieder zwei Möglichkeiten zu unterscheiden: 1. Dauervorschub mit gleichbleibender Richtung (bei Dreh-, Bohr-, Fräs- und Sägemaschinen, Schleifscheibe beim Einstechschleifen) und 2. Dauervorschub mit regelmäßig wechselnder Richtung (Tisch an Rund- und Flächenschleifmaschinen). Werkzeugmaschinen mit gerader Schnittbewegung arbeiten mit *Ruckvorschub*, d.h. zeitweisem Vorschub, der beim Umsteuern aus dem Rücklauf in den Arbeitsgang, also vor jeder neuen Spanabnahme erfolgt. Der Vorschub des Werkzeuges oder Werkstückes quer zur Hobelrichtung muß vor dem Ansetzen des Werkzeuges beendet sein. *Einstellbewegungen*, wie Spananstellen beim Drehen, bringen das Werkstück oder Werkzeug in die Arbeitslage.

1.5 Messen der Schnitt- und Vorschubbewegung

Für die Berechnung der Schnitt- und Vorschubbewegung ist es belanglos, ob der Weg, den die Werkzeugschneide auf der Oberfläche des Werkstückes beschreibt, durch Bewegung des Werkstückes gegenüber dem Werkzeug oder umgekehrt durch Bewegung des Werkzeuges gegenüber dem Werkstück entsteht. Es können sogar beide Bewegungen, wie z.B. bei der Bohrmaschine, vom Werkzeug allein gegenüber dem stillstehenden Werkstück ausgeführt werden oder auch umgekehrt. (Vgl. S. 32.) Die wichtigsten Kenngrößen für jeden Zerspanungsvorgang sind *Schnittgeschwindigkeit* und *Vorschub*.

1.51 Schnittgeschwindigkeit bei drehender Schnittbewegung

Die Schnittbewegung, die den Schnitt verursacht, wird durch die *Schnittgeschwindigkeit* gemessen. Die Schnittgeschwindigkeit v ist die momentane Geschwindigkeit des betrachteten Schneidenpunktes in Schnittrichtung. Bei allen Werkzeugmaschinen mit drehender Schnittbewegung ist unter Schnittgeschwindigkeit die Umfangsgeschwindigkeit des Werkzeuges oder Werkstückes zu verstehen, das jeweils die Schnittbewegung ausführt.

Beim Außenrundschleifen (vgl. S. 50) ist die Geschwindigkeit v_w die Umfangsgeschwindigkeit am Werkstück, die in m/min zum Ansatz kommt und am jeweils größten Werkstückdurchmesser zu messen ist. Die Umfangsgeschwindigkeit der Schleifscheibe, die Schnittgeschwindigkeit, bezogen auf den Außendurchmesser der Scheibe, wird in m/s ausgedrückt. Für letztere bestehen bestimmte Vorschriften im Sinne der Unfallverhütung, die unbedingt zu beachten sind. Die Aufklebezettel auf den Schleifscheiben enthalten Angaben über die höchstzulässige Drehzahl des Schleifkörpers und die entsprechende Umfangsgeschwindigkeit. Die wichtigsten Richtlinien sind die im Normblatt DIN 69103, Blatt 1 und 2 zusammengestellten „Allgemeinen *Höchstumfangsgeschwindigkeiten* für künstlich gebundene Schleifkörper".

Berechnungstafel 1, S. 300 gilt auch zur Ermittlung der Schnittgeschwindigkeiten bei Werkzeugmaschinen mit drehender Schnittbewegung.

Beispiel 12. Auf einer Tischschnellbohrmaschine läuft ein Spiralbohrer (Abb. 32) von 5 mm Durchmesser beim Bohren von Messing (Ms 58) minutlich mit 10000 Umdrehungen. Mit welcher Schnittgeschwindigkeit [m/min] wird dieser Werkstoff gebohrt ?

Lösung: [Z. 2, B.T. 1] $v = d \pi n = 0,005 \pi \cdot 10000 = 157$; Schnittgeschwindigkeit $v = 157$ m/min.

Größe der Schnittgeschwindigkeit. Die Größe der einzustellenden Schnittgeschwindigkeit richtet sich nach dem zu zerspanenden Werkstoff, nach der Art der Spanabnahme, nach der Güte und Bauweise der Maschine und nach Art, Güte und Werkstoff des Werkzeuges. Unter der Voraussetzung sonst gleichbleibender Schnittbedingungen erhält man eine um so längere Standzeit (vgl. S. 14), je niedriger die Schnittgeschwindigkeit gewählt wird. Ändern sich irgendwelche Bedingungen, muß auch die Schnittgeschwindigkeit entsprechend geändert werden, wenn die Standzeit gleichbleiben soll. So können Schnittgeschwindigkeitswerte ohne Angabe aller jener Faktoren, unter deren Voraussetzung eine bestimmte Standzeit garantiert wird, nicht genannt werden. Sind Schnittgeschwindigkeiten in Tabellen angegeben, so handelt es sich meist um zulässige Höchstgeschwindigkeiten für den betreffenden Fall, die mit Rücksicht auf die sonst zu schnelle Abstumpfung des Werkzeuges nicht überschritten werden sollen.

1.52 Schnittgeschwindigkeit bei gerader Schnittbewegung

Man unterscheidet Lang- und Kurzhobelmaschinen. Das Kennzeichen der Langhobelmaschine liegt im Hin- und Hergehen des Hobeltisches (Abb. 102). Bei Kurzhobelmaschinen läuft der Stößel mit dem Werkzeug hin und her (Abb. 103). Die Tisch- oder Stößelbewegung wird unterteilt in Vorlauf- und Rücklaufbewegung. Da im allgemeinen nur im Vorlauf gehobelt wird, bezeichnet man die Vorlaufbewegung als Schnittbewegung und die entsprechende Geschwindigkeit als Schnittgeschwindigkeit (v_A). Beim Rücklauf tritt die Rücklaufgeschwindigkeit (v_R) auf.

1.521 Langhobelmaschine[1]

Bei Hobelmaschinen mit großem (etwa über 800 mm) Hub ist unter Schnittgeschwindigkeit die Geschwindigkeit des Werkstückes zu verstehen (Abb. 102). Die geradlinige Schnittbewegung des Hobeltisches heißt Arbeitsgang, seine ebenfalls geradlinige Rückwärtsbewegung Rückgang. Ein Doppelhub besteht aus Arbeits- und Rückgang. Unabhängig von den verschiedenen Antriebsarten des Hobeltisches kann die Schnittgeschwindigkeit bei Maschinen mit gerader Schnittbewegung auf Grund der Hublänge und der Zeit eines Doppelhubes ermittelt werden.

Bedeutet v_m = mittlere Schnittgeschwindigkeit[2] [m/min], L = Hublänge[3] [m], t_L = Zeit eines Doppelhubes [min] und n_L = Anzahl der Doppelhübe in der Minute [DH/min], so folgt nach Gl. (1) die mittlere Geschwindigkeit aus Arbeits- und Rückgang zu $v_m = \dfrac{2 L}{t_L}$. Da sich n_L Doppelhübe in 1 Minute vollziehen, braucht 1 Doppelhub $1/n_L$ Minute; mit $t_L = 1/n_L$ folgt $v_m = 2 L n_L$ oder

<table>
<tr><td>Mittlere Schnittgeschwindigkeit aus Hublänge und Doppelhubzahl (Abb. 102)</td><td>$$v_m = \frac{2 L n_L}{1000}$$</td><td>v_m = mittlere Schnittgeschwindigkeit aus Arbeits- und Rückgang [m/min], L = Hublänge [mm], n_L = Anzahl der Doppelhübe je Minute [DH/min].</td><td>(13)</td></tr>
</table>

---

[1] Nach DIN 8660 (Entwurf) unterscheidet man bei Langhobelmaschinen Ein- und Zweiständerhobelmaschinen.

[2] Bei gerader Schnittbewegung ist die Geschwindigkeit beim Rückgang des Werkstückes oder Werkzeuges größer als beim Arbeitsgang. Weiterhin ist die Geschwindigkeit in Hubmitte größer als gegen Hubende, wo sie für kurze Zeit zu Null wird. Deshalb ist zwischen Arbeitsgeschwindigkeit (v_A), Rücklaufgeschwindigkeit (v_R) und mittlerer Geschwindigkeit (v_m) zu unterscheiden. Der Maschinenkarte ist meist die mittlere Geschwindigkeit (v_m) zugrunde gelegt.

[3] Bei zerspanenden Maschinen entspricht dem Schaltweg die in der Stückzeitberechnung (vgl. S. 16) übliche Bezeichnung Hublänge L, die sich aus der Fertiglänge, der Bearbeitungszugabe, dem Anlauf und dem Überlauf zusammensetzt. Vgl. Gl. (139).

Beispiel 13. Eine Langhobelmaschine ist auf 1000 mm Hub eingestellt und arbeitet minutlich mit 9,2 Doppelhüben. Wie groß ist die mittlere Schnittgeschwindigkeit in m/min?

Lösung: [Gl. (13)] $v_m = \dfrac{2 L n_L}{1000} = \dfrac{2 \cdot 1000 \cdot 9,2}{1000} = 18,4$; mittlere Schnittgeschwindigkeit $v_m = 18,4$ m/min.

Beispiel 14. Die mittlere Schnittgeschwindigkeit v_m ist aus der Arbeitsgeschwindigkeit v_A [m/min] und dem Verhältnis Rücklaufgeschwindigkeit zu Arbeitsgeschwindigkeit q zu berechnen.

Lösung: Werden der Gesamthub L in m und die Arbeits- sowie Rücklaufgeschwindigkeit in m/min angenommen, so ist die Zeit für 1 Arbeitsgang $t_A = L/v_A$, die Zeit für 1 Rückgang $t_R = L/v_R$. Die Zeit t_L für 1 Doppelhub (Doppelhubzeit) wird $t_L = t_A + t_R = \dfrac{L}{v_A} + \dfrac{L}{v_R}$. Mit $q = v_R/v_A$ wird $v_R = q\,v_A$ und man erhält $t_L = \dfrac{L}{v_A} + \dfrac{L}{q\,v_A} = \dfrac{L}{v_A}\left(1 + \dfrac{1}{q}\right) = \dfrac{L}{v_A}\left(\dfrac{q+1}{q}\right) = \dfrac{L}{v_A}\left(\dfrac{1+q}{q}\right)$. Nach der allgemeinen Begriffserklärung ist $v_m = \dfrac{2L}{t_L}$. Für t_L den erhaltenen Wert eingesetzt:

Mittlere Schnittgeschwindigkeit aus Arbeitsgeschwindigkeit und Geschwindigkeitsverhältnis
$$v_m = 2 v_A \left(\frac{q}{1 + q}\right) \qquad (14)$$

v_m = mittlere Schnittgeschwindigkeit aus Arbeits- und Rückgang [m/min], v_A = Arbeitsgeschwindigkeit [m/min], q = Verhältnis Rücklaufgeschwindigkeit zu Arbeitsgeschwindigkeit ($q = v_R : v_A$).

Beispiel 15. Eine Blechkantenhobelmaschine[1] führt in 5 Minuten 8 Schnitte von je 3900 mm Länge und ebenso viele Rückläufe mit doppelter Geschwindigkeit aus. Schnittgeschwindigkeit v_A in m/min?

Lösung: Aus Gl. (14): $v_A = \dfrac{v_m}{2\left(\dfrac{q}{1+q}\right)}$; mit $v_m = \dfrac{2L}{t_L} = \dfrac{2 \cdot 3,9}{\dfrac{5}{8}} = \dfrac{2 \cdot 3,9 \cdot 8}{5} = 12,48$ m/min und

$q = 2$ folgt $v_A = \dfrac{12,48}{2\left(\dfrac{2}{1+2}\right)} = \dfrac{12,48}{\dfrac{4}{3}} = \dfrac{12,48 \cdot 3}{4} = 9,36$; Schnittgeschwindigkeit $v_A = 9,36$ m/min. Vgl. auch Beispiel 146.

Beispiel 16. Die mittlere Schnittgeschwindigkeit v_m ist aus der Arbeits- und Rücklaufgeschwindigkeit zu berechnen.

Lösung: Mit $q = v_R/v_A$ ergibt Gl. (14): $v_m = 2 v_A \left(\dfrac{\dfrac{v_R}{v_A}}{\dfrac{v_A + v_R}{v_A}}\right) = 2 v_A \left(\dfrac{v_R v_A}{v_A (v_A + v_R)}\right)$ oder

Mittlere Schnittgeschwindigkeit aus Arbeits- und Rücklaufgeschwindigkeit
$$v_m = 2 \left(\frac{v_A v_R}{v_A + v_R}\right) \qquad (15)$$

v_m = mittlere Schnittgeschwindigkeit aus Arbeits- und Rückgang = mittlere Geschwindigkeit über den Doppelhub [m/min], v_A = Arbeitsgeschwindigkeit [m/min], v_R = Rücklaufgeschwindigkeit [m/min].

Wie Gl. (15) zeigt, ist v_m *nicht* das einfache Mittel aus v_A und v_R, weil sich die Zeiten der Wirksamkeit von v_A und v_R nicht gleich sind.

Beispiel 17. An Hand der Gln. (14) und (15) ist die mittlere Schnittgeschwindigkeit im Beispiel 15 nachzuprüfen.

Lösung: [Gl. (14)] $v_m = 2 v_A \left(\dfrac{q}{1+q}\right) = 2 \cdot 9,36 \left(\dfrac{2}{1+2}\right) = 12,48$; [Gl. (15)] $v_m = 2 \left(\dfrac{v_A v_R}{v_A + v_R}\right) = 2 \left(\dfrac{9,36 \cdot 2 \cdot 9,36}{9,36 + 2 \cdot 9,36}\right) = 2 \left(\dfrac{2 \cdot 9,36}{1 + 2}\right) = 12,48$; mittlere Schnittgeschwindigkeit $v_m = 12,48$ m/min.

Beispiel 18. Eine Langhobelmaschine hat einen größten Hub von 1200 mm; die wahlweise einstellbaren, gleichförmigen Arbeitsgeschwindigkeiten sind $v_{A1} = 6$, $v_{A2} = 12$, $v_{A3} = 24$ m/min. Die Rücklaufgeschwindigkeiten sind 1,5fach größer. Wie groß werden die mittleren Schnittgeschwindigkeiten?

Lösung: [Gl. (15)] $v_{m1} = 2 \left(\dfrac{v_{A1} v_R}{v_{A1} + v_R}\right) = 2 \left(\dfrac{6 \cdot 1,5 \cdot 6}{6 + 1,5 \cdot 6}\right) = \dfrac{2 \cdot 54}{15} = 7,2$; mittlere Schnittgeschwindigkeit $v_{m1} = 7,2$ m/min. Sinngemäß erhält man $v_{m2} = 14,4$ m/min und $v_{m3} = 28,8$ m/min. Die mittlere

---

[1] Blechkantenhobelmaschinen bearbeiten die Kanten von Blechen; diese werden durch Schraubenspindeln von Hand oder elektrisch, hydraulisch oder auch durch Preßluft zwischen einem Aufspanntisch und einem Spannbügel gefaßt. Vor dem Aufspanntisch ist ein Bett angeordnet, auf dem ein Werkzeugschlitten meist durch Schraubenspindel (Abb. 184) bewegt wird. Ein gemeinsames Merkmal dieser Maschinen, die für große, sperrige Werkstücke verwendet werden, ist, daß das Werkstück ruht und das Werkzeug sowohl die Schnitt- als auch die Vorschubbewegung ausführt.

Schnittgeschwindigkeit ist bei kleinen Hublängen etwas kleiner als bei großen Hublängen. Dies ist dadurch bedingt, daß die Zeiten für Umsteuern, An- und Auslauf bei allen Hublängen gleich groß sind und sich bei kleinen Hublängen besonders stark auswirken. Vgl. auch Beispiele 79 und 80.

Erfolgt der Antrieb des Hobeltisches durch *Zahnstange* oder *Schraubenspindel*, so berechnet sich die Tischgeschwindigkeit nach Gln. (284) bis (286). Siehe auch Abb. 180 bis 184.

1.522 Kurzhobelmaschine[1]

Bei Hobelmaschinen mit kleinem (etwa bis 800 mm) Hub liegt im Gegensatz zu den Langhobelmaschinen das Werkstück still; das Werkzeug führt die geradlinige Schnittbewegung aus (Abb. 103). Schnittgeschwindigkeit ist die Geschwindigkeit des Werkzeuges und berechnet sich nach Gl. (13).

Beispiel 19. Welche mittlere Schnittgeschwindigkeit [m/min] hat der Stößel einer Kurzhobelmaschine, der bei 520 mm Hub in 40 Sekunden 10 Doppelhübe ausführt?

Lösung: In 40 Sekunden erfolgen 10, in 60 Sekunden 15 Doppelhübe; damit nach Gl. (13):

$$v_m = \frac{2\,L\,n_L}{1000} = \frac{2 \cdot 520 \cdot 15}{1000} = 15{,}6;\ \text{mittlere Schnittgeschwindigkeit } v_m = 15{,}6\ \text{m/min}.$$

Im Beispiel 19 wurde die mittlere Schnittgeschwindigkeit nach Gl. (13) bestimmt. Für die genaue Ermittlung der Geschwindigkeiten ist die Kenntnis der Wirkungsweise der Getriebe erforderlich. Den meist angewendeten *Antrieb durch Kurbelschwinge* zeigt Abb. 475. Während des Arbeitsganges dreht sich die Kurbel mit Kurbelzapfen Z von A über B nach C, während des Rücklaufes von C über D nach A. Da die Kurbel mit gleichbleibender Winkelgeschwindigkeit kreist, verhält sich die Zeit für den Arbeitshub t_A zu der Zeit für den Rücklauf t_R wie $\dfrac{t_A}{t_R} = \dfrac{2\alpha}{2\beta} = \dfrac{\alpha}{\beta}$. Dieses Verhältnis wird mit abnehmender Hublänge ungünstiger, da α kleiner und β größer wird. Die Verkleinerung des Hubes geschieht durch Veränderung des Halbmessers r. Die Zeit für eine ganze Umdrehung der Kurbel (einem Doppelhub entsprechend) ist $t_L = \dfrac{1}{n_L}$ min, wenn n_L die Drehzahl der Kurbel [1/min]. Auf den Arbeitsgang entfällt also die Zeit $t_A = \dfrac{1}{n_L}\dfrac{\alpha^\circ}{180^\circ}$. Daher ist die mittlere Arbeitsgeschwindigkeit, wenn L der Hub, $v_{mA} = \dfrac{L}{t_A}$ oder (mit L in mm) $v_{mA} = \dfrac{L\,180^\circ\,n_L}{1000\,\alpha^\circ}$. In gleicher Weise ergibt sich die mittlere Rücklaufgeschwindigkeit $v_{mR} = \dfrac{L\,180^\circ\,n_L}{1000\,\beta^\circ}$. Die mittlere Geschwindigkeit aus Vor- und Rücklauf ist dann nach Gl. (15):

$v_m = 2\left(\dfrac{v_{mA}\,v_{mR}}{v_{mA} + v_{mR}}\right)$; in dieser Gleichung, für v_{mA} und v_{mR} die eben gefundenen Werte eingesetzt, ergibt $v_m = \dfrac{2\,L\,n_L}{1000}$ [m/min] und stimmt mit Gl. (13) überein. Die Geschwindigkeit des Schlittens, also die Schnittgeschwindigkeit, wächst von Null bis zu einem Größtwert, um dann wieder abzufallen. Die größte Geschwindigkeit ist in der Mittelstellung der Schwinge vorhanden (Abb. 476). Für den Arbeitshub gilt $v : v_{A\,max} = (e + r) : l$; daraus $v_{A\,max} = \dfrac{v\,l}{e + r}$. Nun ist $\cos\beta = r/e$ und $r = e\cos\beta$. Man erhält

$$v_{A\,max} = \frac{v\,l}{e + e\cos\beta} \quad \text{oder} \quad v_{A\,max} = \frac{v\,l}{e\,(1 + \cos\beta)} \quad \text{oder} \quad v_{A\,max} = \frac{l}{e}\left(\frac{v}{1 + \cos\beta}\right).$$

Für den Rücklauf gilt sinngemäß $v_{R\,max} = \dfrac{l}{e}\left(\dfrac{v}{1 - \cos\beta}\right)$. Aus Dreieck $M\,M_2\,T_r$ folgt $\sin\gamma = \dfrac{L}{2l}$ oder $\sin(90^\circ - \beta) = \dfrac{L}{2l}$ oder $\cos\beta = \dfrac{L}{2l}$. Aus dieser Gleichung geht hervor, daß β um so größer wird, je kleiner der Hub. Das Geschwindigkeitsverhältnis $q = \alpha/\beta$ (für größten Hub 1,5 bis 2 bis 2,5) ist also bei größtem Hub am günstigsten. Der Bruch α/β hat bei verschiedenen Kurbelhalbmessern verschiedene Werte. Ist z. B. $\alpha = 240^\circ$ und $\beta = 120^\circ$, so wird der Rücklauf auf das Doppelte beschleunigt. Ist die Maschine 10 Stunden in Betrieb, so wird sie $\dfrac{10}{2 + 1} = 3^1/_3$ Stunden auf den Rücklauf verwenden und während knapp $6^2/_3$ Stunden hobeln.

Zusammenstellung der Gleichungen s. **Berechnungstafel 2, S. 300.**

Beispiel 20. Die mittlere Arbeitsgeschwindigkeit v_{mA} ist aus der Hublänge L, der minutlichen Doppelhubzahl n_L und dem Geschwindigkeitsverhältnis q zu berechnen.

Lösung: Da $\beta = 180^\circ - \alpha$, wird $q = \dfrac{\alpha}{\beta} = \dfrac{\alpha}{180^\circ - \alpha}$. Aus $\dfrac{\alpha}{180^\circ - \alpha} = q$ folgt $\alpha = \dfrac{180^\circ\,q}{1 + q}$; diesen Wert für α in die Gleichung Z. 3, B.T. 2 eingesetzt:

---

[1] Auch **Waagerechtstoßmaschine** (vorgeschlagen vom Fachnormenausschuß Werkzeugmaschinen im Deutschen Normenausschuß, DIN 8661, Entwurf), Shapingmaschine, Querhobelmaschine oder Schnellhobler genannt.

Mittlere Arbeitsgeschwindigkeit aus Hublänge, Doppelhubzahl und Geschwindigkeitsverhältnis

$$v_{mA} = \frac{L\, n_L\,(1 + q)}{1000\, q} \qquad (16)$$

v_{mA} = mittlere Arbeitsgeschwindigkeit [m/min], L = Hublänge [mm], n_L = Anzahl der Doppelhübe je min [DH/min] = Umlaufzahl des Kurbelzapfens [1/min], q = Geschwindigkeitsverhältnis.

Beispiel 21. Die größte Arbeitsgeschwindigkeit $v_{A\,max}$ (Abb. 476) ist aus der Hublänge L, der minutlichen Doppelhubzahl n_L und der unveränderlichen Schwingenlänge l zu berechnen.

Lösung: Mit $e = \dfrac{r}{\cos\beta}$ und $\cos\beta = \dfrac{L}{2l}$ wird $e = \dfrac{2\,r\,l}{L}$; weiterhin ist $v = \dfrac{2\,r\,\pi\,n_L}{1000}$ und $1 + \cos\beta$ $= 1 + \dfrac{L}{2l} = \dfrac{2\,l + L}{2\,l}$; Z. 7, B.T. 2 ergibt damit $v_{A\,max} = \dfrac{l}{e}\left(\dfrac{v}{1 + \cos\beta}\right) = \dfrac{l\,L\,2\,r\,\pi\,n_L\,2\,l}{2\,r\,l\,(2\,l + L)\,1000}$ oder:

Größte Arbeitsgeschwindigkeit aus Hublänge, Doppelhubzahl und Schwingenlänge

$$v_{A\,max} = \frac{2\,\pi\,L\,n_L\,l}{(2\,l + L)\,1000} \qquad (17)$$

$v_{A\,max}$ = größte Arbeitsgeschwindigkeit [m/min], L = Hublänge [mm], n_L = Anzahl der Doppelhübe je min [DH/min] = Umlaufzahl des Kurbelzapfens [1/min], l = Schwingenlänge [mm].

Beispiel 22. Eine Waagerechtstoßmaschine mit Kurbelschwingenantrieb nach Abb. 475 kann auf $L = 100, 200, 300$ und $400\,$mm Hub eingestellt werden. Die Maschine wird über ein 4 stufiges Rädergetriebe angetrieben; der Kurbelzapfen läuft mit $n_1 = 14$, $n_2 = 28$, $n_3 = 39$ und $n_4 = 78$ 1/min. Gemessen wird an der Maschine die Schwingenlänge $l = 820\,$mm, der Abstand des Kurbeldrehpunktes vom Schwingen-drehpunkt $e = 540\,$mm und eine Kurbellänge $r = 130\,$mm beim Größthub. Als Unterlagen für die Stückzeitbestimmung (vgl. S. 16) sollen die mittleren Schnittgeschwindigkeiten zusammengestellt werden.

Lösung: Man stellt sich zweckmäßigerweise folgende Entwicklungstafel auf (vgl. B.T.2, S. 300).

L [mm]	$\cos\beta = \dfrac{L}{2l}$	β [°]	$\alpha = (180° - \beta)$	$q = \dfrac{\alpha}{\beta}$	$v_{mA} = \dfrac{L\,180°\,n_L}{1000\,\alpha°}$ [m/min]			
					$n_1 = 14$	$n_2 = 28$	$n_3 = 39$	$n_4 = 78$
100	0,061	86°30′	93°30′	$\dfrac{93,5}{86,5} = 1,08$	2,7	5,4	7,5	15,0
200	0,122	83°	97°	$\dfrac{97}{83} = 1,17$	5,2	10,4	14,5	29,0
300	0,183	79°30′	100°30′	$\dfrac{100,5}{79,5} = 1,26$	7,5	15,0	21,0	42,0
400	0,244	76°	104°	$\dfrac{104}{76} = 1,37$	9,7	19,4	27,0	54,0

Beispiel 23. Für die Waagerechtstoßmaschine im Beispiel 22 sind die größten Arbeits- und Rück-laufgeschwindigkeiten in m/min zu berechnen.

Lösung: Folgende Entwicklungstafel ist zweckmäßig (vgl. B.T.2, S. 300).

L [mm]	$\cos\beta$	$1+\cos\beta$	$1-\cos\beta$	n_L [DH/min]	$v = \dfrac{2e\cos\beta\,\pi\,n_L}{1000}$	$v_{A\,max} = \dfrac{l}{e}\left(\dfrac{v}{1+\cos\beta}\right)$	$v_{R\,max} = \dfrac{l}{e}\left(\dfrac{v}{1-\cos\beta}\right)$
100	0,061	1,061	0,939	$n_1 = 14$	2,89	4,14	4,68
				$n_2 = 28$	5,79	8,29	9,37
				$n_3 = 39$	8,07	11,55	13,05
				$n_4 = 78$	16,14	23,10	26,10
200	0,122	1,122	0,878	$n_1 = 14$	5,79	7,84	10,02
				$n_2 = 28$	10,59	15,68	20,04
				$n_3 = 39$	16,14	21,84	27,92
				$n_4 = 78$	32,28	43,69	55,84
300	0,183	1,183	0,817	$n_1 = 14$	8,69	11,15	16,15
				$n_2 = 28$	17,38	22,31	32,31
				$n_3 = 39$	24,21	31,08	45,00
				$n_4 = 78$	48,43	62,16	90,01
400	0,244	1,244	0,756	$n_1 = 14$	11,59	14,14	23,28
				$n_2 = 28$	23,18	28,29	46,56
				$n_3 = 39$	32,28	39,41	64,85
				$n_4 = 78$	64,57	78,82	129,70

Anmerkung: Bei der Waagerechtstoßmaschine mit Kurbelschwinge ergeben sich erhebliche Unterschiede in der Schnittgeschwindigkeit, da sich sowohl die Zahl der minutlichen Doppelhübe als auch jedesmal die Hublänge verstellen läßt. Die Schnittgeschwindigkeit ist am kleinsten bei kleinster Antriebsdrehzahl und kleinstem Hub. Sie ist am größten bei größter Antriebsdrehzahl und größtem Hub. Rechnet man für die Stückzeitermittlung nach Gl. (13), so ist der Zahlenwert v_m meist etwas größer als v_{mA}.

Größe der Schnittgeschwindigkeit. Die Größe der Schnittgeschwindigkeit hängt auch hier ab vom Werkstück (Werkstoff und Form), vom Werkzeug (Schnellstahl oder Hartmetall) und von der Stoffabnahme (Schruppen oder Schlichten). Bei Wahl der Schnittgeschwindigkeit ist also zu prüfen, ob Schnellstahl- oder Hartmetallwerkzeuge zur Verfügung stehen, ob zähe oder spröde, harte oder weiche Werkstoffe bearbeitet werden müssen, ob vorgehobelt oder fertig bearbeitet werden soll, ob stabile Klötze oder schwache, biegungsempfindliche Querschnitte zu hobeln sind, und wie lange der Hobelmeißel in einer Aufspannung arbeiten muß, bis er gegen einen frisch geschärften ausgewechselt werden kann. Vgl. auch S. 6.

1.53 Vorschubgeschwindigkeit bei drehender Schnittbewegung

1.531 Drehen, Bohren

Die Vorschubbewegung, welche das Vorschieben des Werkzeuges oder Werkstückes besorgt, wird durch den Vorschub gemessen. Bei Werkzeugmaschinen mit drehender Schnittbewegung ist der Vorschub gleich der Verschiebung des Werkzeuges oder Werkstückes je Umdrehung der Arbeitsspindel der Maschine[1] (Dauervorschub). *Vorschubgeschwindigkeit* ist der Vorschub in der Minute[2].

Vorschubgeschwindigkeit bei drehender Schnittbewegung

$$s' = s\,n$$

s' = Vorschubgeschwindigkeit [mm/min], s = Vorschub = Verschiebung des Werkzeuges oder Werkstückes je Umdrehung [mm/U], n = Anzahl der Umläufe des Werkzeuges oder Werkstückes in der Minute [1/min]. (18)

Beispiel 24. Eine Welle wird bei 115 1/min der Drehspindel mit 0,6 mm/U Vorschub abgedreht. Wie groß ist die Vorschubgeschwindigkeit [mm/min] bei dieser Dreharbeit?

Lösung: [Gl. (18)] $s' = s\,n = 0{,}6 \cdot 115 = 69$; Vorschubgeschwindigkeit $s' = 69$ mm/min.

Die Größe des Vorschubes ist abhängig vom Werkstoff des Werkstückes und des Werkzeuges sowie von der Art der Bearbeitung. Je feiner die Oberfläche hergestellt werden soll, desto kleiner ist der Vorschub. Er kann bei Feinstbearbeitung bis zu einigen tausendstel Millimetern sinken.

1.532 Fräsen

Ein kleiner Fräserdurchmesser verlangt kleinen Vorschub und hohe Drehzahl, ein großer Fräserdurchmesser dagegen großen Vorschub und niedrige Drehzahl. Richtig ist deshalb die Ableitung des Vorschubes von der Antriebswelle der Maschine oder der Antrieb durch einen besonderen Motor. Damit wird der Vorschub unabhängig von der Drehzahl, und der Vorschubbereich kann gut gestuft werden.

Während beim Drehen und Bohren der Vorschub stets in mm/U ausgedrückt wird, sind beim Fräsen drei verschiedene Angaben üblich. Der Vorschub s_u je Fräserumdrehung ist der an den meisten Waagerecht-Bohr- und Fräsmaschinen einstellbare Vorschubwert. Der Vorschub je Fräserzahn s_z ist ein Maß für die Beanspruchung der einzelnen Fräserschneide; man versteht darunter den Weg, den das Werkstück in der Zeit zwischen dem Anschneiden von zwei aufeinanderfolgenden Zähnen zurücklegt. Der Vorschub je Minute, also die Vorschubgeschwindigkeit s', ist der Weg, den der Frästisch mit dem aufgespannten Werkstück in einer Minute gegen den Fräser zurücklegt und kennzeichnet die Zerspanungsleistung, d. h.

---

[1] Nach DIN 803 gelten die Vorschübe für die Bewegungen der Arbeitstische, Schlitten, Schieber, Pinolen usw. von Werkzeugmaschinen. Ihre Nennwerte sind auf der Vorschubtafel oder der Einstellskala an der Maschine anzugeben und auch für die Stückzeitberechnung zu verwenden. Sie sind Normzahlen nach DIN 323, in geometrischer Stufung. Die Nennwerte gelten für Vorschübe in mm/U und mm/Hub sowie für vom Hauptantrieb unabhängige Vorschübe in mm/min.

[2] Der Vorschub wird entweder auf die Hauptbewegung oder auf die Zeit bezogen. Im ersteren Fall wird das Formelzeichen s mit der Einheit mm/U (mm je Umdrehung der Arbeitsspindel) gewählt, im anderen Fall das Zeichen s' mit der Einheit mm/min. Nach DIN 6580 Entw. wird die Vorschubgeschwindigkeit mit u bezeichnet; sie ist die momentane Geschwindigkeit des Werkzeuges in Vorschubrichtung. Gl. (18) lautet damit $u = s\,n$.

das je Zeiteinheit zerspante Volumen. Die Vorschubgeschwindigkeit s' läßt sich bei Maschinen mit getrenntem Vorschubantrieb unmittelbar einstellen.

Vorschub je Fräserumdrehung[1]

$$s_u = z\, s_z \tag{19}$$

Zahnvorschub = Vorschub je Fräserzahn

$$s_z = \frac{s'}{n\,z} \tag{20}$$

Vorschubgeschwindigkeit

Vgl. auch Vorschubgeschwindigkeit in der Drallrichtung s'_d [Gln. (24) bis (27)] und Gl. (88) sowie Vorschubgeschwindigkeit am Werkstückumfang s'_u (Abb. 63).

$$s' = n\, s_u \tag{21}$$

$$s' = n\, z\, s_z \tag{22}$$

$$s' = \frac{v\, z\, s_z \cdot 1000}{D\,\pi} \tag{23}$$

Beim Drehen und Bohren wird der Vorschub s stets in mm/U ausgedrückt. Beim Fräsen sind zwei Angaben s_u und s_z üblich; es bedeutet: s_u = Vorschub je Fräserumdrehung [mm/U], z = Zähnezahl des Fräsers, s_z = Vorschub je Fräserzahn [mm/Zahn], s' = Vorschubgeschwindigkeit [mm/min], n = Umlaufzahl des Fräsers [1/min], v = Schnittgeschwindigkeit [m/min], D = Durchmesser des Fräsers [mm]. Produkt nz = minutlicher Schneiden- oder Messerwechsel.

Die Drehzahl n der Frässpindel richtet sich nach der zulässigen Schnittgeschwindigkeit v und dem Fräserdurchmesser D; sie berechnet sich wie beim Drehen und Bohren nach B.T. 1, S. 300. Beim Fräsen mit einem *Satzfräser* wird die Spindeldrehzahl nach dem größten Fräserdurchmesser, die Vorschubgeschwindigkeit für den Fräser mit der kleinsten Zähnezahl berechnet.

Beispiel 25. Werkstoff St 50 soll mit einem Walzenfräser $D = 60$ mm Durchmesser und $z = 5$ Zähnen mit $v = 20$ m/min Schnittgeschwindigkeit bearbeitet werden. Der Vorschub je Fräserzahn sei $s_z = 0{,}2$ mm. Wie groß ist die Vorschubgeschwindigkeit in mm/min ?

Lösung: Mit $n = \dfrac{v}{D\,\pi} = \dfrac{20\,000}{60\,\pi} = 106$ 1/min [Z. 9, B. T. 1] und $s_u = z\, s_z = 5 \cdot 0{,}2 = 1{,}0$ mm/U [Gl. (19)] ergibt Gl. (21): $s' = n\, s_u = 106 \cdot 1{,}0 = 106$; Vorschubgeschwindigkeit $s' = 106$ mm/min. Das gleiche Ergebnis erhält man nach Gl. (23): $s' = \dfrac{v\, z\, s_z \cdot 1000}{D\,\pi} = \dfrac{20 \cdot 5 \cdot 0{,}2 \cdot 1000}{60\,\pi} = 106$ mm/min.

Anmerkung: Wenn bei Bearbeitung von Motorengehäusen mit Rücksicht auf die Taktzeit Vorschubgeschwindigkeiten von 1000 mm/min und mehr verlangt werden, so läßt sich eine solche Fräsleistung nur bei größtmöglicher Schnittgeschwindigkeit, Spanungsdicke (vgl. S. 81) und Messerzahl herausholen. Es soll hier noch bemerkt werden, daß der Vorschub je min s' nicht vom Durchmesser D des Messerkopfes, sondern nur von der Zahnteilung t und dem Vorschub je Zahn s_z abhängig ist. In Gl. (23) für $\dfrac{D\,\pi}{z} = t$ gesetzt, ergibt $s' = \dfrac{v\, s_z \cdot 1000}{t}$. Der Vorteil eines größeren Messerkopfdurchmessers liegt also in der größeren Fräsbreite.

Beispiel 26. Ein Messerkopf mit 250 mm Durchmesser hat 10 Messer und bearbeitet Stahl mit 200 m/min Schnittgeschwindigkeit; der minutliche Vorschub beträgt 535 mm. Wie groß ist bei dieser Planfräsarbeit der Vorschub je Zahn ?

Lösung: [Gl. (20)] $s_z = \dfrac{s'}{n\,z}$; mit $n = \dfrac{v \cdot 1000}{D\,\pi}$ folgt $s_z = \dfrac{s'\, D\,\pi}{v\, z \cdot 1000}$. Mit $s' = 535$ mm/min, $D = 250$ mm, $v = 200$ m/min und $z = 10$ erhält man $s_z = \dfrac{535 \cdot 250 \cdot \pi}{200 \cdot 10 \cdot 1000} = 0{,}21$; Vorschub je Zahn $s_z = 0{,}21$ mm.

Beispiel 27. a) Welche Gleichung ergibt sich für den Fräserdurchmesser beim Walzen (vgl. S. 36), wenn dieser durch v, s_z, z und s' ausgedrückt wird ? b) Welche Folgerungen ergeben sich aus dieser Gleichung für die Größe des Durchmessers ?

Lösung: a) Die Gleichung $s_z = \dfrac{s'\, D\,\pi}{v\, z \cdot 1000}$ aus Beispiel 26 nach D aufgelöst, ergibt $D = \dfrac{z\, s_z\, v \cdot 1000}{s'\,\pi}$.

b) Mit jeder Durchmesserveränderung muß also mindestens ein Faktor auf der rechten Seite dieser Gleichung geändert werden; es ändert sich entweder die Zähnezahl, der Vorschub je Zahn oder die Schnittgeschwindigkeit. Hält man z und s_z gleich, so wächst mit dem Durchmesser für eine bestimmte Vorschubgeschwindigkeit s' die Schnittgeschwindigkeit v. Bleiben dagegen s_z und v gleich, so ändert sich z, d. h. bei zunehmendem Durchmesser wächst die Zähnezahl, und bei gleicher Zähnezahl z und gleicher Schnittgeschwindigkeit v wächst mit dem Durchmesser der Vorschub je Zahn.

---

[1] Dem Zahnvorschub s_z entspricht beim Räumen die Zahnstaffelung; es ist $s = z\, s_z$, wobei z = Anzahl der Schneidenträger (Zähne). Ist $z = 1$, z. B. beim Fräsen mit einem Einzahnfräser oder beim Drehen, so wird damit $s_z = s$.

Beim Fräsen von Schraubennuten (Abb. 9) ist der Vorschub in Richtung der Schraubennut zu messen. Er ist also abhängig vom Werkstückdurchmesser, der Steigungshöhe der Schraubenlinie und dem Längsvorschub des Fräsmaschinentisches. Nach Abb. 65 und 338 beträgt der vom Arbeitsfräser je Schraubennut zurückgelegte Fräsweg $AB = \sqrt{(d\pi)^2 + H^2}$ oder $AB = \dfrac{d\pi}{\sin\lambda}$ oder $AB = \dfrac{d\pi}{\cos\varphi}$.

Vorschubgeschwindigkeit in der Drallrichtung

$$s_d' = \frac{s'\sqrt{(d\pi)^2 + H^2}}{H} \tag{24}$$

$$s_d' = \frac{s'\,d\pi}{H\sin\lambda} \tag{25}$$

$$s_d' = \frac{s'\,d\pi}{H\cos\varphi} \tag{26}$$

$$s_d' = \frac{s'}{\sin\varphi} \tag{27}$$

s_d' = Vorschubgeschwindigkeit in der Drallrichtung [mm/min], s' = Tischlängsvorschub [mm/min], $d\pi$ = Werkstückumfang [mm], H = Steigungshöhe der Schraubenlinie oder Drallsteigung [mm], λ = Einstellwinkel des Tisches = Drallwinkel [°], φ = Steigungswinkel der Schraubenlinie [°]. Die Vorschubgeschwindigkeit in der Drallrichtung s_d' ist stets größer als die Vorschubgeschwindigkeit s' des Fräsmaschinentisches. Vgl. auch Abschnitt 7.612.

Beispiel 28. Eine fünfzähnige Zylinderschnecke aus St 70 wird bei 60 mm Kopfkreisdurchmesser und 67° 23′ Einstellwinkel mit 16 mm/min Tischlängsvorschub gefräst. Wie groß ist der Vorschub in der Drallrichtung, wenn die Steigungshöhe 78,49 mm beträgt?

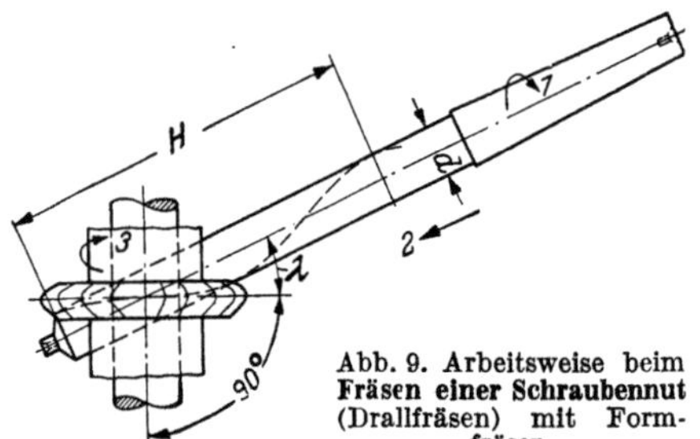

Abb. 9. Arbeitsweise beim Fräsen einer Schraubennut (Drallfräsen) mit Formfräser.

Pfeilrichtung *1* = langsame Drehbewegung des Werkstückes; *2* = gerade Vorschubbewegung des geschwenkten Aufspanntisches; *3* = drehende Schnittbewegung des Werkzeuges; d = Durchmesser des Spiralbohrers; H = Steigungshöhe der Schraubenlinie; λ = Drallwinkel = Einstellwinkel des Aufspanntisches. Vgl. auch Abb. 338

Lösung: [Gl. (24)] $s_d' = \dfrac{s'\sqrt{(d\pi)^2 + H^2}}{H}$

$$= \frac{16\sqrt{(60\pi)^2 + 78{,}49^2}}{78{,}49} = \frac{16\sqrt{188{,}50^2 + 78{,}49^2}}{78{,}49}$$

$$= \frac{16\cdot 204{,}18}{78{,}49} = 41{,}6;\ \text{Vorschub in der Drallrichtung}$$

$s_d' = 41{,}6$ mm/min. Das gleiche Ergebnis erhält man nach Gl. (25) zu $s_d' = \dfrac{s'\,d\pi}{H\sin\lambda} = \dfrac{16\cdot 188{,}50}{78{,}49\sin 67° 23'} = 41{,}6$

oder nach Gl. (26) zu $s_d' = \dfrac{s'\,d\pi}{H\cos\varphi} = \dfrac{16\cdot 188{,}50}{78{,}49\cos 22° 37'}$

$= 41{,}6$ oder nach Gl. (27) zu $s_d' = \dfrac{s'}{\sin\varphi} = \dfrac{16}{\sin 22° 37'}$

$= \dfrac{16}{0{,}3841} = 41{,}6$. Vgl. auch Beispiele 65 und 353.

1.533 Schleifen

Vorschubgeschwindigkeit oder Vorschub ist der Weg des Werkstückes (bei örtlich feststehendem, umlaufendem Schleifwerkzeug) oder der Weg des Schleifwerkzeuges (bei feststehendem Werkstück) beim Schleifen entlang dem Werkstück oder quer zu diesem. Der Vorschub wird auch auf die Schleifscheibenbreite bezogen und dann mit 1/4, 1/3, 1/2 usw. Schleifscheibenbreite angegeben. Für das Umrechnen des seitlichen Vorschubes s in die auf der Schleifmaschine angegebene Vorschubgeschwindigkeit s' in m/min gilt:

Vorschubgeschwindigkeit bei Schleifmaschinen

$$s' = \frac{s\,n_w}{1000} \tag{28}$$

s' = Vorschubgeschwindigkeit [m/min], s = seitlicher Vorschub als Vielfaches der Schleifscheibenbreite [mm/U], n_w = Drehzahl des Werkstückes [1/min].

Beim *Einstechschleifen* wird ohne seitlichen Vorschub geschliffen; die Schleifscheibe hat dabei die Breite des zu schleifenden Sitzes.

Beim *Rundschleifen* wird der Vorschub entweder durch den Längsvorschub in mm je Umdrehung des Werkstückes [mm/U] oder durch die Tischgeschwindigkeit, also durch den Weg des Tisches in Richtung seiner Länge [mm/s], gemessen.

Beim *Flachschleifen mit Langtisch* wird der Vorschub entweder durch die Tischgeschwindigkeit, also den Weg in Richtung der Länge des Tisches in der Sekunde [mm/s], oder durch den Quervorschub, also den Weg in Richtung quer zur Länge des Tisches [mm/Hub], gemessen. (Vgl. auch S. 60.)

Beim *Flachschleifen mit Rundtisch* wird der Vorschub entweder durch die Tischgeschwindigkeit [mm/s] oder durch den Quervorschub, also den Weg des Schleifwerkzeuges in Richtung zur oder von der Mitte des Rundtisches [mm/U des Rundtisches], gemessen. (Vgl. auch S. 60.)

1.54 Vorschubgeschwindigkeit bei gerader Schnittbewegung

Bei Werkzeugmaschinen mit gerader Schnittbewegung ist der Vorschub gleich der ruckweisen Verschiebung des Werkzeuges oder Werkstückes nach jedem Rückgang des Stößels oder Tisches (Ruckvorschub). Vorschubgeschwindigkeit ist auch hier gleich Vorschub je Minute.

Vorschubgeschwindigkeit bei gerader Schnittbewegung (Abb. 102 u. 103)

$$s' = s\,n_L \tag{29}$$

s' = Vorschubgeschwindigkeit [mm/min], s = Vorschub = Verschiebung des Werkzeuges oder Werkstückes nach jedem Rückgang [mm/DH], n_L = Anzahl der Doppelhübe des Werkzeuges oder Werkstückes je Minute [DH/min].

Beispiel 29. Eine Waagerechtstoßmaschine arbeitet minutlich mit 53 Doppelhüben. Die Vorschubsteuerung verdreht das Schaltrad je Doppelhub um zwei Zähne (Zweizahnsteuerung); das ergibt 0,5 mm Vorschub je DH. Wie groß ist die Vorschubgeschwindigkeit in mm/min?

Lösung: [Gl. 29)] $s' = s\,n_L = 0,5 \cdot 53 = 26,5$; Vorschubgeschwindigkeit $s' = 26,5$ mm/min.

Anmerkung: Der Vorschub der Hobelmaschine hängt von der Steigung der Querspindel und der Schaltung des Schaltrades ab. Bei einer Umdrehung des Schaltrades verschiebt sich das Werkzeug bzw. der Maschinentisch um den Betrag der Steigung h der Querspindel; man erhält:

Vorschub je Doppelhub

$$s = \frac{h\,x}{z} \tag{30}$$

s = Vorschub = Verschiebung des Werkzeuges oder Werkstückes nach jedem Rückgang [mm/DH], h = Gewindesteigung der Querspindel [mm], x = Zahl der Zähne, um welche das Schaltrad geschaltet wird, z = Zähnezahl des Schaltrades.

Beispiel 30. Schaltrad $z = 20$; Querspindel $h = 6$ mm. Wie viele Zähne des Schaltrades müssen geschaltet werden, wenn der Vorschub 0,3 mm/DH sein soll?

Lösung: [Gl. (30)] $s = \dfrac{h\,x}{z}$; daraus $x = \dfrac{s\,z}{h} = \dfrac{0,3 \cdot 20}{6} = 1$ | Schaltung um einen Zahn. (Einzahnsteuerung)

Größe der Vorschübe. Vorschübe zur Bearbeitung verschiedener Werkstoffe und Werkstücke an verschiedenen Maschinen mit den verschiedensten Schneidstoffen festzulegen, ist ebenso schwierig, wie die Größenbestimmung der Schnittgeschwindigkeit (vgl. S. 6); sie lassen sich schlecht in Zahlentafeln zwängen. Wählt man große Streubereiche, so wird der Wert der Tafeln fraglich.

1.6 Schnittgeschwindigkeit, Drehzahl, Durchmesser

Wirtschaftliche spanende Bearbeitung ist nur bei Einhaltung der richtigen Schnittgeschwindigkeit gesichert. Überschreitungen der günstigsten Schnittgeschwindigkeiten durch zu hohe Drehzahlen verursachen einen schnellen Werkzeugverschleiß und beanspruchen die Maschinen mehr als notwendig. Unterschreitungen der richtigen Schnittgeschwindigkeit durch zu niedrige Drehzahlen verlängern die Bearbeitungszeit, erhöhen die Kosten und verringern die Gesamtleistung des Betriebes. Vgl. Abschn. 2.

Eine Drehmaschine ist so einzustellen, daß die verlangte Schnittgeschwindigkeit angenähert erreicht wird; dazu ist es notwen-

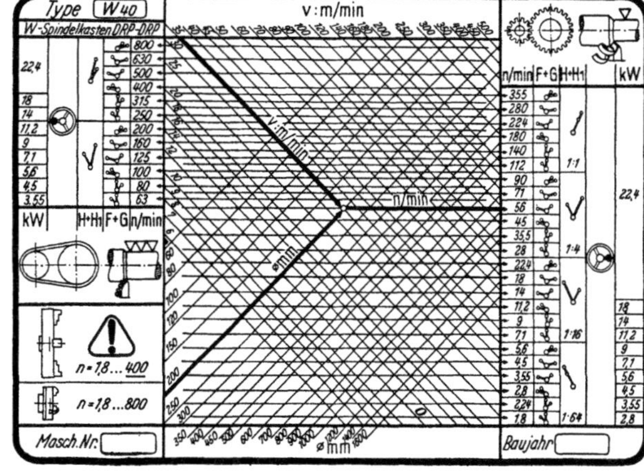

Abb. 10. Drehzahlenschild der VDF-Einheitsdrehmaschine

dig, die Werkstück- bzw. Spindeldrehzahl zu bestimmen. Beim Bohren ist aus der Schnittgeschwindigkeitszahl je nach dem Bohrerdurchmesser die Umlaufzahl der Bohrspindel zu ermitteln und diese Drehzahl mit der Maschinendrehzahl zu vergleichen; die entsprechende oder naheliegende Maschinendrehzahl ist zu wählen. Für das Fräsen, Schleifen, Sägen usw. gilt sinngemäß das gleiche. Bei neuzeitlichen Maschinen sind diese Einstellungen durch Tabellen und graphische Tafeln weitgehend erleichtert. Abb. 10 zeigt ein Drehzahlenschild (logarithmisches *Schaubild*) zum Einstellen der Spindelgeschwindigkeiten. Bei gegebenem Drehdurchmesser (200 mm) und vorgeschriebener Schnittgeschwindigkeit (35 m/min) können die minutlichen Umdrehungen der Drehspindel (56 1/min) und die dazugehörigen Hebelstellungen mühelos abgelesen werden. Vgl. auch Laufzeitschaubild Abb. 151·

Beispiel 31. Beim Innenrundschleifen (Abb. 72) soll mit einer Schleifscheibe von 20 mm Durchmesser eine Schnittgeschwindigkeit von 30 m/s eingehalten werden. Wie viele Umdrehungen macht die Schleifspindel in der Minute?

Lösung: [Z. 12, B.T. 1] $n = \dfrac{60\,v}{d\,\pi} = \dfrac{60 \cdot 30}{0{,}02\,\pi} = 28\,662$; Schleifspindel $n \approx 28\,660$ 1/min.

Anmerkung: Bei Schleifarbeiten mit Schleifscheiben unter 15 mm Durchmesser (*Schleifstiften*) kann die für Scheiben in keramischer Bindung zulässige Höchstumfangsgeschwindigkeit von 35 m/s mit üblichen Schleifmaschinen meist nicht ausgenutzt werden. Letztere laufen mit höchstens 60 000 1/min, während man bei einem Schleifstiftdurchmesser von 10 mm auf $n = \dfrac{60 \cdot 35}{0{,}01\,\pi} = 66\,843$, also $n \approx$ $\approx 67\,000$ 1/min und bei einem Durchmesser von 3 mm auf $n = \dfrac{60 \cdot 35}{0{,}003\,\pi} = 222\,820$, also $n \approx 223\,000$ 1/min kommt. Antriebe mit derartig hohen Umdrehungszahlen werden *Schnellstantriebe* genannt; Umdrehungszahlen von 200 000 1/min sind dabei ohne weiteres erreichbar. Schleifstifte finden beim Nacharbeiten von Preß- und Stanzwerkzeugen, beim Herausarbeiten von unregelmäßig gestalteten Werkstücken und Formen sowie zum Entgraten und Auspolieren vielseitige Anwendung.

1.7 Schnittgeschwindigkeit, Doppelhubzahl, Hublänge

Bei Ausführung einer Hobelarbeit ist es wichtig zu wissen, auf welche minutliche Doppelhubzahl die Maschine einzustellen ist, um die vorgeschriebene Schnittgeschwindigkeit nach Möglichkeit voll zu erreichen. Aus Gl. (13) folgt:

Minutliche Doppelhubzahl bei gerader Schnittbewegung $\qquad n_L = \dfrac{1000\,v_m}{2\,L} \qquad$ n_L = Anzahl der Doppelhübe je Minute [DH/min], v_m = mittlere Schnittgeschwindigkeit aus Arbeits- und Rückgang [m/min], L = Hublänge [mm]. $\qquad$ (31)

Soll an einem Werkstück bei 500 mm Hub eine Fläche mit 24 m/min mittlerer Schnittgeschwindigkeit auf einer Waagerechtstoßmaschine (Abb. 103) mit 23, 34, 54 und 80 DH/min gehobelt werden, so ergibt nach Gl. (31): $n_L = \dfrac{1000\,v_m}{2\,L} = \dfrac{1000 \cdot 24}{2 \cdot 500} = 24$; man wählt $n_L = 23$ DH/min.

1.8 Standzeit der Werkzeugschneide

Wesentliche Voraussetzung für eine wirtschaftliche Fertigung ist eine gute und gleichmäßige *Zerspanbarkeit* aller zur Verarbeitung kommenden Werkstücke. Die Zerspanbarkeit läßt sich nur aus dem Zusammenwirken von Werkstückstoff und Schneidstoff erklären. Je nach den Anforderungen, die im Betrieb gestellt werden, kann man verschiedene Bewertungsgrößen heranziehen, um die Zerspanbarkeit eines Werkstoffes zu beschreiben; nämlich die Standzeit der Werkzeuge, die Güte der zu bearbeitenden Oberfläche, den Leistungsbedarf (d.h. die Schnittkraft) oder die Spanbildung. Die Standzeit der Werkzeuge ist bei allen spanenden Bearbeitungsvorgängen die wichtigste Bewertungsgröße. Maßgenauigkeit und Oberflächengüte treten vornehmlich bei Feinbearbeitungsvorgängen in den Vordergrund, während die Spanbildung für Automatenarbeiten wesentlich ist. Der Schnittkraft kommt im allgemeinen nur eine geringere Bedeutung als Bewertungsgröße für die Zerspanbarkeit zu. Eine Transfermaschine oder eine Vielmeißeldrehmaschine kann einen erheblichen Teil ihres Wertes einbüßen, wenn schlecht aufeinander abgestimmte Standzeiten zu kleinen Werkzeugwechselperioden zwingen und dadurch die Wirtschaftlichkeit der gesamten Anlage in Frage stellen.

Drehen. Richtunggebend für die Höhe der Schnittgeschwindigkeit ist die *Standzeit* der Werkzeuge. Unter Standzeit ist die Schnittzeit der Werkzeugschneide zu verstehen, welche beim Zerspanen eines bestimmten Werkstoffes bei einem bestimmten Spanungsquerschnitt (vgl. S. 73) und bei einer bestimmten Schnittgeschwindigkeit erreicht wird. Standzeit ist die Schnittzeit zwischen zwei erforderlichen Anschliffen.

Dabei unterscheidet man die *Erliegestandzeit* und die *Verschleißstandzeit*. Unter Erliegestandzeit ist die Standzeit bis zum völligen Unbrauchbarwerden des Werkzeuges, unter Verschleißstandzeit diejenige bis zum Erreichen eines bestimmten Verschleißkriteriums zu verstehen.

Als *Standzeitschnittgeschwindigkeit* wird die Schnittgeschwindigkeit für eine bestimmte Standzeit des Werkzeuges bezeichnet, z. B. ist v_{60} die Schnittgeschwindigkeit für eine Standzeit von 60 Minuten. Der Ausschuß für wirtschaftliche Fertigung (AWF) hat für bestimmte Schnittbedingungen für eine Reihe Stoffe die v_{60}-Werte (Schnellstahl) bzw. v_{240}-Werte (Hartmetall) ermittelt. Zahlentafel 1 zeigt z. B. den Umrechnungsfaktor für Hartmetallsorten S 2 und S 3 im Verhältnis zu S 1, wenn v_{240} als Richtwertschnittgeschwindigkeit[1] angenommen wird. Die Tafel läßt erkennen, daß eine verhältnismäßig kleine Erniedrigung der Schnittgeschwindigkeit, z.B.von 11%, eine Verdoppelung der Standzeit von 240 auf 480 Minuten ergibt.

Zahlentafel 1. *Umrechnungsfaktor der wirtschaftlichen Schnittgeschwindigkeit für Hartmetalldrehmeißel S 1 bis S 3*

$v_{60} = 1,26 \cdot v_{240}$	$v_{240} = 1,00 \cdot v_{240}$
$v_{120} = 1,12 \cdot v_{240}$	$v_{300} = 0,96 \cdot v_{240}$
$v_{180} = 1,05 \cdot v_{240}$	$v_{480} = 0,89 \cdot v_{240}$

Bohren. Kennzeichen für die Standgröße des Bohrwerkzeuges ist die *Standlänge*, d. h. die Summe aller zwischen zwei Nachschliffen hergestellten Bohrungslängen. Die Schnittgeschwindigkeit, die eine bestimmte Standlänge x erreichen läßt, wird mit v_{Lx} bezeichnet. Unter der Standzeitschnittgeschwindigkeit v_{L2000} wird eine Schnittgeschwindigkeit verstanden, bei der bis zum Stumpfwerden des Bohrwerkzeuges eine Gesamtbohrlänge (Bohrtiefe) von 2000 mm erreicht werden kann. Die erreichbaren Standlängen oder aber bei gleichen Standlängen die anwendbaren Schnittgeschwindigkeiten sind stark von der Einzellochtiefe[2] abhängig.

Will man beispielsweise bei Spiralbohrern aus Schnellstahl eine Standlänge von $L = 2000$ mm erreichen, so ergibt sich eine anwendbare Schnittgeschwindigkeit von $v = 41$ m/min bei einer Einzellochtiefe von 2d, $v = 33$ m/min bei einer Einzellochtiefe von 3d, $v = 27$ m/min bei einer Einzellochtiefe von 4d. Die bei normaler Ausführung anzusetzende Lochtiefe soll möglichst nicht über 5 d betragen.

Fräsen. Die Zeit, in der ein Fräswerkzeug mit geschärften Schneiden (bis zur Abstumpfung) arbeitsfähig ist, wird als Standzeit bezeichnet. Das Ende der Arbeitsfähigkeit kann durch Schätzen, Vergleich mit Fräslängen oder mit Stückzahlen, Beurteilung der gefrästen Fläche, Ansteigen des Kraftverbrauches, Messen der Verschleißfase usw. ermittelt werden. Das *Standzeitkriterium* kennzeichnet das Ende der Standzeit; es bezeichnet denjenigen Grad der Schneidenstumpfung, bei dem wirtschaftlich optimal ein Neuanschliff zu erfolgen hat.

Schleifen. Als Standzeit einer Schleifscheibe ist die *Schneidzeit* zwischen zwei Abrichtvorgängen anzusehen. Nach einer gewissen Zeit ist die Grenze der zulässigen Rauheit (vgl. S. 52) und damit auch das Ende der Standzeit erreicht. Beim Gewindeschleifen spricht man vom „*Standweg*". Man versteht darunter den Weg, den der äußere Durchmesser der Schleifrippe, welcher den Gewindegrund formt, entlang der abgewickelten Schraubenlinie durchstehen muß, ohne mehr von seiner Form zu verlieren, als es die zulässige Toleranz der Kernabrundung gestattet. Der Standweg ist abhängig von der Korngröße und Härte der Schleifscheibe, von dem Verhältnis ihrer Umfangsgeschwindigkeit zur Werkstückgeschwindigkeit und von der Schnittiefe. Mit *Standzahl* wird die zwischen zwei Abrichtungen schleifbare Anzahl von bestimmten Werkstücken bezeichnet.

---

[1] Hartmetallbestückte Werkzeuge ermöglichen im Vergleich zu solchen aus Schnellstahl Mehrleistungen durch beträchtliche Steigerung der Arbeitsgeschwindigkeiten; sie erzielen aber auch weitaus längere Standzeiten. Ihre Anwendung ist heute nicht mehr auf das Gebiet der kurzspanenden Werkstoffe, wie Gußeisen, Hartguß, Leicht- und Nichtmetalle beschränkt. Sie können ebenso vorteilhaft bei der Bearbeitung langspanender Werkstoffe, wie Stahl und Stahlguß, eingesetzt werden.

[2] Die Bohrtiefe eines Loches, mit der gebohrten Lochzahl multipliziert, ergibt die Gesamtlochtiefe.

Leistungssteigerung. Mit der Erhöhung der Standzeit eines Werkzeuges vermindert sich die Häufigkeit des Nachschleifens. Damit fallen aber nicht nur die Kosten für die Werkzeuge und für ihre Instandsetzung selbst, sondern es verringern sich auch alle jene Zeiten, die fertigungshemmend, beispielsweise durch das Ein- und Ausspannen, das Einstellen sowie durch das Messen, bedingt sind. Die Erhöhung der Standzeit der Werkzeuge übt also einen außerordentlichen Einfluß auf die Wirtschaftlichkeit bei spangebenden Arbeitsgängen aus und bedeutet selbst bei unveränderten Arbeitsbedingungen stets eine *Leistungssteigerung.* Erwähnt seien hier noch die Fortschritte auf dem Gebiete der *Oxid-Karbid-Schneidkeramik*[1]. Mit der Sorte „Schneidkeramik HC 30" für kurz- und langspanende Werkstoffe wurden Leistungen erzielt, die bisher mit Hartmetallwerkzeugen nicht erreicht werden konnten. Es sind Schnittgeschwindigkeiten möglich, die zwei- bis dreimal so hoch liegen wie bei den Hartmetallsorten. Die wirtschaftlichen Vorteile der Schneidkeramiksorten liegen in ihrer überlegenen Verschleißfestigkeit gegenüber den Hartmetallen begründet. Sie können entweder durch eine vielfache Standzeit bei gleicher Schnittgeschwindigkeit oder aber durch eine vielfache Schnittgeschwindigkeit bei gleicher Standzeit zum Ausdruck kommen. Im ersten Fall verringern sich die Werkzeugwechselzeiten, was einen höheren Produktionsausstoß, verbunden mit einer Senkung der Werkzeugkosten, ergibt. Wird mit einer vielfachen Schnittgeschwindigkeit gegenüber Hartmetall gearbeitet, so erhält man gleichfalls einen entsprechend höheren Produktionsausstoß. Das Anwendungsgebiet der Schneidkeramik liegt im allgemeinen im Bereich der Fertigbearbeitung beim Drehen, vorzugsweise Stahlwerkstoffe über 70 kp/mm² Festigkeit, vergütete und gehärtete Stähle, schwer bearbeitbare Sonderwerkstoffe und -legierungen, wie sie beim Bau von Atomreaktoren, Raketen und Düsentriebwerken Verwendung finden, Gußeisen, Hartguß, siliziumhaltigen Leichtmetallegierungen, harter Bronze sowie für Isolier- und Kunststoffe, die einen hohen Schneidenverschleiß verursachen, Kunstkohle und Graphit [25]*.

2 Hauptzeit

Als Grundlage der Stückzeitermittlung ist die Kenntnis der Antriebs- und Leistungsverhältnisse der Werkzeugmaschinen eine notwendige Voraussetzung. Diesem Zweck dienen sogenannte Maschinenkarten, wie sie von den Firmen der Werkzeugmaschinenindustrie aufgestellt bzw. an besonderen Tafeln an der Maschine angebracht sind. Diese Maschinenleistungskarten ermöglichen einerseits eine wirt-

Aufbau zur Ermittlung einer Vorgabezeit für m = 85 Stück

Formelzeichen Gleichung		Zeitwerte	Minuten	Minuten
t_{rg}		**Rüstgrundzeit** (Summe der Einzelzeiten) nach eigenen Ermittlungen oder nach Gebrauchstafel zu	$t_{rg} = 36,3$	
t_{rv}	Rüstzeit	**Rüstverteilzeit** (Zuschlag in %) für den betreffenden Betrieb, erstellt nach eigenen Ermittlungen zu 10% aus t_{rg}	$t_{rv} = \ 3,6$	
$t_r = t_{rg} + t_{rv}$		**Rüstzeit** (Summe von t_{rg} und t_{rv}) einmalig je Auftrag gerundet		$t_r = 39,9$ $t_r = 40,0$
t_h		**Hauptzeit** (Summe der Hauptzeiten) nach Rechnung, eigenen Ermittlungen oder nach Gebrauchstafeln zu	$t_h = 67,8$	
t_n	Stückzeit	**Nebenzeit** (Summe der Nebenzeiten) nach eigenen Ermittlungen oder nach Gebrauchstafeln zu	$t_n = \ 9,3$	
$t_g = t_h + t_n$ t_v		**Grundzeit** (Summe von t_h und t_n) **Verteilzeit** (Zuschlag in %) gerechnet für den betreffenden Betrieb nach eigenen Ermittlungen zu 15% aus t_g	$t_g = 77,1$ $t_v = 11,6$	
$t_e = t_g + t_v$		**Stückzeit** für 1 Stück (Summe von t_g und t_v)	$t_e = 88,7$	
t_r $m\,t_e$	Vorgabezeit	Rüstzeit einmalig Stückzeit für $m = 85$ Stück	$1\,t_r = \ 1\cdot 40,0 = \ \ \ 40,0$ $m\,t_e = 85\cdot 88,7 = 7539,5$	
$T = 1\,t_r + m\,t_e$		**Vorgabezeit** (Summe von $1\,t_r$ und $m\,t_e$) gerundet	$7579,5$ $T = 7580,0$	
			Vorgabezeit für 85 Stück T = 126 h 20 min	

[1] Im Hinblick auf die Zusammensetzung der „Schneidkeramik" unterscheidet man: Reines Aluminiumoxid (*Oxidkeramik*), Aluminiumoxid plus Metall (*Oxid-Metallkeramik*) und Aluminiumoxid plus Metallkarbid (*Oxid-Karbidkeramik*).

* Die Zahlen in eckigen Klammern verweisen auf Quellen im Schrifttum, vgl. S. 360.

schaftliche Ausnutzung der Maschinen und andererseits eine genaue *Vorausbestimmung der Hauptzeiten*. Den grundsätzlichen Aufbau einer Vorgabezeitermittlung durch Zusammenfassung der einzelnen Zeitwerte eines Arbeitsganges nach Refa[1] zeigt vorstehende Tafel.

Die Vorgabezeit (Akkordzeit) setzt sich zusammen aus der Rüstzeit t_r zur Vorbereitung und zum Abrüsten und der Ausführungszeit t_a. Es besteht die Zeitgleichung (32).

$$\boxed{\begin{array}{ccccc} \text{Auftragszeit} & = & \text{Rüstzeit} & + & \text{Ausführungszeit} \\ T & = & t_r & + & t_a \end{array}} \quad (32)$$

Folgende Zeitbegriffe liegen vor:

Auftragszeit T = Zeit, die für die Erledigung eines bestimmten Auftrages insgesamt vorzugeben ist; sie schließt alle Rüst- und Ausführungsarbeiten ein.

Rüstzeit t_r = Zeit, die der Vorbereitung der auftragsgemäß auszuführenden Arbeit, insbesondere der Betriebs- und Hilfsmittel und deren Rückversetzung in den ursprünglichen Zustand, dient. Rüstzeit ist unabhängig von der Zahl der Werkstücke und fällt in der Regel nur einmal je Auftrag an.

Ausführungszeit t_a = Zeit, die für die Arbeit an allen Einheiten des Auftrages insgesamt vorzugeben ist. Die Zeit je Einheit t_e ist die Zeit, die für die Ausführung der Arbeit (unabhängig von der Größe des Auftrages) je Einheit benötigt wird. Bedeuten m die Anzahl der Einheiten des Auftrages (Stückzahl) und t_e die Zeit je Einheit (Stückzahl), so gilt $t_a = m\, t_e$.

Grundzeit t_g = Zeiten, die zur verlustlosen Ausführung einer Einheit des Auftrages, meist also eines Stückes, berechnet oder durch Zeitaufnahme gemessen sind. Die Grundzeit umfaßt alle Zeiten, die regelmäßig anfallen und der Vorbereitung und Durchführung des eigentlichen Bearbeitungsvorganges dienen. Es ist $t_g = t_h + t_n$. Die Grundzeit wird unterteilt in die

Hauptzeit t_h = Zeit, während der an dem Werkstück ein unmittelbarer Fortschritt im Sinne des Auftrages entsteht (z. B. Nutzungszeit eines Betriebsmittels zur Formveränderung des Werkstückes) und in die

Nebenzeit t_n = Zeit, während der an dem Werkstück mittelbare Fortschritte im Sinne des Auftrages bewirkt werden (z. B. Ein- und Ausspannen des Werkstückes, Werkzeugwechsel, Messen und dergleichen). Die Nebenzeit ist ein Teil der Grundzeit je Einheit; es gilt $t_g = t_h + t_n$.

Verteilzeit t_v = Zeiten, die wegen unregelmäßigen Auftretens nicht bei jeder Zeitaufnahme oder Zeitberechnung ordnungsgemäß erfaßt werden können. (Warten an der Werkzeugausgabe, kleine Nebenarbeiten, persönliche Bedürfnisse usw.) Diese Zeiten werden deshalb mit Hilfe eines gesondert ermittelten Prozentsatzes der Grundzeit zugeschlagen. Rüstzeit t_r und Zeit je Einheit t_e setzen sich zusammen aus Grundzeit (t_{rg} oder t_g), die regelmäßig anfällt, und aus Verteilzeit (t_{rv} oder t_v), die unregelmäßig anfällt; es gilt $t_r = t_{rg} + t_{rv}$ und $t_e = t_g + t_v$.

Rüstgrundzeit t_{rg} = Zeiten, die der allgemeinen Vorbereitung und Erledigung eines Auftrages dienen (Holen und Abliefern der Werkstücke, Zeichnungen und Werkzeuge, Auf- und Abrüsten der Maschine, Bereitstellen der Spannmittel, Säubern der Maschine und Werkstücke).

Hauptzeiten[2] lassen sich als Maschinenzeiten vielfach aus Gleichungen berechnen, deren einzelne Werte (Drehzahlen, Hubzahlen, Vorschübe und Vorschubgeschwindigkeiten) auf Grund von Maschinenangaben oder eigenen Feststellungen einzusetzen sind; es gilt Gl. (33). Die Hauptzeit, die je Werkstück ein Kleinstwert werden soll, ist formelmäßig

$$\boxed{\text{Hauptzeit} = \frac{\text{im Vorschub zurückgelegter Weg}}{\text{Vorschubgeschwindigkeit}}} \quad (33)$$

zu erfassen, um die beeinflußbaren Größen zu erkennen. Je nach Art und Form des Werkstückes und nach dem benutzten Bearbeitungsverfahren dienen verschiedene Gleichungen zur Berechnung der Hauptzeit.

2.1 Drehmaschine

Drehen ist das Spanen mit einschneidigem, ständig im Eingriff stehendem Werkzeug zur Verbesserung von Form, Maß, Lage und Oberfläche, wobei Werkstück und/oder Werkzeug als Hauptbewegung eine Dreh-, als Nebenbewegung eine Vorschubbewegung ausführen. Die erzielten Oberflächen weisen

---

[1] Arbeits- und Zeitstudien führte 1924 der ehemalige „Reichsausschuß für Arbeitsstudien" (Refa) durch. Seit 1951 führt diese Arbeiten der „Verband für Arbeitsstudien, Refa, E.V." fort. Ziel der Refaarbeit ist es, anzuregen und mitzuhelfen, daß bei jeder Arbeitsleistung oder Gütererzeugung auf allen Gebieten der beste Erfolg, mit geringstem Aufwand und bei günstigsten Arbeitsbedingungen für den arbeitenden Menschen, erreicht wird.

[2] Hauptzeiten können je nach Art des Betriebsmittels oder des Arbeitsvorganges in ihrer Dauer durch das Können und den Einsatz des Arbeiters, also durch den jeweiligen *Leistungsgrad* des arbeitenden Menschen, beeinflußt oder nicht beeinflußt werden. Demzufolge sind (nach Refa) beeinflußbare und unbeeinflußbare Hauptzeiten zu unterscheiden. Im folgenden ist bei den rein mechanischen Vorgängen der spanenden Formung unter Hauptzeit stets die reine Zerspanzeit je Einheit t_h, also die **unbeeinflußbare Hauptzeit** (t_{uh}) zu verstehen.

beim Langdrehen (Längsdrehen) parallele, beim Plandrehen (Stirndrehen) spiralförmige Rillen auf. Je nach Form und Lage der Bearbeitungsstellen am Werkstück und den Möglichkeiten der Maschine unterscheidet man u. a.: Außen- und Innendrehen, Lang- und Plandrehen (Längs- und Stirndrehen), Einstechen, Formdrehen im Einstich oder mit Bezugsformstück (Schablone). Durch die Werkstückform bedingte Schnittunterbrechungen beeinträchtigen nicht die Einordnung unter den Begriff Drehen, da die Schnittunterbrechungen nicht durch Werkstück- und Werkzeugbewegungen hervorgerufen werden [18].

2.11 Hauptzeit beim Langdrehen

Langdrehen ist Abdrehen zylindrischer Arbeitsflächen an ihrem Umfang (Abb. 11). Die Vorschubbewegung erfolgt gleichlaufend zur Werkstückachse. Das Schneiden der Späne erfolgt dabei nach einer Schraubenlinie, deren Steigung gleich dem Vorschub ist. Bei i Schnittgängen erhält man:

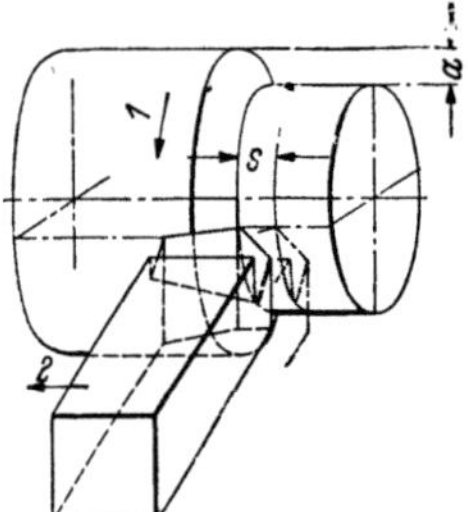

Abb. 11. Arbeitsweise beim **Langdrehen** (Außendrehen). Pfeilrichtung *1* = drehende Schnittbewegung des Werkstückes; *2* = gerade Vorschubbewegung des Werkzeuges, gleichlaufend zur Werkstückachse; s = Vorschub des Drehmeißels je Umdrehung der Drehspindel; a = Schnitttiefe (Spananstellung je Schnitt, senkrecht zur Vorschubrichtung gemessen)

Hauptzeit beim Langdrehen[1]

$$t_h = i\,\frac{L}{s\,n} \qquad (34)$$

Wird in Gl. (34) die Drehzahl n durch Schnittgeschwindigkeit und Durchmesser ausgedrückt, so ergibt sich die Gesamtgleichung[2] (35).

Hauptzeit beim Langdrehen (ohne Zwischenberechnung von n)

$$t_h = i\,\frac{L\,D\,\pi}{s\,v \cdot 1000} \qquad (35)$$

t_h = Hauptzeit beim Langdrehen für die Länge L [min], i = Anzahl der Schnitte, L = Schaltweg des Drehmeißels [mm], s. Gl. (37), s = Vorschub des Drehmeißels je Umdrehung der Drehspindel [mm/U], n = Umlaufzahl der Drehspindel [1/min], D = Werkstückdurchmesser [mm], s. Gl. (38), v = Schnittgeschwindigkeit [m/min], gemessen auf dem äußeren Drehdurchmesser, sn = Werkzeugvorschub je Minute [mm/min].

Die Schnittgeschwindigkeit v wird unter Beachtung aller bei der Bearbeitung wichtigen Einflüsse aus einschlägigen Tabellen (Richtwerttabellen) entnommen. Über „Größe der Schnittgeschwindigkeit" vgl. S. 6.

Anmerkung: In Gl. (35) sind L und D durch die Abmessungen des Werkstückes, die Werte s und v durch die gewünschte Oberflächengüte sowie die Werkstoffe von Drehmeißel und Werkstück gegeben. Die kleinste Hauptzeit kann demnach nur dann erreicht werden, wenn die als zweckmäßig gewählten Bestwerte für s und v an jeder Stelle des Werkstückes eingehalten werden. Um dies zu verwirklichen, ist zu fordern: a) eine selbsttätige Änderung der Drehzahl in Abhängigkeit vom Durchmesser derart, daß die Schnittgeschwindigkeit konstant bleibt; b) die selbsttätige Änderung des Vorschubes in Abhängigkeit von den vorgeschriebenen Oberflächengüten durch Verwendung einer zweiten Steuerschablone neben der Kopierschablone. (Vgl. Fußnote[1] S. 189.)

Um die Rechenarbeit zur Bestimmung der Hauptzeit t_h nach Gl. (35) weitgehend zu erleichtern und Rechenfehler möglichst auszuschalten, hat man Linientafeln und Zahlentafeln entworfen, die bei gegebenem Durchmesser D, Schnittgeschwindigkeit v und Vorschub s den gesuchten Wert t_h geben. Die eine Gruppe der Gebrauchstafeln gibt den Wert t_h für die jeweils gegebene Länge L (Abb. 151), die andere Gruppe je nach Erfordernis den Wert t_{h10} für eine Länge $L = 10$ mm oder t_{h100} für eine Länge $L = 100$ mm in Minuten an.

---

[1] Die Gleichung $t_h = \dfrac{L}{s\,n}$ kann auch so geschrieben werden:

$$\text{Hauptzeit} = \frac{\text{gesamte Länge}}{\text{minutl. bearbeitete Länge}}\;[\textit{Längenbearbeitung}].$$

Für die Gleichung $t_h = \dfrac{L\,D\,\pi}{s\,v \cdot 1000}$ gilt sinngemäß:

$$\text{Hauptzeit} = \frac{\text{gesamte Oberfläche}}{\text{minutl. bearbeitete Oberfläche}}\;[\textit{Flächenbearbeitung}].$$

[2] Gl. (35) ergibt nur dann genaue Werte, wenn Drehzahl und Vorschub stufenlos einstellbar sind. Andernfalls erhält man nur Annäherungswerte. Für die folgenden Gesamtgleichungen zur Berechnung der Hauptzeit ohne Zwischenberechnung der Drehzahl n gilt sinngemäß das gleiche.

Ist die Hauptzeit t_{h10} in Minuten für $L = 10$ mm bekannt, so folgt:

Hauptzeit aus t_{h10}
$$t_h = i\,\frac{L}{10}\,t_{h10}$$
$t_h =$ Hauptzeit beim Langdrehen für die Länge L [min], $i =$ Anzahl der Schnitte, $L =$ Schaltweg des Drehmeißels [mm], $t_{h10} =$ Hauptzeit für $L = 10$ mm Schaltweg [min]. (36)

Sinngemäß wird für $L = 100$ mm und t_{h100} die Hauptzeit $t_h = i\,\dfrac{L}{100}\,t_{h100}$.

Beispiel 32. Für eine Dreharbeit wird die Hauptzeit für 10 mm Bearbeitungsweg zu $t_{h10} = 0{,}50$ Min. je Schnittgang ermittelt. Welche Hauptzeit ergibt sich für 72 mm Schaltweg und zwei Schnittgänge?

Lösung: Mit $i = 2$, $L = 72$ mm und $t_{h10} = 0{,}50$ Min. ergibt Gl. (36):
$$t_h = i\,\frac{L}{10}\,t_{h10} = 2\,\frac{72}{10}\,0{,}50 = 7{,}2;\ \text{Hauptzeit } t_h = 7{,}2 \text{ Min. (Vgl. auch Beispiel 68.)}$$

Beispiel 33. Eine Drehmaschine, an eine Transmission mit Vorgelege angeschlossen, hat im Leerlauf 145 1/min, unter Last nur 127 1/min. a) Welche Unterschiede ergeben sich in den Hauptzeiten bei Bearbeitung einer Welle von 1350 mm Länge und einem Vorschub von 0,8 mm/U? b) Wie groß ist der Fehler in Prozenten, falls die Leerlaufwerte der Maschine der Zeitberechnung zugrunde gelegt werden?

Lösung: a) Hauptzeit (Leerlauf) $t_h = \dfrac{L}{s\,n} = \dfrac{1350}{0{,}8\cdot 145} = 11{,}6$ Min.; Hauptzeit (Last) $t_h = \dfrac{1350}{0{,}8\cdot 127}$ $= 13{,}3$ Min. b) Es würde sich demzufolge ein Fehler von 1,7 Min. oder $\dfrac{100\cdot 1{,}7}{13{,}3} \approx 13\%$ ergeben.

Beispiel 34. Eine Welle wird bei 0,3 mm/U Vorschub und 80 m/min Schnittgeschwindigkeit mit Hartmetall abgedreht. Die wievielfache Hauptzeit wird benötigt, wenn die Welle bei $s = 0{,}6$ mm/U und $v = 15$ m/min mit Schnellstahl bearbeitet wird?

Lösung: $\dfrac{t_{h\,(\text{Schnellstahl})}}{t_{h\,(\text{Hartmetall})}} = \dfrac{i\,\dfrac{L\,D\,\pi}{0{,}6\cdot 15\cdot 1000}}{i\,\dfrac{L\,D\,\pi}{0{,}3\cdot 80\cdot 1000}} = \dfrac{0{,}3\cdot 80}{0{,}6\cdot 15} = \dfrac{8}{3} = 2{,}67.$ Schnellstahl erfordert gegenüber Hartmetall 2,67fache Hauptzeit.

Umrechnungen von „Sekunden in Minuten" in Dezimalen. Wegen Vereinfachung der Rechnung ist es in der Arbeitszeitvorrechnung gebräuchlich, Zeiten nicht in der üblichen 60er Teilung, sondern in 100er Teilung zu erfassen. Stoppuhren oder sonstige Zeitmeßgeräte haben dann entsprechende Zifferblätter.

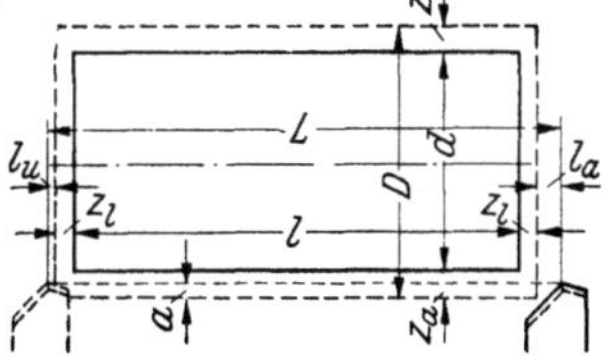

Abb. 12. Schaltweg beim Außendrehen.

d und l sind Fertigmaße, D ist der ursprüngliche Werkstückdurchmesser (vgl. auch B. T. 1, S. 300)

2.111 Schaltweg beim Außenlängsdrehen

Der in den Gln. (34) bis (36) angeführte Schaltweg L des Werkzeuges setzt sich aus dem Fertigmaß des Werkstückes zuzüglich Werkstoffzugabe und Werkzeugan- und -auslauf zusammen.

Schaltweg beim Außendrehen (Abb. 12)
$$L = l_a + Z_l + l + Z_l + l_u$$
(37)

$L =$ Schaltweg beim Außendrehen $=$ für die Bestimmung der Hauptzeit in Rechnung zu setzende Länge [mm], $l_a =$ Anlauf des Werkzeuges [mm], $Z_l =$ einseitige Werkstoffzugabe in der Länge [mm], $l =$ aus der Zeichnung sich ergebende Länge, auch Nennmaß genannt [mm], $l_u =$ Überlauf des Werkzeuges [mm].

Durchmesser beim Außendrehen (Abb. 12)
$$D = d + 2Z_a$$
$D =$ Durchmesser beim Außendrehen $=$ für die Berechnung der Schnittgeschwindigkeit in Rechnung zu setzende (38)

Durchmesser [mm], $d =$ aus der Zeichnung sich ergebende Durchmesser [mm], $Z_a =$ einseitige Werkstoffzugabe am Außendurchmesser [mm].

2.112 Schaltweg beim Außenlängskopieren

Beim Kopierdrehen[1] von Stirnseiten und Schultern mit hydraulisch arbeitenden, schräg zur Drehmaschinenachse angeordneten Kopierschiebern (Abb. 13) ist deren

---

[1] Das *Kopierdrehen* wird dort mit großem Erfolg eingesetzt, wo eine mehr oder weniger große Anzahl von gleichen Werkstücken mit unregelmäßigen, von der zylindrischen oder ebenen Form abweichenden Konturen und dementsprechend häufig wechselnden Drehdurchmessern bearbeitet werden soll. *Vorteile:* Zeitersparnis durch selbsttätigen und stetigen Arbeitsablauf, Ausschalten des Messens und Lehrens während und nach der Arbeit, volle Ausschöpfung der Hauptzeitverminderung beim Plankopieren durch Einsatz von Variatoren zur Erzielung gleichbleibender Schnittgeschwindigkeit, geringer Aufwand zur Erzielung halb- und vollautomatischer Programme. Vgl. auch S. 189, Fußnote 1.

Gesamthöhe $h = (D - d)/2$ (Abb. 14) ein Teil der Längsbewegung L des Bettschlittens. Der Anteil a dieser Gesamthöhe an der Längsbewegung ist von der
Schrägstellung des Bettschlittens abhängig. Er wächst mit dem Einstellwinkel $\varkappa$

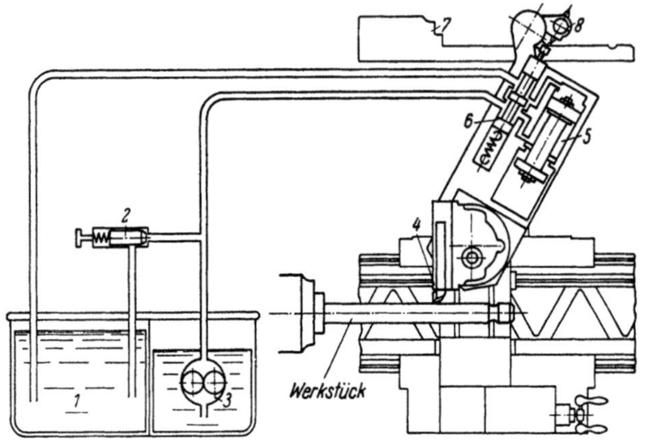

Das rein hydraulische System (Servo-
system) Abb. 13 arbeitet kontinuierlich. Während des Kopiervorganges
sind beide Steuerspalten ständig geöffnet, so daß durch sie Öl immer in
der gleichen Richtung fließt, werden
also nur etwas mehr oder weniger
weit geöffnet. Um senkrechte Ab-
sätze herstellen zu können, ist das
Kopiergerät schräg zur Vorschubrichtung angestellt. Die kopierte
Form entsteht also durch Über-
lagerung des Längsvorschubes und
der Bewegung des Kopiergerätes.
Der tatsächliche Vorschub des Kopiermeißels erfolgt senkrecht zur
Werkstückachse.

Abb. 13. Funktionsschema der VDF-Kopiereinrichtung „Hydrokop".

1 = Ölbehälter; 2 = Überdruckventil; 3 = Schraubenpumpe; 4 = Kopiermeißel; 5 = Arbeitszylinder; 6 = Steuer-
schieber; 7 = Schablone oder Musterwelle; 8 = Taster

des Kopierschlittens, der 30°, 45°, 60° oder 90° betragen kann. Im allgemeinen steht
das Kopiergerät unter einem Einstellwinkel von $\varkappa = 60°$ zur Drehachse. In Abb. 14

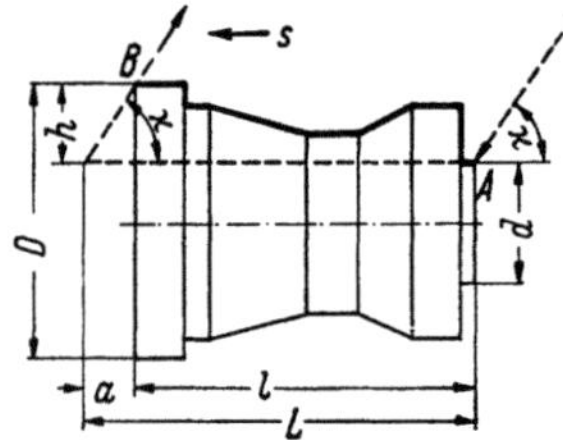

Anteil a (Abb. 14 und 15)
ist vom Einstellwinkel $\varkappa$
abhängig:

$\varkappa =$	$a =$
30°	$1{,}732\,h$
45°	$1\,h$
60°	$0{,}577\,h$
90°	$0\,h = 0$

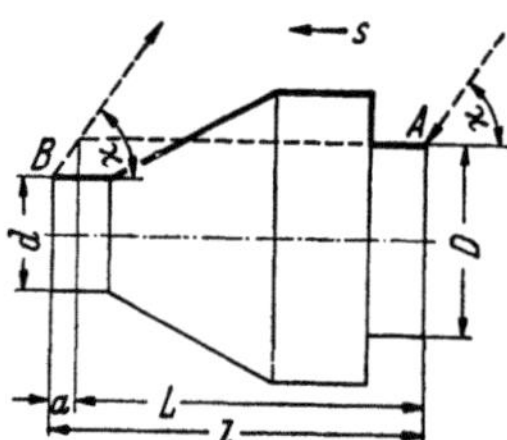

Abb. 14. Außenlängskopieren. **Anfangsdurchmesser
kleiner als Enddurchmesser**

Abb. 15. Außenlängskopieren. Anfangsdurchmesser
größer als Enddurchmesser

und 15 bedeutet $A =$ Anfangspunkt, $B =$ Endpunkt des Kopierschnittes. Beträgt
dessen Weglänge 100 mm, so entspricht dies etwa einem Durchmesserunterschied
von 130 mm, somit einer Schulterhöhe von 65 mm. Für den für die Berechnung
der Hauptzeit zugrunde zu legenden Schaltweg gilt:

Schaltweg beim
Außenlängs-
kopieren

Abb. 14
$$L = l + \cot \varkappa \, \frac{D - d}{2} \tag{39}$$

Abb. 15
$$L = l - \cot \varkappa \, \frac{D - d}{2} \tag{40}$$

$L =$ Schaltweg (Laufweg) des
Bettschlittens beim Außen-
längskopieren [mm], $l =$ zu
kopierende Werkstücklänge
[mm], $\varkappa =$ Einstellwinkel des
Kopiergerätes, gemessen zur
Drehachse [°], $D =$ großer
Durchmesser des kopierten

Werkstückes [mm], $d =$ kleiner Durchmesser des kopierten Werkstückes [mm]. Nach Abb. 15 und
Gl. (40) ist der Schaltweg des Bettschlittens kleiner als die Werkstücklänge.

Anmerkung: Wird beim Längskopieren das Kopiergerät senkrecht zur Drehachse angestellt, wird
also $\varkappa = 90°$ und $\cot 90° = 0$, so ergeben die Gln. (39) und (40) die Gleichung $L = l$; der Schaltweg
wird gleich der zu kopierenden Werkstücklänge.

Beispiel 35. Nach Abb. 14 ist $a = 27$ mm und die zu kopierende Werkstücklänge $l = 240$ mm.
Unterschied für den Schaltweg, wenn der Einstellwinkel a) $\varkappa = 45°$, b) $\varkappa = 60°$ beträgt?

Lösung: [Gl. (39)] a) $L = l + \cot\varkappa\,\dfrac{D-d}{2} = l + a\cot\varkappa = 240 + 27\cdot\cot 45° = 240 + 27$;
Schaltweg $L = 267$ mm. b) $L = 240 + 27\cdot\cot 60° = 240 + 27\cdot 0{,}5774 \approx 256$; Schaltweg $= 256$ mm. Schaltwegeinsparung $= 11$ mm.

Ist der Schaltweg L des Bettschlittens beim Außenlängskopieren bekannt, so errechnet sich die Hauptzeit (Laufzeit des Kopiermeißels) zu $t_h = i\,\dfrac{L}{s\,n}$ [Gl. (34)], worin $s =$ eingestellter Vorschub des Bettschlittens [mm/U] und $n =$ Drehzahl des Werkstückes [1/min] ist. Die Vorschubrichtung ist für die Berechnung des Schaltweges ohne Belang.

2.113 Schaltweg beim Innenlängskopieren

Auch hier ist der Schaltweg des Bettschlittens nicht gleich der Werkstücklänge. Es gelten die Gl. (39) für Abb. 16 und Gl. (40) für Abb. 17. Aus Abb. 14 bis 17 mit zwischendurch mehrfach aus auf- und absteigenden Teilen bestehenden Umrißlinien ist ersichtlich, daß dies auf das Endergebnis keinen Einfluß hat. Entscheidend ist nur die Stellung des Schneidmeißels auf seinem Kopierschieberweg am Ende der Bearbeitung gegenüber dem Anfangszustand, oder anders ausgedrückt, der Unterschied zwischen dem ersten und dem letzten Durchmesser eines in einem Zuge kopierten Teiles des Werkstückes.

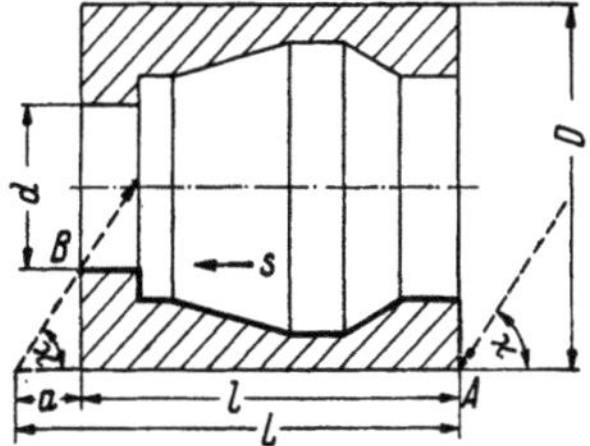

Für Abb. 16 gilt:
$L = l + \cot\varkappa\cdot(D-d)/2$
Für Abb. 17 gilt:
$L = l - \cot\varkappa\cdot(D-d)/2$
($A =$ Anfangspunkt; $B =$ Endpunkt des Kopierschnittes)

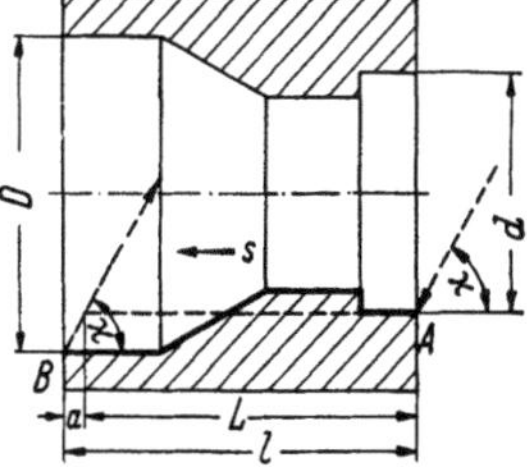

Abb. 16. Innenlängskopieren. Anfangsdurchmesser größer als Enddurchmesser

Abb. 17. Innenlängskopieren. Anfangsdurchmesser kleiner als Enddurchmesser

Ist der Schaltweg L des Bettschlittens beim Innenlängskopieren bekannt, so errechnet sich die Hauptzeit nach Gl. (34).

2.12 Hauptzeit beim Plan- und Planringdrehen

Plan- und Planringdrehen ist Abdrehen von Kreis- und Kreisringflächen. Die Vorschubbewegung ist senkrecht zur Werkstückachse gerichtet. Der Span entsteht längs einer (archimedischen) Spirale[1]. Drehdurchmesser und Schnittgeschwindigkeit werden dabei immer kleiner.

2.121 Plandrehen ohne Drehzahlregelung

Die Berechnung der Hauptzeit erfolgt nach Gl. (34) oder Gl. (35). Die Planfläche ist eine volle Kreisfläche. Die vom Meißel zurückgelegte Wegstrecke ent-

---

[1] Die *Archimedische Spirale* entsteht, wenn sich ein Punkt (die Meißelspitze) auf einem Strahl (in Vorschubrichtung) bewegt, der sich seinerseits gleichförmig (mit konstanter Schnittgeschwindigkeit) um einen festen Punkt (die Drehachse) dreht; vgl. auch Fußnote S. 170 und Abb. 357. Die Bogenlänge der Archimedischen Spirale ist $L = s z^2 \pi$, worin s den Vorschub je Umdrehung und z die Anzahl der Windungen bedeuten. Ist nun ferner D der größte Drehdurchmesser, so ist die Zahl z der Windungen beim Drehen bis auf Durchmesser Null: $z = \dfrac{D}{2s}$; somit wird die Spirallänge L beim Drehen bis auf Durchmesser Null: $L = \dfrac{D^2 \pi}{4s}$. Bei konstanter Schnittgeschwindigkeit ist die Hauptzeit t_{hv} gleich der Spirallänge L dividiert durch die Schnittgeschwindigkeit v; ist n die Anfangsdrehzahl, so erhält man $t_{hv} = \dfrac{L}{v\cdot 1000} = \dfrac{D^2 \pi}{4sD\pi n} = \dfrac{D}{4sn}$. Dagegen ist die Gleichung für Drehen mit konstanter Drehzahl $t_{hn} = \dfrac{D}{2sn}$. Daraus folgt, daß theoretisch beim Plandrehen mit konstanter Schnittgeschwindigkeit nur die Hälfte der Zeit benötigt wird, die beim Drehen mit konstanter Drehzahl erforderlich wäre.

spricht dem Werkstückhalbmesser. Ohne Berücksichtigung des Anlaufes folgt:

Hauptzeit beim Plandrehen ohne Drehzahlregelung	$$t_{hn} = i \, \frac{D}{s\,n \cdot 2}$$	(41)
t_{hn} ohne Zwischenberechnung von n	$$t_{hn} = i \, \frac{D^2\,\pi}{s\,v \cdot 2000}$$	(42)

t_{hn} = Hauptzeit beim Plandrehen ohne Drehzahlregelung [min], i = Anzahl der Schnitte, D = Werkstückdurchmesser [mm], s = Vorschub des Drehmeißels je Umdrehung der Drehspindel [mm/U], n = Umlaufzahl der Drehspindel [1/min], v = Schnittgeschwindigkeit [m/min].

Beispiel 36. Eine Scheibe (GG-22) von 762 mm Durchmesser ist bei 0,4 mm/U Vorschub mit 18 m/min Schnittgeschwindigkeit in zwei Schnitten planzudrehen. Die Plandrehmaschine gestattet die Drehzahlen 12, 26, 57, 124, 270 und 590 1/min zu schalten. Berechne die Hauptzeit (Anlauf bleibt unberücksichtigt).

Lösung: [Z. 10, B. T. 1] $\ n = \dfrac{v}{D\pi} = \dfrac{18}{0,762\,\pi} = 7,5$ 1/min. Gewählt werde die kleinste Drehzahl

$n = 12$ 1/min. Damit Gl. (41): $\ t_{hn} = i \, \dfrac{D}{s\,n\cdot 2} = 2 \, \dfrac{762}{0,4\cdot 12\cdot 2} = 158,75$ $\ \Big|\ $ Hauptzeit $t_{hn} = 158,75$ Min. Vgl. auch Beispiel 37.

Anmerkung: Wirtschaftliches Plandrehen erfordert eine dem veränderlichen Drehdurchmesser entsprechende Drehzahländerung. Diese ist, insbesondere bei Drehwerken (Karusselldrehmaschinen), nur bei Verwendung von Gleichstromregelmotoren oder bei Drehstromantrieb unter Zwischenschalten eines Getriebes mit kontinuierlicher Drehzahländerung (z. B. PIV-Getriebe) möglich. Das Plandrehen mit gleichbleibender Schnittgeschwindigkeit ermöglicht eine kürzere Hauptzeit und hat außerdem fertigungstechnische Vorteile.

2.122 Plandrehen mit Drehzahlregelung

Wird beim Plandrehen bis zum Durchmesser Null herunter mit *stufenloser Drehzahlregelung* gearbeitet, so hat man die Planfläche in zwei Teile zu teilen (Abb. 18): in diejenige Planringfläche, welche mit gleichbleibender Schnittgeschwindigkeit bearbeitet werden kann und in die Restplanfläche, welche mit fallender Schnittgeschwindigkeit bearbeitet werden muß.

Diese Unterteilung der gesamten Planfläche ergibt sich in jedem Falle, auch bei sehr kleinen Planflächen, weil es nicht möglich ist, eine Werkstückspindel mit unendlich hoher Drehzahl laufen zu lassen, was ja nötig wäre, wenn man bis auf den Durchmesser Null herunter mit gleichbleibender Schnittgeschwindigkeit arbeiten wollte[1]. Man spricht deshalb von dem sog. verfügbaren *Regelbereich*, in Abb. 18 also von D bis D_1. Die Anzahl z der nötigen Umdrehungen von D nach D_1 ergibt sich zu $z = \dfrac{D-D_1}{2s}$. Die mittlere Drehzahl beim Abdrehen der Planringfläche entspricht dem mittleren Durchmesser D_m zwischen D und D_1. Es ist $D_m = \dfrac{D+D_1}{2}$. Damit Hauptzeit zum Drehen der Planringfläche von D nach D_1: $t_h = \dfrac{L}{v} = \dfrac{D_m\,\pi\,z}{v\cdot 1000} = \dfrac{D+D_1}{2\,v\cdot 1000}\,\pi\,\dfrac{D-D_1}{2s}$ oder:

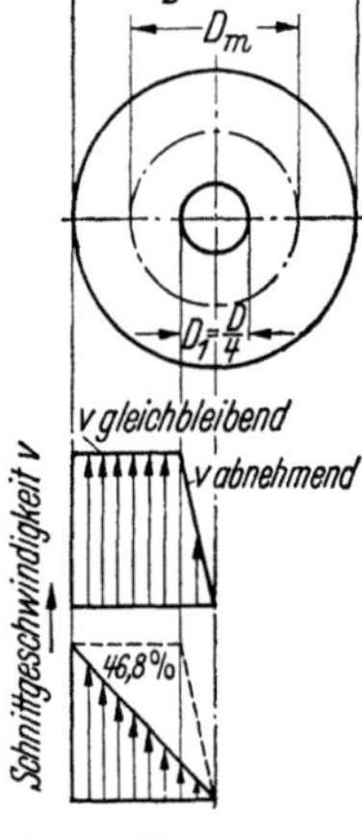

Abb. 18. Plandrehen mit Drehzahlregelung (bei selbsttätig gehaltener Schnittgeschwindigkeit) ergibt 46,8% Hauptzeiteinsparung

Hauptzeit beim Drehen der Planringfläche mit Drehzahlregelung (Abb. 18)	$$t_h = i \, \frac{\pi\,[D^2 - (D_1)^2]}{s\,v\cdot 4000}$$	(43)

t_h = Hauptzeit beim Drehen der Planringfläche mit Drehzahlregelung [min], i = Anzahl der Schnitte, D = Außendurchmesser [mm], D_1 = Restdurchmesser des Regelbereiches [mm], s = Vorschub des Drehmeißels je Umdrehung der Drehspindel [mm/U], v = Schnittgeschwindigkeit [m/min].

Die Restplanfläche von D_1 bis Durchmesser Null muß bei gleichbleibender Drehzahl und fallender Schnittgeschwindigkeit bearbeitet werden. Die Hauptzeit hierfür ist die gleiche, wie wenn ein Zylinder vom Durchmesser D_1 und der Länge $D_1/2$ gedreht würde. Man erhält $t_h = \dfrac{L}{v}$; mit $L = D_1\,\pi\,\dfrac{D_1}{2s} = \dfrac{(D_1)^2\,\pi}{2s}$ folgt:

---

[1] [Z. 10, B.T. 1] $n = \dfrac{v}{d\,\pi}$; mit $d = 0$ wird $n = \dfrac{v}{0\,\pi} = \dfrac{v}{0} = \infty$ (unendlich).

Hauptzeit beim Drehen der Restplanfläche mit gleichbleibender Drehzahl (Abb. 18)

$$t_h = i\,\frac{(D_1)^2\,\pi}{s\,v\cdot 2000} \qquad (44)$$

t_h = Hauptzeit beim Drehen der Restplanfläche mit gleichbleibender Drehzahl [min], i = Anzahl der Schnitte, D_1 = Restdurchmesser des Regelbereiches [mm], s = Vorschub des Drehmeißels je Umdrehung der Drehspindel [mm/U], v = Schnittgeschwindigkeit [m/min].

Die Hauptzeit für die Gesamtplanfläche von D bis Null (Abb. 18) ergibt sich als die Summe der Gln. (43) und (44):

Hauptzeit beim Plandrehen (Gesamtplanfläche) mit Drehzahlregelung

$$t_h = i\,\frac{\pi\,[D^2 + (D_1)^2]}{s\,v\cdot 4000} \qquad (45)$$

t_h = Hauptzeit beim Plandrehen (Gesamtplanfläche) mit stufenloser Drehzahlregelung [min], i = Anzahl der Schnitte, D = Außendurchmesser [mm], D_1 = Restdurchmesser des Regelbereiches [mm], s = Vorschub des Drehmeißels je Umdrehung der Drehspindel [mm/U], v = Schnittgeschwindigkeit [m/min].

Anmerkung zum Regelbereich: Bei großen Planflächen ergibt sich die Notwendigkeit dieser Unterteilung, weil die gleichbleibende Leistung im allgemeinen das Verhältnis 4:1, in manchen Fällen auch das Verhältnis 6:1 oder gar 7:1 nicht überschreitet, so daß also im günstigsten Falle das Verhältnis $D:D_1 = 7:1$ sein kann, wobei der Restdurchmesser D_1 immer wieder mit fallender Schnittgeschwindigkeit bearbeitet werden muß. Bei einer verfügbaren *Regelmöglichkeit* der Drehspindel im Verhältnis 4:1 wird nach Abb. 18 eine Hauptzeiteinsparung von 46,8% (gegenüber 50% des theoretisch überhaupt möglichen bei Regelung $\infty:1$) erzielt. Die gestrichelt gezeichnete Fläche kennzeichnet dabei den Unterschied zwischen Plandrehen mit und ohne Regelung.

Beispiel 37. Welche Hauptzeit ergibt sich für die Plandreharbeit im Beispiel 36, wenn eine Regelmöglichkeit der Drehspindel im Verhältnis 4:1 vorliegt?

Lösung: Mit $i=1$, $D_1 = D/4$ (vgl. Abb. 18) geht Gl. (45) über in $t_h = i\,\dfrac{\pi\left[D^2 + \left(\dfrac{D}{4}\right)^2\right]}{s\,v\cdot 4000} = 1\,\dfrac{\pi\cdot 17\,D^2}{s\,v\cdot 16\cdot 4000}$ $= \dfrac{0,83\,D^2}{s\,v\cdot 1000}$. Mit $D = 762$ mm, $v = D\,\pi\,n = 0,762\,\pi\cdot 12 = 28,7$ m/min und $s = 0,4$ mm/U erhält man

$$t_h = \frac{0,83\cdot 762^2}{0,4\cdot 28,7\cdot 1000} = 41,98 \approx 42 \text{ Min. Zwei Schnitte benötigen } t_h = 84 \text{ Min. Hauptzeit.}$$

Anmerkung: Rechnet man die Hauptzeit je Schnitt ohne Regelung zu $t_h = i\,\dfrac{L}{s\,n} = 1\,\dfrac{381}{0,4\cdot 12}$ $= 79,4$ Min., so bedeutet demgegenüber die Zeit $t_h = 42$ Min. mit Regelung, eine Hauptzeiteinsparung von rd. 46,8%. (79,4 Min. $\times$ 0,468 = 37,2 Min. und $t_{hE} = 79,4 - 37,2 = 42,2 \approx 42$ Min.)

2.123 Planringdrehen ohne Drehzahlregelung

Die Planfläche ist eine Kreisringfläche. Die Berechnung der Hauptzeit erfolgt gleichfalls nach Gl. (34) oder (35).

2.1231 Schaltweg beim Planringdrehen. Mit Bezug auf Abb. 19 bestimmt sich der Schaltweg nach Gl. (46).

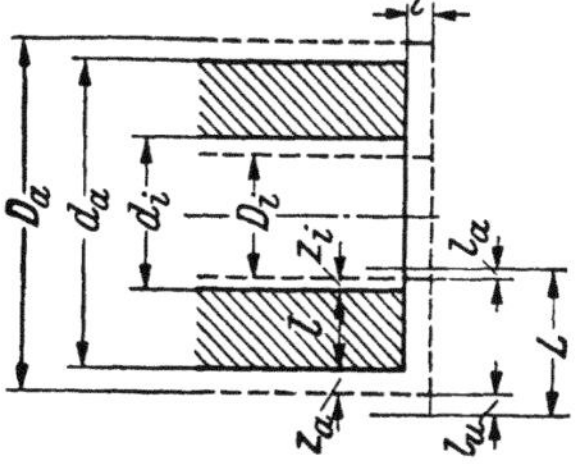

Schaltweg beim Planringdrehen (Abb. 19)

$$L = \frac{D_a - D_i}{2} + l_a + l_u \qquad (46)$$

L = Schaltweg beim Planringdrehen = für die Bestimmung der Hauptzeit in Rechnung zu setzende Länge [mm], D_a = äußerer Durchmesser der Kreisringfläche [mm], D_i = innerer Durchmesser der Kreisringfläche [mm], l_a = Anlauf des Werkzeuges [mm], l_u = Überlauf des Werkzeuges [mm].

Abb. 19. Schaltweg beim Planringdrehen (Seitendrehen). Drehmeißel bewegt sich von innen nach außen

Beispiel 38. Nach Abb. 19 ist ein Zylinder mit 140 mm Außendurchmesser und 80 mm Innendurchmesser mit 50 m/min Schnittgeschwindigkeit und 0,2 mm/U Vorschub in einem Schnitt planzudrehen. Wie groß ist die Hauptzeit, wenn An- und Überlauf des Werkzeuges mit je 3 mm angenommen werden?

Lösung: Nach Gl. (46) wird $L = \dfrac{D_a - D_i}{2} + l_a + l_u = \dfrac{140 - 80}{2} + 3 + 3 = 30 + 6 = 36$ mm. Mit $i = 1$, $L = 36$ mm, $D = D_a = 140$ mm, $s = 0,2$ mm/U und $v = 50$ m/min ergibt Gl. (35): $t_h = i\,\dfrac{L\,D\,\pi}{s\,v\cdot 1000}$ $= 1\,\dfrac{36\cdot 140\,\pi}{0,2\cdot 50\cdot 1000} = 1,58$; Hauptzeit $t_h = 1,58$ Min.

Bei großen Plan- oder Planringflächen wird zur Berechnung der Umlaufzahl der Drehspindel vielfach mit dem mittleren Durchmesser der Kreisfläche bzw. Kreisringfläche gerechnet[1].

2.1232 Schaltweg beim Planringkopieren. Viele Drehmaschinen mit Kopiereinrichtung besitzen keine Einrichtung für eine stufenlose Änderung der Hauptspindeldrehzahlen und damit gleichbleibender Schnittgeschwindigkeit. Die Werkstücke müssen auf diesen Maschinen mit gleichbleibender Drehzahl bearbeitet werden, abgesehen von den Fällen, in denen die Drehzahl während des Arbeitsganges umgeschaltet wird. Die Bestimmung des Schaltweges des Planschiebers erfolgt nach Abb. 20 bis 22. Durch die Schrägstellung des Kopiergerätes ist der Schaltweg nicht gleich der der halben Durchmesserdifferenz. Man erhält Gln. (47) bis (49), welche sowohl für Außen-, als auch für Innenkopieren gelten.

Schaltweg beim Planringkopieren

Abb. 20	$L = \dfrac{D-d}{2} + l \tan \varkappa$	(47)
Abb. 21	$L = \dfrac{D-d}{2} + (l_1 - l_2) \tan \varkappa$	(48)
Abb. 22	$L = \dfrac{D-d}{2} - (l_1 - l_2) \tan \varkappa$	(49)

L = Schaltweg (Laufweg) des Planschiebers [mm], l = zu kopierende Werkstücklänge in Abb. 20 [mm], $l_1 - l_2$ = zu kopierende Werkstücklänge in Abb. 21 und 22 [mm], $\varkappa$ = Einstellwinkel des Kopiergerätes [°]. Allgemein wird das Kopiergerät unter $\varkappa = 30°$ zur Drehachse eingestellt.

Anmerkung: Stehen Taststift und entsprechend auch Drehmeißel z. B. unter 45° schräg zur Spindelachse, so können bei Vorschubrichtung längs zur Hauptspindel ansteigende Schultern mit Winkeln bis zu 90° und abfallende Kegel bis zu 30° kopiert (nachgeformt) werden. Halbmesser, die kleiner sind als der Halbmesser am Taststift und an der Meißelschneide, können nicht nachgeformt werden. Da der Schneidmeißel immer parallel zu sich selbst verschoben wird, kann der Meißel-Einstellwinkel unter Umständen ungünstige Werte annehmen. Dies hat besondere Bedeutung beim Drehen von Kugelflächen.

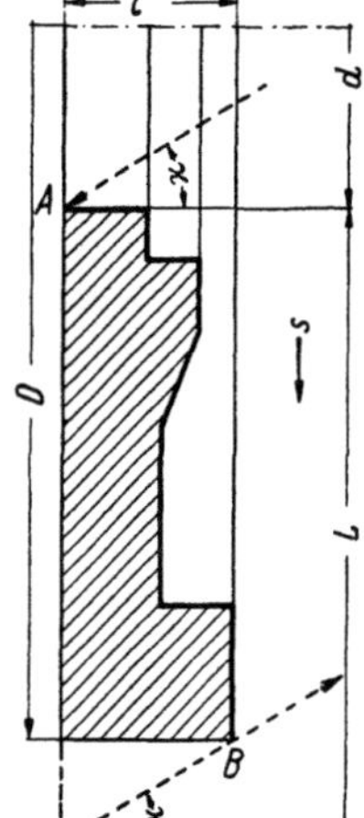

Abb. 20. Planringkopieren. Werkstücklänge bei Beginn des Kopierschnittes **kleiner** als am Ende

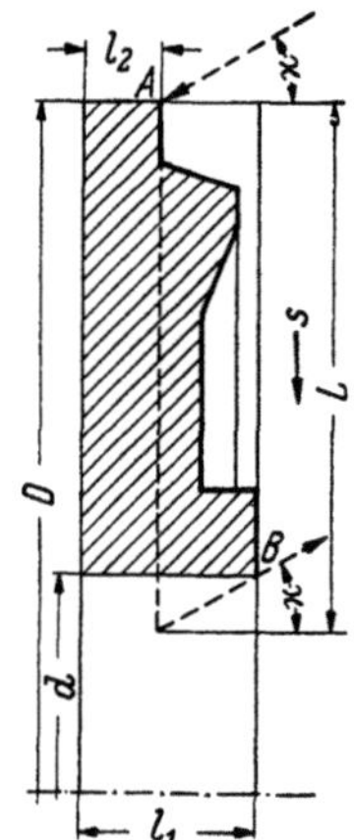

Abb. 21. Planringkopieren. Werkstücklänge bei Beginn des Kopierschnittes **kleiner** als am Ende

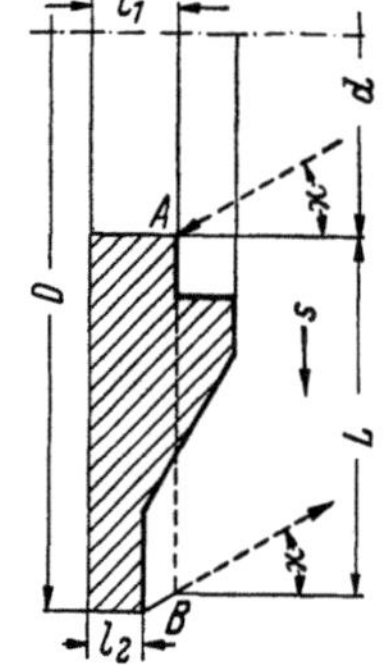

Abb. 22. Planringkopieren. Werkstücklänge bei Beginn des Kopierschnittes **größer** als am Ende

(A = Anfangspunkt; B = Endpunkt des Kopierschnittes)

---

[1] Bezeichnet D_a den äußeren und D_i den inneren Durchmesser einer Kreisringfläche, so ergibt sich der *mittlere Durchmesser* $D_m = \dfrac{D_a + D_i}{2}$; z. B. für $D_a = 460$ mm und $D_i = 280$ mm wird $D_m = \dfrac{460 + 280}{2} = \dfrac{740}{2} = 370$ mm. Für eine volle Kreisfläche wird $D_i = 0$; somit $D_m = \dfrac{D_a + 0}{2} = \dfrac{D_a}{2}$. Die *mittlere Drehzahl* bekommt man als die Drehzahl des mittleren Durchmessers aus der Gleichung $n_m = \dfrac{v \cdot 1000}{\left(\dfrac{D_a + D_i}{2}\right)\pi}$ oder $n_m = \dfrac{v \cdot 2000}{\pi (D_a + D_i)}$.

Anmerkung: Wird beim Plankopieren das Kopiergerät parallel zur Drehachse angeordnet, wird also $\varkappa = 0°$ und $\tan 0° = 0$, so ergeben die Gln. (47) bis (49) die Gleichung $L = (D - d)/2$; der Schaltweg wird gleich der halben Durchmesserdifferenz. Ist der Schaltweg L des Planschiebers beim Plankopieren bekannt, so errechnet sich die Hauptzeit (Laufzeit des Kopiermeißels) zu $t_h = i\dfrac{L}{s\,n}$ [Gl. (34)], worin s = eingestellter Vorschub des Planschiebers [mm/U] und n = Drehzahl des Werkstückes [1/min] ist. Die Vorschubrichtung ist für die Berechnung des Schaltweges ohne Belang.

2.124 Planringdrehen mit Drehzahlregelung

Die Berechnung der Hauptzeit erfolgt nach Gl. (43); beim Arbeiten mit gleichgehaltener Schnittgeschwindigkeit und mit den Bezeichnungen der Abb. 19 folgt:

Hauptzeit beim Planringdrehen mit Drehzahlregelung

$$t_{hv} = i\cdot\frac{\pi\,[(D_a)^2 - (D_i)^2]}{s\,v \cdot 4000} \qquad (50)$$

t_{hv} = Hauptzeit beim Planringdrehen mit Drehzahlregelung [min], i = Anzahl der Schnitte, D_a = Außendurchmesser [mm], D_i = Innendurchmesser [mm], s = Vorschub des Drehmeißels je Umdrehung der Drehspindel [mm/U], v = Schnittgeschwindigkeit [m/min].

Beispiel 39. Eine Drehfläche (Planringfläche) wurde von 400 mm Außen- auf 100 mm Innendurchmesser mit einer Drehzahl von 120 1/min plangedreht. Die Schnittgeschwindigkeit verringerte sich dabei von 150 auf 37,6 m/min und die Arbeit nahm bei 0,31 mm/U Vorschub rd. 4 Min. in Anspruch. Welcher Zeitgewinn ergibt sich, wenn bei stufenloser Drehzahlregelung mit gleichbleibender Schnittgeschwindigkeit von 150 m/min gearbeitet wird und eine Regelmöglichkeit im Verhältnis 4 : 1 vorliegt?

Lösung: Mit $i = 1$, $D = 400$ mm, $D_1 = \dfrac{D}{4} = \dfrac{400}{4} = 100$ mm, $s = 0,31$ mm/U und $v = 150$ m/min

ergibt Gl. (43): $t_h = i\dfrac{\pi\,[D^2 - (D_1)^2]}{s\,v \cdot 4000} = 1\dfrac{\pi\,[400^2 - 100^2]}{0,31 \cdot 150 \cdot 4000} = \dfrac{\pi\,[160\,000 - 10\,000]}{0,31 \cdot 150 \cdot 4000} = \dfrac{\pi \cdot 150\,000}{0,31 \cdot 150 \cdot 4000} = 2,5;$

Hauptzeit $t_h = 2,5$ Min. Hauptzeiteinsparung $= 4,0 - 2,5 = 1,5$ Min.

Beispiel 40. Welche Gleichung ergibt sich für die Hauptzeiteinsparung beim Planringdrehen, wenn statt mit gleichbleibender Drehzahl mit gleichbleibender Schnittgeschwindigkeit gedreht wird?

1. Lösung: Hauptzeit beim Planringdrehen mit gleichbleibender Drehzahl $t_{hn} = \dfrac{D_a - D_i}{2\,s\,n}$ $= \dfrac{(D_a - D_i)\,D_a\,\pi}{2\,s\,v}$. Hauptzeit beim Planringdrehen mit gleichbleibender Schnittgeschwindigkeit [v in mm/min] $t_{hv} = \dfrac{\pi\,[(D_a)^2 - (D_i)^2]}{4\,s\,v}$. Damit Hauptzeiteinsparung $t_{hE} = \dfrac{t_{hn} - t_{hv}}{t_{hn}} = 1 - \dfrac{t_{hv}}{t_{hn}} = 1 - \dfrac{(D_a)^2 - (D_i)^2}{2\,(D_a - D_i)\,D_a}$ oder:

Hauptzeiteinsparung beim Planringdrehen mit gleichbleibender Schnittgeschwindigkeit

$$t_{hE} = 50\left(1 - \frac{D_i}{D_a}\right) \qquad (51)$$

t_{hE} = Hauptzeiteinsparung [%], D_i = Restdurchmesser [mm], D_a = Außendurchmesser [mm].

2. Lösung: *Flächenleistung* beim Planringdrehen mit gleichbleibender Drehzahl: $f_n = \dfrac{D_a + D_i}{2\,D_a} \times \times \dfrac{s\,v}{1000}$ [mm²/min]. Flächenleistung beim Planringdrehen mit gleichbleibender Schnittgeschwindigkeit: $f_v = \dfrac{s\,v}{1000}$ [mm²/min]. Nun gilt $\dfrac{t_{hn}}{t_{hv}} = \dfrac{f_v}{f_n}$ oder $\dfrac{t_{hn}}{t_{hv}} = \dfrac{s\,v \cdot 2\,D_a \cdot 1000}{1000\,(D_a + D_i)\,s\,v} = \dfrac{2\,D_a}{D_a + D_i}$. Hauptzeiteinsparung $t_{hE} = \dfrac{t_{hn} - t_{hv}}{t_{hn}} = \dfrac{2\,D_a - (D_a + D_i)}{2\,D_a} = \dfrac{2\,D_a - D_a - D_i}{2\,D_a} = \dfrac{D_a - D_i}{2\,D_a} = \dfrac{1}{2}\left(1 - \dfrac{D_i}{D_a}\right)$ oder $t_{hE} = 50\left(1 - \dfrac{D_i}{D_a}\right)$.

Anmerkung: Von einem bestimmten Restdurchmesser an kann nicht mehr mit steigender Drehzahl gefahren werden; vernachlässigt man diese Zeit, so gilt Gl. (51) nicht nur für Planringdrehen, sondern allgemein als Hauptzeiteinsparung beim Plandrehen mit gleichbleibender Schnittgeschwindigkeit. Bei einem Durchmesserverhältnis von $\dfrac{D_a}{D_i} = 5$ bzw. $\dfrac{D_i}{D_a} = \dfrac{1}{5}$ ergibt sich eine Hauptzeiteinsparung von

$t_{hE} = 50\left(1 - \dfrac{D_i}{D_a}\right) = 50\left(1 - \dfrac{1}{5}\right) = \dfrac{50 \cdot 4}{5} = 40\%.$

Den gleichen Zahlenwert erhält man nach Gl. (55)

Die vorstehenden Gleichungen für das Drehen haben allgemein Gültigkeit und lassen sich auch für Arbeiten auf Sonderdrehmaschinen sinngemäß anwenden.

2.13 Hauptzeit beim Kegeldrehen

Bei unregelmäßig geformten Körpern ist die Hauptzeit die Summe der Teilhauptzeiten für die einzelnen Wegelemente. Der Vorschub des Drehmeißels je Umdrehung der Drehspindel wurde nachfolgend als gleichbleibend angenommen.

2.131 Kegeldrehen ohne Drehzahlregelung

Kegeldrehen ist ein Langdrehen bei gleichmäßig sich änderndem Durchmesser.

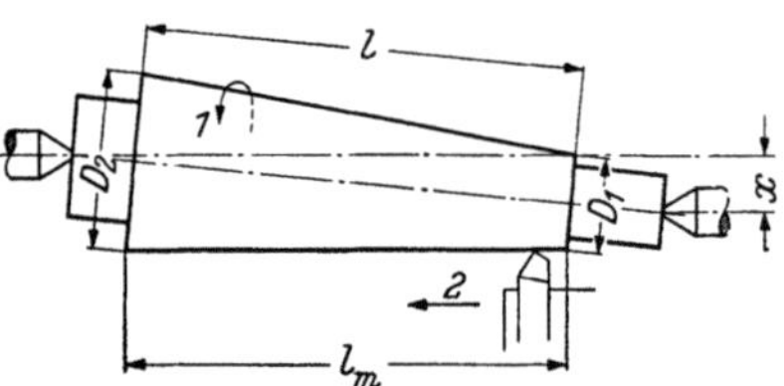

Wird die Drehzahl gleichbleibend gehalten, so ist diese entsprechend dem großen Durchmesser D_2 (Abb. 23) einzustellen, um die zulässige Schnittgeschwindigkeit nicht zu überschreiten. Man erhält:

Hauptzeit beim Kegeldrehen ohne Drehzahlregelung

$$t_{hn} = i\,\frac{L\,D_2\,\pi}{s\,v\cdot 1000} \qquad (52)$$

Abb. 23. Arbeitsweise beim **Kegeldrehen** (Außendrehen mit Reitstockverstellung).
Pfeilrichtung *1* = drehende Schnittbewegung des Werkstückes; *2* = gerade Vorschubbewegung des Werkzeuges, gleichlaufend zur Kegelmantellinie

In Gl. (52) für den Schaltweg L die Mantellänge l_m des Kegels[1] gesetzt:

Hauptzeit beim Kegeldrehen ohne Drehzahlregelung

$$t_{hn} = i\,\frac{D_2\,\pi}{s\,v\cdot 2000}\,\sqrt{4\,l^2 + (D_2 - D_1)^2} \qquad (53)$$

t_{hn} = Hauptzeit beim Kegeldrehen ohne Drehzahlregelung [min], i = Anzahl der Schnitte, L = Schaltweg = Mantellänge des Kegels [mm], D_2 = großer Kegeldurchmesser [mm], s = Vorschub des Drehmeißels (parallel zur Spindelachse) je Umdrehung der Drehspindel [mm/U], v = Schnittgeschwindigkeit [m/min], l = Kegellänge [mm], D_1 = kleiner Kegeldurchmesser [mm].

2.132 Kegeldrehen mit Drehzahlregelung

Die selbsttätige Änderung der Drehzahl in Abhängigkeit vom Drehdurchmesser bedingt eine gleichbleibende Schnittgeschwindigkeit; mit Bezug auf Gl. (53) wird:

Hauptzeit beim Kegeldrehen mit Drehzahlregelung

$$t_{hv} = i\,\frac{\pi\,(D_2 + D_1)}{s\,v\cdot 4000}\,\sqrt{4\,l^2 + (D_2 - D_1)^2} \qquad (54)$$

t_{hv} = Hauptzeit beim Kegeldrehen mit Drehzahlregelung [min], i = Anzahl der Schnitte, D_2 = großer Kegeldurchmesser [mm], D_1 = kleiner Kegeldurchmesser [mm], s = Vorschub des Drehmeißels je Umdrehung der Drehspindel [mm/U], v = Schnittgeschwindigkeit [m/min], l = Kegellänge [mm].

Beispiel 41. Welche Gleichung ergibt sich für die Hauptzeiteinsparung beim Kegeldrehen, wenn statt mit gleichbleibender Drehzahl mit gleichbleibender Schnittgeschwindigkeit gedreht wird?

Lösung: Mit Bezug auf Beispiel 40 wird

$$t_{hE} = \frac{t_{hn} - t_{hv}}{t_{hn}} = 1 - \frac{t_{hv}}{t_{hn}} = 1 - \frac{i\,\dfrac{\pi\,(D_2 + D_1)}{s\,v\cdot 4000}\,\sqrt{4\,l^2 + (D_2 - D_1)^2}}{i\,\dfrac{D_2\,\pi}{s\,v\cdot 2000}\,\sqrt{4\,l^2 + (D_2 - D_1)^2}} = 1 - \frac{D_2 + D_1}{2\,D_2} = \frac{D_2 - D_1}{2\,D_2}\ \text{oder:}$$

Hauptzeiteinsparung beim Kegeldrehen mit gleichbleibender Schnittgeschwindigkeit

$$t_{hE} = \frac{D_2 - D_1}{2\,D_2}\,100 \qquad (55)$$

t_{hE} = Hauptzeiteinsparung [%], D_2 = groß. Kegeldurchmesser [mm], D_1 = klein. Kegeldurchmesser [mm].

Beispiel 42. Welche Hauptzeitersparnis ergibt sich beim Kegeldrehen mit $D_1 = 0$, wenn statt mit gleichbleibender Drehzahl mit gleichbleibender Schnittgeschwindigkeit gedreht wird?

Lösung: Mit $D_1 = 0$ geht Gl. (55) über in $t_{hE} = \dfrac{D_2}{2\,D_2}\,100 = \dfrac{100}{2} = 50$; Hauptzeitersparnis $t_{hE} = 50\,\%$.

2.14 Hauptzeit beim Gewindeschneiden

Das Gewindeschneiden auf der Drehmaschine ist grundsätzlich ein Langdrehen, wobei ein Profilmeißel verwendet wird, der dem Gewindeprofil entspricht. Zum Berechnen der Hauptzeiten gelten deshalb dieselben Gleichungen wie beim Langdrehen. Statt des Vorschubes ist die Steigung des Gewindes einzusetzen.

---

[1] $l_m = 1/2\,\sqrt{4\,l^2 + (D_2 - D_1)^2}$.

2.141 Anwendung niedriger Schnittgeschwindigkeit

Hauptzeit beim Gewindeschneiden auf der Drehmaschine

$$t_h = i\,n\,\frac{L}{h\,n_w}$$

t_h = Hauptzeit beim Gewindeschneiden auf der Drehmaschine für die Länge L [min], i = Anzahl der Schnitte [s. Gl. (58)], n = Gangzahl des zu schneidenden Gewindes, L = Schaltweg des Gewindemei (56)

t_h ohne Zwischenberechnung von n_w

$$t_h = i\,n\,\frac{L\,d\,\pi}{h\,v\cdot 1000}$$

(57)

ßels [mm], h = Gewindesteigung [mm], n_w = Umlaufzahl der Drehspindel [1/min], d = Gewindeaußendurchmesser [mm], v = Schnittgeschwindigkeit [m/min].

Die Anzahl i der auszuführenden Schnitte, also die Schnittzahl, mit der das Gewinde paßfertig geschnitten werden kann, berechnet sich nach Gl. (58).

Anzahl der Schnitte beim Gewindeschneiden auf der Drehmaschine

$$i = \frac{t_1}{a}$$

i = Anzahl der Schnitte beim Gewindeschneiden auf der Drehmaschine, t_1 = Gewindetiefe [mm], a = Schnittiefe [mm]. (58)

Das metrische Feingewinde M 80 × 6 (Bolzen) hat $d_1 = 72{,}206$ mm Kerndurchmesser (DIN 244) und nach B. T. 7, Z. 5 eine Gewindetiefe von $t_1 = 1/2\,(d - d_1) = 1/2\,(80 - 72{,}206) = 3{,}897$ mm. Den gleichen Wert ergibt (Abb. 212) die Gleichung $t_1 = 0{,}6495\,h$; es wird $t_1 = 0{,}6495 \cdot 6 = 3{,}897$ mm.

Während die Gewindetiefe des zu schneidenden Gewindes einer Zahlentafel zu entnehmen ist, bietet die Bestimmung der jedesmaligen Schnittiefe Schwierigkeiten. Je tiefer der Gewindemeißel in den Werkstoff dringt, desto geringer wird die Schnittiefe; bei den letzten Schnitten wird der Meißel überhaupt keine Zustellung mehr erhalten, sondern nur durch den Gewindegang laufen, um auch die letzten Unebenheiten zu beseitigen und die größte Feinheit zu erzielen. Liegen keine besonderen Unterlagen oder Erfahrungswerte vor, so gilt als Durchschnittswert:

Schnittiefe beim Gewindeschneiden auf der Drehmaschine

$$a = \frac{\sqrt{d}}{40}$$

a = Schnittiefe [mm], d = Gewindeaußendurchmesser [mm]. (59)

Die Zeit für das Zurückschalten des Bettschlittens, die Rücklaufzeit, ist Nebenzeit und muß besonders ermittelt werden (etwa 75% der Vorlaufzeit); rechnet man die Zeit für Rücklauf zur Hauptzeit,

so gilt: $t_h = t_A + t_R = i\,n\,\dfrac{L\,d\,\pi}{h\,v_A \cdot 1000} + i\,n\,\dfrac{L\,d\,\pi}{h\,v_R \cdot 1000}$. Mit $q = \dfrac{v_R}{v_A}$ (vgl. Beispiel 14) wird:

Hauptzeit beim Gewindeschneiden auf der Drehmaschine (Zeit für Vor- und Rückgang)

$$t_h = i\,n\,\frac{L\,d\,\pi}{h\,v_A \cdot 1000}\left(\frac{1+q}{q}\right)$$

(60)

t_h = Hauptzeit beim Gewindeschneiden auf der Drehmaschine für die Länge L = Zeit für Vorlauf + Zeit für Rücklauf [min], i = Anzahl der Schnitte [s. Gl. (58)], n = Gangzahl des zu schneidenden Gewindes, L = Schaltweg des Gewindemeißels [mm], d = Gewindeaußendurchmesser [mm], h = Gewindesteigung [mm], v_A = Schnittgeschwindigkeit [m/min], q = Verhältnis der Rücklaufgeschwindigkeit zur Arbeitsgeschwindigkeit ($q = v_R : v_A$).

Beispiel 43. Auf einer Revolverdrehmaschine ist ein Gewinde M 20 × 1,5 (DIN 516) mit Schneidkopf zu schneiden. Berechne die Hauptzeit für 38 mm Schaltlänge, wenn die Spindel $n = 200$ 1/min ausführt.

Lösung: Der Gewindeschneidkopf öffnet sich selbsttätig am Ende des Gewindes, und der Werkzeugschlitten wird von Hand in seine Ausgangsstellung zurückgeführt. Das Gewinde ist mit einem Schnitt fertig. Als Hauptzeit zähle deshalb nur der Vorlauf. Gl. (56) ergibt mit $i = 1$, $n = 1$, $L = 38$ mm, $h = 1{,}5$ mm und $n_w = 200$ 1/min: $t_h = i\,n\,\dfrac{L}{h\,n_w} = 1 \cdot 1\,\dfrac{38}{1{,}5 \cdot 200} = 0{,}13$; Hauptzeit $t_h = 0{,}13$ Min.

Anmerkung: Gliedert man den Arbeitsgang „Gewindeschneiden" in die drei Arbeitsstufen Vorschneiden, Fertigschneiden und Glätten, so muß im gleichen Sinne auch die Anzahl Schnitte für jede dieser drei Arbeitsstufen bestimmt werden. Auch für die Schnittgeschwindigkeit ist die Art des Schnittes nach diesen drei Arbeitsstufen zu berücksichtigen. Wählt man Index 1 bei i und n_w in Gl. (56) sowie bei q in Gl. (60) für den Teilarbeitsgang Vorschneiden, Index 2 für Fertigschneiden und Index 3 für Glätten, so ergibt sich der ganze Arbeitsgang Gewindeschneiden als die Summe der Zeiten für die drei

Arbeitsstufen. Man erhält $t_h = i_1\,n\,\dfrac{L}{h\,n_{w1}}\left(\dfrac{1+q_1}{q_1}\right) + i_2\,n\,\dfrac{L}{h\,n_{w2}}\left(\dfrac{1+q_2}{q_2}\right) + i_3\,n\,\dfrac{L}{h\,n_{w3}}\left(\dfrac{1+q_3}{q_3}\right)$. Mit $q_1 = 1{,}5$

für Vorschneiden, $q_2 = 2$ für Fertigschneiden und $q_3 = 3$ für Glätten wird $\dfrac{1+q_1}{q_1} = 1{,}66$, $\dfrac{1+q_2}{q_2} = 1{,}5$ und $\dfrac{1+q_3}{q_3} = 1{,}33$. Um ein Gewinde M 64 (6 mm Steigung) von 100 mm Länge zu schneiden, braucht man zum Vorschneiden 7,2 Min., Fertigschneiden 4,5 Min., Glätten 6,4 Min.; Hauptzeit $t_h = 18{,}1$ Min.

Der Zeitbedarf ist, gemessen an allen anderen zerspanenden Bearbeitungsverfahren, sehr hoch. Der Grund dafür liegt in erster Linie an der möglichen niedrigen Drehzahl und damit der Schnittgeschwindigkeit, mit der unter den üblichen Verhältnissen Gewinde geschnitten werden können, wenn Werkzeug und Werkstück vor Bruch und schnellem Verschleiß bzw. vor Ausschuß bewahrt werden sollen.

2.142 Anwendung hoher Schnittgeschwindigkeit

Der Erzielung größtmöglicher Wirtschaftlichkeit dient einmal die Verkürzung der Bearbeitungszeit durch Erhöhung der Schnittgeschwindigkeit unter Verwendung geeigneter Werkzeuge (Schnellstahl, Hartmetall), also bessere Ausnutzung der Maschine durch Erhöhung der Drehzahl, zum anderen möglichst weitgehende Verkürzung des Anteils der Rücklaufzeit an der Gesamtzeit. Durch die Anwendung von Hartmetallschneiden können, richtige Arbeitsweise und entsprechende Schnittgeschwindigkeit vorausgesetzt, an jeder Drehmaschine beim Gewindeschneiden noch beachtliche Leistungssteigerungen erzielt, die Arbeitsproduktivität noch bedeutend gesteigert werden.

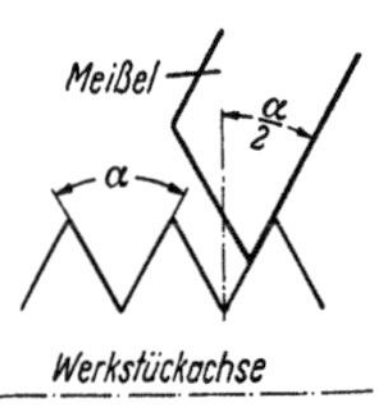

Abb. 24. Zustellwinkel für den Schneidmeißel bei hydraulischer Kopiereinrichtung

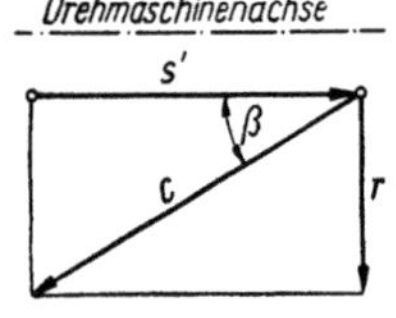

Abb. 25. Parallelogramm der Geschwindigkeiten am Schneidmeißel bei hydraulischer Kopiereinrichtung. s' = Geschwindigkeit des Schneidmeißels parallel zur Drehmaschinenachse [mm/min]; r = Geschwindigkeit des Schneidmeißels senkrecht zur Drehmaschinenachse [mm/min]; c = Geschwindigkeit des Schneidmeißels in Richtung der Kopierschieberführung [mm/min]; β = Winkel zwischen Drehmaschinenachse und Kopierschieberführung [°]

So konnte auf einer üblichen Leitspindeldrehmaschine die Fertigungszeit eines Innengewindes M 175 × 3 mit 27 mm Gewindelänge in Werkstoff von 142 kp/mm² Festigkeit bei $n = 190\ 1/min$ und $v = 104\ m/min$ einschließlich der Nebenzeiten auf rd. 4 Min. gesenkt werden. Durchschnittliche Standzeit der Schneide 30 Min. Die 10 Schnitte ergaben je 0,50 mm für die 1. und 2., je 0,25 mm für die 3. und 4., je 0,10 mm für die 5. bis 7., 0,05 mm für die 8. und je 0 mm (bedingt durch das Nachschneiden bei Hartmetall) für die 9. und 10. Zustellung.

Beim Gewindeschneiden mit Hilfe einer *hydraulischen Kopiereinrichtung* kann der Schneidmeißel nur in einer Richtung zugestellt werden. Besonders bei selbsttätiger Zustellung ist es nicht möglich, einmal die eine und einmal die andere Flanke zu schneiden. Nach Abb. 24 muß der Meißel um den halben Flankenwinkel α schräg gestellt und in dieser Richtung auch zugestellt werden. Die jeweils mögliche größte Schnittgeschwindigkeit kann nach Gl. (61) bestimmt werden.

Größte Schnittgeschwindigkeit beim Gewindeschneiden mit Kopiereinrichtung

$$v_{\text{max}} = \frac{c\,\pi\,d\,\cos\beta}{1000\,h} \tag{61}$$

v_{max} = größte Schnittgeschwindigkeit [m/min], c = Geschwindigkeit des Schneidmeißels in Richtung der Kopierschieberführung [mm/min]; diese Geschwindigkeit (Abb. 25) hat je nach der Konstruktion der Kopiereinrichtung eine bestimmte maximale Größe, die nicht überschreitbar ist, d = Außendurchmesser des zu schneidenden Gewindes [mm], β = Winkel zwischen Drehmaschinenachse und Kopierschieberführung [°]; üblich β = 30°, 45°, 60°, h = Steigung des zu schneidenden Gewindes [mm].

Beispiel 44. Ein Gewinde d = 10 mm, h = 0,5 mm ist bei c_{max} = 2000 mm/min und β = 30° mit hydraulischer Kopiereinrichtung zu schneiden. Berechne die zulässige Schnittgeschwindigkeit.

Lösung: [Gl. (61)] $v_{\text{max}} = \dfrac{2000 \cdot \pi \cdot 10 \cdot \cos 30°}{1000 \cdot 0,5} = \pi \cdot 40 \cdot 0,866 = 108,7$; zul. Schnittgeschwindigkeit $v \approx 109$ m/min.

2.15 Hauptzeit beim Gewindewirbeln

Wenn auch nach wie vor der Drehmaschine in ihren verschiedenen Normal- und Sonderausführungen ein sehr großer Teil der Gewindeschneidarbeiten vorbehalten bleiben wird, so finden doch auch die nach spangebenden Verfahren arbeitenden Sondermaschinen zur Gewindeherstellung immer weitere Verbreitung und Anwendung.

Gewindewirbeln ist ein spanendes Fertigungsverfahren, bei welchem durch geeignete Führung des Werkzeuges ein *unterbrochener* Eingriff desselben im Werkstück erreicht wird. Bei hohen Schnittgeschwindigkeiten kann deshalb trotz hoher Oberflächengüte eine große Zerspanungsleistung erzielt werden. Gewirbelt werden Langgewinde im Spitz-, Trapez-, Sägen- und Rundprofil, auch im angenäherten Flachprofil, Schnecken aller Formen, rechts- und linkssteigend, ein- und mehrzähnige sowie kurze Gewinde auf langen Werkstücken.

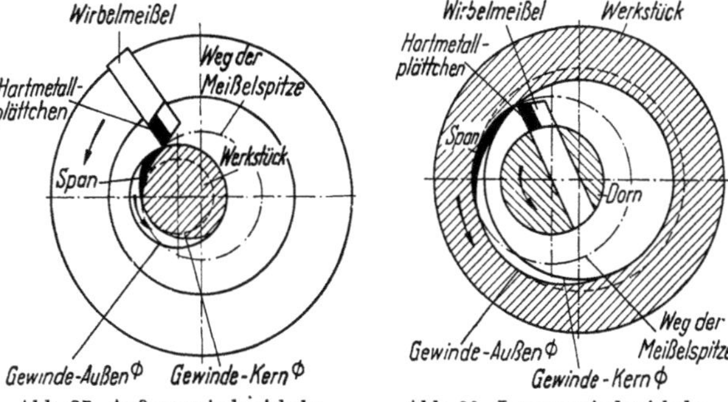

Abb. 26. Arbeitsweise beim **Außengewindewirbeln.**
Pfeilrichtung *1* = drehende Schnittbewegung des Wirbelwerkzeuges; *2* = langsame Drehbewegung des Werkstückes, damit der Gewindegang um die Spindel herumgeschnitten wird; *3* = gerade Vorschubbewegung des Werkzeuges für die Steigung des Gewindes

Abb. 27. Außengewindewirbeln

Abb. 28. Innengewindewirbeln

Der Übersichtlichkeit wegen ist nur *ein* Wirbelmeißel dargestellt; meist sind drei Wirbelmeißel, in einer Ringhalterung um 120° versetzt, angeordnet

Das im Drehmaschinenfutter eingespannte, sich langsam drehende Werkstück wird beim Außengewindewirbeln (Abb. 26) von einem *Einmeißelwerkzeug*, hartmetallbestückt, außermittig umkreist, so daß der Meißel nur zeitweilig im Eingriff ist und auf seinem produktiven Weg (Meißelspitze beschreibt 1/4 bis 1/5 des Kreisumfanges) nur kurze Späne herausschlägt (Abb. 27). Beim Wirbeln von Innengewinden führt das Einmeißelwerkzeug innerhalb der Werkstückbohrung eine zur Werkstückachse außermittig gelegene Kreisbewegung aus (Abb. 28). Werkstück und Wirbelwerkzeug haben dabei im allgemeinen denselben Drehsinn (Gleichlauf).

2.151 Übliche Berechnung der Hauptzeit

Bei Festlegung der Werkstück- und Werkzeugdrehzahlen ist neben der Schnittgeschwindigkeit die maximale Spanungsdicke h_s (Abb. 477 und 478) der eigentliche Ausgangspunkt. Sie wird in Abhängigkeit von der Werkstoffestigkeit und -profilform des Gewindes mit 0,05 bis 0,15 mm, im Mittel mit 0,1 mm angenommen.

Gleichungen vgl. **Berechnungstafel 3, S. 301.**

Beispiel 45. Das Gewinde einer Lenkspindel Tr 36 × 18 links (2 gäng) ist auf 150 mm Länge mit einem Langgewindewirbelaggregat zu wirbeln. Werkstoff 60 kp/mm² Festigkeit. Berechne die Hauptzeit, wenn der Wirbelspitzenkreisdurchmesser mit 40 mm, die Schnittgeschwindigkeit mit 300 m/min und die maximale Spanungsdicke mit $h_s = 0,06$ mm gewählt werden. Die vier Wirbelspindelumlaufstufen des Aggregates sind 1500, 1960, 3000 und 3920 1/min. (Nach Abb. 26 kreist der Meißelhalterring mit eingespanntem Trapezmeißel außermittig um das Werkstück).

Lösung: $n_s = \dfrac{v\,1000}{d_s\,\pi} = \dfrac{300 \cdot 1000}{40\,\pi} = 2388$ 1/min; da diese Drehzahl mit keiner der vorliegenden Wirbelspindelumlaufzahlen übereinstimmt, wird die nächstliegende Drehzahl $n_s = 1960$ 1/min gewählt. Damit ist die tatsächliche Schnittgeschwindigkeit $v = \dfrac{d_s\,\pi\,n_s}{1000} = \dfrac{40\,\pi \cdot 1960}{1000} = 246,3$ m/min.

Für das Trapezgewinde nach DIN 103 wird $d = 36$ mm, $d_1 = 26,5$ mm, $h = 18$ mm. Damit $\cos\delta = \dfrac{d^2 + 2 d_1 d_s - (d_1)^2}{2\,d\,d_s} = \dfrac{36^2 + 2 \cdot 26,5 \cdot 40 - 26,5^2}{2 \cdot 36 \cdot 40} = 0,9423$; Anschnittwinkel $\delta = 19°34'$. $s_u = \dfrac{h_s}{\sin\delta} = \dfrac{0,06}{\sin 19°34'} = \dfrac{0,06}{0,3349} = 0,179$; Umfangsvorschub von Schnitt zu Schnitt $s_u = 0,179$ mm. $n_w = \dfrac{s_u\,n_s}{d\,\pi} = \dfrac{0,179 \cdot 1960}{36\,\pi} = 3,1$; Werkstückdrehzahl $n_w = 3,1$ 1/min. Ist die errechnete Werkstückdrehzahl n_w in der Drehzahlreihe der Drehmaschinenhauptspindel nicht enthalten, so wählt man die nächst niedrigere Drehzahl. Vielfach sind die hohen Drehzahlen der Drehmaschine bzw. des Werkstückes durch eine zusätzliche Übersetzung im Antrieb zu vermindern. $t_h = \dfrac{L}{n_w\,h} = \dfrac{150}{3,1 \cdot 18}$; $t_h = 2,69$ Min. = Hauptzeit (reine Wirbelzeit) für *einen* Gewindegang. Für beide Gewindegänge wird Hauptzeit $t_h = 5,38$ Min. = 5 Min. 23 Sek. (Vgl. auch Anmerkung S. 30.)

Anmerkung: Bei mehrgängigen Gewinden ist $h = t$ und $t = \dfrac{H}{n}$ [Gl. (294)]. Mit $h = \dfrac{H}{n}$ ergibt sich die neue Gleichung $t_h = \dfrac{L\,n}{n_w H}$ für n-gängige Gewinde. Im Zahlenbeispiel wird $t_h = \dfrac{150 \cdot 2}{3{,}1 \cdot 18} = 5{,}38$ Min. Das Wirbelaggregat wird nach Abb. 26 in der Vertikalen um den Steigungswinkel $\varphi = 10° 18'$ (vgl. Beispiel 169) geneigt. Die notwendige Teilung kann durch Verwendung eines Teilfutters am Drehmaschinenspindelkopf, durch Teilen im Räderkasten der Maschine oder durch Verwendung eines Kreuzschlittens vorgenommen werden, welcher um die Größe der Gewindeteilung längs verstellt werden kann. An Hand der Berechnungsgrundlagen für das Gewindewirbeln nach B.T. 3, S. 301 können die Betriebsdaten errechnet werden. Die Anwendung von geometrischen Funktionen und Gleichungen wird bei Verwendung von Diagrammen vermieden; mit diesen sind die erforderlichen Betriebsdaten zum Wirbeln auf leichte Weise zu ermitteln. Man hat Diagramme für Schnittgeschwindigkeit, Drehzahlen des Werkzeuges und Werkstückes, für Geräteneigung in Abhängigkeit vom Durchmesser und für Hauptzeit (Wirbelzeit) in Abhängigkeit von der Gewindelänge bei gegebener Steigung.

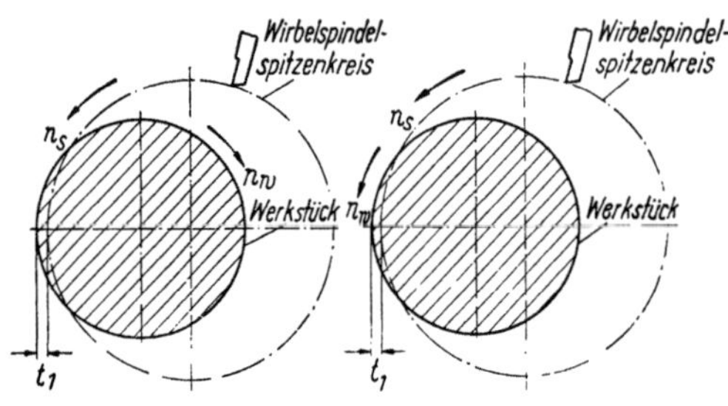

Abb. 29. Schnittverlauf beim Wirbeln im Gegenlauf   Abb. 30 Schnittverlauf beim Wirbeln im Gleichlauf

2.152 Abgekürzte Berechnung der Hauptzeit

Abb. 477 läßt erkennen, daß der Umfangsvorschub s_u größer als die maximale Spanungsdicke h_s ist. Das Verhältnis ist durch den *Kommafaktor* $k = s_u/h_s$ gekennzeichnet. Der Kommafaktor gibt an, um wieviel der Umfangsvorschub größer als die Spanungsdicke gewählt werden kann, und ist damit eine wichtige Größe für die Berechnung der Schnittdaten [21].

2.153 Berechnung der Schnittgeschwindigkeit

Die zulässige Schnittgeschwindigkeit beim Wirbeln wird gegenüber den sonst üblichen Zerspanungsverfahren im wesentlichen von anderen Faktoren bestimmt. Dabei sind die geringe Schnittdauer (Zeit des Eingriffes), die stoßweise Belastung der Schneide und die Luftkühlung des Werkzeuges bei den hohen Schnittgeschwindigkeiten ausschlaggebend.

Schnittgeschwindigkeit beim Wirbeln (Abb. 26 bis 28)

im Gegenlauf (Abb. 29)	$v = v_s + v_w$	(62)
	$v = \dfrac{\pi}{1000}(d_s\,n_s + d_w\,n_w)$	(63)
im Gleichlauf (Abb. 30)	$v = v_s - v_w$	(64)
	$v = \dfrac{\pi}{1000}(d_s\,n_s - d_w\,n_w)$	(65)

v = Schnittgeschwindigkeit für alle Wirbelarten [m/min], v_s = Umfangsgeschwindigkeit am Wirbelspitzenkreis = Umfangsgeschwindigkeit des Meißels [m/min], v_w = Umfangsgeschwindigkeit des Werkstückes [m/min], d_s = Wirbelspitzenkreisdurchmesser [mm], n_s = Wirbelspindeldrehzahl [1/min], d_w = Nenndurchmesser des Gewindes [mm], n_w = Werkstückdrehzahl [1/min]. Hartmetallwerkzeuge verlangen grundsätzlich Gleichlauf. Werkzeug soll in der Richtung von dick und dünn schneiden. In Abb. 29 und 30 ist t_1 = Gewindetiefe [mm]; vgl. auch B.T. 7, Z. 5 und B.T. 8, Z. 23.

Die Ausnutzung der Geometrie des Eingriffes ergibt zusammen mit der Anwendung hoher Schnittgeschwindigkeit außerordentlich kurze Schnittzeiten. Gegenüber der üblichen Bearbeitungszeit beim Gewindeschneiden auf der Drehmaschine oder beim Fräsen wird mit dem Wirbeln eine *Hauptzeiteinsparung von ungefähr 90%* erzielt. Die dabei erreichte Oberflächengüte ist der Schleifgüte nahe. Das Wirbeln hat zudem den Vorzug, daß es nur einer verhältnismäßig einfachen Zusatzeinrichtung zur Leitspindeldrehmaschine oder Gewindeschneidmaschine bedarf.

2.16 Hauptzeit beim Gewindeschälen

Das Gewindewirbeln ist ein Gewindefräsen mit Innenfräser und stellt eine Abart des Langgewindefräsens mit einem Schlagzahn dar. Das gleiche Arbeitsverfahren liegt dem Gewindeschälen auf Langgewindeschälmaschinen zugrunde. Es handelt sich um ein Ausfräsen von Gewindenuten, um ein „Gewindefräsen mit innen verzahntem Fräser, kürzer Innenfräser". Bei Innenfrässchälmaschinen wird das

sich langsam drehende Werkstück an einem Ende in einer Spann-
zange aufgenommen und von dem sogenannten Schälkopf umkreist. Der Schälkopf besitzt vier oder sechs Hartmetallmeißel und
wird um den Gewindesteigungswinkel schräg zur Werkstückachse
eingestellt; seine Drehzahl ist stufenlos zwischen 250 und 1500 1/min
veränderlich. Die Spitzen der Schneidwerkzeuge sind dem Dreh-
mittelpunkt zugewandt und laufen auf einem Kreis (Flugkreis
genannt), durch dessen außermittige Anordnung zum Werkstück
die Messer von einer Seite her in das Werkstück eintauchen. Durch
die Drehbewegung von Werkstück und Werkzeug entsteht eine
Schar von Hüllkreisen, aus der sich das Gewindeprofil zusammensetzt.

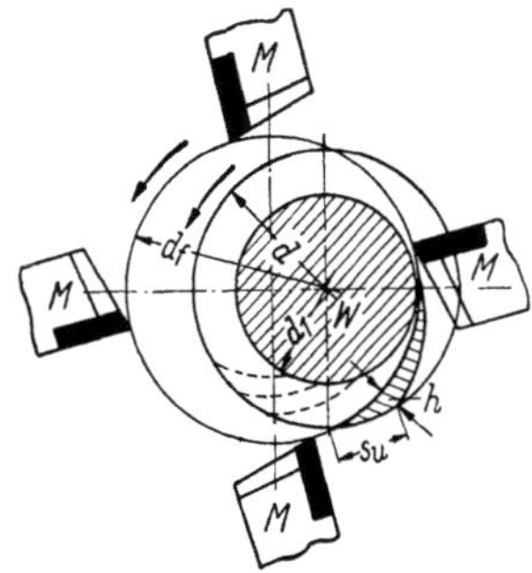

Abb. 31. Arbeitsweise des Gewinde-
schälkopfes.

W = in Pfeilrichtung sich drehendes Werkstück; M = Hartmetallmeißel; d_f = Flugkreisdurchmesser
der Meißel; d = Gewindeaußendurchmesser; d_1 = Gewindekern-
durchmesser; s_u = Umfangsvorschub
von Schnitt zu Schnitt; h = größte
Spanungsdicke

Infolge der Beziehung zwischen Spanungsdicke h
und Werkstückdrehzahl n_w (die den Vorschub bestimmt) und zwischen dieser und der Vorschubgeschwindigkeit des Schälschlittens hängt die Schälzeit von der Spanungsdicke ab. Wählt man das
Flugkreisverhältnis (Verhältnis des Flugkreisdurch-
messers d_s zum Spindeldurchmesser d) mit $f = 1{,}1$,
so ergibt sich annähernd [14]:

Werkstückdrehzahl beim
Gewindeschälen

$$n_w = \frac{373\,v\,h}{d^2\,\tau^{3/4}}$$

n_w = Werkstückdrehzahl [1/min],
v = Schnittgeschwindigkeit [m/min],
h = Spanungsdicke [mm], s. Abb. 31,
d = Gewindeaußendurchmesser [mm],
τ = Verhältnis der Gangtiefe zum
(66)

Außenhalbmesser. Die Gleichung gilt für $f = 1{,}1$. Für $f = 1{,}2$ wird ein Abschlag von etwa 20%, für
$f = 1{,}3$ werden 30%, für $f = 1{,}4$ werden 40% und für $f = 1{,}5$ werden 50% Abschlag erforderlich.

In dieser Gleichung, der Norm entsprechend, $\tau = \dfrac{h + 0{,}5}{d}$, gesetzt:

Hauptzeit beim Gewinde-
schälen für den laufenden
Meter Spindellänge

$$t_h = \frac{1000}{h\,n_w}$$

t_h = Hauptzeit (Schälzeit) für den
laufenden Meter Spindellänge [min/m],
h = Steigung des Gewindes [mm],
n_w = Werkstückdrehzahl [1/min]. Für
mehrgängige Gewinde mit n-Gängen
(67)

ändert sich nichts, weil dann jeder einzelne Durchgang die Zeit t_h/n [min] benötigt und in der Summe
der gleiche Betrag t_h erreicht wird. Das mehrgängige Gewinde hat jedoch größere Nebenzeiten.

Standlänge. Für die erzielbare Spindellänge ist es ohne erheblichen Einfluß,
mit welcher Spanungsdicke (in sinnvollen Grenzen) geschält wird. Für den praktischen Gebrauch kann als Faustformel empfohlen werden:

Standlänge beim Ge-
windeschälen (Abb. 31)

$$L = \frac{K}{d\,\tau^{1/8}}$$

L = Standlänge [m], K = Konstante
= 250 bis 300 für ungünstige Stahlsorten, K = 300 bis 450 für mittlere
Stahlsorten, K = 450 bis 650 für aus-
gesprochen leicht schälbaren Werk-
(68)

stoff, d = Gewindeaußendurchmesser [mm], τ = Verhältnis der Gangtiefe zum Außenhalbmesser;
ungefähr $\tau^{1/8} = 0{,}8$.

Weiterentwicklung: Die Universaldrehmaschine bildet auch heute noch den Kern jedes Werkzeug-
maschinenparkes. Mit einem stufenlosen, hydraulischen Spindelantrieb kann die Schnittgeschwindigkeit
bei jedem Bearbeitungsfall dem für die Standzeit des Werkzeuges günstigsten Wert angepaßt, die Standzeit dadurch erhöht, die Hauptzeit verkürzt und die Zeitersparnis erhöht werden. Beim Plandrehen mit
gleichbleibender Schnittgeschwindigkeit wird ein Drehbild von gleichmäßigerer und besserer Oberflächengüte als beim Stufengetriebe erzielt. Zur Verkürzung der Nebenzeiten und Vereinfachung der Bedienung dienen Eilgang- und Schnellschaltungen, Möglichkeiten der Drehzahlverstellung während des
Laufes und des Schnittes und die Zusammenfassung möglichst vieler Schaltbetätigungen in einem Be-
dienungsorgan. Für die Großserienfertigung kommen neben Revolverdrehmaschinen in zunehmendem
Maße Drehautomaten verschiedenster Konstruktion zum Einsatz, die teilweise auch in ihrer äußeren
Gestaltung das Streben nach neuen, vollendeteren Formen zum Ausdruck kommen lassen.

2.2 Bohrmaschine

Bohren ist das Spanen mit mehrschneidigem Werkzeug zur Verbesserung von Form, Maß und Oberfläche, wobei das Werkzeug mit sämtlichen Schneiden im Eingriff steht und zwischen Werkzeug und
Werkstück als Hauptbewegung eine Drehbewegung und als Nebenbewegung ein axialer Vorschub aus-

geführt wird. Wird die Zerspanungsarbeit gleichmäßig auf sämtliche Schneiden verteilt, so ist im allgemeinen auch eine Verbesserung der Lagegenauigkeit möglich. Die erzielten Oberflächen weisen parallele Rillen auf [18].

Die spanende Bearbeitung mit Spiralbohrern[1], also das Bohren zylindrischer Löcher in vollen Werkstoff mit zweischneidigen Spiralbohrern (Abb. 32), gehört zu den häufigsten Bearbeitungsverfahren in der metallverarbeitenden Industrie. Für sehr tiefe Bohrungen werden Tieflochbohrer (Abb. 34) verwendet. Das Erweitern vorgebohrter oder gegossener Löcher sowie eine Verbesserung der Lochwandung und der Lochachse werden durch Aufbohren oder Senken mit Spiralsenkern (DIN 343) erreicht. Auch das Gewindeschneiden mit Gewindebohrern ist ein Arbeitsgang des Bohrens.

Beim Bohren unterscheidet man verschiedene Bewegungsverhältnisse: 1. Das Werkzeug dreht und verschiebt sich, während das Werkstück feststeht *(übliches Bohren)*. 2. Das Werkzeug dreht sich nicht und verschiebt sich in Richtung seiner Achse, während das Werkstück sich dreht *(Bohren auf Drehmaschinen)*. 3. Werkzeug und Werkstück drehen sich in entgegengesetzter Richtung bei sich verschiebendem Werkzeug *(Tieflochbohrmaschinen)*.

2.21 Hauptzeit beim Bohren mit Spiralbohrer

Die Berechnung erfolgt nach denselben Grundsätzen wie für das Langdrehen, nur wird statt der Drehlänge die Tiefe des zu bohrenden Loches eingesetzt.

Hauptzeit beim Bohren mit Spiralbohrer (Abb. 32) (Drehbewegung durch Werkzeug oder Werkstück)

$$t_h = i\,\frac{L}{s\,n} \qquad (69)$$

t_h ohne Zwischenberechnung von n (Drehbewegung durch Werkzeug oder Werkstück)

$$t_h = i\,\frac{L\,D\,\pi}{s\,v \cdot 1000} \qquad (70)$$

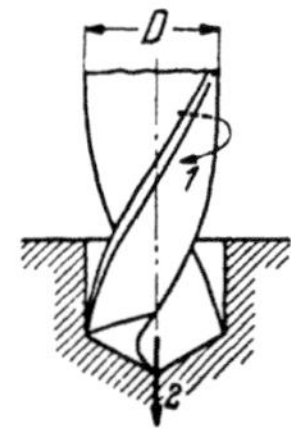

Abb. 32. Arbeitsweise beim **Bohren mit Spiralbohrer.**
Pfeilrichtung *1* = drehende Schnittbewegung des Werkzeuges; *2* = gerade Vorschubbewegung des Werkzeuges. Bohrwerkzeug hat beide Bewegungen auszuführen

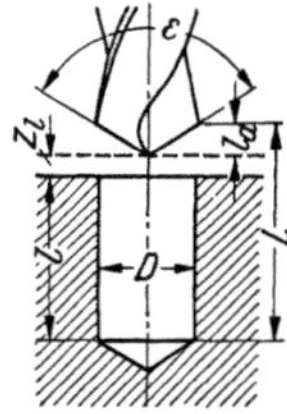

Abb. 33. Schaltweg beim Bohren mit Spiralbohrer

t_h = Hauptzeit beim Bohren mit Spiralbohrer für die Länge L [min], i = Anzahl der Löcher, L = Schaltweg des Spiralbohrers [mm], s. Gln. (71) und (72), s = Vorschub des Spiralbohrers je Umdrehung der Bohrspindel [mm/U], n = Umlaufzahl der Bohrspindel [1/min], D = Durchmesser des Bohrers [mm], v = Schnittgeschwindigkeit [m/min].

Beim Bohren wird wegen der Bruchgefahr für das Werkzeug vorteilhaft mit großer Schnittgeschwindigkeit, aber kleinem Vorschub gearbeitet. Liegen keine besonderen Unterlagen oder Erfahrungswerte vor, so kann als Durchschnittswert für den Vorschub beim Bohren von 1 bis etwa 30 mm Bohrerdurchmesser gelten: $s = 0{,}01\,D$.

Der Schaltweg des Spiralbohrers bestimmt sich nach Gl. (71). Die Längenzugabe für die Bohrerspitze kann näherungsweise mit $l_a = D/3$ gerechnet werden, was bei großem Durchmesser und geringer Lochtiefe besonders ins Gewicht fällt. Genau:

Schaltweg | beim Spiralbohrer

$$L = l_a + Z_l + l \qquad (71)$$

Anlauf | beim Spiralbohrer

$$l_a = 0{,}5\,D \cot \frac{\varepsilon}{2} \qquad (72)$$

L = Schaltweg des Spiralbohrers = für die Bestimmung der Hauptzeit in Rechnung zu setzende Länge [mm], l_a = Anlauf des Spiralbohrers = Längenzugabe für die Bohrerspitze beim Bohren ins Volle [mm], Z_l = einseitige Werkstoffzugabe in der Länge [mm], l = aus der Zeichnung sich ergebende Länge = Lochtiefe[2] [mm]. D = Durchmesser des Bohrers [mm], $\varepsilon/2$ = halber Spitzenwinkel[3] des Bohrers [°]. Es gilt für Stahl $\varepsilon = 118°$, Elektron $\varepsilon = 100°$, Aluminium-Silumin $\varepsilon = 140°$, Messing gegossen $\varepsilon = 130°$, Ms 63 und Kupfer $\varepsilon = 140°$.

---

[1] Statt Spiralbohrer (DIN 1412) wäre richtiger *Drallbohrer*. Am Bohrer sind Schraubenlinien, aber keine Spiralen vorhanden. Der Bohrer hat Drallnuten (Abb. 9), Drallsteigung und Drallwinkel genauso wie Reibahlen und Fräser.

[2] Die bei normaler Ausführung anzusetzende Lochtiefe soll nach Möglichkeit nicht über $5\,D$ betragen. Bei größeren Lochtiefen soll man Sonderausführungen heranziehen.

[3] Nach DIN 6581 (Entwurf) wird der Spitzenwinkel mit σ bezeichnet.

Beispiel 46. In 60 mm dicke Kesselwände sind mit einem Spiralbohrer von 80 mm Durchmesser Löcher aus dem vollen zu bohren. Der Spitzenwinkel des Bohrers beträgt 106°. Wie groß sind a) die Längenzugabe für die Bohrerspitze, b) der Schaltweg?

Lösung: a) Gl. (72) ergibt $l_a = 0,5\,D\cot\varepsilon/2 = 0,5\cdot80\cdot\cot53° = 40\cdot0,7536 = 30,14$; Längenzugabe $l_a \approx 30$ mm. b) Der Schaltweg des Spiralbohrers beträgt $L = l_a + l = 30 + 60 = 90$ mm.

Anmerkung: Allgemein ist es vorteilhafter, große Bohrungen nicht mit dem Spiralbohrer in einem Arbeitsgang aus dem vollen zu bohren, sondern eine Trennung in Vor- und Aufbohren vorzunehmen. Maßgebend dafür ist immer der Anteil der Bohrerspitze am gesamten Vorschubweg. Je höher man die Genauigkeitsansprüche bei Bohrungen stellt, um so mehr Arbeitsgänge werden zur Fertigstellung der Bohrungen notwendig und um so größer sind in der Reihenfertigung die Aufwendungen für Bohrvorrichtungen und Werkzeuge. Der Werkstatt soll man daher keine größere Genauigkeit vorschreiben, als der vorliegende Zweck unbedingt erfordert.

Standlänge. Im Zusammenhang mit der fortschreitenden Automatisierung der Betriebe verlangt man eine möglichst einheitliche Standlänge *mehrerer* gleichzeitig eingesetzter Bohrer. Es soll vermieden werden, daß diese in einer Maschinenfließreihe oder im Mehrspindelbohrkopf laufende Werkzeuggruppe durch das vorzeitige Abstumpfen eines einzelnen Bohrers ausfällt.

2.22 Hauptzeit beim Bohren mit Tieflochbohrer

Man unterscheidet das Bohren mit feststehendem Werkzeug und umlaufendem Werkstück und das Bohren mit umlaufendem Werkzeug und feststehendem oder gegensinnig umlaufendem Werkstück.

2.221 Werkzeug oder Werkstück feststehend

Tiefe Bohrlöcher sind in Werkzeugmaschinenspindeln, Pumpengehäusen, Hydraulikzylindern, Schiffswellen, Preßluftgeräten, Ölbohrgestängen, Schleudergußkokillen usw. herzustellen. Es werden Werkzeuge mit großer Schnitthaltigkeit und geringem Verschleiß im Durchmesser verlangt, damit sie in wirtschaftlichen Bohrzeiten genau maßhaltig bleiben. Da ein Absetzen während des Bohrens stets nachteilige Folgen auf die Güte der Bohrungswandung hat, muß die Standlänge mindestens gleich der Bohrdauer eines tiefen Loches sein.

Die Arbeitsweise nach Abb. 32 ist beim Bohren am häufigsten. Die Art des Bohrens nach Abb. 34 mit Einlippenbohrer ist beim Bohren auf Dreh- und Revolverdrehmaschinen sowie Automaten üblich. Berechnung der Hauptzeit nach Gl. (69) oder (70).

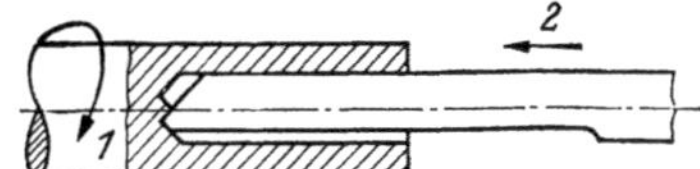

Abb. 34. Arbeitsweise beim **Bohren mit Tieflochbohrer (Kanonenbohrer).**
Pfeilrichtung *1* = drehende Schnittbewegung des Werkstückes; *2* = gerade Vorschubbewegung des Werkzeuges. Bohrwerkzeug macht nur die Vorschubbewegung

Hierin ist t_h = Hauptzeit beim Bohren mit Tieflochbohrer [min], L = Schaltweg des Tieflochbohrers [mm], s = Vorschub des Bohrwerkzeuges je Umdrehung des Werkstückes [mm/U], n = Umlaufzahl des Werkstückes [1/min].

Beispiel 47. In eine Stahlspindel wurde ein Loch 9 mm Durchmesser, 250 mm tief, mittels Kanonenbohrer gebohrt. Die Umdrehungszahl betrug $n = 1400$ 1/min, die Hauptzeit 15 Min. Wie groß waren Schnittgeschwindigkeit und Vorschub?

Lösung: [Z. 2, B.T. 1] $v = d\,\pi\,n = 0,009\,\pi\cdot1400 = 39,6$; Schnittgeschwindigkeit $v \approx 40$ m/min. [Gl. (69)]: $t_h = i\dfrac{L}{s\,n}$; daraus $s = \dfrac{i\,L}{t_h\,n} = \dfrac{1\cdot250}{15\cdot1400} = 0,012$; Vorschub $s = 0,012$ mm/U.

2.222 Werkzeug und Werkstück drehen sich gegensinnig

Zur Berechnung der Hauptzeit sind die Umlaufzahlen bzw. Umfangsgeschwindigkeiten des Werkstückes und des Werkzeuges zu addieren.

Hauptzeit beim Bohren, wenn sich Werkzeug und Werkstück im entgegengesetzten Sinne drehen und das Werkzeug die Vorschubbewegung ausführt (Abb. 34)

$$t_h = i\,\frac{L}{s\,(n_1 + n_2)} \qquad (73)$$

$$t_h = i\,\frac{L\,D\,\pi}{1000\,s\,(v_1 + v_2)} \qquad (74)$$

t_h = Hauptzeit beim Bohren für die Länge L, wenn sich Werkzeug und Werkstück in entgegengesetztem Sinne drehen [min], i = Anzahl der Löcher, L = Schaltweg des Tieflochbohrers [mm], s = Vorschub des Bohrwerkzeuges je Umdrehung des Werkstückes [mm/U], n_1 = Umlaufzahl des Werkstückes [1/min], n_2 = Umlaufzahl des Werkzeuges [1/min], D = Durchmesser des Bohrers [mm], v_1 = Umfangsgeschwindigkeit des Werkstückes [m/min], v_2 = Umfangsgeschwindigkeit des Werkzeuges [m/min].

Anmerkung: Das Tieflochbohren auf hydraulischen Tieflochbohrmaschinen eignet sich besonders zum Hohlbohren und zum Bohren der langen Ölkanäle von Achsen, Spindeln, Getriebewellen, Ritzel-wellen, Zylinderbuchsen, Pleueln und Ventilen sowie von Kurbelwellen und Kurbelgehäusen. Als Werk-zeuge werden *Tieflochspiralbohrer* verwendet, welche von den üblichen Spiralbohrern in Abmessungen und Ausführungen abweichen. Die Arbeitsleistung dieser Maschinen ist sehr groß, da alle Arbeitsgänge meistens gleichzeitig ausgeführt werden, womit sich die Hauptzeit lediglich aus der längsten Einzel-arbeitszeit ergibt. So werden auf einer 4-Spindel-Tieflochbohrmaschine in einer Stunde die Hauptölkanäle von 16 Zylinderkurbelgehäusen gebohrt. Die links und rechts angeordneten Einheiten tragen je einen 2-Spindel-Bohrkopf. Die Ölkanäle haben 14,3 mm Durchmesser und 720 mm Lochtiefe.

2.23 Hauptzeit beim Senken

Das Senken ist ein Zerspanungsvorgang, der schnittechnisch dem Bohren nahe-kommt. Man unterscheidet Senker zum Aufsenken vorgebohrter oder vorgegossener Löcher[1], Senker zum Einsenken profilierter Bohrungen und Senker zum Ansenken von Naben oder ebenen Flächen (Abb. 35). Beim Senken leisten nur die Stirn-schneiden Arbeit; das Werkzeug wird am Umfang geführt. Somit müssen beim Senkwerkzeug alle Schneiden, die beim Axialvorschub zum Schnitt kommen, scharf geschliffen sein und einen Freiwinkel (vgl. Abb. 113) besitzen.

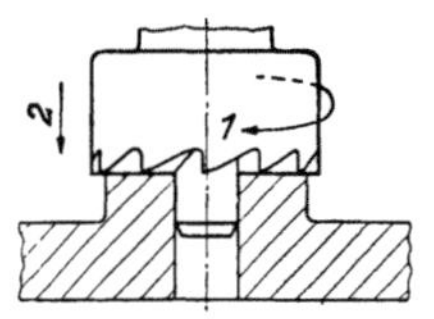

Abb. 35. **Arbeitsweise beim Senken mit dem Stirnsenker.** Pfeilrichtung *1* = drehende Schnittbewegung des Werk-zeuges; *2* = gerade Vor-schubbewegung des Werk-zeuges

Die Berechnung der Hauptzeit erfolgt nach Gl. (69) oder (70). Hierin ist t_h = Hauptzeit beim Senken [min], i = Anzahl der Löcher, L = Schaltweg des Senkers [mm], s = Vorschub des Senkers je Umdrehung der Bohr-spindel [mm/U], n = Umlaufzahl der Bohrspindel [1/min], D = Durch-messer des Senkers [mm], v = Schnittgeschwindigkeit [m/min].

Ist das Aufsenken die Endbearbeitung, so werden *Senker mit Vollmaß* verwendet. Soll dagegen die Bohrung nach dem Senken noch aufgerieben werden, so muß der Durchmesser des Senkers kleiner sein als der Durch-messer der fertigen Bohrung (*Senker mit Untermaß*). Das Durchmesser-untermaß kann gewählt werden: 0,2 mm (bis 18 mm Nenndurchmesser), 0,25 bis 0,3 mm (von 18 bis 30 mm Nenndurchmesser), 0,4 mm (über 30 mm Nenndurchmesser). Boh-rungen bis etwa 50 mm Durchmesser werden durchweg mit dreischneidigen Spiralsenkern (*Drei-schneider*) nach DIN 343 oder DIN 344 aufgesenkt.

2.24 Hauptzeit beim Reiben

Reiben ist das Spanen mit einem mehrschneidigen Werkzeug zur Verbesserung von Form, Maß und Oberfläche vorgearbeiteter Bohrungen, wobei das Werkzeug mit sämtlichen Schneiden im Eingriff steht und zwischen Werkzeug und Werkstück als Hauptbewegung eine Drehbewegung und als Neben-bewegung ein Längsvorschub ausgeführt wird. Die erzielten Oberflächen weisen parallele Rillen auf [18]. Obwohl andere Feinbearbeitungsverfahren wie z. B. Feinbohren, Schleifen oder Honen immer mehr an Bedeutung gewinnen, ist das Reiben das gebräuchlichste Verfahren für die Endbearbeitung genauer Bohrungen geblieben.

Die Spanabnahme beim Reiben erfolgt wie beim Aufsenken am Anschnitt. Während Aufsenkwerkzeuge nur 3 bis 4 Schneiden aufweisen, ist die Zähnezahl bei Reibahlen größer; sie hängt ab vom Durchmesser, der Bauart der Reibahle und vom zu bearbeitenden Werkstoff. Zahnteilung vgl. S. 220. Die Berechnung der Hauptzeit erfolgt nach Gl. (69) oder (70).

Hierin ist t_h = Hauptzeit beim Reiben mit Reibahle für die Länge L [min], i = Anzahl der Löcher L = Schaltweg der Reibahle [mm], s = Vorschub der Reibahle je Umdrehung der Bohrspindel [mm/U], n = Umlaufzahl der Bohrspindel [1/min], D = Durchmesser der Reibahle [mm], v = Schnittgeschwin-digkeit [m/min].

Die zum Ausreiben bestimmte Zugabe soll bei Schnellstahlreibahlen 0,3 mm und bei hartmetallbestückten Reibahlen 0,15 mm im Durchmesser nicht über-schreiten. Bei größeren Bohrungen ist deshalb meist ein zusätzlicher Arbeitsgang vor dem Fertigreiben mit einem Senker oder einer Vorreibahle notwendig.

---

[1] Diese Arbeit kann bei entsprechend großen Bohrungen auch mit Bohrstangen oder Bohrköpfen vorgenommen werden (*Aufbohren*). Ist solch eine Arbeit mit hoher Toleranz bei höchster Oberflächen-güte der Lochwandung auszuführen, so spricht man von „*Feinstbohren*".

2.25 Hauptzeit beim Gewindeschneiden mit Gewindebohrer

Zum Innengewindeschneiden mit der Maschine werden Maschinengewinde-bohrer[1] verwendet. Ein Durchgangsloch wird meist mit einem Einzelfertigschneider bearbeitet, während bei Grundlöchern die Zerspanungsarbeit auf Vor- und Fertig-schneider verteilt werden muß. Für mittlere und große sowie für tiefe Gewinde ist je ein Vor-, Nach- und Fertig-schneider erforderlich, bei harten Werkstoffen sogar ein Satz mit 4 oder mehr Bohrern. Beim Anschneiden kommen nacheinander die einzelnen im Anschnitt liegen-den Schneiden in Eingriff, bis schließlich das Gewinde voll ausgeschnitten ist. Die Schnittarbeit wird also vom Anschnitt geleistet. Berechnung der Hauptzeit nach Gl. (56) bzw. (57). Vgl. auch Fußnote S. 137.

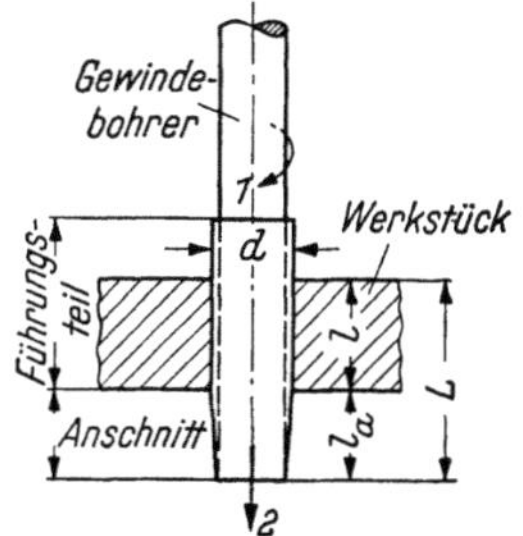

Abb. 36. Arbeitsweise beim **Gewindeschneiden mit Gewindebohrer.**
Pfeilrichtung *1* = drehende Schnittbewegung des Werkzeuges; *2* = gerade Vorschubbewegung des Werkzeuges. Gewindebohrer führt beide Bewegungen aus

Beispiel 48. In eine 20 mm dicke Stahlplatte St 70 ist mit einem Einzelfertigschneider nach Abb. 36 ein Durchgangsgewinde M 24 mit 6 m/min Schnittgeschwindigkeit bei gleichem Vor- und Rücklauf zu schneiden. Gewindesteigung 1,5 mm. Berechne die Hauptzeit bei 12 mm Anlaufweg.

Lösung: Mit $i = 2$, $n = 1$, $L = 20 + 12 = 32$ mm, $d = 24$ mm, $h = 1{,}5$ mm und $v = 6$ m/min ergibt Gl. (57): $t_h = i\,n\,\dfrac{L\,d\,\pi}{h\,v\cdot 1000} = 2\cdot 1\,\dfrac{32\cdot 24\,\pi}{1{,}5\cdot 6\cdot 1000} = 0{,}54$; Hauptzeit $t_h = 0{,}54$ Min.

Weiterentwicklung: Verstärkte und nach den neuesten Erkenntnissen entwickelte Maschinengestelle und in Arbeitsweise und Betätigung verbesserte Klemmeinrichtungen kennzeichnen das Bestreben, auch die Bohrmaschine zu erhöhten Arbeitsleistungen bei verbesserter Genauigkeit weiterzuentwickeln. Dem gleichen Ziele dienen Vereinfachung und möglichst weitgehende Zusammenfassung sowie günstig erreichbare Anordnung sämtlicher Bedienungselemente, Einrichtung zur Vorwählung von Drehzahlen und Vorschüben sowie Rücklaufbeschleunigung und Überlastungssicherungen. Für die Massenfertigung werden Sonderbohrmaschinen in den verschiedensten Bauarten in Waagerecht- und Portalbauweise hergestellt und mit zahlreichen Sonderausrüstungen versehen.

2.3 Fräsmaschine

Fräsen ist das Spanen mit mehrschneidigem Werkzeug zur Verbesserung von Form, Maß, Lage und Oberfläche, wobei die Schneiden infolge der drehenden Hauptbewegung des Werkzeuges nicht ständig im Eingriff sind und Werkzeug oder Werkstück als Nebenbewegung einen Vorschub ausführen. Die erzielten Oberflächen weisen beim Walzenfräsen parallele Rillen, beim Stirnfräsen gekurvte Rillen auf, die sich kreuzen können [*18*].

Nach der Schneidrichtung des Fräsers werden das „*Gegenlauffräsen*" und das „*Gleichlauffräsen*" unterschieden. Bei dem bisher üblichen Gegenlauffräsen (Fräsen gegen Vorschubrichtung), Abb. 37, läuft das Werkstück mit der Tischgeschwindigkeit den Fräserzähnen entgegen; der Fräser hebt den Span von unten her aus dem Werkstück heraus, beginnt also den Span an seiner dünnsten Stelle. Dies führt zu unruhigem Arbeiten des Fräsers und demgemäß unsauberer Fräsfläche. Beim Gleichlauffräsen (Fräsen in Vorschubrichtung), Abb. 38, läuft das Werkstück mit der Tischgeschwindigkeit in gleicher Richtung

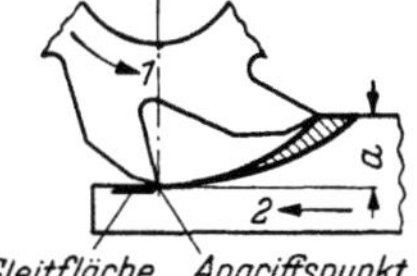

Abb. 37. Bewegungsverhältnisse beim **Gegenlauffräsen.**

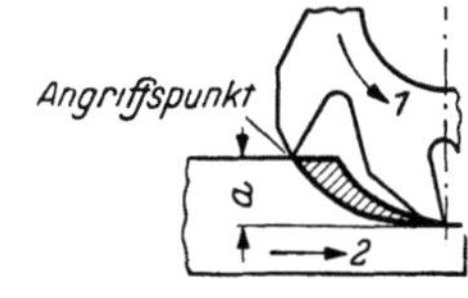

Abb. 38. Bewegungsverhältnisse beim **Gleichlauffräsen.**

Pfeilrichtung *1* = drehende Schnittbewegung des Fräsers; *2* = gerade Vorschubbewegung des Werkstückes (Tischgeschwindigkeit); *a* = Schnitttiefe[2]

wie die Fräserzähne. Diese scheren den Span von oben her ab, beginnen also den Span an dessen dickster Stelle. Das Gleichlaufverfahren vermeidet das anfängliche Gleiten und Quetschen der Schneide beim Schnittvorgang; damit machen sich die erwähnten Übelstände weniger bemerkbar. Der Frästisch bei

---

[1] Zur Herstellung von Innengewinden auf Drehautomaten dienen Schneidwerkzeuge, die als *Automatengewindebohrer* bezeichnet werden. Die Vielzahl der vorhandenen Drehautomaten läßt erkennen, welche Bedeutung diesen Werkzeugen in der Fertigungstechnik zukommt.

[2] Die *Schnittiefe a* wird meist nach der vorhandenen Werkstoffzugabe gewählt. Mit Rücksicht auf eine lange Standzeit ist das nicht immer richtig. Sie soll besonders beim Fräsen mit Hartmetallwerkzeugen stets in gewissen Grenzen bleiben. Beim Schruppen kann $a_{min} = 3$ mm, $a_{max} = 6$ mm gewählt werden; darüber hinaus ist der Span zu unterteilen. Beim Schlichten und Feinstfräsen mit Hartmetall liegt der Größtwert der Schnittiefe zwischen 0,3 und 0,5 mm.

Gleichlauffräsmaschinen erfordert spielfreie Führung, damit das Werkstück nicht in das Werkzeug hineingezogen wird. Vorteilhaft lassen sich im Gleichlauf besonders dünnwandige, schwierig zu spannende Werkstücke fräsen, da die Hauptschnittkraft stets gegen die Auflage gerichtet bleibt. Bei unbearbeiteten Guß- oder Schmiedewerkstücken dagegen würden die empfindlichen Schneiden des Gleichlauffräsers beim Aufschlagen auf die Gußhaut oder Schmiedekruste schnell zerstört werden.

2.31 Hauptzeit beim Walzen- und Stirnfräsen

Ebene Flächen (Planflächen) können entweder mit dem Walzenfräser oder mit dem Walzenstirnfräser (Messerkopf) gefräst werden. Die beiden Fräsarten beim Planfräsen sind also das *Walzenfräsen* (Fräserachse parallel zur Arbeitsfläche) und das *Stirnfräsen* (Fräserachse senkrecht zur Arbeitsfläche). Die Hauptzeit beim Walzenfräsen (Abb. 39) und Stirnfräsen (Abb. 40) ist abhängig vom Schaltweg, der gewählten Vorschubgeschwindigkeit sowie der Zahl der Schnitte.

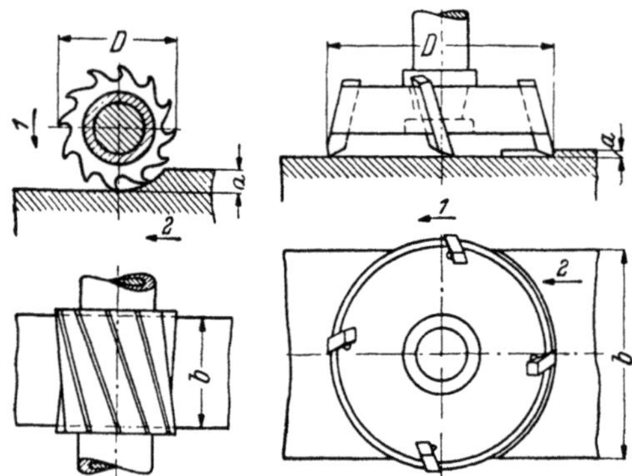

Abb. 39 und 40. Arbeitsweise beim **Walzen- und Stirnfräsen.**
Pfeilrichtung *1* = drehende Schnittbewegung des Walzenfräsers (Abb. 39) bzw. des Messerkopfes (Abb. 40); *2* = gerade Vorschubbewegung des Werkstückes (Tischgeschwindigkeit); *a* = Schnittiefe; *b* = Breite des Werkstückes

Hauptzeit beim Walzen- und Stirnfräsen[1]

$$t_h = i\,\frac{L}{s'} \qquad (75)$$

t_h = Hauptzeit beim Walzen- und Stirnfräsen für die Länge L [min], i = Anzahl der Schnitte, L = Schaltweg des Werkstückes [mm], s' = Vorschubgeschwindigkeit [mm/min].

Anmerkung: Im Gegensatz zum Drehen und Bohren ist beim Fräsen die Schnittgeschwindigkeit v [m/min] ohne Einfluß auf die Größe der Hauptzeit, da der Vorschub des Tisches unabhängig von der Drehzahl der Frässpindel ist. Eine Erhöhung der Schnittgeschwindigkeit muß auch eine Vergrößerung des Vorschubes nach sich ziehen, wenn der gewünschte Einfluß auf die Hauptzeit erreicht werden soll. Gl. (75) gilt sowohl für Fräswerkzeuge, die an ihrem Umfang schneiden (Walzen-, Scheiben- und Formfräser) als auch für solche, die mit der Stirnseite arbeiten (Stirnfräser, Messerkopf). Sind mehrere Schnitte erforderlich, so erfolgt das Zurückführen des Maschinentisches in die Ausgangsstellung von Hand oder im Eilgang. Die dafür nötige Zeit ist Nebenzeit und bleibt bei den folgenden Betrachtungen unberücksichtigt.

Beispiel 49. An einem Aluminiumgehäuse ist eine Fläche mit dem Messerkopf in einem Schnittgang planzufräsen. Messerkopf hat 310 mm Außendurchmesser. Frässpindel macht minutlich 600 Umdrehungen. Wie viele Sekunden sind für 100 mm Schaltweg erforderlich, wenn mit 540 mm/min Vorschubgeschwindigkeit gefräst wird?

Lösung: $i = 1$, $L = 100$ mm, $s' = 540$ mm/min; nach Gl. (75): $t_h = i\,\dfrac{L}{s'} = 1\,\dfrac{100}{540} = 0{,}185$ Min. $= 11{,}1$ Sek.

Hauptzeit für 100 mm Schaltweg $t_h = 11{,}1$ Sek. Mit Bezug auf S. 19 wird $t_{h100} = 0{,}185$ Min.

2.311 Schaltweg

Bei Festlegung des Schaltweges L müssen zu der auf der Zeichnung angegebenen Fertiglänge l des Werkstückes die Werkstoffzugaben l_z sowie die An- und Überlaufwege (l_a und l_u) vor und nach dem eigentlichen Fräsen berücksichtigt werden. Der Schaltweg ist abhängig von der Länge der zu fräsenden Fläche, von der Fräserart und vom Fräsvorgang (Schruppen oder Schlichten).

Schaltweg beim Walzen- und Stirnfräsen (Abb. 41 mit 44)

$$L = (l + l_z) + (l_a + l_u) \qquad (76)$$

L = Schaltweg beim Walzen- und Stirnfräsen = für die Bestimmung der Hauptzeit in Rechnung zu setzende Länge [mm], l = Länge der fertigen Fläche [mm], l_z = Werkstoffzugabe [mm], l_a = Anlauf [mm], l_u = Überlauf [mm]. Ferner ist $l_z = 2\,Z_l$, wenn Z_l = Bearbeitungszugabe [mm].

---

[1] Für $s' = n\,z\,s_t$ [Gl. (22)] gesetzt, ergibt $t_h = i\,\dfrac{L}{n\,z\,s_t}$ oder $t_h = i\,\dfrac{L\,D\,\pi}{1000\,v\,z\,s_t}$.

Der Anlaufweg l_a steht in Beziehung zum Fräserdurchmesser D und zur Schnitttiefe a. Beim Schlichten mit Scheibenfräsern (Abb. 42) muß der Fräser vollkommen aus dem Werkstück herauslaufen. Man erhält nach Pythagoras:

Anlauf beim Walzen- und Stirnfräsen (Abb. 41 und 42)

$$l_a = \sqrt{D(a + e) - (a^2 - e^2)}$$

l_a = Anlauf beim Walzen- und Stirnfräsen [mm], (77)

D = Fräserdurchmesser [mm], a = Schnittiefe [mm], e = Kleinstabstand des Fräsers vom Werkstück [mm]. Mit $e = 1$ mm (Kleinstabstand des Fräsers vom Werkstück) lautet Gl. (77): $l_a = \sqrt{D(a + 1) - (a^2 - 1)}$. Bei gleicher Schnittiefe a wird der Anlaufweg l_a größer, wenn der Fräserdurchmesser größer ist. Deshalb ist es wirtschaftlicher, wenn mit einem möglichst kleinen Fräserdurchmesser gearbeitet wird.

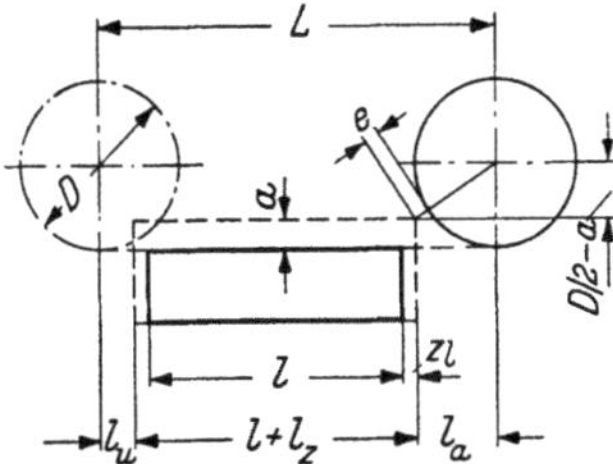

Abb. 41. Schaltweg beim **Schruppen** mit Walzen- und Scheibenfräser sowie beim **Schlichten** mit Walzenfräser.
[L nach Gl. (76); l_a nach Gl. (77); $u = 1$ mm; $e = 1$ mm]

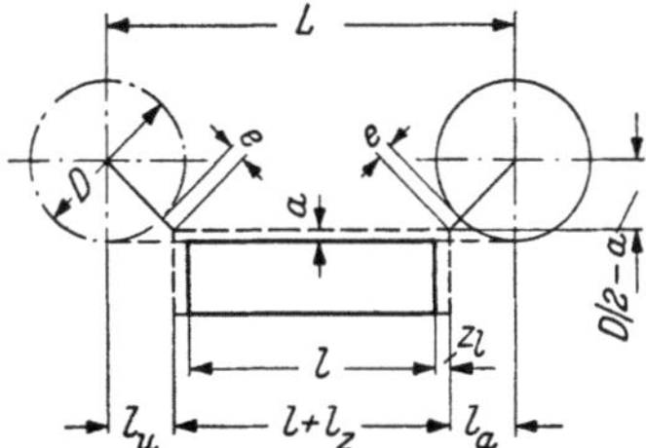

Abb. 42. Schaltweg beim **Schlichten** mit Scheibenfräser.
[L nach Gl. (76); l_a nach Gl. (77); $l_u = l_a$; $e = 1$ mm]

Beispiel 50: Beim Schruppen mit Walzenfräser (Abb. 41) beträgt die Länge der fertigen Fläche $l = 200$ mm, die Werkstoffzugabe $l_z = 2 \cdot 3 = 6$ mm, die Schnittiefe $a = 4$ mm und der Fräserdurchmesser $D = 75$ mm. Wie groß ist der Schaltweg L?

Lösung: [Gl.(77)] $l_a = \sqrt{D(a + e) - (a^2 - e^2)} = \sqrt{75(4 + 1) - (4^2 - 1)} = \sqrt{75 \cdot 5 - 15} = \sqrt{375 - 15}$
$= \sqrt{360} = 18,97$; Anlauf $l_a \approx 19$ mm. Gl. (76) ergibt damit: $L = (l + l_z) + (l_a + l_u) = (200 + 2 \cdot 3) + (19 + 1) = 206 + 20 = 226$; Schaltweg $L = 226$ mm.

Beispiel 51. Wie groß ist der Schaltweg im Beispiel 50, wenn die Fläche bei gleicher Schnittiefe mit Scheibenfräser nach Abb. 42 geschlichtet wird?

Lösung: Mit $l = 200$ mm, $l_z = 2 \cdot 3 = 6$ mm, $l_a = 19$ mm und $l_u = 19$ mm ergibt Gl. (76): $L = (l + l_z) + (l_a + l_u) = (200 + 6) + (19 + 19) = 206 + 38 = 244$; Schaltweg $L = 244$ mm.

Stirnfräsen. Beim Stirnfräser oder Messerkopf ist die Schnittiefe a ohne Einfluß auf den Anlaufweg. Der Anlauf ändert sich mit der Stellung des Werkzeuges zum Werkstück. Entspricht der Werkzeugdurchmesser der Werkstückbreite, so ist der erforderliche Mindestweg für den Anlauf gleich dem halben Werkzeugdurchmesser[1]. Wird das Werkstück schmäler (Abb. 43 und 44), so gilt:

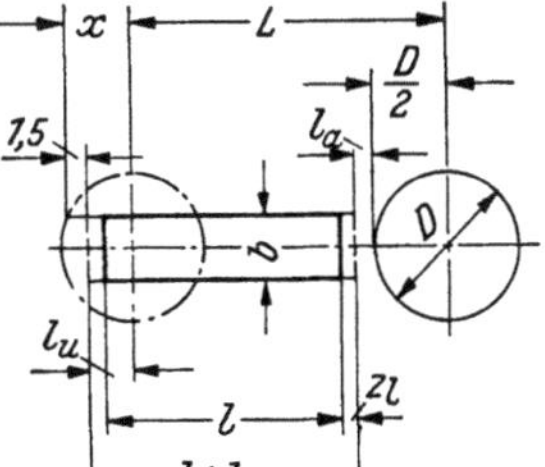

Abb. 43. Schaltweg beim **Schruppen** mit Stirnfräser und Messerkopf.
($x = 0,5\sqrt{D^2 - b^2}$); Fräser auf Mitte Werkstück [L nach Gl. (76); $l_a = 1,5$ mm; l_u nach Gl. (78)]

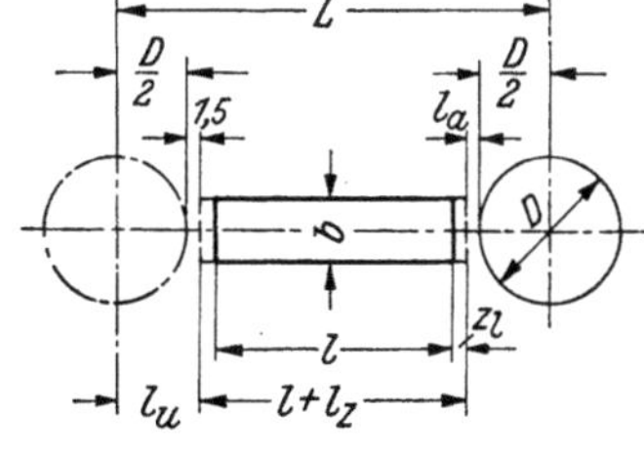

Abb. 44. Schaltweg beim **Schlichten** mit Stirnfräser und Messerkopf; Fräser auf Mitte Werkstück.
[L nach Gl. (76); $l_a = 1,5$ mm; $l_u = 1,5 + D$]

[1] Die Schnittverhältnisse stellen sich günstiger, wenn der Fräser größer als die Flächenbreite b ist. Als zweckmäßig hat sich der Wert für den Fräserdurchmesser mit $7/5\,b$ ergeben, wobei der Fräser möglichst oben etwas weniger und unten etwas mehr überstehen soll (Abb. 47). Damit wird der größere Teil des Zahnweges im Gegenlauf, der kleinere im Gleichlauf vor sich gehen; es herrscht dann die dem Gegenlauffräsen entsprechende, günstiger liegende Kräfteauswirkung auf die Vorschubrichtung vor. Für hartmetallbestückte Messerköpfe beträgt das Verhältnis „Durchmesser:Breite" bei Bearbeitung von Gußeisen und Leichtmetall maximal $4 : 3$ ($b = 0,75\,D$), bei Stahl $5 : 3$ ($b = 0,60\,D$).

Überlauf beim Stirnfräsen (Abb. 43)

$$l_u = 1,5 + \frac{D}{2} - 0,5\sqrt{D^2 - b^2}$$

(78)

l_u = Überlauf beim Stirnfräsen [mm], D = Fräserdurchmesser [mm], b = Breite der fertigen Fläche [mm].

Beispiel 52. Ein Stirnfräser von 150 mm Durchmesser hat eine Werkstückfläche 500 × 100 mm bei 3 mm beiderseitiger Bearbeitungszugabe nach Abb. 43 zu schruppen. Berechne den Schaltweg.

Lösung: [Gl. (78)] $l_u = 1,5 + \dfrac{150}{2} - 0,5\sqrt{150^2 - 100^2} = 76,5 - 55,9 = 20,6$; Überlauf $l_u \approx 21$ mm.

Mit $l = 500$ mm, $l_z = 2 \cdot 3 = 6$ mm, $l_a = 1,5$ mm und $l_u = 21$ mm ergibt Gl. (76): $L = (l + l_z) + (l_a + l_u) = (500 + 6) + (1,5 + 21) = 528,5$; Schaltweg (Schruppen) $L = 528,5$ mm.

Anmerkung: In Abb. 43 ist der Überlauf l_u negativ dargestellt. Die Strecke AB in Abb. 45 stellt den wirklichen Überlauf dar; er beträgt $AB = AM - BM = \dfrac{D}{2} - (x - 1,5) = \dfrac{D}{2} - x + 1,5$. Mit $x = 0,5\sqrt{D^2 - b^2}$ erhält man für l_u die Gl. (78).

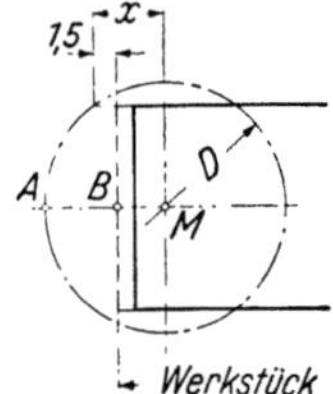

Abb. 45. Überlauf beim **Schruppen** mit Stirnfräser

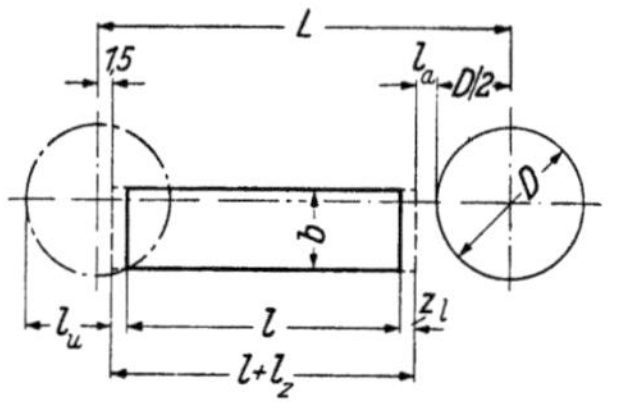

Abb. 46. Schaltweg beim **Schruppen** mit Stirnfräser und Messerkopf; Fräser außer Mitte Werkstück.
[L nach Gl. (76); $l_a = 1,5$ mm; $l_u = 1,5 + D/2$]

Beispiel 53. Die Fläche des Werkstückes im Beispiel 52 soll nach Abb. 44 bei gleichgroßem Werkzeug geschlichtet werden. Welcher Schaltweg ergibt sich?

Lösung: Mit $l = 500$ mm, $l_z = 2 \cdot 3 = 6$ mm, $l_a = 1,5$ mm und $l_u = 1,5 + D = 1,5 + 150 = 151,5$ mm ergibt Gl. (76): $L = (l + l_z) + (l_a + l_u) = (500 + 6) + (1,5 + 151,5) = 506 + 153 = 659$; Schaltweg (Schlichten) $L = 659$ mm.

Beispiel 54. Beim Schruppfräsen nach Abb. 46 arbeitet der Messerkopf außer Mitte Werkstück; Werkstückfläche 600 × 100 mm. Wie groß ist der Schaltweg bei 100 mm Fräsbreite, 150 mm Messerkopfdurchmesser und 3 mm beiderseitiger Werkstoffzugabe?

Lösung: Mit $l = 600$ mm, $l_z = 2 \cdot 3 = 6$ mm, $l_a = 1,5$ mm und $l_u = 1,5 + \dfrac{D}{2} = 1,5 + \dfrac{150}{2} = 76,5$ mm ergibt Gl. (76): $L = (l + l_z) + (l_a + l_u) = (600 + 6) + (1,5 + 76,5) = 606 + 78 = 684$ mm (Schaltweg).

Stirnfeinfräsen. Unter den Fräsverfahren kommt dem aus dem Stirnfräsen entwickelten Feinfräsen eine steigende Bedeutung zu, da sich dieses Arbeitsverfahren vielseitig anwenden läßt. Ähnlich wie beim Schleifen mit der Topfscheibe ergeben sich auch beim Stirnfeinfräsen vergleichbare Ober-

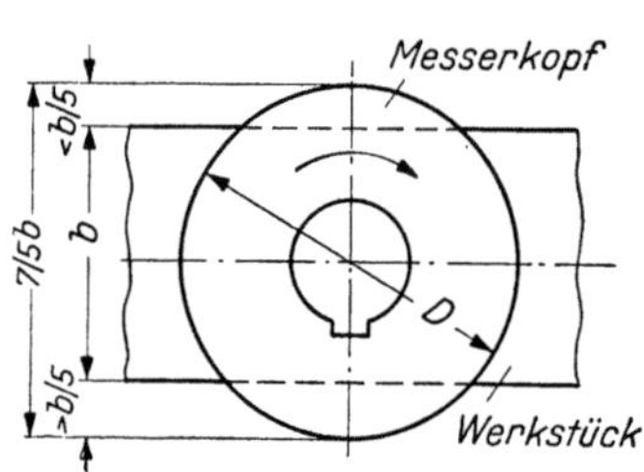

Abb. 47. Messerkopfdurchmesser und Werkstückbreite (vgl. auch Abb. 127 und 128)

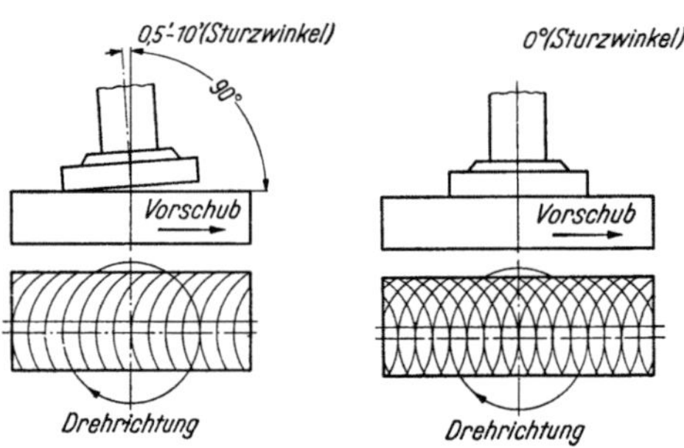

Abb. 48. Hohlschnitt   Abb. 49. Kreuzplanschnitt
Abb. 48 und 49. Tragbildmaserung stirngefräster Flächen. Beim Stirnschleifen spricht man von Strahlenschliff (Abb. 48) und Kreuzschliff (Abb. 49)

flächenbilder, die je nach der Winkelstellung der Frässpindel zur Tischauflage Hohlschnitt bzw. Kreuzplanschnitt (Abb. 48 und 49) zeigen[1]. Für eine günstige Standlänge der sauber geläppten Messerkopfschneiden ist ausschlaggebend, daß mit einer wirtschaftlichen Schnitt- und Vorschubgeschwindigkeit gefahren und das richtige Verhältnis von Messerkopfdurchmesser zu Fräsbreite eingehalten wird.

---

[1] Zur Verhinderung eines Nachschneidens des Feinfräskopfes ist die Frässpindel auf „Sturz" zu stellen (ungefähr 0,10 mm Höhe auf 1000 mm Länge). Der Sturz ist in Richtung der Tischbewegung so einzustellen, daß das Werkzeug an der Einfahrseite anschneidet.

2.312 Verkürzung der Hauptzeit

Aus der Gleichung $t_h = i\,\dfrac{L}{s'}$ ist ersichtlich, daß die Hauptzeit beim Walzen- und Stirnfräsen von der Anzahl der Schnitte i, des Schaltweges L und der Vorschubgeschwindigkeit s' beeinflußt wird. Die Werte i und s' sind durch die Werkstoffzugabe und die geforderte Oberflächengüte bestimmt. Die Hauptzeit läßt sich also nur noch durch den Schaltweg L [Gl. (76)] verändern. Da $(l + l_z)$ festliegen, muß die Summe $(l_a + l_u)$ auf einen Kleinstwert gebracht werden, um den kleinstmöglichen Schaltweg L und damit auch einen Mindestwert von t_h zu erhalten.

In der Massenfertigung ist sowohl beim Walzen- als auch beim Stirnfräsen eine Ersparnis an An- und Überlaufwegen möglich, wenn an Stelle der Einzelspannung von Werkstücken die Blockspannung zur Anwendung gelangt. Der Hauptvorteil der Reihenfräsvorrichtungen für die Serien- und Massenfertigung liegt in der Verkürzung der Hauptzeit.

Beispiel 55. Abb. 50 zeigt das Fräsen von Gabeln mit einem Halbkreisfräser DIN 856 (nach außen gewölbt) in einer *Reihenvorrichtung*. a) Wie groß ist der Schaltweg L_n für n hintereinandergespannte Werkstücke? b) Wie groß ist der Schaltweg eines Werkstückes? c) Welche Hauptzeitersparnis ergibt das Fräsen mit der Reihenvorrichtung gegenüber der Verwendung einer Einzelvorrichtung? d) Welche Zahlenwerte ergeben sich für die Fragen a) mit c), wenn Gabeltiefe $a = 20$ mm, Fräserdurchmesser $D = 80$ mm, Gabelbreite $l = 10$ mm, Überlauf $l_u = 5$ mm, Anzahl der hintereinandergespannten Werkstücke $n = 10$, Abstände der einzelnen Werkstücke $l_n = 5$ mm?

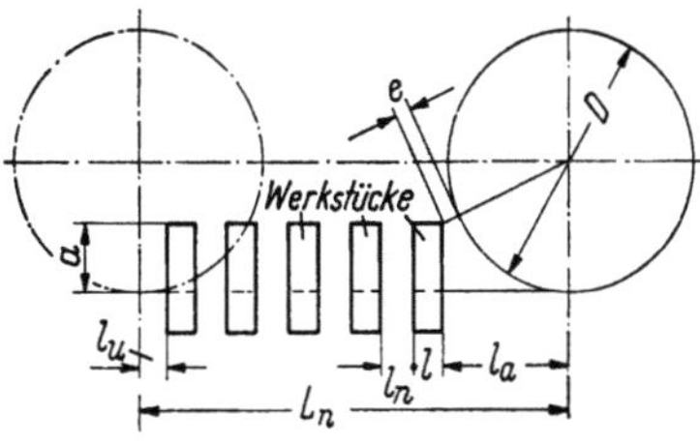

Abb. 50. Schaltweg bei Verwendung einer Reihenfräsvorrichtung

Lösung: a) Es ist $L_n = l_a + n\,l + (n-1)\,l_n + l_u = l_a + n\,l + n\,l_n - l_n + l_u$ oder Schaltweg $L_n = l_a + l_u - l_n + n\,(l + l_n)$. b) Aus der Gleichung für L_n erhält man $L'_n = \dfrac{L_n}{n} = \dfrac{l_a + l_u - l_n + n\,(l + l_n)}{n}$ oder Schaltweg eines Werkstückes $L'_n = \dfrac{l_a + l_u - l_n}{n} + l + l_n$. Mit $n = 1$ geht die Reihenvorrichtung in die Einzelvorrichtung über; man erhält $L'_n = \dfrac{l_a + l_u - l_n}{1} + l + l_n = l + l_a + l_u$ [vgl. Gl. (76)].

c) Das Verhältnis der Schaltwege und damit auch der Hauptzeiten ist somit $\dfrac{L'_n}{L} = \dfrac{t'_{hn}}{t_h}$. Wird dieses Verhältnis gleich 1, so sind beide Vorrichtungsarten, vom Standpunkt der Hauptzeit aus beurteilt, einander gleich. Soll die Reihenvorrichtung mit Erfolg angewandt werden, so muß dieses Verhältnis kleiner als 1 sein. d) [Gl. (77)] $l_a = \sqrt{D\,(a+e) - (a^2 - e^2)} = \sqrt{80\,(20 + 1) - (20^2 - 1)} = \sqrt{1281} = 35,8$ mm. Damit wird nach Gl. (76) $L = (l + l_z) + (l_a + l_u) = 10 + (35,8 + 5) = 50,8$ mm. Der Schaltweg L beträgt also in diesem Falle rund das Fünffache der wirklichen Werkstücklänge. Für $n = 10$ Werkstücke erhält man den Schaltweg eines Werkstückes zu $L'_{10} = \dfrac{35,8 + 5 - 5}{10} + 10 + 5 = 18,58$ mm. Damit wird $\dfrac{L'_{10}}{L} = \dfrac{18,58}{50,8} = 0,37$. Beim Arbeiten mit einer Reihenvorrichtung beträgt die Hauptzeit nur 37% des Wertes, der bei Verwendung einer Einzelvorrichtung aufgewendet werden muß. (Vgl. auch Fußnote 1, S. 262.)

Beispiel 56. Auf der *Rundtischfräsmaschine* (Abb. 51) sollen Gußplatten, je 350 mm lang, auf einer Seite plangeschruppt und geschlichtet werden. Fräserdurchmesser je 250 mm. Fräsdurchmesser 900 mm. Vorschubgeschwindigkeit 200 mm/min. Anzahl der aufgespannten Werkstücke = 6. Wie viele Werkstücke werden in 8 Stunden gefräst?

Lösung: Weg des Rundtisches in 8 Std. = 480 Min. = $480 \cdot 200$ mm. Benötigter Weg für 6 Werkstücke = $900\,\pi$ mm (gestreckte Länge bei 900 mm Fräsdurchmesser). Benötigter Weg für ein Werkstück $= \dfrac{900\,\pi}{6}$ mm.

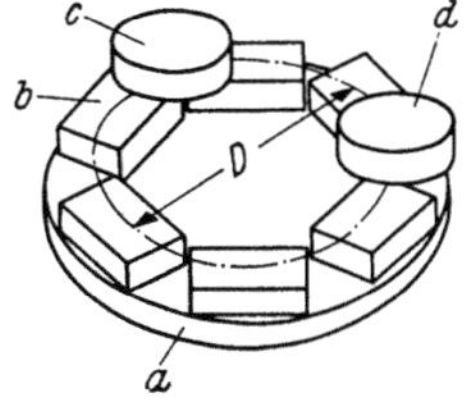

Abb. 51. Werkstücke auf der Rundtischfräsmaschine.

a = Rundtisch; b = Werkstücke; c = Schruppfräser; d = Schlichtfräser; D = Fräsdurchmesser

Anzahl der gefrästen Werkstücke in 8 Stunden $= \dfrac{480 \cdot 200}{\dfrac{900\,\pi}{6}} = \dfrac{480 \cdot 200 \cdot 6}{900\,\pi} \approx 203$ Stück.

Anmerkung: Da die Teile im Beispiel 56 geschruppt und geschlichtet werden müssen, fällt die Schlichtzeit mit der Schruppzeit zusammen; damit sind besondere Schlichtzeiten überhaupt nicht einzusetzen, was einem beachtlichen *Zeitgewinn* entspricht. Um auf der Langtischfräsmaschine die gleiche Stückzahl zu schruppen und zu schlichten, wenn Vorschub und Abstand der Werkstücke für beide Maschinen gleich gehalten werden, müßten etwa 2,4 Maschinen eingesetzt werden. Dies entspricht bei einseitiger Bearbeitung einem Verhältnis der Schlichtleistungen von $203 : 84 \approx 2,4 : 1$. Die Rundtischfräsmaschine kann in gewissem Sinne als eine erste Stufe der Automation betrachtet werden sowie in besonderer Anwendung als Vorläufer des Transferprinzips, da es möglich ist, in kontinuierlichem Verfahren Werkstücke vollkommen, d. h. an allen ihren Flächen, zu bearbeiten. Sie hat gegenüber vielen anderen Maschinenarten geringeren Platzbedarf und auf Grund ihrer Konstruktion den Vorteil besonderer Preiswürdigkeit bei wesentlich erhöhter Leistung. Statt der Rundtischfräsmaschine kann auch eine doppelseitige Trommelfräsmaschine verwendet werden.

2.313 Zusammenlegen der Einzelzeiten

Durch Änderung der Werkstückanordnung kann die Fräslänge je Stück und damit die Hauptzeit verkürzt werden; vgl. Beispiele 55 und 56. Weiterhin können durch Verwendung entsprechender Vorrichtungen, durch besondere Fräsverfahren oder durch Mehrmaschinenbedienung, Haupt- und Nebenzeit in den gleichen Zeitraum fallen.

Vorrichtungen für ununterbrochenes Fräsen. Schwenkvorrichtungen gestatten es, während der Hauptzeit zu spannen. Das fertiggefräste Werkstück kann ausgespannt und ein neues unbearbeitetes eingespannt werden, während das zweite Werkstück bearbeitet wird. Mit Hilfe des Rundtisches können kleinere Werkstücke während des Fräsvorganges ununterbrochen ausgewechselt werden.

Pendelfräsen. Nach dem Aufspannen des Werkstückes leitet ein einmaliges Einschalten von Hand den selbsttätigen Ablauf der Einzelbewegungen bis zurück zum Tischstillstand ein. Wird mit Sprungvorschub gefräst, weil mehrere Werkstücke hintereinandergespannt sind, so werden die Leerwege zwischen den einzelnen Schnitten im Eilgang übersprungen und der Tisch nach dem letzten Schnitt gewendet.

Tauchfräsen. Auch dieses Fräsverfahren ermöglicht die Nebenzeit zu verkürzen. Der Fräser wird bis zu einer bestimmten Tiefe von oben oder von der Seite her in das Werkstück eingetaucht. Anwendung beim Fräsen von Scheibenfedernuten nach DIN 6888 mit Schlitzfräsern DIN 850. Das „Tauch-Längsfräsen", Abb. 52, bietet beim Zahnradfräsen eine Möglichkeit, die Anschnittdauer wesentlich herabzusetzen; vor allem bei schmalen Werkstücken mit großer Zahnschräge und bei Verwendung von Wälzfräsern mit großen Durchmessern. Das Werkstück wird hierbei zunächst mit Radialvorschub bis auf die volle Zahntiefe angeschnitten und dann mit dem Längsvorschub über die gesamte Zahnbreite fertiggefräst. So ist der Radialvorschub

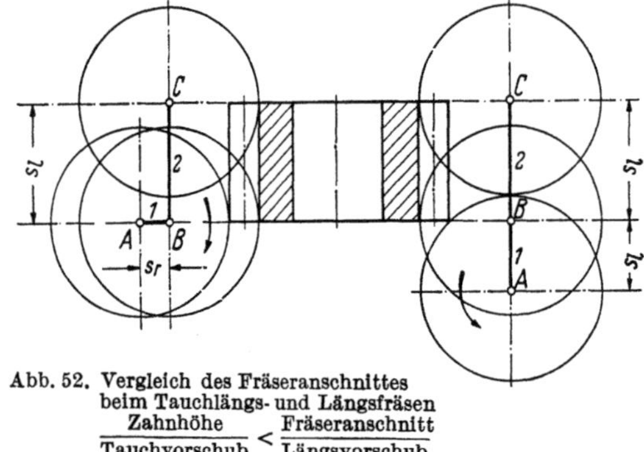

Abb. 52. Vergleich des Fräseranschnittes beim Tauchlängs- und Längsfräsen

$$\frac{\text{Zahnhöhe}}{\text{Tauchvorschub}} < \frac{\text{Fräseranschnitt}}{\text{Längsvorschub}}$$

$A B = s_r$ in waagerechter Richtung 1 beim Tauchlängsfräsen kleiner als der Längsvorschub $A B = s_l$ in senkrechter Richtung 1 beim üblichen Längsfräsen. Der relativ große Längsanschnittweg wird dadurch vermieden. Die Umschaltung von Tauch- auf Längsvorschub erfolgt automatisch.

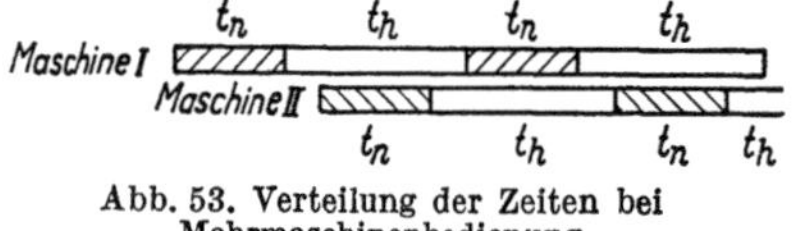

Abb. 53. Verteilung der Zeiten bei Mehrmaschinenbedienung

Mehrmaschinenbedienung. Die verschiedenen Fräsarbeiten sind so auf zwei oder mehrere Maschinen zu verteilen, daß sich die Hauptzeit der einen Maschine der Nebenzeit der anderen Maschine überlagert. In Abb. 53 fallen die Nebenzeiten der Maschine I mit den Hauptzeiten der Maschine II zusammen und umgekehrt.

2.32 Hauptzeit beim Fräsen mit Zahnformfräser

Zu den gebräuchlichsten Verzahnungsverfahren für Stirnräder gehören das Wälzstoßverfahren mit Schneidrad und das Wälzfräsverfahren mit Wälzfräser, also Verfahren, die den Radkörper in einem pausenlosen Arbeitsgang fertigstellen. Für die Verzahnung größerer Räder, für die die Herstellung kostspieliger Wälzfräser unwirtschaftlich ist, behält das Formfräsverfahren seine Bedeutung bei. Diese Räder werden entweder mit Scheibenfräser oder mit Fingerfräser verzahnt.

2.321 Formverfahren mit dem Scheibenfräser

Die hinterdrehten Zähne des Scheibenfräsers (Abb. 54) haben die Form der Zahnlücke. Die Kurve der Zahnflanke ändert sich mit dem Modul (vgl. S. 265) und der Zähnezahl. Man verwendet Fräsersätze (vgl. S. 288). Die Ausführung der Zahnformfräser unterscheidet Lückenvorfräser als hinterdrehte Stufenfräser oder kreuzverzahnte Vorfräser und Fertigfräser mit dem Querschnitt der Zahnlücke.

2.3211 Geradstirnrad. Das Fräsen auf einfachen Fräsmaschinen (Abb. 54) gleicht dem Walzenfräsen. Es werden zunächst alle Zahnlücken vorgeschruppt und danach sämtliche Lücken nacheinander geschlichtet. Die Zeit für das Fräsen eines Zahnes setzt sich zusammen aus „*Fräsen + Fräserrücklauf + Teilen*". Die Hauptzeit zum Herausfräsen einer Lücke (Zeit für den eigentlichen Fräsvorgang für einen Zahn) ergibt sich zu $t_h = i\,\dfrac{L}{s'}$ [Gl. (75)]; für z Zähne folgt:

Hauptzeit beim Fräsen eines Geradstirnrades nach dem Teilverfahren (Abb. 54)

$$t_h = i\cdot\frac{Lz}{s'} \tag{79}$$

t_h = Hauptzeit beim Herausfräsen der Lücken eines Geradstirnrades mit Zahnformfräser für die Länge L [min], i = Anzahl der Schnitte, L = Schaltweg des Werkstückes [mm], z = Zähnezahl des zu verzahnenden Rades, s' = Vorschubgeschwindigkeit [mm/min].

Abb. 55 zeigt, daß hinsichtlich des Anlaufweges selbst zwischen Schruppen und Schlichten ein beträchtlicher Unterschied besteht[1].

Beispiel 57. Ein Geradstirnrad (St 60) von 28 mm Zahnbreite soll 85 Zähne nach Modul 4 mm erhalten. Das Rad ist bei 24 m/min Schnittgeschwindigkeit mit einem scheibenförmigen Zahnformfräser 80 mm Durchmesser im Einzelteilverfahren nach Abb. 54 zu fräsen. Die Frästiefe von 8,66 mm* soll in zwei Schnitten (6/7 und 1/7 der Frästiefe)

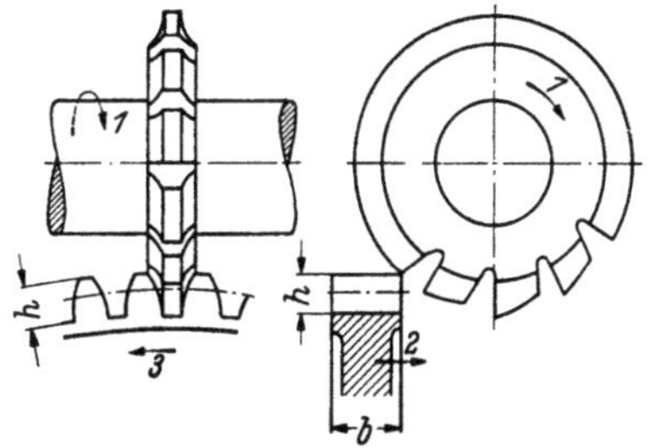
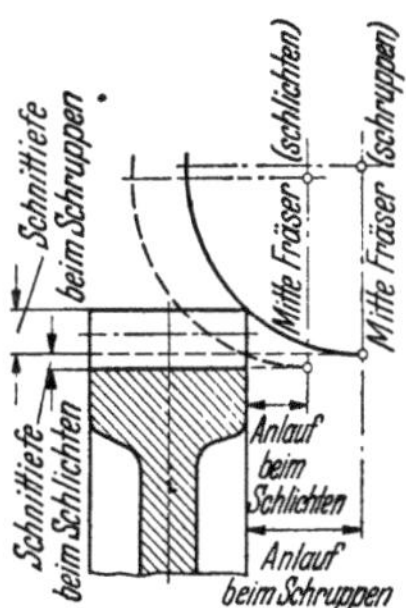

Abb. 54. Arbeitsweise beim **Fräsen** von Geradstirnrädern mit Zahnformfräser **nach dem Teilverfahren.**
Pfeilrichtung *1* = drehende Schnittbewegung des Zahnformfräsers; *2* = gerade Vorschubbewegung des Werkstückes; *3* = Teilbewegung, die das Werkstück nach Rücklauf um eine Teilung weiterteilt; h = Zahnhöhe (Frästiefe); b = Zahnbreite

Abb. 55. Anlauf beim Schrupp- und Schlichtfräsen eines Geradstirnrades. (Vgl. Abb. 41 und 42)

fertiggestellt werden. Vorschubgeschwindigkeit 48 mm/min. Werkstoffzugabe $l_z = 2$ mm. Welche Hauptzeit beansprucht das Verzahnen des Rades?

Lösung: Mit der Schnittiefe $a = \dfrac{6h}{7} = \dfrac{6\cdot 8{,}66}{7} = 7{,}42$ mm für Schruppen und $a' = \dfrac{1h}{7} = \dfrac{1\cdot 8{,}66}{7}$ = 1,24 mm für Schlichten ergeben sich bei 80 mm Fräserdurchmesser nach Gl. (77) die Anlaufwege $l_a = \sqrt{D\,(a+e)-(a^2-e^2)} = \sqrt{80\,(7{,}42+1)-(7{,}42^2-1)} = 24{,}8$ mm (Schruppen) und $l_a' = \sqrt{D\,(a'+e)-[(a')^2-e^2]} = \sqrt{80\,(1{,}24+1)-(1{,}24^2-1)} = 13{,}4$ mm (Schlichten). Mit $l = 28$ mm, $l_z = 2$ mm, $l_a = 24{,}8$ mm und $l_u = 1$ mm ergibt Gl. (76): $L = (l+l_z) + (l_a+l_u) = (28+2) + (24{,}8+1) = 55{,}8$ mm (Schruppen) und $L' = (l+l_z) + (l_a'+l_u) = (28+2) + (13{,}4+13{,}4) = 56{,}8$ mm (Schlichten). Damit nach Gl. (79): $t_h = i\,\dfrac{Lz}{s'} = i\,\dfrac{(L+L')\,z}{s'} = 1\,\dfrac{(55{,}8+56{,}8)\cdot 85}{48} \approx 200$; Hauptzeit $t_h = 200$ Min.

Anmerkung: Spannt man vier Räder gemeinsam auf einen Dorn, so folgt $L = 4\,(l+l_z) + (l_a+l_u) = 4\,(28+2) + (24{,}8+1) = 145{,}8$ mm (Schruppen) und $L' = 4\,(l+l_z) + (l_a'+l_u) = 4\,(28+2) + (13{,}4+13{,}4) = 146{,}8$ mm (Schlichten). Hauptzeit zum Verzahnen von vier Rädern $t_h = i\,\dfrac{(L+L')\,z}{s'} = 1\,\dfrac{(145{,}8+146{,}8)\cdot 85}{48} = 518$ Min.; damit entfällt auf ein Rad eine Hauptzeit von $518:4 = 129{,}5 \approx 130$ Min. Hauptzeiteinsparung je Rad $t_{hE} = 200 - 130 = 70$ Min.

2.3212 Geradzahnstange. Ähnlich dem Formfräsen einer Zahnstange auf der Universalfräsmaschine (vgl. S. 294) erfolgt bei der automatischen Zahnstangen-

---

[1] Da beim Teilfräsverfahren nach Abb. 54 jeweils nur eine Zahnlücke in ganzer Breite ausgeschnitten wird, ergeben sich je Zahnlücke die gleichen An- und Auslaufwege des Fräsers. Um wesentlich an Fräsweg zu sparen, ist es, wenn es die Form der zu fräsenden Räder erlaubt, vorteilhaft, drei, vier oder mehr Räder gleicher Zähnezahl und gleichen Moduls auf einen Dorn zu spannen und gleichzeitig zu fräsen. Jeder durch alle Räder gehende Schnitt bedingt damit nur je einen An- und Auslauf des Fräsers, was wiederum eine Ersparnis an Zeit für das Einrichten, Teilen und sonstige Nebenarbeiten zur Folge hat.

* Bei älteren Werkzeugen ist das Zahnkopfspiel meist $S_k = \dfrac{1}{6}\,m = 0{,}166\,m$, die Zahnkopfhöhe oder Frästiefe $h = \dfrac{13}{6}\,m = 2{,}166\,m$; für Modul $m = 4$ mm wird die Frästiefe damit $h = \dfrac{13\cdot 4}{6} = 8{,}66$ mm. Neu wird empfohlen $S_k = 0{,}2\,m$; siehe Anmerkung zu B.T. 20 (Zeilen 8—12), S. 324.

fräsmaschine der Arbeitsablauf für das Fräsen einer jeden Zahnlücke nach Abb. 56.

Man erhält die Hauptzeit für das Fräsen einer Zahnlücke mit dem Schaltweg L nach Gl. (75) zu $t_h = \dfrac{L}{s'}$. Bezeichnet $t_1 = $ Zeit für Einlauf des Werkzeuges, $t_2 = $ Zeit für Fräsen der Zahnlücke, $t_3 = $ Zeit für Rücklauf des Werkzeuges im Eilgang und $t_4 = $ Zeit für Schaltungen und Teilung, so beträgt die gesamte Hauptzeit (Fräszeit) für eine Zahnlücke $t_h = t_1 + t_2 + t_3 + t_4$ oder $t_h = \dfrac{l_a}{s'} + \dfrac{b}{s'} + \dfrac{l_a + b}{v_R} + t_4$ oder $t_h = \dfrac{(l_a + b)(s' + v_R)}{s' v_R} + t_4$. Die Einlauflänge l_a ist vom Modul der zu bearbeitenden Verzahnung abhängig, da der Durchmesser D der Fräswerkzeuge sowie die Zahnhöhe (Frästiefe) h mit zunehmendem Modul größer werden. Für die Einlauflänge angenähert $l_a = \sqrt{h\,(D - h)}$ gesetzt, ergibt für einen n-teiligen Fräser:

<table>
<tr><td>Hauptzeit beim Zahn-
stangenfräsen für eine
Zahnlücke (Abb. 56)</td><td>$$t_h = \dfrac{\left(\sqrt{h\,(D - h)} + b\right)(s' + v_R)}{s' v_R n} + t_4$$</td><td>(80)</td></tr>
</table>

$t_h = $ gesamte Fräszeit für eine Zahnlücke = Zeit für Vor- und Rückgang sowie Schalten und Teilen [min], $h = $ Frästiefe = Zahnhöhe [mm], $D = $ Fräserdurchmesser [mm], $b = $ Zahnbreite [mm], $s' = $ Vorschubgeschwindigkeit [mm/min], $v_R = $ Rücklaufgeschwindigkeit [mm/min], $n = $ Zahl der Einzelformfräser des Satzfräsers, $t_4 = $ Zeit für Schaltung und Teilung [min], maximal $t_4 = 6$ sek $= 0{,}1$ min.

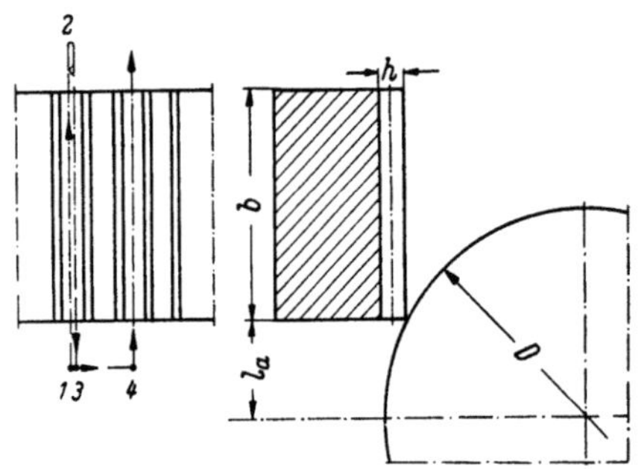

Abb. 56. Arbeitsablauf für das Fräsen einer Zahnlücke auf einer automatischen Zahnstangenfräsmaschine

Die *Wirtschaftlichkeit der Arbeitsweise* wird bei kleinen bis mittleren Zahnteilungen ganz erheblich erhöht durch Verwendung von Satzfräsern, d.h. durch gleichzeitige Bearbeitung mehrerer Zahnlücken und das gleichzeitige Bearbeiten mehrerer nebeneinander liegender Zahnstangen.

2.3213 Schrägstirnrad. Beim Verzahnen im Formverfahren mit Scheibenfräsern, z. B. auf einer Universalfräsmaschine, wird der Fräser tangential zum Zahnverlauf eingestellt (vgl. Abb. 339). Das Fräsen gleicht in allen Maßnahmen dem Fräsen schraubenförmiger Nuten (vgl. S. 233) und läßt sich unter Zuhilfenahme des Universalteilkopfes vornehmen. Da das Fräserprofil nach der Ersatzzähnezahl zu bestimmen ist (vgl. S. 289), wird jedoch nur eine Annäherung an die geometrisch richtige Zahnform erreicht. Damit kann die Genauigkeit dieses Verfahrens den Ansprüchen der Hochlastgetriebe nicht mehr genügen und wird meist nur zum Vorverzahnen verwendet. Die Hauptzeit kann nach Gl. (91) bestimmt werden. Die Zahl der Schraubennuten entspricht der Zähnezahl z des Schrägstirnrades, b_1 ist gleichbedeutend mit der Zahnbreite des Werkstückes.

2.3214 Schrägzahnstange. Bei der automatischen Zahnstangenfräsmaschine Abb. 56 liegt zwischen Teilungsgetriebe und Gewindespindel eine Wechselradübersetzung, die bei gerade verzahnten Zahnstangen ein Übersetzungsverhältnis von $1 : 1$ besitzt. Bei Herstellung von Schrägverzahnungen muß die Stirnteilung um den Faktor $1/\cos\beta_0$ größer sein als die Normalteilung (vgl. B.T. 23, Z. 5), wenn β_0 der Winkel der Schrägverzahnung ist. Die Korrektur der Teilung wird mit Hilfe von vier Wechselrädern durchgeführt, wobei eine Genauigkeit auf vier Stellen für $\cos\beta_0$ erreicht wird. Vgl. auch Abschnitt 5.54.

2.322 Formverfahren mit dem Fingerfräser

Während beim Scheibenfräser das Zahnprofil der Fräserzähne gleich dem Profil der zu fräsenden Zahnlücke ist, entspricht die Erzeugende des Fingerfräsers der Hälfte des Lückenprofiles [7]; für einen bestimmten Modul fällt damit der Fingerfräser wesentlich kleiner aus. Das Werkzeugprofil wird ebenfalls nach der zugehörigen Ersatzverzahnung gewählt. Mit dem Fingerfräser lassen sich gerade und schräge

Zähne sowie Pfeilzähne im Formverfahren herstellen. Wie bei dem Verfahren mit Scheibenfräsern wird auch hier eine Zahnlücke nach der anderen gefräst. Während bei Herstellung von Geradstirnrädern das Werkstück während des Fräsens stillsteht, wird es bei Schrägstirnrädern gedreht. Sind Pfeilzähne zu fräsen, so bewegt sich das Zahnrad in bestimmter Richtung, bis der Fräser die halbe Zahnbreite durchlaufen hat; anschließend dreht sich das Zahnrad in entgegengesetzter Richtung.

2.3221 Geradstirnrad. Nach Abb. 57 setzt sich die Zeit für das Fräsen eines Geradzahnes zusammen aus „*Fräsen (Weg BC) + Anstellen (Weg AB) + Rücklauf (Weg CD) + Teilen (Weg DA)*". Die Hauptzeit zum Herausfräsen einer Lücke (Zeit für den eigentlichen Fräsvorgang für einen Zahn) ergibt sich zu $t_h = i \dfrac{L}{s'}$ [Gl. (75)]; für z Zähne gilt Gl. (79). Bezeichnet man die Summe der Zeiten für Anstellen, Rücklauf und Teilen mit c und rechnet sie zur Hauptzeit, so gilt:

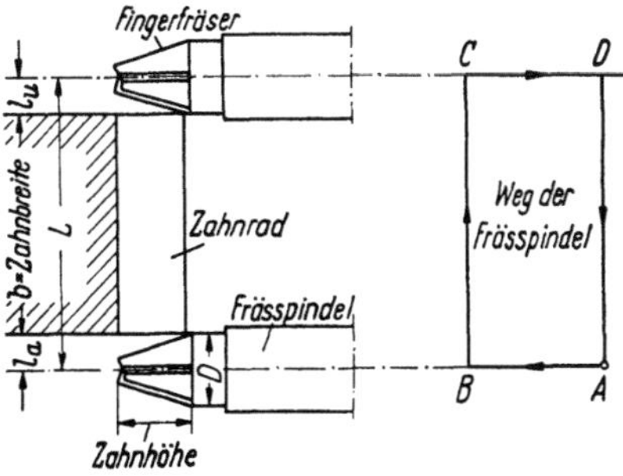

Abb. 57. Arbeitsweise beim **Fräsen** von Geradstirnrädern mit Fingerfräser **nach dem Teilverfahren.** Weg AB = Einstellen auf Schnittlefe; BC = Fräsen der Zahnlücke; CD = Fräser geht aus Zahnlücke heraus; DA = schneller Rückgang des Frässchlittens in Anfangsstellung, verbunden mit Teilvorgang

Hauptzeit zum Fräsen eines Geradstirnrades nach dem Teilverfahren mit Fingerfräser (Abb. 57)

$$t_h = i\, z\left(\frac{L}{s'} + c\right) \qquad (81)$$

t_h = Hauptzeit zum Fräsen eines Geradstirnrades nach dem Teilverfahren mit Fingerfräser

[min], i = Anzahl der Schnitte, z = Zähnezahl des zu verzahnenden Rades, L = Schaltweg des Werkstückes, abhängig von der Zahnbreite [mm], s' = Vorschubgeschwindigkeit [mm/min], c = Zeitfaktor für Anstellen, Rücklauf und Teilen.

2.3222 Schrägstirnrad. Die Berechnung der Hauptzeit für schräge und Pfeilzähne erfolgt gleichfalls nach Gl. (81). Statt mit der Vorschubgeschwindigkeit $AB = s'$, ist jedoch mit der Vorschubgeschwindigkeit $AC = s'_d$ in der Drallrichtung (Pfeilrichtung) zu rechnen, hervorgerufen durch zusätzliche Drehung des Rades beim Fräsen. Aus Dreieck ABC (Abb. 58) folgt $s'_d = \dfrac{s'}{\sin \varphi/2}$. Der Pfeilwinkel φ schwankt meist zwischen 120° und 130°. Zu der Zeit für das Fräsen der Zahnlücken kommt noch die Zeit für das Abfräsen der Zahnspitzen.

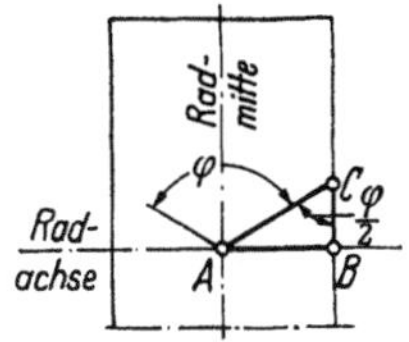

Abb. 58. Vorschubgeschwindigkeiten bei Schräg- oder Pfeilzähnen. $AB = s'$ und $AC = s'_d$; vgl. auch Gl. (27)

2.33 Hauptzeit beim Fräsen mit Wälzfräser [1]

Im Gegensatz zum Formfräsen (Abb. 54) kann durch Wälzfräsen (Abb. 59) das Werkstück in einem ununterbrochenen Arbeitsgang verzahnt werden. Dabei stellt das Werkzeug die Schnecke und das Werkstück das Schneckenrad dar. Das Stirnrad entsteht durch den Vorschub des Werkzeuges parallel zur Radachse, während das Rad selbst die abwälzende Drehbewegung ausführt.

2.331 Geradstirnrad

Der Längsvorschub s_l des Wälzfräsers je Radumdrehung ergibt sich aus Vorschub s_u je Fräserumdrehung mal Zähnezahl des zu verzahnenden Geradstirnrades, also $s_l = s_u\, z$. Bei eingängigem Wälzfräser und einem Schnittgang gilt $t_h = \dfrac{L}{s_u\, n_F} = \dfrac{z\,L}{s_l\, n_F}$; bei n-gängigem Wälzfräser und i-Schnittgängen:

---

[1] Das Herstellen von Verzahnungen durch Wälzfräsen nimmt unter den verschiedenen Herstellverfahren eine führende Stelle ein. Das vielzahnige Werkzeug (vgl. Fußnote 1, S. 237) kann einwandfrei hergestellt werden. Es ermöglicht durch das ununterbrochene Arbeitsverfahren eine große Zerspanleistung bei geringen Teilungs- und Rundlauffehlern.

Hauptzeit beim Fräsen eines Geradstirnrades nach dem Wälzverfahren (Abb. 59)

$$t_h = i\,\frac{z}{n}\cdot\frac{L}{s_l\,n_F} \qquad (82)$$

t_h ohne Zwischenberechnung von n_F

$$t_h = i\,\frac{z}{n}\cdot\frac{L\,d_k\,\pi}{s_l\,v\cdot 1000} \qquad (83)$$

t_h = Hauptzeit beim Herausfräsen der Lücken eines Geradstirnrades mit Wälzfräser für die Länge L [min], i = Anzahl der Schnitte, z = Zähnezahl des zu verzahnenden Geradstirnrades, n = Gangzahl des Wälzfräsers[1], L = Schaltweg des Wälzfräsers [mm], s_l = Längsvorschub des Wälzfräsers je Radumdrehung [mm/U], n_F = Umlaufzahl des Wälzfräsers [1/min], d_k = Kopfkreisdurchmesser des Wälzfräsers [mm], v = Schnittgeschwindigkeit [m/min]. *Schnittzahl i* kann bis Modul 6 mm = 1 Schnitt, über Modul 6 mm bis Modul 10 mm = 2 Schnitte, über Modul 10 mm bis Modul 14 mm = 3 Schnitte gewählt werden. *Schaltweg L* des Wälzfräsers ist vom Anlauf abhängig; dieser ist durch geschickte Wahl der Fräserform und Aufspannung mehrerer Stücke gleichzeitig, wesentlich zu beeinflussen. Der Anlaufweg l_a (Anschnitt) kann für Geradstirnräder aus Abb. 60 entnommen werden. Als Schnittiefe für den Schlichtschnitt gilt die Differenz zwischen Zahnhöhe (Gesamtschnittiefe) und Schrupptiefe.

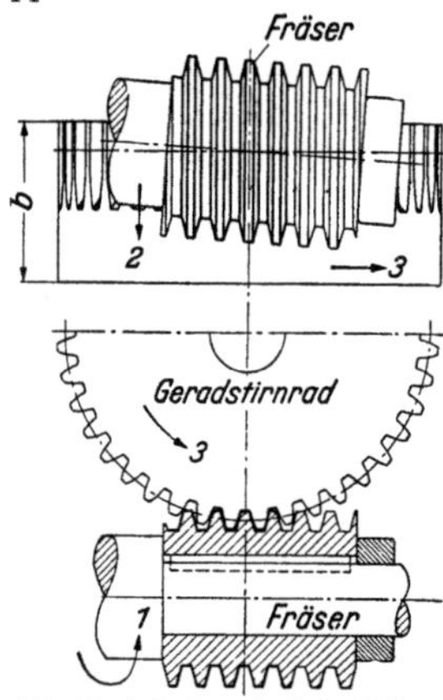

Abb. 59. Arbeitsweise beim **Fräsen** von Geradstirnrädern mit Wälzfräser **nach dem Wälzverfahren.** Pfeilrichtung *1* = drehende Schnittbewegung des Wälzfräsers; *2* = gerade Vorschubbewegung des Wälzfräsers; *3* = Drehbewegung des Werkstückes (Wälzbewegung); b = Zahnbreite

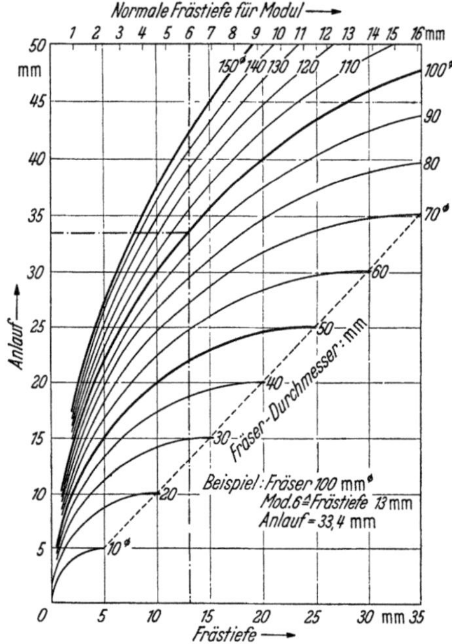

Abb. 60. Anlaufbestimmungstafel für Geradstirnräder (H. Pfauter, Ludwigsburg/Württ.)

Die *günstigsten Fräszeiten* bei großem Vorschub und hoher Schnittgeschwindigkeit ergeben sich, wenn der Raddurchmesser $\leq$ der Durchmesser des Aufspanntisches ist. Bei älteren Maschinen wurde das Verhältnis „Tischdurchmesser : Raddurchmesser" zu 0,5 bis 0,6, bei Hochleistungsfräsmaschinen zu 0,8 bis 1 ermittelt.

Beispiel 58. Zwei auf 167,34 mm Durchmesser vorgedrehte Geradstirnräder sind auf einer Wälzfräsmaschine auf Dorn gespannt. Diese beiden 14zähnigen Räder haben je 110 mm Zahnbreite und sind mit einem eingängigen Wälzfräser Modul 10 mm bei 25 m/min Schnittgeschwindigkeit mit 1,5 mm/U Vorschub je Radumdrehung zu fräsen. Es handelt sich um ein *Vorfräsen* in einem Schnitt zum Härten und Schleifen. Kopfkreisdurchmesser des Wälzfräsers 132 mm. Welche Hauptzeit ergibt sich bei 258 mm Schaltweg für das Verzahnen eines Rades?

Lösung: [Z. 10, B. T. 1] $n_F = \dfrac{v}{d_k\,\pi} = \dfrac{25}{0,132\,\pi} \approx 60$ 1/min. Mit $i = 1$, $z = 14$, $n = 1$, $L = 258$ mm (für beide Räder), $s_l = 1{,}5$ mm/U und $n_F = 60$ 1/min ergibt Gl. (82): $t_h = i\,\dfrac{z}{n}\cdot\dfrac{L}{s_l\,n_F} = 1\,\dfrac{14}{1}\cdot\dfrac{258}{1{,}5\cdot 60}$

$= 40{,}13$; Hauptzeit je Rad $t_h \approx 20$ Min. Das gleiche Ergebnis liefert Gl. (83): $t_h = i\,\dfrac{z}{n}\cdot\dfrac{L\,d_k\,\pi}{s_l\,v\cdot 1000}$ $= 1\,\dfrac{14}{1}\cdot\dfrac{258\cdot 132\,\pi}{1{,}5\cdot 25\cdot 1000} \approx 40$ Min. Eine Möglichkeit zur Herabsetzung der Hauptzeit beim Wälzfräsen bietet das *Tauchlängsfräsen* (vgl. S. 40), durch das die Anschnittdauer wesentlich verkürzt wird.

---

[1] Mehrgängige Wälzfräser haben durch die günstigere Spanaufteilung gegenüber eingängigen, größere Zerspanleistungen. Sie werden praktisch nur als Vorfräser eingesetzt. Es ist aber durchaus möglich, sie in zahlreichen Fällen als Fertigfräser zu verwenden.

2.332 Schrägstirnrad

Die Berechnung der Hauptzeit erfolgt wie beim Geradstirnrad nach Gln. (82) und (83). Bei Bestimmung des Anlaufes ist der von der Zahnschräge abhängige Einstellwinkel des Wälzfräsers gegen das Rad (der beim Fräsen des Geradstirnrades vernachlässigt wurde) von Bedeutung. Von entscheidendem Einfluß, vor allem bei großen Schrägungswinkeln, ist noch die kegelige Anspitzung des Wälzfräsers (Abb. 61).

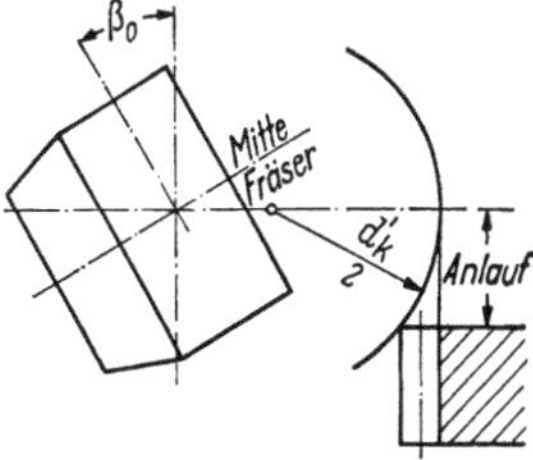

Abb. 61. Anlauf beim Wälzfräsen eines Schrägstirnrades

Der genaue Anlauf ist deshalb nur durch umständliche Aufzeichnung von Ellipsen und Kegelschnitten oder durch Probieren zu finden. Für zweckmäßig angespitzte Fräser erhält man für alle Schrägungswinkel den ungefähren Anlauf aus der Anlaufbestimmungstafel für Geradstirnräder (Abb. 60), wobei jedoch ein Fräserdurchmesser d_k' zugrunde gelegt wird, der etwa 1,35mal so groß wie der wirkliche Durchmesser des Wälzfräsers ist ($d_k' = 1,35\,d_k$).

2.34 Hauptzeit beim Langgewindefräsen

Scheibenförmige, einprofilige Gewindefräser arbeiten (Abb. 62) den Gewindegang nach und nach in seiner ganzen Länge heraus. Deshalb können sie Gewinde beliebiger Länge, Art und Form, vor allem lange Außengewinde und Gewinde mit groben, steilgängigen Formen herstellen. Je nach Genauigkeit wird durch mehrmaliges Zustellen volle Gewindetiefe (bis 32,5 mm) erreicht. Für das Fräsen mehrgängiger Gewinde sitzt am Ende der Werkstückspindel eine Teilvorrichtung.

Länge des Gewindeganges ist mit ausreichender Genauigkeit = Werkstückumfang mal Anzahl der Windungen; Anzahl der Windungen $= \dfrac{\text{Gewindelänge}}{\text{Steigung}} = \dfrac{L}{h}$. Beim Vorschub von s_d' mm/min in der Gang- oder Drallrichtung werden in 1 Min. s_d' mm Gewindegang gefräst, 1 mm demnach in $\dfrac{1}{s_d'}$ Min. und eine Windung $d\,\pi$ mm in $\dfrac{d\,\pi}{s_d'}$ Min. Die Hauptzeit für die ganze Gewindelänge beträgt also je Schnitt $t_h = \dfrac{d\,\pi}{s_d'}\dfrac{L}{h}$ bei eingängigen bzw. $t_h = \dfrac{d\,\pi}{s_d'}\dfrac{L}{h}\,n$ bei mehrgängigen Gewinden (vgl. S. 135).

<table>
<tr><td rowspan="2">Hauptzeit beim Langgewindefräsen (Abb. 62)</td><td>Angenäherte Gleichung</td><td>$t_h = i\cdot\dfrac{d\,\pi}{s_d'}\dfrac{L}{h}\,n$</td><td rowspan="2">Vgl. auch Gln. (92) u. (93) sowie Beispiel 66.</td><td>(84)</td></tr>
<tr><td>Genaue Gleichung</td><td>$t_h = i\cdot\dfrac{\sqrt{(d\,\pi)^2 + h^2}}{s_d'}\dfrac{L}{h}\,n$</td><td>(85)</td></tr>
</table>

t_h = Hauptzeit beim Gewindefräsen mit Gewindescheibenfräser für die Länge L [min], i = Anzahl der Schnitte, $d\,\pi$ = Werkstückumfang[1] am Gewindeaußendurchmesser [mm], s_d' = Vorschubgeschwindigkeit in der Drallrichtung [mm/min], L = ganze Gewindelänge, gemessen parallel zur Achse des Gewindes, einschließlich Fräserein- und auslauf [mm], h = Steigung des Gewindes [mm], n = Gangzahl des Gewindes (ein- oder mehrgängig). Die *Anzahl der Schnitte* hängt von den verschiedenen Ansprüchen an Sauberkeit und Genauigkeit ab. Spindeln und Schnecken größerer Steigungsgenauigkeit und gleichzeitig großer Flankensauberkeit werden in je einem Schrupp- und Schlichtschnitt gefräst. Leitspindeln verlangen einen Schruppschnitt und zwei Schlichtschnitte. Für Schnecken über 35 mm Teilung sind stets mindestens zwei Schnitte nötig (also zwei Schnitte statt einem bzw. drei Schnitte statt zwei).

Beispiel 59. Mittels Gewindescheibenfräser (Abb. 62) ist eine Spindel aus St 60 mit Trapezgewinde Tr 36 × 6 bei 720 mm Schaltweg zu versehen. Welche Hauptzeit erhält man, wenn das Fräsen in einem Schruppschnitt mit $s_d' = 30$ mm/min Vorschubgeschwindigkeit erfolgt? Fräser = 70 mm Durchmesser, $n = 80$ 1/min.

Lösung: Mit $i = 1$, $d\,\pi = 36\,\pi$ mm, $s_d' = 30$ mm/min, $L = 720$ mm, $h = 6$ mm und $n = 1$ folgt nach Gl. (84): $t_h = i\,\dfrac{d\,\pi}{s_d'}\dfrac{L}{h}\,n = 1\,\dfrac{36\,\pi}{30}\dfrac{720}{6}\,1 = 452,4$ Min. Die Fräslänge beträgt dabei $\dfrac{d\,\pi L}{h} = \dfrac{36\,\pi\cdot720}{6} = 13572$ mm. Wird mit $s_d' = 52,5$ mm/min gearbeitet, so wird $t_h = \dfrac{36\,\pi}{52,5}\dfrac{720}{6}\,1 = 258,5$ Min. Würde statt mit dem Bolzenaußendurchmesser d mit dem Flankendurchmesser $d_2 = d - 0,5\,h$ [Z. 32, B.T. 8]

---

[1] Bei großen Steigungen (vgl. Abb. 208) ist als Fräslänge je Umdrehung nicht der Umfang des Gewindes $A\,C = d\,\pi$, sondern die Länge der Schraubenlinie $A\,B = \sqrt{(d\,\pi)^2 + h^2}$ in Rechnung zu setzen; d = Gewindeaußendurchmesser = Werkstückdurchmesser [mm].

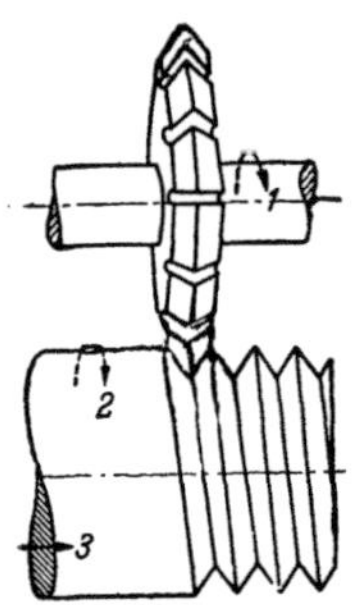

Abb. 62. Arbeitsweise beim Gewindefräsen mit Gewindescheibenfräser (**Langgewindefräsen**). Pfeilrichtung *1* = drehende Schnittbewegung des Gewindefräsers; *2* = langsame Drehbewegung des Werkstückes, damit der Gewindegang um die Spindel herumgeschnitten wird; *3* = gerade Vorschubbewegung des Werkstückes oder Werkzeuges für die Steigung des Gewindes; Fräser wird in die Steigungsrichtung des zu fräsenden Gewindes gestellt

gerechnet werden, so würde man nur $\dfrac{d_2}{d} = \dfrac{d - 0{,}5\,h}{d} = \dfrac{36 - 0{,}5 \cdot 6}{36} = \dfrac{36 - 3}{36}$

$= \dfrac{33}{36} = \dfrac{11}{12} = 0{,}92$ der Hauptzeit nach Gl. (84) erhalten. Beim Fräsen mit 30 mm/min Vorschubgeschwindigkeit würde die Hauptzeit statt 452,4 nur $452{,}4 \cdot 0{,}92 = 416{,}2$, also 36,2 Minuten weniger betragen. Hauptzeiteinsparung $t_{hE} = 36{,}2$ Min.

Formgenauigkeit. Der Querschnitt einer gefrästen Gewindespindel ist ein Vieleck mit nach außen ragenden Spitzen. Form und Höhe der einzelnen Höcker sind abhängig von Vorschub und Zähnezahl des Fräsers. Je größer der Durchmesser des Fräsers im Vergleich zu dem des Werkstückes und je höher die Drehzahl des Fräsers im Vergleich zur Werkstückdrehzahl, um so besser die Oberflächengenauigkeit.

Beim Langgewindefräsen ist die Schnittgeschwindigkeit die Relativgeschwindigkeit[1], mit der der einzelne Fräserzahn den Werkstoff durchschneidet. Entsprechend dem Gegen- oder Gleichlauffräsen erhält man:

Schnittgeschwindigkeit beim Langgewindefräsen (Abb. 62)

für Gegenlauffräsen

$$v = \frac{\pi}{1000}(D\,n_F + d\,n_w) \qquad (86)$$

für Gleichlauffräsen

$$v = \frac{\pi}{1000}(D\,n_F - d\,n_w) \qquad (87)$$

In den Gln. (86) und (87) bedeutet: v = Schnittgeschwindigkeit [m/min], D = Durchmesser des Fräsers [mm], n_F = Umlaufzahl des Fräsers [1/min], d = Durchmesser des Werkstückes [mm], n_w = Umlaufzahl des Werkstückes [1/min].

Beispiel 60. Zehn Gänge einer Gewindespindel M 64×2 aus St 60 wurden wie nebenstehend angeführt bearbeitet:

	Gewinde-wirbeln	Langgewinde-fräsen
Umfangsvorschub	1,4 m/min	0,1 m/min
Werkstückdrehzahl	7,1 1/min	0,5 1/min
Anzahl der Schnitte	1	1

Wieviel Prozent Hauptzeiteinsparung ergibt die Gewindeherstellung durch Wirbeln gegenüber dem Fräsen?

Lösung: Gewindewirbeln (B.T. 3, Z. 11) $t_h = \dfrac{L}{n_w\,h} = \dfrac{10 \cdot 2}{7{,}1 \cdot 2} = 1{,}4$ Min. Langgewindefräsen [Gl. (84)] $t_h = i\,\dfrac{d\,\pi\,L}{s_d'\,h} = 1\,\dfrac{64 \cdot \pi \cdot 10 \cdot 2}{100 \cdot 2} = 20{,}1$ Min. Hauptzeiteinsparung $t_{hE} = 18{,}7$ Min. oder $\dfrac{100 \cdot 18{,}7}{20{,}1} = 93\%$. Die Hauptzeit beim Wirbeln beträgt gegenüber dem Fräsen nur 7%.

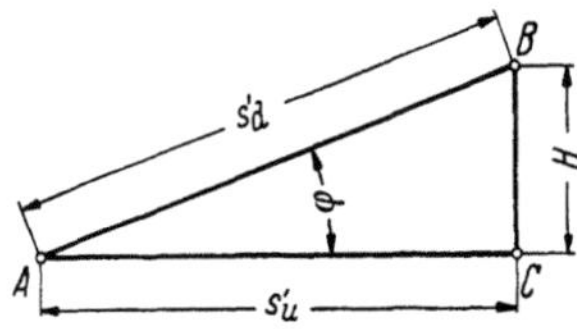

Abb. 63. Vorschubgeschwindigkeiten s_u' am Werkstückumfang und s_d' in der Drallrichtung; H = Steigung = Bewegung des Werkzeugschlittens parallel zur Werkstückachse bei mehrgängigem Gewinde

Beispiel 61. Nach Abb. 62 wurde eine viergängige Steuerspindel gefräst. Gewindeaußendurchmesser $d = 168{,}7$ mm, Flankendurchmesser $d_2 = 144$ mm, Steigung $h = 12\tfrac{1}{2}''$. Die Vorschubgeschwindigkeit am Werkstückumfang wurde mit $s_u' = 72$ mm/min gemessen. Wie groß war die Vorschubgeschwindigkeit s_d' in der Drallrichtung?

Lösung: Aus Abb. 63 ist ersichtlich, daß das Verhältnis des Vorschubes s_d', gemessen in der Drallrichtung, zur meßbaren Vorschubgeschwindigkeit s_u' am Werkstückumfang gleich dem Verhältnis von Tangens zu Sinus eines gleichen Winkels ist. Man erhält $\sin \varphi = \dfrac{H}{s_d'}$; daraus $H = s_d' \cdot \sin \varphi$. Aus $\tan \varphi = \dfrac{H}{s_u'}$, folgt $H = s_u' \cdot \tan \varphi$. Die Werte für H einander gleichgesetzt, ergeben $s_d' \cdot \sin \varphi = s_u' \cdot \tan \varphi$ oder:

Vorschubgeschwindigkeit in der Drallrichtung (Abb. 63)

$$s_d' = s_u'\,\frac{\tan \varphi}{\sin \varphi} \qquad (88)$$

s_d' = Vorschubgeschwindigkeit in der Drallrichtung [mm/min], s_u' = Vorschubgeschwindigkeit am Werkstückumfang [mm/min], φ = Steigungswinkel des Gewindes [°].

Mit den Zahlenwerten: [B.T. 7, Z. 13] $\tan \varphi = \dfrac{H}{d_2\,\pi} = \dfrac{12{,}5 \cdot 25{,}4}{144\,\pi} = 0{,}7018$; Steigungswinkel $\varphi = 35° 4'$.

---

[1] Ändert bei zwei sich gleichzeitig bewegenden Körpern A und B der eine, z. B. A, fortwährend seine Lage gegen den Körper B, so befindet er sich zu letzterem in relativer Bewegung. Diese relative Bewegung von A gegen B, folglich auch seine *relative Geschwindigkeit*, wird wahrgenommen, wenn man die Bewegung des Körpers B mitmacht.

Mit $s_u' = 72\,\text{mm/min}$, $\tan 35°4' = 0{,}7018$ und $\sin 35°4' = 0{,}5745$ ergibt Gl. (88): $s_a' = \dfrac{72 \cdot 0{,}7018}{0{,}5745} = 87{,}95$;

Vorschubgeschwindigkeit in der Drallrichtung $s_d' \approx 88\,\text{mm/min}$. Es ist zu prüfen, ob die um $\dfrac{88-72}{72} \cdot 100$ $= 22\%$ höher liegende wirkliche Vorschubgeschwindigkeit in der Drallrichtung noch zulässig ist. Vgl. auch Beispiel 65.

2.35 Hauptzeit beim Kurzgewindefräsen

Noch günstiger als der scheibenförmige, einprofilige Gewindefräser arbeitet in bezug auf Leistung der mehrprofilige Gewinderillenfräser (Abb. 64), welcher das Gewinde nach Zustellung des Fräsers in seiner ganzen Länge bei einer einzigen Umdrehung des Werkstückes (Rohrgewinde, Feingewinde, kurze Trapez- und Sondergewinde) fertigstellt.

Das Werkzeug ist ein mit der Gewindeform hinterdrehter, walzenförmiger Rillenfräser. Das Gewindeprofil ist also an diesen Fräsern als nebeneinander liegende, in sich geschlossene, ringsumlaufende Rillen vorhanden. Der Rillenfräser besitzt keine Steigung, sondern das Profil verläuft parallel zu den Stirnflächen[1]. Bei dem Arbeitsvorgang wird der Fräser während einer Umdrehung des Werkstückes um die Gewindesteigung axial verschoben. Zugleich geht der Fräser radial auf das Werkstück zu. Nach 60° Umdrehung ist volle Gewindetiefe erreicht, und Radialvorschub wird ausgeschaltet. Weiterfräsen erfolgt mit gleichbleibender Tiefe. Nach etwas mehr als 1,25 Werkstückumdrehungen kehrt der Frässchlitten in seine Ausgangsstellung zurück, und die Werkstückdrehung wird ausgeschaltet.

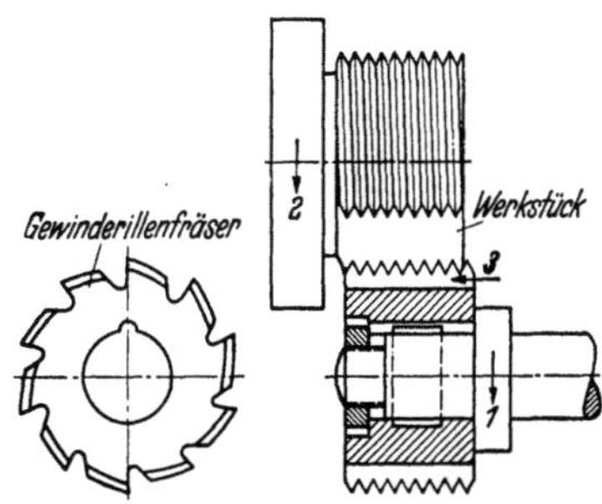

Abb. 64. Arbeitsweise beim Gewindefräsen mit Gewinderillenfräser (**Kurzgewindefräsen**). Pfeilrichtung *1* = drehende Schnittbewegung des Gewinderillenfräsers; *2* = langsame Drehbewegung des Werkstückes entgegen den Schneiden des Gewinderillenfräsers; *3* = gerade Vorschubbewegung des Gewinderillenfräsers um das Maß der Gewindesteigung parallel zur Werkstückachse[2]

Zur Berechnung der Hauptzeit dient die Gleichung $t_h = L_u/s'_u$ [vgl. Gl. (75) mit $i = 1$]. Bei Annahme, daß das Gewinde während $1\tfrac{1}{6} = {}^7/_6$ Werkstückumdrehungen ($^1/_6$ Umdrehung für den An- und Überlaufweg) fertiggefräst wird, gilt mit der Fräslänge $L_u = 7/6\,d\pi$:

Hauptzeit beim Kurzgewindefräsen (Abb. 64)

$$t_h = \frac{7\,d\pi}{6\,s'_u} \tag{89}$$

t_h = Hauptzeit beim Gewindefräsen mit Gewinderillenfräser [min], d = Gewindeaußendurchmesser [mm], s_u' = Vorschubgeschwindigkeit am Werkstück = Umfangsgeschwindigkeit [mm/min]. Der Einfachheit halber wird mit dem Gewindeaußendurchmesser und nicht, wie theoretisch richtiger, mit dem Flankendurchmesser gerechnet. Üblich herstellbare Gewindelänge entspricht etwa dem Gewindedurchmesser.

Beispiel 62. Nach Abb. 64 ist ein Außengewinde M 36 mit 25 m/min Schnittgeschwindigkeit zu fräsen. Berechne die Hauptzeit bei 26 mm/min Vorschubgeschwindigkeit.

Lösung: [Gl. (89)] $t_h = \dfrac{7\,d\pi}{6\,s_u'} = \dfrac{7 \cdot 36\,\pi}{6 \cdot 26} = 5{,}1$; Hauptzeit $t_h = 5{,}1$ Min.

Beispiel 63. Ein Werkstück hat $d = 60$ mm Gewindedurchmesser und macht $n = 0{,}5$ 1/min. Wie groß ist die Vorschubgeschwindigkeit s_u' [mm/min]?

Lösung: Die Vorschubgeschwindigkeit des Werkstückes ist gleich der Umfangsgeschwindigkeit desselben, also $s_u' = d\,\pi\,n = 60\,\pi \cdot 0{,}5 = 94$; Vorschubgeschwindigkeit $s_u' = 94$ mm/min.

Beispiel 64. Wie groß ist im Beispiel 63 der Vorschub s_z je Zahn, wenn die Anzahl der Zähne des Werkzeuges $z = 16$ und die Umlaufzahl desselben $n = 200$ 1/min betragen?

Lösung: [Gl. (20)]. Mit $s' = s_u'$ wird $s_z = \dfrac{s_u'}{n\,z} = \dfrac{94}{200 \cdot 16}$; Vorschub je Zahn $s_z = 0{,}029$ mm.

---

[1] Stehen die *Achsen von Aufspann- und Frässpindel parallel*, so ergeben sich nur mit genau zylindrischen Fräsern genaue zylindrische Gewinde. Fräser, die um wenige Hundertstel Millimeter kegelig sind, erzeugen mitunter unbrauchbare Gewinde.

[2] Vielfach führt die gerade Vorschubbewegung *3* auch das während des Arbeitsganges sich drehende Werkstück aus. Sind sperrige Werkstücke mit Kurzgewinde zu versehen, so ist es oft sehr schwierig, diese sich drehen zu lassen. Man verwendet dann sog. *Planeten-Kurzgewindefräsmaschinen*. Auf diesen wird das Werkstück fest eingespannt, während der Gewinderillenfräser außer der Drehung um seine Achse auch noch die um die Achse des ruhenden Werkstückes ausführt. Dabei kann ebenfalls das Werkzeug oder das Werkstück die der Gewindesteigung entsprechende Axialbewegung machen. (Vgl. Abschn. 4.41.)

Anmerkung: Der Vorschub je Zahn ist maßgebend für die erreichte Oberflächengüte und kann mit $s_z = 0,005$ bis $0,01$ mm (Stahl über 90 kp/mm²) oder mit $s_z = 0,01$ bis $0,015$ mm (Stahl über 70 kp/mm²) für hochwertige, saubere Gewinde angenommen werden. Für Gewinde ohne besondere Anforderung kann $s_z = 0,02$ bis $0,06$ mm betragen.

2.36 Hauptzeit beim Drallfräsen

Mit Bezug auf Abb. 9 in Gl. (75) für den Schaltweg L des Werkstückes die Steigung H der zu fräsenden Schraubennut gesetzt, ergibt die Hauptzeit je Drallsteigung und je Schnitt $t_h = \dfrac{H}{s'}$; mit i Schnitten und n Schraubennuten wird:

Hauptzeit beim Drallfräsen für die *volle* Drallsteigung

$$t_h = i\,n\,\frac{H}{s'} \tag{90}$$

Hauptzeit beim Drallfräsen für die Werkstücklänge b_1

$$t_h = i\,n\,\frac{b_1}{s'} \tag{91}$$

t_h = Hauptzeit beim Drallfräsen [min], i = Anzahl der Schnitte, n = Zahl der Schraubennuten, H = Schraubensteigung = Drallsteigung [mm], s' = Vorschubgeschwindigkeit des Fräsmaschinentisches [mm/min], b_1 = Werkstücklänge (Abb. 65) = Fräserbreite [mm]. Berechnung der Schraubensteigung H vgl. Gln. (410) und (411). Bei Zylinderschnecken ist b_1 nach DIN 3975 die Schneckenlänge.

Beispiel 65. In einen Walzenfräser 80 mm Durchmesser sind Spannuten mit 402,12 mm Steigung einzufräsen. Vorschub des Fräsmaschinentisches ist 12 mm/min. a) Welche Hauptzeit ergibt sich je Schnittgang und je Spannut? b) Welcher Vorschub ergibt sich in der Drallrichtung, wenn der Einstellwinkel 32° beträgt?

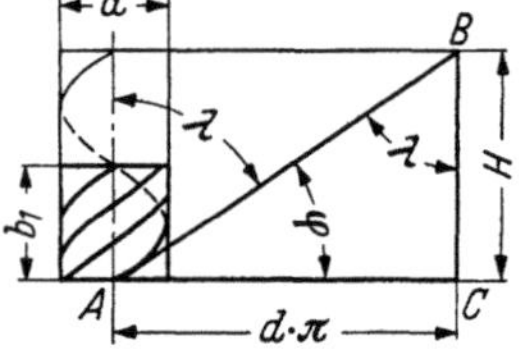

Abb. 65. Steigungs- und Einstellwinkel beim Drallfräsen. ⊧. d = Werkstückdurchmesser [mm]; $d\,\pi$ = Werkstückumfang [mm]; H = Schraubensteigung = Drallsteigung [mm]; φ = Steigungswinkel [°]; λ = Einstellwinkel [°]; vgl. auch Abb. 338

Lösung: a) Mit $i = 1$, $n = 1$, $H = 402,12$ mm und $s' = 12$ mm/min ergibt Gl. (90): $t_h = i\,n\,\dfrac{H}{s'} = 1 \cdot 1\,\dfrac{402,12}{12} = 33,5$; Hauptzeit $t_h = 33,5$ Min. [An- und Überlauf des Arbeitsfräsers sind nicht berücksichtigt.] b) Mit $s' = 12$ mm/min, $d = 80$ mm, $\lambda = 32°$ und $H = 402,12$ mm ergibt Gl. (25): $s_d' = \dfrac{s'd\,\pi}{H\sin\lambda} = \dfrac{12 \cdot 80\,\pi}{402,12 \cdot \sin 32°} = \dfrac{960\,\pi}{402,12 \cdot 0,5299} = 14,15$. Den gleichen Wert erhält man mit Bezug auf Abb. 65; es wird $s_d' = \dfrac{AB}{t_h} = \dfrac{d\,\pi}{t_h \cdot \sin\lambda} = \dfrac{80\,\pi}{33,5 \cdot \sin 32°} = \dfrac{251,33}{33,5 \cdot 0,5299} = 14,15$; Vorschubgeschwindigkeit in der Drallrichtung $s_d' = 14,15$ mm/min. Vgl. auch Beispiele 28 und 353.

2.37 Hauptzeit beim Schneckenfräsen

Die Schnecke eines Schneckentriebes (vgl. S. 279) kann nach verschiedenen Verfahren hergestellt werden, deren Anwendung sich nach Größe, Zähnezahl, Steigungswinkel, Stückzahl und Verwendungszweck richtet. Erfolgt das Fräsen mit Scheibenfräsern nach Abb. 62 auf Gewinde- oder Schneckenfräsmaschinen nach dem Einzelteilverfahren, so wird:

Hauptzeit beim Schneckenfräsen (Abb. 62 und 66)

Angenäherte Gleichung

$$t_h = i\,n\,\frac{d_{m1}\,\pi}{s_u'}\left(\frac{b_1}{t_a} + 1\right) \tag{92}$$

Genaue Gleichung

$$t_h = i\,n\,\frac{d_{m1}\,\pi}{s_u'\cos\gamma_m}\left(\frac{b_1}{t_a} + 1\right) \tag{93}$$

t_h = Hauptzeit beim Schneckenfräsen mit Scheibenfräser nach dem Einzelteilverfahren [min], i = Anzahl der Schnitte, n = Zähnezahl der zu fräsenden Schnecke, d_{m1} = Mittenkreisdurchmesser [mm], s_u' = Vorschubgeschwindigkeit am Werkstückumfang = Umfangsgeschwindigkeit am Mittenkreis [mm/min], b_1 = Länge des zu fräsenden Schneckengewindes (Abb. 66) = Schneckenlänge [mm], t_a = Achsteilung [mm], γ_m = Mittensteigungswinkel [°].

Anmerkung: Für kleine Mittensteigungswinkel etwa von $\gamma_m = 0°$ bis 15° kann man $\cos\gamma_m = 1$ setzen; Gl. (93) geht damit über in Gl. (92). Der Wert 1 in der Klammer entspricht dem An- und Ausschnitt des Fräsers. Es wird im Schruppschnitt mit 1 und im Schlichtschnitt mit 0 gerechnet. Je länger die Schnecke ist, desto geringer wird der Einfluß des Anschnittes auf die Fräszeit. (Das Zurückdrehen und Weiterteilen bei mehrzähnigen Schnecken sowie das Auf- und Abspannen und Einrichten der Maschine nach jedem fertigen Werkstück sind nicht eingeschlossen.)

Beispiel 66. Auf einer Gewindefräsmaschine nach Abb. 62 ist eine Schnecke mit folgenden Daten zu fräsen: Zähnezahl = 1; Steigung = 4 π mm; Mittensteigungswinkel γ_m = 3° 30′; Mittenkreisdurchmesser = 48 mm; Gewindelänge = 80 mm; Werkstoff: Stahl 70 kp/mm²; Fräserdurchmesser = 120 mm; Fräserdrehzahl = 53 1/min; Schnittgeschwindigkeit = 20 m/min; Vorschub je Fräserumdrehung = 0,66 mm/U; Schnittzahl = 1. Berechne die Hauptzeit.

Lösung: Mit $s_u' = s_u\,n = 0{,}66 \cdot 53 \approx 35$ mm/min ergibt Gl. (92): $t_h = i\,n\,\dfrac{d_{m1}\,\pi}{s_u'}\left(\dfrac{b_1}{t_a} + 1\right) =$ $1 \cdot 1\,\dfrac{48\,\pi}{35}\left(\dfrac{80}{4\,\pi} + 1\right) = 31{,}7$; Hauptzeit $t_h \approx 32$ Min. Auf der Drehmaschine wäre ein Mehrfaches dieser Zeit erforderlich. Je größer die Teilungen werden, um so größer wird der Vorteil der Gewindefräsmaschine.

2.38 Hauptzeit beim Nutenfräsen

Keilnuten, Schlitze und ähnliche Formnuten werden zweckmäßig auf selbsttätig arbeitenden Senkrecht-Langloch- und Nutenfräsmaschinen (Hurth) Abb. 67 gefräst. Bei jeder Bewegungsumkehr des Frässchlittens schiebt sich der Langlochfräser um ein kurzes Stück vor und zerspant an seiner Stirnseite den wegzunehmenden Werkstoff. Nach Erreichen der eingestellten Frästiefe wird das Zustellen und der Vorschub unterbrochen und die Frässpindel zurückgezogen.

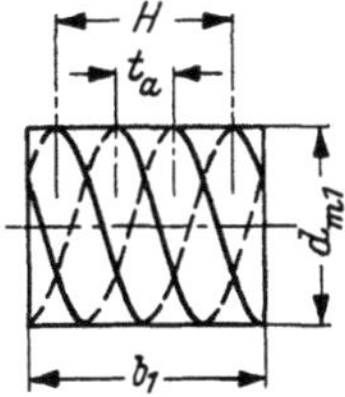

Abb. 66. Schraubenlinien einer dreizähnigen Schnecke

Bei s' mm/min Vorschubgeschwindigkeit benötigt ein Hub $\dfrac{(l-D)}{s'}$ Min.; bei Annahme eines konstanten Wertes c mm für Fräserein- und -auslauf ergeben sich $\dfrac{(t+c)}{a}$ Hübe und man erhält:

Hauptzeit beim Nutenfräsen (Abb. 67)

$$t_h = \frac{(l - D)}{s'}\,\frac{(t + c)}{a} \qquad (94)$$

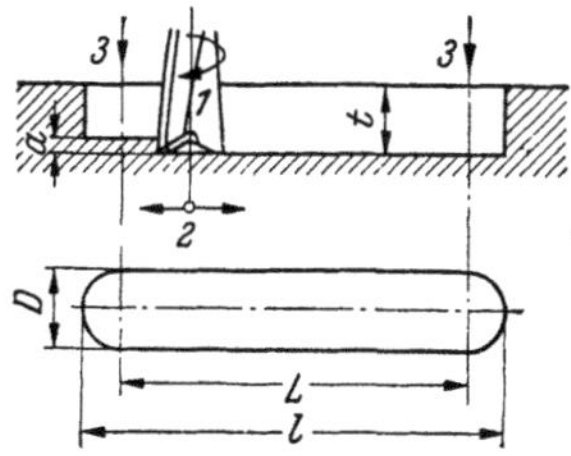

Abb. 67. Arbeitsweise beim Nutenfräsen auf der Senkrecht-Langloch- und Nutenfräsmaschine.

Pfeilrichtung 1 = drehende Schnittbewegung des Werkzeuges;
2 = selbsttätige hin- und hergehende Vorschubbewegung des Werkzeuges;
3 = Tiefenzustellung an den Wendepunkten nach jedem Hub

t_h = Hauptzeit beim Langloch- und Nutenfräsen [min], l = Länge der Nute [mm], D = Durchmesser des Fräsers = Breite der Nute [mm], $(l-D) = L$ = Hublänge = Nutenlänge minus Fräserdurchmesser [mm], s' = Vorschubgeschwindigkeit [mm/min], t = Nutentiefe [mm], c = konstanter Wert für Fräserein- und -auslauf [0,3 bis 0,5 mm], a = Schnittiefe (Tiefenvorschub) je Hub [mm].

Beispiel 67. Nach Abb. 67 ist in eine Welle (C 15) eine Keilnute D = 10, l = 60 und t = 6 mm zu fräsen. Welche Hauptzeit ergibt sich, wenn mit 230 mm/min Vorschubgeschwindigkeit, 0,2 mm Schnittiefe je Hub gearbeitet und 0,5 mm für Fräserein- und -auslauf angenommen wird?

Lösung: [Gl. (94)] $t_h = \dfrac{(l-D)}{s'}\,\dfrac{(t+c)}{a} = \dfrac{(60-10)}{230}\,\dfrac{(6+0{,}5)}{0{,}2}$ = 7,06; Hauptzeit $t_h \approx 7$ Min.

Ein hervorragendes Produktionsmittel in der wirtschaftlichen Großserienfertigung ist der *Keilnutenfräsautomat*, auf dem Nuten und Schlitze mit größter Genauigkeit (ISA-Qualität 6) und hoher Oberflächengüte (kleiner als 10 μ) bei kürzesten Bearbeitungszeiten hergestellt werden. Beim Fräsen mit „Untermaß-Fräsern" wird das Fräswerkzeug im Durchmesser um einige Zehntel Millimeter kleiner gehalten als die gewünschte Nutbreite. Durch die hydraulisch betätigte Verstellung des Fräsers erfolgt der Toleranzausgleich. Bei den Frässchlittenbewegungen sind zwei Arbeitsfolgen möglich, das *Ein- und Zweiwegschlichten*.

Während beim Einwegschlichten nach dem Schruppen nur eine Seitenwand der Nute geschlichtet wird, werden beim Zweiwegschlichten beide Nutenseiten geschlichtet. Beide Arbeitsfolgen sind mit einem Wahlschalter wählbar. Nach Abb. 68 ergibt sich beim Zweiwegschlichten folgender Arbeitsvorgang: 1 = Werkzeugzustellung im Eilgang und Bohren auf volle Nuttiefe; 2 = Frässchlitten-Längsvorschub, Nute wird vorgefräst (geschruppt); 3 = Frässchlitten hebt sich um die halbe Differenz zwischen Fräserdurchmesser und Nutbreite; 4 =

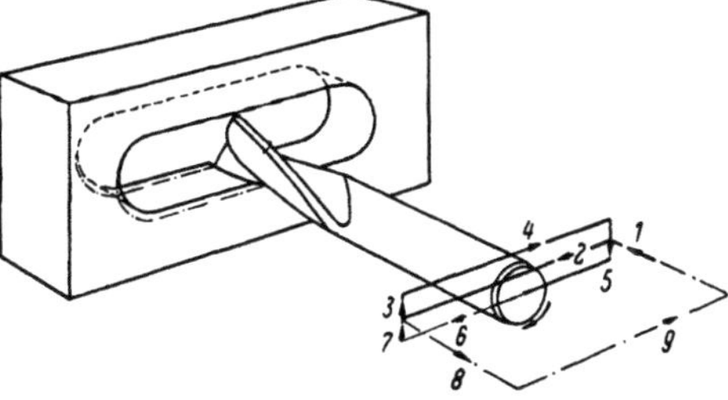

Abb. 68. Zweiwegschlichten auf dem Hurth-Keilnutenfräsautomaten

Frässchlittenrücklauf im sechs- oder einfachen Vorschub, Schlichten der ersten Nutwand; *5* = Frässchlitten senkt sich um Differenz zwischen Fräserdurchmesser und Nutbreite; *6* = Frässchlittenvorlauf
im sechs- oder einfachen Vorschub, Schlichten der zweiten Nutwand; *7* = Frässchlitten hebt sich um
halbe Differenz zwischen Fräserdurchmesser und Nutbreite; *8* = Werkzeug-Rückzug im Eilgang;
9 = Frässchlittenrücklauf im sechsfachen Vorschub; Maschinenabschaltung erfolgt, wenn Frässchlitten
wieder in Ausgangsstellung ist.

Weiterentwicklung: Die erhöhten Anforderungen an Schnittleistung und Oberflächengüte bestimmen
die Entwicklungsrichtung im Bau von Fräsmaschinen. Auch hier sind Bemühungen um Bedienungs-
vereinfachung, Ausweitung des Drehzahlbereiches und Erhöhung der Betriebssicherheit deutlich erkennbar. Endziel ist eine leistungsstarke Genauigkeitsmaschine mit dem Bestreben nach selbsttätigem
Arbeitsablauf.

2.4 Schleifmaschine

Schleifen ist das Spanen mit einem vielschneidigen Werkzeug aus gebundenem Korn mit hoher
Schnittgeschwindigkeit unter ständiger Berührung zwischen Werkstück und Werkzeug zur Verbesserung
von Form, Maß und Oberfläche. Die erzielten Oberflächen weisen beim Umfangschleifen parallele, aus-
setzende Rillen, beim Stirnschleifen gekurvte Rillen auf, die sich kreuzen können [*18*]. Der Schleifkörper in Form einer umlaufenden Scheibe ist somit als Werkzeug mit ungeheuer vielen, sehr kleinen
unregelmäßigen Schneiden aufzufassen, welche vom Werkstück feinste Späne abheben. Die Form der
Schneiden ist von der Struktur der einzelnen Körner abhängig und kann nicht beeinflußt werden. Je
nach Form und Lage der Bearbeitungsstellen am Werkstück und den Möglichkeiten der Maschine unterscheidet man u. a.: *Rundschleifen* (Längsschleifen als Außen- und Innenrundschleifen, Einstechschleifen,
Spitzenlos-Schleifen), *Flachschleifen* (Umfangs- und Stirnschleifen), *Formschleifen* im Einstich oder mit
Bezugsformstück (Schablone).

2.41 Hauptzeit beim Rundschleifen

Rundschleifen ist die spanende Bearbeitung eines um die eigene Achse umlaufenden Werkstückes mittels einer Schleifscheibe. In diesen Begriff sind zusätzliche Bearbeitungsvorgänge eingeschlossen, zum Beispiel das Schleifen von Ellipsen,
Nocken, Kurbeln und anderen Werkstücken und Werkstückumrißformen.

Für das Außenrundschleifen gibt es zwei Ausführungsmöglichkeiten: Abb. 69 Bauart Norton. Der
Schleifkörper S* kreist am Ort (*1*), das Werkstück W dreht sich (*2*) und macht die Längsbewegung (*3*).
Abb. 70 Bauart Landis. Der kreisende Schleifkörper S macht die Längsbewegung (*3'*), das Werkstück W
dreht sich am Ort (*2*). Der Schleifkörper wird am Hubende um 0,0025 bis 0,03 mm je Tischhub selbsttätig zugestellt. Das erste Verfahren ist das meist verwendete und bildet
die Grundlage der meisten Rundschleifmaschinen.

2.411 Außen- und Innenrundschleifen

Bei dem Längsschleifen mit Tiefenvorschub wird (Abb. 69)
das sich drehende Werkstück an der Schleifscheibe entlang-

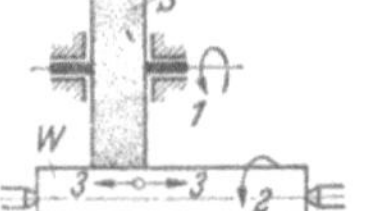

Abb. 69. **Norton-Bauart**
der Rundschleifmaschinen

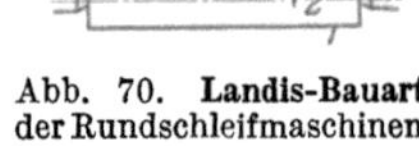

Abb. 70. **Landis-Bauart**
der Rundschleifmaschinen

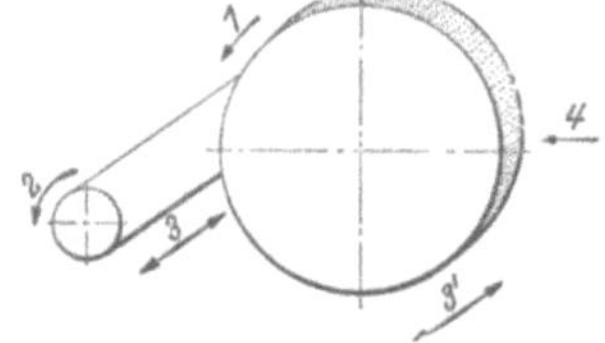
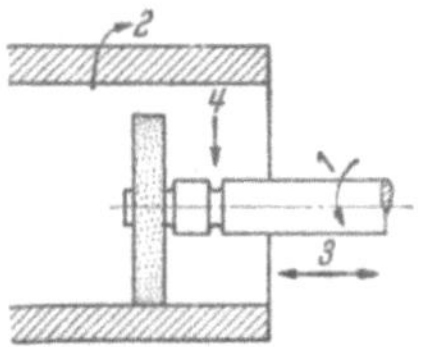

Abb. 71 und 72. Arbeitsweise beim **Außen- und Innenrundschleifen.**
Pfeilrichtung *1* = Schnittbewegung des Schleifkörpers; *2* = langsam drehende Vorschubbewegung des Werkstückes (Werkstückvorschub); *3* bzw. *3'* = hin- und her-
spielender, gerader Längsvorschub des Werkstückes (*3*) oder des Werkzeuges (*3'*);
4 = Tiefenvorschub

geführt. Es ist zwischen Umfangsgeschwindigkeit v_w des Werkstückes und Umfangs-
geschwindigkeit v_s (Leerlaufgeschwindigkeit) des Schleifkörpers zu unterscheiden.
Die Drehbewegung des Werkstückes ist die drehende Vorschubbewegung. Beim
Außenschleifen machen Welle und Schleifscheibe gleichgerichtete Bewegungen,

---

* *Schleifkörper* ist der Oberbegriff für sämtliche festen natürlichen oder künstlichen Schleifkörper.
Die *Normung* der Schleifkörper erstreckt sich von der Kennzeichnung des Schleifkornes, seiner Größe,
der Bindung und des Gefüges bis zu den Herstellungsmaßen der Schleifscheibe. Die für das Außenrundschleifen in Betracht kommenden Scheiben sind im Normblatt DIN 69120 zusammengefaßt.

beim Innenschleifen haben sie entgegengesetzten Drehsinn (Abb. 71 und 72). Berechnung der Hauptzeit wie beim Drehen:

Hauptzeit beim Außen- und Innen-rundschleifen[1] (Abb. 71 und 72)

$$t_h = i\,\frac{L}{s\,n_w}$$

Zustellung der Schleifscheibe erfolgt sowohl beim Vorlauf als auch beim Rück-lauf des Tisches (*Zwei-seitige Zustellung!*) (95)

t_h ohne Zwischenberechnung von n_w

$$t_h = i\,\frac{L\,D\,\pi}{s\,v_w\cdot 1000}$$

(96)

Ist die Hauptzeit t_{h100} [Minuten] für $L = 100$ [mm] bekannt, so folgt:

Hauptzeit aus $t_{h\,100}$

$$t_h = i\,\frac{L}{100}\,t_{h\,100}$$

Die Hauptzeit für 100 mm Schleiflänge wird **Längenfaktor** genannt, weil die wirkliche Schleiflänge durch 100 geteilt und dann mit diesem Faktor multipliziert werden muß. (97)

t_h = Hauptzeit beim Außen- und Innenrundschleifen [min], i = Anzahl der Schnitte [s. Gln. (99) bis Gl. (104)] = einfache Hubzahl, L = Schaltweg des Werkstückes bzw. Länge des Schleifscheibenweges [mm], s = Längsvorschub (axial zum Werkstück) je Umdrehung [mm/U], n_w = Umlaufzahl des Werk-stückes [1/min], D = Werkstückdurchmesser = Werkstückaußendurchmesser D_a in Abb. 79 [mm], v_w = Umfangsgeschwindigkeit des Werkstückes [m/min], t_{h100} = Hauptzeit für 100 mm Schleiflänge = Längenfaktor [min]. Wird nur nach jedem Rücklauf zugestellt, so ist der doppelte Vorschubweg zu be-rücksichtigen. Bei *einseitiger Zustellung* ist in den Gln. (95) und (96) statt L der doppelte Wert $2\,L$ zu setzen. Zu dieser rechnerisch ermittelten Hauptzeit ist ein Zuschlag zu machen, der vom Grad der verlangten Genauigkeit abhängt; man muß die Schleifarbeit „ausfeuern" lassen (vgl. Fußn. S. 52). Setzt man in Gl. (96) für $i = \dfrac{z}{a} + 3 = \dfrac{z + 3a}{a}$ und für $s = 0{,}5\,b_s$, so folgt $t_h = \dfrac{L\,D\,\pi\,(z + 3\,a)}{0{,}5\,b_s\,v_w\cdot 1000}$ [min] als Gesamt-gleichung zur Berechnung der Hauptzeit beim Außenrundschleifen (Längsschleifen).

Anmerkung: Zu den Umfangsgeschwindigkeiten des Werkstückes v_w und der Scheibe v_s kommt noch die Tischgeschwindigkeit v_T. Meist wird die Längsgeschwindigkeit des Werkstückes durch den Tisch erzeugt, wobei dieser hydraulisch oder mechanisch angetrieben und hin- und herbewegt wird.

Längsvorschub des Werk-stückes je Umdrehung

$$s = \frac{v_T}{n_w}$$

s = Längsvorschub (axial zum Werkstück) je Umdrehung [mm/U], v_T = Tischgeschwindig-keit [m/min], n_w = Umlaufzahl des Werk-stückes [1/min]. (98)

Bei neuzeitlichen Schleifmaschinen, bei denen der Vorschubantrieb unabhängig vom Spindelantrieb ist, kann zu jeder Vorschubgeschwindigkeit v_T des Schleifmaschinentisches eine auf der Maschine erreichbare Spindeldrehzahl n_w eingestellt werden.

Anzahl der Schnitte. Diese ergibt sich aus der Bearbeitungszugabe des Werk-stückes und der maximal möglichen Zustellung:

Anzahl der Schnitte beim Außen- und Innenrundschleifen[2]

$$i = \frac{z}{2\,a}$$

i = Anzahl der Schnitte (einfache Hubzahl) beim Außen- und Innen-rundschleifen, z = Werkstoffzu-gabe (Abb. 79) im *Durchmesser* [mm], (99)

a = Schnittiefe = Zustellung je Hub, bezogen auf den Halbmesser [mm]. Schnittiefe ist allgemein die Zustellung, mechanisch oder von Hand, bezogen auf das Ausgangsmaß des Werkstückes beim Schleifen. Die Zustellung selbst ist der Weg, um den das Werkstück und der Schleifkörper beim Schleifen zum Zwecke der Bearbeitung einander genähert werden müssen. Größere Zustellung bedeutet größere Späne, größere Schnittkräfte, stärkere Erwärmung und schlechtere Oberfläche des Werkstückes.

Rechnet man zur Bestimmung von i mit den Durchmessern, so gilt:

Anzahl der Schnitte beim Außen-rundschleifen (Vgl. Abb. 79)

$$i = \frac{D_a - d_a}{2\,a}$$

i = Anzahl der Schnitte (einfache Hubzahl), D_a = Werkstückaußen-durchmesser vor dem Schleifen [mm], d_a = Werkstückaußen-durchmesser nach dem Schleifen [mm], a = Schnittiefe = Zustellung je Hub, bezogen auf den Halb-messer [mm]. d_i = Werkstück- (100)

Anzahl der Schnitte beim Innen-rundschleifen

$$i = \frac{d_i - D_i}{2\,a}$$

(101)

innendurchmesser nach dem Schleifen [mm], D_i = Werkstückinnendurchmesser vor dem Schleifen [mm].

---

[1] Vgl. auch Gl. (217). Erfolgt Zustellung bei jedem Tischhub, so gelten Gln. (95) und (96). Für Zustellung bei jedem Doppelhub wird $t_h = i\,\dfrac{2\,L}{s\,n_w}$ bzw. $t_h = i\,\dfrac{2\,L\,D\,\pi}{s\,v_w\cdot 1000}$.

[2] In der Praxis kommt hierzu noch die nötige Anzahl der sogenannten „*Ausfeuerungsschliffe*", die ohne weitere Zustellung das endgültige Nennmaß ergeben. Für mittlere Ansprüche reichen in der Regel drei Ausfeuerungshübe [*3*] aus; Gl. (99) lautet dann $i = \dfrac{z}{2\,a} + 3$.

Anmerkung: Auch die **Zustellung** muß beim Rundschleifen so vorgenommen werden, daß nicht ein zu hoher Anpreßdruck entsteht, der die Scheibe vorzeitig stumpf werden läßt. Im allgemeinen kann beim Vorschliff mit einer Schnittiefe von 0,05 mm je Durchgang geschliffen werden, die für den Fertigschliff auf 0,0125 mm zu verringern ist. Zustelleinrichtungen an der Maschine sind in der Regel von 0,0025 zu 0,0025 mm = 2,5 μ/Hub gestuft, d.h. jede Raste im Zustellungsindex bedeutet eine Verringerung des Werkstückdurchmessers um 0,0025 mm; damit sind nur folgende Einstellungen möglich:

Rauheit[1]: Mit der Zustellung a steigt die Rauheit an. Je größer v_s gewählt wird, um so geringer ist die Rauhtiefe. Die Rauheit geht auf die Hälfte zurück, wenn die Scheibengeschwindigkeit verdoppelt wird.

Schnittiefen a (Zustellwerte in mm je Tischhub)					
0,0025	0,0050	0,0075	0,0100	0,0125	0,0150
0,0175	0,0200	0,0225	0,0250	0,0275	0,0300

Bei *Vor- und Fertigschleifen* berechnet man die Vorschleifhübe aus der Gesamtzugabe zu $i_v = z/2a$ und addiert dazu die Fertigschleifhübe i_f, welche dem Gütegrad entsprechend zu wählen sind.

Anzahl der Gesamtschnitte beim Außen- und Innenrundschleifen

$$i = i_v + i_f \qquad (102)$$

$$i = \frac{z}{2a} + i_f \qquad (103)$$

i = Anzahl der Gesamtschnitte = Gesamthubzahl, i_v = Anzahl der Vorschleifhübe, i_f = Anzahl der Fertigschleifhübe (Gebrauchswerte: Gütegrad JT 5 mit $i_f = 16$, Gütegrad JT 6 mit $i_f = 8$ und Gütegrad JT 7 mit $i_f = 4$), z = Werkstoffzugabe (Abb. 79) im Durchmesser [mm], a = Schnittiefe = Zustellung je Hub, bezogen auf den Halbmesser [mm].

Unterscheidet man bei der verfeinerten Hauptzeitberechnung noch zwischen Vor- und Fertigschleifhüben sowie zwischen Vor- und Fertigschleifzugaben, so geht Gl. (102) über in:

Anzahl der Gesamtschnitte beim Außen- und Innenrundschleifen

$$i = \frac{z - 0{,}05}{2a_v} + \frac{0{,}05}{2a_f} \qquad (104)$$

i = Anzahl der Gesamtschnitte = Gesamthubzahl, z = Werkstoffzugabe (Abb. 79) im Durchmesser [mm], a_v = Zustellung je Hub beim Vorschleifen [mm] ($z - 0{,}05$ = Vorschleifzugabe), a_f = Zustellung je Hub beim Fertigschleifen [mm] (0,05 in der Regel Fertigschleifzugabe).

Der Längsvorschub s richtet sich nach der Schleifscheibenbreite b_s; es gilt:

Längsvorschub

$$s = x\,b_s \qquad (105)$$

s = Längsvorschub (axial zum Werkstück) je Werkstückumdrehung [mm/U], x = Faktor, der beim Schruppen (Vorschliff) 2/3 bis 3/4, beim Schlichten (Fertigschliff) 1/4 bis 1/2 beträgt, b_s = Schleifscheibenbreite [mm].

Schaltweg. Beim Längsschliff kann die Schleifscheibe je nach Breite am Reitstock ein Viertel bis ein Drittel der Scheibenbreite überlaufen. Für den Schaltweg gelten die Gln. (106) und (107).

Schaltweg beim Außen- und Innenrundschleifen

Abb. 73 und Abb. 75

$$L = l_a + l + l_u + b_s \qquad (106)$$

Abb. 74 und Abb. 76

$$L = -l_a + l - l_u \qquad (107)$$

L = Schaltweg beim Außen- und Innenrundschleifen = für die Bestimmung der Hauptzeit in Rechnung zu setzende Länge [mm], l_a = Anlauf der Schleifscheibe [mm], l = aus der Zeichnung sich ergebende Länge [mm], l_u = Überlauf der Schleifscheibe [mm], b_s = Breite der Schleifscheibe [mm].

Beim Innenrundschleifen nach Abb. 76 soll in den Endlagen mit der Scheibe nicht ausgefahren werden, weil sich wegen der Durchbiegung der Schleifspindel ein kegeliger Auslauf der Bohrung ergeben würde. Die Scheibe soll höchstens 2/3 ihrer Breite aus der Bohrung heraustreten. Der Schleifscheibendurchmesser wird gleich 1/2 bis 3/4 des Bohrungsdurchmessers gewählt.

---

[1] *Rauheit*, das sind Erhebungen und Vertiefungen der Istoberfläche, deren Abstand im Verhältnis zu ihrer Höhe klein ist. Die Rauhtiefe ist das wichtigste Oberflächenmaß. Beim Längsrundschleifen kann noch eine zustellungslose „*Ausfeuerzeit*" angeschlossen werden, während der der Werkstücktisch eine erfahrungsgemäß zweckmäßige Anzahl von Leerhüben ausführt. Damit lassen sich Toleranzen innerhalb $\pm\,1{,}5\,\mu$ sicher einhalten. Für eine mittlere Zustellgeschwindigkeit von 0,8 mm/min kann eine Ausfeuerzeit von 8 Sek. als optimal gelten; sie bringt eine durchschnittliche Verbesserung der Oberflächenrauheit von annähernd 30%.

Beispiel 68. Welche Gleichung erhält man für 100 mm Schleiflänge, wenn gegeben: z = Werkstoffzugabe im Durchmesser [mm], D = Werkstückdurchmesser [mm], a = Schnittiefe = Zustellung je Hub, bezogen auf den Halbmesser [mm], v_w = Umfangsgeschwindigkeit des Werkstückes [m/min], x = Faktor zur Bestimmung des Vorschubes, b_s = Schleifscheibenbreite [mm]?

Lösung: Gl. (96) ergibt mit $i = \dfrac{z}{2a}$ [Gl. (99)], $L = 100$ mm und $s = x\,b_s$ [Gl. (105)]:

$$t_{h\,100} = \frac{z}{2a}\,\frac{100\,D\,\pi}{x\,b_s\,v_w\cdot 1000} = \frac{100\,z\,D\,\pi}{2a\,v_w\cdot 1000\,x\,b_s}\;;\quad \text{Längenfaktor } t_{h\,100} = \frac{z\,D\,\pi}{20\,a\,v_w\,x\,b_s}\;.\quad \text{Vgl. dazu Gl. (97).}$$

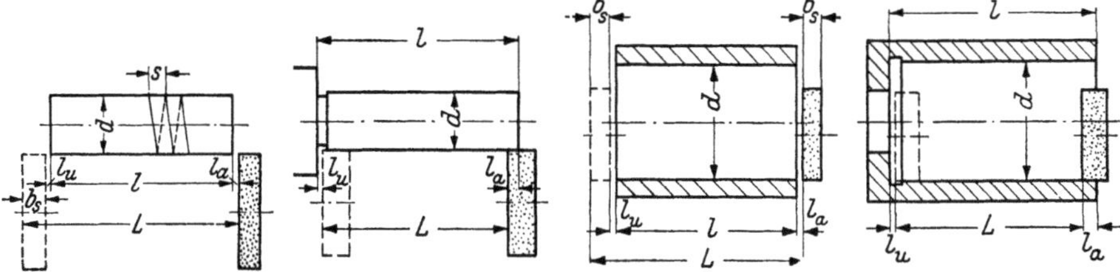

Abb. 73. Schaltweg beim Außenrundschleifen[1] (Werkstück ohne Bund)

Abb. 74. Schaltweg beim Außenrundschleifen (Werkstück mit Bund)

Abb. 75. Schaltweg beim Innenrundschleifen (Werkstück ohne Bund)

Abb. 76. Schaltweg beim Innenrundschleifen (Werkstück mit Bund)

Beispiel 69. Berechne die zum Schleifen einer gehärteten Stahlwelle notwendige Hauptzeit. Welle hat 80,40 mm Durchmesser und ist auf 80,0 mm bei einer Zustellung von 0,015 mm je Hub (= 15 μ/Hub) abzuschleifen. Umfangsgeschwindigkeit des Werkstückes = 10 m/min. Breite der Schleifscheibe = 40 mm. Länge des Schaltweges = 290 mm. Seitlicher Vorschub = 13 mm/U.

Lösung: Anzahl der Schnitte [Gl. (100)] $i = \dfrac{D_a - d_a}{2a} = \dfrac{80,40 - 80,0}{2\cdot 0,015} = 13,33$; $i \approx 14$. Umdrehungen des Werkstückes $n_w = \dfrac{v_w}{D_a\pi} = \dfrac{10\,000}{80,4\,\pi} = 39,59$; $n_w \approx 40$ 1/min. Mit $s = 13$ mm/U folgt: [Gl. (95)] $t_h = i\,\dfrac{L}{s\,n_w} = 14\,\dfrac{290}{13\cdot 40} = 7,8$; die gleiche Zeit ergibt sich mit Gl. (96): $t_h = i\,\dfrac{L\,D_a\,\pi}{s\,v_w\cdot 1000} = 14\,\dfrac{290\cdot 80,4\,\pi}{13\cdot 10\cdot 1000} = 7,8$; Hauptzeit $t_h = 7,8$ Min.

Überschliffzahl. Beim Längsrundschleifen wird das Verhältnis der Schleifscheibenbreite b_s zum Längsvorschub je Werkstückumdrehung s als Überschliffzahl $\ddot{u}$ bezeichnet.

Überschliffzahl

$$\boxed{\ddot{u} = \frac{b_s}{s}}$$

$\ddot{u}$ = Überschliffzahl, b_s = Breite der Schleifscheibe [mm], s = Längsvorschub (axial zum Werkstück) je Umdrehung [mm/U]. $\qquad(108)$

Anmerkung: Setzt man in Gl. (108) für $s = \dfrac{v_T}{n_w}$, so folgt $\ddot{u} = \dfrac{b_s\,n_w}{v_T}$. Die Überschliffzahl wird also durch Scheibenbreite, Werkstückdrehzahl und Tisch- oder Längsgeschwindigkeit beeinflußt. Eine große Überschliffzahl bedingt kleine Rauhtiefen, denn ein großer Teil der Scheibe bewirkt eine Nacharbeit des Werkstückes. Selbstverständlich kann man die Scheibenbreite auf Grund dieses Zusammenhanges nicht beliebig groß wählen. Die Wirtschaftlichkeit setzt hier eine Grenze. Überschliffzahlen sind von 2 bis 3 üblich. Beim Einstechschleifen (siehe unter 2.413), dem neuerdings steigende Bedeutung zukommt, ist die Überschliffzahl $\ddot{u} = 1$. Die Rauheit kann bei diesem Verfahren nur durch kleinere Zustellung, höhere Scheibengeschwindigkeit und geringere Werkstückgeschwindigkeit vermindert werden.

Geschwindigkeitsverhältnis. Dieses bestimmt sich nach Gl. (109). Je größer das Geschwindigkeitsverhältnis q gewählt wird, um so mehr Schleifkörner kommen beim Abschliff einer bestimmten Werkstoffmenge zur Wirkung und um so feiner wird der Schliff; es ist somit beim Schlichten empfehlenswert, das Geschwindigkeitsverhältnis durch Herabsetzen der Werkstückgeschwindigkeit zu verdoppeln oder noch weiter zu erhöhen.

---

[1] In Abb. 73 und 75 hat die Schleifscheibe einen so großen An- und Überlaufweg, daß sie beiderseits freigeht. Läßt es die Form des Werkstückes zu, so ist es aus schleiftechnischen Gründen vorteilhafter, die Schleifscheibe nur um 1/3 b_s überlaufen zu lassen. Die in der Hauptzeitformel einzusetzende wirksame Schleiflänge (Schaltweg) L ergibt sich damit zu $L = l - 1/3\,b_s + u$ [mm], worin u = gedachter Umschaltweg [mm], den der Schleiftisch während der Umschaltzeit (Tischhaltezeit an den beiden Hubenden) zurücklegen würde. An der Maschine eingestellt wird aber immer nur der Weg L ohne das Glied u. In großer Annäherung kann u mit der Schleifscheibenbreite b_s gleichgesetzt werden.

Geschwindigkeitsverhältnis $$q = \frac{v_s}{v_w}$$ q = Geschwindigkeitsverhältnis beim Außen- und Innenrundschleifen, v_s = Umfangsgeschwindigkeit des Schleifkörpers[*] [m/s], v_w = Umfangsgeschwindigkeit des Werkstückes [m/s]; vgl. S. 5.   (109)
beim Rundschleifen

Beispiel 70. Gehärteter Stahl von 90 mm Durchmesser erhält Außenrundschliff. Schleifscheibenumfangsgeschwindigkeit beträgt 32 m/s. Berechne Werkstückgeschwindigkeit [m/s] und Werkstückdrehzahl [1/min] bei einem Geschwindigkeitsverhältnis von $q = 125$.

Lösung: Aus Gl. (109) folgt $v_w = \dfrac{v_s}{q} = \dfrac{32}{125} = 0{,}256$; Werkstückgeschwindigkeit $v_w = 0{,}256$ m/s;

weiterhin wird $n_w = \dfrac{60 \cdot 1000\, v_w}{D\,\pi} = \dfrac{60\,000 \cdot 0{,}256}{90\,\pi} = 54{,}3$; Werkstückdrehzahl $n_w = 54{,}3$ 1/min.

Beispiel 71. Wie müssen sich beim Außenrundschleifen die Arbeitswerte i (Anzahl der Schnitte), q = Geschwindigkeitsverhältnis, s (Längsvorschub je Werkstückumdrehung) und v_s (Umfangsgeschwindigkeit des Schleifkörpers) verändern, damit die Hauptzeit gesenkt werden kann?

Lösung: $v_w = \dfrac{v_s}{q}$; eingesetzt in Gl. (96) erhält man $t_h = i\,\dfrac{L\,D\,\pi\,q}{s\,v_s \cdot 1000}$. Für ein bestimmtes Werkstück sind Schaltweg L und Werkstückdurchmesser D, außerdem π und 1000 konstant. Diese Konstante $C = \dfrac{L\,D\,\pi}{1000}$ in die Gleichung für t_h eingesetzt, ergibt $t_h = C\,\dfrac{i\,q}{s\,v_s}$. Soll die Hauptzeit gesenkt werden, müssen i und q kleiner, s und v_s jedoch größer werden.

Beim *Innenrundschleifen* kleiner Bohrungen ergeben sich bei vorgeschriebenem Geschwindigkeitsverhältnis große Schleifspindeldrehzahlen; sind diese Drehzahlen nicht schaltbar, muß die Schleifscheibengeschwindigkeit so lange vermindert werden, bis sie mit der höchsten Spindeldrehzahl erreicht werden kann.

2.412 Kegelschleifen

Das Außenrundschleifen kegeliger Werkstücke zwischen den Spitzen gleicht dem Außenkegeldrehen mit Reitstockverstellung (Abb. 23). Auch beim Kegelschleifen ist zwischen der Kegellänge l als Länge des zu schleifenden Wellenabschnittes und der Mantellinie l_m zu unterscheiden (Abb. 77). Die sich aus der Zeichnung ergebende Mantellinie bei kegeligen Werkstücken beträgt

$$l_m = 1/2\,\sqrt{4\,l^2 + (D_2 - D_1)^2}.$$

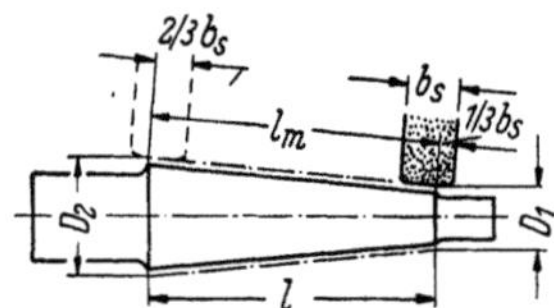

Abb. 77. Außenrundschleifen eines Kegels zwischen den Spitzen

Für die zur Bestimmung der Hauptzeit in Rechnung zu setzende Länge des Schleifscheibenweges ist $L = l_m - 1/3\,b_s + u$ [mm] zu setzen (vgl. Fußnote S. 53). Die Hauptzeit selbst berechnet sich nach Gl. (95) oder (96).

2.413 Einstechschleifen

Einstechschleifen[1] ist Außenrundschleifen der ganzen Länge bzw. Breite der Schleifstelle durch den entsprechend breiten Schleifkörper; Vorschub ist quer zur Schleifkörperachse. Der Schleifkörper S und das Werkstück W machen keine

---

[*] Die zulässigen Höchstumfangsgeschwindigkeiten der Schleifkörper sind in den Unfallverhütungsvorschriften festgelegt und müssen auf den Kennzetteln (Etiketten) der Schleifkörper angegeben sein. Umfangsgeschwindigkeiten von Scheibe und Werkstück müssen aufeinander abgestimmt werden, um im Verlaufe des Schleifvorganges immer die gleiche Schnittiefe und damit auch eine gleichbleibende Zerspanung zu gewährleisten. Für keramisch gebundene Schleifscheiben soll die Umfangsgeschwindigkeit dabei zwischen 28 und 32 m/s, keinesfalls über 35 m/s liegen, die Werkstückgeschwindigkeit je nach Werkstoff meistens zwischen 18 und 28 m/min. Eine Erhöhung der gesetzlich zugelassenen Höchstumfangsgeschwindigkeit auf etwa 45 m/s würde in Verbindung mit geeigneten Schleifscheiben eine Steigerung der Schleifleistung mit sich bringen.

[1] Das Verfahren wird vornehmlich dort angewendet, wo kurze Werkstücklängen zu bearbeiten sind, wie beispielsweise Bunde, Wellenlagersitze, Wellenzapfen u. dgl. Voraussetzung hierfür ist, daß die Schleifscheibenbreite mindestens gleich der zu bearbeitenden Werkstücklänge ist. Die wirtschaftlichste Art des Einstechschleifens ist das Form- oder *Profilschleifen.* Hierbei ist die Verwendung großer Schleifscheibendurchmesser und -breiten (Abb. 81) besonders vorteilhaft. Da meist mehrere Durchmesser bei einmaligem Einspannen und einmaligem Messen auf einmal geschliffen werden können, ergibt sich eine beachtliche *Einsparung der Hauptzeit.*

Längsbewegung (Abb. 78); es erfolgt nur die Tiefenzustellung der Schleifscheibe. Es werden breite, der Werkstückform (Formschleifen!) entsprechende Schleifscheiben verwendet. Die Tiefenzustellung schwankt zwischen 0,002 und 0,01 mm je Werkstückumdrehung [= 2 und $10\,\mu$/Umdrehung]. Die Hauptzeit unterliegt der Tiefenzustellung, die sich bei grober oder feiner Qualität nach oben oder unten verändern läßt.

Hauptzeit beim Einstechschleifen (Abb. 78 und 79)

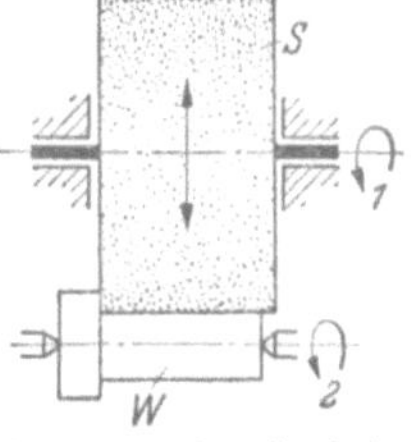

Abb. 78. Arbeitsweise beim **Einstechschleifen.**
Pfeilrichtung *1* = Schnittbewegung des Schleifkörpers; *2* = drehende Vorschubbewegung des Werkstückes; Vorschub quer zur Schleifkörperachse

$$t_h = \frac{L}{s_e'}$$ (110)

$$t_h = \frac{L}{a\,n_w}$$ (111)

t_h = Hauptzeit beim Einstechschleifen [min], L = Schaltweg der Schleifscheibe [mm], s_e' = Zustell- oder Einstechvorschubgeschwindigkeit der Schleifscheibe [mm/min], a = Schnittiefe [mm], n_w = Umlaufzahl des Werkstückes [1/min]. Ist die Rundschleifmaschine mit einem kontinuierlich arbeitenden hydraulischen Einstechgetriebe ausgerüstet, so können als Schnittiefe die Zustellwerte $a = 0{,}005$, $0{,}0075$ oder $0{,}01$ [mm/U] in Gl. (111) eingesetzt werden.

Schleifscheibenbreite b_s ist gleich der zu schleifenden Werkstücklänge l; nimmt man den Schaltweg mit $L = (D_a - d_a) : 2 = z/2$ an (Abb. 79), so gilt:

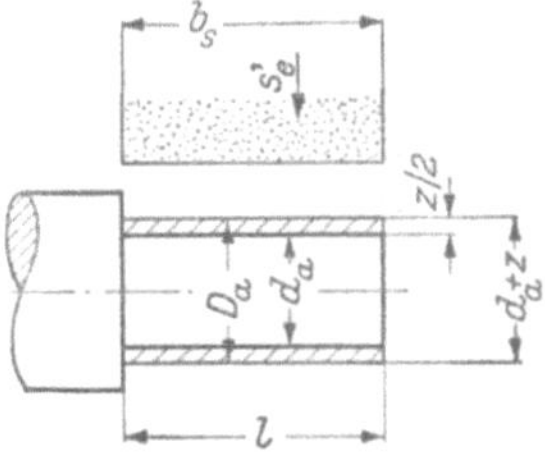

Abb. 79. Maße beim Einstechschleifen

Hauptzeit beim Einstechschleifen aus t_{hv} und t_{hf}

$$t_h = \frac{z - 0{,}05}{2\,s_{ev}'} + \frac{0{,}05}{2\,s_{ef}'}$$ (112)

t_h = Hauptzeit beim Einstechschleifen aus Vorschleifen t_{hv} und Fertigschleifen t_{hf} [min], z = Werkstoffzugabe im Durchmesser [mm], s_{ev}' = Zustell- oder Einstechvorschubgeschwindigkeit beim Vorschleifen [mm/min], s_{ef}' = Zustell- oder Einstechvorschubgeschwindigkeit beim Fertigschleifen [mm/min].

Beispiel 72. Die hydraulisch gesteuerte Vorschubgeschwindigkeit einer Rundschleifmaschine ist für eine Einstechschleifarbeit auf $s_e' = 0{,}175$ mm/min geschaltet. Ein Werkstück ist von $D_a = 60{,}83$ auf $d_a = 60{,}25$ mm Durchmesser zu schleifen (Abb. 79). Berechne die Hauptzeit.

Lösung: Mit $L = \dfrac{D_a - d_a}{2} = \dfrac{60{,}83 - 60{,}25}{2} = 0{,}29$ mm und $s_e' = 0{,}175$ mm/min ergibt Gl. (110):
$t_h = \dfrac{L}{s_e'} = \dfrac{0{,}29}{0{,}175} = 1{,}66$; Hauptzeit $t_h = 1{,}66$ Min.

2.414 Spitzenlos-Schleifen

Beim Rundschleifen ohne Aufspannen (körnerloses oder spitzenloses Schleifen) werden nach Abb. 80 der langsame Rundvorschub *2* und der Längsvorschub *3* des Werkstückes *W* von einer *Regelscheibe*[1] (Vorschubscheibe) *R* erzeugt, die um den Neigungswinkel $\alpha \leq 6°$ schräg zur Schleifscheibe *S* eingestellt wird[2] ($n_R = 16$ bis 80 1/min).

[1] Die Regelscheibe hat folgende Funktionen: Mitwirkung beim genauen Herstellen des Werkstückendmaßes, Bestimmung der Werkstückumfangsgeschwindigkeit und Kontrolle der Durchlaufgeschwindigkeit bzw. des Werkstückvorschubes. Die Regelscheibe ist so abzurichten, daß ein Werkstück beim Durchgang Berührung mit der gesamten Scheibenfläche hat. Dies wird erreicht durch Einstellen der Abrichtvorrichtung auf den Neigungswinkel der Regelscheibe und Versetzen des Diamanten um den Betrag, um den die Werkstückmittellinie über (oder unter) der Mittellinie der Scheiben liegt.

[2] Wäre Neigungswinkel $\alpha = 90°$, hätte das Werkstück theoretisch die Vorschubgeschwindigkeit, die der Umfangsgeschwindigkeit der Regelscheibe entspricht. Um ein wirtschaftliches Schleifen zu ermöglichen, wählt man beim *Durchgangsverfahren* für das Vorschleifen etwa $\alpha = 4°$, für das Fertigschleifen etwa $\alpha = 2{,}5°$, beim *Einstechverfahren* $\alpha = 0{,}5°$.

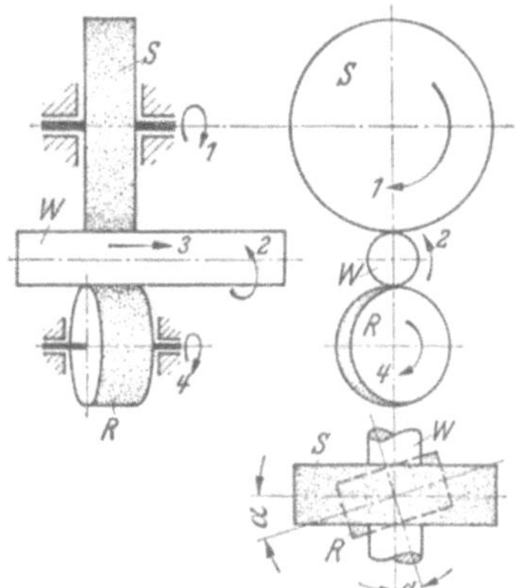

Abb. 80. Arbeitsweise beim **spitzenlosen Schleifen.** Pfeilrichtung *1* = Schnittbewegung des Schleifkörpers *S*; *2* = drehende Vorschubbewegung des Werkstückes *W* (Rundvorschub); *3* = geradlinige Vorschubbewegung des Werkstückes *W* (Längsvorschub); *4* = Drehbewegung der Regelscheibe *R*; *S und R haben stets gleiche Drehrichtung*

Das Werkstück wird ohne Einspannung auf eine Gleitschiene aufgelegt und liegt in der Regel um den halben Werkstückdurchmesser über der Mittellage (Achse der beiden Scheiben). Schleifscheibe S führt die Schnittbewegung aus und läuft mit derselben Umfangsgeschwindigkeit wie bei anderen Schleifmaschinen. Es gilt:

Drehzahl der Regelscheibe (Abb. 80)

$$n_R = \frac{n_w\, d_w}{D_R}$$

Richtwerte für Werkstück- und Schleifscheibenumfangsgeschwindigkeit usw. sind die gleichen wie beim gewöhnlichen Rundschliff. (113)

Für eine Schrägstellung um $\alpha°$ der Regelscheibe von D_R Durchmesser, die mit der Drehzahl n_R umläuft, errechnet sich der Axialvorschub des Werkstückes zu $s = D_R\, \pi \cdot \sin\alpha$. Mit $s' = s\, n_R$ wird:

Vorschubgeschwindigkeit beim Spitzenlos-Schleifen

$$s' = D_R\, \pi\, n_R\, \sin\alpha \qquad (114)$$

Diese theoretische Vorschubgeschwindigkeit s' (eineFunktion aus Neigungswinkel, Durchmesser und Drehzahl der Regelscheibe) wird nie erreicht, da das Werkstück nicht nur abrollt, sondern auch gleitet. Es sind somit 2 bis 5% Gleitverlust abzuziehen; bei Annahme von 5% Gleitverlust erhält man:

Hauptzeit beim Spitzenlos-Schleifen

$$t_h = i\, \frac{l}{0{,}95\, s'}$$

Ohne Zwischenberechnung von s'

$$t_h = i\, \frac{l}{0{,}95\, D_R\, \pi\, n_R\, \sin\alpha}$$

In den Gln. (113) bis (116) bedeuten: n_R = Drehzahl der Regelscheibe [1/min], n_w = Drehzahl des Werkstückes [1/min], d_w = Durchmesser des Werkstückes [mm], D_R = Durchmesser der Regelscheibe [mm], s' = Vorschubgeschwindigkeit beim Spitzenlos- (115) (116)

Schleifen [mm/min], α = Neigungswinkel der Regelscheibe = Schrägstellung der Regelscheibe zur Achse der Schleifscheibe [°], t_h = Hauptzeit beim Spitzenlos-Schleifen für die Länge l [min], i = Anzahl der Durchgänge [s. Gl. (99)]; die Werkstoffabnahme im Durchmesser ist je Durchgang 0,01 bis 0,03 mm; bei größerer Schleifzugabe ist also mehrmaliger Durchgang notwendig, l = Werkstücklänge [mm].

Beispiel 73. Eine Regelscheibe von 350 mm Durchmesser hat die Drehzahl 29 1/min und ist auf einen Neigungswinkel von 3° eingestellt. Wieviel Prozent beträgt die Verringerung der Vorschubgeschwindigkeit, wenn der Scheibendurchmesser 200 mm beträgt?

Lösung: Für D_R = 350 mm ergibt Gl. (114): $s' = D_R\, \pi\, n_R\, \sin\alpha$ = 350 $\pi \cdot$ 29 $\cdot$ sin 3° $\approx$ 1659 mm/min; für D_R = 200 mm wird s' = 200 $\pi \cdot$ 29 $\cdot$ sin 3° $\approx$ 947 mm/min. Die Vorschubgeschwindigkeit verringert sich um 1659 — 947 = 712 mm/min; dies entspricht einer Durchlaufverringerung um $\frac{100 \cdot 712}{1659} \approx$ 43%. Dieser einschneidende *Produktionsabfall* läßt sich vermeiden, wenn die Geschwindigkeit der Regelscheibe bei zunehmender Durchmesserverringerung erhöht wird; es ist dies einfacher als die Vergrößerung des Neigungswinkels, durch die eine mit Stoff- und Zeitverlust verbundene Abrichtoperation notwendig würde.

Beispiel 74. Der Neigungswinkel einer Regelscheibe mit D_R = 300 mm Durchmesser beträgt beim Vorschleifen α = 4°, beim Fertigschleifen α = 2,5°. Umfangsgeschwindigkeiten der Regelscheibe sind v_R = 32 m/min beim Vorschleifen und v_R = 22 m/min beim Fertigschleifen. Welche vereinfachten Hauptzeitgleichungen ergeben sich?

Lösung: Mit $n_R = \dfrac{v_R}{D_R\, \pi} = \dfrac{32}{0{,}3\, \pi} \approx$ 34 1/min bzw. $n_R = \dfrac{22}{0{,}3\, \pi} \approx$ 23 1/min erhält man nach Gl.(116):

$$t_{hv} = i_v\, \frac{l}{0{,}95 \cdot 300\, \pi \cdot 34 \cdot \sin 4°} = \frac{i_v\, l}{2130} \quad \text{und} \quad t_{hf} = i_f\, \frac{l}{0{,}95 \cdot 300\, \pi \cdot 23 \cdot \sin 2°30'} = \frac{i_f\, l}{918}.$$ Setzt man in die

Gleichungen $t_{hv} = \dfrac{i_v\, l}{2130}$ bzw. $t_{hf} = \dfrac{i_f\, l}{918}$ die Werte für die Durchläufe i_v bzw. i_f ein, so ergeben sich die Hauptzeiten als Bruchteil der Schleifflänge.

Beispiel 75. Zylindrische Buchsen, 55 × 45 mm Durchmesser, 90 mm lang, sind nach Abb. 80 in 4 Durchgängen vor- und in 3 Durchgängen fertigzuschleifen. Berechne unter Zugrundelegung der Zahlenwerte im Beispiel 74 die Hauptzeit je Buchse.

Lösung: Vorschleifen $t_{hv} = \dfrac{i_v\, l}{2130} = \dfrac{4 \cdot 90}{2130} = 0{,}169\, \text{min}$; Fertigschleifen $t_{hf} = \dfrac{i_f\, l}{918} = \dfrac{3 \cdot 90}{918} = 0{,}294\, \text{min}$. Damit $t_h = t_{hv} + t_{hf} = 0{,}169 + 0{,}294 = 0{,}463$; Hauptzeit je Buchse t_h = 0,463 Min.

2.415 Kopierschleifen

Kopierschleifen wird auf Spitzenschleifmaschinen und spitzenlosen Rundschleifmaschinen durchgeführt. Die Schleifscheibe wird mit einer hydraulischen Abziehvorrichtung nach der gewünschten Werkstückform kopiert, wobei der Diamant, der der Schleifscheibe die gewünschte Form gibt, über eine Formschablone gesteuert wird (Abb. 81).

Mit diesem Schleifverfahren können nicht nur nebeneinanderliegende Durchmesser kopiert werden, sondern auch ein bis zwei Durchmesser mit einem danebenliegenden Kegel geschliffen werden, falls die Scheibenbreite dies zuläßt. Zur Berechnung der Hauptzeit für das Kopierschleifen dient Gl. (110), wobei die Zustell- oder Einstechvorschubgeschwindigkeit der Schleifscheibe bis auf $s'_e = 0,1$ mm/min zurückgenommen werden muß.

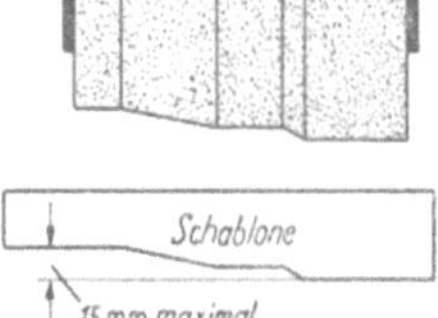

Abb. 81. Schablone für Abziehvorrichtung zum Abziehen der Schleifscheibe

2.416 Trennschleifen

Das Trennschleifen (Abb. 82) erzielt gegenüber dem bisher üblichen Trennen mittels Bügel- oder Kreissägen (vgl. S. 71) ganz erhebliche Zeitersparnisse; Abb. 83 läßt dies für verschiedene Durchmesser von Rundstahl St 00 erkennen.

Die erforderliche sehr große Umfangsgeschwindigkeit der Scheiben von etwa 80 m/s wird durch stufenlos verstellbare Keilriemenscheiben erhalten. Angetrieben wird die Schleifspindel durch einen Flachriemen, der erschütterungsfreien Lauf bis zu Spindeldrehzahlen von 8000 1/min gestattet.

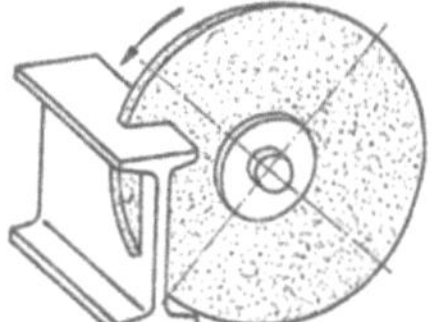
Abb. 82 Trennschleifen

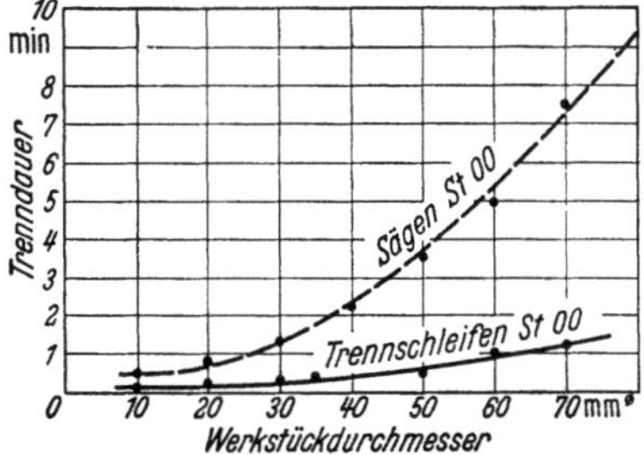

Abb. 83. Vergleich der Trenndauer beim Sägen mit Kreissäge und beim **Trennschleifen**

2.42 Hauptzeit beim Gewindeschleifen

Sind Werkstücke aus gehärtetem, vergütetem oder sonst schwierig zu bearbeitendem Werkstoff mit Gewinde von großer Genauigkeit hinsichtlich Profil, Flankendurchmesser und Steigung zu versehen, so wird man die Gewinde schleifen[1]. Man kann Gewinde bis 3 mm Steigung aus dem Vollen schleifen oder, bei größerer Steigung vor dem Härten durch Drehen oder Fräsen vorarbeiten und nach dem Härten genau fertigschleifen. Die Schleifscheibe erhält die Form der Gewindelücke und kann ein- oder mehrprofilig sein. Wird an Stelle des Gewindefräsers (Abb. 62 und 64) eine Schleifscheibe gesetzt, so ergibt sich die grundsätzliche Anordnung des Gewindeschleifens.

2.421 Durchgangsschleifen mit Einprofilscheibe

Die Scheibe Abb. 84 ist um den mittleren Steigungswinkel des zu schleifenden Gewindes geneigt. Das Gewinde wird fortlaufend geschliffen[2]. Man kann Außen- und Innengewinde schleifen; kegeliges Gewinde kann mit Kegelleitschiene (vgl. S. 183) geschliffen werden. Nach Richtwerten für das „Lindner Gewindeschleifen" erhält man:

---

[1] Genannt seien: zum Schneiden und Rollen erforderliche Gewindebohrer und Gewindedruckrollen, Gewindelehren, Spindeln für Meßgeräte, Leitspindeln, ein- und mehrzähnige Schnecken, Abwälzfräser, Schneckenradfräser, hinterschliffene Gewinderillenfräser mit geraden oder schrägen Nuten, Preßrollen zum Profilieren von Mehrrillenscheiben zum Gewindeschleifen, Gewindeschneidbacken für selbstöffnende Gewindeschneidköpfe, Gewinderollbacken usw.

[2] Der Hub des Werkstückes beträgt etwas mehr als die Länge des zu erzeugenden Gewindes. Das Arbeitsspiel umfaßt vier Bewegungen: Arbeitsgang, radialer Rückzug der Schleifscheibe, beschleunigter Rücklauf, radiale Zustellung.

Anzahl der Durchgänge bis zum Abrichten	$i_a = \dfrac{2\,S\,h}{d\,\pi\,L}$	$i_a =$ Anzahl der Durchgänge bis zum Abrichten, für genutete Werkstücke, sofern Stegbreite gleich Nutenbreite, $S =$ Standweg [mm]*, $h =$ Gewindesteigung [mm], $d =$ Gewindeaußendurchmesser [mm], $L =$ Schaltweg der Schleifscheibe [mm], $n_w =$ Umlaufzahl des Werkstückes [1/min], $v_w =$ Vorschubgeschwindigkeit des Werkstückes[1] [mm/min], $t_h =$ Hauptzeit je Durchgang [min].
Werkstückdrehzahl	$n_w = \dfrac{v_w}{d\,\pi}$	
Hauptzeit je Durchgang (Einprofilscheibe)	$t_h = \dfrac{L}{h\,n_w}$	

(117)

(118)

(119)

Beispiel 76. Handgewindebohrer M 10 mit 1,5 mm Steigung und 25 mm Gewindelänge sind im Durchgangsschleifen mit Einprofilscheibe im Längsschleifverfahren zu bearbeiten. Die Gewindebohrer aus Schnellarbeitsstahl sind gehärtet und angelassen. Vorschubgeschwindigkeit für zwei Arbeitsgänge Schruppen werde mit 110 und 160, für drei Arbeitsgänge Schlichten mit 200, 250 und 350 mm/min gewählt. Berechne die Hauptzeit.

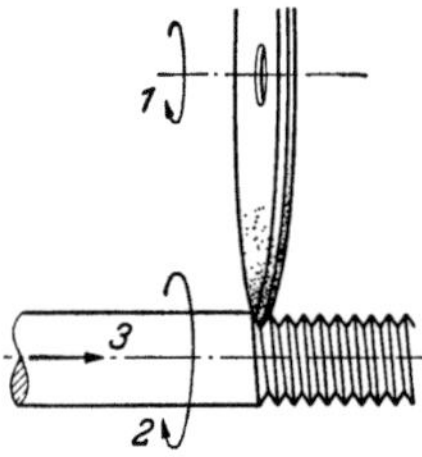

Abb. 84. Arbeitsweise beim **Durchgangsschleifen mit Einprofilscheibe.** Pfeilrichtung *1* = drehende Schnittbewegung der Einprofilscheibe; *2* = langsame Drehbewegung des Werkstückes, damit der Gewindegang um die Spindel herumgeschliffen wird; *3* = gerade Vorschubbewegung des Werkstückes für die Steigung des Gewindes.

Einhaltbare Toleranzen: Flankendurchmesser $\pm 2\,\mu$; Steigung $\pm 2\,\mu$ auf 25 mm Länge bzw. $\pm 8\,\mu$ auf 1000 mm Länge; Flankenwinkel $\pm 5'$.

Lösung:

Arbeitsgang 1 Schruppen	$n_{w1} = \dfrac{v_{w1}}{d\,\pi} = \dfrac{110}{10\,\pi} = 3,5\ 1/\text{min}$ $t_{h1} = \dfrac{L}{h\,n_{w1}} = \dfrac{25}{1,5 \cdot 3,5} =$	4,80 Min.
Arbeitsgang 2 Schruppen	$n_{w2} = \dfrac{v_{w2}}{d\,\pi} = \dfrac{160}{10\,\pi} = 5,1\ 1/\text{min}$ $t_{h2} = \dfrac{L}{h\,n_{w2}} = \dfrac{25}{1,5 \cdot 5,1} =$	3,27 Min.
Arbeitsgang 3 Schlichten	$n_{w3} = \dfrac{v_{w3}}{d\,\pi} = \dfrac{200}{10\,\pi} = 6,4\ 1/\text{min}$ $t_{h3} = \dfrac{L}{h\,n_{w3}} = \dfrac{25}{1,5 \cdot 6,4} =$	2,60 Min.
Arbeitsgang 4 Schlichten	$n_{w4} = \dfrac{v_{w4}}{d\,\pi} = \dfrac{250}{10\,\pi} = 8,0\ 1/\text{min}$ $t_{h4} = \dfrac{L}{h\,n_{w4}} = \dfrac{25}{1,5 \cdot 8,0} =$	2,08 Min.
Arbeitsgang 5 Schlichten	$n_{w5} = \dfrac{v_{w5}}{d\,\pi} = \dfrac{350}{10\,\pi} = 11,1\ 1/\text{min}$ $t_{h5} = \dfrac{L}{h\,n_{w5}} = \dfrac{25}{1,5 \cdot 11,1} =$	1,50 Min.

$$ \underline{14,25\ \text{Min.}}$$

Zeit für zweimaliges Abrichten $2 \cdot 2$ Min. $= \underline{4,00\ \text{Min.}}$

Hauptzeit $t_h = 18,25$ Min.

Wählt man nach der Richtwerttabelle einen Standweg von 1000 mm, so errechnet sich die Anzahl der Arbeitsgänge (Durchgänge) bis zum Abrichten nach Gl. (117) zu $i_a = \dfrac{2\,S\,h}{d\,\pi\,L}$

$$= \frac{2 \cdot 1000 \cdot 1,5}{10\,\pi \cdot 25} = 3,8;\ i_a \approx 4.$$

2.422 Durchgangsschleifen mit Mehrprofilscheibe

Die mehrprofilige Schleifscheibe Abb. 85, die fünf bis sieben Profilrillen aufweist, hat einen Anschnitt, der durch die kegelige Form der Scheibe bewirkt wird. Die einzelnen Stege schneiden fortlaufend immer tiefer in das Werkstück ein, bis die volle Gewindetiefe erreicht ist und die letzten Rillen das Gewinde schlichten. Das Verfahren vereinigt die Wirtschaftlichkeit des Einstechschleifens (Abb. 86) mit der Genauigkeit des einprofiligen Schleifens (Abb. 84).

---

* Standweg ist der während der Standzeit der Schleifscheibe zurückgelegte Schleifweg; nach vollendetem Standweg (nach Richtwert-Tabelle) ist die Schleifscheibe abzurichten.

[1] Unter Vorschub versteht man beim Gewindeschleifen die Geschwindigkeit, mit welcher die Schleifscheibe in der Richtung des Steigungswinkels gegen die zu schleifende Gewinderille vorgeschoben wird. Es ist dies die Umfangsgeschwindigkeit des Werkstückes [mm/min], die sich aus Durchmesser und Drehzahl ergibt und mit v_w bezeichnet wird ($v_w = d\,\pi\,n_w$).

Wird beim mehrprofiligen Längsschleifen das ganze Gewinde mit der ganzen Breite der Schleifscheibe durchgeschliffen, so muß zu der Gewindelänge noch die Schleifscheibenbreite hinzugezählt werden, um den Schaltweg L [Gl. (119)] zu erhalten. Die Schleifscheibenbreite ergibt somit eine zusätzliche Hauptzeit und muß deshalb in einem richtigen Verhältnis zur Gewindelänge stehen.

Hauptzeit je Durchgang (Mehrprofilscheibe)

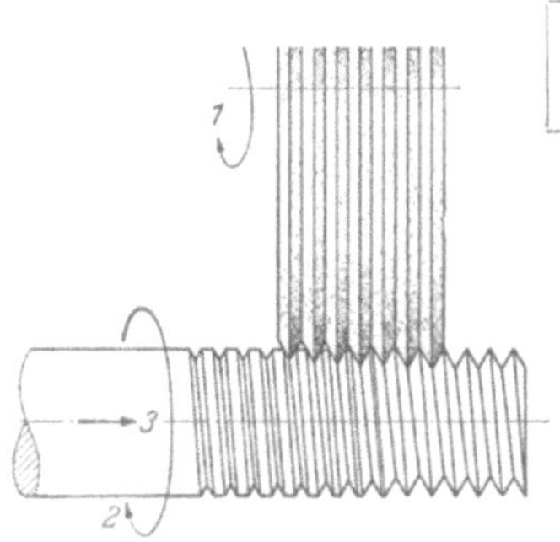

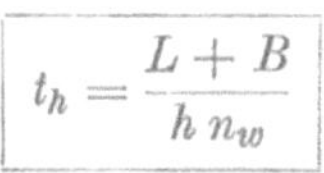

$$t_h = \frac{L + B}{h\, n_w} \qquad (120)$$

t_h = Hauptzeit je Durchgang [min], L = Schaltweg der Schleifscheibe = Gewindelänge [mm], B = Scheibenbreite [mm], h = Gewindesteigung [mm], n_w = Umlaufzahl des Werkstückes [1/min].

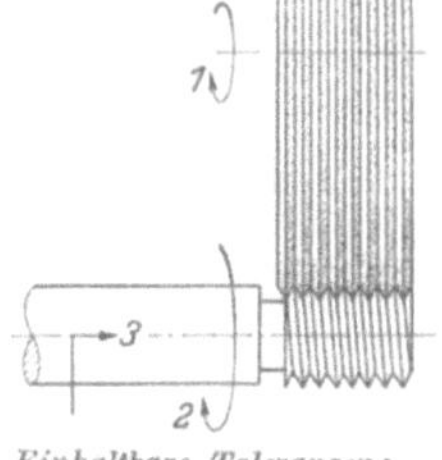

Abb. 85. Arbeitsweise beim **Durchgangsschleifen mit kegeliger Mehrprofilscheibe.** Pfeilrichtung *1* = drehende Schnittbewegung der Mehrprofilscheibe; *2* = langsame Drehbewegung des Werkstückes; *3* = gerade Vorschubbewegung des Werkstückes um das Maß der Gewindesteigung

Abb. 86. Arbeitsweise beim **Einstechschleifen mit zylindrischer Mehrprofilscheibe.** Pfeilrichtung *1* = drehende Schnittbewegung der Mehrprofilscheibe; *2* = langsame Drehbewegung des Werkstückes (*eine* Umdrehung); *3* = gerade Vorschubbewegung des Werkstückes um das Maß der Gewindesteigung

Einhaltbare Toleranzen: Flankendurchmesser $\pm 15\,\mu$ (Schruppen) bzw. $\pm 4\,\mu$ (Schlichten); Steigung $\pm 5\,\mu$; Flankenwinkel $\pm 5\ldots10'$ (abhängig von Schleifscheibenbreite und Gewindeprofil)

Einhaltbare Toleranzen: Flankendurchmesser $\pm 15\,\mu$ (Schleifen in einem Arbeitsgang) bzw. $\pm 10\,\mu$ (zusätzliches Schlichten); Steigung $\pm 5\,\mu$ auf 25 mm Länge bzw. auf Schleifscheibenbreite; Flankenwinkel $\pm 10'$

2.423 Einstechschleifen mit Mehrprofilscheibe

Die Scheibe Abb. 86 enthält rillenförmig das Profil einer Anzahl von Gewindegängen. Schleifscheibenachse steht parallel zur Werkstückachse. Ist die Schleifscheibe auf volle Gewindetiefe beigestellt, wird das Gewinde während einer Umdrehung des Werkstückes hergestellt[1]. Dabei führt es gleichzeitig den axialen Vorschub gleich der Gewindesteigung aus. Schleifscheibe ist mindestens so breit, wie das zu schleifende Gewinde lang ist. Verfahren ergibt hohe Zerspansleistung und kürzeste Schleifzeiten. (Befestigungsgewinde und Meßwerkzeuge geringer Genauigkeit.) Beim Einstechschleifen liegt die Anzahl der benötigten Umdrehungen mit $1^1/_4 = {}^5/_4$ fest.

Hauptzeit je Durchgang (Einstechschleifen)

$$t_h = \frac{5}{4\, n_w} \qquad (121)$$

t_h = Hauptzeit beim Einstechschleifen mit Mehrprofilscheibe [min], n_w = Umlaufzahl des Werkstückes [1/min].

Anmerkung: Setzt man in den Gln. (119) bis (121) für $n_w = \dfrac{v_w}{d\,\pi}$ nach Gl. (118), so ergibt sich für Gl. (119) $t_h = \left(\dfrac{L}{h}\right)\dfrac{d\,\pi}{v_w}$, für Gl. (120) $t_h = \left(\dfrac{L + B}{h}\right)\dfrac{d\,\pi}{v_w}$, für Gl. (121) $t_h = \left(\dfrac{5}{4}\right)\dfrac{d\,\pi}{v_w}$. Richtwerttafeln für die Werkstückgeschwindigkeit v_w werden von den Herstellerfirmen für Gewindeschleifmaschinen zur Verfügung gestellt.

2.424 Spitzenloses Gewindeschleifen

Die Schleifscheibe ist mit Rillen versehen, die der Gewindeform und -steigung entsprechen; sie wird um den Steigungswinkel φ_m, bezogen auf den Flankendurchmesser, schräggestellt. Die Vorschubscheibe (ebenfalls eine Schleifscheibe) wird nach dem Steigungswinkel φ_a, bezogen auf den Außendurchmesser, geschwenkt. Die zylindrische Vorschubscheibe treibt das Werkstück vom Außendurchmesser her an, so daß Umdrehung und Vorschub erzielt werden.

Das spitzenlose Schleifen ist für Einstech- und Durchgangsschleifen möglich; man kann Gewinde aus dem Vollen schleifen und vorgearbeitete Gewinde fertigschleifen. *Leistungsbeispiel:* Je Stunde 1200 Schraubenstifte mit 1,25 mm Steigung, 6,5 mm Durchmesser und 25 mm Länge.

---

[1] Für die Beistellung auf Gewindetiefe ist etwa $^1/_4$ Werkstückumdrehung erforderlich. Das Gewinde ist nach einer weiteren vollen Werkstückumdrehung ausgeschliffen; es werden also insgesamt etwa $1^1/_4$ Werkstückumdrehung zur Erzeugung eines Gewindes benötigt. (Vgl. auch Abschnitt 2.35.)

2.43 Hauptzeit beim Flachschleifen

Flachschleifen (Flachschliff) ist das Schleifen ebener Flächen. Während des Flachschleifens arbeitet die Schleifscheibe beim Vor- und Rückgang. Für die Berechnung sind zwei Verfahren zu unterscheiden.

2.431 Flachschleifen mit Scheibenumfang (Umfangsschleifen)

Flachschliff ist beim Umfangsschleifen sowohl auf dem Langtisch als auch auf dem Rundtisch möglich (Abb. 87 bis 90). Außerdem sind diese Arbeitsweisen bei waagerechter und bei senkrechter Anordnung des Maschinentisches ausführbar. Der waagerechte Maschinentisch wird häufiger angewandt, da das Auf- und Abspannen sowie das Messen der Werkstücke erheblich leichter ist. Wird die Schleifscheibe nach Abb. 91 bei jeder Tischumsteuerung um ein bestimmtes Maß seitlich, also quer, vorgeschoben, so kommt dieselbe stets mit gleicher Breite zum Angriff. Die Schleifriefen verlaufen dann parallel, was ein ruhiges Bild der geschliffenen Fläche ergibt. Das Werkstück wird mit mechanischen oder magnetischen Spannern oder mit Vorrichtungen gehalten; letztere können schwenkbar sein. Beim Flachschleifen auf Langtischmaschinen mit waagerechter Spindel ist Werkstückspannung zwischen Spitzen möglich.

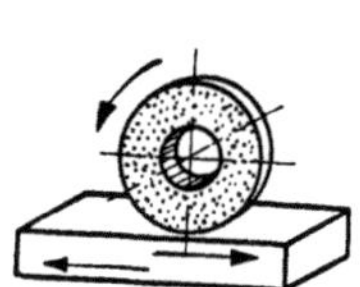 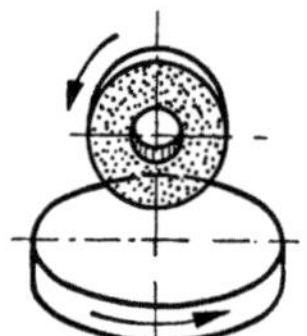 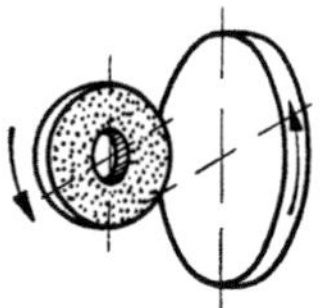 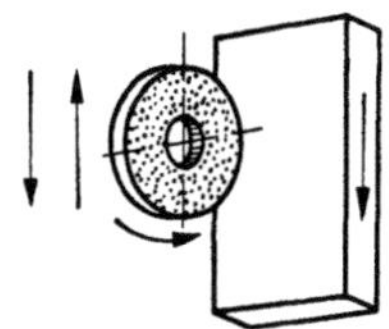

Abb. 87. Schleifspindel waagerecht und ortsfest; Werktisch hin- und hergehend; Breitenvorschub im Werktisch; Zustellung in der Schleifspindel

Abb. 88. Schleifspindel waagerecht und ortsfest; Werktisch kreisend; Breitenvorschub im Werktisch; Zustellung in der Schleifspindel

Abb. 89. Schleifspindel waagerecht und verschiebbar; Werktisch kreisend und ortsfest; Breitenvorschub in der Schleifspindel; Zustellung im Werktisch

Abb. 90. Schleifspindel waagerecht sowie auf- und niedergehend; Werktisch waagerecht verschiebbar; Breitenvorschub durch Werktisch

Abb. 87 bis 90. Möglichkeiten des Flachschleifens mit dem *Scheibenumfang*. Scheibenform: einfache gerade Scheibe; Berührung zwischen Werkstück und Scheibe: *Linie*

Die Hauptzeit kann gleichfalls nach Gl. (33) ermittelt werden. Der in dieser Gleichung in Betracht kommende Schaltweg ist hier gleichbedeutend mit der Schleifbreite B des Werkstückes.

Hauptzeit beim Umfangsschleifen (Abb. 92)

$$t_h = i\, \frac{B}{s\,n}$$

t_h = Hauptzeit beim Flachschleifen mit dem Scheibenumfang [min], i = Anzahl der Schnitte [s. Gl. (125)], B = gesamte für die Berechnung der Hauptzeit in Rechnung zu setzende Breite [mm], s = (seitlicher) Vorschub je Doppelhub [mm/DH], n = Anzahl der Doppelhübe je Minute [DH/min] [s. Gl. (123)]; Werktisch hin- und hergehend. (122)

Berechnung der Doppelhübe in der Minute in Gl. (122) wie beim Hobeln:

Anzahl der minutlichen Doppelhübe beim Umfangsschleifen

$$n = \frac{1000\,v}{2\,L}$$

n = Anzahl der Doppelhübe je Minute [DH/min], v = Schnittgeschwindigkeit in Hubrichtung [m/min], L = Hublänge [mm]. (123)

Die Einsetzung der Gl. (123) in die Gl. (122) ergibt:

Hauptzeit beim Umfangsschleifen ohne Zwischenberechnung von n

$$t_h = i\, \frac{2\,BL}{sv \cdot 1000}$$

t_h = Hauptzeit beim Flachschleifen mit dem Scheibenumfang für die Länge L [min], i = Anzahl der Schnitte [s. Gl. (125)], B = gesamte (124)

für die Berechnung der Hauptzeit in Rechnung zu setzende Breite [mm], L = Hublänge [mm], s = (seitlicher) Vorschub je Doppelhub [mm/DH], v = Schnittgeschwindigkeit in Hubrichtung [m/min].

Ohne seitlichen Vorschub geht Gl. (124) über in $t_h = i\, \dfrac{2\,L}{v \cdot 1000}$. In Gl. (124) spielt die Umfangsgeschwindigkeit des Schleifkörpers keine Rolle. Letztere ist lediglich im Zusammenhang mit der Scheibenbeschaffenheit für die Zerspanungsleistung von Bedeutung.

Anzahl der Schnitte beim Umfangs- und Stirnschleifen

$$i = \frac{z}{a}$$

i = Anzahl der Schnitte (einfache Hubzahl) beim Umfangs- und Stirnschleifen, z = Werkstoffzugabe = Schleifzugabe [mm], a = Schnittiefe = Zustellung je Hub = Tiefenzustellung [mm]. (125)

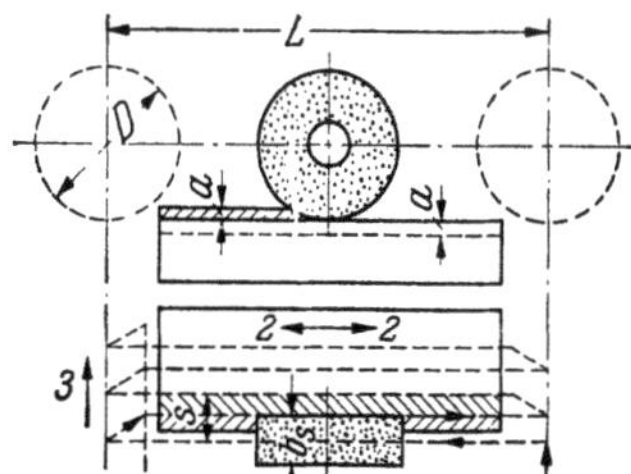

Nach Gl. (124) wird nur beim Vorlauf zugestellt; für den Hub ist 2 L eingesetzt. Wird sowohl beim Vor- als auch beim Rücklauf seitlich zugestellt, so ist die *Hauptzeit halb so groß*, also

$$t_h = i\,\frac{B\,L}{s\,v\cdot 1000}.$$

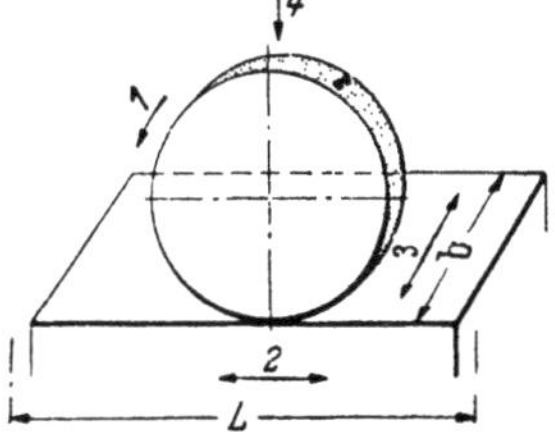

Abb. 91. Flachschleifen mit dem Scheibenumfang bei schrittweisem, seitlichem Vorschub während der Tischumsteuerung. Zustellung der Scheibe geschieht nach erfolgtem Überschleifen der ganzen Werkstückbreite

Abb. 92. Arbeitsweise beim **Flachschleifen mit dem Scheibenumfang.**
Pfeilrichtung *1* = drehende Schnittbewegung des Schleifkörpers; *2* = geradlinige Vorschubbewegung des Werkstückes; *3* = Vorschub des Werkstückes je Hub; *4* = Tiefenvorschub

An Flachschleifmaschinen für Umfangsschliffe und mit Langtisch sind folgende Bewegungen einzuleiten: Schnittbewegung der Schleifscheibe (durch besonderen Motor), Hin- und Hergang des Tisches (immer hydraulisch), Höhenverstellung des Schleifscheibenschlittens (im Eilgang und als Zustellbewegung, zeitweilig aussetzend oder stetig), Querbewegung (entweder vom Querschlitten oder vom Schleifscheibenschlitten, stetig oder zeitweise aussetzend).

Für den Schaltweg gilt:

Schaltweg beim Umfangsschleifen (Abb. 93)

$$\boxed{L = l_a + Z_l + l + Z_l + l_u} \qquad (126)$$

L = Schaltweg beim Umfangsschleifen = für die Bestimmung der Hauptzeit in Rechnung zu setzende Länge [mm], l_a = Anlauf der Schleifscheibe [mm], Z_l = einseitige Werkstoffzugabe in der Länge [mm], l = aus der Zeichnung sich ergebende Länge [mm], l_u = Überlauf der Schleifscheibe [mm].

Beispiel 77. Nach Abb. 92 ist ein quadratischer Stempel von 56 mm Bearbeitungsbreite bei 87 mm Tischhublänge und 0,2 mm seitlichem Vorschub vierseitig abzuschleifen. Schnittgeschwindigkeit in Hubrichtung 15 m/min. Berechne für den Fall, daß das Abschleifen der vier Flächen jeweils in einem Schnittgang erfolgt, die zum Abschleifen der vier Stempelflächen nötige Hauptzeit.

Lösung: Anzahl der Doppelhübe [Gl. (123)] $n = \dfrac{1000\,v}{2\,L}$
$= \dfrac{1000\cdot 15}{2\cdot 87} = 86$ DH/min. Hauptzeit für eine Fläche

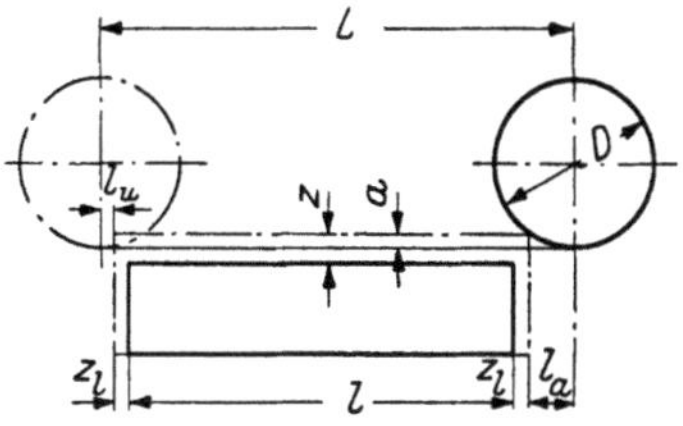

Abb. 93. Schaltweg beim Umfangsschleifen

[Gl. (122)]: $t_h = i\,\dfrac{B}{s\,n} = 1\,\dfrac{56}{0,2\cdot 86} = 3,26$ Min. Hauptzeit für vier Flächen $t_h = 13,04$ Min. Die gleiche Zeit ergibt sich mit Gl. (124); es wird $t_h = i\,\dfrac{2\,B\,L}{s\,v\cdot 1000} = 1\,\dfrac{2\cdot 56\cdot 87}{0,2\cdot 15\cdot 1000} = 3,26$ Min.

2.432 Flachschleifen mit Scheibenstirnfläche (Stirnschleifen)

Flachschleifen ist beim Stirnschleifen sowohl auf dem Langtisch als auch auf dem Rundtisch möglich (Abb. 94 bis 96). Auch sind diese Arbeitsweisen bei waagerechter und bei senkrechter Anordnung des Maschinentisches ausführbar. Erstere Anordnung wird häufiger angewandt, da sie das Auf- und Abspannen sowie das Messen der Werkstücke wesentlich erleichtert. Stirnschleifen ist besonders für große Spanleistungen geeignet, wobei häufig eine Vorbearbeitung durch Hobeln oder Fräsen erspart werden kann. Das Werkstück wird beim Flachschleifen mit senkrechter Spindel mit mechanischen oder magnetischen Spannern oder mit Vorrichtungen gehalten.

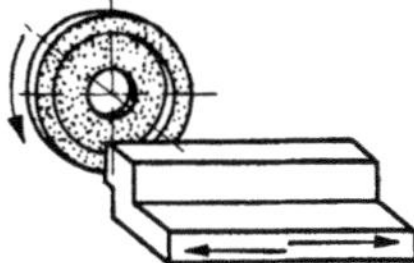

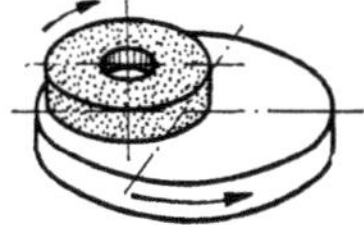

Abb. 94. Schleifspindel waagerecht gelagert; Werktisch hin- und hergehend; Zustellung durch Werktisch

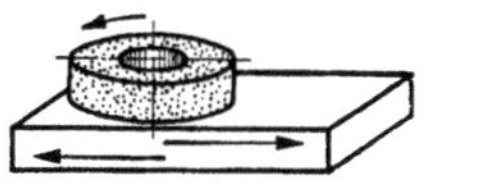

Abb. 95. Schleifspindel senkrecht gelagert; Werktisch hin- und hergehend; Zustellung in der Schleifspindel

Abb. 96. Schleifspindel senkrecht gelagert; Werktisch kreisend; Zustellung in der Schleifspindel

Abb. 94 bis 96. Möglichkeiten des Flachschleifens mit der *Scheibenstirnfläche*; Scheibenform: Topf- oder Segmentscheibe; Berührung zwischen Werkstück und Scheibe: *Fläche*

Die Schleifscheibe greift meist über die ganze Breite des Werkstückes; ein Vorschub der Breite nach, ein seitlicher Vorschub (Pfeilrichtung *3* in Abb. 97), ist dann nicht notwendig. Spanabnahme erfolgt der Tiefe und Länge nach.

Hauptzeit beim Stirnschleifen

$$t_h = i \frac{L'}{a\,n}$$

t_h = Hauptzeit beim Flachschleifen mit der Scheibenstirnfläche [min], i = Anzahl der Schnitte, L' = Schaltweg der Schleifscheibe in axialer Richtung [mm], a = Schnittiefe [mm], n = Anzahl der (127)

Doppelhübe je Min. [DH/min]; Werktisch hin- und hergehend. Die Hauptzeit t_h kann auch nach Gl. (137) mit und ohne seitlichen Vorschub berechnet werden.

Beispiel 78. Nach Abb. 97 ist eine Platte 210×680 mm mit einer Topfscheibe von 250 mm Durchmesser bei 0,2 mm Werkstoffzugabe abzuschleifen. Die Maschine macht minutlich 2,5 Doppelhübe. Welche Hauptzeit ergibt sich bei 0,005 mm Zustellung je Doppelhub?

1. Lösung: Mit $i = 1$, $L' = 0,2$ mm, $a = 0,005$ mm/DH und $n = 2,5$ DH/min ergibt Gl. (127): $t_h = i\dfrac{L'}{a\,n} = 1\,\dfrac{0,2}{0,005 \cdot 2,5} = 16$; Hauptzeit $t_h = 16$ Min.

2. Lösung: Nach Gl. (129) wird ohne Z_l der Schaltweg $L = 10 + 680 + 10 + 250 = 950$ mm. Gl. (125) ergibt $i = \dfrac{0,2}{0,005} = 40$. Mit $v = \dfrac{2\,L\,n_L}{1000} = \dfrac{2 \cdot 950 \cdot 2,5}{1000} = 4,75$ m/min erhält man nach Gl. (137) ebenfalls

$$t_h = i \cdot \frac{2\,L}{1000\,v} = 40 \cdot \frac{2 \cdot 950}{1000 \cdot 4,75} = 16 \text{ Min.}$$

Es wird hier nur beim Vorlauf zugestellt; der seitliche Vorschub entfällt.

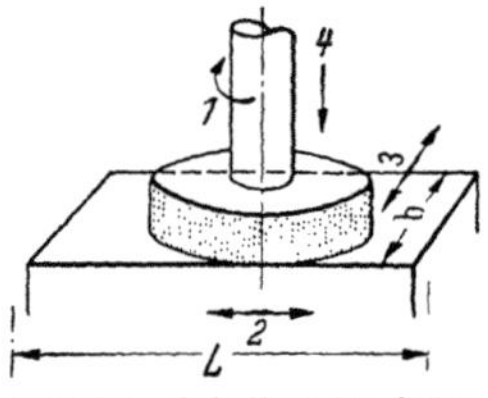

Abb. 97. Arbeitsweise beim **Flachschleifen mit der Scheibenstirnfläche.** Pfeilrichtung *1* = drehende Schnittbewegung des Schleifkörpers; *2* = geradlinige Vorschubbewegung des Werkstückes; *3* = Vorschub des Werkstückes je Hub; *4* = Tiefenvorschub

Während beim Stirnfräsen die Spanabnahme in einem Schaltweg erfolgt, muß diese beim Stirnschleifen auf mehrere Hübe verteilt werden. Die Rückführung des Werkstückes in die Ausgangsstellung erfolgt beim Schleifen im Selbstgang der Maschine; die Rücklaufgeschwindigkeit entspricht der Vorschubgeschwindigkeit s' [mm/min]. An Stelle des einfachen Vorschubweges L ist daher der doppelte Weg $2L$ in die Hauptzeitgleichung einzusetzen.

Hauptzeit beim Stirnschleifen (Abb. 98)

$$t_h = i \frac{2\,L}{s'}$$

t_h = Hauptzeit beim Flachschleifen mit der Scheibenstirnfläche [min], i = Anzahl der Schnitte (Schleifzugabe: Zustellung je Doppelhub), L = Schaltweg = Vorschubweg beim Stirnschleifen [mm] zu berechnen nach Gl. (129), s' = Vorschubgeschwindigkeit [mm/min]. (128)

Die Hublänge richtet sich nach Größe und Form des Werkstückes. Wird eine große Fläche geschliffen, ist die Umsteuerung so einzustellen, daß etwa ein Drittel der Scheibenstirnfläche über die Außenkante des Werkstückes abläuft, bevor die Gegenbewegung einsetzt. Wenn die Schleiffläche der Scheibe breiter als das Werkstück ist, darf die Scheibe bis zur Hälfte ablaufen. Für den Schaltweg beim Fertigschliff gilt:

Schaltweg beim Stirnschleifen (Abb. 98)

$$L = l_a + Z_l + l + Z_l + l_u + D$$ (129)

L = Schaltweg beim Stirnschleifen = für die Bestimmung der Hauptzeit in Rechnung zu setzende Länge [mm], l_a = Anlauf der Schleifscheibe [mm], Z_l = einseitige Werkstoffzugabe in der Länge [mm], l = aus der Zeichnung sich ergebende Länge [mm], l_u = Überlauf der Schleifscheibe [mm], D = Durchmesser der Schleifscheibe [mm].

Weiterentwicklung: Zur Verkürzung der Nebenzeiten und Vereinfachung der Bedienung der meisten Schleifmaschinen dient die vollautomatische Tiefenzustellung mit Eilgang und Mikroeinstellung. Außerdem sind verschiedene Maschinen mit einer selbsttätigen Umschaltung für Schrupp- und Schlichtschnitt versehen. Hydraulische, teilweise vollautomatische Abzieh- und Profilgeräte vervollständigen die Ausrüstung neuzeitlicher Schleifmaschinen.

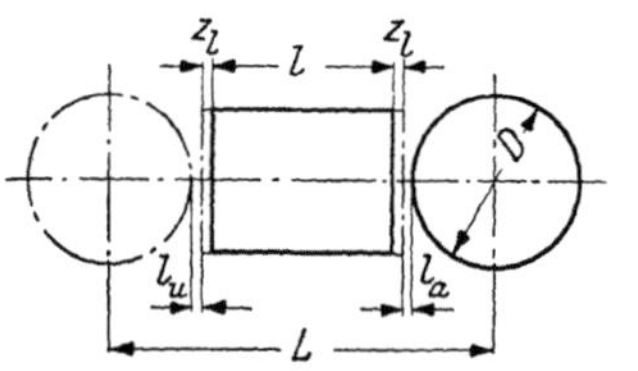

Abb. 98. Schaltweg beim Stirnschleifen

2.44 Hauptzeit beim Honen

Honen ist das Spanen mit einem vielschneidigen Werkzeug aus gebundenem Korn unter ständiger Flächenberührung zwischen Werkstück und Werkzeug. Zwischen Werkzeug und Werkstück findet ein periodischer Richtungswechsel der Längsbewegung statt. Die erzielten Oberflächen weisen parallele, sich kreuzende Rillen auf [18]. Der Honvorgang besteht aus zwei Bewegungen, einer Drehbewegung und einer auf- und abgehenden Axialbewegung, die einen verschieden großen Überschneidungswinkel (2 φ), je nach dem Größenverhältnis der Axialgeschwindigkeit (s') zur Umfangsgeschwindigkeit (v'_u) ergeben. Ein Schleifkorn beschreibt demnach als Bewegungslinie eine Dreieckschleifbahn (Abb. 99). Die Honsteine werden mechanisch oder hydraulisch angepreßt. Je nach Umkehrweglänge, Werkzeug und Werkstück unterscheidet man *Langhonen* (bisher Honen, Ziehschleifen) und *Kurzhonen* (bisher Feinhonen, Superfinish[1], Feinziehschleifen, Schwingschleifen). Je nach Form und Lage der Bearbeitungsstellen am Werkstück und den Möglichkeiten der Maschinen unterscheidet man *Innen-*, *Außen-* und *Flachhonen*.

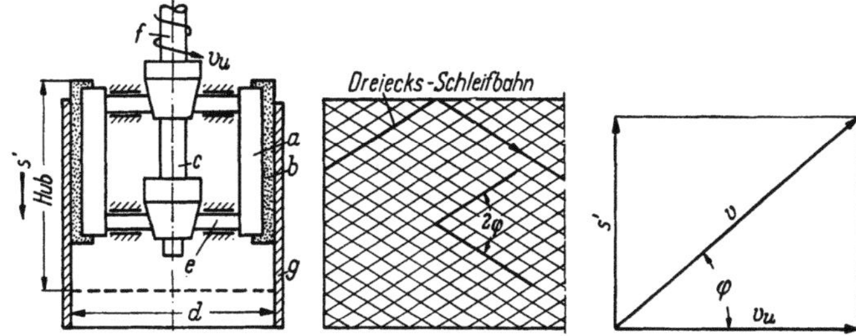

Abb. 99. Längsschnitt durch ein formschlüssiges Honwerkzeug; Honahlenbewegung. a = Werkzeugkörper; b = Honstein; c = Zustellkegel; e = starres Zwischenelement; f = Werkzeugbefestigungsschaft; g = Werkstück

2.441 Langhonen (Innenhonen)

Bohrungen bilden den größten Anteil aller Honarbeiten, die in der Fertigung anfallen. Für die Endbearbeitung von im Verhältnis zum Durchmesser (d = 80 bis 700 mm) langen Bohrungen (l/d = 40 bis 100) wird das Langhonen (Ziehschleifen) angewandt. Die Umkehrweglänge entspricht etwa der Werkstücklänge. Das Honwerkzeug besteht aus einem zylindrischen Halter, der mit einer Anzahl am Umfang verteilter Leisten, den Steinträgern, ausgerüstet ist. Diese Steinträger sind mit rechtwinkelig-prismatischen Schleifkörpern bestückt, deren Breite, Länge und Höhe durch die Konstruktionsmaße des Werkzeuges und den Durchmesser der zu honenden Bohrung bestimmt werden.

Für das Langhonen sind sowohl senkrechte als auch waagerechte Bauarten von Honmaschinen entwickelt worden. Bei den *Waagerecht-Honmaschinen* führt in der Regel auch das Werkstück gegenüber dem umlaufenden sowie hin- und hergehenden Werkzeug noch eine gegenläufige Drehbewegung aus. Dadurch wird eine bessere Rundheit der Bohrungen erreicht, und außerdem kann die Umfangsgeschwindigkeit der Honwelle niedrig gehalten werden, wodurch besonders bei langen Honwellen Biegeschwingungen vermieden werden.

Zur Berechnung der relativen Umfangsgeschwindigkeit v_u und des Steigungswinkels φ (Abb. 99) gelten die Gln. (130) bis (132).

Allgemeine Arbeitsbedingungen: Axialgeschwindigkeit (s') üblich 7 bis 12 m/min, maximal bis 30 m/min; Umfangsgeschwindigkeit (v_u) üblich 10 bis 25 m/min, maximal bis 33 m/min; spez. Steinanpreßdruck üblich 1,2 bis 5 kp/cm², maximal bis 7 kp/cm²; Überschneidungswinkel (2 φ) üblich 40° bis 45°, abhängig vom Werkstoff, dem Stein und der Gestalt der Bohrung. Die Anzahl der minutlichen Hübe läßt keinen Schluß auf die Geschwindigkeit zu. Je nach Durchmesser und Bohrungslänge ist für die Werkstückform geringe Korrektur (2–5 μ) möglich.

Relative Umfangsgeschwindigkeit beim Innen-Langhonen

$$v_u = \frac{d \pi (n_1 + n_2)}{1000} \qquad (130)$$

Steigungswinkel[2] der Schraubenlinie des Kreuzschliffes beim Innen-Langhonen

$$\tan \varphi = \frac{s'}{v_u} \qquad (131)$$

$$\tan \varphi = \frac{1000 \, s'}{d \pi (n_1 + n_2)} \qquad (132)$$

Die Wechselwirkung zwischen Vorschub- und Umfangsgeschwindigkeit bringt es mit sich, daß eine getrennte Betrachtungsweise dieser beiden überlagerten Be-

---

[1] Das *Microfinish-Verfahren* ist gleichfalls ein zeitsparendes, einfaches Verfahren zur weiteren Verbesserung hochwertiger Fertigungsteile, um schnell und wirtschaftlich erstaunliche Ergebnisse an Oberflächengüte und Formgenauigkeit zu erhalten. Durch Anpreßdruck der Steine wird in Verbindung mit der Schwingungszahl der Steine und der Umlaufgeschwindigkeit des Werkstückes eine ganz geringe Werkstoffabnahme erreicht. Für Planflächen, sphärische Flächen, zylindrische, kegelige, ballige Werkstücke, für Durchlauf- und Einstecharbeiten, Wälzlagerlaufbahnen usw. werden Traganteile bis 95 % und Rauhtiefen unter 0,1 μ erreicht.

[2] Durch die Hubumkehr und die damit verbundene Verzögerung und Beschleunigung des Werkzeuges tritt zwangsläufig auch eine Änderung des *Kreuzschliffsteigungswinkels* an den Bohrungsenden ein, da die Drehbewegung ihre Gleichförmigkeit beibehält. Um ein Engerbleiben der Bohrungsenden zu vermeiden ist ein „Überlauf" der Honsteine erforderlich; er soll etwa 33% der Gesamtlänge der Honsteine betragen.

wegungen kein eindeutiges Bild ergibt. Es ist zweckmäßiger, die resultierende Geschwindigkeit, die eigentliche Schnittgeschwindigkeit, zu wählen.

Schnittgeschwindigkeit beim Innen-Langhonen (Abb. 99)

$$v = \frac{v_u}{\cos \varphi} \qquad (133)$$

$$v = \frac{d \pi (n_1 + n_2)}{1000 \cos \varphi} \qquad (134)$$

In den Gln. (130) bis (134) bedeutet: v_u = relative Umfangsgeschwindigkeit [m/min], d = Bohrungsdurchmesser [mm], n_1 = Drehzahl des Langhonwerkzeuges [1/min], n_2 = Drehzahl des Werkstückes [1/min], φ = Steigungswinkel der Schraubenlinie des Kreuzschliffes [°], s' = Vorschubgeschwindigkeit [m/min], v = Schnittgeschwindigkeit [m/min]. Man setzt zweckmäßig Geschwindigkeitskomponenten zusammen, die in der Nähe der günstigsten Werte bezüglich Werkstoffabtrag liegen. Es ergeben $s' = 12$ m/min und $v_u = 26$ m/min einen Überschneidungswinkel von $2\,\varphi = 46°$.

Das zu zerspanende Werkstückvolumen, der Werkstoffabschliff V_w [cm³] läßt sich aus dem mittleren Bohrungsumfang $d_m \pi$ [mm], der Honlänge l [mm] und der Halbmesserabnahme Δ_r [mm] zu $V_w = \dfrac{d_m \pi l \Delta_r}{1000}$ [cm³] ermitteln. (Δ, gelesen *Delta*, vgl. S. 100). Der Werkstoffabschliff V je Zeiteinheit, z. B. je Std., bei einer Hauptzeit (Honzeit) von t_h [min] ist dann $V = \dfrac{V_w \cdot 60}{t_h}$ [cm³/h]; daraus:

Hauptzeit beim Innen-Langhonen

$$t_h = \frac{60\,V_w}{V} \qquad (135)$$

t_h = Hauptzeit beim Innenlanghonen [min], V_w = Werkstoffabschliff = zu zerspanendes Werkstückvolumen [cm³], V = Werkstoffabschliff je Std. = Spanungsleistung [cm³/h]. Vgl. auch Gl. (217).

2.442 Langhonen (Außenhonen)

Es ist zweckmäßig einen Bezugswert einzuführen, der die Zeit angibt, in der eine Werkstückfläche bestimmter Größe von einer Steinfläche gleicher Größe bearbeitet wird. Dieser Bezugswert oder die reduzierte Bearbeitungszeit t_{hr} hat mit der tatsächlichen Bearbeitungszeit t_h folgenden Zusammenhang: $t_{hr} = t_h \dfrac{F_s}{F_w}$; daraus:

Hauptzeit beim Außen-Langhonen

$$t_h = t_{hr} \frac{F_w}{F_s} \qquad (136)$$

t_h = Hauptzeit beim Außen-Langhonen [sek], t_{hr} = reduzierte Bearbeitungszeit [sek], F_w = Werkstückfläche [cm²], F_s = Steinfläche [cm²].

2.45 Hauptzeit beim Läppen

Läppen ist das Spanen mit losem, in einer Paste oder Flüssigkeit verteiltem Korn, dem Läppgemisch, das auf einem formübertragenden Gegenstück bei möglichst ungeordneten Schneidbahnen der einzelnen Körner geführt wird [18]. Nach Abb. 100 unterscheidet man: Außenrundläppen mit Flächenberührung (1a), Außenrundläppen mit Linienberührung (1b), Innenrundläppen (2), Kugelläppen (3), Flachläppen (4a), Planparallelläppen (4b).

Beim Läppen verbessert das Werkzeug, meistens aus Gußeisen mit aufgetragenem Läppmittel, nicht nur die Form des Werk-

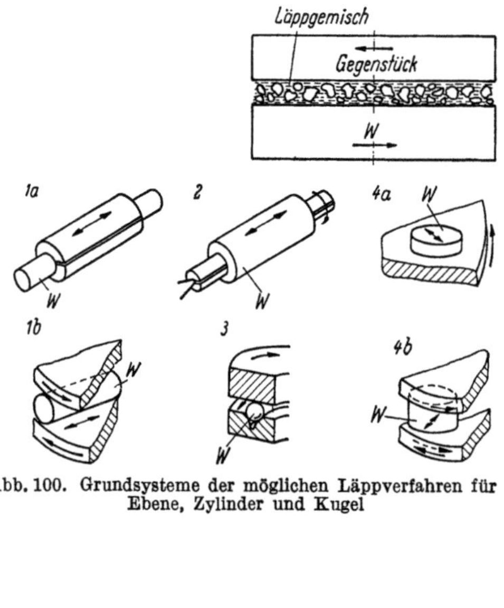

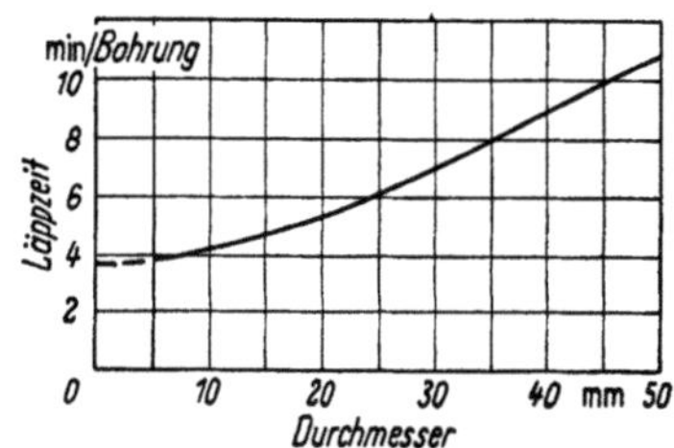

Abb. 100. Grundsysteme der möglichen Läppverfahren für Ebene, Zylinder und Kugel

Abb. 101. Läppzeit je Bohrung bei Nitrierstahl und 0,05 mm Läppzugabe auf den Durchmesser

stückes, sondern dieses verbessert gleichzeitig auch die Form des Werkzeuges. Beide verbessern sich also gegenseitig, und dadurch entstehen sehr hohe Formgenauigkeiten. Die Läppdrücke liegen zwischen 0,1 bis 3 kp/cm². Je höher die Güteansprüche um so kleiner der Läppdruck, um so länger die Läppzeit. Der Läppvorgang bei höchsten Ansprüchen ist langwierig; die Werkstoffzugaben sollten bei bester Vorarbeit nur einige μ betragen. Die Tatsache, daß eine größere Anzahl von Werkstücken gleichzeitig bearbeitet wird, ist ein wesentliches Merkmal dieser Arbeitsweise. Aus wirtschaftlichen Gründen sollte das Läppen nur auf wirklich funktionsbedingte Fälle beschränkt bleiben.

Beim *Bohrungsläppen* wird der Grundsatz der zwangsfreien Auflage der Werkstücke auf der Läppscheibe dadurch erreicht, daß sich das Läppwerkzeug allseitig und auf seiner ganzen Länge gegen die Bohrungswand preßt und die Bohrung dadurch einmittet. Bei umlaufendem Läppwerkzeug, das eine meist gußeiserne, aufweitbare Läpphülse besitzt, wird die Bohrung unter Hubbewegung geläppt, bis sich Läpphülse und Bohrung im geometrisch genauen Zylinder berühren.

Die beim Läppen erreichten Spanungsleistungen sind sowohl vom Läppfilm und seiner Zusammensetzung abhängig, als auch von der Härte und Festigkeit der zu läppenden Werkstoffe, der Läppgeschwindigkeit und der Anpressung. Die Spanungsleistung, ausgedrückt in abgetragener Schichthöhe in μ/min, sinkt mit zunehmender Härte der Werkstücke und steigt mit Anpressung und Geschwindigkeit. Für Bohrungen von der Länge der Läpphülse (Bohrungslänge = Läpphülsenlänge) ist in Abb. 101 die Läppzeit für 0,05 mm Spanabnahme von gehärtetem Stahl aufgetragen. Auch bei Bohrungen, deren Längen ein Mehrfaches ihres Durchmessers betragen, liegt die Läppzeit erheblich unter der beim Schleifen erforderlichen.

2.5 Hobelmaschine

Vollzieht sich ein Arbeitsgang mit geradliniger Schnittbewegung in der waagerechten Ebene, so spricht man vom *Hobeln*. Die Arbeitsmittel sind die Langhobelmaschine mit bewegtem Werkstück und die Kurzhobelmaschine mit bewegtem Werkzeug (Abb. 102 und 103). Die Vorschubbewegung erfolgt dabei nicht stetig wie beim Drehen oder Fräsen, sondern schrittweise je Doppelhub derart, daß während des Rück-

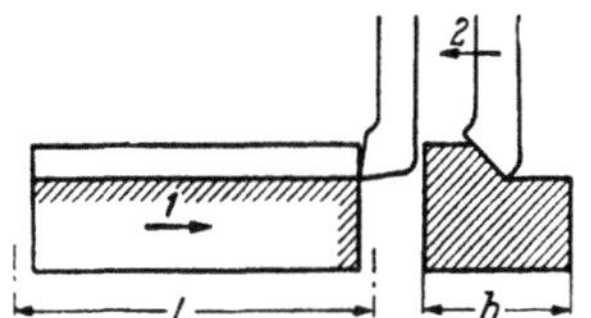

Abb. 102. Arbeitsweise beim **Langhobeln.**
Pfeilrichtung *1* = gerade Schnittbewegung des Werkstückes; *2* = ruckweise Vorschubbewegung des Werkzeuges; *b* = Breite des Werkstückes; *L* = **Schaltweg des Werkstückes** (Hub der Maschine)

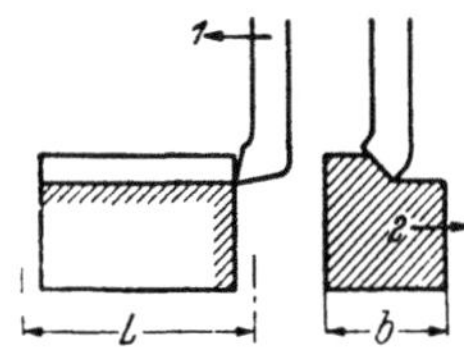

Abb. 103. Arbeitsweise beim **Kurzhobeln.**
Pfeilrichtung *1* = gerade Schnittbewegung des Werkzeuges; *2* = ruckweise Vorschubbewegung des Werkstückes; *b* = Breite des Werkstückes; *L* = **Schaltweg des Werkzeuges** (Hub der Maschine)

laufes Werkzeug oder Werkstück um die entsprechende Vorschubgröße zugestellt wird.

2.51 Hauptzeit beim Langhobeln

Hobeln ist das Spanen mit einschneidigem, nicht ständig im Eingriff stehendem Werkzeug zur Verbesserung von Form, Maß, Lage und Oberfläche, wobei das Werkstück eine geradlinige Hauptbewegung und das Werkzeug die Vorschubbewegung ausführt. Die erzielten Oberflächen weisen parallele Rillen auf [*18*].

Am Anfang und am Ende jeden Hubes erfolgt Beschleunigung und Verzögerung durch Umsteuern und durch An- und Auslauf. Man hat deshalb zwischen durchschnittlicher Arbeitsgeschwindigkeit (v_A), durchschnittlicher Rücklaufgeschwindigkeit (v_R) und mittlerer Schnittgeschwindigkeit (v_m) zu unterscheiden. An der Maschine können diese Geschwindigkeiten durch Abstoppen eines Arbeitshubes, eines Rücklaufes und einer Anzahl von Doppelhüben bestimmt werden.

2.511 Zeit je Doppelhub

Die Zeit je Doppelhub ist abhängig von der eingestellten Geschwindigkeit im Arbeitsgang, also von der durchschnittlichen Arbeitsgeschwindigkeit (v_A), der durchschnittlichen Rücklaufgeschwindigkeit (v_R) und den Umsteuerzeiten für Beschleunigung und Verzögerung (t_U). Die Rücklaufgeschwindigkeit wird man, da sie eine Leerlaufzeit mit sich bringt, so hoch wie möglich wählen; die Grenze ist durch die Maschine gegeben. Die Umsteuerzeiten sind gleichfalls durch die Maschine bedingt.

Unter Zugrundelegung der mittleren Schnittgeschwindigkeit aus Arbeits- und Rückgang erhält man:

Zeit je Doppelhub ohne Umsteuerzeit

$$t_L = \frac{2L}{1000\,v_m}$$

t_L = Zeit je Doppelhub [min], L = Hublänge [mm], v_m = mittlere Schnittgeschwindigkeit aus Arbeits- und Rückgang [m/min], t_U = Zeit zum Umsteuern [min]; sie liegt, je nach Schnittgeschwindigkeit und Gewicht von Tisch und Werkstück, zwischen 1,2 bis 2 Sekunden je Doppelhub. (137)

Zeit je Doppelhub mit Umsteuerzeit[1]

$$t_L = \frac{2L}{1000\,v_m} + t_U$$

(138)

Beispiel 79. Wie groß werden im Beispiel 18 die Zeiten für einen Doppelhub?

Lösung: [Gl. (137)] $t_{L1} = \dfrac{2L}{1000\,v_{m1}} = \dfrac{2 \cdot 1200}{1000 \cdot 7,2} = 0,33$; Zeit je Doppelhub $t_{L1} = 0,33$ Min. Sinngemäß erhält man $t_{L2} = 0,17$ Min. und $t_{L3} = 0,08$ Min.

Beispiel 80. Ein Werkstück wird bei 4 m Hublänge mit 10 m/min Arbeits- und 30 m/min Rücklaufgeschwindigkeit gehobelt. a) Berechne die Zeit je Doppelhub, wenn die Umsteuerzeit mit 2 Sekunden je Doppelhub angenommen wird. b) Welche Zeiteinsparung ergibt sich bei Verdoppelung der Rücklaufgeschwindigkeit?

Lösung: a) [Gl. (15)] $v_m = 2\left(\dfrac{v_A\,v_R}{v_A + v_R}\right) = 2\left(\dfrac{10 \cdot 30}{10 + 30}\right) = 15$; mittlere Schnittgeschwindigkeit $v_m = 15$ m/min. [Gl. (138)] $t_L = \dfrac{2L}{1000\,v_m} + t_U = \dfrac{2 \cdot 4000}{1000 \cdot 15} + \dfrac{2}{60} = \dfrac{8}{15} + 0,033 = 0,57$; Zeit je Doppelhub mit Umsteuerzeit $t_L = 0,57$ Min. b) [Gl. (15)] $v_m = 2\left(\dfrac{10 \cdot 60}{70}\right) = 17,14$; mittlere Schnittgeschwindigkeit $v_m = 17,14$ m/min. [Gl. (138)] $t_L = \dfrac{2 \cdot 4000}{1000 \cdot 17,14} + 0,033 \approx 0,50$; Zeit je Doppelhub $t_L = 0,50$ Min. Trotz Verdoppelung der Rücklaufgeschwindigkeit beträgt die Zeiteinsparung je Doppelhub nur $0,57 - 0,50 = 0,07$ Min. Daraus folgt, daß es wenig Sinn hätte, mit der Rücklaufgeschwindigkeit etwa über das Dreifache der Arbeitsgeschwindigkeit hinauszugehen.

Anmerkung: Ein merklicher Fehler in der Hauptzeitbestimmung infolge der ungenauen Angabe der Umsteuerzeit wird jedoch nur bei kurzen Hobellängen auftreten. Im allgemeinen gibt man bei der Bestimmung der Zeit je Doppelhub nicht 2 Sekunden Zugabe für die Umsteuerzeit, sondern man zählt zur Doppelhublänge einmal den gesamten Überlaufweg je Doppelhub L_U hinzu. Es wird dann $t_L = \dfrac{2L + L_U}{1000\,v_m}$. Diese Gleichung führt schneller zum Ziel und liefert mit der Praxis sehr gut übereinstimmende Ergebnisse.

2.512 Schaltweg

Für die Schaltwege beim Langhobeln gilt:

Schaltweg (Länge) beim Hobeln (Abb. 104) $\boxed{L = l_a + Z_l + l + Z_l + l_u}$ (139)

L = Schaltweg (Arbeitslänge) beim Hobeln = für die Berechnung der Hauptzeit in Rechnung zu setzende Länge [mm], l_a = Anlauf des Werkstückes [mm], Z_l = einseitige Werkstoffzugabe in der Länge [mm], l = aus der Zeichnung sich ergebende Länge [mm], l_u = Überlauf des Werkstückes [mm].

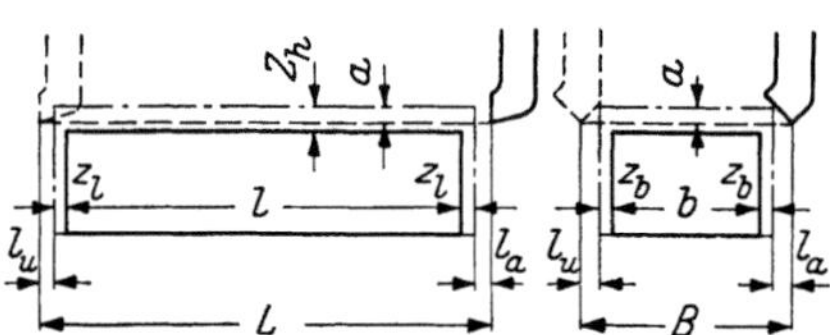

Abb. 104. Schaltweg beim Hobeln

Schaltweg (Breite) beim Hobeln (Abb. 104)

$$\boxed{B = l_a + Z_b + b + Z_b + l_u}$$

(140)

B = Schaltweg (Arbeitsbreite) beim Hobeln = für die Berechnung der Hauptzeit in Rechnung zu setzende Breite [mm], l_a = Anlauf des Werkzeuges [mm], Z_b = einseitige Werkstoffzugabe in der Breite [mm], b = aus der Zeichnung sich ergebende Breite [mm], l_u = Überlauf des Werkzeuges [mm].

2.513 Hauptzeit

Die Berechnung der Anzahl Doppelhübe je Minute erfolgt nach Gl. (141), welche sich aus der Beziehung für die mittlere Schnittgeschwindigkeit [Gl. (13)] ergibt.

Anzahl der Doppelhübe beim Hobeln

$$n_L = \frac{1000\,v_m}{2L}$$

n_L = Anzahl der Doppelhübe je Minute [DH/min], v_m = mittlere Schnittgeschwindigkeit aus Arbeits- und Rückgang [m/min], L = Hublänge [mm]. (141)

---

[1] Berücksichtigt man den Umsteuerweg, so wird $t_\text{Doppelhub} = t_\text{Arbeitsgang} + t_\text{Rückgang} + t_\text{Umsteuern}$ oder $t_L = t_A + t_R + t_U$.

Die Hauptzeit kann verschieden berechnet werden. Der Schaltweg ist hier gleichbedeutend mit der Hobelbreite B des Werkstückes; ist die Zahl der minutlichen Doppelhübe bekannt, so gilt mit Bezug auf Abb. 104:

Hauptzeit beim Hobeln unter Zugrundelegung der minutlichen Doppelhubzahlen
$$t_h = i\,\frac{B}{s\,n_L}$$
(142)

t_h = Hauptzeit beim Hobeln [min], i = Anzahl der Schnitte, B = Schaltweg = Arbeitsbreite [mm], s = Vorschub des Werkzeuges je Doppelhub [mm/DH], n_L = Anzahl der Doppelhübe je Minute [DH/min].

Mit Bezug auf die Doppelhubzeit [Gl. (137)] ist die Hauptzeit bei Hobelmaschinen das Produkt aus der Doppelhubzeit und der Anzahl Hübe, die notwendig sind, um ein Werkstück fertig zu bearbeiten. Man erhält:

Hauptzeit beim Hobeln unter Zugrundelegung der Doppelhubzeit und der notwendigen Hubanzahl
$$t_h = i\,t_L\,n_w$$
(143)

t_h = Hauptzeit beim Hobeln [min], i = Anzahl der Schnitte, t_L = Zeit je Doppelhub [min/DH], n_w = notwendige Hubanzahl für die Arbeitsbreite in Doppelhüben je Werkstück [DH/Werkstück].

Die Zahl der erforderlichen Doppelhübe für jede Spanungsschicht (n_w) ist von dem im Vorschub zurückgelegten Schaltweg (B) und dem Vorschub(s) je Doppelhub abhängig; mit $n_w = B : s$ folgt aus Gl. (143):

Hauptzeit beim Hobeln unter Zugrundelegung von Doppelhubzeit, Hobelbreite und Vorschub
$$t_h = i\,t_L\,\frac{B}{s}$$
(144)

t_h = Hauptzeit beim Hobeln [min], i = Anzahl der Schnitte, t_L = Zeit je Doppelhub [min/DH], B = Schaltweg = Arbeitsbreite [mm], s = Vorschub des Werkzeuges je Doppelhub [mm/DH].

Weitere Gleichungen zur Berechnung der Hauptzeit bei Hobelmaschinen:

Hauptzeit beim Hobeln ohne Zwischenberechnung von n_L
$$t_h = i\,\frac{2\,B\,L}{s\,v_m\cdot 1000}$$
(145)

Hauptzeit beim Hobeln unter Zugrundelegung der Tischgeschwindigkeiten[1]
$$t_h = i\,\frac{B\,L}{s\,v_A\cdot 1000}\left(1 + \frac{v_A}{v_R}\right)$$
(146)

$$t_h = i\,\frac{B\,L}{s\,v_A\cdot 1000}\left(\frac{1+q}{q}\right)$$
(147)

t_h = Hauptzeit beim Hobeln [min], i = Anzahl der Schnitte, B = Schaltweg = Arbeitsbreite [mm], L = Hublänge [mm], s = Vorschub des Werkzeuges je Doppelhub [mm/DH], v_m = mittlere Schnittgeschwindigkeit aus Arbeits- und Rückgang [m/min], v_A = durchschnittliche Arbeitsgeschwindigkeit [m/min], v_R = durchschnittliche Rücklaufgeschwindigkeit [m/min], q = Verhältnis Rücklaufgeschwindigkeit zu Arbeitsgeschwindigkeit ($q = v_R : v_A$).

Anmerkung: Der Wert i ist abhängig von der Leistungsfähigkeit der Maschine bzw. vom Werkstück, der Wert B nur vom Werkstück. Die Hauptzeit t_h wird demnach, unter sonst gleichen Bedingungen, von der Größe des Vorschubes s und der Doppelhubzeit t_L bestimmt. Je größer s und je kleiner t_L werden, um so kürzer wird die Hauptzeit, wobei durch Maschine, Werkstück und Werkzeug Grenzen gesetzt sind. Bei gegebenen Schnittbedingungen für das Werkstück und gegebener Antriebsleistung der Maschine wird die kürzeste Hauptzeit durch Anwendung des größtmöglichen Vorschubes und der durch die gewünschte Standzeit zugeordneten Schnittgeschwindigkeit erzielt. Für das Schlichten ist die erwünschte Oberflächengüte entscheidend, die sowohl die Schnittgeschwindigkeit als auch die Vorschubgröße bestimmt.

Beispiel 81. An einem Gußkörper soll eine Fläche von 4800 mm Länge und 20 mm Breite bei 5 mm Schnittiefe bearbeitet werden. Zur Verfügung stehen a) eine Hobelmaschine, eingestellt auf 5000 mm Hublänge, 1,6 mm/DH Vorschub, 25 m/min Schnitt- und 60 m/min Rücklaufgeschwindigkeit; b) eine Fräsmaschine mit 150 mm/min Vorschubgeschwindigkeit bei 4850 mm eingestelltem Schaltweg. Das Werkzeug sei in beiden Fällen Schnellstahl. Welche Maschine ergibt die günstigere Hauptzeit?

---

[1] Vgl. Beispiel 14.

Lösung: a) Bei Annahme von 5 mm seitlichem An- und Überlauf ergibt Gl. (146):

$$t_h = i\,\frac{B\,L}{s\,v_A \cdot 1000}\left(1 + \frac{v_A}{v_R}\right) = 1\,\frac{25 \cdot 5000}{1{,}6 \cdot 25 \cdot 1000}\left(1 + \frac{25}{60}\right) = 4{,}4;\ \text{Hauptzeit (}\textit{Hobeln}\text{)}\ t_h = 4{,}4\ \text{Min. b) Nach}$$

Gl. (75) wird $t_h = i\,\dfrac{L}{s'} = 1\,\dfrac{4850}{150} = 32{,}3$; Hauptzeit (*Fräsen*) $t_h = 32{,}3$ Min. Das Hobeln erweist sich somit im vorliegenden Falle günstiger.

Beispiel 82. Die mittlere Schnittgeschwindigkeit einer Hobelmaschine beträgt $v_m = 14$ m/min, die Werkstückbreite $B = 140$ mm und der Vorschub $s = 0{,}8$ mm/DH. Bei welcher Vorschubgeschwindigkeit der Fräsmaschine sind Hobel- und Fräszeit gleich?

Lösung: Gl. (145) geht für $i = 1$ und 1 m Hublänge über in $t_h = \dfrac{2\,B}{s\,v_m}$; Gl. (75) geht für $i = 1$ und

1 m Fräslänge über in $t_h = \dfrac{1000}{s'}$. Für t_h Hobeln $= t_h$ Fräsen wird $\dfrac{2\,B}{s\,v_m} = \dfrac{1000}{s'}$; daraus $s' = \dfrac{s\,v_m \cdot 1000}{2\,B}$. Mit

den Zahlenwerten: $s' = \dfrac{0{,}8 \cdot 14 \cdot 1000}{2 \cdot 140} = 40$ mm/min. Bei dieser Vorschubgeschwindigkeit ist Fräszeit = Hobelzeit. Übersteigt der Fräsvorschub diesen Wert, so ist die Fräszeit kürzer als die Hobelzeit und umgekehrt.

2.514 Vergleich der Hauptzeiten (Langhobeln, Fräsen, Drehen)

Ein Vergleich zwischen Langhobelmaschine und Fräsmaschine zeigt, daß die Hobelmaschine für Werkstücke mit langen und schmalen Flächen (Führungen, Nuten, Prismen usw.), in Einzelfertigung oder in kleineren Stückzahlen, günstigere Hauptzeiten als die Fräsmaschine ergibt. Im allgemeinen ergeben der leere Rücklauf und die mehrschnittige Zerspanung beim Hobeln eine Verlängerung der Hauptzeit; dies entscheidet oft zugunsten der Fräsmaschine. Bei ausgesprochener Serienfertigung ist das Fräsen dem Hobeln weit überlegen. Weiterhin sprechen vielfach niedrigere Anschaffungskosten, geringe Unterhaltungskosten, gute Aufteilung der Arbeitsfolgen und kurze Durchlaufzeiten für den Fräsvorgang. Einen großen Gewinn an Hauptzeit bringt das *Schlagzahnfräsen*, wo mit Schnittgeschwindigkeiten bis zu 500 m/min und Vorschubgeschwindigkeiten bis zu 1000 mm/min gearbeitet wird. An Stelle des Fräsers oder Messerkopfes verwendet man einen Werkzeughalter mit einem oder mehreren drehmeißelähnlichen Messern. Es ist immer nur ein Messer im Arbeitsgang; erst nach Austritt des Messers aus dem Werkstück kann ein weiteres Messer zum Eingriff kommen. Die Messer können auch verschieden auf Tiefe eingestellt sein, um so eine größere Schnittiefe zu erreichen.

Weiterhin wird häufig nicht beachtet, daß ebene Flächen, die gewohnheitsmäßig durch Hobeln oder Fräsen erzeugt werden, durchaus wirtschaftlich auch durch Drehen hergestellt werden können, insbesondere, wenn hierfür hartmetallbestückte Drehmeißel zur Verfügung stehen. Ein Vergleich der Hauptzeiten beim Bearbeiten quadratischer und rechteckiger Flächen ohne und mit Aussparungen ergibt, daß die Hobelzeiten am höchsten, die Fräszeiten mit Messerkopf am niedrigsten liegen, während die Zeiten für Fräsen mit Walzenfräser und für Drehen ungefähr gleich sind. Das Drehen ebener Flächen auf Karusselldrehmaschinen ist wirtschaftlicher als Hobeln, wenn keine Möglichkeit zum Fräsen gegeben ist.

2.52 Hauptzeit beim Kurzhobeln

Für die Waagerechtstoßmaschine gelten die Gln. (137) bis (147); unter Vorschub s ist hier der Vorschub des Werkstückes je Doppelhub [mm/DH] zu verstehen. Bei der Hublänge sind gleichfalls An- und Überlauf zu berücksichtigen, die bei Kurbelantrieben und kleinen Hüben verhältnismäßig groß sind.

Beispiel 83. Eine Platte St 60 von 530 mm Länge und 220 mm Breite ist der Breite nach bei 0,5 mm Vorschub in einem Schnitt zu überhobeln. An- und Überlauf je 10 mm. Berechne für 14 m/min Schnitt- und 20 m/min Rücklaufgeschwindigkeit die Hauptzeit.

Lösung: Mit $i = 1$, $B = 530$ mm, $L = 220 + 2 \cdot 10 = 240$ mm, $s = 0{,}5$ mm/DH, $v_A = 14$ m/min und $v_R = 20$ m/min ergibt Gl. (146): $t_h = i\,\dfrac{B\,L}{s\,v_A \cdot 1000}\left(1 + \dfrac{v_A}{v_R}\right) = 1\,\dfrac{530 \cdot 240}{0{,}5 \cdot 14 \cdot 1000}\left(1 + \dfrac{14}{20}\right) \approx 31$; Hauptzeit $t_h = 31$ Min.

2.6 Senkrechtstoßmaschine

Vollzieht sich ein Arbeitsgang mit geradliniger Schnittbewegung in senkrechter oder geneigter Arbeitsebene, so spricht man von *Stoßen*. (Wird der Schneidvorgang in die Rückbewegung des Meißels verlegt, so nennt man den Vorgang „Ziehen".) Senkrechtstoßmaschinen eignen sich vor allem für das Hinterstoßen von Keilnuten mit Anzug sowie von Schnitt- und Stanzwerkzeugen; desgleichen für das Herstellen von Innennuten an unten geschlossenen Werkstücken. Die wirtschaftliche Bearbeitung von sperrigen und unregelmäßigen Werkstücken, die auf anderen Maschinen nur unter ungünstigen Verhältnissen oder gar nicht ausgeführt werden kann, ist das Anwendungsgebiet der Senkrechtstoßmaschine.

Mit Bezug auf Abb. 105 gehen die Gln. (142), (146) und (147) über in:

Hauptzeit beim Senkrecht-
stoßen unter Zugrunde-
legung der minutlichen
Doppelhubzahlen

$$t_h = i\,\frac{t}{s\,n_L} \qquad (148)$$

$$t_h = i\,\frac{t\,L}{s\,v_A \cdot 1000}\left(1 + \frac{v_A}{v_R}\right) \qquad (149)$$

Hauptzeit beim Senkrecht-
stoßen unter Zugrunde-
legung der Stößel-
geschwindigkeiten

$$t_h = i\,\frac{t\,L}{s\,v_A \cdot 1000}\left(\frac{1 + q}{q}\right) \qquad (150)$$

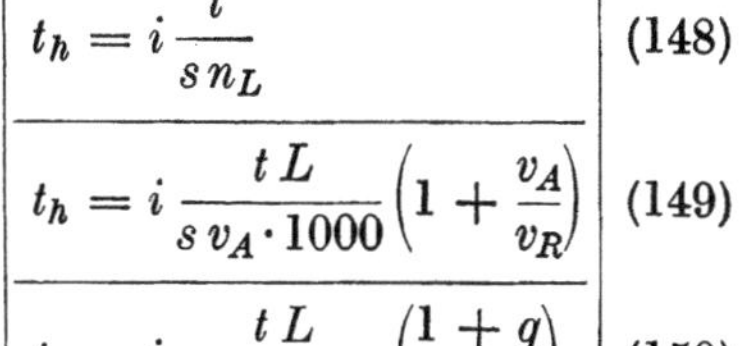

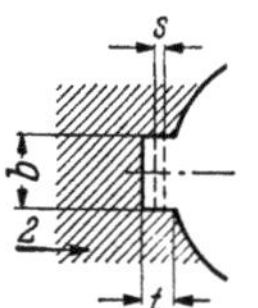

Abb. 105. Arbeitsweise beim **Senkrechtstoßen einer Nabennut.**

t_h = Hauptzeit beim Senkrechtstoßen [min], i = Anzahl der Schnitte [s. Gl. (151)], t = Gesamtstoßtiefe [mm], s = Vorschub des Werkstückes je Doppelhub [mm/DH], n_L = Anzahl der Doppelhübe je Minute [DH/min], L = Hublänge [mm], v_A = durchschnittliche Arbeitsgeschwindigkeit [m/min], v_R = durchschnittliche Rücklaufgeschwindigkeit [m/min], q = Verhältnis Rücklaufgeschwindigkeit zu Arbeitsgeschwindigkeit ($q = v_R : v_A$).

Pfeilrichtung 1 = gerade Schnittbewegung des Werkzeuges; 2 = ruckweise Vorschubbewegung des Werkstückes; b = Breite der auszustoßenden Nute; L = Hublänge; s = Vorschub des Werkstückes je Doppelhub; t = Gesamtstoßtiefe

Ist bei breiten Nuten die Stoßmeißelbreite kleiner als die Nutbreite, so gilt:

Anzahl der Schnitte beim Senkrechtstoßen

$$i = \frac{b}{b'}$$

i = Anzahl der Schnitte beim Senkrechtstoßen (nach oben auf eine ganze Zahl aufrunden!), b = Breite der auszustoßenden Nute [mm], b' = Stoßmeißelbreite [mm]. $\qquad (151)$

Ist bei Senkrechtstoßmaschinen die Geschwindigkeit für Arbeits- und Rückgang gleich groß, so wird in Gl. (149) $v_A = v_R$ und damit $v_A/v_R = 1$. Wird der weiterhin in Gl. (149) verbleibende Wert der Arbeitsgeschwindigkeit v_A durch die mittlere Schnittgeschwindigkeit v_m ersetzt, so ergibt sich:

Hauptzeit beim Senkrechtstoßen unter Zugrundelegung der mittleren Schnittgeschwindigkeit

$$t_h = i\,\frac{2\,t\,L}{s\,v_m \cdot 1000} \qquad (152)$$

t_h = Hauptzeit beim Senkrechtstoßen [min], i = Anzahl der Schnitte [s. Gl. (151)], t = Gesamtstoßtiefe [mm], L = Hublänge [mm], s = Vorschub des Werkstückes je Doppelhub [mm/DH], v_m = mittlere Schnittgeschwindigkeit aus Arbeits- und Rückgang [m/min].

Beispiel 84. In eine 100 mm hohe Zahnradnabe ist eine 28 mm breite und 8 mm tiefe Keilnute zu stoßen. Welche Hauptzeit wird benötigt, wenn bei 140 mm Hublänge mit 16 m/min mittlerer Schnittgeschwindigkeit und 0,25 mm Vorschub je Doppelhub gearbeitet und ein Stoßmeißel mit 16 mm Breite verwendet wird?

Lösung: Mit $i = \dfrac{b}{b'} = \dfrac{28}{16} = 1{,}75 \approx 2$ [(Gl. 151)], $t = 8$ mm (ohne Anlauf), $L = 140$ mm, $s = 0{,}25$ mm D/H und $v_m = 16$ m/min ergibt Gl. (152): $t_h = i\,\dfrac{2\,t\,L}{s\,v_m \cdot 1000} = 2\,\dfrac{2 \cdot 8 \cdot 140}{0{,}25 \cdot 16 \cdot 1000} = 1{,}12$ Min. Da Arbeitsgang = Rückgang ($v_A = v_R$), beträgt die Schnitt- und Rücklaufzeit je 0,56 Min.

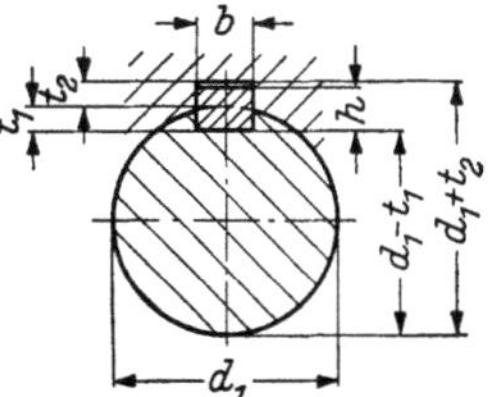

Abb. 106. Maße bei Paßfedern. b = Paßfederbreite; h = Paßfederhöhe; d_1 = Wellendurchmesser; t_1 = Tiefe der Wellennut; t_2 = Tiefe der Nabennut

Beispiel 85. Welche Hauptzeit ergibt sich im Beispiel 84, wenn eine Stoßmaschine mit n_L = 18, 31, 53 und 94 DH/min zur Verfügung steht?

Lösung: Liegt der Bearbeitung eine bestimmte Maschine zugrunde, so ist zunächst die einzustellende Doppelhubzahl zu berechnen; nach Gl. (31): $n_L = \dfrac{1000\,v_m}{2\,L} = \dfrac{1000 \cdot 16}{2 \cdot 140} = 57$; gewählt $n_L = 53$ DH/min; damit nach Gl. (148): $t_h = i\,\dfrac{t}{s\,n_L} = 2\,\dfrac{8}{0{,}25 \cdot 53} = 1{,}21$; Hauptzeit $t_h = 1{,}21$ Min.

2.7 Räummaschine

Räumen ist das Spanen mit mehrschneidigem Werkzeug, von dem nicht sämtliche Schneiden ständig im Eingriff stehen, zur Verbesserung von Form, Maß und Oberfläche, wobei das Werkzeug oder Werkstück nur eine in der Regel geradlinige Hauptbewegung ausführt. Die erzielten Oberflächen können parallele Riefen aufweisen. Man unterscheidet *Innenräumen* (Abb. 107) und *Außenräumen* (Abb. 108) sowie als Sonderfälle *Drall-, Außenrund-* und *Verzahnungsräumen* [18]. Zum Räumen dient ein vielzahnig gestaffeltes Schneidwerkzeug, das als Innenräumer stangenförmig, als Außenräumer plattenförmig ausgebildet ist. Wird das Werkzeug gezogen, nennt man es Räumnadel (Zugräumer), wird es gedrückt, Räumdorn (Druckräumer). Meist verlaufen die zu räumenden Profile geradlinig. Bei Schraubenformen werden die Zähne der Werkzeuge schraubenförmig angeordnet; Werkzeug oder Werkstück kreist beim Durchziehen. Entsprechend den verschiedenen Aufgaben unterscheidet man bei einem Räumwerkzeug nach Abb. 109 Schaft, Aufnahme, Schneidenteil, Kalibrierteil, Führungsstück und Endstück.

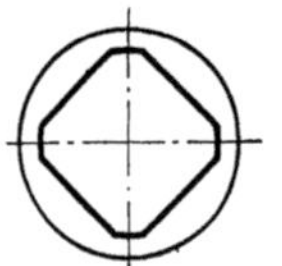

Abb. 107. Innengeräumtes Werkstück

Abb. 108. Außengeräumtes Werkstück

Häufig genügt der Zug eines einzigen Räumwerkzeuges, um ein oder mehrere Werkstücke fertigzustellen. Bei großen zu zerspanenden Werkstoffmengen ist jedoch die Anwen-

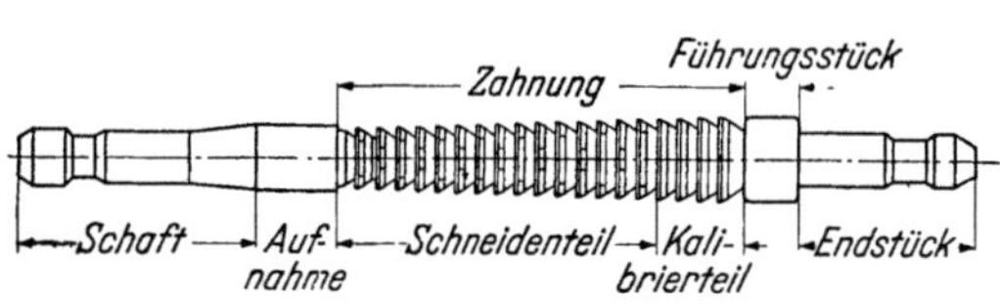

Abb. 109. Aufbau eines tiefengestaffelten Innenräumwerkzeuges (Räumnadel) mit festen Zähnen nach DIN 1415

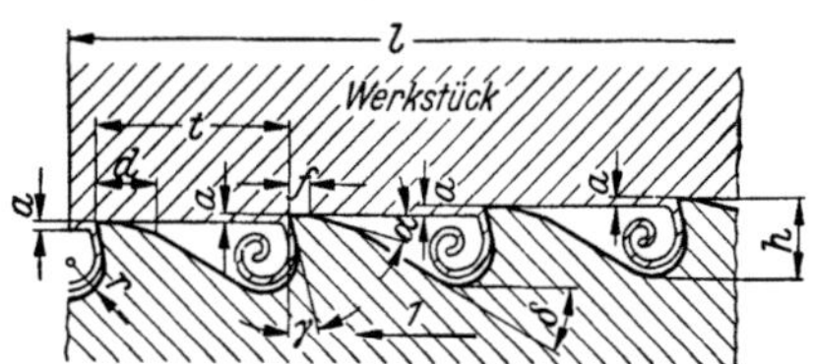

Abb. 110. Arbeitsweise beim **Räumen**.
Pfeilrichtung *1* = gerade Schnittbewegung des Werkzeuges gegenüber dem ruhenden Werkstück (Schnittbewegung kann auch dem Werkstück erteilt werden und waagerecht oder senkrecht sein; Vorschub bzw. Tiefenzustellung ist durch die Steigung der Verzahnung des Werkzeuges bestimmt); a = Schnittiefe je Zahn (Steigung von Zahn zu Zahn); l = Räumlänge am Werkstück ($l = z \cdot t$); t = *Teilung*; h = Zahnhöhe = 0,35 t bis 0,5 t; d = Zahnrücken; r = Zahngrundrundung zur Spanfläche ($r \approx 0,5\,h$); γ = Spanwinkel (γ = 10 bis 15°); α = Freiwinkel; z_s = Zahl der schneidenden Zähne. Zähne erhalten eine Fase f = 0,2 bis 0,1 mm. Die einzelnen Schneiden kommen nacheinander zum Schnitt, und zwar jede einzelne Schneide bei jedem Arbeitsgang nur einmal. Vorschubbewegung wird durch die zunehmende Höhe der aufeinanderfolgenden Schneiden ersetzt; Zahnrückenwinkel $\delta \approx$ 20 bis 30°

dung mehrerer Arbeitsgänge mit der entsprechenden Anzahl Werkzeuge notwendig, die gleichzeitig oder nacheinander arbeiten. Der Schneidenteil leistet die Räumarbeit (Abb. 110). Der Kalibrierteil hat keine Steigung; die Nadel schneidet sich frei, und die Kalibrierzähne schlichten. Für die Ermittlung der Hauptzeit beim Räumen sind Schnittgeschwindigkeit und Länge der verwendeten Räumnadel maßgebend; man erhält:

Zahl der schneidenden Zähne

$$z_s = \frac{A}{a}$$

z_s = Zahl der schneidenden Zähne, A = abzuhebende Werkstoffschicht [mm], a = Schnittiefe je Zahn $\approx$ 0,01 bis 0,4 [mm], L = Länge des Räumwerkzeuges [mm], t = Teilung $\approx 1{,}7\,\sqrt{l}$ bis $1{,}8\,\sqrt{l}$, wenn l = Räumlänge am Werkstück [mm], (153)

Länge des Räumwerkzeuges

$$L = t\,(z_s + z_k) + l_e + l_f$$

(154)

z_k = Zahl der Kalibrierzähne, l_e = Werkzeuglänge ohne Zähne zum Einführen und zur Aufnahme [mm], l_f = Länge des Führungs- und Endstückes [mm]. Ist der Maschinenschub kleiner als L, so muß die Arbeit auf zwei Züge aufgeteilt werden. (Vgl. Beispiel 128.)

Hauptzeit beim Räumen (Zeit für Schnittgang)

$$t_h = i\,\frac{L}{v \cdot 1000}$$

t_h = Hauptzeit beim Räumen [min], i = Anzahl der Schnitte (Züge), L = Länge des Räumwerkzeuges nach Gl. (154) [mm], $v = v_A$ = Schnittgeschwindigkeit [m/min], v_R = Rücklaufgeschwindigkeit [m/min], q = (155)

Hauptzeit beim Räumen (Zeit für Schnitt- und Rückgang)[1]

$$t_h = i\,\frac{L}{v_A \cdot 1000}\left(\frac{1+q}{q}\right)$$

(156)

Verhältnis Rücklaufgeschwindigkeit zu Arbeitsgeschwindigkeit ($q = v_R : v_A$).

Beispiel 86. Eine Bohrung wird in 3 Arbeitsgängen geräumt. Wirksame Länge des Räumwerkzeuges 600 mm. Berechne die Hauptzeit, wenn mit 1,25 m/min Schnittgeschwindigkeit geräumt wird.

Lösung: Mit $i = 3$, $L = 600$ mm und $v = 1{,}25$ m/min ergibt Gl. (155): $t_h = i\,\dfrac{L}{v \cdot 1000} = 3\,\dfrac{600}{1{,}25 \cdot 1000}$ = 1,44; Hauptzeit t_h = 1,44 Min.

---

[1] Rechnet man die Zeit für Rücklauf zur Hauptzeit, so gilt $t_h = t_A + t_R = i\,\dfrac{L}{v_A \cdot 1000} + i\,\dfrac{L}{v_R \cdot 1000}$; mit $q = \dfrac{v_R}{v_A}$ (vgl. Beispiel 14) ergibt sich Gl. (156).

2.8 Kreissägemaschine

Zu den grundlegenden Vorarbeiten für viele Fertigungszwecke gehört das Sägen von runden, quadratischen, quader- und andersförmigen Werkstücken (Stangen, Blechen usw.). Gebräuchlich zum Trennen von Werkstoffen sind Band-, Bügel- und Kreissägemaschinen.

Bandsägen: Bandsägemaschinen arbeiten mit einem umlaufenden und daher ununterbrochen schneidenden Sägeband; sie werden hauptsächlich zum Sägen von Profilen und Blechen im Stahlbau verwendet. Die Maschinen können senkrecht oder waagerecht arbeiten. Die Schnittgeschwindigkeiten werden meist stufenlos von etwa 15 bis 150 m/min eingestellt und so den verschiedenen Werkstoffen und Werkstückformen angepaßt. Beim Trennen von Stahl C 22 können z. B. mit einem Sägeblatt 65 000 cm² gesägt werden. Die Sägebänder haben nur eine Schnittbreite von 1,5 mm gegenüber 2,5 mm von Bügel- und 5 mm von Kaltkreissägen (Vorteil).

Bügelsägen: Das Sägeblatt wird in einen Bügel eingespannt, der eine hin- und hergehende Bewegung ausführt; es arbeitet jedoch nur in Zugrichtung. Beim beschleunigten Rücklauf wird das Sägeblatt angehoben und im Umkehrpunkt wieder sanft angesetzt. Der Hauptantrieb arbeitet entweder mechanisch über einen Kurbeltrieb oder hydraulisch über Kolben und Zylinder. Der Vorschub erfolgt entweder durch das Eigengewicht des Sägebügels, mechanisch durch Sperradgetriebe und Spindel oder hydraulisch [20].

Kreissägen: Trennen mit Kaltkreissägeblättern ist ein leistungsfähiges und wirtschaftliches Verfahren, das sich durch Einbau selbsttätiger Vorschub- bzw. Rücklaufeinrichtungen den neuzeitlichsten Ansprüchen anpaßt. Man unterscheidet beim maschinellen Sägen Kreissägeblätter für Fräsmaschinen (bis 300 mm Durchmesser) und solche für Kaltsägen (300 bis 3000 mm Durchmesser). Kaltsägemaschinen arbeiten meist mit hydraulischer Regelung des Vorschubes. Da sich der Vorschub sowohl der Härte des Werkstoffes als dem wechselnden Querschnitt der Werkstücke von selbst anpaßt, lassen sich trotz Verschiedenartigkeit dieser Faktoren je Zeiteinheit die gleichen geschnittenen Flächen erzielen. Auf Grund dieser Tatsache ist für die Zeitermittlung der je Zeiteinheit geschnittene Querschnitt maßgebend. Man erhält $t_h = F/Q$. Für die Auswertung der Zeitaufnahmen ist es vielfach einfacher, mit dem Vorschub je Umdrehung, d. h. mit geschnittenem Querschnitt je Umdrehung, zu rechnen. Auch kann an Stelle der Drehzahl des Sägeblattes die Schnittgeschwindigkeit desselben angegeben werden.

Hauptzeit beim Kaltkreissägen

$$t_h = \frac{F}{Q}$$ (157)

$$t_h = \frac{F}{q\,n}$$ (158)

Hauptzeit beim Kaltkreissägen (ohne Zwischenberechnung von n).

$$t_h = \frac{F\,D\,\pi}{1000\,q\,v}$$ (159)

$t_h =$ Hauptzeit beim Kaltkreissägen [min], $F =$ Schnittfläche [mm²], $Q =$ Schnittfläche je Zeiteinheit = Schnittleistung [mm²/min], $q =$ Vorschub (geschnittener Querschnitt) je Umdrehung des Kreissägeblattes [mm²/U], $n =$ Umlaufzahl des Sägeblattes [1/min], $D =$ Durchmesser des Sägeblattes [mm], $v =$ Schnittgeschwindigkeit des Sägeblattes [m/min].

Beim *Gehrungsschnitt* ist zu beachten, daß die Querschnittfläche größer ist als beim winkelrechten Schnitt. Es gilt:

Schnittfläche der Gehrung

$$F = \frac{F_n}{\cos \alpha}$$ (160)

$F =$ Schnittfläche der Gehrung [mm²], $F_n =$ Querschnittfläche beim winkelrechten Schnitt [mm²], $\alpha =$ Gehrungswinkel [°].

Beim Gehrungsschnitt $\alpha = 45°$ entspricht die Länge der Schnittfuge der Diagonale eines Quadrates; damit $F = \dfrac{F_n}{\cos \alpha} = \dfrac{F_n}{\cos 45°} = \dfrac{F_n}{0,7071} = 1,414\,F_n$. Da der Grundkreis eines Zylinders vom Durchmesser d stets die Projektion aller nur möglichen Schnittellipsen ist, berechnet sich der Flächeninhalt der Schnittellipse zu $F = \dfrac{F_n}{\cos \alpha} = \dfrac{d^2\,\pi}{4 \cdot \cos \alpha}$; mit $d = 50$ mm und $\alpha = 25°$ wird $F = \dfrac{1963,5}{\cos 25°} = \dfrac{1963,5}{0,9063} = 2166,5$ mm².

Beispiel 87. Auf einem Kaltkreissägeautomat mit stufenlosem Schnitt- und Vorschubantrieb sollen Walzstangen vom Querschnitt 200 × 200 mm aus St 60 vollautomatisch geschnitten werden. Sägeblatt 610 mm Durchmesser; Schnittgeschwindigkeit 19 m/min; Vorschub 1000 mm²/U. Welche Hauptzeit ergibt sich je Schnitt?

Lösung [Gl. (159)]: $t_h = \dfrac{F\,D\,\pi}{1000\,q\,v} = \dfrac{200 \cdot 200 \cdot 610\,\pi}{1000 \cdot 1000 \cdot 19} = 4,03$; Hauptzeit $t_h \approx 4$ Min.

Sind Vorschubgeschwindigkeit s' [mm/min] und Schaltweg L [mm] = Vorschubweg des Kreissägeblattes gegeben, so kann die Hauptzeit beim Kreissägen auch nach Gl. (33) bestimmt werden; es gilt $t_h = \dfrac{L}{s'}$ [min]. Sind die Werkstücke symmetrisch zur Sägeblattmittelebene gespannt, so berechnet sich für rechteckige Querschnitte, bei denen die Werkstückbreite rechtwinkelig zur Vorschubrichtung liegt, der Schaltweg nach Gl. (161).

Schaltweg beim Kaltkreissägen (Abb. 111)

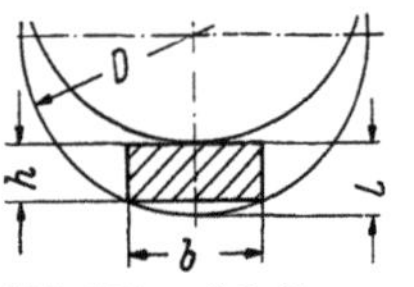

Abb. 111. Schaltweg beim Kreissägen

$$L = h + \frac{D}{2} - \frac{1}{2}\sqrt{D^2 - b^2}$$

$L =$ Schaltweg [mm], $h =$ Werkstückhöhe [mm], $D =$ Sägeblattdurchmesser [mm], $b =$ Werkstückbreite [mm].   (161)

Anmerkung zum Abschnitt „Hauptzeit": In derselben Weise lassen sich für alle anderen, mit selbsttätigem Vorschub arbeitenden, spanenden Werkzeugmaschinen die Hauptzeiten aus den Maschinendaten rechnerisch ermitteln. Man erhält Gleichungen, die sich aus festgelegten Bewegungsbedingungen nach mathematischen Gesetzen ergeben. Bei der Zeitermittlung für Handarbeiten und solche Maschinenzeiten, die nicht zwangsläufig bedingt, sondern durch Handarbeit beeinflußt sind, ist dies nicht mehr der Fall. Will man auch für diese Arbeitsart Rechenhilfen schaffen, so müssen solche mit Hilfe eigens durchgeführter Zeitstudien aufgebaut werden.

2.9 Sondermaschine

Die früher fast allgemein benutzten Universalmaschinen werden im Zuge der verstärkten Rationalisierungsbestrebungen in immer größerem Umfang durch Mehrzweck- und Sondermaschinen ersetzt. Um Konstruktionsarbeit einzusparen und um eine wirtschaftliche Herstellung im Serienbau zu ermöglichen, werden Sondermaschinen nach dem Baukastenprinzip gestaltet. Man gliedert die Maschinen auf und baut sie aus genormten bzw. werksgenormten Baugruppen zusammen. Durch die Verwendung derartiger Baugruppen läßt sich eine *einschneidende Zeitersparnis und eine wesentliche Kostenverringerung* erreichen.

Folgende bewährte Verfahren für grundsätzliche Gestaltung von Sonder-, Dreh-, Bohr- und Fräsmaschinen sind zu nennen [17]:

Mehrspindelige Bearbeitung: Durch Einsatz einer größeren Anzahl von Arbeitsspindeln greifen viele Werkzeuge an und führen gleichzeitig viele Arbeitsvorgänge an verschiedenen Stellen des Werkstückes aus. Dieses Verfahren ermöglicht, die Hauptzeiten wesentlich zu verkürzen. Vorteilhaft anwendbar bei Arbeitsvorgängen, deren Werkzeuge kleine Durchmesser aufweisen und deren Vorschubrichtungen parallel zu den Achsen der umlaufenden Werkzeuge liegen.

Mehrseitenbearbeitung: Der gleichzeitige Angriff der Arbeitseinheiten (bei ein- oder mehrspindeliger Bearbeitung) an verschiedenen Seiten des Werkstückes ist ein weiteres bewährtes Verfahren, die Hauptzeiten wesentlich zu senken.

Durchführung mehrerer Arbeitsvorgänge: Dieses Verfahren an der gleichen Stelle des Werkstückes mit verschiedenen Werkzeugen muß nacheinander erfolgen. Eine weitere Verkürzung der Hauptzeiten läßt sich dann erreichen, wenn mehrere Werkstücke den verschiedenen Arbeitsstationen zugeführt und gleichzeitig bearbeitet werden, so daß die Zeiten parallel auftreten und nur der längste Arbeitsgang zeitlich in Erscheinung tritt.

Ausschalten der Werkstückwechselzeiten: Durch Verwendung von Einrichtungen, in denen das Auf- und Abspannen des Werkstückes während der Bearbeitung erfolgen kann, so daß praktisch nur die Hauptzeiten als Stückzeiten erscheinen, ist es möglich, die Nebenzeiten entscheidend zu verkürzen. Die nach Ausschaltung der Werkstückwechselzeiten noch übrig bleibende Zubringzeit kann beschleunigt werden, um eine weitere Verkürzung der Nebenzeit zu erreichen.

Halbselbsttätige Arbeitsabläufe: Eine beachtliche Verkürzung der Nebenzeiten wird durch halbselbsttätige Arbeitsabläufe der Maschine erreicht. Die Eilbewegungen und die Arbeitsvorschübe laufen selbsttätig ab, und die Bedienung beschränkt sich nur noch auf Druckknöpfe.

Vollselbsttätige Arbeitsabläufe: Man erhält eine noch weitere Verkürzung der Nebenzeiten. Eine Verringerung der Anzahl der Bedienungsleute bedeutet darüber hinaus eine wesentliche Senkung der der Lohnkostenberechnung zugrunde gelegten Hauptzeiten.

3 Zerspanvolumen und Antriebsleistung

Die maximalen Arbeitsbedingungen, unter welchen ein Zerspanungsvorgang wirtschaftlich abläuft, bestimmen letztlich den Leistungsbedarf einer Werkzeugmaschine. Beim Einsatz von hartmetallbestückten Schneidwerkzeugen erfordern die hohen auftretenden Schnittkräfte leistungsstarke, statisch und dynamisch steife Maschinen und Hochleistungswerkzeuge, die in Konstruktion und Ausführung den gesteigerten Betriebsbedingungen hinreichend genügen müssen. Nur unter diesen unerläßlichen Voraussetzungen dürfen maximale Leistungsergebnisse beim Zerspanen metallischer Werkstoffe erwartet werden.

3.1 Spanungsquerschnitt

Der *Spanungsquerschnitt* ergibt sich nach DIN 6580 (Entwurf) aus dem Vorschub und der Haupteingriffsgröße. Er ist nicht identisch mit dem Querschnitt des anfallenden Spanes. Der Spanungsquerschnitt F ist der Querschnitt des abzunehmenden Spanes senkrecht zur Schnittrichtung (Abb. 112). Es gilt:

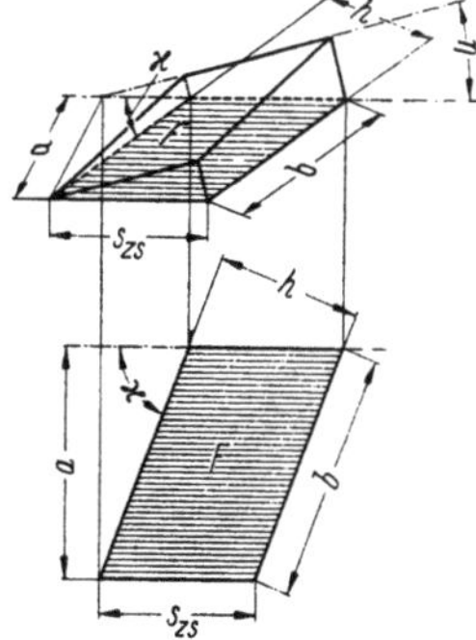

Abb. 112. Spanungsquerschnitt F

Spanungsbreite	Bei Werkzeugen mit geraden Schneiden und ohne Eckenrundung	$b = \dfrac{a}{\sin \varkappa}$	(162)
Spanungsdicke		$h = s_{zs} \sin \varkappa$	(163)
Schnittvorschub		$s_{zs} = s_z \sin \varphi$	(164)
Spanungsquerschnitt		$F = a\, s_{zs}$	(165)
Spanungsquerschnitt	Bei Werkzeugen mit geraden Schneiden und ohne Eckenrundung	$F = b\, h$	(166)

In den Gln. (162) bis (166) bedeutet: b = Spanungsbreite = Breite des abzunehmenden Spanes senkrecht zur Schnittrichtung [mm], a = Haupteingriffsgröße[1] = Größe des Eingriffes der Hauptschneide, senkrecht zur Arbeitsebene gemessen [mm], $\varkappa$ = Einstellwinkel der Hauptschneide [°], h = Spanungsdicke = Dicke des abzunehmenden Spanes, senkrecht zur Schnittrichtung gemessen [mm]; für $\varkappa = 90°$ ist $h = s_{zs}$, s_{zs} = Schnittvorschub = Abstand zweier unmittelbar nacheinander entstehenden Schnittflächen, gemessen parallel zur Arbeitsebene und senkrecht zur Schnittrichtung [mm], s_z = Zahnvorschub = Vorschubweg zwischen zwei unmittelbar nacheinander entstehenden Schnittflächen, also der Vorschub je Zahn oder je Schneide [mm], φ = Vorschubrichtungswinkel in der Arbeitsebene [°] = Winkel zwischen Vorschubrichtung und Schnittrichtung (meist $\varphi < 90°$, beim Drehen und Hobeln wird $\varphi = 90°$ und $s_{zs} = s_z$), F = Spanungsquerschnitt = Querschnitt des abzunehmenden Spanes senkrecht zur Schnittrichtung [mm²], η = Wirkrichtungswinkel (Abb. 112) = Winkel zwischen Wirkrichtung und Schnittrichtung [°].

Die Gln. (162) bis (166) sind auf sämtliche spanenden Bearbeitungsverfahren anwendbar und übertragbar.

3.11 Drehen (einschneidiges Werkzeug)

Beim Drehen führt in der Regel das Werkstück die drehende Schnittbewegung aus, während das Werkzeug in der Form des einschneidigen Drehmeißels den Vorschub und die Zustellbewegung übernimmt. Die Schneide ist gewöhnlich dauernd im Eingriff, und der einmal eingestellte *Spanungsquerschnitt* bleibt, abgesehen von Unterschieden in der Bearbeitungszugabe, unverändert.

3.111 Winkel und Flächen an Werkstück und Werkzeug

Die Winkel und Flächen werden mit Rücksicht auf die einfache Darstellung und das Messen der Winkel beim Anschliff für normale Drehwerkzeuge mit waagerechter Aufspannfläche vielfach unter Beziehung auf das Werkzeug dargestellt. Durch die „Überhöhung" der Drehmeißelspitze eintretende Winkeländerungen werden vernachlässigt. Einheitlichkeit in den Bezeichnungen an einer Schneide ist durch die Normung (DIN 768 „Schneidstähle, Begriffe") gewährleistet.

Flächen am Werkstück. *Schnittfläche* ist die am Werkstück tangential unmittelbar unter der Schneide entstehend gedachte Fläche, also die Fläche, die die Hauptschneide jeweilig abnimmt. *Arbeitsfläche* ist die durch den Schneidvorgang erzeugte Oberfläche des Werkstückes.

Winkel und Flächen am Werkzeug. Es gelten folgende allgemeine Bezeichnungen: *Hauptschneide* ist die der Vorschubrichtung zugekehrte Schneidkante; *Nebenschneide* ist die an die Hauptschneide anschließende Schneidkante (Formdreh- und Schlichtdrehmeißel haben meist keine Nebenschneide); *Spanfläche* ist die Fläche des Drehmeißels, über die der Span abläuft; *Schnittfläche* ist die Fläche, die die Hauptschneide jeweilig abnimmt; *Freifläche* ist die gegen die Schnittfläche gerichtete Fläche des Drehmeißels; *Freiwinkel* α = Winkel zwischen Schnitt- und Freifläche; *Keilwinkel* β = Winkel zwischen Frei- und Spanwinkel; *Spanwinkel* γ = Winkel zwischen der Normalen auf die Schnittfläche und der Spanfläche

---

[1] Beim Räumen, Walzenfräsen und Umfangschleifen entspricht die Haupteingriffsgröße z. B. der Breite des Eingriffs, beim Bohren ins Volle dem halben Bohrdurchmesser, beim Stirnfräsen und Seitenschleifen der Tiefe des Eingriffs.

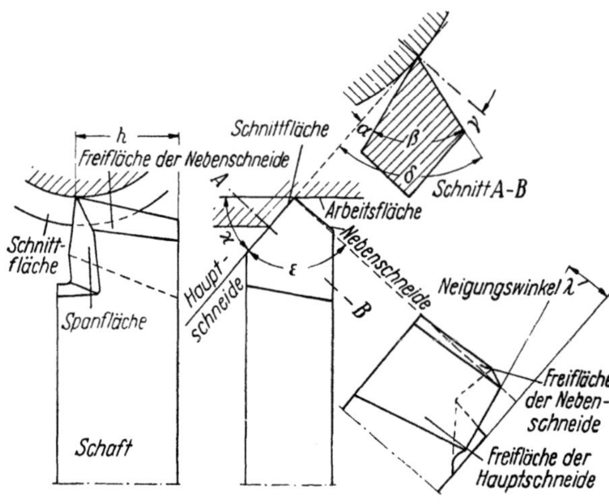

Abb. 113. Winkel und Flächen am Werkstück und am geraden Drehmeißel

[Freiwinkel α, Keilwinkel β und Spanwinkel γ ergänzen sich zu 90°]; *Schnittwinkel* δ = Winkel zwischen Schnitt- und Spanfläche $(\alpha + \beta)$; *Spitzenwinkel* ε = Winkel zwischen Haupt- und Nebenschneide; *Einstellwinkel* $\varkappa$ = Winkel zwischen der Hauptebene (senkrechte Ebene) und der Hauptschneide; *Neigungswinkel* λ = Winkel der Schneidkante gegen die horizontale Ebene; *Schneidenhöhe* h = Höhe von der Spitze des Meißels bis zur Auflage. Während der Freiwinkel α vom Werk- und vom Schneidstoff bestimmt wird und sich in der Praxis für gegebene Arbeiten nur wenig ändert, ist der Spanwinkel γ von größerer Bedeutung. Mit wachsendem Spanwinkel nimmt die Schnittkraft ab, gleichzeitig wird aber auch der Keilwinkel β kleiner und damit die Widerstandskraft und Wärmeleitfähigkeit des Werkzeuges vermindert.

3.112 Spanungsquerschnitt

Beim Langdrehen (Abb. 114) und Plandrehen (Abb. 115) ist der Spanungsquerschnitt F, gleichgültig unter welchem Einstellwinkel $\varkappa$ die Schneidkante zur Arbeits-

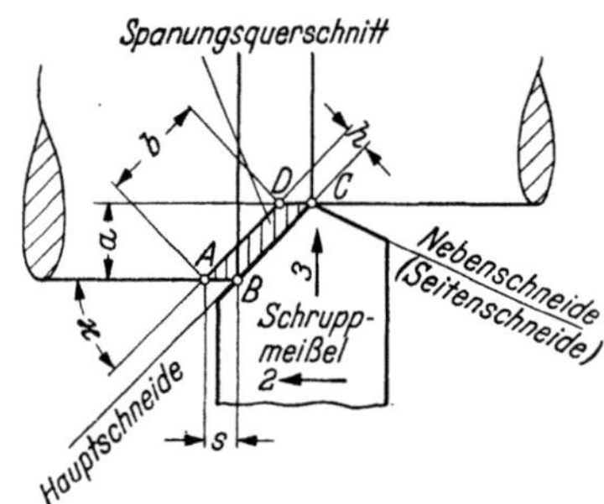

Abb. 114. Spanungsquerschnitt beim **Langdrehen**.
s = Vorschub des Drehmeißels je Umdrehung der Drehspindel, a = Schnittiefe, h = Spanungsdicke. b = Spanungsbreite, $\varkappa$ = Einstellwinkel, Fläche $ABCD$ = Spanungsquerschnitt. Pfeilrichtung 2 = Längsvorschubbewegung; 3 = Zustellung

Spanungsquerschnitt F ist der Querschnitt des noch nicht abgehobenen, also des unverformten Spanes.

*Spanquerschnitt F*_eff ist der Querschnitt des abgehobenen und somit verformten effektiven Spanes.

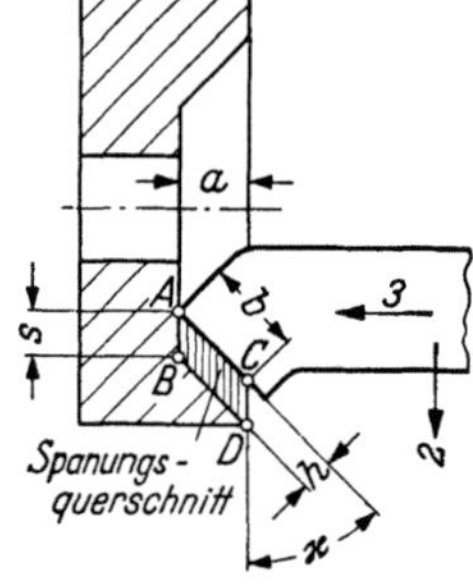

Abb. 115. Spanungsquerschnitt beim **Plandrehen**.
s = Vorschub des Drehmeißels je Umdrehung der Drehspindel, a = Schnittiefe, h = Spanungsdicke, b = Spanungsbreite, $\varkappa$ = Einstellwinkel, Fläche AB CD = Spanungsquerschnitt. Pfeilrichtung 2 = Planvorschubbewegung; 3 = Zustellung

fläche steht, durch die Gln. (167) und (168) bestimmt. Der Vorschub s und die Schnittiefe a werden nach vorgegebenen Richtwerten, abhängig von Werkzeug und Werkstoff, gewählt. Vgl. Leistungsschaubild Abb. 152.

Spanungsquerschnitt beim Lang- und Plandrehen

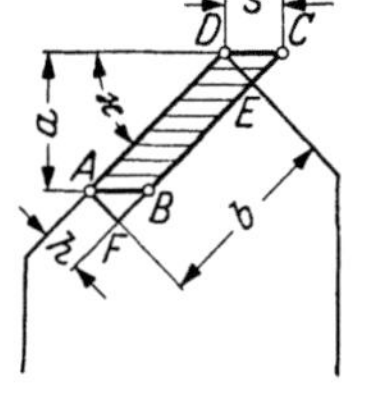

Abb. 116. Aufteilung des Spanungsquerschnittes (beim Drehen)

$$F = a\,s$$

$$F = b\,h$$

F = Spanungsquerschnitt beim Lang- und Plandrehen [mm²], a = Schnittiefe [mm], s = Vorschub des Drehmeißels je Umdrehung der Drehspindel [mm/U], b = Spanungsbreite [mm], h = Spanungsdicke [mm].   (167)

(168)

Der Spanungsquerschnitt F kann sowohl durch das Produkt von Schnittiefe a und Vorschub s *(Einstellgrößen)* als auch durch das Produkt von Spanungsbreite b und Spanungsdicke h *(Spanungsgrößen)* ausgedrückt werden. In Abb. 116 ist Parallelogramm $ABCD$ = Rechteck $AFED$, so daß für den rechnerischen Spanungsquerschnitt gilt: $as = bh$. Damit folgt $F = bh$*. Der Zusammenhang zwischen Schnittiefe und Vorschub einerseits und Spanungsbreite und Spanungsdicke andererseits ist durch den Einstellwinkel $\varkappa$ gegeben:

Spanungsbreite (Vgl. auch Beispiel 89.) Spanungsdicke (Abb. 114 bis 116)

$$b = \frac{a}{\sin\varkappa}$$

$$h = s\sin\varkappa$$

b = Spanungsbreite [mm], a = Schnittiefe [mm], $\varkappa$ = Einstellwinkel [°], h = Spanungsdicke [mm], s = Vorschub des Drehmeißels [mm/U]. Beim Messermeißel wird $\varkappa = 90°$, $\sin\varkappa = \sin 90° = 1$ und damit $h = s$; bei einer Verkleinerung von $\varkappa$ sinkt h entsprechend der Sinuskurve ab. (169) (170)

Will man Spanungsquerschnitte von verschiedener Größe vergleichen, so muß man das Verhältnis von Vorschub zu Schnittiefe $(s:a)$ konstant halten. Ist das Verhältnis $s:a$ groß, so ist der Span dick und schmal, ist das Verhältnis $s:a$ klein, so ist der Span dünn und breit. Je kleiner das Verhältnis $s:a$, um so größer kann bei gleicher Standzeit die Schnittgeschwindigkeit sein. Üblich sind die Verhältnisse $s:a = 1:40$, $1:20$, $1:10$, $1:5$ und $1:2,5$. Vgl. auch Abb. 138 bis 140 und S. 77.

Beispiel 88. Stahl (C 15) wurde mit Schnellstahl bei 77 m/min Schnittgeschwindigkeit langgedreht. Von 26 mm Durchmesser wurde auf einen solchen von 17 mm gedreht. Vorschub 0,2 mm/U. Mit welchem Spanungsquerschnitt (mm²) erfolgte das Abdrehen?

Lösung: Schnittiefe $a = \dfrac{26 - 17}{2} = 4,5$ mm; Vorschub $s = 0,2$ mm/U; damit nach Gl. (167) $F = as = 4,5 \cdot 0,2 = 0,9$; Spanungsquerschnitt (Drehmaschine) $F = 0,9$ mm².

Beispiel 89. Eine Welle werde bei $a = 4$ mm Schnittiefe einmal mit dem Einstellwinkel $\varkappa = 30°$ und einmal mit $\varkappa = 60°$ gedreht. a) Wie groß ist die Spanungsbreite in beiden Fällen? b) Welche Folgerungen ergeben sich daraus für Drehmeißel und Standzeit?

Lösung: a) Aus Dreieck ABC (Abb. 117): $b = \dfrac{a}{\sin\varkappa}$. Für $a = 4$ mm und $\varkappa = 30°$ folgt $b = \dfrac{4}{\sin 30°} = \dfrac{4}{0,5000} = 8$; Spanungsbreite $b = 8$ mm. Für $a = 4$ mm und $\varkappa = 60°$ folgt $b = \dfrac{4}{\sin 60°} = \dfrac{4}{0,8660} = 4,6$; Spanungsbreite $b = 4,6$ mm. b) Die Gestalt des Spanungsquerschnittes wird außer von der Wahl des Vorschubes und der Schnittiefe wesentlich vom Einstellwinkel $\varkappa$ des Meißels beeinflußt. Ein kleiner Einstellwinkel ergibt bei gleicher Schnittiefe eine größere Spanungsbreite, also eine größere im Schnitt stehende Schneidkantenlänge. Man erhält somit einen dünnen Span und eine verlängerte Standzeit des Werkzeuges. Nachteilig ist eine ungünstige Kraftrichtung des Meißels auf das Werkstück und eine Erniedrigung der Sicherheit gegen das Auftreten von Erschütterungen.

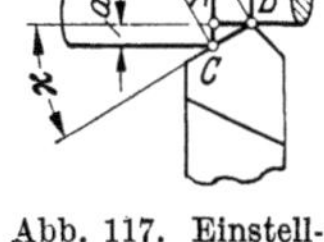

Abb. 117. Einstellwinkel und Schneidkantenlänge beim Langdrehen

3.113 Bogenspanungsdicke

Im Gegensatz zu Abb. 114 und 115 ist in Abb. 118 die Schneidenspitze des Drehmeißels abgerundet. Die *Spitzenabrundung* soll bei großen Vorschüben groß sein, damit die unerwünschte Eckenbelastung von einer größeren Schneidkantenlänge aufgenommen wird. Bei kleinen Vorschüben empfiehlt es sich, den Abrundungsradius kleiner zu halten, um Spanablauf und Oberflächengüte zu verbessern. Nach AWF 120 kann man bei Vorschüben unter $s = 0,2$ mm/U als Spitzenabrundung $r = 1$ mm, bei Vorschüben über $s = 0,2$ mm/U als Spitzenabrundung $r = 2$ mm wählen.

Die Zusammensetzung des Spanes aus Schnittiefe a und Vorschub s sowie der Einstellwinkel $\varkappa$ und die Spitzenabrundung r (Abb. 120) bestimmen die Schneidkantenlänge l** und damit die Standzeitschnittgeschwindigkeit. Diese Größen werden erfaßt in der *Bogenspanungsdicke* h_m, die als gedachte Dicke eines Spanes, dessen Querschnitt $F = as$ über die Eingriffslänge l der Schneide aufgetragen wird, aufzufassen ist (Abb. 119).

Bogenspanungsdicke beim Drehen (Abb. 119)

$$h_m = \frac{as}{l}$$

h_m = Bogenspanungsdicke [mm], a = Schnittiefe [mm], s = Vorschub des Drehmeißels je Umdrehung der Drehspindel [mm/U], l = unter Schnitt stehende Schneidkantenlänge [mm]. (171)

---

* Mit Bezug auf die Gln. (167) mit (170) muß sein: $F = bh = \dfrac{a}{\sin\varkappa}\, s \cdot \sin\varkappa = \dfrac{as \cdot \sin\varkappa}{\sin\varkappa} = as$.

** Die *Schneidkantenlänge* l, also der unter Schnitt stehende Teil der Haupt- und Nebenschneide, kann angenähert zu $l \approx s + a/\sin\varkappa$ berechnet werden.

Je größer die Schneidkantenlänge, desto kleiner wird die Bogenspanungsdicke und desto größer die Schnittgeschwindigkeit. Die Ermittlung der Bogenspanungsdicke für die gebräuchlichsten Vorschübe, Schnittiefen, Einstellwinkel und Abrundung der Schneidenspitze ist aus den Netztafeln AWF 121 a und 121 b zu entnehmen. Die Bogenspanungsdicke dient als Hilfsmittel zur Bestimmung der zugehörigen Standzeitschnittgeschwindigkeiten beim Drehen (wie v_{60}, v_{240} oder v_{480}) für verschiedene Schnittiefen, Vorschübe und Schneidenformen. Vgl. auch Zahlentafel 1, S. 15.

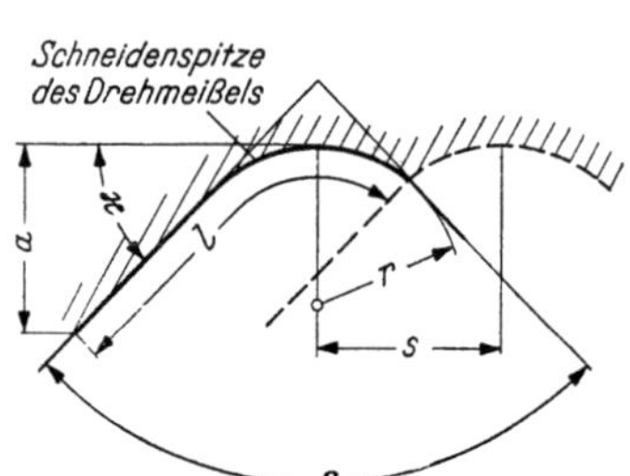

Abb. 118.   Schneidenspitze des Drehmeißels.

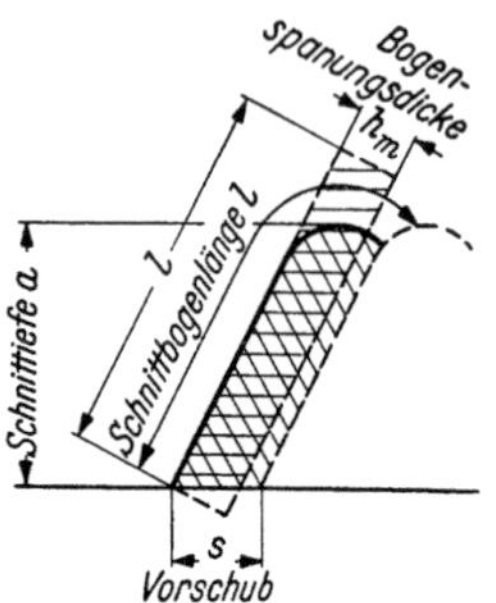

Abb. 119. Schnittbogenlänge und Bogenspanungsdicke am Drehmeißel.

a = Schnittiefe; s = Vorschub; $\varkappa$ = Einstellwinkel (durchwegs mit 45° festgelegt); l = unter Schnitt stehende Schneidkantenlänge; r = Abrundung der Schneidenspitze = Abrundung der Kante zwischen Haupt- und Nebenschneide (Abb. 114); ε = Spitzenwinkel (im allgemeinen 90°)

Abb. 120. Winkel am Hartmetalldrehmeißel.
α = Freiwinkel
β = Keilwinkel
γ = Spanwinkel
λ = Neigungswinkel
$\varkappa$ = Einstellwinkel
ε = Spitzenwinkel
r = Spitzenabrundung

3.114 Schnittgeschwindigkeit und Einstellwinkel

Bei großem Einstellwinkel muß die Schnittgeschwindigkeit verringert werden, weil die in Eingriff stehende Schneidenlänge kürzer und die Bogenspanungsdicke größer ist. Setzt man die Schnittgeschwindigkeit bei einem Einstellwinkel $\varkappa = 45°$ gleich 1, so ergeben sich für andere Winkel die in Zahlentafel 2 wiedergegebenen Umrechnungszahlen. Hohe Schnittgeschwindigkeiten ergeben meist bessere Oberflächen; auch kleine Vorschübe sind günstig für die Oberflächengüte.

Zahlentafel 2. *Umrechnungsfaktor für die Schnittgeschwindigkeit, abhängig vom Einstellwinkel $\varkappa$*

Einstellwinkel $\varkappa$	30°	45°	60°	85°
Umrechnungsfaktor für die Schnittgeschwindigkeit	1,2	1	0,8	0,65—0,85*

3.12 Schälen (einschneidiges Werkzeug)

Neben der unmittelbaren Fertigung glatter Wellen für den Maschinenbau dient das Wellenschälen vor allem der Herstellung von Rundstangen zur Weiterverarbeitung auf Revolverdrehmaschinen und Automaten, wo zur einwandfreien Stangeneinspannung genaue Durchmesser verlangt werden. Rißfrei geschälte Rohre verwendet man besonders bei der Kugellagerfertigung. In Stahlwerken tritt das Schälen an Stelle des Abdrehens der Walzknüppel, in Rohrwerken wird es zur Vorbearbeitung der Rohrluppen und zur Herstellung von Dornstangen benutzt. Beim Schälen, das man als spitzenloses Drehen ansehen kann, sind die Messer nach innen in planetenartig umlaufenden Werkzeughaltern (Schälköpfen) eingespannt, durch deren Mitte die zu bearbeitende, gegen Drehung gesicherte Stange hindurchgeschoben wird. Größere Schälmaschinen sind an Stelle des Einmesserkopfes mit Mehrfachschälköpfen ausgerüstet, die z. B. drei Tangentialmesser besitzen.

Wie beim Langdrehen ergibt sich der Spanungsquerschnitt als Produkt aus Schnittiefe und Vorschub oder aus Spanungsbreite und mittlerer Spanungsdicke.

Spanungsquerschnitt beim Wellenschälen[1] (Abb. 121)

$$F = a\,s \qquad (172)$$

$$F = b\,h_m \qquad (173)$$

F = Spanungsquerschnitt [mm²], a = Schnittiefe [mm], s = Stangenvorschub [mm/U], b = Spanungsbreite [mm], h_m = mittlere Spanungsdicke [mm].

---

*Bei kurzspanenden Werkstoffen und bei Anwendung von Hartmetall fallen die Werte nicht so stark ab.

[1] Es muß sein: $F = b\,h_m = \sqrt{2\,a\,r}\cdot s\,\sqrt{\dfrac{a}{2\,r}} = s\,\sqrt{\dfrac{2\,a^2\,r}{2\,r}} = s\,\sqrt{a^2} = s\,a = a\,s$. (Vgl. Beispiele 90 und 91.)

Anmerkung: Sind statt eines Einmesserkopfes drei Tangentialmesser angeordnet, so wird bei gleicher Schnittiefe a je Messer der Vorschub s auf die drei Messer verteilt; gleiches gilt für Fünf- und Siebenmesserköpfe. Das Grenzverhältnis $a : s = 0{,}16$ soll möglichst nicht unterschritten werden.

Beispiel 90. Wie kann beim Wellenschälen (Abb. 121) die Spanungsbreite b durch Schnittiefe a und Halbmesser r der Bogenschneide ausgedrückt werden?

Lösung: Aus Dreieck $A\,C\,M$ folgt $(AC)^2 = r^2 - (r - a)^2 = r^2 - r^2 + 2\,ar - a^2 = 2\,ar - a^2$. Aus Dreieck $A\,B\,C$ wird $b = \sqrt{(A\,C)^2 + a^2} = \sqrt{2\,ar - a^2 + a^2} = \sqrt{2\,a\,r}$; damit Spanungsbreite $b = \sqrt{2\,a\,r}$.

Beispiel 91. Welche Beziehung erhält man für die mittlere Spanungsdicke h_m, wenn diese a) durch Schnittiefe und Halbmesser der Bogenschneide, b) durch Stangenvorschub und mittleren Einstellwinkel ausgedrückt wird?

Lösung: a) Gleichsetzen von Gl. (172) und (173): $b\,h_m = a\,s$; daraus $h_m = \dfrac{a\,s}{b} = \dfrac{a\,s}{\sqrt{2\,a\,r}} = s\,\sqrt{\dfrac{a}{2\,r}}$. b) Im Dreieck $A\,B\,C$ ist weiterhin $\sin\varkappa = \dfrac{a}{b} = \dfrac{a}{\sqrt{2\,a\,r}} = \sqrt{\dfrac{a}{2\,r}}$; damit wird $h_m = s \cdot \sin\varkappa$.

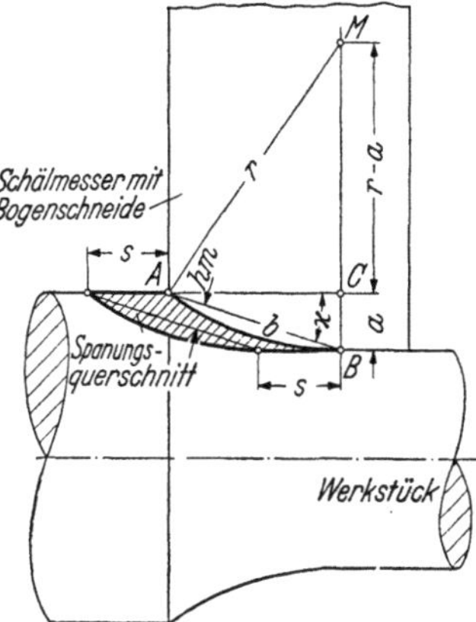

Abb. 121. Spanungsquerschnitt beim Wellenschälen mit Bogenschneide.

a = Schnittiefe; b = Spanungsbreite (Sehne über dem Schneidbogen); s = Vorschub; r = Halbmesser der Bogenschneide; h_m = mittlere Spanungsdicke; F = Spanungsquerschnitt (schraffierte Fläche)

Mittlere Spanungsdicke beim Wellenschälen (Abb. 121)

$$h_m = s\,\sqrt{\dfrac{a}{2\,r}} \qquad (174)$$

$$h_m = s\,\sin\varkappa \qquad (175)$$

h_m = mittlere Spanungsdicke [mm], s = Stangenvorschub [mm/U], a = Schnittiefe [mm], r = Halbmesser der Bogenschneide [mm], $\varkappa$ = mittlerer Einstellwinkel [°]. Der wirkliche Einstellwinkel $\varkappa$ ist an jeder Stelle der Bogenschneide anders.

Das Schälen wird als spitzenloses Drehen von längeren (bis etwa 18 m langen) gegen Verdrehung gesicherten Rundkörpern (bis rd. 300 mm Durchmesser) durch umlaufende Messerköpfe angewendet. Über Zerspanvolumen beim Schälen vgl. Beispiel 99.

3.13 Gewindeschälen (mehrschneidiges Werkzeug)

Für die Gestaltung der Schälwerkzeuge stellt das Trapezprofil den maßgebenden Fall dar. Für die Aufteilung des Spanungsquerschnittes wurde ein *Dreischneidensystem* gewählt, mit welchem nirgends zwei Flächen in einem Schnitt mit einer gemeinsamen Ecke bearbeitet werden, unausgeglichene Querdrücke nicht auftreten und das Verhältnis der Flankenspanungsdicke zur Grundspanungsdicke (im Mittel 0,12 bis 0,15 mm) höchstens etwa 1 : 2 beträgt. Bei diesem System folgen einander (Abb. 122) eine

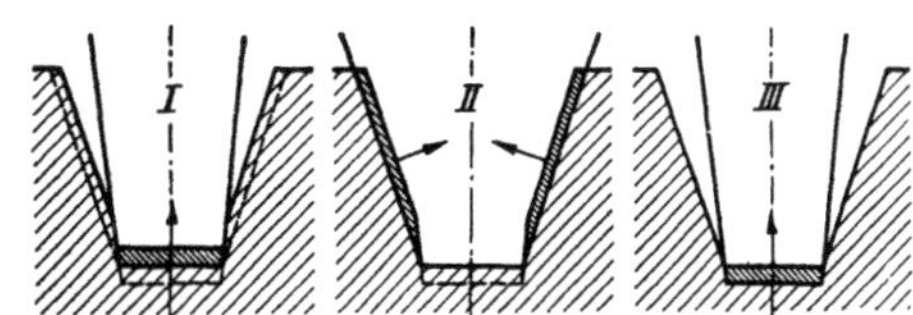

Abb. 122. Spanungsquerschnitt beim Gewindeschälen nach dem Dreimessersystem

Schneide, die nur den Grund bearbeitet (*I*), eine doppelseitige Schneide für beide Flanken gleichzeitig (*II*) und wieder eine Grundschneide (*III*).

3.14 Bohren (zweischneidiges Werkzeug)

In Abb. 124 ist der wirkliche Spanungsquerschnitt im Sinne der Zerspanungstechnik schematisch erkennbar. Abb. 123 dagegen zeigt eine schematische Darstellung für die Aufteilung des Vorschubes s auf $s/2$ an jeder Schneide. Während man in Abb. 124 parallel der Fase und senkrecht auf die Schneidkante von vorne her schaut, blickt man in Abb. 123 gegen die Fase des Bohrers. Der Unterschied in den beiden Bilddarstellungen beruht also darin, daß der Bohrer bzw. die Bohrerschneide in Abb. 123 um 90° um die Bohrerachse verdreht ist. Die Schneidvorgänge an den beiden Hauptschneiden sind in die Zeichenebene hineingeklappt dargestellt. Der Schneidvorgang erfolgt durch das Vorschieben des „Schneidenkeiles" gegen die abzutrennende Werkstoffschicht. Die Arbeitsweise des Spiralbohrers wird deshalb auf den bekannten Drehvorgang mit einer Schneide zurückgeführt. Beim Vorschieben des sich drehenden Bohrers gegen das ruhende Werkstück hat jede der beiden Schneiden einen Span von der Dicke des halben Vorschubes abzutrennen. Durch die Dreh- und Vorschubbewegung entsteht eine schraubenförmige Schnittrichtung.

Winkel ϱ ist der Steigungswinkel der Schnittrichtung. Der Drallwinkel σ kann mit ausreichender Annäherung dem Spanwinkel γ gleichgesetzt werden. Damit die Schneidkanten beim Bohren ohne Schwierigkeiten in den Werkstoff eindringen können, muß die Neigung der Freifläche B um den Freiwinkel α größer sein als die Neigung ϱ der schraubenförmigen Schnittfläche A gegen die Waagerechte C. Dabei ist ϱ bestimmt durch den Vorschub s und den Umfang $D\pi$ des Bohrers; es gilt $\tan\varrho = s : (D\pi)$. Der wirksame Spanwinkel eines Spiralbohrers ist daher um diesen Winkel ϱ größer als der am Werkzeug ausgeführte Winkel; es gilt $\gamma_w = \gamma + \varrho$.

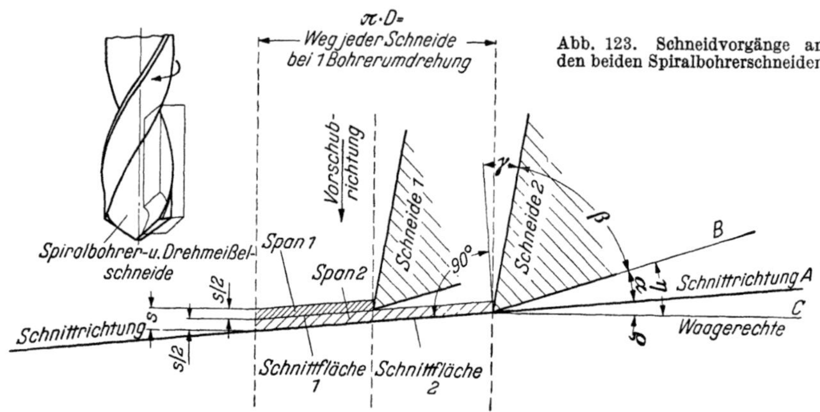

Abb. 123. Schneidvorgänge an den beiden Spiralbohrerschneiden

α = Freiwinkel; β = Keilwinkel; γ = Spanwinkel; ϱ = Steigungswinkel der Schnittrichtung; $\eta = \alpha$ (da ϱ für gewöhnlich benutzte Vorschübe so klein ist, daß er vernachlässigt werden kann); s = Vorschub des Spiralbohrers je Umdrehung der Bohrspindel; $s/2$ = Spanungsdicke, D = Durchmesser des Spiralbohrers, $D\pi$ = Bohrerumfang. Die beiden Schneiden an der Stirnfläche des Spiralbohrers erhalten einen Spanwinkel γ, dessen Größe durch den Werkstoff bedingt ist, der gebohrt werden soll

Der Spiralbohrer schneidet mit zwei Schneiden. Der Vorschub je Spiralbohrerschneide beträgt also die Hälfte des in das Werkzeug eingeleiteten Gesamtvorschubes. Wie beim Drehen ist auch beim Bohren der Spanungsquerschnitt je Schneide $F = a\,s$ [mm^2]. Mit $a = \dfrac{D}{2}$ (Grenzfall) und dem Vorschub $\dfrac{s}{2}$ wird:

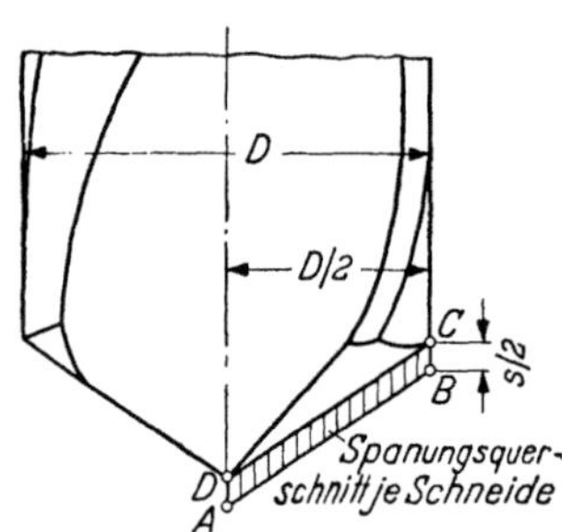

Abb. 124. Spanungsquerschnitt beim Bohren mit **Spiralbohrer** ins Volle. s = Vorschub des Spiralbohrers je Umdrehung der Bohrspindel; D = Durchmesser des Spiralbohrers, Fläche $A\,B\,C\,D$ = Spanungsquerschnitt je Schneide

Spanungsquerschnitt je Schneide beim Bohren mit Spiralbohrer (Abb. 124)

$$F = \frac{D\,s}{4} \qquad (176)$$

F = Spanungsquerschnitt je Schneide [mm^2], D = Durchmesser des Spiralbohrers [mm], s = Vorschub des Spiralbohrers je Umdrehung der Bohrspindel [mm/U].

Beispiel 92. In Werkstoff GG-12 werden Löcher von 50 mm Durchmesser bei 1,5 mm/U Vorschub und 25 m/min Schnittgeschwindigkeit gebohrt. Welcher Spanungsquerschnitt ergibt sich?

Lösung: (Gl. 176) ergibt mit $D = 50$ mm und $s = 1,5$ mm/U:

$$F = \frac{D\,s}{4} = \frac{50 \cdot 1,5}{4} = 18,75;$$

Spanungsquerschnitt je Schneide (Bohrmaschine) $F = 18,75$ mm².

3.15 Senken (mehrschneidiges Werkzeug)

Beim Aufbohren oder Senken von bereits vorgebohrten oder vorgegossenen Löchern schneidet der Spiralsenker mit z Schneiden. Sind die arbeitenden Schneidenteile geometrisch ähnlich und haben sie gleiche Spanungsdicke, so nimmt jede Schneide einen Span von $F = a\,\dfrac{s}{z}$ mm² Querschnitt. Mit $a = \dfrac{d_a - d_i}{2}$ wird:

Spanungsquerschnitt je Schneide beim Aufbohren (Abb. 125)

$$F = \left(\frac{d_a - d_i}{2}\right)\frac{s}{z}$$

F = Spanungsquerschnitt je Schneide beim Aufbohren mit Spiralsenker [mm²], (177) d_a = Durchmesser nach

dem Aufbohren [mm], d_i = Durchmesser der Vorbohrung [mm], s = Vorschub des Spiralsenkers je Umdrehung der Bohrspindel [mm/U], z = Schneidenzahl des Senkers. Das Verhältnis d_i/d_a wird *Vorbohrungsverhältnis* genannt. Zur Verbesserung der Formgenauigkeit, Achsenrichtigkeit und Oberflächenbeschaffenheit wählt man das Vorbohrungsverhältnis so, daß die Schnittiefe a nur einige Zehntelmillimeter beträgt.

Beispiel 93. In Werkstoff St 70 wird beim Senken mit dem Dreilippensenker eine Vorbohrung von 32 mm auf 40 mm Durchmesser aufgebohrt. Vorschub 1,44 mm/U. Berechne den Spanungsquerschnitt je Schneide und das Vorbohrungsverhältnis.

Lösung: [Gl. (177)]: $F = \left(\frac{d_a - d_i}{2}\right)\frac{s}{z} = \left(\frac{40 - 32}{2}\right) \cdot \frac{1,44}{3} = 1,92$; Spanungs-

querschnitt je Schneide $F = 1,92$ mm². Weiterhin wird $\frac{d_i}{d_a} = \frac{32}{40} = 0,8$; Vorbohrungsverhältnis = 0,8. Wird dieses Verhältnis überschritten, so müssen mehrere Arbeitsgänge nacheinander erfolgen.

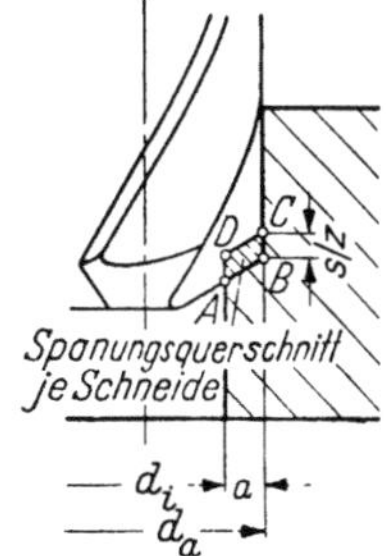

Abb. 125. Spanungsquerschnitt beim **Aufbohren des vorgebohrten Loches mit Spiralsenker**

3.16 Reiben (mehrschneidiges Werkzeug)

Lehrenhaltige Bohrungen werden durch ein- oder mehrmaliges Reiben auf Fertigmaß gebracht. Die Hauptzerspanungsarbeit der Reibahlen wird vom Anschnitt geleistet (Abb. 126). Daher kann nach einem zylindrischen Mittelteil nach dem Schaft zu eine leichte Verjüngung $(1:5000)$[1] erfolgen, so daß die Reibahle leichter arbeitet. Die Schneiden am Umfang führen vor allem Maßhaltigkeit, Glätte, Rundheit und Sauberkeit des Bohrloches herbei.

Spanungsquerschnitt je Schneide beim Reiben (Abb. 126)

$$F = \left(\frac{d_a - d_i}{2}\right)\frac{s}{z}$$

F = Spanungsquerschnitt je Schneide [mm²], d_a = Durchmesser nach dem (178) Reiben [mm], d_i = Durchmesser vor dem Reiben [mm], s = Vorschub der Reibahle je Umdrehung [mm/U], z = Schneidenzahl (Zähnezahl) der Reibahle.

In Gl. (178) für $\frac{d_a - d_i}{2} = a$ (Schnittiefe) und für $\frac{s}{z} = s_z$ (Vorschub je Zahn)[2] gesetzt:

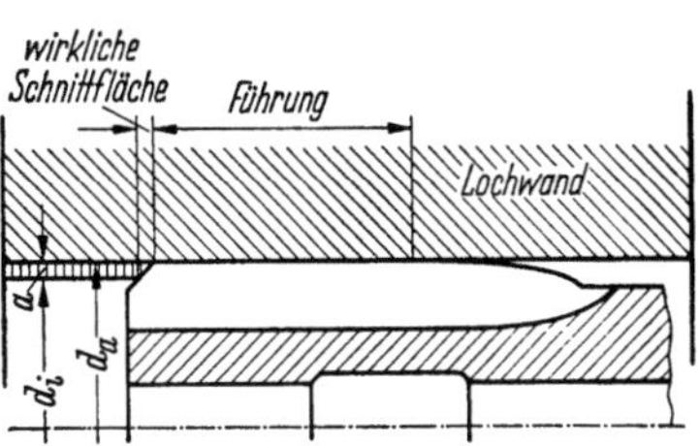

Abb. 126. Spanungsquerschnitt $a\,s_z$ bei richtig ausgebildeter Schneide der Reibahle

Spanungsquerschnitt je Schneide beim Reiben (Abb. 126)

$$F = a\,s_z$$

F = Spanungsquerschnitt je Schneide [mm²], a = Schnittiefe (179) [mm], s_z = Vorschub je Zahn [mm].

Günstige Richtwerte für die Schnittiefe bei Hartmetallwerkzeugen: $a = 0,006\,d_a$ (kurzspanende Werkstoffe), $a = 0,005\,d_a$ (langspanende Werkstoffe), bis $a = 0,010\,d_a$ (Leichtmetallegierungen).

Die Gln. (177) und (178) sind mathematisch gesehen gleich. Gl. (179) gilt auch für den Spanungsquerschnitt beim Senken.

Beispiel 94. Für die nebenstehenden Zerspanungsvorgänge sind die Spanungsquerschnitte je Schneide sowie die Gesamtspanungsquerschnitte zu bestimmen; der Gesamtvorschub beträgt in jedem Falle 0,5 mm/U.

Lösung: Siehe Zahlentafel 3.

Zerspanungsvorgang	Schneidenzahl z	d_a [mm]	d_i [mm]
Bohren	2	22	0
Senken	3	30	27,5
Reiben	12	30	29,46

---

[1] Diese Maßnahme gewährleistet ein freieres Arbeiten der Reibahle im Bohrloch, setzt das aufzuwendende Drehmoment erheblich herab und trägt entscheidend dazu bei, lehrenhaltig geriebene Bohrungen zu erzeugen. Sie vermeidet darüber hinaus auch unerwünschte Markierungen auf der Lochwandung beim Zurückfahren der Reibahle.

[2] Der Zeiger z rührt her vom Fräsen, wo er „Fräserzahn, Fräserschneide" bedeutet; s_z also Vorschub je Zahn (Schneide).

Anmerkung: Reiben erfordert großen Werkzeug- und Instandhaltungsaufwand, weil Werkzeuge ständig geprüft, häufig nachgeschliffen und nachgewetzt werden müssen. Reiben wird vom Fertig- und Feinbohren verdrängt, wenn geeignete Maschinen und Einrichtungen zur Verfügung stehen. Durch Feinbohren kann man eine gleichmäßigere Lochwand erzielen, da der Fließ-

Zahlentafel 3.
Berechnung der Spanungsquerschnitte beim Bohren, Senken, Reiben

Zerspanungsvorgang	Schnitttiefe $\dfrac{d_a - d_i}{2}$ [mm]	Vorschub gesamt s [mm]	Vorschub je Schneide $\dfrac{z}{s}$ [mm]	Spanungsquerschnitt je Schneide $F = \left(\dfrac{d_a - d_i}{2}\right)\dfrac{s}{z}$ [mm²]	Spanungsquerschnitt gesamt $F_g = F z$ [mm²]
Bohren	11,0	0,5	0,250	2,750	5,500
Senken	1,25	0,5	0,166	0,208	0,624
Reiben	0,27	0,5	0,042	0,011	0,132

span glatt abgeschnitten wird und das Gefüge sich erhält. Enge Toleranzen lassen sich hier auch bei längeren Bohrungen über die ganze Länge einhalten.

3.17 Fräsen (mehrschneidiges Werkzeug)

Infolge der fortwährenden Änderung der Spanungsdicke über dem Schnittbogen, ergeben sich schwierigere Zerspanungsvorgänge als z. B. beim Drehen mit gleichbleibender Spanungsdicke.

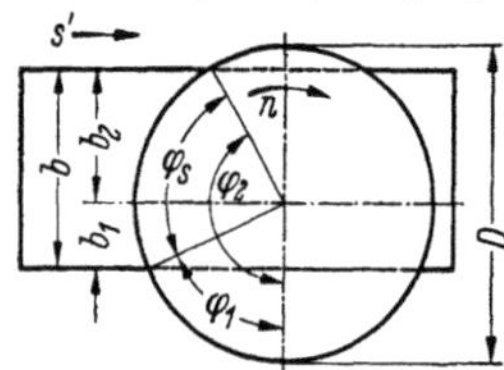

Abb. 127. Eingriffsverhältnisse beim Fräsen mit Messerkopf oder Stirnfräser

3.171 Eingriffsverhältnisse beim stirnschneidenden Werkzeug

Ist b die gesamte Werkstückbreite und sind b_1 und b_2 entsprechend Abb. 127 die beiderseits der Fräsermittelachse liegenden Anteile, also die Überstände beim An- und Ausschneiden des Zahnes, so erhält man folgende Gleichungen:

Zentriwinkel zur Bestimmung des Schnittbogenwinkels (Abb. 127)

$$\cos \varphi_1 = \frac{2 b_1}{D}$$

$$\cos \varphi_2 = \frac{2 b_2}{D}$$

Schnittbogenwinkel (Eingriffswinkel) des Fräsers

$$\varphi_s = \varphi_2 - \varphi_1$$

Im Eingriff befindliche Messerzahl des Messerkopfes

$$z_{iE} = \frac{z \, \varphi_s^\circ}{360^\circ}$$

φ_1 = Zentriwinkel [°], b_1 = Fräseranteil vor der Fräsermittelachse = Überstand beim Anschneiden des Zahnes [mm], D = Fräserdurchmesser [mm], (180)

φ_2 = Zentriwinkel [°], b_2 = Fräseranteil hinter der Fräsermittelachse = Überstand beim Ausschneiden des Zahnes [mm], (181)

φ_s = Schnittbogenwinkel des Fräsers [°], z_{iE} = im Eingriff befindliche Messerzahl des Messerkopfes, z = Gesamtmesserzahl des Messerkopfes. Für (182) (183)

die Bearbeitung von Gußeisen und Stahlguß erhält man bei Werkstückbreite $b = 0{,}75\,D$ einen Schnittbogenwinkel $\varphi_s \approx 101^\circ$ und für „Zähne im Eingriff" $z_{iE} = 0{,}281\,z$; bei Bearbeitung von Stahl wird $\varphi_s \approx 81{,}5^\circ$ und $z_{iE} = 0{,}226\,z$, sofern normale Anstellung der Messerköpfe gegeben.

Für den Schnittbogenwinkel lassen sich nach Abb. 128 vier Grundfälle unterscheiden.

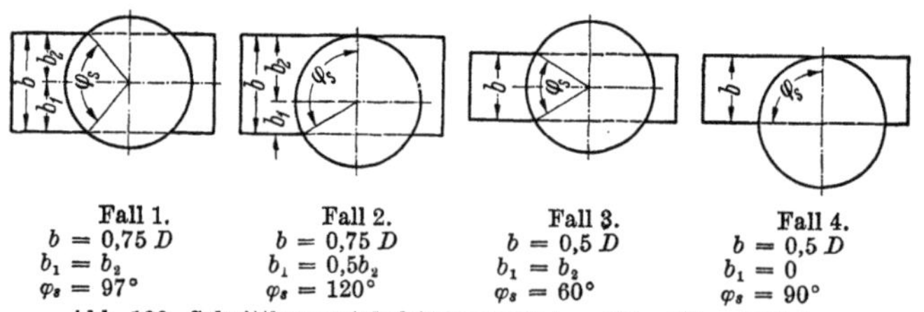

Fall 1.   Fall 2.   Fall 3.   Fall 4.
$b = 0{,}75\,D$ $b = 0{,}75\,D$ $b = 0{,}5\,D$ $b = 0{,}5\,D$
$b_1 = b_2$ $b_1 = 0{,}5 b_2$ $b_1 = b_2$ $b_1 = 0$
$\varphi_s = 97^\circ$ $\varphi_s = 120^\circ$ $\varphi_s = 60^\circ$ $\varphi_s = 90^\circ$

Abb. 128. Schnittbogenwinkel für verschiedene Eingriffsverhältnisse

Im Hinblick auf einen günstigen Kontakt zwischen Schneide und Werkstück soll die Lage des Messerkopfes zum Werkstück möglichst so eingerichtet werden, daß sich die Werkzeugachse *innerhalb* der Werkstückfläche befindet. So soll das auf einer Horizontalfrässpindel aufgespannte Werkzeug stets an der oberen Werkstückkante flach anschneiden. Günstige Verhältnisse von Messerkopfdurchmesser zu Werkstückbreite vgl. Fußn. 1, S. 37.

Eine geeignete Bezugsgröße zur Berechnung des Leistungsbedarfs beim Fräsen ist die mittlere Spanungsdicke oder Mittenspanungsdicke h_M.

Mittenspanungsdicke beim Stirnfräsen nach WEILEMANN (genau)

$$h_M = \frac{57,3}{\varphi_s}\, s_z \sin \varkappa\, (\cos \varphi_1 - \cos \varphi_2) \qquad (184)$$

Einfacher [23] kann die Mittenspanungsdicke nach Gl. (185) oder bei Annahme eines Planmesserkopfes mit einem Anstellwinkel der Schneiden von $\varkappa = 60°$ bei $\sin \varphi =$ konstant nach Gl. (186) bestimmt werden.

Mittenspanungsdicke beim Stirnfräsen

$$h_M = s_z \sin \varphi \sin \varkappa \qquad (185)$$
$$h_M = 0,73\, s_z \qquad (186)$$

In den Gln. (184) mit (186) bedeutet:
$h_M =$ Mittenspanungsdicke beim Fräsen mit stirnschneidendem Werkzeug [mm], $\varphi_s =$ Schnittbogenwinkel des Fräsers [°], zu berechnen nach Gl. (182), $s_z =$ Vor-
schub je Zahn [mm/Zahn], zu berechnen nach Gl. (20), $\varkappa =$ Einstellwinkel der Werkzeugschneide [°], vgl. Abb. 131, φ_1 und $\varphi_2 =$ Zentriwinkel des Schnittbogens [°], zu berechnen nach Gln. (180) und (181), $\varphi =$ Vorschubrichtungswinkel [°], meist $\varphi = 57 \pm 1$ [°].

3.172 Eingriffsverhältnisse beim umfangsschneidenden Werkzeug

Für zylindrische Walzen-, Schaft- und Scheibenfräser mit auf Null auslaufender Spanungsdicke ergeben die Eingriffsverhältnisse gegenüber dem Rechnungsgang beim Stirn-
fräsen einfachere Beziehungen, da Einstellwinkel $\varkappa = 90°$ ist, also $\sin \varkappa = 1$ und der Schnittbogenwinkel φ_s gleich dem Vorschubrichtungswinkel φ_2, also $\varphi_s = \varphi_2$ wird; ferner ist die Spanungsbreite gleich der Schnittbreite[1].

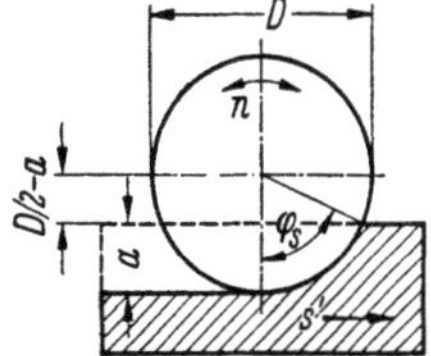

Abb. 129. Eingriffsverhält-
nisse beim Fräsen mit
Schaft-, Walzen- oder
Scheibenfräser

Mittenspanungsdicke beim umfangsschneidenden Werkzeug (Abb. 130)

genaue Gleichung (nach WEILEMANN)[1]

$$h_M = \frac{114,6}{\varphi_s{}^\circ}\, s_z\, \frac{a}{D} \qquad (187)$$

Näherungsgleichung (nach SCHLESINGER)

$$h'_M = s_z \sqrt{\frac{a}{D}} \qquad (188)$$

Schnittbogenwinkel des Fräsers (Abb. 129)

$$\cos \varphi_s = 1 - \frac{2a}{D} \qquad (189)$$

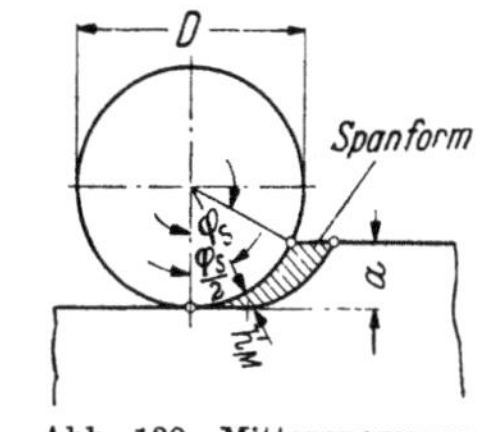

Abb. 130. Mittenspanungs-
dicke-h'_M beim umfangsschneidenden Werkzeug

$h_M =$ Mittenspanungsdicke, nach WEILEMANN [mm], $\varphi_s =$ Schnittbogenwinkel des Fräsers [°], zu berechnen nach Gl. (189), $s_z =$ Vorschub je Zahn [mm/Zahn], zu berechnen nach Gl. (20), $a =$ Schnittiefe [mm], $D =$ Fräserdurchmesser [mm], $h'_M =$ Mittenspanungsdicke, nach SCHLESINGER [mm].

Nach Abb. 130 ist die Mittenspanungsdicke h'_M diejenige Spanungsdicke, die sich beim mittleren Schnittbogen $\varphi_s/2$ einstellt. Bei Zulassung eines Fehlers von höchstens 6% kann Gl. (188) innerhalb der Grenzen $0 \leqq \dfrac{a}{D} \leqq \dfrac{1}{3}$ benutzt werden. Gl. (187) dagegen gilt im gesamten Bereich von $\varphi_s = 0°$ bis $\varphi_s = 180°$.

3.173 Spanungsquerschnitt beim Stirnfräsen

Der Spanungsquerschnitt ergibt wie beim Drehen, Bohren und Senken ein Parallelogramm:

Spanungsquerschnitt je Schneide beim Stirnfräsen (Abb. 131).

$$F = a\, s_z$$

$F =$ Spanungsquerschnitt je Schneide [mm²], $a =$ Schnittiefe [mm], $s_z =$ Vorschub je Fräserzahn [mm/Zahn]. $\qquad (190)$

---

[1] Aus Abb. 129 folgt $\cos \varphi_s = \dfrac{D/2 - a}{D/2} = 1 - \dfrac{2a}{D}$; Gl. (184) ergibt damit $h_M = \dfrac{57,3}{\varphi_s}\, s_z \sin 90° \times$

$\times (\cos 0° - \cos \varphi_s) = \dfrac{57,3}{\varphi_s}\, s_z \cdot 1 \cdot \left(1 - 1 + \dfrac{2a}{D}\right) = \dfrac{57,3}{\varphi_s}\, s_z\, \dfrac{2a}{D} = \dfrac{114,6}{\varphi_s{}^\circ}\, s_z\, \dfrac{a}{D}$.

Sehr kleine Vorschübe je Schneide führen zu Vorreibwegen, die die Schneiden schnell zerstören, namentlich bei nicht besonders starren Verhältnissen. Bewährte Werte zeigt Zahlentafel 4. Im allgemeinen ist es bei Schruppschnitten wirtschaft-

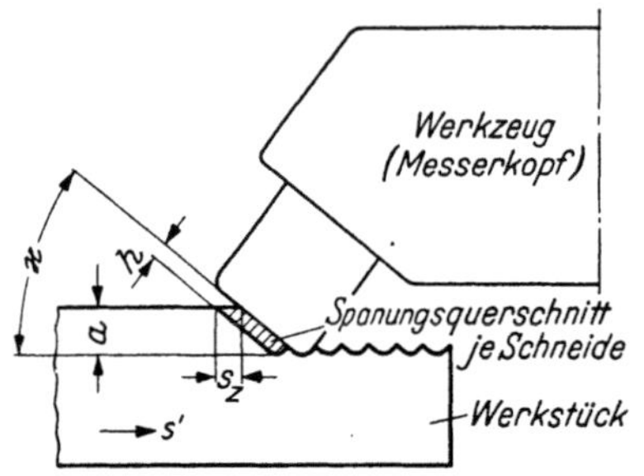

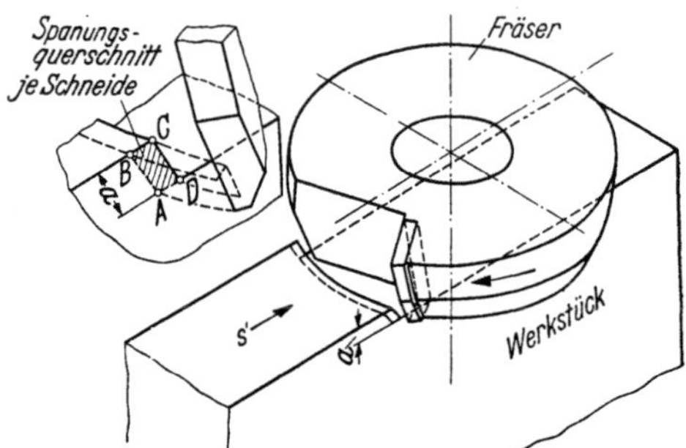

Abb. 131. Spanungsquerschnitt beim **Stirnfräsen.**   Abb. 132. Schneideneingriff beim Stirnfräsen mit Messerkopf.
a = Schnittiefe, s_z = Vorschub je Fräserzahn, h = Spanungsdicke, $\varkappa$ = Einstellwinkel; Vorschubgeschwindigkeit $s' = n\,z\,s_z$ [Gl. (22)]

licher, mit Werten des oberen Bereiches zu arbeiten, während für Schlichtschnitte der mittlere bis untere Bereich gilt.

In Abb. 133 ist Parallelogrammfläche $ABCD$ = Spanungsquerschnitt, also $F = a\,s_z$ [Gl. (190)]. Weiterhin folgt aus den Dreiecken ADF und ABE:

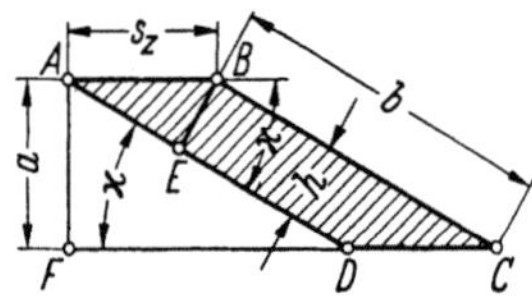

Abb. 133. Abmessungen des Spanungsquerschnittes beim Stirnfräsen mit Messerkopf nach Abb. 131

In Abb. 132 ist eine Schneide des Messerkopfes in ihrer Stellung kurz vor dem Anschnitt am Werkstück gezeigt und der abzutrennende Spanungsquerschnitt durch das Parallelogramm $ABCD$ umrissen. Die Schneide kann, je nach ihrer Stellung zum Werkstück, bei einem der Punkte A, B, C, D (Punktkontakt) oder gleichzeitig entlang der Kanten AB, BC, CD, AD (Linienkontakt) oder mit der ganzen Fläche $ABCD$ (Flächenkontakt) gleichzeitig in das Werkstück eindringen; dadurch wird die Schneide ganz verschieden beansprucht. Die erste Berührung zwischen Schneide und Werkstück soll möglichst auf der Spanfläche erfolgen.

Zahlentafel 4. *Richtwerte für den Vorschub je Zahn beim Stirnfräsen*

Zerspanungs-werkstoff	Vorschub je Zahn s_z [mm/Zahn]
Legierter Stahl	0,1 bis 0,2
St 70 bis St 85	0,1 bis 0,22
St 50 bis St 60	0,1 bis 0,25
St 42 bis St 50	0,1 bis 0,28
GG-18	0,1 bis 0,3
GG-30	0,1 bis 0,25

Spanungsbreite $\Big\}$ Stirnfräsen
Spanungsdicke $\Big\{$ (Abb. 133)

$$b = \frac{a}{\sin\varkappa}$$

$$h = s_z \sin\varkappa$$

b = Spanungsbreite [mm], a = Schnittiefe [mm], $\varkappa$ = Einstellwinkel [°], h = Spanungsdicke [mm], s_z = Vorschub je Fräserzahn [mm/Zahn]. Vgl. auch Gln. (162) und (163).

(191)

(192)

3.174 Spanungsquerschnitt beim Walzenfräsen

Das Fräsen unterscheidet sich grundsätzlich vom Drehen, Bohren und Hobeln dadurch, daß das am Orte kreisende Werkzeug eine größere Anzahl Schneiden hat, von denen jede nur über ein kurzes Wegstück Arbeit leistet und dann leerläuft.

Beim geradverzahnten Walzenfräser stellt die Schnittbahn jedes Zahnes eine Zykloide dar[1]. Der zwischen zwei Zykloidenflächen liegende Werkstoff muß von einem Schneidzahn weggeräumt werden. Hierbei ändert sich in jedem Augenblick der vor der Schneide liegende Spanungsquerschnitt. Er schwankt

---

[1] Die gewöhnliche (gespitzte) Zykloide (Radlinie), eine technisch wichtige Kurve, wird von einem Punkte der Peripherie eines Kreises beschrieben, wenn dieser, ohne zu gleiten, auf einer Geraden seiner Ebene rollt. Die Schneide eines Fräserzahnes muß zwei Bewegungen zu gleicher Zeit ausführen. Infolge des ständigen Richtungswechsels der kreisbahnförmigen Hauptschnittbewegung und der geradlinig erfolgenden Vorschubbewegung besitzt der Weg einer Fräserschneide die Form einer Zykloide.

für jeden Zahn von Null bis zu einem Höchstwert. Die Spanungsdicke h steigt vom Wert $h = 0$ kontinuierlich bis $h_{max} = h_e$ (Abb. 134) an und sinkt beim Austritt des Fräserzahnes aus dem Werkstück wieder auf den Wert 0. *Dies gilt sowohl für das Gegenlauffräsen als auch für das Gleichlauffräsen.* Bleibt die Spanungsbreite b gleich, wie beim geradverzahnten Walzenfräser, bei dem sie gleich der Fräsbreite des Werkstückes ist, dann ändert sich nur die Spanungsdicke entsprechend der sog. „Kommaform". Beim drallverzahnten Fräser ändert sich die Spanungsbreite für jeden Zahn unaufhörlich, während die Summe der Breiten aller gleichzeitig schneidenden Drallzähne gleichbleiben kann. Zu beachten ist, daß die „Kommaform" ABO (Abb. 134) beim geradverzahnten Fräser *nicht* der Spanungsquerschnitt ist, sondern nur die Begrenzungslinie für die aufeinanderfolgenden wechselnden Querschnitte bzw. Spanungsdicken.

Spanungsquerschnitt beim Walzenfräsen

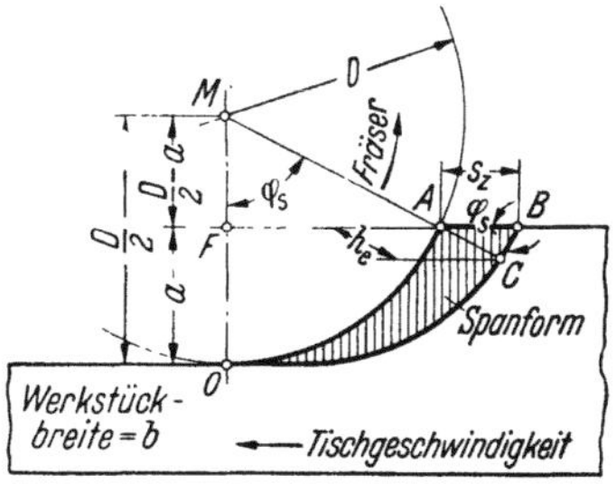

Abb. 134. Spanform beim **Walzenfräsen**. $AB = s_z =$ Vorschub je Fräserzahn; $AC = h_e =$ effektive Spanungsdicke; $a =$ Schnittiefe; $D =$ Durchmesser des Walzenfräsers; $\varphi_s =$ Schnittbogenwinkel

$$\boxed{F = h_e\, b}$$

$F =$ Spanungsquerschnitt $[\text{mm}^2]$, $h_e =$ effektive Spanungsdicke [mm je Zahn] s. Gl. (194), $b =$ Breite des Werkstückes [mm]. (193)

In Gl. (193) bleibt die Fräsbreite b unveränderlich, während die *effektive Spanungsdicke h_e* veränderlich ist. Die Dicke h_e ist abhängig vom Vorschub je Zahn s_z, Schnitttiefe a und Fräserdurchmesser D; man erhält:

Spanungsdicke beim Walzenfräsen (theoretisch, maximale Spanungsdicke)

$$h_e = 2 s_z \sqrt{\frac{a}{D}\left(1 - \frac{a}{D}\right)} \qquad (194)$$

$h_e =$ effektive Spanungsdicke des Einzelspanes beim Walzenfräsen [mm je Zahn], $s_z =$ Vorschub je Fräserzahn [mm], $a =$ Schnittiefe [mm], $D =$ Durchmesser des Walzenfräsers [mm].

Beispiel 95. Zwei Walzenfräser mit verschiedenen Durchmessern $D_1 = 50$ mm und $D_2 = 100$ mm arbeiten bei gleicher Zähnezahl mit gleicher Schnittiefe $a = 5$ mm und gleichem Vorschub $s_z = 0{,}2$ mm/Zahn. Berechne die effektive Spanungsdicke in beiden Fällen.

Lösung: [Gl. (194)]: $h_{e1} = 2 \cdot 0{,}2 \sqrt{\dfrac{5}{50}\left(1 - \dfrac{5}{50}\right)} = 0{,}12$; Spanungsdicke $h_{e1} = 0{,}12$ mm. Sinngemäß wird $h_{e2} = 2 \cdot 0{,}2 \sqrt{\dfrac{5}{100}\left(1 - \dfrac{5}{100}\right)} = 0{,}087$; Spanungsdicke $h_{e2} = 0{,}087$ mm. Trotz gleichen Zahnvorschubes s_z ist also die effektive Spanungsdicke s_e für den größeren Durchmesser kleiner als die für den kleineren Durchmesser. Dem großen s_e des kleineren Fräsers entspricht aber die kleinere spezifische Schnittkraft (vgl. S. 94 ff.) und aus diesem Grunde ist auch die Gesamtleistung bei dem kleineren Fräser etwas kleiner.

In der Größe der Mittenspanungsdicke sind die wichtigsten Veränderlichen des Fräsvorganges enthalten. Um zu vermeiden, daß einzelne Fräserzähne überhaupt nicht schneiden, empfiehlt es sich, zum Einhalten des Mindestvorschubes die Mittenspanungsdicke h_M nicht kleiner als 0,01 mm zu wählen; damit würden alle Zähne wenigstens in Eingriff kommen und gute Standzeit gewährleistet sein. Da h_M sehr kleine Werte ergibt, setzt man sie zweckmäßig in μ ein (1 $\mu = 0{,}001$ mm); $h_M = 0{,}06$ mm entspricht $h_M = 60\,\mu$. Siehe auch Beispiel 123 und Abb. 159.

Anmerkung: Die Gleichungen für die Spanungsdicke h_e und die Mittenspanungsdicke h_M gelten auch beim schrägverzahnten Walzenfräser. Während des Schnittvorganges ist die Schneide des schrägverzahnten Walzenfräsers nicht als Gesamtschneide, sondern als eine aus Schneidendifferentialen zusammengesetzte anzusehen. Gleiches gilt für die Spanbildung beim Schälfräser.

3.175 Spanungsquerschnitt beim Gewindefräsen

Beim Gewindefräsen und insbesondere beim Gewindewirbeln ist zwischen dem *Stirnspan* und dem *Flankenspan* zu unterscheiden (Abb. 135). Meist bezieht sich das über Spanungsdicken Gesagte auf die Stirnschneide. Es ist immer ratsam, die Dicke des Flankenspanes h_{SF} zu überprüfen. Mit Bezug auf Gl. (357) wird:

Dicke des Trapezgewinde-Flankenspanes (Abb. 135)

Beim Metrischen Gewinde mit $\alpha = 60°$ wird $h_{SF} = 0,5\ h_S$, beim Trapezgewinde mit $\alpha = 30°$ wird $h_{SF} = 0,26\ h_S$. Üblich bei Stahl $h_S \lessgtr 0,1$ mm.

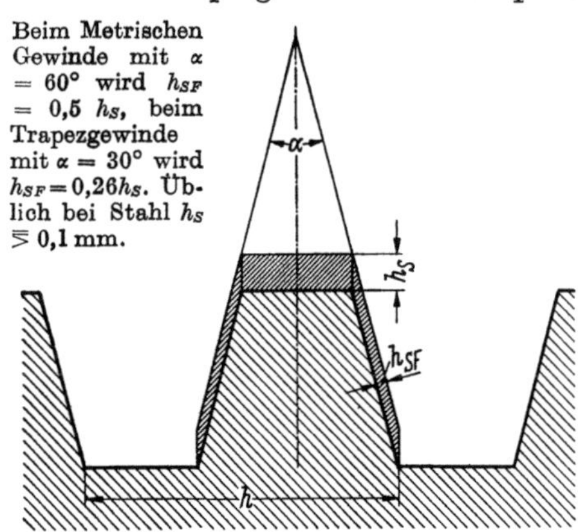

$$h_{SF} = h_S \sin \frac{\alpha}{2} \qquad (195)$$

$h_{SF} =$ Dicke des Flankenspanes [mm], $h_S =$ maximale Spanungsdicke [mm], $\alpha =$ Flankenwinkel des Gewindes $=$ Öffnungswinkel des Profiles [°].

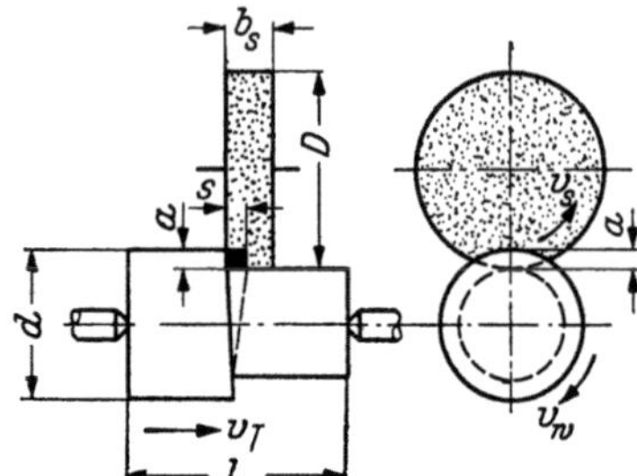

Abb. 135. Stirnspan (h_S) und Flankenspan (h_{SF}) beim Gewindewirbeln

Abb. 136. Einflußgrößen beim Außenrundschleifen

3.18 Schleifen (vielschneidiges Werkzeug)

3.181 Rundschleifen

Das Werkstück führt eine drehende Bewegung aus. Die Zustellung a gibt das Maß an, um welches die Scheibe radial in das Werkstück zugestellt wird. Der Seitenvorschub s (Abb. 136) wird auf die Umdrehung des Werkstückes bezogen. Der Spanungsquerschnitt ergibt sich aus dem zerspanten Volumen je Werkstückumdrehung dividiert durch den Weg des Werkzeuges je Werkstückumdrehung.

Spanungsquerschnitt beim Außenrundschleifen[1]

$$F = \frac{a\,s\,v_w}{v_s} \qquad (196)$$

$F =$ Spanungsquerschnitt (Momentanquerschnitt) beim Außenrundschleifen [mm²], $a =$ Schnittiefe $=$ Zustellung je Hub, bezogen auf den Halbmesser [mm], $s =$ Längsvorschub des Werkstückes je Umdrehung [mm/U], $v_w =$ Umfangsgeschwindigkeit des Werkstückes [m/min], $v_s =$ Umfangsgeschwindigkeit des Schleifkörpers [m/min].

3.182 Flachschleifen

Die Schleifscheibe wird gegenüber dem Werkstück mit der Werkstückgeschwindigkeit v_w bewegt und hat selbst am Umfang die Schleifscheibengeschwindigkeit v_s. Außerdem wird nach jedem Hub eine Seitenzustellung s vorgenommen und die Scheibe um das Maß a radial in das Werkstück zugestellt. Es ergeben sich also die Geschwindigkeiten v_w und v_s und die Zustellung nach Seite und Tiefe s und a. Der Spanungsquerschnitt (annähernd) ist auch hier nach Gl. (196) zu berechnen; setzt man für s die Schleifbreite b [mm], so wird:

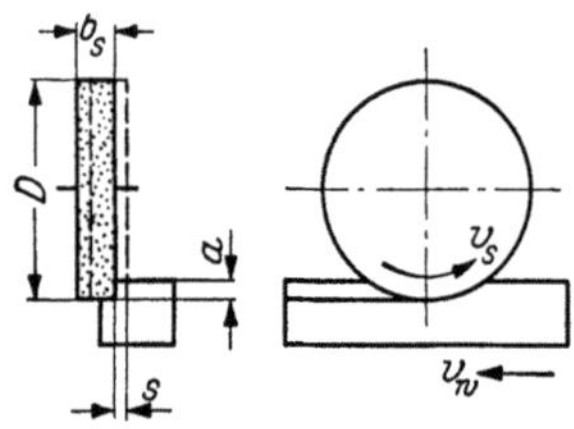

Abb. 137. Einflußgrößen beim Flachschleifen

Spanungsquerschnitt beim Flachschleifen (Abb. 137)

$$F = \frac{a\,b\,v_w}{v_s} \qquad (197)$$

$F =$ Spanungsquerschnitt (Momentanquerschnitt) beim Flachschleifen [mm²], $a =$ Schnittiefe $=$ Zustellung je Hub [mm], $b =$ Schleifbreite [mm], $v_w =$ Umfangsgeschwindigkeit des Werkstückes [m/min], $v_s =$ Umfangsgeschwindigkeit des Schleifkörpers [m/min].

---

[1] Die Spanabnahme je Werkstückumdrehung ist $d\,\pi\,a\,s$ (vgl. Abb. 145), der Weg der Schleifscheibe während dieser Zeit beträgt $\dfrac{D\,\pi\,n_s}{n_w} + d\,\pi$, also etwa $\dfrac{D\,\pi\,n_s}{n_w}$; damit wird der Spanungsquerschnitt (annähernd) $F = (d\,\pi\,a\,s) : \dfrac{D\,\pi\,n_s}{n_w} = \dfrac{d\,\pi\,a\,s\,n_w}{D\,\pi\,n_s} = \dfrac{a\,s\,v_w}{v_s}$.

3.19 Hobeln (einschneidiges Werkzeug)

Hobeln und Drehen berühren sich beim Drehen auf Karuselldrehmaschinen mit sehr großen Werkstückdurchmessern. Die Spanungsquerschnitte beim Hobeln sind meist wesentlich größer als die beim Drehen.

Spanungsquerschnitt beim Hobeln (Abb. 138)

$$F = a\,s$$

F = Spanungsquerschnitt beim Hobeln [mm²], a = Schnittiefe [mm], s = Vorschub des Werkzeuges oder Werkstückes [mm/DH]. (198)

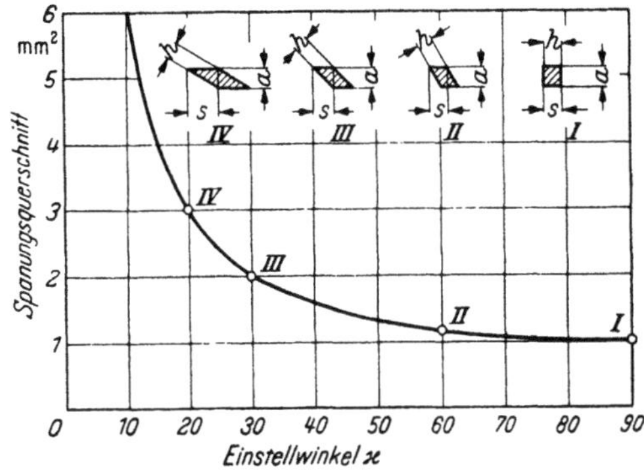

Abb. 138. Abhängigkeit des Spanungsquerschnittes vom Einstellwinkel bei *gleicher* Spanungsdicke

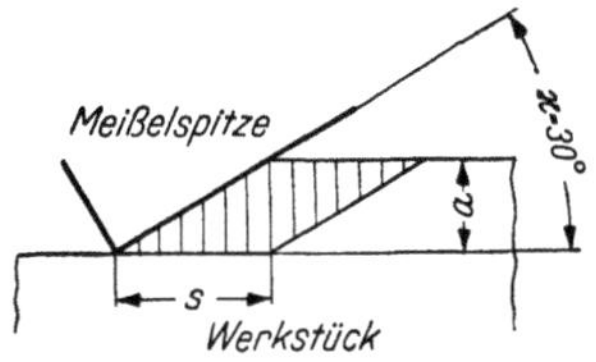

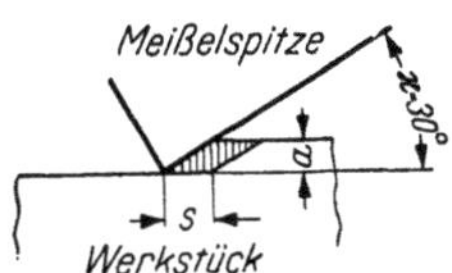

Abb. 139. Einstellwinkel 30°

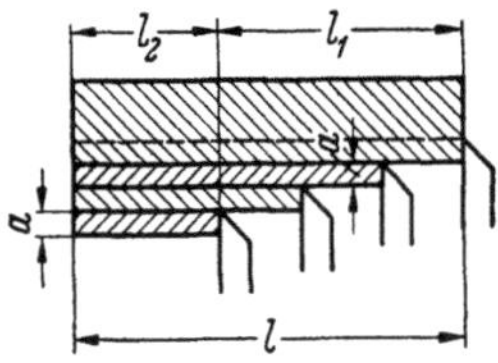

Abb. 140. Einstellwinkel 30°.

Einfluß der Schnittiefe a auf den zulässigen Vorschub je Meißel bei gleichem Einstellwinkel

In Abb. 138 ist der Einfluß des Einstellwinkels auf die Form des Spanungsquerschnittes gekennzeichnet. Die Darstellung des Spanungsquerschnittes (Abb. 119) zur Erläuterung der Bogenspanungsdicke gilt sinngemäß auch für das Hobeln. Die wichtigste Größe ist dabei die unter Schnitt stehende Schneidkantenlänge. Aus Abb. 138 ist ersichtlich, daß der Vorschub um so größer wird, je kleiner der Einstellwinkel ist. Andererseits wird, wie Abb. 139 und 140 zeigen, bei gleichem Einstellwinkel der Vorschub mit kleiner werdender Schnittiefe ebenfalls kleiner.

3.20 Räumen (mehrschneidiges Werkzeug)

Im Gegensatz zum Hobeln arbeitet beim Räumen nicht nur eine, sondern gleichzeitig eine ganze Reihe von Schneiden. Der gesamte vor den Schneiden liegende Querschnitt (Abb. 141) ist während des Schnittes je nach dem Verhältnis von Teilung und Räumlänge veränderlich.

Die Gesamtbelastung des Werkzeuges bleibt also nicht ständig gleich; sie steigt, bis eine der Räumlänge entsprechende Anzahl Zähne im Schnitt steht, bleibt danach etwa gleich und fällt entsprechend den auslaufenden Zähnen am Schluß wieder ab.

Abb. 141. Mehrfachangriff der Räumnadelschneiden.

l = Räumlänge am Werkstück; l_1 = Anschnittlänge, innerhalb der alle Schneiden nacheinander zum Angriff kommen; l_2 = Wegrest, auf den die Nadel voll schneidet; a = Schnittiefe je Zahn (vgl. Abb. 110)

Spanungsquerschnitt je Zahn beim Räumen

$$F = a\,b$$

F = Spanungsquerschnitt je Zahn beim Räumen [mm²], a = Schnittiefe je Zahn [mm], b = Breite des Zahnes = Breite der Nut [mm], (199)

Gesamtspanungsquerschnitt beim Räumen (Abb. 141)

$$F_g = a\,b\,z_e\,n$$

F_g = Gesamtspanungsquerschnitt beim Räumen [mm²], z_e = Anzahl (200)

der gleichzeitig eingreifenden Zähne (zu berechnen nach der Gleichung $z_e = l/t + 1$, wenn l = zu räumende Länge [mm] und t = Teilung [mm] = Abstand von Schneide zu Schneide, näherungsweise $t = 1{,}7\,\sqrt{l}$), n = Anzahl der zu räumenden Nuten.

3.2 Zerspanvolumen

Die drei Größen Schnittgeschwindigkeit, Vorschub und Schnittiefe geben Aufschluß über die *Spanmenge*, welche in einer bestimmten Zeit erzeugt wird. Aus der abgehobenen Spanmenge lassen sich Rückschlüsse auf die Leistung eines Werkzeuges ziehen, sofern die Spanmenge nicht durch Leistungsgrenzen der Werkzeugmaschine bestimmt ist.

3.21 Drehen (Langdrehen)

3.211 Zerspanvolumen

Beim Langdrehen ist Zerspanvolumen je Zeiteinheit das Volumen einer abgedrehten Spansäule mit Außendurchmesser D, Innendurchmesser d und Länge sn.

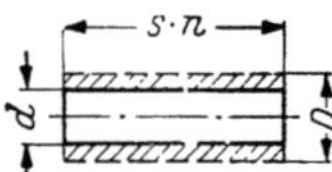

Zerspanvolumen beim Langdrehen (Abb. 142).

$$V = \left(\frac{D^2\pi}{4} - \frac{d^2\pi}{4}\right) s n \qquad (201)$$

Abb. 142. Minutliches Zerspanvolumen beim **Langdrehen**

V = Zerspanvolumen beim Langdrehen [dm³/min], D = Außendurchmesser vor dem Drehen [dm], d = Außendurchmesser nach dem Drehen [dm], s = Vorschub des Drehmeißels je Umdrehung der Drehspindel [dm/U], n = Umlaufzahl der Drehspindel [1/min].

Das Zerspanvolumen je Minute kann auch aus dem Spanungsquerschnitt F [mm²] und der Schnittgeschwindigkeit v [m/min] ermittelt werden.

Zerspanvolumen, ausgedrückt durch Spanungsquerschnitt und Schnittgeschwindigkeit

$$V = \frac{Fv}{1000} \qquad (202)$$

V = Zerspanvolumen [dm³/min], F = Spanungsquerschnitt [mm²], v = Schnittgeschwindigkeit [m/min].

Weiterhin kann das Zerspanvolumen je kW und Minute berechnet werden[1].

Zerspanvolumen, ausgedrückt durch spezifische Schnittkraft[2] und Wirkungsgrad

$$V = \frac{102}{k_s}\eta \cdot 60 \qquad (203)$$

V = Zerspanvolumen je kW und Minute = zerspantes Volumen in der Minute je kW Maschinenleistung $\left[\dfrac{\text{cm}^3}{\text{kW min}}\right]$, k_s = spezifische Schnittkraft [kp/mm²], η = Wirkungsgrad. (Vgl. S. 93.)

Beispiel 96. Achsen (St 60) sind von 210 auf 180 mm Durchmesser mit $v = 20$ m/min vorzuschruppen. Vorschub 2 mm/U. Wie groß ist das minutliche Zerspanvolumen?

1. **Lösung:** Mit $D_m = \dfrac{D+d}{2} = \dfrac{0{,}21+0{,}18}{2} = 0{,}195$ m und $n = \dfrac{v}{D_m\,\pi} = \dfrac{20}{0{,}195\,\pi} = 32{,}7$ 1/min ergibt Gl. (201): $V = \left(\dfrac{2{,}1^2\,\pi}{4} - \dfrac{1{,}8^2\,\pi}{4}\right)\cdot 0{,}02\cdot 32{,}7 \approx 0{,}6$; Zerspanvolumen (Drehmaschine) $V = 0{,}6$ dm³/min.

2. **Lösung:** Nach Gl. (202) wird mit $a = \dfrac{210-180}{2} = 15$ mm, $s = 2$ mm/U, $F = a\,s = 15\cdot 2 = 30$ mm² und $v = 20$ m/min: $V = \dfrac{Fv}{1000} = \dfrac{30\cdot 20}{1000} = 30\cdot 20\cdot 10^{-3} = 0{,}6$; $V = 0{,}6$ dm³/min.

Beispiel 97. Welches Zerspanvolumen [mm³/s] ergibt sich beim Feinstdrehen bei 1 m/s Schnittgeschwindigkeit, 0,03 mm/U Vorschub und 0,1 mm Schnittiefe?

1. **Lösung:** Mit $a = 0{,}1$ mm, $s = 0{,}03$ mm/U und $v = 1$ m/s $= 1000$ mm/s wird $V = a\,s\,v = 0{,}1\cdot 0{,}03\cdot 1000 = 3$; Zerspanvolumen $V = 3$ mm³/s.

2. **Lösung:** Gl. (202) geht mit $F = a\,s = 0{,}1\cdot 0{,}03 = 0{,}003$ mm² und $v = 1$ m/s $= 60$ m/min über in:

$$V = \frac{Fv}{1000} = \frac{0{,}003\cdot 60}{1000} = 0{,}00018 \text{ dm}^3/\text{min} = \frac{0{,}00018\cdot 1000\cdot 1000}{60} = 3 \text{ mm}^3/\text{s} \text{ Zerspanvolumen.}$$

3.212 Zerspangewicht

Für Schlichtarbeiten wird als Leistung die in der Zeiteinheit geschlichtete Oberfläche angegeben. Multipliziert man den Vorschub und die Schnittgeschwindigkeit, so ergibt sich die bearbeitete Oberfläche.

---

[1] Setzt man in Gl. (202) für $Fv = V$ [cm³/min], so wird mit Bezug auf Gl. (239): $Fv = V = \dfrac{N\cdot 102\cdot 60\,\eta}{k_s}$.
Für $N = 1$ kW (Kilowatt) wird $V = \dfrac{102\cdot 60\,\eta}{k_s}$ oder $V = \dfrac{102}{k_s}\eta\cdot 60$.

[2] Vgl. S. 94 ff.

Oberfläche je Zeiteinheit

$$F_O = 10\,s\,v$$

F_0 = Bearbeitete Oberfläche beim Langdrehen [cm²/min], s = Vorschub des Drehmeißels je Umdrehung der Drehspindel [mm/U], v = Schnittgeschwindigkeit [m/min]. (204)

Multipliziert man die bearbeitete Oberfläche und die Schnittiefe, so ergibt sich das Zerspanvolumen.

Zerspanvolumen je Zeiteinheit

$$V = \frac{a\,s\,v}{1000}$$

V = Zerspanvolumen beim Langdrehen [dm³/min], a = Schnittiefe [mm], s = Vorschub des Drehmeißels je Umdrehung der Drehspindel [mm/U], v = Schnittgeschwindigkeit [m/min]. (205)

Wird das Ausbringen einer Werkzeugmaschine als Leistungsmaßstab gefordert, so wird für Schrupparbeiten das in der Stunde abgehobene Zerspangewicht angegeben. Das Produkt Fv wird mit dem Umrechnungsfaktor von Minute auf Stunde, von Millimeter auf Dezimeter und der Wichte[1] multipliziert.

Zerspangewicht je Zeiteinheit

$$G = \frac{a\,s\,v \cdot 60\,\gamma}{1000}$$

G = Zerspangewicht beim Langdrehen [kp/h], a = Schnittiefe [mm], s = Vorschub des Drehmeißels je Umdrehung der Drehspindel [mm/U], v = Schnittgeschwindigkeit [m/min], γ = Wichte des zu zerspanenden Werkstoffes [kp/dm³]. Vgl. Abb. 152. (206)

3.2121 Zerspangewicht beim Drehen

Beispiel 98. Werkstoff mit 85 kp/mm² Festigkeit (Wichte 7,85 kp/dm³) wird mit $v_{60} = 112$ m/min Schnittgeschwindigkeit, 0,8 mm/U Vorschub bei 0,8 mm Schnittiefe bearbeitet. Wie groß ist a) die bearbeitete Oberfläche [cm²/min], b) der Spanungsquerschnitt [mm²], c) das Zerspangewicht [kp/h]?

Lösung: a) [Gl. (204)] Mit $s = 0,8$ mm/U und $v = 112$ m/min wird $F_O = 10\,s\,v = 10 \cdot 0,8 \cdot 112 = 896$; bearbeitete Oberfläche $F_O = 896$ cm²/min. b) [Gl. (167)] Mit $a = 0,8$ mm und $s = 0,8$ mm/U wird $F = a\,s = 0,8 \cdot 0,8 = 0,64$; Spanungsquerschnitt $F = 0,64$ mm². c) [Gl. (206)] Mit $a = 0,8$ mm, $s = 0,8$ mm/U, $v = 112$ m/min und $\gamma = 7,85$ kp/dm³ wird $G = \dfrac{a\,s\,v \cdot 60\,\gamma}{1000} = \dfrac{0,8 \cdot 0,8 \cdot 112 \cdot 60 \cdot 7,85}{1000} = 33,76$; Zerspangewicht $G \approx 34$ kp/h (vgl. auch Beispiel 110).

Vergleichend sei eine Schnellschruppdrehmaschine der Fa. Schieß-Defries A.G., Düsseldorf, angeführt, welche für die Vor- und Fertigbearbeitung schwerer Schmiedestücke bis 110 Tonnen Gewicht benötigt wird und mit Hochleistungs- und Hartmetallwerkzeugen eine stündliche Spanmenge von 2400 kp erzielt. Diese Maschine mit einem Antriebsmotor von 350 PS zerspant $2^1/_2$ m³ Stahl in 8 Stunden.

3.2122 Zerspangewicht beim Schälen.

Die Arbeitsbedingungen von Wellenschälmaschinen werden durch folgende Kennwerte mit den angegebenen Beziehungen untereinander bestimmt: Stangendurchmesser d [mm], Schälgeschwindigkeit v [m/min], Schälkopfdrehzahl $n = v/d\pi$ [1/min], Stangendurchgang $l_t = 1000\,n\,s$ [m/min], Stangenvorschub s [mm/U], Schnittiefe = Gesamtschnittiefe a [mm], Spanungsquerschnitt $F = a\,s$ [mm²], Zerspanvolumen $V = a\,s\,v$ [dm³/min] und Zerspangewicht $G = V\,\gamma \cdot 60$ [kp/h].

Beispiel 99. Eine Wellenschälmaschine bearbeitet Stahl bei $F = 14$ mm² Spanungsquerschnitt (Abb. 121) mit $v = 40$ m/min Schälgeschwindigkeit. a) Welche Zerspanleistung [dm³/min] liegt vor? b) Wie groß ist das stündliche Zerspangewicht [kp/h], wenn $\gamma = 7,85$ kp/dm³? c) Welches stündliche Stangendurchgangsgewicht [Mp/h] ergibt sich bei $d = 63$ mm Stangenrohrdurchmesser und $l_t = 1,4$ m/min Stangendurchgang? d) Wie groß ist die gesamte (gedachte) Spanlänge [km], wenn eine 118 m lange Rohrstange mit 45 mm Durchmesser und $s = 6,5$ mm/U Vorschub fortlaufend geschält wird?

Lösung: a) $V = \dfrac{Fv}{1000} = \dfrac{14 \cdot 40}{1000} = 0,56$; Zerspanvolumen $V = 0,56$ dm³/min. b) $G = \dfrac{Fv \cdot 60\,\gamma}{1000} = V \cdot 60\,\gamma = 0,56 \cdot 60 \cdot 7,85 \approx 264$; Zerspangewicht $G = 264$ kp/h. c) $G_{st} = \dfrac{d^2\,\pi}{4}\,l_t \cdot 10\,\gamma\,\dfrac{60}{1000} = \dfrac{0,63^2\,\pi}{4}\,1,4 \cdot 10 \cdot 7,85\,\dfrac{60}{1000} = 2,04$; Stangendurchgangsgewicht $G_{st} = 2,04$ Mp/h. d) Mit den vorliegenden Arbeitsbedingungen wird $l = \dfrac{d\,\pi\,L}{s} = \dfrac{0,045\,\pi \cdot 118}{0,0065} = 2566,45$ m; gesamte Spanungslänge (*Standweg*) $\approx 2,6$ km. Diese Spanungslänge ergibt ein anschauliches Bild der Messerleistung einer Schälmaschine.

---

[1] Die „Wichte" ist für die frühere Bezeichnung „spezifisches Gewicht" eingeführt worden. Das Gewicht eines Körpers ergibt sich aus dem Rauminhalt (Volumen) V mal der Wichte γ, also $G = V\,\gamma$. Nach DIN 1301 wurde das *Kilopond* mit dem Kurzzeichen „kp" als *Krafteinheit* des technischen Maßsystems eingeführt. Der Grund dafür war, daß bisher zwei wesensverschiedene Größen „Kraft" und „Masse" mit der gleichen Bezeichnung „Kilogramm" belegt wurden, wodurch sich Unklarheiten ergaben. Das technische Maßsystem hat damit die *Grundgrößen* Länge, **Kraft (Gewicht)**, Zeit mit den *Einheitenzeichen* m, **kp**, s. Kräfte und Gewichte werden in kp angegeben. *Zahlenwerte* ändern sich nicht. 1. Beispiel: Kraft $P = 50$ kg; jetzt: $P = 50$ kp. 2. Beispiel: Gewicht $G = 16$ kg; jetzt: $G = 16$ kp. 3. Beispiel: Spezifische Schnittkraft $k_s = 80$ kg/mm² oder 8000 kg/cm²; jetzt: $k_s = 80$ kp/mm² oder 8000 kp/cm². Ferner ist 1 Kilopond (kp) = 1000 Pond (p) und 1000 kp = 1 Mp (Megapond).

3.22 Bohren (Spiralbohrer)

Wirtschaftliches Bohren erfordert die Anwendung des größtmöglichen Vorschubes, den die Festigkeit des Bohrers, die Stabilität der Bohrmaschine, Steifigkeit des Werkstückes, die Motorleistung und die Lochgüte zulassen. Dabei ergibt sich als weiterer Gewinn die Senkung des k_s-Wertes (vgl. S. 94), also eine Verringerung des spezifischen Energiebedarfs gegenüber dem Bohren mit kleinen Vorschüben.

Zerspanvolumen beim Bohren (Spiralbohrer)*

$$V = \frac{D\,s\,v}{4000}$$

$V =$ Zerspanvolumen [dm³/min], $D =$ Durchmesser des Spiralbohrers [mm], $s =$ Vorschub des Spiralbohrers je Umdrehung der Bohrspindel [mm/U], $v =$ Schnittgeschwindigkeit [m/min].   (207)

3.23 Fräsen

3.231 Zerspanvolumen (Stirn- und Walzenfräsen)

Das Zerspanvolumen ist durch die Schnittbedingungen gegeben und damit gleich dem Produkt aus Schnittiefe, Fräsbreite und Vorschubgeschwindigkeit.

Zerspanvolumen beim Stirn- und Walzenfräsen

$$V = a\,b\,s'$$

$$V = a\,b\,n\,z\,s_z$$

$V =$ Zerspanvolumen [dm³/min], $a =$ Schnittiefe [dm], $b =$ Fräsbreite [dm], $s' =$ Vorschubgeschwindigkeit [dm/min], $n =$ Umdrehungen des Fräsers [1/min], $z =$ Zähnezahl des Fräsers,   (208)   (209)

$s_z =$ Vorschub je Fräszahn [dm/Zahn]. Schnittiefe mal Fräsbreite $= a\,b =$ Fräsquerschnitt.

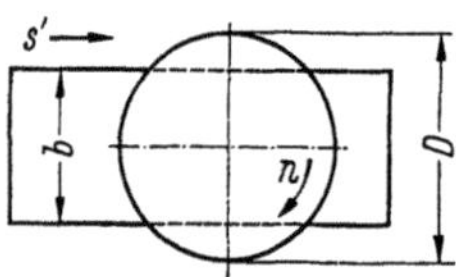

Abb. 143. Minutliches Zerspanvolumen beim **Stirnfräsen**. Spanungsquerschnitt beim Stirnfräsen vgl. Abb. 133

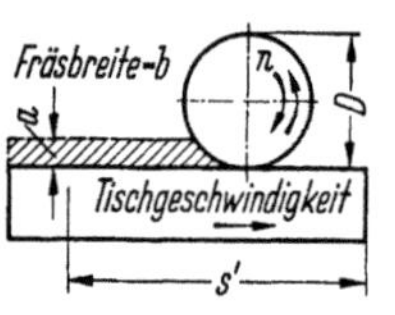

Abb. 144. Minutliches Zerspanvolumen beim **Walzenfräsen**

Beispiel 100. Werkstoff *GG*-26 wird mit Messerkopf 240 mm Durchmesser zerspant. Zähnezahl des Fräsers $= 16$, Vorschubgeschwindigkeit 600 mm/min, Schnittiefe 4 mm. Berechne a) das Zerspanvolumen für 128 mm Schnittbreite, b) den Vorschub je Zahn, wenn die Frässpindel 90 1/min macht.

Lösung: a) [Gl. (208)] Mit $a = 0{,}04$ dm, $b = 1{,}28$ dm und $s' = 6$ dm/min wird $V = a\,b\,s'$ $= 0{,}04 \cdot 1{,}28 \cdot 6 = 0{,}3072$; Zerspanvolumen $V \approx 0{,}307$ dm³/min $= 307$ cm³/min. b) [Gl. (20)]

$$s_z = \frac{s'}{n\,z} = \frac{600}{90 \cdot 16} = 0{,}417;\ \text{Vorschub je Zahn}$$

$s_z = 0{,}417$ mm (vgl. auch Abb. 131).

Es sei eine Hochleistungsfräsmaschine angeführt, welche Gußstücke von über 180 Tonnen $= 180$ Mp Walzenständer) bearbeiten kann und Zerspanvolumen von 2460 cm³ je Min. oder Zerspangewichte von 2320 kp je Stunde $= 2{,}23$ Mp/h erlaubt.

3.232 Zerspangewicht (Stirn- und Walzenfräsen)

Die Spanmenge in der Zeiteinheit dient auch hier zur Beurteilung der Leistungsfähigkeit von Werkzeug und Maschine.

Zerspangewicht je Zeiteinheit

$$G = a\,b\,s' \cdot 60\,\gamma$$

$G =$ Zerspangewicht beim Stirn- und Walzenfräsen [kp/h], $a =$ Schnittiefe [dm], $b =$ Fräsbreite [dm], $s' =$ Vorschubgeschwindigkeit   (210)

[dm/min], $\gamma =$ Wichte des zu zerspanenden Werkstoffes [kp/dm³]. Mit a und b in [mm], s' in [mm/min] geht Gl. (210) über in $G = \dfrac{a\,b\,s' \cdot 60\,\gamma}{1000 \cdot 1000}$ oder $G = \dfrac{a\,b\,s' \cdot 60\,\gamma}{10^6}$ [kp/h].

3.233 Zerspanvolumen (Wälzfräsen)

Bei Maschinen mit unterschiedlicher Drehzahl und Vorschubstufung kann man die erzielten Zerspanvolumen je Minute gegenüberstellen; näherungsweise rechnet man das Zerspanvolumen nach Gl. (211), das für die Schnittleistung maßgebende Zerspanvolumen nach Gl. (212).

---

* Spanungsquerschnitt je Schneide nach Gl. (176) $F = \dfrac{D\,s}{4}$ [mm²]; für zwei Schneiden wird $F = \dfrac{D\,s}{2}$ [mm²]. Hieraus Zerspanvolumen je Minute $V = F\,\dfrac{v}{2} = \dfrac{D\,s\,v}{4}$ [cm³/min] oder mit Bezug auf Gl. (202): $V = \dfrac{D\,s\,v}{4000}$.

Zerspanvolumen beim
Stirnradwälzfräsen
(Abb. 59)

Normalmodul m_n und Schrägungswinkel β_0 vgl. S. 269.

$$V \approx \frac{(m_n)^2 \pi \, z \, b}{\cos \beta_0}$$

$$V_t \approx \frac{(m_n)^2 \pi \, z \, b}{t_h \cdot \cos \beta_0}$$

V = Zerspanvolumen [dm³], m_n = Normalmodul [mm], z = Zähnezahl des Werkstückes, b = Breite des Werkstückes [mm], β_0 = Schrägungswinkel [°], V_t = Zerspanvolumen je Zeiteinheit [dm³/min], t_h = Hauptzeit [min]; vgl. Gln. (82) und (83). Beim Geradstirnrad wird $m_n = m$, $\beta_0 = 0°$ und $\cos \beta_0 = 1$. (211) (212)

3.234 Zerspanvolumen (Gewindefräsen)

Bezeichnet beim Trapezgewindefräsen f den Querschnitt einer Gewindelücke der Gewindespindel [mm²], d_S den Schwerpunktsdurchmesser [mm] und n_w die Werkstückdrehzahl [1/min], so berechnet sich das zerspante Volumen je Zeiteinheit zu $V = \frac{f\, d_S\, \pi\, n_w}{1000}$ [cm³/min]. Statt des Schwerpunktsdurchmessers d_S kann mit genügender Annäherung der mittlere Gewindedurchmesser $d_m = {}^1/_2 (d + d_1)$ genommen werden:

Zerspanvolumen beim
Gewindefräsen
(Trapezgewinde)

$$V = \frac{f\, n_w\, (d + d_1)\, \pi}{2000}$$

V = Zerspanvolumen beim Gewindefräsen [cm³/min], f = Querschnitt der Zahnlücke (vgl. B.T. 8, Z. 34 bis 37) der Gewindespindel [mm²], n_w = Werkstückdrehzahl (213)

[1/min], d = Bolzenaußendurchmesser [mm], d_1 = Bolzenkerndurchmesser [mm].

3.24 Schleifen

3.241 Rundschleifen

Längsschleifen. In Abb. 145 ist $ABCD$ die bei einer Werkstückumdrehung geschliffene Fläche und beträgt $F = d\pi s$ [mm²]; dabei ist der Längsvorschub s gleich der Scheibenbreite b_s. Bei a mm Schnittiefe wird das Spanvolumen je Werkstückumdrehung $= d\pi a s$ [mm³]; damit:

Zerspanvolumen beim
Längsrundschleifen

V ohne Zwischenberechnung von n_w

$$V = d\pi a s n_w$$

$$V = a s v_w \cdot 1000$$

$$V = d\pi a v_T \cdot 1000$$

V = Zerspanvolumen = Spanabnahme je Zeiteinheit [mm³/min], d = Werkstückdurchmesser [mm], a = Schnittiefe [mm], s = gerader Längsvorschub (axial zum Werkstück) der Schleifscheibe je Umdrehung des Werkstückes [mm/U], n_w = Umlaufzahl des Werkstückes [1/min], v_w = (214) (215) (216)

Umfangsgeschwindigkeit des Werkstückes [m/min], v_T = Tischgeschwindigkeit [m/min].

Beispiel 101. Ein Bolzen 50 mm Durchmesser, 100 mm lang, wird mit 0,35 mm Schleifzugabe zwischen Spitzen geschliffen. Am Hubende ragt die Scheibe um ihre halbe Breite über das Werkstück hinaus. a) Wie groß ist das zu zerspanende Werkstückvolumen [mm³]? b) Welche Hauptzeit [min] benötigt der Schleifvorgang, wenn mit einem Zerspanvolumen von 7,25 mm³/s gearbeitet wird?

Lösung: a) Mit $D_a = 50$ mm Werkstückaußendurchmesser, $\delta = 0,35$ mm Schleifzugabe und $l = 100$ mm Werkstücklänge wird $V_w = D_a \pi \delta l = 50 \pi \cdot 0,35 \cdot 100 = 5497,8$; abzuschleifendes Werkstückvolumen $V_w \approx 5500$ mm³. b) Da die Scheibe am Hubende um ihre halbe Breite über das Werkstück hinausragt, ist die Hublänge L der Scheibe gleich der Werkstücklänge l. Die zum Schleifen des Bolzens erforderliche Hubzahl ist $i = \frac{z}{a} = \frac{\delta}{a}$, da der Weg des Schleifspindelstockes z gleich der Schleifzugabe δ ist. Die Zeit für einen Hub beträgt $\frac{L}{v_T}$, wenn v_T = Tischgeschwindigkeit [m/min]. Die reine Bearbeitungszeit, also die Hauptzeit, ist damit $t_h = i \frac{L}{v_T}$. Mit $i = \frac{\delta}{a}$ und $L = l$ wird $t_h = \frac{\delta\, l}{a\, v_T}$. Nun ist $v_T = s\, n_w$ und $n_w = \frac{v_w}{D\, \pi}$. Damit folgt

$$t_h = \frac{\delta\, l}{a\, s\, n_w} = \frac{\delta\, l\, D\, \pi}{a\, s\, v_w} = \frac{V_w}{V}.$$

Außer nach den Gln. (95) bis (97) kann die Hauptzeit auch mit Hilfe des Zerspanvolumens nach Gl. (217) bestimmt werden.

Hauptzeit beim Längsrundschleifen [sek]

$$t_h = \frac{V_w}{V} = \frac{\text{zu zerspanendes Werkstückvolumen [mm}^3]}{\text{Zerspanvolumen je Zeiteinheit [mm}^3\text{/s]}}$$ (217)

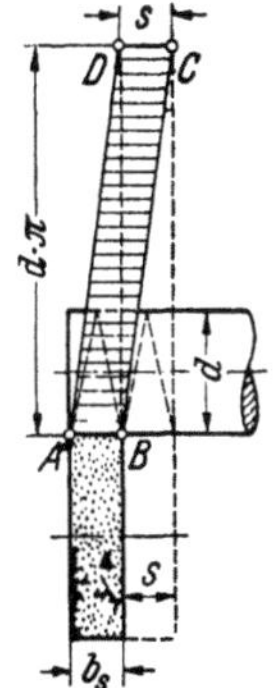

Abb. 145. Schleiffläche je Werkstückumdrehung beim **Längsrundschleifen**

Mit den Zahlenwerten $t_h = 5500/7{,}25 \approx 760$; Hauptzeit $t_h = 760$ sek $\approx 12{,}7$ Min. Das Beispiel zeigt, daß die Hauptzeit t_h von den Werkstückabmessungen, der Schleifzugabe δ und dem Zerspanvolumen V je Zeiteinheit abhängig ist. Je größer dieses Zerspanvolumen, um so niedriger die Hauptzeit.

Einstechschleifen. Beim Einstechschleifen (Abb. 78) gilt sinngemäß:

Zerspanvolumen beim Einstechschleifen

$$V = a\, b_s\, v_w \cdot 1000$$

$V =$ Zerspanvolumen = Spanabnahme je Zeiteinheit [mm³/min], $a =$ Schnitttiefe = radiale Zustellung je Werk (218)

stückumdrehung [mm], $b_s =$ Breite der Schleifscheibe [mm], $v_w =$ Umfangsgeschwindigkeit des Werkstückes [m/min].

Beispiel 102. Ein 15 mm breites Werkstück (legierter, gehärteter Stahl) ist bei 90 mm Durchmesser im Einstechverfahren zu schleifen. Die Schleifzugabe beträgt 0,4 mm. Welche Hauptzeit [min] wird benötigt, wenn mit 6 mm³/s Zerspanvolumen gearbeitet wird?

Lösung: Mit $D_a = 90$ mm, $\delta = 0{,}4$ mm und $l = 15$ mm wird $V_w = D_a\, \pi\, \delta\, l = 90\, \pi \cdot 0{,}4 \cdot 15 = 1696{,}5$; Werkstückvolumen $V_w \approx 1697$ mm³. Mit Bezug auf Beispiel 101: $t_h = V_w/V = 1697/6 = 283$; Hauptzeit $t_h = 283$ sek $= 4{,}7$ Min.

Beispiel 103. Mit welcher Zustellgeschwindigkeit [µ/s] wurde im Beispiel 102 gearbeitet?
Lösung: [Gl. (110)] Durch Umstellung wird $s_e' = L/t_h = \delta/t_h = 0{,}4/283 = 0{,}00141$ mm/s; Zustellgeschwindigkeit $s_e' = 1{,}41\ µ$/s.

3.242 Flachschleifen

Greift beim Flachschleifen (Abb. 97) die Scheibe über die ganze Breite des Werkstückes, so beträgt das Zerspanvolumen je Doppelhub $a\, b\, l$ [mm³]; damit:

Zerspanvolumen beim Flachschleifen

$$V = a\, b\, l\, n$$

$V =$ Zerspanvolumen [mm³/min], $a =$ Schnitttiefe [mm], $b =$ Breite des Werkstückes [mm], $l =$ Länge des Werkstückes [mm], $n =$ Anzahl der Doppelhübe je Min. [DH/min]. (219)

3.243 Schleifscheibenabnutzung

Es ist dies der Volumenverlust der Schleifscheibe und wird mit Hilfe der Differenz zwischen Scheibendurchmesser vor und nach dem Schleifen [Gl. (220)] oder aus den jeweiligen Abrichtbedingungen[1] [Gl. (221)] errechnet.

Schleifscheibenabnutzung (Abb. 146 und 147)

$$V_u = \frac{\pi}{4}\,(D_s^2 - d_s^2)\, b_s$$

$$V_u = D_s\, \pi\, b_s \sum a'$$

$V_u =$ Schleifscheibenabnutzung [cm³], $D_s =$ Durchmesser der Schleifscheibe vor dem Schleifen [cm], $d_s =$ Durchmesser der Schleifscheibe nach dem Schleifen [cm], $b_s =$ Schleifscheibenbreite [cm], $\sum a' =$ Gesamtzustellung [cm]. (220) (221)

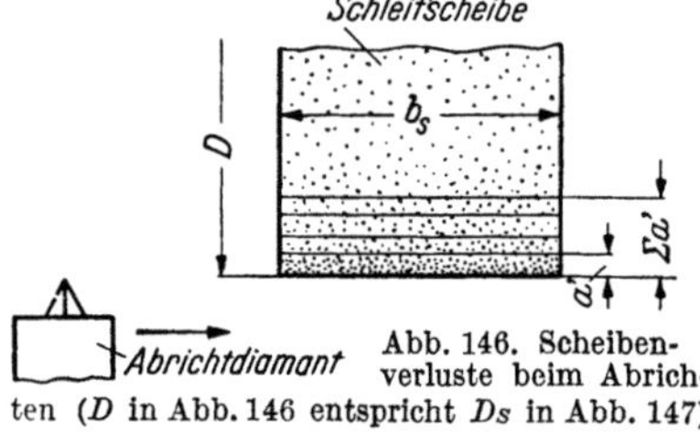

Abb. 146. Scheibenverluste beim Abrichten (D in Abb. 146 entspricht D_s in Abb. 147)

Die unvermeidliche Schleifscheibenabnutzung (Abb. 146) steht im Mittel zur Werkstoffzerspanung im Verhältnis 1:7. Diese Verhältniszahl der spezifischen Abnutzung besagt, daß mit einem Teil Schleifmittel 7 Teile Werkstoff zerspant werden können. Das Verhältnis des Gewichtes von abgeschliffenem Werkstoff zum Gewicht des verbrauchten Schleifmittels wird mit *Spanverhältnis* bezeichnet.

Beispiel 104. Ein 25 mm hohes (regelmäßiges) Sechskant mit 17 mm Schlüsselweite, das mit 0,1 mm Schleifzugabe vorgefräst ist, soll auf Maß geschliffen werden. a) Welches Werkstoffvolumen [mm³] ist zu zerspanen, wenn eine Fläche nach der anderen durch Umschlagen bearbeitet wird? b) Wie groß ist das abgenutzte Volumen der Schleifscheibe bei einem spezifischen Abnutzungsverhältnis von 1 : 7? c) Welche Abstandsänderung ergibt sich, wenn das abgenutzte Schleifscheibenvolumen auf den Umfang einer Topfscheibe von 60 mm mittlerem Durchmesser und einer Arbeitsbreite von 4 mm bezogen wird?

---

[1] Unter dem *Abrichten eines Schleifkörpers* versteht der AWF eine „Feinbearbeitung der umlaufenden Schleifscheibe zum Wiederherstellen der Schneidfähigkeit und um den Schleifkörper rundlaufend zu erhalten“. Dabei erhält die Schleifscheibenumfläche eine den Abrichtbedingungen entsprechende ganz bestimmte Oberflächengestalt, durch die beim nachfolgenden Schleifvorgang der Schleifscheibenverschleiß und die Werkstückrauhtiefe sehr wesentlich beeinflußt werden. *Abrichtvorschub* kann mit 0,1 bis 0,15 (Produktionsschleifen) bzw. 0,01 bis 0,015 (Feinschleifen) mm/U der Scheibe gewählt werden.

Lösung: a) Die Sechskantseite erhält man nach B.T. 39 zu $s = 1{,}155\,r = 1{,}155 \cdot 8{,}5 \approx 9{,}8$ mm. Bei einer Breite der sechs zu schleifenden Flächen von 9,8 mm, einer Höhe des Sechskantes von 25 mm und einer Schleifzugabe von 0,1 mm ergibt sich $V_w = a\,b\,l \cdot 6 = 0{,}1 \cdot 9{,}8 \cdot 25 \cdot 6 = 147$; Werkstoffvolumen (Zerspanvolumen) $V_w = 147$ mm³. b) Bei dem spezifischen Abnutzungsverhältnis 1:7 wird $V_s = \dfrac{147}{7} = 21$; abgenutztes Schleifscheibenvolumen $V_s = 21$ mm³. c) Dieses abgenutzte Schleifscheibenvolumen würde einer Abnutzung von $h = \dfrac{21}{60\,\pi \cdot 4} = 0{,}028$ mm entsprechen. Die geschliffenen Flächen sind Tangenten einer Spirale mit einer größten Abstandsänderung von 0,028 mm allein durch Schleifscheibenabnutzung.

Anmerkung: Bei Einzelfertigung würde man nicht jede Fläche sofort auf Maß schleifen, sondern sich durch öfteres Umschlagen von Hand dem Fertigmaß nähern, um die Schleifscheibenabnutzung gleichmäßig auf alle 6 Flächen zu verteilen; dies ist aber zeitraubend, umständlich und nicht mehr rationell. Einer Fertigung von Teilen, bei denen eine genaue mittige Lage der zu schleifenden Flächen bei rationeller Fertigung gefordert wird, kann nur eine Umschlagschleifvorrichtung gerecht werden.

Schleifscheibenverschleißvolumen ist das während des Schleifens abgenutzte Schleifscheibenmaterial, meßbar an den Maßänderungen der Schleifscheibe. Der spezifische Schleifscheibenverschleiß ist der auf den Werkstückabschliff bezogene Verschleiß und bestimmt sich nach Gl. (222).

Spezifischer Schleifscheibenverschleiß

$$V_s = \frac{V_u}{V_w} \cdot 100$$

V_s = Spezifischer Schleifscheibenverschleiß [%], V_u = Schleifscheibenabnutzung [cm³], V_w = Werkstückabschliff [cm³]. (222)

Nutzbares Schleifscheibenvolumen (Abb. 147)

$$V_n = \frac{\pi}{4}(D_s^2 - d_r^2)\,b_s$$

V_n = Nutzbares Schleifscheibenvolumen [cm³], D_s = Schleifscheibendurchmesser [cm], d_r = Restdurchmesser der Schleifscheibe [cm]. (223)

Der Restdurchmesser der Scheibe ergibt sich (Abb. 147) zu $d_r = d_f + 2$ bis 5 cm (Spannflanschdurchmesser plus 2 bis 5 cm überstehender Scheibenrest im Durchmesser).

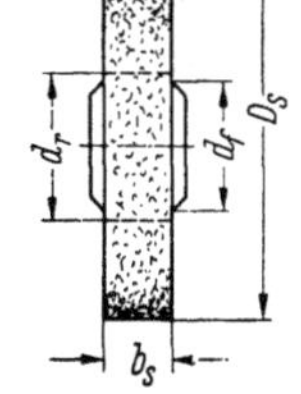
Abb. 147. Rest- und Spannflanschdurchmesser einer Schleifscheibe

Anmerkung: Die spezifischen Kosten des nutzbaren Scheibenvolumens ($k\,V_n$) werden errechnet, indem man den Preis der Scheibe (k_s) in Beziehung zu dem nutzbaren Scheibenvolumen (V_n) bringt; es gilt $k\,V_n = \dfrac{k_s}{V_n}$. Multipliziert man den Wert des Schleifscheibenverlustes (V_u) nach Gl. (220) oder (221) mit den spezifischen Kosten ($k\,V_n$), so ergeben sich die Schleifscheibenkosten (K) für die zwischen zwei Messungen verrichtete Schleifarbeit zu $K = V_u\,(k\,V_n)$.

3.25 Honen

Honen wird neuerdings auch zum Abtragen größerer Werkstoffmengen eingesetzt und erfährt somit eine Erweiterung, die es nicht mehr als reines Feinbearbeitungsverfahren erscheinen läßt. Die Leistungsfähigkeit der heutigen Honmaschinen und Honwerkzeuge ermöglicht in vielen Fällen, daß Vorbereitungsverfahren durch Honen wesentlich wirtschaftlicher ersetzt werden können.

Von einer bestimmten Honzugabe an steigt sowohl die Bearbeitungszeit als auch der Kraftaufwand und zugleich der Honsteinverbrauch verhältnismäßig stark an. Eine Honmaschine vermag je nach dem Werkstück bei kleinen Baumustern etwa 0,5—2 kp/h, bei mittleren Maschinen 2—9,5 kp/h und bei großen Maschinen 6 — 30 kp/h Zerspanungswerkstoff zu zerspanen. Die Zerspanleistung je cm² Honstein liegt hierbei zwischen 0,132 und 2,2 kp.

3.26 Hobeln und Stoßen

Zerspanvolumen beim Hobeln und Stoßen (Abb. 148)

$$V = a\,s\,l\,n_L$$

V = Zerspanvolumen [dm³/min], a = Schnittiefe [dm], s = Vorschub des Werkzeuges oder Werkstückes je Doppelhub [dm/DH], l = Länge des Werkstückes [dm], n_L = Anzahl der Doppelhübe je Minute [DH/min]. (224)

Beispiel 105. Eine Langhobelmaschine arbeitet bei minutlich 3,12 Doppelhüben mit 62 mm² Spanungsquerschnitt. Werkstücklänge 3 m. Wie groß ist das Zerspanvolumen in dm³/min? Lösung: [Gl. (224)] Mit $a\,s = 0{,}0062$ dm², $l = 30$ dm, $n_L = 3{,}12$ DH/min wird $V = a\,s\,l\,n_L = 0{,}0062 \cdot 30 \cdot 3{,}12 = 0{,}58$; Zerspanvolumen (Langhobelmaschine) $V = 0{,}58$ dm³/min.

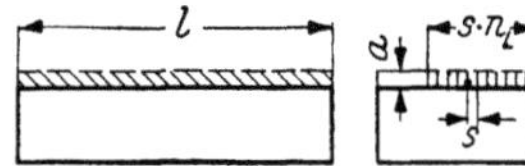
Abb. 148. Minutliches Zerspanvolumen beim Hobeln und Stoßen

3.3 Antriebsleistung

Es ist wichtig, die bei Fertigung des einzelnen Werkstückes auftretenden Kräfte, Drehmomente, mechanische Arbeit und Leistung zu kennen. Alle diese Größen sind auf die Stelle in der Maschine zu beziehen, an der Werkzeug und Werkstück aufeinander wirken; man spricht zusammenfassend von „*Leistungsgrößen*". Rechnerische Unterlagen für die Leistungsgrößen einer Werkzeugmaschine werden nicht nur bei ihrer Konstruktion oder bei der Planung des Betriebes, der eine neue Maschine beschaffen will, benötigt, sondern auch später in der Arbeitsvorbereitung, damit die jeweils günstigste Zuordnung zwischen Fertigungsaufgabe und Maschine gefunden wird. Weiterhin ist die Kenntnis der Leistungsgrößen notwendig für die Bemessung der Werkzeuge und letztlich auch für die Bestimmung von Form und Größe der Werkzeug- und Werkstückspannvorrichtungen.

3.31 Arbeit und Leistung

Um eine rechnerische Beurteilung der Arbeit zu ermöglichen, wird die Kraft durch die Krafteinheit (1 kp), der Weg durch die Längeneinheit (1 m) ausgedrückt, und als *Arbeitseinheit* diejenige Arbeit festgesetzt, welche verrichtet wird, wenn ein Körper von 1 kp Gewicht einen Meter hoch gehoben wird. Diese Einheit heißt Kilopondmeter (1 kpm). Arbeit = Kraft [kp] mal Weg [m]; es gilt Gl. (225). Die in einer Sekunde geleistete mechanische Arbeit bezeichnet man als Leistung $\left(N = \dfrac{A}{t}\text{ oder }N = \dfrac{Ps}{t}\right)$; *Leistungseinheit* ist somit das Sekundenkilopondmeter. Eine Leistung von 1 kpm/s wird entwickelt, wenn eine Kraft von 1 kp in 1 Sekunde um 1 m gehoben wird. Leistung = Kraft [kp] mal Geschwindigkeit [m/s]; es gilt Gl. (226). Um große Zahlenwerte für die Leistung zu vermeiden, hat man 75 kpm/s zu einer größeren Leistungseinheit zusammengefaßt und nennt sie *Pferdestärke* (PS); man erhält Gl. (227).

Für die elektrische Energie ist 1 Volt mal 1 Ampere gleich 1 Watt (1 V · 1 A = 1 W) als Leistungseinheit gesetzt. Versuche ergaben, daß einem Kilopondmeter je Sekunde 9,81 W entsprechen, also 1 kpm = 9,81 W/s. Da 75 kpm/s = 1 PS ausmachen, so gilt: 1 kpm/s = 9,81 W und 1 PS = 75 kpm/s = 75 · 9,81 = 736 Watt. Für technische Zwecke ist das Watt zu klein, so daß sein 1000facher Wert genommen und mit Kilowatt (kW) bezeichnet wird, also 1 kW = 1000 W; siehe Zahlentafel 5.

$$\text{Arbeit [kpm]}\quad \boxed{A = Ps} \quad (225)$$

$$\text{Leistung [kpm/s]}\quad \boxed{N = Pv} \quad (226)$$

$$\text{Leistung [PS]}\quad \boxed{N = \frac{Pv}{75}} \quad (227)$$

$$\text{Leistung [kW]}\quad \boxed{N = \frac{Pv}{102}} \quad (228)$$

$$\text{Leistung [W]}\quad \boxed{N = UI} \quad (229)$$

In den Gln. (225) bis (229) bedeutet: A = mechanische Arbeit [kpm], P = Kraft [kp], s = Weg [m], N = Leistung [kpm/s oder PS oder W], v = Geschwindigkeit [m/s], U = elektrische Spannung = Betriebsspannung [V], I = elektrische Stromstärke [A]. Zu Gl. (229): Vgl., entsprechend der *Stromart*, auch Gln. (261) bis (263).

Zahlentafel 5
Vergleich der wichtigsten Leistungsmaße[1]

W	kW	PS	kpm/s
1	0,001	0,00136	0,102
1000	1	1,36	102
736	0,736	1	75
9,81	0,00981	0,0133	1

Beispiel 106. Wie berechnet sich die Leistung in kW, wenn die Kraft P in kp und die Schnittgeschwindigkeit v in m/min gegeben ist?

Lösung: Die PS-Leistung ergibt sich nach Gl. (227) zu $N = \dfrac{Pv}{75}$, wenn v in m/s und zu $N = \dfrac{Pv}{75 \cdot 60}$, wenn v in m/min. Die kW-Leistung wird damit $N = \dfrac{Pv \cdot 0,736}{75 \cdot 60}$ oder:

Leistung [kW] aus P und v. (Nettoleistungsbedarf für alle Zerspanungsvorgänge)

$$\boxed{N = \frac{Pv}{6120}}$$

N = Leistung [kW], P = Kraft [kp], v = Geschwindigkeit [m/min]. (Angenähert $N \approx Pv/6000$). (230)

Beispiel 107. Wie berechnet sich die Leistung in kW, wenn das Drehmoment M_t in kpcm und die Drehzahl n in 1/min gegeben ist?

Lösung: Setzt man in $N = \dfrac{Pv}{75}$ für $v = \dfrac{d\pi n}{60} = \dfrac{2r\pi n}{60}$ [m/s], so folgt $N = \dfrac{P \cdot 2r\pi n}{60 \cdot 75}$. Die Einheit für r in cm eingesetzt, ergibt $N = \dfrac{P \cdot 2r\pi n}{60 \cdot 75 \cdot 100}$. Nun ist $\dfrac{2\pi}{60 \cdot 75 \cdot 100} = \dfrac{1}{71\,620}$ und damit $N = \dfrac{Prn}{71\,620}$ [PS] oder $N = \dfrac{Prn \cdot 0,736}{71\,620} = \dfrac{Prn}{97\,310}$ [kW]. *Angenähert* rechnet man $N = Prn/97400$ [kW].

---

[1] Wegen der beherrschenden Stellung der Elektrizität als Antriebsenergie wird die alleinige Verwendung des Kilowatt (kW) als technische Leistungseinheit empfohlen. Bei Werkzeugmaschinen empfiehlt sich dies schon deshalb, weil man z. B. bei einer Betriebsplanung die Summe der installierten Leistungen stets zur elektrischen Anschlußleistung in Beziehung bringen muß. Nach Zahlentafel 5 ist 1 kW = 102 kpm/s.

Leistung [kW] aus M_t und n

$$N = \frac{M_t\, n}{97\,310}$$

N = Leistung [kW], M_t = Drehmoment [kpcm], n = Drehzahl [1/min]. Gl. (231) besagt: einem Vielfachen des Drehmoments oder der Drehzahl entspricht dasselbe Vielfache der Leistung. Für $M_t = 5$ kpm und $n = 600$ 1/min ist $N = 4{,}18$ PS $= 3{,}05$ kW. Für $M_t = 0{,}5$ kpm und $n = 600$ 1/min ist $N = 0{,}418$ PS $= 0{,}305$ kW. Für $M_t = 500$ kpm und $n = 60$ 1/min ist $N = 41{,}8$ PS $= 30{,}5$ kW. (231)

Das rechnerische Drehmoment ist abhängig von der Leistung und den Drehzahlen. Diese bestimmen sich aus den kleinsten und größten Durchmessern, die z. B. auf der Drehmaschine bearbeitet werden müssen und den erforderlichen Schnittgeschwindigkeiten.

Drehmoment

$$M_t = \frac{97\,310 \cdot N}{n}$$

M_t = Drehmoment [kp cm], N = Leistung [kW], n = Drehzahl [1/min]. Wird die Leistung in PS eingesetzt, so gilt $M_t = \dfrac{71\,620 \cdot N}{n}$ (vgl. auch (232)

Z. 2, B. T. 37). Gl. (231) ergibt mit „kpm" für das Drehmoment $N = \dfrac{M_t\, n}{973}$ [kW] und $N = \dfrac{M_t\, n}{716{,}2}$ [PS].

Beispiel 108. Eine Sonderfräsmaschine bearbeitet vergüteten Stahl von 80 kp/mm² Festigkeit. Der Messerkopf mit Hartmetall hat 600 mm Durchmesser, 24 Messer und läuft mit 64 1/min; er arbeitet bei 20 mm Schnittiefe mit einem Vorschub je Messer von 0,2 mm/U. Die Schnittkraft wurde je Messer zu 800 kp ermittelt. a) Wie groß ist der Vorschub je Fräserumdrehung? b) Mit welcher Vorschubgeschwindigkeit wird gefräst? c) Wie groß ist der Spanungsquerschnitt je Messer? d) Berechne den Leistungsaufwand in kW am Messerkopf, wenn jeweils 7 Messer im Schnitt stehen.

Lösung: a) Nach Gl. (19) wird $s_u = z\, s_z = 24 \cdot 0{,}2 = 4{,}8$; Vorschub je Fräserumdrehung $s_u = 4{,}8$ mm/U. b) Nach Gl. (21) wird $s' = n\, s_u = 64 \cdot 4{,}8 = 307{,}2$; Vorschubgeschwindigkeit $s' \approx 307$ mm/min. c) Nach Gl. (190) erhält man $F = a\, s_z = 20 \cdot 0{,}2 = 4$; Spanungsquerschnitt $F = 4$ mm². d) Mit $v = d\pi n = 0{,}6\,\pi \cdot 64 \approx 120$ m/min Schnittgeschwindigkeit und $P = 7 \cdot 800 = 5600$ kp gesamte Schnittkraft ergibt Gl. (230): $N = \dfrac{P\, v}{6120} = \dfrac{5600 \cdot 120}{6120} \approx 110$; Leistungsaufwand am Messerkopf $N = 110$ kW.

3.32 Antriebsleistung, Nutzleistung, Wirkungsgrad

Der innerhalb einer Werkzeugmaschine auftretende Leistungsverbrauch (Reibung in den Lagern, Zahnrädern und Führungen) stellt einen Verlust dar, der in Rechnung zu stellen ist. Die Nutzleistung (abgegebene Leistung) ist stets kleiner als die Antriebsleistung (zugeführte Leistung). Der Wirkungsgrad oder das Güteverhältnis kennzeichnet das Maß der Verlustarbeit. Der Wirkungsgrad η einer Werkzeugmaschine ist immer kleiner als 1 oder weniger als 100%.

Gesamtwirkungsgrad
(Je nach Größe, Bauart und Baujahr sowie Drehzahl zwischen Halb- und Vollast können nebenstehende Richtwerte gewählt werden.)

$$\eta = \frac{N_n}{N}$$

Drehmaschine	$\eta = 0{,}70$ bis $0{,}85$
Bohrmaschine	$\eta = 0{,}75$ bis $0{,}90$
Fräsmaschine	$\eta = 0{,}60$ bis $0{,}80$

(233)

$$\eta = \frac{M_{t2}}{M_{t1}} \cdot \frac{1}{i}$$

Stoßmaschine	$\eta = 0{,}60$ bis $0{,}80$
Langhobelmaschine	$\eta = 0{,}70$ bis $0{,}85$
Räummaschine	$\eta = 0{,}85$ bis $0{,}90$
Schleifmaschine	$\eta = 0{,}40$ bis $0{,}50$

(234)

Gesamtwirkungsgrad aus Einzelwirkungsgraden

$$\eta = \eta_1\, \eta_2\, \eta_3 \cdots \eta_n$$ Gesamtwirkungsgrad = Produkt der Einzelwirkungsgrade; im Mittel $\eta \approx 0{,}7$ (235)

Nutzleistung (Leistung am Werkzeug für eine auszuführende Zerspanarbeit)

$$N_n = N\, \eta$$

In den Gln. (233) bis (237) bedeuten: η = Gesamtwirkungsgrad, N_n = Nutzleistung = Zerspanleistung am Werkzeug [kW], N = Antriebsleistung = Leistung der Maschine an der Antriebswelle [kW], M_{t1} = Drehmoment der Antriebswelle [kpcm], M_{t2} = Drehmoment der Abtriebswelle [kpcm], i = Übersetzungsverhältnis nach DIN 867 (vgl. Abschnitt 4). (236)

Antriebsleistung (Leistung an der Antriebswelle)
[Riemenscheibe oder Elektromotor].

$$N = \frac{N_n}{\eta}$$

(237)

Anmerkung: Wird die aufgenommene Leistung des Antriebsmotors elektrisch gemessen, so ist aus ihrem Verhältnis zur Zerspanleistung der mechanische Wirkungsgrad der Maschine angenähert zu ermitteln. Unter den angeführten sehr niedrigen Werten für den Gesamtwirkungsgrad bei Schleifmaschinen ist das Verhältnis der zugeführten Motorenleistung zur erbrachten Spanmenge zu verstehen. Bei neuzeitlichen Schleifmaschinen schwankt der Wirkungsgrad je nach den Produktionsverhältnissen (Einzel- oder Serienfertigung) zwischen 85% und 95%.

Beispiel 109. Ein Motor nimmt 10 kW auf. Wie viele PS liefert er, wenn der Wirkungsgrad bei dieser Belastung 0,75 ist?

Lösung: [Gl. (236)] $N_n = N\eta = 10 \cdot 0,75 = 7,5$; Nutzleistung $N_n = 7,5$ kW oder $N_n = 10,2$ PS.

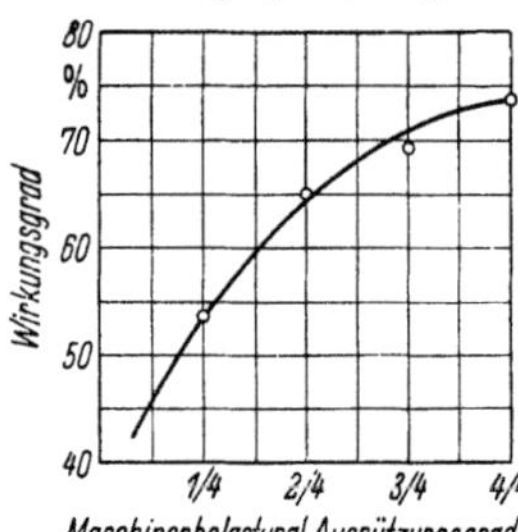

Abb. 149. Wirkungsgrad einer Drehmaschine bei verschiedenen Belastungen

3.33 Wirkungsgrad und Maschinenbelastung

Eine möglichst 100 prozentige Nutzung der Werkzeugmaschine setzt voraus, daß Drehzahl und Vorschub auf Normalleistung der Maschine eingestellt werden, während man die zulässigen Schnittgeschwindigkeiten und Schnittkräfte mit Rücksicht auf die Standzeit der Werkzeuge keinesfalls überschreiten darf.

Aus Abb. 149 ist zu ersehen wie stark der Wirkungsgrad einer Drehmaschine von mittlerer Leistung bei ungenügender Belastung absinken kann. Die bei verschiedenen Belastungen ermittelten Wirkungsgrade ergeben eine nach unten stark abfallende Kurve. Bei nur teilweiser Ausnützung der Werkzeugmaschine steigen die Unkosten rasch und stark an.

3.34 Schnittkraft und Leistung

Die für den Antrieb einer Werkzeugmaschine erforderliche Leistung N setzt sich zusammen aus der Leerlaufleistung N_L, der Schnittleistung N_H und der Vorschubleistung N_V. Die beiden letzteren entsprechen der Nutzleistung N_n. Für die Vorkalkulation und die Wahl der Werkzeugmaschine für eine geforderte Arbeit ist eine *annähernde* Berechnung der Antriebsleistung für einen bestimmten Spanungsquerschnitt erforderlich. Vielfach ist es auch wichtig zu wissen, welcher Spanungsquerschnitt bei gegebenem Werkstoff und einer zu bestimmenden Schnittgeschwindigkeit von einer vorhandenen Werkzeugmaschine abgenommen werden kann. Reicht diese Antriebsleistung im Vergleich zur nötigen nicht aus, so müssen die Arbeitsbedingungen, von der vorhandenen Leistung ausgehend, korrigiert werden.

3.341 Drehen

Neben Schnittgeschwindigkeit und Standzeit ist die Schnittkraft die wichtigste Größe. Das Werkzeug hebt beim Eindringen in das Werkstück den Span durch

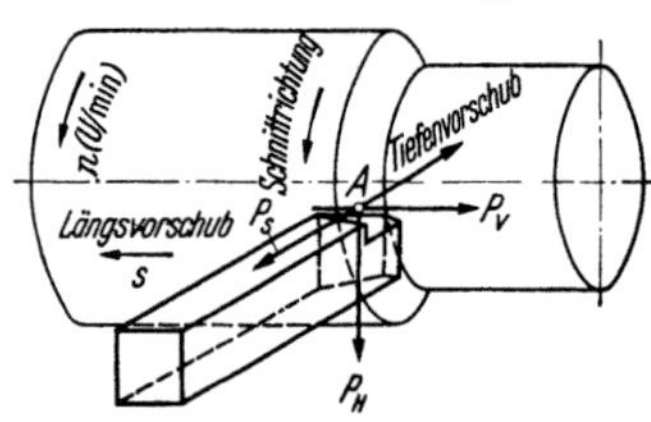

Abb. 150. Kräfte am Drehmeißel

Abscheren, Verformen und Biegen ab. Dem Eindringen des Werkzeuges wirkt der Schnittwiderstand entgegen. Dieser muß durch die Schnittkraft des Werkzeuges überwunden werden. Für die Betrachtung des Schnittvorganges zerlegt man die Schnittkraft in drei zueinander senkrecht stehende Teilkräfte (Abb. 150): Die *Hauptschnittkraft* P_H in Richtung der Schnittbewegung (Umfangskraft), die *Rückkraft* (Schaftkraft) P_S in Richtung des Meißelschaftes $[P_S \approx 1/3\ P_H]$ und die *Vorschubkraft* P_V in Richtung des Vorschubes $[P_V \approx 1/8\ P_H]$. Für die Bemessung jeder Werkzeugmaschine ist die Hauptschnittkraft die wichtigste Größe.

Werden mehrere Späne gleichzeitig abgenommen, so ist für jeden einzelnen Span die Hauptschnittkraft gesondert zu bestimmen und daraus die Summe zu bilden. Diese Summe der Schnittkräfte muß unter der an der Maschine zulässigen Durchzugskraft liegen. Andernfalls darf nur ein kleinerer Spanungsquerschnitt abgenommen werden, oder es ist für diese Arbeit eine stärkere Maschine vorzusehen.

3.3411 Antriebsleistung aus angenäherten Gleichungen

Die am Werkstück aufzubringende Schnittleistung N_n, die erforderlich ist, um einen bestimmten Spanungsquerschnitt $F = a\,s$ mit der dazugehörigen Schnittgeschwindigkeit v abzuheben, ergibt sich aus Spanungsquerschnitt und Schnittkraft ($P_H = F k_s$, wobei k_s die Kraft bedeutet, welche nötig ist, um 1 mm² Span abzulösen). Die spezifische Schnittkraft k_s ist eine wichtige Kenngröße für die Zerspanbarkeit jedes Werkstoffes; es gilt mit v in m/min:

$$N_n = \frac{P_H\,v}{60 \cdot 75} \quad \text{oder} \quad N_n = \frac{F\,k_s\,v}{4500}.$$

Der Antriebsmotor hat die Reibungsarbeit der Drehmaschine mit zu überwinden; die Motorleistung erhält man durch Division mit η, dem Gesamtwirkungsgrad der Werkzeugmaschine, zu:

Antriebsleistung der Drehmaschine
(Leistung des Antriebsmotors für eine auszuführende Dreharbeit)

Angenäherte Gleichungen

$$\text{in PS} \qquad N = \frac{F\,k_s\,v}{4500\,\eta} \tag{238}$$

$$\text{in kW} \qquad N = \frac{F\,k_s\,v}{6120\,\eta} \tag{239}$$

N = Antriebsleistung [PS oder kW], F = Spanungsquerschnitt [mm²], k_s = spezifische Schnittkraft [kp/mm²], v = Schnittgeschwindigkeit [m/min], η = Wirkungsgrad (wird die Drehmaschine richtig ausgenützt, also bis zur Nennleistung des Antriebsmotors belastet, so kann $\eta = 0,75$ angenommen werden; allgemein $\eta = 0,65$ bis $0,85$. Bei hohen Drehzahlen der Hauptspindel sinkt der Wirkungsgrad bis auf $0,65$).

Aus den Gln. (238) bzw. (239) ist erkennbar, daß die Zerspanungsleistung für eine bestimmte Schnittkraft und Schnittgeschwindigkeit unabhängig vom Bearbeitungsdurchmesser ist. Zahlentafel 6 gibt eine Übersicht über spezifische Schnittkräfte (Einheitsschnittkräfte) verschiedener Werkstoffe. Vgl. auch Abb. 152.

Wie die Gln. (238) und (239) erkennen lassen, ist es möglich, N entweder durch Anwendung einer hohen Schnittgeschwindigkeit v bei kleinem Spanungsquerschnitt F oder einer kleinen Schnittgeschwindigkeit bei großem Spanungsquerschnitt zu verbrauchen. Solange sich dabei die spezifische Schnittkraft k_s nicht verändert, bleibt auch das Zerspanvolumen je Minute konstant. Die Aufteilung der Leistung auf Spanungsquerschnitt und Schnittgeschwindigkeit ist für die Konstruktion der Maschine von entscheidender Bedeutung.

Zahlentafel 6.

Spezifische Schnittkraft beim Drehen verschiedener Werkstoffe

Zerspanungs-werkstoff	Bruch-festigkeit σ_B [kp/mm²]	Spezifische Schnittkräfte [kp/mm²] bei Spanungsdicke		
		h = 1 mm	h = 0,25 mm	h = 0,1 mm
St 50·11	52	199	283	361
St 60·11	62	211	262	308
St 70·11	72	226	341	450
42 CrMo 4	73	250	355	450
GG 18	HB = 116	55	96	130
GG 26	HB = 200	116	166	211
Hartguß	HRC = 46	206	268	319
Hartguß	HRC = 55	243	320	375

Beispiel 110. Im Beispiel 98 betrage die spezifische Schnittkraft 220 kp/mm². Wie groß sind a) die Schnittkraft [kp], b) der Leistungsbedarf am Werkzeug [kW], c) die Antriebsleistung [kW], wenn der Wirkungsgrad $\eta = 0,75$ angenommen wird?

Lösung: a) $P_H = F\,k_s = a\,s\,k_s = 0,8 \cdot 0,8 \cdot 220 = 140,8$; Schnittkraft $P_H \approx 141$ kp. b) [Gl. (239)]

Ohne Berücksichtigung des Wirkungsgrades $N_n = \dfrac{a\,s\,k_s\,v}{6120} = \dfrac{0,8 \cdot 0,8 \cdot 220 \cdot 112}{6120} = 2,57$; Leistungsbedarf am Werkzeug $N_n = 2,57$ kW. c) [Gl. (237)] $N = \dfrac{N_n}{\eta} = \dfrac{2,57}{0,75} = 3,43$; Antriebsleistung $N = 3,43$ kW.

Anmerkung: Multipliziert man die Einheit kp/mm² im Zähler und Nenner mit der Längeneinheit „m", so ergibt sich: $\dfrac{kp}{mm^2} = \dfrac{kp \cdot m}{mm^2 \cdot m} = \dfrac{kp \cdot m}{\dfrac{1}{100}\,cm^2 \cdot 100\,cm} = \dfrac{kp \cdot m}{cm^3}$. Es läßt sich somit aus der Arbeit je cm³ Spanmenge leicht die zur Zerspanung von 1000 kp Spänen in einer Stunde erforderliche Leistung berechnen. Bei Annahme eines Wirkungsgrades der Maschine von 70%, also $\eta = 0,7$ und einer Wichte von $\gamma = 7,85$ kp/dm³ erhält man $\dfrac{kW}{t \cdot h} = \dfrac{k_s \cdot 100 \cdot 100 \cdot 100}{7,85 \cdot 3600 \cdot 102 \cdot 0,70} \approx 0,5\,k_s$ oder:

Leistung je 1000 kp Späne und Stunde (Faustformel)

$$N_t = 0,5\,k_s \qquad (240)$$

N_t = Leistung je 1000 kp Späne und Stunde [kW], k_s = spezifische Schnittkraft [kp/mm²]. Mit Bezug auf Beispiel 110 wird $N_t = 0,5\,k_s = 0,5 \cdot 220 = 110$; Leistung je 1000 kp Späne und Stunde $N_t = 110$ kW.

Beispiel 111. Auf einer Drehmaschine ist Werkstoff mit 250 kp/mm² spezifischer Schnittkraft bei 3,8 mm² Spanungsquerschnitt, mit 27 m/min Schnittgeschwindigkeit zu zerspanen. Wirkungsgrad werde mit 0,7 angenommen. Welche Leistung [PS und kW] benötigt der Antriebsmotor für diese Dreharbeit?

Lösung: [Gl. (238)] $N = \dfrac{F\,k_s\,v}{4500\,\eta} = \dfrac{3,8 \cdot 250 \cdot 27}{4500 \cdot 0,7} = 8,14$ PS oder $N = 8,14 \cdot 0,736 = 5,99 \approx 6$ kW.

Antriebsmotor $N = 8,14$ PS = 6 kW (vgl. auch Beispiel 112).

Beispiel 112. Welche Leistung [PS und kW] benötigt der Antriebsmotor im Beispiel 111, wenn statt mit 27 m/min mit 100 m/min Schnittgeschwindigkeit gearbeitet wird?

Lösung: [Gl. (238)] $N = \dfrac{F\,k_s\,v}{4500\,\eta} = \dfrac{3,8 \cdot 250 \cdot 100}{4500 \cdot 0,7} = 30,16$ PS oder $N = 22,5$ kW.

Beispiel 113. Auf einer Drehmaschine mit 15 kW Antriebsleistung und 0,75 Wirkungsgrad soll ein geschmiedetes Werkstück (St 60) auf 1400 mm Durchmesser gedreht werden. Bei 18 mm Schnittiefe, 0,8 mm Vorschub und 137 kp/mm² Einheitsschnittkraft kann mit 18 m/min Schnittgeschwindigkeit gearbeitet werden. Für diese Zerspanung mit Schnellstahl werden 7,7 kW benötigt. Kann die Dreharbeit bei gleichem Vorschub und gleicher Schnittiefe mit Hartmetall und 70 m/min Schnittgeschwindigkeit ausgeführt werden?

Lösung: [Gl. (239)] $N = \dfrac{F\,k_s\,v}{6120\,\eta} = \dfrac{a\,s\,k_s\,v}{6120\,\eta} = \dfrac{18 \cdot 0,8 \cdot 137 \cdot 70}{6120 \cdot 0,75} = 30,1$; Antriebsleistung $N = 30,1$ kW.

Die Maschine gibt diese Leistung nicht her. Wird die Einhaltung hoher Schnittgeschwindigkeit notwendig, so muß mit geringerer Schnittiefe und kleinerem Vorschub gearbeitet werden. Um mit einer Schnittgeschwindigkeit von 70 m/min die Maschinenleistung annähernd auf der gleichen Höhe zu halten wie bei der Anwendung von Schnellstahl, muß der Vorschub auf 0,5 mm und die Schnittiefe auf 6 mm verringert werden. Es sind also für die gleiche Bearbeitung drei Schnitte erforderlich.

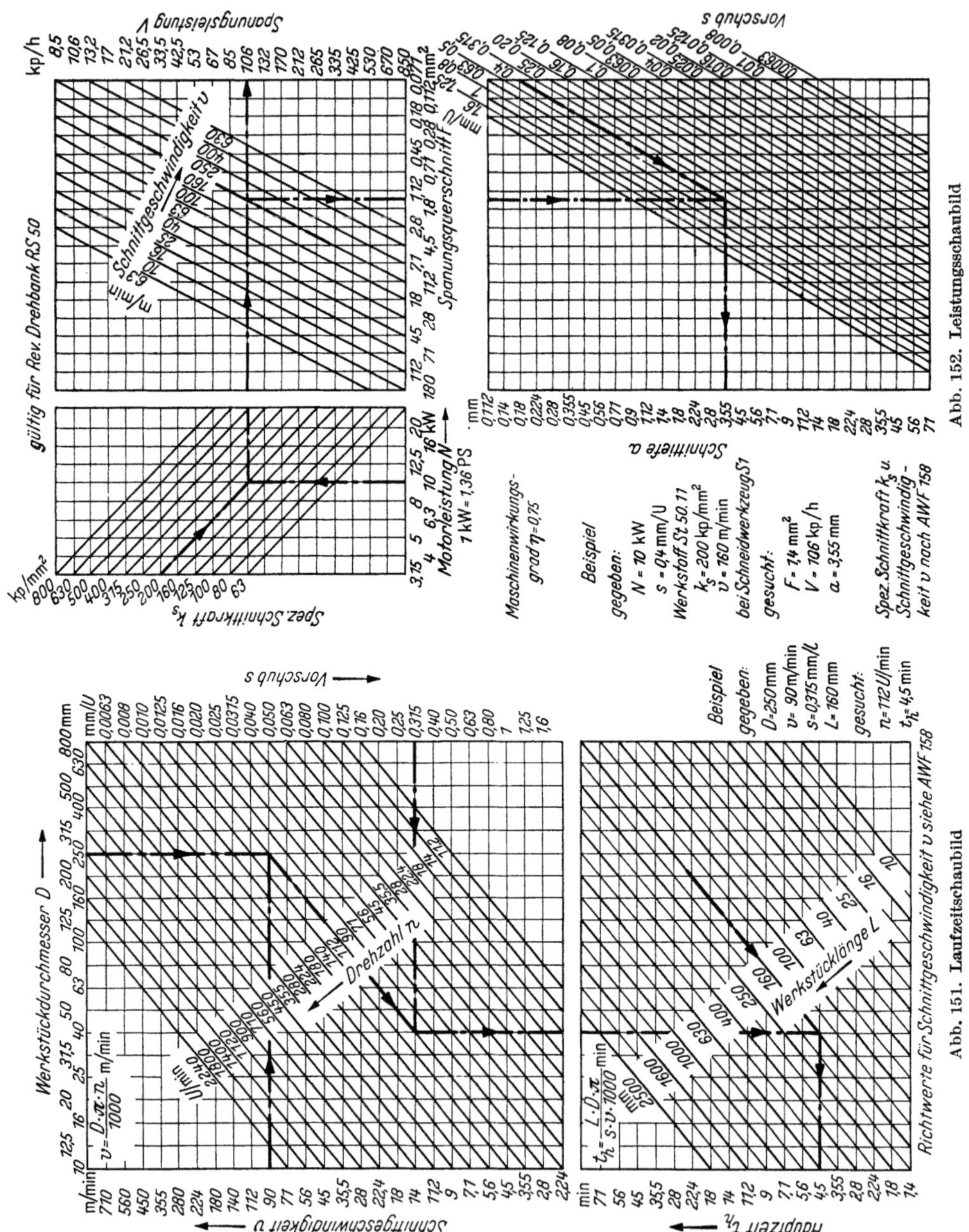

Abb. 152. Leistungsschaubild

Abb. 151. Laufzeitschaubild

Abb. 151 und 152 zeigen Schaubilder für die VDF-Einheitsdrehmaschinen S 355 und S 400. (Gültig auch für Revolverdrehmaschine RS 50). Der Drehzahlbereich von 14 bis 2240 1/min entspricht einer Gesamtübersetzung von 1 : 160. Bei 180 1/min kann wahlweise mit Räder- oder Riemenübertragung gearbeitet werden. Außerdem wird bei Drehzahlen oberhalb 180 1/min die Vorschubbewegung nicht mehr von der Hauptspindel abgeleitet. Für Feindreharbeiten steht neben den normalen Vorschubgrößen von 0,01 bis 0,71 mm/U für Plan- und 0,02 bis 1,6 mm/U für Längsvorschübe ein Bereich von 0,003 bis 0,009 mm/U für Plan- und 0,007 bis 0,02 mm/U für Längsvorschübe zur Verfügung. Alle Vorschubgrößen einschließlich derjenigen für genormte und gebräuchliche Gewinde sind am Vorschubschaltgetriebe mit Hilfe einer Schnellschalteinrichtung zu schalten. Die Ordnungszahl des gewünschten Vorschubes (Steigung) wird an einer Wählscheibe eingestellt und mit einem Griff die vorgewählte Schaltung ausgeführt.

3.3412 Antriebsleistung aus genauer Gleichung. Die Berechnung der Hauptschnittkraft aus der Gleichung $P_H = F k_s$ trifft nach neueren Untersuchungen (O. KIENZLE und H. VICTOR) nicht mehr zu. Die spezifische Schnittkraft ist, wie Messungen ergeben haben, keine Stoffkonstante, sie nimmt vielmehr mit steigender Schnittgeschwindigkeit und besonders ausgeprägt mit steigendem Vorschub ab. Es ist daher notwendig, die spezifische Schnittkraft auf eine bestimmt zusammengesetzte Spanungsfläche, und zwar zweckmäßig auf eine Spanungsbreite von $b = 1$ mm und eine Spanungsdicke von $h = 1$ mm, zu beziehen. Damit ist jeder Werkstoff durch seinen $k_{s1 \cdot 1}$-Wert gekennzeichnet. Für die Hauptschnittkraft gilt $P_H = b\,h^{1-z} k_{s1 \cdot 1}$ [kp]. Gl. (230) ergibt damit:

Antriebsleistung der Drehmaschine
(Leistung des Antriebsmotors für eine auszuführende Dreharbeit)

Genaue Gleichung

$$N = \frac{b\,h^{1-z}\,k_{s1 \cdot 1}\,v}{6120\,\eta}$$

N = Antriebsleistung [kW], b = Spanungsbreite [mm], h = Spanungsdicke [mm], $^{1-z}$ = Exponent von h, $k_{s1 \cdot 1}$ = spezifische Schnittkraft des Werkstoffes bei dem Spanungsquerschnitt $1 \cdot 1 = 1$ mm² [kp/mm²], v = Schnittgeschwindigkeit [m/min], η = Wirkungsgrad. Die Spanungsbreite b und die Spanungsdicke h werden aus Schnittiefe a, Vorschub s und (241)

dem Einstellwinkel $\varkappa$ errechnet. Der Exponent $(^{1-z})$, der sog. „Anstiegswert", und der Faktor $k_{s1 \cdot 1}$ (*Hauptwert der spezifischen Schnittkraft*) sind vom zerspanten Werkstoff abhängig. Für St 50 kann $(^{1-z})$ mit 0,74 und $k_{s1 \cdot 1}$ mit 199 angenommen werden; für St 70 kann $(^{1-z}) = 0,70$ und $k_{s1 \cdot 1} = 225$ gelten.

Setzt man in der Gleichung $P_H = b\,h^{1-z} \cdot k_{s1 \cdot 1}$ für $h^{1-z} = \dfrac{h^1}{h^z} = \dfrac{h}{h^z}$, so wird:

$$P_H = b\,h \cdot \frac{k_{s1 \cdot 1}}{h^z} = F \cdot \frac{k_{s1 \cdot 1}}{h^z}; \quad \text{da } P_H = F\,k_s, \text{ gilt auch:}$$

Spezifische Schnittkraft

$$k_s = \frac{k_{s1 \cdot 1}}{h^z}$$

k_s = spezifische Schnittkraft [kp/mm²], $k_{s1 \cdot 1}$ = Hauptwert der spezifischen Schnittkraft des Werkstoffes (Stoffestwert) bei $h = 1$ mm und $b = 1$ mm, also dem Spanungsquerschnitt $1 \cdot 1$ mm² [kp/mm²], (242)

h = Spanungsdicke [mm], z = Exponent von h, meist mit 0,14 bis 0,30 angegeben. Schnittiefe a bzw. Spanungsbreite b besitzen so gut wie keinen Einfluß auf die Höhe von k_s.

Beispiel 114. Für Werkstoff CK 60 ist der Stoffestwert $k_{s1 \cdot 1} = 213$ kp/mm² und der Exponent von h nach Tabellen $z = 0,18$. Wie groß ist die spezifische Schnittkraft k_s, wenn $s = 0,8$ mm/U und $\varkappa = 41°20$?

Lösung: [Gl. (170)] $h = s \sin \varkappa = 0,8 \cdot \sin 41°20' = 0,8 \cdot 0,6604$; Spanungsdicke $h = 0,53$ mm.

[Gl. (242)] $k_s = \dfrac{k_{s1 \cdot 1}}{h^z} = \dfrac{213}{0,53^{0,18}} = 237,2*$; spezifische Schnittkraft $k_s \approx 237$ kp/mm².

Beispiel 115. Ein Drehstück 280 mm Durchmesser ($k_s = 237$ kp/mm² nach Beispiel 114) wird bei $a = 12$ mm Schnittiefe mit 79 m/min Schnittgeschwindigkeit abgedreht. Zu berechnen sind: a) Hauptschnittkraft P_H, b) Nutzleistung N_n, c) Wirkungsgrad η, wenn die elektrische Leistung zu 33,8 kW gemessen wurde.

Lösung: a) $P_H = F k_s = a\,s\,k_s = 12 \cdot 0,8 \cdot 237$; Hauptschnittkraft $P_H \approx 2275$ kp. b) Aus Gl. (230): $N_n = \dfrac{P_H \cdot v}{6120} = \dfrac{2275 \cdot 79}{6120} = 29,3$; Nutzleistung $N_n = 29,3$ kW. c) [Gl. (233)] $\eta = \dfrac{N_n}{N} = \dfrac{29,3}{33,8} = 0,87$; Wirkungsgrad $\eta = 0,87$.

3.342 Schälen

Ähnlich wie beim Drehen ist auch hier die spezifische Schnittkraft k_s nicht vom Spanungsquerschnitt F, sondern unmittelbar von der Spanungsdicke h abhängig. Da jedoch beim Schälen die Spanungsdicke h längs der Bogenschneide des Messers nicht konstant ist, wurde die mittlere Spanungsdicke h_m (Abb. 121) eingeführt.

Spezifische Schnittkraft beim Schälen

$$k_s = K\,(h_m)^{-z}$$

k_s = spezifische Schnittkraft [kp/mm²], K = Schnittkonstante [von $K \approx 200$ ab (243) sind als Höchstwerte für Schnellstahl-

---

* Die logarithmische Berechnung lautet: $\lg k_s = \lg 213 - 0,18 \cdot \lg 0,53 = 2,3284 - 0,18\,(0,7404-1) = 2,3284 - 0,1333 + 0,18 = 2,3751$; $k_s = 237,2 \approx 237$.

messer $v = 25$ m/min und für Messer mit Hartmetallbestückung etwa $v = 40$ m/min zulässig], $h_m =$ mittlere Spanungsdicke [mm], $z =$ Exponent von h_m; allgemein $z = 1/4$*.

Beispiel 116. Wie groß ist die spezifische Schnittkraft beim Schälen von Wellen, wenn bei einer Schnittkonstanten $K = 185$ mit $s = 7,1$ mm/U Vorschub, $a = 2$ mm Schnittiefe und $r = 100$ mm Bogenschneidenhalbmesser gearbeitet wird?

Lösung: [Gl. (174)] $h_m = s \sqrt{\dfrac{a}{2\,r}} = 7,1 \sqrt{\dfrac{2}{2 \cdot 100}} = 0,71$; mittlere Spanungsdicke $h_m = 0,71$ mm.

[Gl. (243)] $k_s = K\,(h_m)^{-z} = 185 \cdot (0,71)^{-\frac{1}{4}} \approx 200$; spezifische Schnittkraft $k_s = 200$ kp/mm². Wie beim Drehen erhält man auch beim Schälen $P_H = F\,k_s$. Die Zerspanleistung [kW] wird $N_n = \dfrac{P_H\,v}{6120} = \dfrac{F\,k_s\,v}{6120}$ [Gl. (239) ohne Berücksichtigung des Wirkungsgrades].

3.343 Bohren

Beim Drehvorgang wird die Ausführung der Schnittbewegung und Vorschubbewegung zwischen dem Werkstück und dem Werkzeug aufgeteilt. Beim Spiralbohrer dagegen erfolgen diese beiden zur Erzielung einer Spanbildung erforderlichen Bewegungen durch den Bohrer selbst. Die Schnittbewegung ergibt sich durch Drehung um die Bohrerachse, die Vorschubbewegung in Richtung der Achse (Abb. 32).

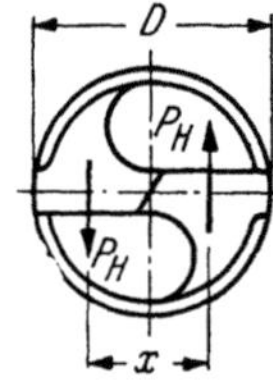

Abb. 153. Angriffspunkte für die Drehkraft eines Spiralbohrers beim Bohren ins Volle

Der Schnittwiderstand der Spanungsquerschnittsfläche des Werkstückstoffes muß durch die von der Maschine an den Bohrer weitergeleiteten Kräfte überwunden werden. Diese Kräfte bestehen im wesentlichen aus der *Hauptschnittkraft* P_H in Richtung der Umfangsgeschwindigkeit zur Überwindung des Schnittwiderstandes und der *Vorschubkraft* P_v in Richtung des Vorschubes zur Überwindung des Vorschubwiderstandes. Als Angriffspunkt für die Hauptschnittkraft P_H ist die Mitte der im Schnitt befindlichen Hauptschneide angenommen (Abb. 153).

Beim Bohren ins Volle erhält man damit (ohne Berücksichtigung der Querschneide[1]) für das Kräftepaar P_H den Hebelarm $x = D/2$ und das Drehmoment $M_t = P_H \cdot \dfrac{D}{2} = \dfrac{P_H\,D}{2}$ [kp cm]**. Dieses Moment ergibt nach Gl. (231) die in der Maschine gebrauchte Schnittleistung zu $N_n = \dfrac{M_t\,n}{97310}$.

Antriebsleistung der Bohrmaschine
(Leistung des Antriebsmotors für eine auszuführende Bohrarbeit ohne Vorschubleistung)[2].

$$N = \frac{M_t\,n}{97310\,\eta} \qquad (244)$$

$N =$ Antriebsleistung [kW],
$M_t =$ Drehmoment [kpcm],
$n =$ Umlaufzahl der Bohrspindel [1/min], $\eta =$ Wirkungsgrad.
Vgl. auch Gln. (265) bis (267).

Drehmomente für Gußeisen und Stahl vgl. Schaubilder Abb. 154 und 155.

Beispiel 117. In Stahl von 50 kp/mm² Festigkeit ist ein Loch von 25 mm Durchmesser mit 40 m/min Schnittgeschwindigkeit und 0,3 mm Vorschub zu bohren. Berechne die Leistung [kW] des Motors der Bohrmaschine, wenn $\eta = 0,65$.

---

* Es ist $a^{-2} = \dfrac{1}{a^2}$ oder $a^{-\frac{1}{4}} = \dfrac{1}{a^{\frac{1}{4}}}$ und $a^{\frac{1}{4}} = \sqrt[4]{a}$; damit wird: $a^{-\frac{1}{4}} = \dfrac{1}{a^{\frac{1}{4}}} = \dfrac{1}{\sqrt[4]{a}}$; allgemein $a^{-\frac{1}{n}} = \dfrac{1}{\sqrt[n]{a}}$.

[1] Durch richtiges Ausspitzen der Querschneide kann die Vorschubkraft P_v bis zu einem Drittel gegenüber der beim nicht ausgespitzten Bohrer notwendigen Vorschubkraft verringert werden.

** Im Gegensatz zur Schnittkraftmessung beim Drehen ist die unmittelbare Messung der Hauptschnittkraft P_H beim Bohren nicht möglich. Sie kann nur aus dem gemessenen Drehmoment M_t nach der Gleichung $P_H = \dfrac{2\,M_t}{D}$ [kp] errechnet werden, wobei als Angriffspunkt für die Hauptschnittkraft P_H die Mitte der im Schnitt befindlichen Hauptschneide angenommen wird. Wie beim Drehen ist auch beim Bohren die Hauptschnittkraft $P_H = b \cdot h^{1-z} \cdot k_{s1 \cdot 1}$ [kp], wobei $k_{s1 \cdot 1}$ die spezifische Schnittkraft für einen gedachten Spanungsquerschnitt von $h = 1$ mm und $b = 1$ mm sowie $1-z$ der Anstiegswert der Schnittkraft ist [5]. Setzt man beim Bohren ins Volle in dieser Gleichung für die Spanungsbreite $b = a : \sin \varepsilon/2$, für die Schnittiefe $a \approx \dfrac{D}{2}$ und für die Spanungsdicke $h = s \cdot \sin \dfrac{\varepsilon}{2}$, so ergibt sich für Bohren ins Volle die Gleichung für die Hauptschnittkraft zu $P_H = \dfrac{D}{2} \cdot \dfrac{1}{\sin \dfrac{\varepsilon}{2}} \cdot s^{1-z} \cdot \left(\sin \dfrac{\varepsilon}{2}\right)^{1-z} \cdot k_{s1 \cdot 1}$.

[2] Als Überschlagswert für Planungsarbeiten kann man für Bohren in St 50 setzen $N = 0,1\,D$ [kW], wobei Bohrerdurchmesser D in mm einzusetzen ist.

Lösung: Nach dem Schaubild (Abb. 155) über Drehmomente für Stahl von 40 bis 70 kp/mm² Festigkeit entspricht bei $s = 0,3$ mm/U Vorschub einem Bohrerdurchmesser von $d = 25$ mm ein Dreh-moment $M_t = 600$ kpcm. Mit diesem Drehmoment und $n = \dfrac{v}{d\,\pi} = \dfrac{40000}{25\,\pi} = 509$ 1/min sowie $\eta = 0,65$ ergibt Gl. (244): $N = \dfrac{M_t\,n}{97310\,\eta} = \dfrac{600 \cdot 509}{97310 \cdot 0,65} = 4,8$; Antriebsleistung des Motors $N = 4,8$ kW.

Anmerkung: Außer der Schnittleistung wäre noch die Vorschubleistung zu erwähnen. Da diese jedoch im Vergleich zur gesamten Bohrarbeit nur einen geringen Beitrag liefert (Vorschubleistung $\approx 0,05\,N$), kann sie meist vernachlässigt werden. Mit einem Weg von ($s\,n$) in der Minute wird:

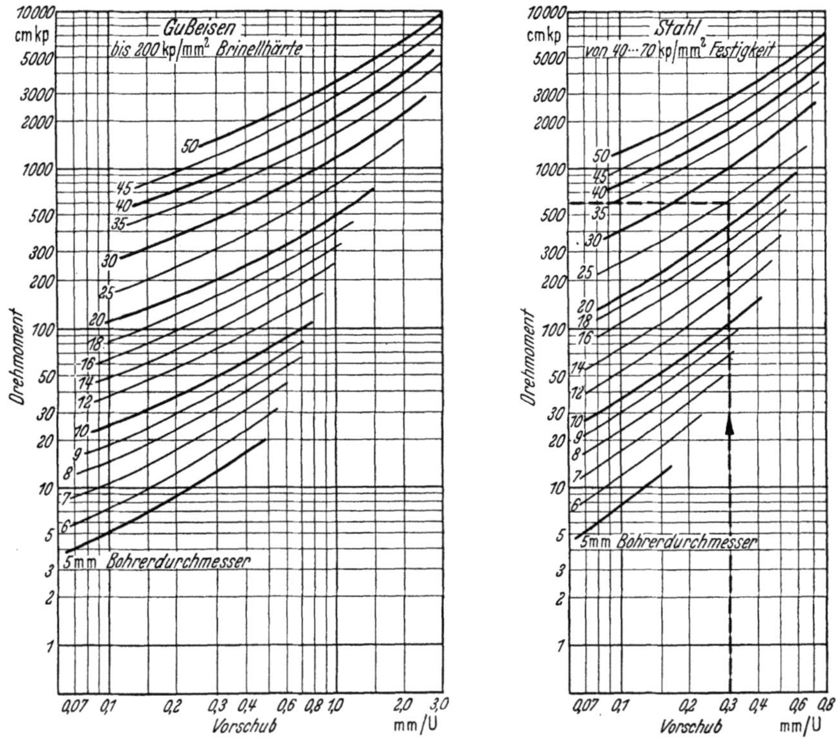

Abb. 154 und 155. Drehmomente M_t in kpcm (cmkp) der Spiralbohrer für Gußeisen und Stahl [6]

Vorschubleistung der Bohr-maschine

$$N_V = \frac{P_v\,s\,n}{6120000\,\eta_v} \qquad (245)$$

N_V = Vorschubleistung der Bohr-maschine = Nutzleistung [kW], P_v = Vorschubkraft in Richtung des Vor-schubes = Axialkraft [kp], s = Vor-schub des Spiralbohrers je Umdrehung der Bohrspindel [mm/U], n = Umlauf-zahl der Bohrspindel [1/min], η_v = Wir-kungsgrad des Vorschubgetriebes.

Die in Abb. 156 und 157 an-gegebenen Werte für die Axial-kräfte wurden durch Versuche ermittelt.

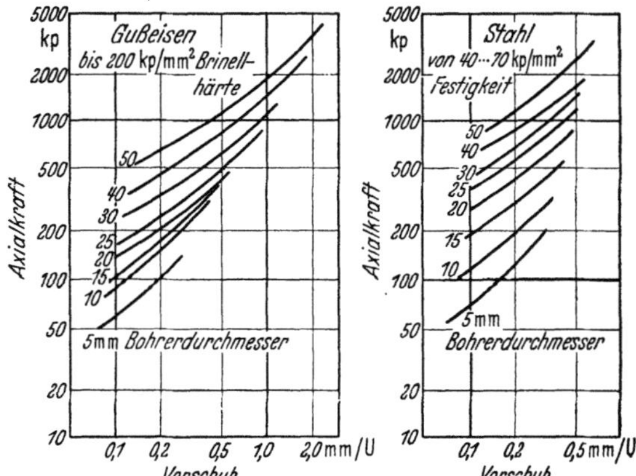

Abb. 156 und 157. Axialkraft P_v in Abhängigkeit vom Vorschub s (R. Stock & Co., Berlin-Marienfelde)

Bringt man das in 1 Min. erzielte Zerspanvolumen V [cm³/min] in Beziehung zur aufgewendeten Zerspanleistung N_n [kW], so erhält man die zulässige Zerspanleistung V_{zul} [cm³/kW min]. Mit Hilfe dieser Kennziffer ist die wirtschaftliche Leistung einer durchgeführten Bohrarbeit festzustellen.

Zulässige Zerspanleistung

$$V_{zul} = \frac{V}{N_n}$$

V_{zul} = zulässige Zerspanleistung [cm³/kW min], V = Zerspanvolumen = Spanmenge [cm³/min],   (246) N_n = Zerspanleistung [kW].

3.344 Senken

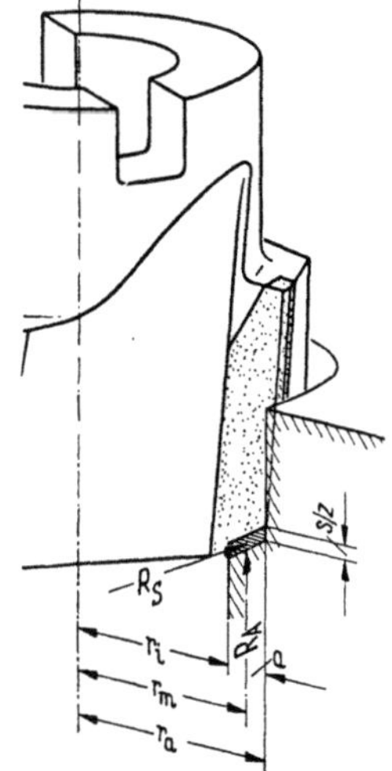

Der Schnittwiderstand an den Schneiden eines Senkers wird, wie beim Bohren, durch das Drehmoment der Spindel und der Axialkraft in Vorschubrichtung überwunden. Nach Abb. 158 ist R_S die Drehkraft in Schnittrichtung, $R_A =$ die Axialkraft in Vorschubrichtung. Das Drehmoment ist die Summe aller Schneidenteilkräfte R_S, bezogen auf den mittleren Halbmesser $r_m = (r_a + r_i)/2$.

Drehmoment beim Senken (Abb. 158)

$$M_t = R_S z \left(\frac{r_a + r_i}{2} \right)$$

$M_t =$ Drehmoment beim Senken [kp cm], R_S = Drehkraft in Schnittrichtung [kp], z = Zahl (247) der Schneiden, r_a = Halbmesser nach dem Aufsenken [cm], $r_i =$ Halbmesser vor dem Aufsenken [cm]. Sinngemäß ist die Vorschubkraft in Achsrichtung gleich der Summe aller Schneidenteilkräfte R_A.

Abb. 158. Kräfteangriff beim Senken an einer Schneide

3.345 Fräsen

Bei der Antriebsleistung ist zwischen Maschinen mit gemeinsamem Antrieb für Frässpindel und Vorschub und solchen mit getrenntem Antrieb zu unterscheiden. Der gemeinsame Antrieb hat für Frässpindel- und Vorschubgetriebe nur einen Motor, während bei dem getrennten Antrieb für Frässpindel- und Vorschubgetriebe *je* ein Motor vorhanden ist.

3.3451 Stirnfräsen. Außer den beim Drehen auftretenden Größen üben hier auf die Hauptschnittkraft P_H noch die Werkstückbreite b, der Messerkopfdurchmesser D, die Messerzahl z des Messerkopfes und der Schnittbogenwinkel φ_s einen wesentlichen Einfluß aus. Vgl. auch Abb. 127.

3.34511 Antriebsleistung aus mittlerer Hauptschnittkraft. Die von der Schneide abgehobene Spanungsdicke ändert ihre Größe mit dem Schnittbogenwinkel φ_s; damit ändert sich auch die jeweilige mittlere Hauptschnittkraft am Messer. Die Schnittkraftgleichung für „Drehen" lautete $P_H = b \cdot h^{1-z} \cdot k_{s1 \cdot 1}$ [kp]. Die mittlere Hauptschnittkraft eines Fräserzahnes erhält man in vereinfachter Gleichung [23] zu:

$$P_{Hm} = b \cdot h_m^{1-z} \cdot k_{s1 \cdot 1} \ [\text{kp}].$$

Antriebsleistung beim Stirnfräsen (Leistung des Antriebsmotors für eine auszuführende Fräsarbeit)

$$N = \frac{z_{iE} \, P_{Hm} \, v}{6120 \, \eta}$$

(248)

$$N = \frac{z \, \varphi_s \, b \, h_m \, k_s \, v}{360 \cdot 6120 \cdot \eta}$$

(249)

N = Antriebsleistung [kW], z_{iE} = im Eingriff befindliche Messerzahl des Messerkopfes, zu berechnen nach Gl. (183), $P_{Hm} =$ mittlere Hauptschnittkraft *eines* Fräserzahnes [kp], v = Schnittgeschwindigkeit [m/min], η = Wirkungsgrad ($\eta = 0,6$ bis 0,8), z = Gesamtmesserzahl des Messerkopfes, φ_s = Schnittbogenwinkel = Eingriffswinkel [°] des Fräsers, zu berechnen nach Gl. (182), b = Spanungsbreite [mm], h_m = Mittenspanungsdicke [mm], k_s = spezifische Schnittkraft [kp/mm²]. Die Größe von k_s hängt im wesentlichen vom zerspanten Werkstoff, von der Spanungsdicke und vom Spanwinkel der Hauptschneide ab.

Die mittlere Hauptschnittkraft P_{Hm} des über den Schnittbogen unterschiedlich wirksamen Schneideneingriffes ist für die Berechnung der Schnittleistung wichtig. Mit der mittleren Hauptschnittkraft P_{Hm}, der im Eingriff befindlichen Messerzahl z_{iE} des Messerkopfes und der gewählten Schnittgeschwindigkeit v läßt sich die Zerspanleistung an der Frässpindel errechnen. Zur Bestimmung der Antriebsleistung N ist noch mit dem entsprechenden Wirkungsgrad η der Fräsmaschine zu dividieren; man erhält Gl. (248). Setzt man für die im Eingriff befindliche Messerzahl $z_{iE} = \dfrac{z\,\varphi_s{}^\circ}{360^\circ}$ [Gl. (183)] und für die mittlere Hauptschnittkraft *eines* Fräserzahnes[1] $P_{m1} = P_{Hm} = b\,h_m\,k_s$, so ergibt sich Gl. (249).

Zahlentafel 7. *Spezifische Schnittkraft verschiedener Werkstoffe*
k_s-Richtwerte beim Fräsen in Abhängigkeit der mittleren Spanungsdicke $h_m = 0{,}73\,s_z$ und der konstanten Spanungsbreite $b = 1$ mm; Spanwinkel $\gamma = 12^\circ$; Spanfasenwinkel $\gamma_F = -\,7^\circ$ (negativer Fasenanschliff)

Zerspanungswerkstoff			Exponent $1-z$	Spezifische Schnittkraft $k_{s1.1}$ [kp/mm²]
Nr.	Bezeichnung	Eigenschaften		
1	St 50.11	52 kp/mm²	0,74	205
2	C 35	58 kp/mm²	0,80	195
3	St 60.11	62 kp/mm²	0,83	220
4	St 70.11	75 kp/mm²	0,80	220
5	CK 45	67 kp/mm²	0,86	230
6	CK 60	77 kp/mm²	0,82	220
7	Stahlguß	50—70 kp/mm²	0,82	180
8	16 MnCr 5	77 kp/mm²	0,74	220
9	18 CrNi 6	63 kp/mm²	0,70	230
10	37 MnSi 5	72 kp/mm²	0,80	235
11	42 CrMo 4	73 kp/mm²	0,74	260
12	34 CrMo 4	60 kp/mm²	0,79	230
13	30 CrNiMo 8	76 kp/mm²	0,80	270
14	50 CrV 4	60 kp/mm²	0,74	230
15	55 NiCrMoV 6 a)	94 kp/mm²	0,76	180
16	55 NiCrMoV 6 b)	$H_B = 352$ Br.	0,76	200
17	ECMO 80	59 kp/mm²	0,83	240

Beispiel 118. Als Stirnfräsarbeit (Schruppen) sei folgendes Arbeitsbeispiel gegeben: Werkstoff St 60, Werkstückbreite $b = 200$ mm, Schnittiefe $a = 5$ mm, Antriebsleistung der Maschine $N = 7$ kW, Wirkungsgrad der Maschine $\eta = 0{,}7$, Messerkopfdurchmesser $D = 4/3\,b = 320$ mm, Einstellwinkel $\varkappa = 60^\circ$, Schneidenwerkstoff HS 30, Schnittgeschwindigkeit $v = 60$ m/min, Vorschub je Zahn $s_z = 0{,}2$ mm/Z. Daraus sich ergebende rechnerische Werte: Schnittbogenwinkel $\varphi_s = 84{,}7^\circ$, Spanungsbreite $b = 5{,}8$ mm, mittlere Spanungsdicke $h_m = 0{,}147$ mm, spezifische Schnittkraft $k_s = 250$ kp/mm². Zu berechnen ist die Gesamtzähnezahl des Messerkopfes und die Vorschubgeschwindigkeit.

$$\text{Lösung: Aus Gl. (249):}\; z = \frac{360 \cdot 6120 \cdot \eta \cdot N}{\varphi_s\,b\,h_m\,k_s\,v} = \frac{360 \cdot 6120 \cdot 0{,}7 \cdot 7}{84{,}7 \cdot 5{,}8 \cdot 0{,}147 \cdot 250 \cdot 60} \approx 10 \text{ Zähne. [Gl. (22)]}$$

$$s' = n\,z\,s_z = \frac{v}{D\,\pi}\,z\,s_z = \frac{60}{0{,}32\,\pi}\,10 \cdot 0{,}2 \approx 120;\; \text{Vorschubgeschwindigkeit}\; s' = 120 \text{ mm/min.}$$

Beispiel 119. Das Werkstück im Beispiel 118 soll bei gleichen Arbeitsbedingungen mit einem Messerkopf von 320 mm Durchmesser und 20 Zähnen (Grenzzähnezahl für diesen Durchmesser) bearbeitet werden. Welche Antriebsleistung wird benötigt?

$$\text{Lösung: [Gl. (249)]}\; N = \frac{z\,\varphi_s\,b\,h_m\,k_s\,v}{360 \cdot 6120 \cdot \eta} = \frac{20 \cdot 84{,}7 \cdot 5{,}8 \cdot 0{,}147 \cdot 250 \cdot 60}{360 \cdot 6120 \cdot 0{,}7} \approx 14;\; \text{Antriebsleistung}$$

$N = 14$ kW.

Anmerkung: Die Unterbringung von Messern am Umfang des Grundkörpers hat technische Grenzen. Die maximale Zähnezahl wird begrenzt durch die Konstruktion der Messerspannung und die Stabilität des Messerkopfes. Bei Nichtberücksichtigung der Messerspannung ist es theoretisch möglich, Messer in einem Abstand von etwa „*6 mm plus Messerdicke*" im Grundkörper anzubringen [26].

3.34512 Antriebsleistung aus Richtwerttafeln. Um den notwendigen Rechnungsgang bei Anwendung der Gl. (249) zu ersparen, hat die Fa. Montanwerke Walter AG., Tübingen für häufig vorkommende Zerspanungswerkstoffe Richtwerttafeln [23] für eine Schnittgeschwindigkeit von $v_n = 50$ m/min aufgestellt. Für eine beliebig andere Schnittgeschwindigkeit v lautet die allgemeine Leistungsgleichung:

Leistung an der Frässpindel beim Stirnfräsen

$$N_e = N_{e/z1} \cdot z_{iE} \cdot a \cdot \frac{v}{v_n} \tag{250}$$

$N_e = $ Leistung an der Frässpindel beim Stirnfräsen [kW], $N_{e/z1} = $ Leistung je Zahn für $a = 1$ mm Schnittiefe [kW], $z_{iE} = $ im Eingriff befindliche Messerzahl, $a = $ Schnittiefe [mm], $v = $ tatsächlich gewählte Schnittgeschwindigkeit [m/min]. Die Tafelwerte sind für eine Schnittgeschwindigkeit von $v_n = 50$ m/min und eine Schnitt-

---

[1] In der Regel befinden sich mehrere Messer gleichzeitig im Eingriff; demzufolge ergibt sich die aufzuwendende Gesamtschnittkraft aus der Summe aller Schnittkräfte P_{Hm} der im Eingriff stehenden Messer.

tiefe von $a = 5$ mm errechnet. Die Werkstückbreite beträgt $0,75 D$, der Überlauf $\ddot{U} = 0,05 D$, die Zähne im Eingriff $z_{iE} = 0,281 z$. Da sich die Richtwerte nur auf „arbeitsscharf" geschliffene Messerköpfe beziehen, kann sich mit wachsender Schneidenstumpfung, der aufzuwendende Kraftbedarf des Antriebsmotors bis zu 25% erhöhen. Bei der Berechnung der Motorleistung ist daher eine entsprechende Kraftreserve mit zu berücksichtigen.

Beispiel 120. Von Gußeisen GG 26 mit etwa 200 Brinell (Zerspanungswerkstoff) soll mit Widia TH 20 (Schneidstoff) bei 150 mm Werkstückbreite, sowie bei 0,12 mm Vorschub je Zahn, mit 60 m/min Schnittgeschwindigkeit eine Spanschicht von 3 mm abgehoben werden. Der Planmesserkopf hat 200 mm Durchmesser, 12 Messer und einen Spanwinkel von $\gamma = 8^{\circ}$. Welche Motorleistung wird benötigt, wenn die Leistung je Zahn Ne/z_1 für $a = 1$ mm mit 0,18 kW und der Wirkungsgrad der Maschine mit $\eta = 0,7$ angenommen wird?

Lösung: Gl. (250) ergibt mit $Ne/z_1 = 0,18$ kW, $z_{iE} = 0,281\,z = 0,281 \cdot 12 \approx 3,4$, $a = 3$ mm, $v = 60$ m/min und $v_n = 50$ m/min eine Leistung von $N_e = 0,18 \cdot 3,4 \cdot 3 \cdot \dfrac{50}{60} = 2,2$ kW. Unter Berücksichtigung des Wirkungsgrades $\eta = 0,7$ wird $N = \dfrac{N_e}{\eta} = \dfrac{2,2}{0,7} = 3,2$; Antriebsleistung $N = 3,2$ kW.

3.34513 Antriebsleistung aus zulässigem Zerspanvolumen. Die erforderliche Antriebsleistung kann mit praktisch ausreichender Genauigkeit nach Gl. (251) aus dem je Minute zu zerspanenden Volumen für den zu bearbeitenden Werkstoff ermittelt werden.

Antriebsleistung beim Stirnfräsen[1]

(Leistung des Antriebsmotors für eine auszuführende Fräsarbeit).

$$N = \frac{a\,b\,s'}{1000\,V_{zul}} \qquad (251)$$

$N =$ Antriebsleistung beim Stirnfräsen [kW], $a =$ Schnitttiefe [mm], $b =$ Fräsbreite [mm], $s' =$ Vorschubgeschwindigkeit [mm/min], $V_{zul} =$ zulässiges Zerspanvolumen [cm³/kW min] (siehe Zahlentafel 8).

Beispiel 121. Werkstücke aus St 50 sind bei 80 mm Fräsbreite und 4 mm Bearbeitungszugabe mit einem Vorschub von 38 mm/min durch einen Stirnfräser in einem Schnittgang zu bearbeiten. Wie groß ist die erforderliche Antriebsleistung?

Lösung: Mit $a = 4$ mm, $b = 80$ mm, $s' = 38$ mm/min und $V_{zul} = 15$ cm³/kW/min (Z.T. 8) ergibt Gl. (251): $N = \dfrac{a\,b\,s'}{1000\,V_{zul}} = \dfrac{4 \cdot 80 \cdot 38}{1000 \cdot 15} = 0,8$; Antriebsleistung $N = 0,8$ kW.

Zahlentafel 8. *Richtwerte für das zulässige Zerspanvolumen in cm³ je kW und Minute*

Zerspanungswerkstoff	Zulässiges Zerspanvolumen $V_{zul}\left[\dfrac{cm^3}{kW \cdot min}\right]$
Legierte Stähle (vergütet)	8 bis 10
Legierte Stähle (geglüht).	10 bis 12
Unlegierte Stähle · · · · · · ·	12 bis 15
Gußeisen (mittelhart) · · ·	20 bis 30
Messing und Rotguß · · · ·	30 bis 50
Leichtmetalle · · · · · · · · · ·	40 bis 70
Aluminium · · · · · · · · · · · · ·	70 bis 550

Für das Fräsen mit Umfangszähnen gelten die unteren, für das Fräsen mit Stirnzähnen die oberen Werte. Die Werte hängen vom Wirkungsgrad der Maschine ab und verringern sich mit der Abnutzung des Fräsers

3.34514 Antriebsleistung aus spezifischer Schnittkraft. Sind der Spanungsquerschnitt, die spezifische Schnittkraft sowie die Schnittgeschwindigkeit bekannt, so kann der *Leistungsbedarf* auch nach Gl. (239) bestimmt werden.

Beispiel 122. Mit einem Messerkopf von 800 mm Durchmesser und 12 Hartmetallmessern wurden von einer 700 mm breiten Platte aus Gußeisen mit 26 kp/mm² Festigkeit 12 mm abgefräst. Der Spindeldrehzahl von 24 1/min entsprachen 60 m/min Schnittgeschwindigkeit. Der Vorschub je Zahn betrug 0,42 mm, die Vorschubgeschwindigkeit 120 mm/min. Es wurde mit 5 mm² Spanungsquerschnitt je Schneide gearbeitet, wobei 4 Messer im Schnitt standen. Welche Antriebsleistung war erforderlich, wenn die spezifische Schnittkraft mit 105 kp/mm² und der Wirkungsgrad mit 0,75 zugrunde gelegt wurden?

Lösung: Mit $F = 5$ mm² und $k_s = 105$ kp/mm² beträgt die Schnittkraft je Messer $= F\,k_s = 5 \cdot 105 = 525$ kp und die gesamte Schnittkraft $P = 525 \times 4 = 2100$ kp; Gl. (239) ergibt damit $N = \dfrac{F\,k_s\,v}{6120\,\eta} = \dfrac{5 \cdot 105 \cdot 4 \cdot 60}{6120 \cdot 0,75} = 27,45$; Antriebsleistung $N \approx 27$ kW. Zur Verfügung stand eine Senkrechthochleistungsfräsmaschine in Konsolbauart mit elektromagnetischer Getriebeschaltung und elektrohydraulischer Drucktasten- und Programmsteuerung mit 30 kW Antriebsleistung.

Zahlentafel 9. *Leistung für 1 dm³ zerspanten Stahl*

Mittenspanungsdicke	Leistung für 1 dm³ zerspanten Stahl (überschlägige Werte für St 50)	
etwa 0,003 mm	2,0 kWh	Vgl. dazu Anmerkung S. 103
etwa 0,030 mm	1,0 kWh	
etwa 0,300 mm	0,5 kWh	

---

[1] Die errechnete Leistung der Fräsmaschine muß ausreichende Sicherheiten enthalten, da der Leistungsbedarf des Werkzeuges mit zunehmender Stumpfung bis zum doppelten Wert ansteigen kann. In Zahlentafel 8 ist der erforderliche Zuschlag zum Ausgleich der Werkzeugstumpfung bereits berücksichtigt. Die Werte gelten für bis zum *Standzeitkriterium* gestumpfte Schneiden.

Anmerkung: Um 1 dm³ Stahl mittlerer Festigkeit (St 50) zu zerspanen, ist beim Schruppen — roh gerechnet — 1 Kilowattstunde (1 kWh) elektrischer Arbeit nötig; die Mittenspanungsdicke beträgt dabei im allgemeinen etwa 0,03 mm. Wird der Werkstoff in sehr dünne Späne zerlegt, so ist ein wesentlich größerer Arbeitsaufwand notwendig als beim Zerlegen in dicke Späne; vgl. Zahlentafel 9.

3.3452 Walzenfräsen.

Im Vergleich zu Messerköpfen ergeben sich beim Fräsen mit Walzen-, Schaft- und Scheibenfräsern einige abweichende mathematische Beziehungen; vgl. Gln. (187) bis (189).

3.34521 Mittlere Schnittkraft [Gl. (248)] *als Grundlage der Berechnung.* Aus dem Schnittbogenwinkel φ_s, der Schnittiefe a, dem Werkzeugdurchmesser D und dem Vorschub je Zahn s_z läßt sich mit Hilfe der Mittenspanungsdicke h_m die Schnittkraft $P_{Hm} = b\,h_m\,k_s$ [kp] errechnen. Die Antriebsleistung berechnet sich dann, wie beim Stirnfräsen, nach Gl. (248).

3.34522 Mittlere Schnittkraft [Gl. (252)] *als Grundlage der Berechnung.* Zur Berechnung der Schnittleistung legt man die Mittenspanungsdicke h'_M zugrunde [Gl. (188)]. Man erhält dann auch eine mittlere Leistung an den Fräserschneiden; die Antriebsleistung ist um die Getriebe- und Motorverluste größer, die auch hier durch den Wirkungsgrad η * berücksichtigt werden.

Antriebsleistung beim Walzenfräsen aus der Mittenspanungsdicke[1]
(Leistung des Antriebsmotors für eine auszuführende Fräsarbeit).

$$N = \frac{k_M\,a\,b\,s'}{6\,120\,000\,\eta}$$

N = Antriebsleistung beim Fräsen mit Umfangszähnen nach dem gegenläufigen Fräsverfahren [kW], k_M = spe- (252)

zifische Schnittkraft, bezogen auf die Mittenspanungsdicke h'_M [kp/mm²]; siehe Abb. 159, a = Schnittiefe [mm], b = Fräsbreite [mm], s' = Vorschubgeschwindigkeit [mm/min], η = Wirkungsgrad (für übliche Verhältnisse $\eta = 0{,}8$). Übernimmt der Antriebsmotor auch den Vorschubantrieb, so sind, einschließlich aller Verluste, bei halber Last etwa 15%, bei Vollast 20% der Spindelleistung hinzuzufügen.

Die mittlere spezifische Schnittkraft k_M ist für die einzelnen Werkstoffe verschieden groß und ändert sich mit der Schneidenform und der Mittenspanungsdicke h'_M. Ist letztere aus Gl. (188) berechnet, so können für Walzen- und Stirnfräsen die k_M-Werte aus dem Schaubild Abb. 159 abgelesen werden.

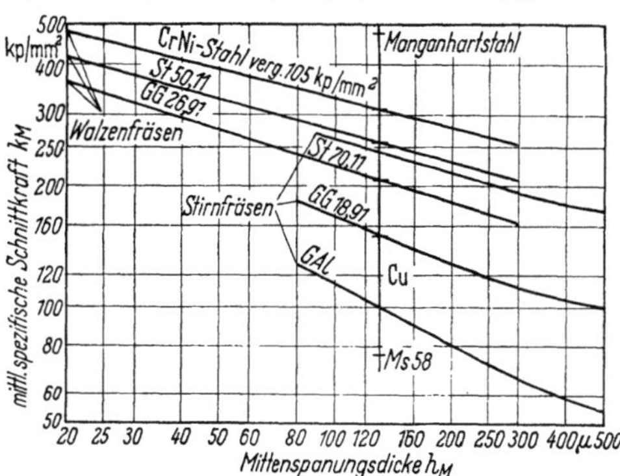

Abb. 159. k_M-Werte für Walzenfräser mit Umfangszähnen in Abhängigkeit von der Mittenspanungsdicke [2]. Statt h_M ist h'_M zu lesen. (Vgl. auch Abb. 130)

Anmerkung: Wie aus Abb. 159 und den Gln. (188) und (252) zu ersehen, ist bei einer bestimmten Spanabnahme anzustreben, daß h'_M groß wird, damit k_M und auch N klein bleiben. Die Mittenspanungsdicke h'_M wird aber groß, wenn n, z und D klein sind; dabei haben, wie Beispiel 123 zeigt, n und z einen größeren Einfluß als D.

Beispiel 123. Mit einem Walzenfräser ist Werkstoff CrNi-Stahl verg. 105 kp/mm² zu schruppen. Die abzuhebende Spanschicht sei 9 mm tief und 75 mm breit. Der 10zähnige Fräser von 100 mm Durchmesser läuft minutlich mit 50 Umdrehungen. Berechne die Antriebsleistung der Fräsmaschine, wenn 80 mm/min Vorschubgeschwindigkeit zugelassen und der Wirkungsgrad zu 0,7 angenommen wird.

Lösung: Mit $s' = 80$ mm/min, $n = 50$ 1/min, $z = 10$, $a = 9$ mm und $D = 100$ mm, ergibt Gl. (188):

$$h'_M = \frac{s'}{n\,z}\sqrt{\frac{a}{D}} = \frac{80}{50\cdot 10}\sqrt{\frac{9}{100}} = 0{,}16\cdot 0{,}3 = 0{,}048;\quad \text{Mittenspanungsdicke } h'_M = 0{,}048\,\text{mm} \approx 48\,\mu.\ \text{Dem}$$

---

* Der Wirkungsgrad einer Fräsmaschine sinkt mit steigender Spindeldrehzahl; bei $n = 100$ 1/min wird $\eta = 0{,}96$, bei $n = 200$ 1/min wird $\eta = 0{,}95$, bei $n = 1500$ 1/min wird $\eta = 0{,}8$, und bei $n = 3000$ 1/min wird $\eta = 0{,}6$.

[1] Sehr große und sehr kleine Zahlen schreibt man vielfach in Form eines Produktes einer leicht faßlichen Zahl (hier 6,12) und einer Potenz von 10 (hier 10^6). Gl. (252) ergibt dann $N = \dfrac{k_M\,a\,b\,s'}{6{,}12\cdot 10^6\cdot \eta}$; setzt man $\dfrac{1}{10^6} = 10^{-6}$ (ein Millionstel), so gilt auch $N = \dfrac{10^{-6}\cdot k_M\,a\,b\,s'}{6{,}12\cdot \eta}$.

Schaubild Abb. 159 entnimmt man bei $48\,\mu$ die mittlere Schnittkraft $k_M = 400$ kp/mm². Damit

Gl. (252): $N = \dfrac{k_M\,a\,b\,s'}{6\,120\,000\,\eta} = \dfrac{400 \cdot 9 \cdot 75 \cdot 80}{6\,120\,000 \cdot 0{,}7} \approx 5$; Antriebsleistung der Fräsmaschine $N = 5$ kW.

3.34523 Zulässiges Zerspanvolumen als Grundlage der Berechnung. Wie beim Stirnfräsen kann auch hier für die Errechnung der Antriebsleistung das zulässige Zerspanvolumen in cm³ je kW und je Minute (*spezifisches Zerspanvolumen*) zugrunde gelegt werden. Die Verluste in der Maschine sind darin bereits berücksichtigt.

Beispiel 124. Welche Antriebsleistung erhält man im Beispiel 123, wenn für die Berechnung Gl. (251) zugrunde gelegt wird? Als Mittelwert für V_{zul} werde 10 cm³/kW/min angenommen.

Lösung: Mit $a = 9$ mm, $b = 75$ mm, $s' = 80$ mm/min und $V_{\text{zul}} = 10$ cm³/kW/min ergibt Gl. (251)

$$N = \frac{a\,b\,s'}{1000\,V_{\text{zul}}} = \frac{9 \cdot 75 \cdot 80}{1000 \cdot 10} = 5{,}4;\ \text{Antriebsleistung } N = 5{,}4\ \text{kW}.$$

3.346 Schleifen

Antriebsleistungen für Schleifmaschinen lassen sich rechnerisch nur schwer ermitteln. Bei diesen Maschinen ist man deshalb bei der Beurteilung der Schnittkräfte und Leistungen hauptsächlich auf Versuche angewiesen.

Rundschleifen. Die Gln. (253) und (254) mögen einen Einblick in die Größenverhältnisse beim Rundschleifen geben.

Antriebsleistung der Schleifmaschine (Leistung des Antriebsmotors für eine auszuführende Schleifarbeit).

$$N = \frac{P\,D\,\pi\,n}{60 \cdot 102\,\eta} \tag{253}$$

$$N = \frac{P\,v_s}{102\,\eta} \tag{254}$$

$N =$ Antriebsleistung beim Rundschliff [kW], $P =$ Schleifkraft, auch Tangentialkraft, Umfangskraft oder Schnittkraft genannt [kp], $D =$ Durchmesser des Schleifkörpers [m], $n =$ Umlaufzahl des Schleifkörpers [1/min], $v_s =$ Schnittgeschwindigkeit [m/s], $\eta =$ Wirkungsgrad der Maschine.

Anmerkung: Überschläglich und im allgemeinen ausreichend kann der Kraftbedarf einer Rundschleifmaschine berechnet werden, wenn für 10 mm Scheibenbreite eine Antriebsleistung von 0,8 bis 1,0 kW eingesetzt wird. Die Schleifleistung ist nicht gleich Ausbringung oder Schleifvermögen. Unter *Ausbringung* versteht man die Anzahl der in der Zeiteinheit geschliffenen Werkstücke. Das *Schleifvermögen* des Schleifkörpers wird gemessen durch die Gesamtsumme der einzelnen Abschliffgewichte am Werkstück, bis der Schleifkörper völlig abgenützt ist (vgl. Abschn. 3.243). Das Schleifvermögen in der Zeiteinheit ist die in der Zeiteinheit am Werkstück abgeschliffene Gewichtsmenge.

Beispiel 125. Bei einer Zerspanleistung von 45 mm³/s wurde die größte Umfangskraft (Tangentialkraft) zu 4,2 kp ermittelt. Die Schnittgeschwindigkeit betrug 30 m/s. Berechne (ohne Berücksichtigung des Wirkungsgrades) die Schleifleistung der Maschine in kpm/s und kW.

Lösung: Mit $P = 4{,}2$ kp und $v_s = 30$ m/s wird $N = P\,v_s = 4{,}2 \cdot 30 = 126$; Schleifleistung N = 126 kpm/s. Gl. (254) ergibt $N = \dfrac{P\,v_s}{102} = \dfrac{4{,}2 \cdot 30}{102} = \dfrac{126}{102} = 1{,}2$; Schleifleistung $N = 1{,}2$ kW.

Flachschleifen. Nach S. 84 gilt für den zerspanten Querschnitt F die Gleichung $F = \dfrac{a\,b\,v_w}{v_s}$ [mm²]. Bildet man den Quotienten aus der Schnittkraft P und dem Momentanquerschnitt F, so ergibt sich das vereinfachte Schnittkraftgesetz $k_s = P/F$ [kp/mm²].

3.347 Hobeln und Stoßen

Die Leistung eines Hobelmaschinenantriebes wird bestimmt durch die Durchzugskraft P_H [kp] am Meißel und die auf Grund der verwendeten Werkzeuge und der zu bearbeitenden Werkstoffe mögliche Schnittgeschwindigkeit v [m/min]; man erhält $N_n = \dfrac{P_H\,v}{60 \cdot 102}$ [kW]. Die Hauptschnittkraft P_H ist auch hier das Produkt aus Spanungsquerschnitt und spezifischer Schnittkraft, also $P_H = a\,s\,k_s$ oder $P_H = F\,k_s$ *.

---

* Die Gleichung $P_H = F\,k_s$ nach F aufgelöst, ergibt $F = \dfrac{P_H}{k_s}$; d. h. die Durchzugskraft begrenzt den Spanungsquerschnitt, der auf der Maschine von einem bestimmten Werkstoff abgenommen werden kann. Die spezifische Schnittkraft, also die zum Zerspanen von 1 mm² Werkstoff erforderliche Kraft am Werkzeug, ist abhängig von der Größe und Form des Spanungsquerschnittes, vom Werkstoff, von der Schneide des Werkzeuges sowie von der Schnittgeschwindigkeit. Bei kleiner werdendem Spanungsquerschnitt wird die spezifische Schnittkraft größer.

Damit wird die am Werkzeug wirkende Leistung $N_n = \dfrac{F\,k_s\,v}{60 \cdot 102}$ [kW]. Die Motorleistung für eine auszuführende Hobel- oder Stoßarbeit erhält man bei Berücksichtigung des Wirkungsgrades nach Gl. (239). Der Wirkungsgrad beträgt im Mittel für Hobelmaschinen $\eta = 0{,}65$ bis $0{,}8$; bei mechanischem Antrieb $\eta_{\text{Räderkasten}} \approx 0{,}75$, bei elektrischem Antrieb $\eta_{\text{Leonard}} \approx 0{,}82\,*$.

Beispiel 126. Auf einer Hobelmaschine mit Leonardantrieb, Motorleistung 22 kW, Wirkungsgrad 0,82 soll Werkstoff St 70, spezifische Schnittkraft 224 kp/mm² mit Hartmetall S 3 bei 1,6 mm/DH Vorschub und 25 m/min Schnittgeschwindigkeit bearbeitet werden. Welche Schnittiefe ist zulässig?

Lösung: [Gl. (239)] $N = \dfrac{F\,k_s\,v}{6120\,\eta}$; daraus $F = \dfrac{6120\,\eta\,N}{k_s\,v} = \dfrac{6120 \cdot 0{,}82 \cdot 22}{224 \cdot 25} = 19{,}7$; Spanungsquerschnitt $F \approx 20$ mm². Aus Gl. (198): $a = \dfrac{F}{s} = \dfrac{20}{1{,}6} = 12{,}5$; Schnittiefe $a = 12{,}5$ mm.

Üblicherweise wird man bestrebt sein, die an einer Maschine vorhandene Durchzugskraft weitgehend auszunutzen, was durch Wahl entsprechender Spanungsquerschnitte bzw. durch Aufteilung auf mehrere Werkzeuge möglich ist. Dabei können schwere Schnitte mit Rücksicht auf das Werkzeug zumeist nur bei kleineren und mittleren Geschwindigkeiten angewendet werden.

Beispiel 127. Auf einer Hobelmaschine ist Werkstoff St 70 mit 40 mm² Spanungsquerschnitt zu zerspanen. Welche Durchzugskraft ist erforderlich, wenn dieser Spanungsquerschnitt auf vier Hobelmeißel aufgeteilt werden soll und die spezifische Schnittkraft 280 kp/mm² beträgt?

Lösung: Spanungsquerschnitt je Meißel $F' = \dfrac{F}{n} = \dfrac{40}{4} = 10$ mm². Mit $k_s = 280$ kp/mm² folgt $P'_H = F'\,k_s = 10 \cdot 280 = 2800$ kp und damit $P_H = 4\,P'_H = 4 \cdot 2800 = 11\,200$; Durchzugskraft $P_H = 11\,200$ kp $= 11{,}2$ Mp.

Bei Hobellängen über 5 m ist die *Rücklaufleistung* nachzurechnen:

Rücklaufleistung bei Hobelmaschinen
$$N_R = \frac{\mu\,(G_t + G_w)\,v_R}{6120\,\eta}$$
N_R = Rücklaufleistung [kW], μ = Reibzahl (bei Flachbahnen im Mittel 0,15, bei V-Bahnen 0,2 bis 0,25), G_t = Tischgewicht [kp], G_w = Werkstück- (255)

gewicht [kp], v_R = Rücklaufgeschwindigkeit [m/min], η = Wirkungsgrad.

Außerdem ist für die Bemessung des Antriebes das Beschleunigungs- bzw. Bremsmoment maßgebend, welches für die Umkehr der Tischbewegung aufgebracht werden muß,

3.348 Räumen

Die Schnittkraft beim Räumen wird außer vom Werkstoff hauptsächlich durch das zu zerspanende Volumen bestimmt; auch der Einfluß der Fasenreibung und Schmierung ist von Bedeutung. Man erhält:

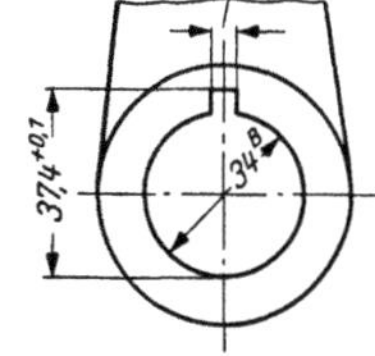

Zu zerspanendes Volumen
$$V_g = \frac{l\,(f_1 - f_2)}{1000} \qquad (256)$$

Zerspanvolumen je Zahn
$$V_z = \frac{a\,b\,l}{1000} \qquad (257)$$

Schnittkraft (ohne Fasenreibung)
$$P = z_e\,a\,b\,k_s \qquad (258)$$

Antriebsleistung der Räummaschine (Leistung des Antriebsmotors für eine auszuführende Räumarbeit)
$$N = \frac{1{,}3\,P\,v}{6120\,\eta} \qquad (259)$$

Abb. 160. Längsnut eines Hebels als Räumarbeit ($b = 6{,}4$ = Breite des Zahnes = Breite der Zerspanschicht)

In den Gln. (256) bis (259) bedeutet: V_g = zu zerspanendes Volumen [cm³], l = zu räumende Länge des Werkstückes [mm], f_1 = Querschnitt des fertigen Profiles [mm²], f_2 = Querschnitt des vorgearbeiteten Profiles oder des vorgebohrten Loches [mm²], V_z = Zerspanvolumen für den einzelnen Zahn [cm³], a = Schnittiefe = Überhöhung von Zahn zu Zahn [mm], b = Breite des Zahnes [mm], P = Schnittkraft ohne Fasenreibung [kp], $z_e = l/t + 1$ = Anzahl der gleichzeitig eingreifenden Zähne, t = Teilung = Abstand von Schneide zu Schneide (näherungsweise $t = 1{,}7\,\sqrt{l}$) [mm], k_s = spezifische Schnittkraft kp/mm²]. Die Schnittkraft k_s kann mit $4\,\sigma_{zB}$ angenommen werden, wenn σ_{zB} = Festigkeit des zu zerspanenden Werkstoffes ist. N = Antriebsleistung, wenn für Fasenreibung ein Zuschlag von 30% angenommen wird [kW], v = Schnittgeschwindigkeit [m/min], η = Wirkungsgrad (üblich $\eta = 0,6$ bis 0,8).

Beispiel 128. In den Hebel Abb. 160 (Nabenlänge 78 mm) aus St 50 mit 210 kp/mm² spezifischer Schnittkraft ist eine durchgehende Nut zu räumen. Die Schnittiefe werde je Schneide mit 0,1 mm gewählt. a) Schnittkraft (ohne Fasenreibung) ist zu berechnen. b) Leistung des Antriebsmotors, wenn mit 3 m/min Schnittgeschwindigkeit gearbeitet und der Wirkungsgrad mit 0,75 angenommen wird?

Lösung: a) Es wird $t = 1,7\,\sqrt{l} = 1,7\,\sqrt{78} = 15,01$; Teilung $t \approx 15\,\mathrm{mm}$. $z_e = \dfrac{l}{t} + 1 = \dfrac{78}{15} + 1$

$= 6,2$; Anzahl der gleichzeitig eingreifenden Zähne, gewählt, $z_e = 6$; Gl. (153) und Abb. 160: $z_s = \dfrac{A}{a}$

$= \dfrac{37,4 - 34}{0,1} = 34$; Zahl der schneidenden Zähne $z_s = 34$. Bei Annahme von $z_k = 3$ Kalibrierzähnen

ergibt sich die verzahnte Werkzeuglänge zu $t\,(z_s + z_k) = 15\,(34 + 3) = 555\,\mathrm{mm}$. [Gl. (258)]: $P = z_e\,a\,b\,k_s$

$= 6 \cdot 0,1 \cdot 6,4 \cdot 210 = 806,4$; Schnittkraft (ohne Fasenreibung) $P \approx 806\,\mathrm{kp}$. [Gl. (259)]: $N = \dfrac{1,3\,P\,v}{6120\,\eta}$

$= \dfrac{1,3 \cdot 806 \cdot 3}{6120 \cdot 0,75} = 0,68$; Leistung des Antriebsmotors $N = 0,68\,\mathrm{kW}$.

3.349 Sägen (Kaltkreissäge)

Bei Kaltkreissägemaschinen mit stufenlosem Schnitt- und Vorschubantrieb können Schnitt- und Vorschubgeschwindigkeit der Festigkeit und Abmessung des Werkstückes angepaßt werden.

Antriebsleistung der Kreissägemaschine

$$N = \frac{F\,z\,k_s\,v}{6120\,\eta} \qquad (260)$$

N = Antriebsleistung der Kaltkreissägemaschine [kW], F = Spanungsquerschnitt [mm²], z = Anzahl der Zähne im Schnitt, k_s = spezifische Schnittkraft [kp/mm²], v = Schnittgeschwindigkeit [m/min], η = Wirkungsgrad ($\eta \approx 0,8$).

3.35 Elektrische Leistung

Die elektrische Leistung, die von Maschinen aus dem Netz aufgenommen wird, ist ein Maß für die Leistungsfähigkeit der Energieverbraucher. Die wichtigsten Maßeinheiten der elektrischen Leistung sind das Watt [W] und das Kilowatt [kW]. Die aufgenommene elektrische Leistung (Anschlußwert) läßt sich mit Hilfe eines Elektrizitätszählers und einer Uhr ermitteln (vgl. Abschnitt 3.352). Bei *Gleichstrom* und bei Wechselstrom mit Glühlampen- und Heizleiterbelastung ist die elektrische Leistung $N = U \cdot I$ [W], bei *Wechselstrom* mit Magnetspulen (Motoren) und Kondensatoren im Stromkreis ist sie $N = U \cdot I \cdot \cos\varphi$ [W]; hierin ist $\cos\varphi$ der Leistungsfaktor, der die dem Wechselstromkreis eigentümliche „Phasenverschiebung" zwischen Strom und Spannung berücksichtigt. Enthält z. B. das Leistungsschild eines Gleichstrommotors die Angaben $U = 220\,\mathrm{V}$ und $I = 23\,\mathrm{A}$, so ergibt sich die Leistung des Motors zu $N = U \cdot I = 220 \cdot 23 = 5060\,\mathrm{W} = 5,06\,\mathrm{kW}$. Hat ein Wechselstrommotor für 220 V einen Leistungsfaktor $\cos\varphi = 0,85$ und entnimmt er dem Netz 7,25 A, so entspricht dies einer Leistung von $N = U \cdot I \cdot \cos\varphi = 220 \cdot 7,25 \cdot 0,85 = 1355,75\,\mathrm{W} = 1,36\,\mathrm{kW}$. Bei *Drehstrom* gilt für die elektrische Leistung $N = U \cdot I \cdot \sqrt{3} \cdot \cos\varphi$ [W]; darin ist $\sqrt{3}$ der Verkettungsfaktor, der die Entstehung des Drehstromes aus drei Wechselströmen berücksichtigt.

3.351 Leistungsermittlung aus Strommessung

Ist die Bestimmung der einer Maschine zugeführten elektrischen Leistung erforderlich, so geschieht dies durch Messung der Stromaufnahme des Motors mittels elektrischer Meßgeräte. Je nach Stromart erhält man:

Antriebsleistung der Maschine			
	Gleichstrom	$N = \dfrac{U\,I\,\eta_m}{1000}$	(261)
	Wechselstrom	$N = \dfrac{U\,I\,\eta_m\,\cos\varphi}{1000}$	(262)
	Drehstrom	$N = \dfrac{U\,I\,\sqrt{3}\,\cos\varphi\,\eta_m}{1000}$	(263)

N = Antriebsleistung [kW], U = Betriebsspannung [V], I = Stromstärke [A], η_m = Wirkungsgrad des Motors [η_m = 0,75 bis 0,81 bei Gleichstrom bei $^1/_4$ bis $^4/_4$ Belastung; η_m = 0,8 bis 0,85 bei Drehstrom bei $^1/_4$ bis $^4/_4$ Belastung], $\cos\varphi$ = Leistungsfaktor des Motors.

Anmerkung: Wird bei Wechsel- und Drehstrom für $\cos\varphi$ mit dem auf dem Leistungsschild des Motors angegebenen Wert (etwa 0,7 bis 0,9) gerechnet, so ist zu beachten, daß dieser nur gilt, wenn der Motor mit mindestens zwei Dritteln seiner Nennleistung belastet ist. Desgleichen darf bei dieser Messung die Spannung nicht wesentlich von ihrem Nennwert abweichen. Der zum Antrieb von Arbeitsmaschinen am häufigsten verwendete *Drehstrommotor* besitzt eine gleichbleibende Drehzahl, die von der Frequenz und der Polpaarzahl nach dem Gesetz $n = \dfrac{60\,f}{p}$ abhängt, worin f = Frequenz [Hz] und p = Polpaarzahl. Die Drehzahl berechnet sich bei der üblichen Periodenzahl des Drehstromes von $f = 50$ in der Sekunde und $p = 2$, also 4 Polen zu $n = \dfrac{60 \cdot 50}{2} = 1500$ 1/min. Dies ist die Nenndrehzahl. Die wirkliche Drehzahl ist infolge des Schlupfes etwas kleiner. Bei Benutzung dieses wirtschaftlichen und praktischen Antriebsmotors müssen zwischen ihm und solchen Werkzeugmaschinen, die veränderliche Drehzahlen erfordern, Getriebe eingebaut werden. (Frequenz f hat die Einheit Hertz [Hz].)

3.352 Leistungsermittlung aus Zählerablesung

Man stellt zunächst fest, wie viele Ankerumdrehungen die im Fenster des Zählers sichtbare Zählerscheibe je 1 kWh macht. Diese Zahl (. . . U/kWh), die sog. Zählerkonstante C muß, entsprechend den amtlichen Prüfvorschriften, jeder Zähler tragen. Darauf schließt man die Maschine, deren Leistungsaufnahme bestimmt werden soll, allein an den Zähler an. Nun beobachtet man, wie viele Umdrehungen (n_z) die Zählerscheibe während einer beliebigen Zeit t in Sekunden macht. Damit:

Antriebsleistung der Maschine

$$N = \frac{3600\,n_z\,\eta}{t\,C}$$

N = Antriebsleistung der Maschine = Leistungsabgabe des Motors [kW], n_z = Umdrehungen der Zählerscheibe in einer beliebigen Zeit t Sekunden, η = Wirkungsgrad des Motors, t = Zeit, in welcher die Ankerscheibe n_z Umdrehungen macht [Sek.], C = Zahl der Ankerumdrehungen je 1 kWh = Zählerkonstante [U/kWh]. (264)

Beispiel 129. An einem Zähler wird die Zeit für 10 Umdrehungen der Ankerscheibe durch Abstoppen zu 14 Sekunden ermittelt. Auf dem Leistungsschild des Zählers ist die Zählerkonstante mit 300 Umdrehungen je Kilowattstunde angegeben. Welche Leistung kann der Motor abgeben, wenn sein Wirkungsgrad $\eta = 0{,}85$ ist?

Lösung: Mit $n_z = 10$, $\eta = 0{,}85$, $t = 14$ Sek. und $C = 300$ U/kWh ergibt Gl. (264): $N = \dfrac{3600\,n_z\,\eta}{t\,C}$ $= \dfrac{3600 \cdot 10 \cdot 0{,}85}{14 \cdot 300} = 7{,}29$; Leistungsabgabe des Motors $N = 7{,}29$ kW

Anmerkung: Die Leistungsermittlung durch Zählerablesung kann auch angewendet werden, wenn es gilt, einen zu groß bemessenen Elektromotor gegen den passenden, d.h. weniger Blindstrom verbrauchenden, auswechseln zu müssen. Zu beachten ist dabei, daß der Wirkungsgrad solcher Motoren bei Lauf unter Vollast am günstigsten ausfällt. Wie erwähnt, mißt man mit Hilfe eines gewöhnlichen geeichten kWh-Zählers die durch den zu starken Motor aufgenommene Leistung und stellt das Ergebnis den tatsächlichen Erfordernissen der anzutreibenden Maschine gegenüber, bzw. man ermittelt die effektiv benötigte Motorstärke. Die Maschine wird zu diesem Zweck auf gewünschte oder maximale Leistung eingestellt bzw. der Elektromotor entsprechend belastet. Dann zählt man an der roten Stichmarke die durch den Zähleranker vollführten Umdrehungen während einer bestimmten, mit der Stoppuhr zu messenden Zeit. Gl. (264) gestattet dann das Errechnen des *Energieverbrauches* in Kilowatt.

3.353 Leistungsermittlung aus Drehmoment

Bei Motoren üblicher Bauweise hat man es mit einem feststehenden Teil (Stator, Feld) und einem beweglichen, rotierenden Teil (Rotor, Anker) zu tun. Durch das Zusammenwirken von Magnetfeldern, die meist vom feststehenden Teil erregt werden, und Strömen im beweglichen Teil entstehen Kräfte, die am Umfang des beweglichen Teiles angreifen und ein Drehmoment erzeugen, das den Motor in Drehung versetzt und diese Rotationsbewegung nach dem Umlauf unterhält. Das Produkt aus Drehmoment und Drehzahl stellt die abgegebene Leistung dar:

Motorleistung aus dem Drehmoment

$$N_m = \frac{M_t\,n}{97{,}3}$$

N_m = abgegebene mechanische Leistung des Motors [W], M_t = Drehmoment [kpcm], n = Drehzahl des Motors [1/min]. Mit N_m in kW lautet die Zahlenwertgleichung (267) für das Drehmoment: (265)

Drehmoment aus Leistung [PS]

$$M_t = 71620\,\frac{N_m}{n}$$

(266)

Drehmoment aus Leistung [W]

$$M_t = 97{,}3\,\frac{N_m}{n}$$

$$M_t = 97310\,\frac{N_m}{n} \approx 97400\,\frac{N_m}{n}.$$

(267)

Beispiel 130. Welches Drehmoment entwickelt ein Motor mit 1 PS Leistung bei $n = 1420$ 1/min?

Lösung: [Gl. (266)] $M_t = 71620\,\dfrac{N_m}{n} = 71620\,\dfrac{1}{1420} = 50{,}4$; Drehmoment $M_t = 50{,}4$ kpcm.

Aus Gl. (267) ist zu ersehen, daß das Drehmoment der Motoren keine gleichbleibende Größe ist, sondern sich mit der Drehzahl ändert. Man spricht deshalb von einem Anzugsmoment (Moment aus dem Stillstand bei der Drehzahl Null), einem Anlaufmoment usw.

4 Übersetzung und Übersetzungsgleichung

Aufstellung, Inbetriebsetzung und Bedienung von Werkzeugmaschinen verlangen die Bestimmung von Drehzahlen und Geschwindigkeiten. Die Festlegung von Übersetzungen und die Aufstellung von Übersetzungsgleichungen wird weiterhin erforderlich bei Reparaturen oder Umbauten, um eine vorhandene Maschine leistungsfähiger zu machen, ferner auch beim Einrichten einer Werkzeugmaschine für eine besondere Arbeit, sei es die Herstellung von nicht genormten Gewindesteigungen, das Fräsen, Hobeln, Stoßen oder Schleifen von Zahnrädern mit ungewöhnlichen Zähnezahlen usw.

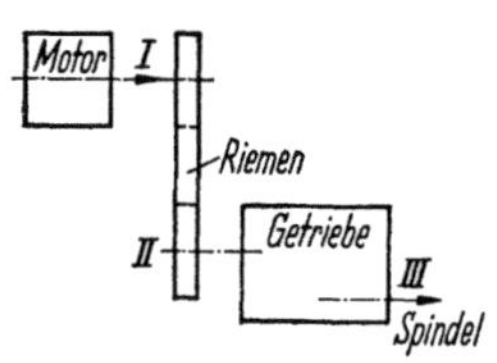

Abb. 161. Getriebeanordnung mit einem Riemen

4.1 Riementrieb

Das wichtigste Anwendungsgebiet der Riemen im Werkzeugmaschinenbau sind die Hauptantriebe, bei denen ein Elektromotor über Riemen eine Welle des Getriebes (Abb. 161) oder die Spindel antreibt. Die Gestaltung der Riementriebe wird in erster Linie von der Lage der Antriebsmaschine und der anzutreibenden Arbeitsmaschinen bestimmt; auch bauliche Verhältnisse sind vielfach nicht ohne Einfluß auf die Anordnung der Riementriebe.

4.11 Flachriementrieb

Die einfachste **Antriebsform** ist der *offene Riementrieb* (Abb. 162); der Umschlingungswinkel (vgl. S. 112) soll möglichst nicht unter 120° liegen; dann ist in Abb. 479 der Winkel $\delta \leq 30°$. Soll der Drehsinn der beiden Scheiben entgegengesetzt verlaufen, so ist das am einfachsten durch *Kreuzen des Riemens* nach Abb. 163 zu erreichen. Die Vergrößerung der Umschlingungswinkel ist hier günstig; nachteilig ist die hohe Riemenbeanspruchung infolge Riemenverdrehung. Hohe Riemengeschwindigkeiten sind zu vermeiden. Bei Wellen, die unter einem bestimmten Winkel (Achswinkel) zueinander stehen, findet der *Halbkreuztrieb* Anwendung. Kreuzen sich die Wellen *I* und *II* unter $\delta_A = 90°$, so ergibt sich ein halbgekreuzter Trieb (Abb. 164). Bei $\delta_A = 45°$ findet eine Viertelschränkung des Riemens statt. Da der Riemen beim Umkehren der Drehrichtung abfällt, kommen Halbkreuztriebe nur für eine bestimmte Drehrichtung in Frage. Die Mittellinie des auflaufenden Riemens muß hier mit der Mittelebene der zugehörigen Scheibe zusammenfallen. Wo diese Forderung nicht zu erfüllen ist, werden Riementriebe mit *Leitrollen* verwendet (Bohrmaschinen). Als Bedingung für richtigen Lauf muß der Riemen den Leitrollen in ihren Mittelebenen zugeführt werden. Beim *Spannrollentrieb* (Abb. 166) wird eine Rolle durch ein verstellbares Gewicht mit gleichbleibender Kraft an die Außenseite des Riemens gedrückt; dadurch werden Riemenspannung und Umschlingungswinkel verbessert.

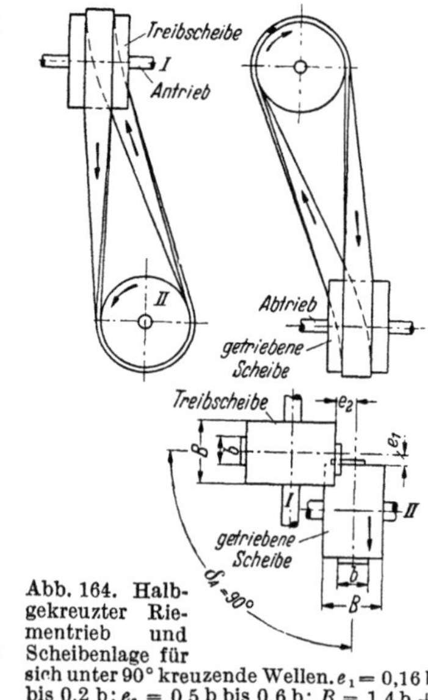

Abb. 164. Halbgekreuzter Riementrieb und Scheibenlage für sich unter 90° kreuzende Wellen. $e_1 = 0{,}16\,b$ bis $0{,}2\,b$; $e_2 = 0{,}5\,b$ bis $0{,}6\,b$; $B = 1{,}4\,b + 1\,cm$. Ausführung nur mit zylindrischen Scheiben. Riemenkanten werden ungleich beansprucht; deshalb schmale Riemen. Umschlingungswinkel meist größer als 180°. Achsabstand nicht unter $10\sqrt{b\,D}$, wenn b = Riemenbreite, D = Durchmesser der größten Scheibe

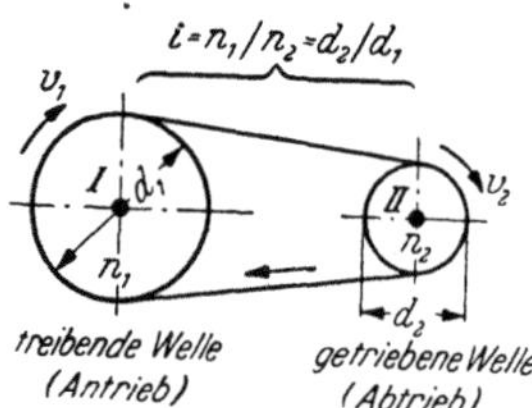

Abb. 162.
Offener Riementrieb für parallel liegende Wellen. Scheibe d_1 treibt Scheibe d_2. (**Gleiche** Drehrichtung der beiden Scheiben)

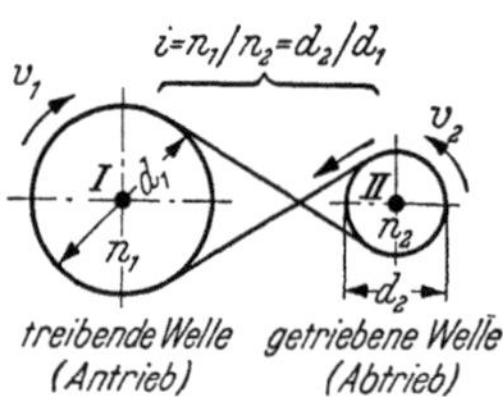

Abb. 163.
Gekreuzter Riementrieb für parallel liegende Wellen. Scheibe d_1 treibt Scheibe d_2. (**Entgegengesetzte** Drehrichtung der beiden Scheiben)

Vernachlässigt man die Riemendicke und den Schlupf zwischen Riemen und Scheibe, so gilt für die Bewegungsübertragung durch Riemen: die Umfangsgeschwindigkeiten beider Scheiben müssen einander gleich sein; mit Bezug auf Abb. 162 und 163 ist demnach $v_1 = v_2$ oder $d_1 \pi\, n_1 = d_2 \pi\, n_2$; daraus:

Einfache Übersetzungsgleichung für Riementrieb (Abb. 162 und 163)

$$n_1\, d_1 = n_2\, d_2$$

Beim einfachen Riementrieb ist das Produkt aus Drehzahl und Durchmesser für beide Scheiben gleich groß. (268)

Der Begriff „**Übersetzung**" kennzeichnet ein Schnelligkeitsverhältnis, das gleichermaßen für Drehzahlsteigerung und -minderung angewendet wird. Unter „Übersetzungsverhältnis" bzw. „Übersetzung" versteht man (nach DIN 868) das Verhältnis (den Bruch) der Drehzahl der treibenden Welle zu der der getriebenen, also:

Einfache Übersetzung für Riementrieb (Abb. 162 und 163)

ausgedrückt durch Umlaufzahlen

$$i = \frac{n_1}{n_2} = \frac{\text{Umlaufzahl der } \textit{treibenden} \text{ Welle}}{\text{Umlaufzahl der } \textit{getriebenen} \text{ Welle}}$$ (269)

ausgedrückt durch Scheibendurchmesser

$$i = \frac{d_2}{d_1} = \frac{\text{Durchmesser der } \textit{getriebenen} \text{ Scheibe}}{\text{Durchmesser der } \textit{treibenden} \text{ Scheibe}}$$ (270)

i = Übersetzung zwischen zwei Wellen, n_1 = Umlaufzahl der treibenden Welle in der Minute (Antriebsdrehzahl), n_2 = Umlaufzahl der getriebenen Welle in der Minute (Abtriebsdrehzahl), d_2 = Durchmesser der getriebenen Scheibe (Getriebene), d_1 = Durchmesser der treibenden Scheibe (Treiber).

Anmerkung: Das Übersetzungsverhältnis i ist ein absoluter Wert, also ohne Vorzeichen. Für die zahlenmäßige Angabe der Übersetzung $1 : x$ ist es zweckmäßig, x größer als 1 anzugeben, so daß eine Übersetzung $1 : x$ *eine Übersetzung ins Schnelle*, eine Übersetzung $x : 1$ *eine Übersetzung ins Langsame* (Untersetzung) darstellt. Zur Abkürzung kann man auch sagen: eine „x-fache Übersetzung ins Schnelle" bzw. eine „x-fache Übersetzung ins Langsame". Den Kehrwert des Übersetzungsverhältnisses i bezeichnet man bei Riementrieben als „*Durchmesserverhältnis*" oder „*Scheibenverhältnis*". Die Durchmesser der Scheiben verhalten sich umgekehrt wie ihre Drehzahlen.

Beispiel 131. Bei dem Einfachtrieb (Abb. 162 und 163) sei $n_1 = 120$ 1/min und $d_1 = 450$ mm. Die getriebene Welle soll minutlich $n_2 = 180$ Umdrehungen machen. a) Welcher Scheibendurchmesser d_2 ist zu wählen? b) Wie groß ist die Übersetzung?

Lösung: a) [Gl. (268)]: Mit $n_1 = 120$ 1/min, $d_1 = 450$ mm und $n_2 = 180$ 1/min folgt: $120 \cdot 450$ $= 180 \cdot d_2$; daraus $d_2 = \dfrac{120 \cdot 450}{180} = 300$; Durchmesser $d_2 = 300$ mm. b) Nach Gl. (269): $i = \dfrac{n_1}{n_2} = \dfrac{120}{180}$ $= \dfrac{1}{1,5}$. Nach Gl. (270): $i = \dfrac{d_2}{d_1} = \dfrac{300}{450} = \dfrac{1}{1,5}$. Übersetzung $i = 1{,}5$fach ins Schnelle.

Beim Festlegen der genauen Übersetzung von Riementrieben, besonders bei den Kurztrieben der Werkzeugmaschinen, liefert Gl. (271) mit Berücksichtigung der Riemendicke genauere Ergebnisse.

Einfache Übersetzung für Riementrieb mit Berücksichtigung der Riemendicke

$$i = \frac{d_2 + s}{d_1 + s}$$

i = Einfache Übersetzung für Riementrieb mit Berücksichtigung der Riemendicke, d_2 = Durchmesser der großen, getriebenen Scheibe [mm], s = Riemendicke [mm], d_1 = Durchmesser (271)

der kleinen, treibenden Scheibe [mm]. Riemendicke s so gering wählen, wie mit Rücksicht auf Festigkeit des Werkstoffes und auf zu übertragende Leistung noch zu verantworten ist; den Durchmesser der kleineren Scheibe d_1 dagegen möglichst groß halten ($d_1 : s = 80$ ergibt günstige Bedingungen).

Beispiel 132. Bei dem offenen Riementrieb eines Fräsmaschinenantriebes hat die Motorscheibe $d_1 = 160$ mm, die Abtriebsscheibe $d_2 = 360$ mm. Riemendicke $s = 4$ mm. Wie groß ist die Übersetzung a) ohne und b) mit Berücksichtigung der Riemendicke?

Lösung: a) Gl. (270): $i = \dfrac{d_2}{d_1} = \dfrac{360}{160} = \dfrac{2{,}25}{1}$; Übersetzung $i = 2{,}25$fach ins Langsame.

b) [Gl. (271)] $i = \dfrac{d_2 + s}{d_1 + s} = \dfrac{360 + 4}{160 + 4} = \dfrac{364}{164} = \dfrac{2{,}22}{1}$; Übersetzung $i = 2{,}22$fach ins Langsame.

Aus der Rechentafel DIN 109 können die mittels DIN 111 (Riemenscheibendurch-

messer) und DIN 112 (Lastdrehzahlen) erreichbaren Übersetzungen usw. abgelesen werden.

Riemenschlupf. Man versteht darunter die elastische Formänderung des Riemens im ab- und auflaufenden Riementrum, nicht aber das tatsächliche Gleiten des Riemens infolge Überlastung. Wegen des Riemenschlupfes, der bei Riemen durchschnittlich 1 bis 2% beträgt, stimmt auch Gl. (271) mit der tatsächlichen Umdrehungsübersetzung Gl. (269) nicht genau überein. Es sind also die aus dem Übersetzungsverhältnis errechneten Scheibendurchmesser nachträglich zu korrigieren, indem man entweder die treibende Scheibe um 1 bis 2% größer oder die getriebene um ebensoviel kleiner ausführt.

<table>
<tr><td>Einfache Übersetzung für Riementrieb mit Berücksichtigung der Riemendicke und des Riemenschlupfes</td><td>$$i = \frac{d_2 + s}{d_1 + s}(1 - \varphi)$$</td><td>(272)</td></tr>
</table>

i = Einfache Übersetzung für Riementrieb mit Berücksichtigung der Riemendicke und des Riemenschlupfes, d_2 = Durchmesser der großen getriebenen Scheibe [mm], s = Riemendicke [mm], d_1 = Durchmesser der kleinen treibenden Scheibe [mm], φ = Riemenschlupf ($\varphi = 0,01$ bis $\varphi = 0,02$).

Beispiel 133. Ein Riementrieb soll mit $n_1 = 800$ 1/min und $n_2 = 200$ 1/min ins Langsame übersetzen. Die treibende Scheibe hat $d_1 = 180$ mm Durchmesser. Welcher Durchmesser d_2 ergibt sich für die getriebene Scheibe bei $s = 4$ mm Riemendicke und $\varphi = 2\%$ Riemenschlupf?

Lösung: Auflösung der Gl. (272) nach d_2: $d_2 = \dfrac{i(d_1 + s)}{1 - \varphi} - s = \dfrac{4(180 + 4)}{1 - 0,02} - 4 = 747$; getriebene Scheibe $d_2 = 747$ mm. Der nächstliegende genormte Scheibendurchmesser beträgt 710 mm (Abmessung nach DIN 111).

Berücksichtigt man außer Riemendicke und Riemenschlupf auch noch die in DIN 11 genormten Abmaße A der Scheiben, so wird:

<table>
<tr><td>Einfache Übersetzung für Riementrieb mit Berücksichtigung der Scheibenabmaße</td><td>$$i = \frac{d_2 + s \pm A_{d_2}}{d_1 + s \pm A_{d_1}}(1 - \varphi)$$</td><td>(273)</td></tr>
</table>

i = einfache Übersetzung für Riementrieb mit Berücksichtigung der Riemendicke, des Riemenschlupfes und der Abmaße der Scheiben, d_2 = Durchmesser der großen getriebenen Scheibe [mm], s = Riemendicke [mm], A_{d_2} = Abmaß der Scheibe d_2 [mm], d_1 = Durchmesser der kleinen treibenden Scheibe [mm], A_{d_1} = Abmaß der Scheibe d_1 [mm], φ = Riemenschlupf ($\varphi = 0,01$ bis $\varphi = 0,02$).

Beispiel 134. Ein offener Riementrieb hat die Scheiben $d_1 = 180 \pm 2$ mm und $d_2 = 560 \pm 5$ mm. Riemendicke $s = 4$ mm. Riemenschlupf $\varphi = 2\%$. Wie groß ist die Übersetzung a) ausgedrückt durch die Scheibendurchmesser, b) mit Berücksichtigung der Riemendicke, c) mit Berücksichtigung der Riemendicke und des Riemenschlupfes, d) mit Berücksichtigung der Riemendicke, des Riemenschlupfes und der Abmaße in den beiden Grenzfällen?

Lösung: a) [Gl. (270)] $i = \dfrac{d_2}{d_1} = \dfrac{560}{180} = 3,11$; Übersetzung 3,11 fach ins Langsame; b) [Gl. (271)] $i = \dfrac{d_2 + s}{d_1 + s} = \dfrac{560 + 4}{180 + 4} = 3,06$; Übersetzung $i = 3,06$; c) [Gl. (272)] $i = \dfrac{d_2 + s}{d_1 + s}(1 - \varphi) = \dfrac{560 + 4}{180 + 4} \times (1 - 0,02) \approx 3,00$; Übersetzung $i = 3,00$; d) Erster Grenzfall mit $+A_{d_2}$ und $-A_{d_1}$ ergibt nach Gl. (273): $i = \dfrac{d_2 + s + A_{d_2}}{d_1 + s - A_{d_1}}(1 - \varphi) = \dfrac{560 + 4 + 5}{180 + 4 - 2}(1 - 0,02) = 3,06$; Übersetzung $i = 3,06$. Zweiter Grenzfall mit $-A_{d_2}$ und $+A_{d_1}$ ergibt nach Gl. (273): $i = \dfrac{d_2 + s - A_{d_2}}{d_1 + s + A_{d_1}}(1 - \varphi) = \dfrac{560 + 4 - 5}{180 + 4 + 2} \cdot (1 - 0,02) = 2,94$; Übersetzung $i = 2,94$.

Riemenlänge. Diese setzt sich aus Teilen auf den beiden Scheiben und den Trumlängen zusammen. Berechnung der Riemenlänge siehe **Berechnungstafel 4, S. 302.**

Beispiel 135. Bei einem offenen Riementrieb treibt der Riemen einer Scheibe mit 300 mm Durchmesser auf eine solche mit 220 mm Durchmesser. Achsabstand 1000 mm. Welcher Unterschied ergibt sich in der Riemenlänge, wenn a) nach der genauen, b) nach der angenäherten Gleichung gerechnet wird?

Lösung: An Hand der Berechnungstafel 4: a) [Z. 1] $\sin\delta = \dfrac{D - d}{2a} = \dfrac{300 - 220}{2 \cdot 1000} = 0,0400$; $\delta = 2°18' = 2,3°$. Damit [Z. 2] $L = \pi D\left(\dfrac{180° + 2\delta}{360°}\right) + \pi d\left(\dfrac{180° - 2\delta}{360°}\right) + 2a\cos\delta = \pi \cdot 300 \times \left(\dfrac{180° + 2 \cdot 2,3°}{360°}\right) + \pi \cdot 220\left(\dfrac{180° - 2 \cdot 2,3°}{360°}\right) + 2 \cdot 1000\cos 2°18' = \dfrac{\pi \cdot 300 \cdot 184,6°}{360°} + \dfrac{\pi \cdot 220 \cdot 175,4°}{360°} + 2000 \cdot 0,9999 = 2818,28$. Riemenlänge genau $L = 2818,3$ mm. b) [Z. 3] $L' = \dfrac{\pi(D + d)}{2} + 2a + \dfrac{(D - d)^2}{4a} = \dfrac{\pi(300 + 220)}{2} + 2 \cdot 1000 + \dfrac{(300 - 220)^2}{4 \cdot 1000} = 2818,4$. Riemenlänge angenähert $L' = 2818,4$ mm.

Anmerkung: Außer der Berechnung der Riemenlänge mit normalem Aufwand (Beispiel 135) kann diese auch mit den Hilfstabellen AWF 21-HF durch einfaches Ablesen und eine Multiplikation bestimmt werden. Die *Riemenlängen* endlos hergestellter Flachriemen sind durch DIN 387, Entwurf Mai 1958, vereinheitlicht. Auch wenn die Benutzung endlicher Riemen beabsichtigt ist, sollte die Triebanordnung

(Scheibendurchmesser und Achsabstand) so gewählt werden, daß Austauschbarkeit gegen endlos hergestellte Riemen genormter Länge besteht. Die *Riemengeschwindigkeit* sollte durch Vergrößerung der Scheiben möglichst größer als 10 m/s, bei gleichförmig dickem Riemen sogar 25 bis 45 m/s gewählt werden, da der Riemenschlupf bei größerer Geschwindigkeit später beginnt und die Belastung eines Riemens ·mit zunehmender Geschwindigkeit gesteigert werden kann. Bei Stufenscheiben ist die Geschwindigkeit nur 1,5 bis 2,5 m/s.

Normung. Die Normung der Riemenscheibendurchmesser bedingte auch eine Festlegung der Umdrehungszahlen und der Riemengeschwindigkeiten. Die beiden durch einen Riemen verbundenen Riemenscheiben (Abb. 162) stehen in gegenseitiger Abhängigkeit nach der Gleichung $v = d_1\,\pi\,n_1 = d_2\,\pi\,n_2$; daraus ergibt sich, daß die Durchmesser d_1 und d_2 nur dann normal sein können, wenn auch die Drehzahlen n_1 und n_2 und damit die Riemengeschwindigkeit v normal sind. Anormale Drehzahlen werden nur in den seltensten Fällen normale Durchmesser ergeben. Deshalb hat man auf DIN 109 die Riemenscheibendurchmesser d, die Lastdrehzahlen n und die Riemengeschwindigkeit v in einem Schaubild so miteinander in Beziehung gebracht, daß jede Übersetzung von einer normalen Scheibe mit genormter Drehzahl auf eine andere Scheibe dieser wieder eine genormte Drehzahl erteilt. Die Drehzahlen sind in den Grenzen von 25 bis 1600 1/min und die Scheibendurchmesser von 50 bis 1000 mm festgelegt.

4.12 Stufenscheibentrieb

Läuft die Antriebswelle einer Werkzeugmaschine mit gleichbleibender Drehzahl (Einscheibe, Motor) und will man an der getriebenen Arbeitsspindel eine Reihe verschiedener Drehzahlen erzeugen, so muß zwischen diesen beiden Wellen eine entsprechende Zahl verschiedener Übersetzungsverhältnisse der Reihe nach einschaltbar sein. Bei Anwendung des Riementriebes ist der *Stufenscheibentrieb* (Abb. 165) die übliche Lösung. Auf jeder der beiden Wellen wird die gleiche Anzahl von Riemenscheiben konstruktiv zu einer Einheit, der *Stufenscheibe* zusammengefaßt.

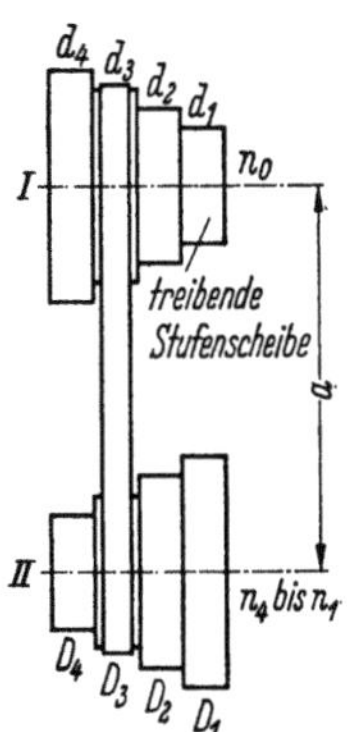

Abb. 165. Stufenscheibenantrieb

Jedem Durchmesser (d_4, d_3, d_2, d_1) auf Welle I steht ein Durchmesser (D_4, D_3, D_2, D_1) auf Welle II gegenüber. Derselbe Riemen kann der Reihe nach auf jedes zusammengehörige Durchmesserpaar geschoben werden. Jedes Durchmesserpaar gibt ein anderes Übersetzungsverhältnis. Bedingung ist, daß der Riemen bei allen Lagen die gleiche Spannung behält. Die gleiche Riemenlänge soll für alle Stufen passen. Das trifft bei gekreuzten Riemen mathematisch genau, bei offenen Riemen und Achsabständen $a \geqq 10\,(d_{max} - d_{min})$ praktisch genau zu, wenn die Summe der Durchmesser $(d + D)$ zueinander gehöriger Scheibenglieder auf allen Stufen die gleiche bleibt. Bei Achsabständen $a < 10 \times (d_{max} - d_{min})$ ist ein Ausgleich der Durchmesser oder des Riemens (Spannrolle) notwendig [6].

4.13 Keilriementrieb

Dem Flachriementrieb überlegen ist der Keilriementrieb. Guter Wirkungsgrad (98%), geringer Schlupf (0,5 bis 1%), geringer Platzbedarf und Verzicht auf Vorspannung sind besondere Vorteile des Keilriementriebes. Sie kommen sowohl endlos als auch endlich zur Verwendung. Endlose Keilriemen zeigen die Form von in sich geschlossenen Ringen mit bestimmter Länge; ein Kürzen oder Verlängern ist infolge der inneren Struktur des Riemens nicht möglich. Bei nicht zu großem Abstand zwischen treibender und getriebener Welle haben sich Übersetzungsverhältnisse bis $i = 10 : 1$ gut bewährt. Es werden bei etwa 15 bis 25 m/s Riemengeschwindigkeit (Höchstgeschwindigkeit 35 m/s) Wirkungsgrade von nahezu 100% erreicht. Während der Flachriemen die Kraftübertragung mit der oberen oder unteren Seite übernimmt, erfolgt diese beim Keilriemen mit den Flanken. Der Keilriemen haftet dreimal so stark an der Scheibe als der Flachriemen, und deshalb ist die Durchzugskraft etwa dreimal so groß als beim Flachriemen.

Die Gln. (268) bis (270) gelten auch für Keilriementriebe; statt des Außendurchmessers bei Flachriemenscheiben ist hier der Nenndurchmesser d_m bzw. D_m (Abb. 483 und 484) der Keilriemenscheibe zugrunde zu legen. Man erhält sinngemäß die Gleichungen $n_1\,d_m = n_2\,D_m$ (einfache Übersetzungsgleichung) und $i = D_m/d_m$ (einfache Übersetzung), worin D_m und d_m die mittleren Scheibendurchmesser bedeuten. d_m ist der für die Berechnung des Übersetzungsverhältnisses, der Umfangsgeschwindigkeit usw. (vgl. DIN 2218) geltende mittlere Durchmesser der kleinsten noch günstigen Scheibe. Muß d_m unterschritten werden, so ist ein prozentualer Leistungsabzug erforderlich[1]. Berechnung der *Riemenlänge*[2] siehe **Berechnungstafel 5**, S. 304.

[1,2] Fußnoten 1 und 2 s. S. 112.

4.14 Spannrollentrieb

Bei großen Übersetzungen oder sehr kleinem Achsabstand wird der Umschlingungswinkel unter Umständen für die Kraftübertragung zu klein. Die Spannrolle soll die erforderliche Kraftübersetzung durch eine größere Umschlingung der Scheibe ermöglichen. Hauptvorteile: Verringerung des Riemenschlupfes von 3% auf weniger als 1% und Verringerung der Belastung der Lagerwellen und Scheiben infolge Fortfalls der Riemenvorspannung. Außerdem wird der Wirkungsgrad um etwa 10% und die Übersetzung bei kurzen Wellenabständen bis auf $i = 20:1$ erhöht. Berechnung der Riemenlänge siehe **Berechnungstafel 4, S. 302.**

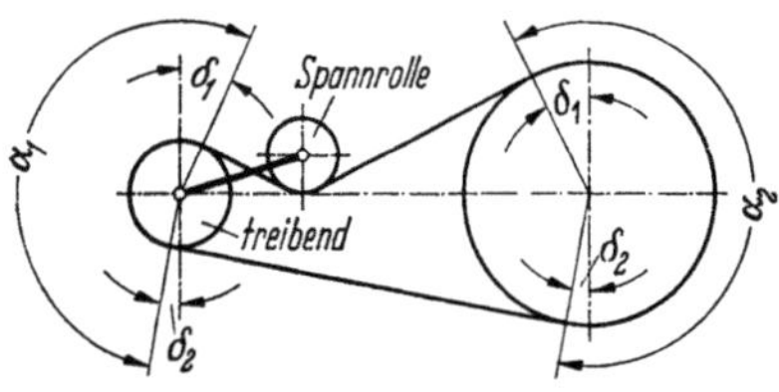

Abb. 166. Spannrollentrieb (günstige Lage der Spannrolle)

Anmerkung: In Abb. 166 ist α_1 der *Umschlingungswinkel* auf der kleinen Scheibe und α_2 der Umschlingungswinkel auf der großen Scheibe; es gilt $\alpha_1 = 180° + \delta_1 - \delta_2$ und $\alpha_2 = 180° + \delta_1 + \delta_2$. Der Umschlingungswinkel in Abb. 479 (offener Riemen) beträgt für die kleine Scheibe $\alpha_1 = 180° - 2\,\delta$; Neigungswinkel δ kann nach Z. 1, B.T. 4 berechnet werden; vgl. auch Z. 1 und 2, B.T. 5. Für die kleine Scheibe beim gekreuzten Riementrieb bestimmt sich δ nach Z. 6, B.T. 4. Für den Spannrollentrieb siehe Z. 15 und 16, B.T. 4. Der Umschlingungswinkel α_1 der kleinen Riemenscheibe berechnet sich damit für den *offenen Trieb* (genau) aus $\cos\dfrac{\alpha_1}{2} = \dfrac{D-d}{2a}$, für den *Kreuztrieb* (genau) aus $\cos\dfrac{\alpha_1}{2} = \dfrac{D+d}{2a}$. Angenähert kann der Umschlingungswinkel aus $\alpha_1 = 180° - 60°\left(\dfrac{D-d}{a}\right)$ bestimmt werden, wobei der Ausdruck $60°\left(\dfrac{D-d}{a}\right)$ Winkelgrade ergibt. Je größer der Umschlingungswinkel, um so größer kann die übertragene Leistung sein. Umschlingungswinkel unter 150° sind bei den normal handelsüblichen Riemen, mit Rücksicht auf die Verschlechterung des Wirkungsgrades, zu vermeiden.

4.15 Reibradtrieb

Bei Reibtrieben ist es nicht möglich, ein unbedingt feststehendes Übersetzungsverhältnis zwischen An- und Abtriebswelle zu schaffen. Bei der Energieübertragung durch Haftreibung zwischen Kegelscheibe und Lauf- oder Reibring ist für das jeweilige Übersetzungsverhältnis nur *ein* bestimmter Halbmesser r_0 an der Kegelscheibe und *ein* bestimmter Halbmesser R_0 am Reibring maßgebend (Abb. 167). An dieser Berührungsstelle herrscht gleiche Umfangsgeschwindigkeit von Reibring und Kegelscheibe. Alle anderen, infolge der aus praktischen Gründen erforderlichen Breite des Reibringes sich berührenden Punkte haben unterschiedliche Umfangsgeschwindigkeiten. Sie gleiten mit einer gewissen Relativgeschwindigkeit aufeinander.

Die stufenlose Änderung der Abtriebsdrehzahl erfolgt durch Verschieben der Antriebskegelscheibe in ihrer Achsrichtung, wobei jeweils ein anderer Bezugskreis der Kegelscheibe am Lauf- oder Reibring abrollt.

Übersetzung beim Reibradtrieb (Abb. 167)

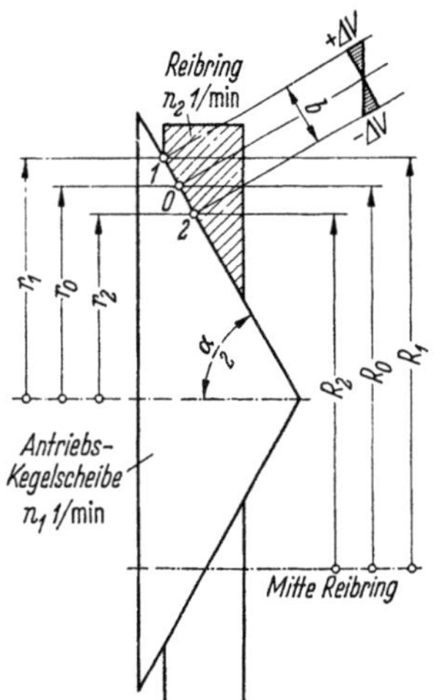

Abb. 167. Bezugshalbmesser beim Reibtrieb

$$i = \frac{n_1}{n_2} = \frac{R_0}{r_0} \qquad (274)$$

i = Augenblickliche Übersetzung beim Reibradtrieb, n_1 = Umlaufzahl der Antriebskegelscheibe [1/min], n_2 = Umlaufzahl des Lauf- oder Reibringes [1/min], R_0 = Halbmesser am Lauf- oder Reibring [mm], r_0 = Halbmesser an der Antriebskegelscheibe [mm].

---

[1] Die Leistungen N [PS] der Keilriemen von $b = 25, 32, 40$ und 50 (vgl. Normblatt) verhalten sich zu denen der Riemen von $b = 20$ etwa wie $1,5:1$, $2,4:1$, $3,7:1$ und $6:1$.

[2] Für die Auslegung und Bemessung des Keilriementriebes interessiert die *Arbeitslänge des Riemens*, d. h. die Riemenlänge, die während des Betriebes bei Festliegen von Achsabstand, Scheibendurchmesser, Rillenform, Vorspannung und unter Berücksichtigung der elastischen Eigenschaften des Keilriemens seine zulässige Beanspruchung und seine Übertragungsfähigkeit sichert [24].

4.2 Kettentrieb

Die Kette bildet gleich dem Riemen ein Zwischenelement (Zugmittelglied) für die Kraftübertragung; unterscheidet sich jedoch von dem letzteren dadurch, daß der bei Riementrieben entstehende Gleitverlust und der durch Spannungen erhöhte Lagerdruck fortfallen. Die beliebige Wahl der Achsabstände haben beide Triebmittel gemeinsam. Eine Kette kann zwei und drei Räder (Abb. 168) oder eine Vielzahl von Rädern miteinander verbinden.

Damit können eine oder mehrere Wellen von einer Welle aus in gleicher oder in entgegengesetzter Drehrichtung mit *einer* Kette angetrieben werden. Voraussetzung ist jedoch, daß alle Kettenräder in einer Ebene und alle Wellen parallel liegen. Die Wellen sollen möglichst waagerecht liegen, um ohne seitliche Unterstützung der Kette auszukommen. Für Kettentriebe gelten die Gln. (268) bis (270). An Stelle der Scheibendurchmesser sind die Zähnezahlen der Kettenräder einzusetzen.

Kettenlänge. Sind die Teilkreisdurchmesser der Räder und der Achsabstand gegeben, so berechnet

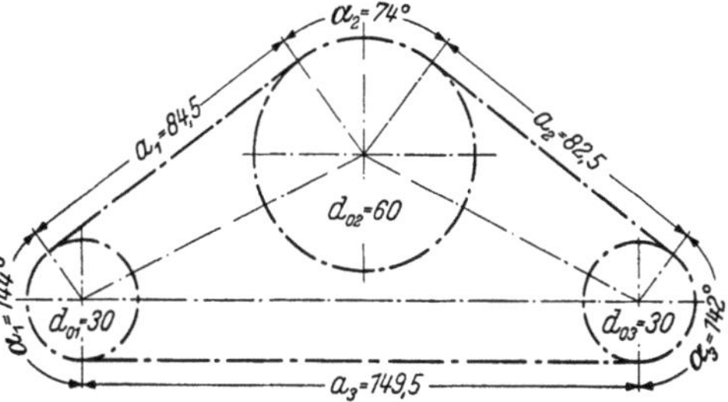

Abb. 168. Kettentrieb für drei Räder (Dreiecktrieb)

sich die Kettenlänge wie die Riemenlänge beim offenen Riementrieb. Statt der Riemenscheibendurchmesser sind die Teilkreisdurchmesser der Räder zu setzen. Die Kettenlänge selbst muß stets ein ganzzahliges Vielfaches der Kettenteilung sein. Die Teilung t ist eine Sehnenteilung. Berechnung der Kettenlängen siehe **Berechnungstafel 6, S. 305.**

Beispiel 136. Berechne den Achsabstand eines Kettentriebes für 46 Glieder bei einer Teilung von 9,525 mm. Die Kettenräder haben 14 und 34 Zähne.

Lösung: [Z. 3, B. T. 6] $a = \dfrac{t}{4}\left[\left(X - \dfrac{z_1+z_2}{2}\right) + \sqrt{\left(X - \dfrac{z_1+z_2}{2}\right)^2 - 2\left(\dfrac{z_2-z_1}{\pi}\right)^2}\right] = \dfrac{9,525}{4} \times$

$\times \left[\left(46 - \dfrac{14+34}{2}\right) + \sqrt{\left(46 - \dfrac{14+34}{2}\right)^2 - 2\left(\dfrac{34-14}{\pi}\right)^2}\right] = 100{,}18$; Achsabstand $a = 100{,}18$ mm.

Beispiel 137. Ein Kettentrieb hat bei 1000 mm Achsabstand 20 und 60 Zähne sowie 25,4 mm Teilung. Berechne die Anzahl der benötigten Kettenglieder.

Lösung: [Z. 1, B. T. 6] $X = 2\dfrac{a}{t} + \dfrac{z_1+z_2}{2} + \left(\dfrac{z_2-z_1}{2\pi}\right)^2 \dfrac{t}{a} = 2\dfrac{1000}{25,4} + \dfrac{20+60}{2} + \left(\dfrac{60-20}{2\pi}\right)^2 \dfrac{25,4}{1000}$

$= 2 \cdot 39{,}37 + 40 + \dfrac{400}{\pi^2}\, 0{,}0254 = 119{,}77.$ Anzahl der Kettenglieder (Kettenlänge) $X = 120.$

Beispiel 138 Für den Dreiecktrieb Abb. 168 ist die Kettenlänge zu bestimmen; Teilung 12,7 mm.

Lösung: Mit den gegebenen Winkeln erhält man:

Zentriwinkel $\alpha°$	Bogenlänge im Einheitskreis $\widehat{\alpha}$	Halbmesser r	Bogenlänge in mm $b = r\,\widehat{\alpha}$
$\alpha_1 = 144°$	$\widehat{\alpha}_1 = 2{,}5133*$	$r_{01} = 15$	$b_1 = 15 \cdot 2{,}5133 = 37{,}6995 \approx 37{,}7$
$\alpha_2 = 74°$	$\widehat{\alpha}_2 = 1{,}2915$	$r_{02} = 30$	$b_2 = 30 \cdot 1{,}2915 = 38{,}7450 \approx 38{,}8$
$\alpha_3 = 142°$	$\widehat{\alpha}_3 = 2{,}4784$	$r_{03} = 15$	$b_3 = 15 \cdot 2{,}4784 = 37{,}1760 \approx 37{,}2$

Die Addition der Geraden und Bogenlängen ergibt nach Z. 4, B.T. 6 die Kettenlänge $L = a_1 + a_2 +$

$a_3 + b_1 + b_2 + b_3 = 84{,}5 + 82{,}5 + 149{,}5 + 37{,}7 + 38{,}8 + 37{,}2 = 431{,}7$ mm. $X = \dfrac{L}{t} = \dfrac{431{,}7}{12{,}7} \approx 34.$ Anzahl der Kettenglieder (Kettenlänge) $X = 34.$

Anmerkung: Ein besonderer Vorteil der Kettentriebe liegt darin, daß nicht nur zwei, sondern viele Räder formschlüssig miteinander verbunden werden und dadurch mit geringem getriebetechnischem Aufwand verschiedene aufeinander abgestimmte Drehzahlen verwirklicht werden können. Läuft eine Kette über mehrere Räder, so ist die Triebanordnung (meist im Maßstab 1 : 10) möglichst genau auf-

---

* Reicht eine Tabelle der Bogenlängen nur bis zu 90°-Winkelgrößen, so halbiert man größer vorkommende Winkel und nimmt den Wert für die Bogenlänge zweimal. Die Bogenlänge für den 144°-Winkel beträgt zweimal Bogenlänge des Winkels von 72°, also $2 \cdot 1{,}25666 = 2{,}51332$. Dieser Wert ist dann mit dem Teilkreishalbmesser des Kettenrades zu multiplizieren.

zuzeichnen. An die Teilkreise ist sodann die Kette als Tangente anzulegen. Die Berührungspunkte der Tangenten legen jeweils die Umschlingungswinkel fest. Man mißt nun die Tangentenlängen a_1, a_2, ... ab und errechnet die Kreisbögen nach den Tabellenwerten des Einheitskreises, umgerechnet in die tatsächlich vorliegenden Werte der Teilkreisdurchmesser. Die Addition der einzelnen Ergebnisse ergibt die Kettenlänge.

4.3 Zahnrädertrieb, festgelagert [1]

Preßt man zwei Scheiben aneinander, so entsteht der *Reibtrieb*. Verzahnt man beide Scheiben, so ergibt sich der Zahnradtrieb oder *Rädertrieb*, der die Drehbewegung durch Formschluß (Zähne) überträgt. Zahnrädertriebe zeichnen sich durch Schlupffreiheit, große übertragbare Leistung, hohen Wirkungsgrad, großen Übersetzungsbereich, geringen Raumbedarf und niedriges Gewicht aus. Ein einfacher Zahnradtrieb besteht aus einem Paar gleichförmig verzahnter Räder, wobei jedes auf einer Welle sitzt. Die Lage, welche die beiden Wellen gegenseitig einnehmen, kann eine dreifache sein:

Wellen sind gleichlaufend. Die Grundform dieser Räder ist ein Zylinder; man bezeichnet sie als zylindrische Räder oder Stirnräder. Sind die Zähne gerade und gleichlaufend zur Radachse, so erhält man *Geradstirnräder* (Abb. 169a). Zahnräder, deren Zähne in Schraubenlinie auf dem zylindrischen Radkörper verlaufen, heißen *Schrägstirnräder* (Abb. 169b). Sind die Zähne in der Mittelebene des Rades derart gebrochen, daß sie von hier aus nach beiden Seiten in entgegengesetzter Richtung schraubenförmig verlaufen, so ergeben sich *Pfeilzahnräder* (Abb. 169c). Kämmt ein außenverzahntes mit einem innen-

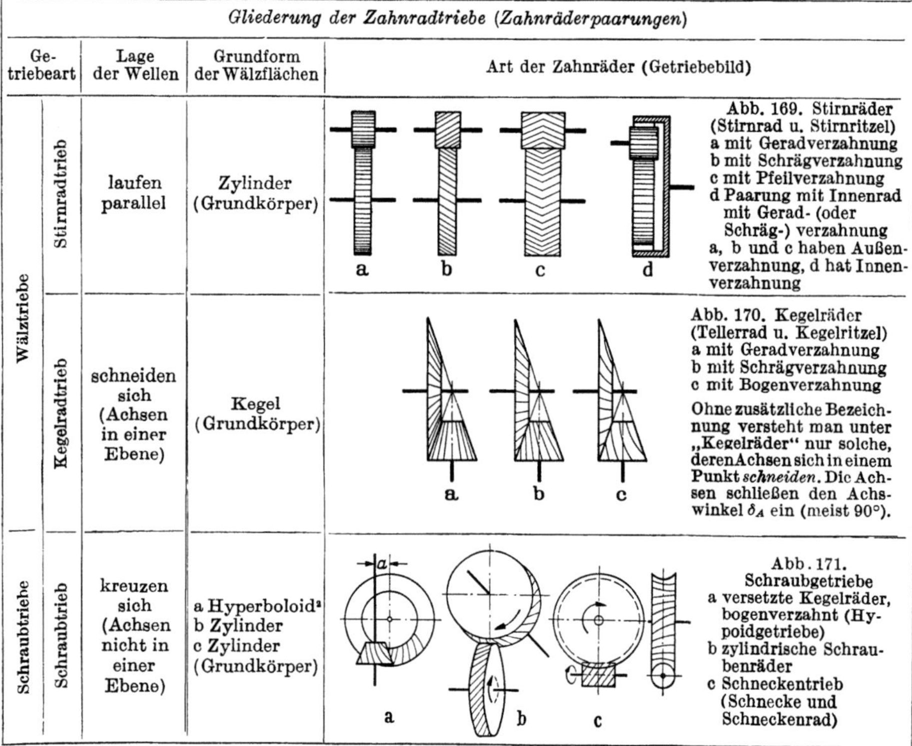

Gliederung der Zahnradtriebe (Zahnräderpaarungen)

Getriebeart	Lage der Wellen	Grundform der Wälzflächen	Art der Zahnräder (Getriebebild)
Wälztriebe — Stirnradtrieb	laufen parallel	Zylinder (Grundkörper)	Abb. 169. Stirnräder (Stirnrad u. Stirnritzel) a mit Geradverzahnung b mit Schrägverzahnung c mit Pfeilverzahnung d Paarung mit Innenrad mit Gerad- (oder Schräg-) verzahnung a, b und c haben Außenverzahnung, d hat Innenverzahnung
Wälztriebe — Kegelradtrieb	schneiden sich (Achsen in einer Ebene)	Kegel (Grundkörper)	Abb. 170. Kegelräder (Tellerrad u. Kegelritzel) a mit Geradverzahnung b mit Schrägverzahnung c mit Bogenverzahnung. Ohne zusätzliche Bezeichnung versteht man unter „Kegelräder" nur solche, deren Achsen sich in einem Punkt *schneiden*. Die Achsen schließen den Achswinkel δ_A ein (meist 90°).
Schraubtriebe — Schraubtrieb	kreuzen sich (Achsen nicht in einer Ebene)	a Hyperboloid [2] b Zylinder c Zylinder (Grundkörper)	Abb. 171. Schraubgetriebe a versetzte Kegelräder, bogenverzahnt (Hypoidgetriebe) b zylindrische Schraubenräder c Schneckentrieb (Schnecke und Schneckenrad)

verzahnten Rad, so entsteht eine Paarung mit *Innenrad* (Abb. 169d). **Wellen schneiden sich.** Die Mittellinien der beiden Wellen liegen in einer Ebene, bilden aber einen Winkel zueinander. Die Grundform dieser Räder ist ein Kegel; man nennt sie kegelige Räder oder *Kegelräder*. Je nach der Zahnlängskurve des Planrades unterscheidet man *Geradzahnkegelräder* (Abb. 170a), *Schrägzahnkegelräder* (Abb. 170b) und *Bogenzahnkegelräder* (Abb. 170c). **Wellen kreuzen sich.** Die Achsen der beiden Wellen liegen im Winkel zueinander, jedoch nicht in gleicher Ebene. Die Wellen liegen quer übereinander. Im Gegensatz zu den *Wälztrieben* mit parallelen oder mit sich schneidenden Achsen erhält man *Schraubtriebe*. Findet das Zusammenarbeiten der Verzahnungen in größerer Entfernung vom Kreuzungsabstande der Achsen statt, so spricht man von geschränkten Schraubtrieben Es sind dies z. B. spiralverzahnte Kegel-

---

[1] Berechnung der Radabmessungen siehe S. 264 ff.

[2] Kegelradgetriebe, deren Achsen versetzt sind, werden allgemein mit *Hyperboloidgetriebe* bezeichnet, und man hat dafür der Kürze wegen das Wort „*Hypoid*"-*Getriebe* geprägt. (Vgl. auch S. 184.)

räder mit in Spiralrichtung versetztem Ritzel (Kegelschraubtriebe oder Hypoidtriebe[1] Abb.171 a). Hypoidtriebe haben den Vorteil, daß beide Achsen beiderseitig gelagert werden können. Die bei geschliffenen Flanken gleichförmigere Bewegungsübertragung ermöglicht die Verwendung von Hypoidtrieben auch für Getriebe, an die besonders hohe Genauigkeiten in bezug auf eine winkelgetreue Übertragung gestellt werden, vor allem bei Teil- oder Steuergetrieben im Werkzeugmaschinenbau. Greifen die Zähne der Räder eines Schraubtriebes in unmittelbarer Nähe des Kreuzungsabstandes ineinander, so ergeben sich gekreuzte Schraubtriebe. Hier unterscheidet man zylindrische Schraubenräder (Abb. 171 b) und Schneckentriebe (Abb. 171 c); die Schnecke hat durchwegs einen kleineren Durchmesser als das Schneckenrad.

Verwendete Getriebearten: Stirnräder- und Kegelrädertriebe wälzen sich im Teilkreis (Wälzkreis) ohne Gleiten aufeinander ab. Bei versetzten Kegelrädertrieben, Schneckentrieben und Schraubenrädertrieben gleiten die Zähne zusätzlich in Längsrichtung aufeinander. Dadurch sinkt im allgemeinen das Geräusch, dafür fällt der Wirkungsgrad und der Verschleiß steigt. Je nach Lage der Verzahnung zum Radkörper unterscheidet man zwischen *Außenverzahnungen*, deren Grenzfall bei unendlich großer Zähnezahl des einen Rades der Zahnstangentrieb ist und *Innenverzahnungen* mit den beiden Grenzfällen $z_1 = z_2$ (Zahnkupplungen) und $z_2 = \infty$ (Zahnstangentrieb). Die Antriebsaggregate von Werkzeugmaschinen sind oft buchstäblich gefüllt mit Zahnrädern verschiedener Art. Als Wechselräder, die zur Einstellung von Vorschub und Spindeldrehzahl dienen, kommen gerad- und schrägverzahnte Stirnräder zur Anwendung. Teil- oder Schaltgetriebe zur Tisch- und Werkstückbewegung arbeiten außer mit Schnecken oder Kegelrädern ebenfalls mit Gerad- und Schrägstirnrädern. Kegelräder werden in großer Zahl an den rechtwinkeligen Übergängen zwischen Wellen und Säulen im Maschinenbett verwendet. Auch Schnecken- und Schraubtriebe werden für diesen Zweck benutzt.

4.31 Stirnräder und Kegelräder

Rad und Gegenrad, also zwei zusammenarbeitende Zahnräder, bilden einen Zahnradtrieb, der den Zweck hat, die Drehbewegung der treibenden Welle *1* durch nacheinander eingreifende Zähne zwangsläufig ohne Schlupf auf die getriebene Welle *2* zu übertragen. Der Richtung dieses Kraftflusses entsprechend gibt man meist dem Kleinrade (Ritzel) den Zeiger *1*, dem Großrade den Zeiger *2*.

4.311 Einfacher Zahnradtrieb

Auch für Stirnräder und Kegelräder gelten die Gln. (268) bis (270). Das Drehzahlenverhältnis in Richtung des Kraftflusses $n_{\text{treibend}} : n_{\text{getrieben}}$ wird als Übersetzung i bezeichnet. An Stelle der Scheibendurchmesser sind bei den Rädertrieben die Zähnezahlen der Übersetzungsräder einzusetzen.

Einfache Übersetzungsgleichung für Rädertrieb (Abb. 172)

$$n_1 z_1 = n_2 z_2 \qquad \text{Beim einfachen Zahnrädertrieb ist das Produkt aus Drehzahl und Zähnezahl für beide Räder gleich groß.} \tag{275}$$

Einfache Übersetzung für Rädertrieb aus Zähnezahlen[2]

$$i = \frac{z_2}{z_1} = \frac{\text{Zähnezahl des } \textit{getriebenen} \text{ Rades}}{\text{Zähnezahl des } \textit{treibenden} \text{ Rades}} \tag{276}$$

n_1 = Umlaufzahl der treibenden Welle in der Minute (Antriebsdrehzahl), z_1 = Zähnezahl des treibenden Rades, n_2 = Umlaufzahl der getriebenen Welle in der Minute (Abtriebsdrehzahl), z_2 = Zähnezahl des getriebenen Rades, i = einfache Übersetzung. Vgl. auch Z.7, B.T.20; Z. 44, B.T. 23; Z. 26 und 27, B. T. 24; Z. 48, B.T. 25.

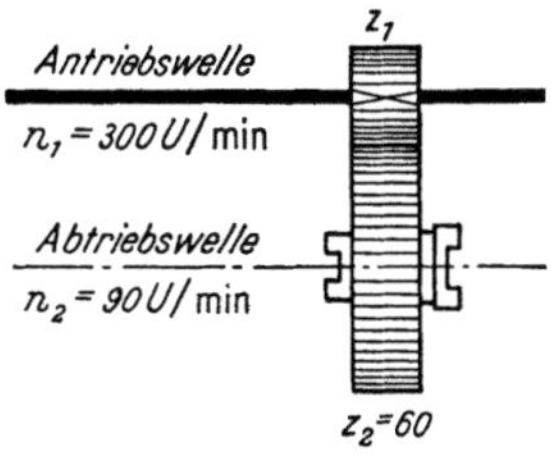

Beispiel 139. In Abb. 172 wird die Drehbewegung von der Antriebswelle auf die Abtriebswelle mittels zweier Geradstirnräder übertragen. a) Welche Zähnezahl muß Rad z_1 erhalten, damit die Abtriebswelle mit minutlich 90 Umdrehungen läuft? b) Wie groß ist die Übersetzung?

Lösung: a) [Gl. (275)] $n_1 z_1 = n_2 z_2$; daraus $z_1 = \dfrac{n_2 z_2}{n_1} = \dfrac{90 \cdot 60}{300} = 18$;

Rad $z_1 = 18$ Zähne. b) [Gl. (269)] $i = \dfrac{n_1}{n_2} = \dfrac{300}{90} = \dfrac{3^{1/3}}{1}$. [Gl. (276)] $i = \dfrac{z_2}{z_1} = \dfrac{60}{18} = \dfrac{3^{1/3}}{1} = 3^{1/3}:1$. Übersetzung $3^{1/3}$fach ins Langsame.

Anmerkung: Sieht man vom Wirkungsgrad ab, so bleibt die

z_1

Antriebswelle

$n_1 = 300\ U/\text{min}$

Abtriebswelle

$n_2 = 90\ U/\text{min}$

$z_2 = 60$

Abb. 172. Einfachtrieb mit zwei Geradstirnrädern

---

[1] Schraubenkegelräder sind Kegelräder mit Schraubenzähnen für Getriebe mit sich kreuzenden Achsen. Sie finden für den Antrieb des Ausgleichgetriebes von Kraftfahrzeugen Anwendung und werden auch als *Hypoidräder* bezeichnet. Mit der Maschine von W. F. Klingelnberg bearbeitete Hypoidräder kann man sich dadurch entstanden denken, daß im Getriebe der Kegelfräser durch ein in der Kopfhöhe um das Kopfspiel vermindertes, sonst aber gleichgestaltetes Kegelrad ersetzt wird.

[2] Bei wechselnder Übersetzung (unrunde Räder) ist zwischen mittlerer Übersetzung $i_m = \dfrac{z_2}{z_1}$ und augenblicklicher Übersetzung $i_0 = \dfrac{w_1}{w_2}$ zu unterscheiden. Bedingung für eine gleichförmige Übertragung der Drehbewegung von einer Welle auf die andere ohne Änderung der Übersetzung ist $\dfrac{w_1}{w_2} = \dfrac{n_1}{n_2} = \dfrac{d_{02}}{d_{01}} = \dfrac{z_2}{z_1} = $ konstant (*Grundgesetz der Verzahnung*). [d_{01} und d_{02} vgl. S. 264.]

Leistung beim Übergang von einem Rad zum anderen konstant. Mit Bezug auf Gl.(226) gilt: $N = P v_1 = P v_2$ oder $N = P d_1 \pi n_1 = P d_2 \pi n_2$ oder $P \cdot 2 r_1 \pi n_1 = P \cdot 2 r_2 \pi n_2$. Setzt man für $P r = M_t$, so erhält man ohne Berücksichtigung der Verluste: $M_{t1} n_1 = M_{t2} n_2$; folglich $i = \dfrac{M_{t2}}{M_{t1}} = \dfrac{n_1}{n_2}$. Die Übersetzung i ist also auch das Verhältnis des getriebenen zum treibenden Moment. Vgl. auch B.T. 37.

4.312 Mehrfacher Zahnradtrieb

4.3121 Teilübersetzung und Gesamtübersetzung. Liegen größere Übersetzungen vor, so sind mehrere Räderpaare notwendig, welche die gegebene Übersetzung in *Teilübersetzungen* zerlegen. Es gilt:

Allgemeine Übersetzungsgleichung für Rädertrieb[1]	Umlaufzahl der ersten treibenden Welle mal sämtl. Treiber gleich Umlaufzahl der letzten getriebenen Welle mal sämtliche Getriebene	(277)
Gesamtübersetzung für Rädertrieb — ausgedrückt durch Umlaufzahlen	$i = \dfrac{\text{Umlaufzahl der ersten } \textit{treibenden} \text{ Welle}}{\text{Umlaufzahl der letzten } \textit{getriebenen} \text{ Welle}}$	(278)
ausgedrückt durch Zähnezahlen	$i = \dfrac{\text{Produkt der Zähnezahlen der } \textit{getriebenen} \text{ Räder}}{\text{Produkt der Zähnezahlen der } \textit{treibenden} \text{ Räder}}$	(279)
ausgedrückt durch Teilübersetzungen	$i = \textit{Produkt}$ der Teilübersetzungen	(280)

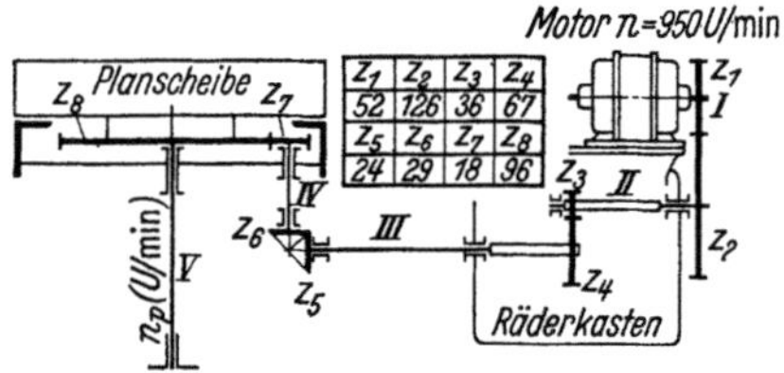

Abb. 173. Antrieb der Planscheibe einer Karusselldrehmaschine

Beispiel 140. Nach Abb. 173 erfolgt der Antrieb der Planscheibe einer Karuselldrehmaschine von dem Drehstrommotor (Welle I) über den Räderkasten mit vier Schaltungen und die Kegelräder auf den Zahnkranz (Welle V). Von den möglichen Schaltungen des Räderkastens ist nur das Räderpaar z_3, z_4 eingezeichnet. Mit welcher Drehzahl (n_p 1/min) läuft die Planscheibe bei der vorliegenden Schaltung?

Lösung: Gl. (277) lautet für dieses Getriebe:

$$n z_1 z_3 z_5 z_7 = n_p z_2 z_4 z_6 z_8; \quad \text{daraus} \quad n_p = n \frac{z_1 z_3 z_5 z_7}{z_2 z_4 z_6 z_8}$$

$$= 950 \frac{52 \cdot 36 \cdot 24 \cdot 18}{126 \cdot 67 \cdot 29 \cdot 96} = 32{,}7; \quad \left| \begin{array}{l} \text{Planscheibe} \\ n_p \approx 33 \text{ 1/min.} \end{array} \right.$$

Beispiel 141. Wie groß sind in dem Getriebe Abb. 173 die Teilübersetzungen, und wie groß ist die Gesamtübersetzung?

Lösung: Nach Gl.(276) wird zwischen Welle I und II: $i_1 = \dfrac{z_2}{z_1} = \dfrac{126}{52} = \dfrac{2{,}42}{1}$; zwischen Welle II und III: $i_2 = \dfrac{z_4}{z_3} = \dfrac{67}{36} = \dfrac{1{,}86}{1}$; zwischen Welle III und IV: $i_3 = \dfrac{z_6}{z_5} = \dfrac{29}{24} = \dfrac{1{,}21}{1}$; zwischen Welle IV und V: $i_4 = \dfrac{z_8}{z_7} = \dfrac{96}{18} = \dfrac{5{,}33}{1}$; damit [Gl. (280)] $i = i_1 i_2 i_3 i_4 = \dfrac{z_2 z_4 z_6 z_8}{z_1 z_3 z_5 z_7} = \dfrac{2{,}42 \cdot 1{,}86 \cdot 1{,}21 \cdot 5{,}33}{1 \cdot 1 \cdot 1 \cdot 1} \approx \approx \dfrac{29}{1}$. Gesamtübersetzung $i \approx \dfrac{29}{1}$ ins Langsame; damit würde sich die Drehzahl der Planscheibe gleichfalls zu $n_p = n \dfrac{1}{i} = 950 \dfrac{1}{29} \approx 33$ (vgl. Beispiel 140) berechnen.

Beispiel 142. Um den Riemenschlupf zu vermeiden, soll der Riementrieb (Abb. 236) durch einen Kettentrieb ersetzt werden. Welche Zähnezahl erhält das getriebene Kettenrad, wenn das treibende 20 Zähne bekommt und die angeführten Wechselräder beibehalten werden?

Lösung: Bezeichnen Z_1 und Z_2 die Zähnezahlen der Kettenräder für die Scheiben d_1 und d_2, so lautet Gl. (277): $n_1 Z_1 z_1 z_3 a c z_5 = \dfrac{60}{t} Z_2 z_2 z_4 b d z_6$; daraus $Z_2 = \dfrac{n_1 Z_1 z_1 z_3 a c z_5 t}{60 \cdot z_2 z_4 b d z_6} =$

$$\frac{500 \cdot 20 \cdot 20 \cdot 45 \cdot 30 \cdot 80 \cdot 2 \cdot 12}{60 \cdot 30 \cdot 65 \cdot 40 \cdot 75 \cdot 40} = \frac{1440}{39} = 36{,}9; \text{ gewählt } Z_2 = 37 \text{ Zähne.}$$

4.3122 Übersetzung und Zähnezahlverhältnis. Für die Berechnung zusammengesetzter Zahnradtriebe wird wegen der größeren Anschaulichkeit zweckmäßig mit dem umgekehrten (reziproken) Wert des Übersetzungsverhältnisses, dem Zeit-

---

[1] Gl. (277) gilt auch für mehrfache Ketten- und Riementriebe; bei letzteren sind als Treiber und Getriebene die Durchmesser der entsprechenden Riemenscheiben einzusetzen.

verhältnis gerechnet. Bei Zahnrädern ist das Zeitverhältnis gleich dem *Zähnezahlverhältnis* oder *Räderverhältnis*.

| Räderverhältnis (Zähnezahlverhältnis) bei mehrfachem Zahnradtrieb | $$u = \frac{1}{i} = \frac{n_2}{n_1} = \frac{z_1}{z_2}$$ | Mit Bezug auf die Beispiele 140 und 141 würde man statt mit der Übersetzung $i = \dfrac{n_1}{n_2} = \dfrac{n}{n_p} =$ | (281) |

$\dfrac{z_2\,z_4\,z_6\,z_8}{z_1\,z_3\,z_5\,z_7}$ mit dem Räderverhältnis (Zähnezahlverhältnis) $u = \dfrac{n_2}{n_1} = \dfrac{n_p}{n} = \dfrac{z_1\,z_3\,z_5\,z_7}{z_2\,z_4\,z_6\,z_8}$ rechnen. Die Bezeichnung der Räder wählt man also zweckmäßig so, daß die Richtung des Kraftflusses schon äußerlich sofort zu erkennen ist. Man wird bei mehrfachen Übersetzungen die treibenden Räder mit ungeraden Zahlen 1, 3, 5 usw., die getriebenen mit den geraden Zahlen 2, 4, 6 usw. als Index bezeichnen.

4.313 Wechselrädertrieb

Dieser wird bei zahlreichen Werkzeugmaschinen[1] zur Erzielung einer einfachen und schnellen Veränderlichkeit von Dreh- oder Verschiebebewegungen angewendet. Infolge der außerordentlich zahlreichen möglichen Übersetzungsverhältnisse der Wechselräder ist die Veränderlichkeit derartiger Bewegungen sehr groß. Zur Erzeugung eines bestimmten Übersetzungsverhältnisses sind mehrere Wechselräder notwendig, die in einer, zwei oder auch drei Ebenen angeordnet werden. Vgl. Abb. 222 bis 224. Die Wechselräder werden, im Gegensatz zu anderen Zahnrädern, mit a, b, c usw. bezeichnet; dabei sind a, c, e usw. treibende, b, d, f usw. getriebene Räder.

Bei vier Wechselrädern befindet sich Rad a auf der treibenden, aus der Maschine herauskommenden Welle, Rad d auf der getriebenen, die veränderte Drehbewegung in die Maschine hineinführende Welle. Die Räder b und c sitzen zusammen auf einer Buchse und diese läuft auf dem Scherenbolzen, der verstellbar an einer um die getriebene Welle (Leitspindel) schwenkbaren und in beliebiger Stellung feststellbaren Schere festgespannt wird.

4.32 Schneckentrieb (Schnecke und Schneckenrad)

Schneckentriebe (Abb. 171 c) werden bei Kreuzlage der Achsen (Kreuzungswinkel meist 90°) zur Übersetzung ins Langsame ($i = 1:1$ bis $i = 100:1$ in einer Stufe) verwendet, da beim Antrieb am Schneckenrad sehr starke Reibung und dadurch ein schlechter Wirkungsgrad eintreten würde. Ist die Schnecke einzähnig, so wird das Schneckenrad bei jeder Umdrehung der Schnecke um einen Zahn weitergeschoben, ist sie zweizähnig, um zwei Zähne usw. Die Gänge werden als Zähne bezeichnet.

| Übersetzung für Schneckentrieb (Abb. 171 c, 550 bis 552) | $$i = \frac{z_2}{z_1} = \frac{\text{Zähnezahl des Schneckenrades}}{\text{Zähnezahl}^2\text{ der Schnecke}}$$ | (282) |
| Übersetzungsgleichung für Schneckentrieb | $$n_1\,z_1 = n_2\,z_2$$ Produkt aus Drehzahl und Zähnezahl für Schnecke und Schneckenrad ist gleich groß. | (283) |

$i =$ Übersetzung (vgl. auch Z. 33 und 34, B. T. 29), $z_2 =$ Zähnezahl des Schneckenrades, $z_1 =$ Zähnezahl der Schnecke (z. B. bei doppelgängiger Schnecke $z_1 = 2$, bei dreigängiger Schnecke $z_1 = 3$), $n_1 =$ Umlaufzahl der treibenden Welle (Schneckenwelle = Antriebsdrehzahl), $n_2 =$ Umlaufzahl der getriebenen Welle (Schneckenradwelle = Abtriebsdrehzahl).

Beispiel 143. Abb. 174 zeigt den Antrieb des Rundtisches einer Senkrechtstoßmaschine. Schnepperrad z wird um einen Zahn (Einzahnsteuerung) weitergeschaltet. Welcher Vorschub [mm] ergibt sich am Umfang einer Bohrung von 56 mm Durchmesser ?

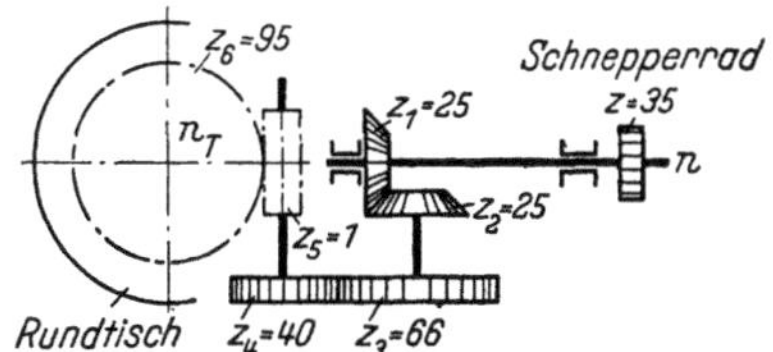

Abb. 174. Kreisbewegung des Rundtisches einer Senkrechtstoßmaschine

---

[1] Dreh-, Hinterdreh- und Hinterschleifmaschinen, Universalfräs-, Gewinde- oder Schneckenfräs- und -schleifmaschinen, Werkzeugschärfmaschinen, Wälzfräs- und Wälzhobelmaschinen, Zahnflankenschleifmaschinen usw. Vgl. auch B. T. 32.

[2] Eine mehrzähnige Schnecke ist äußerlich leicht an dem Steigungswinkel (Abb. 546) zu erkennen. Zur Feststellung der Gang- oder Zähnezahl ist eine Schnecke zweckmäßig von der Stirnseite zu betrachten. Die Zahl der Anfänge der Schraubengänge ist gleichbedeutend mit der Zähnezahl. Als Richtlinie für die Wahl der Zähnezahlen bei Schnecken mag dienen: bis $i = 30:1$ wird $z_1 = 1$, bei $i = 15:1$ bis $29:1$ wird $z_1 = 2$, bei $i = 10:1$ bis $14:1$ wird $z_1 = 3$, bei $i = 6:1$ bis $10:1$ wird $z_1 = 4$.

1. Lösung: Gl. (277) lautet für dieses Getriebe: $n\,z_1\,z_3\,z_5 = n_T\,z_2\,z_4\,z_6$; mit $n = 1/z$ folgt daraus:

Tischdrehzahl bei Schaltung um einen Zahn $n_T = \dfrac{1}{z}\dfrac{z_1\,z_3\,z_5}{z_2\,z_4\,z_6} = \dfrac{1}{35}\dfrac{25\cdot 66\cdot 1}{25\cdot 40\cdot 95} \approx \dfrac{1}{2000}$. Vorschub bei

einer Tischdrehung $= d\,\pi = 56\,\pi$ mm, Vorschub bei $\dfrac{1}{2000}$ Tischdrehung $s = \dfrac{56\,\pi}{2000} = 0{,}088$ mm.

2. Lösung: $s = \dfrac{1}{z}\dfrac{z_1\,z_3\,z_5}{z_2\,z_4\,z_6}\,d\,\pi = \dfrac{1}{35}\dfrac{25\cdot 66\cdot 1}{25\cdot 40\cdot 95}\,56\,\pi = 0{,}088$; Vorschub $s = 0{,}088$ mm je Schaltzahn.

Anmerkung: Um bei der Hauptzeitbestimmung jederzeit ein genaues Bild der Vorschübe an Stoßmaschinen (Kreisbewegung) zu haben, empfiehlt es sich, an diesen Maschinen für einen beliebigen Durchmesser mit 1, 2 oder 3 Zähnen Vorschub, die zu einer Kreisbewegung erforderlichen Doppelhübe zu zählen und daraus den Vorschub je Doppelhub zu errechnen.

4.33 Zwischen- oder Umkehrräder

Zwei Stirnräder mit *Außen*verzahnung (Abb. 175) kehren den Drehsinn der getriebenen Welle (Endwelle *II*) gegenüber dem der treibenden Welle (Anfangswelle *I*) um. Bei *Innen*verzahnung (Abb. 176) bleibt der Drehsinn der gleiche. Will man bei Außenverzahnung gleichen Drehsinn erhalten, so muß ein *Zwischenrad* eingeführt werden. In Abb. 177 und 178 sind die durch Schraffur gekennzeichneten Räder Zwischenräder. In Abb. 178 bleibt die Übersetzung zwischen dem treibenden Rad z_1 und dem getriebenen Rad z_4 erhalten, da zwischen Welle *I* und *II*: $i_1 = z_2/z_1$, zwischen Welle *II* und *III*: $i_2 = z_3/z_2$ und

zwischen Welle *III* und *IV*: $i_3 = z_4/z_3$, also $i = i_1\,i_2\,i_3 = \dfrac{z_2\,z_3\,z_4}{z_1\,z_2\,z_3} = \dfrac{z_4}{z_1}$ ist. (Vgl. auch Abb. 221.)

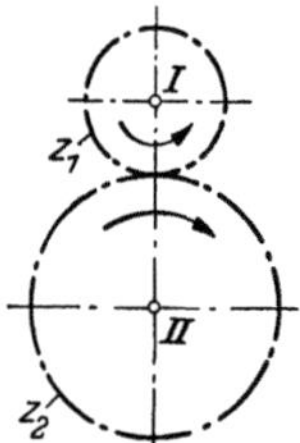

Abb. 175. Zwei Stirnräder mit Außenverzahnung

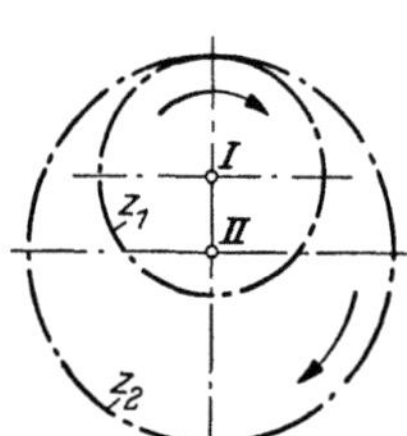

Abb. 176. Zwei Stirnräder mit Innenverzahnung des Rades z_2

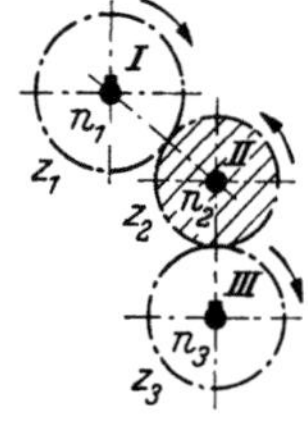

Zwei Übersetzungsräder und **ein** Zwischenrad

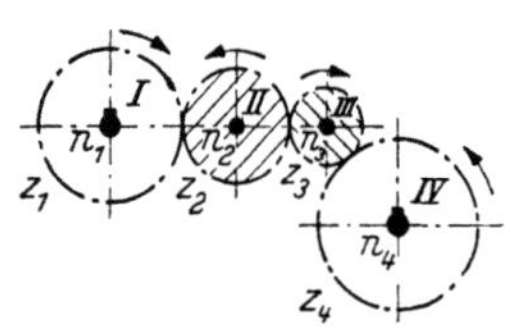

Zwei Übersetzungsräder und **zwei** Zwischenräder

Abb. 177 und Abb. 178. Stirnradtrieb mit Zwischenrädern

Zwischen- oder Umkehrräder haben auf die Übersetzung keinen Einfluß. Sie vermitteln den Eingriff und beeinflussen die Drehrichtung des getriebenen Rades. Anwendung beim Wechselräderantrieb der Leitspindel an Drehmaschinen, bei Wendeherzgetrieben an Drehmaschinen, beim Teilen mit Wechselrädern, beim Ausgleichteilen auf Universalteilköpfen, beim Fräsen schraubenförmiger Nuten usw.

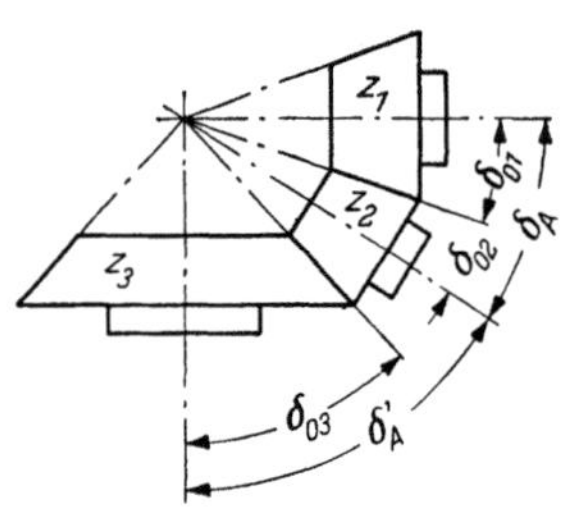

Abb. 179. Kegelrädergetriebe mit Zwischenkegelrad z_2

Sollen Kegelräderanordnungen gewählt werden, deren Achsen gleiche Umlaufrichtungen aufweisen müssen, so wendet man Zwischenkegelräder nach Abb. 179 an. Diese einzelnen Räder unter sich fallen in den Bereich der Anordnungen Abb. 541 bis 545 und sind nach den hierfür angegebenen Gleichungen für die Verzahnungsmaße zu berechnen.

4.34 Stirnrad und Zahnstange

An die Stelle des zweiten Zahnrades tritt eine Zahnstange mit geraden, schrägen oder Winkelzähnen. Die Drehbewegung des Zahnrades wird in die geradlinige Bewegung der Zahnstange verwandelt oder umgekehrt. Bei der Zahnstange wird der Teilkreis unendlich groß, also zu einer Geraden. Zwischen Stirnrad und Zahnstange gibt es keine Übersetzung. Bei einer Umdrehung des Zahnstangenrades wird die Zahnstange um den Betrag des Teilkreisumfanges dieses Rades, also um $U = d_0\,\pi = z\,m\,\pi$ $[d_0 = z\,m$ (Z. 24, B.T. 20)] verschoben.

Die Umfangsgeschwindigkeit des Zahnstangenrades im Teilkreis d_0 ist gleich der Geschwindigkeit der Zahnstange. Vgl. Abb. 529.

Geschwindigkeit des Tisches (Abb. 180)

$$v = n\,\frac{z\,m\,\pi}{1000}$$

v = Tischgeschwindigkeit = Zahnstangengeschwindigkeit [m/min], n = Umlaufzahl des Zahnstangenrades [1/min], z = Zähnezahl des Zahnstangenrades, m = Modul des Zahnstangenrades [mm]. (284)

Die mittlere Tisch- oder Schnittgeschwindigkeit für einen Doppelhub errechnet sich aus Gl. (13), (14) oder (15).

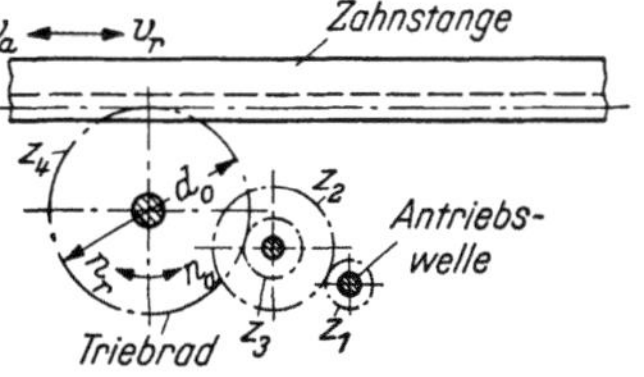

Abb. 180. Stirnrad (z_4) und Zahnstange $z_1 = 25$; $z_2 = 60$; $z_3 = 18$; $z_4 = 65$ Zähne; Modul = 10 mm. [Antrieb einer Langhobelmaschine]

Beispiel 144. Beim Antrieb des Tisches einer Langhobelmaschine wird nach Abb. 180 von dem Triebrad z_4 die geradlinige Bewegung dadurch abgeleitet, daß an dem Tisch eine Zahnstange befestigt wird. Triebrad z_4, das seine Drehbewegung von der Antriebswelle über zwei Rädervorgelege erhält, muß dauernd seine Drehrichtung wechseln, um Tisch und Werkstück dem Werkzeug zuzuführen und wieder in die Anfangsstellung zurückzubringen. Wie groß ist die Arbeitsgeschwindigkeit in m/min, wenn die Antriebswelle bei Arbeitsgang mit $n = 51$ 1/min läuft?

1. Lösung: Bei einer Umdrehung verschiebt Zahnrad z_4 die Zahnstange um $z_4 = 65$ Zähne, also um $z_4\,t_0 = z_4\,m\,\pi = 65 \cdot 10\,\pi = 2042,0$ mm $= 2,04$ m [$t_0 = m\,\pi$ (Z. 2, B.T. 20)]. Minutliche Umlaufzahl des Rades z_4 [Gl. (277)]: $n\,z_1\,z_3 = n_a\,z_2\,z_4$; $n_a = n\,\dfrac{z_1\,z_3}{z_2\,z_4} = 51\,\dfrac{25 \cdot 18}{60 \cdot 65} = 5,88$. Umlaufzahl des Zahnstangentriebrades $n_a = 5,88$ 1/min. Weg der Zahnstange je Min. $v_a = 5,88 \cdot 2,04 \approx 12,0$.

2. Lösung: $v_a = n\,\dfrac{z_1\,z_3}{z_2\,z_4}\,\dfrac{z_4\,m\,\pi}{1000} = 51\,\dfrac{25 \cdot 18}{60 \cdot 65}\,\dfrac{65 \cdot 10\,\pi}{1000} \approx 12,0$ Arbeitsgeschwindigkeit $v_a = 12$ m/min.

Beispiel 145. Bohrmaschine hat $s = 0,1$ mm/U Vorschub. Zahnstangenritzel hat $z_R = 12$ Zähne, Modul 3 mm. Wie groß ist die Übersetzung des zwischen Bohrspindel und Ritzel liegenden Rädertriebes?

Lösung: [Z. 6, B.T. 22]: $s = z_R\,m\,\pi\,n_R$; daraus $n_R = \dfrac{s}{z_R\,m\,\pi} = \dfrac{0,1}{12 \cdot 3\,\pi} = \dfrac{0,1}{113,1} = \dfrac{1}{1131}$. [Gl. (278)]:

$i = \dfrac{n\ Bohrspindel}{n\ Ritzel} = \dfrac{1}{n_R} = \dfrac{1}{\dfrac{1}{1131}} = \dfrac{1131}{1}$; Übersetzung $i = 1131 : 1$ ins Langsame.

4.35 Schnecke und Zahnstange

Bei dem Antrieb durch Schnecke und Zahnstange mit geraden Zähnen sind die Schräglage der Achsen von Schnecke und Zahnstange sowie das kleine Eingriffsfeld der Schnecke nachteilig. Liegen die Zähne der Zahnstange unter dem Reibungswinkel ϱ (Abb. 182), so fällt die aus der Zahnkraft Z und der Zahnreibung $Z\mu$ resultierende Kraft R in die Achsenrichtung der Zahnstange. Die Verschiebung x der Zahnstange je Schneckenumdrehung in Richtung der Tischachse berechnet sich zu $x = H \times \cos (\gamma_m + \varrho)$; damit wird $v = (n\,x) : 1000$ oder:

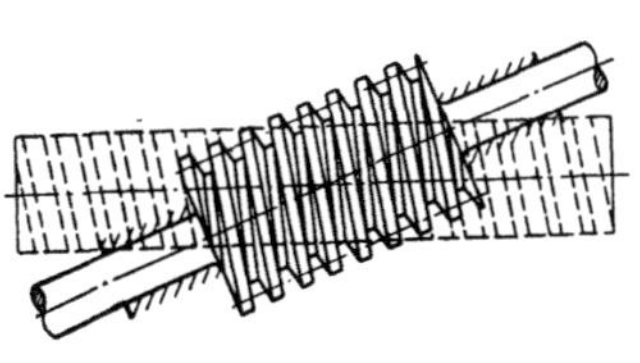

Abb. 181. Schnecke und Zahnstange

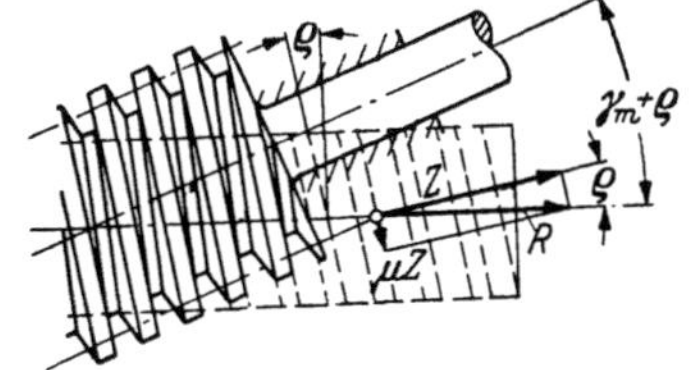

Abb. 182. Verschiebung der Zahnstange bei Antrieb Schnecke und Zahnstange

Geschwindigkeit des Tisches (Abb. 182)

$$v = n\,\frac{H \cos (\gamma_m + \varrho)}{1000}$$

v = Tischgeschwindigkeit = Zahnstangengeschwindigkeit [m/min], n = Umlaufzahl der Schneckenwelle [1/min], H = Steigungshöhe der Schnecke [mm], γ_m = Mittensteigungswinkel (B.T. 27, Z. 8 und B.T. 28, Z. 7) der Schnecke [°], ϱ = Reibungswinkel (meist 5 bis 6°). (285)

Die Schnecke ist an ein Wendegetriebe angeschlossen und wechselt bei jedem Hub des Tisches ihren Drehsinn, wodurch die hin- und hergehende Arbeitsbewegung des Tisches erreicht wird.

4.36 Schnecke und Schneckenzahnstange

In Abb. 183 sind die Zähne der Zahnstange nach einem Schraubengang geschnitten (verbesserte Eingriffsverhältnisse; geeignet für schwere Maschinen). Die Schneckenzahnstange kann man sich als einen Ausschnitt aus einer langen Mutter oder einem Schneckenrad von unendlich großem Halbmesser denken.

Geschwindigkeit des
Tisches (Abb. 183)

$$v = n\,\frac{H}{1000}$$

v = Tischgeschwindigkeit = Zahnstangengeschwindigkeit [m/min], n = Umlaufzahl der Schneckenwelle [1/min], H = Steigungshöhe der Schnecke [mm].   (286)

Anmerkung: Wird bei Hobelmaschinen der Tisch mechanisch durch ein Zahnrad- oder Schneckengetriebe bewegt, so geschieht das Umkehren der Bewegung durch Riemenverschiebung, Magnetkupplung oder Umkehrmotor. Diese Antriebsarten haben den Nachteil, daß sich bei höheren Schnittgeschwindigkeiten die Trägheit der umzusteuernden Massen bemerkbar macht. Demzufolge ist für die Umkehr der Bewegungsrichtung aller schnellaufenden Getriebeteile, wie Zahnräder, Riemenscheiben, Magnetkupplung, Motoranker usw. ein erheblicher Arbeitsaufwand nötig. Da diese Arbeit in verhältnismäßig kurzer Zeit geleistet werden muß, so ergeben sich im Augenblick des Umsteuerns sehr hohe Kräfte, die zu einem vorzeitigen Verschleiß der Antriebsteile führen können. Im Gegensatz zum elektromechanischen Antrieb weist der *hydraulische Antrieb* neben den wesentlich verringerten Massenkräften, den hohen Schnitt- und Rücklaufgeschwindigkeiten, der kurzen Umsteuer- und Hubzeit sowie der stoßfreien Umkehr noch weitere Vorteile auf; genannt seien hohe Durchzugsfähigkeit, stufenloses Verstellen der Tischgeschwindigkeit bis nahe an Null in beiden Richtungen, hohe Oberflächengüte bei Schlichtarbeiten, geringerer Stromverbrauch bei elektrisch betätigten Organen, guter Wirkungsgrad [4].

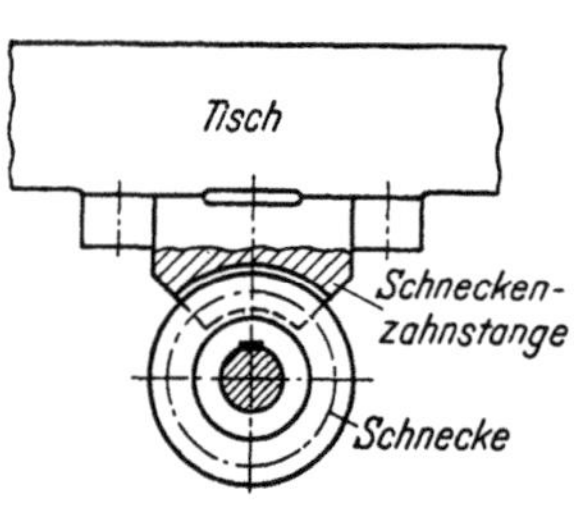

Abb. 183. Schnecke und Schneckenzahnstange

4.37 Gewindespindel und Mutter

Gewindespindeln werden im Werkzeugmaschinenbau sehr häufig in Getrieben mit geradlinigen Bewegungen wie Vorschubgetrieben, Verstellgetrieben für Schlitten, Hubwerken usw. eingebaut. Abb. 184 zeigt einen Tischantrieb durch Gewindespindel und Mutter. Zwischen Spindel und Mutter gibt es keine Übersetzung. Bei einer Umdrehung der Spindel wird die Mutter um die Größe der Gewindesteigung verschoben. Die Tischgeschwindigkeit berechnet sich nach Gl. (286).

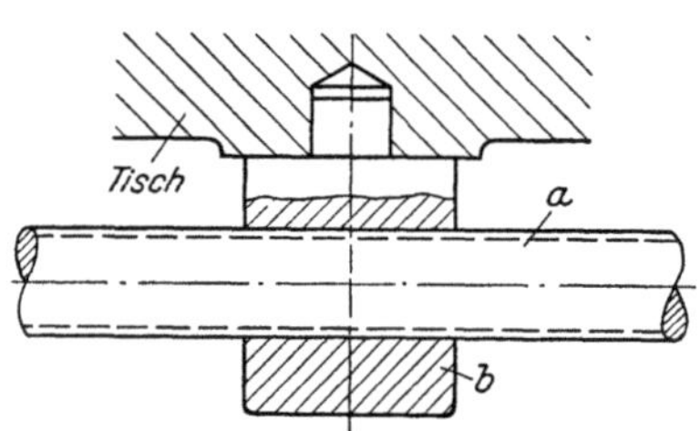

Abb. 184. Tischantrieb durch Gewindespindel und Mutter. [Spindel *a* wird gedreht, Mutter *b*, gegen Drehung gesichert, wird verschoben]

Beispiel 146. Die Schlittenspindel einer Blechkantenhobelmaschine läuft zur Erreichung zweier Arbeitsgeschwindigkeiten minutlich mit 125 und 210 Umdrehungen. Gewinde der Spindel: Tr 150×72 (3gäng.).
Berechne in m/min die kleinste und größte Schnittgeschwindigkeit.

Lösung: [Gl. (286)] $v_{a\,min} = n_{a\,min}\dfrac{H}{1000} = 125\,\dfrac{72}{1000} = 9$; $v_{a\,max} = n_{a\,max}\dfrac{H}{1000} = 210\,\dfrac{72}{1000} = 15{,}12$; die Schnittgeschwindigkeiten sind 9 m/min und 15,12 m/min. Vgl. auch Beispiel 15.

Anmerkung: Die *Umformgetriebe* Abb. 180 bis 184 dienen der Umformung der drehenden Antriebsbewegung in die geradlinige Arbeitsbewegung. Sie kommen in Verbindung mit Riemen- und Zahnradwendegetrieben zur Anwendung. Bei dem Steigungswinkel φ [Z. 12 u. 13, B.T. 7] und dem Reibungswinkel ϱ zwischen Mutter und Schraube wird der Wirkungsgrad (Verhältnis von Nutzen zu Aufwand) beim Umsetzen von Drehmoment in Längskraft $\eta = \dfrac{\tan\varphi}{\tan(\varphi + \varrho)}$ und beim Umsetzen von Längskraft in Drehmoment $\eta' = \dfrac{\tan(\varphi - \varrho)}{\tan\varphi}$. Nimmt man den Reibungswert zu $\mu = \tan\varrho = \tan 6° = 0{,}105$ an, so ist für eine selbsthemmende eingängige Schraube, also für $\varphi < \varrho$ der Wirkungsgrad $\eta < 0{,}5$. Bei mehrgängigen Gewinden, die eine höhere Steigung und daher meist keine Selbsthemmung haben, liegt der Wirkungsgrad erheblich höher. Im Höchstfalle wird $\eta = 0{,}80$ bei $\mu = 0{,}105$ und $\varphi \approx 42°$.

4.38 Gewindespindel und Teilring

Gewindespindeln werden mit Kreisteilungen mit Nonius in Form von Teilringen (Skalenringen) versehen, wenn die Verschiebung der Spindelmutter und des mit ihr in Verbindung stehenden Maschinenteiles um bestimmte Maße erfolgen soll. An Werkzeugmaschinen befinden sich Gewindespindeln, welche geradlinige Bewegungen von Schlitten usw. zu erzeugen haben. Es lassen sich sehr genau bemessene Weglängen (bis zu 0,001 mm herab) und sehr gleichmäßige Bewegungen erzielen.

Zur genauen Einstellung z. B. des Vorschubes sind an den Spindeln *Teilringe* angebracht, welche am Umfang eine bestimmte Anzahl Teilstriche besitzen. Die Teilungen sind unterschiedlich, weil ganz verschiedene Beistellungen entsprechend den Arbeitsverfahren (Drehen, Fräsen, Schleifen) notwendig sind.

4.4 Zahnrädertrieb, umlaufend[1]

Eine Getriebeart, bei der sich Kraftfluß und Drehzahlen im Getriebe grundsätzlich von den in einfachen „*Standgetrieben*" vorliegenden Verhältnissen unterscheiden, sind die Umlaufräder- oder Planetengetriebe. Umlaufende Rädertriebe verwendet man im Werkzeugmaschinenbau, um mit verhältnismäßig einfachen Mitteln und bei geringem Platzbedarf große Übersetzungen ins Langsame, Bewegungsumkehr und Zusatzbewegungen zu erreichen. Als Umlaufrädertriebe werden solche Rädertriebe bezeichnet, bei denen ein Rad oder mehrere Räder außer ihrer Drehung um die eigene Achse noch eine zweite zusätzliche Bewegung um eine parallel dazu liegende andere Achse (meist identisch mit der Hauptmittellinie des Getriebes) ausführen. Das Rad, dessen Achse die Zentralachse ist, heißt *Mittelrad*; das Rad, dessen Achse umläuft, heißt *Umlaufrad*. Das Glied, welches sich um die feste Achse dreht und in dem zugleich die umlaufende Achse befestigt oder gelagert ist, bildet den *Steg* (Dreharm). Dieser kann in der verschiedensten Weise ausgebildet sein, beispielsweise als Gehäuse, Antriebsrad, Riemenscheibe usw. Die Möglichkeiten, Getriebe mit diesen Merkmalen zu bauen, sind außerordentlich zahlreich.

4.41 Einfacher Umlaufrädertrieb als Außenverzahnung

Bei der einfachsten Umlaufräderanordnung (Abb. 185) sitzt Steg S drehbar auf Welle I des festgehaltenen Mittelrades z_1, trägt die Achse II des Umlaufrades z_2 und vollführt mit n_S-Umläufen seine Drehung um die Achse I (Zentralachse) des Mittelrades z_1. Umlaufrad z_2 steht mit Mittelrad z_1 im Eingriff. Unter dem Einfluß des Rades z_1 und des Steges S kommt nun das Umlaufrad z_2 zum Umlauf um seine eigene Achse.

Zur Bestimmung der Drehzahlen ist die Gesamtbewegung des Getriebes in mehrere nacheinander vor sich gehende Teilbewegungen zu zerlegen, welche einer einfachen Berechnung zugänglich sind; die Teilbewegungen werden daraufhin wieder zu der Gesamtbewegung zusammengesetzt.

1. *Bewegung.* Zunächst sind die beiden Räder z_1 und z_2 mit dem Steg S fest verriegelt (blockiert) zu denken, so daß keine Bewegung zwischen den Rädern und dem Steg S stattfinden kann. Alle drei Glieder des Getriebes werden als Ganzes einmal nach rechts ($+$-Richtung) um Achse I gedreht[2]. Es folgt:

	Rad z_1	Rad z_2	Steg S	
1. Bewegung				Alle Teile haben die Dreh-
Drehungen	$+1$	$+1$	$+1$	zahl $+1$

2. *Bewegung.* Nun steht aber Rad z_1 in Wirklichkeit still, denn es ist fest mit dem Gestell verbunden. Als zweite Bewegung muß demnach Rad z_1, das eben eine Rechtsumdrehung, also eine Umdrehung zuviel ausgeführt hat, einmal nach links ($-$-Richtung) zurückgedreht werden. Die Räder werden zu diesem Zwecke entriegelt. Damit heben sich die beiden Drehungen des Rades z_1 gegenseitig auf. Bei dieser Linksdrehung wird aber Rad z_2 weiter nach rechts um Achse II gedreht, und zwar im Verhältnis $z_1 : z_2$. Steg S bleibt dabei in Ruhe.

	Rad z_1	Rad z_2	Steg S	
2. Bewegung				Im Gegensatz zu gewöhnlichen Getrieben ist der Drehsinn
Drehungen	-1	$+\dfrac{z_1}{z_2}$	0	durch das Vorzeichen ($+$ oder $-$) eindeutig auszudrücken.

Werden nun weiterhin die für jedes einzelne Glied bei den beiden Teilbewegungen erhaltenen Drehungen addiert, so ergibt sich Bewegungstafel 1.

---

[1] Berechnung der Radabmessungen s. S. 264 ff.

[2] Die Richtung der Drehbewegung wird gekennzeichnet durch den Drehsinn: die Drehung im Sinne des Uhrzeigers wird als positiv, also mit $+$ bezeichnet, die entgegengesetzte als negativ, also mit $-$; in Abb. 175 ist somit $i = \dfrac{n_I}{n_{II}} = -\dfrac{z_2}{z_1}$, in Abb. 176 wird $i = \dfrac{n_I}{n_{II}} = +\dfrac{z_2}{z_1}$. Die Größe der Drehbewegung wird durch die Zahl der Umdrehungen angegeben. Alle Drehrichtungen sind auf das Gehäuse zu beziehen.

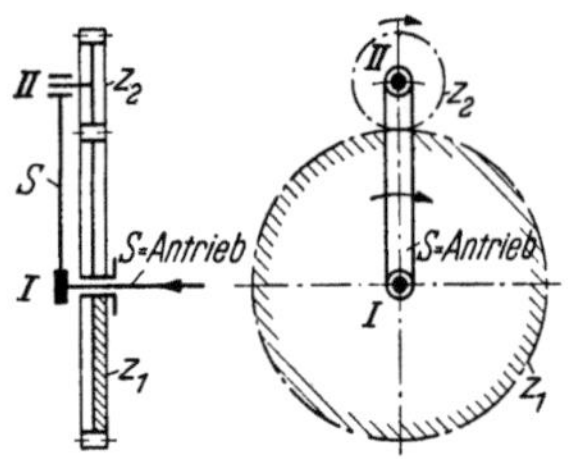

Abb. 185. **Zweirädriger Umlaufrädertrieb als Außenverzahnung.**
In Abb. 185 ff. sind die stillstehenden Mittelräder durch Schraffur gekennzeichnet

Bewegungstafel 1. *Für zweirädrigen Umlaufrädertrieb als Außenverzahnung; Ausführung Abb. 185*

Art der Drehbewegung	Rad z_1	Rad z_2	Steg S	
1. Bewegung (z_1, z_2, S zusammen nach rechts)	$+1$	$+1$	$+1$	Umdrehung
2. Bewegung (z_1 nach links, Steg S fest)	-1	$+\dfrac{z_1}{z_2}$	0	Umdrehungen
Ergebnis (1. und 2. Bewegung addiert)	0	$1+\dfrac{z_1}{z_2}$	$+1$	Umdrehungen

Bei feststehendem Mittelrad z_1 erhält man nach Bewegungstafel 1 folgende Drehzahlen: $n_s = +1$, $n_1 = 0$, $n_2 = 1 + z_1/z_2$. Dies sind Drehungen um die Hauptachse I. Mit vorstehendem Schema[1] lassen sich alle Fälle der Umlaufgetriebe berechnen.

Anmerkung: Wälzt sich Umlaufrad z_2 einmal auf dem stillstehenden Mittelrad z_1 nach rechts ab, so führt Rad z_2 *in bezug auf Achse I* eine Umdrehung mehr aus, als das Verhältnis der Zähnezahlen z_1/z_2 der beiden Räder ergibt. Die Drehung des Umlaufrades z_2 erfolgt nach rechts, also im Uhrzeigersinn, denn das Ergebnis für n_2 ergibt einen positiven Wert. *In bezug auf Achse II* (Eigenachse) führt Rad z_2 jedoch nur z_1/z_2 Umdrehungen (relative Drehzahl) aus, weil Achse II selbst eine Umdrehung im gleichen Sinne des Rades z_2 macht. Letzteres gilt sinngemäß auch für die Umlaufräder der folgenden Getriebe.

Soll Steg S um Achse I nicht nur eine Umdrehung im Uhrzeigersinn ausführen, sondern allgemein $+ n_s$ Umdrehungen, so ergibt sich:

Räderverhältnis	$u = \dfrac{n_2}{n_s} = 1 + \dfrac{z_1}{z_2}$	Gilt für Getriebe Abb. 185 für den Fall: Angetrieben wird Steg S (treibend);	(287)
Drehzahl des Umlaufrades z_2 um Achse I	$n_2 = n_s\left(1 + \dfrac{z_1}{z_2}\right)$	Umlaufrad z_2 (getrieben) ist auf ihm gelagert und rollt auf dem feststehenden Mittelrad z_1 ab.	(288)

u = Räderverhältnis (Zähnezahlverhältnis), n_2 = Drehzahl des Umlaufrades z_2 *um Achse I*, n_s = Drehzahl des Steges S um Achse I, z_1 = Zähnezahl des Mittelrades z_1, z_2 = Zähnezahl des Umlaufrades z_2.

Beispiel 147. Nach Abb. 185 macht Steg S um Achse I volle 15 Umdrehungen nach links. Mittelrad $z_1 = 60$, Umlaufrad $z_2 = 45$ Zähne. Wie viele Umdrehungen führt dabei Umlaufrad z_2 um Achse I aus und in welcher Richtung erfolgen diese?

Lösung: [Gl. (288)]: Mit $n_s = -15$, $z_1 = 60$ und $z_2 = 45$ wird $n_2 = n_s\left(1 + \dfrac{z_1}{z_2}\right) = -(15) \times \left(1 + \dfrac{60}{45}\right) = -35$. Umlaufrad z_2 führt bei $n_s = 15$ Stegdrehungen um Achse I nach links, $n_2 = 35$ Umdrehungen um Achse I nach links aus.

4.42 Einfacher Umlaufrädertrieb als Innenverzahnung

Im Gegensatz zu Abb. 185 ist in Abb. 186 das Mittelrad z_1 mit Innenverzahnung (Innenrad) ausgebildet. Mittelrad z_1 ist fest, Umlaufrad z_2 kreist im Mittelrad z_1.

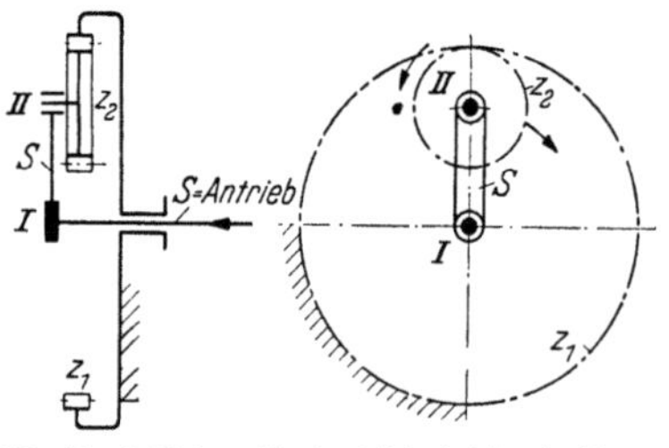

Abb. 186. Zweirädriger Umlaufrädertrieb als **Innenverzahnung**

Bewegungstafel 2. *Für zweirädrigen Umlaufrädertrieb als Innenverzahnung; Ausführung Abb. 186*

Art der Drehbewegung	Rad z_1	Rad z_2	Steg S
1. Bewegung (z_1, z_2, S zusammen nach rechts)	$+1$	$+1$	$+1$
2. Bewegung (z_1 nach links, Steg S fest)	-1	$-\dfrac{z_1}{z_2}$	0
Ergebnis (1. und 2. Bewegung addiert)	0	$1-\dfrac{z_1}{z_2}$	$+1$

---

[1] Diese sogenannte *Swampsche Regel* besagt, daß man sich zunächst das ganze Getriebe in sich gesperrt und dann um eine ganze Umdrehung im gewünschten Abtriebsdrehsinn verdreht zu denken hat. Mit dieser Regel läßt sich das Verhalten der Drehzahlen und Drehrichtungen im Getriebe wohl am einfachsten lösen.

Angetrieben wird Steg S. Es werden auch hier die Bewegungen der Glieder einzeln festgestellt und dann addiert. Man erhält Bewegungstafel 2.

Beispiel 148. Nach Abb. 186 macht Steg S um Achse I fünf Umdrehungen nach rechts. Mittelrad z_1 hat 100, Umlaufrad z_2 hat 25 Zähne. Wie viele Umdrehungen führt dabei Umlaufrad z_2 um Achse I aus, und in welcher Richtung erfolgen diese ?

Lösung: Soll Steg S um Achse I allgemein $+ n_s$ Umdrehungen ausführen, so ergibt sich die Drehzahl des Umlaufrades z_2 um Achse I zu $n_2 = n_s \left(1 - \dfrac{z_1}{z_2}\right) = (+5)\left(1 - \dfrac{100}{25}\right) = (+5) \cdot (-3) =$ —15. Umlaufrad z_2 führt bei $n_s = 5$ Stegumdrehungen um die Achse I nach rechts, $n_2 = 15$ Umdrehungen um Achse I nach links aus.

Anmerkung: Infolge der stets größeren Zähnezahl des Mittelrades z_1 (Abb. 186), ergibt sich für das Umlaufrad z_2 auch stets der entgegengesetzte Drehsinn des Steges S. Für $z_1 = z_2$ liegt keine Verzahnung, sondern eine Kupplung vor; z_2 größer als z_1 ist nicht denkbar. Das Getriebe kann auch als *„Exzenterumlaufgetriebe"* ausgebildet werden. Es besteht aus einer im Raume stillstehenden Innenverzahnung und einem in dieser mit kleinem Achsabstand (auf einem Exzenter) umlaufenden außenverzahnten Rade mit häufig nur wenig kleinerem Durchmesser, dessen Drehzahl und Drehmoment z. B. mittels eines Kreuzschiebers auf die Getriebehauptachse übergeleitet wird. Je kleiner der Zähnezahlenunterschied zwischen Innen- und der darin abrollenden Außenverzahnung ist, desto höher fällt dabei die Übersetzung aus. Bei etwas kopfgekürzter Normalverzahnung kann mitunter eine Zähnezahlendifferenz von nur 4 bis 6, bei Stumpfverzahnung oft von nur 2 und bei Zykloidensonderverzahnung von sogar nur 1 verwirklicht werden. (Zykloide, Radlinie, vgl. Fußnote 1, S. 82.)

4.43 Rückkehrender Umlaufrädertrieb

Von Sonderfällen abgesehen gebührt bei Umlaufrädertrieben das größere Interesse den sogenannten rückkehrenden Umlaufrädertrieben, also jenen, die *An- und Abtrieb in der gleichen Achse* aufweisen. Bei diesen Getrieben liegen das Mittelrad und das letzte getriebene Rad in der gleichen Achse (Zentralachse)[1]; sie besitzen demnach mindestens zwei Mittelräder.

4.431 Dreirädriges Getriebe

Wird dem Getriebe (Abb. 185) noch ein zweites Mittelrad z_3 in der Weise hinzugefügt, daß das auf dem ersten Mittelrad z_1 abrollende Rad z_2 zugleich in dieses eingreift, so entsteht in der einfachsten Form der rückkehrende Umlaufrädertrieb (Abb. 187). Umlaufrad z_2, dessen Achse II im Steg S gelagert ist, steht also gleichzeitig mit den Mittelrädern z_1 und z_3 im Eingriff. Die Bewegung des Umlaufrades z_2 wird an das in der ersten Achsrichtung liegende Mittelrad z_3 weitergeleitet. Ein Glied, z. B. Mittelrad z_1, Mittelrad z_3 oder Steg S kann festgehalten werden.

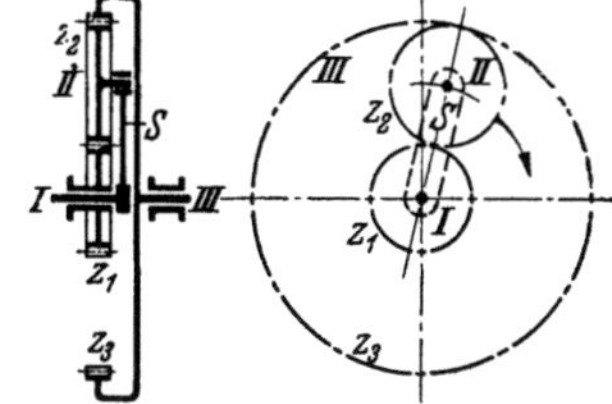

Abb. 187. Dreirädriger, rückkehrender Umlaufrädertrieb

Fall I: Steg S treibt Rad z_3 bei feststehendem Rad z_1.

Bewegungstafel 3.
Für rückkehrenden Umlaufrädertrieb; Ausführung Abb. 188

Art der Drehbewegung	Rad z_1	Rad z_2	Rad z_3	Steg S
1. Bewegung (z_1, z_2, z_3, S zusammen nach rechts)	$+1$	$+1$	$+1$	$+1$
2. Bewegung (z_1 nach links, Steg S fest)	-1	$+\dfrac{z_1}{z_2}$	$+\dfrac{z_1 z_2}{z_2 z_3}$	0
Ergebnis (1. u. 2. Bewegung addiert)	0	$1 + \dfrac{z_1}{z_2}$	$1 + \dfrac{z_1}{z_3}$	$+1$

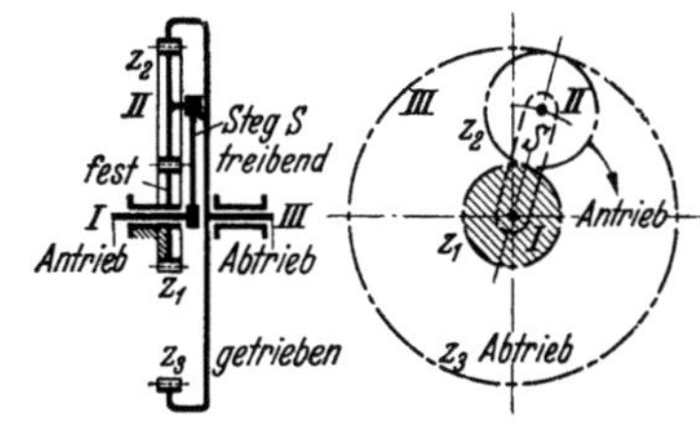

Abb. 188. Dreirädriger, rückkehrender Umlaufrädertrieb. Fall I: **Steg S treibt Rad z_3 bei feststehendem Rad z_1**

Beispiel 149. In dem Getriebe Abb. 189 ($z_1 = 20$, $z_2 = 30$, $z_3 = 80$ Zähne) macht Steg S um Achse I drei Umdrehungen nach rechts. Wie viele Umdrehungen macht a) Umlaufrad z_2 um Achse I, b) Mittelrad z_1 um Achse I, und in welcher Richtung erfolgen diese jeweils ?

Lösung: a) Führt Steg S um Achse I allgemein n_s Umdrehungen aus, so ergibt sich aus Bewegungstafel 4 die Drehzahl des Umlaufrades z_2 um Achse I zu $n_2 = n_s \left(1 - \dfrac{z_3}{z_2}\right) = (+3)\left(1 - \dfrac{80}{30}\right) = -5$ Umdrehungen (nach links). b) Führt Steg S um Achse I allgemein n_s Umdrehungen aus, so ergibt sich aus Bewegungstafel 4 die Drehzahl des Mittelrades z_1 um Achse I zu $n_1 = n \cdot \left(1 + \dfrac{z_3}{z_1}\right) = (+\,3)\left(1 + \dfrac{80}{20}\right) = +\,15$ Umdrehungen (nach rechts).

Fall II: Steg S treibt Rad z_1 bei feststehendem Rad z_3.

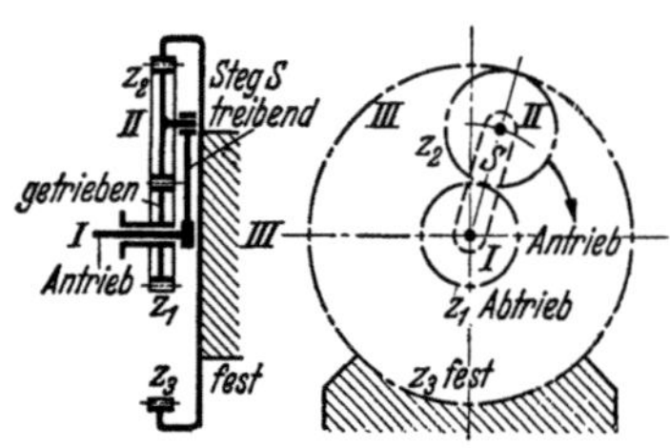

Abb. 189. Dreirädriger, rückkehrender Umlaufrädertrieb. Fall II: **Steg S treibt Rad z_1 bei feststehendem Rad z_3**

Bewegungstafel 4.

Für rückkehrenden Umlaufrädertrieb; Ausführung Abb. 189

Art der Drehbewegung	Rad z_1	Rad z_2	Rad z_3	Steg S
1. Bewegung (z_1, z_2, z_3, S zusammen nach rechts)	$+\,1$	$+\,1$	$+\,1$	$+\,1$
2. Bewegung (z_3 nach links, Steg S fest)	$+\,\dfrac{z_3\,z_2}{z_2\,z_1}$	$-\,\dfrac{z_3}{z_2}$	$-\,1$	0
Ergebnis (1. und 2. Bewegung addiert)	$1 + \dfrac{z_3}{z_1}$	$1 - \dfrac{z_3}{z_2}$	0	$+\,1$

Fall III: Rad z_1 treibt Steg S bei feststehendem Rad z_3.

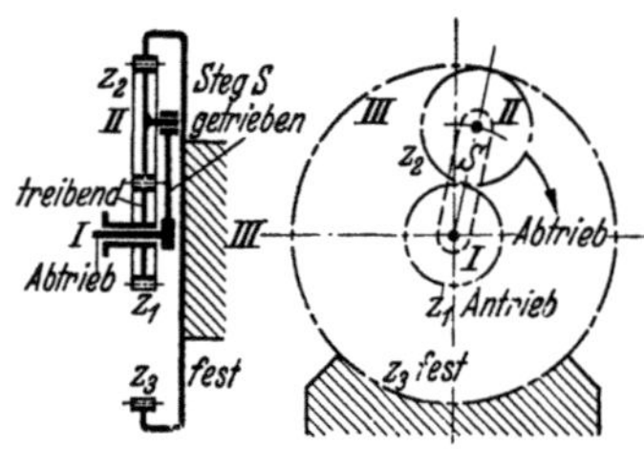

Abb. 190. Dreirädriger, rückkehrender Umlaufrädertrieb. Fall III: **Rad z_1 treibt Steg S bei feststehendem Rad z_3**

Bewegungstafel 5.

Für rückkehrenden Umlaufrädertrieb; Ausführung Abb. 190

Art der Drehbewegung	Rad z_1	Rad z_2	Rad z_3	Steg S
1. Bewegung (z_1, z_2, z_3, S zusammen nach rechts)	$+\,1$	$+\,1$	$+\,1$	$+\,1$
2. Bewegung (z_3 nach links, Steg S fest)	$+\,\dfrac{z_3\,z_2}{z_2\,z_1}$	$-\,\dfrac{z_3}{z_2}$	$-\,1$	0
Ergebnis (1. u. 2. Bewegung addiert)	$1 + \dfrac{z_3}{z_1}$	$1 - \dfrac{z_3}{z_2}$	0	$+\,1$

Das Ergebnis in Bewegungstafel 5 ist das gleiche wie in Bewegungstafel 4. Bewegungstafel 5 besagt, daß bei $(1 + z_3/z_1)$ Umdrehungen des Mittelrades z_1 um Achse I der Steg S eine Umdrehung um Achse I ausführt; die Umlaufzahl des Steges S berechnet sich demnach für eine Umdrehung des Mittelrades z_1 zu:

$$n_s = \frac{1}{1 + \dfrac{z_3}{z_1}} = \frac{1}{\dfrac{z_1 + z_3}{z_1}} = \frac{z_1}{z_1 + z_3}$$

Bei n_1 Umdrehungen des Mittelrades z_1 um Achse I macht Steg S

$$n_s = \frac{n_1\,z_1}{z_1 + z_3}$$ Umdrehungen um Achse I (Abb. 190).

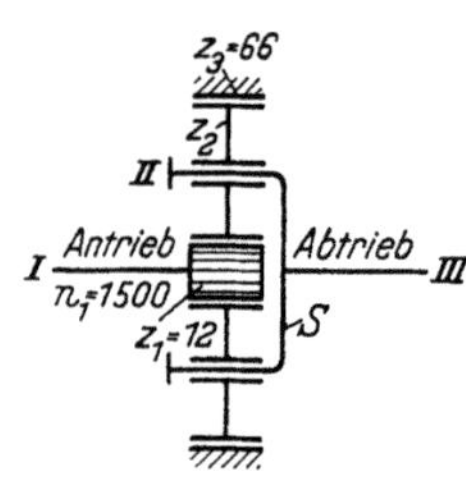

Abb. 191. Umlaufrädertrieb eines Getriebemotors

Beispiel 150. Abb. 191 zeigt einen dreirädrigen, rückkehrenden Umlaufrädertrieb als Getriebemotor für den Antrieb langsam laufender Maschinen. Ritzel z_1 auf Motorwelle I (Elektromotor) treibt über Umlaufräder z_2 und festgehaltenem Innenrad z_3 die Stegwelle III an. Berechne a) die Drehzahl der Abtriebswelle, b) die Übersetzung.

Lösung: a) Mit Bezug auf Bewegungstafel 5 ergibt sich für Steg S bei n_1 Umdrehungen des Rades z_1 die Drehzahl $n_s = \dfrac{n_1\,z_1}{z_1 + z_3} = \dfrac{1500 \cdot 12}{12 + 66} = \dfrac{3000}{13}$

≈ 231; Abtriebsdrehzahl $n_s = 231$ 1/min. b) [Gl. (278)] $i = \dfrac{n_1}{n_s} = \dfrac{1500}{\dfrac{3000}{13}} = \dfrac{6{,}5}{1}$; Übersetzung $i = 6{,}5$fach ins Langsame.

Fall IV: Rad z_3 treibt Steg S bei feststehendem Rad z_1.

Hierfür ist das Ergebnis von Fall I maßgebend, jedoch für eine Umdrehung des Innenrades z_3 in derselben Weise wie unter Fall III umzurechnen.

Fall V: Rad z_1 treibt Rad z_3 bei feststehendem Steg S. (Kein Umlauftrieb!)

Bei feststehendem Steg S und $+\,1$ Umdrehung des Rades z_1 führt Rad $z_2 = -\dfrac{z_1}{z_2}$, Rad $z_3 = -\dfrac{z_1}{z_3}$ Umdrehungen aus.

Fall VI: Rad z_3 treibt Rad z_1 bei feststehendem Steg S. (Einfaches Vorgelege!)

Bei feststehendem Steg S und $+1$ Umdrehung des Rades z_3 führt Rad $z_2 = +\dfrac{z_3}{z_2}$, Rad $z_1 = -\dfrac{z_3}{z_1}$ Umdrehungen aus.

4.432 Vierrädriges Getriebe mit vier Außenrädern

Kennzeichen des Umlauftriebes Abb. 192 ist der um die *Zentralachse I—III* umlaufende Steg S, der beim normalen *Standgetriebe* still steht. Auf der Achse *II* trägt der Steg den *Umlaufräderblock*, dessen Zahnräder z_2 und z_3 sich auf den Mittelrädern z_1 und z_4 abwälzen. Die Umlaufräder drehen sich also sowohl um ihre Achse *II* als auch um die Zentralachse *I—III*. Meist wird eines der beiden Mittelräder festgehalten. Das andere Mittelrad kann dann antreiben, und der Steg übernimmt den Abtrieb oder umgekehrt. Es bestehen folgende Möglichkeiten, das Getriebe als Umlaufgetriebe zu verwenden.

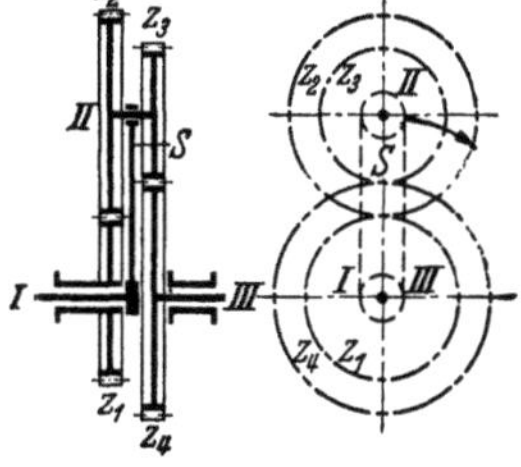

Abb. 192. Vierrädriger, rückkehrender Umlaufrädertrieb mit vier Außenrädern

Fall   I: Steg S treibt Rad z_4 bei feststehendem Rad z_1.

Fall II: Steg S treibt Rad z_1 bei feststehendem Rad z_4.

Fall III: Rad z_1 treibt Steg S bei feststehendem Rad z_4.

Fall IV: Rad z_4 treibt Steg S bei feststehendem Rad z_1.

Von den fünf Getriebeteilen des Umlauftriebes Abb. 192 (Räder z_1, z_2, z_3, z_4 und Steg S) können somit von außen drei angetrieben werden, und zwar die Räder z_1, z_4 und der Steg S. Erhält Steg S den Abtrieb, so können die Räder z_1 oder z_4 den Antrieb übernehmen, wobei die Drehzahlen n_1 und n_4 verschieden groß, die Richtungen gleich oder entgegengesetzt sein können. Da im Fall I Rad z_3 mit Rad z_2 fest verbunden ist, führt Rad z_3 dieselben Drehungen wie Rad z_2 aus. Wird also Mittelrad z_1 bei der 2. Bewegung einmal (nach links) zurückgedreht, so führt Umlaufrad z_2 als auch Umlaufrad z_3 nach Vorhergehendem z_1/z_2 Umdrehungen (nach rechts) aus. Nun wird die Bewegung von Umlaufrad z_3 auf Mittelrad z_4 weiterhin im Verhältnis z_3/z_4 übersetzt, so daß sich Mittelrad z_4 bei einer Umdrehung des Rades z_1 (nach links) bei feststehendem Steg $\dfrac{z_1\,z_3}{z_2\,z_4}$ mal (nach links) dreht; man erhält:

Bewegungstafel 6.

Für rückkehrenden Umlaufrädertrieb; Ausführung Abb. 193

Art der Drehbewegung	Rad z_1	Rad z_2	Rad z_3	Rad z_4	Steg S
1. Bewegung (z_1, z_2, z_3, z_4, S zusammen nach rechts)	$+1$	$+1$	$+1$	$+1$	$+1$
2. Bewegung (z_1 nach links, Steg S fest)	-1	$+\dfrac{z_1}{z_2}$	$+\dfrac{z_1}{z_2}$	$-\dfrac{z_1\,z_3}{z_2\,z_4}$	0
Ergebnis (1. u. 2. Bewegung addiert)	0	$1+\dfrac{z_1}{z_2}$	$1+\dfrac{z_1}{z_2}$	$1-\dfrac{z_1\,z_3}{z_2\,z_4}$	$+1$

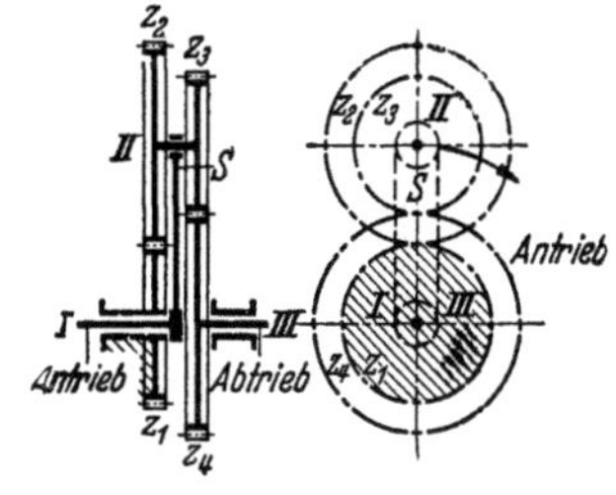

Abb. 193. Vierrädriger, rückkehrender Umlaufrädertrieb mit vier Außenrädern. **Steg S treibt Mittelrad z_4 bei feststehendem Mittelrad z_1**

Der Drehsinn des Mittelrades z_4, ob rechts- oder linksdrehend, kann erst nach Auflösung des Klammerausdruckes $\left(1-\dfrac{z_1\,z_3}{z_2\,z_4}\right)$ bestimmt werden. **Fall 1:** $\dfrac{z_1\,z_3}{z_2\,z_4}$ *kleiner* als 1; es ergibt sich gleicher Drehsinn wie bei Steg S. **Fall 2:** $\dfrac{z_1\,z_3}{z_2\,z_4}$ *gleich* 1; es ergibt sich auf Rad z_4 überhaupt keine Bewegungsübertragung; Rad z_4 bleibt in Ruhe. **Fall 3:** $\dfrac{z_1\,z_3}{z_2\,z_4}$ *größer* als 1; es ergibt sich entgegengesetzter Drehsinn wie bei Steg S*.

Man erhält eine um so größere Übersetzung ins Langsame, je mehr sich das Verhältnis $\dfrac{z_1\,z_3}{z_2\,z_4}$ dem Wert 1 nähert, also je weniger es größer oder kleiner ist als 1.

a) Mit $z_1 = 21$, $z_2 = 20$, $z_3 = 19$ und $z_4 = 20$ ergibt sich für den Umlaufrädertrieb Abb. 193 bei einer Stegumdrehung nach rechts:

$$n_{III} = n_s\left(1-\frac{z_1\,z_3}{z_2\,z_4}\right) = 1\left(1-\frac{21\cdot 19}{20\cdot 20}\right) = 1-\frac{399}{400} = +\frac{1}{400}$$

Übersetzung zwischen den gleichachsig liegenden Wellen *I* und *III* gleich **400 : 1 ins Langsame**.

---

* Das Getriebe ist damit für Umkehrbewegungen verwendbar. Hiervon wurde z.B. bei Antrieben von Waagerechtstoßmaschinen Gebrauch gemacht, wo zwei dieser Getriebe eingebaut werden, eines mit gleichem Drehsinn wie der des Steges für den Arbeitslauf, das andere mit entgegengesetztem Drehsinn für den Rücklauf.

b) Mit $z_1 = 49$, $z_2 = 47$, $z_3 = 48$ und $z_4 = 50$ ergibt sich für den Umlaufrädertrieb Abb. 193 bei einer Stegumdrehung nach rechts:

$$n_{III} = n_s \left(1 - \frac{z_1 z_3}{z_2 z_4}\right) = 1\left(1 - \frac{49 \cdot 48}{47 \cdot 50}\right) = 1 - \frac{1176}{1175} = -\frac{1}{1175}$$

Übersetzung zwischen den gleichachsig liegenden Wellen I und III gleich $1175:1$ ins Langsame.

c) Mit $z_1 = 50$, $z_2 = 48$, $z_3 = 49$ und $z_4 = 51$ ergibt sich für den Umlaufrädertrieb Abb. 193 bei einer Stegumdrehung nach rechts:

$$n_{III} = n_s \left(1 - \frac{z_1 z_3}{z_2 z_4}\right) = 1\left(1 - \frac{50 \cdot 49}{48 \cdot 51}\right) = 1 - \frac{1225}{1224} = -\frac{1}{1224}$$

Übersetzung zwischen den gleichachsig liegenden Wellen I und III gleich $1224:1$ ins Langsame.

Anmerkung: Die hohen Übersetzungen ins Langsame werden dadurch erzielt, daß die Zähnezahlen der beiden nebeneinanderliegenden Mittelräder und der entsprechenden Umlaufräder nahezu gleich groß sind. Die Vorausbestimmung von Zähnezahlkombinationen für vorgegebene Übersetzungen ist wegen der Vielzahl der Variationsmöglichkeiten mühsam; man kommt in der Praxis schnell zum Ziel, wenn man bei vorgegebenen Zähnezahlkombinationen z_1, z_2 die Zähnezahlgruppe z_3, z_4 variiert und tabellarisch festhält. Ist der *Modul* der Räder z_1 und z_2 mit m gegeben, so kann der Modul m' des Räderpaares z_3, z_4 berechnet werden; vgl. S. 322 (Vorgelege).

Aus Bewegungstafel 6 folgt, allgemein als Hauptgleichung:

Übersetzung für vierrädrige, rückkehrende Umlauftriebe nach Abb. 193

$$i = \frac{n_I - n_s}{n_{III} - n_s} = \frac{z_2 z_4}{z_1 z_3} \qquad (289)$$

$i = $ Übersetzung, $n_I = $ Drehzahl des Mittelrades z_1 um Achse I, $n_s = $ Drehzahl des Steges um Achse I, $n_{III} = $ Drehzahl des Mittelrades z_4 um Achse III*, z_1 und $z_4 = $ Zähnezahlen der Mittelräder, z_2 und $z_3 = $ Zähnezahlen der Umlaufräder.

Beispiel 151. Das Getriebe Abb. 192 werde mit $z_1 = 30$, $z_2 = 50$, $z_3 = 20$ und $z_4 = 60$ ausgeführt. Wie groß ist bei einer Stegumdrehung nach rechts das Räderverhältnis und die Übersetzung, wenn a) das Mittelrad z_1 und b) das Mittelrad z_4 festgehalten wird?

Lösung: a) Nach Bewegungstafel 6 wird $u = \dfrac{n_{III}}{n_s} = \dfrac{1 - \frac{z_1 z_3}{z_2 z_4}}{1} = 1 - \frac{z_1 z_3}{z_2 z_4} = 1 - \frac{30 \cdot 20}{50 \cdot 60} = 1 - \frac{1}{5} = \frac{4}{5} = \frac{0,8}{1}$. Rad z_4 und Steg S haben gleichen Drehsinn. Das Verhältnis der Drehzahl n_{III} des getriebenen Rades z_4 zu der des treibenden Steges n_s beträgt 0,8. Die Übersetzung wird $i = \frac{1}{u} = \frac{1}{0,8} = \frac{1,25}{1}$

(1,25*fach ins Langsame*). b) Sinngemäß Bewegungstafel 6 wird $u = \dfrac{n_I}{n_s} = \dfrac{1 - \frac{z_4 z_2}{z_3 z_1}}{1} = 1 - \frac{z_4 z_2}{z_3 z_1} = 1 - \frac{z_2 z_4}{z_1 z_3} = 1 - \frac{50 \cdot 60}{30 \cdot 20} = 1 - 5 = -4$. Hält man Rad z_4 fest und treibt durch den Steg über das Radpaar z_2, z_3 das Rad z_1 an, so erhalten z_1 und S entgegengesetzten Drehsinn. Das Verhältnis der Drehzahl n_I des getriebenen Rades z_1 zu der des treibenden Steges n_s beträgt 4. Die Übersetzung wird $i = 1/u = 1/4$ (*4fach ins Schnelle*). Das Beispiel zeigt, daß es bei Antrieb des Steges durch abwechselndes Festhalten der Räder z_1 bzw. z_4 möglich ist, eine niedrige Drehzahl ($n_{III} = +0,8$) in eine gegenläufig hohe Drehzahl ($n_I = -4$) zu verändern.

Abb. 193 zeigt ein *Verbundgetriebe*, das aus zwei miteinander fest verbundenen Umlaufrädern, einem sog. Radblock[1], und zwei außenverzahnten Mittelrädern besteht. Ebenso können Verbundgetriebe mit zwei innenverzahnten Mittelrädern Anwendung finden (Abb. 194).

4.433 Vierrädriges Getriebe mit zwei Innenrädern

Steg S treibt Mittelrad z_1 bei feststehendem Mittelrad z_4 (Abb. 194).

---

* Mit $n_I = 0$ für das feststehende Mittelrad z_1 und $n_s = +1$ ergibt Gl. (289): $\dfrac{0 - 1}{n_{III} - 1} = \dfrac{z_2 z_4}{z_1 z_3}$; daraus $n_{III} = 1 - \dfrac{z_1 z_3}{z_2 z_4}$; vgl. dazu in Bewegungstafel 6 das Ergebnis für Mittelrad z_4.

[1] Es empfiehlt sich bei allen Umlauftrieben, besonders aber bei solchen mit höheren Drehzahlen, die Zahl der umlaufenden Räder zu verdoppeln, um durch die gegenüberliegenden Räder einen Massenausgleich zu erreichen. Es werden, um schädliche Fliehkräfte und Verklemmungen zu vermeiden, meist zwei, manchmal drei oder vier „*Umlaufblöcke*" eingebaut, die unter 180° bzw. 120° oder 90° versetzt liegen. Die Übersetzung der Getriebe wird dadurch nicht beeinflußt.

Bewegungstafel 7. *Für rückkehrenden Umlaufrädertrieb;
Ausführung Abb. 194*

Art der Drehbewegung	Rad z_1	Rad z_2 u. z_3	Rad z_4	Steg S
1. Bewegung (z_1, z_2, z_3, z_4, S zusammen nach rechts)	$+1$	$+1$	$+1$	$+1$
2. Bewegung (z_4 nach links, Steg S fest)	$-\dfrac{z_4\,z_2}{z_3\,z_1}$	$-\dfrac{z_4}{z_3}$	-1	0
Ergebnis (1. u. 2. Bewegung addiert)	$1-\dfrac{z_4\,z_2}{z_3\,z_1}$	$1-\dfrac{z_4}{z_3}$	0	$+1$

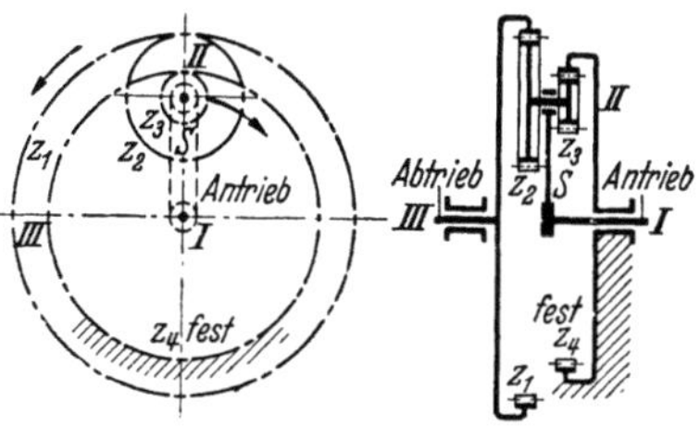

Abb. 194. Vierrädriger, rückkehrender Umlaufrädertrieb mit zwei Innenrädern. Steg S treibt Mittelrad z_1 bei feststehendem Mittelrad z_4

Mit $z_1 = 50$, $z_2 = 36$, $z_3 = 48$ und $z_4 = 67$ ergibt sich für den Umlaufrädertrieb (Abb. 194) bei einer Stegumdrehung nach rechts:

$$n_{III} = n_s\left(1-\frac{z_4\,z_2}{z_3\,z_1}\right) = 1\left(1-\frac{67\cdot 36}{48\cdot 50}\right) = 1-\frac{67\cdot 3}{4\cdot 50} = \frac{200-201}{200} = -\frac{1}{200}$$

Übersetzung zwischen den gleichachsig liegenden Wellen I und III gleich $200:1$ ins **Langsame.**

Anmerkung: Ist der Modul der Räder z_1 und z_2 mit m gegeben, so kann der Modul m' des Räderpaares z_3 und z_4 berechnet werden; vgl. S. 322 (Vorgelege).

Beispiel 152. Abb. 195 zeigt den Umlaufrädertrieb eines Getriebemotors. Ritzel z_1 treibt ein Umlaufsystem aus drei Radblöcken an. Die Umlaufräder z_2 wälzen sich im festgehaltenen Innenrad z_3 ab und verdrehen durch die Umlaufräder z_4 das Innenrad z_5. a) Die Drehzahl des Innenrades z_5 ist zu berechnen. b) Wie groß ist die Übersetzung des Umlaufrädertriebes?

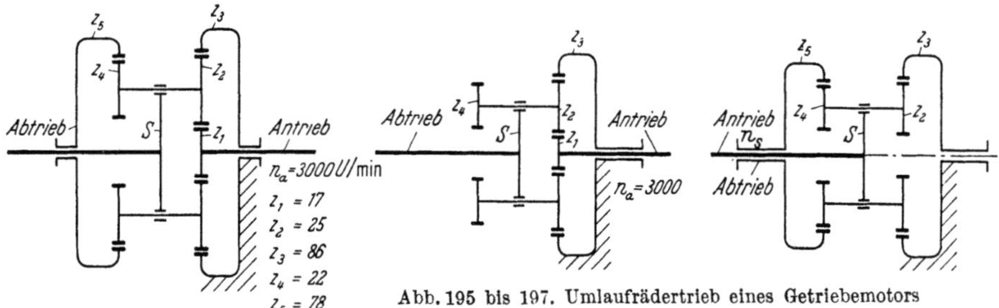

Abb. 195 bis 197. Umlaufrädertrieb eines Getriebemotors

Lösung: a) Die Stegumdrehungen n_S für den Fall, daß Rad z_1 diesen bei feststehendem Rad z_3 treibt (Abb. 196), berechnen sich nach Bewegungstafel 5; mit n_a Umdrehungen von z_1 wird $n_S = n_a z_1/(z_1 + z_3)$. Die Drehzahl des Rades z_5 für den Fall, daß Steg S das Mittelrad z_5 bei feststehendem Mittelrad z_3 treibt (Abb. 197), erhält man für n_S Stegumdrehungen nach Berechnungstafel 7 zu $n_5 = \dfrac{n_a z_1}{z_1 + z_3}$

$$\left(1-\frac{z_3\,z_4}{z_2\,z_5}\right) = \frac{3000\cdot 17}{17+86}\left(1-\frac{86\cdot 22}{25\cdot 78}\right) = 14{,}7.$$

Rad z_5 hat die Abtriebsdrehzahl $n_s \approx 15$ 1/min im Drehsinn des Antriebsrades z_1. b) [Gl. (278)] $i = \dfrac{n_a}{n_5} = \dfrac{3000}{15} = \dfrac{200}{1}$; Übersetzung $i = 200:1$ ins Langsame.

4.434 Kegelräderumlauftrieb

Kegelräderumlauftriebe unterscheiden sich von Stirnräderumlauftrieben dadurch, daß die Achsen der umlaufenden Räder der Achse des Mittelrades nicht gleichlaufend sind, sondern sie, dem Wesen der Kegelräder entsprechend, in einem Punkt schneiden. Die weiteste Verbreitung hat der Kegelräderumlauftrieb im Werkzeugmaschinenbau bei Hinterdrehmaschinen, Fräs- und Schleifmaschinen gefunden, die schraubenförmige Nuten, Schräg- und Bogenzähne zu bearbeiten haben, bei denen also die Schraubbewegung durch Längs- und Querbewegung des Werkzeuges oder Werkstückes aufgebaut wird.

Der rückkehrende Kegelräderumlauftrieb (Abb. 198) besteht aus drei Rädern z_1, z_2 und z_3, denen meistens noch ein viertes Rad z'_2 zum Massenausgleich beigefügt ist. Die beiden Mittelräder liegen in einer Achse und sind in ihren Zähnezahlen gleich ($z_1 = z_3$). Mittelrad z_3 ist mit Welle III verkeilt und wird von dieser angetrieben. Da Mittelrad z_1 keine Drehung ausführt, bringt die Drehung von z_3 zwangsläufig eine Stegbewegung um Welle III mit sich. Man erhält:

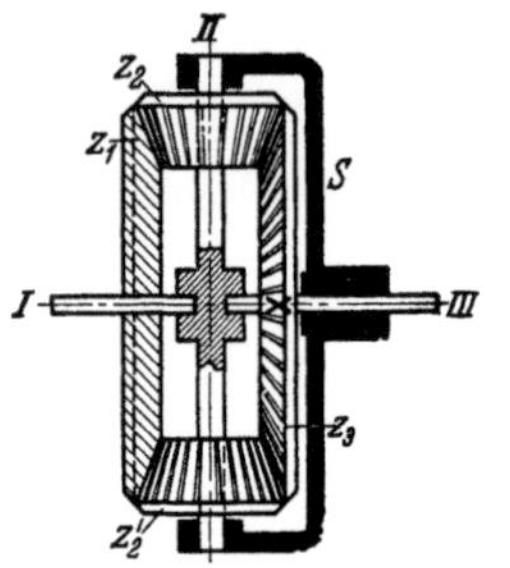

Abb. 198. Dreirädriger, rückkehrender Kegelräderumlauftrieb. (Umlaufrad z_2' hat auf die Übersetzung keinen Einfluß)

Bewegungstafel 8. *Für dreirädrigen, rückkehrenden Kegelräderumlauftrieb; Ausführung Abb. 198*

Art der Drehbewegung	Rad z_1	Rad z_2	Rad z_3	Steg S
1. Bewegung (z_1, z_2, z_3, S zusammen nach rechts)	$+1$	$+1$	$+1$	$+1$
2. Bewegung (z_1 nach links, Steg S fest)	-1	$+\dfrac{z_1^*}{z_2}$	$+\dfrac{z_1}{z_3}$	0
Ergebnis (1. u. 2. Bewegung addiert)	0	$1+\dfrac{z_1}{z_2}$	$1+\dfrac{z_1}{z_3}$	$+1$
Zahlenbeispiel mit $z_1 = z_3 = 45$ u. $z_2 = z_2' = 15$	0	$+4$	$+2$	$+1$

Anmerkung: Wird bei $z_1 = z_3$ und festgehaltenem Steg S das Rad z_1 angetrieben, so macht Rad z_3 dieselbe Anzahl Umdrehungen im entgegengesetzten Sinn. Wird aber Rad z_1 festgehalten und Steg S getrieben, so führt das getriebene Rad z_3 die zweifache Drehzahl des Steges aus.

Beispiel 153. Abb. 199 zeigt den aus vier Kegelrädern bestehenden Umlaufrädertrieb zum Antrieb der Nockenwelle eines Hinterdrehschlittens. Bei stillstehendem Schneckengetriebe bleibt das mit dem Schneckenrad verkeilte Mittelrad z_3 in Ruhe, und Welle I überträgt über die Umlaufräder z_2, z_2' die Bewegung auf Welle III. Die beiden Zapfen II des mit Welle III verkeilten Zwischenstückes tragen die Umlaufräder z_2 und z_2' und sind als Steg zu betrachten. Welche Übersetzung zwischen Welle I und der mit ihr gleichachsig gelagerten Welle III ergibt sich mit den angeführten Zähnezahlen ?

Lösung:

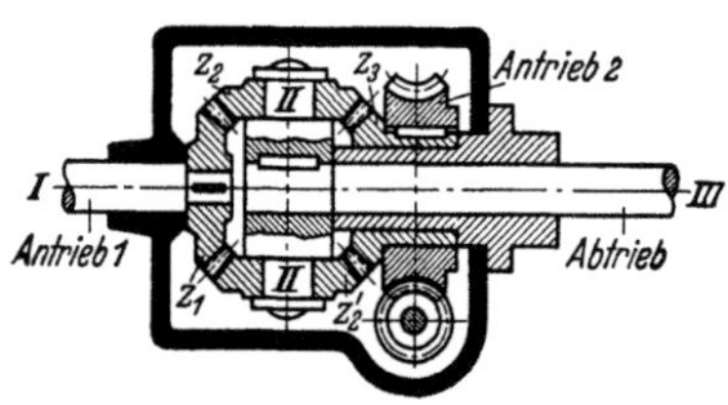

Abb. 199. Dreirädriger, rückkehrender Kegelräderumlauftrieb zum Antrieb der Nockenwelle eines Hinterdrehschlittens. Rad $z_1 = z_2 = z_2' = z_3 = 22$ Zähne. Schnecke dreizähnig; Schneckenrad 18 Zähne (Umlaufrad z_2' hat auf die Übersetzung keinen Einfluß)

Bewegungstafel 9. *Für dreirädrigen, rückkehrenden Kegelräderumlauftrieb; Ausführung Abb. 199*

Art der Drehbewegung	Rad z_1	Rad z_2	Rad z_3	Steg S
1. Bewegung (z_1, z_2, z_3, S zusammen nach rechts)	$+1$	$+1$	$+1$	$+1$
2. Bewegung (z_3 nach links, Steg S fest)	$+\dfrac{z_3\,z_2}{z_2\,z_1}$	$+\dfrac{z_3}{z_2}$	-1	0
Ergebnis (1. u. 2. Bewegung addiert)	$1+\dfrac{z_3}{z_1}$	$1+\dfrac{z_3}{z_2}$	0	$+1$

$$n_s = n_1\,\frac{1}{1+\dfrac{z_3}{z_1}} = 1\,\frac{1}{1+\dfrac{22}{22}}\;;\; n_s = +\frac{1}{2}$$

Mit den Zähnezahlen der Getrieberäder (Abb. 199) und $n_1 = +1$ (eine Umdrehung der Welle I) erhält man:

Bei Kegelrädern mit gleichen Zähnezahlen werden Steg S und damit Welle III bei ruhendem Rad z_3 mit halber Drehzahl und gleichem Drehsinn des Antriebsrades z_1 getrieben.

Anmerkung: Bei schraubenförmig gewundenen Nuten des zu hinterdrehenden Werkstückes wird je nach deren Steigung und dem Vorschub des Drehmeißels durch Kegelrad z_3 der Welle III eine entsprechende geringe Vor- bzw. Nacheilung erteilt (s. S. 204).

4.5 Differentialtrieb[1]

Bei den besprochenen Umlauftrieben wurde entweder der Steg oder ein Rad angetrieben, der Antrieb erfolgte also stets nur von einer Seite. Wird nun das Mittelrad, das bisher feststehend war, selbst noch gedreht, so ergeben sich Differentialtriebe.

4.51 Stirnräderdifferentialtrieb

Wird nach Abb. 185 Steg S mit einer beliebigen Drehzahl n_s angetrieben, so ist das in Bewegungstafel 1, S. 122 für Rad z_2 ermittelte Ergebnis mit n_s zu vervielfachen; es ergibt sich Gl. (288). Wenn nun Mittelrad z_1 noch *zusätzlich* mit $+n_1$

---

* Der Drehsinn wird bei Betrachtung von der Kegelspitze aus festgelegt. Es ergibt sich also auch hier für zwei kämmende Räder gegenläufige Drehung. Bei festem Steg S dreht sich bei einer gedachten Umdrehung des im Getriebe festen Mittelrades z_1 nach links, Umlaufrad z_2 nach rechts, und zwar im Verhältnis $z_1 : z_2$. Vgl. 2. Bewegung für das Grundgetriebe Abb. 185 in Bewegungstafel 1.

[1] Berechnung der Radabmessungen siehe S. 264 ff.

Umdrehungen angetrieben wird (Abb. 200), so sind die hierdurch sich ergebenden Drehzahlen als dritte Teilbewegung nochmals hinzuzuzählen; man erhält:

Bewegungstafel 10. *Für zweirädrigen Umlaufrädertrieb als Differentialtrieb; Ausführung Abb. 200*

Art der Drehbewegung	Rad z_1	Rad z_2	Steg S
1. und 2. Bewegung bei $+ n_s$ Umdrehungen des Steges S	0	$n_s\left(1 + \dfrac{z_1}{z_2}\right)$	$+ n_s$
3. Bewegung (z_1 mit $+ n_1$ nach rechts, Steg S fest)	$+ n_1$	$- n_1\dfrac{z_1}{z_2}$	0
Ergebnis (1., 2. und 3. Bewegung addiert)	$+ n_1$	$n_s + \dfrac{z_1}{z_2}(n_s - n_1)$	$+ n_s$

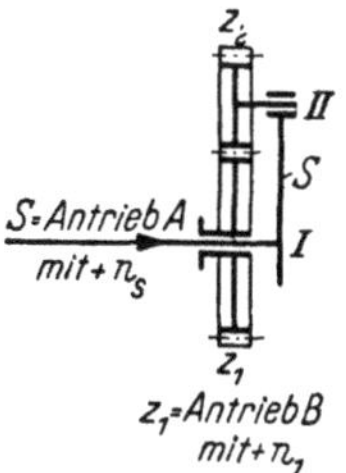

Mit nebenstehendem Schema lassen sich alle Fälle der Differentialtriebe berechnen. Meist werden *zwei* Bewegungen zu- und eine abgeführt.

Abb. 200. Zweirädriger Umlauftrieb als Differentialtrieb. (Anordnung mit Stirnrädern)

Aus Bewegungstafel 10 erhält man:

Drehzahl des Umlaufrades z_2 um Achse I

$$n_2 = n_s + \frac{z_1}{z_2}(n_s - n_1)$$

n_2 = Drehzahl des Umlaufrades z_2 um Achse I, n_s = Drehzahl des Steges S um Achse I, z_1 = Zähnezahl des Mittelrades z_1, z_2 = Zähnezahl des Umlaufrades z_2, n_1 = Drehzahl des Mittelrades z_1 um Achse I. (290)

Anmerkung: Die Umformung der Gl. (290) ergibt $n_2 = n_s + n_s\dfrac{z_1}{z_2} - n_1\dfrac{z_1}{z_2}$; es ist ersichtlich, daß sich die Umlaufzahl n_2 als Summe von insgesamt drei Bewegungen ergibt. Erhält Mittelrad z_1 keine Bewegung, wird also $n_1 = 0$ (einfacher Umlaufrädertrieb Abb. 185), so wird auch $n_1\dfrac{z_1}{z_2} = 0$ und es folgt $n_2 = n_s + n_s\dfrac{z_1}{z_2}$ oder $n_2 = n_s\left(1 + \dfrac{z_1}{z_2}\right)$. Vgl. Gl. (288).

Zu Bewegungstafel 10: *Drehzahlen n_2 des Umlaufrades z_2 um Achse I in dem Differentialtrieb Abb. 200*

Fall	n_1	n_2	n_s
I	$+1$	$+1$	$+1$
II	-1	$+5$	$+1$
III	$+1$	-5	-1
IV	-1	-1	-1

Beispiel 154. In Abb. 200 haben $z_1 = 32$ und $z_2 = 16$ Zähne. Steg S wird einmal nach rechts bzw. links gedreht; desgleichen Mittelrad z_1, das zusätzlich angetrieben wird. Welche Antriebsmöglichkeiten gibt es, und wie viele Umdrehungen führt Umlaufrad z_2 um Achse I jeweils aus?

Lösung: Nach nebenstehender Tafel ergeben sich vier Möglichkeiten des Antriebes; die Drehzahlen n_2 des Umlaufrades z_2 um Achse I berechnen sich nach Gl. (290); für Fall III wird:

$$n_2 = n_s + \frac{z_1}{z_2}(n_s - n_1) = -1 + \frac{32}{16}\left(-1 - 1\right) = -1 + 2\left(-2\right)$$

$= -1 - 4 = -5$. Macht also während einer Umdrehung des Rades z_1 nach rechts, gleichzeitig Steg S nach links eine Umdrehung, so führt Umlaufrad z_2 um Achse I fünf Umdrehungen nach links aus.

Bewegungstafel 10 und Gl. (290) ergeben die Drehzahl des Umlaufrades z_2 um Achse I, also um die *Hauptachse*. Die Konstruktion der Wellen und Lager verlangt vielfach die Drehzahlen der Umlaufräder um ihre *Eigenachsen*. Durch Weglassen der Stegdrehung erhält man die Drehung des Umlaufrades z_2 um die eigene Achse II (vgl. Anmerkung zu Bewegungstafel 1).

Drehzahl von z_2 um seine Eigenachse II beim Differentialtrieb (Abb. 200)

$$n_2 = \frac{z_1}{z_2}(n_s - n_1)$$

n_2 = Drehzahl des Umlaufrades z_2 um Eigenachse II, z_1 = Zähnezahl des Mittelrades z_1, z_2 = Zähnezahl des Umlaufrades z_2, n_s = Drehzahl des Steges S um Achse I, n_1 = Drehzahl des (291)

Mittelrades z_1 um Achse I. Allgemein erhält man die Drehzahlen der Umlaufräder um ihre Eigenachse (*Umlaufachse II*), wenn man von der Gesamtdrehzahl des Umlaufblockes um Hauptachse I–III (Abb. 202) die Drehzahl des Steges S um I–III wieder abzieht. Nach Abb. 202 ist die Drehzahl des Umlaufblockes z_2, z_3 um die Eigenachse $= n_2 = n_3 = n_s \cdot z_1/z_2 - n_1 \cdot z_1/z_2 = z_1/z_2\,(n_s - n_1)$.

Anmerkung: Dreht sich Mittelrad z_1 nach links, so geht Gl. (291) über in: $n_2 = z_1/z_2\,(n_s + n_1)$.

Für die Bearbeitung sehr langer und großer Bohrungen wird oft eine *Sonderbohrspindel* angewandt. Diese besitzt im Innern eine Transportspindel, die dem auf der hohlen Bohrspindel gleitenden Bohrkopf die Vorschubbewegung erteilt.

Beispiel 155. Abb. 201 zeigt einen Antrieb für den Vorschub des Bohrkopfes auf der umlaufenden Bohrspindel, die von der Planscheibe einer Waagerechtbohr- und -fräsmaschine angetrieben wird; die Bohrspindel bildet den Steg S. Bei ganz einfachen Ausführungen wird Mittelrad z_5 festgehalten, und Umlaufrad z_6 wickelt sich auf demselben ab. Bei der gezeichneten Ausführung wird jedoch Mittelrad z_5 von der Bohrspindel aus über ein doppeltes Rädervorgelege z_1/z_2 und z_3/z_4 *zusätzlich* angetrieben. Vorgelege z_1/z_2 ist Festräderverhältnis; Vorgelege z_3/z_4 besteht aus zwei Wechselrädern, die, um ein Verändern der Vorschubgröße und Richtung vornehmen zu können, gegen andere Räder auswechselbar sind. Wie groß ist der Vorschub des Bohrkopfes bei einer Umdrehung der Bohrspindel?

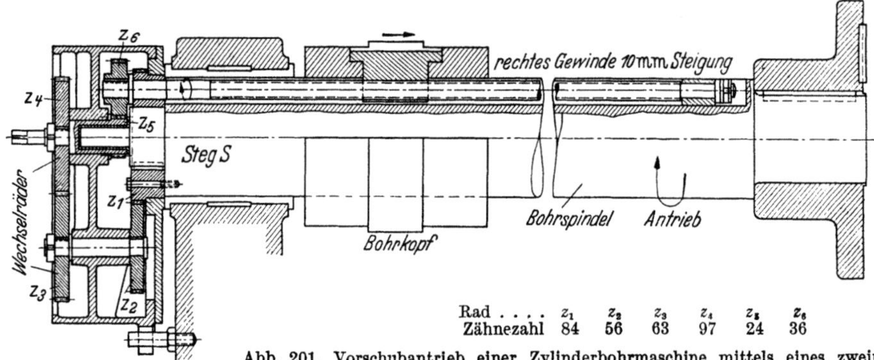

Rad	z_1	z_2	z_3	z_4	z_5	z_6
Zähnezahl	84	56	63	97	24	36

Abb. 201. Vorschubantrieb einer Zylinderbohrmaschine mittels eines zweirädrigen Umlaufrädertriebes als **Differentialtrieb**. Schieß-Defries A.-G., Düsseldorf

Lösung: Nach Bewegungstafel 11 führt Umlaufrad z_6 in dem Getriebe $n_6 = n_s + \dfrac{z_5}{z_6}\,(n_s - n_5)$ Umdrehungen aus. Umlaufzahl des Mittelrades z_5 ergibt sich zu $n_5 = n_s\dfrac{z_1\,z_3}{z_2\,z_4}$. Damit $n_6 = n_s + \dfrac{z_5}{z_6}\left(n_s - n_s\dfrac{z_1\,z_3}{z_2\,z_4}\right)$. Für $n_s = 1$, also eine Umdrehung der Bohrspindel, geht diese Gleichung für n_6 über in:

$n_6 = 1 + \dfrac{z_5}{z_6}\left(1 - \dfrac{z_1\,z_3}{z_2\,z_4}\right)$. Der Wert für n_6 stellt die wirkliche Umdrehungszahl des Umlaufrades z_6 im Raume dar. Da jedoch für den Vorschub des Bohrkopfes auf der Bohrspindel nur die Drehung der Schraubenspindel, also nur die Relativbewegung des umlaufenden Rades z_6 gegen die Bohrspindel zur Wirkung kommt, so ist die eine Umdrehung der Bohrspindel abzuziehen und der so erhaltene Wert mit der Steigung h des Gewindes zu vervielfachen. Der Vorschub des Bohrkopfes bei einer Umdrehung der Bohrspindel folgt damit

zu $s = \left[1 + \dfrac{z_5}{z_6}\left(1 - \dfrac{z_1\,z_3}{z_2\,z_4}\right) - 1\right] h$ oder

Bewegungstafel 11. *Für zweirädrigen Umlaufrädertrieb als Differentialtrieb; Ausführung Abb. 201*

Art der Drehbewegung	Rad z_5	Rad z_6	Steg S
1. und 2. Bewegung bei n_s Umdrehungen des Steges S	0	$n_s\left(1 + \dfrac{z_5}{z_6}\right)$	$+\,n_s$
3. Bewegung (z_5 mit $+\,n_5$ nach rechts, Steg S fest)	$+\,n_5$	$-\,n_5\dfrac{z_5}{z_6}$	0
Ergebnis (1., 2. und 3. Bewegung addiert)	$+\,n_5$	$n_s + \dfrac{z_5}{z_6}\,(n_s - n_5)$	$+\,n_s$

$s = \dfrac{z_5}{z_6}\left(1 - \dfrac{z_1\,z_3}{z_2\,z_4}\right)h$. Mit den eingetragenen Zähnezahlen wird Vorschub $s = +\,0{,}17\,\text{mm/U}$.

Sollen zwei in ihren Geschwindigkeiten veränderliche Antriebe auf ein und dieselbe Welle arbeiten, so läßt sich dies mit vierrädrigen Stirnräderdifferentialtrieben erzielen; läuft dann jede der treibenden Wellen z. B. mit drei Geschwindigkeitsstufen, so erhält die getriebene Welle *neun* verschiedene Geschwindigkeitsstufen. Dies wird z. B. erreicht, wenn sich in Abb. 202 sowohl Rad z_1 als auch Rad z_3 gleichzeitig drehen und Steg S der getriebene Teil ist; vgl. Beispiel 160.

Beispiel 156. Gegenüber dem Getriebe Abb. 193 wird in Abb. 202 das Mittelrad z_1 im gleichen Sinne wie der Steg S mit n_1 Umdrehungen zusätzlich angetrieben. Berechne die Drehzahl des Mittelrades z_4.

Lösung: Es ergibt sich Bewegungstafel 12.

Bewegungstafel 12. *Für vierrädrigen, rückkehrenden Umlauf-*
rädertrieb als Differentialtrieb; Ausführung Abb. 202

Art der Drehbewegung	Rad z_1	Rad z_4	Steg S
1. und 2. Bewegung bei $+ n_s$ Umdrehungen des Steges S	0	$n_s \left(1 - \dfrac{z_1 z_3}{z_2 z_4} \right)$	$+ n_s$
3. Bewegung (z_1 mit $+ n_1$ nach rechts, Steg S fest)	$+ n_1$	$+ n_1 \dfrac{z_1 z_3}{z_2 z_4}$	0
Ergebnis (1., 2. und 3. Bewegung addiert)	$+ n_1$	$n_s - \dfrac{z_1 z_3}{z_2 z_4} (n_s - n_1)$*	$+ n_s$

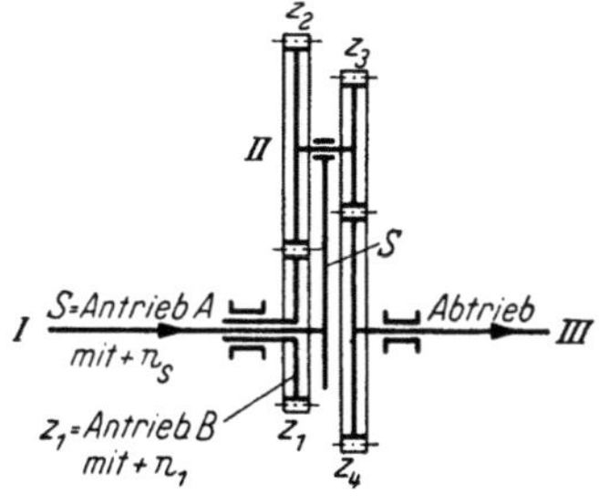

Abb. 202. Vierrädriger, rückkehrender
Umlaufrädertrieb mit vier Außenrädern
als Differentialtrieb

Aus Bewegungstafel 12 ergibt sich die Drehzahl des Mittelrades z_4 um Achse III

(Abb. 202) zu $n_4 = n_s - \dfrac{z_1 z_3}{z_2 z_4} (n_s - n_1)$. In dieser Gleichung bedeutet: $n_4 =$ Drehzahl des Mittelrades z_4 um Achse III, $n_s =$ Drehzahl des

Steges S um Achse I, $z_1 =$ Zähnezahl des Mittelrades z_1, $z_3 =$ Zähnezahl des Umlaufrades z_3, $z_2 =$ Zähnezahl des Umlaufrades z_2, $z_4 =$ Zähnezahl des Mittelrades z_4, $n_1 =$ Drehzahl des Mittelrades z_1 um Achse I.

Beispiel 157. Welche Drehzahl ergibt sich für das Mittelrad z_4 im Beispiel 156, wenn die Drehung des Mittelrades z_1 im entgegengesetzten Sinn wie die des Steges S erfolgt?

Lösung: Die 3. Bewegung in Bewegungstafel 12 ergibt für das Mittelrad z_1 nunmehr $- n_1$ Umdrehungen und für das Mittelrad z_4 die zusätzliche Drehzahl $- n_1 \dfrac{z_1 z_3}{z_2 z_4}$; damit

$$n_4 = n_s \left(1 - \frac{z_1 z_3}{z_2 z_4} \right) - n_1 \frac{z_1 z_3}{z_2 z_4} = n_s - n_s \frac{z_1 z_3}{z_2 z_4} - n_1 \frac{z_1 z_3}{z_2 z_4} \text{ oder } n_4 = n_s - \frac{z_1 z_3}{z_2 z_4} (n_s + n_1).$$

Beispiel 158. Wie groß ist die Stegdrehzahl in dem Getriebe Abb. 202, wenn sich die Mittelräder z_1 und z_4 gleichzeitig einmal drehen?

Lösung: Die Gleichung $n_4 = n_s - \dfrac{z_1 z_3}{z_2 z_4} (n_s - n_1)$ ergibt mit $n_1 = 1$ und $n_4 = 1$ für n_s gleichfalls den Wert 1. Dies muß auch so sein, denn wenn sich z_1 und z_4 gleich rasch drehen, so findet überhaupt kein Verkämmen, sondern nur ein Verkuppeln unter den Rädern statt. (Vgl. Beispiel 160.) Soll sich der Steg andersartig bewegen, so müssen sich die Mittelräder z_1 und z_4 ungleich schnell drehen.

Beispiel 159. Für das Getriebe Abb. 203 ist die Drehzahl des Mittelrades z_4 zu bestimmen.

Lösung: Es ergibt sich Bewegungstafel 13.

Bewegungstafel 13. *Für vierrädrigen, rückkehrenden Umlaufräder-*
trieb als Differentialtrieb; Ausführung Abb. 203

Art der Drehbewegung	Rad z_1	Rad z_4	Steg S
1. Bewegung (z_1, z_2, z_3, z_4, S zusammen nach rechts)	$+ 1$	$+ 1$	$+ 1$
2. Bewegung (z_1 nach links, Steg S fest)	$- 1$	$+ \dfrac{z_1 z_3}{z_2 z_4}$	0
Ergebnis (1. und 2. Bewegung addiert)	0	$1 + \dfrac{z_1 z_3}{z_2 z_4}$	$+ 1$
Steg S macht $+ n_s$ Umdrehungen	0	$n_s \left(1 + \dfrac{z_1 z_3}{z_2 z_4} \right)$	$+ n_s$
3. Bewegung (z_1 mit $+ n_1$ nach rechts, Steg S fest)	$+ n_1$	$- n_1 \dfrac{z_1 z_3}{z_2 z_4}$	0
Ergebnis (1., 2. und 3. Bewegung addiert)	$+ n_1$	$n_s + \dfrac{z_1 z_3}{z_2 z_4} (n_s - n_1)$**	$+ n_s$

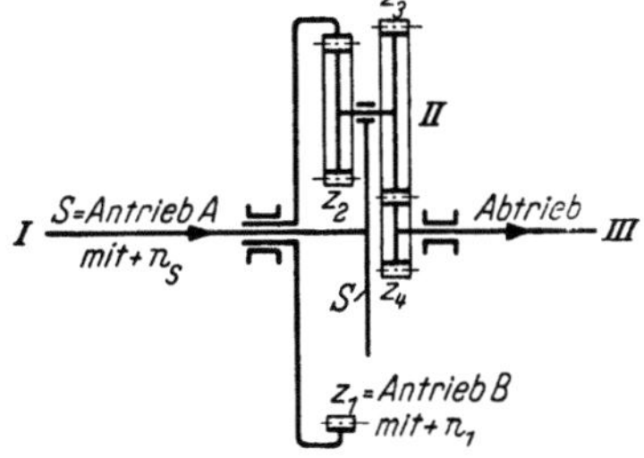

Abb. 203. Vierrädriger, rückkehrender
Umlaufrädertrieb mit einem Innenrad
als Differentialtrieb

* Addition: $n_4 = n_s \left(1 - \dfrac{z_1 z_3}{z_2 z_4} \right) + n_1 \dfrac{z_1 z_3}{z_2 z_4} = n_s - n_s \dfrac{z_1 z_3}{z_2 z_4} + n_1 \dfrac{z_1 z_3}{z_2 z_4} = n_s - \dfrac{z_1 z_3}{z_2 z_4} (n_s - n_1).$

** Addition: $n_4 = n_s \left(1 + \dfrac{z_1 z_3}{z_2 z_4} \right) - n_1 \dfrac{z_1 z_3}{z_2 z_4} = n_s + n_s \dfrac{z_1 z_3}{z_2 z_4} - n_1 \dfrac{z_1 z_3}{z_2 z_4} = n_s + \dfrac{z_1 z_3}{z_2 z_4} (n_s - n_1).$

Aus Bewegungstafel 13 folgt:

Drehzahl des Mittelrades z_4 um Achse III

$$n_4 = n_s + \frac{z_1\,z_3}{z_2\,z_4}\,(n_s - n_1) \tag{292}$$

$n_4 =$ Drehzahl des Mittelrades z_4 um Achse III, $n_s =$ Drehzahl des Steges S um Achse I, $z_1 =$ Zähnezahl des Mittelrades z_1, $z_3 =$ Zähnezahl des Umlaufrades z_3, $z_2 =$ Zähnezahl des Umlaufrades z_2, $z_4 =$ Zähnezahl des Mittelrades z_4, $n_1 =$ Drehzahl des Mittelrades z_1 um Achse I.

Beispiel 160. In dem Getriebe Abb. 203 drehen sich die Mittelräder z_1 und z_4 gleichartig und Steg S ist der getriebene Teil. Wie groß ist die Drehzahl des Steges, wenn $z_1 = 60$, $z_2 = 12$, $z_3 = 28$, $z_4 = 20$, $n_1 = +\,320$ 1/min und $n_4 = +\,240$ 1/min?

Lösung: Gl. (292) ergibt: $240 = n_s + \dfrac{60 \cdot 28}{12 \cdot 20}\,(n_s - 320)$ oder $240 = n_s + 7\,(n_s - 320)$; daraus $n_s = 310$ 1/min. Wenn sich z_1 und z_4 gleich schnell drehen, so findet kein Verkämmen, sondern nur ein Verkuppeln unter den Rädern statt.

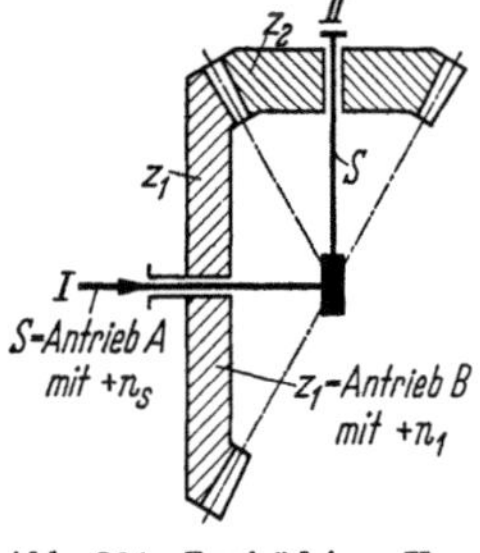

Abb. 204. Zweirädriger Umlauftrieb als Differentialtrieb. Anordnung mit Kegelrädern

4.52 Kegelräderdifferentialtrieb

Abb. 200 zeigt einen einfachen, gegenläufigen Umlauftrieb (Grundform!) als Differentialtrieb. Denselben gegenläufigen Drehsinn des Umlaufrades erhält man durch die räumliche Anordnung mit Kegelrädern nach Abb. 204. Entsprechend gilt hierfür ebenfalls Gl. (290). Wird nach Abb. 205 das Mittelrad z_1 zusätzlich mit $+\,n_1$ Umdrehungen und Steg S mit $+\,n_s$ Umdrehungen angetrieben, so ergibt sich:

Bewegungstafel 14. *Für dreirädrigen, rückkehrenden Kegelräderumlauftrieb als Differentialtrieb; Ausführung Abb. 205*

Art der Drehbewegung	Rad z_1	Rad z_2	Rad z_3	Steg S
1. und 2. Bewegung bei $+\,n_s$ Umdrehungen des Steges S	0	$n_s\left(1 + \dfrac{z_1}{z_2}\right)$	$n_s\left(1 + \dfrac{z_1}{z_3}\right)$	$+\,n_s$
3. Bewegung (z_1 mit $+\,n_1$ nach rechts, Steg S fest)	$+\,n_1$	$-\,n_1\dfrac{z_1}{z_2}$	$-\,n_1\dfrac{z_1}{z_3}$	0
Ergebnis (1., 2. und 3. Bewegung addiert)	$+\,n_1$	$n_s + \dfrac{z_1}{z_2}(n_s - n_1)$	$n_s + \dfrac{z_1}{z_3}(n_s - n_1)$	$+\,n_s$
Zahlenbeispiel mit $z_1 = z_3 = 45$, $z_2 = 15$, $n_s = +\,60$ und $n_1 = +\,100$ Umdrehungen	$+\,100$	$-\,60$	$+\,20$	$+\,60$ $\left[n_s = \dfrac{100 + 20}{2} = +\,60\right]$

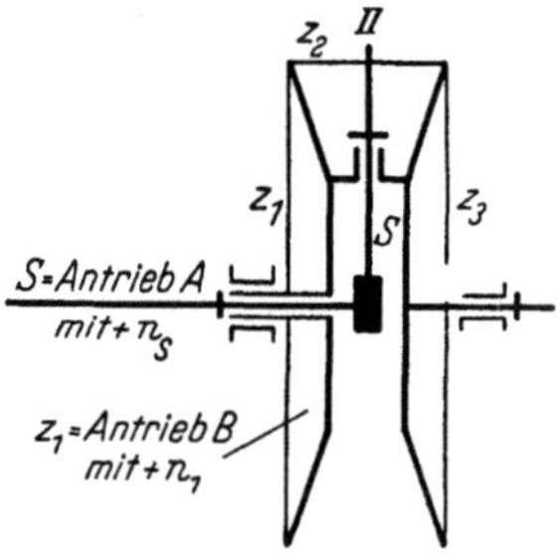

Abb. 205. Dreirädriger, rückkehrender Kegelräderumlauftrieb als Differentialtrieb

Anmerkung zu Bewegungstafel 14: *Die Anzahl der Umläufe des Steges S ist stets gleich der halben Summe der Umdrehungen von Rad z_1 und Rad z_3*[*] oder: bei gleichzeitigem Antrieb von Rad z_1 und Steg S hat z.B. eine Voreilung von z_1 stets eine gleichgroße Nacheilung von z_3 hinter Steg S zur Folge.

Beispiel 161. Wie groß ist mit Bezug auf Bewegungstafel 14 und Abb. 205 die Drehzahl des Umlaufrades z_2 um seine Eigenachse II?

Lösung: Für die Achsen I—III wird $n_2 = n_s\left(1 + \dfrac{z_1}{z_2}\right) - n_1\dfrac{z_1}{z_2}$; für Achse II wird $n_2 = n_s\dfrac{z_1}{z_2} - n_1\dfrac{z_1}{z_2}$ oder $n_2 = \dfrac{z_1}{z_2}(n_s - n_1)$. Vgl. auch Gl. (291).

Beispiel 162. Nach Abb. 206 und 207 wird Mittelrad z_1 zusätzlich mit $+\,n_1$ Umdrehungen (Antrieb B) und Steg S mit $+\,n_s$ Umdrehungen (Antrieb A) angetrieben; berechne die Drehzahl des Mittelrades z_4.

Lösung: Es ergibt sich Bewegungstafel 15.

---

[*] Da $z_1 = z_3$, wird nach Bewegungstafel 14 allgemein: $n_s = \dfrac{n_1 + n_3}{2}$ oder $n_1 + n_3 = 2\,n_s$. Die Addition der Bewegungen ergibt $[+\,n_1] + \left[n_s + \dfrac{z_1}{z_3}(n_s - n_1)\right] = n_1 + n_s + n_s - n_1 = 2\,n_s$.

Bewegungstafel 15. *Für vierrädrigen, rückkehrenden Kegelräderumlauftrieb als Differentialtrieb; Ausführung Abb. 206 und 207.*

Art der Drehbewegung	Rad z_1	Rad z_2 und z_3	Rad z_4	Steg S
1. und 2. Bewegung bei $+\,n_s$ Umdrehungen des Steges S	0	$n_s\left(1+\dfrac{z_1}{z_2}\right)$	$n_s\left(1+\dfrac{z_1\,z_3}{z_2\,z_4}\right)$	$+\,n_s$
3. Bewegung (z_1 mit $+\,n_1$ nach rechts, Steg S fest)	$+\,n_1$	$+\,n_1\dfrac{z_1}{z_2}$	$-\,n_1\dfrac{z_1\,z_3}{z_2\,z_4}$	0
Ergebnis (1., 2. und 3. Bewegung addiert)	$+\,n_1$	$n_s+\dfrac{z_1}{z_2}(n_s+n_1)$	$n_s+\dfrac{z_1\,z_3}{z_2\,z_4}(n_s-n_1)$	$+\,n_s$

Aus Bewegungstafel 15 folgt:

Drehzahl des Mittelrades z_4 um Achse I (Abb. 207)

$$n_4 = n_s + \frac{z_1\,z_3}{z_2\,z_4}(n_s - n_1) \qquad (293)$$

$n_4 = $ Drehzahl des Mittelrades z_4 um Achse I, $n_s = $ Drehzahl des Steges S um Achse I, $z_1 = $ Zähnezahl des Mittelrades z_1, $z_3 = $ Zähnezahl des Umlaufrades z_3, $z_2 = $ Zähnezahl des Umlaufrades z_2, $z_4 = $ Zähnezahl des Mittelrades z_4, $n_1 = $ Drehzahl des Mittelrades z_1 um Achse I.

Anmerkung: Die Umformung der Gl. (293) ergibt

$$n_4 = n_s + n_s\frac{z_1\,z_3}{z_2\,z_4} - n_1\frac{z_1\,z_3}{z_2\,z_4};$$

es ist wiederum ersichtlich, daß sich die Umlaufzahl n_4 als Summe von insgesamt drei Bewegungen ergibt. Man kann auch schreiben $n_4 = n_s\left(1 + \dfrac{z_1\,z_3}{z_2\,z_4}\right) - n_1\dfrac{z_1\,z_3}{z_2\,z_4}$. Wird als *Sonderfall* $z_4 = z_1$ und $z_2 = z_3$, so folgt $n_4 = n_s \times (1 + 1) - n_1$ oder $n_4 = 2n_s - n_1$ oder $n_s = \dfrac{n_1 + n_4}{2}$ (vgl. Anmerkung zu Bewegungstafel 14). Erhält Mittel-

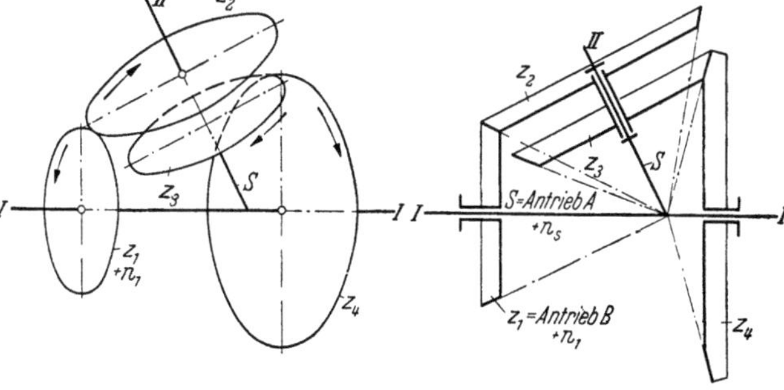

Abb. 206 und 207. Vierrädriger, rückkehrender Kegelräderumlauftrieb als Differentialtrieb

rad z_1 keine Bewegung, wird also $n_1 = 0$ (einfacher Kegelräderumlauftrieb Abb. 198), so wird auch $n_1\dfrac{z_1\,z_3}{z_2\,z_4} = 0$ und es folgt $n_4 = n_s + n_s\dfrac{z_1\,z_3}{z_2\,z_4}$ oder $n_4 = n_s\left(1 + \dfrac{z_1\,z_3}{z_2\,z_4}\right)$. Mit $z_4 = z_1$ und $z_2 = z_3$ (Sonderfall) wird $n_4 = n_s(1 + 1)$ oder $n_4 = 2\,n_s$ (vgl. Anmerkung zu Bewegungstafel 8).

Beispiel 163. Wie groß ist in dem Getriebe Abb. 207 die Drehzahl des Mittelrades z_4 für den Sonderfall $z_1 = z_4$ und $z_2 = z_3$?

Lösung: Gl. (293) geht mit $z_1 = z_4$ und $z_2 = z_3$ über in: $n_4 = n_s + 1\,(n_s - n_1)$ oder $n_4 = 2\,n_s - n_1$. Für *Rechts*drehung des Mittelrades z_1 um Achse I wird also $n_4 = 2n_s - n_1$, für *Links*drehung $n_4 = 2n_s + n_1$.

Leistungen ausgeführter Getriebe. Gegenüber den üblichen Getrieben mit raumfest eingebauten Rädern haben Umlauf- und Differentialtriebe wesentliche Vorzüge: Hohen Wirkungsgrad, insbesondere bei innenverzahnten Rädern (98% für einstufige, 96% für zweistufige und 94% für dreistufige Getriebe), große Übersetzungsmöglichkeiten, geringen Raumbedarf, Achsgleichheit, große Laufruhe usf. Durch konstruktive Vereinigung zweier Umlaufrädertriebe erreicht man bei einer Antriebsdrehzahl von 2800 1/min Übersetzungen bis $i = 2500:1$. Die Wärmeabfuhr der Getriebe ist nicht größer als bei kleinen Übersetzungen. Das größte übertragbare Drehmoment beträgt 80 kpm. Anwendung finden solche Getriebe überall dort, wo man *Kriechgeschwindigkeiten* benötigt, wie z. B. bei Transportbändern, Rührwerken, Trommelantrieben und dergl. Bei Werkzeugmaschinen wird weniger Wert auf hohe Übersetzungen gelegt, als vielmehr auf die Möglichkeit, Zuschaltbewegungen einzuführen: bei Räderfräsmaschinen um die Schräge der Zähne zu erzielen, bei Fräsmaschinen um Eilgeschwindigkeiten auf den normalen Vorschub zu schalten usw. Hierbei kommt es auf sehr hohe Genauigkeit und Spielfreiheit in der Übertragung der Zusatzbewegungen an.

5 Gewindeherstellung

Spanlos werden Gewinde durch Kalt- und Warmwalzen (Außengewinde), Gewindedrücken und Druckgießen (Außen- und Innengewinde) hergestellt. Spanende

Verfahren, wie Gewindedrehen mittels Formmeißel, Gewindeschneiden mit Gewindeschneidwerkzeugen (Gewindebohrern, Schneideisen), Gewindefräsen (Lang- und Kurzgewindefräsen), Gewindewirbeln, Gewindeschleifen, eignen sich sowohl zur Herstellung von Außen- als auch von Innengewinden. Das bekannteste und älteste Verfahren ist das Gewindedrehen oder Gewindeschneiden mit dem *Gewinde-meißel* auf der Drehmaschine.

5.1 Wechselräderberechnen an der Leitspindeldrehmaschine

Zur Gewindeherstellung werden Wechselräder bei Leitspindeldrehmaschinen, Hinterdrehmaschinen, Gewindeschneid- und -schleifmaschinen, Gewindefräsmaschinen, Universalfräsmaschinen usw. verwendet. Zu jeder dieser Maschinen wird ein bestimmter Satz Wechselräder und eine Tabelle mitgeliefert, aus der für die gängigsten Fälle die anzubauenden Wechselräder entnommen werden können. Neuzeitliche Maschinen besitzen festeingebaute Vorschubschaltgetriebe, deren Schalt- und Wechselräder, nach einer Tabelle an der Maschine, durch Stellen von Hebeln oder Knöpfen, für alle genormten Steigungen ohne Rechenarbeit ganz mechanisch eingestellt werden. Wo jedoch von der Norm abweichende oder sehr genaue Steigungen mit den vorhandenen Wechselrädern hergestellt werden müssen, sind Wechselrädersätze zu berechnen. Die dabei auftretenden Schwierigkeiten können einerseits in der Bedingung liegen, daß nur vier Wechselräder angewandt werden sollen, und andererseits darin, daß nur Wechselräder mit bestimmten Zähnezahlen zur Verfügung stehen.

5.11 Grundlagen

Zu einer Schraubverbindung gehören ein mit Außengewinde versehener Bolzen *(Schraube)* und ein Gegenstück *(Mutter)* mit entsprechendem Innengewinde. Kennzeichnend für eine Schraubverbindung ist das Gewinde, das Schraube und Mutter miteinander kuppelt. Schrauben und Muttern dienen entweder zur Befestigung von Teilen, oder sie haben kinematische und dynamische Aufgaben zu erfüllen, indem sie drehende Bewegungen in geradlinige wandeln und dabei Kräfte übertragen (z. B. Spindeln für Pressen, Bewegungsspindeln für Werkzeugmaschinen usf.).

5.111 Schraubenlinie

Wird ein rechtwinkliges Dreieck ABC (Abb. 208) auf einen geraden Kreiszylinder *1 2 3 4* aufgewickelt, so wird die auf dem Umfang des Zylinders entstehende Kurve *(Raumkurve)* $a-b-c$ Schraubenlinie genannt. In der abgewickelten Zylinderfläche $ACBD$ erscheint die Schraubenlinie als Hypotenuse AB, welche unter dem spitzen Winkel φ gegen

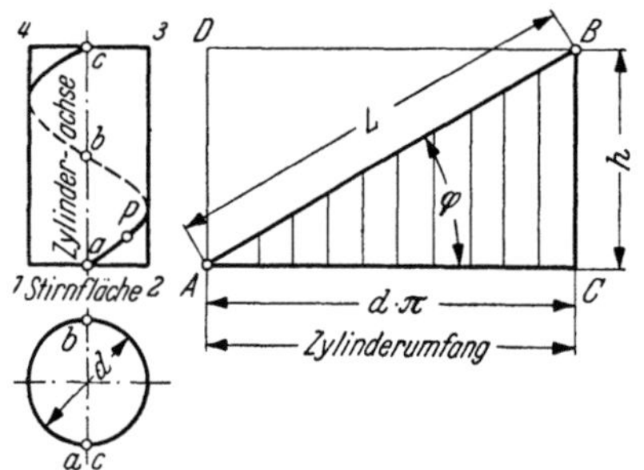

Abb. 208. Rechtsgängige Schraubenlinie mit Zylinderabwicklung.
Kathete $BC = h =$ **Steigung** oder Ganghöhe der Schraubenlinie; Kathete $AC = d\pi =$ Zylinderumfang; Hypotenuse $AB = L =$ gestreckte Länge einer Schraubenlinie; Winkel $BAC = \varphi =$ Steigungswinkel der Schraubenlinie (Winkel, den die Schraubenlinie mit der Stirnfläche des Zylinders bildet)

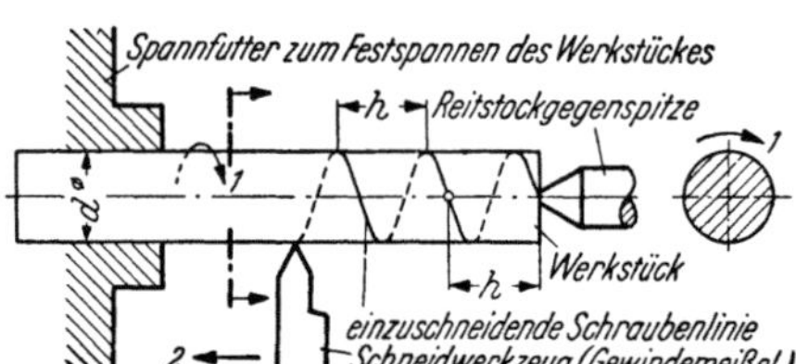

Abb. 209. Entstehung der rechtsgängigen Schraubenlinie beim Gewindeschneiden auf der Drehmaschine.
Bewegung 1: gleichförmig drehende Bewegung des Werkstückes. **Bewegung 2:** gleichförmig geradlinige Bewegung des Schneidwerkzeuges [1].
Wird die Werkzeuggeschwindigkeit (Vorschub) verändert, würde ein Gewinde mit veränderlicher Steigung erscheinen (Förderschnecken usf.; vgl. Abschnitt 5.23)

die Kathete $AC = d\pi$ geneigt liegt. Die Schraubenlinie kann auch dadurch entstehen, daß sich ein Punkt P am Umfange eines sich gleichförmig um seine Achse drehenden Kreiszylinders *1 2 3 4* gleichlaufend zu dieser Achse mit ebenfalls gleich-

---

[1] Beim Herstellen linksgängiger Schraubenlinien muß bei gleichbleibender Drehrichtung des Werkstückes die Vorschubbewegung des Werkzeuges umgekehrt werden. Beim Schneiden eines Gewindes auf der Leitspindeldrehmaschine wird die Drehbewegung von der Drehspindel, die Längsbewegung von der Leitspindel, das Profil vom Gewindemeißel und die Zustellung vom Querschlitten bewirkt.

förmiger Geschwindigkeit fortbewegt. Tritt an Stelle des Punktes P ein Schneidwerkzeug in Form eines Gewindemeißels, so ergibt sich Abb. 209.

Windet sich nach Abb. 208 bei aufrechtstehendem Zylinder die sichtbare Schraubenlinie von links nach rechts aufwärts, so ergibt sich eine *rechtssteigende* Schraubenlinie; auf der Drehmaschine bewegt sich der Werkzeugschlitten vom Reitstock zum Spindelstock (Abb. 209). Windet sich die sichtbare Schraubenlinie von rechts nach links aufwärts, so ergibt sich eine *linkssteigende* Schraubenlinie; auf der Drehmaschine bewegt sich der Werkzeugschlitten bei gleichem Drehsinn des Werkstückes vom Spindelstock zum Reitstock. Ist die Steigung einer Schraubenlinie gleich der Höhe eines Schraubenganges, so ist die Schraubenlinie *eingängig*. Ist die Steigung einer Schraubenlinie so groß, daß zwei Schraubengänge auf sie entfallen, so ist die Schraubenlinie *zweigängig*. Ist die Steigung einer Schraubenlinie so groß, daß mehrere Schraubengänge auf sie entfallen, so ist die Schraubenlinie *mehrgängig*.

5.112 Schraubengewinde

Bewegt sich eine Fläche oder profilierte Einkerbung auf dem Zylindermantel entlang einer Schraubenlinie, so entsteht ein Schraubengewinde. Als Flächen („Profil" des Gewindes) kommen in Betracht: das Dreieck, Rechteck, Quadrat, Trapez, der Halbkreis. *Flachgewinde* mit quadratischem oder rechteckigem Querschnitt, die früher vielfach an Stelle des Trapez- oder Sägengewindes verwendet wurden, werden wegen ihrer schwierigen Herstellung nicht mehr benutzt. Sie sind deshalb auch nicht genormt. Schneckengewinde vgl. Abb. 226 bis 228.

Wie bei Schraubenlinien ist auch bei Schraubengewinden zwischen ein- und mehrgängigen Gewinden[1] zu unterscheiden. Befestigungsgewinde sind meist rechtssteigend[2], spitz und immer eingängig. Bewegungsgewinde dagegen werden rechts- oder linkssteigend und mit Trapez- oder Sägengewinde ausgeführt. Man unterscheidet weiter zwischen Bolzen- oder Außengewinde und Mutter- oder Innengewinde. Bolzengewinde ist an der Mantelfläche eines zylindrischen oder kegeligen Körpers, Muttergewinde an der Mantelfläche einer Bohrung eingeschnitten. Die abgewickelten Schraubenlinien von Außen- und Innengewinde verlaufen somit in entgegengesetzter Richtung.

Hat das n-gängige Gewinde[3] mit der Steigung H dasselbe Profil wie das eingängige Gewinde, so ist t der Abstand zweier aufeinanderfolgender gleichgerichteter Flanken und heißt *Teilung* des n-gängigen Gewindes (vgl. Abb. 226 bis 228); beim eingängigen Gewinde fällt Teilung und Steigung zusammen.

Teilung des n-gängigen Gewindes
(Nicht zu verwechseln mit der Dreiecks- oder Profilhöhe t in Abb. 212 und 213!)

$$t = \frac{H}{n}$$

t = Teilung des n-gängigen Gewindes, wenn dieses mit der Steigung H dasselbe Profil wie das eingängige Gewinde besitzt [mm], H = Steigung des n-gängigen Gewindes = Axialverschiebung bei einer Umdrehung [mm], n = Anzahl der Teilungen [Gänge] je Steigung des Gewindes. (294)

Steigung des n-gängigen Gewindes

$$H = n\,t$$

(295)

Bei eingängigem Gewinde ist Teilung = Steigung, also $h = t = H/n$.

Um den Betrag t muß der Meißel parallel zur Werkstückachse verstellt werden, wenn beim Gewindeschneiden auf der Leitspindeldrehmaschine nach Fertigstellung des einen Gewindeganges der nächste geschnitten werden soll. (Vgl. S. 167)

5.113 Maße für ein- und mehrgängiges Gewinde

Nach Vorstehendem unterscheidet man die Gewinde nach der Form (Profil), nach der Lage der Gewindegänge zur Werkstückachse (rechts- oder linksgängig), nach der Lage des Gewindes am Werkstück (Außen- oder Innengewinde), nach der Anzahl der nebeneinander laufenden Gewindegänge in ein-, zwei- oder mehrgängige Gewinde sowie nach der Verwendung in Befestigungs-, Dichtungs-, Bewegungs- und Meßgewinde. Die Abmessungen eines Gewindes beziehen sich grundsätzlich auf den Achsschnitt (Abb. 488); man erhält das *Gewindeprofil*.

---

[1] Beim mehrgängigen Gewinde laufen zum Unterschied vom eingängigen mehrere gleichartige Einzelgewinde parallel nebeneinander; sie beginnen an der Stirnfläche des Zylinders an symmetrisch verteilten Punkten. Bei einem dreigängigen Gewinde z.B. liegen die Gewindeanfänge an der Stirnfläche um $360° : 3 = 120°$ versetzt, bei einem viergängigen um $90°$ und so fort. Zum Erzeugen mehrgängiger Gewinde muß die Arbeitsspindel nach dem Eindrehen des ersten Gewindeganges gegenüber der Leitspindel um einen Winkel ε verdreht werden, der der Anzahl der gewünschten Gewindegänge n entspricht, so daß $\varepsilon n = 360°$ ist. Vgl. auch Gl. (317).

[2] Linksgewinde werden dort angewendet, wo keine Verwechslung der anzuschließenden Teile vorkommen darf (Gasanschluß, Sauerstoffanschluß) und dort, wo eine Sicherung gegen Selbstlösen im Betrieb erfolgen soll (Frässpindeln, Schleifspindeln usw.).

[3] Gewindebezeichnung des n-gängigen Trapezgewindes: Tr $d \times H$ (n-gäng); z.B. Tr 48×16 (2 gäng). Vgl. „Abgekürzte Bezeichnungen für die Gewinde (nach DIN 202)".

5.1131 Zylindrisches Gewinde

Ein Gewinde ist durch mehrere Maßgrößen bestimmt. Damit für diese Größen zur allgemeinen und leichten Verständigung stets die gleichen Bezeichnungen, Begriffe und Buchstabensymbole verwendet werden, sind diese einheitlich festgelegt. Dabei werden für die Maßgrößen des Bolzengewindes kleine Buchstaben (das kleinere Werkstück), für die des Muttergewindes große Buchstaben (das umschließende größere Werkstück) benutzt.

$d = Außendurchmesser$ des Bolzengewindes (Durchmesser desjenigen Zylinders, der berührend um das Bolzengewinde gelegt werden kann), $D = Außendurchmesser$ des Muttergewindes (Durchmesser desjenigen Zylinders, der durch die äußersten Punkte des Muttergewindes gedacht werden kann), $d_1 = Kerndurchmesser$ des Bolzengewindes (Achssenkrechter Abstand der innersten Punkte des Gewindes = Durchmesser des durch diese Punkte gelegt gedachten Zylinders), $D_1 = Kerndurchmesser$ des Muttergewindes (Begriff wie bei d_1), $d_2 = Flankendurchmesser$ des Bolzengewindes (Achssenkrechter Abstand zweier einander diametral gegenüberliegender Flanken bzw. achssenkrechter Abstand zwischen Flankenmitte

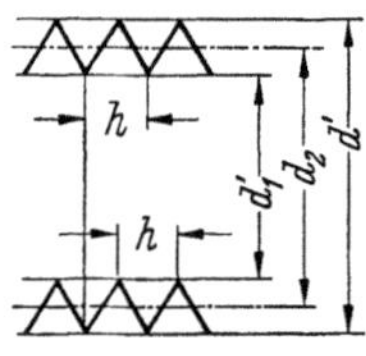

Abb. 210. Flankendurchmesser d_2 beim Spitzgewinde

und Flankenmitte des scharfausgeschnitten gedachten Profildreiecks[1]), $D_2 = Flankendurchmesser$ des Muttergewindes (Begriff wie bei d_2), $h = Steigung$ (Achsparalleler Abstand zweier benachbarter, zum selben Gewindegang gehörigen Flanken oder Weg, den ein Gewinde in der Achsrichtung zurücklegt, wenn ein Teil, Bolzen oder Mutter, um 360° gedreht wird, während das andere Teil stillsteht; bei eingängigem Gewinde ist Teilung $(h : n) = $ Steigung, $\alpha = Flankenwinkel$ (Winkel, den am Nennprofil [theoretisches Profil] die Flanken einer Lücke oder eines Zahnes im Achsschnitt miteinander bilden), α_1 und $\alpha_2 = Teilflankenwinkel$ (Winkel zwischen der Achssenkrechten und einer Flanke am Nennprofil; bei symmetrischem Profil ist $\alpha_1 = \alpha_2 = \alpha/2$ oder $\alpha_1 + \alpha_2 = \alpha$), $t = Profilhöhe$ (Höhe des scharfausgeschnitten gedachten Profildreiecks, also ohne Abrundungen oder Abflachungen in den Spitzen und im Kern),

$t_1 = Gewindetiefe$ des Bolzengewindes (Achssenkrechter Abstand der äußersten und innersten Punkte des Gewindeprofils, also mit Abrundungen oder Abflachungen), $T_1 = Gewindetiefe$ des Muttergewindes (Begriff wie bei t_1), $t_2 = Tragtiefe$ (Achssenkrecht gemessene Flankenüberdeckung von Bolzen- und Muttergewinde), $a = Spitzenspiel$ im Außendurchmesser (Halber Unterschied zwischen dem Außendurchmesser des Muttergewindes und dem des Bolzengewindes), $b = Spitzenspiel$ im Kerndurchmesser (Halber Unterschied zwischen dem Kerndurchmesser des Muttergewindes und dem des Bolzengewindes, Abb. 488 u. 492), $\varphi = Steigungswinkel$ (Winkel, den die Gewindegänge mit einer Ebene bilden, die senkrecht auf der Gewindeachse steht), $n = Gangzahl$ (Anzahl der an einem mehrgängigen Gewinde bestehenden selbständigen Gewinde, wobei jedes gegenüber dem benachbarten Gewinde um den Winkel $\varepsilon = 360° : n$ [Gl. (317)] versetzt ist), $Rechtsgewinde = $ Gewinde, bei denen der Bolzen durch Drehung im Uhrzeigersinn eingeschraubt bzw. die Mutter aufgeschraubt wird. (Vgl. Abb. 226 bis 228.)

5.11311 Spitzgewinde. Im Bereich der Werkstätte hat man es beim Messen und Prüfen von Gewinden mit fünf Bestimmungsgrößen zu tun: Außendurchmesser, Kerndurchmesser, Flankendurchmesser, Flankenwinkel und Steigung. Diese Größen sind außerdem noch voneinander abhängig. Vgl. **Berechnungstafel 7**, S. 306.

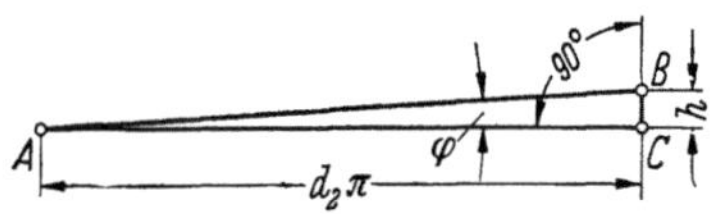

Abb. 211. Abwicklung der im Flankendurchmesser verlaufenden Schraubenlinie zur Ermittlung des Steigungswinkels[2]

Aus Abb. 211 ist zu ersehen, daß der Steigungswinkel um so kleiner wird, je kleiner die Steigung h bei gleichbleibendem Flankendurchmesser d_2 ist.

Beispiel 164. Nach DIN 242 beträgt der Flankendurchmesser des metrischen Feingewindes von $d = 56$ mm Gewindedurchmesser und $h = 4$ mm Steigung (M 56 × 4), $d_2 = 53,402$ mm. Das Feingewinde M 189 × 4 hat $d_2 = 186,402$ mm Flankendurchmesser. Wie groß ist der Steigungswinkel in beiden Fällen?

Lösung: [Z. 12, B. T. 7]. Für M 56 × 4 wird $\tan \varphi = \dfrac{h}{d_2\,\pi} = \dfrac{4}{53,402\,\pi} = 0,02384$; Steigungswinkel

$\varphi = 1° \; 21' \; 56''$. Für M 189 × 4 erhält man $\tan \varphi = \dfrac{4}{186,402\,\pi} = 0,00686$; Steigungswinkel $\varphi = 0° \; 23' \; 35''$ [vgl. auch B. T. 9, S. 309 und Beispiel 397].

---

[1] Bezeichnet man (Abb. 210) mit d' den achssenkrechten Abstand zwischen zwei gegenüberliegenden Profilendpunkten außen und mit d_1' sinngemäß den kleinsten Abstand der Profilendpunkte innen, so gilt $d_2 = (d' + d_1') : 2$.

[2] Durch Abrollen eines von Anfang bis Ende mit Gewinde versehenen Bolzens auf Papier drücken sich die scharfen Gewindegänge in schrägen, unter sich parallelen Linien auf dem Blatt ab. Der Steigungswinkel am *Außendurchmesser* φ_A (vgl. S. 241) ergibt sich als Neigung der Abrollinien zur Rollrichtung. Einer Drehung des Gewindebolzens um 360° entspricht dabei die Abwicklung des Umfanges $d\,\pi$.

Metrisches Gewinde. Metrisches Gewinde von 0,3 bis 68 mm Gewinde-Nenndurchmesser nach DIN 13 Bl. 1 ist das wichtigste genormte Befestigungsgewinde *(Regelgewinde)*. Bezeichnung eines Metrischen Gewindes von 10 mm Gewinde-Nenndurchmesser: M 10.

Schrauben, Muttern und Formteile bis $d = 10$ mm, rohe Schrauben und Muttern bis $d = 20$ mm dürfen für Inlandbedarf nur mit metrischem Profil hergestellt werden; Gleiches soll möglichst auch über $d = 10$ oder 20 mm geschehen. Ausnahmen gelten nur für Instandsetzungen und auf besonderen Antrag. Für Rohrgewinde nach DIN 259 gilt diese Verfügung nicht. Metrisches Feingewinde hat gegenüber dem Regelgewinde bei gleichem Durchmesser d feinere Steigungen; es wird bei dünnwandigen Hohlteilen und bei kurzen Einschraublängen verwendet und weiterhin, um Wellenabsätze wegen Selbstsperrung möglichst klein zu halten.

Whitworth-Gewinde. Die deutsche Norm des Whitworth-Gewindes von $1/4''$ bis 6'' Gewinde-Nenndurchmesser nach DIN 11 ist 1958 überarbeitet worden. Die Zollmaße gelten noch für die damalige englische Bezugstemperatur (vgl. S. 141) von $62\,°F = 16^2/_3\,°C$, die Millimetermaße für 20 °C. Daraus ergibt sich $1'' = 25{,}40095$ mm. Heute gilt $1'' = 25{,}40000$ mm. Bezeichnung eines Whitworth-Gewindes ohne Spitzenspiel von 2'' Nenndurchmesser: 2''.

5.11312 Trapezgewinde. Es gibt ein- und mehrgängige Trapezgewinde, die in *Steigungsgruppen* eingeteilt sind, d. h. mehrere Trapezgewinde mit unterschiedlichem Durchmesser sind gruppenweise zusammengefaßt und haben in ihrer Gruppe die gleiche Steigung. Steigungsgruppen und Abmessungen sind dem Normblatt DIN 103 zu entnehmen. Abb. 492 zeigt die Grundform der Trapezgewinde im Längs-

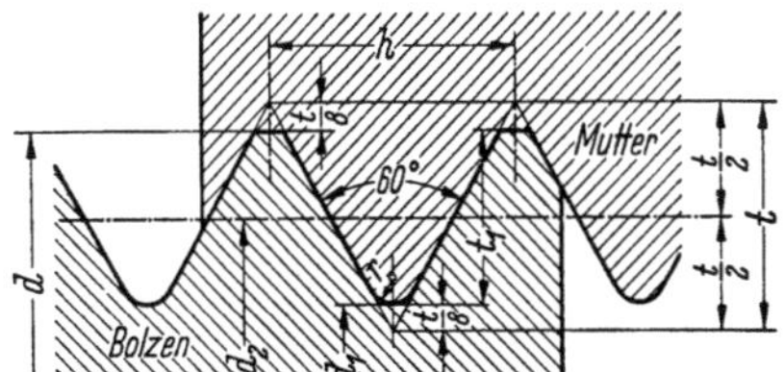

Abb. 212. Theoretische Werte des Metrischen Gewindes (Maße in mm) nach DIN 13[1].

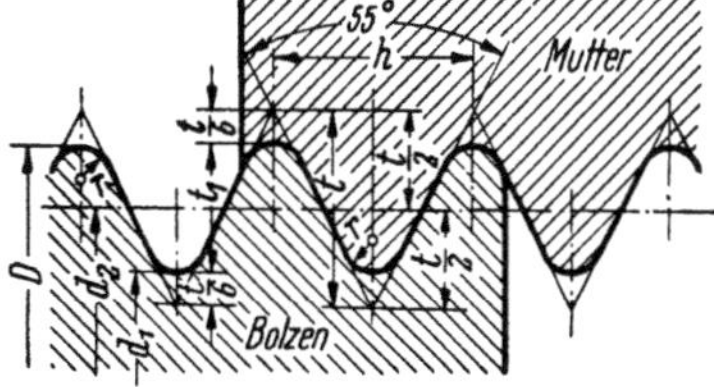

Abb. 213. Theoretische Werte des Whitworth-Gewindes (Maße in mm) nach DIN 11.

Steigung	$= h$	
Profilhöhe	$t = 0{,}8660\,h$	Der *Flankenwinkel* (vgl. S. 136) beträgt beim Metrischen Gewinde
Gewindetiefe	$t_1 = 0{,}6495\,h$	$\alpha = 60°$, beim Whitworth-Gewinde
Flankendurchmesser	$d_2 = d - t_1$	$\alpha = 55°$. *Teilflankenwinkel* ist gleich
Kerndurchmesser	$d_1 = d - 2\,t_1$	halber Flankenwinkel.
Rundung $[= {}^1/_8]$	$r = 0{,}1082\,h$	

Gangzahl auf 1 Zoll	$= z$
Steigung	$h = \dfrac{25{,}4}{z}$
Profilhöhe	$t = 0{,}96049\,h$
Gewindetiefe	$t_1 = 0{,}64033\,h$
Rundung	$r = 0{,}13733\,h$

schnitt. Der Profilwinkel beträgt 30°, der Flankenwinkel 15°. Die Teillinien für das Bolzen- und das Muttergewinde sind keine Symmetrielinien. Bei der Herstellung und Prüfung wird das Profil mit Schablone gemessen, die nach der Lichtspaltmethode benutzt wird. Ermittlung der für die Fertigung und Prüfung erforderlichen Maße (Abb. 489 und 490) nach **Berechnungstafel 8,** S. 306.

Beispiel 165. Trapezgewinde Tr 32×6 ist mit zugehöriger Mutter zu schneiden. Berechne die Maße b_k, x_a, b_a, x_k für die Gewindespindel und die Maße X_k, B_a, X_a, B_k für die Gewindemutter.

Lösung: Für die *Gewindespindel* (Abb. 489) erhält man nach B.T. 8:

$$[\text{Z. 4}] \quad b_k = \frac{0{,}683\,h - a}{1{,}866} = \frac{0{,}683 \cdot 6 - 0{,}25}{1{,}866} = \frac{3{,}848}{1{,}866} = 2{,}062;\; b_k = 2{,}062 \text{ mm. [Lückenbreite am Bolzen-}$$
kerndurchmesser d_1 oder Meißelbreite.]

$$[\text{Z. 6}] \quad x_a = 0{,}366\,h = 0{,}366 \cdot 6 = 2{,}196;\; x_a = 2{,}196 \text{ mm. [Breite des Gewindeganges am Bolzenaußen-}$$
durchmesser d.]

$$[\text{Z. 8}] \quad b_a = 0{,}634\,h = 0{,}634 \cdot 6 = 3{,}804;\; b_a = 3{,}804\text{ mm. [Lückenbreite am Bolzenaußendurchmesser }d.]$$

$$[\text{Z. 10}] \quad x_k = \frac{1{,}183\,h + a}{1{,}866} = \frac{1{,}183 \cdot 6 + 0{,}25}{1{,}866} = \frac{7{,}348}{1{,}866} = 3{,}938;\; x_k = 3{,}938 \text{ mm. [Breite des Gewinde-}$$
ganges am Bolzenkerndurchmesser d_1.]

---

[1] Die Einführung des Normentwurfes über „Metrisches Gewinde und Metrisches Feingewinde" DIN 13 Blatt 31 vom Januar 1958 führt zu Gewinden mit größerem Mutterkerndurchmesser, da das Gewindeprofil nun um $t/4$ im Kern gekürzt wird, während bisher lediglich $t/8$ durch eine Abrundung von $t/8$ wegfielen. Vergrößerte Kernlochbohrungen von Muttergewinden bringen erhebliche *Standzeitverbesserungen* der Gewindebohrer mit sich.

Für die *Gewindemutter* (Abb. 490) erhält man nach B.T. 8:

$$[Z.\,15] \quad X_k = \frac{0,683\,h - a + b}{1,866} = \frac{0,683 \cdot 6 - 0,25 + 0,75}{1,866} = \frac{4,598}{1,866} = 2,464; \quad X_k = 2,464\ \text{mm}.$$

[Breite des Gewindeganges am Mutterkerndurchmesser D_1 (Gangbreite an der Kernbohrung).]

$$[Z.\,17] \quad B_a = \frac{0,683\,h - a}{1,866} = \frac{0,683 \cdot 6 - 0,25}{1,866} = \frac{3,848}{1,866} = 2,062; \quad B_a = 2,062\ \text{mm}.$$

[Lückenbreite am Mutteraußendurchmesser D.]

$$[Z.\,19] \quad X_a = \frac{1,183\,h + a}{1,866} = \frac{1,183 \cdot 6 + 0,25}{1,866} = \frac{7,348}{1,866} = 3,938; \quad X_a = 3,938\ \text{mm}.$$

[Breite des Gewindeganges am Mutteraußendurchmesser D.]

$$[Z.\,21] \quad B_k = \frac{1,183\,h + a - b}{1,866} = \frac{1,183 \cdot 6 + 0,25 - 0,75}{1,866} = \frac{6,598}{1,866} = 3,535; \quad B_k = 3,535\ \text{mm}.$$

[Lückenbreite am Mutterkerndurchmesser D_1 (Lückenbreite an der Kernbohrung).]

Anmerkung: Im Flankendurchmesser d_2 ist Zahn = Lücke, also $b_m = B_m = 0,5\,h = 0,5 \cdot 6 = 3$ mm. Zur Prüfung muß sein: Lückenweite + Zahnbreite = Teilung. Für das Bolzengewinde (Abb. 489) gilt: $b_a + x_a = h$ oder $3,804 + 2,196 = 6$ mm. Für das Muttergewinde (Abb. 490) gilt: $B_a + X_a = h$ oder $2,062 + 3,938 = 6$ mm.

Beispiel 166. Auf welches Maß ist bei dem Trapezgewinde Tr 32 × 6 der Kerndurchmesser des Bolzens zu drehen und derjenige der Mutter zu bohren? Vgl. auch Beispiel 165.

Lösung: (Berechnungstafel 8)

[Z. 23] $t_1 = 0,5\,h + a = 0,5 \cdot 6 + 0,25 = 3,25$; Gewindetiefe des Bolzens $t_1 = 3,25$ mm.

[Z. 28] $d_1 = d - 2\,t_1 = 32 - 2 \cdot 3,25 = 25,5$; Bolzenkerndurchmesser $d_1 = 25,5$ mm.

[Z. 25] $T = 0,5\,h + 2a - b = 0,5 \cdot 6 + 2 \cdot 0,25 - 0,75 = 2,75$; Gewindetiefe der Mutter $T = 2,75$ mm.

[Z. 31] $D_1 = d - 2(T - a) = 32 - 2(2,75 - 0,25) = 32 - 5 = 27$; Mutterkerndurchmesser $D_1 = 27$ mm.

Beispiel 167. a) Für das Trapezgewinde Tr 32 × 6 (vgl. Beispiel 165 und 166) ist eine Bolzen- und Mutterprofilgewindelehre in Form von *Doppelprofilgewindelehren* anzufertigen. b) Welche Vorteile ergeben sich für die Doppelprofilgewindelehren?

Lösung: a) Die konstruktive Ausführung von Doppelprofilgewindelehren zeigen Abb. 214 und Abb. 215. Die Fertigung dieser genauen Formlehren bedingt entsprechende betriebliche Einrichtungen. Voraussetzung für eine einwandfreie Messung ist, daß Meßgeräte zur Verfügung stehen, welche die Ablesung von 0,001 mm mit Sicherheit gestatten. Diese Lehren sind für alle Trapezgewinde der Steigungsgruppe 6 mm zu verwenden. b) Doppelprofilgewindelehren haben den Vorteil, daß man zusätzlich die Gewindesteigung prüfen kann; weiterhin läßt sich eine derartige Lehre sicherer in das geschnittene oder gefräste Gewindeprofil einlegen.

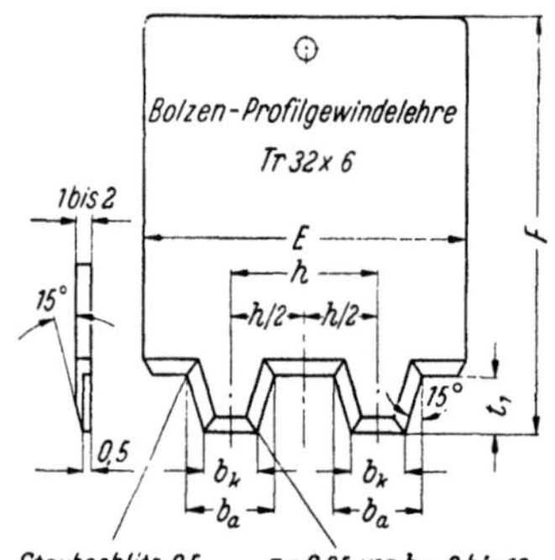

Abb. 214. Bolzenprofilgewindelehre für Trapezgewinde Tr 32 × 6. Es ist $h = 6$ mm, $h/2 = 3$ mm, $b_k = 2,062$ mm, $b_a = 3,804$ mm, $t_1 = 3,25$ mm, $r = 0,25$ mm, $E = 30$ mm, $F = 40$ mm*

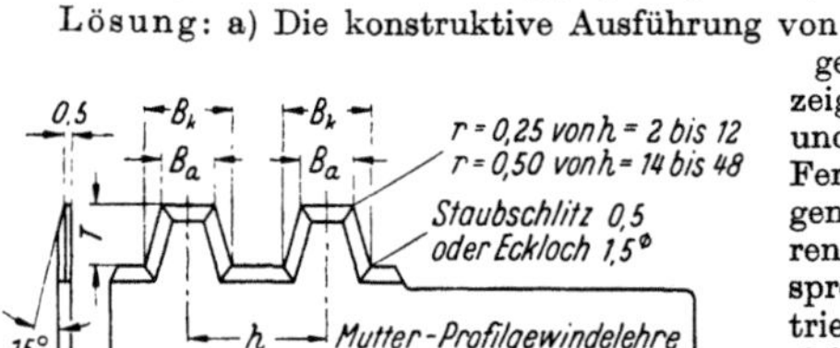

Abb. 215. Mutterprofilgewindelehre für Trapezgewinde Tr 32 × 6. Es ist $h = 6$ mm, $h/2 = 3$ mm (Abb. 214), $B_k = 3,535$ mm, $B_a = 2,062$ mm, $T = 2,75$ mm, $r = 0,25$ mm

Beispiel 168. Welche Bolzengewindetiefe ergibt sich für das Trapezgewinde Tr 36 × 18 links (2 gäng)? Vgl. auch Beispiel 45.

Lösung: An Hand der B.T. 8 erhält man mit $h = t = \dfrac{H}{n} = \dfrac{18}{2} = 9$ mm (Abb. 492) und $a = 0,25$ mm [Z. 2] nach Z. 23 den Zahlenwert $t_1 = 0,5\,h + a = 0,5 \cdot 9 + 0,25 = 4,75$ mm. Die Zustellung am Querschlitten der Drehmaschine nach dem Anschnäbeln des Meißels am Gewindeaußendurchmesser beträgt somit $t_1 = 4,75$ mm. Mit $d = 36$ mm und $d_1 = 26,5$ mm wird gleichfalls $t_1 = \dfrac{1}{2}(d - d_1) = \dfrac{1}{2}(36 - 26,5) = 4,75$; Bolzengewindetiefe $t_1 = 4,75$ mm.

---

* Die Maße E und F können wie folgt gewählt werden:

h	2—4	5—7	8—14	16—20	22—26	28—32	36—40	44	48
E	20	30	40	50	60	70	80	90	100
F	40		50			55			

Beispiel 169. Der Steigungswinkel des Trapezgewindes Tr 36 × 18 links (2gäng) ist zu berechnen.

Lösung: Mit $H = 18$ mm Gewindesteigung und $d_2 = 31,5$ mm Flankendurchmesser (nach DIN 103) ergibt

Z. 13, B.T. 7: $\tan \varphi = \dfrac{H^*}{d_2 \pi} = \dfrac{18}{31,5 \pi} = 0,1818;$

Steigungswinkel $\varphi = 10°18'$. (Vgl. Beispiel 45.)

5.11313 Sägengewinde.

Für große Kräfte bei Belastung in einer Richtung bei Säulen und Spindeln von Pressen, Kolbenstangen usw. ist das Sägengewinde (Abb. 216) genormt. Eine Flanke bildet mit der Senkrechten den Winkel 30°, die andere weicht um 3° von der Senkrechten ab. Die große Rundung im Grunde des Bolzengewindes läßt hohe Beanspruchungen der Spindel zu. Gegenüber einem Trapezgewinde gleicher Steigung ist die Tragtiefe t_2 im Durchschnitt etwa 1,6 mal so groß. Sägengewinde haben die gleichen Steigungen wie Trapezgewinde.

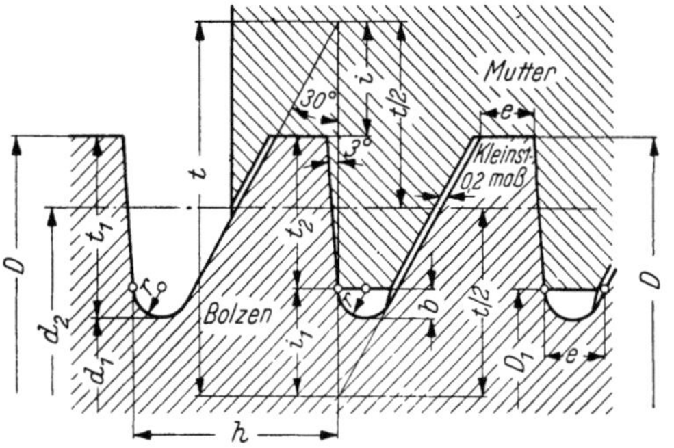

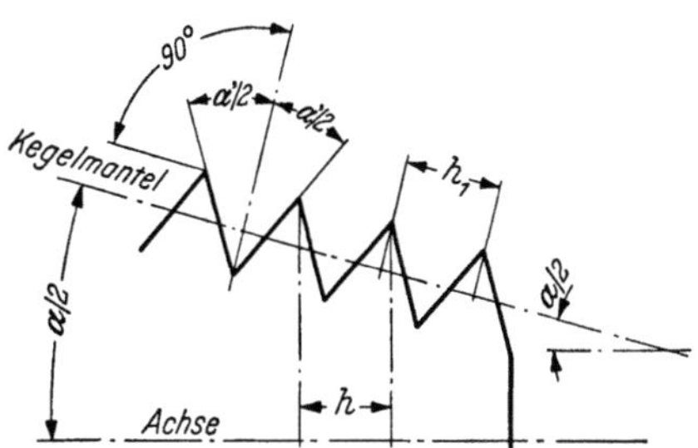

Abb. 216. Sägengewinde (eingängig) nach DIN 513 bis 515. Dreieckshöhe $t = 1,73205\,h$; Gewindetiefe $t_1 = t_2 + b$; Tragtiefe $t_2 = 0,75\,h$; Zahnbreite an der Spitze $e = 0,26384\,h$; Ergänzungsmaß an der Mutter $i = 0,52507\,h$; Ergänzungsmaß am Bolzen $i_1 = 0,45698\,h$; Spitzenspiel $b = 0,11777\,h$; Rundung $r = 0,12427\,h$; Flankendurchmesser $d_2 = D - 0,68191\,h$; Bolzenkerndurchmesser $d_1 = D - 2\,t_1$. Um Reibungsverluste möglichst klein zu halten und doch Gewinde fräsen zu können, beträgt der tragende Teilflankenwinkel $\alpha_1 = 3°$, der nichttragende $\alpha_2 = 30°$

5.1132 Kegeliges Gewinde

Während das zylindrische Gewinde in fast allen Zweigen der Technik Anwendung findet, hat sich in der Röhrenindustrie aus Zweckmäßigkeitsgründen mehr das kegelige Gewinde durchgesetzt. Kegelige Gewinde werden viel für Rohrverbindungen aller Art, Fittingsanschlüsse, Schmiernippel und dergleichen verwendet, weil sich mit kegeligen Gewinden in sehr einfacher Weise eine gute Abdichtung und ein fester Sitz erreichen lassen. Aus diesen Verwendungszwecken geht hervor, daß kegelige Gewinde in der Regel Rohr- oder Feingewinde sind. Beim zylindrischen Gewinde sind die Gewindegänge um einen Zylinder, beim kegeligen Gewinde um einen Kegel gewunden. Die kegeligen Gewinde besitzen gegenüber den zylindrischen zwei weitere Bestimmungsgrößen, nämlich die Steigung des Kegels und die Lage des Gewindeprofiles zur Achse[1]. Beim kegeligen Gewinde *senkrecht zum Kegelmantel* (Abb. 217) steht die Winkelhalbierende des Gewindedreiecks senkrecht auf dem Kegelmantel. Beim kegeligen Gewinde *senkrecht zur Achse* (Abb. 218) steht die Winkelhalbierende senkrecht auf der Achse. Vgl. auch S. 164 ff.

Beim kegeligen Gewinde senkrecht zum Kegelmantel ist die Steigung h_1 gleichlaufend zum Kegelmantel. Neuerdings wird die Steigung vielfach gleichlaufend zur Achse gemessen. Der Flankendurchmesser des kegeligen Gewindes senkrecht zum

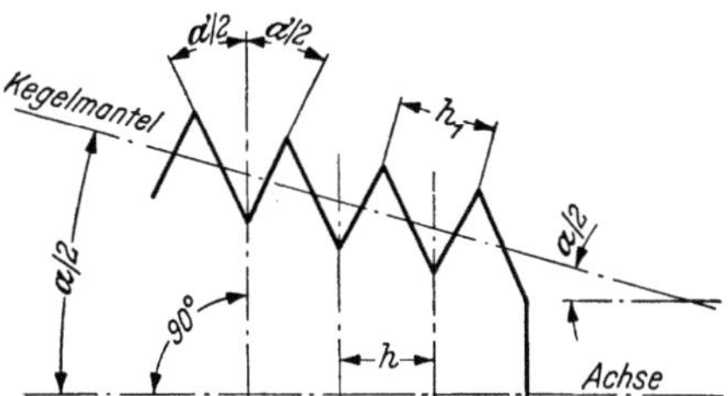

Abb. 217. Kegeliges Gewinde mit einem Profil **senkrecht zum Kegelmantel**. Steigung h_1 parallel zum Mantel gemessen. Steigung h parallel zur Achse gemessen. $\alpha' =$ Flankenwinkel, $\alpha =$ Kegelwinkel

Abb. 218. Kegeliges Gewinde mit einem Profil **senkrecht zur Achse**. Steigung h parallel zur Achse gemessen. Steigung h_1 parallel zum Mantel gemessen

---

* Für mehrgängige Gewinde ist h durch $H = nh$ zu ersetzen. Beim Gewindewirbeln liegt die Wirbelspindelachse im allgemeinen parallel zur Werkstückachse. Bei Steigungswinkeln über 2 bis 3° muß jedoch die Wirbelspindelachse um den Steigungswinkel geneigt werden, um einen evtl. Flankenüberschnitt zu vermeiden. Die Spitze des horizontal gestellten Wirbelmeißels muß dabei stets in der Höhe der Werkstückachse liegen. Für das Zahlenbeispiel ist das Wirbelaggregat in der Vertikalen um den Winkel $\varphi = 10°18'$ zu neigen (vgl. Abb. 26).

[1] In Zeichnungen sind für Kegelgewinde folgende Angaben einzutragen: großer und kleiner Gewindedurchmesser, Gewindelänge, Kegel, halber Kegelwinkel und der Vermerk über „Lage des Gewindeprofiles". Vgl. weiterhin Abb. 219 und 220.

Kegelmantel ist der Abstand der Mitten zweier einander gegenüberliegender Mittellinien des scharf ausgezogen gedachten Profiles. Beim kegeligen Gewinde senkrecht zur Achse ist die Steigung h gleichlaufend zur Achse gemessen. Der Flankendurchmesser ist hier der Abstand der Mitten zweier gegenüberliegender Flanken des scharf ausgezogen gedachten Profiles.

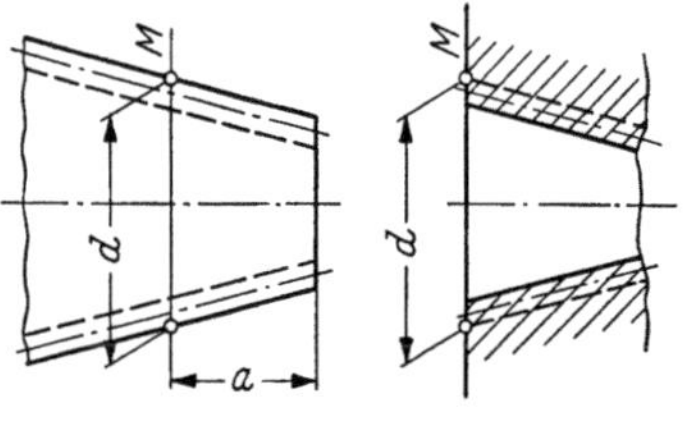

Abb. 219. Durchmesserbestimmung bei kegeligem Außengewinde.

Abb. 220. Durchmesserbestimmung bei kegeligem Innengewinde.

$a =$ Abstand der Meßebene bzw. des Lehrdurchmessers vom Werkstückende; $d =$ Lehrdurchmesser; $M =$ Meßebene

Naturgemäß sind infolge der Kegeligkeit Flanken-, Außen- und Kerndurchmesser an jeder Stelle des Gewindes anders; deswegen kann ein bestimmter Wert für diese Durchmesser nur an bestimmter Stelle gegeben werden. Bei *Außengewinden* wird diese Stelle zweckmäßig durch die Angabe ihres Abstandes a vom Rohrende festgelegt (Abb. 219). Bei *Innengewinden* (Muttern) gilt sinngemäß dasselbe; der Lehrdurchmesser liegt an der Planfläche des Gewindes (Abb. 220).

5.114 Anordnung der Wechselräder

Um auf einer Leitspindeldrehmaschine Gewinde schneiden zu können, ist entsprechend der Steigung oder der auf eine gewisse Länge bezogenen Gangzahl des zu schneidenden Gewindes auf der linken Stirnseite der Maschine eine Zahnradübersetzung anzubringen. Als Wechselräder gelten nur die wirklich auswechselbaren Zahnräder für den Antrieb der Leitspindel, in Abb. 221 also die Räder a, b, c und d; Wechselrad a sitzt dabei auf der *Wechselradantriebswelle**. Die Wechselräderübersetzung kann einfach (Abb. 222), zweifach (Abb. 223) oder dreifach (Abb. 224) sein. Drei Räderpaare werden verwendet, wenn die Übersetzung so groß ist, daß sie in zwei Räderstufen nur schwer oder überhaupt nicht erreichbar ist. Bei zweifacher Wechselräderübersetzung greifen zwei Räderpaare ineinander, so daß vier Wechselräder (a, b, c und d) erforderlich und zu berechnen sind. Dabei ist das erste getriebene Rad b mit dem zweiten treibenden Rade c durch eine gemeinsame Buchse verbunden, und beide zusammen drehen sich um den Scherenbolzen S_1. Im Falle dreifacher Übersetzungen werden zwei Scherenbolzen S_1 und S_2 verwendet.

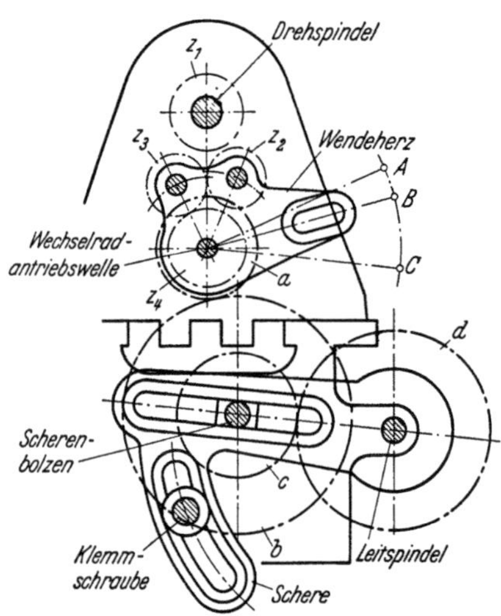

Abb. 221. Vorschubantrieb einer Leitspindeldrehmaschine (vgl. auch Abb. 223, 224 und 299). Es ist $u_f = z_1/z_4$ und $u_w = a\,c/b\,d$

Die Räder z_1, z_2, z_3 und z_4 bilden das *Wendeherzgetriebe*. Dieses Getriebe dient dazu, die Leitspindel entweder stillzusetzen oder ihre Bewegungsrichtung auf Rechtsgewinde oder Linksgewinde einzustellen. Bei Hebelstellung B sind die Räder z_2 und z_3 ganz außer Eingriff mit dem Rad z_1 auf der Drehspindel. Bei Hebelstellung C treibt Rad z_1 über z_3 auf das Rad z_4. Bei Hebelstellung A treibt z_1 über z_2 und z_3

auf z_4. Durch diese Wendung kann Rad z_4 nach beiden Richtungen gedreht und mithin die Leitspindel ebenfalls in ihrer Drehrichtung entsprechend geändert werden. Hierbei haben gewöhnlich die Räder z_1 und z_4 die gleichen Zähnezahlen, so daß eine Übersetzung von z_1 auf z_4 nicht stattfindet. Rad z_1 und z_4 haben dann gleiche Drehzahlen, jedoch mit veränderlicher Drehrichtung.

Bei neueren Drehmaschinen werden an Stelle des schwenkbaren Wendeherzens (Abb. 221) verschiebbare oder mit Kupplungen versehene Räder auf festeingebauten Spindeln bevorzugt, weil sie einwandfreier ineinandergreifen und dadurch ruhiger und genauer laufen. Das Wechselräderverhältnis kann durch Auswechseln der Zahnräder a, b, c und d geändert werden. Hierzu dient die sog. *Wechselräderschere*, die in bestimmten Grenzen das Einstellen beliebiger Übersetzungsverhältnisse gestattet.

---

* Vgl. auch die Abb. 225, 230 und 233.

Nach Gl. (281) gilt $u = \dfrac{1}{i}$ und sinngemäß $u_w = \dfrac{1}{i_w}$ oder $\dfrac{1}{i_w} = \dfrac{a\,c}{b\,d}$. Wechselräder müssen bei jeder Übersetzungsänderung von ihrem Wellenzapfen abgezogen und ausgewechselt werden.

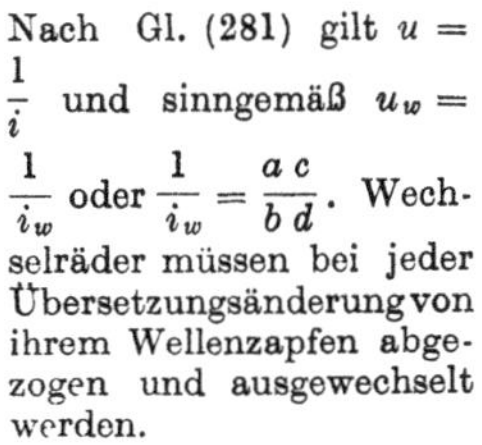
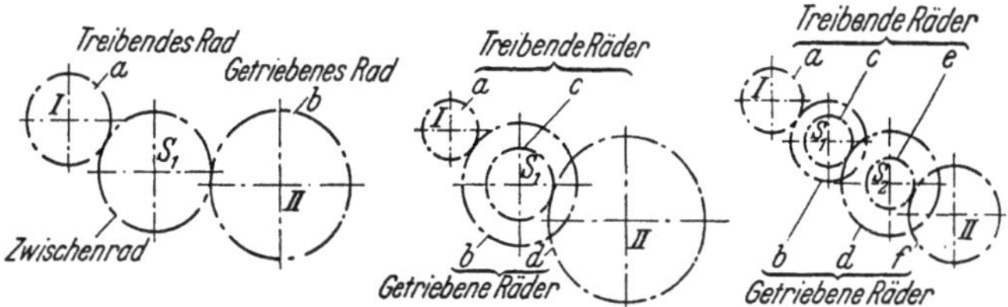

5.115 Wechselrädersätze

Jeder Leitspindeldrehmaschine ist ein Satz Wechselräder beigegeben, deren

Übersetzung einfach:

$$u_w = \frac{n_{II}}{n_I} = \frac{a}{b}$$

[2 Wechselräder in einer Ebene]

Übersetzung zweifach:

$$u_w = \frac{n_{II}}{n_I} = \frac{a\,c}{b\,d}$$

[4 Wechselräder in zwei Ebenen]

Übersetzung dreifach:

$$u_w = \frac{n_{II}}{n_I} = \frac{a\,c\,e}{b\,d\,f}$$

[6 Wechselräder in drei Ebenen]

Abb. 222 bis 224. Anordnung der Wechselräder beim Gewindeschneiden [1]. Achslage der Scherenbolzen S_1 und S_2 kann verstellt werden

Zahl bei gleichem Modul meist sehr verschieden ist; sie schwankt zwischen 15 und 25. Normblatt DIN 781 sieht einen Wechselrädersatz von insgesamt 45 Rädern vor. Dieser Normwechselrädersatz kommt für Zoll- und Millimeterleitspindeln ($^1/_4{''}$, $^1/_2{''}$ oder 3, 6, 12 und 24 mm) in Betracht (Satz Nr. 3, Maschinentafel 1, S. 357). Sollen Übersetzungen besonders genau durch Wechselräder ausgedrückt werden, so wird man diese in bezug auf Zähnezahlen in lückenloser Zahlenreihe zur Verfügung halten (Satz Nr. 4, Maschinentafel 1, S. 357). Die *Größe der Wechselräder* ist durch den verfügbaren Raum zwischen Wechselradantriebswelle und Leitspindel und die Größe und Lage der Stellschere bestimmt. Wechselräder sind Satz- oder Austauschräder, die sich in allen Größen (Zähnezahlen) beliebig paaren lassen.

5.116 Normtemperatur

In der Werkstatt können Messungen nur dann genau und gleich sein, wenn sie bei einer bestimmten Temperatur, der *Norm- oder Bezugstemperatur*, ausgeführt werden. Diese ist nach DIN 102 für alle Meßzeuge und Werkstücke einheitlich auf 20 °C festgesetzt. Normtemperatur ist die Temperatur, bei der Meßzeuge und Werkstücke die vorgeschriebenen Maße haben sollen. Nach DIN 4890 gilt für Werkstücke und Meßgeräte für den englischen und für den amerikanischen Zoll[2] die Beziehung $1{''}$ (1 Zoll) = 25,4000000 mm. Die Normtemperatur beträgt dabei 20°. Nur für Maße und Messungen allerhöchster Genauigkeit ist der gesetzlich festgelegte Wert zugrunde zu legen und zu rechnen: $1{''}$ engl. = 25,399956 mm, bezogen auf 20°, und $1{''}$ amerik. = 25,400051 mm, bezogen auf 20°.

5.117 Längenausdehnung

Unter dem Einfluß einer Temperaturerhöhung dehnen sich die Körper nach allen Seiten aus und bekommen einen größeren Rauminhalt. Die Größe der Ausdehnung ist von der Art des Stoffes abhängig. Betrachtet man die Ausdehnung nur in einer Richtung, etwa die eines Stabes in der Längsrichtung, so dehnt sich der Stab um so mehr aus, je länger er ist und je mehr er erwärmt wird. Die Längenausdehnungszahl α ist das in m gemessene Stück, um das sich ein Stab von 1 m Länge bei der Erwärmung um 1° ausdehnt.

Ein Stab von der Länge l_0 bei 0° dehnt sich dann bei Erwärmung auf die Temperatur t um $l_0 \alpha\, t$ aus, so daß seine Gesamtlänge $l_t = l_0 + l_0 \alpha\, t$ ist; es folgt:

---

[1] *Abb.* 223: Unter Beachtung der Vertauschungsmöglichkeit der Reihenfolge der Faktoren des Räderverhältnisses u_w kann, ohne daß dadurch der Zahlenwert des Räderverhältnisses sich ändert, auf *vier* verschiedene Weisen geschrieben werden: $u_w = \dfrac{a\,c}{b\,d}$ oder $u_w = \dfrac{a\,c}{d\,b}$ oder $u_w = \dfrac{c\,a}{b\,d}$ oder $u_w = \dfrac{c\,a}{d\,b}$.

Abb. 224: Da die Reihenfolge der Zähler- und Nennerräder je sechsmal geändert werden kann, so läßt sich der gesamte Rädersatz $6 \times 6 = 36$ mal verschiedenartig anordnen, ohne daß sich der Zahlenwert des Räderverhältnisses u_w ändert.

[2] Für industrielle Messungen haben der Britische Normenausschuß (BSJ) 1930 und der Amerikanische Normenausschuß (ASA) 1933 festgelegt, daß 1 Zoll = 25,4 mm zu setzen ist.

Länge eines Stabes bei der Temperatur t

$$l_t = l_0 (1 + \alpha\, t) \tag{296}$$

l_t = Länge des Stabes bei der Temperatur $t°$ [m], l_0 = Länge des Stabes bei 0° [m], α = Wärmeausdehnungszahl = Verlängerung der Längeneinheit bei 1° Temperaturänderung, t = Temperatur [°]. Wird ein Stab von der Länge l_1 und der Temperatur t_1 auf die Temperatur t_2 erwärmt, so ist seine *Längenänderung* $\Delta l = l_2 - l_1 = l_1\,\alpha\,(t_2 - t_1)$.

Beispiel 170. Ein Gewinde soll bei 20°C Normtemperatur geschnitten werden. Es wurde festgestellt, daß die Steigung von 8 mm für 0°C gültig ist. Die zu schneidende Gewindesteigung muß aber entsprechend der Ausdehnung des Stahles bei Erwärmung von 0 auf 20° größer gehalten werden. Für welche Steigung sind die Wechselräder zu berechnen, wenn angenommen wird, daß sich Stahl für je 1° um das 0,0000115fache seiner Länge ausdehnt ($\alpha = 11,5 \cdot 10^{-6}$ m $= 11,5\mu = 0,0115$ mm)?

Lösung: Ein Stab von der Länge $l_0 = 8$ mm bei 0° dehnt sich bei Erwärmung auf die Temperatur $t = 20°$ um $l_0\,\alpha\,t = 8 \cdot 0,0000115 \cdot 20 = 0,001840$ mm aus. Die Wechselräder sind für die Steigung $8,000000 + 0,001840 = 8,001840$ mm zu berechnen. Um also die gewünschte Steigung von 8 mm bei 0 °C Normtemperatur zu erhalten, ist ein Radsatz für die etwas größere Steigung von 8,001840 mm aufzustecken. Berechnung von Wechselrädern für gehärtetes Gewinde vgl. Abschnitt 5.145, S. 165.

5.118 Genauigkeit

Aus herstellungsbedingten Gründen wird für eine Meßgröße an einem Werkstück meist das Nennmaß mit seinen zulässigen Abweichungen (Abmaßen), d. h. ein oberes und ein unteres Grenzmaß angegeben. Es wird gefordert, daß das Werkstück so hergestellt ist, daß das tatsächliche Istmaß innerhalb dieses Toleranzbereiches liegt. Fällt das mit hinreichend kleiner Meßunsicherheit bestimmte Istmaß aus dem Toleranzbereich heraus, dann wird der Unterschied zwischen dem Istmaß und dem noch zulässigen Maß als *Fehler der Meßgröße (Maßfehler)* bezeichnet. Der Fehler ist *positiv*, wenn das Istmaß größer ist als das zulässige obere Grenzmaß; er ist *negativ*, wenn das Istmaß kleiner ist als das zulässige untere Grenzmaß (vgl. Beispiel 177 ff.).

Die erreichbare Genauigkeit, insbesondere die Steigungsgenauigkeit, hängt von der Genauigkeit der einzelnen für die Erzeugung der Schraubenlinie wesentlichen Getriebeglieder ab. Das betrifft vor allem die Leitspindel, das Übersetzungsgetriebe, die Lagerung der Spindeln und die Parallelität der Führungen; vgl. Fußnote 1, S. 147.

5.12 Räderberechnen ohne und mit Annäherung
(Räderberechnen ohne Vorschubschaltgetriebe)

Für die Berechnung der aufzusteckenden Wechselräder zum Gewindeschneiden ist es gleichgültig, ob es sich um Spitz-, Flach-, Trapez-, Rundgewinde oder anderes Gewinde handelt. Hier spielt lediglich die Gewindesteigung, nicht aber die Gewindeform eine Rolle.

5.121 Gewindesteigung

Die Steigung ist für die Ermittlung der Wechselräder von ausschlaggebender Bedeutung; es sind nebenstehende Bemessungsarten gebräuchlich.

In Anlehnung an die Ausdrucksweise in der Praxis wird auch von „Steigung" gesprochen, wenn „Gangzahl je Zoll" gemeint ist. Weiterhin spricht man von „Modulsteigung" und „Pitchsteigung". Vgl. auch Umrechnungstafeln 1 bis 6, S. 354.

Zeile	Steigung h gegeben in	Beispiele	
		gegeben	umgerechnet
1	Millimeter	$h = 1,5$ [mm]	
2	Zoll	$h = {}^1/_4$ [Zoll]	
3	Gang auf 1 Zoll	8 Gg. a. 1″	$h = {}^1/_8$ [Zoll]
4	(Achs-)Modul	$m = 3$ [mm]	$h = 3\,\pi$ [mm]
5	Diametralpitch (sprich: pitsch)	$p = 7 \left[\dfrac{1}{\text{Zoll}}\right]$	$h = \pi/7$ [Zoll]

5.122 Steigungs- und Ganggleichung

Beim Gewindeschneiden auf Leitspindeldrehmaschinen sind das Steigungsverhältnis, das Gangverhältnis und das Gesamträderverhältnis von Bedeutung. Das Steigungszahlenverhältnis oder *Steigungsverhältnis* stellt das Verhältnis der Steigungszahlen des zu schneidenden Gewindes und des Leitspindelgewindes dar. Das Gangzahlenverhältnis oder *Gangverhältnis* stellt das Verhältnis der Gangzahlen des Leitspindelgewindes und derjenigen des zu schneidenden Gewindes dar. Das *Wechselräderverhältnis* ist das Zähnezahlverhältnis der außen aufzusteckenden Wechselräder. Mit Bezug auf Abb. 221 und 225 gilt:

$$\text{Wechselräder-}\atop\text{verhältnis} \qquad \boxed{u_w = \frac{ac}{bd} = \frac{\text{Produkt der Zähnezahlen der } \textit{treibenden } \text{Wechselräder}}{\text{Produkt der Zähnezahlen der } \textit{getriebenen } \text{Wechselräder}}} \quad (297)$$

Das Rad mit a Zähnen sitzt auf der Wechselradantriebswelle (Antriebsbolzen) und treibt das Rad mit b Zähnen auf dem Scherenbolzen. Mit diesem sitzt, auf einer Buchse durch Paßfeder verbunden, das Rad mit c Zähnen, das wiederum das auf der Leitspindel sitzende Rad mit d Zähnen antreibt.

Allgemein wird zwischen Drehspindel und Leitspindel vom Gesamträderverhältnis (u_g) gesprochen; dieses kann durch verschiedenartige Rechenelemente ausgedrückt werden. Als solche kommen die Zähnezahlen der Übersetzungsräder zwischen Dreh- und Leitspindel, die Gewindesteigungen oder die Gangzahlen von Gewinden in Betracht. Wird das Gesamträderverhältnis errechnet aus den Gewindesteigungen des Werkstück- und des Leitspindelgewindes, so gilt:

$$\text{Gesamträderverhältnis}^1 \atop \text{(Steigungsgleichung)} \qquad \boxed{u_g = \frac{h}{h_L} = \frac{\text{Steigung des zu schneidenden Gewindes}}{\text{Steigung des Leitspindelgewindes}}} \quad (298)$$

u_g = Gesamträderverhältnis = Zähnezahlverhältnis sämtlicher im Eingriff sich befindender Übersetzungsräder, die zwischen Drehspindel und Leitspindel liegen, h = Steigung des zu schneidenden Gewindes [in mm oder Zoll], h_L = Steigung des Leitspindelgewindes [in mm oder Zoll].

Wird das Gesamträderverhältnis errechnet aus den Gangzahlen des Werkstück- und des Leitspindelgewindes, so gilt:

$$\text{Gesamträderverhältnis} \atop \text{(Ganggleichung)} \qquad \boxed{u_g = \frac{g_L}{g} = \frac{\text{Gangzahl des Leitspindelgewindes}}{\text{Gangzahl des zu schneidenden Gewindes}}} \quad (299)$$

u_g = Gesamträderverhältnis = Zähnezahlverhältnis sämtlicher im Eingriff sich befindender Übersetzungsräder, die zwischen Drehspindel und Leitspindel liegen, g_L = Gangzahl des Leitspindelgewindes [auf 1 Zoll], g = Gangzahl des zu schneidenden Gewindes [auf 1 Zoll].

Das Berechnen der aufzusteckenden Wechselräder muß stets von der Ermittlung des Gesamträderverhältnisses zwischen Drehspindel und Leitspindel ausgehen. Ob dieses Gesamträderverhältnis als Steigungsverhältnis oder als Gangverhältnis, d. h. also nach der Steigungsgleichung (298) oder Ganggleichung (299) ermittelt wird, ist gleich. Es kommt lediglich darauf an, wie am bequemsten und raschesten das Ergebnis erreicht werden kann.

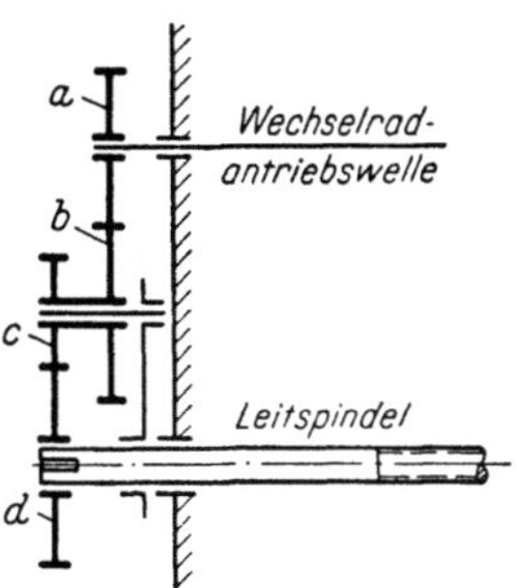

Abb. 225. Vier Wechselräder in zwei Ebenen, ohne Zwischenrad

5.123 Kurzzeichen für Gewinde

Die Angabe über Gewindesteigung des zu schneidenden Gewindes kann verschieden sein; sie wird durch die Zeichnung (Gewinde, abgekürzte Bezeichnungen nach DIN 202) oder den vorliegenden Auftrag angegeben. Die genormten Gewinde brauchen nur mit den genormten Kurzzeichen bezeichnet

---

[1] Ist h = Steigung des zu schneidenden Gewindes, h_L = Steigung des Leitspindelgewindes, n = Drehzahl der Drehspindel und n_L = Drehzahl der Leitspindel, so erfordert eine übereinstimmende Bewegung von Werkstück und Werkzeug: $hn = h_L n_L$, indem die Leitspindel bei n Umdrehungen der Drehspindel n_L Umdrehungen macht. n_L bestimmt sich daraus zu $n_L = \dfrac{hn}{h_L}$; bei $n = 1$, also *einer* Umdrehung der Drehspindel wird $n_L = \dfrac{h}{h_L}$. Nach Abb. 221 und 223 folgt: $n_L = \dfrac{h}{h_L} = \dfrac{z_1\,z_2\,z_3}{z_2\,z_3\,z_4}\dfrac{ac}{bd}$. Mit $z_1 = z_4$ wird: $n_L = \dfrac{h}{h_L} = \dfrac{a\,c}{b\,d}$ oder $\dfrac{a\,c}{b\,d} = \dfrac{h}{h_L}$ oder $u_g = \dfrac{h}{h_L} \cdot \Big[$Gl. (277) würde ergeben: $n\,z_1\,a\,c = n_L\,z_4\,b\,d$; mit $n = 1$ und $z_1 = z_4$ folgt: $\dfrac{a\,c}{b\,d} = n_L = \dfrac{h}{h_L}$ oder $u_g = \dfrac{h}{h_L}\Big]$. Hat Rad a nicht die gleiche Drehzahl wie die Drehspindel, so muß der Wert für u_g mit dem Verhältnis $\dfrac{z_1}{z_4}$ multipliziert werden, wenn z_1 und z_4 die Zähnezahlen der Räder auf der Drehspindel bzw. Wechselradantriebswelle sind (vgl. Abb. 221 und Abschnitt 5.14).

zu werden, bei nicht genormten Gewinden muß das Profil auf den Zeichnungen vollständig bemaßt sein. Das Leitspindelgewinde kann nach Gang bzw. Zollsteigung oder nach Millimetersteigung gegeben sein.

5.124 Leitspindel hat Zollsteigung

In den nachfolgenden Beispielen sollen die Gewinde bei 20 °C *Normtemperatur* hergestellt werden. Die Leitspindel hat die vorgeschriebene Gewindesteigung ebenfalls bei 20 °C Normtemperatur. Die Übersetzung des Wendegetriebes sei unveränderlich und betrage 1 : 1, ist also ohne Einfluß auf das Wechselräderverhältnis. Um zu bestimmen, wie viele Gänge auf 1 Zoll eine Leitspindel hat, prüft man, ob die Gangzahl auf 5 Zoll $= 5 \cdot 25{,}4 = 127$ mm aufgeht. Trifft dies zu, so ist durch Abzählen der Anzahl Gänge innerhalb dieser 127 mm festzustellen, wie viele Gänge das Gewinde auf einen Zoll aufweist. Zählt man z. B. auf 127 mm genau 10 Gänge, so bedeutet dies, daß auf einen Zoll $= {}^{10}/_5 = 2$ Gänge entfallen; damit: Leitspindel = Ltsp. = 2 Gg. a. $1'' = 1/2''$ Stg.

5.1241 Werkstück mit Gang je Zoll

Beispiel 171. Auf 4 Gang Leitspindel sind 10 Gang [Whitworthgewinde $^3/_4''$ nach DIN 11] zu schneiden. (Wechselräder, Satz Nr. 1, Maschinentafel 1, S. 357.)

$$\left. \begin{array}{l} \text{Lösung: Drsp.} = 10 \text{ Gg. a. } 1'' \\ \text{Ltsp.} = 4 \text{ Gg. a. } 1'' \end{array} \right\} \ [\text{Gl. (299)}] \ u_g = \frac{g_L}{g} = \frac{4}{10} = \frac{2}{5} \ \left| \ \begin{array}{l} \text{Drsp.} = \text{Drehspindel.} \\ \text{Ltsp.} = \text{Leitspindel.} \end{array} \right.$$

Mit Aufstellung des Verhältnisses von gleichbenanntem Zähler und Nenner verschwindet die Benennung, und es verbleibt eine reine Verhältniszahl als Gesamträderverhältnis[1]. Die Wechselräder werden durch Erweiterung des Wechselräderverhältnisses u_w gefunden, das bei Drehmaschinen ohne Herzgetriebe und ohne Vorschubschaltgetriebe gleich dem Gesamträderverhältnis ist, also $u_w = u_g = {}^2/_5$. Die Erweiterung dieses Bruches hat derart zu erfolgen, daß sich brauchbare, im Wechselrädersatze vorhandene Zähnezahlen ergeben. Man erweitert also unter ständigem Vergleich mit dem vorliegenden Wechselrädersatz. Ein Bruch wird erweitert, indem Zähler und Nenner mit ein und derselben Zahl multipliziert werden, ohne daß sich der Wert des Bruches ändert.

$$u_w = u_g = \frac{2}{5} = \frac{2 \cdot (20)}{5 \cdot (20)} = \frac{40}{100} \qquad \left| \ \begin{array}{l} \text{Nach Abb. 222 erhalten a} = 40 \text{ und b} = 100 \text{ Zähne.} \\ \text{Scherenbolzen S}_1 \text{ erhält ein Zwischenrad.} \end{array} \right.$$

Damit wäre 40 (Zähler) das treibende, 100 (Nenner) das getriebene Wechselrad. Das 40er Rad kommt auf die Wechselradantriebswelle und das 100er Rad auf die Leitspindel. Da aber der Abstand von Wechselradantriebswelle und Leitspindel nicht zufällig der Summe der Halbmesser dieser beiden Wechselräder entspricht, ist zur Überbrückung des Abstandes ein drittes Wechselrad von beliebiger Zähnezahl (Zwischenrad) einzuschalten.

Das verlangte Gewinde läßt sich außer mit zwei auch mit vier Wechselrädern[2] schneiden; es wird dann eine Zerlegung des Wechselräderverhältnisses in zwei Brüche nötig.

$$u_w = \frac{2}{5} = \frac{1 \cdot 2}{2 \cdot 2{,}5} = \frac{30 \cdot 40}{60 \cdot 50} \text{ oder: } u_w = \frac{2}{5} = \frac{1 \cdot 2}{2 \cdot 2{,}5} = \frac{45 \cdot 40}{90 \cdot 50} = \frac{45 \cdot 40}{50 \cdot 90} \ \left| \ \begin{array}{l} \text{Nach Abb. 221 und 225 erhalten } a = \\ 30 \text{ oder } 45,\ b = 60 \text{ oder } 50,\ c = 40 \\ \text{und } d = 50 \text{ oder } 90 \text{ Zähne.} \end{array} \right.$$

5.12411 Prüfung der Wechselräder. Die Prüfung soll zeigen, daß sich mit den errechneten Wechselrädern die gewünschte Gewindesteigung ergibt.

Wirkliche Gewindesteigung aus Gesamträderverhältnis und Leitspindelsteigung   *Prüfung:* $\quad h_w = u_g\, h_L \quad$ (300)

Wirkliche Gangzahl aus Leitspindelgänge und Gesamträderverhältnis   *Prüfung:* $\quad g_w = \dfrac{g_L}{u_g} \quad$ (301)

h_w = wirkliche Steigung des zu schneidenden Gewindes [mm oder Zoll], u_g = Gesamträderverhältnis = Zähnezahlverhältnis sämtlicher im Eingriff sich befindender Übersetzungsräder, die zwischen Drehspindel und Leitspindel liegen, h_L = Steigung des Leitspindelgewindes [mm oder Zoll], g_w = wirkliche Gangzahl des zu schneidenden Gewindes [auf 1 Zoll], g_L = Gangzahl des Leitspindelgewindes [auf 1 Zoll]. Im Beispiel 171 wird $u_g = u_w$; damit folgt $h_w = u_w\, h_L$ [Gl. (300)] und $g_w = \dfrac{g_L}{u_w}$ [Gl. (301)].

Für Beispiel 171 ist die Prüfung zweckmäßig nach Gl. (301) durchzuführen. Mit $g_L = 4$ und $u_g = u_w = \dfrac{45 \cdot 40}{50 \cdot 90}$ ergibt sich: $g_w = \dfrac{g_L}{u_g} = \dfrac{g_L}{u_w} = \dfrac{4}{\dfrac{45 \cdot 40}{50 \cdot 90}} \overset{*}{=} \dfrac{4 \cdot 50 \cdot 90}{45 \cdot 40} = 10$; Werkstückgewinde 10 Gang auf $1''$.

---

[1] Da die Gangzahl der Leitspindel auf 1 Zoll Gewindelänge mit 4 und die des zu schneidenden Gewindes mit 10 gegeben, können beide Zahlengrößen, da sie ein Vielfaches der Einheit eines gleichen Systems, nämlich des *Zollsystems* sind, unverändert für die entsprechenden Formelzeichen verwendet werden. Vgl. auch Fußnote *, S. 152.

[2] Beim Arbeiten mit zwei Wechselrädern muß das kleine Rad durch den erheblichen Unterschied zwischen treibendem und getriebenem Rad zu viel Kraft aufwenden, um das große Wechselrad zu treiben.

* Man dividiert eine Zahl durch einen Bruch, indem man sie mit dem umgekehrten (reziproken) Wert des Bruches multipliziert.

5.*12412 Aufsteckbarkeit der Wechselräder.* Es ist nicht möglich, jeden errechneten Wechselrädersatz aufzustecken; dies gilt selbst dann, wenn nach ausgeführter rechnerischer Prüfung ein vollkommen richtiges Ergebnis vorliegt.

Beim Aufstecken der Wechselräder ergeben sich Hindernisse, die eine Begrenzung einzelner Wechselräder in ihrer Zähnezahl bedingen. Es kann vorkommen, daß das Wechselrad c gegen den Bolzen des Wechselrades a oder das Wechselrad b gegen die Leitspindel stößt (Abb. 225)[1]. Dies wird meist vermieden, wenn die errechneten Wechselräder folgende Bedingungen erfüllen:

$$\text{Aufsteckbarkeit der Wechselräder}^2 \quad \left(\text{Abb. 225}: u_w = \frac{a\,c}{b\,d}\right).$$

1. Prüfung: $a + b$ um mindestens 15 Zähne größer als c

2. Prüfung: $c + d$ um mindestens 15 Zähne größer als b $\qquad$ (302)

a = Zähnezahl des ersten treibenden Wechselrades, b = Zähnezahl des getriebenen Wechselrades auf dem Scherenbolzen, c = Zähnezahl des treibenden Wechselrades auf dem Scherenbolzen, d = Zähnezahl des letzten getriebenen Wechselrades.

Die im Beispiel 171 errechneten Wechselräder erfüllen die Bedingungen der Gl. (302); für $u_w = \dfrac{45 \cdot 40}{50 \cdot 90}$

gilt: 1. Prüfung: $45 + 50 = 95$; das ist um 55 Zähne (mehr als 15 Zähne) größer als 40.
2. Prüfung: $40 + 90 = 130$; das ist um 80 Zähne (mehr als 15 Zähne) größer als 50.

Anmerkung: Die Aufsteckbarkeit der Wechselräder kann am besten an der Maschine selbst geprüft werden. Die rechnerische Durchführung der Aufsteckbarkeit der Wechselräder ist gleichfalls zeitraubend und bereitet dem Ungeübten vielfach Schwierigkeiten. Nach Gl. (302) dürfen sich Zähnezahlsummen der Wechselräder nur innerhalb bestimmter Grenzen bewegen. Zweckmäßiger wird ein verschiebbares und schwenkbares *Stelleisen-Schaubild* verwendet, das mit Hilfe weniger Einstellungen rein mechanisch die Aufsteckbarkeitsprüfung ermöglicht (Schutzrechte von Fa. Pfauter angemeldet). Sind die errechneten oder aus einer Tabelle abgelesenen Wechselräder nicht aufsteckbar, so führt meist ein Umstellen der Wechselräder zu einer Aufsteckbarkeit. *Es dürfen nur die treibenden Wechselräder unter sich vertauscht werden und ebenso nur die getriebenen untereinander.* Nie aber darf ein treibendes mit einem getriebenen Rad vertauscht werden. Wird eine Aufsteckbarkeit durch Umstellen nicht erreicht, so müssen die Zähnezahlen umgerechnet werden. Dies geschieht am einfachsten meist dadurch, daß Zähler und Nenner mit 2 multipliziert oder auch gegebenenfalls durch 2 dividiert werden.

Beispiel 172. Auf $2^1/_2$ Gang Leitspindel sind $2^3/_4$ Gang [Whitworthgewinde $5''$ nach DIN 11] zu schneiden. (Wechselräder, Satz Nr. 2, Maschinentafel 1, S. 357.)

Lösung: $\left.\begin{array}{l}\text{Drsp.} = 2^3/_4 \text{ Gg. a. } 1''\\ \text{Ltsp.} = 2^1/_2 \text{ Gg. a. } 1''\end{array}\right\}$ [Gl (299)] $u_g = \dfrac{g_L}{g} = \dfrac{2^1/_2}{2^3/_4} = \dfrac{{}^5/_2}{{}^{11}/_4} = \dfrac{5 \cdot 4}{2 \cdot 11} = \dfrac{10}{11}$.

Wechselräder: $u_w = u_g = \dfrac{10}{11} = \dfrac{2 \cdot 5}{1 \cdot 11} = \dfrac{80 \cdot 50}{40 \cdot 110}$ $\Big|$ Nach Abb. 221 und 225 erhalten $a = 80$, $b = 40$, $c = 50$ und $d = 110$ Zähne.

Prüfung: [Gl. (301)] $g_w = \dfrac{g_L}{u_g} = \dfrac{2^1/_2}{\dfrac{80 \cdot 50}{40 \cdot 110}} = \dfrac{5 \cdot 40 \cdot 110}{2 \cdot 80 \cdot 50} = \dfrac{11}{4} = 2^3/_4$; Werkstückgewinde $2^3/_4$ Gg. a. $1''$.

5.*1242* **Werkstück mit Zollsteigung.** Werkstück und Leitspindel sind in verschiedenen Einheiten gegeben; es kann nur Gleichnamiges ins Verhältnis gesetzt werden. Beim Gleichbenanntmachen der Verhältnisglieder selbst ist es einerlei, ob Zoll oder Millimeter bevorzugt wird; vielmehr ist dies vom Standpunkt des praktischen Rechnens von Fall zu Fall zu unterscheiden. Zwischen Gangzahl und Zollsteigung besteht die in Umrechnungstafel 1 angegebene Maß- und Zahlenbeziehung.

Beispiel 173. Auf 4 Gang Leitspindel sind $^8/_{21}''$ Steigung [Whitworthgewinde $5^1/_4''$ nach DIN 11] zu schneiden. (Wechselräder, Satz Nr. 1, Maschinentafel 1, S. 357.)

1. Lösung: (Leitspindelgewinde in Zollsteigung umgerechnet)

Drsp. $= {}^8/_{21}''$ Stg.
Ltsp. $= 4$ Gg. a. $1'' = {}^1/_4''$ Stg.
[Gl. (298)] $u_g = \dfrac{h}{h_L} = \dfrac{8 \cdot 4}{21 \cdot 1} = \dfrac{32}{21}$

Die Bildung des Gesamträderverhältnisses aus dem Steigungsverhältnis nach Gl. (298) stellt in den meisten Fällen die günstigste Lösung dar. Umrechnungstafel 1, s. S. 354.

Wechselräder: $u_w = u_g = \dfrac{32}{21} = \dfrac{4 \cdot 8}{3 \cdot 7} = \dfrac{40 \cdot 80}{30 \cdot 70} = \dfrac{80 \cdot 40}{30 \cdot 70}$ $\Big|$ Nach Abb. 221 und 225 erhalten $a = 80$, $b = 30$, $c = 40$ und $d = 70$ Zähne.

---

[1] Weiterhin sind den Zähnezahlen bei der Wahl der Wechselräder nach oben und unten hin Grenzen gesetzt durch die Verstellmöglichkeit der Wechselradschere und durch die Größe der Schutzhaube, die beim Ingangsetzen der Maschine unter allen Umständen wieder geschlossen werden muß, damit die Wechselräder keine Unfälle verursachen.

[2] Die Anordnung von 6 Wechselrädern in drei Ebenen nach Abb. 224 ist weniger verbreitet; ihre Aufsteckbarkeit ist nach Gl. (304) zu prüfen. Vgl. auch Beispiele 182, 198 und 348.

Prüfung: [Gl. (300)] $h_w = u_g h_L = u_w h_L = \dfrac{80 \cdot 40}{30 \cdot 70} \dfrac{1}{4} = \dfrac{8}{21}$; Werkstückgewinde $^8/_{21}''$ Steigung.

2. Lösung: (Werkstückgewinde in Gang umgerechnet)

Drsp. $= \dfrac{8}{21}''$ Stg. $= \dfrac{21}{8}$ Gg. a. $1''$

Ltsp. $= 4$ Gg. a. $1''$

$\Big\}$ [Gl. (299)] $u_g = \dfrac{g_L}{g} = \dfrac{4 \cdot 8}{21} = \dfrac{32}{21}$ $\Big|$ Wechselräder: Wie bei der 1. Lösung.

Prüfung: [Gl. (301)] $g_w = \dfrac{g_L}{u_g} = \dfrac{g_L}{u_w} = \dfrac{4}{\dfrac{80 \cdot 40}{30 \cdot 70}} = \dfrac{4 \cdot 30 \cdot 70}{80 \cdot 40} = \dfrac{21}{8}$; Werkstückgewinde $^{21}/_8$ Gg. a. $1'' = {}^8/_{21}''$ Steigung.

5.1243 Werkstück mit Millimetersteigung.

Werkstück und Leitspindel sind ebenfalls in verschiedenen Einheiten gegeben. Man verwandelt nach Umrechnungstafel 2 die Gangzahl der Leitspindel zu Millimetersteigung. Bei Verwandlung von Gang zu Millimetersteigung ergibt sich stets die Zahl 127. Aus diesem Grunde ist den Drehmaschinen ein *127er Umrechnungsrad* beigegeben.

Beispiel 174. Auf 4 Gang Leitspindel sind 2,25 mm Steigung zu schneiden. (Wechselräder, Satz Nr. 2, Maschinentafel 1, S. 357.)

Lösung: Drsp. $= 2,25$ mm Stg.

Ltsp. $= 4$ Gg. a. $1'' = \dfrac{25,4}{4}$ mm Stg.

$\Big\}$ [Gl. (298)] $u_g = \dfrac{h}{h_L} = \dfrac{2,25 \cdot 4}{25,4} = \dfrac{45}{127}$

Wechselräder: $u_w = u_g = \dfrac{45}{127} = \dfrac{3 \cdot 15}{1 \cdot 127} = \dfrac{60 \cdot 30}{40 \cdot 127}$ $\Big|$ Nach Abb. 221 und 225 erhalten $a = 60$, $b = 40$, $c = 30$ und $d = 127$ Zähne.

Prüfung: [Gl. (300)] $h_w = u_g h_L = u_w h_L = \dfrac{60 \cdot 30}{40 \cdot 127} \dfrac{25,4}{4} = 2,25$; Werkstückgewinde 2,25 mm Steigung.

Anmerkung: Das Umrechnungsrad 127 ist für das Schneiden metrischer Gewinde sehr bequem, jedoch für kleinere Drehmaschinen manchmal unangemessen groß. Das Schneiden metrischer Gewinde mit Zollgewindeleitspindel kann auch ohne 127er Wechselrad vorgenommen werden; es kann durch geeignete andere Wechselräder ersetzt werden. In der **Näherungswerttafel** 3, S. 356, sind Näherungswerte für 1 Zoll angeführt.

Beispiel 175. Auf 4 Gang Leitspindel sind 4,50 mm Steigung zu schneiden. (Wechselräder, Satz Nr. 2, Maschinentafel 1, S. 357.)

Lösung: Der Rädersatz $u_w = \dfrac{60 \cdot 30}{40 \cdot 127}$ für 2,25 mm Steigung (Beispiel 174) ist lediglich mit 2 zu

vervielfachen; man erhält: $\dfrac{60 \cdot 30 \cdot 2}{40 \cdot 127} = \dfrac{60 \cdot 60}{40 \cdot 127} = \dfrac{60 \cdot 90}{60 \cdot 127} = \dfrac{60 \cdot 45}{30 \cdot 127}$ $\Big|$ Nach Abb. 221 und 225 erhalten $a = 60$, $b = 30$, $c = 45$ und $d = 127$ Zähne.

Anmerkung: Es ist zweckmäßig, den Rädersatz für eine Gewindesteigung von 1 mm zu bestimmen. Für jede weitere Millimetersteigung wird dann die gewünschte Steigung in den für 1 mm Steigung erhaltenen Wechselrädersatz eingesetzt.

5.1244 Werkstück mit Modulsteigung.

Die Steigung des Schneckengewindes, die sogenannte Modulsteigung[1], ist nach Umrechnungstafel 3 in Millimetern auszudrükken. Ist die Leitspindel nach Gang bzw. Zollsteigung gegeben, so erhält man bei allen aufzustellenden Gesamtträderverhältnissen stets den Wert $\dfrac{3,14}{25.4} = \dfrac{\pi}{1''} \left[\dfrac{1}{\text{mm}}\right]$. In der Nährungswerttafel 1 sind einige Näherungswerte für den Bruch $\pi/1''$ angeführt.

Fehlergrenze. Um die Größe der Fehler übersehen und ihre Zulässigkeit prüfen zu können ist es zweckmäßig, sie auf 1000 mm Gewindelänge zu beziehen. In den Näherungswerttafeln S. 355 sind für die einzelnen Näherungswerte die jeweils entstehenden Fehler angegeben. Bei dieser Fehlerangabe bedeutet ein $+$, daß das Ergebnis zu groß, ein $-$, daß das Ergebnis zu klein ist. Die Fehlerangabe beispielsweise 0,606 $^0/_{00}$* (Näherungswerttafel 3) besagt, daß ein unter Zuhilfenahme des Zahlenwertes $\dfrac{11 \cdot 30}{13}$ für $1''$ geschnittenes Gewinde in seiner Steigung auf 1000 mm $= 1$ m Gewindelänge um 0,606 mm abweicht. Als *zulässige Fehlergrenze* gilt im allgemeinen ein Steigungsunterschied von *0,2 mm auf 1000 mm Gewindelänge* [Ge-

---

[1] Für das Drehen von Zylinderschnecken wird die Steigung, wie bei Whitworth- und metrischen Gewinden, gleichfalls parallel zur Achse gemessen. In derartigen Wechselrädertabellen ist also immer der (Achs-) Modul und nicht der Normalmodul zugrunde gelegt. Vgl. auch Abschnitt 8.16.

* Promille bedeutet „für je Tausend". Man verwendet zur Abkürzung das Zeichen $^0/_{00}$ und setzt $^0/_{00} = 0,001$.

nauigkeitsgrad I]. Für kurze Befestigungsgewinde sind noch größere Abweichungen, bis *0,5 mm auf 1000 mm Gewindelänge* [Genauigkeitsgrad II], angängig[1].

Beispiel 176. Auf 4 Gang Leitspindel ist ein einzähniges Schneckengewinde (Achs-)Modul 1 mm zu schneiden. (Wechselräder, Satz Nr. 2, Maschinentafel 1, S. 357.)

Lösung: Nach Z. 1, B.T. 27 ist Steigungshöhe $H = z_1 m \pi = 1 m \pi = m \pi$.

Drsp. $= 1\,\pi$ mm Stg.

Ltsp. $= 4$ Gg. a. $1'' = \dfrac{25,4}{4}$ mm Stg.

$\left.\right\}$ [Gl. (298)] $u_g = \dfrac{h}{h_L} = \dfrac{H}{h_L} = \dfrac{1\,\pi}{\dfrac{25,4}{4}} = \dfrac{\pi}{25,4}\dfrac{4}{1}$.

Nach DIN 3975 wird auch die Steigungshöhe bei einzähn'gen Schnecken mit H bezeichnet.

Statt $\dfrac{\pi}{25,4} = \dfrac{\pi}{1''}$ wird ein Näherungswert gesetzt. Da im vorhandenen Wechselrädersatz ein 127er Wechselrad zur Verfügung steht, werde aus der Näherungswerttafel 1 als Näherungswert $\dfrac{\pi}{1''} \approx \dfrac{5 \cdot 22}{7 \cdot 127}$ (Wert Nr. 10) gewählt; damit: $u_w = u_g = \dfrac{\pi}{25,4}\dfrac{4}{1}$; $u_w = \dfrac{5 \cdot 22}{7 \cdot 127}\dfrac{4}{1} = \dfrac{440}{889}$.

Wechselräder: $\dfrac{440}{889} = \dfrac{22 \cdot 20}{7 \cdot 127} = \dfrac{110 \cdot 20}{35 \cdot 127} = \dfrac{110 \cdot 40}{70 \cdot 127}$ | Nach Abb. 221 und 225 erhalten $a = 110$, $b = 70$, $c = 40$ und $d = 127$ Zähne.

Prüfung: [Gl. (300)] $h_w = u_g h_L = u_w h_L = \dfrac{110 \cdot 40}{70 \cdot 127}\dfrac{25,4}{4} = \dfrac{22}{7} = 3{,}1428571$ | Werkstückgewinde 3,1428571 mm Steigung.

Beispiel 177. Wie groß ist der im Beispiel 176 entstandene Steigungsfehler?

Lösung:

Geschnittene Gewindesteigung $h_w =$	3,1428571 mm (Iststeigung)
Verlangte Gewindesteigung[2] $h = 1\,\pi =$	3,1415927 mm (Sollsteigung)
Steigungsfehler $f = h_w - h$	$= + 0{,}0012644$ mm
	$=$ rd. $+ 1{,}3\,\mu$* je Gang.

Beispiel 178. Um wie viele Millimeter weicht das im Beispiel 176 geschnittene Näherungsgewinde in seiner Steigung auf 1000 mm Gewindelänge vom genauen Gewinde ab?

Lösung:

Steigungsfehler auf 3,1415927 mm Gewindelänge $f = + 0{,}0012644$ mm

Steigungsfehler auf 1000 mm Gewindelänge $F = \dfrac{0{,}0012644 \cdot 1000}{3{,}1415927} = +0{,}402$ mm

Vergleiche die Fehlerangabe $+ 0{,}402\,^0/_{00}$ in Näherungswerttafel 1

Allgemein erhält man:

Steigungsfehler auf 1000 mm Gewindelänge

$$F = \frac{h_w - h}{h}\,1000 \qquad (303)$$

$F =$ Steigungsfehler auf 1000 mm Gewindelänge [mm], $h_w =$ wirkliche Gewindesteigung $=$ *Iststeigung* [mm], $h =$ Steigung des zu schneidenden Gewindes $=$ *Sollsteigung* [mm]. Gl. (303) kann auch folgend geschrieben werden: $F = \dfrac{f}{h} \cdot 1000$ oder $F = \dfrac{f \cdot 1000}{h}$ oder $F = \dfrac{1000 f}{h}$.

Beispiel 179. Das Gewinde im Beispiel 176 soll ohne 127er Rad geschnitten werden.

Lösung: Aus Näherungswerttafel 1 wird als Näherungswert $\dfrac{\pi}{1''} \approx \dfrac{5 \cdot 19}{24 \cdot 32}$ (Wert Nr. 4) gewählt;

$u_w = u_g = \dfrac{\pi}{25,4}\dfrac{4}{1} = \dfrac{5 \cdot 19 \cdot 4}{24 \cdot 32 \cdot 1} = \dfrac{5 \cdot 19}{8 \cdot 24} = \dfrac{25 \cdot 95}{80 \cdot 60}$ oder $\dfrac{95 \cdot 25}{60 \cdot 80}$ | Nach Abb. 221 und 225 erhalten $a = 95$, $b = 60$, $c = 25$ und $d = 80$ Zähne.

Prüfung: [Gl. (300)] $h_w = u_g h_L = u_w h_L = \dfrac{95 \cdot 25}{60 \cdot 80}\dfrac{25,4}{4} = 3{,}1419270$ | Werkstückgewinde 3,1419270 mm Steigung.

Beispiel 180. Wie groß ist der im Beispiel 179 entstandene Steigungsfehler?

Lösung:

Geschnittene Gewindesteigung $h_w =$	3,1419270 mm
Verlangte Gewindesteigung $h = 1\,\pi =$	3,1415927 mm
Steigungsfehler $f = h_w - h$	$= + 0{,}0003343$ mm
	$=$ rd. $+ 0{,}33\,\mu$ je Gang.

---

[1] Es hat keinen Sinn den Genauigkeitsgrad zu übersteigen, da erwiesen ist, daß bei Werkzeugmaschinen der Güteklasse I schon Fehler in Leitspindel, Bettspindelkasten, Wechselrädern usw. vorhanden sind. Die *Steigungsgenauigkeit der Leitspindel* beträgt im allgemeinen 0,03 mm auf 300 mm Länge $(0{,}1\,^0/_{00})$; es werden aber auch Leitspindeln mit einer Steigungsgenauigkeit von 0,02 mm oder 0,01 mm auf 300 mm Länge $(0{,}06\,^0/_{00}$ oder $0{,}03\,^0/_{00})$ gefertigt. Leitspindeln mit Steigungsfehlern von 0,01 mm bis 0,02 mm auf 1000 oder gar 1500 mm Länge erfordern besondere Herstellungsverfahren. Meistens werden die Leitspindeln vorgefräst und auf einer Sonderleitspindeldrehmaschine fertiggeschnitten.

[2] Vgl. „Vielfache von π" (Werte auf 7 Stellen hinter dem Komma) Tafel 9.6 Nr. 1, S. 356

* Die Einheit für Längenmaße ist der Millimeter (mm). Der 1000. Teil eines Millimeters ist das „Mikron". Das Maß „Mikron" wird mit dem Buchstaben μ (My) bezeichnet; es ist demnach $1\,\mu = 0{,}001$ mm. Der Hundertstelmillimeter ist durch $10\,\mu$, der Zehntelmillimeter durch $100\,\mu$ ausgedrückt. Die Aufschrift „1 Teilstrich $= 5\,\mu$" bei Längenmeßgeräten bedeutet: „1 Teilstrich $= 0{,}005$ mm". Rundheit und Oberflächengüte für die Kegelrollenlagerfertigung werden mit Profilographen gemessen, die auf eine Genauigkeit von $0{,}025\,\mu = ^1/_{40000}$ mm geeicht sind. μ *ist identisch mit* μm. Nach DIN 1301 ist zweckmäßig μm zu verwenden; das Zeichen μm läßt die Herleitung aus der Grundeinheit Meter erkennen. Nach DIN 4892, Blatt 3 gilt: Ein Mikrozoll (μ in) ist der millionste Teil eines Zolls ($''$): $1\,\mu$ in $= 10^{-6}$ Zoll $= 25{,}4 \cdot 10^{-6}$ mm $= 0{,}0254\,\mu$. Ein Mikron (μ) ist der millionste Teil eines Meters: $1\,\mu = 10^{-6}$ m $= 0{,}001$ mm.

Beispiel 181. Wie groß ist im Beispiel 179 der Steigungsfehler auf 1000 mm Gewindelänge?

Lösung: Steigungsfehler [Gl. (303)] $F = \dfrac{h_w - h}{h}\, 1000 = \dfrac{3,1419270 - 3,1415927}{3,1415927}\, 1000 = +\,0,106\ \text{mm}.$

Beispiel 182. Das Gewinde im Beispiel 176 ist auf einer älteren Drehmaschine mit 2 Gang Leitspindel ohne 127er Rad zu schneiden. Aufstecken von sechs Wechselrädern möglich.

Lösung: Nach Beispiel 179 ergab sich für 4 Gang Leitspindel: $u_w = \dfrac{95 \cdot 25}{60 \cdot 80}$. Für 2 Gang Leitspindel

wird $u_w = \dfrac{1}{2}\dfrac{95 \cdot 25}{60 \cdot 80} = \dfrac{35 \cdot 95 \cdot 25}{70 \cdot 60 \cdot 80} = \dfrac{35 \cdot 95 \cdot 25}{80 \cdot 60 \cdot 70}$ $\Big|$ Nach Abb. 224 erhalten $a = 35$, $b = 80$, $c = 95$, $d = 60$, $e = 25$ und $f = 70$ Zähne.

Prüfung: [Gl. (300)] $h_w = u_g\, h_L = \dfrac{35 \cdot 95 \cdot 25}{80 \cdot 60 \cdot 70}\dfrac{25,4}{2} = 3,1419270$; Werkstückgewinde 3,1419270 mm
Steigung. Der entstandene Steigungsfehler beträgt $f = $ rd. $+\,0,33\ \mu$ je Gang bzw. $F = +\,0,106$ mm auf 1000 mm Gewindelänge (vgl. Beispiele 180 und 181). Bei den üblichen Längen von Schnecken ist ein Fehler praktisch nicht vorhanden. Näherungswert Nr. 4, Näherungswerttafel 1 ist mit 4 Wechselrädern des vorhandenen Satzes nicht zu verwirklichen. Ist eine noch bessere Annäherung verlangt, müssen *Sonderräder* vorgesehen werden.

Anmerkung: Die meisten Gewindesteigungen sind durch Einsetzen von zwei Räderpaaren, also mit 4 Wechselrädern, zu erreichen. Benötigt man in besonderen Fällen **6 Wechselräder**, so sind Zähler und Nenner des Übersetzungsverhältnisses in je 3 Faktoren zu zerlegen. Die über dem Bruchstrich stehenden Räder sind auch hier als treibende und die darunter stehenden als getriebene Räder aufzustecken. 6 Wechselräder erfordern eine entsprechend ausgebildete Räderschere. Nach Abb. 224 gilt Gl. (302) sinngemäß für die ersten und letzten drei Räder. Die Räder b, c, d und e sind an der Schere angeordnet; c und d stehen im Eingriff. Um ein Freigehen der Räder b und e zu gewährleisten, muß $(c + d)$ um mindestens 5 Zähne größer sein als $(b + e)$.

Aufsteckbarkeit der Wechselräder

$\left(\text{Abb. 224: } u_w = \dfrac{a\,c\,e}{b\,d\,f}\right)$

Zu beachten ist, daß bei 6 Wechselrädern die Drehrichtung der Leitspindel bei gleicher Stellung des Wendeherzens entgegengesetzt ist wie bei 4 Wechselrädern (vgl. Abb. 223 und 224).

1. Prüfung: $a + b$ um mindestens 15 Zähne größer als c

2. Prüfung: $e + f$ um mindestens 15 Zähne größer als d

3. Prüfung: $c + d$ um mindestens 5 Zähne größer als $(b + e)$

(304)

$a =$ Zähnezahl des ersten treibenden Wechselrades, $b =$ Zähnezahl des ersten getriebenen Wechselrades auf dem ersten Scherenbolzen, $c =$ Zähnezahl des zweiten treibenden Wechselrades auf dem ersten Scherenbolzen, $d =$ Zähnezahl des zweiten getriebenen Wechselrades auf dem zweiten Scherenbolzen, $e =$ Zähnezahl des letzten treibenden Wechselrades auf dem zweiten Scherenbolzen, $f =$ Zähnezahl des letzten getriebenen Wechselrades.

Im Beispiel 182 ist Radsatz $\dfrac{35 \cdot 95 \cdot 25}{70 \cdot 60 \cdot 80}$ unbrauchbar, Radsatz $\dfrac{35 \cdot 95 \cdot 25}{80 \cdot 60 \cdot 70}$ brauchbar. (Vgl. auch Beispiel 348.)

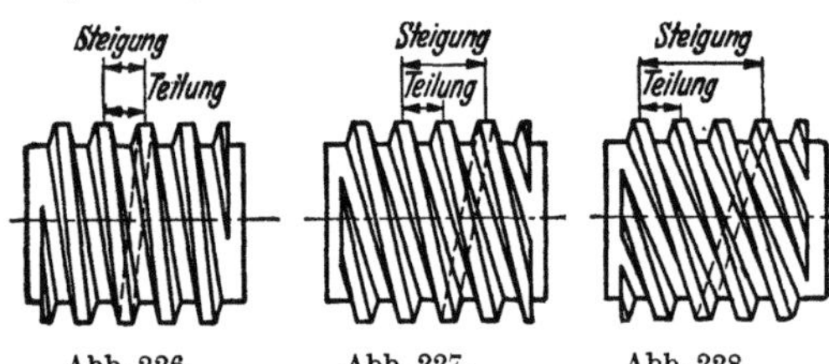

Abb. 226.
Schneckengewinde
einzähnig

Abb. 227.
Schneckengewinde
zweizähnig

Abb. 228.
Schneckengewinde
dreizähnig

Vereinfachte Darstellung, Schraubenlinien durch gerade Linien ersetzt. Die Zylinderschnecken haben rechtssteigende Zähne und sind rechtssteigende Schnecken (bevorzugte Steigungsrichtung). Nach DIN 3975 ist Steigung = Steigungshöhe H und Teilung = Achsteilung t_a; vgl. auch B.T. 27, S. 335

Beim Schneiden mehrfacher, also z-zähniger Schneckengewinde, ist nach Gl. (295) der (Achs-)Modul m bzw. die zugehörige Teilung (Achsteilung t_a) außerdem mit der Zähnezahl der Schnecke zu multiplizieren. Es wird also die Steigung einer Schnecke nach (Achs-)Modul $m = 6$ mm, wenn sie einzähnig ist, $H = z\, t_a = z\,(m\,\pi) = 1\,(6\,\pi)$ mm, wenn sie zweizähnig ist, $H = 2\,(6\,\pi)$ mm, wenn sie dreizähnig ist, $H = 3\,(6\,\pi)$ mm usw. (vgl. Abb. 226 bis 228).

Anmerkung: Im Beispiel 176 ist die geschnittene Gewindesteigung größer als die verlangte, was durch das „$+$"-Zeichen, im Beispiel 198 ist sie kleiner, was durch das „$-$"-Zeichen ausgedrückt wurde. Nach DIN 3975 ist die *Steigungshöhe H* der Abstand zweier Windungen von Rechts- oder Linksflanke ein und desselben Schneckenzahnes im Achsschnitt (Abb. 546). Der *Steigungshöhenfehler* f_H ist der Unterschied zwischen dem Istmaß und dem Sollmaß der Steigungshöhe. Die *Achsteilung* t_a ist der Abstand zweier benachbarter Rechts- oder Linksflanken der Schneckenzähne im Achsschnitt. Der *Achsteilungsfehler* f_{ta} ist der Unterschied zwischen dem Istmaß und dem Sollmaß der Achsteilung.

5.1245 Werkstück mit Diametralpitchsteigung[1]. Steigung des Schneckengewindes ist im Zollmaß auszudrücken; Circularpitch $= \dfrac{3{,}14}{\text{Diametralpitch}}$ [Zoll] oder $t_p = \dfrac{\pi}{p}$ (Z. 2, B.T. 11). Für Wechselräderberechnungen ist die Steigung des Schnekkengewindes, also die Größe des Circularpitch wichtig; siehe Umrechnungstafel 4.

Ist die Leitspindel nach Gang bzw. Zollsteigung gegeben, so ergibt sich bei allen aufzustellenden Gesamträderverhältnissen stets der Wert π/p [Zoll]. Bei Berechnung der Wechselräder müssen für den Wert π ebenfalls Näherungswerte benutzt werden; siehe Näherungswerttafel 2. Bei Neuanfertigung von Wechselrädern wähle man das Verhältnis $\dfrac{5 \cdot 71}{113}$ (Wert Nr. 1) mit den Rädern von 71 und 113 Zähnen. Der Wert für π wird hierbei fast mathematisch genau erreicht.

Beispiel 183. Auf 2 Gang Leitspindel ist ein einzähniges Schneckengewinde von 9 Diametralpitch zu schneiden. (Wechselräder, Satz Nr. 2, Maschinentafel 1, S. 357.)

1. Lösung: Drsp. $= 9\,p = \dfrac{\pi''}{9}$ Stg.

Ltsp. $= 2$ Gg. a. $1'' = \dfrac{1}{2}\ ''$Stg. $\Big\}$ [Gl. (298)] $u_g = \dfrac{h}{h_L} = \dfrac{\dfrac{\pi}{9}}{\dfrac{1}{2}} = \dfrac{\pi \cdot 2}{9 \cdot 1} = \dfrac{2}{9}\,\pi$.

Da ein 127er Wechselrad vorhanden ist, werde (aus Näherungswerttafel 2) als Näherungswert $\pi \approx \dfrac{19 \cdot 21}{127}$ (Wert Nr. 7) gewählt; damit: $u_w = u_g = \dfrac{2}{9}\,\pi$; $u_w = \dfrac{2 \cdot 19 \cdot 21}{9 \cdot 127} = \dfrac{266}{381}$.

Wechselräder: $\dfrac{266}{381} = \dfrac{14 \cdot 19}{3 \cdot 127} = \dfrac{70 \cdot 95}{75 \cdot 127}$ | Nach Abb. 221 u. 225 erhalten $a = 70$, $b = 75$, $c = 95$, $d = 127$ Zähne.

Prüfung: [Gl. (300)] $h_w = u_g\,h_L = u_w\,h_L = \dfrac{70 \cdot 95}{75 \cdot 127}\,\dfrac{1}{2} = \dfrac{133}{381} = 0{,}3490813$ | Werkstückgewinde $0{,}3490813''$Steigung.

2. Lösung: Umrechnungstafel 4 besagt, daß z. B. ein Schneckengewinde nach Diametralpitch 1 eine Steigung von 3,14 Zoll besitzt; mit anderen Worten: 1 Diametralpitch = 1 Gang auf 3,14 Zoll. Man erhält Umrechnungstafel 5. Damit Berechnung des Gesamträderverhältnisses nach Gl. (299):

Drsp. $= 9\,p = 9$ Gg. a. π Zoll

Ltsp. $= 2$ Gg. a. $1'' = 2\,\pi$ Gg. a. π Zoll $\Big\}$ [Gl. (299)] $u_g = \dfrac{g_L}{g} = \dfrac{2\,\pi}{9} = \dfrac{2}{9}\,\pi$ | Wechselräder: Wie bei der 1. Lösung.

Lösung:

Geschnittene Gewindesteigung h_w	$= 0{,}3490813$ Zoll
Verlangte Gewindesteigung $h = \dfrac{3{,}1415927}{9}$	$= 0{,}3490658$ Zoll
Steigungsfehler $f = h_w - h$	$= + 0{,}0000155$ Zoll

Beispiel 184. Wie groß ist der im Beispiel 183 entstandene Steigungsfehler, ausgedrückt in Zoll?

Beispiel 185. Wie groß ist im Beispiel 183 der Steigungsfehler auf 1000 Zoll Gewindelänge?

Lösung: Steigungsfehler [Gl. (303)] $F = \dfrac{h_w - h}{h}\,1000 = \dfrac{0{,}3490813 - 0{,}3490658}{0{,}3490658}\,1000 = + 0{,}044$ Zoll.

Lösung:

Geschnittene Gewindesteigung $h_w = \dfrac{70 \cdot 95}{75 \cdot 127}\,\dfrac{25{,}4}{2}$	$= 8{,}8666667$ mm
Verlangte Gewindesteigung $h = \dfrac{\pi \cdot 25{,}4}{9}$	$= 8{,}8662727$ mm
Steigungsfehler $f = h_w - h$	$= + 0{,}0003940$ mm $= $ rd. $+ 0{,}4\,\mu$ je Gang.

Beispiel 186. Wie groß ist der im Beispiel 183 entstandene Steigungsfehler, ausgedrückt in Millimetern?

Beispiel 187. Wie groß ist im Beispiel 183 der Steigungsfehler auf 1000 mm Gewindelänge?

Lösung: Steigungsfehler [Gl. (303)] $F = \dfrac{h_w - h}{h}\,1000 = \dfrac{0{,}8666667 - 0{,}8662727}{0{,}8662727}\,1000 = + 0{,}044$ mm.

Anmerkung: Der Vergleich der Beispiele 185 und 187 zeigt, daß die auf 1000 bezogene Fehlerangabe bei Verwendung des Näherungswertes $\dfrac{19 \cdot 21}{127}$ stets 0,044 beträgt.

---

[1] In den Ländern der englischen Maßordnung werden die Zahnräder nach Diametralpitch und Circularpitch berechnet. Wird der Teilkreis in so viele gleiche Teile geteilt, als das Rad Zähne erhalten soll, so wird jeder solche Teil als Circularpitch bezeichnet. Aus demselben Grunde, wie die Modulteilung entstanden ist (vgl. S. 265), ergab sich die Diametralpitch-Teilung; sie ist also eine Abart der Modulteilung mit dem Unterschied, daß die Teilungseinheit nicht ein Vielfaches ($t = m\,\pi$), sondern ein Teil ($t_p = \pi/p$) der Maßeinheit, des englischen Zolls, ist. Der Diametralpitch gibt die Anzahl der Zähne an, die auf einen Zoll des Teilkreisdurchmessers entfallen, entsprechend der Bemessung der Gewindesteigung nach der auf einen Zoll Länge entfallenden Gangzahl. Vgl. **Berechnungstafel 11,** S. 310.

Beim Schneiden mehrfacher, also z-zähniger Schneckengewinde, ist der Circularpitch nach Gl. (295) außerdem mit der Zähnezahl der Schnecke zu multiplizieren. Es wird die Steigung einer Schnecke nach Diametralpitch 6, wenn sie einzähnig ist, $H = z \cdot t_p = 1\,(\pi/6'')$, wenn sie zweizähnig ist, $H = z\,t_p = 2\,(\pi/6'')$, wenn sie dreizähnig ist, $H = z\,t_p = 3\,(\pi/6'')$ usw.

5.125 Leitspindel hat Millimetersteigung

Auch hier kann die Werkstücksteigung in Millimeter, Gang, Zoll, Modul, Circularpitch oder Diametralpitch gegeben sein. Vgl. noch Umrechnungstafel 6, S. 355.

Beispiel 188. Auf 6 mm Leitspindel sind 11 Gang [Whitworthgewinde 5/8'' nach DIN 11] zu schneiden. (Wechselräder, Satz Nr. 2, Maschinentafel 1, S. 357.)

Lösung:

$$\left.\begin{array}{l} \text{Drsp.} = 11 \text{ Gg. a. } 1'' \\[4pt] \text{Ltsp.} = 6 \text{ mm Stg.} = \dfrac{127}{30} \text{ Gg. a. } 1'' \end{array}\right\} \; [\text{Gl. (299)}] \quad u_g = \frac{g_L}{g} = \frac{127}{30 \cdot 11} = \frac{\mathbf{127}}{\mathbf{330}}.$$

Wechselräder: $u_w = u_g = \dfrac{127}{330} = \dfrac{1 \cdot 127}{3 \cdot 110} = \dfrac{25 \cdot 127}{75 \cdot 110} = \dfrac{127 \cdot 25}{75 \cdot 110}$ | Nach Abb. 221 und 225 erhalten $a = 127$, $b = 75$, $c = 25$, $d = 110$ Zähne.

Prüfung: $[\text{Gl. (301)}]\; g_w = \dfrac{g_L}{u_g} = \dfrac{g_L}{u_w} = \dfrac{\dfrac{127}{30}}{\dfrac{127 \cdot 25}{75 \cdot 110}} = \dfrac{127 \cdot 75 \cdot 110}{30 \cdot 127 \cdot 25} = 11$ | Werkstückgewinde 11 Gg. a. 1''.

Anmerkung: Das gleiche Gesamträderverhältnis $u_g = \dfrac{127}{330}$ erhält man auch durch Umrechnung des Werkstückgewindes zu Millimetersteigung:

$$\left.\begin{array}{l} \text{Drsp.} = 11 \text{ Gg. a. } 1'' = \dfrac{1''}{11} \text{ Stg.} = \dfrac{25{,}4}{11} \text{ mm Stg.} \\[6pt] \text{Ltsp.} = 6 \text{ mm Stg.} \end{array}\right\} [\text{Gl. (298)}]\, u_g = \frac{h}{h_L} = \frac{\dfrac{25{,}4}{11}}{6} = \frac{25{,}4}{11 \cdot 6} = \frac{127}{11 \cdot 30} = \frac{\mathbf{127}}{\mathbf{330}}.$$

Da das 127er Rad wegen seiner Größe als treibendes Rad sehr unbequem ist, kann man auch hier Wechselräder finden, welche der gewünschten Steigung möglichst nahe kommen und praktisch genügen (vgl. Näherungswerttafel 3 und Beispiele 212 bis 214).

Beispiel 189. Auf 6 mm Leitspindel ist ein einzähniges Schneckengewinde Diametralpitch 7 zu schneiden. (Wechselräder, Satz Nr. 2, Maschinentafel 1, S. 357.)

$$\left.\begin{array}{l} \text{Lösung: Drsp.} = 7\,p = \dfrac{\pi''}{7} \text{ Stg.} = \dfrac{\pi \cdot 25{,}4}{7} \text{ mm Stg.} \\[6pt] \text{Ltsp.} = 6 \text{ mm Stg.} \end{array}\right\} [\text{Gl. (298)}]\, u_g = \frac{h}{h_L} = \frac{\pi \cdot 25{,}4}{7 \cdot 6} = \pi \cdot 25{,}4\,\frac{1}{42}.$$

Für $\pi \cdot 25{,}4$, also $\pi \cdot 1''$ oder π'' werde als Näherungswert (aus Näherungswerttafel 4) $\pi'' \approx \dfrac{19 \cdot 21}{5}$ mm (Wert Nr. 5) eingesetzt; man erhält dann:

Wechselräder: $u_w = u_g = \pi \cdot 25{,}4\,\dfrac{1}{42} = \dfrac{19 \cdot 21}{5 \cdot 42} = \dfrac{80 \cdot 95}{40 \cdot 100}$ | Nach Abb. 221 und 225 erhalten $a = 80$, $b = 40$, $c = 95$, $d = 100$ Zähne.

Prüfung: $[\text{Gl. (300)}]\; h_w = u_g\, h_L = u_w\, h_L = \dfrac{80 \cdot 95}{40 \cdot 100} \cdot 6 = 11{,}40$ | Werkstückgewinde 11,40 mm Steigung.

Beispiel 190. Wie groß ist der im Beispiel 189 entstandene Steigungsfehler?

Lösung: Geschnittene Gewindesteigung h_w	= 11,4000000 mm
Verlangte Gewindesteigung $h = \pi'' : 7 =$	= 11,3994935 mm
Steigungsfehler $f = h_w - h$	= + 0,0005065 mm
	= rd. + 0,51 μ je Gang.

Beispiel 191. Wie groß ist im Beispiel 189 der Steigungsfehler auf 1000 mm Gewindelänge?

Lösung: Steigungsfehler $[\text{Gl. (303)}]\; F = \dfrac{h_w - h}{h} \cdot 1000 = \dfrac{11{,}4000000 - 11{,}3994935}{11{,}3994935} \cdot 1000 = +\,0{,}044 \text{ mm.}$

5.13 Räderberechnen mit Näherungswerten

Bei Ausrechnung der Wechselräder ergibt es sich vielfach, daß das gefundene Wechselräderverhältnis nicht durch vorhandene Wechselräder hergestellt werden kann. Es müssen dann entweder besondere Wechselräder neu angefertigt oder das Gewinde mit den vorhandenen Wechselrädern angenähert geschnitten werden. Jedes Näherungsverfahren beruht auf Versuchen. Diese Eigentümlichkeit der Wechselräderberechnung verlangt ein Zahlengefühl, welches durch Übung erworben werden kann.

5.131 Näherungswerte mit Rechenstab (Verfahren I)

Es besteht mathematisch gesehen, die Aufgabe darin: 1. eine Zahl (Wechselräderverhältnis) in zwei oder drei Faktoren zu zerlegen, je nachdem zwei oder drei Wechselräderpaare vorhanden sind, und 2. jeden Faktor als Wechselräderpaar zu untersuchen, ob er Quotient zweier ganzer, konstruktiv passender Zahlen ist. Die Zusammenhänge „$\dfrac{\text{Dividend}}{\text{Divisor}}$ = Quotient" sind übersichtlich auf dem Rechenstab dargestellt.

Beispiel 192. Der Bruch 8/31 soll durch das Verhältnis der Zähnezahlen von zwei Wechselrädern ausgedrückt werden. (Wechselräder, Satz Nr. 3, Maschinentafel 1, S. 357.)

Lösung: Die Zahlen 8 und 31 werden auf der oberen Teilung des Rechenstabes nach Abb. 229 aufeinander eingestellt, d.h. unter die Zahl 8 (Dividend) auf der Stabskala I wird die Zahl 31 (Divisor) der Schieberskala I' gestellt. Der Läuferstrich wird nun der Reihe nach über die als Zähnezahlen brauchbaren

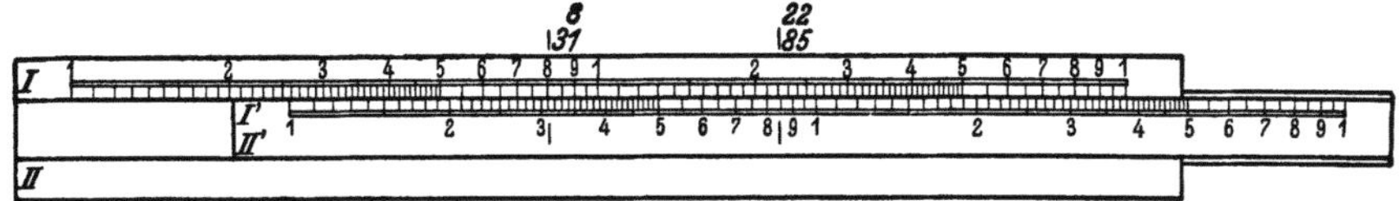

Abb. 229. Suchen von Näherungswerten mit dem Rechenstab

Zahlen 20, 22, 25, 30 usw. der Stabskala I gebracht und nachgesehen, ob sich bei einer derartigen Stellung auf der Schieberskala I' eine vorhandene, ebenfalls als Zähnezahl ausdrückbare Zahl möglichst genau mit der auf Stabskala I eingestellten Zahl deckt. Nach Abb. 229 stimmen die beiden Zahlen 22 und 85 auf dem Läufer ziemlich genau mit den entsprechenden Markierungen der Werte 8 und 31 auf dem Stab überein; also $8/31 \approx 22/85$. Prüfung nebenstehend:

$$\begin{aligned}
\text{Näherungswert } u' &= 22 : 85 = & 0{,}2588235 \\
\text{Genauwert } u &= 8 : 31 = & 0{,}2580645 \\
\hline
\text{Fehler } f = u' - u & & = +0{,}0007590
\end{aligned}$$

Der erreichte Näherungswert u' hat gegenüber dem Sollwert u einen Fehler f; allgemein gilt:

Fehler auf 100 bezogen [%]
$$F = \frac{u' - u}{u} \, 100 \qquad (305)$$

Fehler auf 1000 bezogen [⁰/₀₀]
$$F = \frac{u' - u}{u} \, 1000 \qquad (306)$$

F = Fehler auf 100 (%) oder 1000 (⁰/₀₀) bezogen, u' = Näherungswert (Istwert), u = Genauwert (Sollwert).

Im Beispiel 192 wird nach Gl. (306): $F = \dfrac{0{,}2588235 - 0{,}2580645}{0{,}2580645} \, 1000 = \dfrac{0{,}7590}{0{,}2580645} = 2{,}94 \, ⁰/₀₀.$

Beispiel 193. Der Dezimalbruch 0,392000 soll durch einen echten Bruch angenähert ersetzt werden[1].

Lösung: Der linke Endstrich der Schieberskala I' des Rechenstabes wird unter die Zahl 0,392 eingestellt. Es ist leicht zu erkennen, daß die Zahl 0,392 angenähert gleich dem Bruch ⁹/₂₃ ist; somit $0{,}392000 \approx ⁹/₂₃$. Die Prüfung ergibt:

$$\begin{aligned}
\text{Näherungswert } u' = 9 : 23* &= & 0{,}39130435 \\
\text{Genauwert } u &= & 0{,}39200000 \\
\hline
\text{Fehler } f = u' - u &= & -0{,}00069565;
\end{aligned}$$

damit nach Gl. (306):
$$F = \frac{u' - u}{u} \, 1000 = \frac{0{,}39130435 - 0{,}39200000}{0{,}39200000} \, 1000$$
$$= -1{,}775 \, ⁰/₀₀.$$

Beispiel 194. Der Wert 0,734 soll durch vier Wechselräder ausgedrückt werden. (Wechselräder, Satz Nr. 3, Maschinentafel 1, S. 357.)

Lösung: Zunächst wird ein aus zwei Wechselrädern bestehendes Räderpaar willkürlich gewählt und mit diesem unter Berücksichtigung des gegebenen Dezimalbruches die beiden restlichen Wechselräder rechnerisch bestimmt. Wird der erste aus zwei Wechselrädern bestehende Bruch versuchsweise zu 50/60 gewählt, so folgt $0{,}734 = x \dfrac{50}{60}$ und demgemäß $x = \dfrac{0{,}734 \cdot 60}{50} = 0{,}8808$. Der Wert 0,8808 kann nun wie im Beispiel 193 mittels des Rechenstabes durch Wechselräderzähnezahlen ausgedrückt werden. Der rechte Endstrich 100 der Schieberskala I' wird unter die Zahl 0,8808 eingestellt und der Wert 75/85 abgelesen.

Demnach ergeben sich die Wechselräder zu $\dfrac{50 \cdot 75}{60 \cdot 85}$. Die Prüfung ergibt:

$$\begin{aligned}
\text{Näherungswert } u' = \frac{50 \cdot 75}{60 \cdot 85} &= & 0{,}7352941 \\
\text{Genauwert } u &= & 0{,}7340000 \\
\hline
\text{Fehler } f = u' - u &= & +0{,}0012941;
\end{aligned}$$

damit nach Gl. (306):
$$F = \frac{u' - u}{u} \, 1000 = \frac{0{,}7352941 - 0{,}734000}{0{,}734000} \, 1000 = +1{,}76 \, ⁰/₀₀.$$

Erweist sich die erste willkürlich getroffene Wahl als nicht günstig, wird ein beliebig anderes Räderpaar gewählt und weiter auf die beschriebene Weise das restliche zweite Wechselräderpaar gesucht.

---

[1] Um einen endlichen Dezimalbruch in einen echten Bruch zu verwandeln, setzt man den zugehörigen Nenner und kürzt, z. B. $0{,}875 = 875/1000 = 7/8$. Vgl. auch Beispiel 270.

* Hier sei auf „Hütte, Hilfstafeln", W. Ernst u. Sohn, Berlin, verwiesen, welche u.a. Tafeln enthält über die Verwandlung aller echten Brüche, deren Nenner gleich oder kleiner als 200 ist, in Dezimalbrüchen mit 8 Stellen. Der Tafel ist für den gegebenen Dezimalbruch 0,39200000 ohne Rechnung der echte Bruch $9 : 23 = 0{,}39130435$ zu entnehmen.

Beispiel 195. Die Steigung einer Gewindespindel wurde durch Messen bestimmt. Es ergaben sich auf 60,5 mm Länge 53 volle Gänge. Auf einer Drehmaschine mit 4 Gang Leitspindel ist eine Ersatzspindel zu fertigen. (Wechselräder, Satz Nr. 2, Maschinentafel 1, S. 357.)

Lösung: Drsp. $= \dfrac{60,5}{53} = 1,1415094$ mm Stg.

Ltsp. $= 4$ Gg. a. $1'' = \dfrac{25,4}{4} = 6,35$ mm Stg.

[Gl. (298)] $u_g = \dfrac{h}{h_L} = \dfrac{1,1415094}{6,35}$.

Mit Rechenstab: $\dfrac{1,1415094}{6,35} \approx \dfrac{135}{750} = \dfrac{9}{50}$.

Wechselräder: $u_w = u_g = \dfrac{9}{50} = \dfrac{3 \cdot 3}{5 \cdot 10} = \dfrac{45 \cdot 30}{75 \cdot 100}$

Nach Abb. 221 und 225 erhalten $a = 45$, $b = 75$, $c = 30$ und $d = 100$ Zähne.

Beispiel 196. Wie groß ist der im Beispiel 195 entstandene Steigungsfehler?

Lösung: [Gl. (300)] $h_w = u_g h_L = \dfrac{45 \cdot 30}{75 \cdot 100}\dfrac{25,4}{4} = 1,14300$

Geschnittene Gewindesteigung $h_w = \quad 1,1430000$ mm
Verlangte Gewindesteigung $h \quad = \quad 1,1415094$ mm

Steigungsfehler $f = h_w - h \qquad = +0,0014906$ mm
$\qquad\qquad\qquad\qquad\qquad = $ rd. $+ 1,49\,\mu$ je Gang.

Beispiel 197. Wie groß ist im Beispiel 195 der Steigungsfehler auf 1000 mm Gewindelänge?

Lösung: Steigungsfehler [Gl. (303)] $F = \dfrac{h_w - h}{h}\,1000 = \dfrac{1,1430000 - 1,1415094}{1,1415094}\,1000 = +1,31$ mm.

Beispiel 198. Auf 3 mm Leitspindel sind 24 Gang ohne 127er Rad zu schneiden. (Wechselräder, Satz Nr. 3, Maschinentafel 1, S. 357.) Aufstecken von sechs Wechselrädern möglich.

Lösung: Drsp. $= 24$ Gg. a. $1'' = \dfrac{25,4}{24}$ mm Stg.

Ltsp. $= 3$ mm Stg.

[Gl. (298)] $u_g = \dfrac{h}{h_L} = \dfrac{25,4}{24 \cdot 3} = \dfrac{127}{5 \cdot 24 \cdot 3} = \dfrac{127}{360}$.

Mit Rechenstab:

$\dfrac{127}{360} \approx \dfrac{121}{343}$; damit $u_w = u_g = \dfrac{121}{343} = \dfrac{11 \cdot 11}{7 \cdot 7 \cdot 7} = \dfrac{55 \cdot 6 \cdot 11}{35 \cdot 42 \cdot 7} = \dfrac{55 \cdot 60 \cdot 22}{35 \cdot 70 \cdot 84}$

Nach Abb. 224 erhalten $a = 55$, $b = 35$, $c = 60$, $d = 70$, $e = 22$ und $f = 84$ Zähne.

Beispiel 199. Wie groß ist der im Beispiel 198 entstandene Steigungsfehler?

Lösung: [Gl. (300)]
$h_w = u_g h_L = \dfrac{55 \cdot 60 \cdot 22}{35 \cdot 70 \cdot 84}\,3 = 1,0583090.$

Geschnittene Gewindesteigung $h_w = \quad 1,0583090$ mm

Verlangte Gewindesteigung $h = \dfrac{25,4}{24} = \quad 1,0583333$ mm

Steigungsfehler $f = h_w - h \qquad = -0,0000243$ mm
$\qquad\qquad\qquad\qquad\qquad = $ rd. $-0,024\,\mu$ je Gang.

Beispiel 200. Wie groß ist im Beispiel 198 der Steigungsfehler auf 1000 mm Gewindelänge?

Lösung: Steigungsfehler [Gl. (303)] $F = \dfrac{h_w - h}{s}\,1000 = \dfrac{1,0583090 - 1,0583333}{1,0583333}\,1000 = -0,023$ mm.

Beispiel 201. Auf 5 mm Leitspindel sind 1,16 mm Steigung zu schneiden. (Wechselräder, Satz Nr. 1, Maschinentafel 1, S. 357.)

Lösung: Drsp. $= 1,16$ mm Stg.
Ltsp. $= 5$ mm Stg.

[Gl. (298)] $u_g = \dfrac{h}{h_L} = \dfrac{1,16^*}{5}$

Mit Rechenstab: $\dfrac{1,16}{5} \approx \dfrac{45}{194}$

Wechselräder: $u_w = u_g = \dfrac{45}{194} = \dfrac{5 \cdot 9}{2 \cdot 97} = \dfrac{25 \cdot 45}{50 \cdot 97}$

Nach Abb. 221 und 225 erhalten $a = 25$, $b = 50$, $c = 45$ und $d = 97$ Zähne.

Lösung: [Gl. (300)]
$h_w = u_g h_L = \dfrac{25 \cdot 45}{50 \cdot 97}\,5 = 1,1597938$

Werkstückgewinde 1,1597938 mm Steigung.

Beispiel 202. Wie groß ist der im Beispiel 201 entstandene Steigungsfehler?

Geschnittene Gewindesteigung $h_w = \quad 1,1597938$ mm
Verlangte Gewindesteigung $h \quad = \quad 1,1600000$ mm

Steigungsfehler $f = h_w - h \qquad = -0,0002062$ mm
$\qquad\qquad\qquad\qquad\qquad = $ rd. $-0,21\,\mu$ je Gang.

Beispiel 203. Wie groß ist im Beispiel 201 der Steigungsfehler auf 1000 mm Gewindelänge?

Lösung: Steigungsfehler [Gl. (303)] $F = \dfrac{h_w - h}{h}\,1000 = \dfrac{1,1597938 - 1,1600000}{1,1600000} \cdot 1000 = -0,18$ mm.

---

* Da die Steigung der Leitspindel mit 5 mm und die des zu schneidenden Gewindes mit 1,16 mm gegeben, können beide Zahlengrößen, da sie ein Vielfaches der Einheit eines gleichen Systems, nämlich des *Millimetersystems* sind, unverändert für die entsprechenden Formelzeichen verwendet werden. Vgl. auch Fußnote 1 auf S. 144.

5.132 Näherungswerte durch Wahl eines Bruches und Wiedergutmachung der Veränderung [1] (Verfahren II)

Beispiel 204. Auf 6 Gang Leitspindel sind 34 Gang zu schneiden. (Wechselrädersatz: 24, 24, 30, 36, 42, 48, 54, 56, 60, 66, 72, 78, 84, 96, 127.)

Lösung: Drsp. = 34 Gg. a. 1″ } [Gl. (299)] $u_g = \dfrac{g_L}{g} = \dfrac{6}{34} = \dfrac{3}{17}$; $u_w = u_g = \dfrac{3}{17}$.
Ltsp. = 6 Gg. a. 1″

Für die Primzahl 17 können Wechselräder nicht gefunden werden. Irgendwelches Erweitern ist zwecklos, es müßte denn ein 17er, 34er, 51er, 68er oder 85er Wechselrad im Rädersatz vorhanden sein. *Suchen eines gut kürzbaren Bruches,* dessen Nenner in der Nähe des gegebenen Nenners liegt. Gewählt werde $^3/_{18} = {}^1/_6$. Dadurch ist eine Wertveränderung des Verhältnisses eingetreten. *Wiedergutmachung der Veränderung:* $\dfrac{3}{17} = \dfrac{x}{18}$; $x = \dfrac{3 \cdot 18}{17}$; diesen Wert für x als Zähler eingesetzt, ergibt: $\dfrac{3}{17} = \dfrac{3 \cdot 18}{18 \cdot 17} = \dfrac{1}{6}\dfrac{18}{17}$.

Während der Bruch $^1/_6$ das Zahlenverhältnis grob angenähert wiedergibt, nimmt der zweite Bruch $^{18}/_{17}$ die noch verbleibenden Unterschiede auf. Für den zweiten Bruch $^{18}/_{17}$ kann ein angenähertes Zahlenverhältnis gefunden werden, indem dieser Bruch vergrößert oder verkleinert wird; dazu wird im Zähler und im Nenner je die möglichst gleiche und möglichst kleine Zahl hinzugezählt oder abgezogen. Dies wird so lange fortgesetzt, bis ein in Wechselrädern ausdrückbarer Bruch erscheint. Wird hier beispielsweise die Zahl 2 sowohl im Zähler als auch im Nenner des Bruches $^{18}/_{17}$ abgezogen, so ergibt sich durch dieses *Verkleinern des zweiten Bruches:* $\dfrac{3}{17} = \dfrac{1}{6} \cdot \dfrac{18}{17} \approx \dfrac{1}{6}\dfrac{16}{15} = \dfrac{1 \cdot 8}{3 \cdot 15} = \dfrac{8}{45}$.

Näherungswert $u' = 8 : 45 = 0{,}1777778$ Genauwert $u \quad = 3 : 17 = 0{,}1764706$ —————————————————— Fehler $f = u' - u \quad = 0{,}0013072$	Ob der gefundene Näherungswert brauchbar ist, hängt von der erforderlichen Genauigkeit des Gewindes bzw. von der zulässigen Fehlergrenze ab. Ein besserer Näherungswert wird in Beispiel 206 gefunden.

Anmerkung: Der Fehler wird, wie die Beispiele A und B zeigen, um so größer, je stärker korrigiert wird oder je kleiner der zu korrigierende Bruch ist.

$\dfrac{8}{45} = 0{,}177778$ (Beispiel A)	$\dfrac{2}{3} = 0{,}666667$ (Beispiel B)
$\dfrac{8+1}{45+1} = 0{,}195652$; Unterschied $= 0{,}017874$,	$\dfrac{2+1}{3+1} = 0{,}750000$; Unterschied $= 0{,}083333$,
$\dfrac{8+2}{45+2} = 0{,}212766$; Unterschied $= 0{,}034988$,	$\dfrac{2+2}{3+2} = 0{,}800000$; Unterschied $= 0{,}133333$,
$\dfrac{8+3}{45+3} = 0{,}229167$; Unterschied $= 0{,}051389$.	$\dfrac{2+3}{3+3} = 0{,}833333$; Unterschied $= 0{,}166666$.

Deshalb ist es vorteilhaft, Zähler und Nenner des zu verändernden Bruches mit einer beliebig großen Zahl zu multiplizieren und dann erst durch Hinzuzählen oder Abziehen möglichst gleicher und möglichst kleiner Zahlen im Zähler und Nenner ein Vergrößern oder Verkleinern des Bruches vorzunehmen.

Beispiel 205. An Hand einer **Faktorentafel**[1] werden Zähler und Nenner des Bruches 4553 : 4550 um die Zahl 1 vermehrt. Zähler und Nenner des gegebenen Bruches unterscheiden sich nur um Weniges voneinander (vgl. auch Beispiel 240). Wie groß ist der begangene Fehler, bezogen auf den Bruchwert 1?

Lösung: Ist a/b der ursprüngliche Bruch, dessen Zähler und Nenner um s vermehrt wird, so ist die Differenz der beiden Brüche (Fehler f): $\left| f = \dfrac{a+s}{b+s} - \dfrac{a}{b} = \dfrac{s(b-a)}{b(b+s)} \right.$.

Mit $a = 4553$, $b = 4550$ und $s = 1$ wird $f = \dfrac{1(4550 - 4553)}{4550(4550 + 1)} = \dfrac{-3}{4550 \cdot 4551} = -0{,}000000145$. Bezogen auf den Bruchwert 1 beträgt der Fehler $f = 0{,}000000145$.

Beispiel 206. Gewinde im Beispiel 204; es ist ein besserer Näherungswert zu suchen.

Lösung: Das Wechselräderverhältnis $\dfrac{3}{17}$ wird im Zähler und Nenner mit 448 multipliziert: $\dfrac{3}{17} = \dfrac{3 \cdot 448}{17 \cdot 448} = \dfrac{1344}{7616}$. Mit Hilfe der Faktorentafel erhält man:

Vergrößerung des Nenners um 4: $\dfrac{1344}{7616} \approx \dfrac{1344}{7620}$; $\dfrac{1344}{7620} = \dfrac{112}{635}$.	Näherungswert $u' = 112 : 635 = 0{,}1763779$ Genauwert $u \quad = 3 : 17 \quad = 0{,}1764706$ —————————————————— Fehler $f = u' - u \quad = 0{,}0000927$

Wechselräder: $u_w = u_g = \dfrac{112}{635} = \dfrac{7 \cdot 16}{5 \cdot 127} = \dfrac{56 \cdot 16}{40 \cdot 127} = \dfrac{56 \cdot 24}{60 \cdot 127} = \dfrac{24 \cdot 56}{60 \cdot 127}$	Nach Abb. 221 u. 225 erhalten $a = 24$, $b = 60$, $c = 56$, $d = 127$ Zähne.
Prüfung: [Gl. (301)] $g_w = \dfrac{g_L}{u_g} = \dfrac{g_L}{u_w} = \dfrac{6 \cdot 60 \cdot 127}{24 \cdot 56} = \dfrac{45720}{1344} = 34{,}017856$	Werkstückgewinde 34,017856 Gg. a. 1″.

---

[1] Das einfachste und verläßlichste Verfahren festzustellen, ob und wie eine Zahl in Faktoren zerlegt werden kann, ist die Benutzung einer *Faktorentafel.* Das Näherungswertrechnen mit Hilfe der Faktorentafel ist sehr anpassungsfähig und hat außerdem den Vorteil auf vorhandene Wechselräder Rücksicht zu nehmen. Die Genauigkeit der Ergebnisse ist meist ausreichend.

Beispiel 207. Wie groß ist der im Beispiel 206 entstandene Steigungsfehler?

Lösung:

Geschnittene Gewindesteigung $h_w = 25,4 : 34,017856 = 0,7466667$ mm

Verlangte Gewindesteigung $h = 25,4 : 34 = 0,7470588$ mm

Steigungsfehler $f = h_w - h = -0,0003921$ mm $= $ rd. $-0,39\,\mu$ je Gang.

Beispiel 208. Wie groß ist der im Beispiel 206 durch Annahme des Näherungswertes $^{112}/_{625}$ entstandene Steigungsfehler auf 1000 mm Gewindelänge?

Lösung: Steigungsfehler [Gl. (303)] $F = \dfrac{h_w - h}{h}\,1000 = \dfrac{0,7466667 - 0,7470588}{0,7470588}\,1000 = -0,525$ mm.

Beispiel 209. Auf 4 Gang Leitspindel sind 1,75 mm Steigung zu schneiden. (Wechselräder, Satz Nr. 1, Maschinentafel 1, S. 357 ohne 127er Wechselrad.)

Lösung: Drsp. $= 1,75$ mm Stg.

Ltsp. $= 4$ Gg. a. $1'' = \dfrac{25,4}{4}$ mm Stg. $\Bigg\}$ [Gl. (298)] $u_g = \dfrac{h}{h_L} = \dfrac{1,75 \cdot 4}{25,4}$.

Mit $25,4 = 1'' \approx \dfrac{11 \cdot 30}{13}$ (Wert Nr. 13) nach Näherungswerttafel 3 folgt $u_w = u_g = \dfrac{1,75 \cdot 4 \cdot 13}{11 \cdot 30} = \dfrac{7 \cdot 13}{11 \cdot 30}$. Der

Bruch $\dfrac{13}{30}$ mit 112 erweitert, ergibt $\dfrac{13 \cdot 112}{30 \cdot 112} = \dfrac{1456}{3360}$. Durch Verkleinerung des Zählers um 1 erhält man den Nähe-

rungswert $\dfrac{1456}{3360} \approx \dfrac{1455}{3360}$. Damit $\dfrac{1455}{3360} = \dfrac{3 \cdot 5 \cdot 97}{2^5 \cdot 3 \cdot 5 \cdot 7} = \dfrac{97}{32 \cdot 7}$. Mit dem Näherungswert $\dfrac{13}{30} \approx \dfrac{97}{32 \cdot 7}$ wird u_w

$= \dfrac{7 \cdot 97}{11 \cdot 32 \cdot 7} = \dfrac{1 \cdot 97}{22 \cdot 16} = \dfrac{5 \cdot 97}{22 \cdot 80} = \dfrac{25 \cdot 97}{110 \cdot 80}$. Nach Abb. 221 und 225 erhalten $a = 25$, $b = 110$, $c = 97$ und $d = 80$ Zähne.

Beispiel 210. Wie groß ist der im Beispiel 209 entstandene Steigungsfehler?

Lösung:

[Gl. (300)] $h_w = u_g\, h_L = \dfrac{25 \cdot 97}{110 \cdot 80}\,\dfrac{25,4}{4} = 1,749857$ mm.

Geschnittene Gewindesteigung $h_w = 1,749857$ mm

Verlangte Gewindesteigung $h = 1,750000$ mm

Steigungsfehler $f = h_w - h = -0,000143$ mm $= $ rd. $-0,14\,\mu$ je Gang.

Beispiel 211. Wie groß ist im Beispiel 209 der Steigungsfehler auf 1000 mm Gewindelänge?

Lösung: Steigungsfehler [Gl. (303)] $F = \dfrac{h_w - h}{h}\,1000 = \dfrac{1,749857 - 1,750000}{1,750000}\,1000 = -0,08$ mm.

Beispiel 212. Das im Beispiel 188 angeführte Gewinde soll auf der gleichen Drehmaschine ohne 127er Rad als Näherungsgewinde geschnitten werden.

1. Lösung: Drsp. $= 11$ Gg. a. $1'' = \dfrac{25,4}{11}$ mm Stg.

Ltsp. $= 6$ mm Stg. $\Bigg\}$ [Gl. (298)] $u_g = \dfrac{h}{h_L} = \dfrac{25,4}{11 \cdot 6}$. Mit $25,4 = 1''$

$\approx \dfrac{11 \cdot 30}{13}$ (Wert Nr. 13) nach Näherungswerttafel 3 ergibt sich: $u_w = u_g = \dfrac{11 \cdot 30}{13 \cdot 11 \cdot 6} = \dfrac{25}{65}$.

Das Gewinde läßt sich als Näherungsgewinde mit diesen beiden Rädern und einem beliebig großen Zwischenrad schneiden. Laut Näherungswerttafel 3 beträgt der entstehende Steigungsfehler $-0,606^0/_{00}$.

2. Lösung: Nach Beispiel 188 ist $u_g = \dfrac{127}{330}$; Zähler und Nenner mit 23 multipliziert, ergibt: $\dfrac{127 \cdot 23}{330 \cdot 23}$

$= \dfrac{2921}{7590}$. Vergrößerung des Zählers um 4 und des Nenners um 10 ergibt: $\dfrac{2921}{7590} \approx \dfrac{2925}{7600}$.

Wechselräder: $u_w = u_g = \dfrac{2925}{7600} = \dfrac{3^2 \cdot 5^2 \cdot 13}{2^4 \cdot 5^2 \cdot 19} = \dfrac{9 \cdot 13}{16 \cdot 19} = \dfrac{45 \cdot 65}{80 \cdot 95}$. Nach Abb. 221 u. 225 erhalten $a = 45$, $b = 80$, $c = 65$ und $d = 95$ Zähne.

Prüfung: [Gl. (301)] $g_w = \dfrac{g_L}{u_g} = \dfrac{g_L}{u_w} = \dfrac{\dfrac{127}{30}}{\dfrac{45 \cdot 65}{80 \cdot 95}} = \dfrac{127 \cdot 80 \cdot 95}{30 \cdot 45 \cdot 65} = 10,9994302$　　Werkstückgewinde 10,9994302 Gg. a. $1''$.

Beispiel 213. Wie groß ist der im Beispiel 212 (zweite Lösung) entstandene Steigungsfehler?

Anmerkung: Radsatz $127 \cdot 25/75 \cdot 110$ (Beispiel 188) ergibt keinen Steigungsfehler. Radsatz 25/65 (Beispiel 212, 1. Lösung) ergibt einen Fehler von $-0,606\,^0/_{00}$ und Radsatz $45 \cdot 65/80 \cdot 95$

Lösung: [Gl. (300)] $h_w = u_g\, h_L = \dfrac{45 \cdot 65}{80 \cdot 95}\,6 = 2,3092105$

Geschnittene Gewindesteigung $h_w = 2,3092105$ mm

Verlangte Gewindesteigung $h = 25,4 : 11 = 2,3090909$ mm

Steigungsfehler $f = h_w - h = +0,0001196$ mm $= $ rd. $+0,12\,\mu$ je Gang.

(Beispiel 212, 2. Lösung) ergibt einen Fehler von $+0,052\,^0/_{00}$.

Beispiel 214. Wie groß ist im Beispiel 212 (2. Lösung) der Steigungsfehler auf 1000 mm Gewindelänge?

Lösung: Steigungsfehler [Gl. (303)] $F = \dfrac{h_w - h}{h} \, 1000 = \dfrac{2,3092105 - 2,3090909}{2,3090909} \, 1000 = +\,0,052\,\text{mm}.$

Beispiel 215. Auf 6 mm Leitspindel ist ein zweizähniges Schneckengewinde (Achs-)Modul 0,8 mm zu schneiden. (Wechselräder, Satz Nr. 1, Maschinentafel 1, S. 357.)

Lösung: $\left.\begin{array}{l} \text{Drsp.} = 2 \cdot 0,8 \, \pi \text{ mm Stg.} \\ \text{Ltsp.} = 6 \text{ mm Stg.} \end{array}\right\}$ [Gl. (298)] $u_g = \dfrac{h}{h_L} = \dfrac{2 \cdot 0,8\,\pi}{6} = \dfrac{1,6\,\pi}{6}.$

Mit $\pi \approx \dfrac{22}{7}$ (Näherungswerttafel 2, Wert Nr. 13) folgt $u_w = u_g = \dfrac{1,6 \cdot 22}{6 \cdot 7} = \dfrac{35,2}{42}$. Bruch mit 111 erweitert:

$\dfrac{35,2}{42} = \dfrac{35,2 \cdot 111}{42 \cdot 111} = \dfrac{3907,2}{4662}$. Verkleinerung des Zählers um 7,2 und des Nenners um 6 ergibt: $\dfrac{3907,2}{4662} \approx \dfrac{3900}{4656}.$

Wechselräder: $\dfrac{3900}{4656} = \dfrac{2^2 \cdot 3 \cdot 5^2 \cdot 13}{2^4 \cdot 3 \cdot 97} = \dfrac{25 \cdot 13}{4 \cdot 97} = \dfrac{5 \cdot 65}{4 \cdot 97} = \dfrac{50 \cdot 65}{40 \cdot 97}$ $\bigg|$ Nach Abb. 221 u. 225 erhalten $a = 50$, $b = 40$, $c = 65$ und $d = 97$ Zähne.

Beispiel 216. Wie groß ist der im Beispiel 215 entstandene Steigungsfehler?

Lösung: [Gl. (300)] $h_w = u_g \, h_L = \dfrac{50 \cdot 65}{40 \cdot 97} \, 6 = 5{,}0257732 \text{ mm.}$

Geschnittene Gewindesteigung $h_w =$	5,0257732 mm
Verlangte Gewindesteigung $h = 1,6\pi =$	5,0265483 mm
Steigungsfehler $f = h_w - h$	$=-\,0{,}0007751$ mm = rd. $-0{,}78\,\mu$ je Gang.

Beispiel 217. Wie groß ist im Beispiel 215 der Steigungsfehler auf 1000 mm Gewindelänge?

Lösung: Steigungsfehler [Gl. (303)] $F = \dfrac{h_w - h}{h} \, 1000 = \dfrac{5,0257732 - 5,0265483}{5,0265483} \, 1000 = -\,0,15\,\text{mm}.$

Beispiel 218. Für das im Beispiel 215 zu schneidende Gewinde ist unter Verwendung der Wechselräder, Satz Nr. 3, Maschinentafel 1, S. 357, ein besserer Näherungswert zu suchen.

Lösung: Wird der Bruch $\dfrac{35,2}{42}$ nicht mit 111, sondern mit 106 erweitert, so folgt: $\dfrac{35,2 \cdot 106}{42 \cdot 106} = \dfrac{3731,2}{4452}.$

Durch Vergrößerung des Zählers um 6,8 und des Nenners um 10 erhält man: $\dfrac{3731,2}{4452} \approx \dfrac{3738}{4462}.$

Wechselräder: $u_w = u_g = \dfrac{3738}{4462} = \dfrac{2 \cdot 3 \cdot 7 \cdot 89}{2 \cdot 23 \cdot 97} = \dfrac{21 \cdot 89}{23 \cdot 97} = \dfrac{105 \cdot 89}{115 \cdot 97} = \dfrac{89 \cdot 105}{97 \cdot 115}$ $\bigg|$ Nach Abb. 221 und 225 erhalten $a = 89$, $b = 97$, $c = 105$ und $d = 115$ Zähne.

Beispiel 219. Wie groß ist im Beispiel 218 der entstandene Steigungsfehler?

Lösung: [Gl. (300)] $h_w = u_g \, h_L = \dfrac{89 \cdot 105}{97 \cdot 115} \, 6 = 5{,}0264455 \text{ mm.}$

Geschnittene Gewindesteigung $h_w =$	5,0264455 mm
Verlangte Gewindesteigung $h = 1,6\pi =$	5,0265483 mm
Steigungsfehler $f = h_w - h$	$=-\,0{,}0001028$ mm
	$=$ rd. $-0{,}10\,\mu$ je Gang.

Beispiel 220. Wie groß ist im Beispiel 218 der Fehler auf 1000 mm Gewindelänge?

Lösung: Steigungsfehler [Gl. (303)] $F = \dfrac{h_w - h}{h} \, 1000 = \dfrac{5,0264455 - 5,0265483}{5,0265483} \, 1000 = -\,0,020 \text{ mm.}$

Anmerkung: Ein ebenfalls sehr zweckmäßiges Verfahren ist folgendes: Ein Bruch, der durch Hilfsmultiplikation möglichst nahe an 1 herangebracht wird, ist durch Addition oder Subtraktion gleicher Zahlen im Zähler und Nenner so zu verändern, daß die Primfaktoren bei der Zerlegung als Zähnezahlen für Wechselräder verwendet werden können. Siehe Beispiel 240.

5.133 Näherungswerte mit Kettenbruchrechnung (Verfahren III)

Sind Wechselräderverhältnisse durch mehrstellige Zahlen ausgedrückt, so führt das Verfahren unter Zuhilfenahme der Kettenbruchrechnung[1] vielfach schneller und genauer zum Ziele als die bisher erwähnten Verfahren.

---

[1] *Kettenbrüche* haben die Eigenschaft, Näherungswerte für Zahlenverhältnisse zu ergeben, sobald man das letzte Glied oder mehrere Glieder an seinem Ende unberücksichtigt läßt; dabei wird die Abweichung vom Genauwert des ganzen Kettenbruches um so größer, je mehr Glieder vernachlässigt werden. Weiterhin wechselt das Vorzeichen der Abweichung, je nachdem die Zahl der benutzten Glieder gerade oder ungerade ist [*8,11*]. Der Unterschied zwischen dem Kettenbruchrechnen und dem Stabrechnen besteht darin, daß beim Stabrechnen mit den Logarithmen der Zahlen, beim Kettenbruchrechnen mit den Zahlen selbst gearbeitet wird. Beim Stabrechnen (Anwendung meist nur für 3-stellige, höchstens 4-stellige Zahlen mit einer Genauigkeit in der Größenordnung von $1^0/_{00}$) hängt die Fehlergrenze von der Länge der Teilungseinheit auf dem Rechenstab und von der Güte des Auges des Rechners ab. Feinheiten darüber hinaus gibt es beim Rechenstab nicht.

5.1331 Umrechnen des Bruches zum Kettenbruch

Beispiel 221. Der echte Bruch $^{289}/_{600}$ ist in einen Kettenbruch zu verwandeln.

Lösung:

$$600 : 289 = 2$$
$$578$$
1. Rest $= \overline{22}$

Die größere Zahl 600 wird durch die kleinere 289 dividiert; das geht 2mal und 22 bleibt Rest.

$$289 : 22 = 13$$
$$22$$
$$\overline{69}$$
$$66$$
2. Rest $= \overline{3}$

Die größere Zahl 289 wird durch die kleinere 22 dividiert; das geht 13mal und 3 bleibt Rest.
[Man teilt den letzten Divisor (289) durch den letzten Rest (22) und erhält den Quotient 13 und den Rest 3.]

$$22 : 3 = 7$$
$$21$$
3. Rest $= \overline{1}$

Die größere Zahl 22 wird durch die kleinere 3 dividiert; das geht 7mal und 1 bleibt Rest.

$$3 : 1 = 3$$
$$3$$
4. Rest $= \overline{0}$

Die größere Zahl 3 wird durch die kleinere 1 dividiert; das geht 3mal, es verbleibt kein Rest.

Kürzere Darstellung des nebenstehend (Beispiel 221) durchgeführten Rechnungsganges:

$$600 : 289 = 2$$
$$578$$
$$289 : 22 = 13$$
$$22$$
$$\overline{69}$$
$$66$$
$$22 : 3 = 7$$
$$21$$
$$3 : 1 = 3$$

Der Kettenbruch für $^{289}/_{600}$ lautet damit:

$$\frac{289}{600} = \cfrac{1}{2 + \cfrac{1}{13 + \cfrac{1}{7 + \cfrac{1}{3}}}}$$

Durch diese Rechnungsweise ergeben sich die durch Starkdruck hervorgehobenen Teilnenner des Kettenbruches. Der Wert eines einfachen Kettenbruches ist stets kleiner als 1. Um daher einen gegebenen, unechten Bruch, dessen Wert größer als 1 Ganzes ist, in einen einfachen Kettenbruch zu verwandeln, werden zweckmäßig die Ganzen abgesondert und der übrigbleibende echte Bruch verwandelt. (Vgl. Beispiele 222 und 227.)

Beispiel 222. Der unechte Bruch $^{157}/_{120}$ ist in einen Kettenbruch zu verwandeln.

Lösung: Es gilt $^{157}/_{120} = 1^{37}/_{120}$; der übrigbleibende echte Bruch $^{37}/_{120}$ ist, wie nebenstehend gezeigt, zu verwandeln:

$$120 : 37 = 3$$
$$111$$
$$37 : 9 = 4$$
$$36$$
$$9 : 1 = 9.$$

Der Kettenbruch für $^{37}/_{120}$ lautet damit:

$$\frac{37}{120} = \cfrac{1}{3 + \cfrac{1}{4 + \cfrac{1}{9}}}$$

5.1332 Umrechnen des Kettenbruches zu Näherungswerten

Beispiel 223. Welche Näherungswerte ergeben sich für den Bruch $^{197}/_{254}$ bei Fehlen eines 127er Wechselrades?

Lösung: Für den echten Bruch $^{197}/_{254}$ errechnet sich der vollständige Kettenbruch:

$$254 : 197 = 1$$
$$197$$
$$197 : 57 = 3$$
$$171$$
$$57 : 26 = 2$$
$$52$$
$$26 : 5 = 5$$
$$25$$
$$5 : 1 = 5.$$

$$\frac{197}{254} = \cfrac{1}{1 + \cfrac{1}{3 + \cfrac{1}{2 + \cfrac{1}{5 + \cfrac{1}{5}}}}}$$

Das genau umgekehrte Verfahren, d. h. die Verwandlung des Kettenbruches in einen echten Bruch ergibt die beiden ursprünglichen Zahlen 197 und 254, also den Ausgangsbruch $^{197}/_{254}$.

Ausgangsbruch: (Dient nur der Nachprüfung, ob die Kette richtig ist.)

$$\cfrac{1}{1 + \cfrac{1}{3 + \cfrac{1}{2 + \cfrac{1}{5 + \cfrac{1}{5}}}}} = \cfrac{1}{1 + \cfrac{1}{3 + \cfrac{1}{2 + \cfrac{5}{26}}}} = \cfrac{1}{1 + \cfrac{1}{3 + \cfrac{26}{57}}} = \cfrac{1}{1 + \cfrac{57}{197}} = \frac{197}{254}.$$

Wird die Reihe durch Streichung des letzten Gliedes $^1/_5$ abgebrochen, so ergibt sich ein Bruch, der dem Wert des Ausgangsbruches nahekommt (Näherungswert).

Erster Näherungswert:

$$\cfrac{1}{1 + \cfrac{1}{3 + \cfrac{1}{2 + \cfrac{1}{5}}}} = \cfrac{1}{1 + \cfrac{1}{3 + \cfrac{5}{11}}} = \cfrac{1}{1 + \cfrac{11}{38}} = \frac{38}{49}.$$

Zweiter Näherungswert:	*Dritter Näherungswert:*	*Vierter Näherungswert:*
Wird außer dem letzten Glied $^1/_5$ auch noch das vorletzte Glied $^1/_5$ gestrichen, so folgt:	Nach Streichung der drei letzten Glieder $^1/_5$, $^1/_5$ und $^1/_2$ ergibt sich:	Nach Streichung der vier letzten Glieder $^1/_5$, $^1/_5$, $^1/_2$ und $^1/_3$ ergibt sich:

$$\cfrac{1}{1+\cfrac{1}{3+\cfrac{1}{2}}} = \frac{1}{1+\frac{2}{7}} = \frac{7}{9}.$$

$$\cfrac{1}{1+\cfrac{1}{3}} = \frac{1}{\frac{4}{3}} = \frac{3}{4}.$$

$$\frac{1}{1} = 1.$$

Beispiel 224. Um wieviel % weichen die Näherungswerte des Beispiels 223 jeweils vom genauen Wert ab?

Lösung:

Erster Näherungswert: $\dfrac{197}{254} \approx \dfrac{38}{49}$

Näherungswert	$38 : 49$	$= 0{,}7755102$
Genauwert	$197 : 254$	$= 0{,}7755906$
Fehler nach Gl. (305)		$= 0{,}0000804$
		$= -\ 0{,}01\%.$

Dritter Näherungswert: $\dfrac{197}{254} \approx \dfrac{3}{4}$

Näherungswert	$3 : 4$	$= 0{,}7500000$
Genauwert	$197 : 254$	$= 0{,}7755906$
Fehler nach Gl. (305)		$= 0{,}0255906$
		$= -\ 3{,}29\%.$

Zweiter Näherungswert: $\dfrac{197}{254} \approx \dfrac{7}{9}$

Näherungswert	$7 : 9$	$= 0{,}7777778$
Genauwert	$197 : 254$	$= 0{,}7755906$
Fehler nach Gl. (305)		$= 0{,}0021872$
		$= +\ 0{,}28\%.$

Vierter Näherungswert: $\dfrac{197}{254} \approx \dfrac{1}{1}$

Näherungswert	$1 : 1$	$= 1{,}0000000$
Genauwert	$197 : 254$	$= 0{,}7755906$
Fehler nach Gl. (305)		$= 0{,}2244094$
		$= +\ 28{,}93\%.$

Die Näherungswerte entfernen sich vom Genauwert um so mehr, je kleiner Zähler und Nenner des Bruches werden; die Näherungswerte sind weiterhin stets abwechselnd größer und kleiner als der Wert des Ausgangsbruches.

5.1333 Einfacheres Verfahren zum Umrechnen der Kettenbrüche

Beispiel 225. Im Beispiel 223 wurde die Verwandlung des Kettenbruches in den echten Bruch $^{197}/_{254}$ (Ausgangsbruch) durchgeführt. Wie kann diese Verwandlung einfacher erfolgen?

Lösung: Zunächst sind die errechneten Teilnenner (Quotienten) nebeneinander auf einen Strich, und zwar von rechts nach links zu schreiben, also:

$$\frac{5 \quad 5 \quad 2 \quad 3}{}\,.$$

Unter die letzte ganz links befindliche Zahl ist dieselbe Zahl noch einmal zu setzen und links daneben *in jedem Falle* die Zahl 1; damit:

$$\frac{5 \quad 5 \quad 2 \quad 3 \quad 1}{1 \quad 5}$$

In diesem Zahlenbild bilden die beiden unten links stehenden Zahlen das letzte Glied des Kettenbruches, also $^1/_5$. Oben rechts daneben steht der vorhergehende Teilnenner 5, der zusammen mit dem letzten Glied eine gemischte Zahl ergibt. Diese wird in einen unechten Bruch aufgelöst: $5 + \dfrac{1}{5} = \dfrac{26}{5}$. Der Zähler 26 des so gefundenen, unechten Bruches wird unter die zur Bildung dieses Bruches benutzte ganze Zahl 5 geschrieben, also:

$$\frac{5 \quad 5 \quad 2 \quad 3 \quad 1}{1 \quad 5 \quad 26}\,.$$

Die dritte unten rechts stehende Zahl 26 kann auch einfacher ermittelt werden: $(5 \cdot 5) + 1 = 25 + 1 = 26.$

Zu dem aus der Multiplikation $5 \cdot 5$ sich ergebenden Produkt ist die unten links unmittelbar danebenstehende Zahl 1 zu addieren. Aus dem Kehrwert $^5/_{26}$ des unechten Bruches, der sich aus den unter dem Strich stehenden Zahlen 5 und 26 ergibt, und aus der über dem Strich befindlichen ganzen Zahl 2 ist ein neuer unechter Bruch $2 + {}^5/_{26} = {}^{57}/_{26}$ zu errechnen. Der Zähler 57 dieses Bruches wird ebenso unter dem Strich, wie folgt, angeschrieben:

$$\frac{5 \quad 5 \quad 2 \quad 3 \quad 1}{1 \quad 5 \quad 26 \quad 57}\,.$$

Die vierte unten rechts stehende Zahl 57 ermittelt sich gleichfalls einfacher, man erhält: $(2 \cdot 26) + 5 = 52 + 5 = 57.$

Aus dem Kehrwert $^{26}/_{57}$ des unechten Bruches, der sich jetzt wieder aus den untenstehenden Zahlen 26 und 57 ergibt, und aus der über dem Strich befindlichen ganzen Zahl 3 erhält man den neuen unechten Bruch $3 + {}^{26}/_{57} = {}^{197}/_{57}$. Der Zähler 197 dieses Bruches wird wiederum unter den Strich geschrieben:

$$\frac{5 \quad 5 \quad 2 \quad 3 \quad 1}{1 \quad 5 \quad 26 \quad 57 \quad 197}\,.$$

Die fünfte unten rechts stehende Zahl 197 ermittelt sich aus folgendem vereinfachten Rechnungsgang: $(3 \cdot 57) + 26 = 171 + 26 = 197.$

Aus dem Kehrwert $^{57}/_{197}$ des unechten Bruches, der sich aus den unter dem Strich stehenden Zahlen 57 und 197 ergibt, und aus der über dem Strich befindlichen letzten Zahl 1 folgt ein neuer unechter Bruch zu $1 + {}^{57}/_{197} = {}^{254}/_{197}$. Der Zähler 254 dieses Bruches wird gleichfalls unter den Strich geschrieben:

$$\frac{5 \quad 5 \quad 2 \quad 3 \quad 1}{1 \quad 5 \quad 26 \quad 57 \quad \textbf{197} \ \textbf{254}}\,.$$

Die sechste unten rechts stehende Zahl 254 kann gleichfalls einfacher ermittelt werden: $(1 \cdot 197) + 57 = 197 + 57 = 254.$

Die beiden letzten unten rechts stehenden Zahlen bilden nunmehr Zähler und Nenner des gegebenen Ausgangsbruches. (Vergleiche diese Zahlen mit der Auflösung des Kettenbruches im Beispiel 223.)

Die praktische Handhabung des zur Ermittlung von Näherungswerten notwendigen Rechnungsganges zeigt Beispiel 226.

Beispiel 226. Für das Wechselräderverhältnis $u_w = {}^{197}/_{254}$ (Beispiel 223) ist ein Näherungswert zu suchen. Wechselräder, Satz Nr. 1, Maschinentafel 1, S. 357.

Lösung:

```
254 : 197 = 1
      197
197 :  57 = 3
      171
 57 :  26 = 2
       52
 26 :   5 = 5
       25
  5 :   1 = 5.
```

Näherungswerte für den Bruch ${}^{197}/_{254}$ *(Beispiel 226).*

Näherungswerte	Faktoren der Näherungswerte	Wechselräder	Fehler
5 5 2 3 1 1 5 26 57 **197 254**	$\dfrac{197}{2\cdot127}$	—	0 %
5 2 3 1 1 5 11 **38** 49	$\dfrac{2\cdot19}{7\cdot7}$	—	— 0,01 %
2 3 1 1 2 **7** **9**	$\dfrac{7}{9}$	$\dfrac{70}{90}$	+ 0,28 %
3 1 1 **3** **4**	$\dfrac{3}{4}$	$\dfrac{60}{80}$	— 3,29 %
1 1 1	$\dfrac{1}{1}$	—	+ 28,93 %

5.1334 Zwischennäherungswerte. Die im Beispiel 226 erhaltenen Näherungswerte sind *Hauptnäherungswerte*. Die Anwendung eines guten Hauptnäherungswertes wird in vielen Fällen genügen. Ergibt sich jedoch, daß Zähler oder Nenner des gefundenen Hauptnäherungswertes eine Primzahl[1] bilden, so müßte zum nächsten, jedoch ungenaueren Hauptnäherungswert gegriffen werden. In derartigen Fällen ermöglicht das Suchen von *Zwischennäherungswerten* eine feinere Differenzierung.

Beispiel 227. Einige der in Näherungswerttafel 2, S. 355, für π angeführten Näherungswerte sind unter Zuhilfenahme der Kettenbruchrechnung zu ermitteln. Für π ist der auf sieben Dezimalstellen errechnete Wert 3,1415927 zugrunde zu legen.

Lösung: $3{,}1415927 = 3\cdot\dfrac{1\,415\,927}{10\,000\,000}$. Für den echten Bruch $\dfrac{1\,415\,927}{10\,000\,000}$ berechnen sich die Glieder des Kettenbruches wie folgt:

```
10 000 000 : 1 415 927 = 7
 9 911 489
 1415927 : 88 511 = 15
   88511
   53 817
   442555
   88511 : 88262 = 1
   88262
   88262 : 249 = 354
   747
   1356
   1245
   1112
    996
   249 : 116 = 2
   232
   116 : 17 = 6
   102
    17 : 14 = 1
    14
    14 : 3 = 4
    12
     3 : 2 = 1
     2
     2 : 1 = 2.
```

Die Hauptnäherungswerte für den echten Bruch $\dfrac{1\,415\,927}{10\,000\,000}$ ergeben sich damit:

	2	1	4	1	6	2	354	1	15	7
1	2	3	14	17	116	249	88262	88511	1415927	10000000
		1	4	1	6	2	354	1	15	7
	1	1	5	6	41	88	31193	31281	500408	3534137
			4	1	6	2	354	1	15	7
		1	4	5	34	73	25876	25949	415111	2931726
				1	6	2	354	1	15	7
			1	1	7	15	5317	5332	79980	565192
					6	2	354	1	15	7
				1	6	13	4608	4621	73936	522173
						2	354	1	15	7
					1	2	710	712	11390	80442
							354	1	15	7
						1	354	355	5679	40108
								1	15	7
							1	1	16	113
									15	7
								1	15	106
										7
									1	7.

Für den Wert $\pi = 3{,}1415927$ ergeben sich bereits zwei (in Näherungswerttafel 2 angeführte) Hauptnäherungswerte.

$3 + \dfrac{1}{7} = \dfrac{22}{7}$; Näherungswert: $\pi \approx \dfrac{22}{7}$ (Wert Nr. 13).

$3 + \dfrac{16}{113} = \dfrac{355}{113}$; Näherungswert: $\pi \approx \dfrac{5\cdot71}{113}$ (Wert Nr. 1).

Der für das Beispiel nächstbessere Hauptnäherungswert $\dfrac{5679}{40108}$ ergibt im Zähler und Nenner große Zahlenwerte; um dies zu vermeiden, werden Zwischennäherungswerte gesucht. Mit dem Hauptnäherungswert ${}^{16}/_{113}$ als Ausgangsbruch ergeben sich durch zwei-

---

[1] Primzahlen sind solche Zahlen, die sich nicht durch eine andere Zahl teilen, d.h. nicht in Faktoren zerlegen lassen; z. B. 47, 53, 59, 61, 67, 71, 79 usw.

malige Addition der Zahlen 1 und 7 zu 16 und 113 folgende zwei Näherungswerte:

$$\begin{array}{cc} 16 & 113 \\ 17 & 120 \end{array} \Bigg|\; 3 + \frac{17}{120} = \frac{377}{120} = \frac{13 \cdot 29}{2^3 \cdot 3 \cdot 5} = \frac{13 \cdot 29}{4 \cdot 30}\; ;\; \text{Näherungswert}:\; \pi \approx \frac{\mathbf{13 \cdot 29}}{\mathbf{4 \cdot 30}}\; (\text{Wert Nr. 3})$$

$$\begin{array}{cc} 18 & 127 \end{array} \Bigg|\; 3 + \frac{18}{127} = \frac{399}{127} = \frac{3 \cdot 7 \cdot 19}{127} = \frac{19 \cdot 21}{127}\; ;\; \text{Näherungswert}:\; \pi \approx \frac{\mathbf{19 \cdot 21}}{\mathbf{127}}\; (\text{Wert Nr. 7}).$$

Durch ständige Subtraktion der Zahlen 1 und 7 von den Zahlen 16 und 113 ergeben sich zwei weitere Näherungswerte; man erhält 16 und 113, 15 und 106, 14 und 99, 13 und 92, 12 und 85 und:

$$\begin{array}{cc} 11 & 78 \end{array} \Bigg|\; 3 + \frac{11}{78} = \frac{245}{78} = \frac{5 \cdot 7^2}{2 \cdot 3 \cdot 13} = \frac{5 \cdot 49}{6 \cdot 13}\; ;\; \text{Näherungswert}:\; \pi \approx \frac{\mathbf{5 \cdot 49}}{\mathbf{6 \cdot 13}}\; (\text{Wert Nr. 10}).$$

Weiterhin folgen die Zahlen 10 und 71, 9 und 64, 8 und 57 und:

$$\begin{array}{cc} 7 & 50 \end{array} \Bigg|\; 3 + \frac{7}{50} = \frac{157}{50}\; ;\; \text{Näherungswert}:\; \pi \approx \frac{\mathbf{157}}{\mathbf{50}}\; (\text{Wert Nr. 14}).$$

Durch Vervielfachen des Zählers und Nenners des Ausgangsbruches 16:113 mit 2 und ständige Addition der Zahlen 1 und 7 zu den Zahlen 32 und 226 ergeben sich zwei weitere Näherungswerte; man erhält 16 und 113, 32 und 226, 33 und 233, 34 und 240 und:

$$\begin{array}{cc} 35 & 247 \end{array} \Bigg|\; 3 + \frac{35}{247} = \frac{776}{247} = \frac{2^3 \cdot 97}{13 \cdot 19} = \frac{8 \cdot 97}{13 \cdot 19}\; ;\; \text{Näherungswert}:\; \pi \approx \frac{\mathbf{8 \cdot 97}}{\mathbf{13 \cdot 19}}\; (\text{Wert Nr. 5}).$$

Weiterhin folgen die Zahlen 36 und 254, 37 und 261, 38 und 268 und:

$$\begin{array}{cc} 39 & 275 \end{array} \Bigg|\; 3 + \frac{39}{275} = \frac{864}{275} = \frac{2^5 \cdot 3^3}{5^2 \cdot 11} = \frac{32 \cdot 27}{25 \cdot 11}\; ;\; \text{Näherungswert}:\; \pi \approx \frac{\mathbf{27 \cdot 32}}{\mathbf{11 \cdot 25}}\; (\text{Wert Nr. 8}).$$

Näherungswert Nr. 6 wird durch Vervielfachen des Zählers und Nenners des Ausgangsbruches 16:113 mit 3, und ständige Addition der Zahlen 1 und 7 zu den Zahlen 48 und 339 gefunden; man erhält 16 und 113, 48 und 339, 49 und 346, 50 und 353, 51 und 360, 52 und 367 und:

$$\begin{array}{cc} 53 & 374 \end{array} \Bigg|\; 3 + \frac{53}{374} = \frac{1175}{374} = \frac{5^2 \cdot 47}{2 \cdot 11 \cdot 17} = \frac{25 \cdot 47}{22 \cdot 17}\; ;\; \text{Näherungswert}:\; \pi \approx \frac{\mathbf{25 \cdot 47}}{\mathbf{17 \cdot 22}}\; (\text{Wert Nr. 6}).$$

Weitere Anwendung der Kettenbruchrechnung vgl. Beispiel 325.

5.134 Näherungswerte mit Rechenmaschine (Verfahren IV)

Dieses Verfahren ist für besonders hohe Genauigkeiten geeignet, wie man sie für das Drehen genauester Schnecken, das Fräsen, Stoßen sowie Schleifen genormter Verzahnungen, vor allem aber Sonderverzahnungen vorschreibt.

Beispiel 228. Für das Wechselräderverhältnis $u_w = a\,c/b\,d = 0{,}7010231$ sind die Wechselräder zu berechnen. (Wechselrädersatz[1]: 24, 26, 27, 28, 30, 32, 34, 35, 36, 38, 40, 42, 43, 44, 45 … 79, 80, 82, 83, 85, 86, 89, 91, 94, 95, 96, 97, 98, 127.)

Lösung: Man schreibt das als Dezimalbruch gegebene Wechselräderverhältnis als Bruch und stellt den Nenner durch zwei Faktoren $1 \cdot 1$ dar, also $u_w = 0{,}7010231 = \dfrac{0{,}7010231}{1 \cdot 1}$. Durch Erweiterung mit 10 000 folgt: $u_w = 0{,}7010231 = \dfrac{7010{,}231^*}{100 \cdot 100}$. Man erweitert diesen Bruch mit den **ersten** Erweiterungsfaktoren 0,80; 0,79; 0,78; 0,77; 0,76; 0,75 usw.[2]. Zu diesem Zwecke nimmt man den Zählerwert 7010,231 in die Rechenmaschine und multipliziert ihn mit der Reihe der Erweiterungsfaktoren. Man erhält:

$$\frac{7010{,}231 \cdot 0{,}80}{100 \cdot 100 \cdot 0{,}80} = \frac{5608{,}18480}{80 \cdot 100} \qquad \frac{7010{,}231 \cdot 0{,}78}{100 \cdot 100 \cdot 0{,}78} = \frac{5467{,}98018}{78 \cdot 100} \qquad \frac{7010{,}231 \cdot 0{,}76}{100 \cdot 100 \cdot 0{,}76} = \frac{5327{,}77556}{76 \cdot 100}$$

$$\frac{7010{,}231 \cdot 0{,}79}{100 \cdot 100 \cdot 0{,}79} = \frac{5538{,}08249}{79 \cdot 100} \qquad \frac{7010{,}231 \cdot 0{,}77}{100 \cdot 100 \cdot 0{,}77} = \frac{5397{,}87787}{77 \cdot 100} \qquad \frac{7010{,}231 \cdot 0{,}75}{100 \cdot 100 \cdot 0{,}75} = \frac{5257{,}67325}{75 \cdot 100}$$

Nun nimmt man die so erhaltenen Zählerwerte 5608,18480; 5538,08249 usw. nacheinander in die Rechenmaschine und multipliziert sie, wiederum nacheinander, mit der Reihe der **zweiten** Erweiterungsfaktoren 0,80; 0,79; 0,78 usw. so lange, bis sich die beiden ersten Zahlen hinter dem Komma zu 1 oder 0 abrunden lassen, also die Formen 0,97; 0,98; 0,99; 0,00; 0,01; 0,02; 0,03 haben. Weiterhin ist zu unter-

---

[1] Teilwechselräder einer Niles-Zahnflankenschleifmaschine (Deutsche Niles-Werke, Berlin).

[*] Der Dezimalbruch muß in einen gemeinen Bruch verwandelt werden.

[2] Die *Erweiterungsfaktoren* können, den Zähnezahlen des zur Verfügung stehenden Rädersatzes entsprechend, auch mit 0,24; 0,26; 0,27 … 0,96; 0,97; 0,98 oder 1,27 gewählt werden. Doch ist zu beachten, daß alle Zähnezahlen = 40 und darunter keine anderen Zahlenverhältnisse bringen, da ihre doppelten Werte 80, 78, 76 schon in den Wechselrädern über 40 enthalten sind. Im allgemeinen findet man einen geeigneten Wert in den ersten sechs Zahlenreihen der Erweiterungsfaktoren 0,80 bis 0,75. Mit den Erweiterungsfaktoren 1,27 und 0,97 rechnet man gewöhnlich zum Schluß, wenn das normale Verfahren keine Lösung ergeben hat.

suchen, ob die auf diese Weise gefundene ganze vierstellige Zahl in geeignete Faktoren vorhandener Wechselräder zerlegbar ist. Ist dies der Fall, so sind die Wechselräder gefunden; andernfalls muß nach dem angegebenen Verfahren weiter gesucht werden.

Im vorliegenden Beispiel erhält man für den ersten Erweiterungsfaktor 0,77 und für den zweiten Erweiterungsfaktor 0,47 den Bruch: $\dfrac{5397{,}87787 \cdot 0{,}47}{77 \cdot 100 \cdot 0{,}47} = \dfrac{2537{,}0025989}{77 \cdot 47}$. Durch Abrunden folgt: $\dfrac{2537{,}0025989}{77 \cdot 47} \approx \dfrac{2537}{77 \cdot 47}$. Die gesuchten Wechselräder sind damit: $u_w = \dfrac{a\,c}{b\,d} = \dfrac{43 \cdot 59}{47 \cdot 77} = 0{,}7010223$.

Es ergibt sich ein Fehler von nur $0{,}7010231 - 0{,}7010223 = +\,0{,}0000008$.

Anmerkung: Ergibt sich statt des gegebenen Wechselräderverhältnisses $u_w = 0{,}7010231$ ein Wert größer als 1, so empfiehlt es sich, den reziproken Wert zur weiteren Rechnung zu verwenden und zu beachten, daß die erhaltenen Wechselräder gleichfalls reziprok sind. Finden sich bei einer verlangten Genauigkeit keine brauchbaren Wechselräder, so bietet dieses Verfahren doch die Gewißheit, daß mit dem jeweils vorhandenen Rädersatz eine Lösung überhaupt unmöglich ist.

5.135 Näherungswerte mit Wechselrädertabellen (Verfahren V)

Die Bestimmung der Wechselräder erfolgte bisher durch Rechnungen nach verschiedenen Verfahren für den Fall, daß eine genaue Übereinstimmung mit dem Steigungssollwert nur sehr schwer zu erreichen war. Die von der Wälzfräsmaschinenfabrik Hermann *Pfauter* herausgegebenen *Wechselrädertabellen*[1] dienen vor allem zum Ausschalten bzw. zur weitgehenden Abkürzung der oft besonders langwierigen Rechnung bei derartigen Fällen. Diese Tabellen sind für Wechselräderverhältnisse von 0,1 bis 1,0 mit einem größten Stufensprung von etwa 0,00005 bei Verwendung von Wechselrädern von 18 bis etwa 80 aufgestellt.

Beispiel 229. Ein einzähniges Schneckengewinde (Achs-)Modul 1,5 mm ist sehr genau zu schneiden. Die Leitspindelsteigung der Drehmaschine beträgt $^1/_2''$. (Wechselräder, Satz Nr. 4, Maschinentafel 1, S. 357, ohne 127er Rad.)

Lösung: Drsp. $= 1{,}5\,\pi$ mm Stg.

Ltsp. $= \dfrac{1''}{2}$ Stg. $= \dfrac{25{,}4}{2}$ mm Stg.

$\left.\begin{array}{l}\text{Gl. (298)]}\ u_g = \dfrac{h}{h_L} = \dfrac{1{,}5\,\pi \cdot 2}{25{,}4} = \dfrac{1{,}5\,\pi}{12{,}7}\,.\\[2ex] u_w = u_g = \dfrac{4{,}7123891}{12{,}7} = 0{,}371054.\end{array}\right.$

Für 0,371054 wird in der Wechselrädertabelle als nächstliegender Wert für das Wechselräderverhältnis gefunden: $u_w = \dfrac{20 \cdot 59}{53 \cdot 60} = 0{,}371069$. Die Abweichung beträgt $+\,0{,}000015$.

Lösung:

Beispiel 230. Wie groß ist der im Beispiel 229 entstandene Steigungsfehler?	Geschnittene Gewindesteigung $h_w = \dfrac{20 \cdot 59}{53 \cdot 60}\dfrac{25{,}4}{2} =$ 4,7125786 mm
	Verlangte Gewindesteigung $h = 1{,}5\,\pi$ $=$ 4,7123891 mm
	Steigungsfehler $f = h_w - h$ $= +\,0{,}0001895$ mm $= $ rd. $+\,0{,}19\,\mu$ je Gang.

Beispiel 231. Wie groß ist im Beispiel 229 der Fehler auf 1000 mm Gewindelänge?

Lösung: Steigungsfehler [Gl. (303)] $F = \dfrac{h_w - h}{h}\,1000 = \dfrac{4{,}7125786 - 4{,}7123891}{4{,}7123891}\,1000 = +\,0{,}04$ mm.
Vgl. auch Beispiel 250, 2. Lösung.

5.136 Näherungswerte für beliebige Genauigkeit (Verfahren VI)

Bei den Verfahren I bis V wird erst *nachträglich* festgestellt, ob der sich ergebende Wert für u_w innerhalb der verlangten Toleranz liegt. Es wird in einem Zahlengebiet gesucht, das nicht vorher durch die vorgeschriebene Toleranz abgegrenzt wurde.

Eine weitere Methode [28] sucht aus einer Tabelle zu dem gegebenen Wert $i = 1/u_w$ zwei Brüche z_1/n_1 und z_2/n_2, wobei $z_1/n_1 < i'$ und $z_2/n_2 > i''$ ist, berechnet aus z_1, z_2, n_1 und n_2 eine Kombination $Z/N = i$ und stellt fest, ob der erhaltene Wert i innerhalb der verlangten Toleranz liegt. Die Primfaktoren von Z und N sind nun in die Produkte $a \cdot c$ und $b \cdot d$ umzuwandeln, die den vorhandenen Zahnrädern entsprechen. Der Beitrag bringt die Anwendung der Rechenmethode für das Beispiel $i = 0{,}354927$, $\varDelta i = \pm\,0{,}000005$*, $i' = i - \varDelta i = 0{,}354922$ und $i'' = i + \varDelta i = 0{,}354932$.

---

[1] Buchverlag und Vertrieb F. Becher, Ludwigsburg.

* Ist i die Übersetzung, so ist es nach mathematischer Gewohnheit üblich, einen mehr oder weniger kleinen Teil von i mit $\varDelta i$ zu bezeichnen. ($\varDelta$, gelesen *Delta*, ist ein griechischer Buchstabe. $\varDelta$ ist nicht etwa als Faktor von i aufzufassen, sondern $\varDelta i$ stellt eine einzige Größe dar.)

Das „*Räderberechnen mit Näherungswerten*" im Abschnitt 5.13 brachte Beispiele für Drehmaschinen. Die angeführten Verfahren I–VI gelten sinngemäß für alle spanenden Werkzeugmaschinen, bei denen infolge des eng begrenzten Zähnezahlbereiches der mitgelieferten Wechselräder Übersetzungsverhältnisse einem „Formel–Sollwert" sehr nahe kommen sollen. Es gilt dies besonders bei Verzahnmaschinen zum Ausarbeiten der Zahnlücken von Zahnrädern, wo trigonometrische Funktionen zu irrationalen Werten des Übersetzungsverhältnisses führen. Vgl. Gl. (343), Berechnungstafel 32 und Fußnote *, S. 356.

5.14 Räderberechnen mit Vorschubschaltgetriebe

Neuzeitliche Drehmaschinen besitzen meist *Vorschubschaltgetriebe*, mit denen man ohne Umstecken von Wechselrädern die gebräuchlichsten Gewinde schneiden kann. Der Vorschubantrieb für das Gewindeschneiden wird meist über Zahnräder vom Hauptgetriebe abgenommen. Dort ist auch die Wendeeinrichtung für Rechts- und Linksgewinde vorgesehen und ebenso die etwaige Schaltung für Steilgewinde (vgl. S. 166). Aus dem Hauptgetriebe leitet die Antriebsspindel für den Vorschub (Wechselradantriebswelle Abb. 221) die Bewegungen über ein vorgeschaltetes ein- oder zweistufiges Wechselradgetriebe zum eigentlichen Vorschubschaltgetriebe weiter. Letzteres ist in einem besonderen Getriebekasten (Rädervorschubkasten) untergebracht. Um Steigungen zu schneiden, die am Vorschubschaltgetriebe nicht mehr eingestellt werden können, ist ein Austauschen der Wechselräder erforderlich; die Wechselradschere wird deshalb beibehalten.

Bei neueren Drehmaschinen wird das Gesamträderverhältnis zwischen Drehspindel und Leitspindel (Abb. 230) aus einzelnen Faktoren gebildet:

Verhältnis der *festeingebauten* Räderpaare (*Festräderverhältnis* u_f),
Verhältnis der *auswechselbaren* Räderpaare (*Wechselräderverhältnis* u_w),
Verhältnis der *einschaltbaren* Räderpaare (*Schalträderverhältnis* u_s); es gilt:

Gesamträderverhältnis aus Fest-, Wechsel- und Schalträderverhältnis

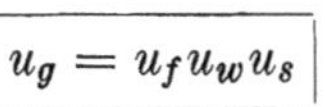

$$u_g = u_f u_w u_s \qquad (307)$$

$u_g = Gesamträderverhältnis =$ Zähnezahlverhältnis sämtlicher im Eingriff sich befindender Übersetzungsräder, die zwischen Drehspindel und Leitspindel liegen, $u_f = Festräderverhältnis =$ Zähnezahlverhältnis sämtlicher zwischen Drehspindel und Leitspindel festeingebauter Räderpaare, $u_w = Wechselräderverhältnis =$ Zähnezahlverhältnis der aufzusteckenden Wechselräder, $u_s = Schalträderverhältnis =$ Zähnezahlverhältnis sämtlicher zwischen Drehspindel und Leitspindel einschaltbarer Räderpaare.

Werden diese festen, wechselbaren und schaltbaren Räderverhältnisse in Gl. (307) selbst wieder in Teilräderverhältnisse zerlegt und diese durch Fußzeichen gekennzeichnet, so folgt:

Festräderverhältnis $u_f = u_{f1} u_{f2} u_{f3} \cdots$
Wechselräderverhältnis $u_w = u_{w1} u_{w2} u_{w3} \cdots$
Schalträderverhältnis $u_s = u_{s1} u_{s2} u_{s3} \cdots .$

5.141 Berechnen der Schalträderverhältnisse

An Hand der einer Leitspindeldrehmaschine beigegebenen Gewindetabellen (vgl. Maschinentafel 2, S. 357) lassen sich die Schalträderverhältnisse der Maschine rechnerisch ermitteln.

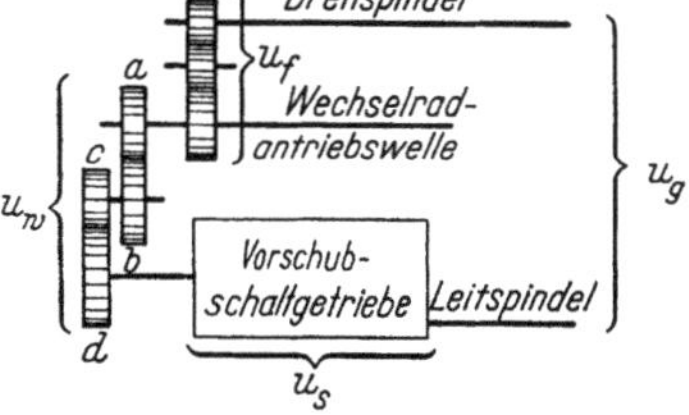

Abb. 230. Teilräderverhältnisse im Vorschubantrieb einer Leitspindeldrehmaschine

Schalträderverhältnis aus Gesamt-, Fest- und Wechselräderverhältnis

$$u_s = \frac{u_g}{u_f u_w} \qquad (308)$$

$u_s = Schalträderverhältnis =$ Zähnezahlverhältnis sämtlicher zwischen Drehspindel und Leitspindel einschaltbarer Räderpaare, $u_g = Gesamträderverhältnis =$ Zähnezahlverhältnis sämtlicher im Eingriff sich befindender Übersetzungsräder, die zwischen Drehspindel und Leitspindel liegen, $u_f = Festräderverhältnis =$ Zähnezahlverhältnis sämtlicher zwischen Drehspindel und Leitspindel festeingebauter Räderpaare, $u_w = Wechselräderverhältnis =$ Zähnezahlverhältnis der aufzusteckenden Wechselräder.

Beispiel 232. Maschinentafel 2 zeigt den Ausschnitt einer Gewindeschneidtabelle für Whitworthgewindesteigungen einer Leitspindeldrehmaschine; es lassen sich $5 \cdot 9 = 45$ verschiedene Whitworthgewindesteigungen erzielen. Berechne die im Vorschubschaltgetriebe schaltbaren 36 Schalträderverhältnisse, entsprechend der Stellung der Nortonschwinge in Stellung 1 mit 9 bei Hebelstellung A mit D.

Lösung: In Schaltstellung $B/1$ (Hebelstellung B und Nortonschwinge in Stellung 1) wird ein Gewinde gleich dem Leitspindelgewinde geschnitten; da laut Gewindetabelle das dazugehörige Wechselräderverhältnis $u_w = {}^{40}/_{40} = {}^1/_1$, so ist das Festräderverhältnis $u_f = {}^1/_1$*. Für die durchgehende Reihe mit 2, $2^1/_4$, $2^1/_2$, $2^3/_4$, $2^7/_8$, 3, $3^1/_4$, $3^3/_8$ und $3^1/_2$ Gängen auf $1''$ ergibt sich nach Gl. (299): Gewinde mit 2 Gg. a. $1''$ hat $u_g = \dfrac{4}{2} = \dfrac{2}{1}$; Gewinde mit $2^1/_4$ Gg. a. $1''$ hat $u_g = \dfrac{4}{2^1/_4} = \dfrac{16}{9}$; Gewinde mit $2^1/_2$ Gg. a. $1''$ hat $u_g = \dfrac{4}{2^1/_2} = \dfrac{8}{5}$ usw. Die vollständige Reihe der Gesamträderverhältnisse lautet: ${}^2/_1$, ${}^{16}/_9$, ${}^8/_5$, ${}^{16}/_{11}$, ${}^{32}/_{23}$, ${}^4/_3$, ${}^{16}/_{13}$, ${}^{32}/_{27}$ und ${}^8/_7$. Da für diese neun Gesamträderverhältnisse laut vorliegender Gewindeschneidtabelle das gleiche Wechselräderverhältnis $u_w = {}^{40}/_{40} = {}^1/_1$ und das gleiche Festräderverhältnis $u_f = {}^1/_1$ zugrunde liegt, ergeben sich nach Gl. (308) für die Schalträderverhältnisse die gleichen Werte wie für die Gesamträderverhältnisse. Dies gilt für Hebelstellung A. Für die Hebelstellung B kommen Gewinde in Betracht, deren Gangzahlen genau das Doppelte der Gangzahlen entsprechend Hebelstellung A sind. Da das Wechselräderverhältnis für die neun Stellungen des Hebels B gleichfalls 1 : 1 ist, ergeben sich als Schalträderverhältnisse für Hebelstellung B die halben Werte der unter Hebelstellung A errechneten Schalträderverhältnisse. Für die Hebelstellung C und D gilt sinngemäß das gleiche. Man erhält Zahlentafel 10.

Zahlentafel 10. *Schalträderverhältnisse zur Leitspindeldrehmaschine nach Maschinentafel 2*

Hebel-stellung	Nortonschwinge in Stellung								
	1	2	3	4	5	6	7	8	9
A	${}^2/_1$	${}^{16}/_9$	${}^8/_5$	${}^{16}/_{11}$	${}^{32}/_{23}$	${}^4/_3$	${}^{16}/_{13}$	${}^{32}/_{27}$	${}^8/_7$
B	${}^1/_1$	${}^8/_9$	${}^4/_5$	${}^8/_{11}$	${}^{16}/_{23}$	${}^2/_3$	${}^8/_{13}$	${}^{16}/_{27}$	${}^4/_7$
C	${}^1/_2$	${}^4/_9$	${}^2/_5$	${}^4/_{11}$	${}^8/_{23}$	${}^1/_3$	${}^4/_{13}$	${}^8/_{27}$	${}^2/_7$
D	${}^1/_4$	${}^2/_9$	${}^1/_5$	${}^2/_{11}$	${}^4/_{23}$	${}^1/_6$	${}^2/_{13}$	${}^4/_{27}$	${}^1/_7$

5.142 Wahl der Wechselräder nach der Gewindeschneidtabelle

Bei neueren Leitspindeldrehmaschinen können sämtliche *genormten Gewindesteigungen* ohne Wechselradberechnung durch Hebelschaltungen, Drehknöpfe oder Schalttrommeln eingestellt werden.

Beispiel 233. Auf der Drehmaschine mit Maschinentafel 2 sind 11 Gang auf $1''$ zu schneiden.

Lösung: Es ist Hebelstellung C zu wählen, die Nortonschwinge in Stellung 4 zu bringen, am Spindelstock und ebenso an der Leitspindel ein Wechselrad mit 40 Zähnen aufzustecken.

Beispiel 234. Auf der Drehmaschine mit Maschinentafel 2 sind ${}^1/_{36}''$ Steigung zu schneiden.

Lösung: ${}^1/_{36}''$ Steigung = 36 Gang auf $1''$. Es ist Hebelstellung D zu wählen, die Nortonschwinge in Stellung 2 zu bringen, am Spindelstock ein Wechselrad mit 40 und an der Leitspindel ein solches mit 80 Zähnen aufzustecken.

5.143 Berechnen der Wechselräder

(zum Schneiden von Gewinden, die in der Wechselrädertabelle nicht enthalten sind)

5.1431 Fest- und Schalträderverhältnis gegeben. Die Berechnung der Wechselräder kann mit jeder beliebigen Hebelstellung, also auch mit jedem Schalträderverhältnis versucht werden; zweckmäßig ist, einen Bruch zu wählen, welcher in der folgenden Berechnung des Radsatzes zum Kürzen führt. Aus Gl. (307):

Wechselräderverhältnis, ausgedrückt durch Gesamt- räderverhältnis, Fest- und Schalträderverhältnis.

$$u_w = \frac{u_g}{u_f u_s} \tag{309}$$

u_w = *Wechselräderverhältnis* = Zähnezahlverhältnis der aufzusteckenden Wechselräder, u_g = *Gesamträderverhältnis* = Zähnezahlverhältnis sämtlicher im Eingriff sich befindender Übersetzungsräder, die zwischen Drehspindel und Leitspindel liegen, u_f = *Festräderverhältnis* = Zähnezahlverhältnis sämtlicher zwischen Drehspindel und Leitspindel festeingebauter Räderpaare, u_s = *Schalträderverhältnis* = Zähnezahlverhältnis sämtlicher zwischen Drehspindel und Leitspindel einschaltbarer Räderpaare. (In den meisten Fällen ist unter u_s das Zähnezahlverhältnis der im Vorschubschaltgetriebe durch Schaltung eines oder mehrerer Hebel in Eingriff gebrachten Räder zu verstehen.)

---

* Es ist ratsam, das Festräderverhältnis einer Leitspindeldrehmaschine auch durch *Versuch* festzustellen. Nach Aufstecken eines Wechselräderverhältnisses $u_w = 1 : 1$ und Einstellen des Hebels für die verschiedenen Schaltstellungen auf $u_s = 1 : 1$ wird mit Hilfe eines Spitzgewindemeißels die Gewindesteigung, welche die aufgesteckten Wechselräder ergeben, ganz leicht auf ein Probestück eingeritzt. Die auf diese Weise erhaltene Gewindesteigung ist nun mit der Gewindesteigung der Leitspindel zu vergleichen. Ist das Festräderverhältnis der Maschine 1 : 1, so stimmen die beiden Gewindesteigungen ihrer Größe nach überein. Bei Nichtübereinstimmen der beiden Gewindesteigungen ist ein Festräderverhältnis vorhanden, dessen Größe sich aus dem Steigungsunterschied feststellen läßt. Dabei empfiehlt es sich, am Probestück stets eine längere Strecke als die Gewindesteigung zu messen.

Anmerkung: Gl. (309) kann auch wie folgt geschrieben werden: $u_w = u_g \dfrac{1}{u_f}\dfrac{1}{u_s}$. Diese Schreibweise besagt, daß sich das Wechselräderverhältnis dadurch finden läßt, daß das Gesamträderverhältnis mit den Kehrwerten der beiden restlichen Verhältnisgruppen u_f und u_s multipliziert wird. Die Berechnung der aufzusteckenden Wechselräder hat derart zu erfolgen, daß nach Feststellung des Gesamträderverhältnisses und etwa wirksamer Einzelübersetzungsverhältnisse fest eingebauter oder schaltbarer Räderpaare die noch fehlenden Einzelräderverhältnisse aus dem Wechselräderverhältnis u_w ermittelt und weiterhin in Zähnezahlen verfügbarer Wechselräder ausgedrückt werden.

Beispiel 235. Der Gewindetabelle (Maschinentafel 2) zufolge könnte ein Gewinde mit 25 Gg. a. 1″ auf dieser Maschine nicht geschnitten werden. Wie berechnen sich die aufzusteckenden Wechselräder?

Lösung: $\left.\begin{array}{l} \text{Drsp.} = 25 \text{ Gg. a. } 1'' \\ \text{Ltsp.} = 4 \text{ Gg. a. } 1'' \end{array}\right\}$ [Gl. (299)] $u_g = \dfrac{g_L}{g} = \dfrac{4}{25}$.

Wird für die Aufgabe $u_s = {}^1\!/_5$ gewählt (Hebelstellung D und Nortonschwinge in Stellung 3), so ergibt sich mit $u_g = 4/25$, $u_f = 1/1$ und $u_s = 1/5$ das Wechselräderverhältnis nach Gl. (309) zu:

$$u_w = \frac{u_g}{u_f u_s} = \frac{\dfrac{4}{25}}{\dfrac{1}{1}\ \dfrac{1}{5}} = \frac{4\cdot 5}{25\cdot 1} = \frac{45\cdot 80}{60\cdot 75}$$

Nach Abb. 221 und 225 erhalten $a = 45$, $b = 60$, $c = 80$, $d = 75$ Zähne.

Es sei erwähnt, daß der *Einfluß des gesamten Vorschubschaltgetriebes* bei Schaltstellung $B/1$ *ausgeschaltet* ist. In diesem Falle treibt das Vorschubschaltgetriebe stets mit 1 : 1 auf die Leitspindel. Man wird bei der Wechselräderberechnung für eine in der Gewindeschneidtabelle nicht enthaltene Gewindesteigung als erstes versuchen, mit dem Schalträderverhältnis 1 : 1 zurechtzukommen. Damit muß die gesamte Steigungsdifferenz zwischen der Leitspindel der Drehmaschine und dem zu schneidenden Gewinde allein durch Wechselräder ausgeglichen werden. Vielfach wird es dann schwer sein, die erforderlichen Wechselräder im Scherenfeld unterzubringen[1].

Prüfung: [Gl. (301)] $g_w = \dfrac{g_L}{u_g} = \dfrac{g_L}{u_f u_w u_s} = \dfrac{4}{\dfrac{1}{1}\ \dfrac{45\cdot 80}{60\cdot 75}\ \dfrac{1}{5}} = \dfrac{4\cdot 1\cdot 60\cdot 75\cdot 5}{1\cdot 45\cdot 80\cdot 1} = 25$

Werkstückgewinde 25 Gg. a.1″.

Beispiel 236. Auf 2 Gang Leitspindel ist ein einzähniges Schneckengewinde (Achs-) Modul 2,5 mm zu schneiden. Die Maschine hat $u_f = \dfrac{1}{1}$, und im Vorschubschaltgetriebe kann $u_s = \dfrac{1}{1}, \dfrac{8}{9}, \dfrac{16}{19}, \dfrac{4}{5}, \dfrac{8}{11}, \dfrac{2}{3}, \dfrac{8}{13}, \dfrac{4}{7}, \dfrac{8}{15}$ oder $\dfrac{1}{2}$ geschaltet werden. Wechselrädersatz: 30, 36, 45, 60, 72, 100, 127, 144. Die Wechselräder sind so zu berechnen, daß der Fehler den Wert $0,08 \,{}^0\!/_{00}$ nicht überschreitet.

Lösung: $\left.\begin{array}{l} \text{Drsp.} = 2,5\,\pi \text{ mm Stg.} \\ \text{Ltsp.} = 2 \text{ Gg. a. } 1'' = \dfrac{25,4}{2} \text{ mm Stg.} \end{array}\right\}$ [Gl. (298)] $u_g = \dfrac{h}{h_L} = \dfrac{2,5\,\pi \cdot 2}{25,4}$.

Mit $\pi \approx \dfrac{27\cdot 32}{11\cdot 25}$ (Näherungswerttafel 2, Wert Nr. 8) und $u_s = \dfrac{8}{11}$ (gewählt) ergibt Gl. (309) $u_w = \dfrac{u_g}{u_f u_s}$

$$= \frac{\dfrac{2,5\cdot 27\cdot 32\cdot 2}{25,4\cdot 11\cdot 25}}{\dfrac{1}{1}\ \dfrac{8}{11}} = \frac{2,5\cdot 27\cdot 32\cdot 2\cdot 11}{25,4\cdot 11\cdot 25\cdot 8} = \frac{4\cdot 27}{1\cdot 127} = \frac{12\cdot 9}{1\cdot 127} = \frac{72\cdot 45}{30\cdot 127}$$

Nach Abb. 221 und 225 erhalten $a = 72$, $b = 30$, $c = 45$, $d = 127$ Zähne.

Prüfung: [Gl. (300)] $h_w = u_g h_L = u_f u_w u_s h_L = \dfrac{1}{1}\ \dfrac{72\cdot 45}{30\cdot 127}\ \dfrac{8}{11}\ \dfrac{25,4}{2} = \dfrac{432}{55} = 7,8545455$ mm.

Geschnittene Gewindesteigung h_w = 7,8545455 mm	Steigungsfehler [Gl. (303)] $F = \dfrac{h_w - h}{h} 1000$
Verlangte Gewindesteigung $h = 2,5\,\pi$ = 7,8539818 mm	
Steigungsfehler $f = h_w - h$ = + 0,0005637 mm = rd. + 0,56 μ je Gang.	$= \dfrac{7,8545455 - 7,8539818}{7,8539818} 1000 = 0,072$ mm.

Die Beispiele 235 und 236 zeigen, daß durch Bekanntsein der Schalträderverhältnisse des Vorschubschaltgetriebes der Arbeitsbereich einer Leitspindeldrehmaschine in bezug auf das Gewindeschneiden um ein Vielfaches erhöht und eine Neuanfertigung von Wechselrädern erspart werden kann. Diese erweiterte Ausnutzungsmöglichkeit ist um so mehr der Fall, als den meisten Maschinen mit Vorschubschaltgetriebe noch verschiedene Wechselräder beigegeben sind.

5.1432 Benachbarte Steigung gegeben. Begnügt man sich mit Näherungsgewinden, so können die Wechselräder für ungewöhnliche Gewindesteigungen auch nach Gl. (310) bestimmt werden. Auf die günstige Beeinflussung des Vorschub-

---

[1] Bei manchen Drehmaschinen besteht auch die Möglichkeit, für das Schneiden von *Sondersteigungen* das Vorschubschaltgetriebe völlig auszuschalten und eine unmittelbare Verbindung zwischen der Antriebswelle im Vorschubschaltgetriebe und der Leitspindel herzustellen.

schaltgetriebes durch Wahl eines geeigneten Schalträderverhältnisses muß dann verzichtet werden. Ist eine auf dem Metallschild nicht enthaltene Steigung h zu schneiden, so wählt man eine benachbarte Steigung h_1, stellt hiernach die Hebel am Norton- sowie Spindelkasten ein und berücksichtigt diese Steigung bei den Wechselrädern.

Wechselräderverhältnis bei gewählter, benachbarter Steigung

$$u_w = u_{w1} \frac{h}{h_1} \qquad (310)$$

u_w = Wechselräderverhältnis für die auf dem Metallschild nicht enthaltene Steigung, u_{w1} = gegebenes Wechselräderverhältnis für die benachbarte Gewindesteigung, h = zu schneidende Gewindesteigung [mm oder Zoll], h_1 = gewählte, benachbarte Gewindesteigung [mm oder Zoll], h_w = wirkliche Gewindesteigung [mm oder Zoll].

Wirkliche Gewindesteigung bei gewählter, benachbarter Steigung. (*Prüfung*)

$$h_w = \frac{u_w}{u_{w1}} h_1 \qquad (311)$$

Beispiel 237. Auf 4 Gang Leitspindel sind 1,85 mm Steigung zu schneiden (Wechselrädersatz: 25, 30, 35, 45, 50, 55, 60, 65, 70, 80, 90, 97, 100, 110, 127). Welche Wechselräder sind aufzustecken, wenn als benachbarte Steigung 1,875 mm mit den Wechselrädern 65 und 127 gewählt wird?

Lösung: [Gl. (310)] $u_w = u_{w1} \dfrac{h}{h_1} = \dfrac{65}{127} \dfrac{1,85}{1,875} = \dfrac{120,25}{238,125} = \dfrac{4,81}{9,525}$. Mit Rechenstab: $\dfrac{4,81}{9,525} \approx$

$\approx \dfrac{25}{49,5}$. Wechselräder $u_w = \dfrac{25}{49,5} = \dfrac{5 \cdot 5}{9 \cdot 5,5} = \dfrac{50 \cdot 50}{90 \cdot 55} = \dfrac{50 \cdot 100}{90 \cdot 110}$ $\Big|$ Nach Abb. 221 u. 225 erhalten $a = 50$, $b = 90$, $c = 100$ u. $d = 110$ Zähne.

Bei gleicher Hebelstellung wie für die 1,875 mm Steigung kann mit diesem normal zur Maschine gehörenden Wechselrädersatz ein Gewinde mit 1,85 mm Steigung angenähert geschnitten werden.

Beispiel 238. Wie groß ist der im Beispiel 237 entstandene Steigungsfehler?

Lösung: [Gl. (311)] $h_w = \dfrac{u_w}{u_{w1}} h_1$

$= \dfrac{\dfrac{50 \cdot 100}{90 \cdot 110}}{\dfrac{65}{127}} \, 1,875 = 1,8502331$ mm.

Geschnittene Gewindesteigung h_w =		1,8502331 mm
Verlangte Gewindesteigung h	=	1,8500000 mm
Steigungsfehler $f = h_w - h$		= + 0,0002331 mm
		= rd. + 0,23 μ je Gang.

Beispiel 239. Wie groß ist im Beispiel 237 der Steigungsfehler auf 1000 mm Gewindelänge?

Lösung: Steigungsfehler [Gl. (303)] $F = \dfrac{h_w - h}{h} \, 1000 = \dfrac{1,8502331 - 1,8500000}{1,8500000} \, 1000 = +0,12$ mm.

Anmerkung: Wie Beispiel 237 zeigt, stellt man am Vorschubschaltgetriebe eine Steigung ein, die der gewünschten Steigung am nächsten liegt, und korrigiert den Unterschied zwischen der eingestellten Steigung und der gewünschten Steigung durch Ändern des Verhältnisses in der Wechselradübertragung. Außer den Variationsmöglichkeiten in den Wechselradübersetzungen kann beim Einstellen einer benachbarten Steigung nach oben oder unten ausgewichen werden, wenn die eine oder andere Möglichkeit eine ungünstige Wechselradübersetzung bedingt. Der Vorteil der vorgenannten Anwendung des Vorschubschaltgetriebes für Sondersteigungen liegt darin, daß man mit der eingestellten Steigung schon sehr nahe an die gewünschte Steigung herankommt und nur noch eine geringe Steigungskorrektur über die Wechselräder vornehmen muß.

5.144 Räderberechnen für kegeliges Gewinde

5.1441 Nennsteigung gleichlaufend zur Werkstückachse

Meist erfolgt das Schneiden von Kegelinnen- und Kegelaußengewinden mit verstellbarer *Leitschiene*. Ähnlich dem Kegeldrehen mittels Leitschiene (Abb. 259) wird auch beim Schneiden kegeliger Gewinde unter Benutzung der Leitspindel dem Werkzeugschlitten der selbsttätige Längsvorschub erteilt; der in der schräggestellten Leitschiene geführte Querschlitten wird zwecks Herstellung des Kegels plan bewegt. Die Verstellung der Leitschiene hat, wie beim Drehen glatter Kegel, um den halben Kegelwinkel zu erfolgen. Die normale Kegelleitschiene erzeugt ein Gewindeprofil senkrecht zur Werkstückachse mit einer Steigung gleichlaufend zu dieser. Steht eine Leitschiene nicht zur Verfügung, so kann Kegelaußengewinde auch mittels *Reitstockverstellung* geschnitten werden (Abb. 231). Doch ergibt sich auch hier eine Lageveränderung der Drehachse des Kegels und damit eine Änderung der Kegelneigung (vgl. Abb. 258). Weiterhin bewegt sich der Gewindemeißel mit gleichbleibender Geschwindigkeit, das Werkstück dagegen dreht sich mit nicht gleichbleibender, also mit veränderlicher Winkelgeschwindigkeit. Daher ist diese Art, kegelige Gewinde zu drehen, grundsätzlich zu verwerfen und nur für untergeordnete Zwecke brauchbar. Die Reitstockverstellung selbst kann nach Gl. (333) bis (337) in gleicher Weise, wie bei Herstellung glatter Kegel, berechnet werden.

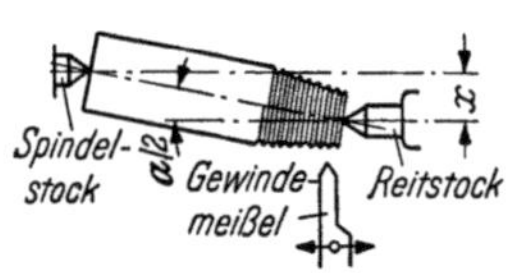

Abb. 231. Herstellung kegeliger Außengewinde durch Reitstockverstellung

5.1442 Nennsteigung gleichlaufend zum Kegelmantel

Kegelige Innen- und Außengewinde können auf Leitspindeldrehmaschinen auch mit einer **Sondereinrichtung**, bestehend aus einem schwenkbaren, *mechanisch angetriebenen Oberschlitten*, hergestellt werden. Der Oberschlitten wird der Kegelsteigung entsprechend eingestellt. Die an der Maschine hinten angebrachte Kegeldrehvorrichtung mit Leitschiene wird bei Vorhandensein einer Sondereinrichtung zum Drehen der Außen- und Innenkegel und teilweise zum Vorschneiden kegeliger Gewinde benutzt, so daß die Schlittenleitspindel lediglich zum Fertigschneiden der Gewindeflanken angewendet wird. Der Kraftfluß geht, wie üblich, von der Drehspindel über ein Wendegetriebe im Spindelstock, über Wechselräder und Vorschubschaltgetriebe unmittelbar auf die Zugspindel und von dieser über ein Stirnräderpaar auf die Leitspindel.

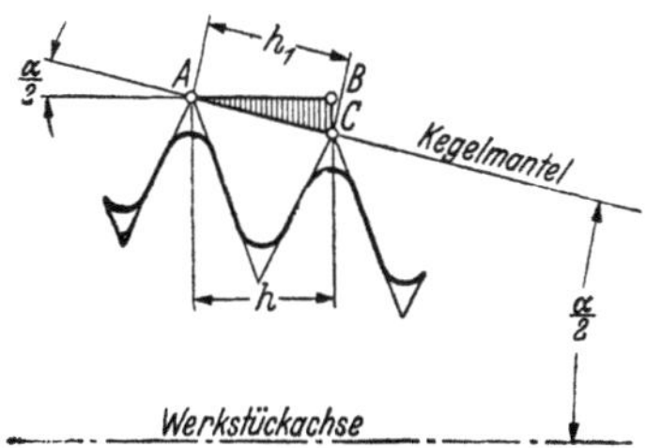

Abb. 232. Gewindesteigungen beim Kegelgewinde (vgl. auch S. 139)

Werden kegelige Gewinde mit Selbstgang im Oberschlitten geschnitten, wird die Nennsteigung stets gleichlaufend zum Kegelmantel erzeugt. Obwohl der Längenunterschied zwischen einer Kegelmantelerzeugenden und der dazugehörigen Achsenlänge bei schlanken Kegeln verhältnismäßig gering ist, ist er doch zu groß, als daß er (insbesondere bei Lehren) vernachlässigt werden könnte.

$$h = h_1 \cos \frac{\alpha}{2}$$

h = Gewindesteigung für Kegelgewinde, gleichlaufend zur Werkstückachse gemessen [mm oder Zoll], (312)

Gewindesteigung für Kegelgewinde (Abb. 232) — gleichlaufend zur Werkstückachse / gleichlaufend zum Kegelmantel

$$h_1 = \frac{h}{\cos \frac{\alpha}{2}}$$

h_1 = Gewindesteigung für Kegelgewinde, gleichlaufend zum Kegelmantel gemessen [mm oder Zoll], (313) $\alpha/2$ = halber Kegelwinkel [°]; Berechnung von $\alpha/2$ s. Gl. (329) und B.T. 13.

Üblich sind Kegel 1:16 mit $\alpha = 3° 34' 48''$ (Fittingsanschlüsse mit Whitworth-Rohrgewinde, Metrisches kegeliges Gewinde, Kegeliges Rohrgewinde) und Kegel $1:8,333 = 3:25$ mit $\alpha = 6° 52' 2''$ (Kegeliges Gewinde für Gasflaschenventile in der Schweißtechnik).

Beispiel 240. Auf 4 Gang Leitspindel ist ein kegeliges Rohrgewinde für eine Steigung $h = 3,1765$ mm (8 Gg. a. 1'', korrigiert) zu schneiden. (Wechselräder, Satz Nr. 4, Maschinentafel 1, S. 357.)

Lösung: Drsp. = 3,1765 mm Stg.

Ltsp. = 4 Gg. a. 1'' = $\frac{25,4}{4}$ mm Stg.

$$[\text{Gl. (298)}]\ u_g = \frac{h}{h_L} = \frac{3,1765 \cdot 4}{25,4} = \frac{3,1765}{6,35} = \frac{31765}{63500}.$$

Zähler und Nenner werden mit einem Wert multipliziert, der den Bruch möglichst nahe an 1 heranbringt, in dem vorliegenden Fall mit $\frac{4}{2}$, also $\frac{31765}{63500} \frac{4}{2} = \frac{127060}{127000} = \frac{12706}{12700}$. Zähler und Nenner um 2 vergrößert und dann durch 3 gekürzt: $\frac{12706}{12700} \approx \frac{12708}{12702} = \frac{12708:3}{12702:3} = \frac{4236}{4234}$. Dieser Bruch enthält keine Primfaktoren, die als Zähnezahlen für Wechselräder geeignet wären. Werden dagegen Zähler und Nenner um je 1 verkleinert, so folgt: $\frac{4236}{4234} \approx \frac{4235}{4233} = \frac{5 \cdot 7 \cdot 11 \cdot 11}{3 \cdot 17 \cdot 83}$. Dieser Wert ist nun mit $\frac{2}{4} = \frac{1}{2}$ zu multiplizieren, da der Ausgangsbruch zu Beginn der Rechnung mit $\frac{4}{2}$ erweitert wurde. Man erhält:

$$u_w = \frac{5 \cdot 7 \cdot 11 \cdot 11 \cdot 1}{3 \cdot 17 \cdot 83 \cdot 2} = \frac{55 \cdot 77}{83 \cdot 102}$$

Nach Abb. 221 und 225 erhalten $a = 55, b = 83, c = 77$ und $d = 102$ Zähne.

Beispiel 241. Wie groß ist der Steigungsfehler im Beispiel 240?

Lösung: $[\text{Gl. (300)}]\ h_w = u_g h_L = u_w h_L$

$$= \frac{55 \cdot 77}{83 \cdot 102} \frac{25,4}{4} = \frac{107569}{33864} = 3,1765001.$$

Geschnittene Gewindesteigung $h_w =$	3,1765001 mm
Verlangte Gewindesteigung h =	3,1765000 mm
Steigungsfehler $f = h_w - h$	= + 0,0000001 mm
	= + 0,0001 μ je Gang.

5.145 Räderberechnen für gehärtetes Gewinde

Da Werkzeugstähle beim Härten schrumpfen, sind die Steigungen, z. B. der Gewindeschneidwerkzeuge, nach dem Härten kleiner als die auf der Maschine geschnittenen Steigungen. Gleiches gilt auch für Gewindelehren oder für die Herstellung der Formen für Gewindeteile von Kunststoffen. Dieser Vorgang kann sowohl durch Wahl von Sonderstählen als auch durch besonders sorgfältiges, mehrmaliges Glühen gemildert, aber niemals ganz vermieden werden. So liegt es nahe, die *durch den Härteverzug verursachte Steigungsveränderung* zu beseitigen.

11 a

Die aufzusteckenden Wechselräder sind so zu wählen, daß sich nach dem Fertigschneiden auf der Drehmaschine eine um das Schrumpfmaß größere Gewindesteigung als die verlangte „Sollsteigung" ergibt. Soll ein Gewinde mit gering veränderter Steigung, deren Änderung üblicherweise in *„x mm auf 1 Zoll"* oder *„y mm auf 1000 mm Länge"* angegeben wird, geschnitten werden, so tritt zur rechten Seite der Gl. (298) der die Verlängerung angebende Faktor hinzu. Man erhält:

<table>
<tr><td>

Gesamträderverhältnis bei Steigungsänderung durch Härteverzug

Anzuwenden, wenn eine Gewindeschleifmaschine mit *Korrektionseinrichtung* (vgl. S. 178) nicht vorhanden.

</td><td>

$$u_g = \frac{h\left(1 + \dfrac{x}{25{,}4}\right)}{h_L} \qquad (314)$$

$$u_g = \frac{h\left(1 + \dfrac{y}{1000}\right)}{h_L} \qquad (315)$$

</td><td>

u_g = Gesamträderverhältnis = Zähnezahlverhältnis sämtlicher im Eingriff sich befindender Übersetzungsräder, die zwischen Drehspindel und Leitspindel liegen, h = Steigung des zu schneidenden Gewindes [mm], x = Steigungsänderung auf 1″ Länge [mm], h_L = Steigung des Leitspindelgewindes [mm]; y = Steigungsänderung auf 1000 mm Länge [mm].

</td></tr>
</table>

Beispiel 242. Auf 5 mm Leitspindel sind 9 ⁴/₅ Gang = 2,5918367 mm Steigung [Gewindebohrer für Sondergewinde] zu schneiden. Versuche ergaben, daß der Werkstoff für die Gewindebohrer beim Härten auf 1 Zoll Länge um 0,08 mm schrumpft. (Wechselräder, Satz Nr. 2, Maschinentafel 1, S. 357.)

Lösung: [Gl. (314)] $u_g = \dfrac{h\left(1 + \dfrac{x}{25{,}4}\right)}{h_L} = \dfrac{\dfrac{25{,}4 \cdot 5}{49}\left(1 + \dfrac{0{,}08}{25{,}4}\right)}{5} = \dfrac{25{,}48}{49} = \dfrac{25{,}48 : 9{,}8}{49 : 9{,}8} = \dfrac{2{,}6}{5}$.

Wechselräder: $u_w = u_g = \dfrac{2{,}6}{5} = \dfrac{40 \cdot 65}{50 \cdot 100}$ | Nach Abb. 221 und 225 erhalten $a = 40$, $b = 50$, $c = 65$, $d = 100$ Zähne.

Prüfung: [Gl. (300)] $h_w = u_g h_L = u_w h_L = \dfrac{40 \cdot 65}{50 \cdot 100}\, 5 = 2{,}6$; Werkstückgewinde 2,6 mm Stg.

Die Steigung des geschnittenen Gewindes beträgt demnach vor dem Härten 2,6 mm. Es entfallen nach Angabe auf die Länge von 1 Zoll, also auf 9 ⁴/₅ Gang 0,08 mm Schwindmaß; auf die Länge eines Gewindeganges, d.h. auf die Gewindesteigung

entfallen $\dfrac{0{,}08}{9^{4}/_{5}} = \dfrac{0{,}08 \cdot 5}{49} = 0{,}0081633$ mm | Gewindesteigung vor dem Härten = 2,6000000 mm
Schwindmaß; damit: | Schwindmaß auf 1 Gewindegang = 0,0081633 mm
  | Gewindesteigung nach dem Härten = 2,5918367 mm

5.146 Räderberechnen für steilgängiges Gewinde

Das Bestreben, durch wenige Umdrehungen einer Spindel eine verhältnismäßig große Längsbewegung der dazugehörigen Mutter hervorzubringen, führt zur Wahl besonders hoher Gewindesteigungen (Schnecken, vor allem aber Spindeln für Pressen und Stanzen). Für solche Gewinde wird das Wechselräderverhältnis sehr groß; um es herabzumindern, kann bei neueren Leitspindeldrehmaschinen das Rädervorgelege am Spindelstock in die Wechselradübersetzung eingeschaltet werden.

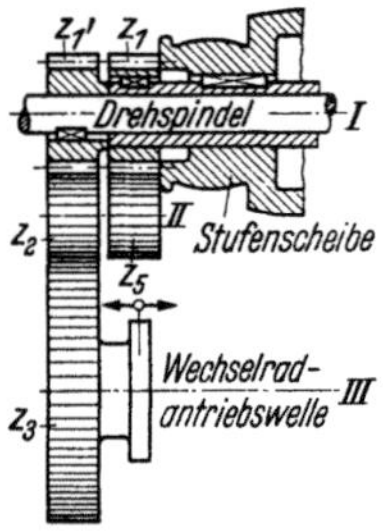

In Abb. 233 ist neben dem ersten Rad z_1 des Hauptvorgeleges ein zweites gleich großes Rad z_1', auf der Drehspindel I aufgekeilt. Rad z_3 auf der Wechselradantriebswelle III ist verschiebbar angeordnet, und die ebenfalls gleichgroßen Herzhebelräder z_2 und z_5 auf Welle II kämmen mit z_1' und z_1. Sie können entweder mit der hohen Geschwindigkeit des nicht verminderten Antriebes z_1/z_5 oder mit der langsamen Geschwindigkeit der Drehspindel bei eingeschalteten Rädern z_1'/z_2 angetrieben werden. Je nachdem man nun das Rad z_3 der Wechselradantriebswelle III in den schnellen oder langsamen Wendeherztrieb einrückt, wird die Übersetzung des Hauptvorgeleges wirksam oder unwirksam gemacht.

Abb. 233. Steilgewindeeinrichtung einer Leitspindeldrehmaschine

Ist das Räderverhältnis des Hauptvorgeleges z. B. $u = 10 : 1$ und wird Rad z_3 in Abb. 233 nach rechts geschaltet, also mit Rad z_5 in Eingriff gebracht, so läuft Rad z_3 zehnmal so schnell, als wenn es von der Arbeitsspindel aus angetrieben würde[1]. Damit verzehnfacht sich auch die Drehung der Leitspindel und weiter der Vorschub des Meißels.

---

[1] Nach Abb. 233 und 234 ist das Vorgelegeräderverhältnis $u_{f2} = \dfrac{z_4 z_2}{z_3 z_1} = \dfrac{78 \cdot 80}{26 \cdot 24} = \dfrac{10}{1}$ und die Vorgelegeübersetzung $i_2 = 1/u_{f2} = 1/10$, also 1 : 10 ins Schnelle. Allgemein kehrt bei einem *Vorgelege* über zwei Räderpaare und eine Zwischen- oder Vorgelegewelle die Drehbewegung wieder auf die Ausgangsachse zurück.

Beim Arbeiten mit einer **Steilgewindeeinrichtung** im Spindelkasten wird also die Leitspindel nicht von der Drehspindel, sondern von der Stufenscheibe oder einer schnellaufenden Zwischenwelle aus angetrieben. In der Wechselräderberechnung sind diese Räderverhältnisse zu berücksichtigen.

Wechselräderverhältnis aus Gesamt-, Herzhebel-, Vorgelege- und Schalträderverhältnis

$$u_w = \dfrac{u_g}{u_{f1}\,u_{f2}\,u_s} \qquad (316)$$

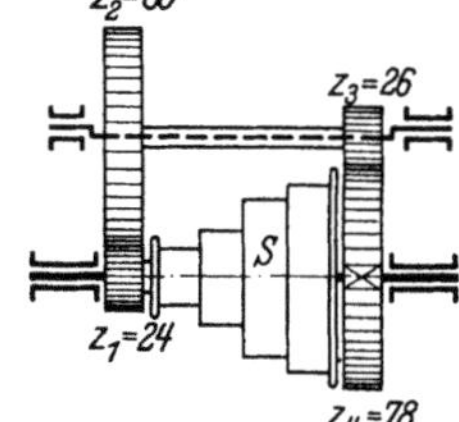

Abb. 234. Hauptvorgelege beim Stufenscheibenantrieb

$u_w = Wechselräderverhältnis =$ Zähnezahlverhältnis der aufzusteckenden Wechselräder, $u_g = Gesamträderverhältnis =$ Zähnezahlverhältnis sämtlicher im Eingriff sich befindender Übersetzungsräder, die zwischen Drehspindel und Leitspindel liegen, $u_{f1} = Herzhebelräderverhältnis =$ Zähnezahlverhältnis sämtlicher zwischen Drehspindel und Wechselradantriebswelle festeingebauter Räderpaare, $u_{f2} = Vorgelegeräderverhältnis =$ Zähnezahlverhältnis des Hauptvorgeleges, $u_s = Schalträderverhältnis =$ Zähnezahlverhältnis sämtlicher zwischen Drehspindel und Leitspindel einschaltbarer Räderpaare.

Beispiel 243. Auf einer älteren Drehmaschine mit 2 Gang Leitspindel sind 75 mm Steigung zu schneiden. Das Zähnezahlverhältnis der Vorgelegeräder beträgt 7 : 1. (Wechselräder, Satz Nr. 1, Maschinentafel 1, S. 357; dazu zwei weitere Räder mit 58 und 68 Zähnen.)

Lösung: Drsp. = 75 mm Stg.

Ltsp. = 2 Gg. a. $1'' = \dfrac{25,4}{2}$ mm Stg. $\Big\}$ [Gl. (298)] $u_g = \dfrac{h}{h_L} = \dfrac{75 \cdot 2}{25,4} = \dfrac{150}{25,4}.$

[Gl. (316)] $u_w = \dfrac{u_g}{u_{f_1}u_{f_2}u_s} = \dfrac{\dfrac{150}{25,4}}{\dfrac{1}{1}\dfrac{7}{1}\dfrac{1}{1}} = \dfrac{150}{25,4 \cdot 7} = \dfrac{150}{177,8}.$ Mit Rechenstab: $\dfrac{150}{177,8} \approx \dfrac{232}{275}$; damit

$u_w = \dfrac{232}{275} = \dfrac{2^3 \cdot 29}{5^2 \cdot 11} = \dfrac{8 \cdot 29}{25 \cdot 11} = \dfrac{40 \cdot 58}{50 \cdot 55}$ | Nach Abb. 221 und 225 erhalten $a = 40$, $b = 50$, $c = 58$ und $d = 55$ Zähne.

Beispiel 244. Wie groß ist der im Beispiel 243 entstandene Steigungsfehler?

Lösung: [Gl. (300)]

$h_w = u_g\, h_L = u_{f_1}\, u_{f_2}\, u_w\, u_s\, h_L$
$= \dfrac{1}{1}\dfrac{7}{1}\dfrac{40 \cdot 58}{50 \cdot 55}\dfrac{1}{1}\dfrac{25,4}{2} = 74,9992727$ mm.

Geschnittene Gewindesteigung h_w =	74,9992727 mm
Verlangte Gewindesteigung h =	75,0000000 mm
Steigungsfehler $f = h_w - h$ =	— 0,0007273 mm
	= rd. —0,73 μ je Gang

Beispiel 245. Wie groß ist im Beispiel 243 der Steigungsfehler auf 1000 mm Gewindelänge?

Lösung: Steigungsfehler [Gl. (303)] $F = \dfrac{h_w - h}{h} \cdot 1000 = \dfrac{74,9992727 - 75,0000000}{75} \cdot 1000 = -0,0096$ mm.

5.147 Räderberechnen für mehrgängiges Gewinde

Achsig gemessen haben die einzelnen Gewindekörper eines mehrgängigen Gewindes unter sich alle den gleichen Abstand, die sogenannte Teilung [Gl. (294) und Abb. 226 bis 228]; somit sind in einem Schnitt senkrecht zur Achse die verschiedenen Gewindekörper gleichmäßig auf dem Umfang verteilt. Ein dreigängiges Gewinde zeigt in gleichen Abständen drei, ein viergängiges Gewinde vier Gewindeendigungen.

Beim Schneiden mehrgängiger Gewinde auf der Drehmaschine ist beim Übergang des Schneidmeißels von einem Gang in den anderen das Werkstück um einen der Gangzahl des Gewindes entsprechenden Winkel ε [Gl. (317)] zu drehen. Diese Drehung wird so vorgenommen, daß in der Getriebekette zwischen Drehspindel

Drehwinkel beim Schneiden mehrgängiger Gewinde

$$\varepsilon = \dfrac{360°}{n}$$

ε = Drehwinkel der Drehspindel gegenüber der Leitspindel beim Schneiden (Drehen, Fräsen oder Schleifen) mehrgängiger Gewinde [°], n = Anzahl der Teilungen (Gänge) je Steigung des Gewindes. $\qquad (317)$

und Leitspindel meistens an der Wechselräderschere eine Zahnkupplung oder eine zahnlose Kupplung mit Gradeinteilung angeordnet ist. Fehlen für das erforderliche Teilen besondere Einrichtungen, so gibt es verschiedene Verfahren. Vielfach dienen die Wechselräder dem zusätzlichen Zweck des Teilens.

5.1471 Ansetzen des Meißels durch Drehen des Wechselrades „a"

Soll ein dreigängiges Gewinde geschnitten werden und hat das erste treibende Wechselrad $a = 60$ Zähne, so wird vor Beginn des Schneidens des zweiten Gewindeganges der eingreifende Zahn des ersten treibenden Wechselrades a mit Kreide bezeichnet und ebenso die dazugehörige Lücke des ersten getriebenen

Wechselrades b. Das 60zähnige Wechselrad wird dadurch in drei Teile geteilt, daß der 1., der 21. und der 41. Zahn mit Kreide bezeichnet wird. Ist der erste Gang geschnitten, so wird die Schere ausgeschwenkt, das erste Wechselrad a um 20 Zähne gedreht und der Eingriff wieder hergestellt, worauf der nächste Gang geschnitten werden kann. Beim Wiedereinschwenken der Schere muß die bezeichnete Zahnlücke am ersten getriebenen Wechselrad mit dem neu bezeichneten Zahn des ersten treibenden Wechselrades zusammentreffen. Die Verbindung vom ersten getriebenen Wechselrad bis zur Leitspindel darf nicht gelöst werden. Während des ganzen Vorganges steht die Leitspindel still. Der dritte Gang wird geschnitten, wenn der Zahn 41 in die gezeichnete Zahnlücke eingesetzt ist. Beim Nachschneiden der einzelnen Gänge wird in der gleichen Weise verfahren wie beim Vorschneiden. In beiden Fällen muß zum Ansetzen des Gewindemeißels für den zweiten und dritten Gang der Eingriff zwischen den Rädern a und b durch Lösen der Schere oder des Scherenbolzens vorbereitet werden. Vgl. auch Beispiel 289.

Werden bei Vorhandensein eines Herzhebelräderverhältnisses die Vorgelegeräder als Übersetzungsräder mit in die Wechselräderberechnung hereingenommen, so erhält man für die Verdrehung der Hauptspindel gegen die Leitspindel:

Anzahl der Zähne, um welche das erste treibende Wechselrad (a) zu drehen ist

$$z_a = \frac{a}{n}\, u_{f1}\, u_{f2} \qquad (318)$$

$z_a =$ Anzahl der Zähne, um welche beim Schneiden mehrgängiger Gewinde das erste treibende Wechselrad (a) zwecks Einstellung des Gewindemeißels für den nächsten Gang zu drehen ist, $a =$ Zähnezahl des ersten treibenden Wechselrades, mit welchem das Teilen vorzunehmen ist, $n =$ Anzahl der Teilungen (Gänge) je Steigung des Gewindes, $u_{f1} =$ Herzhebelräderverhältnis $=$ Zähnezahlverhältnis sämtlicher zwischen Drehspindel und Wechselradantriebswelle sich befindender Übersetzungsräder, $u_{f2} =$ Vorgelegeräderverhältnis (vgl. Fußnote S. 166).

Beispiel 246. Wie oft bzw. um wie viele Zähne ist das erste treibende 40zähnige Wechselrad, zwecks Einstellung des Gewindemeißels für den nächsten Gang bei einem 2gängigen Gewinde zu drehen, wenn das Herzhebelräderverhältnis $u_{f1} = 1:2$ und das Zähnezahlverhältnis der eingerückten Vorgelegeräder $u_{f2} = 10:1$ beträgt?

Lösung: Mit $a = 40$, $n = 2$, $u_{f1} = \frac{1}{2}$ und $u_{f2} = \frac{10}{1}$ ergibt Gl. (318): $z_a = \frac{a}{n}\, u_{f1}\, u_{f2} = \frac{40}{2}\,\frac{1}{2}\,\frac{10}{1}$ $= 100$. Um die Teilung vorzunehmen, muß man 100 Zähne abwickeln, also das 40zähnige Rad a zweimal ganz herumdrehen und noch 20 Zähne weiter. Durch Drehung des ersten treibenden 40zähnigen Wechselrades um $z_a = 100$ Zähne wird das Werkstück bei unveränderter Meißelstellung um eine halbe Umdrehung ($n = 2$) weitergedreht. Bei Fehlen von Sondermaschinen könnte das gleiche Verfahren Anwendung finden, um ein Werkstück mit einer Gradeinteilung zu versehen.

5.1472 Ansetzen des Meißels durch Drehen des Wechselrades „d". Das Werkstück bleibt während des Teilungsvorganges in Ruhe, desgleichen die Schere. Mittels des Leitspindelrades wird lediglich eine Verschiebung des Werkzeugschlittens und damit des Gewindemeißels gleichlaufend zur Werkstückachse vorgenommen. Die Größe dieser Verschiebung berechnet sich als die Teilung des Gewindes.

Anzahl der Zähne, um welche das Leitspindelrad (d) zu verdrehen ist

$$z_d = \frac{d}{n}\,\frac{H}{h_L}\,\frac{1}{u_s} \qquad (319)$$

$z_d =$ Anzahl der Zähne, um welche beim Schneiden mehrgängiger Gewinde das Leitspindelrad (d) zwecks Einstellung des Gewindemeißels für den nächsten Gang zu drehen ist, $d =$ Zähnezahl des Leitspindelrades, mit welchem das Teilen vorzunehmen ist, $n =$ Anzahl der Teilungen (Gänge) je Steigung des Gewindes, $H =$ Steigung des zu schneidenden mehrgängigen Gewindes [mm oder Zoll], $h_L =$ Steigung des Leitspindelgewindes [mm oder Zoll], $u_s =$ Schalträderverhältnis $=$ Räderverhältnis sämtlicher zwischen Drehspindel und Leitspindel einschaltbarer Räderpaare. In den meisten Fällen ist unter u_s das Zähnezahlverhältnis der im Vorschubschaltgetriebe durch Schaltung eines oder mehrerer Hebel in Eingriff gebrachten Räder zu verstehen.

Durch Wahl eines geeigneten Schalträderverhältnisses kann der Wert für z_d günstig beeinflußt werden. Sollte Gl. (319) für z_d infolge ungünstiger Zahlenwerte für H, n und h_L (diese Werte liegen für eine gegebene Aufgabe stets fest) kein brauchbares Ergebnis liefern, d. h., ergibt sich für z_d keine ganze Zahl, so ist dies vielfach durch geschickte Wahl von Zähnezahl (d) des letzten getriebenen Wechselrades an der Leitspindel und des Schalträderverhältnisses (u_s) zu erreichen.

Beispiel 247. Um wie viele Zähne ist das 127zähnige Leitspindelrad zwecks Einstellung des Gewindemeißels für den nächsten Gang bei Herstellung eines 4gängigen Gewindes von 50 mm Steigung zu drehen, wenn die Leitspindel 4 Gg. a. 1″ hat?

Lösung: [Gl.(319)] $z_d = \dfrac{d}{n}\,\dfrac{H}{h_L}\,\dfrac{1}{u_s} = \dfrac{127 \cdot 50 \cdot 1}{4\,\dfrac{25,4}{4}\,\dfrac{1}{1}} = \dfrac{127 \cdot 50 \cdot 4}{4 \cdot 25,4} = 250$. Das Teilen selbst geschieht in

der Weise, daß das Leitspindelrad auf seiner Welle so weit axial herausgeschoben wird, bis der Eingriff mit dem das Leitspindelrad treibenden Wechselrad gelöst ist. Nun erfolgt die Drehung des Leitspindelrades um 250 Zähne. Das 127zähnige Wechselrad ist zweimal ganz herumzudrehen, was einer Verdrehung um 254 Zähne entspricht, und daraufhin um 4 Zähne zurückzudrehen. Nach Durchführung erwähnter Drehung des Leitspindelrades wird der Meißel um $50:4 = 12{,}5$ mm gleichlaufend zur Werkstückachse verschoben. In dieser Stellung des Gewindemeißels kann der nächste Gewindegang des 4gängigen Gewindes geschnitten werden. Vgl. auch Beispiel 290.

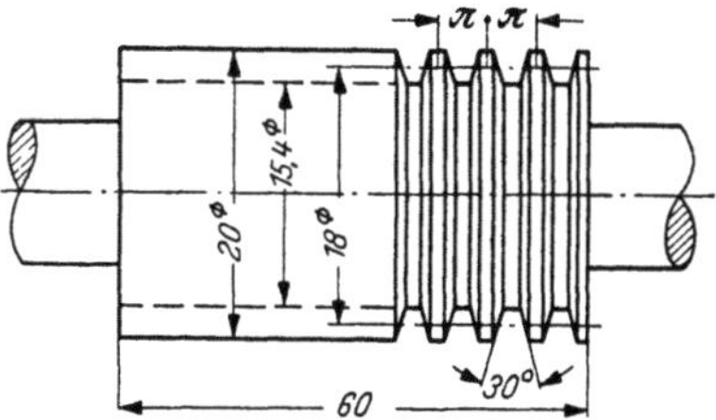

Abb. 235. Rillenform eines Schnellschlußschiebers

Beispiel 248. Bei Herstellung des Schnellschlußschiebers Abb. 235 ist der Abstand π mm von Rille zu Rille genau einzuhalten und soll durch Verdrehung des Leitspindelrades erreicht werden. Vorhanden ist eine Drehmaschine mit Maschinentafel 2, S. 357. a) Welches Wechselrad ist auf die Leitspindel zu stecken, und um wie viele Zähne ist dasselbe zu verdrehen, um den Meißel für das Drehen der nächsten Rille einzustellen? b) Wie groß ist der entstandene Fehler?

Lösung: a) Mit $\pi \approx \dfrac{22}{7}$ (Wert Nr. 13, Näherungswerttafel 2) wird $\dfrac{H}{n} = \pi = \dfrac{22}{7}$; wählt man $d = 127$

und $u_s = \dfrac{4}{7}$ (Schaltstellung $B/9$,) so ergibt Gl. (319): $z_d = \dfrac{d}{n}\dfrac{H}{h_L}\dfrac{1}{u_s} = \dfrac{d}{h_L}\dfrac{H}{n}\dfrac{1}{u_s} = \dfrac{127}{25{,}4}\dfrac{22}{7}\dfrac{1}{\dfrac{4}{7}} = \dfrac{127 \cdot 4 \cdot 22 \cdot 7}{25{,}4 \cdot 7 \cdot 4}$

$= 5 \cdot 22 = 110$. Wird das 127zähnige Leitspindelrad um 110 Zähne verdreht, so verschiebt sich der Werkzeugschlitten und damit der Schneidmeißel um $\pi = 3{,}1428571$ mm gleichlaufend zur Werkstückachse. b) Es ergibt sich ein Fehler von $3{,}1428571 - 3{,}1415927 = + 0{,}0012644$ mm $=$ rd. $+1{,}26\ \mu$.

5.1473 Ansetzen des Meißels durch den Bettschlitten. Um die Teilung des Gewindes durchzuführen, ist nach dem Einschneiden des ersten Gewindeganges das Mutterschloß des Bettschlittens auszuheben, der Bettschlitten um die sogenannte „Teillänge" zurückzuziehen und dann das Mutterschloß wieder einzuklinken.

Wieder eingeschaltet darf nur werden, wenn Werkstück- und Leitspindelgewinde gleiche Wege ergeben; andernfalls gerät das Werkzeug neben die Lücke und Beschädigungen von Werkstück und Werkzeug wären die Folge.

5.1474 Ansetzen des Meißels durch Teilgerät. Das Einstellen der Teilung an den Wechselrädern ist umständlich und zeitraubend. Sind häufig mehrgängige Gewinde herzustellen, so ist es zweckmäßig, an Stelle des gewöhnlichen Futters oder der einfachen Mitnehmerscheibe ein besonderes Teilgerät zu verwenden.

Die Teilscheibe besitzt dabei 24 gezeichnete Rasten zum unmittelbaren Einstellen von 2, 3, 4, 6, 8, 12 und 24 Teilungen. Das Aufspannen der mit Außengewinde zu schneidenden Spindel erfolgt wie beim Mitnehmerfutter. Zur Herstellung von Innengewinden wird die Büchse oder Mutter in ein Drehfutter gespannt, das auf der vor der Teilscheibe angeordneten und mit Zentrieransatz versehenen Mitnehmerscheibe befestigt wird.

5.1475 Ansetzen des Meißels durch den Werkzeugoberschlitten. Nach dem Fertigstellen eines Gewindeganges kann der Gewindemeißel mittels der *Längsspindel des Werkzeugoberschlittens* verschoben werden. Die Größe der Verschiebung des Meißels ergibt sich als die Teilung des mehrgängigen Gewindes nach Gl. (294). Schere bleibt während des Teilungsvorganges in Ruhe; Maschine kann weiterlaufen.

5.1476 Gleichzeitiges Schneiden mit mehreren Meißeln. Mit Hilfe von *Mehrfachwerkzeugen* können die verschiedenen Gewindenuten *gleichzeitig* geschnitten werden. Bei einem dreigängigen Gewinde wird die Einspannung von drei, bei einem fünfgängigen Gewinde die Einspannung von fünf Gewindemeißeln erforderlich. Die unter sich gleichen Meißelabstände ergeben sich als die Teilung des mehrgängigen Gewindes nach Gl. (294). Meist benutzt man diese Möglichkeit nur zum Schruppen und schneidet dann jeden einzelnen Gang fertig.

5.148 Räderberechnen für Plangewinde

Das Gewinde entsteht dadurch, daß ein Meißel mit gleichförmiger Geschwindigkeit entlang einer ebenen Fläche gleitet, die rechtwinkelig zur Drehspindel gerichtet ist und sich mit dieser dreht. Die Gewindegänge bilden dabei eine Spirale mit gleichbleibendem Abstand. Schneidet man mit um 90° geschwenktem Werkzeug von innen nach außen, so ergibt sich ein rechtsgängiges Plangewinde. Schneidet man bei gleichem Drehsinn des Werkstückes von außen nach innen, so wird ein linksgängiges Plangewinde erzeugt. Beim Schneiden von Plangewinden (Schneiden von Spiralnuten[1]) darf sich der Bettschlitten nicht verschieben. Die Leitspindel fällt somit als Vorschuborgan aus; ihre Funktion wird von der Planspindel übernommen, deren Antrieb über die Zugspindel erfolgt. Damit tritt auch bei Berechnung der Wechselräder an die Stelle der Leitspindelsteigung die **Planspindelsteigung** (h_P).

Ist an einer Leitspindeldrehmaschine zwischen Drehspindel und Planspindel bei eingeschaltetem Spindelstockvorgelege außer dem Bettschlittenräderverhältnis noch ein Herzräder- und Schalträderverhältnis vorhanden, so gilt für das Gesamträderverhältnis $u_g = u_{f1}\, u_{f2}\, u_w\, u_s\, u_{f3}$ (vgl. auch Abb. 299); daraus:

<table>
<tr><td>Wechselräderverhältnis aus Gesamt-, Herz-hebel-, Vorgelege-, Schalt- und Bettschlittenräderverhältnis</td><td>$$u_w = \frac{u_g}{u_{f1}\, u_{f2}\, u_s\, u_{f3}}$$</td><td>(320)</td></tr>
</table>

$u_w = Wechselräderverhältnis$ = Zähnezahlverhältnis der aufzusteckenden Wechselräder, $u_g = Gesamt$-$räderverhältnis$ = Zähnezahlverhältnis sämtlicher im Eingriff sich befindender Übersetzungsräder, die zwischen Drehspindel und Planspindel liegen, $u_{f1} = Herzhebelräderverhältnis$ = Zähnezahlverhältnis sämtlicher zwischen Drehspindel und Wechselradantriebswelle sich befindender Übersetzungsräder, $u_{f2} = Vorgelegeräderverhältnis$ = Zähnezahlverhältnis des Hauptvorgeleges, $u_s = Schalträderverhältnis$ = Zähnezahlverhältnis sämtlicher zwischen Drehspindel und Leitspindel einschaltbarer Räderpaare. (In den meisten Fällen ist unter u_s die Übersetzung der im Vorschubschaltgetriebe durch Schaltung eines oder mehrerer Hebel in Eingriff gebrachten Räder zu verstehen.) $u_{f3} = Bettschlittenräderverhältnis$ = Zähnezahlverhältnis der zwischen Leit- oder Zugspindel und Planspindel sich befindenden Übersetzungsräder.

Beispiel 249. Welche Wechselräder sind an einer Leit- und Zugspindeldrehmaschine zum Schneiden eines Plangewindes von 5 mm Steigung (Dreibackenfutter) aufzustecken, wenn das Gewinde der Planspindel (Plsp) 6 Gg. a. 1″ beträgt? Das im Vorschubschaltgetriebe gestellte Schalträderverhältnis soll mit $u_s = 15 : 8$ beibehalten werden; Herzhebelräderverhältnis ist laut Versuch $u_{f1} = 1 : 1$, Bettschlittenräderverhältnis $u_{f3} = 1 : 4$. (Wechselrädersatz: 25, 32, 32, 64, 64, 80, 100, 127.)

Lösung: Drsp. = 5 mm Stg.

$$\text{Plsp.} = 6 \text{ Gg. a. } 1'' = \frac{25{,}4}{6} \text{ mm Stg.} \Bigg\} \quad \text{Sinngemäß Gl. (298):}\ u_g = \frac{h}{h_P} = \frac{5 \cdot 6}{25{,}4} = \frac{30}{25{,}4}.$$

$$[\text{Gl. (320)}]:\ u_w = \frac{u_g}{u_{f1}\, u_{f2}\, u_s\, u_{f3}} = \frac{\dfrac{30}{25{,}4}}{\dfrac{1}{1}\,\dfrac{1}{1}\,\dfrac{15}{8}\,\dfrac{1}{4}} = \frac{30 \cdot 8 \cdot 4}{25{,}4 \cdot 15} = \frac{100 \cdot 80}{25 \cdot 127}$$

Nach Abb. 221 u. 225 erhalten $a = 100$, $b = 25$, $c = 80$ und $d = 127$ Zähne.

Prüfung:
$$[\text{Gl. (300)}]\ \ h_w = u_g h_P = u_{f1}\, u_{f2}\, u_w\, u_s\, u_{f3}\, h_P = \frac{1}{1}\,\frac{1}{1}\,\frac{100 \cdot 80}{25 \cdot 127}\,\frac{15}{8}\,\frac{1}{4}\,\frac{25{,}4}{6} = 5$$

Werkstückgewinde 5 mm Steigung.

Soll ein Plangewinde mit Zollsteigung geschnitten werden, deren Planspindel Millimetersteigung hat, so sind die Berechnungen genauso durchzuführen, wie für das Schneiden von Langgewinden. Werden Hubscheiben mit archimedischer Spirale zum Hinterdrehen von Formfräsern auf Drehmaschinen hergestellt, so entspricht die für die Wahl der Wechselräder erforderliche Steigung dem Hub der zu fertigenden Scheibe plus einem kleinen Zuschlag, je nach Hubgröße, für den Auslauf. Beträgt bei einer Leitspindeldrehmaschine die Plangewindesteigung stets nur $^1/_8$ der eingestellten Langgewindesteigung, so sind Wechselräder und Vorschubschaltgetriebe, um eine Plansteigung von 3 mm zu schneiden, für $8 \cdot 3 = 24$ mm Steigung einzurichten.

5.149 Räderberechnen mit der Maschinensteigung

Werden sämtliche an der Maschine vorhandenen Festräderverhältnisse zu einem einzigen Wert und dieser wiederum mit der Leitspindelsteigung zusammengefaßt, so ergibt sich die *Maschinensteigung* h'_M. Das Gesamträderverhältnis ergibt sich dann nur noch als das Produkt aus dem Verhältnis der Gruppe der einschaltbaren und auswechselbaren Räderpaare. Es gilt $u_g = h/h'_M = u_s u_w$; daraus:

---

[1] Das *Schneiden von Spiralnuten* gleicht dem Plandrehen, wobei der Vorschub größer als die im Eingriff stehende Schnittkante des Drehmeißels ist. Der Drehmeißel besitzt ein der zu erzeugenden Nut entsprechendes Profil. Bei gleichbleibendem Quervorschub (Planvorschub) je Umdrehung des Werkstückes entsteht eine archimedische Spirale, bei der der radiale Abstand der einzelnen Windungen stets gleich bleibt. (Vgl. Fußnote S. 21.) Dieses Drehen von Spiralnuten ist nur möglich, wenn die Leitspindel auch als Zugspindel wirkt und den Quervorschub besorgt, oder wenn der Antrieb der Zugspindel so ausgebildet ist, daß durch Wahl eines Wechselräderverhältnisses das erforderliche Drehzahlverhältnis zur Arbeitsspindel hergestellt werden kann.

Wechselräderverhältnis aus Drehspindelsteigung, Maschinensteigung und Schalträderverhältnis

$$u_w = \frac{h}{h'_M} \frac{1}{u_s}$$

u_w = Wechselräderverhältnis = Zähnezahlverhältnis der auf- (321)
zusteckenden Wechselräder, h = Steigung des zu schneidenden Gewindes [mm oder Zoll],

h'_M = Maschinensteigung [mm oder Zoll], u_s = Schalträderverhältnis = Zähnezahlverhältnis sämtlicher zwischen Drehspindel und Leitspindel einschaltbarer Räderpaare.

Wird in Gl. (321) auch noch das jeweilige Schalträderverhältnis u_s mit der Leitspindelsteigung zu einer Maschinensteigung h_M zusammengefaßt, so erhält man:

Wechselräderverhältnis aus
Drehspindelsteigung
und Maschinensteigung

$$u_w = \frac{h}{h_M}$$

u_w = Wechselräderverhältnis = Zähnezahl- (322)
verhältnis der aufzusteckenden Wechselräder, h = Steigung des zu schneidenden
Gewindes [mm oder Zoll], h_M = Maschi-

nensteigung = *gedachte Leitspindel als Rechenleitspindel* [mm oder Zoll].

Anmerkung: Die Maschinensteigung h_M in Gl. (322) kann festgestellt werden: a) Aufstecken von Wechselrädern mit dem Räderverhältnis u_w = 1 : 1 und Schneiden eines *Probegewindes* (Feine Schraubenlinie auf einem glatten zylindrischen Bolzen). Steigung des Probegewindes = Maschinensteigung. b) Aufstecken von Wechselrädern u_w = 1 : 1, Schließen des Leitspindelschlosses und Kennzeichnen der Stellung des Bettschlittens. Durch Drehen von Hand läßt man die Drehspindel 10 Umdrehungen machen. Die Strecke, die der Bettschlitten zurückgelegt hat, durch 10 geteilt, ergibt die Maschinensteigung, also den Schlittenvorschub für eine Umdrehung der Drehspindel bei Wechselrädern 1 : 1. „Msp." bedeutet „Maschinenspindel".

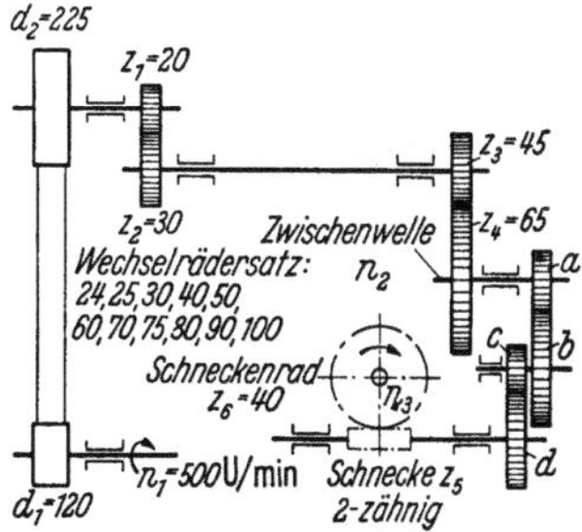

Abb. 236. Ausschnitt aus dem Getriebeplan eines Revolverautomaten

Wie Gl. (322) zeigt, wird die Maschinensteigung genauso in die Berechnung der Wechselräder eingesetzt, wie die wirkliche Leitspindelsteigung in den bisher angeführten Beispielen. Für Drehmaschinen mit Leitspindeln, die Zollsteigung haben gilt entsprechendes; man rechnet mit *Maschinengängen* und erhält $u_w = g_M/g$.

Beispiel 250. Es soll eine Schnecke mit einer Steigung von 6 Diametralpitch geschnitten werden. Die Maschinensteigung der Drehmaschine ist $1/2$ Zoll. (Wechselräder, Satz Nr. 4, Maschinentafel 1, S. 357.)

1. Lösung: Drsp. = $6\,\mathrm{p} = \dfrac{\pi''}{6}$ Stg. $\Big\}$ [Gl. (322)] $u_g = \dfrac{h}{h_M} = \dfrac{\pi''/6}{1/2''} = \dfrac{2\pi}{6} = \dfrac{\pi}{3}$.

Msp. = $\dfrac{1''}{2}$ Stg. $\Big\}$ Mit $\pi \approx \dfrac{13 \cdot 29}{4 \cdot 30}$ (Wert Nr. 3, Näherungswerttafel 2, S. 355) folgt:

$u_w = u_g = \dfrac{13 \cdot 29}{3 \cdot 4 \cdot 30} = \dfrac{13 \cdot 29}{12 \cdot 30} = \dfrac{26 \cdot 29}{24 \cdot 30}$ | Nach Abb. 221 und 225 erhalten a = 26, b = 24, c = 29, d = 30 Zähne. | Steigungsfehler $F = +0,024^0/_{00}$.

2. Lösung: $u_w = u_g = \dfrac{\pi}{3} = 1,0471975$. In den Pfauter-Wechselrädertabellen (vgl. S. 160) sind nur Werte bis 1,0 angegeben. Man sucht in den Tabellen den reziproken Wert auf: $\dfrac{1}{u_w} = \dfrac{1}{1,0471975} = 0,954930$. Als nächstliegender Wert wird gefunden: $\dfrac{1}{u_w} = \dfrac{29 \cdot 65}{42 \cdot 47} = 0,954914$. Die Wechselräder müssen mit ihrem reziproken Wert aufgesteckt werden; es folgt $u_w = \dfrac{42 \cdot 47}{29 \cdot 65}$ | Nach Abb. 221 und 225 erhalten a = 42, b = 29, c = 47, d = 65 Zähne.

Prüfung: [Gl. (300)] $h_w = u_g h_M = u_w h_M = \dfrac{42 \cdot 47}{29 \cdot 65} \dfrac{1}{2} = 0,5236074$ Zoll.

Beispiel 251. Wie groß ist der im Beispiel 250 (2. Lösung) entstandene Steigungsfehler?

Lösung: Geschnittene Gewindesteigung h_w = 0,5236074 Zoll
Verlangte Gewindesteigung $h = \pi : 6$ = 0,5235987 Zoll
Steigungsfehler $f = h_w - h$ = + 0,0000087 Zoll.

Beispiel 252. Wie groß ist im Beispiel 250 (2. Lösung) der Steigungsfehler auf 1000 Zoll Gewindelänge?

Lösung: Steigungsfehler [Gl. (303)] $F = \dfrac{h_w - h}{h} 1000 = \dfrac{0,5236074 - 0,5235987}{0,5235987} 1000 = +0,017$ Zoll.

Beispiel 253. Nach Abb. 236 soll das Schneckenrad z_4 auf der letzten getriebenen Welle in 12 Sekunden eine Umdrehung vollenden. Berechne die Zähnezahlen der aufzusteckenden Wechselräder a, b, c und d. Drehzahlminderung durch Riemenschlupf (vgl. S. 109) soll unberücksichtigt bleiben.

Lösung: In t Sekunden macht das Schneckenrad 1 Umdrehung, in 60 Sekunden 60 : t Umdrehungen.

Gl. (277) lautet damit für dieses Getriebe: $n_1 d_1 z_1 z_3 a c z_5 = \dfrac{60}{t} d_2 z_2 z_4 b d z_6$; daraus: $\dfrac{a c}{b d} = \dfrac{60 d_2 z_2 z_4 z_6}{t n_1 d_1 z_1 z_3 z_5}$

$= \dfrac{60 \cdot 225 \cdot 30 \cdot 65 \cdot 40}{12 \cdot 500 \cdot 120 \cdot 20 \cdot 45 \cdot 2} = \dfrac{13}{16}$.

Mit Rechenstab: $\dfrac{13}{16} \approx \dfrac{4}{5}$; $\dfrac{a c}{b d} = \dfrac{4}{5} = \dfrac{30 \cdot 80}{40 \cdot 75}$

Nach Abb. 236 erhalten $a = 30$, $b = 40$, $c = 80$, $d = 75$ Zähne.

5.2 Gewindeschneiden mit Gewindemeißel

Beim Gewindeschneiden wird der Bettschlitten durch die Leitspindel so verschoben, daß der Gewindemeißel je Werkstückumdrehung einen Weg von der Größe der zu schneidenden Steigung zurücklegt. Diese Bedingung gilt, gleichgültig, ob es sich um einfaches oder mehrfaches Gewinde handelt. Die Steigung der Leitspindel ist dabei die unveränderliche Bezugsgröße. Veränderlich ist die auf dem Werkstück zu erzeugende Gewindesteigung. Diese wird von der Leitspindel übertragen. Ihre Drehbewegung erhält sie von der Arbeitsspindel aus über Fest-, Wechselräder- und Schalträderverhältnisse, vgl. S. 161.

5.21 Berechnen der Meißelbreiten

Nur Einhaltung der vorgeschriebenen Winkel am Werkzeug, waagerechte Auflage und waagerecht liegender Spanfläche desselben auf Mitte Werkstück, also in Spitzenhöhe, ergeben ein geometrisch richtiges Gewinde. Um verschiedene Flankenwinkel (Abb. 488) zu vermeiden, muß die Winkelhalbierende des Flankenwinkels α genau senkrecht zur Drehachse stehen. Bei Gewinden mit größeren Steigungen wird der Meißel vielfach in die Gangrichtung des Gewindes, und zwar im mittleren Steigungswinkel, eingestellt. Der schräggestellte Meißel bewirkt gleich gutes Schneiden der beiden Flanken. Allerdings bedingt die Schrägstellung eine *Profilverzerrung*.

5.211 Spitzgewinde

Die Flanken des Gewindemeißels (Formmeißel) schließen den Spitzenwinkel ε ein (vgl. Abb. 113). Der Spitzenwinkel ε entspricht dem Flankenwinkel α. Damit ein Gewindemeißel den richtigen Flankenwinkel (Profilwinkel) auf das Werkstück überträgt und hierbei geradlinige Flanken des Gewindes erzeugt, muß der Gewindemeißel genau „auf Mitte" stehen, der Spanwinkel $\gamma = 0°$ sein und die Spanfläche waagerecht liegen.

5.212 Trapezgewinde

Bei eingängigen Gewinden mit geringer Steigung setzt man die Schneide waagerecht an; die Form des Schneidmeißels, von oben gesehen, entspricht dann im allgemeinen genau dem Gewindeprofil im Achsschnitt (Abb. 237). Bei mehr- und steilgängigem Gewinde wird dabei der Keilwinkel β_1 (Abb. 238)

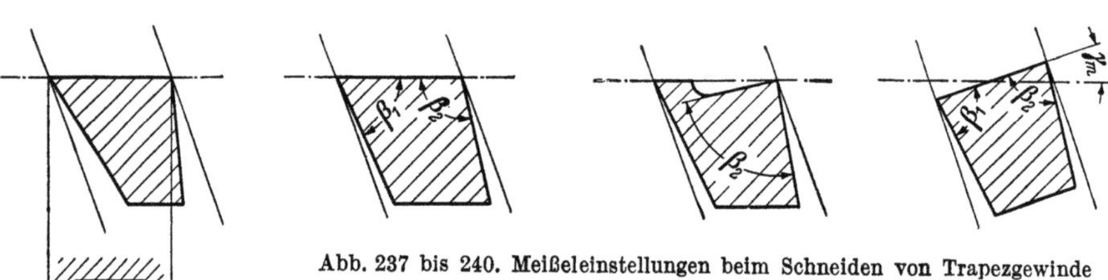

Abb. 237 bis 240. Meißeleinstellungen beim Schneiden von Trapezgewinde

zu klein, so daß die linke Kante leicht ausbricht. Dagegen wird Keilwinkel β_2 zu groß, so daß die rechte Kante nicht schneidet, sondern nur schabt oder drückt. Durch Hohlschliff (Abb. 239) gelingt es, den Winkel β_2 kleiner als 90° zu machen und damit ein besseres Arbeiten der rechten Schneidkante zu erreichen. Bei schräggestelltem Meißel (Abb. 240) ergeben sich für mittlere Steigungswinkel größer als 5° gleiche seitliche Keilwinkel, wodurch ein gleichmäßiger Schnitt und gleichmäßige Beanspruchung der rechten und linken Schneiden erzielt wird. Die Meißelbreite wird jetzt geringer als bei waagerechter Stellung. Auch ist die Breite auf der ganzen Gewindetiefe nicht gleichmäßig wie bei waagerechtem Meißel; sie ist vielmehr am äußeren Durchmesser größer als beim Kerndurchmesser. Die Profile sind für Bolzen und Mutter nicht gleich und stehen zum Meißelschaft entgegengesetzt (Abb. 494 bis 497). Die ungleichmäßige Breite ist durch die verschiedenen Steigungswinkel (Außen, Flanken, Kern) bedingt, und zwar nimmt die Breite mit wachsendem Steigungswinkel ab. (Vgl. auch Anmerkung zu Beispiel 397.) Das Meißelprofil ist die Durchdringungslinie der Normalebene mit der Gewindefläche.

Es genügt im allgemeinen, drei wichtige Punkte (Außen-, Flanken- und Kerndurchmesser) des Gewindeprofiles herauszugreifen und hierzu die Meißelbreiten zu
errechnen. Für den Fall, daß die Meißelschneide senkrecht zur mittleren Schraubenlinie steht, gelten mit ausreichender Genauigkeit die Gleichungen [9] in **Berechnungstafel 10, S. 309.**

Beispiel 254. Trapezgewinde Tr 120 × 28 (2 gäng) ist auf einer Leitspindeldrehmaschine zu schneiden.
Berechne für Bolzen und Mutter a) die Gewindeabmessungen im Achsschnitt, b) die Steigungswinkel
(Außen, Flanke, Kern), c) die Breiten des schräggestellten Gewindemeißels, wenn Schrägstellung der
Meißelschneide senkrecht zur mittleren Schraubenlinie.

Lösung: Die Durchrechnung an Hand der Berechnungstafeln 8, 9 und 10 ergibt zusammenfassend
folgende Ergebnisse:

Es wurde gezeigt, wie
man das Profil des Ge-
windemeißels berichti-
gen kann, um im Achs-
schnitt des Werkstückes
das verlangte Gewinde-
profil zu erhalten. Da
dies nicht immer leicht
auszuführen ist, zieht
man es häufig vor, den
schräg eingestellten Ge-

| Berechnungs-größe | Ergebnisse zum Beispiel 254 | | | | | |
| | Bolzen | | | Mutter | | |
	Außen	Flanke	Kern	Außen	Flanke	Kern
Durchmesser	120	113	105	121	113	108
Steigung	28	28	28	28	28	28
Steigungswinkel	4° 15′	4° 31′	4° 51′	4° 13′	4° 31′	4° 43′
Schrägstellung der Meißelschneide	4° 31′	4° 31′	4° 31′	4° 31′	4° 31′	4° 31′
Gewindebreite (Lückenbreite)	8,876	7	4,856	4,856	7	8,340
Meißelbreite	8,851	6,978	4,838	4,843	6,978	8,312

windemeißel zum Vorschneiden des Gewindes zu benützen und mit je einem besonderen Werkzeug die rechte und die linke Gewindeflanke für sich fertig zu schneiden.
Dabei müssen die Schneidkanten dieses Werkzeuges waagerecht auf Spitzenhöhe
liegen.

5.22 Meißeleinstellung beim Gewindeschneiden
(Zurückführen des Meißels für aufeinanderfolgende Schnitte)

Beim Gewindeschneiden mit der Leitspindel wird die Gewindelücke in mehreren Arbeitsstufen aus-
geräumt[1]. Um beim Schneiden nach jedem Schnitt das Werkzeug wieder in die Anfangsstellung zurück-
zubewegen, wird entweder Linksgang der Hauptspindel eingeschaltet oder der Bettschlitten von Hand
bzw. durch Eilgang nach Öffnung der geteilten Schloßmutter zurückgezogen. Im ersten Falle entsteht,
besonders beim Schneiden langer Gewinde, Zeitverlust trotz beschleunigtem Rücklauf. Im zweiten Falle
ist der Zeitpunkt für das Wiederschließen der Schloßmutter nicht ersichtlich, das nur dann geschehen
darf, wenn das Werkzeug wieder genau in eine Gewindelücke stößt. Diese *Stellung des Bettschlittens* kann
verschieden gefunden werden.

5.221 Drehspindelsteigung ohne Rest in der Leitspindelsteigung enthalten

Hat der Gewindemeißel die gesamte Länge des zu schneidenden Gewindes durchlaufen, so wird der Bettschlitten zurückbewegt, bis sich der Meißel etwas über den
Gewindeanfang hinaus befindet. Letzteres ist von Vorteil, da dadurch Zeit gewonnen wird, den Meißel wieder vorzuschieben und auf eine weitere Schnittiefe
einzustellen. Ein Öffnen
und Wiederschließen der
Schloßmutter ist für nebenstehende Beispiele *an beliebiger Stelle* zulässig.

Leitspindelgewinde	Werkstückgewinde						
1/2″ Steigung	1/2″	1/4″	1/6″	1/8″	1/10″	1/12″	usw.
2 Gang auf 1″	2	4	6	8	10	12	usw.
6 mm Steigung	12	6	3	2	1,5	1	usw.

5.222 Drehspindelsteigung nicht ohne Rest in der Leitspindelsteigung enthalten

Schneidet man mit einer metrischen Leitspindel Zollgewinde oder umgekehrt,
so ist das Herausziehen des Meißels aus dem Eingriff mit dem Werkstück jederzeit

---

[1] Beim Gewindeschneiden sind folgende *Steuerungen* vorzunehmen: 1. Herausziehen des Drehmeißels
aus den Gewindegängen am Ende des Schnittes; 2. Umsteuern der Drehrichtung der Leitspindel für den
Rücklauf, der möglichst im Eilgang erfolgen soll, bzw. Öffnen des Schlosses; 3. Umsteuern in die ursprüngliche Richtung am Ende des Rücklaufes bzw. Schließen des Schlosses; 4. Einfahren des Meißels
in die Arbeitsstellung; 5. Tiefenzustellung des Gewindemeißels für den folgenden Schnitt.

möglich. Schwierigkeiten bereitet lediglich das Wiedereinrücken, weil immer nur
dann ein richtiger Eingriff möglich ist, wenn sich der metrische Weg auf der Leitspindel mit dem zölligen Weg auf dem Werkstück
deckt.

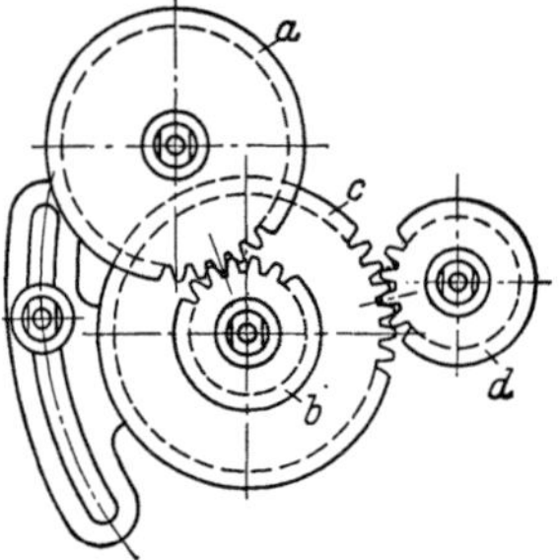

Abb. 241. Wechselräder zum Aus-
lösen der Schloßmutter

5.2221 Einschalten der Schloßmutter mittels Wechselrädern

Es wird die Anfangsstellung des Bettschlittens bei geschlossener
Mutter bezeichnet und dann werden die Wechselräder nach Abb. 241
markiert. Nach jedem Schnitt ist wie folgt zu verfahren: Drehmaschine ausrücken; Zurückbringen des Bettschlittens in die Anfangsstellung; Abziehen der Wechselräderbüchse mit den beiden
Rädern; Arbeitsspindel und Leitspindel so einstellen, daß die Marken-
striche wieder übereinstimmen. Schließen der Schloßmutter.

5.2222 Einschalten der Schloßmutter mittels Gewindeuhr (Bauart Loewe)

Eine vorteilhafte Einrichtung zur Erleichterung
und Beschleunigung des Gewindeschneidens stellt die Gewindeuhr Abb. 242 dar.
Eine senkrecht an der rechten Vorderseite des Bettschlittens gelagerte Welle trägt
am oberen Ende ein drehbares Zifferblatt[1], am
unteren Ende ein Schneckenrad, das mit der
Leitspindel in Eingriff steht und von dieser
angetrieben wird. Dreht sich die Leitspindel bei
geöffneter Schloßmutter, so dreht sich auch das
Zifferblatt. Das Zifferblatt bleibt in der Stellung
stehen, in der die Schloßmutter eingerückt wird.
Das Schneckenrad wirkt jetzt durch die Fort-
bewegung des Bettschlittens nicht mehr als Rad,
sondern als Mutter.

Abb. 242. Gewindeuhr an einer Leitspindeldrehmaschine (L. Loewe & Co. A. G., Berlin)

1. Bildung des Verhältnisses $u_g = \dfrac{h}{h_L} = \dfrac{g_L}{g}$* .

2. Vereinfachung des Bruches für u_g bis auf
   die niedrigsten vollen Zahlen[2].

3. Division des nunmehr erhaltenen Zählers
   in die Zähnezahl des Schneckenrades.

4. Das so erhaltene Ergebnis gibt an, wie
   oft der Gewindezug bei jeder Umdrehung
   des Zifferblattes geschlossen werden kann.

$$(323)$$

Arbeitsweise: Die Drehmaschine wird eingerückt, die Gewindeuhr eingeschwenkt und der Nullstrich
des Zifferblattes auf Marke gestellt. Nach Durchführung des ersten Schnittes, also nach Ankunft des
Bettschlittens am Spindelstock, wird die Schloßmutter geöffnet, der Gewindemeißel aus dem Werkstück
zurückgezogen und der Bettschlitten in seine Anfangsstellung zurückgekurbelt. Werkstück, Leitspindel
und Gewindeuhr laufen dabei weiter. In dem Augenblick, in dem der Nullstrich die Marke deckt, kann
in der Ausgangsstellung jedes Gewinde aufgefangen werden. Meist kann die Schloßmutter auch bei
anderen Teilstrichen geschlossen werden. Die Anzahl der Teilstriche, bei denen die Schloßmutter geschlossen werden kann, ist nach Gl. (323) zu finden.

Beispiel 255. Auf 4 Gang Leitspindel sind 1,2 mm Steigung zu schneiden. Schneckenrad der Gewindeuhr hat 48 Zähne, das Zifferblatt 48 Teilstriche. Wie oft kann der Gewindezug bei jeder Umdrehung
des Zifferblattes geschlossen werden?

---

[1] Die Zähnezahl des Schneckenrades ist meist ein Vielfaches der Gangzahl der Leitspindel. Hat diese
beispielsweise 4 Gg. a. 1″, so erhält das Schneckenrad zweckmäßig 16, 24, 32 oder 48 Zähne. Weiterhin
gilt: Zahl der Teilstriche des Zifferblattes $= \dfrac{\text{Zähnezahl des Schneckenrades}}{\text{Gangzahl der Leitspindel}}$.

* Vgl. Steigungsgleichung [Gl. (298)] und Ganggleichung [Gl. (299)].

[2] Der Bruch ist so lange zu erweitern oder zu kürzen, bis im Zähler *und* Nenner nur noch ganze
Zahlen stehen, die sich nicht mehr kürzen lassen. Man sagt auch: „Der Bruch ist auf ganze Zahlen zu
bringen."

Lösung: Drsp. = 1,2 mm Stg.

Ltsp. = 4 Gg. a. 1″ = $\dfrac{25,4}{4}$ mm Stg.

$\left.\vphantom{\dfrac{25,4}{4}}\right\}$ [Gl. (323)] $u_g = \dfrac{h}{h_L} = \dfrac{1,2 \cdot 4}{25,4} = \dfrac{24}{127}$

Anzahl der Striche

$n = \dfrac{48}{24} = 2.$

Gewindezug kann bei jeder Umdrehung des Zifferblattes 2 mal geschlossen werden.

Beispiel 256. Auf 4 Gang Leitspindel sind 0,8 mm Steigung zu schneiden. Zwischen dem 48 zähnigen Schneckenrad und der Zifferblattwelle der Gewindeuhr ist ein Räderpaar mit dem Zähnezahlverhältnis 12 : 40 geschaltet. Das etwas größere Zifferblatt hat 80 Teilstriche. Wie oft kann der Gewindezug bei jeder Umdrehung des Zifferblattes geschlossen werden?

Lösung: Zähnezahlverhältnis zwischen Leitspindel und Zifferblattwelle $u = \dfrac{1 \cdot 12}{48 \cdot 40} = \dfrac{1}{160}$; dies ist gleichbedeutend mit einem einzigen 160er Schneckenrad.

Drsp. = 0,8 mm Stg.

Ltsp. = 4 Gg. a. 1″ = $\dfrac{25,4}{4}$ mm Stg.

$\left.\vphantom{\dfrac{25,4}{4}}\right\}$ [Gl. (323)] $u_g = \dfrac{h}{h_L} = \dfrac{0,8 \cdot 4}{25,4} = \dfrac{16}{127}$

Anzahl der Striche

$n = \dfrac{160}{16} = 10.$

Gewindezug kann bei jeder Umdrehung des Zifferblattes 10 mal geschlossen werden.

5.2223 Einschalten der Schloßmutter mittels Gewindeuhr (Bauart Einheitsdrehmaschine).

Bei sich drehender Leitspindel wird das Gehäuse mittels Knopf *1* (Abb. 243) um Drehpunkt *0* gegen die Leitspindel gedrückt, bis es spürbar einrastet. Das Antriebsrad ist nun mit der Leitspindel im Eingriff, und Zeiger *2* dreht sich auf dem Zifferblatt *4*. Jeweils bei der *Ordnungszahl* (siehe Schild *5*), die der Gangzahl des zu schneidenden Gewindes entspricht, kann das Mutterschloß durch Rechtsdrehen von Hebel *3* eingeschaltet werden. Der Zeiger bleibt stehen, und der Bettschlitten bewegt sich zum Gewindeschneiden. Für normale Dreharbeiten wird die Gewindeuhr in ihre Ausgangslage zurückgeschwenkt, bis sie spürbar einrastet.

Beispiel 257. Auf 4 Gang Leitspindel sind 10 Gang zu schneiden. Gewindeuhr nach Abb. 243. Wie oft kann der Gewindezug bei jeder Umdrehung des Zifferblattes geschlossen werden?

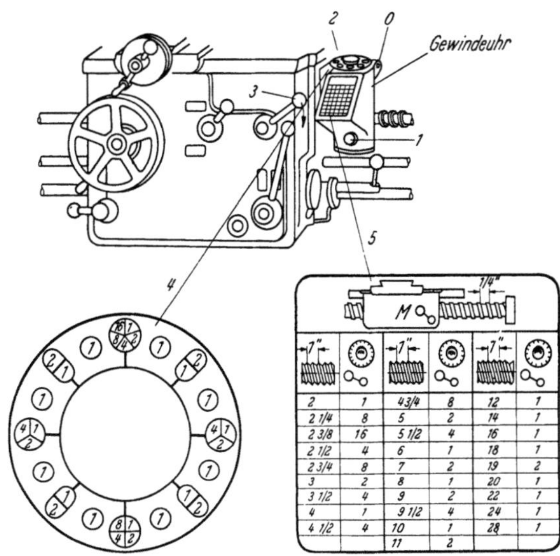

7″		7″		7″	
2	1	4 3/4	8	12	1
2 1/4	8	5	2	14	1
2 3/8	16	5 1/2	4	16	1
2 1/2	4	6	1	18	1
2 3/4	8	7	2	19	2
3	2	8	1	20	1
3 1/2	4	9	2	22	1
4	1	9 1/2	4	24	1
4 1/2	4	10	1	28	1
		11	2		

Abb. 243. Handhabung der Gewindeuhr für $^1/_4$″ Leitspindelsteigung einer VDF-Einheitsdrehmaschine; vgl. auch Abb. 259 (Gebr. Boehringer GmbH, Göppingen)

Lösung: Durch Hebel *3* kann das Mutterschloß immer eingeschaltet werden, wenn Zeiger *2* auf der Ordnungszahl 1 steht, also 16 mal am Umfang des Zifferblattes.

5.23 Gewinde mit veränderlicher Steigung

Der gleichmäßige Vorschub der Drehmaschine ist für nahezu alle Dreharbeiten ausreichend. Soll zu einer bestimmten Vorschubgröße noch ein stufenloser Vorschub wirksam werden, so ist der Anbau einer besonderen Einrichtung erforderlich. Eine solche „Einrichtung der *Progressivschaltung*[1]" zur Erzielung eines veränderlichen Vorschubes geht gleichfalls von den Vorschubwechselrädern aus.

---

[1] *Progression* bedeutet Fortschreiten, Stufenfolge, eine nach einem bestimmten Gesetz fortschreitende Reihe von Zahlen (z. B. arithmetische Progression mit gleichen Differenzen: 1, 3, 5, 7 . . . und geometrische Progression mit gleichen Quotienten: 1, 3, 9, 27 . . .).

Ist z. B. die Grundvorschubgröße 5 mm und der sich stufenlos steigernde Zusatzvorschub 0,2 mm, so nimmt der Vorschub von einer Leitspindeldrehung zur nächsten von 5 auf 5,2, von 5,2 auf 5,4, dann 5,6 usw. mm zu. Die Leitspindelgeschwindigkeit ändert sich also stufenlos steigend im Verhältnis zur Drehspindel, die ihre Umlaufgeschwindigkeit behält [*15*].

Anmerkung: *Förderschnecken* bei Schneckenpressen (Kunststoffverarbeitungsmaschinen) werden durchwegs mit veränderlichem Kerndurchmesser, teils auch mit veränderlicher Steigung ausgeführt. Die Förderschnecke (Abb. 244) aus Nitrierstahl 33 Cr Al Ni 7 (80—100 kp/mm²) wurde mit Schaft-

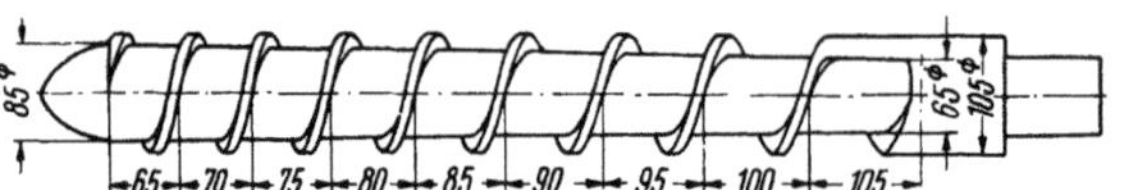

Abb. 244. Förderschnecke mit veränderlichem Kerndurchmesser und veränderlicher Steigung

fräser 50 mm Durchmesser, 5 Zähnen, drallverzahnt auf einer Wanderer[1] Gewinde- und Wälzfräsmaschine mit 345 min reiner Fräszeit (Schruppen 168 min und Schlichten 177 min) gefertigt. Die Herstellung der veränderlichen Schneckensteigung erfolgt auf dem Kopierwege über ein elektronisches System. Abgetastet wird eine mit elektrisch leitfähiger, d. h. metallisierter Tusche gezeichnete Kurve, entsprechend der zu fräsenden veränderlichen Steigung. Diese Kopierschablone wird auf eine drehbare Trommel aufgewickelt, die mit der Aufspannspindel durch Wechselräder verbunden ist. Mit letzteren kann die Drehzahl von Aufspannspindel und Schablonenträger geändert werden.

5.3 Gewindewirbeln auf der Leitspindeldrehmaschine

Erst die Schöpfung des Wirbelschnittes, also die Anwendung des hochfrequent unterbrochenen Schnittes bei überhöhter Schnittgeschwindigkeit (vgl. S. 28) gestattete die bedenkenlose Anwendung der sonst schlagempfindlichsten Hartmetalle unter der Voraussetzung geeigneten Anschliffes. *Lang- und Kurzgewindewirbelaggregate*, letztere auch für Innengewinde, ermöglichen die Gewindeherstellung auf Drehmaschinen mit großer Genauigkeit und hoher Oberflächengüte, die der Schleifgüte sehr nahe kommt. Werkstück und Wirbelwerkzeug laufen im gleichen Drehsinne (Gleichlauf), und der Querschlitten wird vorsichtig so weit zum Werkstück hin verschoben, bis die rotierende Meißelspitze an der Oberfläche des Werkstückes „anschnäbelt". Daraufhin wird die volle Gewindetiefe zugestellt und das Gewinde in einem Durchgang gewirbelt.

Der die Steigung bestimmende Längsvorschub wird durch die Leitspindel der Drehmaschine bewirkt, so daß deren Genauigkeit auch weitgehend die Steigungsgenauigkeit des gewirbelten Gewindes bestimmt. Die notwendige Teilung beim Wirbeln von mehrgängigen Gewinden kann durch Verwendung eines Teilfutters am Drehmaschinenspindelkopf, durch Teilen im Räderkasten der Maschine oder durch Verwendung eines Kreuzschlittens vorgenommen werden, der um den Wert der Gewindeteilung längs verkurbelt werden kann. Nach erfolgter Teilung um den jeweiligen Teilwinkel werden der zweite und in der gleichen Reihenfolge die restlichen Gewindegänge gewirbelt.

5.4 Wechselräderberechnen an der Gewindefräsmaschine

Die Langgewindefräsmaschine ist in ihrem Aufbau der Leitspindeldrehmaschine ähnlich. Sie ist gleichfalls mit einer Leitspindel versehen; ihr Werkzeugschlitten trägt den Frässpindelkopf. Das Gewinde wird mit einem Scheibenfräser erzeugt (Abb. 62). Der Vorschub des Werkzeugschlittens (Frässupport) zur Erzeugung der Gewindesteigung wird zwangsläufig durch entsprechende Wechselräder erzielt, so daß bei einer Umdrehung des Werkstückes die Verschiebung des Frässchlittens gleich der Gewindesteigung ist.

Zum Fräsen mehrgängiger Gewinde besitzt die Maschine eine Teilvorrichtung, wie sie in ähnlicher Form auch bei Drehmaschinen bekannt ist. Vielfach ermöglicht ein *Korrekturgetriebe*, die Steigungen beim Gewindefräsen positiv oder negativ zu korrigieren, um Schrumpfung oder Dehnung des Werkstückes durch nachfolgende Warmbehandlung bereits bei der Vorbearbeitung auszugleichen. (Vgl. auch Abschnitt 5.54.)

5.5 Wechselräderberechnen an der Gewindeschleifmaschine

Es werden nicht nur Gewinde an gehärteten Teilen geschliffen, sondern auch an ungehärteten Werkstücken, wenn besondere Anforderungen an die Genauigkeit und die Oberfläche gestellt werden, oder wenn es die natürliche Festigkeit des Werkstoffes erfordert. Beim Schleifen von Gewinden können unter-

---

[1] Wanderer-Werke A.G., München-Haar.

schiedliche Arbeitsverfahren angewendet werden. Man unterscheidet das Gewindelängsschleifen mit der Einprofilscheibe (Abb. 84), das Gewindelängsschleifen mit der Mehrprofilscheibe (Abb. 85), das Gewindeeinstechschleifen mit der Mehrprofilscheibe (Abb. 86) und das Hinterschleifen von Gewinden, Profilen sowie Werkzeugen mit geraden und schraubenförmigen Spannuten.

Bei Berechnung der Wechselräder für Gewindeschleifmaschinen gelten die für Leitspindeldrehmaschinen gebrachten Ausführungen in gleicher Weise. **Berechnungstafel 12, S. 311,** gibt Gleichungen für die Wechselradberechnung an Gewindeschleifmaschinen.

5.51 Räderberechnen für Metrische- und Zollsteigung

Die Steigungswechselräder (Gewindewechselräder) werden am hinteren Ende der Werkstückspindel aufgesetzt und treiben entsprechend der zu schleifenden Steigung[1] die Leitspindel an.

Abb. 245. Werkstückspindelkasten mit abgenommenen Schutzkappen

Beispiel 258. Es soll metrisches Gewinde M 33 mit 3,5 mm Steigung geschliffen werden. (Maschine FS 20, B.T. 12; Wechselräder, Satz Nr. 1, Maschinentafel 3, S. 358.)

Lösung: Hebelstellung[2]: Normale Steigung (bis 6 mm).

$$[\text{Z. 1}]\; u_w = \frac{6h}{25{,}4} = \frac{6 \cdot 3{,}5}{25{,}4} = \frac{6 \cdot 35}{2 \cdot 127} = \frac{60 \cdot 7}{4 \cdot 127} = \frac{60 \cdot 63}{36 \cdot 127} = \frac{63 \cdot 60}{36 \cdot 127}$$

Nach Abb. 221 und 225 erhalten $a = 63$, $b = 36$, $c = 60$, $d = 127$ Zähne. u_w vgl. Abb. 245.

Beispiel 259. Es soll ein $1^1/_8{}''$ Whitworthgewinde mit 7 Gg. a. $1''$ geschliffen werden. (Maschine FS 20, B.T. 12; Wechselräder, Satz Nr. 1, Maschinentafel 3, S. 358.)

$$\text{Lösung: } [\text{Z. 2}]\; u_w = \frac{6}{g} = \frac{6}{7} = \frac{48 \cdot 108}{96 \cdot 63}$$

Nach Abb. 221 und 225 erhalten $a = 48, b = 96, c = 108, d = 63$ Zähne.

Hebelstellung: Normale Steigung (bis 6 mm).

5.52 Räderberechnen für Modul- und Pitchsteigung

Die jeweils zu verwendenden Wechselräder (Gewindewechselräder) werden in gleicher Weise aufgesetzt wie die Wechselräder für metrische und Zollsteigungen. Die Umstellung auf Modul- und Pitchsteigung ist dadurch gegeben, daß die Modulsteigung das π-fache der Millimetersteigung und die Pitchsteigung das π-fache der Zollsteigung ist.

Beispiel 260. Eine einzähnige Schnecke mit 1,25 mm (Achs-)Modul ist zu schleifen. (Maschine FS 20, B.T. 12; Wechselräder, Satz Nr. 2, Maschinentafel 3, S. 358.)

$$\text{Lösung: } [\text{Z. 3}]\; u_w = \frac{3 \cdot 94\,m}{4 \cdot 95} = \frac{3 \cdot 94 \cdot 1{,}25}{4 \cdot 95} = \frac{30 \cdot 94}{95 \cdot 32}$$

$a = 30, b = 95, c = 94, d = 32.$

Hebelstellung: Normale Steigung (bis 6 mm).

5.53 Räderberechnen für schraubenförmig genutete Werkstücke

Räderberechnen für schraubenförmig genutete Werkstücke vgl. Berechnungstafel 12 und Abschnitt 6.8 „Hinterschleifen von Werkstücken".

---

[1] Beim Gewindelängsschleifen ist für höchste Genauigkeitsansprüche (Gewindelehren, Gewindebohrer, Mikrometerspindeln usw.) die *einprofilige Schleifscheibe* (Abb. 84) vorzuziehen. Die erreichbaren Genauigkeiten liegen für den Flankendurchmesser bei $\pm$ 0,002 mm, für den halben Flankenwinkel bei $\pm$ 5′. Die Genauigkeit der Gewindesteigung beträgt $\pm$ 0,002 mm auf 25 mm und $\pm$ 0,005 mm auf 300 mm Gewindelänge. Auch Modul-, Trapez- und Sägengewinde werden meist mit der Einprofilscheibe hergestellt; die Anwendung der Mehrprofilscheibe würde schwierige Profilkorrekturen an der Scheibe erfordern. Gleiches gilt für Werkzeuge mit Drallnuten, wie Stirnradwälzfräser und Gewindebohrer mit steilgängiger Drallnute.

[2] Stellung des Schalthebels am Werkstückspindelstock auf niedrige oder hohe Steigung. Ein Umschalten des Hebels von „normal" auf „steil" ergibt immer die 10fache Steigung.

5.54 Wechselräder zur Korrektur der Steigung

Um beim Schleifen sehr genauer Gewinde und beim Schleifen kegeliger Gewinde
eine von der eingestellten normalen Steigung nach plus oder minus abweichende
Steigung zu erzielen, benutzt man die *Korrektionseinrichtung*. Es wird zu diesem
Zwecke ein besonderer Satz von Wechselrädern mitgeliefert.

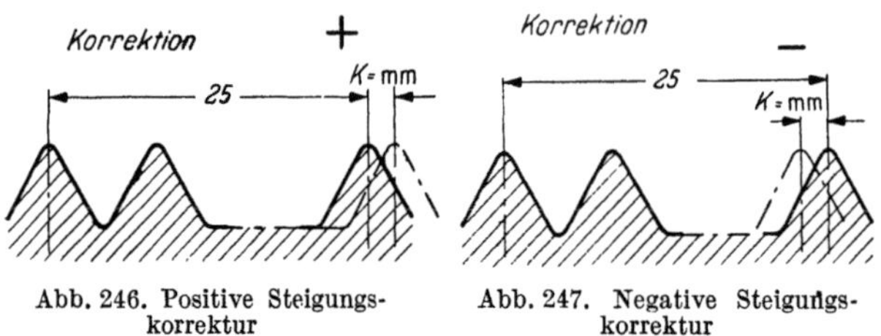

Abb. 246. Positive Steigungskorrektur

Abb. 247. Negative Steigungskorrektur

Anmerkung: Mit der Korrektionseinrichtung können von der
normalen Steigung abweichende
Plus- oder Minuskorrekturen von
0,002 bis 0,110 mm auf 25 mm Gewindelänge durch zusätzlich einge-
schaltete Wechselräder erzielt werden. Stirnradwälzfräser haben beispielsweise im Normalschnitt die
genaue Modulteilung. Dies bedingt,
daß die Steigung im Achsschnitt
von der genauen Modulsteigung

etwas abweicht und eine Korrektur notwendig macht. Die Steigungskorrektur kann nach der Gleichung

$$u_{wk} = \frac{a\,c}{b\,d} = \frac{25 \pm K}{K}$$ berechnet werden, wobei $25 + K$ für $u_{wk} > 1$ und $25 - K$ für $u_{wk} < 1$ gilt.

(Vgl. B.T. 12.) Die Kombination des Korrekturrädersatzes mit dem Wechselrädersatz ermöglicht damit
feinste Verlängerungen oder Verkürzungen der Steigung, also den Ausgleich von Steigungsdifferenzen.
Vgl. auch Einstellungsmöglichkeiten des Wechselräderverhältnisses bei Drallsteigungen auf Hinterdrehmaschinen, Fußnote 1, S. 204.

5.55 Kegelleitschiene für kegeliges Gewinde

Zum Schleifen kegeliger Gewinde rechtwinkelig zum Mantel *oder* zur Achse bis
Kegel 1 : 16 dient die Kegelleitschiene (vgl. S. 184). Entsprechend der Verjüngung
des Gewindes kann die Leitschiene schräggestellt werden. Dabei entspricht meist
1 Teilstrich der Kordelschraube 1 mm Durchmesseränderung auf 400 mm Länge.

6 Werkstück und Werkzeug

6.1 Werkstück mit kegeliger Mantelfläche

Kegel- bzw. kegelstumpfförmige Formen finden sich bei Werkstücken und
Werkzeugen: Kegelstifte, Kegelräder, Kupplungen, Kolbenstangen, Ventile, Hähne,
Körnerspitzen, Schäfte an Spiralbohrern, Reibahlen, Spannfuttern, Fräs-, Spann-
und Spreizdorne usw.

6.11 Bestimmungsgrößen bei Kegelberechnungen

Die früher übliche Bezeichnung „Konus" (Mehrzahl: Konen) wurde in Kegel verdeutscht. Das Wort
„Kegel" wird bei Körpern angewendet, deren Form einem geometrischen Kegel entspricht. Um einen
Austausch der Kegel zu ermöglichen, erfordert vor allem die Werkzeugbefestigung Kegelnormen, d. h.
die Festlegung einheitlicher Maße. Am verbreitet-
sten sind „*Metrische Kegel*", aufgestellt vom Normenausschuß der Deutschen Industrie (DIN 254)
und „*Morsekegel*", aufgestellt von der amerikanischen Maschinenfabrik Morse Twist-Drill und
Machine Co., New Badford, Mass./USA.

Kegel dienen zur Drehmoment- und Kraftübertragung, zum Einmitten (Zentrieren) und
zum Dichten. Nach Abb. 248 versteht man unter
einem Kegel entweder einen *vollständigen Kegel*
(Schneidenkegel) oder einen *Kegelstumpf* (Schaft

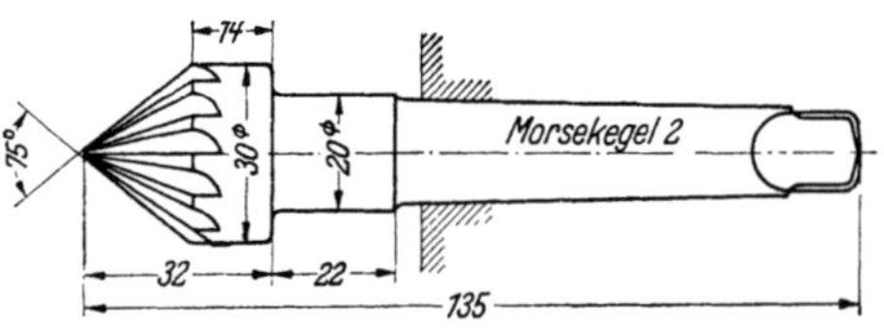

Abb. 248. 75°-Spitz- oder Kegelsenker 30 DIN 381

des Morsekegels). Ist ein Kegel sehr steil, dann nimmt der Durchmesser, wie der kegelige Schneidenteil
zeigt, schon bei geringer Entfernung rasch ab; bei einem schwachen Kegel dagegen nimmt der Durchmesser erst auf eine verhältnismäßig große Länge ab (Morsekegel). Vgl. auch Abb. 498 u. 499. Die
Kennzeichnung eines Kegels, ob steil oder schwach, erfolgt durch Eintragung der Kegelangabe.

Während ein Zylinder durch die Angabe einer Größe, des Durchmessers, bestimmt ist, sind für die
Bestimmung des Kegels oder die Verjüngung eines Kegelstumpfes (etwa einer Kegellehre) drei von-

einander unabhängige Bestimmungsgrößen maßgebend: großer Durchmesser D, kleiner Durchmesser d und Kegellänge l. Die vierte Bestimmungsgröße ist durch die Gleichung für die Verjüngung gegeben. Nach Zeichnungsnormen (DIN 406) ist bei Kegeln der halbe Kegelwinkel $\alpha/2$ anzugeben, auch wenn die Enddurchmesser D und d und die Länge l des Kegels eingeschrieben sind. (Ausnahme von der Regel „Maßüberbestimmung ist zu vermeiden".) Doch ist, je nach dem Bearbeitungsverfahren, bald die eine, bald die andere Art der Eintragung zweckmäßiger. In besonderen Fällen kann auch der Lehrdurchmesser als Nennkegeldurchmesser eingetragen werden.

Die einzelnen Bestimmungsgrößen bei Kegelberechnungen sind nach den Gleichungen der **Berechnungstafel 13**, S. 311 zu ermitteln.

Beispiel 261. Welche Zahlenwerte ergeben: a) die Kegelverjüngung, b) die Neigung, c) der halbe Kegelwinkel und d) der gesamte Kegelwinkel für den metrischen Kegel $1 : k = 1 : 20$?

Lösung: Man versteht unter dem Kegel $1 : k$ einen Kegel, der bei k mm Kegelhöhe einen Grundkreisdurchmesser von 1 mm hat (Abb. 498). Es ist also $k = 20$; damit a) [Z. 10] $V = \dfrac{1}{k} = \dfrac{1}{20}$; Kegelverjüngung $V = 1 : 20$. Die Angabe „Kegel $1 : 20$" ist parallel zur Kegelachse einzuschreiben. b) [Z. 14] $N = \dfrac{1}{2\,k} = \dfrac{1}{2 \cdot 20} = \dfrac{1}{40} = 1 : 40$; Neigung $N = 1 : 40$. Anstatt der Kegelangabe kann auch die Neigung der Mantellinie zur Kegelachse angegeben werden; die Angabe „Neigung $1 : 40$" ist parallel zur Kegelmantellinie zu setzen. c) [Z. 9] $\tan \dfrac{\alpha}{2} = \dfrac{1}{2\,k} = \dfrac{1}{2 \cdot 20} = \dfrac{1}{40} = 0,025$; halber Kegelwinkel $\dfrac{\alpha}{2} = 1° \, 25' \, 56''$. d) $\alpha = 2\,\dfrac{\alpha}{2} = 2 \cdot 1° \, 25' \, 56''$; gesamter Kegelwinkel $\alpha = 2° \, 51' \, 52''$.

Beispiel 262. Wie groß ist bei dem Spitzsenker (Abb. 248) die Länge des Schneidenkegels?

Lösung: [Z. 7] $l = \dfrac{D - d}{2} \cot \dfrac{\alpha}{2} = \dfrac{30 - 0}{2} \cot \dfrac{75°}{2} = \dfrac{30}{2} \cot 37° \, 30' = 15 \cdot 1,3032$; Kegellänge $l = 19,548$ mm. Von diesem rechnerischen Wert gehen 1,548 mm ab, da der Schneidenkegel etwas abgestumpft ist, so daß die Höhe des Kegels 18 mm beträgt. (Im allgemeinen wähle man die Länge derart, daß sich für die Durchmesser möglichst Normmaße ergeben. Der große Durchmesser des Kegels ist aus der Reihe der Normmaße zu wählen.)

Beispiel 263. Der Schaft des Morsekegels 2 eines Spiralbohrers von 22 mm Durchmesser hat folgende Abmessungen: Länge des Kegels $l = 78,5$ mm; großer Kegeldurchmesser $D = 17,981$ mm; Verjüngung $V = 0,04995$. Berechne den Durchmesser d des Kegelschaftes am schwächeren Ende.

Lösung: [Z. 3] $d = D - V\,l = 17,981 - 0,04995 \times 78,5 = 17,981 - 3,921075 = 14,060$; Kegeldurchmesser am schwächeren Ende $d = 14,06$ mm.

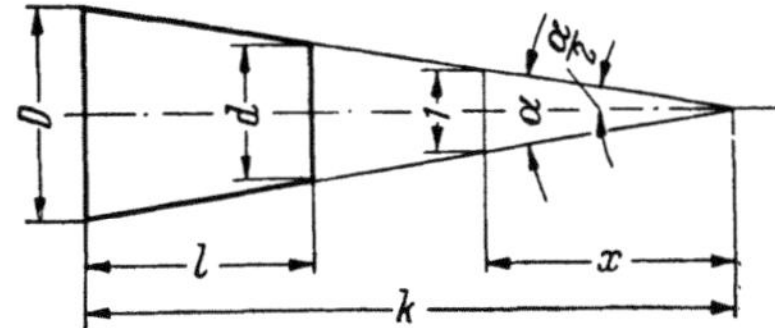

Abb. 249. Kegel und Kegelstumpf nach DIN 254

Beispiel 264. Nach Abb. 249 bedeutet (DIN 254, Ausgabe Juli 1962) Kegel oder Verjüngung $1 : x$ das Verhältnis des Durchmessers D am Kegel zu dessen Achslänge k, umgerechnet auf den Durchmesser $D = 1$. Welche Gleichungen ergeben sich für Kegel $1 : x$ und Neigung $1 : 2x$?

Lösung: Für den in der Praxis meistgebrauchten „*Kegelstumpf*" gilt:

Mit Meßgeräten zur unmittelbaren Kegelmessung (Geräte zur Istmaßbestimmung, also keine Lehren) müssen sich die Bestimmungsgrößen D, d und l messen lassen. Da das Verhältnis gerader Strecken im Dreieck jedoch auch zur Bestimmung eingeschlossener Winkel benutzt werden kann, bietet auch das Messen des Kegelwinkels α mittelbar die Möglichkeit, eine der genannten Bestimmungsgrößen nach der Tangensfunktion zu errechnen. Es ergeben sich die Gln. (326) und (327). Häufiger als die Messung unbekannter Kegel wird in den Prüfräumen die Nachmessung von Kegellehren auf genaue Einhaltung des Kegelwinkels oder auf Abnutzungserscheinungen verlangt. Diese Aufgabe erfüllen die auf dem Prinzip des *Sinuslineals* beruhenden Geräte.

$$\text{Kegel} \quad 1 : x = (D - d) : l \qquad (324)$$

$$\text{Neigung} \quad 1 : 2\,x = \frac{D - d}{2} : l \qquad (325)$$

$$\text{Kegel} \quad 1 : x = 2 \tan \frac{\alpha}{2} \qquad (326)$$

$$\text{Neigung} \quad 1 : 2\,x = \tan \frac{\alpha}{2} \qquad (327)$$

Beispiel 265. Abb. 250 zeigt die Buchse für eine Einspritzpumpe; gegeben $D_1 = 11,9$ mm, $\dfrac{\alpha_1}{2} = 35°$, $D_2 = 12,6$ mm, $\dfrac{\alpha_2}{2} = 6°$, $l = 14$ mm. Berechne den Kegeldurchmesser d, der den Innenkegeln[1] gemeinsam ist und für das Vorbohren der beiden Kegelbohrungen bei der Fertigung benötigt wird.

---

[1] *Innenkegel* bedeutet *kegelige Bohrung*; dabei ist $D = $ Bohrungsdurchmesser am großen Kegelende, $d = $ Bohrungsdurchmesser am kleinen Kegelende, $l = $ Kegellänge.

Lösung: [Z. 8] $\tan\dfrac{\alpha_1}{2} = \dfrac{D_1 - d}{2\,l_1}$ und $\tan\dfrac{\alpha_2}{2} = \dfrac{D_2 - d}{2\,l_2}$; mit $\tan\dfrac{\alpha_1}{2} = \dfrac{1}{2\,x_1}$ und $\tan\dfrac{\alpha_2}{2} = \dfrac{1}{2\,x_2}$

(vgl. Beispiel 264) erhält man $\dfrac{1}{2\,x_1} = \dfrac{D_1 - d}{2\,l_1}$ und $\dfrac{1}{2\,x_2} = \dfrac{D_2 - d}{2\,l_2}$ oder $l_1 = x_1\,(D_1 - d)$ und $l_2 = x_2\,(D_2 - d)$.

Mit $l_1 + l_2 = l$ folgt: $x_1\,(D_1 - d) + x_2\,(D_2 - d) = l$. Auflösung dieser Gleichung nach d:

Gemeinsamer kleiner Kegeldurchmesser eines Doppelkegels (Abb. 250)

$$d = \frac{D_1\,x_1 + D_2\,x_2 - l}{x_1 + x_2} \tag{328}$$

d = gemeinsamer kleiner Kegeldurchmesser eines Doppelkegels [mm], D_1 = großer Kegeldurchmesser des Kegels I [mm], $x_1 = \dfrac{1}{2}\cot\dfrac{\alpha_1}{2}$, D_2 = großer Kegeldurchmesser des Kegels II [mm], $x_2 = \dfrac{1}{2}\cot\dfrac{\alpha_2}{2}$, l = Summe der beiden Kegellängen [mm]. Mit $D_1 = 11,9$ mm, $x_1 = \dfrac{1}{2}\cot\dfrac{\alpha_1}{2} = \dfrac{1}{2}\cot 35° = 0{,}71405$, $D_2 = 12,6$ mm, $x_2 = \dfrac{1}{2}\cot\dfrac{\alpha_2}{2} = \dfrac{1}{2}\cot 6° = 4{,}7572$ und $l = 14$ mm ergibt Gl. (328): $d = 9{,}949$; $d = 9{,}95$ mm.

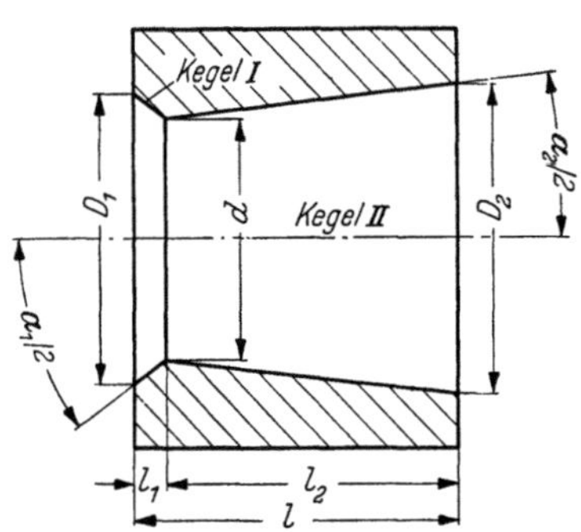

Abb. 250. Buchse mit zwei Innenkegeln

6.12 Kegelfertigung auf der Spitzendrehmaschine

Die Mehrzahl der Kegel wird auf der Drehmaschine hergestellt, die für diesen Sonderzweck gebaut oder mit entsprechenden Vorrichtungen ausgerüstet ist. Bei Bearbeitung eines Kegels ist entweder der Werkzeugoberschlitten (Abb. 251 und 252), bei Drehmaschinen mit Kegelleitschiene die letztere (Abb. 259) oder bei Reitstockverstellung durch Verschiebung der Reitstockspitze (Abb. 254) das Werkstück um den halben Kegelwinkel zu verdrehen. Der halbe Kegelwinkel $\alpha/2$ ist dann der Verstellwinkel für den Werkzeugoberschlitten, für die Leitschiene oder, allgemein gesagt, *Einstellwinkel an der Bearbeitungsmaschine*.

6.121 Verstellung des Oberschlittens

Der Werkzeugoberschlitten kann zum Kegeldrehen für steile und kurze Kegel unter dem halben Kegelwinkel (34° 30′ in Abb. 251 bzw. 60° in Abb. 252) gegen die Spitzenlinie (durch die Spindel- und Reitstockspitze gedachte Linie) verstellt und in dieser Lage mittels zweier Klemmschrauben festgeklemmt

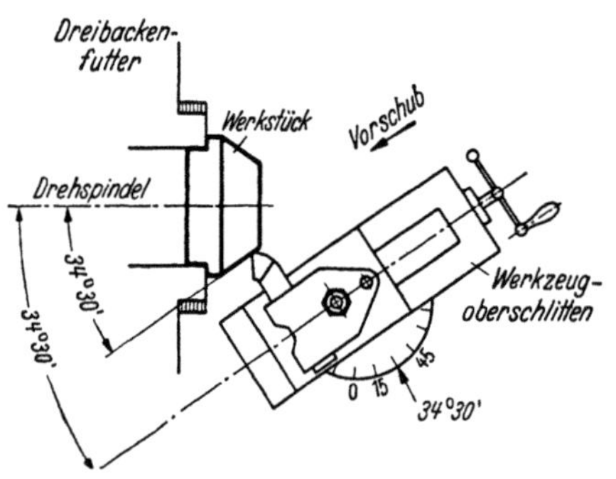

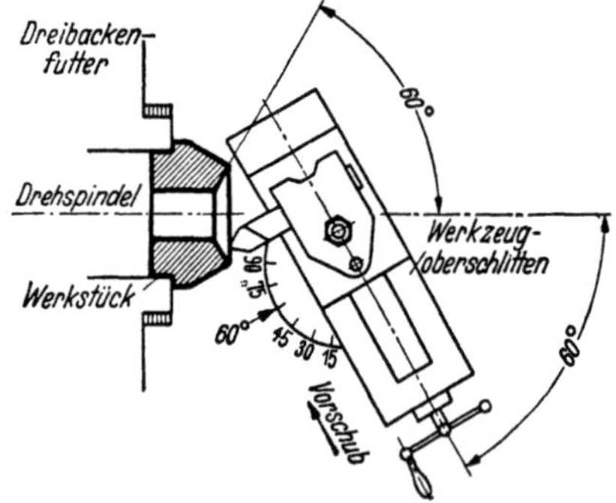

<table>
<tr><td align="center">Abb. 251.
Außenkegeldrehen mit Oberschlittenverstellung
(Einstellwinkel $\alpha/2 = 34°\,30′$)</td><td align="center">Abb. 252.
Innenkegeldrehen mit Oberschlittenverstellung
(Einstellwinkel $\alpha/2 = 60°$)</td></tr>
</table>

werden. Werkstückachse bleibt dabei in der Spitzenlinie. Beim Verstellen des Drehteiles im Sinne des Uhrzeigers entsteht ein Kegel, dessen großer Durchmesser an der Reitstockspitze liegt; im entgegengesetzten Sinne entsteht ein Kegel, dessen großer Durchmesser an der Spindelstockseite liegt (Abb. 251). Die Verschiebung des Drehmeißels kann meist nur von Hand[1] erfolgen (längere Drehzeit!).

---

[1] Vielfach werden Drehmaschinen mit *Selbstgang im Oberschlitten* ausgerüstet, was für Kegelwinkel über $\alpha = 20°$ zweckmäßig erscheint. Verschiebewege des Oberschlittens werden bis 250 mm ausgeführt. Der Antrieb des Oberschlittens erfolgt vom Getriebe des Bettschlittens durch die Mitte des Drehteils.

Einstellwinkel an der Bearbeitungsmaschine. (Für alle Voll- und Hohlkegel)

$$\tan \frac{\alpha}{2} = \frac{D - d}{2\,l}$$

$\alpha/2 =$ halber Kegelwinkel = Einstellwinkel an der Bearbeitungsmaschine [°], $D =$ großer Kegeldurchmesser [mm], $d =$ kleiner Kegeldurchmesser [mm], $l =$ Kegellänge [mm]; vgl. auch Z. 8, B.T. 13, und Fußnote *, S. 254. (329)

6.1211 Maß der Einstellung. Ist z. B. der Kegelwinkel mit $\alpha = 32°44'$ gegeben, so wird der Oberschlitten um $16°\,22'$ verdreht.

In welcher *Richtung* der Oberschlitten verdreht werden muß, ergibt sich aus der Lage des Werkstückes in der Maschine. Falls die Gradeinteilung auf dem Flansch nicht von Null aufwärts geht, sondern von 90° abwärts, ist der Unterschiedswinkel $90° - \alpha/2 = 90° - 16°\,22' = 73°\,38'$ einzustellen. Da man beim Drehen die Handkurbel fast immer vorne hat, würde z. B. bei $\alpha/2 = 58°\,40'$ die Verdrehung des Oberschlittens von der vorderen Nullstellung $180° - 58°\,40' = 121°\,20'$ betragen. Beginnt die Teilung nicht vorne, kommen $90° - 58°\,40' = 31°\,20'$ Einstellung in Frage.

6.1212 Möglichkeiten der Einstellung. a) Für kleine Kegelwinkel (bis $\alpha/2 \approx 6°$) kann man näherungsweise statt „Tangens" den „Bogen im Einheitskreis" setzen:

Einstellwinkel an der Bearbeitungsmaschine. (Näherungsformel bis $\alpha/2 \approx 6°$)

$$\frac{\alpha}{2} = \frac{200\,(D - d)}{7\,l}$$

$\alpha/2 =$ Gradmaß des Einstellwinkels *ohne Verwendung der Tangenstafel.* [Das Ergebnis in Graden gibt nach dem Komma den Rest in Dezimalen und nicht in Minuten an.] D, d und l wie bei Gl. (329). (330)

Beispiel 266. Ein Dreher berechnete für den Kegel $D = 120$ mm, $d = 50$ mm und $l = 35$ mm die Oberschlittenverstellung nach Gl. (330). Wie groß ist der entstandene Fehler?

Lösung: [Gl.(330)]: $\dfrac{\alpha}{2} = \dfrac{200\,(D-d)}{7\,l} = \dfrac{200\,(120-50)}{7 \cdot 35} = 57{,}14°$; $\alpha/2 \approx 57°\,8'$. [Gl. (329)]: $\tan\dfrac{\alpha}{2} = \dfrac{D-d}{2\,l} = \dfrac{120-50}{2 \cdot 35} = 1{,}0000$; $\alpha/2 = 45°$; Fehler $57°\,8' - 45° = 12°\,8'$.

b) Hat der Drehteil des Oberschlittens keine Gradeinteilung, so muß seine Verstellung mit Hilfe des Universalwinkelmessers oder nach Millimetern erfolgen.

Oberschlittenverstellung mit Bogenlänge [mm]

$$b = \frac{d_D\,\pi}{360°}\,\frac{\alpha}{2}$$

$b =$ Bogenlänge der Oberschlittenverstellung [mm], $d_D =$ Durchmesser des Drehteiles [mm], $\alpha/2 =$ halber Kegelwinkel [°]. (331)

c) Das Verfahren unter b) liefert ungenaue Ergebnisse und soll möglichst vermieden werden. Genauer ist die Berechnung des Sehnenmaßes.

Oberschlittenverstellung mit Sehnenlänge [mm].

$$s = d_D \sin \frac{\alpha}{4}$$

$s =$ Sehnenlänge der Oberschlittenverstellung [mm], $d_D =$ Durchmesser des Drehteiles [mm], $\alpha/4 =$ viertel Kegelwinkel [°]. (332)

Anmerkung: Gln. (331) und (332) sind auch beim Arbeiten an Maschinenschraubstöcken anwendbar, wenn beispielsweise ein Werkstück nach dem Fräsen einer Bezugsfläche ohne Umspannen mit genauem Winkel weiterbearbeitet werden soll. Das ermittelte Verstellmaß ist mit Hilfe eines Maßstabes oder eines Stechzirkels am Umfang des drehbaren Maschinenteiles abzutragen.

Beispiel 267. Welcher Kegel entspricht dem Schneidenkegel (Abb. 248), und um welches Grad- und Minutenmaß ist der Werkzeugoberschlitten zu verstellen? (Vgl. Beispiel 262).

Lösung: [Z. 10] $V = \dfrac{D-d}{l} = \dfrac{30-0}{19{,}548} = \dfrac{1}{0{,}6516}$; Kegel $\approx 1 : 0{,}652$.

Einstellwinkel $\dfrac{\alpha}{2} = \dfrac{75°}{2} = 37°\,30'$.

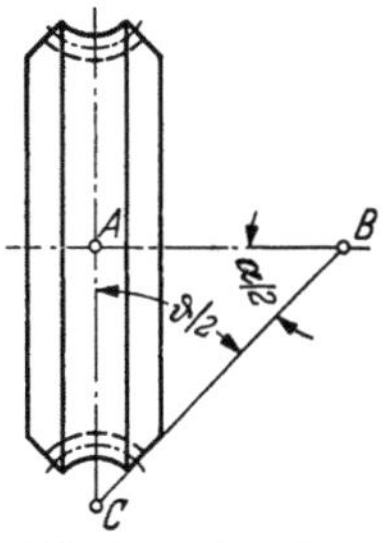

Beispiel 268. Das Schneckenrad Abb. 555 wird auf Dorn vorgedreht. Um welches Gradmaß ist der Oberschlitten beim Drehen der Radfasen mit $\vartheta/2 = 35°$ zu verstellen? (Umfassungswinkel vgl. S. 283.)

Abb. 253. Einstellwinkel aus Hilfsdreieck

Lösung: Der Werkzeugoberschlitten ist um den halben Kegelwinkel zu verstellen; aus Dreieck ABC (Abb. 253) folgt: $\alpha/2 = 90° - \vartheta/2 = 90° - 35° = 55°$; Einstellwinkel $\alpha/2 = 55°$.

6.122 Verstellung des Reitstockes

Können lange Kegel mit geringer Neigung weder durch Verstellung des Schlittenoberteiles noch mit Hilfe einer Kegelleitschiene (Abb. 259) hergestellt werden, so wird mit Reitstockverstellung gearbeitet. In solchen Fällen erfolgt das Kegeldrehen durch seitliche Verstellung des Reitstockoberteiles (Abb. 254). Das Werkzeug wird wie üblich, gleichlaufend zur Achse verschoben; es entsteht ein Kegel bei versetzter Drehachse (Abb. 23).

Reitstockverstellung[1] aus Werkstücklänge und Kegelmaße (Abb. 255)

$$x = \frac{L(D - d)}{2l} \qquad (333)$$

x = Reitstockverstellung, ausgedrückt durch Werkstücklänge und Kegelmaße für den Fall, daß der Kegel inmitten der Werkstücklänge liegt [mm], L = Werkstücklänge = Drehdornlänge [mm], D = großer Kegeldurchmesser [mm], d = kleiner Kegeldurchmesser [mm], l = Kegellänge [mm].

Für den *Sonderfall*, daß der Kegel eines Werkstückes zwischen den Spitzen endet, wird $L = l$. Gl. (333) geht damit über in $x = (D - d)/2$; Reitstockverstellung gleich halbe Differenz der Kegeldurchmesser. Weiterhin erhält man:

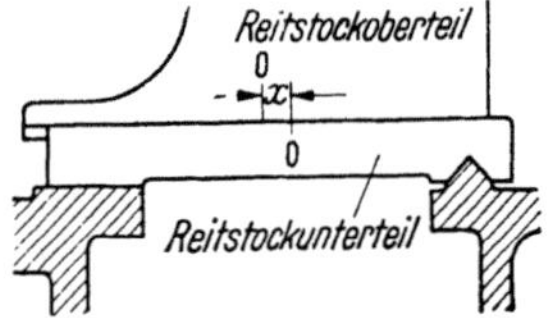

Abb. 254. Verstellung des Reitstockoberteiles um das Maß x

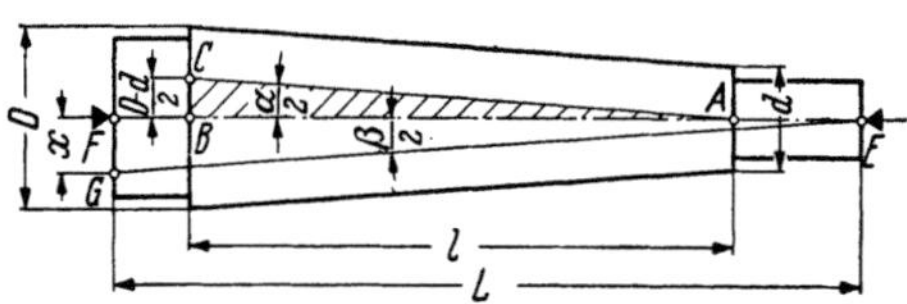

Abb. 255. Kegeldrehen mit Reitstockverstellung. Kegel liegt inmitten der Werkstücklänge ($\beta/2 = \alpha/2$)

Reitstockverstellung aus Werkstücklänge und Neigung

$$x = LN \qquad (334)$$

Reitstockverstellung aus Werkstücklänge und Verjüngung

$$x = 0{,}5\,LV \qquad (335)$$

Reitstockverstellung aus Werkstücklänge und Kegelwinkel

$$x = L \tan \frac{\alpha}{2} \qquad (336)$$

x = Reitstockverstellung, für den Fall, daß der Kegel inmitten der Werkstücklänge liegt [mm], L = Werkstücklänge [mm], N = Neigung, V = Verjüngung, $\alpha/2$ = halber Kegelwinkel [°]. Vgl. auch Berechnungstafel 13.

Die Einspannung zwischen den Spitzen des Spindelstockes und des Reitstockes verlangt an beiden Enden des Werkstückes *Zentrierbohrungen* in Form kegeliger Vertiefungen[2]. Nach DIN 332 gibt es Zentrierbohrungen mit 60° Senkwinkel (bis 100 kp Gewicht) und Zentrierbohrungen mit 90° Senkwinkel (über 100 kp Gewicht). Man unterscheidet dabei Form A ohne Schutzsenkung (Abb. 256), Form B mit Schutzsenkung 120° (Abb. 257) und Form C mit zylindrischer Schutzsenkung. Für Wellenenden, auf die Aufdruck- oder Abziehvorrichtungen aufgebracht werden müssen, insbesondere für elektrische Maschinen, verwendet man Zentrierbohrungen mit Gewinde nach Form D. Vgl. Zahlentafel 11.

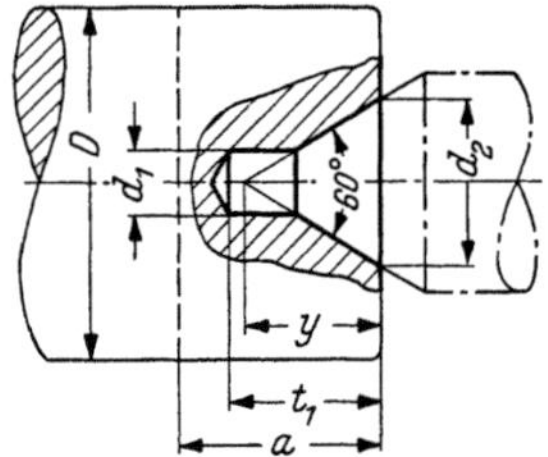

Abb. 256. Zentrierbohrung, Senkwinkel 60°, Form A ohne Schutzsenkung (a = Abstechmaß bei Werkstücken, an denen die Zentrierbohrung nicht stehenbleiben darf)

Zahlentafel 11
Zentrierbohrungen (Abb. 256 und 257) nach DIN 332

Durchmesserbereich des fertigen Stückes D	Bohrungs- und Senkdurchmesser d_1	d_2	d_3	t_1 Kleinstmaß Form A	t_1 Kleinstmaß Form B	a	$b \approx$
bis 4	0,5	1,5		1,5		2,5	
über 4 bis 6	0,75	2		2		3	
über 6 bis 10	1	2,5	4	2,5	3	4	0,4
über 10 bis 25	2	5	8	5	6	7	0,8
über 25 bis 63	3	8	12	7	8	10	1
über 63 bis 100	5	12	17	11	13	16	1,5

Bezeichnung einer Zentrierbohrung Form A für Durchmesserbereich D über 10 bis 25 mm von Bohrungsdurchmesser $d_1 = 2$ mm „Zentrierung A 2 DIN 332".

---

[1] Nach Abb. 255 ist Dreieck EFG ähnlich Dreieck ABC, also $x : L = (D - d)/2 : l$.

[2] Mit den steigenden Ansprüchen des Maschinen- und Fahrzeugbaues an die Genauigkeit der spanenden Fertigung hat das *Nacharbeiten von Zentrierbohrungen durch die spanende Wirkung von Schleifkegeln* an Bedeutung gewonnen. Sie entfernen Schmutz und Zunder, wenn an sich richtig liegende, einwandfrei geformte Körnerlöcher lediglich zu säubern und zu glätten sind, und berichtigen eine Zentrierbohrung, wenn Lage-, Form- und Maßfehler vorliegen. Beim Serienschleifen mit Werkstückspannung zwischen Spitzen ermöglicht die *Zentrierglättmaschine* beide Körner gleichzeitig zu schleifen (erheblicher Zeitgewinn!).

Die Körnerspitzen ragen in die Körnerlöcher des Werkstückes um das Maß y bzw. y_1 hinein. Damit wird der *Spitzenabstand* $a_s = L - 2\,y$ bzw. $a_s = L - 2\,y_1$. Wird in den Gln. (333) bis (336) an Stelle der Werkstücklänge L der Spitzenabstand a_s gesetzt, so ergeben sich günstigere Werte für die Reitstockverstellung und damit genauere Kegel. Gl. (337) ist eine weitere genaue Gleichung.

Reitstockverstellung aus Spitzenabstand und halbem Kegelwinkel (Abb. 258)	$x = a_s \sin \dfrac{\alpha}{2}$	(337)
Spitzenabstand bei Zentrierbohrung $\Big\{$ Abb. 256	$a_s = L - 2\,y$	(338)
Abb. 257 $\Big\{$	$a_s = L - 2\,y_1$	(339)
	$a_s = L - 2\,(y + b)$	(340)
Maß, um welches die Körnerspitze in das Werkstück ragt $\Big\}$ bei Senkwinkel 60°	$y = 0{,}5\,d_2\,\sqrt{3}$	(341)
Senkwinkel 90°	$y = 0{,}5\,d_2$	(342)

x = Reitstockverstellung, ausgedrückt durch Spitzenabstand und halben Kegelwinkel, für den Fall, daß der Kegel inmitten der Werkstücklänge liegt [mm], a_s = Spitzenabstand [mm], $\alpha/2$ = halber Kegelwinkel [°], L = Werkstücklänge [mm], y bzw. y_1 = Maß, um welches die Körnerspitze in das Werkstück ragt [mm], b = Tiefe der Aussparung für die Schutzsenkung [mm], d_2 = Durchmesser der Körnersenkung [mm].

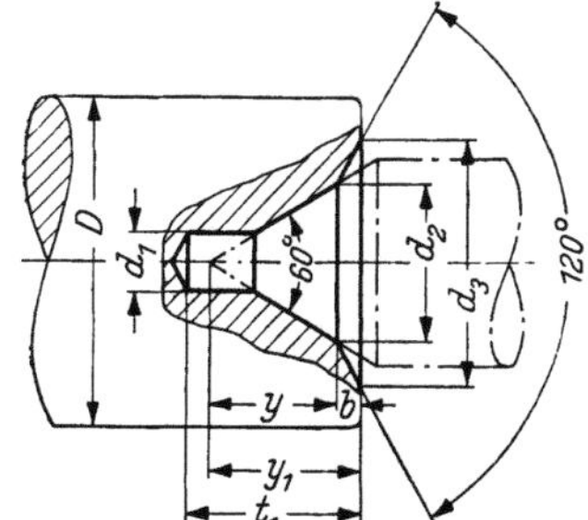

Abb. 257. Zentrierbohrung, Senkwinkel 60°, Form *B* mit Schutzsenkung 120°. (Durchmesser *D* gilt für das fertige Werkstück)

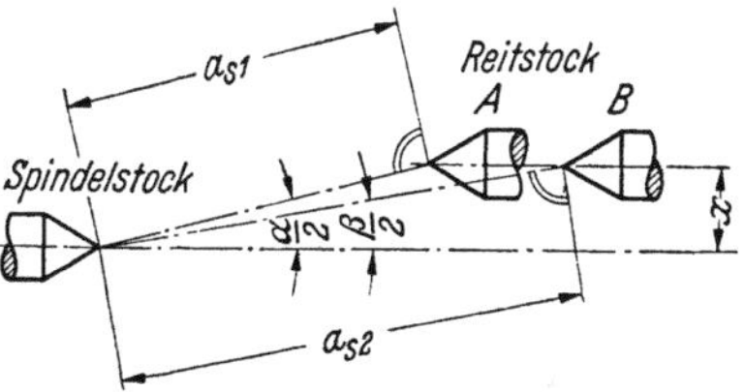

Abb. 258. Lageveränderung der Drehachse des Kegels bei verschieden tiefen Zentrierbohrungen. Vgl. auch Abschnitt 5.144

Als *Höchstmaß der Verstellung* darf nur mit ungefähr 1/50 der ganzen Werkstücklänge gerechnet werden. Bei Überschreitung dieses Maßes vergrößern die Körnerspitzen die Zentrierbohrungen und bewirken Unrundlaufen des Werkstückes.

Die Größe der Verstellung, d.h. die Größe der Verschiebung des Reitstockoberteiles aus der Spitzenlinie, kann entweder von der Reitstockaußenseite an Hand von Strich und Marke nebst Millimetereinteilung eingestellt werden (Abb. 254), oder es wird der Reitstock möglichst nahe an den Spindelstock herangebracht und der seitliche Abstand der Körnerspitzen gemessen.

Anmerkung: Der Nachteil des Kegeldrehens mit Reitstockverstellung liegt in der ungünstigen Beanspruchung der Körnerlager. Die Möglichkeit einer schleifenden Endbearbeitung der nach diesem Verfahren hergestellten Kegel ist in Frage gestellt, da die Zentrierbohrungen an den Werkstücken während des Drehens vielfach ihre geometrisch richtige Form verlieren. Auch werden die Kegelneigungen ungünstig beeinflußt, da die Zentrierbohrungen an sonst gleichartigen Werkstücken verschieden tief (Stellung *A* und *B* in Abb. 258) sind und die Körnerspitzen dementsprechend mehr oder weniger tief eindringen. Beim Kegeldrehen mittels Reitstockverstellung ist der selbsttätige Langzug einschaltbar, was für die Beschaffenheit der Arbeitsfläche von Bedeutung ist.

6.123 Verstellung der Kegelleitschiene

Reicht der Bereich des Selbstganges im Oberschlitten nicht mehr aus, dient die Kegelleitschiene[1] (Abb. 259) zum Innen- und Außendrehen von kegeligen

---

[1] Die ursprüngliche und einfachste Art des *Kopierens* oder *Nachformdrehens* ist die mit Hilfe einer Kegelleitschiene.

Werkstücken mit schlanken Kegeln. Das Kegeldrehen verlangt eine Verstellung der Leitschiene um den Einstellwinkel $\alpha/2$ [Gl. (329)].

Wie Abb. 259 erkennen läßt, wird die Leitschiene, auf der sich das Gleitstück entlang bewegt, von zwei am Bett befestigten Aufspannwinkeln getragen. Der auf der hinteren Bettwange festgeklemmte Lagerbock hält mit seiner Spindel die Leitschiene in der jeweiligen Arbeitsstellung fest. Die Einstellung kann gewöhnlich bis zu 11° nach jeder Seite erfolgen, so daß Kegel von der geringsten Neigung bis zur Neigung 1:6 mit selbsttätigem Langvorschub hergestellt werden können. Kegelleitschienen eignen sich für 400 bis 500 mm Kegellänge.

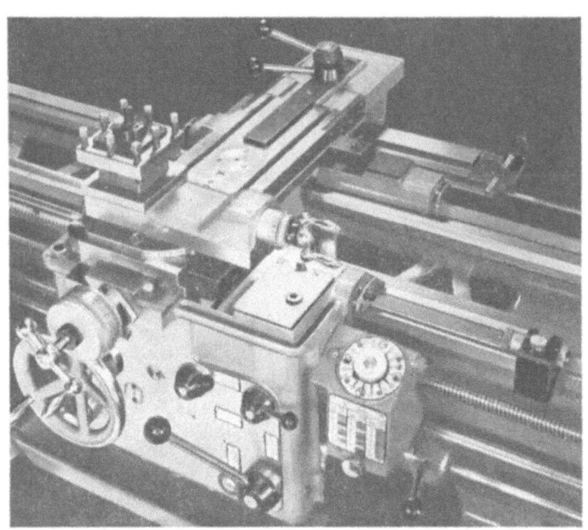

Abb. 259. Vierfachmeißelhalter mit Kegelleitschiene und Gewinde-schneidanzeiger [Gewindeuhr] einer VDF-Einheitsdrehmaschine (Gebr. Boehringer GmbH, Göppingen)

6.124 Schrägstellen des Drehmeißels

Kegel lassen sich auf der Drehmaschine auch durch Schrägstellen oder Schrägschleifen der Meißelschneide herstellen. Dieses Verfahren wird nur für kurze Kegel, die keine große Genauigkeit erfordern, insbesondere für Massenherstellung an Revolvermaschinen oder Automaten angewendet.

6.125 Mitteneinstellung des Drehmeißels

Um einen Kegel mit richtigen geometrischen Formen zu drehen, ist die Schneidenspitze des Drehmeißels genau auf Achsmitte einzustellen (Abb. 260). Steht die Schneidenspitze des Drehmeißels über oder unter Mitte, so müßte der Meißel eine Hyperbel beschreiben. Da der Weg des Drehmeißels aber geradlinig ist, ergibt sich, wenn die Drehmeißelspitze über oder unter Mitte steht, statt des Kegels ein sog. *Umdrehungshyperboloid* (Abb. 261).

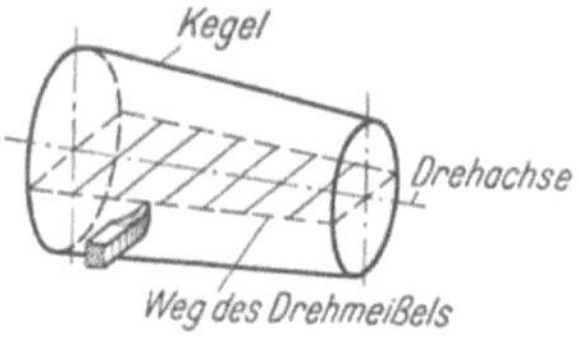

Abb. 260. Drehmeißel erzeugt geraden Kreiskegel (Kegelstumpf)

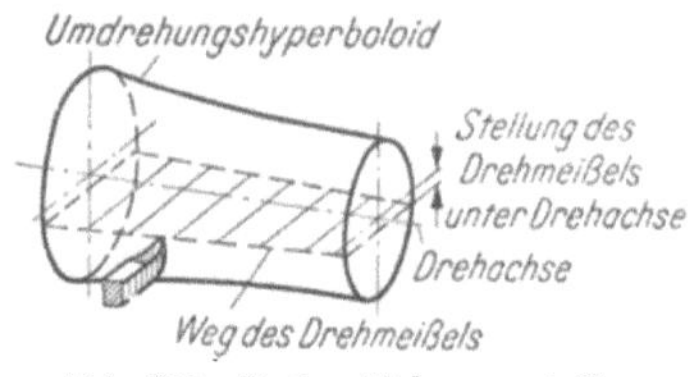

Abb. 261. Drehmeißel erzeugt Umdrehungshyperboloid[1]

Beispiel 269. Ein Kegel 1 : 20 mit $D = 40$ mm, $d = 33$ mm, $l = 140$ mm wird, beginnend mit dem kleinen Kegeldurchmesser, *fälschlicherweise* mit $h = 2$ mm Meißelüberhöhung gedreht. Um wie viele mm wird der große Durchmesser des Kegels falsch, wenn der kleine Durchmesser, die Kegellänge und die Kegelsteigung eingehalten werden?

---

[1] Formen der „*Kegelschnitte*" am geraden Kreiskegel: Ein Achsschnitt begrenzt die Schnittfläche durch ein gleichschenkeliges *Dreieck*. Ein parallel zur Grundfläche, also senkrecht zur Achse geführter Schnitt begrenzt die Schnittfläche durch einen *Kreis*. Ein zur Achse unter einem beliebigen Winkel geführter Schnitt begrenzt die Schnittfläche durch eine *Ellipse* oder einen Teil derselben. Ein parallel zur Achse geführter Schnitt begrenzt die Schnittfläche durch eine *Hyperbel*. Ein parallel zur Kegelseite geführter Schnitt begrenzt die Schnittfläche durch eine *Parabel*. Drehen sich Kegelschnittkurven um ihre Achsen, so entstehen Umdrehungsflächen. Das *Umdrehungshyperboloid* entsteht durch Umdrehung einer Hyperbel um eine ihrer Achsen; je nachdem sich die Hyperbel um ihre Haupt- oder Nebenachse dreht, entsteht das zweischalige oder einschalige Hyperboloid.

Lösung: Nach Abb. 262 ist $BM = \dfrac{d}{2} = r$, $AB = h$ und damit $AM = \sqrt{(BM)^2 - (AB)^2} = \sqrt{r^2 - h^2}$. Weiterhin ist (angenähert) $BE = \dfrac{D - d}{2} = R - r$, $CE = AB = h$ und $CM = AC + AM = BE + AM = R - r + \sqrt{r^2 - h^2}$. Aus Dreieck CEM folgt somit $EM = \sqrt{(CE)^2 + (CM)^2}$ oder $R' = \sqrt{h^2 + (R - r + \sqrt{r^2 - h^2})^2}$. Der gesuchte große Kegeldurchmesser wird dann $D' = 2R'$ oder $D' = 2\sqrt{h^2 + (R - r + \sqrt{r^2 - h^2})^2}$.

Mit den Zahlenwerten wird $D' = 2\sqrt{2^2 + (20 - 16{,}5 + \sqrt{16{,}5^2 - 2^2})^2}$; $D' = 39{,}956$ mm. Der Durchmesser des Drehkörpers wird dort, wo er 40 mm aufweisen sollte, um $40{,}000 - 39{,}956 = 0{,}044$ mm, also um über vierhundertstel Millimeter zu schwach. Die Abweichung kann bei anderen Steigungen und Meißelüberhöhungen zu wesentlich größeren Unwerten führen.

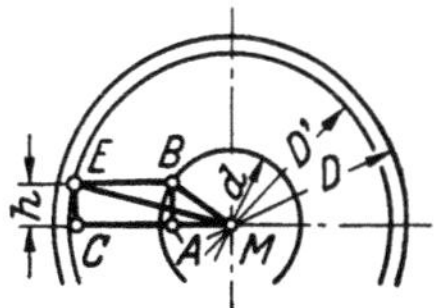

Abb. 262. Falsches Kegeldrehen mit Meißelüberhöhung

6.13 Kegelfertigung auf der Sondermaschine

Sollen bei Einzelfertigung große Gußstücke z. B. auf Waagerecht-Bohr- und Fräswerken mit größeren kegeligen Bohrungen versehen werden, so sind vielfach Zusatzeinrichtungen, sog. *Kegelbohrvorrichtungen* erforderlich, die je nach Ausführung an der Planscheibe angeflanscht oder an den Planschieber eines Plandrehschlittens geschraubt werden. Der Bohrungsdurchmesser wird durch Verschieben des Planschiebers, die Kegelsteigung durch Neigen der Werkzeugführung (Kegelwinkel einstellbar) eingestellt. Der ruckweise Vorschub in Richtung des Kegelmantels erfolgt über Anschlag, Sternrad und Gewindespindel [5]. An weiteren Sondermaschinen seien genannt:

6.131 Kegelfertigung auf der Sonderdrehmaschine

Bei dieser sitzen sowohl Reitstock als auch Spindelstock verschiebbar auf einer drehbaren Bettplatte, welche auf die Neigung des zu drehenden Kegels einzustellen ist. Zu berechnen ist der halbe Kegelwinkel $\alpha/2$ [Gl. (329)] als Einstellwinkel der Bettplatte. Die auf solchen Sonderdrehmaschinen für die Massenfertigung hergestellten Kegel sind einwandfrei.

6.132 Kegelfertigung auf der Bohr- und Drehmaschine

Die Herstellung kegeliger Bohrungen hängt ab von den Abmessungen der Bohrungen und denen der Werkstücke, vom Zustand des Loches vor der Bearbeitung und von der verlangten Genauigkeit. Auf der Bohrmaschine und Drehmaschine werden zunächst kleine Löcher ins Volle gebohrt, größere mit einem Einschneidenwerkzeug vorgearbeitet. Schlanke Kegel lassen sich dann unmittelbar vom zylindrischen Loch aus fertig reiben; bei steileren Kegeln kann die Bohrung absatzweise mit mehreren Bohrern hintereinander oder mit abgestuften Flachbohrern sowie gestuften oder gezahnten kegeligen Spiralbohrern vorgearbeitet werden.

6.133 Kegelfertigung auf der Revolvermaschine

Bei Revolvermaschinen kann auf dem Querschlitten ein schräg einstellbarer Schlitten vorgesehen werden, der von Hand durch Zahnstange zu betätigen ist oder auch durch den Hauptschlitten vorwärts bewegt werden kann. Durch Längsbewegen des Querschlittens und durch Führen des Meißels nach einem schrägen Lineal lassen sich gleichfalls Innenkegel bearbeiten.

6.134 Kegelfertigung auf der Karuselldrehmaschine

Kürzere Kegel von verhältnismäßig kleinem Durchmesser können durch *Senkwerkzeug*, längere, jedoch vorzugsweise schlankere Kegel von verhältnismäßig kleinem Durchmesser durch *Reibahle* gefertigt werden. Sehr kurze Kegel, unabhängig vom Kegeldurchmesser, können auch durch *Drehmeißel* mit einer dem Kegelwinkel angepaßten Schneide gedreht werden; hierbei wird der Drehmeißel im Stechverfahren vom Querbalkenschlitten aus parallel, oder vom Seitenschlitten aus senkrecht zur Drehachse zugestellt. Auch können Kegel unter Verwendung einer im Schlitten oder Revolverkopf aufzunehmenden *Sondereinrichtung* gefertigt werden. Weiterhin kann das Drehen von Kegeln auch durch *gleichzeitigen Längs- und Quervorschub* unter Verwendung der jeweils vorhandenen Vorschübe erfolgen. Hierbei sind jedoch nur zum Beispiel $8 \times 8 = 64$ oder $12 \times 12 = 144$ verschiedene Kegel erhältlich, deren Verjüngung durch die jeweils vorhandenen Vorschubgrößen bestimmt ist. Ist s_w in Abb. 263 der waagerechte, s_s der senkrechte Vorschub, so ergibt sich aus beiden der resultierende Vorschub s_r für den Meißel. Alle diese Verfahren haben den Vorteil, daß der zum Kegeldrehen verwendete Schlitten nicht schräggestellt werden muß und daher ohne Umstellung zum Ebendrehen und Zylindrischdrehen verwendet werden kann. Das

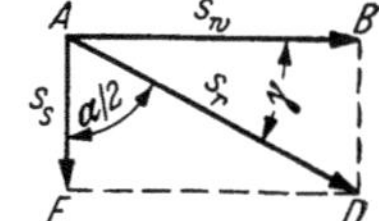

Abb. 263. Kegeldrehen auf der Karuselldrehmaschine; resultierender Vorschub für den Meißel

Fertigen von Kegeln auf Karuselldrehmaschinen kann auch durch Schrägstellen eines Querbalkenschlittens erfolgen. Schrägstellung in der Regel von 0 bis 45° des halben Kegelwnikels zur Drehachse. Kegel mit einem halben Kegelwinkel von 45 bis 85° werden durch eine zwangsläufige Verbindung zwischen waagerechtem und senkrechtem Vorschub mittels Wechselrädern erreicht.

Auch zum *Erzielen von Kegelflächen während eines Programmes* müssen waagerechter und senkrechter Vorschub zugleich geschaltet sein, was durch Stöpseln beider Bewegungsrichtungen am gleichen Kontrollpunkt bewirkt wird. Die Winkelgröße kann jedoch nur durch Wahl der entsprechenden Wechselräder an den getrennt voneinander angeordneten waagerechten und senkrechten Wechselradscheren erfolgen. Dabei ist zu beachten, daß dann die waagerechten und senkrechten Vorschubgrößen auch bei anderen Programmen der Maschine unterschiedlich voneinander sind. Ist z. B. ein Kegelverhältnis 1 : 3 an den Wechselradscheren eingestellt, so kann ohne neue Umstellung kein anderes Kegelverhältnis erzielt werden. Unabhängig hiervon kann natürlich der schwenkbare senkrechte Schlitten auf jeden gewünschten Winkel bis 45° schräg eingestellt werden.

6.1341 Berechnen der Wechselräder. Beim Bearbeiten von Kegeln auf Karusselldrehmaschinen wird der Winkel γ (Abb. 263) vielfach als Neigungswinkel bezeichnet und auf die Waagerechte bezogen. Soll z. B. eine Neigung 1 : 5 hergestellt werden, so ist das Wechselräderverhältnis ebenso groß. Es wird also: $u_w = \dfrac{1}{5} = \dfrac{20}{100}$ (zwei Wechselräder) oder $u_w = \dfrac{1}{5} = \dfrac{30 \cdot 40}{75 \cdot 80}$ (vier Wechselräder). Ist andererseits die Neigung im Winkelmaß gegeben, so können aus der zugehörigen Tangente des Winkels γ die erforderlichen Wechselräder bestimmt werden. Es ist $u_w = \tan \gamma$ oder:

Wechselräderverhältnis beim Kegeldrehen auf der Karusselldrehmaschine (Abb. 263)

$$u_w = \tan\left(90° - \frac{\alpha}{2}\right) \tag{343}$$

u_w = Wechselräderverhältnis = Zähnezahlverhältnis der aufzusteckenden Wechselräder (irrationaler Wert, vgl. S. 356, Fußnote *), $\alpha/2$ = halber Kegelwinkel [°]. Gültig für Außen- und Innenkegel.

Beispiel 270. Ein Innenkegel hat 65° halben Kegelwinkel; die Wechselräder zum Drehen desselben sind zu berechnen. (Wechselrädersatz: 20, 25, 30, 31, 35, 45, 50, 50, 52, 55, 60, 68, 70, 75, 78, 80, 81, 88, 90, 95, 100, 105, Zwischenrad 40.)

Lösung: [Gl. (343)] $u_w = \tan(90° - 65°) = \tan 25° = 0{,}4663 = \dfrac{46{,}63}{100}$; mit Rechenstab: $\dfrac{46{,}63}{100} \approx \dfrac{35}{75}$.

Wechselräder $u_w = \dfrac{35}{75}$ | Nach Abb. 222 erhalten $a = 35$ und $b = 75$ Zähne. Scherenbolzen S_1 erhält ein beliebiges Zwischenrad.

Anmerkung: Auf einer Zweiständer-Karusselldrehmaschine der Fa. Schieß-Defries A.-G., Düsseldorf, wären die Räder folgend aufzustecken: Rad auf Spindel H (horizontal) = 35, Rad auf Schere = 60, Rad auf Welle W (waagerecht) = 75 Zähne. Beim Drehen ist der waagerechte Selbstgang einzuschalten, damit die Übertragung durch die Wechselräder auf die senkrechte Bewegung verlangsamt wird.

Beispiel 271. Der Kegel des Beispieles 270 ist auf der gleichen Maschine als Außenkegel zu drehen. Berechne die aufzusteckenden Wechselräder.

Lösung: Die Berechnung der Wechselräder nach Gl. (343) gilt für Außen- und Innenkegel. Zu beachten ist, daß die Herstellung von Innen- bzw. Außenkegeln *nicht* durch Umschalten des Wendegetriebes erreicht werden kann; es würden hierdurch gleichzeitig beide Richtungen geändert werden. Beim Drehen von Außenkegeln ist vielmehr ein weiteres Zwischenrad einzufügen: Rad auf Spindel H (horizontal) = 35, Rad auf Schere = 50, weiteres Zwischenrad = 40, Rad auf Welle V (vertikal) = 75 Zähne.

Anmerkung: Das Drehen von Kegeln unter $\alpha/2 = 45°$ kann gleichfalls mit Wechselrädern durchgeführt werden, wenn an Stelle des Waagerechtvorschubes der Senkrechtvorschub eingerückt wird.

6.1342 Schrägstellwinkel des Werkzeughalters. Sollen Kegel mit Neigungswinkeln γ gefertigt werden, die den in der Wechselradtabelle angegebenen Neigungen entsprechen, so ist ein Schrägstellen des Werkzeughalters *nicht* erforderlich. Für Neigungswinkel γ, die nicht den in der Tabelle angegebenen Werten entsprechen, ist ein zusätzliches Schrägstellen des Werkzeughalters notwendig.

Anmerkung: Auch bei dem *Universalkonischdrehkopf* der Fa. Wohlhaupter & Co., Frickenhausen/Wttbg., ist die Mantellänge jedes beliebigen Kegels die *Resultante aus den Vorschubbewegungen* der in den Kopf eingebauten Schlitten. An einer mit Skala versehenen Steuerscheibe kann jeder gewünschte Kegelwinkel auf $\pm$ 1 Bogenminute durch Endmaße eingestellt werden. Der Drehmeißel arbeitet bei jedem Kegelwinkel mit einem gleichbleibenden Vorschub von 0,055 mm je Umdrehung des Kopfes und wird nach erfolgter Spanabnahme während des Laufes der Maschine durch Einschaltung des Eilrückganges zurückgeführt. Der Drehkopf ermöglicht auf Bohrwerken, Lehrenbohrmaschinen, Werkzeugfräsmaschinen, Radial- und Säulenbohrmaschinen, Einzweckmaschinen usw., Kegel bis zu einer Mantellänge von 35 mm und einem größten Durchmesser von 150 mm zu drehen. Feineinstellen des Kegeldurchmessers durch Querstellspindel mit Skala.

6.135 Kegelfertigung auf der Schleifmaschine

6.1351 Schleifen mit Zylinderscheibe. Für das Schleifen von Werkstücken mit Außenkegel auf Rundschleifmaschinen trägt der Tisch, ähnlich den Sonderdrehmaschinen, eine drehbare Tischplatte. Mit ihr kann das *Werkstück auf den halben*

Kegelwinkel schräg zur Längsbewegungsrichtung gestellt werden. Der Obertisch wird dabei geschwenkt und mit Hilfe einer Feingewindeschraube nach einer Meßplatte eingestellt. Die Meßplatte trägt nach Abb. 264 eine Teilung nach Winkelgraden und Kegelverhältnissen. Die Winkelgrade entsprechen dem Einstellwinkel, also dem halben Kegelwinkel, wie er sich nach Gl. (329) berechnet; die von der Mitte aus nach beiden Seiten angegebenen Zahlen sind als Verjüngungen 1 : 5, 1 : 10, 1 : 15 usw. aufzufassen. (Vgl. Abb. 77.)

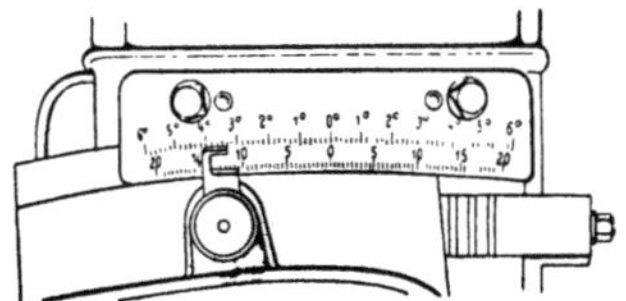

Abb. 264. Meßplatte mit Teilung nach Winkelgraden und Kegelverhältnissen

6.1352 Schleifen mit Kegelscheibe. Bei dem Werkstück (Abb. 265) ist die Mantelfläche des Innenkegels $I{-}I$ zu schleifen. Der Durchmesser D der kegeligen Schleifscheibe darf in seiner Größe einen Höchstwert nicht überschreiten. Die Lage des zu schleifenden Innenkegels $I{-}I$ mit der auf der Kegelachse liegenden Kegelspitze A bedingt, daß die Stirnebene $E{-}E$ der Schleifscheibe unter dem Winkel γ zur Kegelachse geneigt ist. Die Stirnebene $E{-}E$ schneidet den Innenkegel I, es entsteht als Schnittkurve eine Hyperbel. Krümmungshalbmesser dieser Schnitthyperbel H_1 in deren Scheitel C ist r. Gesuchter Schleifscheibenhalbmesser $D/2$ darf höchstens gleich dem Krümmungshalbmesser r sein; man erhält [13]:

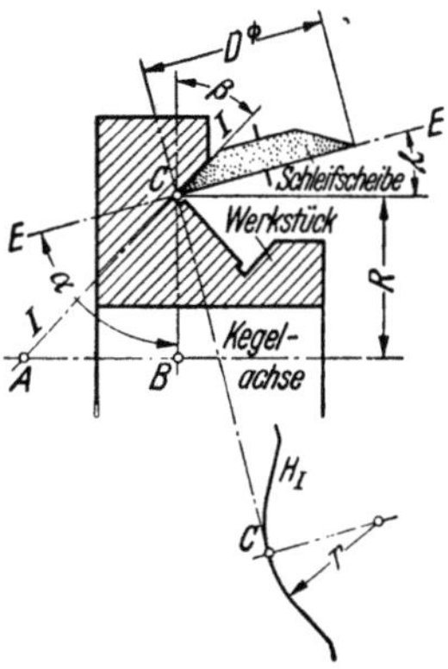

Größter Durchmesser der Kegelschleifscheibe (Abb. 265)

$$D = \frac{2\,R\,\sin\,(\alpha - \beta)}{\sin\,\beta} \qquad (344)$$

$D =$ größter Durchmesser der Kegelschleifscheibe [mm], $R =$ Halbmesser des Werkstückes [mm], $\alpha =$ Winkel zwischen Schleifscheibenebene $E{-}E$ und der Senkrechten BC zur Kegelachse [°], $\beta =$ Winkel zwischen dem Kegelmantel und der Grundfläche mit dem Halbmesser BC zur Kegelachse [°]. Vgl. auch Abschnitt 6.5 „Werkstück und kegelige Schleifscheibe".

Anmerkung: Würde als Sonderfall die Schleifscheibenstirnebene $E{-}E$ (Abb. 265) mit der Kegelachse gleichlaufend sein, so wird Winkel $\gamma = 0°$ und damit $\alpha = 90°$. Gl. (344) ergibt dann:

$$D = \frac{2\,R\,\sin\,(90° - \beta)}{\sin\,\beta} = \frac{2\,R\,\cos\,\beta}{\sin\,\beta} \quad \text{oder} \quad D = 2\,R\cot\beta.$$

Abb. 265. Schleifen einer hinterschnittenen Kegelfläche

Beispiel 272. Wie groß darf der Durchmesser D der Schleifscheibe in Abb. 265 höchstens sein, wenn für ein Werkstück $\alpha = 75°$, $\beta = 45°$ und $R = 30$ mm?

Lösung: [Gl. (344)] $D = \dfrac{2 \cdot 30 \cdot \sin\,(75° - 45°)}{\sin\,45°} = \dfrac{60 \cdot \sin\,30°}{\sin\,45°} = \dfrac{60 \cdot 0,5}{0,70711} = 42,43$; gewählt $D = 40$ mm.

6.136 Kegelfertigung mittels Reibahle

Die meistverwendete Art der Bearbeitung kegeliger Lagerbohrungen besteht in Feindrehen und nachträglichem Einschaben, bei fertig montierten Baugruppen in kegeligem Ausdrehen mittels Sonderbohrstangen auf einem Horizontalbohrwerk. Erstere Arbeitsweise ist sehr zeitraubend, jedoch bis heute im allgemeinen Maschinenbau die genaueste Art der Herstellung. Letztere setzt entsprechende Maschinen und Sonderwerkzeuge voraus.

Kegelige Lagerbohrungen können auch mit einem gewissen Aufmaß auf einem Feinbohrwerk vorgedreht und im montierten Zustand mittels Reibahle fertiggerieben werden. Das Werkstück wird mit einer Vorreibahle auf Maß gerieben und mit einer zweiten feingeschlichtet; eine zusätzliche Schabearbeit ist nicht mehr nötig.

6.2 Werkstück mit hohler Mantelfläche
6.21 Hohlgedrehte Außenfläche

Der Vollzylinder (Abb. 266) vom Durchmesser D entsteht auf der Drehmaschine dadurch, daß sich der Schneidmeißel in Richtung $I{-}II$, also gleichlaufend zur Zylinderachse bewegt. Wird der Meißel in Richtung $III{-}IV$ bewegt, so entsteht ein Drehkörper mit hohler Mantelfläche (Umdrehungshyperboloid), deren Begrenzungslinie mit großer Genauigkeit[1] einen Kreisbogen mit dem Halbmesser r ergibt.

Aus Dreieck $A_1 B_1 M$ wird $A_1 B_1 = \sqrt{h\,(D-h)}$. Sind Durchmesser D, Länge l und Bogenhöhe h des Werkstückes bekannt, so folgt der Winkel, den die Achse III—IV mit der Waagerechten einschließt, aus Dreieck AEB. Es gilt $\tan\alpha = \dfrac{AE}{BE} = \dfrac{A_1 B_1}{BE} = \dfrac{2\sqrt{h\,(D-h)}}{l}$. Setzt man für $h = \dfrac{D-d}{2}$, so wird:

Einstellwinkel beim Drehen von Werkstücken mit hohler Mantelfläche (Abb. 266)

$$\tan\alpha = \frac{2}{l}\sqrt{h\,(D-h)} \tag{345}$$

$$\tan\alpha = \frac{1}{l}\sqrt{(D^2-d^2)} \tag{346}$$

α = Einstellwinkel [°], l = Länge der hohl zu drehenden Mantelfläche [mm], h = Bogenhöhe [mm], D = Durchmesser des Vollzylinders [mm], d = kleinster Durchmesser der hohlen Mantelfläche [mm].

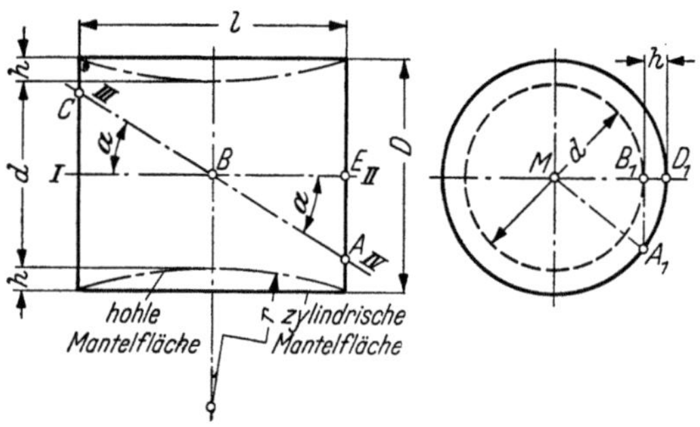
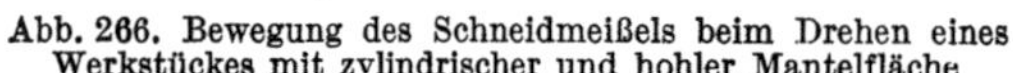

Abb. 266. Bewegung des Schneidmeißels beim Drehen eines Werkstückes mit zylindrischer und hohler Mantelfläche

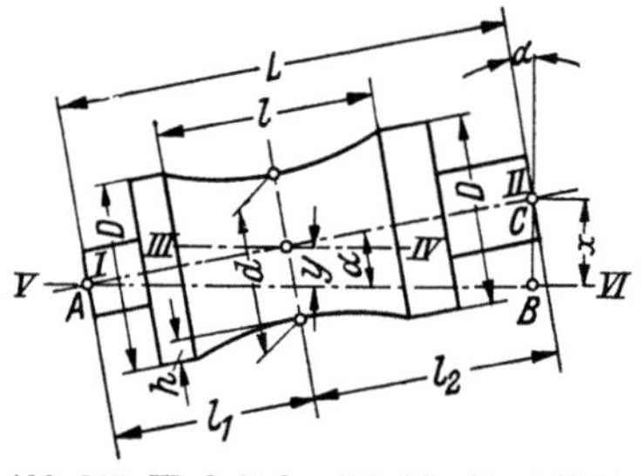

Abb. 267. Werkstück mit hohler Mantelfläche bei **Höhenverstellung des Reitstockes**

Für die Berechnung des Krümmungshalbmessers r und der Bogenhöhe h gilt:

Krümmungshalbmesser

Bogenhöhe

Kleinster Durchmesser

Länge der Mantelfläche

beim Drehen von Werkstücken mit hohler Mantelfläche (Abb. 266)

$$r = \frac{l^2 + 4h^2}{8h} \tag{347}$$

$$h = r - 0{,}5\sqrt{4r^2 - l^2} \tag{348}$$

$$d = D - 2h \tag{349}$$

$$l = \sqrt{8hr - 4h^2} \tag{350}$$

r = Krümmungshalbmesser [mm], l = Länge der hohl zu drehenden Mantelfläche [mm], h = Bogenhöhe [mm]; h ist gleichzeitig der gesamte Tiefenvorschub des Meißels, also $h = (D-d):2$.

Abb. 267 zeigt das Drehen einer Walze, deren Durchmesser d in der Mitte um $(2\,h)$ kleiner ist als der Durchmesser D an den beiden Enden. Lohnt sich das Herstellen von Schablonen zum Drehen der hohlen Mantelfläche nicht, so kann mit *Höhenverstellung des Reitstockes* gearbeitet werden.

Das zylindrisch auf den Durchmesser D vorgedrehte Werkstück wird schräg geneigt zwischen die Spitzen gespannt. Zu diesem Zwecke wird der Reitstock durch Unterlegen von Scheiben um die Höhe x *über* die gleichlaufend zum Bett liegende Mittellinie V—VI gehoben. Der Drehmeißel selbst ist derart in den Werkzeugschlitten einzuspannen, daß er sich längs der Achse III—IV (Arbeitslinie des Schneidmeißels) bewegt. Die Höhenverstellung folgt aus Dreieck ABC. Es gilt, wenn der Drehkörper symmetrisch,

also $l_1 = l_2 = L/2$ ist, $\sin\alpha = x/L$ und daraus $x = L\sin\alpha$. Nun ist $\sin\alpha = \dfrac{\tan\alpha}{\sqrt{1+\tan^2\alpha}} = \sqrt{\dfrac{\tan^2\alpha}{1+\tan^2\alpha}}$

und $\tan\alpha = \dfrac{1}{l}\sqrt{D^2-d^2}$ bzw. $\tan^2\alpha = \dfrac{D^2-d^2}{l^2}$; damit wird $\sin\alpha = \sqrt{\dfrac{D^2-d^2}{l^2+D^2-d^2}}$.

---

[1] Absolute Übereinstimmung ist nicht erreichbar, wohl aber eine für praktische Zwecke vollauf genügende Genauigkeit. Große Genauigkeit verlangt möglichst großen Durchmesser D des Vollzylinders und möglichst kleine Bogenhöhe h. (Vgl. auch Abschnitte 2.414 und 6.125.)

$$\left.\begin{array}{l}\text{Höhenverstellung } x \text{ des Reit-} \\ \text{stockes, wenn } l_1 = l_2 = \dfrac{L}{2} \\[2mm] \text{Höhenverstellung } y \text{ des Meißels}\end{array}\right\}\begin{array}{l}\text{beim Drehen} \\ \text{von Werk-} \\ \text{stücken mit} \\ \text{hohler Man-} \\ \text{telfläche} \\ \text{(Abb. 267)}\end{array}$$

$$\boxed{x = L \sin\alpha} \qquad (351)$$

$$\boxed{x = L\sqrt{\dfrac{D^2 - d^2}{l^2 + D^2 - d^2}}} \qquad (352)$$

$$\boxed{y^* = l_1 \sin\alpha} \qquad (353)$$

$x = H\ddot{o}hen$verstellung des Reitstockes [mm], $L =$ Werkstücklänge [mm], $\alpha =$ Einstellwinkel [°], $D =$ Durchmesser des Vollzylinders [mm], $d =$ kleinster Durchmesser der hohlen Mantelfläche [mm], $l =$ Länge der hohl zu drehenden Mantelfläche [mm], $y =$ Höhenverstellung des Meißels [mm], $l_1 =$ Teillänge des Werkstückes [mm].

Beispiel 273. Eine Schleifscheibe 400 mm Durchmesser, 50 mm breit, ist mit hohler Mantelfläche zu versehen; Krümmungshalbmesser 600 mm. Die Schleifscheibe ist in eine Aufnahmevorrichtung so eingespannt, daß der Abstand zwischen den Spitzen 120 mm beträgt. a) Wie groß ist der Einstellwinkel? b) Wie groß ist die Höhenverstellung des Reitstockes? c) Wie groß ist die Höhenverstellung des Abrichtdiamanten?

Lösung: a) [Gl. (348)] $h = r - 0{,}5\sqrt{4r^2 - l^2} = 600 - 0{,}5\sqrt{4 \cdot 600^2 - 50^2} = 0{,}53$; Bogenhöhe $h = 0{,}53$ mm. [Gl. (349)] $d = D - 2h = 400 - 2 \cdot 0{,}53 = 398{,}94$; kleinster Durchmesser $d = 398{,}94$ mm. [Gl. (346)] $\tan\alpha = \dfrac{1}{l}\sqrt{D^2 - d^2} = \dfrac{1}{50}\sqrt{400^2 - 398{,}94^2} = 0{,}56532$; Einstellwinkel $\alpha \approx 29°30'$. b) [Gl. (352)]:

$$x = L\sqrt{\dfrac{D^2 - d^2}{l^2 + D^2 - d^2}} = 120\sqrt{\dfrac{400^2 - 398{,}94^2}{50^2 + 400^2 - 398{,}94^2}} = 60{,}240;$$ Höhenverstellung des Reitstockes $x = 60{,}24$ mm. c) $y = \dfrac{x}{2} = \dfrac{60{,}24}{2} = 30{,}12$; Höhenverstellung des Abrichtdiamanten $y = 30{,}12$ mm.

6.22 Ballig gedrehte Bohrung

Bei Gleitlagern werden Bohrungen von etwas balliger Form gewählt, um im Falle von Durchbiegungen der Wellen oder des Lagergehäuses Kantenpressungen im Lager zu vermeiden. Die Balligkeit solcher Lager hält sich in engen Grenzen; man ist bestrebt, die zwischen dem kleinsten Durchmesser in der Mitte und jenem an den Enden der Lagerbohrungen bestehenden Abweichungen möglichst auf wenige Zehntel- oder Hundertstelmillimeter zu beschränken. Sieht man bei geeigneten Schablonen vom Kopierdrehverfahren[1] ab, so lassen sich die besten Ergebnisse bei Bearbeitung der Buchsenbohrung mit einem schräg zur Bohrungsachse verlaufenden, senkrecht nach oben gerichteten Drehmeißel erzielen. Die Ausführung solcher Arbeiten verlangt den Austausch des üblichen Meißelhalters durch einen Spezialhalter, der eine Meißelverstellung in senkrechter Achse, also nach oben erlaubt.

Die zum Drehen balliger Bohrungen erforderliche Einstellung der Kegelleitschiene kann nach Gl. (345), das Maß der Meißeleinstellung an der Buchsenstirnseite nach Gl. (351) berechnet werden.

Beispiel 274. Eine 50 mm lange Buchse hat 50 mm Bohrung (Sollmaß in Buchsenmitte). Die Bohrung soll ballig derart gedreht werden, daß die Bohrungserweiterung an der Buchsenstirnseite 0,1 mm beträgt. Berechne a) den Einstellwinkel der Kegelleitschiene, b) die Größe der Meißeleinstellung an der Buchsenstirnseite.

Lösung: a) Mit $l = 50$ mm, $h = \dfrac{0{,}1}{2} = 0{,}05$ mm und $D = 50{,}00 + 0{,}1 = 50{,}10$ mm ergibt Gl. (345):

$$\tan\alpha = \dfrac{2}{l}\sqrt{h(D - h)} = \dfrac{2}{50}\sqrt{0{,}05(50{,}10 - 0{,}05)} = 0{,}06328;$$ Einstellwinkel $\alpha = 3°37'$. b) Mit $L = 50$ mm und $\alpha = 3°37'$ ergibt Gl. (351): $x = L\sin\alpha = 50\sin 3°37' = 50 \cdot 0{,}06308 = 3{,}154$; Meißeleinstellung an der Buchsenstirnseite $x = 3{,}154$ mm.

Anmerkung: Das Messen des im Beispiel 274 unter b) berechneten Einstellmaßes $x = 3{,}154$ mm an der Buchsenstirnseite ist schwierig. Zweckmäßig mißt man die Verschiebung des Meißels aus der Spitzenlinie in einer beliebig gewählten Entfernung a von der Stelle, an dem die Bohrung das kleinste Maß haben soll. Ein stirnseitig mit Kreuzriß versehener Dorn gestattet das Messen des vergrößerten Abstandes. Wählt man $a = 200$ mm, so folgt aus $3{,}154 : 50 = y : 200$ der vergrößerte Abstand zu $y = 12{,}616$ mm. Gl. (353) würde mit $l_1 - 200$ mm und $\alpha = 3°37'$ für y den gleichen Wert ergeben; es wird $y = l_1 \sin\alpha = 200\sin 3°37' = 200 \cdot 0{,}06308 = 12{,}616$ mm. Das Einstellen des Drehmeißels auf dieses Maß erfolgt also in einer Entfernung von 200 mm von der Buchsenmitte nach der Senkrechten des Kreuzrisses.

---

* Liegt die Bearbeitungslinie $III-IV$ in der Mitte des Höhenabstandes x der beiden Drehmaschinenspitzen, so wird $y = x/2$.

[1] Beim Nachformen wird die Meißelspitze in Abhängigkeit von einer vorgegebenen Kurve am Meisterstück (Schablone, Musterwerkstück) so verstellt, daß der Meißel aus dem Werkstoff eine dem Muster gleiche Form herausarbeitet. Ein Taster der Steuerung fährt am Meisterstück entlang und überträgt die Bewegung des Tasters auf den Drehmeißelschlitten. Nachformen von Körpern mit stets kreisrundem Querschnitt, deren Durchmesser im Verhältnis zur Länge klein ist, wird auch als „Längskopieren", andernfalls als „Plankopieren" bezeichnet. Vgl. auch S. 19, Fußnote [1].

6.3 Werkstück mit Schräg- oder Hohlflächen

6.31 Werkstück mit Schrägflächen

6.311 Verjüngung, Neigung, Neigungswinkel

Nach DIN 406, Bl. 4 wurde für Körper mit Pyramidenform (z. B. die verjüngten Vierkante für Handräder) das Wort „*Verjüngung*" gewählt; es gilt:

Verjüngung
(Abb. 268)

$$V = \frac{a - b}{l}$$

$$\text{Verjüngung} = \frac{\text{Differenz der Grundkantenlängen}}{\text{Länge des Pyramidenstumpfes}} \qquad (354)$$

Das Wort „*Neigung*" ist bei Kegel- und Pyramidenform gebräuchlich und bedeutet die Schräglage des Kegelmantels gegenüber der Kegelachse oder der Pyramidenseitenflächen gegenüber der Pyramidenachse.

Neigung[1]
(Abb. 268)

$$N = \frac{a - b}{2 l}$$

$$\text{Neigung} = \frac{\text{Differenz der halben Grundkantenlängen}}{\text{Länge des Pyramidenstumpfes}} \qquad (355)$$

In den Gln. (354) und (355) bedeutet für den Pyramidenstumpf: V = Verjüngung, a = große Grundkante [mm], b = kleine Grundkante [mm], l = Länge (Höhe) des Pyramidenstumpfes [mm], N = Neigung.

Bei der *Pyramide* (kleine Grundkante $b = 0$) ist Verjüngung das Verhältnis von Grundkantenlänge zur Pyramidenlänge, also $V = a/l$. Die Neigung der Pyramidenseiten ist die Hälfte der Verjüngung, somit $N = a/2\,l$.

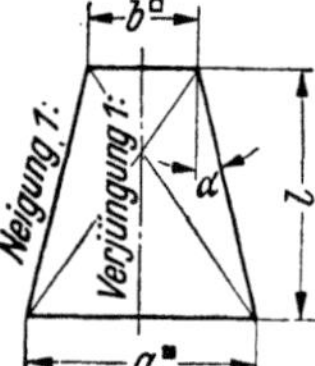

Abb. 268. Verjüngung und Neigung für verjüngten quadratischen Querschnitt (Pyramidenstumpf)

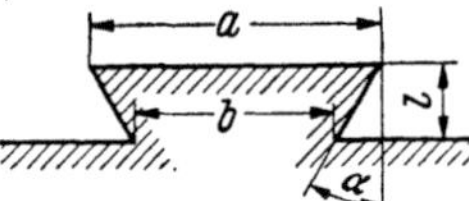 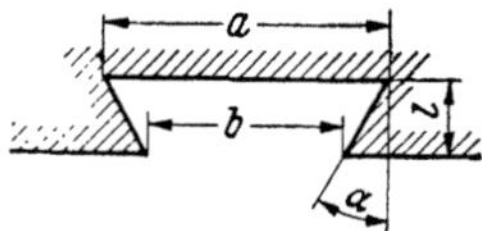

Abb. 269 und 270. Prismenführungen (Schwalbenschwanzprofil, positiv und negativ). Die Maße a und b lassen sich nicht unmittelbar genau messen (ausgebröckelte Kanten, abgerundete Ecken u. a.). Man benutzt *Meßschuhe* oder *Meßwalzen*

Bemaßung: Die Angabe, z. B. „Verjüngung 1:12", ist parallel zur Mittellinie (Pyramidenachse), die Angabe, z. B. „Neigung 1:10", parallel zur Schrägfläche einzutragen. Fehlt die Draufsicht, so werden die Seitenflächen des vierseitigen Pyramidenstumpfes durch dünne Diagonalkreuze gekennzeichnet (Abb. 268). Die Eintragung des Neigungswinkels ist im allgemeinen nicht üblich.

Beim Hobeln von schrägen Flächen, wie sie bei Prismenführungen (Abb. 269 und 270), Beilagen (Stelleisten) für Schlittenführungen, Keilen, Amboßeinsätzen, Polierstöcken usw. vorkommen, ist der Werkzeugträger der Hobel- oder Stoßmaschine um den Neigungswinkel α zu drehen (Abb. 271), damit Arbeitsfläche und Schlittenführung parallel sind. Der Werkzeugträger besitzt eine Drehscheibe mit Gradeinteilung. Der Tangens des Neigungswinkels ist gleich der Neigung.

Einstellwinkel des Werkzeugträgers beim Hobeln oder Stoßen (Abb. 268 bis 272)

$$\tan \alpha = \frac{a - b}{2 l}$$

α = Einstellwinkel des Werkzeugträgers beim Hobeln oder Stoßen = Neigungswinkel [°], a = große Grundkante [mm], (356)

b = kleine Grundkante [mm], l = Länge (Höhe) des Pyramidenstumpfes [mm].

---

[1] Bei Querkeilen zur Aufnahme von Zug- bzw. Druckkräften wird die Neigung der schrägen Fläche häufig als *Anzug* in Prozenten angegeben. Wegen einfacherer Herstellung und leichteren Einpassens ist der Anzug nur einfach. Bei $h_1 - h_2$ [mm] Höhenunterschied und l [mm] Keillänge wird: Anzug $= \dfrac{h_1 - h_2}{l} \, 100$ [%]. Für 125 mm Keillänge und 12,5 mm Höhenunterschied beträgt der Anzug $= \dfrac{12,5}{125} \times 100 = 10\%$. Spannungsverbindungen mit Anzug haben für Keilrücken und Nabennut nach DIN die Neigung 1 : 100.

Beim Rücklauf ist es notwendig, daß der Meißel aus der Arbeitsebene herausschwingen kann; dies erfordert ein zusätzliches seitliches Drehen des Klappenträgers um den Winkel β (Abb. 272).

6.312 Nachschleifen von Schrägflächen

Beispiel 275. Um welches Maß x (Schnittiefe) sind die beiden Prismenführungsflächen in Abb. 273 nachzuschleifen, damit sich die Spindelmitte M um h mm senkt?

Lösung: Aus Dreieck ABC Abb. 274 folgt: $\sin\dfrac{\alpha}{2} = \dfrac{BC}{AB}$ oder $\sin\dfrac{\alpha}{2} = \dfrac{x}{h}$; daraus:

Nachschleifen der beiden Führungsflächen (Abb. 273)

$$x = h \sin\frac{\alpha}{2}$$

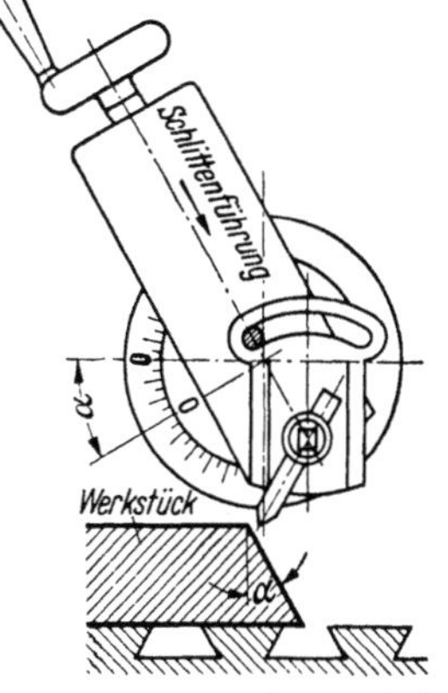

Abb. 271. Schlittenführung beim Hobeln schräger Flächen

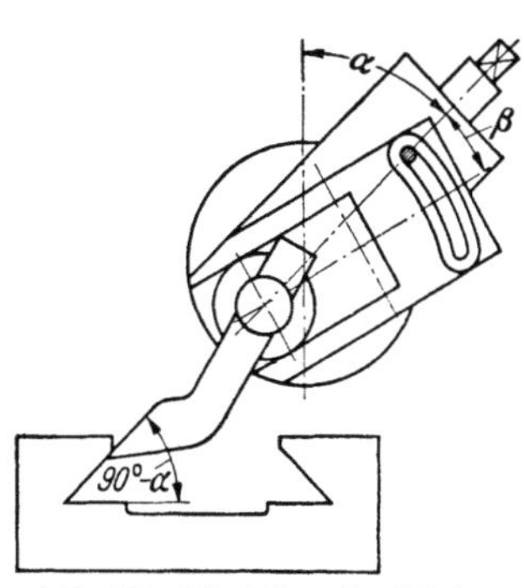

Abb. 272. Einstellen des Werkzeugträgers beim Hobeln schräger Flächen[1]

x = Schnittiefe, um welche jede der beiden Führungsflächen nachzuschleifen ist [mm], h = Maß, um welches die Spindelmitte M gesenkt werden soll [mm], $\alpha/2$ = halber Prismenwinkel [°]. (357)

6.313 Schrägflächen am Kegel

Das Fräsen von Flächen an kegelig vorgedrehten Werkstücken (Abb. 275 und 276) bedingt eine Schrägstellung des Werkstückes. Da nach dem starken Ende eine breitere und somit „tiefere" Fläche gefräst wird als am schwachen Ende, erfolgt die Schrägstellung der Teilspindel (vgl. Abschnitt 7.9131) um den Winkel σ, der kleiner als der halbe Kegelwinkel $\alpha/2$ ist.

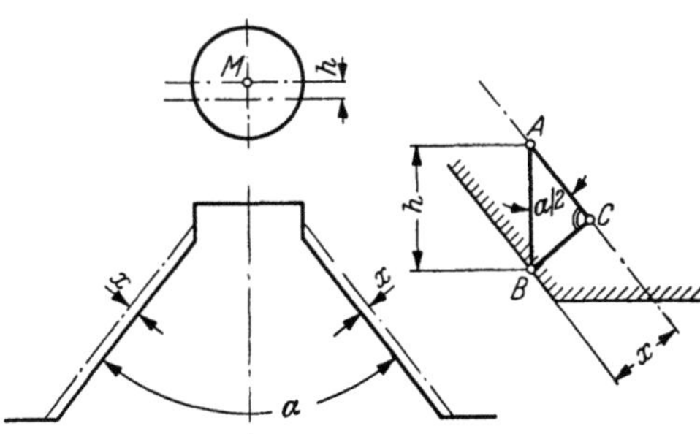

Abb. 273. Nachschleifen von Führungsflächen

Abb. 274. Berechnungsskizze zu Abb. 273

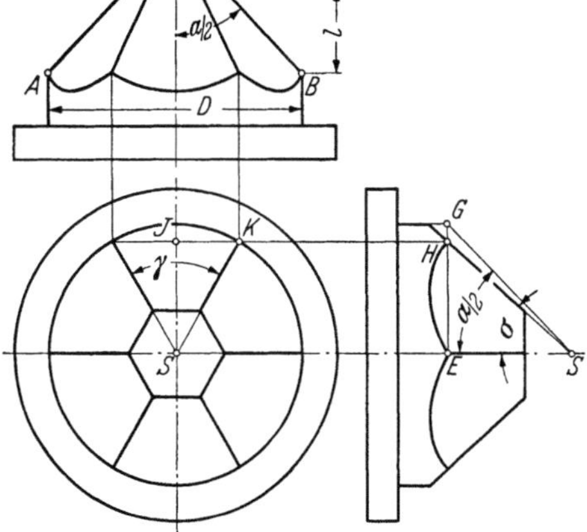

Abb. 275. Kegelig vorgedrehtes Werkstück mit 6 angefrästen Schrägflächen

Beispiel 276. Der Kegelstumpf des Werkstückes Abb. 275 mit dem großen Kegeldurchmesser D und der Kegellänge l wurde mit dem Einstellwinkel $\alpha/2$ (halber Kegelwinkel) gedreht. Es sind n Flächen anzufräsen. Um welchen Winkel σ (Abb. 327) ist die Teilspindel zum Fräsen der Flächen einzustellen?

Lösung: Dreieck EGS: $\tan\dfrac{\alpha}{2} = \dfrac{EG}{ES}$ oder $\tan\dfrac{\alpha}{2} = \dfrac{D}{2\,ES}$; daraus $ES = \dfrac{D}{2\tan\dfrac{\alpha}{2}}$. Dreieck JKS:

---

[1] Winkelführungen werden zweckmäßig mit *Winkelstirnfräsern* als Maschinenwerkzeug gefräst. Nach DIN 842 erhalten die Werkzeuge einen Fräserwinkel von 50°; Sonderausführungen mit 55° und 60° sind möglich.

$$\cos \frac{\gamma}{2} = \frac{JS}{KS} = \frac{JS}{D/2}; \quad \text{daraus} \quad JS = \frac{D}{2}\cos\frac{\gamma}{2} \quad \text{und damit auch} \quad EH = \frac{D}{2}\cos\frac{\gamma}{2}. \quad \text{Dreieck } EHS:$$

$$\tan\sigma = \frac{EH}{ES} \quad \text{oder} \quad \tan\sigma = \frac{D\cos\frac{\gamma}{2}\,2\tan\frac{\alpha}{2}}{2D} = \cos\frac{\gamma}{2}\tan\frac{\alpha}{2}. \quad \text{Mit } \frac{\gamma}{2} = \frac{180°}{n} \quad \text{erhält man:}$$

Einstellwinkel der Teil-spindel (Abb. 327)

$$\boxed{\tan\sigma = \cos\frac{180°}{n}\tan\frac{\alpha}{2}}$$

$\sigma=$ Einstellwinkel der Teil-spindel [°], $n =$ Anzahl der Flächen, $\alpha/2=$ Einstellwinkel für das Drehen des Kegelstumpfes [°].   (358)

Beispiel 277. Das Werkstück Abb. 275 habe $n = 18$ Flächen. Berechne den Einstellwinkel σ der Teilspindel, wenn der Kegelstumpf mit dem Einstellwinkel $\alpha/2 = 70°$ gedreht wurde.

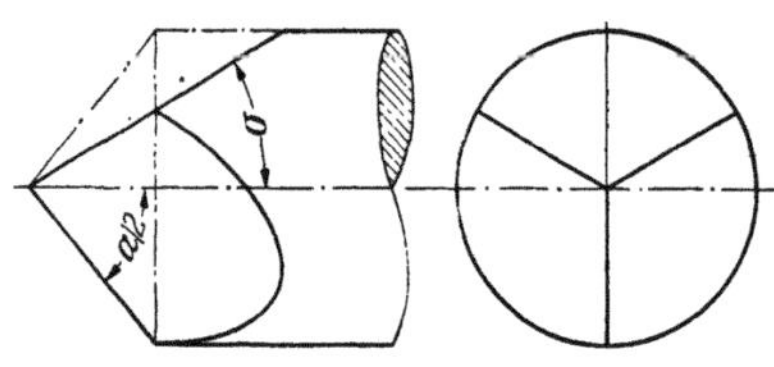

Abb. 276. Wellenende mit Dreieckspyramide (Dreikantkörnerspitze)

Lösung: [Gl. (358)] $\tan\sigma = \cos\dfrac{180°}{n}\tan\dfrac{\alpha}{2} = \cos\dfrac{180°}{18}\tan 70° = \cos 10°\tan 70° = 0{,}98481 \cdot 2{,}74748 = 2{,}70575$; Einstellwinkel $\sigma = 69°43'$. Vgl. auch Abb. 382.

Beispiel 278. Nach Abb. 276 sind an einem kegelig angedrehten Werkstück (strichpunktierte Ausführung, Kegelwinkel $\alpha = 60°$) drei Pyramidenflächen so anzufräsen, daß die Kanten auf dem Kegelmantel liegen. Unter welchem Einstellwinkel ist das Fräsen vorzunehmen?

Lösung: Mit $n = 3$ und $\dfrac{\alpha}{2} = 30°$ ergibt Gl. (358):

$$\tan\sigma = \cos\frac{180°}{3}\tan 30° = \cos 60°\tan 30° = 0{,}5 \cdot 0{,}5774 = 0{,}2887; \quad \text{Einstellwinkel der Teilspindel } \sigma = 16°6'.$$

6.32 Werkstück mit Hohlflächen

6.321 Schrägstellung der Arbeitsspindel

Beim Stirnfräsen und Senkrechtflächenschleifen erhält die Arbeitsspindel eine geringe Neigung zur Arbeitsfläche (Sturzwinkel); die Werkstückoberfläche ist dadurch leicht nach innen gewölbt. Es entsteht der sog. Strahlen- oder Hohlschliff (Abb. 48) im Gegensatz zum Kreuzschliff (Abb. 49) bei genau senkrecht stehender Spindel.

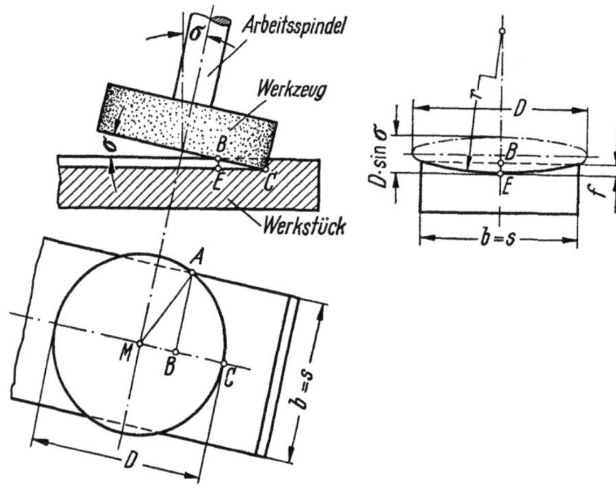

Abb. 277. Bearbeitung einer Oberfläche mit geneigter Werkzeugspindel

Zwischen Spindelneigung σ, Werkzeugdurchmesser D, Werkstückbreite b und Wölbung f der Werkstückoberfläche bestehen folgende Beziehungen: Die bearbeitete Oberfläche ist ellipsenförmig gekrümmt, wobei die große Achse der Ellipse D und die kleine Achse $D\sin\sigma$ betragen (Abb. 277). Der größte Formfehler durch die Wölbung ist $BE = f$. Aus Dreieck ABM:

$$BM = \sqrt{(AM)^2-(AB)^2} = \sqrt{\left(\frac{D}{2}\right)^2-\left(\frac{b}{2}\right)^2};$$

damit $BC = CM - BM =$

$$\frac{D}{2} - \sqrt{\left(\frac{D}{2}\right)^2-\left(\frac{b}{2}\right)^2} = \frac{1}{2}\left(D-\sqrt{D^2-b^2}\right); \quad \text{aus Dreieck } BCE: \sin\sigma = \frac{BE}{BC} \quad \text{oder} \quad BE = BC\cdot\sin\sigma.$$

Man erhält:

Größter Formfehler bei Schrägstellung der Arbeitsspindel (Abb. 277)

$$\boxed{f = \frac{1}{2}\left(D - \sqrt{D^2 - b^2}\right)\sin\sigma}$$

$f =$ Größter Formfehler [mm], $D =$ Werkzeug-durchmesser [mm], $b =$ Werkstückbreite $=$ Sehne des Ellipsenbogenstückes [mm], $\sigma =$ Neigungswinkel der Arbeitsspindel [°].

(359)

Neigungswinkel der Arbeitsspindel bei gegebenem Formfehler

$$\boxed{\sin\sigma = \frac{2f}{D - \sqrt{D^2 - b^2}}}$$

(360)

Beispiel 279. Nach Abb. 277 wird mit einer Schleifscheibe 200 mm Durchmesser eine Werkstückbreite von 160 mm bearbeitet. a) Welche Schrägstellung ergibt sich für die Arbeitsspindel, wenn der größte Formfehler 0,01 mm betragen darf? b) Wie groß wäre der Formfehler bei 1° Spindelneigung?

Lösung: a) [Gl. (360)] $\sin\sigma = \dfrac{2\cdot 0{,}01}{200 - \sqrt{200^2 - 160^2}} = 0{,}00025$; Schrägstellung der Arbeitsspindel $\sigma = 1'$. b) [Gl. (359)] $f = 1/2\,(200 - \sqrt{200^2 - 160^2})\cdot \sin 1° = 40\cdot 0{,}01745 = 0{,}698$; Formfehler $f \approx 0{,}7$ mm.

6.322 Bearbeiten von Hohlflächen

Bei Einzelfertigung von langen Werkstücken kann eine Hohlfläche statt mit Formwerkzeug mit scheibenförmigem Werkzeug (Schaftfräser, Scheibenfräser, gerade Schleifscheibe) eingearbeitet werden, soferne kleine Fehler, durch Näherungsmethode bedingt, zugelassen werden.

Nach Abb. 277 entspricht der Halbmesser der zu erzeugenden Hohlfläche dem größten Krümmungshalbmesser der bei diesem Schnitt entstehenden Ellipse; er beträgt $r = a^2/b$, wenn $2a$ die große, $2b$ die kleine Achse. Mit $a = \dfrac{D}{2}$ und $b = \dfrac{D\sin\sigma}{2}$ folgt $r = \dfrac{D^2\cdot 2}{4\,D\sin\sigma} = \dfrac{D}{2\sin\sigma}$; daraus:

Neigungswinkel der Arbeitsspindel (Abb. 277)

$$\sin\sigma = \frac{D}{2r} \tag{361}$$

σ = Neigungswinkel der Arbeitsspindel [°], D = Werkzeugdurchmesser [mm], r = Krümmungshalbmesser [mm]. Es darf nur das Ellipsenbogenstück, dessen Sehne der Werkstückbreite entspricht, durch einen Kreisbogen mit dem Halbmesser r ersetzt werden. Für übliche Werkzeugdurchmesser gilt: zulässig größte Bogensehne = Werkstückbreite $b = D/3$. Bei kleiner werdendem Halbmesser r wird der Einstellwinkel größer und umgekehrt.

6.4 Werkstück mit Gewinderillen
(Gewindewalzen mit flachen Backen)

Auf *Gewindewalzmaschinen* wird durch Aufwalzen oder Eindrücken (Rollen) der Gewindegänge in das Werkstück spanlos Gewinde gefertigt. Als Werkzeuge werden entweder flache mit Gewinderillen versehene Backen oder scheibenförmige Gewinderollen verwendet.

Nach Abb. 278 (Walzvorgang) wird zwischen der feststehenden, axial und radial einstellbaren Backe a und der gegenüber vorbeilaufenden Backe b die Schraube c (Werkstück) unter starkem Druck

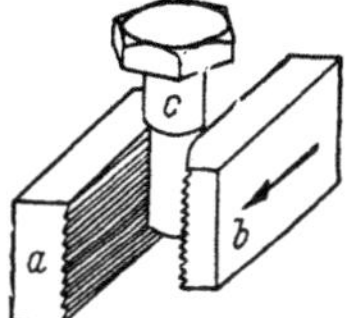

Abb. 278. Gewindewalzen (kalt) mit profilierten Flachbacken. a = feste Backe; b = durch Kurbeltrieb bewegliche Backe

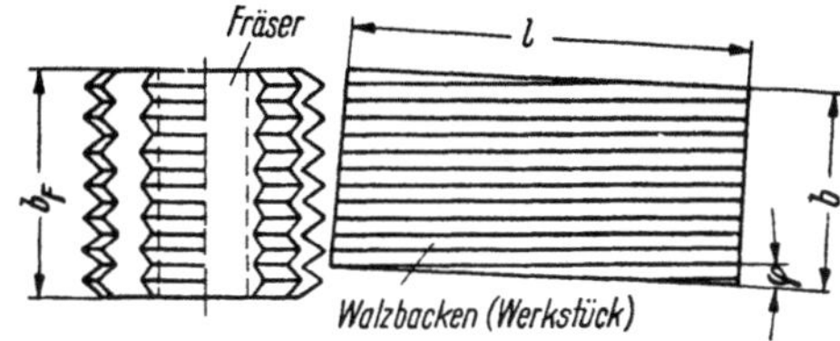

Abb. 279. Fräsen der Walzbacken. φ = Steigungswinkel des Gewindes

hindurchgerollt. Das auf der Arbeitsfläche der Backen eingearbeitete Gewindeprofil drückt sich dabei in den Schaft der Schraube, so daß nach einer halben Umdrehung der Schraube das Gewinde in seiner ganzen Länge fertig ist. Für jeden Gewindedurchmesser und für jede Steigung sind besondere Werkzeugpaare erforderlich.

Die Gewindeprofile, die der Form und Steigung des zu walzenden Gewindes entsprechen, werden als gerade, parallele Rillen in die Backen eingehobelt oder eingefräst. Dabei werden die Backen schräg zur Bearbeitungsgeraden, und zwar um den Steigungswinkel des auf dem Bolzen herzustellenden Gewindes eingespannt. Der Fräser ist mit *umlaufenden Rillen* zu versehen und etwas breiter als die Backen zu halten, um alle Profile in einem Durchgang fräsen zu können (Abb. 279). Der Abstand der Gewinderillen ist gleich der Steigung des zu erzeugenden Gewindes. Für die Fräserbreite gilt:

Mindestbreite des Fräsers zum Einfräsen der Rillen (Abb. 279)

$$b_F = l\,\sin\varphi_m + b\,\cos\varphi_m \tag{362}$$

b_F = Mindestbreite des Fräsers zum Einfräsen der geraden Rillen [mm], l = Länge der Walzbacke [mm], b = Breite der Walzbacke [mm], φ_m = mittlerer Steigungswinkel [°], zu berechnen nach Z. 2, B.T. 9.

6.5 Werkstück und kegelige Schleifscheibe

Beim Schleifen von Innenkegeln besteht die Gefahr, daß ein zu großes oder ungeeignet geformtes Werkzeug in den zu erzeugenden Kegel einschneidet.

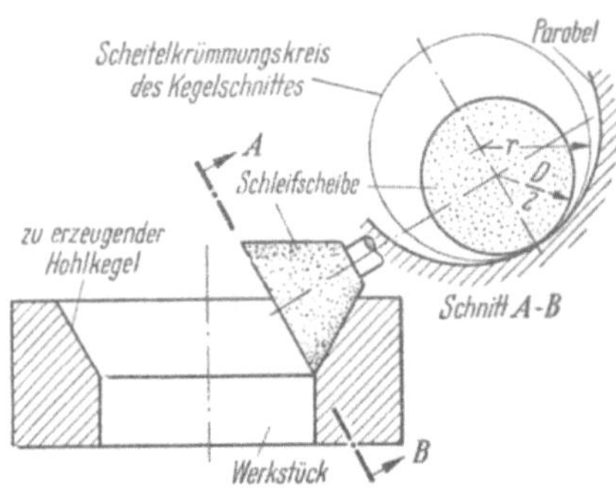

Abb. 230. Schleifen eines Innenkegels mit kegeliger Schleifscheibe

In Abb. 280 erscheint die Schleifscheibe als Kreis mit dem Halbmesser $D/2$. Der zu erzeugende Hohlkegel kann je nach den geometrischen Verhältnissen in der Schnittfläche eine Ellipse, Parabel oder Hyperbel sein. (Vgl. Fußnote 1, S. 184.) Soll *kein* Einschneiden auftreten, so muß der Krümmungshalbmesser r im Scheitel dieser Kurve gleich oder größer sein als der Werkzeughalbmesser [27].

6.51 Interferenz der Kegelscheibe mit dem Werkstück

Soll eine kegelige Schleifscheibe (Abb. 281a) für das Schleifen unter einem überstehenden Teil des Werkstückes eingesetzt werden, so ist die *Interferenz (Zusammentreffen)* der Schleifscheibe mit dem Werkstück zu bestimmen.

Von den Punkten A und M des Werkstückes, in denen eine Berührung erfolgen kann, werde Punkt M betrachtet. Damit die Scheibe das Werkstück nicht berührt, muß das Sehnenmaß x (Abb. 281c) der Scheibe an dieser Stelle kleiner sein als das des Werkstückes. Der größtmögliche Scheibenhalbmesser berechnet sich (Abb. 281b) zu $R = \dfrac{x^2 + 4h^2}{8h}$; mit $x = 2\,r\sin\varphi$ und $h = \dfrac{b}{\sin\alpha}$ wird nach algebraischen Umformungen:

Größter Durchmesser der Kegelschleifscheibe (Abb. 281a)

$$D = \frac{(r \sin\varphi \sin\alpha)^2 + b}{b \sin\alpha}$$

D = größter Durchmesser der Kegelschleifscheibe [mm], r = Halbmesser des Werkstückes [mm], φ = halber Zentriwinkel   (363)

am Werkstück[1] [°], α = Winkel der Schleifscheibenebene zur Stirnfläche des Werkstückes = Winkel zwischen Schleifspindel und Werkstückachse [°]. Der nach Gl. (363) ermittelte Scheibendurchmesser

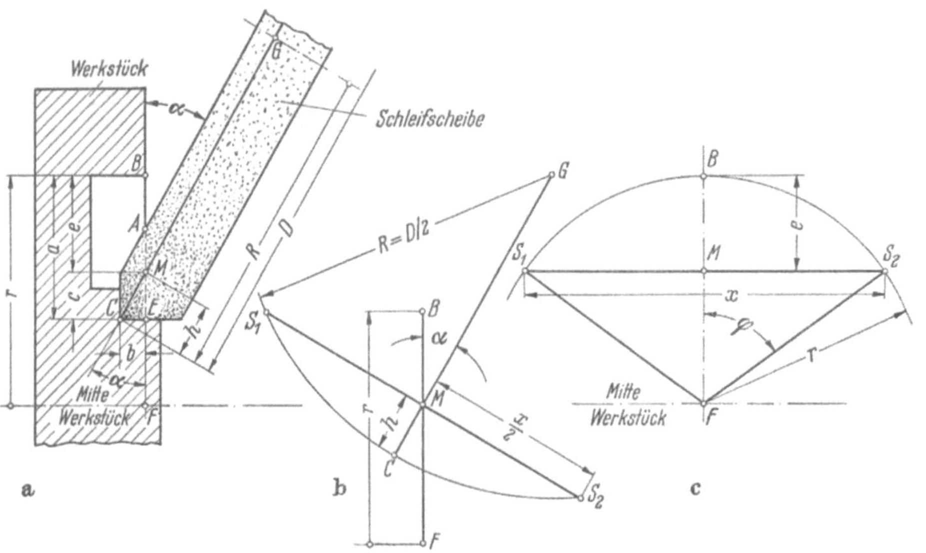

Abb. 281a. Schleifen zurückgesetzter Werkstückflächen mit kegeliger Scheibe　　Abb. 281b. Ermittlung des Sehnenmaßes x　　Abb. 281c. Ermittlung des Schleifscheibendurchmessers D

---

[1] Winkel φ ist zu berechnen aus $\cos\varphi = \dfrac{r - a + b \cot\alpha}{r}$, wobei die Maße a und b am Werkstück durch Konstruktion festliegen.

ist zweckmäßig etwas kleiner zu wählen, um sicher zu sein, daß die Scheibe für den entsprechenden Schleifvorgang geeignet ist. Die Interferenz an der Schleifscheibe im Punkt A kann ähnlich ermittelt werden.

Beispiel 280. Wie groß darf der Durchmesser D der Schleifscheibe in Abb. 281 a höchstens sein, wenn am Werkstück $r = 80$, $a = 50$, $b = 10$ mm und $\alpha = 30°$?

Lösung: Es ist $\cos\varphi = \dfrac{80 - 50 + 10 \cdot \cot 30°}{80} = \dfrac{30 + 10 \cdot 0{,}5774}{80} = 0{,}4472$; $\varphi = 63°26'$. Damit

$$D = \frac{(80 \cdot \sin 63°26' \cdot \sin 30°)^2 + 10}{10 \cdot \sin 30°} = \frac{(80 \cdot 0{,}8944 \cdot 0{,}5)^2 + 10}{10 \cdot 0{,}5} = 257{,}98; \text{ gewählt } D = 250 \text{ mm.}$$

6.52 Mantelschliff mit Kegelscheibe

Das Schärfen von Räumwerkzeugen mit kreisförmigem Querschnitt kann auch mit einer kegeligen Topfscheibe erfolgen (Abb. 282).

Die Kegelscheibe wird dabei so eingestellt, daß der Schnittpunkt der Schleifspindelachse mit der Werkstückachse, in der Zugrichtung des Werkzeuges gesehen, vor dem zu schärfenden Zahn liegt, das Schleifen also mit der Mantelfläche geschieht. Der Durchmesser D der kegeligen Schleifscheibe darf auch hier in seiner Größe einen Höchstwert nicht überschreiten. Der größte zulässige Schleifscheibendurchmesser kann rechnerisch annähernd durch einen Schnitt bestimmt werden, der parallel zur Räumwerkzeugachse gelegt wird und bei angestellter Scheibe die Spanfläche am Übergang zur Anschlußkurve, also in ihrer tiefsten Stelle, schneidet. Dadurch ergibt sich am Schneidzahn ein Hyperbel- und an der Schleifscheibe ein Ellipsenschnitt. Die beiden Krümmungskreise der Scheitelpunkte gleichgesetzt, ergeben die Beziehung zwischen Schleifscheiben- und Räumwerkzeugdurchmesser in diesem Schnittpunkt.

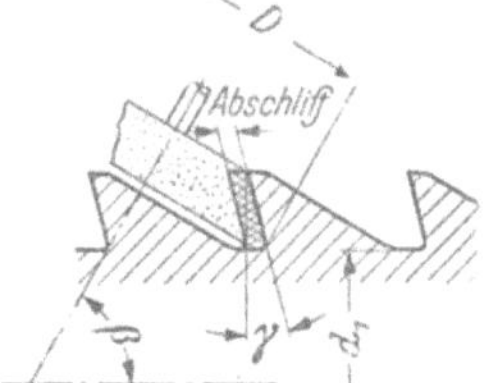

Abb. 282. Mantelschliff mit Kegelscheibe bei Räumwerkzeugen

Größter Durchmesser der Kegelschleifscheibe (Abb. 282)

$$D = \frac{d_1 \sin^2(\beta - \gamma)}{\sin\gamma \ \sin(3\beta - \gamma - 90°)} \tag{364}$$

D = größter Durchmesser der Kegelschleifscheibe [mm], d_1 = Kerndurchmesser des Räumwerkzeuges [mm], β = Neigung der Schleifscheibenachse zur Räumwerkzeugachse [°], γ = Spanwinkel des Räumwerkzeuges [°].

Beispiel 281. Wievielmal kann der Schleifscheibendurchmesser größer sein als der Kerndurchmesser des Räumwerkzeuges, wenn die Schleifscheibenachse 65° Neigung hat und der Spanwinkel 15° beträgt?

Lösung: Aus Gl. (364) ergibt sich

$$\frac{D}{d_1} = \frac{\sin^2(\beta - \gamma)}{\sin\gamma \sin(3\beta - \gamma - 90°)}$$

$$= \frac{\sin^2(65° - 15°)}{\sin 15° \cdot \sin(3 \cdot 65° - 15° - 90°)}$$

$$= \frac{\sin^2 50°}{\sin 15° \cdot \sin 90°} = \frac{0{,}7660^2}{0{,}2588} = \frac{0{,}586756}{0{,}2588}$$

$$= 2{,}27; \ \frac{D}{d_1} = 2{,}27,$$

d. h., der Schleifscheibendurchmesser D kann etwa doppelt so groß wie der Kerndurchmesser d_1 des Räumwerkzeuges sein. Übersteigen Scheibendurchmesser oder Kegelwinkel diese Grenzen, so ist der beabsichtigte Spanwinkel nicht erzielbar; er fällt kleiner aus als vorgesehen. Die Scheibe dringt in die Anschlußzone der Spanfläche des Zahnes ein.

6.53 Schrägeinstechschleifen

Schrägeinstechschleifen ist ein Verfahren zur gleichzeitigen Bearbeitung von

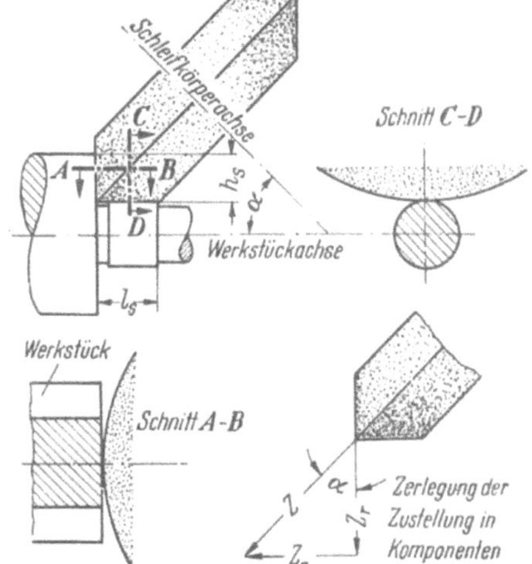

Abb. 283. Berührungsstellen zwischen Schleifkörper und Werkstück sowie Zerlegung der Zustellung in Komponenten beim Schrägeinstechschleifen

Durchmessern und Planseiten runder Werkstücke, wie es z. B. bei Wellen, Getrieberädern, Kegelradbolzen usw. Anwendung findet. Schleifkörper- und Werkstückachse sind nicht mehr parallel, sondern schneiden sich unter einem von den Arbeitsverhältnissen abhängigen Winkel α. Der Schleifkörper wird parallel und senkrecht zur Werkstückachse abgerichtet und erhält dadurch die Form aneinandergesetzter Kegelstümpfe. Planseite und anschließender Durchmesser des Werkstückes können in einem Arbeitsgang geschliffen werden.

Abb. 283 zeigt, daß zwischen Werkstück und Schleifkörper eine *Linienberührung* besteht, die dem Umfangsschliff entspricht. Meist genügen drei verschiedene Winkel α, um für fast alle vorkommenden Werkstücke günstige Arbeitsverhältnisse zu schaffen. Je nach dem „*Planseitenverhältnis*" l_s/h_s kann $\alpha = 10°$ $(l_s/h_s > 8)$, $\alpha = 30°$ $(8 > l_s/h_s > 1)$ oder $\alpha = 45°$ $(l_s/h_s \leq 1)$ gewählt werden. Die Zustellung Z erfolgt radial zum Schleifkörper, ist also zur Werkstückachse unter dem Winkel $90° - \alpha$ schräggerichtet und teilt sich bei zylindrisch abgesetzten Werkstücken in eine radiale und eine axiale Komponente auf. Wird ein rechter Winkel zwischen Werkstückachse und Planseite vorausgesetzt, so gilt:

$$
\begin{array}{ll}
\text{Komponenten der} & \text{radial} \quad \boxed{Z_r = Z\cos\alpha} \\
\text{Zustellung} & \\
\text{(Abb. 283)} & \text{axial} \quad \boxed{Z_a = Z\sin\alpha}
\end{array}
$$

Z_r = radiale Komponente der Zustellung [mm], Z = Zustellung, radial zum Schleifkörper [mm], α = Winkel, unter dem sich Schleifkörperachse und Werkstückachse schneiden [°], Z_a = axiale (365) (366)

Komponente der Zustellung [mm]. Bei $\alpha = 45°$ ist $\sin\alpha = \cos\alpha = 0,7071$; damit sind auch Z_r und Z_a gleich groß. Für das Schrägeinstechschleifen werden zweckmäßig Sondermaschinen eingesetzt [22].

6.6 Außermittedrehen von Werkstücken

Außermittedrehen ist ein Langdrehen, bei dem nur das Anreißen mehrerer Zentrierungen besondere Beachtung erfordert. Es erfolgt bei kleineren und mittleren Werkstücken auf der Leit- und Zugspindeldrehmaschine; große und sperrige Kurbelwellen werden meist mit Hilfe besonderer Vorrichtungen oder auf Kurbelwellendrehmaschinen hergestellt. Für Einzelfertigung und Reparaturarbeiten hat sich das nachfolgende Spannverfahren gut bewährt.

6.61 Backenbreite $b = 0$

Außer dem üblichen Anreißen des Außermittemaßes kann das Außermittedrehen auch im Dreibackenfutter mit maßhaltigen Beilagen zwischen Werkstück und einer der drei Spannbacken erfolgen. Bei *Punktberührung* der Spannbacken gilt:

$$
\begin{array}{ll}
\text{Beilagenhöhe im} & \left\{ \begin{array}{l} \text{Außenspannung} \\ \text{(Abb. 284)} \\ \text{Innenspannung} \\ \text{(Abb. 285)} \end{array} \right.
\end{array}
\quad
\begin{array}{ll}
\boxed{H = 1,5\,e - r + \sqrt{r^2 - 0,75\,e^2}} & (367) \\[2mm]
\boxed{H = 1,5\,e + r - \sqrt{r^2 - 0,75\,e^2}} & (368)
\end{array}
$$

H = Höhe der Beilage [mm], e = Außermittemaß [mm], r = Werkstückhalbmesser [mm].

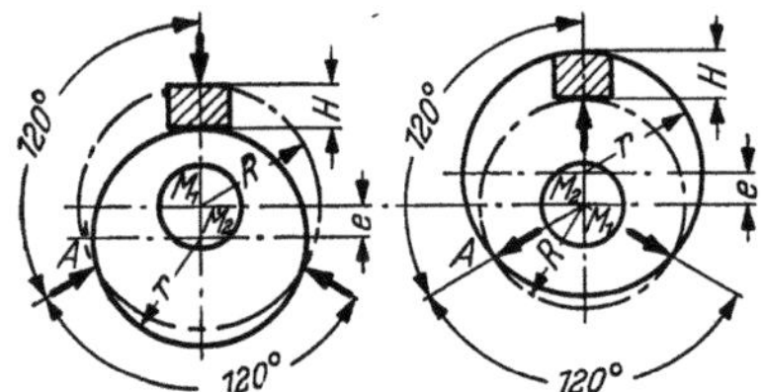

Abb. 284. Werkstück-außenspannung. — Abb. 285. Werkstück-innenspannung.
Abb. 284 und 285. Einfügung der maßhaltigen Beilage zwischen Werkstück und Spannbacke. M_1 = Spindelachse, M_2 = Werkstückachse, H = Höhe der Beilage, R = Halbmesser der Spannbackenstellung entsprechend, r = Halbmesser des Werkstückes, e = Außermittemaß

Anmerkung: Beim Außermittedrehen im Dreibackenfutter entfällt das Anreißen des Außermittemaßes. Mit Hilfe einer Meßuhr kann das Außermittemaß geprüft und durch Blechbeilagen korrigiert werden. Auch sehr kleine Außermittemaße sind herzustellen, selbst dann, wenn ein Anreißen und Ankörnen bzw. Anbohren nicht möglich oder aus baulichen Gründen nicht erwünscht ist. Für Massenfertigung von Drehteilen, bei denen die Außermittemaße zum Werkstückdurchmesser so groß sind, daß ein Spannen des Werkstückes außer Mitte durch Beilagen nicht möglich ist, lassen sich Spannvorrichtungen auf gleicher Grundlage herstellen.

Beispiel 282. An eine Schaltwelle 80 mm Durchmesser ist ein Außermittezapfen anzudrehen. Außermittemaß beträgt 10 mm. Berechne die Beilagenhöhe für das Dreibackenfutter.

Lösung: [Gl. (367) Mit $e = 10$ mm und $r = 40$ mm folgt $H = 1,5\,e - r + \sqrt{r^2 - 0,75\,e^2} = 1,5 \cdot 10 - 40 + \sqrt{40^2 - 0,75 \cdot 10^2} = 15 - 40 + \sqrt{1600 - 75} = 14,05$; Beilagenhöhe bei Außenspannung $H = 14,05$ mm.

---

[1] Der Subtrahend $0,75\,e^2$ des Radikanden in Gln. (367) und (368) ergibt sich folgend: $(\sin 60° \cdot e)^2 = \left(\frac{1}{2}\sqrt{3} \cdot e\right)^2 = \frac{3}{4}\,e^2 = 0,75\,e^2$; bei Berechnung der Beilagenhöhe wurde angenommen, die Berührungsflächen der Spannbacken seien mit einer Abrundung versehen (Punktberührung). Die wirkliche Form der Backen beeinflußt die berechnete Beilagenhöhe. Bei b mm Backenbreite (vgl. Abschnitt 6.62) beträgt der Subtrahend des Radikanden $\frac{1}{4}(e\sqrt{3} - b)^2$, welcher Wert mit $b = 0$ wiederum $0,75\,e^2$ ergibt.

6.62 Backenbreite $b > 0$

Bei Backenbreite b größer als Null liegt keine Punktberührung vor, es gilt:

Beilagenhöhe im Dreibackenfutter

Außenspannung (Abb. 284)

$$H = 1{,}5\,e - r + \sqrt{r^2 - \left(\frac{e\sqrt{3}}{2} - \frac{b}{2}\right)^2} \qquad (369)$$

Innenspannung (Abb. 285)

$$H = 1{,}5\,e + r - \sqrt{r^2 - \left(\frac{e\sqrt{3}}{2} + \frac{b}{2}\right)^2} \qquad (370)$$

H = Höhe der Beilage im Dreibackenfutter [mm], e = Außermittemaß [mm], r = Werkstückhalbmesser [mm], b = Backenbreite [mm].

Beispiel 283. Gußgehäuse mit 150 mm Durchmesser soll eine Außermittebohrung erhalten. Außermittemaß beträgt 12 mm. a) Wie groß ist die Beilagenhöhe, wenn die Backenbreite 15 mm beträgt? b) Welche Beilagenhöhe ergibt sich, wenn die Backenbreite unberücksichtigt bleibt?

Lösung: a) [Gl. (370)] Mit $e = 12$ mm, $r = 75$ mm, $b = 15$ mm folgt $H = 1{,}5 \cdot 12 + 75 -$

$$- \sqrt{75^2 - \left(\frac{12\sqrt{3}}{2} + \frac{15}{2}\right)^2} = 93 - \sqrt{75^2 - (12 \cdot 0{,}866 + 7{,}5)^2} = 20{,}166;\ \text{Höhe } H \approx 20{,}2 \text{ mm}.$$

b) [Gl. (368)] $H = 1{,}5 \cdot 12 + 75 - \sqrt{75^2 - 0{,}75 \cdot 12^2} = 93 - \sqrt{75^2 - 0{,}75 \cdot 144} = 18{,}722;\ H \approx 18{,}7\,\text{mm}$.

Setzt man diese Beilagenhöhe in die nach e aufgelöste Gl. [Gl. (370)] ein, so ergibt sich eine Außermittigkeit von 11,14 mm, also ein Unterschied von $\approx 0{,}86$ mm.

6.7 Hinterdrehen von Werkstücken

Hinterdrehte Werkstücke werden auf Hinterdrehmaschinen gefertigt[1]. Diese sind mit einem Schlitten ausgerüstet, der in Abhängigkeit von der Hauptspindel durch Kurve so gesteuert wird, daß das Werkzeug plan bei einer Spindelumdrehung so oft vor- und zurückgeholt wird, wie Zähne am Werkstück zu hinterdrehen sind. Arbeitsgebiet des Hinterdrehens: 1. Werkstücke mit gerader oder geformter Oberfläche und mit *geraden* (zur Achse gleichlaufenden) Spannuten; z. B. alle Arten Nuten- und Formfräser, Winkelfräser, Fräser für Reibahlen, Gewindebohrer, Senker und Zahnformfräser. 2. Werkstücke mit gerader oder geformter Oberfläche und mit *schraubenförmigen* (zur Achse geneigten) Spannuten; z. B. Walzenfräser mit hinterdrehten Zähnen. 3. Werkstücke mit schraubenförmiger Oberfläche und mit *schraubenförmigen* (zur Achse geneigten, zu den Schraubengängen senkrechten) Spannuten; z. B. Wälzfräser für Gerad- und Schrägstirnräder und Schneckenradfräser.

6.71 Aufbau der Hinterdrehsteuerung

6.711 Zweck des Hinterdrehens

Hinsichtlich der Verzahnung unterscheidet man Fräser mit spitzen oder gefrästen Zähnen (Abb. 286) und Fräser mit hinterdrehten Zähnen (Abb. 287). Spitzgezahnte Fräser dienen zur Bearbeitung ebener Flächen oder geradlinig begrenzter Formen (Walzenfräser, Walzenstirnfräser, Schaftfräser, Winkelfräser usw.). Der hinterdrehte Fräser (Formfräser, Gewindefräser, Wälzfräser für Verzahnungen) hat den Vorteil, daß sein Profil beim Schärfen der Zähne (Abschliff an der Spanfläche) unverändert erhalten

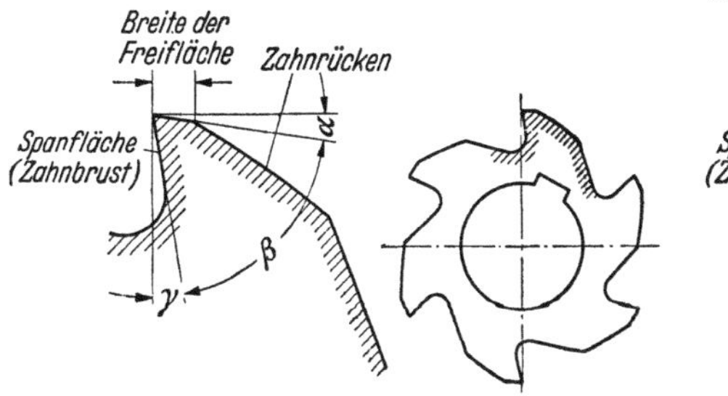

Abb. 286. **Spitzgezahnter** Fräser.

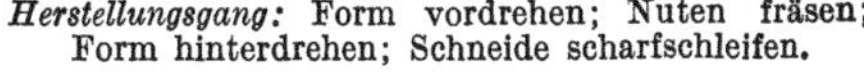
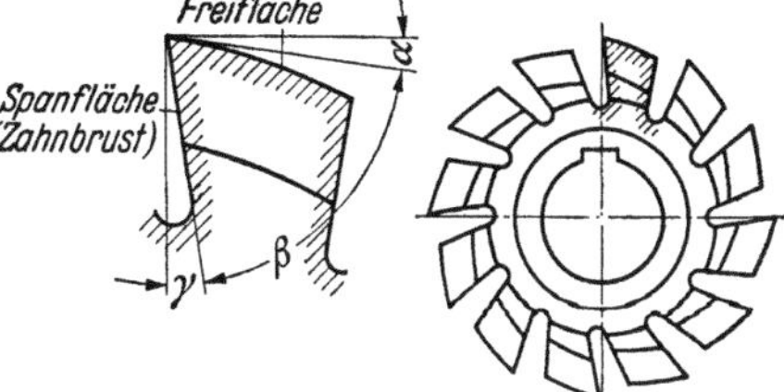

Abb. 287. **Hinterdrehter** Fräser.

Die Winkel an der Umfangsschneide zwischen der Radialen und einer Tangente zur Schnittkante setzen sich zusammen aus dem *Freiwinkel* α, dem *Keilwinkel* β und dem *Spanwinkel* γ. Ihre anwendbaren Größen hängen von den verschiedenen Bedingungen des Fräsvorganges ab; sie sind in Werkzeugkatalogen in Form von Tabellen u. dgl. veröffentlicht.

---

[1] Der Aufbau der Hinterdrehmaschine (vgl. Abb. 299) entspricht dem einer Leit- und Zugspindeldrehmaschine, so daß auch normale Dreharbeiten auf ihr ausgeführt werden können. Die Hinterdreheinrichtung ist zusätzlich eingebaut.

bleibt, weil nur die Zahnbrust nachgeschliffen wird. Das Werkzeug kann deshalb bei sachgemäßer Behandlung fast bis zum völligen Verbrauch benutzt werden.

Grundbedingung des Nutenfräsens ist zunächst die Gleichhaltung der Querschnittsform beim radialen Nachschleifen an der Zahnbrust; weiterhin ist (Abb. 288) der Freiwinkel α als Grundbedingung für gutes Schneiden unverändert gleichzuhalten.

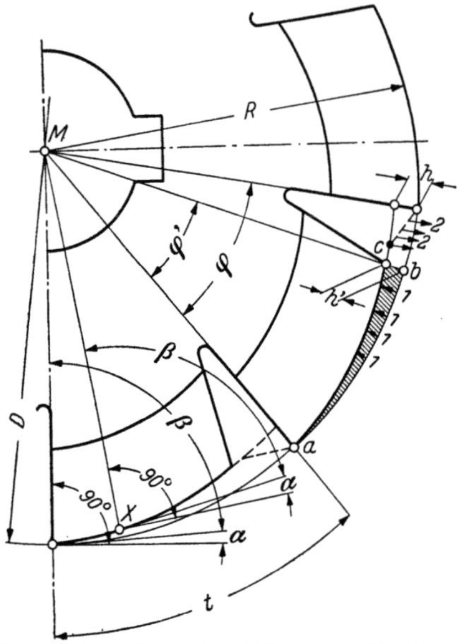

Beide Bedingungen werden erfüllt, wenn der Zahn an seinem Rücken und an den Seitenflanken nach einer bestimmten Kurve hinterdreht und die Zahnbrust radial nachgeschliffen wird. Es wird dann die Tangente in jedem Punkte „X" des Zahnrückens mit dem zugehörigen Halbmesser MX den gleichen Winkel β bilden[1]. Beim Hinterdrehen eines Zahnes muß von dem Zahnrücken das schraffiert dargestellte Stück abc zerspant werden. Die Dicke des abzunehmenden Werkstoffes wird gemessen durch die Hinterdrehung oder Hubhöhe h, um die der Hinterdrehmeißel bei jedem Zahn auf das Werkstück eindringt. Der Hinterdrehmeißel wird bei jedem Zahn von seiner Anfangsstellung in Richtung 1 allmählich um den Weg bc nach der Mitte des sich gleichzeitig und langsam drehenden Werkstückes geführt; sobald die Zahnlücke am Meißel vorbeigeht, springt er in Richtung 2 selbsttätig zurück und hinterdreht den nächsten Zahn. Der Meißel muß sich demnach wechselnd der Drehachse des kreisenden Werkstückes nähern und sich von ihr wieder entfernen. Der Meißel ist so einzustellen, daß das Zurückspringen des Schlittens kurz hinter dem Rücken des herzustellenden Schneidzahnes erfolgt. Die Schneidkante des Hinterdrehmeißels muß mit der Achsmitte immer in gleicher Höhe liegen.

Abb. 288. Zahnrücken eines Fräsers mit hinterdrehten Zähnen. Spanwinkel $\gamma = 0°$ (vgl. Abb. 287)

6.712 Kurve des Hinterdrehens

Das Profil des Zahnes ändert sich bei radialem Nachschleifen der Brust nicht, da der Formmeißel beim Hinterdrehen *unabhängig davon, welche Kurve der Zahnrücken erhält*, immer auf Mitte steht und somit die Profiltiefe und -breite, radial gemessen, während des ganzen Verlaufes der Kurve gleichbleibt.

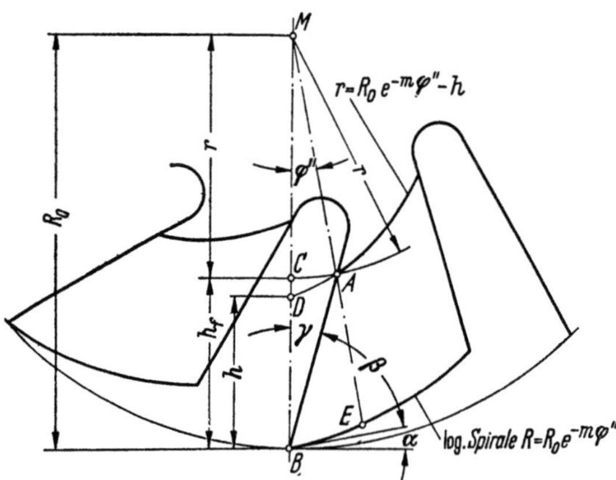

Abb. 289. Nach logarithmischer Spirale hinterdrehte Zähne eines Formfräsers mit achsparallelen Spannuten.

$BM = R_0 =$ Halbmesser des Fräsers; $AM = CM = r$; $EM = R = r + h =$ Leitstrahl; $h = R - r =$ herzustellende Profilhöhe am Fräser bei $\gamma = 0°$; $h_f =$ erzeugte Frästiefe am Werkstück bei einer Fräserprofilhöhe h mit einem Spanwinkel γ; $\beta =$ Keilwinkel; $\alpha =$ Freiwinkel: $(\beta + \gamma) =$ konstant $=$ Winkel zwischen Leitstrahl und Tangente in jedem Punkt der Spirale

6.7121 Logarithmische Spirale. Die Begrenzungskurve des Zahnrückens soll theoretisch eine logarithmische Spirale sein. Es ist dies die Kurve, bei der ein gleichbleibender Schnittwinkel gewährleistet ist. Abb. 289 zeigt einige stark übertrieben hinterschliffen und hinterdreht gezeichnete Fräserzähne. Bei Spanwinkel $\gamma = 0°$ (Abb. 288) wäre die erzeugte Frästiefe am Werkstück $h_f = h$. Durch den einen Spanwinkel γ erzeugenden Hinterschliff kommt die obere Endkante des Fräserprofiles von D nach A und hat somit das Maß der Profilhöhe h um die Strecke CD verlängert. Bestimmung dieses Maßes vgl. Beispiel 284.

---

[1] Meist läuft die Zahnbrust in radialer Richtung, so daß der Spanwinkel $\gamma = 0°$ wird und der Keilwinkel β wie auch der Freiwinkel α gleich bleiben. Es wird $\alpha + \beta + \gamma$ (Abb. 287) $= \alpha + \beta$ (Abb. 288) $= 90°$.

Beispiel 284. In Abb. 289 ist die Kurve des hinterdrehten Zahnes eines Formfräsers eine logarithmische Spirale. Die am Fräser herzustellende Profilhöhe $BD = h$ ist bei gewünschter Frästiefe h_f zu berechnen.

Lösung: Es ist $h = R - r$; mit $r = R_0 - h_f$ wird $h = R - R_0 + h_f$. In dieser Gleichung ist R der jeweilige Leitstrahl, der aus der Gleichung der logarithmischen Spirale zu ermitteln ist; es gilt $R = R_0 \times$

$e^{-m \cdot \varphi''} = \dfrac{R_0}{e^{m \cdot \varphi''}}$. Hierin ist e = Basis der natürlichen Logarithmen, m = Cotangens des Winkels $(\beta + \gamma)$

= konstant und φ'' der Polarwinkel für den Leitstrahl $EM = R$. Damit wird $R = \dfrac{R_0}{e^{\cot(\beta + \gamma) \cdot \varphi''}}$.

Bezeichnet man den stumpfen Winkel bei A mit δ, so folgt nach dem Sinussatz aus Dreieck ABM

$R_0 : r = \sin \delta : \sin \gamma$ oder $\sin \delta = \dfrac{R_0}{r} \cdot \sin \gamma$. Die Fräserprofilhöhe h ergibt sich nunmehr zu $h = R - R_0 +$

$+ h_f = \dfrac{R_0}{e^{\cot(\beta + \gamma) \cdot \varphi''}} - R_0 + h_f$ oder:

<table>
<tr><td>Profilhöhe am Werkzeug bei gewünschter Frästiefe h_f (Abb. 289)</td><td>$$h = R_0 \left(\dfrac{1}{e^{\cot(\beta + \gamma) \cdot \varphi''}} - 1 + h_f \right)$$</td><td>(371)</td></tr>
</table>

h = Herzustellende Profilhöhe am Werkzeug bei gewünschter Frästiefe h_f [mm], R_0 = Halbmesser des Fräsers [mm], $e = 2{,}71828$, β = Keilwinkel [°], γ = Spanwinkel [°], φ'' = Polarwinkel für den Leitstrahl $EM*$, h_f = erzeugte Frästiefe am Werkstück bei einer Fräserprofilhöhe h mit einem Spanwinkel γ [mm].

Anmerkung: Ähnlich Punkt A kann jeder Punkt des Profiles auf seine Verzerrung hin berechnet werden; nur sind für den jeweils gewünschten Punkt die in den Gleichungen angeführten Bezeichnungen dafür einzusetzen. Trotzdem die durch den Punkt A laufende Kurve beim Hinterdrehen des Fräserzahnes mit dem gleichen Formmeißel erzeugt wird wie die Außenkante des Zahnes (log. Spirale durch den Punkt B), ist dieselbe keine log. Spirale, sondern nur *Aequidistante* zur log. Spirale $R = R_0 \cdot e^{-m} \cdot \varphi''$.

6.7122 Archimedische Spirale.

Werden die Hubscheiben (Abb. 292) auf Drehmaschinen hergestellt und auch nachgeschliffen, so stellt die entstehende Kurve praktisch den Ausschnitt eines Plangewindes und somit eine archimedische Spirale dar. Die Verwendung von Hubscheiben mit archimedischer Spirale ist durchaus möglich. Da sich der Fräser bei einer Umdrehung der Hubscheibe um einen Zahn weiterdreht, sind die Kurven der Hubscheibe auf einen Zahn zusammengedrängt. Eine Veränderung des Freiwinkels α innerhalb dieses kleinen Bereiches ist von unwesentlichem Einfluß [12].

6.713 Größe der Hinterdrehung

Die Tiefe h der Hinterdrehkurve[1] wird bis zum nächsten Zahn gerechnet und durch die Zahnteilung t und die Größe des Freiwinkels α bestimmt. Die Zahnteilung ist durch den Durchmesser und die Zähnezahl gegeben; die Wahl des Freiwinkels ist von der Profilform des Fräswerkzeuges abhängig.

<table>
<tr><td rowspan="2">Größe der Hinterdrehung (Hubhöhe Abb. 288 und Abb. 291)</td><td>$$h = \dfrac{D \pi \tan \alpha}{z}$$</td><td rowspan="2">h = Größe der Hinterdrehung = Hubhöhe je Zahn [mm], D = Durchmesser des Fräsers [mm], α = Freiwinkel [°]; üblich sind Freiwinkel von etwa $10°$ bis $15°$, in Ausnahmefällen bis $20°$, meist $\alpha =$</td><td>(372)</td></tr>
<tr><td>$$h = \dfrac{D \pi \tan \alpha}{z} \left(1 + \dfrac{z}{100} \right)$$</td><td>(373)</td></tr>
</table>

---

*Aus Dreieck ABM wird $\varphi'' = 180° - (\gamma + \delta)$; δ folgt aus $\sin \delta = \dfrac{R_0}{r} \cdot \sin \gamma$.

[1] Der Hinterdrehmeißel braucht nicht, entsprechend der ganzen Zahnteilung, den Hub h zu erreichen, sondern kann schon nach Erreichung von φ' zurückspringen. Die Größe der Zahnlücke $\varphi - \varphi'$ hängt von praktischen Erfahrungen ab. Die Lücke soll einerseits so groß sein, daß das Rückspringen des Meißels und das rechtzeitige Wiederansetzen für den nächsten Zahn gesichert ist, andererseits soll die Zahnlücke klein bleiben, um den Fräser möglichst oft nachschleifen zu können. Nach der Polargleichung der logarithmischen Spirale wird $h = R \left(1 - \dfrac{1}{e^{\cot \beta \varphi}} \right)$ und $h' = R \left(1 - \dfrac{1}{e^{\cot \beta \varphi'}} \right)$. [$R$ = Halbmesser des Werkstückes in mm, h, h', β, φ und φ' aus Abb. 288, e = Basis der natürlichen Logarithmen.]

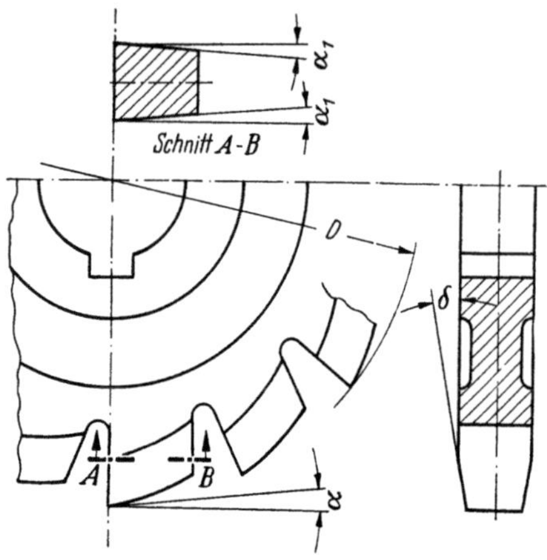

Abb. 290. Freiwinkel am dreiseitig hinterdrehten
Formfräser mit achsparallelen Nuten

$12°$, $z =$ Zähnezahl (Nutenzahl). Der Faktor $(1 + z/100)$ korrigiert angenähert die Verzerrung der Kurve, die durch das Anschneiden des Hinterdrehmeißels entsteht und sich besonders bei feiner Zahnteilung bemerkbar macht. Fertigungstechnisch richtige Zähnezahlen für Stahl ergeben sich aus $z = 1{,}5 \sqrt{D}$ bei geringer, aus $z = 1{,}25 \sqrt{D}$ bei großer Zahnlückentiefe. Bei Leichtmetall kann $z = 1{,}11 \sqrt{D}$ gewählt werden. Für Gewindefräser erhöht sich die Zähnezahl um etwa 25%. [*Die Gleichungen* (372) *und* (373) *sind nur für die archimedische Spirale zutreffend.*]

Aus der Größe der Hinterdrehung, also aus der Hubhöhe h und dem dabei zurückgelegten Drehweg $D\pi/z$ ergibt sich der Freiwinkel α. Schräg oder seitlich hinterdrehte Fräser ergeben für den Freiwinkel α_1 kleinere Werte. Für den dreiseitig hinterdrehten Formfräser mit geraden Nuten erhält man:

Freiwinkel am Umfang des Fräsers (Abb. 287 bis 290)

$$\tan\alpha = \frac{h\,z}{D\,\pi}$$

$\alpha =$ Freiwinkel am Umfang des Fräsers vom Durchmesser D [°], (374)

Seitlicher Freiwinkel (Abb. 290)

$$\tan\alpha_1 = \frac{\sin\delta\,h\,z}{D\,\pi}$$

$h =$ Größe der Hinterdrehung = Hubhöhe [mm], $z =$ Zähnezahl (Nutenzahl), $D =$ (375)

$$\tan\alpha_1 = \tan\alpha\,\sin\delta$$

Durchmesser des Fräsers [mm], $\alpha_1 =$ seitlicher Freiwinkel [°], (376)

$\delta =$ Flankenwinkel [°]. Für den Flankenwinkel $\delta = 0°$ wird $\sin\delta = 0$ und damit $\tan\alpha_1 = 0$ oder $\alpha_1 = 0°$.

Beispiel 285. Ein dreiseitig hinterdrehter Formfräser von 125 mm Durchmesser ist mit 14 Zähnen, 12° Freiwinkel und 10° Flankenwinkel zu fertigen. a) Wie groß ist die Hinterdrehung? b) Welcher seitliche Flankenwinkel ergibt sich? Es sind Hinterdrehkurven in Abstufungen von 1/2 mm vorhanden.

Lösung: a) [Gl. (372)] $h = \dfrac{D\,\pi\,\tan\alpha}{z} = \dfrac{125\,\pi\cdot\tan 12°}{14} = \dfrac{125\,\pi\cdot 0{,}2126}{14} = 5{,}963$; Hinterdrehhub

gewählt $h = 6$ mm. b) [Gl. (375)] $\tan\alpha_1 = \dfrac{\sin\delta\,h\,z}{D\,\pi} = \dfrac{\sin 10°\cdot 6\cdot 14}{125\,\pi} = \dfrac{0{,}1736\cdot 6\cdot 14}{125\,\pi} = 0{,}0371$;

seitlicher Freiwinkel $\alpha_1 = 2°8'$. Gl. (376) ergibt mit $\tan\alpha_1 = \tan\alpha\,\sin\delta = \tan 12°\,\sin 10°$ den gleichen Zahlenwert für α_1.

6.714 Vorschuberzeugung

Der hin- und herspielende Planvorschub wird in Abb. 291 mit einem Planzug erreicht, der aus der selbsttätigen Ein- und Ausrückkupplung in Form zweier Hinterdrehkurvenscheiben (Kupplungshälften mit spitzen Zähnen) besteht.

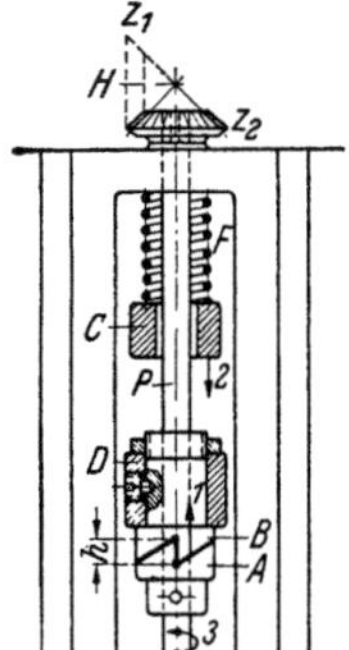

Abb. 291. Hinterdrehsteuerung, Bauart Loewe

Die Kurvenscheibe A sitzt fest auf der Planspindel P, während die Kurvenscheibe B als Gegenscheibe in einem Auge D des Planschlittens durch eine Ringmutter festgespannt und außerdem durch Feder gegen Drehen gesichert wird. Wird die Planspindel P von der Hinterdrehspindel H mit Hilfe der Kegelräder z_1 und z_2 angetrieben und dreht sich dieselbe im eingezeichneten Drehsinne, so werden die schrägen Zahnrücken der Kurvenscheibe den Planschlitten in Richtung 1 zum Hinterdrehen um ihre Hubhöhe h langsam vorschieben, und die Feder F wird ihn mit Hilfe des Auges C in Richtung 2 zurückschnellen, sobald die Zahnspitzen der Kurvenscheiben aneinander vorbei sind. Hat die Kurvenscheibe z. B. 4 Zähne, so muß die Planspindel P für jeden einzelnen Zahn des herzustellenden Werkstückes 1/4 Umdrehung ausführen; allgemein gilt:

Umlaufzahl der Planspindel bzw. Kurvenwelle für Hinterdrehsteuerung (Abb. 291)

$$n_P = \frac{z}{z_k}$$

$n_P =$ Umlaufzahl der Planspindel P bzw. der Kurvenwelle, $z =$ Zähnezahl (Nutenzahl bzw. (377)

Spannutenzahl) des zu hinterdrehenden Werkstückes, $z_k =$ Zähnezahl der Hinterdrehkurvenscheibe.

Die Hinterdrehsteuerung Abb. 291 gestattet lediglich ein Hinterdrehen der Zahnkrone. Für das seitliche oder schräge Hinterdrehen von Werkstücken muß der Planschlitten bestimmte Gradstellungen einnehmen. Sie erfordern nach Abb. 292 eine Drehscheibe b, die zwischen dem Planschlitten c und dem Bettschlitten a sitzt. Der Antrieb der Plansteuerung muß in der Mitte des Drehscheibenzapfens liegen, so daß radial, axial und schräg hinterdreht werden kann.

Die Plansteuerung besteht aus einer kreisenden Kurvenhubscheibe d, gegen die der Anlaufzapfen e des Planschlittens c durch die vordere Spannfeder gedrückt wird. Soll der Meißel in schräger Richtung hinterdrehen, so ist die Drehscheibe vorher auf den Hinterdrehungswinkel einzustellen. Auf dem Bettschlitten a ist ein durch Skala in jedem Winkel einstellbares Drehteil b angeordnet, auf dem ein Schieber mit dem darauf befindlichen Kreuzschlitten durch die Hubscheibe in eine hin- und hergehende Bewegung versetzt und ein Hinterdrehen nach jeder Richtung hin ermöglicht wird. Die Anordnung des Kreuzschlittens gestattet die Verdrehung desselben im Kreise sowie eine Längsverstellung.

Abb. 293 bis 298 zeigen einige Arbeitsbeispiele für das Hinterdrehen, Abb. 299 zeigt den Getriebeplan einer Reinecker-Hinterdrehmaschine. Die Wahl der Hauptspindeldrehzahl ist von der

Jeder Hub erfordert eine besondere **Hubscheibe**; sie sind den Maschinen in Abstufungen von $^1/_2$ mm Hub mitgegeben.

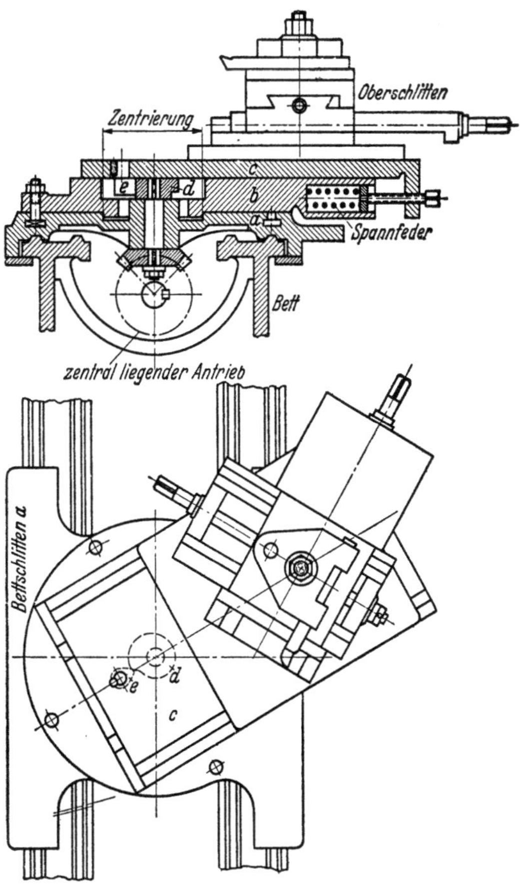

Abb. 292. Hinterdrehsteuerung, Bauart Reinecker. **Hubscheibe d** als Formscheibe **auswechselbar**

Nutenzahl des Werkstückes, von der Hubhöhe und Hubzahl je Minute des Hinterdrehschiebers abhängig. Nach der jeweiligen Stellung des Handrades und dem Vorgelege 4 : 1 oder 16 : 1 ergeben sich nebenstehende Drehzahlen der Hauptspindel:

Vorgelege	Handrad	Drehzahlen der Hauptspindel [1/min]			
$u = 16 : 1$	1—4	1,5	2,1	2,9	3,9
$u = 16 : 1$	5—8	4,6	6,4	9,2	13
$u = 4 : 1$	5—8	18,4	25,6	36,8	52
ohne	5—8	74	102	147	208

6.715 Antrieb der Hinterdrehspindel

Für die verschiedenen Arbeiten (vgl. S. 197 unter 6.7) sind drei voneinander unabhängige Wechselradgruppen mit je einem Rädersatz vorhanden:

Gewindewechselräder a, b, c, d für den Antrieb der Leitspindel von der Arbeitsspindel. Die Gewindewechselräder (Steigungswechselräder) regeln die axiale Verschiebung des Hinterdrehmeißels während der Drehung des Werkstückes in Abhängigkeit von der Größe der Gewindesteigung.

Nutenwechselräder a_1, b_1, c_1, d_1 für den Antrieb der Hinterdrehspindel (Hubscheibe) von der Arbeitsspindel. Die Nutenwechselräder regeln entsprechend der Spannutenzahl des Werkstückes die radiale Bewegung des Hinterdrehmeißels.

Drallwechselräder a_2, b_2, c_2, d_2 für den zusätzlichen Antrieb der Hinterdrehspindel für Schraubennuten von der Leit- oder Zugspindel. Die Drallwechselräder erteilen in Abhängigkeit von der Größe der Nutensteigung dem Werkstück während der axialen Verschiebung des Hinterdrehmeißels eine Zusatzbewegung.

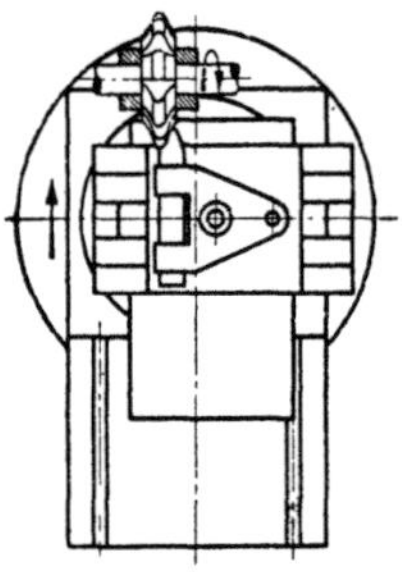

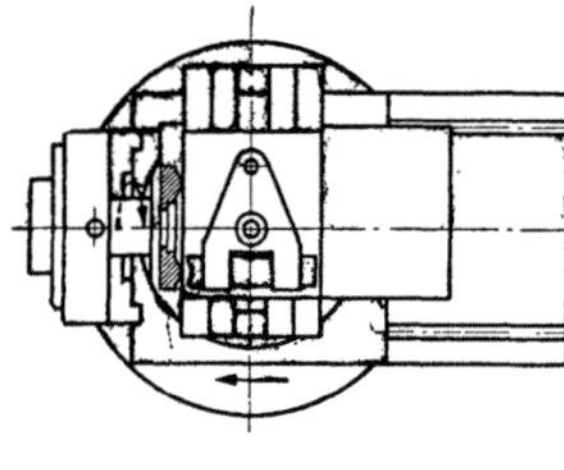

Abb. 293. Radiales Hinterdrehen eines Zahnformfräsers mit dem Formmeißel

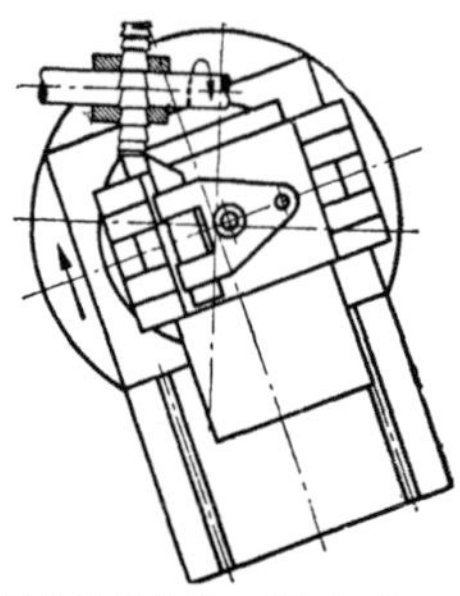

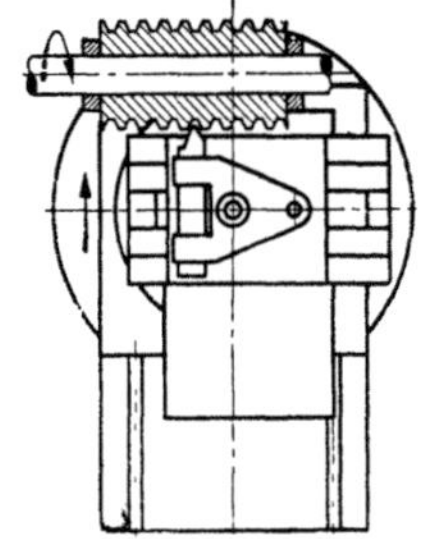

Abb. 294. Schräges Hinterdrehen eines Nutenfräsers

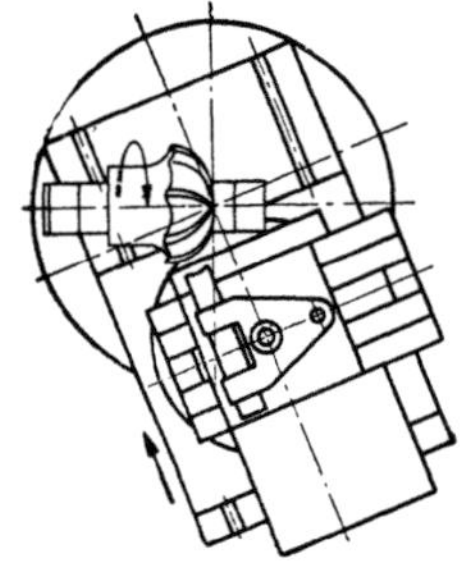

Abb. 295. Axiales Hinterdrehen eines Formstirnfräsers

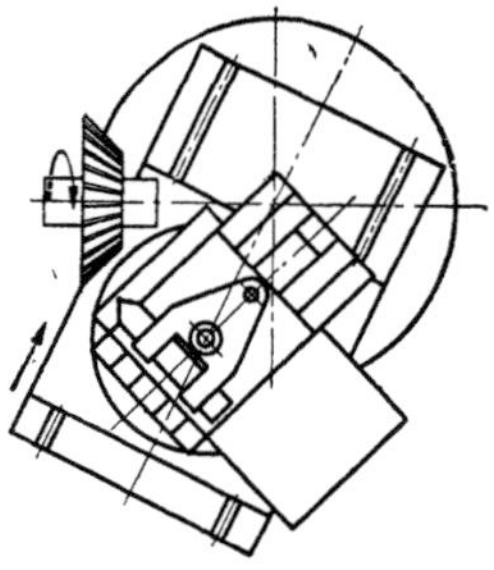

Abb. 296. Radiales Hinterdrehen eines Stirnradwälzfräsers

Abb. 297. Schräges Hinterdrehen eines Formfräsers

Abb. 298. Radiales Hinterdrehen eines Winkelfräsers

6.716 Berechnen der Wechselräder

6.7161 Scheibenförmiges Werkstück.

Beim Hinterdrehen einfacher, gerade genuteter Formfräser macht das Werkzeug eine gesteuerte Querbewegung am Orte. Das Hinterdrehen erfolgt nur mit eingeschaltetem Rädervorgelege $u = 4{:}1$ (Hebel B auf II) bei geringerer Nutenzahl (bis $n = 4$) oder $u = 16{:}1$ (Hebel B auf I) bei größerer Nutenzahl. Die Wechselräder a_1, b_1, c_1, d_1 (Nutenwechselräder) dienen zur Hervorbringung der der Nutenzahl des Werkstückes entsprechenden Umdrehungen der Hubscheibe. Die Hubscheibe macht je Werkstückzahn eine Umdrehung; sie wird über ein Kegelrädergetriebe von der Hinterdrehspindel angetrieben. Die Hinterdrehspindel und damit die Hubscheibe muß somit je Umdrehung der Arbeitsspindel so viele Umdrehungen ausführen, wie das Werkstück Zähne besitzt.

Bedeutet n_{III} die Drehzahl der Hinterdrehspindel [1/min], n_I diejenige der Arbeitsspindel, n die Anzahl der Nuten (Zähne) und i_I die Übersetzung zwischen Arbeits- und Hinterdrehspindel, so gilt:

$$\frac{n_{III}}{n_I} = \frac{n}{1} = \frac{a_1 c_1}{b_1 d_1} \frac{i_I}{1}; \quad \text{daraus:} \quad \frac{a_1 c_1}{b_1 d_1} = \frac{n}{i_I}.$$

Nutenwechselräder für Hinterdrehmaschine
(Reinecker-Maschine Abb. 299)

mit Vorgelege $u = 4{:}1$

$$u_{w1} = \frac{a_1 c_1}{b_1 d_1} = \frac{3n}{10} \tag{378}$$

mit Vorgelege $u = 16{:}1$

$$u_{w1} = \frac{a_1 c_1}{b_1 d_1} = \frac{3n}{40} \tag{379}$$

u_{w1} = Wechselräderverhältnis zwischen Arbeitsspindel und Hinterdrehspindel = Zähnezahlverhältnis der für die Hinterdrehspindel aufzusteckenden Wechselräder zum Hervorbringen der

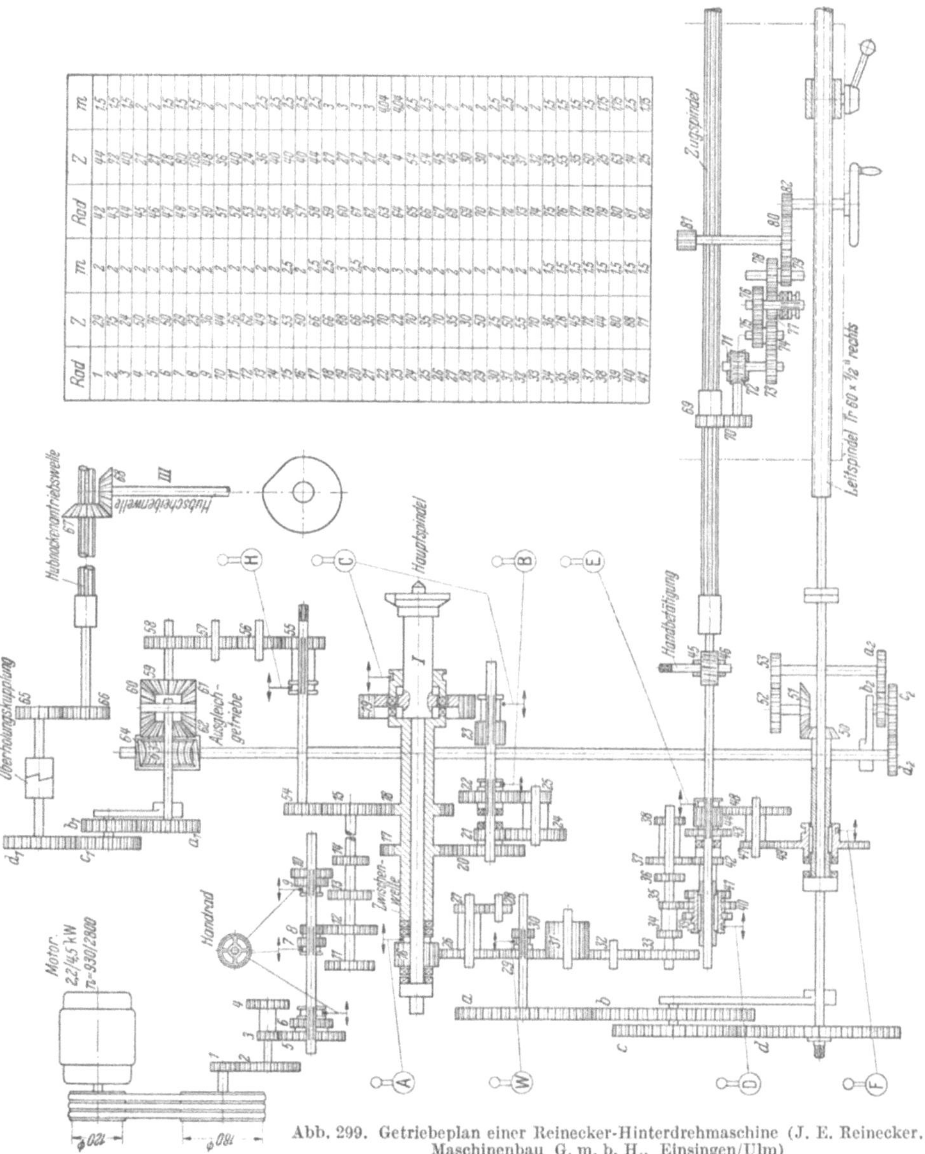

Abb. 299. Getriebeplan einer Reinecker-Hinterdrehmaschine (J. E. Reinecker, Maschinenbau G. m. b. H., Einsingen/Ulm)

Für alle Hinterdreharbeiten wird das Vorgelege des Hauptantriebes eingeschaltet. Es schaltet Hebel C auf I mit, C auf II ohne Vorgelege, Hebel B auf I mit Vorgelege 16 : 1, B auf II mit Vorgelege 4 : 1. Hebel A kuppelt den Antrieb der Leitspindel unmittelbar mit der Hauptspindel oder mit den Zwischenrädern. Hebel W betätigt das Wendegetriebe für Gewindesteigung links oder rechts. Hebel H schaltet die Hubbewegung des Hinterdrehschiebers ein oder aus. Hebel E und D schalten 6 Vorschübe des Bettschlittens beim Arbeiten mit der Zugspindel. Hebel F verbindet je nach Wahl den Antrieb des Ausgleichgetriebes mit der Leit- oder mit der Zugspindel. An Wechselrädern unterscheidet man:

a, b, c, d Gewindewechselräder		a_1, b_1, c_1, d_1 Nutenwechselräder		a_2, b_2, c_2, d_2 Drallwechselräder	
	$u_w = \dfrac{a c}{b d}$		$u_{w1} = \dfrac{a_1 c_1}{b_1 d_1}$		$u_{w2} = \dfrac{a_2 c_2}{b_2 d_2}$
a = Rad am Antriebbolzen		a_1 = Rad auf der Ausgleichwelle		a_2 = Rad zur Leitspindel	
d = Rad an der Leitspindel		d_1 = Rad auf der Nutenwelle		d_2 = Rad an der Schnecke	

der Nutenzahl entsprechenden Umdrehungen der Hubscheibe, a_1 und c_1 = Zähnezahlen der treibenden, b_1 und d_1 = Zähnezahlen der getriebenen Nutenwechselräder, n = Nutenzahl (Zähnezahl) des zu hinterdrehenden Werkstückes.

Beispiel 286. Scheibenfräser mit 28 Nuten ist zu hinterdrehen. Welche Wechselräder sind zur Hervorbringung der der Nutenzahl entsprechenden Umdrehungen der Hinterdrehspindel aufzustecken?

Lösung:

$$[\text{Gl. (379)}] \quad u_{w_1} = \frac{a_1\,c_1}{b_1\,d_1} = \frac{3n}{40} = \frac{3\cdot 28}{40} = \frac{21}{10} = \frac{72\cdot 63}{48\cdot 45} = \frac{63\cdot 72}{45\cdot 48} \quad \bigg| \quad \begin{array}{l} \text{Nutenwechselräder: } a_1 = 63,\ b_1 = 45, \\ c_1 = 72,\ d_1 = 48 \text{ Zähne (Abb. 299).} \end{array}$$

Da die Spannutenzahl und auch die Maschinenkonstante stets eine ganze Zahl ist, werden die Nutenwechselräder durch Erweiterung dieser Zahlen unmittelbar gefunden (vgl. Abschnitt 5.1241).

6.7162 Werkstück mit geraden Spannuten. Berechnung der Wechselräder (Nutenwechselräder) a_1, b_1, c_1, d_1 zur Übertragung der Drehbewegung von der Arbeitsspindel auf die Hinterdrehspindel erfolgt nach Gln. (378) und (379). Die Zugspindel dient für den Schlittenlangzug mittels Schaftwelle; es sind sechs Vorschubgrößen (0,15—0,20—0,30—0,40—0,55—0,80 mm/U) der Hauptspindel anwendbar, unabhängig von dem Übersetzungsverhältnis der Gewindewechselräder. Wechselräderschere des Leitspindelantriebes wird ausgeschwenkt (Leitspindel stillgesetzt), Hebel A nach links geschaltet und die Zugspindel unmittelbar von der Arbeitsspindel angetrieben. Vorschubrichtung des Bettschlittens mit Hebel W. Wahl der Vorschübe nach Tabelle und Hebel D mit E. Bei achsparallelen Spannuten kommt die zusätzliche Betätigung des Ausgleichgetriebes nicht zur Anwendung.

6.7163 Werkstück mit schraubenförmigen Spannuten. Beim Hinterdrehen drallgenuteter Werkstücke (Walzenfräser, Wälzfräser für Verzahnungen) ist außer der ruckweisen Querbewegung auf Unrundheit auch noch eine normale und gleichförmige Längsbewegung für Vorschub der Gewinde nötig. Da rechts- und linkssteigende Schraubennuten vorkommen, ist der Zusatzantrieb mit Rechts- und Linkslauf versehen. Die Berechnung der Wechselräder a_1, b_1, c_1, d_1 (Nutenwechselräder) erfolgt nach Gl. (378) oder Gl. (379). Wahl der Vorschübe nach Tabelle wie beim Hinterdrehen von Werkstücken mit geraden Spannuten. Beim Hinterdrehen von Werkstücken mit Schraubennuten muß die Hubscheibe entsprechend der Steigung vor- oder nacheilen. Dem Werkstück wird, der Steigung der Spannut entsprechend, eine zusätzliche Drehbewegung erteilt. Diese erfolgt über die Wechselräder a_2, b_2, c_2, d_2. Diese Zusatzbewegung wird über ein Ausgleichgetriebe von der Leit- oder Zugspindel abgenommen[1].

Bei H mm Schraubensteigung des Werkstückes muß die Hubscheibe n Hübe mehr oder weniger ausführen als beim Werkstück mit geraden Nuten. Bezeichnet s_h den Vorschub je Umdrehung der Hubscheibe [mm], so gilt bei Zugspindelantrieb: $n\,s_h = s$, wenn s der Vorschub je Umdrehung der Arbeitsspindel [mm]. Die Anzahl der zusätzlichen Hübe je Zahn wird damit: $\pm\,s/H$. Für n_{III} Umdrehungen der Hinterdrehspindel ist also hinzuzufügen: $\pm\,n_{\mathrm{III}}\dfrac{s}{H}$. Bezeichnet n_s die Drehzahl der Schnecke und i_s die Übersetzung des Schneckentriebes am Ausgleichgetriebe, so gilt: $\pm\,n_{\mathrm{III}}\dfrac{s}{H} = n_s\,i_s$. Bezeichnet weiterhin s_b den Weg des Bettschlittens je Umdrehung der Zugspindel [mm] und n_z die Drehzahl der Zugspindel [1/min], so wird [10]: $s = \dfrac{s_b\,n_z}{n_{\mathrm{I}}} = \dfrac{n_z\,s_b\,n}{n_{\mathrm{III}}}$ oder $n_s = \pm\,\dfrac{1}{i_s}\dfrac{n_z\,s_b\,n}{H}$ oder $\dfrac{n_s}{n_z} = \pm\,\dfrac{1}{i_s}\dfrac{s_b\,n}{H}$ oder $\dfrac{a_2\,c_2}{b_2\,d_2} = \dfrac{s_b\,n}{H}\dfrac{1}{i_s}$. Mit den Werten der Maschine folgt:

---

[1] Bei der Übertragung des Hinterdrehverfahrens auf drallgenutete Werkstücke macht es Schwierigkeiten, das Hinterdrehwerkzeug genau der Form der Schraubennut folgen zu lassen, die auf der Universalfräsmaschine vorher eingeschnitten ist. Volle Übereinstimmung der beiden Nuten verlangt eine *sehr feine Einstellungsmöglichkeit des Wechselräderverhältnisses*, die durch ihre feinste Stufung f um je einen Zahn (!) f nicht erreichbar ist. Reinecker erreicht diese Zusatzbewegung durch ein Umlaufräderwerk, in das eine große Schneckenübersetzung eingeschaltet ist. Bei Schaerer wird die Verzögerung von einer vom Schlitten mitgenommenen Zahnstange betätigt. Mit dieser Zahnstange steht ein Stirnrad in Eingriff, welches über Wechselräder und ein Schrägstirnräderpaar das Ausgleichgetriebe über Einzahnkupplung zusätzlich steuert. Loewe verwendete bei ihren Hinterdrehmaschinen ein Umlaufkugelräderwerk, das durch eine Stellschiene mit gewissermaßen unendlich feiner Einstellbarkeit ausgerüstet war.

$$
\begin{array}{l}
\text{Drallwechselräder} \\
\text{für Hinterdreh-} \\
\text{maschine} \\
\text{(Reinecker-Maschine} \\
\text{Abb. 299)}
\end{array}
\left|
\begin{array}{c}
\text{mit Vorgelege} \\
u = 4:1 \\[2em]
\text{mit Vorgelege} \\
u = 16:1
\end{array}
\right|
\begin{array}{c}
u_{w_2} = \dfrac{a_2\,c_2}{b_2\,d_2} = \dfrac{9\cdot 25{,}4}{H} \\[2em]
u_{w_2} = \dfrac{a_2\,c_2}{b_2\,d_2} = \dfrac{36\cdot 25{,}4}{H}
\end{array}
\left|
\begin{array}{l}
u_{w_2} = \text{Wechselräderver-} \\
\text{hältnis zwischen Zug-} \\
\text{spindel und Hinterdreh-} \\
\text{spindel} = \text{Zähnezahlver-} \\
\text{hältnis der Wechsel-} \\
\text{räder zum Hervorbrin-} \\
\text{gen der schraubenför-} \\
\text{migen Längsnute, } a_2 \\
\text{und } c_2 = \text{Zähnezahlen}
\end{array}
\right.
\quad
\begin{array}{l}
(380) \\[4em]
(381)
\end{array}
$$

der treibenden, b_2 und d_2 der getriebenen Wechselräder (Drallwechselräder), H = Steigung der schrauben-förmig eingeschnittenen Längsnut [mm]. Die Schraubensteigung H ist ihrer Größe nach so zu wählen, daß sie sowohl auf der Fräsmaschine, als auch auf der Schleifmaschine leicht zu erzielen ist. Ohne Zwischenrad, also mit der Räderanordnung a_2, b_2, c_2, d_2, erfolgt das Hinterdrehen nach einer links-gewundenen, mit Zwischenrad nach einer rechtsgewundenen Schraubennut.

Beispiel 287. Werkstück von 40 mm Durchmesser und 20 Spannuten ist zu hinterdrehen. Steigung der linksgängigen Nuten 9144,3 mm. Bei eingerücktem Spindelstockvorgelege $u = 16 : 1$ sind die Wechsel-räder für Nutenzahl und Schraubensteigung zu berechnen. (Wechselräder, Satz 1 und 3, Maschinen-tafel 4, S. 358.)

$$
\text{Lösung: [Gl. (379)] } u_{w1} = \frac{a_1\,c_1}{b_1\,d_1} = \frac{3\,n}{40} = \frac{3\cdot 20}{40} = \frac{3}{2} = \frac{42\cdot 60}{35\cdot 48}
\qquad
\begin{array}{l}
\textit{Nutenwechselräder: } a_1 = 42 \ b_1 = 35, \\
c_1 = 60,\ d_1 = 48 \text{ Zähne (Abb. 299).}
\end{array}
$$

$$
\text{[Gl. (381)] } u_{w2} = \frac{a_2\,c_2}{b_2\,d_2} = \frac{36\cdot 25{,}4}{H} = \frac{36\cdot 25{,}4}{9144{,}3}; \text{ für } \frac{25{,}4}{9144{,}3} \approx \frac{1}{360} \text{ gesetzt [mit Rechenstab]:}
$$

$$
u_{w2} = \frac{36}{360} = \frac{1}{10} = \frac{24\cdot 40}{96\cdot 100}
\qquad
\begin{array}{l}
\textit{Drallwechselräder: } a_2 = 24,\ b_2 = 96,\ c_2 = 40,\ d_2 = 100 \text{ Zähne. Nut} \\
\text{linksgängig, kein Zwischenrad erforderlich (Abb. 299).}
\end{array}
$$

Beispiel 288. Wie groß ist der im Beispiel 287 entstandene Steigungsfehler?

$$
\text{Lösung: Die Auflösung der Gleichung } \frac{36\cdot 25{,}4}{H} = \frac{24\cdot 40}{96\cdot 100} \text{ ergibt } H_w = \frac{96\cdot 100\cdot 36\cdot 25{,}4}{24\cdot 40}
$$

$= 9144{,}0$ mm. Steigungsfehler von $-0{,}3$ mm auf eine Steigung von über 9 m ist zulässig.

6.7164 Gewindeförmiges Werkstück mit geraden Spannuten.
Berechnung der Wechselräder a_1, b_1, c_1, d_1 (Nutenwechselräder) erfolgt nach Gl. (378) oder (379). Die Wechselräder a, b, c, d (Gewindewechselräder) zwischen Drehspindel und Leitspindel bestimmen sich wie beim Gewindeschneiden auf der Leitspindeldrehmaschine[1]. Für die *Reinecker-Hinterdrehmaschine* ergeben sich die Gleichungen der **Berechnungs-tafel 14, S. 313.** Steigung der Leitspindel $= 1/2''$.

Beispiel 289. Werkstück hat 15 mm Gewindesteigung und besitzt 4 Nuten. Gewinde ist dreigängig. Um wie viele Zähne ist das erste treibende Wechselrad beim Wechseln des Meißels aus einem Gang in den nächsten zu verdrehen? (Wechselräder, Satz 2, Maschinentafel 4, S. 358).

Lösung:

$$
\text{[Z. 4] } u_w = \frac{a\,c}{b\,d} = \frac{10\,h}{127} = \frac{10\cdot 15}{127} = \frac{75\cdot 80}{40\cdot 127}
\qquad
\begin{array}{l}
\textit{Gewindewechselräder: } a = 75,\ b = 40,\ c = 80,\ d = 127 \text{ Zähne} \\
\text{(Abb. 299). Hebel } A \text{ nach links. Antrieb der Leitspindel} \\
\text{unmittelbar von der Hauptspindel.}
\end{array}
$$

Nach [Z. 10] muß Rad a durch $n = 3$ teilbar sein; es ist somit um $75 : 3 = 25$ Zähne zu verdrehen.

Anmerkung: Um beim Teilen ein häufiges Zählen zu vermeiden, empfiehlt es sich, zwischen Wech-selrad a und Wechselrad b ein Zwischenrad mit a/n Zähnen zwischenzuschalten. Zu diesem Zwecke wird für die Steigungswechselräder ein kurzer Wechselradbolzen mitgeliefert. Es wird nun am linken Leit-spindelende so lange gedreht, bis das Zwischenrad 1 bzw. 4 oder 16 ganze Umdrehungen gemacht hat.

Beispiel 290. Um wie viele Zähne müßte im Beispiel 289 das letzte getriebene Wechselrad ver-dreht werden?

Lösung: Das Teilen kann auch durch die Leitspindel vorgenommen werden. Teilung des Gewindes

$$
\text{Gl. (294) } t = \frac{H}{n} = \frac{15}{3} = 5 \text{ mm. Da die Leitspindel } 1/2'' = 12{,}7 \text{ mm Steigung und Rad } d = 127 \text{ Zähne}
$$

besitzt, so ergibt die Verdrehung dieses Rades um einen Zahn eine Verschiebung des Werkzeugschlittens um $12{,}7 : 127 = 0{,}1$ mm. Für $H = 5$ mm Verschiebung muß Rad d um $5 : 0{,}1 = 50$ Zähne verdreht werden.

6.7165 Gewindeförmiges Werkstück mit schraubenförmigen Spannuten.
Be-rechnung der Wechselräder a_1, b_1, c_1, d_1 (Nutenwechselräder) erfolgt nach Gl. (378)

---

[1] Die Drehzahl der Arbeitsspindel (Hauptspindel) n multipliziert mit der auf dem Werkstück zu erzeugenden Gewindesteigung h muß gleich sein der Drehzahl der Leitspindel n_L multipliziert mit der Steigung h_L derselben; es gilt $n\,h = n_L\,h_L$ oder $h\,n = h_L\,n_L$ und damit $\dfrac{a\,c}{b\,d} = \dfrac{h}{h_L}$ (vgl. Fußnote S. 143). Der Berechnung der *Vorschubwechselräder* liegen die gleichen Gedankengänge zugrunde. Die Drehzahl der Arbeitsspindel n multipliziert mit dem Vorschub s je Umdrehung der Arbeitsspindel muß gleich sein der Drehzahl der Zugspindel n_z multipliziert mit dem Weg s_b des Bettschlittens bei einer Umdrehung der Zugspindel; es gilt $n\,s = n_z\,s_b$.

oder Gl. (379); die Wechselräder a_2, b_2, c_2, d_2 (Drallwechselräder) werden auch für gewindeförmige Werkstücke nach Gl. (380) oder Gl. (381) berechnet. Die Wechselräder a, b, c, d (Gewindewechselräder) bestimmen sich nach **Berechnungstafel 14, S. 313.** Berechnung der Wechselräder vgl. Abschnitt 5.1.

Beispiel 291. Ein Stirnradwälzfräser[1] (Abwälzfräser zum Verzahnen von Stirnrädern) mit 63 mm Teilkreisdurchmesser, neun schraubenförmig, linksgängig geschnittenen Spannuten mit 4170 mm Steigung soll zum Fräsen von Stirnrädern Modul 3 mm dienen. Beim Hinterdrehen dieses mit rechtsgängigem Gewinde (9,434 mm Steigung) versehenen Werkstückes auf der Hinterdrehmaschine (Abb. 299) soll mit eingeschaltetem Spindelstockvorgelege $u = 4:1$ gearbeitet werden. Welche Wechselräder sind für Längsvorschub, Nutenzahlen und Schraubensteigung aufzustecken? (Wechselräder, Satz 1, 2 bzw. 3, Maschinentafel 4, S. 358).

Lösung: [Gl.(378)]
$$u_{w_1} = \frac{a_1\,c_1}{b_1\,d_1} = \frac{3n}{10} = \frac{3 \cdot 9}{10} = \frac{27}{10} = \frac{72 \cdot 72}{40 \cdot 48}$$

Nutenwechselräder: $a_1 = 72$, $b_1 = 40$, $c_1 = 72$, $d_1 = 48$ Zähne.

[Z. 5]
$$u_w = \frac{a\,c}{b\,d} = \frac{5 \cdot 9,434}{2 \cdot 127} \approx \frac{13}{70} = \frac{65 \cdot 20}{70 \cdot 100}$$

Gewindewechselräder: $a = 65$, $b = 70$, $c = 20$, $d = 100$ Zähne.

[Gl. (380)] Mit $4170 \approx 160 \cdot 25,4$ folgt:
$$u_{w2} = \frac{a_2\,c_2}{b_2\,d_2} = \frac{9 \cdot 25,4}{160 \cdot 25,4} = \frac{9}{160} = \frac{21 \cdot 35}{112 \cdot 120}$$

Drallwechselräder: $a_2 = 21$, $b_2 = 112$, $c_2 = 35$, $d_2 = 120$ Zähne.

Abb. 299

Beispiel 292. Wie groß ist der im Beispiel 291 entstandene Gewindesteigungsfehler?

Lösung: Die Auflösung der Gleichung $\dfrac{5\,h}{2 \cdot 127} = \dfrac{65 \cdot 20}{70 \cdot 100}$ ergibt $h_w = \dfrac{65 \cdot 20 \cdot 2 \cdot 127}{70 \cdot 100 \cdot 5} = 9,4342857$ mm.
Der Gewindesteigungsfehler ist der Unterschied zwischen Ist- und Sollsteigung von Fräserzahn zu Fräserzahn und beträgt $f_H = + 0,0002857\,\text{mm} = \approx + 0,29\,\mu$. Dieser geringe Mehrbetrag je Steigung kann zugelassen werden (zulässiger Steigungsfehler meist $30\,\mu$ auf 5 volle Gänge; vgl. auch Fußnote 1, S. 147).

Beispiel 293. Wie groß ist der im Beispiel 291 entstandene Drallsteigungsfehler?

Lösung: Die Auflösung der Gleichung $\dfrac{9 \cdot 25,4}{H} = \dfrac{21 \cdot 35}{112 \cdot 120}$ ergibt $H_w = \dfrac{112 \cdot 120 \cdot 9 \cdot 25,4}{21 \cdot 35} = 4180,1$ mm.
Durch diese Drallwechselräder wird der Hinterdrehmeißel auf einer Bahn geführt, die zu einer Nutsteigung von 4180,1 mm gehört. Der Drall- oder Nutensteigungsfehler ist der Unterschied zwischen dem Istwert und dem Sollwert der Steigung der Nutenschraube und beträgt $f_{H_n} = 10,1$ mm oder $\dfrac{4180,1 - 4170}{4170} \times 100 = -0,24\%$. In der Praxis werden Abweichungen in der Spannutensteigung von $\pm 1\%$ und größer zugelassen. Genügt diese Annäherung nicht, sind besondere Wechselräder zu beschaffen.

Anmerkung: Die Spannutensteigung H_n ist meist sehr groß im Vergleich zur Fräserlänge. Daher kann in der Regel nur ein Teil von H_n gemessen werden, z.B. durch Bewegen eines Meßgerätes parallel zur Fräserachse und gleichzeitige Drehung des Fräsers um seine Achse (eine Drehung bei Längsbewegung um H_n). Beide Bewegungen können auch schrittweise oder vom Fräser ausgeführt werden.

6.8 Hinterschleifen von Werkstücken

Man unterscheidet Schneidwerkzeuge, bei denen die Spannuten, d. h. die Schneidkanten, achsparallel verlaufen und Werkzeuge mit schraubenförmig verlaufenden Spannuten. Bei letzteren steht die Spannut in einem bestimmten Winkel zum Verlauf der Gewindesteigung.

Werden Schneidwerkzeuge vor dem Härten auf der Hinterdrehmaschine hinterdreht, so tritt durch das Härten ein nachträglicher Verzug ein, welcher die Genauigkeit beeinträchtigt. Zweckmäßiger ist das Hinterschleifen nach dem Härten. Wie beim Hinterdrehen (vgl. S. 197) wird auch beim *Hinterschleifen* von Werkzeugen der Rücken des Schneidenzahnes frei gemacht ohne das Profil zu verändern. Das fortlaufend bei jedem Zahn erfolgende langsame Nähern und schnelle Entfernen zwischen Werkstück und Schleifscheibe nennt man *Hinterschliffbewegung*. Der Hinterschliff beginnt stets an der Schneidbrust, welche durch die Spannute gebildet wird; er kann radial wie bei Formfräsern oder im Verlauf der Schraubenlinie, wie bei Wälzfräsern oder Gewindebohrern erfolgen. Die Größe des erzielbaren Hinterschliffes ist abhängig von der *Hinterschliffkurve*, welche für jeden Zahn eine volle Umdrehung macht. Um die Hinterschliffbewegung zu bewerkstelligen, muß also die Schleifscheibe während einer

---

[1] Der hinterdrehte Wälzfräser besitzt schraubenförmige Spannuten, damit die Spanfläche senkrecht zum Gewindegang steht. Begriffe und Formelzeichen für Wälzfräser für Stirnräder mit Evolventenverzahnung sind mit DIN 8000 festgelegt. Nach dieser Norm wird die Anzahl der Spannuten mit i (Nutenzahl) bezeichnet. Die Spannuten eines Wälzfräsers bilden eine Schraube besonderen Profils mit i Gängen. Die Spannutensteigung H_n ist der Abstand der (denkbaren) Schnittpunkte einer Spanfläche mit einer Parallelen zur Fräserachse. Verlaufen die Spannuten parallel zur Fräserachse, so wird die Steigung H_n der Spannuten unendlich groß und ihr Steigungswinkel γ_n ein rechter Winkel. Vgl. auch Fußnote 1, S. 237.

Werkstückdrehung so oft radial gegen das Werkstück herangeführt und wieder zurückgezogen werden, wie das Werkstück Schneidzähne hat. Dabei soll das Heranführen stetig und das Zurückziehen je nach Nutenbreite möglichst schnell erfolgen. Ebenso kann auch das Werkstück gegen die Schleifscheibe geführt und wieder zurückgezogen werden. Das Steuern dieser Bewegung geschieht meistens durch die Hinterschliffkurve (logarithmische oder archimedische Spirale), die maßgebend für die Form des Hinterschliffverlaufes ist. Die Umdrehungszahl der Kurve muß in einem zwangsläufigen, von der Nutenzahl des Werk-

stückes abhängigen Verhältnis zur Werkstückspindelumdrehung stehen. Um dieses Verhältnis entsprechend der Nutenzahl ändern zu können, werden dem Hinterschliffantrieb Wechselräder zugeordnet.

Beim Aufstecken der Drallwechselräder ist darauf zu achten, ob die Drallnut gegen- oder gleichläufig zur Gewindesteigung gerichtet ist (Abb. 300 und 301). Bei gegenläufiger Gangrichtung müssen die Ausgleichwechselräder (vgl. Abb. 245) gleiche, bei gleichläufiger

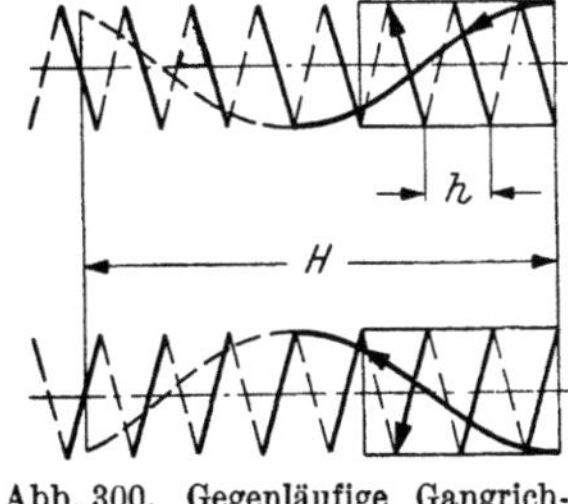
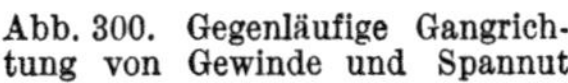

Abb. 300. Gegenläufige Gangrichtung von Gewinde und Spannut

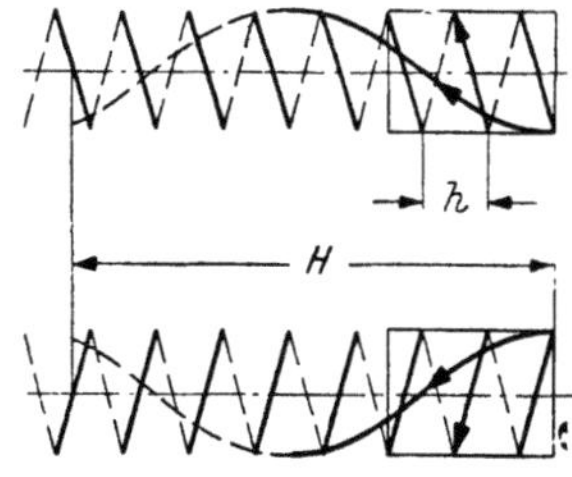

Abb. 301. Gleichläufige Gangrichtung von Gewinde und Spannut

die umgekehrte Drehrichtung haben. Ergibt sich bei Verwendung von vier Drallwechselrädern, bedingt durch die Getriebekonstruktion, gegenläufige Gangrichtung, so muß bei gleichläufiger Gangrichtung ein Zwischenrad eingeordnet werden.

Beispiel 294. Ein gewindeförmiges Werkstück mit 3 rechtsgängigen, schraubenförmigen Spannuten und rechtsgängigem Gewinde ist zu hinterschleifen. Schraubensteigung der Spannuten $H = 1680$ mm, die Gewindesteigung $h = 20$ mm. Berechne die zur Hervorbringung der Schraubensteigung H aufzusteckenden Wechselräder. Maschinenkonstante $C = 21$. (Maschine FS 20, B.T. 12; Wechselräder, Satz Nr. 5, Maschinentafel 3, S. 358.)

$$\text{Lösung:}\quad u_{w_2} = \frac{a_2\,c_2}{b_2\,d_2} = \frac{21\,h}{H} = \frac{21 \cdot 20}{1680} = \frac{1}{4} = \frac{1 \cdot 1}{2 \cdot 2} = \frac{30 \cdot 40}{60 \cdot 80} \quad \begin{vmatrix} a_2 = 30, b_2 = 60, \\ c_2 = 40, d_2 = 80. \end{vmatrix} \quad \begin{array}{l}\text{Räderanordnung} \\ \text{für } u_{w_2} \text{ s. Abb. 245.}\end{array}$$

Hebelstellung: Hohe Steigung (über 6 mm). Da gleichläufige Gangrichtung von Gewinde und Spannuten vorliegt, sind bei 4 Wechselrädern 2 Zwischenräder zu verwenden.

Anmerkung: Die Steigung der gefrästen Schraubennut muß mit der für das Hinterschleifen eingestellten Schraubensteigung annähernd (auf mindestens zwei Stellen hinter dem Komma) übereinstimmen, damit der Einsatz des Hinterschliffes richtig an der Zahnbrust erfolgt. Andernfalls entsteht an der Schneidkante eine immer breiter werdende nicht hinterschliffene Fase oder das Werkstück wird kegelig, was insbesondere bei Wälzfräsern nicht sein darf.

6.9 Fräsen von Zapfen an Wellen

Der Zapfen (Ausführungsformen für die Anflächung Abb. 500 bis 507) ist so vorzudrehen, daß nach erfolgtem Fräsen der Flächen ein Nacharbeiten nicht mehr notwendig ist. Je nach Form des Zapfens muß der Durchmesser D berechnet werden. Umgekehrt ist festzustellen, welchen

Zapfen man bei gegebenem Wellendurchmesser anfräsen kann. Vgl. **Berechnungstafel 15, S. 314.**

Beispiel 295. An eine Welle mit 36 mm Durchmesser ist nach Abb. 501 das größtmögliche Dreikant (gleichseitig spitze Form) anzufräsen. a) Wie groß ist die Frästiefe t, die Seite s und das Prüfmaß h? b) Zeichne die Arbeitsgänge.

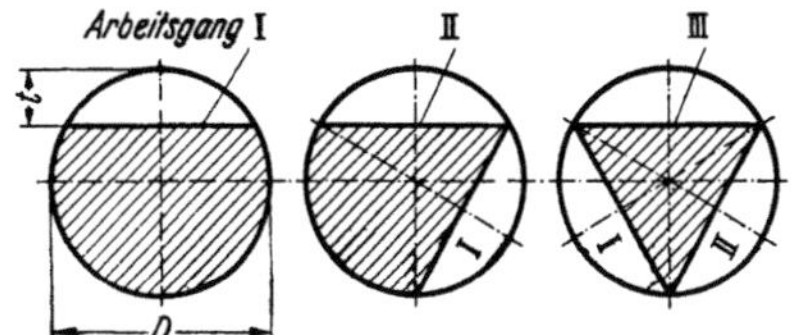

Abb. 302. Fräsen eines scharfkantigen Dreikantes in drei Arbeitsgängen

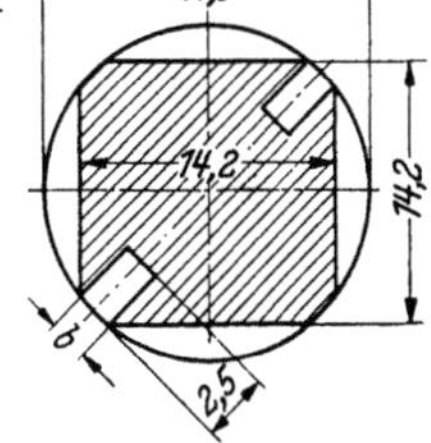

Abb. 303. Spindel mit Vierkant und Nuten

Lösung: a) [Z. 7, B.T. 15] $t = 0,25\,D = 0,25 \cdot 36$; Frästiefe $t = 9$ mm. [B.T. 39] $s = 1,732\,R = 1,732 \cdot 18$; Seite $s \approx 31,18$ mm. [Z. 6, B.T. 15] $h = 0,75\,D = 0,75 \cdot 36$; Prüfmaß $h = 27$ mm. b) Vgl. Abb. 302.

Beispiel 296. Nach Abb. 303 ist eine Spindel mit zwei gegenüberliegenden Nuten zu versehen, deren Breite der Sehnenlänge der stumpfen Ecke des Vierkants entspricht. Welche Breite ergibt sich für den Nutenfräser?

Lösung: [Z. 16 bis 19, B.T. 15] $s_1 = b = \frac{\sqrt{2}}{2}\left(s - \sqrt{D^2 - s^2}\right) = 0,7071\,(14,2 - \sqrt{17,9^2 - 14,2^2})$ $= 2,3405$. Nutenfräser $b = 2,34$ mm.

Anmerkung: Für Siebenkante, Neunkante usw. sei auf **Berechnungstafel 39,** S. 351 verwiesen, in welcher Seitenlängen, Halbmesser, Flächen, Zentriwinkel, Dachwinkel und Kantenwinkel regelmäßiger Vielecke angeführt sind. Für n-Kante vgl. Fußnote zu B.T. 15, S. 314.

7 Teilkopfarbeiten

Teilköpfe werden zum Messen und Einstellen von Winkeln, wie zur Fertigung auf der Werkzeugmaschine benutzt. Man unterscheidet *mechanische* und *optische* Teilköpfe, je nachdem, ob das Meßprinzip vorwiegend auf mechanischer oder auf optischer Grundlage beruht. Die Forderung nach höherer Genauigkeit führte in Erkenntnis der Grenzen mechanischer Teilköpfe zur Entwicklung von optischen Teilköpfen. Deren hohe Genauigkeit ist auch nach jahrelangem Gebrauch gewährleistet, weil die Meßelemente keinem Verschleiß unterliegen und die Einstellelemente von den Meßelementen getrennt sind.

7.1 Teilen mit mechanischem Teilkopf

Für den Teilkopf, der sowohl auf Anreißplatten als auf Fräs-, Bohr- und Hobelmaschinen, auf Fräs- und Bohrwerken, Zahnradbearbeitungsmaschinen usw. Verwendung findet, ergeben sich folgende kennzeichnende Aufgaben: 1. Werkstück ist nach dem Fräsen einer Fläche um das Maß der benötigten Teilung weiterzudrehen. (*Werkstücke mit gleichmäßigen Flächen*: Kurbelvierkante, Vier-, Fünf-, Sechs- und Mehrkante an Rundstangen, Vier- und Sechskantmuttern, Schraubenköpfe, Vielecke, seitliche Anfräsungen, Mitnehmerlappen usw.) 2. Werkstück ist nach dem Fräsen einer geraden Nute um das Maß der benötigten Teilung weiterzudrehen. (*Werkstücke mit geraden Nuten*: Reibahlen, Gewindebohrer, Schaft- oder sonstige Fräser, Senker, Messerköpfe, Zahnräder mit Geradzähnen, Nutmuttern, Kettenräder, Sperräder, Klauenkupplungen usw.) 3. Werkstück ist während des Fräsens langsam zu drehen, damit eine schraubenförmig gewundene Nut entsteht. (*Werkstücke mit Schraubennuten*: Reibahlen, Spiralbohrer, Aufbohrer, Walzenfräser, Zahnräder mit Schrägzähnen, mehrzähnige Schnecken, Ölrillen in wellenförmigen Werkstücken usw.) 4. Werkstück ist in einen bestimmten Winkel einzustellen. (*Kegelige Werkstücke mit geraden Nuten*: Kegelige Reibahlen, Senker, Stirnfräser und ähnliche mehrschneidige Werkzeuge, Kegelräder [Vorfräsen im Einzelteilverfahren] usw.)

Der Teilkopf wird als Vorrichtung und Meßgerät zur Ausführung von Kreisteilungen am häufigsten verwendet. Das zu teilende Werkstück wird dabei nach erfolgtem Werkzeugdurchgang um die sog. **Teilung** fortbewegt. Das Fortbewegen des Werkstückes ergibt sich als kleinere oder größere Drehbewegung um die eigene Achse und hat sich so oft zu wiederholen, als Teile verlangt werden[1]. Das Einstellen des Werkstückes vor jedem Arbeitsgang wird **Teilen** genannt. Die Arten des Teilens sind:

7.11 Unmittelbares Teilen

Zur Teilung von Werkstücken mit wenigen, gleichlaufend oder senkrecht zur Achse verlaufenden Flächen oder Nuten werden einfache Teilköpfe verwendet, mit welchen sich die gewünschte Teilung *unmittelbar* vornehmen läßt. Die auswechselbare Rastenscheibe ist stets fest mit der Teilspindel verbunden. An Stelle einer Rastenscheibe finden fernerhin Teilscheiben, Teilnutenscheiben oder Teiltrommeln Anwendung. In Abb. 304 trägt Teilspindel *1* unmittelbar die Teilscheibe *2*, in die der Teilstift *3* greift. Teilspindel und Teilscheibe werden zusammen von Hand gedreht.

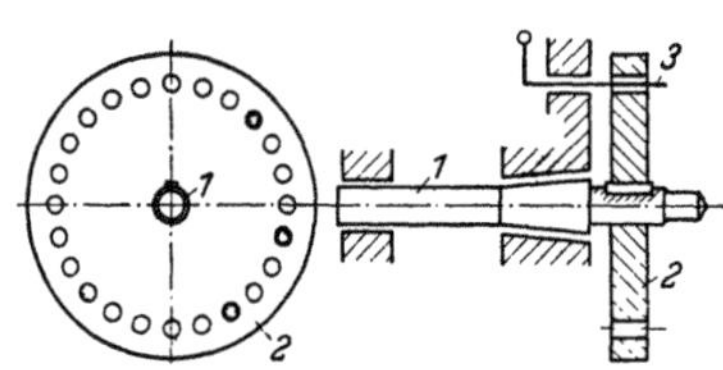

Abb. 304. Teilkopf für unmittelbares Teilen

Beispiel 297. Eine Teilvorrichtung für unmittelbares Teilen besitzt zwei Rastenscheiben mit kegeligen Rasten auf den Stirnseiten der Scheiben mit 16, 36, 42 und 60 Teilrasten. Welche Teilungen können ausgeführt werden?

Lösung: Mit einer Rastenscheibe lassen sich nur die Teilungen ausführen, die der Rastenzahl oder ihren ganzzahligen Faktoren entsprechen; damit kann eine 2-, 3-, 4-, 5-, 6-, 7-, 8-, 9-, 10-, 12-, 14-, 15-,

---

[1] Beim Arbeiten mit *selbsttätigem Teilgerät* (vgl. Abschnitt 7.2) folgen sich Arbeitsgänge und Rückläufe, Teilbewegungen usw. in vorausbestimmter Reihenfolge, bis sich das Werkstück einmal gedreht hat. Soll also beispielsweise an einem Werkstück eine bestimmte Anzahl Nuten von übereinstimmender Form und Teilung erzeugt werden, so kommt der Arbeitsprozeß erst dann zum Abschluß, wenn der dem Umfang des Werkstückes zugeordnete Anteil Teilbewegungen und die damit verbundenen Arbeits- und Rückläufe des Längsschlittens der Fräsmaschine ausgeführt sind. Die Frästiefe je Arbeitsprozeß wird mit Hilfe des Handrades am Querschlitten vor Beginn des selbsttätig ablaufenden Arbeitsvorganges eingestellt.

16-, 18-, 20-, 21-, 30-, 36-, 42- und 60-Teilung ausgeführt werden, was insgesamt 20 verschiedenen Teilungen entspricht. Die Teilspindel wird unmittelbar von Hand gedreht; allgemein gilt:

Einzustellende Rastenzahl

(Ausführbar sind nur Teilungen, die für n_r ein ganzzahliges Verhältnis ergeben.)

$$n_r = \frac{r}{n}$$

$n_r =$ Zahl der weiterzuschaltenden Rasten nach Fertigstellung einer Teilung, $r =$ Zahl der vorhandenen Rasten, $n =$ Zahl der gewünschten Teilungen, bezogen auf den vollen Kreisumfang. (382)

Beispiel 298. Mit einer 16er Rastenscheibe sind an ein kegeliges Werkstück 4 Flächen anzufräsen. Teilbewegung nach jedem Fräsgang?

Lösung: [Gl. (382)]: $n_r = \dfrac{r}{n} = \dfrac{16}{4} = 4$ Rasten. Die Teilscheibe und damit die Teilspindel ist um jeweils 4 Rasten weiterzudrehen. Geteilt wird mit der 4., 8., 12. und 16. Raste. Teilkopf wird an Hand der seitlich angebrachten Gradskala um den halben Kegelwinkel schräggestellt. Nach jeder von Hand auszuführenden Drehung um die notwendige Zahl von Rasten (*Teilschritt*) sichert ein Index oder Klemmgriff die jeweilige Lage des Werkstückes.

Anmerkung: Diese einfachen Teilköpfe eignen sich für die Massenfertigung und werden in verschiedenen Größen sowohl mit waagerecht feststehender, als auch mit senkrechter oder schwenkbarer Teilspindel gebaut. Letzteres ist nötig, um auch die Bearbeitung kegeliger Werkstücke zu ermöglichen. Bei größeren, immer wieder vorkommenden Serien lohnt es sich, für irgendeine Teilung eine *Sonderrastenscheibe* anzufertigen. Für die Bearbeitung gleichartiger Werkstücke können Teilgeräte mit mehreren Spindeln verwendet werden.

Beispiel 299. Die Teilspindel eines *Universalteilkopfes* trägt für unmittelbares Teilen eine Teilscheibe mit 24 Löchern. Welche Teilmöglichkeiten bestehen?

Lösung: Es können die Teilungen 2, 3, 4, 6, 8, 12 und 24 ausgeführt werden, indem man die auf der Teilspindel festsitzende Teilscheibe gegenüber dem Stift von Hand um 12 bzw. 8, 6, 4, 3, 2 oder 1 Loch weiterdreht. Schnecke und Schneckenrad sind nicht im Eingriff. Die Teilspindel soll während des Fräs- und Arbeitsganges festgeklemmt sein, um das Getriebe zu entlasten, zu schonen und dem Werkstück eine gute Bearbeitungsfläche zu geben.

7.12 Mittelbares Teilen

Nach Abb. 305 sitzt die Teilscheibe nicht auf der Teilspindel, sondern durch Schnecke und Schneckenrad — also *mittelbar* — erfolgt eine Übertragung der Teilung von der Teilkurbel bis zur Teilspindel. Um die Drehung der Schnecke begrenzen zu können, endigt die Schneckenwelle mit einer Teilkurbel welche, versehen mit Teilstift, gegen die **feststehende Teilscheibe** gedreht wird. Der strahlenförmig verstellbare Teilstift selbst springt unter dem Druck einer Feder in eine *Lochscheibe* ein, welche eine Reihe von *Lochkreisen* mit verschieden großen Lochabständen enthält (Abb. 306).

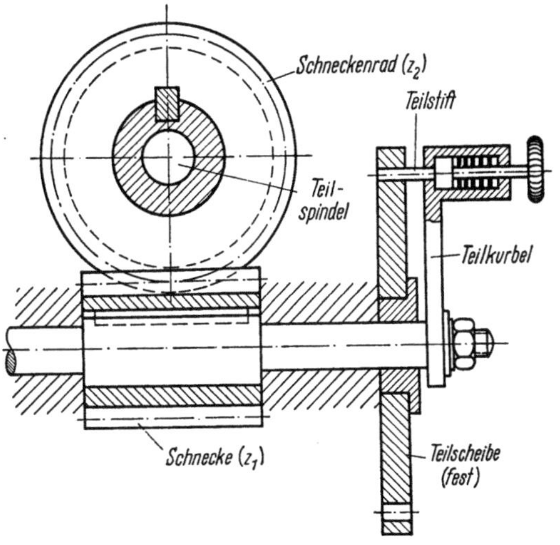

Schneckenrad (z_2)
Teilstift
Teil-
spindel
Teilkurbel
Teilscheibe
(fest)
Schnecke (z_1)

Abb. 305. Teilvorgang für mittelbares Teilen über Schnecke und Schneckenrad (Teilscheibe = Lochscheibe)

7.121 Teilkurbeldrehung

Es wird notwendig, die für eine vorgeschriebene Teilzahl am Werkstück erforderliche Drehung der Teilkurbel und den dazu benutzten Lochkreis zu berechnen. Soll ein Werkstück in n Teile geteilt werden, beträgt also die Zahl der herzustellenden Teilungen für eine volle Werkstückumdrehung $= n$, so sind bei jeder Schaltung $1/n$ Umdrehungen der Teilspindel nötig. Die Übersetzungsgleichung [Gl. (283)] lautet damit für das Getriebe (Abb. 305): $n_k z_1 = (1/n) z_2$; daraus:

Teilkurbeldrehungen gegen die feste Teilscheibe zur Herstellung einer Teilung beim mittelbaren Teilen

$$n_k = \frac{z_2}{z_1 \, n}$$

(383)

Um Ausschuß zu vermeiden, sollte bei allen Teilkopfberechnungen die Prüfung gemacht werden. Gl. (383) nach der Größe z_2 aufgelöst, ergibt:

Prüfungsgleichung zur Ermittlung der Gesamtdrehungen der Teilkurbel beim mittelbaren Teilen

$$z_2 = n_k z_1 n \qquad (384)$$

n_k = Zahl der Teilkurbeldrehungen gegen die **feste** Teilscheibe zur Herstellung einer Teilung, z_2 = Zähnezahl des Schneckenrades im Teilkopf, z_1 = Zähnezahl (Gangzahl) der Schnecke im Teilkopf, n = Zahl der gewünschten Teilungen, bezogen auf den vollen Kreisumfang = gegebene Teilzahl. [Bei $z_2 = 40$ und $z_1 = 1$ ist $n_k = 40/n$; allgemein wird $n_k = i_f/n$, wenn i_f = Übersetzungsverhältnis zwischen Zeigerkurbel und Teilspindel (Maschinenkonstante)]. In Gl. (384) bedeutet z_2 die Anzahl der Gesamtdrehungen der Teilkurbel, welcher Zahlenwert bei einwandfreier Rechnung gleich der Zähnezahl des Schneckenrades im Teilkopf sein muß.

Beispiel 300. Verlangt ist eine 2-, 4-, 5-, 8-, 10-, 20- und 40-Teilung. Schnecke des Teilkopfes ist einzähnig, das Schneckenrad hat 40 Zähne. Vorhanden sind drei auswechselbare Teilscheiben nach Abb. 306, die auf je sechs verschiedenen Durchmessern die nebenstehenden Zahlen von Teillöchern (Lochkreiszahlen) haben. Berechne die Teilkurbeldrehungen.

Scheibe   I: 15—16—17—18—19—20,
Scheibe II: 21—23—27—29—31—33,
Scheibe III: 37—39—41—43—47—49.

Lösung: [Gl.(383)] $n_k = \dfrac{z_2}{z_1 n} = \dfrac{40}{1 \cdot 2} = 20$; es sind mit der Teilkurbel 20 volle Umdrehungen auszuführen. Eine 4-Teilung erfordert für jede Teilung 10, eine 5-Teilung 8, eine 10-Teilung 4, eine 20-Teilung 2 und eine 40-Teilung 1 volle Kurbeldrehung. Die Richtung, in der man die Kurbel dreht, ist dabei gleichgültig; nur muß man die einmal gewählte Drehrichtung beibehalten. Auch kann in diesem Falle jeder beliebige Lochkreis und demnach auch jede beliebige Lochscheibe verwendet werden. Während des Fräsens hält der rückwärtige Haltestift die Teilscheibe in einem beliebigen Loch fest. Nach den erfolgten vollen Kurbeldrehungen läßt man den Kurbelstift wieder in *dasselbe* Loch der feststehenden Teilscheibe einspringen, in dem er ursprünglich steckte.

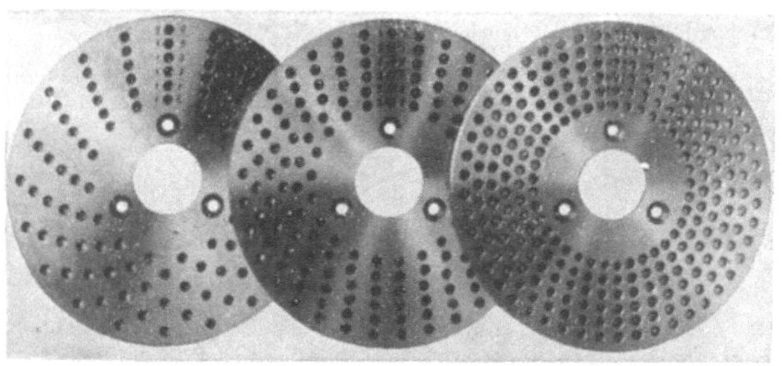

Abb. 306. Drei auswechselbare Teilscheiben mit je 6 Lochkreisen

Bei Teilzahlen, die in der Zähnezahl des Schneckenrades aufgehen, sind mit der Teilkurbel nur volle Umdrehungen auszuführen. Alle anderen Teilzahlen erfordern nur Teildrehungen (Beispiel 301) oder volle Drehungen *und* Teildrehungen (Beispiel 302). Entsprechend Gl. (383) wird die Teilkurbel bei n kleiner als z_2 um *mehr*, bei n größer als z_2 um *weniger* als eine volle Umdrehung gedreht. Die Teildrehungen werden an einer der drei auswechselbaren Teilscheiben eingestellt.

Beispiel 301. Es sind 76 Zahnlücken zu fräsen. Teilkopf wie im Beispiel 300. Zu berechnen sind der Lochkreis und der „Teilschritt", d. h. die Anzahl der Lochabstände, um die man die Teilkurbel jedesmal weiterdrehen muß.

Lösung: [Gl.(383)] $n_k = \dfrac{z_2}{z_1 n} = \dfrac{40}{1 \cdot 76}$; $n_k = \dfrac{40}{76}$. Die Teilkurbel hätte auf dem 76er Lochkreis jedesmal 40 Löcher weiterzuteilen. Da dieser Lochkreis nicht vorhanden, ist der für n_k erhaltene Bruch entsprechend zu kürzen, um einen vorhandenen Lochkreis verwenden zu können. Im vorliegenden Falle genügt der Lochkreis 19, auf dem dann stets 10 Löcher weiterzuteilen sind $(n_k = {}^{40}/_{76} = {}^{10}/_{19})$*. Diese Schaltung, 76mal ausgeführt, ergibt 76 Zahnlücken auf dem Umfang des Werkstückes.

---

* Man wählt von den drei auswechselbaren Teilscheiben die Scheibe I mit dem 19er Lochkreis aus, läßt vor Beginn der Teilung den Teilstift in eines der Löcher dieses Kreises einspringen und dreht die Teilkurbel jedesmal um zehn Lochabstände („Teilschritte") weiter. Der Teilstift fällt damit in jedes zehnte Loch (das Anfangsloch nicht mitgezählt!) ein. Damit wird das Werkstück jedesmal um $^1/_{76}$ seines Umfanges, entsprechend der Teilzahl $n = 76$, weitergedreht. Die Teilspindel ist während des Fräsens festzustellen; ein rückwärtiger Haltestift (Gegenstift Abb. 310) hält die Lochscheibe in einem beliebigen Loch fest. Häufig kann man sich das Auswechseln der Lochscheibe ersparen, denn z.B. für Teilzahl 120 sind bei $u_f = 1{:}40$ die Lochkreise 18, 21, 39 verwendbar. Diese liegen auf verschiedenen Lochscheiben. Eine von diesen drei Scheiben wird also gerade am Teilkopf befestigt sein.

Beispiel 302. Ein Geradstirnrad mit 32 Zähnen ist auf einer Universalfräsmaschine mit Formfräser im Einzelteilverfahren[1] nach Abb. 54 zu verzahnen. Teilkopf wie in Beispiel 300. Wie viele Umdrehungen muß die Teilkurbel bei jeder Teilung ausführen?

Lösung: Der Radkranz ist also in 32 gleiche Teile zu teilen. Nachdem eine Zahnlücke gefräst und der Fräser durch diese wieder zurückgelaufen ist, muß die Teilspindel mit dem Werkstück 1/32 Drehung ausführen. Gl. (383) ergibt $n_k = \dfrac{z_2}{z_1\,n} = \dfrac{40}{1\cdot 32} = \dfrac{40}{32} = \dfrac{5}{4} = 1\dfrac{1}{4} = 1\dfrac{4}{16}$; die Teilkurbel muß also bei jeder Teilung eine volle und dann noch 4/16 Umdrehungen gegen die feste Teilscheibe ausführen. Statt die Teilkurbel um 4 Löcher des Lochkreises 16 zu drehen, kann neben der vollen Kurbeldrehung auch um 5 Löcher des Lochkreises 20 geteilt werden $\left(1\dfrac{1}{4} = 1\dfrac{4}{16} = 1\dfrac{5}{20}\right)$; Gl. (384) ergibt in bei den Fällen $z_2 = 40$.

Anmerkung: $n_k = 1\dfrac{4}{16}$ bedeutet: $n_k = 1 + \dfrac{4}{16}$ oder allgemein:

<table>
<tr><td>

Zahl der Teilkurbeldrehungen für eine verlangte Teilung

</td><td>

$$n_k = U + \frac{Z}{L}$$

</td><td>

n_k = Zahl der Teilkurbeldrehungen gegen die feste Teilscheibe zur Herstellung einer Teilung, U = Zahl der vollen Teilkurbeldre-

</td><td>(385)</td></tr>
</table>

hungen, Z = Zahl der einzustellenden Löcher auf dem verwendeten Lochkreis für eine Teilung, L = Zahl der Löcher auf dem verwendeten Lochkreis.

Ist die Teilung mit mehreren Lochkreisen erreichbar, so empfiehlt es sich, den am weitesten außenliegenden zu wählen, weil durch den größeren Kurbelhalbmesser das Drehen erleichtert wird. Beim Teilen ist die Kurbel immer in der gleichen Drehrichtung (zweckmäßig im Uhrzeigersinn) zu bewegen, um Teilfehler auszuschließen, die durch das Zahnspiel in den Getrieben entstehen können. Wird die Kurbel versehentlich doch zu weit gedreht, so ist sie ein größeres Stück zurückzudrehen, damit sie dann in der gewählten Drehrichtung eingerastet werden kann.

Beispiel 303. Wie groß ist die mit dem Teilkopf im Beispiel 300 maximal erreichbare Teilzahl?

Lösung: Aus Gl. (383) folgt $n = \dfrac{z_2}{z_1\,n_k}$; mit der kleinstmöglichen Teilkurbelbewegung $n_k = \dfrac{1}{49}$ erhält man $n = \dfrac{40}{1\cdot\dfrac{1}{49}} = 40\cdot 49 = 1960$. Größte Teilzahl $n = 1960$. (Obere Grenze für mittelbares Teilen.)

7.122 Zeigerwinkel

Um das jedesmalige Abzählen der Teillöcher und etwa damit verbundenen Irrtum zu vermeiden, wird ein auf der Außenseite der Teilscheibe lose sitzender, doppelschenkeliger Zeigerwinkel als Anschlag verwendet, der durch eine Feder derart an die Lochscheibe gedrückt wird, daß sie sich eben noch von Hand fortbewegen läßt. Die Stellung der Schenkel zueinander muß so groß sein, daß der eine Schenkel den Ausgangspunkt, der andere den Endpunkt der für die Einzelteilung erforderlichen Drehung angibt (Abb. 307 und 308).

Beispiel 304. Mit Teilkopf A (Maschinentafel 5, S. 359) ist eine Rastenscheibe mit 33 Einfräsungen zu versehen. Berechne die Teilkurbeldrehungen und erkläre die Anwendung des Zeigerwinkels.

Lösung: [Gl. (383)] $n_k = \dfrac{z_2}{z_1\,n} = \dfrac{60}{1\cdot 33} = \dfrac{60}{33} = 1\dfrac{27}{33}$; danach ist als erstes für jede Einzelteilung mit der im 33er Lochkreis eingestellten Teilkurbel eine volle Umdrehung auszuführen. Außerdem ist die Kurbel noch um 27 Löcher oder nach Abb. 307 vom Schenkel Z_1 bis Schenkel Z_2 des Zeigerwinkels weiterzudrehen. Befindet sich der Teilstift der Teilkurbel in dem Loch (28) bei Schenkel Z_2,

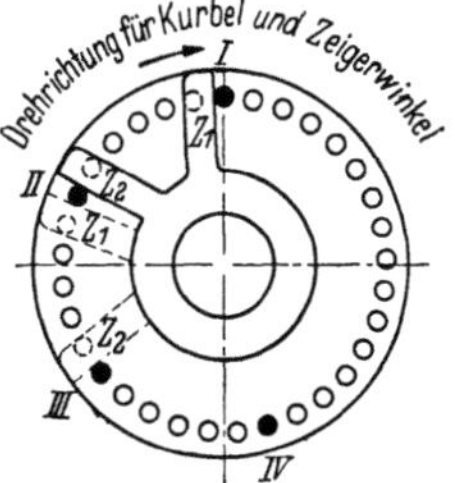

Abb. 307. Anwendung des Zeigerwinkels für $n_k = 1\dfrac{27}{33}$.

$I, II, III, IV\ldots$ = Stellungen der Teilkurbel, Z_1 und Z_2 = Schenkel des Zeigerwinkels (Benutzung des Außenwinkels)

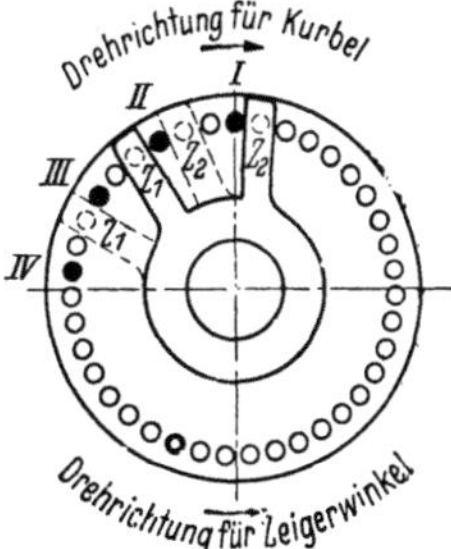

Abb. 308. Anwendung des Zeigerwinkels für $n_k = \dfrac{36}{39}$.

$I, II, III, IV\ldots$ = Stellungen der Teilkurbel, Z_1 und Z_2 = Schenkel des Zeigerwinkels (Benutzung des Innenwinkels)

so wird der Zeigerwinkel in Drehrichtung der Kurbel weitergeschoben, bis Schenkel Z_1 wieder am Teilstift anliegt und dadurch in die gestrichelt gezeichnete Stellung kommt, in welcher Schenkel Z_2 für die fol-

---

[1] Werden die Zahnlücken am Umfang des Radkörpers im *Formverfahren* einzeln mittels Formwerkzeugen (Fräs-, Hobel- oder Räumwerkzeugen) erzeugt, so wird das während des Arbeitsvorganges stillstehende Werkstück erst dann um eine Zahnteilung weitergedreht, wenn eine Zahnlücke fertiggestellt worden ist. Erfolgt die Teilbewegung von Hand mittels Teilvorrichtung oder auch durch selbsttätige Schrittschaltwerke, so wird dieses Verfahren als mittelbares oder „*Einzelteilverfahren*" bezeichnet. Gleiches gilt beim Formen des Zahnprofiles mit normalen Werkzeugen nach Schablone oder Musterstück (Kopieren); es wird gleichfalls nach Fertigstellung einer Zahnlücke um eine Teilung weitergeteilt.

gende Einstellung das 27. Loch anzeigt. Dieser Vorgang wiederholt sich im Weiterteilen. Beim Abzählen der 27 Löcher bzw. beim Einstellen des Zeigerwinkels darf das Loch, in welchem der Teilstift steckt, nicht mitgezählt werden. Die Zeigerschenkel müssen daher immer ein Loch mehr einschließen, als zur Teilung gebraucht wird. Auf Lochkreis 33 sind 28 Löcher zwischen die Zeiger zu nehmen und der Kurbelarm (Teilstift) um 27 Löcher weiterzudrehen.

Beispiel 305. Mit Teilkopf A (Maschinentafel 5, S. 359) ist ein Kettenrad mit 65 Zähnen im Einzelteilverfahren (Abb. 54) zu fräsen. Berechne die Teilkurbeldrehungen und erkläre die Anwendung des Zeigerwinkels.

Lösung: [Gl.(383)] $n_k = \dfrac{z_2}{z_1\,n} = \dfrac{60}{1\cdot 65} = \dfrac{60}{65} = \dfrac{12}{13} = \dfrac{36}{39}$; danach muß die Kurbel im 39er Lochkreis jedesmal um 36 Löcher weitergedreht werden. Da aus baulichen Gründen der Zeigerwinkel nicht für 36 Löcher geöffnet werden kann, bleibt nach Abb. 308 der Schenkel Z_2 am Kurbelstift liegen und öffnet den Zeigerwinkel um drei Löcher zuzüglich des einen Loches für den Teilstift. Die Kurbel wird nun so weit nach rechts gedreht, bis der Teilstift in das Loch an der Innenseite des Schenkels Z_1 einschnappt. Der Zeiger selbst wird in der entgegengesetzten Richtung, also nach links, fortgeschoben, bis Schenkel Z_2 wieder am Teilstift anliegt. Für $n_k = 36/39$ ist die Differenz von 39 zu $36 = 3$ (+ 1 für den Teilstift) zwischen die Zeiger zu nehmen, also „4 +“. Es gilt: Lochkreis minus Zähler plus ein Loch. *Das Pluszeichen hinter der Lochzahl bedeutet, daß der Teilweg der Kurbel wie beschrieben außerhalb des Zeigerwinkels zu nehmen ist.*

7.123 Zeigerstellung

Die Stellung der Zeiger kann auch berechnet werden. Ist die Nabe der Zeiger mit einer Skala (Abb. 309) versehen, die auf dem ganzen Kreisumfang n_s Teile hat, so entsprechen n_s Skalenteile einer vollen Kurbeldrehung ($n_k = 1$). Die Zeigerstellung wird damit $Z_{st} = n_s\,n_k$; mit $n_k = z_2/z_1\,n$ [Gl. (383)] folgt:

Zeigerstellung:
($n_k < 1$)

$$Z_{st} = \frac{n_s z_2}{z_1\,n}$$

$Z_{st} =$ Stellung der Zeiger des Zeigerwinkels (Anzahl der Teilstriche), $n_s =$ Anzahl der Teile auf dem ganzen Kreisumfang der Nabe der Zeiger, $z_2 =$ Zähnezahl des Schneckenrades im Teilkopf, $z_1 =$ Zähnezahl der (386)

($n_k > 1$)

$$Z_{st} = n_s\,(n_k - U)$$

Schnecke im Teilkopf, $n =$ Zahl der gewünschten Teilungen, bezogen auf den vollen Kreisumfang, $n_k =$ Zahl der Teilkurbeldrehungen (387)

gegen die feste Teilscheibe zur Herstellung einer Teilung, $U =$ Zahl der vollen Teilkurbeldrehungen. Nach Abb. 309 ist der Nullstrich des einen Zeigers auf den Teilstrich Z_{st} [Gl. (386)] des anderen Zeigers einzustellen.

Beispiel 306. Die Nabe der Zeiger des Teilkopfes B (Maschinentafel 6, S. 359) ist mit einer Skala versehen, die von 0 bis 170 reicht (Abb. 309) und auf dem ganzen Kreisumfang 200 Teile hätte. Berechne die Zeigerstellung in Teilstrichen, wenn a) $n = 10$, b) $n = 120$ und c) $n = 35$ ist.

Lösung: a) [Gl. (383)] $n_k = \dfrac{z_2}{z_1\,n} = \dfrac{40}{1\cdot 10} = 4$. Kurbelstift wird immer wieder in dasselbe Loch eingeführt; damit ist die Zeigerstellung beliebig, sobald man durch einen Zeiger das Ausgangsloch bezeichnet hat. b) [Gl. (383)] $n_k = \dfrac{40}{1\cdot 120} = \dfrac{1}{3}$. [Gl. (386)] $Z_{st} = \dfrac{n_s z_2}{z_1\,n} = \dfrac{200\cdot 40}{1\cdot 120} = 66{,}66$; aufgerundet $Z_{st} = 67$ Teilstriche. Der Nullstrich des einen Zeigers ist auf dem 67. Teilstrich des anderen Zeigers einzustellen. c) [Gl. (383)] $n_k = \dfrac{40}{1\cdot 35} = 1\dfrac{5}{35} = 1\dfrac{1}{7}$; damit können 200 Teile der vollen Umdrehung bei der Einstellung unberücksichtigt bleiben. Man stellt die Zeiger nur auf den Überschuß der $Z_{st} = \dfrac{n_s z_2}{z_1\,n}$

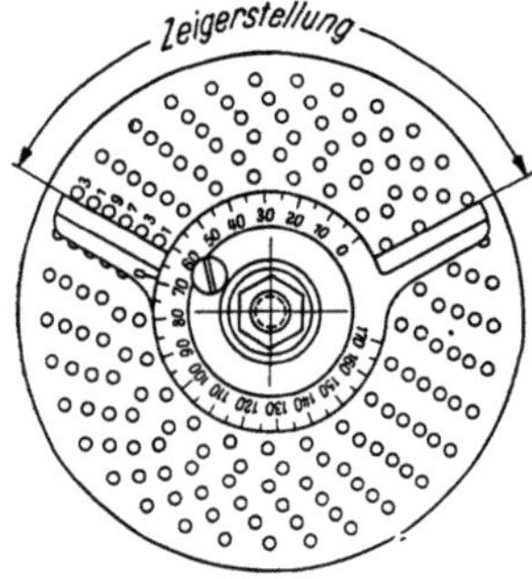

Abb. 309. Zeigeranordnung mit Skala an der Teilscheibe

$= \dfrac{200\cdot 40}{1\cdot 35} = 228{,}6 \approx 229$ Teilstriche, also auf $229 - 200 = 29$ Teilstriche ein, welcher dem die volle Kurbeldrehung übersteigenden 1/7 entspricht. Gl. (387) ergibt $Z_{st} = n_s\,(n_k - U) = 200\left(1\dfrac{1}{7} - 1\right) = 200\cdot\dfrac{1}{7} = 28{,}57$; aufgerundet $Z_{st} = 29$ Teilstriche.

7.124 Teilfehler

Der Fehler je Teilung kann nach Gl. (388) berechnet werden.

Fehler je Teilung im Gradmaß

$$f^\circ = \frac{z_1\,u\cdot 360^\circ}{z_2}$$

$f^\circ =$ Fehler je Teilung im Gradmaß [°], $z_1 =$ Zähnezahl der Schnecke im Teilkopf, $u =$ Unterschied der ausgeführten gegenüber den verlangten Teilkurbeldrehungen, $z_2 =$ Zähnezahl des Schneckenrades im Teilkopf. (388)

Der Fehler $\widehat{f}$ je Teilung, ausgedrückt als Bogenlänge am Werkstückdurchmesser d, berechnet sich nach Gl. (389).

Fehler je Teilung als Bogenlänge[1]

$$\widehat{f} = \frac{z_1\, d\, \pi\, u}{z_2} \tag{389}$$

$\widehat{f}$ = Fehler je Teilung als Bogenlänge [mm], z_1 = Zähnezahl der Schnecke im Teilkopf, d = Werkstückdurchmesser [mm], $\pi \approx 3,1415927$ (vgl. S. 356, Tafel 1), u = Unterschied der ausgeführten gegenüber den verlangten Kurbeldrehungen, z_2 = Zähnezahl des Schneckenrades im Teilkopf.

Da sich die Fehler der einzelnen Teilungen addieren, würde also die letzte Teilung um $(n-1)$ mal den errechneten Fehler $\widehat{f}$ kleiner oder größer werden.

Teilfehler bezogen auf den vollen Werkstückumfang

$$F = \frac{z_1\, d\, \pi\, u\, (n-1)}{z_2} \tag{390}$$

$$F = \widehat{f}\,(n-1) \tag{391}$$

F = Teilfehler, bezogen auf den vollen Werkstückumfang [mm], n = Zahl der gewünschten Teilungen (Zahl der herzustellenden Teilungen, bezogen auf den gesamten Umfang), z_1, d, π, u, $\widehat{f}$ und z_2 siehe Gl. (389).

Beispiel 307. Mit einem Teilkopf 1:40 für mittelbares Teilen wurden auf den ganzen Umfang 53 Rasten in ein kegeliges Werkstück von 100 mm Durchmesser eingearbeitet. Da Ausgleichteilen (vgl. S. 216) infolge Schräglage der Teilspindel nicht anwendbar, wurden statt 40/53 angenähert 37/49 Kurbeldrehungen ausgeführt (mittelbares Teilen mit Näherungswert vgl. Abschnitt 7.1712). Wie groß ist der entstandene Teilfehler, bezogen auf den vollen Werkstückumfang?

Lösung: Mit $z_1 = 1$, $d = 100$ mm, $u = \dfrac{37}{49} - \dfrac{40}{53} = 0,75510 - 0,75471 = 0,00039$ Kurbeldrehungen, um welche die Kurbel bei einer Teilung zu weit bewegt wird, $n = 53$ und $z_2 = 40$ ergibt

Gl. (390): $F = \dfrac{z_1\, d\, \pi\, u\, (n-1)}{z_2} = \dfrac{1 \cdot 100\, \pi \cdot 0,00039\,(53-1)}{40} = 0,159$ mm. Nach 52 Teilungen beträgt der Fehler $F = 0,159$ mm. Um diesen Betrag wird die letzte Teilung kleiner.

Anmerkung: Sollen Teilarbeiten, welche genau nur im Ausgleichteilverfahren herzustellen sind, nach dem mittelbaren Teilverfahren ausgeführt werden, so ist eine angenäherte Berechnung vorzunehmen. Da sich dabei jedoch Abweichungen vom genauen Wert ergeben, ist bei Teilungen auf den vollen Umfang stets zu prüfen, ob der nach Gl. (390) entstehende Fehler F, falls er zu groß ist, durch Schleifen oder sonstige Nacharbeit ausgeglichen werden kann. Für Teilungen, die nicht auf den vollen Umfang ausgeführt werden, sind kleinere Fehler im allgemeinen nicht von Belang.

7.13 Verbundteilen

Es wird mit zwei Lochkreisen L_1 und L_2 gearbeitet (Abb. 310 und 311); Kurbelstift *und* Gegenstift müssen mit jedem beliebigen Lochkreis in Eingriff gebracht werden können[2]. Zunächst wird die Teilkurbel um Z_1 Löcher des Lochkreises L_1 gegenüber der festen Teilscheibe gedreht. Nachdem der rückseitige Gegenstift, der die Teilscheibe so lange gehalten hat, aus dieser herausgezogen ist, wird

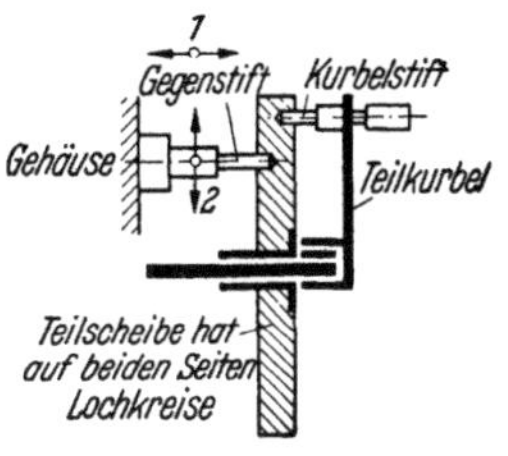

Abb. 310. Kurbel- und Gegenstift beim Verbundteilen

die Teilscheibe durch den vorderen Kurbelstift um Z_2 Löcher des Lochkreises L_2 weitergedreht. Dieses Weiterdrehen kann in gleicher oder entgegengesetzter Drehrichtung erfolgen.

7.131 Additionsverfahren

Nach Abb. 311 beträgt der zurückgelegte Gesamtweg von Kurbel- und Gegenstift gegen die feste Teilscheibe $A\,B = (I \text{ bis } II) + (1 \text{ bis } 2) = \dfrac{1}{4} + \dfrac{1}{5} = \dfrac{5}{20} + \dfrac{4}{20} = \dfrac{9}{20}$ des Umfanges der Scheibe (Addition!).

Diese Zusammensetzung der Einstellbewegung ist gleichbedeutend mit einer Additionsaufgabe, bei welcher die Summe 9/20 bekannt ist und die beiden Summanden gesucht werden.

Zahl der Teilkurbeldrehungen beim Verbundteilen *(Additionsverfahren)*

$$n_k = \frac{Z_1}{L_1} + \frac{Z_2}{L_2} \tag{392}$$

n_k = Zahl der Teilkurbeldrehungen für eine verlangte Teilung beim Verbundteilen, Z_1 = Lochzahl auf dem Lochkreis L_1, Z_2 = Lochzahl auf dem Lochkreis L_2.

---

[1] Es gilt $\widehat{f} = \dfrac{d\,\pi\,f^\circ}{360^\circ}$; für einen Zentriwinkel von $f^\circ = \dfrac{z_1\,u \cdot 360^\circ}{z_2}$ erhält man $\widehat{f} = \dfrac{z_1\,d\,\pi\,u}{z_2}$.

[2] Kann der Gegenstift nur in die Löcher eines einzigen Lochkreises eingreifen, ist der Anwendungsbereich des Verbundteilens eingeschränkt.

Beispiel 308. Verlangte Teilzahl $n = 57$ (kegeliges Werkstück). Vorhanden Teilkopf des Beispiels 300. Berechne die Teilkurbeldrehungen.

Lösung: [Gl. (383)] $n_k = \dfrac{z_2}{z_1 n} = \dfrac{40}{1 \cdot 57} = \dfrac{40}{57}$ | Mittelbares Teilen nicht ausführbar, da kein geeigneter Lochkreis vorhanden!

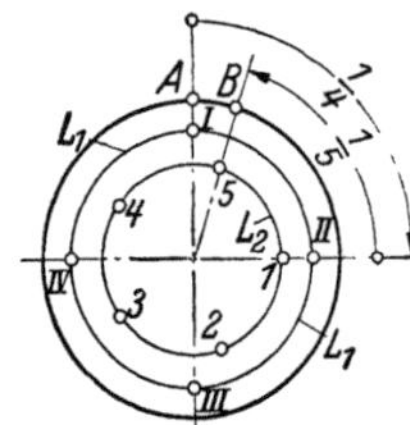

a) Zerlegen: $\dfrac{40}{57} = \dfrac{19}{57} + \dfrac{21}{57}$ c) Erweitern: $\dfrac{1}{3} + \dfrac{7}{19} = \dfrac{9}{27} + \dfrac{7}{19}$

b) Kürzen: $\dfrac{19}{57} + \dfrac{21}{57} = \dfrac{1}{3} + \dfrac{7}{19}$ d) Ausgeführt: $n_k = \dfrac{9}{27} + \dfrac{7}{19}$.

Kurbelstift auf dem Lochkreis $L_1 = 27$ (Teilscheibe II) um $Z_1 = 9$ Löcher nach *rechts*. Gegenstift auf dem Lochkreis $L_2 = 19$ (Teilscheibe I) um $Z_2 = 7$ Löcher nach *rechts*[1]. Scheibe I und II miteinander verbunden.

Abb. 311. **Additionsverfahren** beim Verbundteilen

7.132 Subtraktionsverfahren

Nach Abb. 312 beträgt der zurückgelegte Gesamtweg von Kurbel- und Gegenstift gegen die feste Teilscheibe $AB = (I \text{ bis } II) - (1 \text{ bis } 5) = \dfrac{1}{4} - \dfrac{1}{5} = \dfrac{5}{20} - \dfrac{4}{20} = \dfrac{1}{20}$ des Umfanges der Scheibe. Diese Differenz der Einstellbewegung ist gleichbedeutend mit einer Subtraktionsaufgabe, bei welcher die Differenz 1/20 bekannt ist und Minuend und Subtrahend gesucht werden.

Zahl der Teilkurbeldrehungen beim Verbundteilen *(Subtraktionsverfahren)*

$$n_k = \frac{Z_1}{L_1} - \frac{Z_2}{L_2}$$

n_k = Zahl der Teilkurbeldrehungen für eine verlangte Teilung beim Verbundteilen, Z_1 = Lochzahl   (393)

auf dem Lochkreis L_1, Z_2 = Lochzahl auf dem Lochkreis L_2.

Beispiel 309. Verlangte Teilzahl $n = 69$ (kegeliges Werkstück). Vorhanden Teilkopf des Beispiels 300. Berechne die Teilkurbeldrehungen.

Lösung: [Gl. (383)] $n_k = \dfrac{z_2}{z_1 n} = \dfrac{40}{1 \cdot 69} = \dfrac{40}{69}$ | Mittelbares Teilen nicht ausführbar, da kein geeigneter Lochkreis vorhanden!

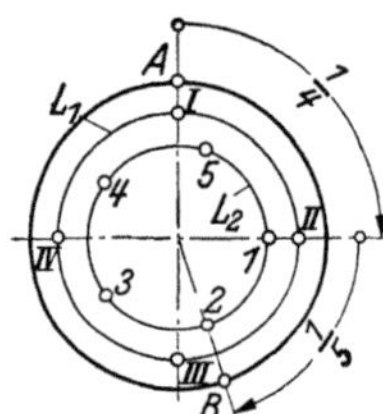

a) Zerlegen: $\dfrac{40}{69} = \dfrac{63}{69} - \dfrac{23}{69}$ c) Erweitern: $\dfrac{21}{23} - \dfrac{1}{3} = \dfrac{21}{23} - \dfrac{11}{33}$

b) Kürzen: $\dfrac{63}{69} - \dfrac{23}{69} = \dfrac{21}{23} - \dfrac{1}{3}$ d) Ausgeführt: $n_k = \dfrac{21}{23} - \dfrac{11}{33}$.

Kurbelstift auf dem Lochkreis $L_1 = 23$ (Teilscheibe II) um $Z_1 = 21$ Löcher nach *rechts*. Gegenstift auf dem Lochkreis $L_2 = 33$ (Teilscheibe II) um $Z_2 = 11$ Löcher nach *links*.

Anmerkung: Das Verbundteilen erfordert große Aufmerksamkeit; es ist nur als Notbehelf anzusehen und nicht zu empfehlen, da bei dem doppelten Teilschritt durch den toten Gang Ungenauigkeiten entstehen können. Eine Ausnahme bilden lediglich *Teilungen an kegeligen Werkstücken*; diese sind, falls mittelbares Teilen nicht durchführbar ist, auch nicht durch Ausgleichteilen (vgl. S. 216) zu ermöglichen.

Abb. 312. **Subtraktionsverfahren beim Verbundteilen**

7.133 Näherungsverfahren

Ohne Zuhilfenahme von Näherungswerten ist das Verbundteilen nur anwendbar, wenn die verlangte Teilzahl *keine* Primzahl ist. Sind also Teilzahlen nicht passend in Faktoren zu zerlegen, die entweder unmittelbar der Lochzahl zweier vorhandener Lochkreise entsprechen oder Faktoren davon darstellen, so ist eine genaue Teilung durch das Verbundteilen nicht zu erzielen. Durch Suchen von Näherungswerten kann eine Genauigkeit erreicht werden, die für viele Fälle genügt.

7.134 Mehrfachteilen

Sollen wegen des unvermeidlichen Zähnespieles der Zahnräder Bewegungen in entgegengesetzter Richtung vermieden werden, wählt man das sog. *Mehrfachteilen*. Bei Teilintervall 2 ist das Werkstück fertiggestellt, wenn es 2 Umdrehungen ausgeführt, bei Teilintervall 5, wenn es 5 Umdrehungen gemacht hat. Die Teilungen ergeben sich nicht in der natürlichen Reihenfolge, sondern es werden jeweils 2 bzw. 5 Teilungen weitergeschaltet. Wird im Beispiel 309 Teilintervall 2 gewählt, so beträgt

die doppelte Kurbelbewegung $2\,n_k = 2\left(\dfrac{21}{23} - \dfrac{11}{33}\right) = \dfrac{42}{23} - \dfrac{22}{33} = 1 + \dfrac{19}{23} - \dfrac{22}{33} = \dfrac{33}{33} + \dfrac{19}{23} - \dfrac{22}{33}$
$= \dfrac{19}{23} + \dfrac{11}{33}$, was durch Bewegungen der Teilkurbel und Teilscheibe in der *gleichen* Richtung erzielt wird.

---

[1] Am Teilkopf wird die Teilscheibe mit dem Lochkreis $L_2 = 19$ durch den vorderen Kurbelstift um $Z_2 = 7$ Löcher am Gegenstift weitergedreht. Es muß also erst die Kurbel allein und dann anschließend die Kurbel *und* die Teilscheibe gemeinsam gedreht werden. Die Teilkurbel hat damit *beide* Bewegungen ausgeführt.

7.135 Bruchteilen

Während das Verbundteilen auf dem Gebrauch der Summe oder der Differenz der Teilbewegungen auf beiden Lochkreisen beruht, liegt dem Bruchteilen die gleichzeitige Anwendung von zwei Lochkreisen zugrunde, von denen der eine einen Bruchteil der Teile des anderen ergibt. Man erhält Teilzahlen, welche sich in zwei Faktoren zerlegen lassen, die Faktoren zweier Lochkreise sind, ohne daß einer der beiden Faktoren als gemeinsamer Faktor in beiden Lochkreisen vorkommt. Sind L_1 und L_2 vorhandene Lochkreise, so muß L_2 entweder um ein Loch kleiner als L_1 oder in $(L_1 - 1)$ teilbar sein. *Beide Teilscheiben werden fest aneinander geheftet, derart, daß ein Loch der einen Scheibe mit einem solchen der anderen Scheibe zusammenfällt.* Man teilt zunächst am Lochkreis L_1 von Loch zu Loch, und zwar i mal (i = Teilkopfübersetzung). Nun wird die Teilscheibe um ein Loch des Lochkreises L_2 weitergedreht und wiederum am Lochkreis L_1 geteilt. Dies wiederholt sich so oft, bis jedes Loch des Lochkreises L_2 einmal im Eingriff stand. Die am Werkstück erreichbare Teilzahl ergibt sich dann zu $n = L_1 L_2 i$.

Sind z. B. $n = 23200$ Teile[1] mit Teilkopf C (Maschinentafel 7, S. 359) erwünscht, so folgt mit $L_1 = 29$, $L_2 = 20$ und $i = 40$ die erreichbare Teilzahl zu $n = 29 \cdot 20 \cdot 40 = 23200$. [20 und 29 sind vorhandene Lochkreise, ohne daß in einem ein Faktor des anderen vorkommt.] Mit $L_1 = 47$, $L_2 = 23$ und $i = 60$ würde man $n = 47 \cdot 23 \cdot 60 = 64860$ Teile erhalten. Wählt man $L_1 = 21$ und $L_2 = 20$ und teilt auf L_1 jedesmal um 7 Löcher weiter, so entspricht L_1 einer Scheibe mit 3 Löchern. Es ist $(L_1 - 1) = 3 - 1 = 2$ und in $L_2 = 20$ teilbar. Man erhält $n = L_1 L_2 i = 3 \cdot 20 \cdot 40 = 2400$ Teile.

7.14 Teilen mit Wechselrädern

Der Teilvorgang, sonst ein Auszählen einer bestimmten Anzahl von Löchern an einer Teilscheibe, wird hier nur durch eine (seltener zwei oder mehrere) Handkurbeldrehung ausgeführt. Die Handkurbel wird auf das Vierkant am Wechselrad a gesetzt (Abb. 313). Begrenzt ist die Kurbeldrehung durch eine *einzige Raste* auf der Rastenscheibe, in die nach vollendeter Umdrehung der Federbolzen einfällt. Dreht man die Kurbel einmal herum und läßt den Federbolzen einrasten, so ist der Teilantrieb spielfrei in Arbeitsstellung. Vgl. auch Abb. 314.

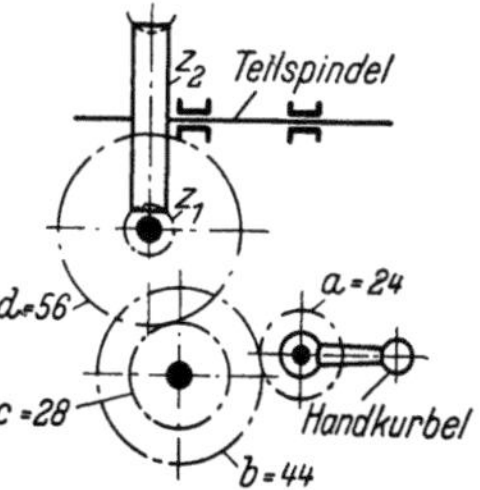

Abb. 313. Getriebe eines Teilkopfes für mittelbares Teilen mit vier Wechselrädern

7.141 Mittelbares Teilen mit Wechselrädern am Einfachteilkopf

Durch Anbringen einer Rastenscheibe mit nur einer Rast und von Wechselrädern zwischen Schneckenwelle und Handkurbel ergibt sich ein erleichtertes Einfachteilen. Die Wechselräder werden so gewählt, daß die gewünschte Teilung möglichst mit einer oder zwei vollen Umdrehungen der Handkurbel erreicht wird (Abb. 313). Soll das Werkstück in n Teile geteilt werden, so sind bei jeder Schaltung $1/n$ Umdrehungen der Teilspindel nötig. Die Übersetzungsgleichung (277) lautet damit für dieses Getriebe: $n_k a c z_1 = (1/n) b d z_2$; daraus:

Zähnezahlverhältnis der Teilwechselräder zwischen Handkurbel und Schneckenwelle

$$u_w = \frac{a\,c}{b\,d} = \frac{z_2}{z_1\,n\,n_k} \tag{394}$$

u_w = Wechselräderverhältnis = Zähnezahlverhältnis der (außen) zwischen Handkurbel und Schneckenwelle aufzusteckenden Wechselräder, a und c = Zähnezahlen der treibenden Teilwechselräder, b und d = Zähnezahlen der getriebenen Teilwechselräder, z_2 = Zähnezahl des Schneckenrades im Teilkopf, z_1 = Zähnezahl der Schnecke im Teilkopf, n = Zahl der gewünschten Teilungen (Zahl der herzustellenden Teilungen, bezogen auf den vollen Kreisumfang), n_k = Zahl der *vollen* Handkurbeldrehungen gegen die feste Rastenscheibe zur Herstellung einer Teilung.

Zur Bestimmung der Wechselräder nach Gl. (394) wird zunächst für $n_k = 1$ gewählt. Damit wäre beim Teilvorgang nach jeder Einfräsung stets nur **eine** volle Um-

---

[1] Das Teilen derart hoher Zahlen kommt in der Praxis selten vor, es sei denn das Werkstück soll um einen bestimmten sehr kleinen Winkel gedreht werden; letzteres entspricht einer hohen Teilzahl (vgl. Beispiel 329).

drehung mit der Handkurbel auszuführen. Sollte das Aufbringen der errechneten Wechselräder nicht möglich oder sollten die erforderlichen Wechselräder nicht vorhanden sein, so kann durch Änderung der Wahl der Handkurbeldrehzahl ($n_k = 2$, $n_k = 3$, $n_k = 4$ usw.) ein anderes passendes Verhältnis für die aufzusteckenden Wechselräder erzielt werden.

Abb. 314. Universalteilkopf **ohne Lochscheiben**, nur mit Wechselrädern. Die Abbildung zeigt vier Teilwechselräder aufgesteckt (J.E. Reinecker, Maschinenbau GmbH, Einsingen-Ulm)

Beispiel 310. Ein Geradstirnrad soll 110 Zähne bekommen (Einzelteilverfahren). Teilkopf 1:30. Welche Wechselräder sind aufzustecken, wenn die Handkurbel bei jeder Teilung eine volle Umdrehung ausführen soll? (Wechselrädersatz: 24, 24, 28, 28, 32, 40, 44, 48, 56, 64, 72, 86, 100.)

$$\text{Lösung: [Gl. 394]} \quad u_w = \frac{z_2}{z_1 \, n \, n_k} = \frac{30}{1 \cdot 110 \cdot 1} = \frac{3}{11}.$$

$$\text{Teilwechselräder:} \quad \frac{3}{11} = \frac{24 \cdot 28}{44 \cdot 56}$$

Nach Abb. 313 erhalten $a = 24$, $b = 44$, $c = 28$ u. $d = 56$ Zähne.

Prüfung: Die Auflösung der Gl. (394) nach n ergibt

$$n = \frac{z_2}{z_1 \, u_w \, n_k} = \frac{30}{1 \dfrac{24 \cdot 28}{44 \cdot 56} 1} = \frac{30 \cdot 44 \cdot 56}{24 \cdot 28} = 110.$$

7.142 Mittelbares Teilen mit Wechselrädern am Universalteilkopf

Auch Universalteilköpfe welche ohne Lochscheiben, also nur mit Wechselrädern arbeiten (Abb. 314), haben den Vorteil, daß die Handkurbel unabhängig von der gewünschten Teilzahl je Teilung meist nur eine volle Kurbeldrehung auszuführen hat.

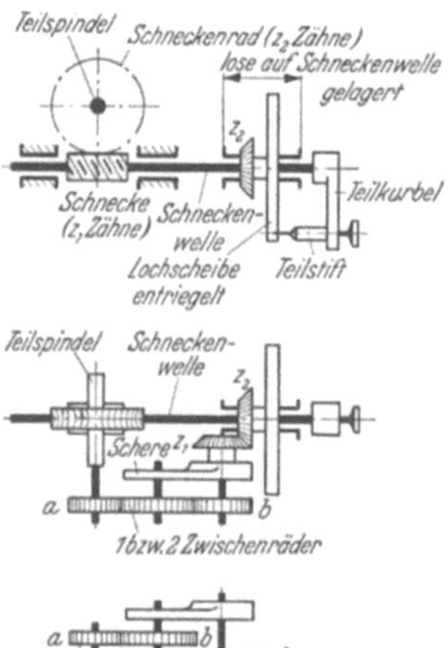

7.15 Ausgleichteilen

Das Ausgleichteilen mit Universalteilköpfen ermöglicht bis zu einem Höchstwert jede beliebige Teilung. Allerdings beschränkt sich das Ausgleichteilen nur auf Teilarbeiten in waagerechter Lage der Teilspindel. Fräsarbeiten an kegeligen Stücken oder Werkstücke mit Stirnzähnen sind nach dem Ausgleichverfahren ebensowenig ausführbar wie Fräsarbeiten zur Herstellung schraubenförmiger Nuten. Im ersten Falle können bei einer von der waagerechten abweichenden Lage der Teilspindel die Wechselräder nicht zum Kämmen gebracht werden, im zweiten Falle wird der Platz für die Wechselräder zur Verbindung zwischen Teilspindel und Tischvorschubspindel gebraucht. Beim Ausgleichteilen wird für die Berechnung der Teilkurbeldrehungen eine andere als die gewünschte Teilzahl gewählt; der Unterschied wird durch eine Wechselräderanordnung wieder ausgeglichen (Abb. 315).

Abb. 315. Getriebe eines Universalteilkopfes mit Wechselrädern und mit Teilscheiben beim **Ausgleichteilen**. (Nur für Umfangsteilungen an zylindrischen Werkstücken mit achsparallelen Einfräsungen verwendbar)

7.151 Ausgleichteilen mit Wechselrädern und mit Teilscheiben

Bei den zum Ausgleichteilen eingerichteten Teilköpfen besteht die Möglichkeit, der *Teilscheibe eine zwangsläufige Bewegung* zu erteilen, die von den Umdrehungen des Schneckenrades abhängig ist. Zu diesem Zweck wird in der Bohrung der Teilspindel ein Bolzen (Spindelverlängerung) zur Aufnahme eines Wechselrades a angebracht. Die Teilscheibe selbst wird durch Anziehen des Stellstiftes beweglich gemacht. Aus Abb. 315 ist zu ersehen, wie Zwischenräder die Bewegung auf das Wechselrad b bzw. d und damit auf die Kegelräder z_1 und z_2 übertragen. Kegelrad z_2 ist fest verbunden mit der Teilscheibe und dient der Schneckenwelle als Lager. Das vordere Ende der Teilspindel trägt in den meisten Fällen eine Teilscheibe mit z. B. 24 Löchern. Wird die Schnecke aus dem Eingriff mit dem Schneckenrad gebracht, kann der Universalteilkopf in derselben Weise wie beim unmittelbaren Teilen verwendet werden.

7.1511 Berechnen der Ausgleichwechselräder. Um eine Anzahl Teile (n) zu erzielen, kann eine höhere oder niedrigere Teilzahl gewählt werden; diese Teilzahl wird Grundteilung (n_g) genannt. Ist die Grundteilung größer als die geforderte Teilung, so müssen durch Rechtsdrehung der Teilscheibe Teile verloren gehen. Ist diese Grundteilung kleiner, so müssen durch Linksdrehung der Teilscheibe Teile gewonnen werden. Der Unterschied zwischen geforderter Teilzahl und Grundteilzahl (Ersatzteilzahl) wird durch Wechselräder ausgeglichen.

Bedeutet mit Bezug auf Abb. 315 $u_w = \dfrac{a}{b}$ bzw. $\dfrac{a\,c}{b\,d}$, so ergibt sich unter der Voraussetzung, daß das Räderverhältnis der an die Wechselräder anschließenden, innerhalb des Teilkopfes eingebauten Übertragungsräder bis zur Teilscheibe $1:1$ beträgt, die Zahl der Kurbeldrehungen gegen die zunächst feststehend gedachte Teilscheibe zu $n'_k = \dfrac{z_2}{z_1\,n_g}$. Die für jede Schaltung notwendigen Drehungen der Teilspindel müssen $n_1 = 1/n$ sein. Durch die Drehung der Teilspindel wird aber auch über die Wechselräder a und b hinweg die Teilscheibe um $n_1\,\dfrac{a}{b} = \dfrac{1}{n}\,\dfrac{a}{b} = \dfrac{a}{nb}$ Umdrehungen gedreht. Die tatsächlich auszuführende Anzahl Teilkurbeldrehungen gegen die Teilscheibe ergibt sich demnach unter Berücksichtigung des Voreilens der Teilscheibe zu $n''_k = \dfrac{z_2}{z_1\,n_g} + \dfrac{a}{nb}$. Die Übersetzungsgleichung für das Getriebe Abb. 305, $n_k z_1 = (1/n) z_2$, hat auch bei Vorhandensein von Wechselrädern Geltung. Wird für n_k in diesem Falle n''_k eingesetzt, so folgt: $\left(\dfrac{z_2}{z_1\,n_g} + \dfrac{a}{nb}\right) z_1 = \dfrac{1}{n}\,z_2$. Die Auflösung dieser Gleichung nach $\dfrac{a}{b}$ bzw. $\dfrac{a\,c}{b\,d}$ ergibt:

$$\boxed{\begin{array}{l}\text{Zähnezahlverhältnis der Ausgleichwechselräder} \\[2pt] \text{zwischen Teilspindel und Teilscheibe}\end{array} \quad \left| \; u_w = \frac{a\,c}{b\,d} = \frac{z_2}{z_1\,n_g}\,(n_g - n) \; \right|} \qquad (395)$$

$u_w =$ Wechselräderverhältnis = Zähnezahlverhältnis der zwischen Teilspindel und Teilscheibe aufzusteckenden Ausgleichwechselräder, a und c = Zähnezahlen der treibenden Ausgleichwechselräder, b und d = Zähnezahlen der getriebenen Ausgleichwechselräder, z_2 = Zähnezahl des Schneckenrades im Teilkopf, z_1 = Zähnezahl der Schnecke im Teilkopf, n_g = Grundteilzahl (gewählte Hilfsteilzahl), n = Zahl der gewünschten Teilungen (Zahl der herzustellenden Teilungen, bezogen auf den vollen Kreisumfang). **Beachte:** n_g ist die als Ersatz gewählte Zahl der Teilungen für *eine* volle Werkstückdrehung. n_g ist nahe n so zu wählen, daß dafür das mittelbare Teilen anwendbar ist und der Unterschied n gegen n_g in bequemer Beziehung zu den Zähnezahlen der vorhandenen Wechselräder steht. $n_g < n$ ergibt entgegengesetzte Drehrichtung von Kurbel und Teilscheibe (es werden Teile gewonnen). $n_g > n$ ergibt gleiche Drehrichtung von Kurbel und Teilscheibe (es gehen Teile verloren).

In Gl. (395) gibt der vor der Klammer stehende Wert $\dfrac{z_2}{z_1\,n_g} = n'_k$ an, welche Bewegung die Teilkurbel gegenüber der **beweglichen** Teilscheibe nach jeder Einfräsung zu machen hat, welcher Lochkreis also zu wählen und um wie viele Löcher jedesmal zu teilen ist. Zur Berechnung der Ausgleichwechselräder ist stets n von n_g abzuziehen. Das sich für den Rest ergebende Vorzeichen gibt die Drehrichtung an, in welcher sich die Teilscheibe zur Drehrichtung der Teilkurbel bewegen muß.

Beispiel 311. Mit Teilkopf A (Maschinentafel 5, S. 359) ist ein Geradstirnrad mit 127 Zähnen im Einzelteilverfahren (Abb. 54) zu fräsen. Berechne Ausgleichwechselräder, Größe des Lochkreises und die je Teilung erforderlichen Teilkurbeldrehungen.

Lösung: Da die gegebene oder gewünschte Teilung $n = 127$ im mittelbaren Teilverfahren nicht durchführbar ist, so wählt man als Ersatz eine Teilung n_g in der Nähe n, die sich gegen den Zähler z_2 vereinfachen läßt und die Differenz der beiden Teilzahlen $(n_g - n)$ in bequemer Beziehung zu den vorhandenen Wechselrädern steht.

1. Lösung: Ausgleichwechselräder n. Gl. (395)	2. Lösung: Ausgleichwechselräder n. Gl. (395)
Mit gewählter Grundteilzahl $n_g = 135$ folgt:	Mit gewählter Grundteilzahl $n_g = 120$ folgt:

Mit gewählter Grundteilzahl $\boldsymbol{n_g = 135}$ folgt:

$$u_w = \frac{z_2}{z_1\,n_g}\,(n_g - n)$$

$$u_w = \frac{60}{1 \cdot 135}\,(135 - 127); \; \boldsymbol{u_w = +\frac{32}{9}}.$$

Wechselräder[1]: $\dfrac{32}{9} = \dfrac{80 \cdot 100}{25 \cdot 90}$, **ein** Zwischenrad.

Mit gewählter Grundteilzahl $\boldsymbol{n_g = 120}$ folgt:

$$u_w = \frac{z_2}{z_1\,n_g}\,(n_g - n)$$

$$u_w = \frac{60}{1 \cdot 120}\,(120 - 127); \; \boldsymbol{u_w = -\frac{7}{2}}.$$

Wechselräder[1]: $\dfrac{7}{2} = \dfrac{70 \cdot 60}{40 \cdot 30}$, **kein** Zwischenrad.

---

[1] Wenn die errechneten Wechselräder im vorhandenen Rädersatz nicht enthalten sind, so muß die Rechnung mit einer anderen geeigneten Grundteilzahl (n_g) wiederholt werden.

Rad $a = 80$ Zähne (treibend), Rad $b = 25$ Zähne (getrieben), Rad $c = 100$ Zähne (treibend), Rad $d = 90$ Zähne (getrieben).	Siehe dazu Abb. 316.

Rad $a = 70$ Zähne (treibend), Rad $b = 40$ Zähne (getrieben), Rad $c = 60$ Zähne (treibend), Rad $d = 30$ Zähne (getrieben).	Siehe dazu Abb. 317.

Da **Rechtsdrehung** der Teilscheibe nötig (Ergebnis für u_w *positiv*!), sind die Ausgleichwechselräder a, b, c und d mit **einem** Zwischenrad e (Zähnezahl beliebig) aufzustecken.

Da **Linksdrehung** der Teilscheibe nötig (Ergebnis für u_w *negativ*!), sind die Ausgleichwechselräder a, b, c und d ohne Zwischenrad aufzustecken.

Teilkurbeldrehungen

Teilkurbel und Teilscheibe drehen sich **im gleichen Sinne** nach rechts. Es wird mit der Teilkurbel jedesmal um $n_k' = \dfrac{z_2}{z_1 n_g} = \dfrac{60}{1 \cdot 135} = \dfrac{4}{9} = \dfrac{8}{18}$, also um 8 Löcher des Lochkreises 18 weitergeteilt. Die Zeiger (Abb. 307) umfassen 9 Löcher.

Teilkurbeldrehungen

Teilkurbel und Teilscheibe drehen sich **entgegengesetzt.** Es wird mit der Teilkurbel jedesmal um $n_k' = \dfrac{z_2}{z_1 n_g} = \dfrac{60}{1 \cdot 120} = \dfrac{1}{2} = \dfrac{9}{18}$, also um 9 Löcher des Lochkreises 18 weitergeteilt. Die Zeiger (Abb. 307) umfassen 10 Löcher.

Das Ausgleichteilen erfolgt also durch Drehen der Teilkurbel an der eingestellten Lochscheibe und durch die Ausgleichbewegung der Lochscheibe, die durch die Ausgleichwechselräder hervorgerufen wird. Beide Bewegungen zusammen ergeben die gewünschte Teilung. Die Nachteile des Verbundteilens werden also vermieden, indem die Zusatzbewegung der Lochscheibe nicht von Hand, sondern zwangsläufig mit Wechselrädern von der Teilspindel abgenommen wird. Die Einstellung der Zeiger und das Weiterteilen erfolgen

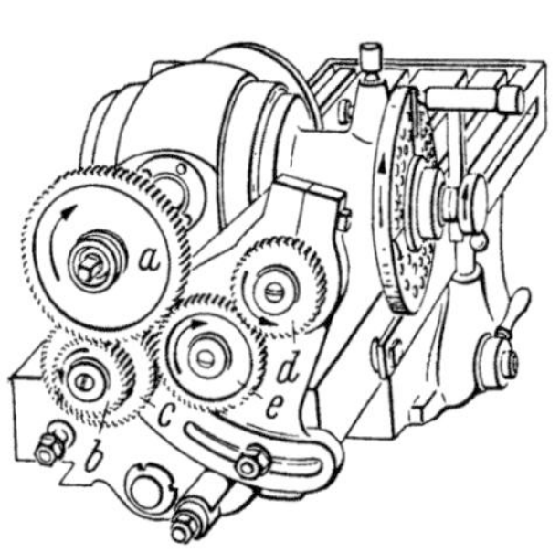

Abb. 316. Universalteilkopf A, eingestellt für das Ausgleichteilen mit vier Wechselrädern a, b, c und d nebst einem Zwischenrad e. [Rechnerische Angaben s. Maschinentafel 5, S. 359]

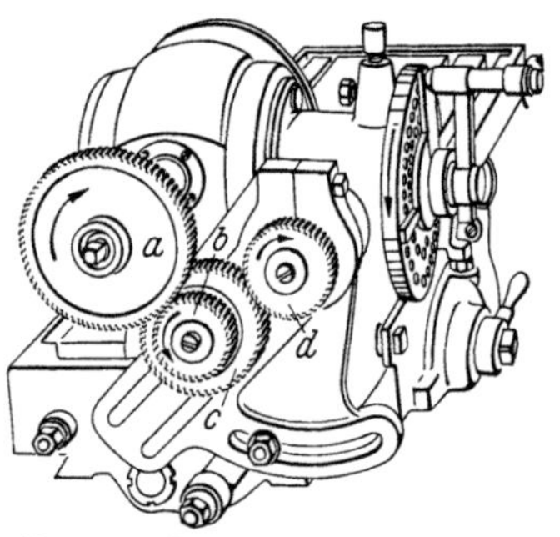

Abb. 317. Universalteilkopf A, eingestellt für das Ausgleichteilen mit vier Wechselrädern a, b, c und d. [Rechnerische Angaben s. Maschinentafel 5, S. 359]

wie beim mittelbaren Teilen unter Beachtung der dort angeführten Regeln.

Kann für Beispiel 311 der Nachweis erbracht werden, daß die Teilkurbel nach vollendeten 127 (allgemein n) Teilungen so viele ganze Umdrehungen ausgeführt hat, als (bei einzähniger Schnecke) das Schneckenrad des Teilkopfes Zähne besitzt, so war der Rechnungsgang richtig. Die tatsächliche Größe der einzelnen Teilkurbeldrehungen je Teilung bestimmt sich bei vier aufgesteckten Ausgleichwechselrädern zu $n_k'' = \dfrac{z_2}{z_1 n_g} \pm \dfrac{1}{n}\dfrac{a\,c}{b\,d}$. Das $+$-Zeichen gilt dabei für gleiche, das $-$-Zeichen für entgegengesetzte Drehrichtung von Teilkurbel und Teilscheibe. Für die Prüfung gilt, wenn mit z_p die Gesamtdrehungen der Teilkurbel bezeichnet werden, $z_p = n_k'' z_1 n$ oder mit dem für n_k'' erhaltenen Wert:

Prüfungsgleichungen zur Ermittlung der Gesamtdrehungen der Teilkurbel beim Ausgleichteilen		
Für **gleiche** Drehrichtung von Teilkurbel und Teilscheibe.	$z_p = \left(\dfrac{z_2}{z_1 n_g} + \dfrac{1}{n}\dfrac{a\,c}{b\,d} \right) z_1 n$	(396)
Für **entgegengesetzte** Drehrichtung von Teilkurbel und Teilscheibe.	$z_p = \left(\dfrac{z_2}{z_1 n_g} - \dfrac{1}{n}\dfrac{a\,c}{b\,d} \right) z_1 n$	(397)

$z_p =$ Gesamtdrehungen der Teilkurbel $=$ Zahl der für eine volle Werkstückdrehung notwendigen Kurbeldrehungen (Zahlenwert muß bei einwandfreier Rechnung der Zähnezahl des Schneckenrades im Teilkopf gleich sein), $z_2 =$ Zähnezahl des Schneckenrades im Teilkopf (*bei Teilkopf B*, Abb. 319, *ist für* $z_2 = 80$ *zu setzen*), $z_1 =$ Zähnezahl der Schnecke im Teilkopf, $n_g =$ Grundteilzahl (gewählte Hilfsteilzahl), $n =$ Zahl der gewünschten Teilungen, bezogen auf den ganzen Umfang, a und $c =$ Zähnezahlen der treibenden Ausgleichwechselräder, b und $d =$ Zähnezahlen der getriebenen Ausgleichwechselräder.

Beispiel 312. a) Erbringe den Nachweis, daß im Beispiel 311 die Teilkurbel bei Annahme von $n_g = 135$ nach vollendeten 127 Teilungen tatsächlich 60 Umdrehungen ausgeführt hat. b) Erbringe den Nachweis, daß im Beispiel 311 die Teilkurbel auch bei Annahme von $n_g = 120$ nach vollendeten 127 Teilungen tatsächlich 60 Umdrehungen ausgeführt hat.

Lösung: a) Gl. (396) ergibt mit $\dfrac{z_2}{z_1 n_g} = \dfrac{8}{18}$, $n = 127$, $\dfrac{a\,c}{b\,d} = \dfrac{80\cdot 100}{25\cdot 90}$ und $z_1 = 1$:

$$z_p = \left(\frac{z_2}{z_1 n_g} + \frac{1}{n}\frac{a\,c}{b\,d}\right) z_1 n = \left(\frac{8}{18} + \frac{1}{127}\frac{80\cdot 100}{25\cdot 90}\right) 1\cdot 127 = 60;\ z_p = 60.$$

b) Mit $\dfrac{z_2}{z_1 n_g} = \dfrac{9}{18}$, $n = 127$, $\dfrac{a\,c}{b\,d} = \dfrac{70\cdot 60}{40\cdot 30}$ und $z_1 = 1$ ergibt Gl. (397):

$$z_p = \left(\frac{z_2}{z_1 n_g} - \frac{1}{n}\frac{a\,c}{b\,d}\right) z_1 n = \left(\frac{9}{18} - \frac{1}{127}\frac{70\cdot 60}{40\cdot 30}\right) 1\cdot 127 = 60;\ z_p = 60.$$

Beispiel 313. Mit Teilkopf C (Maschinentafel 7, S. 359) ist ein zylindrisches Werkstück mit 51 Einfräsungen zu versehen. Berechne Ausgleichwechselräder, Größe des Lochkreises und die je Teilung erforderlichen Teilkurbeldrehungen, wenn als gewählte Hilfsteilzahl $n_g = {}^{340}/_7$ angenommen wird.

Lösung: [Gl. (395)] $u_w = \dfrac{z_2}{z_1\,n_g} \times$

$\times (n_g - n) = \dfrac{40}{1\dfrac{340}{7}}\left(\dfrac{340}{7} - 51\right) = -\dfrac{2}{1};$

$u_w = -\dfrac{2}{1}.$ Ausgleichwechselräder: $\dfrac{2}{1}$

$= \dfrac{72\cdot 80}{60\cdot 48}.$ | Nach Abb. 318 erhalten $a = 72$, $b = 60$, $c = 80$, $d = 48$ Zähne.

Kurbeldrehungen: Teilkurbel und Teilscheibe müssen sich, da Ergebnis für u_w negativ, entgegengesetzt drehen. Es ist mit der Teilkurbel jedesmal um

$$n_k' = \frac{z_2}{z_1\,n_g} = \frac{40}{1\dfrac{340}{7}} = \frac{40\cdot 7}{1\cdot 340} = \frac{14}{17},\ \text{also}$$

Abb. 318. Universalteilkopf C, eingestellt für das Ausgleichteilen mit vier Wechselrädern a, b, c und d (Ludw. Loewe & Co. A.G., Berlin). Nach Beispiel 313 wird: Rad mit 72 Zähnen = Rad a an der Teilspindelverlängerung (treibend). Rad mit 60 Zähnen = Rad b am Scherenbolzen (getrieben). Rad mit 80 Zähnen = Rad c am Scherenbolzen (treibend). Rad mit 48 Zähnen = Rad d am Kegelradbolzen (getrieben); kein Zwischenrad. [Rechnerische Angaben s. Maschinentafel 7, S. 359]

um 14 Löcher des Lochkreises 17 weiterzuteilen. Die Teilzahl 51 wird demnach mit dem 17er Lochkreis, Teilschritt 14 und den Ausgleichwechselrädern 72, 60, 80 und 48 ausgeführt. Der Drehsinn der Lochscheibe ist dem Drehsinn der Teilkurbel entgegengesetzt. Die auf der zweiten Räderschere an der Teilscheibenseite des Teilkopfes aufgesteckten Räder (Rad $a_1 = 48$ Zähne, ein beliebiges Zwischenrad R, Rad $b_1 = 48$ Zähne, erscheinen nicht in der Rechnung. Vgl. auch Abb. 318, 341 und 345.

Beispiel 314. Mit Teilkopf B (Maschinentafel 6, S. 359) wurden in ein Werkstück 67 Aussparungen eingefräst; als Grundteilzahl wurde 70 angenommen. Zum Ausgleich der zuviel gemachten Teilbewegungen wurden zwei Wechselräder 96 : 28 aufgesteckt. Die Einschaltung eines Zwischenrades ermöglichte gleiche Drehrichtung von Teilkurbel und Teilscheibe. Wie viele Aussparungen ergeben sich unter Beibehaltung der Wechselräder von 96 : 28, wenn statt eines Zwischenrades zwei beliebige Zwischenräder eingeschaltet werden?

Lösung: Durch Einschaltung zweier beliebiger Zwischenräder erhält die Teilscheibe eine gegensätzliche Bewegung zur Teilkurbeldrehung; dies hat zur Folge, daß Teile gewonnen werden. Das Wechselräderverhältnis u_w wird negativ. Die Einschaltung zweier beliebiger Zwischenräder statt eines Rades ermöglicht trotz Beibehaltung der zwei Wechselräder das Einfräsen von 73 Aussparungen. Vgl. nebenstehenden Rechnungsgang.

$$u_w = -\frac{z_2}{z_1\,n_g}(n_g - n)$$

$$\frac{96}{28} = -\frac{80}{1\cdot 70}(70 - n)$$

$$\frac{24}{7} = -80 + \frac{8\,n}{7}$$

$$12 = -280 + 4\,n$$

$$292 = 4\,n$$

$$n = \frac{292}{4};\ n = 73.$$

7.1512 Prüfen der Ausgleichwechselräder.

Die unter Beachtung von Lochkreis und Lochzahl nach jedem Fräsvorgang vorgeschriebene Teilung so oft auszuführen, als Teile gewünscht werden, ist umständlich; eine Prüfung auf Richtigkeit darf nur kurze Zeit in Anspruch nehmen.

Beispiel 315. Mit Teilkopf B (Maschinentafel 6, S. 359) ist ein Werkstück mit 347 Schlitzen zu versehen. Der Teiltabelle wird entnommen: [Ausgleichwechselräder] Rad an der Teilspindelverlängerung (treibend) = 24 Zähne, Rad am Scherenbolzen (getrieben) = 86 Zähne, Rad am Scherenbolzen (treibend) = 80 Zähne, Rad am Kegelradbolzen (getrieben) = 32 Zähne, dazu ein Zwischenrad mit beliebiger Zähnezahl. [Teilkurbeldrehungen] Lochkreis = 43; Anzahl der Löcher = 5. Vor dem Einfräsen der

Schlitze ist zu prüfen, ob mit den gegebenen Werten auf eine Umdrehung des Werkstückes tatsächlich 347 Teile entfallen.

Lösung: Bei 347 Einfräsungen sind insgesamt $347 \cdot 5 = 1735$ Löcher zu schalten. Da nun bei Wahl des 43er Lochkreises 43 Löcher einer vollen Umdrehung der Teilkurbel entsprechen, sind zunächst $1735 : 43 = 40$ volle Teilkurbeldrehungen (bezogen auf den sich mit der Teilscheibe drehenden Zeigerwinkel!) zusammenhängend auszuführen. Dazu kommen noch als Rest $^{15}/_{43}$ Kurbeldrehungen, also 15 Löcher auf dem 43er Lochkreis. Zwecks praktischer *Durchführung der Prüfung* wird das Werkstück mit dem Fräser an beliebiger Stelle des Umfanges angeritzt, mit der Teilkurbel auf dem 43er Lochkreis zusammenhängend 40 volle Umdrehungen und 15 Löcher weitergedreht und wiederum das Werkstück angeritzt. Fallen die beiden Rißlinien in eine zusammen, so ist die Richtigkeit der Räderaufsteckung und der Teilkurbeleinstellung erwiesen. Der Fräsvorgang kann beginnen.

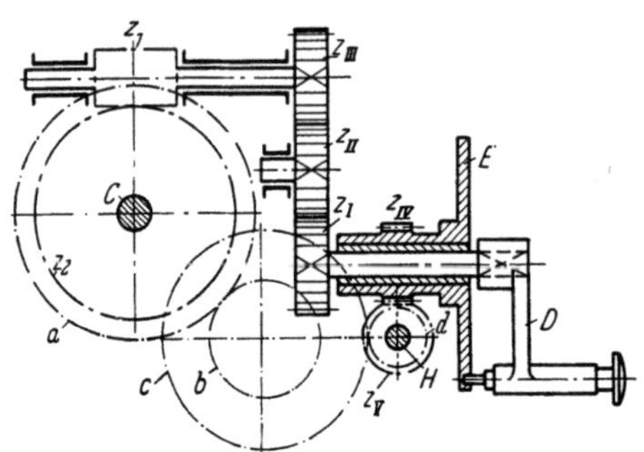

Abb. 319. Getriebe des Universalteilkopfes *B* der Fa. Schuchardt & Schütte, Berlin.
$z_I = z_{II} = z_{III} = 26$, $m = 3$ mm; $z_{IV} = 22$; $z_V = 11$, $m_n = 2{,}5$ mm; Schnecke $z_1 = 1$; $d_m = 46$ mm. Schneckenrad $z_2 = 40$ und $m = 4{,}55$ mm. **Mittelbares Teilen** (Teilscheibe fest): Teilkurbel *D* — Stirnräder z_I, z_{II}, z_{III} — Schnecke z_1 — Schneckenrad z_2 — Teilspindel *C*. **Ausgleichteilen** (Teilscheibe lose): Teilkurbel *D* — Stirnräder z_I, z_{II}, z_{III} — Schnecke z_1 — Schneckenrad z_2 — Ausgleichwechselräder a, b, c und d von Welle *C* auf Welle *H* — Schrägstirnräder z_V, z_{IV} — Teilscheibe *E*. [Rechnerische Angaben s. Maschinentafel 6, S. 359]

Beispiel 316. Nach den Angaben im Beispiel 315 für die Durchführung des Ausgleichteilens ist die Grundteilzahl zu berechnen.

Lösung: Die Auflösung der Gl. (395) nach n_g ergibt mit $\dfrac{z_1}{z_2} = u_f$ die Gleichung $n_g = \dfrac{n}{1 - u_w u_f}$ für *gleiche* Drehrichtung von Teilkurbel und Teilscheibe bzw. $n_g = \dfrac{n}{1 + u_w u_f}$ für *entgegengesetzte* Drehrichtung von Teilkurbel und Teilscheibe. Mit Bezug auf Maschinentafel 6, S. 359, haben Teilkurbel und Teilscheibe entgegengesetzte Drehrichtung; damit wird $n_g = \dfrac{n}{1 + u_w u_f} = \dfrac{347}{1 + \dfrac{24 \cdot 80}{86 \cdot 32} \cdot \dfrac{1}{80}}$

$= 344$; gewählte Grundteilzahl $n_g = 344$. Zur Prüfung muß sein: $n_k' = \dfrac{z_2}{z_1 \, n_g} = \dfrac{40}{1 \cdot 344} = \dfrac{5}{43}$.

7.152 Ausgleichteilen mit Wechselrädern, jedoch ohne Teilscheiben

Auch bei Universalteilköpfen *ohne* Teilscheiben (vgl. Abb. 314) muß von einer Grundteilung (n_g) ausgegangen werden, um dann durch eine beschleunigend oder verzögernd wirkende Zusatzbewegung die gewünschte Teilzahl (n) zu erhalten. Diese Zusatzbewegung wird auch hier durch Ausgleichwechselräder bewirkt.

7.16 Teilen bei ungleicher Teilung

Außer zur Erzielung gleicher Abstände und Einzelteilungen lassen sich mit dem Universalteilkopf an Drehkörpern ebensogut auch *ungleiche Abstände* von genau festgelegter Größe erzeugen oder Bearbeitungen von gegebenen Punkten aus unter einem bestimmten Winkel durchführen. Dies wird hauptsächlich beim Fräsen von Reibahlen verlangt, weil ungleiche Zahnteilungen die Gefahr von Rattermarken[1] verringern. Lohnt sich die Anfertigung einer Sonderteilscheibe mit ungleichen Teilungen nicht, so ist die Größe der gewünschten Teilung n in Gl. (383) aus anderer Maßangabe zu berechnen. Reibahlen werden mit ungleicher Zahnteilung und gerader Zähnezahl ausgeführt. Ungleiche Teilungen werden meistens durch die Angabe der einzelnen Zentriwinkel festgelegt.

Die Berechnung der Teildrehung der Teilkurbel ist für jede Teilung besonders anzustellen und die berechnete Lochzahl

Abb. 320. Ungleichmäßige Verteilung der Schneiden bei Reibahlen

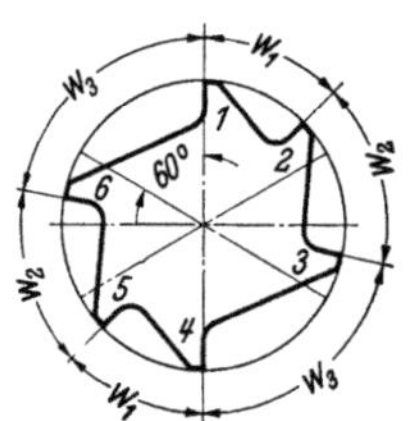

Abb. 321. Ungleiche Teilung der Schneiden bei Reibahlen; je zwei Schneiden liegen sich gegenüber

---

[1] Bei gleichem Abstand der Zähne tritt beim Arbeiten der nachfolgende Zahn immer wieder in die Stellung des vorhergehenden. Infolge der steten Wiederholung entstehen die Rattermarkierungen, die sich durch die ganze Bohrung ziehen. Von den zwei Ausführungen (Abb. 320 und 321) sind in Abb. 321 die Zähne in zwei und bei großem Durchmesser und entsprechender Zähnezahl auch in vier Gruppen so zusammengefaßt, daß sich immer zwei Zähne genau gegenüberliegen. Nur bei dieser Anordnung ist eine einwandfreie Messung des Durchmessers möglich. Für die Sechsschneidenreibahle Abb. 321 gilt $w_1 + w_2 + w_3 = 180°$.

jedesmal wieder auf der Lochscheibe des Teilkopfes abzuzählen. Man kann also die Zeigerwinkel nicht benutzen. Die Teildrehungen des Werkstückes selbst müssen als gemeinschaftliches Vielfaches die Lochzahl des zu benützenden Lochkreises besitzen. Im Falle des Verbundteilens müssen alle Teilungen mittels derselben zwei Lochkreise ausführbar sein.

7.161 Mittelbares Teilen

Ist das Winkelmaß w einer Teilung in Graden gegeben, dann ergibt Gl. (383):

Teilkurbeldrehungen gegen die feste Teilscheibe zur Herstellung einer Teilung beim ungleichen Teilen

$$n_k = \frac{z_2 \, w^\circ}{z_1 \cdot 360^\circ}$$

n_k = Zahl der Teilkurbeldrehungen gegen die **feste** Teilscheibe zur Herstellung einer Teilung, z_2 = (398)

Zähnezahl des Schneckenrades im Teilkopf, w = Winkelmaß der gewünschten Teilung [°], z_1 = Zähnezahl (Gangzahl) der Schnecke im Teilkopf. $\left(\text{Bei } z_2 = 40 \text{ und } z_1 = 1 \text{ wird } n_k = \dfrac{40 \, w^\circ}{1 \cdot 360^\circ} = \dfrac{w^\circ}{9^\circ}\right)$.

Beispiel 317. Eine 16zähnige[1] Reibahle ist mit geraden Nuten zu fräsen. Die ungleiche Teilung sei durch die verschieden großen Zentriwinkel (Zahnwinkel) für die ersten 8 Zähne folgend gegeben:

Zentriwinkel in Graden (Beispiel 317)							
w_1	w_2	w_3	w_4	w_5	w_6	w_7	w_8
20	21	21,5	22,5	23	23,5	24	24,5

Es stehe Teilkopf B (Maschinentafel 6, S. 359) zur Verfügung. Welcher Lochkreis ist zu benutzen, und um wie viele Löcher ist die Teilkurbel für die einzelnen Teilungen zu drehen?

Lösung: Das Werkstück ist der Reihe nach um 20—21—21,5—22,5—23—23,5—24 und 24,5° zu drehen. Nach einer halben Umdrehung wiederholen sich die Teilungen in derselben Reihenfolge. Werden diese einzelnen Winkelmaße in 360° dividiert, so ergeben sich die gewünschten Teilungen. Die Anzahl Kurbeldrehungen der für die erste Teilung erforderlichen Teildrehung berechnen sich demnach:

[Gl. (398)] $n_k = \dfrac{z_2 \, w^\circ}{z_1 \cdot 360^\circ} = \dfrac{40 \cdot 20}{1 \cdot 360} = 2\dfrac{4}{18}$; aus Gründen der besseren Übersicht ist zu schreiben:

1. Teilung:
$$n_{k1} = \frac{z_2 \, w_1^{\;\circ}}{z_1 \cdot 360^\circ} = \frac{40 \cdot 20}{1 \cdot 360} = \frac{20}{9} = 2\frac{2}{9} = 2\frac{4}{18}.$$

2. Teilung:
$$n_{k2} = \frac{z_2 \, w_2^{\;\circ}}{z_1 \cdot 360^\circ} = \frac{40 \cdot 21}{1 \cdot 360} = \frac{21}{9} = 2\frac{3}{9} = 2\frac{6}{18}.$$

3. Teilung:
$$n_{k3} = \frac{z_2 \, w_3^{\;\circ}}{z_1 \cdot 360^\circ} = \frac{40 \cdot 21,5}{1 \cdot 360} = \frac{21,5}{9} = 2\frac{35}{90} = 2\frac{7}{18}.$$

4. Teilung:
$$n_{k4} = \frac{z_2 \, w_4^{\;\circ}}{z_1 \cdot 360^\circ} = \frac{40 \cdot 22,5}{1 \cdot 360} = \frac{22,5}{9} = 2\frac{45}{90} = 2\frac{9}{18}.$$

5. Teilung:
$$n_{k5} = \frac{z_2 \, w_5^{\;\circ}}{z_1 \cdot 360^\circ} = \frac{40 \cdot 23}{1 \cdot 360} = \frac{23}{9} = 2\frac{5}{9} = 2\frac{10}{18}.$$

6. Teilung:
$$n_{k6} = \frac{z_2 \, w_6^{\;\circ}}{z_1 \cdot 360^\circ} = \frac{40 \cdot 23,5}{1 \cdot 360} = \frac{23,5}{9} = 2\frac{55}{90} = 2\frac{11}{18}.$$

7. Teilung:
$$n_{k7} = \frac{z_2 \, w_7^{\;\circ}}{z_1 \cdot 360^\circ} = \frac{40 \cdot 24}{1 \cdot 360} = \frac{24}{9} = 2\frac{6}{9} = 2\frac{12}{18}.$$

8. Teilung:
$$n_{k8} = \frac{z_2 \, w_8^{\;\circ}}{z_1 \cdot 360^\circ} = \frac{40 \cdot 24,5}{1 \cdot 360} = \frac{24,5}{9} = 2\frac{65}{90} = 2\frac{13}{18}.$$

Hiernach ist ein Lochkreis mit 18 Löchern zu benutzen und die Teilkurbel für jede Teilung um zwei volle Umdrehungen und der Reihe nach um 4, 6, 7, 9, 10, 11, 12 und 13 Löcher zu drehen. Die Prüfung ergibt:

$$n_k = 2\frac{4}{18} + 2\frac{6}{18} + 2\frac{7}{18} + 2\frac{9}{18} + 2\frac{10}{18} + 2\frac{11}{18} + 2\frac{12}{18} + 2\frac{13}{18} = 16\frac{72}{18} = 20$$

Kurbeldrehungen = eine halbe Werkstückdrehung. Nach Verzahnung des halben Umfanges der Reibahle wiederholt sich der Teilvorgang in der gleichen Weise derart, daß die nächste (also die 9. Teilung) mit $2^4/_{18}$ Kurbeldrehungen beginnt. Die berechnete Lochzahl ist dabei wieder abzuzählen, da die Zeiger vor der Teilscheibe hier nicht zu verwenden sind.

Kegelreibahlen. Kegelreibahlen mit gerader Zähnezahl und ungleicher Teilung werden zum Reiben der kegeligen Bohrung von Lagern in Werkzeugmaschinen, Spindelkästen, Fräsmaschinenständern u. dgl. verwendet. Die Zähne dieser Reibahlen werden nach dem mittelbaren Teilverfahren mit dem Universalteilkopf hergestellt. Die Schrägstellung des Werkstückes darf nicht dem Kegelmantel ent-

---

[1] Die Zahnung der Reibahlen liegt bei festen Reibahlen zwischen 6 und 18 Zähnen für einen Durchmesserbereich von 3 bis 100 mm, bei nachstellbaren Reibahlen mit eingesetzten Messern zwischen 6 und 12 Zähnen bei einem Durchmesserbereich von 16 bis 150 mm. Die Spannuten haben unterschiedliche Querschnittsformen, da nur der Abstand von Zahn zu Zahn verschieden ist, während die Form aller Zähne gleichbleibt.

sprechen, da die Zahnlücken nach dem starken Kegelende eine breitere, somit eine tiefere Nut aufweisen als am schwachen Ende; letzteres ist erforderlich, damit die Schneidfasen parallel zueinander verlaufen.

7.162 Ausgleichteilen

Beispiel 318. Die achsparallelen Nuten der Reibahle im Beispiel 317 sind mit Teilkopf A (Maschinentafel 5, S. 359) zu fräsen. Welcher Lochkreis ist zu benutzen, und um wie viele Löcher ist die Teilkurbel für die einzelnen Teilungen zu drehen?

Lösung: Das mittelbare Teilverfahren ist nicht ausführbar. Es ergeben sich für n_k die Werte $3\frac{1}{3}$, $3\frac{1}{2}$, $3\frac{7}{12}$, $3\frac{3}{4}$, $3\frac{5}{6}$, $3\frac{11}{12}$, 4 und $4\frac{1}{12}$; ein erforderlicher Lochkreis (12, 24, 36 oder 48) ist nicht vorhanden. Die Anwendung des Ausgleichteilens besteht hier darin, daß die Ausgleichwechselräder für ein zu wählendes kleinstes Grad- bzw. Minutenmaß der Zentriwinkel ($20° - 21° - 21,5° - 22,5°$ usw.) der Reibahlenzähne errechnet und für die Dauer der gesamten Teilarbeit unverändert aufgesteckt bleiben. Auf einen entsprechenden, jedoch gemeinsamen Lochkreis wird dann für die einzelnen Teilungen der Reibahle noch um die errechneten Löcher weitergedreht. Im gegebenen Beispiel ist $0,5°$ das kleinste Maß des Zentriwinkels der Zähne, d.h. durch Vervielfachen dieses Kleinstmaßes mit einem für jede Teilung jedoch verschiedenen Faktor ergibt sich der geforderte Zentriwinkel. Da $1°$ der 360. Teil, $0,5°$ der 720. Teil des Kreisumfanges ist, werde 720 als gleichbleibende Teilung für das Ausgleichteilen zugrunde gelegt; die für $n = 720$ errechneten Ausgleichwechselräder bleiben unverändert aufgesteckt, bis die letzte Nut der Reibahle fertiggefräst ist. Um einen brauchbaren Lochkreis zu erhalten, werde als Grundteilung $n_g = 660$ gewählt; Gl. (395) ergibt damit:

$$u_w = \frac{z_2}{z_1 \, n_g}(n_g - n) = \frac{60}{1 \cdot 660}(660 - 720) = -\frac{60}{11}; \quad u_w = \frac{60}{11} = \frac{75 \cdot 100}{25 \cdot 55}; \quad \text{mit Bezug auf Abb. 317}$$

erhalten $a = 75$, $b = 25$, $c = 100$ und $d = 55$ Zähne. Zwischenrad ist nicht erforderlich. Teilkurbel und Teilscheibe müssen sich, da Ergebnis für u_w negativ, entgegengesetzt drehen. Mit der Teilkurbel wäre zur Erreichung einer 1/720 Teildrehung des Werkstückes um $60/660 = 1/11$, also um 3 Löcher des Lochkreises 33 weiter zu teilen. Der 720. Teil einer vollen Werkstückdrehung entspricht einer Drehung des Werkstückes um $0,5°$ oder: 3 Löcher des 33er Lochkreises entsprechen einer Werkstückdrehung um $0,5°$, 6 Löcher einer solchen um $1°$.

Die Anzahl Kurbeldrehungen der für die einzelnen Teilungen erforderlichen Teildrehungen als Bruchteil einer vollen Werkstückdrehung errechnen sich wie folgt:

$$1.\text{ Teilung: } n_k' = 20,0 \cdot \frac{6}{33} = \frac{120}{33} = 3\frac{21}{33}; \; n_k' = 3\frac{21}{33}. \qquad 5.\text{ Teilung: } n_k' = 23,0 \cdot \frac{6}{33} = \frac{138}{33} = 4\frac{6}{33}; \; n_k' = 4\frac{6}{33}.$$

$$2.\text{ Teilung: } n_k' = 21,0 \cdot \frac{6}{33} = \frac{126}{33} = 3\frac{27}{33}; \; n_k' = 3\frac{27}{33}. \qquad 6.\text{ Teilung: } n_k' = 23,5 \cdot \frac{6}{33} = \frac{141}{33} = 4\frac{9}{33}; \; n_k' = 4\frac{9}{33}.$$

$$3.\text{ Teilung: } n_k' = 21,5 \cdot \frac{6}{33} = \frac{129}{33} = 3\frac{30}{33}; \; n_k' = 3\frac{30}{33}. \qquad 7.\text{ Teilung: } n_k' = 24,0 \cdot \frac{6}{33} = \frac{144}{33} = 4\frac{12}{33}; \; n_k' = 4\frac{12}{33}.$$

$$4.\text{ Teilung: } n_k' = 22,5 \cdot \frac{6}{33} = \frac{135}{33} = 4\frac{3}{33}; \; n_k' = 4\frac{3}{33}. \qquad 8.\text{ Teilung: } n_k' = 24,5 \cdot \frac{6}{33} = \frac{147}{33} = 4\frac{15}{33}; \; n_k' = 4\frac{15}{33}.$$

Zum Teilen der Reibahle sind also die Ausgleichwechselräder 75, 25, 100 und 55 aufzustecken und die Teilkurbel für die einzelnen Teilungen auf dem 33er Lochkreis um die errechnete Anzahl Umdrehungen zu drehen. Nach Verzahnung des halben Umfanges der Reibahle wiederholt sich der Teilvorgang in der gleichen Weise derart, daß die neunte Teilung wieder mit $3^{21}/_{33}$ Kurbeldrehungen zu beginnen hat.

Beispiel 319. Die im Beispiel 319 erhaltenen Ausgleichwechselräder und Teilkurbeldrehungen sind (rechnerisch) auf ihre Richtigkeit zu prüfen.

Lösung: Es ist nachzuweisen, daß die Teilkurbel nach vollendeten 16 Teilungen 60 ganze oder, was gleichbedeutend ist, nach vollendeten 8 Teilungen 30 ganze Umdrehungen ausgeführt hat. Mit $\frac{a\,c}{b\,d} = \frac{60}{11}$ ergibt Gl. (397):

$$z_p = \left(3\frac{21}{33} - \frac{1 \cdot 60}{18 \cdot 11}\right) + \left(3\frac{27}{33} - \frac{7 \cdot 60}{120 \cdot 11}\right) + \left(3\frac{30}{33} - \frac{43 \cdot 60}{720 \cdot 11}\right) + \left(4\frac{3}{33} - \frac{1 \cdot 60}{16 \cdot 11}\right) +$$
$$+ \left(4\frac{6}{33} - \frac{23 \cdot 60}{360 \cdot 11}\right) + \left(4\frac{9}{33} - \frac{47 \cdot 60}{720 \cdot 11}\right) + \left(4\frac{12}{33} - \frac{1 \cdot 60}{15 \cdot 11}\right) + \left(4\frac{15}{33} - \frac{49 \cdot 60}{720 \cdot 11}\right) = 30.$$

Anmerkung: Bei Serienfertigung ist unbedingt die Anfertigung eigener, der jeweiligen Zähnezahl angepaßten Teilscheiben zum Befestigen auf der Teilspindel für unmittelbares Teilen zu empfehlen; meist werden dabei außerdem noch Einrichtungen getroffen, die das Heben und Senken des Tisches bzw. der Reibahle zwangsläufig mit der Teilbewegung bewirken.

7.17 Teilen nach Maßangabe

Auf dem Universalteilkopf lassen sich nicht nur Teilungen eines Kreisumfanges in gleiche Teile (n-Eck) vornehmen, sondern es können auch Teilungen ausgeführt werden, die kein Vielfaches des Kreisumfanges sind.

7.171 Werkstückverstellung nach Gradangabe

Das Drehen der Teilspindel um einen verlangten Winkel (*Winkelteilen*) ist lediglich eine andere Form, eine Teilaufgabe zu stellen. Ist ein Zentriwinkel gegeben, so ist die zugehörige Teilzahl n zu errechnen, mit der nach den bekannten Rechnungsgängen gearbeitet wird. Allgemein gilt:

Teilzahl aus Zentriwinkel

$$n = \frac{360°}{\alpha}$$

n = Zahl der gewünschten Teilungen, bezogen auf den vollen Kreisumfang, α = Zentriwinkel = Mittelpunktswinkel [°].   (399)

7.1711 Mittelbares Teilen ohne Näherungswert

Beispiel 320. Nach Abb. 322 ist eine Unterbrecherscheibe mit vier Schaltnocken zu versehen. Der zu verwendende Schaftfräser, 8 mm Durchmesser, erzeugt teilweise die Form der Schaltnocken. Die acht auszuführenden Teilungen sind durch die Winkel w_1 bis w_8 festgelegt. Welcher Lochkreis ist zu wählen, und um wie viele Löcher ist die Teilkurbel jeweils zu drehen? Vorhanden Teilkopf B (Maschinentafel 6, S. 359).

Lösung: Gl. (398) ergibt für

Teilwinkel w_1: $\quad n_k = \dfrac{z_2\, w_1}{z_1 \cdot 360°} = \dfrac{40 \cdot 92}{1 \cdot 360} = \dfrac{184}{18} = 10\dfrac{4}{18}$.

Teilwinkel w_2: $\quad n_k = \dfrac{z_2\, w_2}{z_1 \cdot 360°} = \dfrac{40 \cdot 28}{1 \cdot 360} = \dfrac{56}{18} = 3\dfrac{2}{18}$.

Teilwinkel w_3: $\quad n_k = \dfrac{z_2\, w_3}{z_1 \cdot 360°} = \dfrac{40 \cdot 32}{1 \cdot 360} = \dfrac{64}{18} = 3\dfrac{10}{18}$.

Es ist somit ein Lochkreis mit 18 Löchern zu benutzen und die Teilkurbel für die Teilwinkel w_1 und w_5 um je 10 volle Umdrehungen und 4 Löcher, für die beiden Teilwinkel w_3 und w_7 um je 3 volle Umdrehungen und 10 Löcher, für die vier Teilwinkel w_2, w_4, w_6 und w_8 endlich um je 3 volle Umdrehungen und 2 Löcher zu drehen. Wird die Reihenfolge w_1 bis w_8 eingehalten, so ergibt die Prüfung: $10\dfrac{4}{18} + 3\dfrac{2}{18} + 3\dfrac{10}{18} + 3\dfrac{2}{18} + 10\dfrac{4}{18} +$

$+\, 3\dfrac{2}{18} + 3\dfrac{10}{18} + 3\dfrac{2}{18} = 38\dfrac{36}{18}$ $\Big|$ = 40 Teilkurbeldrehungen = 1 Umdrehung des Werkstückes.

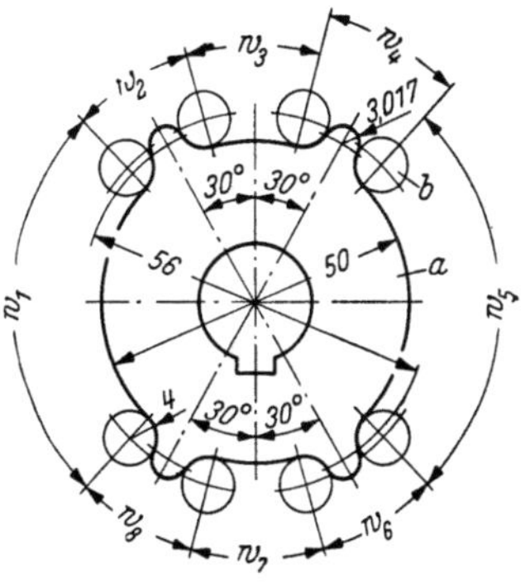

Abb. 322. Fräsen der Schaltnocken einer Unterbrecherscheibe. $w_1 = 92°$, $w_2 = 28°$, $w_3 = 32°$, $w_4 = 28°$, $w_5 = 92°$, $w_6 = 28°$, $w_7 = 32°$, $w_8 = 28°$ [a = Werkstück; b = Werkzeug]

Beispiel 321. Mit Teilkopf A (Maschinentafel 5, S. 359) ist ein Werkstück um $14° \, 37' \, 30''$ zu verdrehen. Welcher Lochkreis ist zu benutzen, und um wie viele Löcher ist die Teilkurbel zu drehen?

Lösung: Gl. (383) ergibt mit $z_2 = 60$, $z_1 = 1$ und $n = \dfrac{360°}{\alpha} = \dfrac{360°}{14° \, 37' \, 30''} = \dfrac{21\,600'}{877,5'}$:

$n_k = \dfrac{z_2}{z_1\, n} = \dfrac{60 \cdot 877,5}{1 \cdot 21\,600} = \dfrac{52\,650}{21\,600} = \dfrac{1755}{720} = 2\dfrac{315}{720} = 2\dfrac{7}{16}$ $\Big|$ Die Teilkurbel hat auf dem 16er Lochkreis zwei volle und dann noch 7/16 Umdrehungen auszuführen.

7.1712 Mittelbares Teilen mit Näherungswert.
Wird die Werkstückverstellung nach einer Gradangabe verlangt, bei welcher die Einzelminuten [in Gl. (383)] ungünstige Werte ergeben, so wird die *Anwendung eines Näherungswertes* notwendig.

7.17121 Näherungswert mit Rechenstab. Beispiel 322. Mit Teilkopf B (Maschinentafel 6, S. 359) sind in ein Werkstück Nuten (Abb. 329) einzufräsen; die Mitten sollen um $12° \, 55'$ versetzt liegen. Welcher Lochkreis ist zu benutzen, und um wie viele Löcher ist die Teilkurbel zu drehen? [Winkelwerttoleranz $\pm\, 13''$.]

Lösung: [Gl. (383)] $n_k = \dfrac{z_2}{z_1\, n}$; mit $n = \dfrac{360°}{\alpha} = \dfrac{360°}{12° \, 55'} = \dfrac{21\,600'}{775'}$ folgt $n_k = \dfrac{40}{1\dfrac{21\,600}{775}} = \dfrac{40 \cdot 775}{1 \cdot 21\,600}$

$= \dfrac{155}{108}$. [Den gleichen Wert ergibt Gl. (398).] Mit Rechenstab: $\dfrac{155}{108} \approx \dfrac{33}{23}$; damit:

$n_k = \dfrac{33}{23}$ oder $n_k = 1\dfrac{10}{23}$ $\Big|$ Für die verlangte Teildrehung von $12° \, 55'$ wird mit der im 23er Lochkreis eingestellten Teilkurbel außer einer vollen Kurbeldrehung noch eine weitere Drehung um 10 Löcher im Uhrzeigersinn ausgeführt.

Prüfung: Ausgeführtes Gradmaß $= \dfrac{33}{23} 9° \quad = 12,913043°$

Verlangtes Gradmaß $\quad = 12° \, 55' = 12,916667°$

Winkelunterschied $\quad = 0,003624°$
$= 0,003624° \cdot 60 = 0,21744' = 0,21744' \cdot 60$
$= 13,0464''$. **Teilfehler $\approx -13''$.**

Das ausgeführte Gradmaß, also der Zentriwinkel der Werkstückdrehung kann auch nach Gl. (400) ermittelt werden:

Zentriwinkel der Werkstückdrehung

$$\alpha_w^{\circ} = \frac{360^{\circ}\, n_k z_1}{z_2}$$

α_w° = Zentriwinkel der ausgeführten Werkstückdrehung [°], n_k = Zahl der Teilkurbeldrehungen gegen die feste Teilscheibe zur Herstellung einer Teilung, z_1 = Zähnezahl der Schnecke im Teilkopf, z_2 = Zähnezahl des Schneckenrades im Teilkopf. (400)

Die Lösung des Beispieles 322 ergibt nach Gl. (400):

$$\alpha_w^{\circ} = \frac{360^{\circ} \cdot 1\frac{10}{23} \cdot 1}{40} = 12{,}913043^{\circ}.$$

Vgl. auch Beispiel 327 (fehlerloses Teilen).

7.17122 Näherungswert durch Wahl eines Bruches. Besipiel 323. Mit Teilkopf B (Maschinentafel 6, S. 359) sind in eine Scheibe drei Einkerbungen nach Abb. 323 einzufräsen. Welcher Lochkreis ist zu benutzen, und um wie viele Löcher ist die Teilkurbel nach jeder Einfräsung zu drehen? [Winkelwerttoleranz $\pm 12''$.]

Lösung: Mit $z_2 = 40$, $z_1 = 1$ und $n = \dfrac{360^{\circ}}{\alpha} = \dfrac{360^{\circ}}{131^{\circ}\,30'\,12''} = \dfrac{(360 \cdot 60 \cdot 60)''}{473412''}$ ergibt Gl. (383):

$$n_k = \frac{z_2}{z_1 n} = \frac{40 \cdot 473412}{1 \cdot 360 \cdot 60 \cdot 60} = \frac{473412}{9 \cdot 60 \cdot 60} = \frac{39451}{9 \cdot 5 \cdot 60}.$$

Zähler dieses letzten Bruches um 1 verkleinert,

ergibt den Näherungswert: $\dfrac{39451}{9 \cdot 5 \cdot 60} \approx \dfrac{39450}{9 \cdot 5 \cdot 60}$. Zahl der Teilkurbeldrehungen: $n_k = \dfrac{39450}{9 \cdot 5 \cdot 60} = \dfrac{3945}{9 \cdot 5 \cdot 6}$

$= \dfrac{263}{18} = 14\dfrac{11}{18}$. Nach dem Einfräsen der ersten Kerbe sind mit der auf den 18er Lochkreis eingestellten Teilkurbel 14 volle Drehungen und 11 Löcher zu teilen. Die zweite Einfräsung kann erfolgen. Der gleiche Teilvorgang mit $n_k = 14^{11}/_{18}$ wiederholt sich für die dritte Einfräsung. Da 40 volle Kurbeldrehungen einer Umdrehung des Werkstückes entsprechen, kann man zum Zwecke einer Prüfung die Teilkurbel auf den 18er Lochkreis im gleichen Drehsinne, also nach rechts, um

$$40 - 2 \cdot 14\frac{11}{18} = \frac{720}{18} - \frac{526}{18} = \frac{194}{18} = 10\frac{14}{18}$$

Umdrehungen weiterdrehen; der Fräser wird dann die erste Einfräsung treffen.

Abb. 323. Scheibe mit drei achsparallelen Einkerbungen

Beispiel 324. Welcher Teilfehler ergibt sich im Beispiel 323? [Ohne Zuhilfenahme der Gl. (400)!]

Lösung: Statt $\dfrac{39451}{9 \cdot 5 \cdot 60}$ werden $\dfrac{39450}{9 \cdot 5 \cdot 60}$ Teilkurbeldrehungen ausgeführt; es wurde damit $\dfrac{1}{9 \cdot 5 \cdot 60} = \dfrac{1}{2700}$ Kurbeldrehung zu wenig ausgeführt; $\dfrac{1}{2700}$ Kurbeldrehungen entsprechen einer Verdrehung des Werkstückes um $\dfrac{9^{\circ}}{2700} = \dfrac{1^{\circ}}{300} = \dfrac{3600''}{300} = 12''$. Teilfehler = Winkelwerttoleranz = $-12''$.

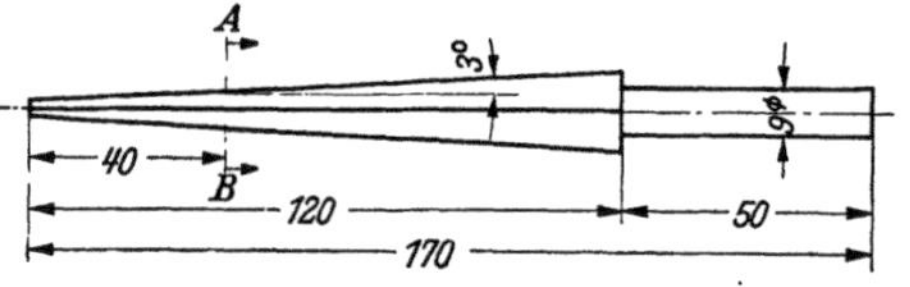

Abb. 324. Sechskantdorn mit Zylinderschaft

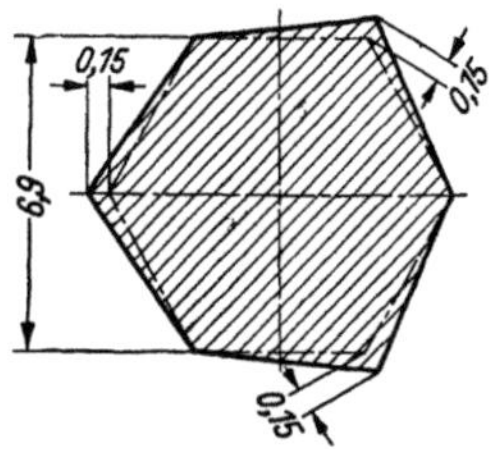

Abb. 325. Querschnitt des Dornes (Abb. 324) in 40 mm Entfernung vom schwächeren Ende

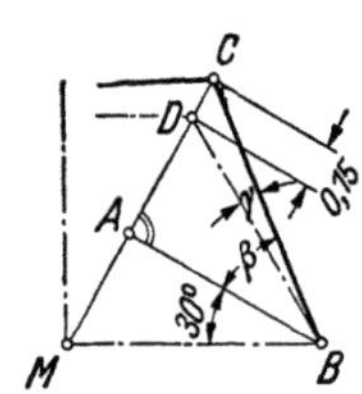

Abb. 326. Berechnungsskizze zu Abb. 325

Anmerkung: Sehr einfach gestaltet sich die Lösung für das Beispiel 323, wenn von vornherein die 12 Sekunden des gegebenen Winkelwertes $131^{\circ}\,30'\,12''$ vernachlässigt werden; mit $z_2 = 40$, $z_1 = 1$ und

$$n = \frac{360^{\circ} \cdot 2}{263} \text{ folgt dann: } n_k = \frac{z_2}{z_1 n}$$

$$= \frac{40 \cdot 263}{1 \cdot 360 \cdot 2} = \frac{263}{18} = 14\frac{11}{18}.$$

7.17123 Näherungswert mit Kettenbruchrechnung. Beispiel 325. Die sechs Flächen des in Abb. 324 und 325 dargestellten Dornes sind mit Teilkopf A (Maschinentafel 5, S. 359) und Walzenfräser auf einer Universalfräsmaschine zu fräsen. Die in Abb. 325 ausgezogene Umrißlinie (starke Vollinie) in Form eines ungleichmäßigen Sechseckes zeigt den Querschnitt des Dornes in 40 mm Entfernung vom schwächeren Ende; das mit Strichpunktlinie gezeichnete regelmäßige

Sechseck dient als Ausgangsform. Berechne die zum Fräsen der sechs Flächen jeweils auszuführenden Teilkurbeldrehungen.

Lösung: Die Berechnung der Teilkurbeldrehungen ist bei bekannter Teilkopfübersetzung nur noch von dem in Abb. 326 mit γ bezeichneten Winkel abhängig. $AB = 3{,}45$ mm, Übereckmaß $= 2\,DM = 6{,}9 \cdot 1{,}155*$

---

*Die Strecke DM ist als umbeschriebener Halbmesser des regelmäßigen Sechseckes aufzufassen und als solche zu berechnen. An Hand der **Berechnungstafel 39**, S. 351 zur Berechnung regelmäßiger Vielecke ergibt sich DM zu $3{,}45 \cdot 1{,}155$ mm. Das Übereckmaß wird damit $2\,DM$.

$= 7,9695$ mm, $AD = DM/2 = 1,9923$ mm und $AC = AD + 0,15 = 2,1423$ mm. Mit diesen Werten:

$$\tan \beta = \frac{AC}{AB} = \frac{2,1423}{3,450} = 0,62097; \quad \beta = 31° 50' 22'' \text{ und } \gamma = \beta - 30° = 1° 50' 22'' \text{ oder } \gamma = 1,83933°.$$

Die Anzahl der auf den gesamten Umfang entfallenden Teilungen bestimmt sich zu $n = \dfrac{360°}{\gamma}$

$$= \frac{360°}{1° 50' 22''} = \frac{1\,296\,000''}{6622''} = \frac{648\,000}{3311}. \quad \text{[Gl. (383)]} \quad n_k = \frac{z_2}{z_1\,n} = \frac{60 \cdot 3311}{648\,000} = \frac{3311}{10\,800}.$$

Für den echten Bruch $\dfrac{3311}{10\,800}$ errechnen sich die Glieder des Kettenbruches:

$$
\begin{aligned}
&10\,800 : 3311 = \mathbf{3}\\
&\quad\ \ \underline{9\,933}\\
&3311 : \ \ 867 = \mathbf{3}\\
&\quad \underline{2601}\\
&\ 867 : \overline{710} = \mathbf{1}\\
&\quad \underline{710}\\
&\ 710 : \overline{157} = \mathbf{4}\\
&\quad \underline{628}\\
&\ 157 : \overline{82} = \mathbf{1}\\
&\quad \underline{82}\\
&\ \ 82 : \overline{75} = \mathbf{1}\\
&\quad \underline{75}\\
&\ \ 75 : 7 = \mathbf{10}\\
&\quad \underline{70}\\
&\ \ \ 7 : \overline{5} = \mathbf{1}\\
&\quad \underline{5}\\
&\ \ \ 5 : \overline{2} = \mathbf{2}\\
&\quad \underline{4}\\
&\ \ \ 2 : \overline{1} = \mathbf{2}
\end{aligned}
$$

Wird lediglich das letzte Glied 2 des errechneten Kettenbruches vernachlässigt, so erhält man als Hauptnäherungswert:

$$
\begin{array}{ccccccccc}
2 & 1 & 10 & 1 & 1 & 4 & 1 & 3 & 3 \\
\hline
1 & 2 & 3 & 32 & 35 & 67 & 303 & 370 & 1413 & 4609
\end{array},
$$

d. h. $\dfrac{3311}{10\,800} \approx \dfrac{1413}{4609}$. Wird weiterhin Zähler und Nenner dieses Hauptnäherungswertes um 3 verkleinert, so folgt:

$$\frac{1413}{4609} \approx \frac{1410}{4606} = \frac{2 \cdot 3 \cdot 5 \cdot 47}{2 \cdot 7 \cdot 7 \cdot 47} = \frac{15}{49}; \quad \frac{3311}{10\,800} \approx \frac{15}{49}.$$

Für eine Teildrehung des Werkstückes um $\gamma = 1° 50' 22''$ ist demnach mit der im 49er Lochkreis eingestellten Teilkurbel eine Drehung um 15 Löcher im Uhrzeigersinn auszuführen; für eine Teildrehung des Werkstückes um beispielsweise 60°—

-2γ (vgl. Abb. 328) folgt $n_k = \dfrac{60}{\dfrac{360}{60}} - \dfrac{2 \cdot 15}{49} = 10 - \dfrac{30}{49} = 9\dfrac{19}{49}$. Außer 9 vollen Kurbeldrehungen wäre hier noch eine weitere Drehung um 19 Löcher des 49er Lochkreises erforderlich.

Einstellen des Höhenreitstockes. Die Pinole kann nach Lösen der Klemmschrauben in eine dem Werkstückkegel entsprechende Schräglage, genau fluchtend mit der schräggestellten Teilspindel des Teilkopfes[1], gebracht werden (Abb. 327). Im Beispiel wird das vorgedrehte kegelige Werkstück zwischen die um den Neigungswinkel $\sigma = 3°$ nach oben verstellte Körnerspitze des Teilkopfes und den um den gleichen Winkel nach unten verstellten Körner des Höhenreitstockes (Höhenzenters) aufgenommen.

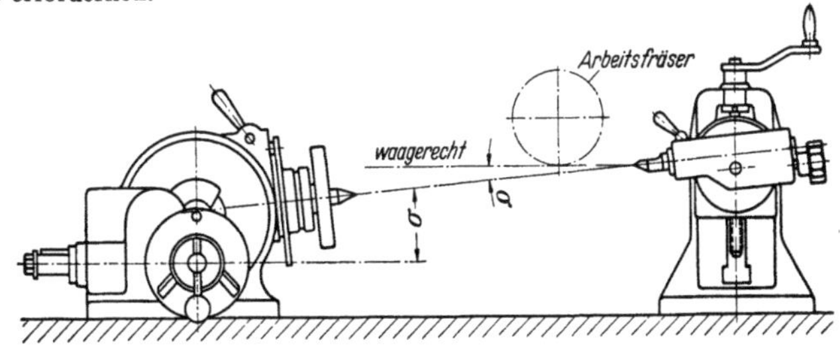

Abb. 327. Einstellen des Höhenreitstockes für kegelige Werkstücke

Beispiel 326. a) Wie sind die Flächen *I* bis *VI* des Dornes Abb. 328 zu fräsen? b) Wie groß ist der durch Wahl des Näherungswertes im Beispiel 325 entstandene Fehler?

Lösung: a) Nachdem Fläche *I* fertiggefräst, wird Fläche *II* der Bearbeitung zugeführt; es ist eine Drehung des Werkstückes um $60° - 2\gamma$ vorzunehmen, was mit $9^{19}/_{49}$ Umdrehungen der Teilkurbel erreicht wird. Um Fläche *III* fräsen zu können, sind mit der Teilkurbel (entsprechend dem Winkel $60° + 2\gamma$) im gleichen Drehsinne $10^{30}/_{49}$ Kurbeldrehungen auszuführen. Um weiterhin die Flächen *IV*, *V* und *VI* in die Schnittstellung zu bringen, ist die Teilkurbel der Reihe nach um $9^{19}/_{49}$, $10^{30}/_{49}$ und $9^{19}/_{49}$ Umdrehungen zu drehen. Werden zwecks Prüfung nochmals $10^{30}/_{49}$ Umdrehungen mit der Teilkurbel ausgeführt, so ist Fläche *I* wiederum in der Schnittstellung, d. h. das Werkstück hat eine volle Umdrehung ausgeführt. Die Teilkurbel hat dann insgesamt

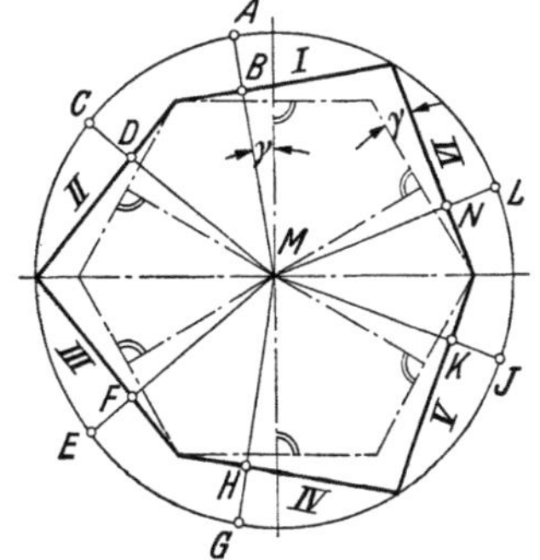

Abb. 328. Bearbeitungsskizze des Dornes Abb. 324

---

[1] Universalteilköpfe gestatten, die Teilspindel von einigen Graden unterhalb der waagerechten bis einige Grade über die senkrechte Lage zu neigen, so daß auch kegelige Werkstücke bearbeitet werden können. Die Teilspindel muß sich also in der senkrechten Ebene schwenken und feststellen lassen. Vgl. auch Abb. 382.

$$9\frac{19}{49} + 10\frac{30}{49} + 9\frac{19}{49} + 10\frac{30}{49} + 9\frac{19}{49} + 10\frac{30}{49} = 60 \text{ Umdrehungen (entsprechend der Teilkopfübersetzung)}$$

ausgeführt. b) 60 Kurbeldrehungen entsprechen einer Verdrehung des Werkstückes um 360°. Eine Kurbeldrehung entspricht 6°, und $^{15}/_{49}$ Kurbeldrehungen entsprechen $^{15}/_{49} \cdot 6° = 1{,}83673°$ Werkstückverdrehung. Gegenüber dem verlangten Gradmaß von $\gamma = 1°50'22'' = 1{,}83944°$ ergibt sich ein Unterschied von $0{,}00271° = 0{,}1626' = 9{,}756''$. Teilfehler $+ 9{,}756''$.

7.1713 Ausgleichteilen ohne Näherungswert

Beispiel 327. Im Beispiel 322 beträgt der Teilfehler $-13''$. Mit Hilfe des Ausgleichteilens soll fehlerlos geteilt werden. Berechne Ausgleichwechselräder, Größe des Lochkreises und die je Teilung erforderlichen Teilkurbeldrehungen.

Lösung: Mit $n = \dfrac{360°}{\alpha} = \dfrac{360°}{12\,55'} = \dfrac{864}{31}$ und $n_g = \dfrac{840}{31}$ (gewählt!) ergibt Gl. (395): $u_w = \dfrac{z_2}{z_1 n_g} \times$

$\times (n_g - n) = \dfrac{80 \cdot 31}{840}\left(-\dfrac{24}{31}\right) = -\dfrac{16}{7}$. *Ausgleichwechselräder:* $\dfrac{16}{7} = \dfrac{80 \cdot 20}{25 \cdot 28}$. Nach Abb. 315 erhalten

$a = 80,\ b = 25,\ c = 20,\ d = 28$ Zähne; dazu ein beliebiges Zwischenrad. *Kurbeldrehungen:* Teilkurbel und Teilscheibe müssen sich, da Ergebnis für u_w negativ, entgegengesetzt drehen.

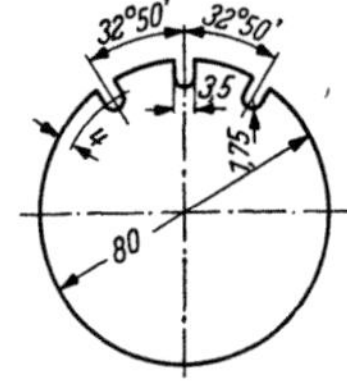

Es wird mit der Teilkurbel jedesmal um $n'_k = \dfrac{z_2}{z_1 n_g} = \dfrac{80 \cdot 31}{840} = \dfrac{62}{21} = 2\dfrac{21}{20}$,

also nach 2 vollen Umdrehungen noch um 20 Löcher des Lochkreises 21 weitergeteilt.

Beispiel 328. In einen Zylinder sind drei zur Achse gleichlaufende Nuten nach Abb. 329 mit Hilfe des Teilkopfes A (Maschinentafel 5, S. 359) im Ausgleichverfahren einzufräsen. Berechne Ausgleichwechselräder, Größe des Lochkreises und die je Teilung erforderlichen Teilkurbeldrehungen.

Abb. 329. Zylinder mit drei achsparallelen Nuten

Lösung: Zahl der gewünschten Teilungen $n = \dfrac{360°}{32° \, 50'} = \dfrac{360°}{32^5/_6°} = \dfrac{360 \cdot 6}{197} =$

$\dfrac{2160}{197}$. Grundteilzahl (gewählt) $n_g = \dfrac{1980}{197}$; damit nach Gl. (395): $u_w = \dfrac{z_2}{z_1 n_g} \times$

$\times (n_g - n) = \dfrac{60 \cdot 197}{1980}\left(-\dfrac{180}{197}\right) = -\dfrac{60}{11}$. Wechselräder: $\dfrac{60}{11} = \dfrac{100 \cdot 90}{30 \cdot 55}$, kein Zwischenrad. Teilkurbel

und Teilscheibe drehen sich entgegengesetzt. Es wird mit der Teilkurbel jedesmal um $n'_k = \dfrac{z_2}{z_1 n_g} =$

$\dfrac{60 \cdot 197}{1980} = 5\dfrac{32}{33}$, also um 5 volle Umdrehungen und 32 Löcher des Lochkreises 33 weitergeteilt.

7.1714 Ausgleichteilen mit Näherungswert

Beispiel 329. Mit Teilkopf C (Maschinentafel 7, S. 359) sind nach Abb. 330 in ein Werkstück 43 radial verlaufende Schlitze von 0,95 mm Breite einzufräsen. Berechne die aufzusteckenden Ausgleichwechselräder, die Größe des Lochkreises und die bei jeder Teilung erforderlichen Teilkurbeldrehungen. [Winkelwerttoleranz $\pm 2''$.]

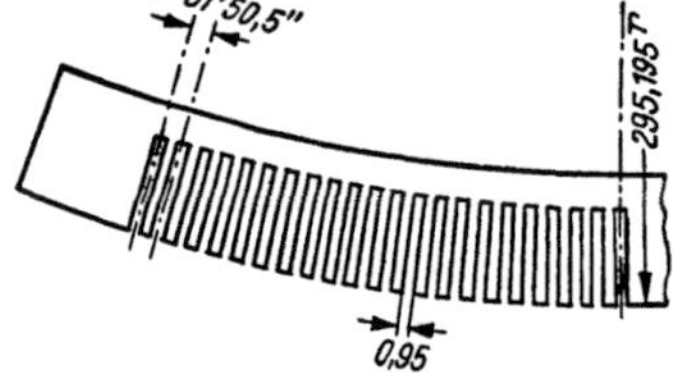

Abb. 330. Typenhebelsegment

Lösung: Zahl der Teilungen, bezogen auf den vollen Kreisumfang: $n = \dfrac{360°}{\alpha} = \dfrac{360°}{0°51'50{,}5''} = \dfrac{1\,296\,000''}{3110{,}5''} = \dfrac{2\,592\,000}{6221}$.

Damit nach Gl. (383): $n_k = \dfrac{z_2}{z_1 n} = \dfrac{40 \cdot 6221}{1 \cdot 2\,592\,000} = \dfrac{6221}{64\,800}$. Mit

gewählter Grundteilzahl $n_g = \dfrac{2\,592\,000}{6480} = 400$ ergibt Gl. (395):

$$u_w = \dfrac{z_2}{z_1 n_g}(n_g - n) = \dfrac{40}{1 \cdot 400}\left(400 - \dfrac{2\,592\,000}{6221}\right); \quad u_w = -\dfrac{10\,360}{6221}.$$

Zähler und Nenner des Bruches für u_w mit 2 vervielfacht: $\dfrac{10\,360 \cdot 2}{6221 \cdot 2} = \dfrac{20\,720}{12\,442}$. Verkleinerung des

Nenners um 2 ergibt $\dfrac{20\,720}{12\,442} \approx \dfrac{20\,720}{12\,440} = \dfrac{2072}{1244}$. Zähler und Nenner dieses letzten Bruches um 2 verringert:

$\dfrac{2072}{1244} \approx \dfrac{2070}{1242} = \dfrac{2 \cdot 3 \cdot 3 \cdot 5 \cdot 23}{2 \cdot 3 \cdot 3 \cdot 3 \cdot 23} = \dfrac{5}{3}$. *Ausgleichwechselräder:* $\dfrac{5}{3} = \dfrac{40 \cdot 56}{28 \cdot 48}$ | Nach Abb. 318 erhalten $a = 40, b = 28,$ | $c = 56$ und $d = 48$ Zähne.

Kurbeldrehungen: Teilkurbel und Teilscheibe müssen sich, da Ergebnis für u_w negativ, entgegen-

gesetzt drehen. Es ist mit der Teilkurbel jedesmal um $\dfrac{z_2}{z_1 n_g} = \dfrac{40}{1 \cdot 400} = \dfrac{2}{20}$, also um 2 Löcher des

Lochkreises 20 weiterzuteilen. Die auf der zweiten Räderschere an der Teilscheibenseite aufgesteckten Räder erscheinen nicht in der Rechnung. Vgl. auch Beispiel 313.

Beispiel 330. Um wie viele Sekunden unterscheidet sich der im Beispiel 329 gefundene Näherungswert vom verlangten Wert?

Lösung: [Gl. (395)] $u_w = \dfrac{z_2}{z_1 n_g}(n_g - n)$; mit den gefundenen Zahlenwerten folgt: $-\dfrac{40 \cdot 56}{28 \cdot 48}$

$= \dfrac{40}{1 \cdot 400}(400 - n)$; daraus $n = 400 + \dfrac{50}{3} = 416{,}66667$.

Ausgeführtes Gradmaß $= 1296000:416,66667 = 3110,3999$ Sek.	Der Näherungswert $u_w = 5/3$ kann auch mit einem anderen Näherungsverfahren (vgl. Abschnitt 5.13) gefunden werden.
Verlangtes Gradmaß $= 0°51'50,5'' = 3110,5000$ Sek.	
Fehler je Teilung $= -0,1001$ Sek.	

Das in der Zeichnung vorgeschriebene Winkelmaß von $0°51'50,5''$ kann demnach mit $0°51'50,4''$ eingehalten werden, ein Unterschied, der vernachlässigt werden kann.

7.172 Werkstückverstellung nach Bogenangabe

Sind Durchmesser und Bogenlänge gegeben, so ist gleichfalls eine Teilzahl n zu errechnen, mit der nach den bekannten Rechnungsgängen gearbeitet wird.

Teilzahl aus Durchmesser und Bogenlänge[1]

$$n = \frac{d\pi}{b}$$

n = Zahl der gewünschten Teilungen, bezogen auf den vollen Kreisumfang, d = Werkstückdurchmesser [mm], b = Bogenlänge [mm]. (401)

Beispiel 331. Auf einem zylindrischen Werkstück mit $d = 80$ mm Durchmesser ist ein Bogen $b = 35$ mm abzutragen. Vorhanden Teilkopf A (Maschinentafel 5, S. 359). Berechne Ausgleichwechselräder und Teilkurbeldrehungen.

Lösung: [Gl. (401)] $n = \dfrac{d\,\pi}{b} = \dfrac{80\,\pi}{35} \approx \dfrac{251,3}{35} = 7,18$; $n = 7,18^*$. Mit gewählter Grundteilzahl $n_g = 7$

folgt nach Gl. (395): $u_w = \dfrac{z_2}{z_1\,n_g}(n_g - n) = \dfrac{60}{1\cdot 7}(7 - 7,18) = -\dfrac{60\cdot 0,18}{7}$. Ausgleichwechselräder:

$$u_w = \frac{60\cdot 0,18}{7} = \frac{60\cdot 90}{100\cdot 35}$$

Nach Abb. 317 erhalten $a = 60$, $b = 100$, $c = 90$ und $d = 35$ Zähne ohne Zwischenrad.

Kurbeldrehungen: $n'_k = \dfrac{z_2}{z_1\,n_g} = \dfrac{60}{1\cdot 7} = 8\dfrac{12}{21}$. Die Teilkurbel hat auf dem 21er Lochkreis acht volle und dann noch 12/21 Umdrehungen (12 Löcher des Lochkreises 21) auszuführen.

7.173 Werkstückverstellung nach Sehnenangabe

Sind Durchmesser und Sehnenlänge gegeben, so ist ebenfalls eine Teilzahl n zu errechnen, mit der nach den bekannten Rechnungsgängen gearbeitet wird.

Halber Zentriwinkel aus Durchmesser und Sehnenlänge[2] (vgl. Abb. 573)

$$\sin\frac{\alpha}{2} = \frac{s}{d}$$

$\dfrac{\alpha}{2}$ = halber Zentriwinkel [°], s = Sehne [mm], d = Werkstückdurchmesser [mm]. (402)

Beispiel 332. Auf einem zylindrischen Werkstück mit 100 mm Durchmesser ist eine Sehne von $s = 7,73$ mm abzutragen. Vorhanden Teilkopf C (Maschinentafel 7, S. 359). Berechne Ausgleichwechselräder und Teilkurbeldrehungen.

Lösung: [Gl. (402)] $\sin\dfrac{\alpha}{2} = \dfrac{s}{d} = \dfrac{7,73}{100} = 0,0773$; damit $\dfrac{\alpha}{2} = 4°26'$ und $\alpha = 8°52'$. [Gl. (399)]:

$$n = \frac{360°}{\alpha} = \frac{360°}{8°52'} = \frac{21\,600'}{532'} = 40,60; \quad n = 40,60.$$ Mit gewählter Grundteilzahl $n_g = 40$ folgt nach

Gl. (395): $u_w = \dfrac{z_2}{z_1\,n_g}(n_g - n) = \dfrac{40}{1\cdot 40}(40 - 40,60) = -0,60$.

Nach Abb. 318 erhalten $a = 60$, $b = 100$, $c = 48$, $d = 48$ Zähne; kein Zwischenrad. Vgl. auch Beispiel 313.

Ausgleichwechselräder: $u_w = 0,60 = \dfrac{60}{100} = \dfrac{60\cdot 48}{100\cdot 48}$

Kurbeldrehungen: $n'_k = \dfrac{z_2}{z_1\,n_g} = \dfrac{40}{1\cdot 40} = 1$, also eine volle Kurbeldrehung auf beliebigem Lochkreis.

7.18 Längenteilen

Beim Rundteilen mit Hilfe des Teilkopfes wird das Werkstück um eine bestimmte Strecke des Umfanges weitergeteilt, beim Längenteilen mit Hilfe des Universalteilkopfes ergibt sich eine Verschiebung des Längsschlittens der Maschine[3]. Das zu teilende Werkstück lagert dabei unmittelbar auf dem in

---

[1] Jeder Winkel, definiert durch die Winkellage seiner beiden Schenkel läßt sich auch durch die Bogenlänge auf einem zugehörigen Halbmesser darstellen. Vgl. auch Berechnungstafel 42 „**Bogenmaß und Bogenlänge**".

[*] Die verlangte Bogenlänge ist um $3,81\,\mu$ zu klein.

[2] Nach Abb. 573 entspricht der Sehne s der Zentriwinkel α; es ist $s = D \sin \alpha/2$ und damit $\sin \alpha/2 = s/D$. [In Gl. (402) wurde für den Durchmesser d gesetzt; vgl. auch Fußnote 1, S. 233.]

[3] Es gibt auch, wie Abb. 465 zeigt, besondere *Zahnstangenteilvorrichtungen*, bestehend aus Teileinrichtung, Aufspannvorrichtung und drehbarem Fräskopf, die es in einfacher Weise ermöglichen, eine Verschiebung des Längsschlittens der Maschine vorzunehmen. Eine Lochscheibe, meist mit einem Lochkreis mit 100 Löchern versehen, gestattet als kleinste auszuführende Teilbewegung eine Verschiebung des Tisches um $^1/_{100}$ mm. Automatische Zahnstangenfräsmaschine vgl. S. 42.

Normalstellung befindlichen Fräsmaschinentisch oder auf einer Magnetspannplatte. Während das Reißwerk mittels Stichel nur kurze oder lange Striche in das Werkstück einritzt, wird durch Drehen der Handkurbel des Teilkopfes ein Drehen der Tischvorschubspindel und damit eine Längsverschiebung des Fräsmaschinentisches mit dem Werkstück bewirkt. Der selbsttätige Vorschubantrieb (Selbstgang) des Tisches ist dabei ausgerückt.

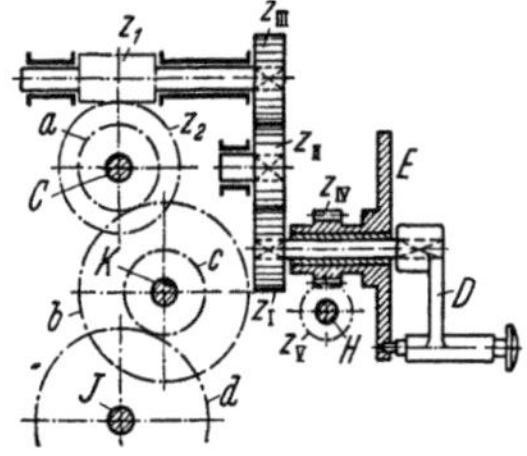

Abb. 331. **Längen**teilen mit dem Universalteilkopf B (Wechselräder und Teilscheiben). Selbstgang des Tisches ausgerückt. Vgl. auch Abb. 319

Wird beim Teilkopf B die Teilspindel C (Abb. 331) durch Wechselräder a, b, c und d mit der Tischvorschubspindel J der Universalfräsmaschine in Verbindung gebracht, so ist es durch Drehen der Zeigerkurbel D möglich, auch der Tischvorschubspindel eine Drehbewegung zu erteilen. Es ergibt sich folgende Bewegungsübertragung: Zeigerkurbel D, Stirnräder z_I, z_II, z_III, Schnecke z_1, Schneckenrad z_2, Teilspindel C (**ohne** Werkstück), Wechselräder a, b, c und d, Tischvorschubspindel J.

Wechselräderverhältnis zwischen Teilspindel und Tischvorschubspindel beim Längenteilen

$$u_w = \frac{t}{h_T\, n_k\, u_f} \qquad (403)$$

$u_w =$ Wechselräderverhältnis = Zähnezahlverhältnis der zwischen Teilspindel und Tischvorschubspindel aufzusteckenden Wechselräder $\left(u_w = \dfrac{a}{b}\ \text{oder}\ \dfrac{a\,c}{b\,d}\right)$,

Gl. (403) nach der Größe t aufgelöst, ergibt:

Prüfungsgleichung zur Ermittlung der ausgeführten Längenteilung t_w

$$t_w = u_w\, h_T\, n_k\, u_f \qquad (404)$$

$t =$ Größe der gewünschten **Längen**teilung [mm], $h_T =$ Tischvorschubspindelsteigung [mm], $n_k =$ Zahl der notwendigen Teilkurbeldrehungen gegen die *feste* Teilscheibe zur Herstellung einer Längenteilung, $u_f =$ Festräderverhältnis im Teilkopf = Zähnezahlverhältnis zwischen Teilkurbel und Teilspindel innerhalb des Teilkopfes, $t_w =$ ausgeführte Werkstückteilung [mm].

Die Werte für t, h_T und u_f liegen für die jeweilige Aufgabe und für eine gegebene Maschine fest; als Kurbeldrehungen (n_k) können beliebige, jedoch im Bereich der vorhandenen Lochkreise liegende Zahlengrößen angenommen werden.

Beispiel 333. Welche Wechselräder sind beim Teilkopf B (Maschinentafel 6, S. 359) zwischen Teil- und Tischvorschubspindel zu schalten, um das Werkstück 1/100 mm in Richtung der Tischvorschubspindel zu verschieben? Steigung der Tischvorschubspindel 6 mm.

Lösung: Gl. (403) ergibt mit $t = 0,01$ mm, $h_T = 6$ mm, $u_f = {}^1\!/_{40}$ und $n_k = {}^1\!/_{20}$ (gewählt!):

$$u_w = \frac{t}{h_T\, n_k\, u_f} = \frac{0,01}{6\,\dfrac{1}{20}\,\dfrac{1}{40}} = \frac{4}{3} = \frac{48 \cdot 64}{24 \cdot 96}$$

Nach Abb. 331 erhalten $a = 48$, $b = 24$, $c = 64$, $d = 96$ Zähne.

Mit Teilkurbel auf dem Lochkreis 20 um 1 Loch weiterteilen.

Beispiel 334. Zu fräsen ist eine Geradzahnstange Modul 3,25 mm. Vorhanden Teilkopf A (Maschinentafel 5, S. 359). Tischvorschubspindel 5 mm Steigung. Welche Wechselräder sind zwischen Teil- und Tischvorschubspindel aufzustecken und wie viele Kurbeldrehungen sind auszuführen?

Lösung: Mit $t = 3,25\,\pi = 10,2101763$ mm (Tafel 9.6, Nr. 1, S. 356) $\approx 10,21$ mm, $h_T = 5$ mm, $n_k = 60$ (gewählt!) und $u_f = \dfrac{1}{60}$ ergibt Gl. (403): $u_w = \dfrac{t}{h_T\, n_k\, u_f} = \dfrac{10,21 \cdot 60}{5 \cdot 60 \cdot 1} = \dfrac{10,21}{5} = \dfrac{6126}{3000}$. Zähler dieses letzten Bruches um 1 verkleinert: $u_w = \dfrac{6125}{3000} = \dfrac{5^3 \cdot 7^2}{2^3 \cdot 3 \cdot 5^3} = \dfrac{7 \cdot 7}{4 \cdot 6} = \dfrac{35 \cdot 70}{40 \cdot 30}$

Nach Abb. 331 erhalten $a = 35$, $b = 40$, $c = 70$, $d = 30$ Zähne.

Beim Aufstecken dieser Wechselräder sind nach dem Durchfräsen einer jeden Lücke jeweils 60 volle Kurbeldrehungen auf einem beliebigen Lochkreis auszuführen. (Nur bei *Einzelfertigung* anwendbar!)

Beispiel 335. Wie groß ist im Beispiel 334 der entstandene Teilungsfehler?

Lösung: [Gl. (404)] $t_w = u_w\, h_T\, n_k\, u_f = \dfrac{35 \cdot 70}{40 \cdot 30}\, 5 \cdot 60\, \dfrac{1}{60} = 10,2083333$ mm. Teilungsfehler $f = t_w - t$ $= 10,2083333 - 10,2101763 = -0,0018430$ mm $\approx -1,84\,\mu$ je Teilung.

Beispiel 336. Für Beispiel 334 (Zahnstange) ist ein besserer Näherungswert zu suchen.

Lösung: Wählt man $n_k = 51\dfrac{1}{20}$, so ergibt Gl. (403): $u_w\,\dfrac{t}{h_T\, n_k\, u_f} = \dfrac{10,21 \cdot 60}{5 \cdot 51\,\dfrac{1}{20} \cdot 1} = \dfrac{60 \cdot 70}{35 \cdot 50}$. Nach Abb. 331

erhalten $a = 60$, $b = 35$, $c = 70$, $d = 50$ Zähne. Beim Aufstecken dieser Wechselräder sind nach dem Durchfräsen einer jeden Lücke mit der Teilkurbel auf dem 20er Lochkreis jedesmal 51 volle Umdrehungen und dann noch eine Weiterdrehung um ein Loch auszuführen. (Nur bei *Einzelfertigung* anwendbar!)

Beispiel 337. Wie groß ist der im Beispiel 336 entstandene Teilungsfehler?

Lösung: [Gl. (404)] $t_w = u_w\, h_T\, n_k\, u_f = \dfrac{60\cdot 70}{35\cdot 50}\, 5\cdot 51\, \dfrac{1}{20}\, \dfrac{1}{60} = \dfrac{1021}{100} = 10{,}21$ mm. Teilungsfehler $f =$ $t_w - t = 10{,}21 - 10{,}2101763 = -0{,}0001763$ mm; Teilungsfehler $\approx -0{,}18\,\mu$ je Teilung.

7.2 Teilen mit selbsttätigem Teilgerät

Um bei Teilarbeiten mit gleichmäßigen Teilungen bei einem Werkstück in der Serienfertigung die Nebenzeiten herabzusetzen, wurden elektroautomatische Teilgeräte entwickelt, bei denen das Umschalten von Hand entfällt und Fehlteilungen nicht möglich sind. Bei diesen Geräten wird der Teilvorgang durch einmalige Betätigung eines Druckknopfes oder bei Programmsteuerung durch einen Endschalter eingeleitet. Der Ablauf des Teilvorganges steuert sich selbsttätig elektromechanisch.

Beispiel 338. Mit dem elektroautomatischen Teilgerät Abb. 332 ist ein Fräser mit 48 Zähnen zu fräsen (Programmsteuerung).

Lösung: Das Einstellen der gewünschten Teilung geschieht mit Hilfe von Tabellen. Das Rad an der Antriebswelle hat immer 20 Zähne, während sich die Räder auf der Schere bzw. der Teilwelle von Fall zu Fall ändern. Die Zahl 48 wird auch an dem elektrischen Impulszähler eingestellt. Ist der erste Zahn gefräst und der Maschinentisch in seine Ausgangsstellung zurückgefahren, wird über einen Endschalter der Teilvorgang des Teilgerätes eingeleitet. Der hierfür erforderliche Stromimpuls wird von dem Impulsfernzähler aufgenommen. Hat das

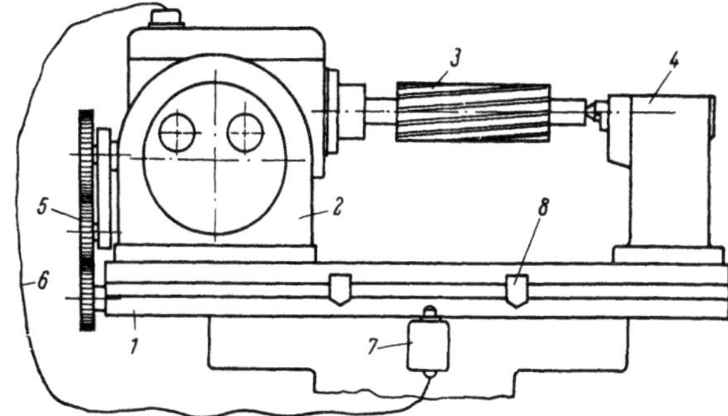

Abb. 332. Aufbau des elektroautomatischen Teilgerätes auf dem Fräsmaschinentisch.
1 = Fräsmaschinentisch; *2* = Teilgerät; *3* = Werkstück; *4* = Reitstock; *5* = Wechselradsatz für Drallfräsen; *6* = Impulskabel; *7* = Impulsschalter; *8* = Steuernocken

Teilgerät die verlangten 48 Schaltungen ausgeführt, so hat das Impulszählwerk ebenfalls die eingestellte Zahl 48 erreicht und öffnet einen Kontakt, wodurch die Steuerleitung der Fräsmaschine unterbrochen und die Maschine stillgesetzt wird. Aufgabe des Bedienenden ist es jetzt nur noch, das Werkstück auszuwechseln und die Fräsmaschine wieder einzuschalten, worauf sich der ganze Arbeitsablauf vollautomatisch wiederholt.

7.3 Teilen mit Loch- und Kurvenscheibe

Eine uneingeschränkte Anwendbarkeit bietet der Universalteilkopf der Hommel-Werke, Mannheim. Gleichgültig, ob die Teilspindel waagerecht, schräg oder senkrecht steht, ob die Teilung gleich oder ungleich ist, kann jede beliebige Teilung vorgenommen und gleichzeitig Schraubennuten gefräst werden. Der *Teilkopf arbeitet* sowohl beim mittelbaren als auch beim Ausgleichteilen *ohne Wechselräder*. Das Ausgleichteilen kann für kegelige und für schraubenförmige Nuten angewendet werden. Sämtliche Teilungen werden mit einer Meßuhr unter Zuhilfenahme von Tabellen vorgenommen, aus denen jeder Teilschrittwert zu entnehmen ist.

Da außer dem Schneckengetriebe ($i = 60:1$) keine Zahnräder in den Teilvorgang einbezogen sind, werden hohe Teilgenauigkeiten (± 6 Bogensekunden) erzielt. Beim Drallfräsen (S. 233) kann die Teilspindel jede beliebige Lage einnehmen; die Übertragung der Bewegung erfolgt dabei, wie üblich, durch Wechselräder von der Tischvorschubspindel aus über eine Räderschere zur Wechselradwelle. Die Bestimmung der Teilumdrehung der Handkurbel erfolgt nicht durch auswechselbare Lochscheiben und Ausgleichwechselräder, sondern durch eine *kurvengesteuerte Meßuhr*.

7.4 Teilen mit optischem Teilkopf

Mechanische Teilköpfe sind meist so aufgebaut, daß die Arbeitsspindel über ein Schneckengetriebe gedreht wird. Der Drehwinkel der Spindel wird dadurch festgelegt, daß ein Rastbolzen in eine Scheibe einrastet, die zweckmäßig gewählte, konzentrisch angeordnete Lochteilungen trägt. Die Genauigkeit hängt im wesentlichen ab von der Genauigkeit des Schneckentriebes, von den Teilfehlern der Lochscheibe, den Zentrierfehlern und von dem Spiel in den Übertragungselementen.

Der optische Teilkopf Abb. 333 verbindet erprobte mechanische Meßmittel mit den Vorteilen der Optik und ermöglicht dadurch ein genaues und rasches Herstellen und Prüfen[1] von Kreisteilungen. Dieser Teilkopf, dessen Teilspindel nur von Hand durch Schnecke und Schneckenrad gedreht wird, ist getriebelos. Die Einstellung wird nicht durch den Eingriff eines Stiftes in ein Loch oder eine Kerbe bewirkt, sondern mittels eines Mikroskopes auf einer Gradteilung beobachtet.

Als Teilmittel wird eine mit der Teilspindel fest verbundene *Glasteilscheibe* benutzt, deren Stirnseite eine 360°-Teilung trägt. Die Teilgenauigkeit liegt unterhalb 10 Sekunden. Es wird eine doppelstrichige *Einstellmarke* verwendet, die um einen ganzen Teilungsgrad verschiebbar ist. Verschiebung erfolgt durch eine außenliegende Skalentrommel, an der die Größe der Verschiebung ohne Schätzen in Zehntelminuten, das sind 6 Sekunden, abgelesen werden kann. Außer dem Fräsen schraubenförmiger Nuten (Drallfräsen) können alle Teilarbeiten ausgeführt werden. Abgesehen von der Bestimmung der Winkelgrade, welche der verlangten Teilzahl entsprechen, entfällt jegliche Berechnung.

Abb. 333. Optischer Teilkopf „Optigon" (Hahn & Kolb, Stuttgart).
1 = Minutenskala (1 Teilstrich = 0,2 Minuten); *2* = Zeiger der Minutenskala; *3* = Feineinstellgriff; *4* = äußere 360°-Teilscheibe; *5* = Zeiger der äußeren 360°-Teilscheibe; *6* = verstellbarer Anschlag; *7* = fester Anschlag; *8* = Schalthebel; *9* = Feineinstellung für Gehäuse; *10* = Bremsgriff

7.41 Teilungen mit ganzen Graden

Der einer bestimmten Teilzahl n (Zähne- oder Nutenzahl des Werkstückes) entsprechende Winkelwert $w°$ errechnet sich zu:

Teilwinkel für die einzelnen Teilungen

$$w° = \frac{360°}{n}$$

$w°$ = Teilwinkel für die einzelnen Teilungen [°],
n = Zahl der gewünschten Teilungen, bezogen auf den vollen Kreisumfang. (405)

Beispiel 339. Es soll eine Rastenscheibe a) mit 4, b) mit 20 Rasten gefräst werden. Welche Teilwinkel ergeben sich?

Lösung: a) [Gl. (405)] $w° = \frac{360°}{n} = \frac{360°}{4} = 90°$; bei der Vierteilung sind die Winkelwerte 0°, 90°, 180° und 270°. b) Für die Zwanzigteilung wird $w° = \frac{360°}{n} = \frac{360°}{20} = 18°$. Damit beträgt der Teilwinkel für die erste Einfräsung $w_1 = 0°$, für die zweite $w_2 = 18°$, für die dritte $w_3 = 36°$ usw. bis 360°. Die Einstellung auf ungefähr 0 kann erst grob durch Drehen der Teilspindel von Hand bei ausgeschwenkter Schnecke, dann bei eingeschwenkter Schnecke durch das Handrad und schließlich mittels der Feinbewegung erfolgen.

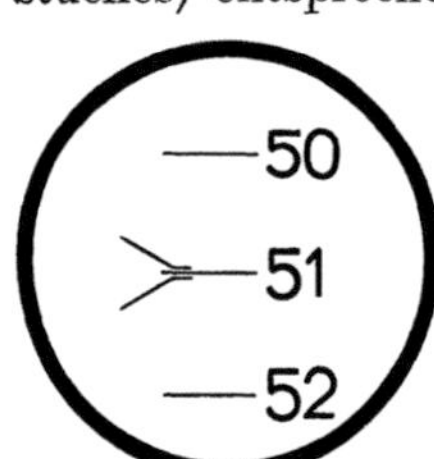

Abb. 334. Optisches Blickfeld in ²/₃ nat. Größe mit Ausschnitt der 360°-Skala und Einstellmarke.

7.42 Teilungen mit Bruchgraden

Beispiel 340. Ein Geradstirnrad mit 7 Zähnen wird geschliffen.

Lösung: [Gl. (405)] $w° = \frac{360°}{7} = 51°25,7'$

$= 51°25'42''$. Damit ergeben sich die einzelnen Teilschritte als aufeinanderfolgende Winkelgrößen:

Ausgangsstellung auf Glasteilung	$= 0°\ 0'\ 0''$
Verlangte Endstellung auf Glasteilung	$= 360°\ 0'\ 0''$
Intervall zwischen jedem Teilschritt	$= 51°\ 25'\ 42''$

1. Teilschritt	$= 51°25'42''$	5. Teilschritt	$= 257°\ 8'30''$
2. Teilschritt	$= 102°51'24''$	6. Teilschritt	$= 308°34'12''$
3. Teilschritt	$= 154°17'\ 6''$	7. Teilschritt	$= 359°59'54''$
4. Teilschritt	$= 205°42'48''$	Teilfehler	$-6''$

---

[1] Der optische Teilkopf dient bei unmittelbarem Teilen auf der Werkzeugmaschine *(Werkstatt)* hauptsächlich zur Herstellung von einzelnen Zahnrädern mit großer Genauigkeit, sog. Meisterrädern, ferner von Rasten-, Loch- und Teilscheiben sowie zur Ausführung von Teilarbeiten an Lehrwerkzeugen, Bohrlehren und anderen Vorrichtungen. Weiterhin kann der Teilkopf zum Graduieren, also zum Teilen mit gleichzeitiger Bezifferung auf der Graviermaschine verwendet werden. Sind fertige Werkstücke auf Teilgenauigkeit zu prüfen *(Prüfraum)*, so befestigt man den Teilkopf zweckmäßig auf einer Grundplatte; er dient dann zur Untersuchung auf Teilungsfehler sowie zur Meßkontrolle von Winkelmeßgeräten, Libellen, Kurvenscheiben, Nockenwellen usw.

Mikroskopeinstellung. Soll beispielsweise die Teilspindel auf 51°25,7′ gedreht werden, dann wird die Minutenteilskala ohne Blick ins Okular auf 25,7′ eingestellt (Abb. 333) und anschließend der Gradstrich 51° mit der Einstellmarke zur Deckung gebracht (Abb. 334). Dieser Vorgang wird durch das Okular betrachtet.

Eine neuartige *Mikroskopablesung* zeigt Abb. 335. Feinmaßstabteilung und Noniusteilung sind durchsichtig auf schwarzem Grund angebracht und überdecken sich teilweise. Dadurch ergibt sich zwischen den beiden Teilungen eine schmale, scheinbar teilungsfreie Zone. Teilstriche werden nur dort sichtbar, wo sich ein Strich des Feinmaßstabes mit einem Strich des Nonius deckt. Dieser hellaufleuchtende Strich gibt den abzulesenden 10″-Wert an. In Abb. 335 ist abzulesen: 41° am Doppelstrich, 6′ mit Dreiecksmarke am Feinmaßstab und 4 Intervalle = 40″ mit aufleuchtendem Strich am Nonius, also 41°6′40″. Zwischenwerte lassen sich am Nonius gut schätzen, z. B. 5″, wenn zwei benachbarte Teilstriche am Nonius gleich hell aufleuchten. Der Okularkopf ist um 360° drehbar und gestattet auch dann bequem Einblick, wenn die Teilspindel gegenüber der Waagerechten um 90° aufgerichtet ist.

Vorwähleinrichtung. Diese gestattet, schon während des laufenden Arbeitsganges den Winkelwert des nächsten Teilschrittes in Minuten und Sekunden einzustellen. Hierzu wird der Feinmaßstab mit einer Feinstellschraube so weit verschoben, bis der gewünschte Wert in Minuten und Sekunden erscheint. Diese Lage wird durch die Klemme einer Feinstellschraube gesichert. Beim nächsten Teilschritt ist nach Lösen der Teilspindel nur noch der entsprechende Teilstrich der Gradteilung in der Doppelstrichmarke einzufangen.

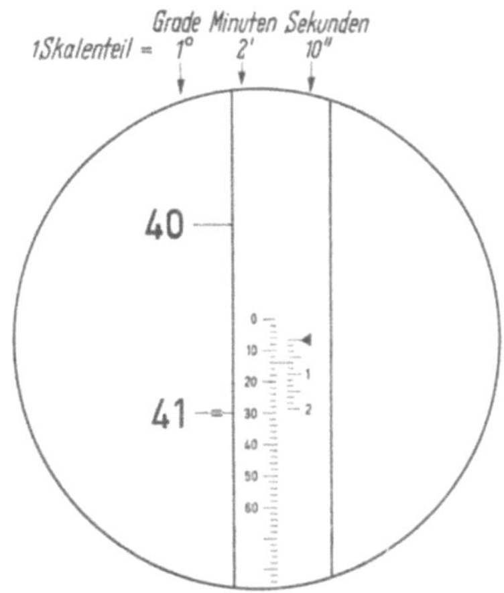

Abb. 335. Sehfeld (100 Dmr.) im Ablesemikroskop des optischen Teilkopfes 130 aus Jena. Die drei *Meßelemente* enthalten folgende Teilungen: 1. Der Teilkreis hat eine bezifferte Gradteilung. 2. Der Feinmaßstab hat eine bezifferte Minutenteilung 0 bis 60 (1 Intervall = 2 Min.) sowie Doppelstrichmarke. 3. Der Nonius hat Sekundenteilung und dreieckige Indexmarke (1 Intervall = 10 Sek., gesamte Noniuslänge = 2 Minuten)

7.5 Teilen mit Kreisteiltisch

Drehbare Werkstückträger ermöglichen ein oder mehrere aufgespannte Werkstücke in verschiedenen Stellungen zu bearbeiten, Rundungen herzustellen oder Kreisteilungen vorzunehmen. Diese Einrichtungen sind zur Lösung und rationellen Ausführung vieler Fertigungsaufgaben unentbehrlich und tragen wesentlich bei zur Steigerung von Genauigkeit und Leistung. An Tischausführungen unterscheidet man den *Kreisteiltisch*, den *Schalttisch* und den *Rundtisch*.

·7.51 Kreisteiltisch

Mit dem Kreisteiltisch als Hilfsmittel im Werkzeug- und Maschinenbau zur Ausführung von genauen Teilarbeiten können Werkzeugmaschinen zweckvoll ergänzt und ihre Anwendungsmöglichkeiten beträchtlich erweitert werden. Für die Herstellung ausnehmend genauer Teile, deren Maße in Polarkoordinaten gegeben sind, ist ein Kreisteiltisch schlechthin unentbehrlich. Der Kreisteiltisch ist mit einer Einrichtung zum Teilen des Kreises ausgerüstet. Das Teilen kann nach Teilzahlen mittels Lochscheibeneinrichtung oder nach Graden, Minuten, Sekunden mittels Meßtrommel oder optischer Teileinrichtung vorgenommen werden.

Abb. 336. Kreisteiltisch mit eingebautem Getriebe und Motor (Hahn & Kolb, Stuttgart)

Bei dem Kreisteiltisch Abb. 336 erfolgt der Antrieb durch Motor über Schneckengetriebe, elektrische Schützsteuerung mit Vorwählschalter und Druckknöpfen für Rechts-, Links- und Pendellauf sowie Eilgang. Bei Rechts- und Linkslauf kann die Tischbewegung durch Anschläge begrenzt und stillgesetzt werden. Je nach Größe stehen 4 bis 8 Vorschubgeschwindigkeiten durch auswechselbare Getrieberäder zur Verfügung. In abgeschaltetem Antrieb können Teilarbeiten mittels Lochscheibeneinrichtung durchgeführt werden. Um z. B. auf Bohrwerken und Koordinatenbohrmaschinen auch Werkstücke von verschiedenen Seiten in einer Aufspannung bearbeiten zu können, werden zweckmäßig *schwenkbare Kreisteiltische* für Endstellungen von 0° bis 90° verwendet.

7.511 Unmittelbares Teilen

Der im Tisch eingebaute Rastring hat 24 Nuten. Teilmöglichkeiten somit alle Zahlen, die in 24 teilbar sind, also 2, 3, 4, 6, 8, 12 und 24 (vgl. Beispiel 299).

7.512 Mittelbares Teilen

Da das unmittelbare Teilen mittels Rastbolzen und Rastring nur eine beschränkte, durch den Rastring festgelegte Zahl von Teilungen gestattet, wird für das Kreisteilen das mittelbare Teilen mittels Teilrad und Teilschnecke angewendet.

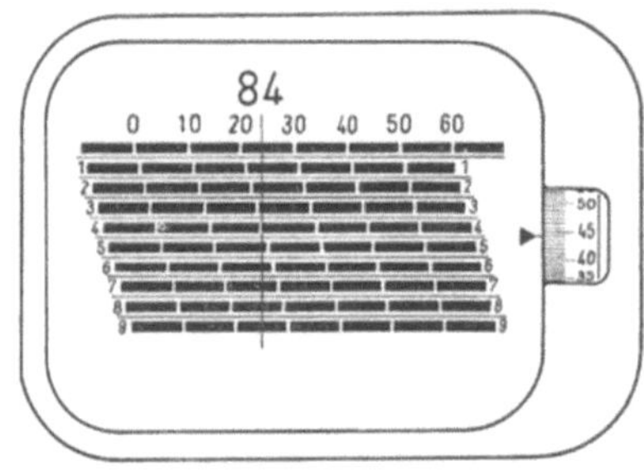

Abb. 337. Ablese- und Einstellbeispiel auf dem Bildschirm eines optischen Kreisteiltisches (Hahn & Kolb, Stuttgart)

7.513 Teilen mit optischer Ablesung

Die mit dem optischen Kreisteiltisch erreichbare Teilgenauigkeit beträgt, wenn alle schädigenden Fremdeinflüsse ausgeschaltet sind, etwa 5 Sekunden. Für die Eilverstellung ist der Tisch mit elektrischem Antrieb ausgestattet, mit dessen Hilfe die Grobeinstellung vorgenommen wird. Das Ablesen der vollen Grade, Minuten und Sekunden erfolgt auf einem *Bildschirm* (Abb. 337). Optische Kreisteiltische werden auch in schwenkbarer Ausführung hergestellt.

Beispiel 341. Nach Abb 337 sind 84° 24′ 44″ eingestellt. Wie erfolgt die Weiterdrehung um einen Teilwinkel von $w = 10° 40′ 40″$?

Lösung: Die Endstellung ergibt sich zu 84° 24′ 44″ + 10° 40′ 40″ = 94° 64′ 84″ = 95° 5′ 24″. Zunächst werden die Sekunden vorgewählt, indem man die kleine Skalentrommel auf die errechneten 24″ einstellt. Dann wird an dem Handrad solange gedreht, bis auf dem Bildschirm der 95-Gradteilstrich in Mitte Lichtspalte der 5 Minuten erscheint.

7.514 Teilen durch Sprungschaltung

Bei Bearbeitung von Serien- und Massenteilen (Fräsen von Kupplungskörpern für Lamellenkupplungen, Bohren von Flanschen mit gleichmäßig verteilten Löchern, Fräsen von Stirnverzahnungen usw.) wird mit Hilfe der „motorisch angetriebenen Sprungschaltung" das Werkstück selbsttätig schrittweise an die einzelnen, um den Rundtisch angeordneten Bearbeitungs- bzw. Lade- und Entladestationen gebracht und festgesetzt.

7.52 Schalttisch

Dieser Tisch dient dazu, ein oder mehrere Werkstücke nacheinánder in bestimmte, vorher festgelegte Stellungen zu bringen. Schalten, Rasten und Festklemmen geschieht von Hand oder selbsttätig. Der Schalttisch eignet sich für senkrechte und waagerechte Bearbeitungsvorgänge wie Bohren, Fräsen, Gewindeschneiden, Stoßen usw. Der elektrisch gesteuerte Schalttisch dient zur Automatisierung von Arbeitsabläufen an Bohr-, Fräs- und Sondermaschinen.

7.53 Rundtisch

Dieser Tisch dient vorwiegend zur Rundbearbeitung wie Kurven, Rundungen, Kreisbögen usw. auf Senkrechtfräs- und Bohrmaschinen, Stoßmaschinen oder Sondermaschinen. Da bei diesen Arbeiten die Ansprüche auf die Teilgenauigkeit geringer sind, genügt in der Regel die 360°-Skala am Planscheibenumfang und ein Nonius zur unmittelbaren Ablesung. Die elektrische Steuerung macht den Rundtisch vom Antrieb der Werkzeugmaschine unabhängig.

7.6 Fräsen schraubenförmiger Nuten

Der Universalteilkopf erschließt in Verbindung mit der Universalfräsmaschine das umfangreiche und vielseitige Gebiet des Fräsens schraubenförmiger Nuten. Während beispielsweise Kurven und Schnecken von größerem Durchmesser oftmals eine geringe Steigung aufweisen, haben Schneidwerkzeuge wie Spiralbohrer, Reibahlen, Wälzfräser, fast immer eine im Verhältnis zum Durchmesser große Schraubensteigung. Steht zum Bearbeiten derartiger Werkstücke keine Sondermaschine zur Verfügung, so muß man auf die Universalfräsmaschine zurückgreifen. Auf ihr können Steigungen bis zu Bruchteilen von Millimetern ebenso eingearbeitet werden wie Steigungen bis weit über 7 m Länge. (Im Beispiel 348 beträgt die Steigung über 79 m!) Dem Teilkopf obliegt dabei die Aufgabe, dem Werkstück während der Tischfortbewegung eine genau *gesteuerte Drehung* zu verleihen, und zwar unter gleichzeitiger Sicherstellung einer einwandfreien Verteilung der Abstände auf der Werkstückmantelfläche.

7.61 Nuten mit großer Steigung

Um schraubenförmig gewundene Nuten mittels scheibenförmiger Fräser unter Zuhilfenahme von Universalteilkopf und Reitstock auf der Universalfräsmaschine herzustellen **(Drallfräsen)**, sind nach Abb. 338 folgende Bewegungen auszuführen: 1. Werkstück führt während des Fräsvorganges um seine eigene Achse eine gleichmäßige, langsame Drehbewegung im *Pfeilsinn 1* aus. Werkstück erhält diese Drehbewegung von der Teilspindel. Teilspindel wird über Wechselräder von der Tischvorschubspindel der Maschine angetrieben. 2. Der um den Tisch- oder Einstellwinkel λ geschwenkte Aufspanntisch führt während des Fräsvorganges die langsam fortschreitende Schaltbewegung im *Pfeilsinn 2* aus. Werkstück hat nach geradliniger Verschiebung des Tisches um die Steigung der Schraubenlinie eine volle Umdrehung vollendet. 3. Der auf dem Dorn sitzende Fräser führt um seine eigene Achse die Schnittbewegung im *Pfeilsinn 3* gegen das Werkstück aus.

Aus Dreieck ABC (Abb. 338) lassen sich die Gleichungen (406) bis (411) ableiten.

Beispiel 342. Um welchen Winkel ist der Aufspanntisch gegenüber seiner Nullstellung zu schwenken, um einen Zylinder 185 mm Durchmesser mit einer Schraubennut (Drallwindung) von 1265 mm Steigung zu versehen?

Lösung: [Gl. (408)] $\tan\lambda = \dfrac{d\,\pi}{H} = \dfrac{185\,\pi}{1265} = 0{,}4594$;

Einstellwinkel des Tisches $\lambda = 24°\ 40'\ 30''$.

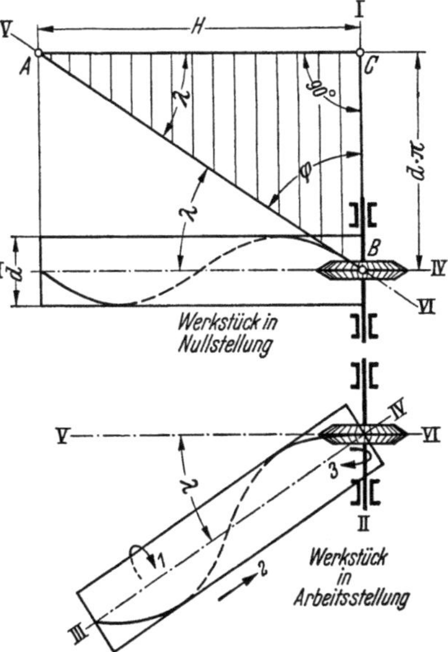

Abb. 338. Tischeinstellung beim Fräsen einer schraubenförmigen Nut **(Drallwindung)** auf der Universalfräsmaschine; vgl. auch Abb. 9.
$I-II$ = Achse der Frässpindel; $III-IV$ = Achse des Werkstückes und des Tisches; $V-VI$ = Richtung der Schraubenlinie bei Nullstellung des Tisches; $BC = d\pi$ = Umfang des Werkstückes; $AC = H$ = Steigung der Schraubenlinie (Schrauben- oder Drallsteigung) = Tischweg; $AB = L$ = gestreckte Länge eines Schraubenganges = Weg des Fräswerkzeuges bei einer Schraubenwindung; λ = Einstellwinkel des Tisches (auch Tisch-, Achsen-, Spiral- oder Drallwinkel genannt) = Winkel, den die Schraubenlinie **mit der Achse** des zylindrischen Werkstückes bildet; φ = Steigungswinkel der Schraubenlinie = Winkel, den die Schraubenlinie **mit der Stirnfläche** des zylindrischen Werkstückes bildet

Steigungswinkel der Schraubenlinie [vgl. auch Z. 13, B.T. 7]	$\tan\varphi = \dfrac{H}{d\pi}$	(406)
	$\varphi = 90° - \lambda$	(407)
Einstellwinkel des Tisches (Drallwinkel)	$\tan\lambda = \dfrac{d\pi}{H}$	(408)
	$\lambda = 90° - \varphi$	(409)
Schraubensteigung (Drallsteigung)	$H = d\pi\tan\varphi$	(410)
	$H = d\pi\cot\lambda$	(411)

φ = Steigungswinkel der Schraubenlinie [°], H = Steigung der Schraubenlinie, bezogen auf den vollen Werkstückumfang [mm], d = Durchmesser des Werkstückes[1] [mm], λ = Einstellwinkel des Tisches = Drallwinkel [°].

---

[1] Der Einfachheit halber wird für den Durchmesser d des Werkstückes in der Regel der Außendurchmesser desselben eingesetzt. Der dadurch auftretende Fehler ist meist unbedeutend und kann vernachlässigt werden. Bei Walzenfräsern erzielt man genauere Ergebnisse mit dem mittleren Fräserdurchmesser (Außendurchmesser minus Zahntiefe). Bei Zahnrädern ist als Durchmesser der Teilkreisdurchmesser d_0, bei Wälzfräsern der Teilzylinderdurchmesser d_0 (Abb. 346) zu setzen. Beträgt für den Werkstückdurchmesser $d = 1$ [mm oder Zoll] die Steigung der Schraubenlinie H_1 [mm oder Zoll], so berechnet sich die Schraubensteigung des zu fräsenden Werkstückes mit dem Durchmesser d [mm oder Zoll] zu $H = H_1 \cdot d$ [mm oder Zoll]. Die Umstellung dieser Gleichung ergibt $H_1 = H/d$ [mm oder Zoll].

Beispiel 343. Um wie viele Grade ist der Aufspanntisch aus seiner Nullstellung zu schwenken, um den Fräser in die Gangrichtung der Schraubenlinie zu bringen, welche in Nutenform in ein Werkstück von 100 mm Durchmesser mit einer Steigung von 240 mm zu schneiden ist?

Lösung: [Gl. (408)] $\tan\lambda = \dfrac{d\,\pi}{H} = \dfrac{100\,\pi}{240} = 1{,}3090$; Einstellwinkel des Tisches $\lambda = 52°\ 37'$.

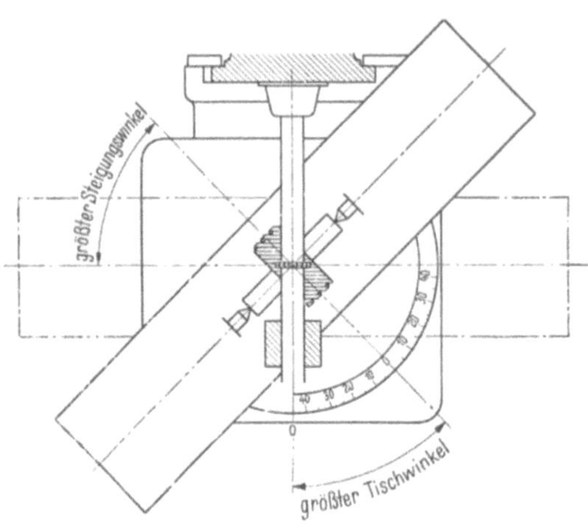

Abb. 339. Begrenzung der Tischschwenkbarkeit beim Fräsen schraubenförmiger Nuten (Fräsen eines rechtsgängigen Schrägstirnrades im Einzelteilverfahren; vgl. auch Beispiel 407)

Eine Verstellung des Tisches nach diesem Winkel ist nicht möglich, da die Schwenkbarkeit des Aufspanntisches infolge Bauart nach jeder Seite hin meist nur bis zu 45° erfolgen kann (Abb. 339). Ergeben sich größere Einstellwinkel, so ist der *Universalfräskopf* (Abb. 340) zu Hilfe zu nehmen. Der Aufspanntisch wird in seiner Nullstellung gelassen, und die Frässpindel des Universalfräskopfes im Steigungswinkel der Schraubenlinie, also nach Gl. (407) um $\varphi = 90° - \lambda = 90° - 52°\ 37' = 37°\ 23'$, schräggestellt.

Beispiel 344. In ein Werkstück ist eine schraubenförmige Nut einzufräsen. Der Einstellwinkel beträgt 60°. Wie viele grundsätzliche Winkeleinstellmöglichkeiten gibt es?

Lösung: Drei Möglichkeiten sind ausführbar:

Nr.	Schwenken des Fräsmaschinentisches auf	Schwenken des Universalfräskopfes auf	Verlangter Einstellwinkel
1	45°	15°	45° + 15° = 60°
2	20°	40°	20° + 40° = 60°
3	0°	60°	0° + 60° = 60°

Zu Nr. 1: Wird der größtmögliche Einstellwinkel von 45° ausgenützt, so ist, da das Drehteil nur mit einem Teil seiner Auflagefläche aufliegt, unter Umständen eine sichere Festklemmung des Drehteiles in Frage gestellt. Das ist besonders dann der Fall, wenn schwere Schnitte gefräst werden sollen. Deshalb ist Fall Nr. 2 zu empfehlen. *Zu Nr. 2:* Der Fräsmaschinentisch kann auf eine beliebige, innerhalb 45° liegende Gradzahl geschwenkt werden. *Zu Nr. 3:* Diese Einstellmöglichkeit zeigt, daß das Fräsen schraubenförmiger Nuten nicht allein auf der Universalfräsmaschine, sondern auch auf der Einfachfräsmaschine ohne schwenkbaren Tisch ausgeführt werden kann. Vgl. S. 238.

Abb. 340. Drehbarer Universalfräskopf (Ludw. Loewe & Co. A.G., Berlin)

7.611 Wechselräderantrieb durch Tischvorschubspindel

Um die Drehbewegung der Teilspindel zu erreichen, wird sie durch Wechselräder mit der Tischvorschubspindel verbunden, die gleichzeitig die Vorschubbewegung des Tisches bewirkt. Dabei steht die Werkstückachse schräg zur Frässpindelachse (Abb. 338). Eine Schrägstellung der Teilspindel ist möglich, d. h. es können schraubenförmig verlaufende Nuten sowohl in zylindrische als auch in kegelige Werkstücke (vgl. Abschnitt 7.913) gefräst werden.

7.6111 Drallfräsen mit Tischverstellung. Schraubenförmig verlaufende Nuten können auf der *Universalfräsmaschine* gefräst werden, die einen beiderseits um 45° schwenkbaren Tisch besitzt. Ist der Tischeinstellwinkel größer als 45°, dann muß zusätzlich ein *Universalfräskopf* verwendet werden.

Beim *Rundschalten* nach Abb. 341 wird die Drehbewegung der Tischvorschubspindel (TSp) bei einfacher Übersetzung über die Wechselräder a und b (Ausführung I) oder bei doppelter Übersetzung über die Wechselräder a, b, c und d (Aus-

führung II) über ein Kegelräderpaar z_3 und z_4 sowie über die Räder a_1 und b_1 auf die entsicherte Teilscheibe geleitet, die weiterhin mit Hilfe der festgestellten Teilkurbel die Schnecke z_1, das Schneckenrad z_2 und die Teilspindel dreht. Auch beim Fräsen schraubenförmiger Nuten wird es bei diesem Teilkopf nahezu immer möglich sein, mit der ersten Räderschere durch Aufstecken einer doppelten Übersetzung (a, b, c und d) auszukommen. Die Anzahl Zwischenräder (Rad R in Abb. 345) ist bestimmend für die Gangrichtung der herzustellenden Schraubennuten. Beim Fräsen rechtsgängiger Schraubennuten sind zwei Zwischenräder bei R, beim Fräsen linksgängiger Schraubennuten nur ein Zwischenrad R aufzustecken. Ist ein

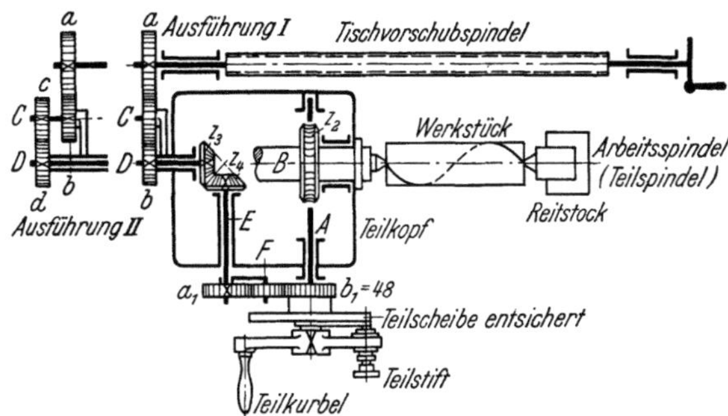

Abb. 341. Getriebe für das Fräsen schraubenförmiger Nuten mit Universalteilkopf C (Ludw. Loewe & Co. A. G., Berlin). Vgl. auch Abb. 345. [Rechnerische Angaben s. Maschinentafel 7, S. 359]

Werkstück mit mehreren schraubenförmigen Nuten zu versehen, dann erfolgt das Teilen, unabhängig von der für die Schraubenwindung geschaffenen Verbindung mit der Tischvorschubspindel, lediglich durch Verstellen der Teilkurbel an der Lochscheibe von Hand wie beim mittelbaren Teilen.

Beim Fräsen schraubenförmiger Nuten auf der Universalfräsmaschine muß also die Tischvorschubspindel den Tisch mit Teilkopf und Werkstück bei jeder Umdrehung des Werkstückes um den Betrag der herzustellenden Schraubensteigung verschieben. Es gilt:

Gesamträderverhältnis beim Rundschalten

$$u_g = \frac{h_T}{H}$$ (412)

u_g = Gesamträderverhältnis = Zähnezahlverhältnis sämtlicher in Eingriff sich befindender Übersetzungsräder, die zwischen Tischvorschubspindel und Teilspindel liegen, h_T = Tischvorschubspindelsteigung [mm oder Zoll], H = Arbeitsspindelsteigung = Steigung der herzustellenden Schraubennute [mm oder Zoll].

Die Wechselräder ergeben sich durch Erweitern des Bruches, welcher sich für das Wechselräderverhältnis u_w errechnet. Das Gesamträderverhältnis u_g setzt sich aus dem Teilkopfräderverhältnis u_f, als das Verhältnis fest eingebauter Räderpaare, und dem Wechselräderverhältnis u_w, als das Verhältnis auswechselbarer Räderpaare, zusammen. Aus den Gleichungen $u_g = u_f u_w$ und $u_g = h_T/H$ sowie $H = d \times \times \pi \tan \varphi$ bzw. $H = d \pi \cot \lambda$ folgt:

Wechselräderverhältnis beim Rundschalten (Drallfräsen)

$$u_w = \frac{u_g}{u_f}$$ (413)

$$u_w = \frac{h_T}{H u_f}$$ (414)

$$u_w = \frac{h_T}{d \pi \tan \varphi \, u_f}$$ (415)

$$u_w = \frac{h_T}{d \pi \cot \lambda \, u_f}$$ (416)

u_w = Wechselräderverhältnis = Zähnezahlverhältnis der aufzusteckenden Wechselräder für die Rundschaltung, u_g = Gesamträderverhältnis = Zähnezahlverhältnis sämtlicher in Eingriff sich befindender Übersetzungsräder, die zwischen Tischvorschubspindel und Teilspindel liegen, u_f = Teilkopfräderverhältnis = Zähnezahlverhältnis sämtlicher zwischen Kegelradbolzen und Teilspindel sich befindender Übersetzungsräder, h_T = Tischvorschubspindelsteigung [mm oder Zoll], H = Arbeitsspindelsteigung = Steigung der herzustellenden Schraubennute [mm oder Zoll], d = Durchmesser des Werkstückes[1] [mm oder Zoll], φ = Steigungswinkel der Schraubenlinie [°], λ = Drallwinkel der Schraubenlinie [°].

[1] Vgl. Fußnote [1], S. 233.

Zur Durchführung der Prüfung werde Gl. (412) zugrunde gelegt; es folgt daraus:

Werkstücksteigung (Prüfung)

$$H_w = \frac{h_T}{u_g}$$

H_w = Werkstücksteigung = gefräste Steigung der Schraubenlinie [mm oder Zoll], h_T = Tischvorschubspindelsteigung [mm oder Zoll], u_g = Gesamträderverhältnis; s. Gl. (412).   (417)

Beispiel 345. In eine Trommel von 50 mm Durchmesser sind schraubenförmige Nuten mit 176 mm Steigung einzufräsen. Wechselrädersatz: 24, 24, 28, 32, 40, 44, 48, 56, 64, 72, 86, 100. Universalteilkopf $u_f = 1 : 40$. a) Welche Wechselräder sind aufzustecken? b) Unter welchem Steigungswinkel verläuft die Schraubenlinie? c) Unter welchem Winkel ist der Fräsmaschinentisch einzustellen? d) Was ist hinsichtlich rechts- und linksgängiger Schraubennut zu beachten? e) Wie erfolgt das Teilen? f) Wie ist die Vorschubgeschwindigkeit zu wählen? Tischvorschubspindel 5 mm Steigung.

Lösung: TSp. = 5 mm Stg.
a) *Wechselräder.* ASp. = 176 mm Stg. } [Gl. (412)] $u_g = \dfrac{h_T}{H} = \dfrac{5}{176}$.

TSp. = Tischvorschubspindel, ASp. = Arbeitsspindel (Teilspindel).

$$[\text{Gl. (413)}] \quad u_w = \frac{u_g}{u_f} = \frac{\frac{5}{176}}{\frac{1}{40}} = \frac{5 \cdot 40}{176} = \frac{200}{176} = \frac{100 \cdot 2}{44 \cdot 4} = \frac{100 \cdot 32}{44 \cdot 64}$$

Nach Abb. 341 erhalten $a = 100$, $b = 44$, $c = 32$, $d = 64$ Zähne. Vgl. auch Abb. 345.

b) *Steigungswinkel.* [Gl. (406)] $\tan\varphi = \dfrac{H}{d\,\pi} = \dfrac{176}{50\,\pi} = 1{,}1204$; $\varphi = 48°15'$. Steigungswinkel der Schraubenlinie $\varphi = 48°15'$. c) *Tischverstellung.* [Gl. (408)] $\tan\lambda = \dfrac{d\,\pi}{H} = \dfrac{50\,\pi}{176} = 0{,}8925$; $\lambda = 41°45'$. Einstellwinkel des Tisches $\lambda = 41°45'$. *Prüfung:* $\varphi + \lambda = 48°15' + 41°45' = 90°$. Der Tischeinstellwinkel ist bis auf die Minute genau zu berechnen; zur Tischeinstellung kann dann dieser Winkel auf $1/4°$ abgerundet werden.

d) *Rechts- und linksgängige Schraubennut*[1]. Die aus der gewünschten Steigung bzw. dem Steigungswinkel sich ergebende Schräglage des Tisches kann nach der einen als auch nach der entgegengesetzten Richtung vorgenommen werden. Zur Erzeugung einer rechtsgängigen Schraubennut wird der Teilkopf vom Ständer weggeschwenkt (Abb. 342). Sinngemäß muß zum Fräsen einer linksgängigen Schraubennut der Teilkopf nach dem Ständer zu geschwenkt werden (Abb. 343). Hinsichtlich des Aufsteckens der Wechselräder ist noch zu beachten, daß die Herstellung von rechts- oder linksgängigen Schraubennuten mit Hilfe von Zwischenrädern ermöglicht wird.

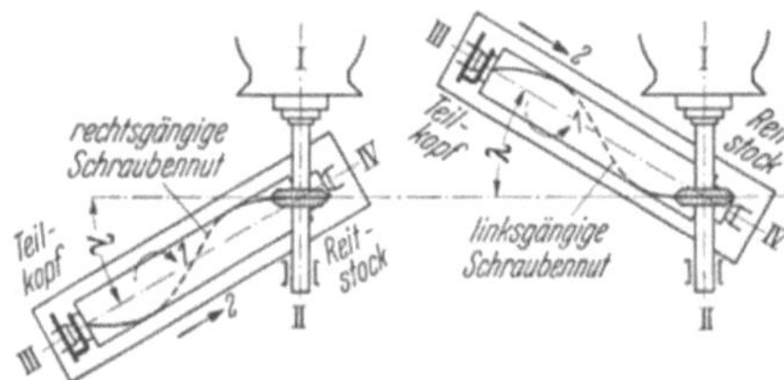

Abb. 342. Tischstellung bei **rechtsgängiger** Schraubennut   Abb. 343. Tischstellung bei **linksgängiger** Schraubennut
[Das Fräsen erfolgt stets nach dem Teilkopf zu]

e) *Teilen des Werkstückes.* Während des Fräsvorganges ist die Teilscheibe gegenüber dem Gehäuse des Teilkopfes zu entsichern und durch Einstecken des Teilkurbelstiftes in ein Loch des zum Teilen benutzten Lochkreises mit der Teilkurbel und dadurch mit der Teilschnecke zu kuppeln. Während des Teilvorganges muß die Teilscheibe festgehalten werden. Nach jedesmaliger Einfräsung einer Nute wird der Fräsmaschinentisch zur Anfangsstellung zurückgekurbelt und die Teilung genau so ausgeführt wie bei geraden Nuten [Gl. (383)]. Die Stellung der Teilscheibe zum Werkstück ist durch die Wechselräder gesichert, so daß das Teilen in jeder Stellung erfolgen kann. *Ausgleichteilen* ist also *beim Drallfräsen nicht anwendbar.* Aus dem gleichen Grunde kann die Teilscheibe nicht von Hand betätigt werden, so daß auch Verbundteilen ausscheidet. Das Fräsen mehrerer schraubenförmiger Nuten ist daher nur durch mittelbares Teilen erzielbar. Vgl. auch Beispiel 407.

f) *Vorschubgeschwindigkeit.* Der Vorschub ist beim Fräsen schraubenförmiger Nuten in Richtung der Schraubennut zu messen [Gln. (24) bis (27)]. Er ist also abhängig vom Werkstückdurchmesser, der Schraubensteigung und dem Längsvorschub des Maschinentisches. Weiterhin ist die Größe des Vorschubes abhängig von der Starrheit des Werkstückes, der Festigkeit des Werkstoffes, von Schnittiefe und Spanungsquerschnitt, der verlangten Oberflächengüte, dem Werkzeug mit seinem Schnittwinkel und auch vom Fräsdorn und seiner Abstützung. Es empfiehlt sich auf jeden Fall, statt großer Schnittiefe mehrere Schnitte zu nehmen und dafür mit höherer Vorschubgeschwindigkeit zu arbeiten.

Abb. 344. Fräsen der Drallverzahnung an einem Walzenfräser. Fräsmaschine mit automatischer Teilvorrichtung. Erforderliche Drehbewegung der Arbeitsspindel wird von der Bewegung des Längsschlittens abgeleitet und mit Hilfe von Wechselrädern und eines Ausgleichsgetriebes erzeugt. (Reishauer — Werkzeuge A. G., Zürich/Schweiz)

---

[1] Nach DIN 857 werden bei Fräswerkzeugen „Linksdrall" und „Rechtsdrall" wie bei links- bzw. rechtsgängigem Gewinde (vgl. Abschnitt 5.11) bezeichnet.

Beispiel 346. Im Beispiel 345 wurde das getriebene Wechselrad b mit 44 Zähnen berechnet. Irrtümlich wurde ein Rad mit 48 Zähnen aufgesteckt. Welche Steigung erhält nunmehr die zu fräsende Schraubennut?

Lösung: [Gl. (417)] $H_w = \dfrac{h_T}{u_g} = \dfrac{h_T}{u_w\,u_f} = \dfrac{5}{\dfrac{100\cdot 32}{48\cdot 64}\cdot\dfrac{1}{40}} = \dfrac{5\cdot 48\cdot 64\cdot 40}{100\cdot 32} = 192$ $\bigg|$ Schraubensteigung $H_w = 192$ mm.

Beispiel 347. In eine Kurventrommel soll eine schraubenförmige Führungsnut für einen Steuerhebel gefräst werden, die einen Schlitten bei einer halben Umdrehung um 78,5 mm in ihrer Achsrichtung bewegt. Vorhanden Universalteilkopf C (Maschinentafel 7, S. 359). Tischvorschubspindel 5 mm Steigung. a) Berechne die Wechselräder zum Rundschalten; b) führe eine Fehlerprüfung durch.

Lösung: a) Die Schraubensteigung, deren Angabe sich stets auf eine ganze Umdrehung bezieht, beträgt also $H = 2\cdot 78,5 = 157$ mm; damit

$\left.\begin{array}{l}\text{TSp.} = \quad 5\text{ mm Stg.}\\ \text{ASp.} = 157\text{ mm Stg.}\end{array}\right\}$ [Gl. (412)] $u_g = \dfrac{h_T}{H} = \dfrac{5}{157}.$

[Gl. (413)] $u_w = \dfrac{u_g}{u_f} = \dfrac{5/157}{1/40} = \dfrac{5\cdot 40}{157} = \dfrac{200}{157}.$

Mit Rechenstab $\dfrac{200}{157} \approx \dfrac{637}{500}$; damit $u_w = \dfrac{637}{500} =$

$\dfrac{49\cdot 13}{5\cdot 100} = \dfrac{49\cdot 78}{30\cdot 100}$ $\bigg|$ Nach Abb. 345 erhalten $a = 49$, $b = 30$, $c = 78$, $d = 100$ Zähne.

b) Prüfung: [Gl. (417)] $H_w = \dfrac{h_T}{u_g} = \dfrac{h_T}{u_w\,u_f} =$

$\dfrac{5}{\dfrac{49\cdot 78}{30\cdot 100}\cdot\dfrac{1}{40}} = \dfrac{5\cdot 30\cdot 100\cdot 40}{49\cdot 78} = 156,9859$ mm.

Steigungsfehler
$f = H_w - H = 156,9859 - 157,0000 = -0,0141$ mm. Ist der Steigungsfehler von $f = 0,0141$ mm zulässig, so kann mit Rädern aus dem vorhandenen Rädersatz gearbeitet werden; soll die Steigung dagegen genau 157 mm betragen, so ergibt sich $u_w = \dfrac{200}{157} = \dfrac{200}{\dfrac{100\cdot 64}{157\cdot 32}}$. In diesem Sonderfall muß ein besonderes Wechselrad mit 157 Zähnen angefertigt werden.

Abb. 345. Universalteilkopf C, eingestellt für das Fräsen einer linksgängigen Schraubennut mit vier Wechselrädern a, b, c und d, nebst einem Zwischenrad R auf der zweiten Räderschere (Ludw. Loewe & Co. A.G., Berlin). [Rechnerische Angaben s. Maschinentafel 7, S. 359]

Beispiel 348. Ein Dorn 140 mm Durchmesser ist mit einer Schraubennut zu versehen, deren Steigungswinkel 89° 41′ beträgt. Vorhanden ist ein Universalteilkopf $u_f = 1 : 40$. Die Schere gestattet 6 Wechselräder aufzustecken. Wechselrädersatz: 20, 24, 25, 26, 28, 32, 36, 40, 47, 48, 56, 64, 72, 80, 88, 90, 96, 100, 120, 127, 140, 185, 260. Tischvorschubspindel 6 mm Steigung. a) Berechne die aufzusteckenden Wechselräder. b) Welcher Winkelunterschied ergibt sich durch Aufrundung der Schraubensteigung? Zulässige Abweichung ± 30 Sekunden.

Lösung: a) [Gl. (410)] $H = d\,\pi\,\tan\varphi = 140\,\pi\,\tan 89°41' = 140\,\pi\cdot 180,932 = 79\,578,15$; Schraubensteigung $H = 79\,578,15$ mm.

$\left.\begin{array}{l}\text{TSp.} = \quad 6\text{ mm Stg.}\\ \text{ASp.} = 79\,578,15\text{ mm Stg.}\end{array}\right\}$ [Gl. (412)] $u_g = \dfrac{h_T}{H} = \dfrac{6}{79\,578,15}$ $\bigg|$ [Gl. (413)] $u_w = \dfrac{u_g}{u_f} = \dfrac{\dfrac{6}{79\,578,15}}{\dfrac{1}{40}} = \dfrac{240}{79\,578,15}.$

Mit Rechenstab: $\dfrac{240}{79\,578,15} \approx \dfrac{112}{37\,000}$; $u_w = \dfrac{2\cdot 2\cdot 28}{20\cdot 50\cdot 37} = \dfrac{26\cdot 10\cdot 28}{260\cdot 50\cdot 185} = \dfrac{26\cdot 20\cdot 28}{260\cdot 100\cdot 185}$ $\bigg|$ Nach Abb. 224 erhalten $a = 26$, $b = 26$), $c = 20$, $d = 100$, $e = 28$, $f = 185$ Zähne.

b) Prüfung: [Gl. (406)] $\tan\varphi_w = \dfrac{H_w}{d\,\pi} = \dfrac{h_T}{u_w\,u_f\,d\,\pi} = \dfrac{6}{\dfrac{26\cdot 20\cdot 28}{260\cdot 100\cdot 185}\cdot\dfrac{1}{40}\,140\,\pi} = \dfrac{6\cdot 260\cdot 100\cdot 185\cdot 40}{26\cdot 20\cdot 28\cdot 140\,\pi}$

$= 180,265$; $\varphi_w = 89° 40' 55,8''$. Winkelunterschied = Abweichung vom Sollwert = $-4,2$ Sekunden.

Beispiel 349. Ein Stirnradwälzfräser[1] (Abwälzfräser zum Verzahnen von Stirnrädern) Modul 6,5 mm hat, gemessen in Richtung der Achse, $h = 20,47$ mm Gewindesteigung und $d_0 = 91,84$ mm Teil-

---

[1] Der Wälzfräser stellt (DIN 8000) in geometrischer Hinsicht die Durchdringung mehrerer Körper dar: der ein-, selten mehrgängigen Frässchraube (Gangzahl n), der stets vielgängigen Nutenschraube (Nutenzahl i), der Schrauben der rechten und der linken Zahnflanken und der Kopfschraubenfläche. Bei Herstellung entsprechen diesen Durchdringungskörpern die einzelnen Arbeitsgänge: der Frässchraube das Fräsen oder Schneiden der Gewindegänge, der Nutenschraube das Fräsen der Spannuten, den Schrauben der Zahnflanken das Hinterarbeiten. Die Hüllschraube ist die gedachte, den ganzen Fräser

Fortsetzung der Fußnote siehe S. 238

zylinderdurchmesser. Wie groß ist nach Abb. 346 die Steigung H_n der Schraubenlinie der Längsnuten des Wälzfräsers, wenn diese senkrecht zu den Gewindegängen der Schnecke zu schneiden ist?

Lösung: Nach Abb. 346 wird Winkel BAC = Winkel $ADC = \gamma_0$. Bedeutet AB = abgewickelter Gewindegang, $AC = d_0\,\pi$ = Teilzylinderumfang, $BC = H_f$ = Gewindesteigung des Wälzfräsers, gemessen in der Achsrichtung, AD = abgewickelte Schraubenlinie der Längsnute, $CD = H_n$ = Spannutensteigung = Schraubensteigung der Längsnute, d_0 = Teilzylinderdurchmesser, Winkel $BAC = \gamma_0$ = Einstellwinkel[1] (Steigungswinkel des Gewindeganges) und $CE = t_{n_0} = m\,\pi$ = Gewindesteigung des Wälzfräsers, gemessen in der Längsnutenrichtung = Teilung des mit dem Wälzfräser herzustellenden Stirnrades, so folgt aus den Dreiecken ACD und ABC: $\cot\gamma_0 = \dfrac{H_n}{d_0\,\pi}$ und $\cot\gamma_0 = \dfrac{d_0\,\pi}{H_f}$. Vergleich der Werte für $\cot\gamma_0$ ergibt $\dfrac{H_n}{d_0\,\pi} = \dfrac{d_0\,\pi}{H_f}$; daraus $H_n = \dfrac{d_0\,\pi\,d_0\,\pi}{H_f}$ oder:

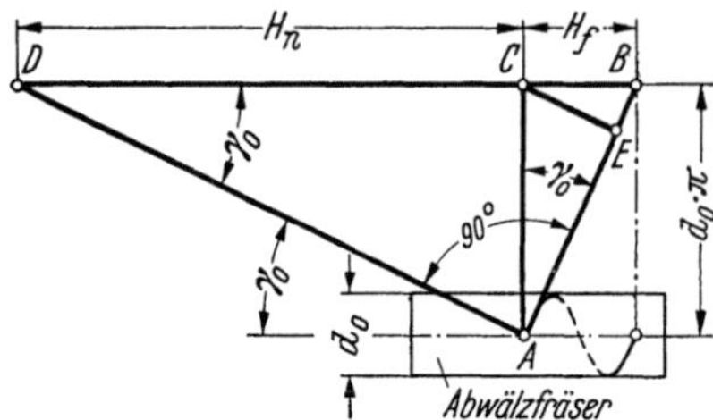

Abb. 346. Zwei verschiedene Schraubensteigungen beim Stirnradwälzfräser

Spannutensteigung beim Stirnradwälzfräser (Abb. 346)

$$H_n = \frac{(d_0\,\pi)^2}{H_f}$$

H_n = Spannutensteigung = Schraubensteigung der Längsnute [mm], d_0 = Teilzylinderdurchmesser [mm], H_f = Gewindesteigung des Wälzfräsers = Abstand der Schnittpunkte einer Rechts-(Links-)flanke mit einer Parallelen zur Fräserachse [mm].   (418)

Gl. (418) ergibt mit den Zahlenwerten $H_n = \dfrac{(91,84\,\pi)^2}{20,47} = 4065$; Spannutensteigung $H_n = 4065$ mm.

Beispiel 350. Die Spannutensteigung eines Stirnradwälzfräsers beträgt 7372 mm. Tischvorschubspindel hat 6 mm Gewindesteigung. Zur Verfügung steht Universalteilkopf B (Maschinentafel 6, S. 359). Berechne die aufzusteckenden Wechselräder.

Lösung: TSp. = 6 mm Stg. $\Big\}$ [Gl. (412)] $u_g = \dfrac{h_T}{H} = \dfrac{6}{7372}$.
ASp. = 7372 mm Stg.

[Gl. (413)] $u_w = \dfrac{u_g}{u_f} = \dfrac{\frac{6}{7372}}{\frac{1}{80}} = \dfrac{480}{7372}$

Den gleichen Zahlenwert ergibt Gl. (414); man erhält

$u_w = \dfrac{h_T}{H\,u_f} = \dfrac{6}{7372 \cdot 1/80} = \dfrac{480}{7320}$.

Zähler und Nenner des Bruches $\dfrac{480}{7372}$ durch 480 dividiert: $\dfrac{480}{7372} = \dfrac{1}{15,35833}$. Die zweite Dezimalstelle des nunmehr erhaltenen Nenners auf 6 aufgerundet: $\dfrac{1}{15,35833} \approx \dfrac{1}{15,36} = \dfrac{100}{1536} = \dfrac{20 \cdot 25}{80 \cdot 96}$. Die errechneten Wechselräder ($a = 20$, $b = 80$, $c = 25$, $d = 96$ Zähne) ergeben die vorgeschriebene Steigung nur angenähert.

Prüfung: [Gl. (417)] $H_w = \dfrac{h_T}{u_g} = \dfrac{h_T}{u_w\,u_f} = \dfrac{6}{\frac{20 \cdot 25}{80 \cdot 96}\frac{1}{80}} = \dfrac{6 \cdot 80 \cdot 96 \cdot 80}{20 \cdot 25 \cdot 1} = 7372,8$ mm. Der durch Wahl eines Näherungswertes entstehende Fehler von $+ 0,8$ mm auf eine Länge von 7372 mm, also von über 7 m, ist für die Werkstätte zulässig. Einen noch geringeren Fehler hat der Näherungswert $\dfrac{480}{7372} \approx \dfrac{28}{430}$ (mit Rechenstab!); man erhält: $u_w = \dfrac{28}{430} = \dfrac{20 \cdot 28}{86 \cdot 100}$. Die Prüfung ergibt: $H_w = \dfrac{h_T}{u_g} = \dfrac{6 \cdot 86 \cdot 100 \cdot 80}{20 \cdot 28 \cdot 1} = 7371,42$ mm, was einem Fehler von $-0,58$ mm entspricht. Um den Fräser richtig nachschleifen zu können, ist er auf der Stirnseite mit der Spannutensteigung beschriftet. Der Wälzfräser ist nur dann imstande, eine einwandfreie Verzahnung zu erzeugen, wenn er außer richtigem Profil und schlagfreiem Lauf eine *hohe Teil- und Steigungsgenauigkeit der Spannuten* aufweist.

7.6112 Drallfräsen ohne Tischverstellung.

Das Fräsen der Schraubennut erfolgt mit einem *Schaftfräser*. Der Fräsmaschinentisch und ebenso die Frässpindel bleiben

umhüllende und alle seine Schneiden enthaltende Schraube. Sie hat die Abmessungen und Eigenschaften eines Schrägzahnrades. Ihre Zähnezahl z ist gleich der Gangzahl des Fräsers. Der Einstellwinkel γ_0 ist der Steigungswinkel der Hüllschraube und des Fräsers auf dem Teilzylinder, d.h. der Winkel zwischen einer Tangente an einer Flankenlinie der Hüllschraube und einer Stirnebene. Der Teilzylinder ist derjenige zur Fräserachse mittige Zylinder, dessen Durchmesser sich ergibt aus $d_0 = \dfrac{z\,m}{\sin\gamma_0}$, worin z = Gangzahl (Zähnezahl der Schnecke), m = Modul, γ_0 = Einstellwinkel [°]. Der Teilzylinder ist eine rein rechnerische Größe, als solche fehlerfrei und am Fräser nicht meßbar. Die Gangrichtung der Spannuten ist der des Fräsers entgegengesetzt.

[1] Der Einstellwinkel kann an dem Wälzfräser nicht gemessen, sondern nur aus der gemessenen Steigung errechnet werden.

während des Fräsvorganges in Nullstellung. Die Arbeitsweise des Schaftfräsers bedingt keinerlei Tischverstellung. Diese Arbeiten können auf der Senkrecht- oder Waagerechtfräsmaschine ausgeführt werden (Abb. 347).

Beispiel 351. Die Steigung der Schraubennut in Abb. 348 ist für $d = 200$, $x = 150$, $y = 200$ mm zu berechnen.

Lösung: Nach Abb. 349 gilt die Proportion $x : y = H : (d\,\pi)$; daraus:

Schraubensteigung (Drallsteigung)

$$H = \frac{d\,\pi\,x}{y} \qquad (419)$$

$H =$ Schraubensteigung, bezogen auf den vollen Umfang = Drallsteigung [mm],
$d =$ Durchmesser des Werkstückes [mm],
$x =$ waagerechtes Koordinatenmaß [mm],
$y =$ senkrechtes Koordinatenmaß [mm].

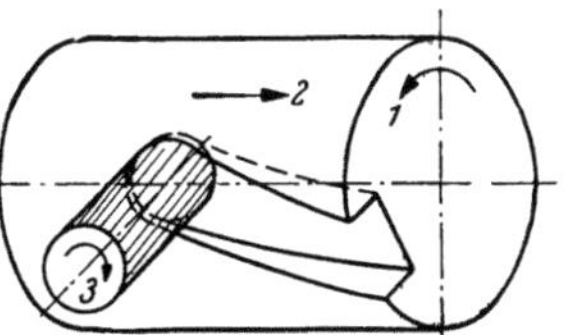

Abb. 347. Arbeitsweise beim Fräsen einer Schraubennut mit Schaftfräser. Pfeilrichtung *1* = langsame Drehbewegung des Werkstückes; *2* = gerade Vorschubbewegung des Werkstückes; *3* = drehende Schnittbewegung des Werkzeuges

Gl. (419) ergibt mit den Zahlenwerten: $H = \dfrac{200\,\pi \cdot 150}{200}$; Schraubensteigung $H = 471,24$ mm.

Beispiel 352. Auf einer Universalfräsmaschine wird nach Abb. 348 in eine Buchse auf 300 mm Umfang eine Schraubennut von 200 mm Steigung eingefräst. Werkstückumfang beträgt $200\,\pi$ mm. Wechselräder für den Teilkopf $i = 40 : 1$ sind wie folgt aufgesteckt: 29-42-39-47. Steigung der Tischvorschubspindel beträgt 6 mm. a) Berechne die Abweichung der Steigung vom Sollwert. b) Wie groß ist der Steigungsfehler auf 300 mm Umfang? [Für π ist der siebenstellige Dezimalwert nach Tafel 9.6, Nr. 1 in Rechnung zu setzen!]

Lösung: a) Mit $x = 200$ mm, $y = 300$ mm und $d\,\pi = 200\,\pi$ mm ergibt

Gl. (419) $H = \dfrac{d\,\pi\,x}{y} = \dfrac{200\,\pi \cdot 200}{300} = 418{,}879027$ mm Schraubensteigung (Sollwert). Die gefräste Steigung wird nach Gl. (417): $H_w = \dfrac{h_T}{u_g} = \dfrac{h_T}{u_w\,u_f} = \dfrac{6}{\dfrac{29 \cdot 39}{42 \cdot 47} \dfrac{1}{40}}$

$= \dfrac{6 \cdot 42 \cdot 47 \cdot 40}{29 \cdot 39} = 418{,}885942$ mm. b) Steigungsfehler $f = H_w - H = 418{,}885942 - 418{,}879027 = +0{,}006915$ mm. Die erzeugte Steigung ist um diesen Betrag größer als die gewünschte Steigung. Bei 200 mm Steigung, also auf 300 mm Umfang ist der Fehler kleiner; er beträgt

$$\frac{0{,}006915 \cdot 200}{418{,}879027} = 0{,}0033 \text{ mm} = +3{,}3\,\mu.$$

7.612 Wechselräderantrieb durch Reduziergetriebe

Beispiel 353. In ein Werkstück 60 mm Durchmesser ist eine Schraubennut mit 30 mm Steigung einzufräsen. Tischvorschubspindel 6 mm Gewindesteigung. Teilkopf 40:1. a) Wie groß ist das Wechselräderverhältnis für die Rundschaltung? b) Wie groß ist der je Minute am Umfang des Werkstückes gemessene Vorschub (Fräsweg), wenn der kleinste zu erreichende Tischlängsvorschub mit 12 mm/min angenommen wird?

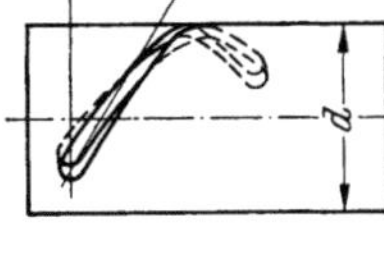

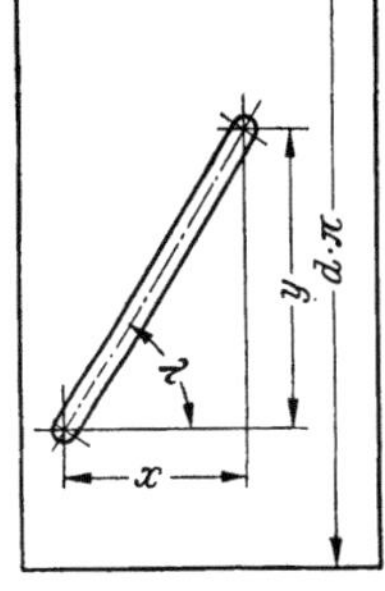

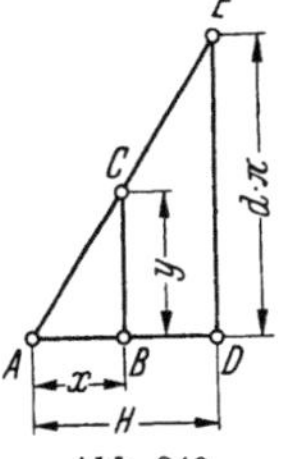

Abb. 348. Zylinder mit Schraubennut und Abwicklung

Abb. 349. Berechnungsdreiecke zu Abb. 348

Lösung:

a) Mit $u_g = \dfrac{h_T}{H} = \dfrac{6}{30} = \dfrac{1}{5}$ [Gl. (412)] und $u_f = \dfrac{1}{40}$ ergibt Gl. (413):

$$u_w = \frac{u_g}{u_f} = \frac{\dfrac{1}{5}}{\dfrac{1}{40}} = \frac{8}{1}; \text{ Wechselräder treiben } 8:1 \text{ ins Schnelle.}$$

b) 12 mm/min Tischlängsvorschub entsprechen bei 6 mm Tischvorschubspindelsteigung zwei Umdrehungen der Tischspindel in der gleichen Zeit. Bei einer Schraubensteigung von 30 mm sind mithin fünf Umdrehungen der Spindel oder

$5/2 = 2{,}5$ Min. Zeit erforderlich. Der in dieser Zeit zurückgelegte Fräsweg berechnet sich mit Bezug auf Abb. 208 zu $AB = \sqrt{(d\,\pi)^2 + H^2} = \sqrt{(60\,\pi)^2 + 30^2} = 190{,}87 \approx 190$ mm. Fräsweg je Minute oder auch Vorschub je Minute beträgt damit $190 : 2{,}5 = 76$ mm. Gl. (24) ergibt den gleichen Zahlenwert: $s'_a = \dfrac{s'\sqrt{(d\,\pi)^2 + H^2}}{H} = \dfrac{12\sqrt{(60\,\pi)^2 + 30^2}}{30}$; $s'_a = 76$ mm/min. Legt also der Fräsmaschinentisch in seiner Längsrichtung 12 mm Weg je Minute zurück, so werden in der gleichen Zeit 76 mm Windungslänge am Fräser vorbeigeführt. Vgl. auch Abb. 63 und Gl. (88) sowie die Beispiele 28 und 65.

Beispiel 353 zeigt, daß bei einer noch häufig vorkommenden Schraubensteigung von 30 mm die Wechselräder von der treibenden Tischvorschubspindel zur getriebenen Teilkopfantriebswelle bereits 8 : 1 ins Schnelle treiben müssen, was ungünstig und bei Maschinen mit Tischeilgang infolge der hohen Zahngeschwindigkeiten unmöglich ist. Als weiterer Nachteil kommt hinzu, daß auch der am Umfange des Werkstückes gemessene Vorschub von 76 mm je Minute in den meisten Fällen zu groß sein dürfte. Diese Mängel werden beseitigt, wenn die Wechselräder für die Rundschaltung nicht mehr durch die Gewindespindel, sondern nach Abb. 350 durch eine Schaftwelle angetrieben werden, deren Drehzahlen der Vorschubreihe entsprechend eingestellt werden können.

Die Schaftwelle überträgt diese Vorschubreihe auf die ungenutete Gewindespindel mit den Übersetzungen $i_r = 1:1$ oder $i_r = 1:10$. Man bestimmt auch hier zunächst das Übersetzungsverhältnis der Wechselräder nach Gl. (412). Ergibt sich dabei, daß die Räder mehr als 4:1 ins Schnelle treiben, so muß man das Reduziergetriebe 1:10 schalten und das Übersetzungsverhältnis der Wechselräder nach Gl. (413) ebenfalls um das 10fache reduzieren. (Im Beispiel 353 würden damit Räder 0,8:1 statt 8:1 aufzustecken sein; auch der Eilgang wird dadurch um das 10fache reduziert.)

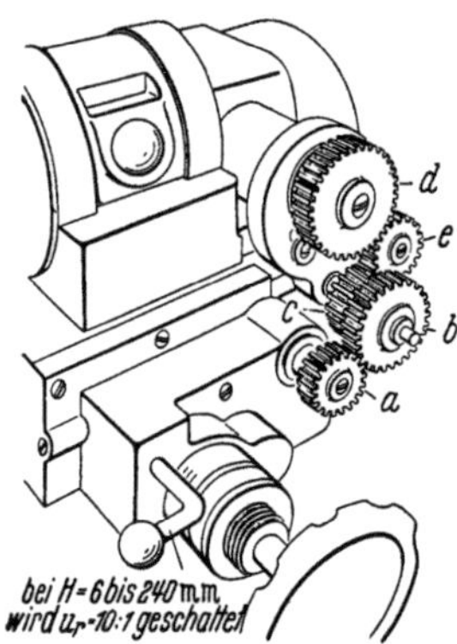

Abb. 350. Reduziergetriebe zum Universalteilkopf C zum Fräsen schraubenförmiger Nuten (Ludw. Loewe & Co. A.G., Berlin). Wechselräderanordnung mit beliebigem Zwischenrad e bei linkssteigender, ohne Zwischenrad bei rechtssteigender Schraubennut. Räder b und c können auch durch ein beliebig großes Zwischenrad ersetzt werden. a = Rad auf dem Tischlagerbolzen, b und c = Räder auf dem Scherenbolzen, d = Rad auf dem Teilkopfbolzen

Wechselräderverhältnis für die Rundschaltung beim Fräsen mit Reduziergetriebe (Abb. 350)

$$u_w = \frac{u_g}{u_f\, u_r} \qquad (420)$$

u_w = Wechselräderverhältnis = Zähnezahlverhältnis der aufzusteckenden Wechselräder für die Rundschaltung $\left(u_w = \dfrac{a\,c}{b\,d}\right)$, u_g = Gesamträderverhältnis nach Gl. (412), u_f = Teilkopfräderverhältnis = Zähnezahlverhältnis zwischen Teilkopfbolzen (Rad d in Abb. 350) und Teilspindel, u_r = Zähnezahlverhältnis des Reduziergetriebes. Im allgemeinen wird man bis 240 mm Schraubensteigung $u_r = 10:1$ und bei den darüberliegenden Steigungen $u_r = 1:1$ schalten. Bei linkssteigender Schraubennut werden die Räder c und d durch ein beliebiges Zwischenrad verbunden; bei rechtssteigender Schraubennut fällt das Zwischenrad weg.

Beispiel 354. Bei 6 mm Tischvorschubspindelsteigung und einem Teilkopfräderverhältnis 1:40 ist in ein Werkstück von 60 mm Durchmesser eine linkssteigende Schraubennut von 200 mm Steigung einzufräsen. Zur Verfügung steht ein Universalteilkopf mit einem Reduziergetriebe nach Abb. 350. Vorhandene Wechselräder: 24, 32, 36, 40, 48, 56, 64, 70, 72, 80, 84, 90, 96, 100. a) Welche Wechselräder sind aufzustecken? b) Wie groß ist die Tischverstellung?

Lösung: a) [Gl. (412)] $u_g = \dfrac{h_T}{H} = \dfrac{6}{200}$. Da die Steigung kleiner als 240 mm ist, werde mit Reduziergetriebe $u_r = 10:1$ gefräst. Gl. (420) ergibt mit $u_g = \dfrac{6}{200}$, $u_f = \dfrac{1}{40}$ und $u_r = \dfrac{10}{1}$ die Wechselräder:

$$u_w = \frac{u_g}{u_f\, u_r} = \frac{\dfrac{6}{200}}{\dfrac{1}{40}\cdot\dfrac{10}{1}} = \frac{6\cdot 40}{200\cdot 10} = \frac{24}{200} = \frac{24\cdot 1}{10\cdot 20} = \frac{24\cdot 4}{10\cdot 80} = \frac{24\cdot 36}{90\cdot 80}$$

Nach Abb. 350 erhalten $a = 24$, $b = 90$, $c = 36$, $d = 80$ Zähne. c und d haben Eingriff, ein Zwischenrad e ist nicht erforderlich.

b) [Gl. (408)] $\tan\lambda = \dfrac{d\,\pi}{H} = \dfrac{60\,\pi}{200} = 0{,}94250$; $\lambda = 43°\,18'$; Einstellwinkel des Tisches $\lambda \approx 43^1/_4{}°$.

7.62 Nuten mit kleiner Steigung

Beim Herstellen von Gewinden auf der Universalfräsmaschine hat der Fräser die drehende Schnittbewegung auszuführen, während sich das Werkstück sowohl axial verschiebt als auch um seine Achse dreht; Teilkopf und Wechselräder besorgen dabei die Verbindung zwischen diesen zwei Bewegungen.

Soll beim Gewindefräsen auf der Universalfräsmaschine der Gewindescheibenfräser (Abb. 62) die Flanken des Gewindes einwandfrei schneiden, so muß er gleiche Richtung mit dem Gewindegang erhalten. In Abb. 351 sei *1—2* die Richtung eines Gewindeganges, *3—4* die Richtung des Fräsers in seiner

Nullstellung. Der Steigungswinkel φ bezeichnet den Unterschied zwischen den beiden Richtungen. Entweder muß der Aufspanntisch um diesen Winkel φ verstellt werden (Abb. 352) oder der Fräser ist um die Größe dieses Winkels zu drehen (Abb. 353). Um eine Verdrehung des Fräsers vornehmen zu können, ist ein *Universalfräskopf* (Abb. 340) zu benutzen; dieser ermöglicht, den Fräser so einzustellen,

daß seine Achse in Nullstellung der Achse des Werkstückes gleichlaufend ist (Abb. 351). Von der Tischvorschubspindel aus wird mit Wechselrädern unmittelbar auf die Teilspindel getrieben. Dazu wird die *Teilkopfschnecke ausgelöst* und rückwärts in die Teilspindel ein Dorn für die Aufnahme des Wechselrades eingeführt. Die Übersetzung zwischen Schnecke und Schneckenrad ist auf diese Weise umgangen. Meist kann noch während des Gewindefräsens die Schnecke vom Schneckenrad losgelöst werden, wodurch ein nutzloses Mitlaufen vermieden wird. Um am Universalfräskopf die

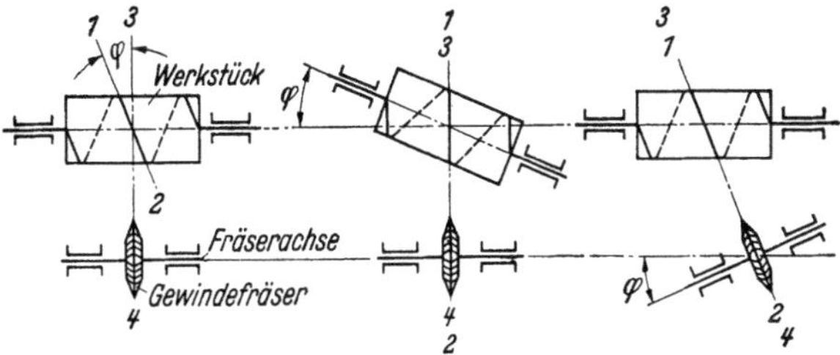

Abb. 351 bis 353. Werkstück- und Fräserstellung beim Gewindefräsen mit Gewindescheibenfräser (Abb. 62) auf der Universalfräsmaschine. Achsen von Tischvorschub- und Frässpindel sind parallel

jeweils richtige Drehung zu erreichen, verwendet man zum Antrieb der Maschine einen Wechselschalter für Rechts- und Linksgang. Die Richtung des Tischweges kann jederzeit durch das Wendegetriebe der Fräsmaschine berichtigt werden.

7.621 Einstellwinkel der Frässpindel

Beim Fräsen von Gewinden ist der scheibenförmige Gewindefräser im Steigungswinkel des Gewindes und auf Mitte Achse einzustellen. Nur dadurch wird ein Nachschneiden des Fräsers und eine Verzerrung der Gewindeflanken vermieden. Der Steigungswinkel des zu fräsenden Gewindes bestimmt sich nach B.T. 7, Z. 12 oder 13; beide Gleichungen beziehen sich auf den Flankendurchmesser d_2.

Wie aus Abb. 354 hervorgeht, ist der Steigungswinkel verschieden, je nachdem der Außen-, Flanken- oder Kerndurchmesser zugrunde gelegt wird; man erhält **Berechnungstafel 9**, S. 309. Für die Einstellung des Frässpindelkopfes mit dem aufgespannten Scheibenfräser kommt der Steigungswinkel φ_m (Abb. 354) $= \varphi$ (Abb. 211) des Flankendurchmessers d_2 in Frage. Beim Schneckengewinde zeigt Abb. 437 die Veränderlichkeit des Steigungswinkels vom Kopf- zum Fußkreisdurchmesser. Die Schrägstellung des Scheibenfräsers erfolgt nach dem Mittensteigungswinkel γ_m; Berechnung desselben nach Z. 8, B.T. 27. Vgl. die Beispiele 164, 254, 355 und 397. Im Beispiel 28 wurde der Mittensteigungswinkel γ_m durch Bilden der Differenz $\gamma_m = 90° - \lambda = 90° - 67°23' = 22°37'$ errechnet.

7.622 Fräsen von Spitzgewinde

Beispiel 355. Mit dem Universalteilkopf B (Maschinentafel 6, S. 359) ist auf einer Universalfräsmaschine mit 5 mm Tischvorschubspindelsteigung ein Bolzengewinde zu fräsen, dessen Steigung bei $d_2 = 45$ mm Flankendurchmesser $h = 4,8$ mm beträgt. a) Um wie viele Grade ist die Frässpindel des Universalfräskopfes zu verstellen. b) Welche Wechselräder (Gewindewechselräder) sind aufzustecken?

Lösung: a) [Z. 12, B.T. 7] $\tan \varphi = \dfrac{h}{d_2 \pi}$
$= \dfrac{4,8}{45\,\pi} = 0,03395$; $\varphi = 1°56'40''$; Einstellwinkel der Frässpindel des Universalfräskopfes $\varphi \approx 1°57'$ (vgl. Abb. 340).

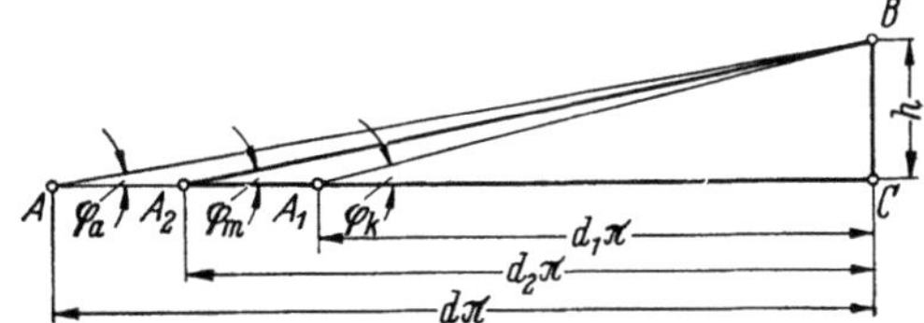

Abb. 354. Veränderlichkeit des Steigungswinkels φ, bezogen auf die verschiedenen Durchmesser eines Bolzengewindes

b) TSp. $= 5$ mm Stg.
ASp. $= 4,8$ mm Stg. $\Big\}$ [Gl. (412)] $u_g = \dfrac{h_T}{h} = \dfrac{5}{4,8}$ $\Big|$ $u_w = u_g = \dfrac{5}{4,8} = \dfrac{28 \cdot 100}{56 \cdot 48}$ $\Big|$ Es erhalten $a = 28$, $b = 56$, $c = 100$, $d = 48$ Zähne.

Prüfung: [Gl. (417)] $h_w = \dfrac{h_T}{u_g} = \dfrac{h_T}{u_w} = \dfrac{5}{\dfrac{28 \cdot 100}{56 \cdot 48}} = \dfrac{5 \cdot 56 \cdot 48}{28 \cdot 100} = 4,8$; Werkstückgewinde 4,8 mm Stg.

7.623 Fräsen von Trapezgewinde

Die gruppenweise Zusammenfassung verschiedener Durchmesser mit gleicher Steigung (vgl. S. 137) ermöglicht es, für eine Durchmessergruppe den gleichen Scheibenfräser (Gruppenfräser) zu verwenden. Der Scheibenfräser erzeugt aber, bedingt durch das Schwenken des Gewindefräsers um den mittleren.

Steigungswinkel, ein verzerrtes Profil in Form gewölbter Flanken, das nur durch Nachschneiden auf der Drehmaschine berichtigt werden kann. Der entstehende Fehler wächst mit der Gewindesteigung. Während der auftretende Fehler bei Bewegungsspindeln erträglich ist, müssen Meßgewinde nach dem Fräsen mit Flankenmeißel nachgeschnitten werden. *Trapezgewindefräser* scheibenförmig für Gewinde mit Flankenwinkel 30° siehe DIN 1893.

Anmerkung: Der Anwendungsbereich des Universalfräskopfes auf Universalfräsmaschinen beim Gewindefräsen ist sowohl bezüglich der Höhe der größten und kleinsten Steigung als auch hinsichtlich des Wechselräderscherenfeldes beschränkt. Es empfiehlt sich die Anwendung einer Gewindefräsmaschine. Es gibt die *Langgewindefräsmaschine* (Abb. 62), die meist auch für das Wälzfräsen eingerichtet ist und eine universellere Bauart darstellt, und die *Kurzgewindefräsmaschine* (Abb. 64), deren Arbeitsbereich auf das Fräsen kurzer Gewinde beschränkt ist, jedoch eine höhere Leistung hervorbringt und in der Reihen- und Massenfertigung angewendet wird.

7.624 Fräsen mehrgängiger Gewinde

Beim Fräsen mehrgängiger Windungen muß zum Zwecke des Teilens das auf der Teilspindel befestigte Wechselrad (oder sein Gegenrad) jedesmal ausgerückt werden und seine Zähnezahl durch die Gangzahl des zu fräsenden Gewindes teilbar sein, damit es nach der Teilung wieder in das Gegenrad eingerückt werden kann. Es kann auch selbst als Teilscheibe verwendet werden. Vgl. Abschnitt 5.147.

Sind z. B. 3 Gänge zu fräsen und hat das Rad auf der Teilspindel 72 Zähne, so muß dasselbe je Schraubennut um 72/3 = 24 Zähne weitergedreht werden. Vielfach wird auch zum Fräsen mehrgängiger Gewinde auf dem Wege des unmittelbaren Antriebes des Universalteilkopfes von der Tischvorschubspindel ein in die Teilspindel einzusetzender Spanndorn mit Teilscheibe und Kurbel verwendet. Nach dem Fräsen der ersten Windung wird die Teilkurbel am Spanndorn um eine Teilung weitergedreht.

7.625 Fräsen von Drallnuten mit verschiedenen Steigungen

Im Gegensatz zum Scheibenfräser ist beim Arbeiten mit dem Schaftfräser (DIN 844, 845) eine Tischverstellung nicht erforderlich. Fräsmaschinentisch und Frässpindel bleiben deshalb während des Fräsvorganges in Nullstellung.

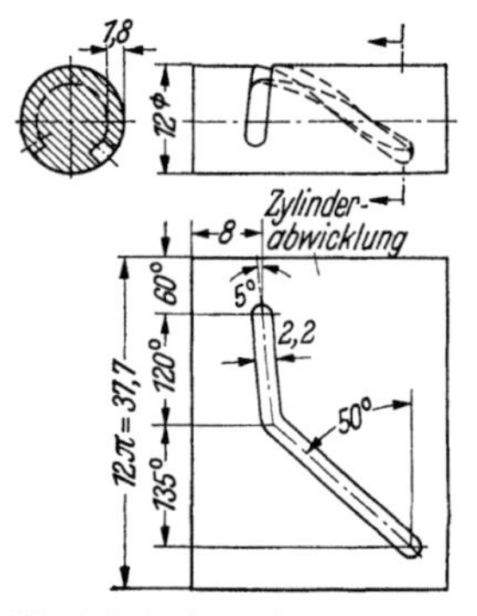

Abb. 355. Bolzen mit Führungsnut und Abwicklung

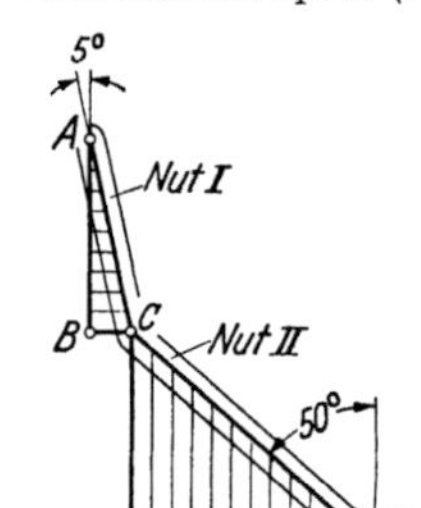

Abb. 356. Berechnungs-
skizze zu Abb. 355

Beispiel 356. Ein Bolzen ist nach Abb. 355 mit einer Führungsnut zu versehen. Zur Verfügung steht eine Universalfräsmaschine mit Universalteilkopf *A* (Maschinentafel 5, S. 359). Steigung der Tischvorschubspindel 6 mm. Berechne die Wechselräder.

Lösung: [Gl. (410)]: $H_I = d\,\pi\tan\varphi = 12\,\pi\tan 5° = 37{,}699 \cdot 0{,}08749$; $H_I = 3{,}2982\ mm$. In gleicher Weise: $H_{II} = d\,\pi\tan\varphi = 12\,\pi\tan 50° = 37{,}699 \cdot 1{,}19175$; $H_{II} = 44{,}928\ mm$.

Wechselräder zum *Fräsen der Schraubennute I*:

$$\left.\begin{array}{l} \text{TSp.} = 6 \text{ mm Stg.}\\ \text{ASp.} = 3{,}2982 \text{ mm Stg.} \end{array}\right\} \quad [\text{Gl. (412)}]$$

$$u_g = \frac{h_T}{H} = \frac{6}{3{,}2982};$$

$$u_w = u_g = \frac{6}{3{,}2982} = \frac{1}{0{,}5497} = \frac{10\,000}{5497} \approx \frac{9996}{5488};$$

$$\frac{9996}{5488} = \frac{2^2 \cdot 3 \cdot 7^2 \cdot 17}{2^4 \cdot 7^3} = \frac{3 \cdot 17}{4 \cdot 7} = \frac{30 \cdot 85}{40 \cdot 35}.$$

Die errechneten Wechselräder $a = 30$, $b = 40$, $c = 85$ und $d = 35$ ergeben die vorgeschriebene Steigung nur angenähert. Die tatsächlich gefräste Steigung beträgt nach Gl. (417): $H_w = \dfrac{h_T}{u_g} = \dfrac{h_T}{u_w} = \dfrac{6 \cdot 40 \cdot 35}{30 \cdot 85} = 3{,}29411$ mm. Der Fehler von 3,29820 — 3,29411 = —0,00409 mm ist vernachlässigbar.

Wechselräder zum *Fräsen der Schraubennute II:*

$$\left.\begin{array}{l} \text{TSp.} = 6 \text{ mm Stg.}\\ \text{ASp.} = 44{,}928 \text{ mm Stg.} \end{array}\right\} \quad [\text{Gl. (412)}] \quad u_g = \frac{h_T}{H} = \frac{6}{44{,}928}.$$

$$u_w = u_g = \frac{6}{44{,}928} = \frac{1 \cdot 1300}{7{,}488 \cdot 1300} = \frac{1300}{9734{,}4} \approx \frac{1298}{9735};\quad \frac{1298}{9735} = \frac{2 \cdot 11 \cdot 59}{3 \cdot 5 \cdot 11 \cdot 59} = \frac{40 \cdot 25}{75 \cdot 100}.$$

Die mit den Wechselrädern $a = 40$, $b = 75$, $c = 25$ und $d = 100$ tatsächlich geschnittene Steigung beträgt nach Gl. (417): $H_w = \dfrac{h_T}{u_g} = \dfrac{h_T}{u_w} = \dfrac{6 \cdot 75 \cdot 100}{40 \cdot 25} = 45{,}000$ mm. Der Unterschied von 45,000 — 44,928 = + 0,072 mm gegenüber der verlangten Steigung kann noch als zulässig angesehen werden.

Die Wechselräder zum Fräsen der Schraubennute *I* wurden nach Abschnitt 5.13 unter Zuhilfenahme einer Faktorentafel bestimmt; gleiches gilt für die Ausrechnung der Wechselräder zum Fräsen der Schraubennute *II*.

7.7 Fräsen von Kurvenscheiben mit Spiralflächen

Die Genauigkeit und Sauberkeit von Leitflächen für selbsttätige Drehmaschinen und Sondervorrichtungen[1] sind bestimmend für die Sauberkeit des Werkstückes. Die Kurven werden von Fall zu Fall entworfen und im Einzelverfahren hergestellt. Sofern dabei das Verwenden der Universalfräsmaschine mit Universalteil- und Fräskopf in Betracht gezogen wird, bietet dieses Verfahren zum Fräsen von genauen Leitflächen in bezug auf die Vielseitigkeit der herzustellenden Kurvensteigungen ohne Neuanfertigung von Wechselrädern unbegrenzte Möglichkeiten.

7.71 Fräsen genauer Kurvensteigungen

Die meist verwendete Kurve ist die *archimedische Spirale*. Wie bereits erwähnt (vgl. Fußnote S. 21), entsteht die archimedische Spirale, wenn sich ein Punkt P mit gleichförmiger Geschwindigkeit auf einem Strahl fortbewegt, während sich dieser um einen festen Punkt M, den Pol der Spirale, gleichförmig dreht.

Nach Abb. 357 erhält Strahl I eine Wegstrecke a, Strahl II zwei Strecken a, Strahl III drei Strecken a usw. Auf dem letzten Strahl XII werden zwölf Wegstrecken a aufgetragen. Die so gefundenen Punkte 1 bis 12 ergeben, durch eine Kurve verbunden, eine archimedische Spirale. Ist nach einmaliger Umdrehung

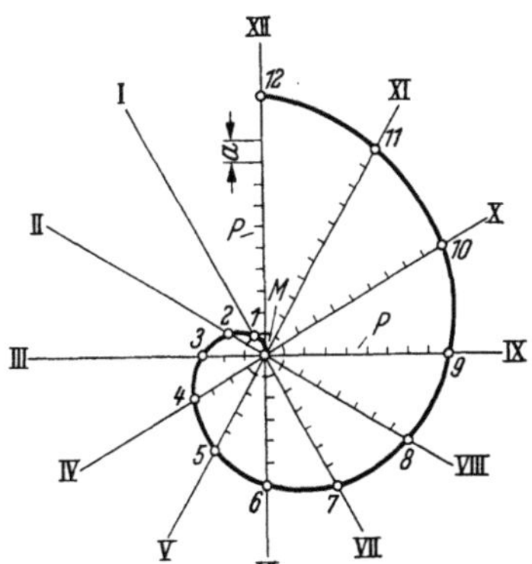

Abb. 357. Konstruktion der archimedischen Spirale

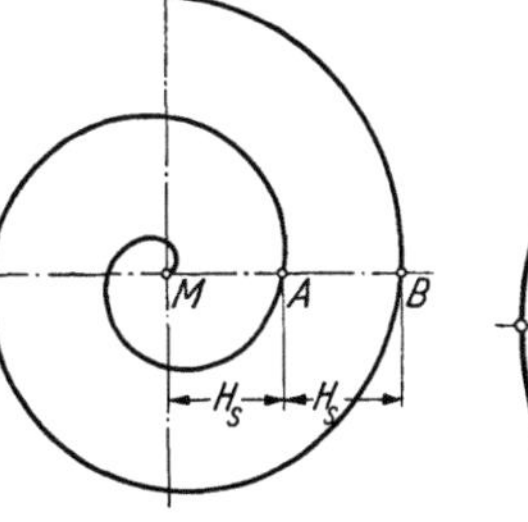

Abb. 358. Steigung H_s der archimedischen Spirale

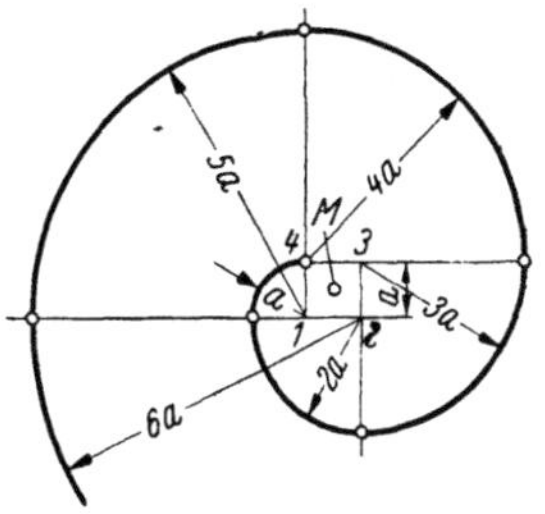

Abb. 359. Näherungskonstruktion der archimedischen Spirale

des Strahles, also um 360°, der sich von M fortbewegende Punkt nach A gelangt (Abb. 358), so ist er nach $^1/_{12}$ Umdrehung vom Pol M um $\overline{AM}/12$ entfernt. Nach zweimaliger Umdrehung befindet sich der Spiralenpunkt in B. Der Gangzwischenraum $AM = AB = H_s$ ist die *Steigung oder Ganghöhe der Spirale*, bezogen auf den vollen Umfang. Eine Näherungskonstruktion der archimedischen Spirale, die mit dem Zirkel gezogen werden kann, zeigt Abb. 359. Zeichnen des Quadrates 1, 2, 3, 4 mit der Seitenlänge a. Der erste Viertelkreisbogen (Halbmesser a) hat seinen Mittelpunkt in der Quadratecke 1. Der Mittelpunkt des zweiten Viertelkreisbogens (Halbmesser $2a$) liegt in der Ecke 2. Der dritte Viertelkreisbogen (Halbmesser $3a$) hat seinen Mittelpunkt in der Ecke 3, der vierte Viertelkreisbogen (Halbmesser $4a$) in der Ecke 4. Bei Weiterentwicklung der Spirale hat der nächste Viertelkreisbogen (Halbmesser $5a$) seinen Mittelpunkt wieder in der Quadratecke 1 usw.

Anmerkung: Je kleiner das Quadrat bemessen werden kann, desto genauer wird die Konstruktion, weil sich dann die Ecken des Quadrates dem Mittelpunkt M der archimedischen Spirale immer mehr nähern. Noch genauer kann man die Spirale aus Sechstel-, Achtel-, Zwölftel-, Sechzehntelkreisbogen usw. zusammensetzen. An Stelle des Quadrates legt man dann das entsprechende regelmäßige Vieleck zugrunde; die Steigung der Spirale ist dann gleich dem Umfange des Vielecks.

7.711 Jede Kurvensteigung bedingt neue Wechselräder

Fall I. Nach Abb. 360 ist die Teilspindelachse $A-B$ der Achse $C-D$ der Frässpindel gleichlaufend und waagerecht zum Maschinentisch eingestellt. Einstellwinkel $\sigma = 0°$. Das von der Tischvorschubspindel über Wechselräder a bis d angetriebene Werkstück erhält keinerlei Steigung, wird also zylindrisch gefräst. Statt einer Kurve wird mit dem Schaftfräser um die Achse der Teilspindel ein Kreisbogen erzeugt. Das Wechselräderverhältnis kann $u_w = 1:1$ sein, kann aber auch ebenso jeden anderen Wert annehmen.

---

[1] Bei gewöhnlichen Drehmaschinen werden Längs- und Quervorschübe durch Wechselräder und Spindeln übertragen. Bei selbsttätigen Drehmaschinen und Sondervorrichtungen sind es Kurven (archimedische Spiralen), die durch Führungsrollen unmittelbar oder durch Zwischenlegung von Hebeln die Vorschubbewegung auf die zu betätigende Stelle übertragen.

Fall II. Werden nach Abb. 361 die gleichlaufenden Achsen $A-B$ der Teilspindel und $C-D$ der Frässpindel senkrecht zum Maschinentisch eingestellt (Einstellwinkel $\sigma = 90°$), so ergibt sich für die Kurvenscheibe eine Steigung, deren Größe mit der durch das Wechselräderverhältnis u_w erreichten Steigung übereinstimmt. Dieses Fräsen von Spiralflächen ist dem Fräsen von Schraubenflächen grundsätzlich gleich; es wird lediglich mit senkrechter Frässpindel und senkrecht gestellter Teilspindel gearbeitet. Man erhält:

Wechselräderverhältnis für die Rundschaltung
beim Fräsen von Spiralflächen

$$u_w = \frac{a\,c}{b\,d} = \frac{h_T}{H_s u_f} \qquad (421)$$

Steigung der zu fräsenden Kurvenbahn, bezogen
auf den vollen Umfang (Abb. 361 und 362)

$$H_s = \frac{h_s \cdot 360°}{\varphi°} \qquad (422)$$

u_w = Wechselräderverhältnis = Zähnezahlverhältnis der aufzusteckenden Wechselräder für die Rundschaltung beim Fräsen von Spiralflächen, a und c = Zähnezahlen der treibenden Wechselräder, b und d = Zähnezahlen der getriebenen Wechselräder, h_T = Tischvorschubspindelsteigung [mm], H_s = Steigung der Spirale je Umdrehung der Teilspindel = Steigung der zu fräsenden Kurvenbahn, bezogen auf den vollen Umfang [mm], u_f = Teilkopfräderverhältnis = Zähnezahlverhältnis sämtlicher zwischen Kegelradbolzen und Teilspindel sich befindender Übersetzungsräder, h_s = Steigung der zu fräsenden Kurvenbahn für den Anteil des Arbeitsganges entsprechend dem Umfangswinkel φ [mm], (φ = Umfangswinkel [°]).

Beispiel 357. Auf einem Umfangswinkel von 280° nimmt der Halbmesser einer Kurvenscheibe von 100 mm auf 72 mm ab. Die Kurve ist nach einer archimedi-

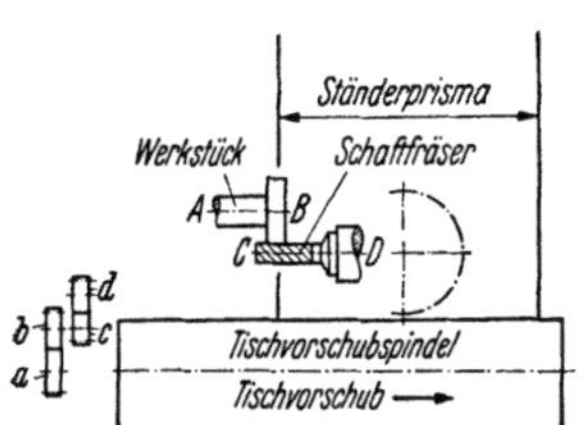

Abb. 360. Achsen von Teil- und Frässpindel waagerecht zum Tisch

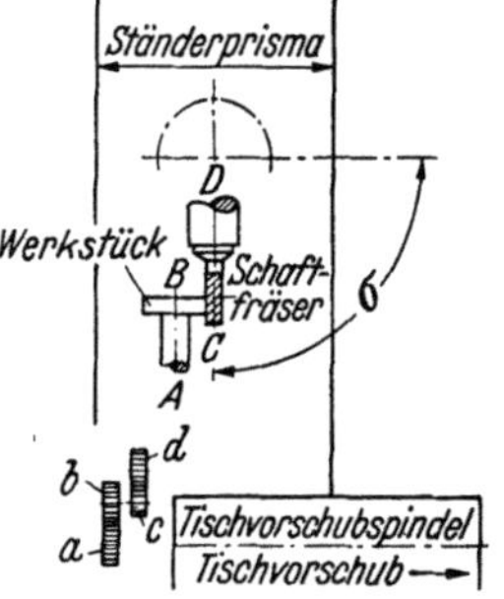

Abb. 361. Achsen von Teil- und Frässpindel senkrecht zum Tisch

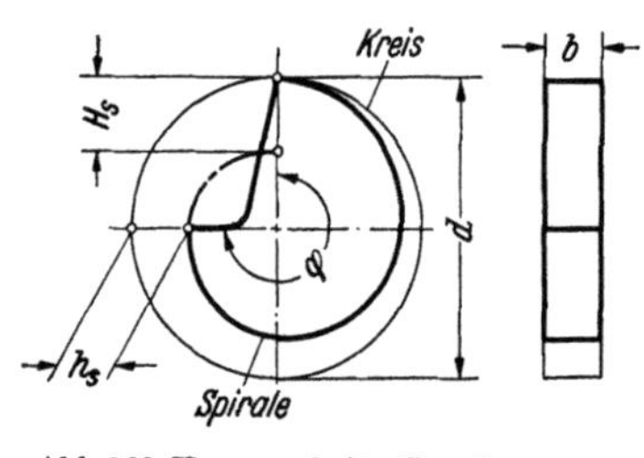

Abb. 362. Kurvenscheibe (Durchmesser=d, Breite = b) mit archimedischer Spiralfläche. Ist H_s=Hub der Scheibe bei einer Umdrehung, so wird für $\varphi°$ Umfangswinkel der Hub h_s

schen Spirale zu fräsen. Vorhanden Teilkopf A (Maschinentafel 5, S. 359) mit Universalfräskopf. Tischvorschubspindel 6 mm Steigung. Welche Wechselräder sind zum Fräsen der Kurve aufzustecken, wenn mit senkrechter Frässpindel und senkrecht gestellter Teilspindel (Abb. 361) gearbeitet wird?

Lösung: Mit $h_s = 100 - 72 = 28$ mm und $\varphi = 280°$ ergibt Gl. (422): $H_s = \dfrac{28 \cdot 360°}{280°} = 36$; Steigung der Spirale je Umdrehung der Teilspindel $H_s = 36$ mm. Mit $h_T = 6$ mm, $H_s = 36$ mm und $u_f = \frac{1}{60}$ folgt nach Gl. (421) $u_w = \dfrac{h_T}{H_s u_f} = \dfrac{6 \cdot 60}{36 \cdot 1} = \dfrac{10}{1} = \dfrac{100 \cdot 75}{30 \cdot 25}$. Nach Abb. 361 wird die Teilspindel und damit die Kurvenscheibe, wie beim Drallfräsen, von der Tischvorschubspindel aus über die Wechselräder $a = 100$, $b = 30$, $c = 75$, $d = 25$ und das im Teilkopf sich anschließende Räderwerk angetrieben. Während des Fräsens bewegt sich der Tisch auf den Fräser zu; die dadurch entstehende Kurve ergibt eine archimedische Spirale.

Fall III. Durch Einstellung der Achsen von Teil- und Frässpindel in einen bestimmten Winkel σ zum Tisch (Abb. 363) läßt sich jede beliebige Steigung mit vorhandenen Wechselrädern erzielen.

Winkel Teilspindel und Winkel Fräserachse sind so eingestellt, daß die Achsen gleichlaufend zueinander liegen. Durch die Wechselräder a, b, c und d wird bei Verschiebung des Frästisches auf die Teilspindel eine umlaufende Bewegung übertragen. Während nun die Längsbewegung je nach der Bewegungsrichtung eine Zunahme oder Abnahme des gleichlaufenden Abstandes der Achsen bewirkt, verursacht die Drehbewegung eine Winkelveränderung des Werkstückes. Da diese beiden Bewegungen bei einmal festgesetzten Antriebsverhältnissen gleichzeitig und gleichbleibend sind, so erzeugt der sich bewegende und das Werkstück berührende zylindrische Fräser eine archimedische Spirale; es gilt:

$$\frac{\textit{Winkelveränderung}}{\textit{Halbmesserveränderung}} = \textit{unveränderlich.}$$

Diese Gesetzmäßigkeit läßt Abb. 364 erkennen; H_w ist die Längsverschiebung des Frästisches je Umdrehung der Teilspindel und H_s die Steigung der gefrästen Kurvenbahn, ebenfalls bezogen auf eine volle Umdrehung der Teilspindel. Gl. (423) zeigt die Abhängigkeit des Einstellwinkels σ von den Steigungen H_w und H_s.

Einstellwinkel von Teil-
und Frässpindel
(Abb. 363 und 364)

$$\sin\sigma = \frac{H_s}{H_w} \qquad (423)$$

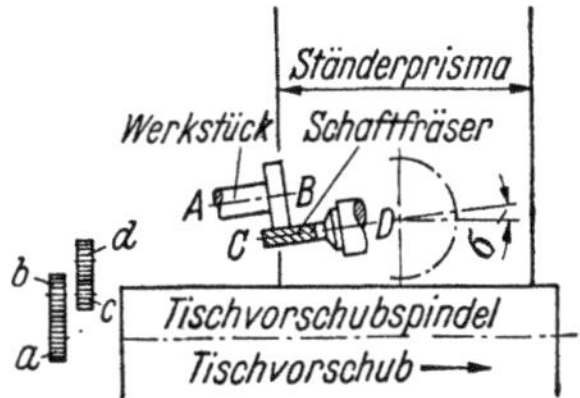

Abb. 363. Achsen von Teil- und Frässpindel schräg zum Tisch beim Fräsen von Spiralflächen. $A - B =$ Achse der schräggestellten Teilspindel, $C - D =$ Achse des schräggestellten drehbaren Fräskopfes, $\sigma =$ Einstellwinkel der Achsen von Teil- und Frässpindel

$\sigma =$ Einstellwinkel der Achsen von Teil- und Frässpindel [°], $H_s =$ Steigung der Spirale je Umdrehung der Teilspindel $=$ Steigung der zu fräsenden Kurvenbahn, bezogen auf den vollen Umfang [mm], $H_w =$ Längsverschiebung des Frästisches $=$ Steigung je Umdrehung der Teilspindel, erreicht durch das Wechselräderverhältnis u_w [mm].

Gl. (423) besagt, daß beim Fräsen von Kurven die Achsen von Teil- und Frässpindel auf einen Winkel einzustellen sind, dessen Sinuswert gleich dem Verhältnis zwischen gesuchter und durch Wechselräder bestimmte Steigung ist[1].

Beispiel 358. Abb. 365 zeigt zwei Kurven der Kurvenscheibe zum Herstellen einer einfachen Zylinderschraube auf einer selbsttätigen Revolverdrehmaschine. Die I. Kurve a—b beginnt mit Punkt a auf der vierten Teillinie; Punkt a ist vom Umfang des größten Kurvendurchmessers 19 mm entfernt. Endpunkt b liegt auf der 36. Teillinie. Der Beginn der II. Kurve c—d liegt auf dem Teilstrich 40, im gleichen radialen Abstand wie Punkt a. Der Kurvenhub beträgt 17 mm, verteilt auf 9,5 Hundertstel. Anfangspunkt a und Endpunkt b sind, wie auch die Punkte c und d, durch eine stetig ansteigende Kurve (Planspirale) verbunden. Welche Wechselräder sind zum Fräsen der beiden Kurven aufzustecken, und wie groß ist in beiden Fällen der Einstellwinkel von Teil- und Frässpindel? Zur Verfügung stehen Universalteilkopf A und ein Universalfräskopf. Tischvorschubspindel 6 mm Steigung.

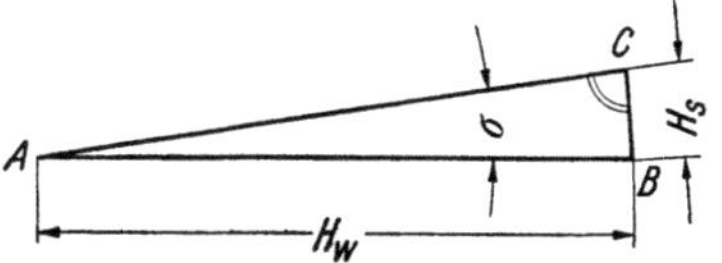

Abb. 364. Einstellwinkel σ in Abhängigkeit der beiden Steigungen H_w und H_s

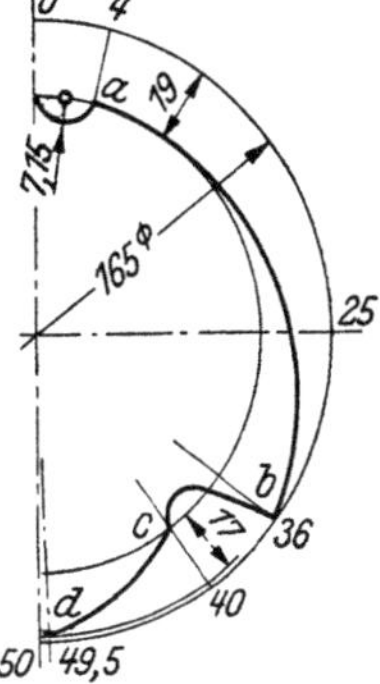

Abb. 365. Kurvenzüge einer Kurvenscheibe für einen Automaten. Die Anzahl der verschiedenen Kurvenzüge einer Scheibe ist gleich der Zahl der von dieser Leitstelle aus nacheinander betätigten Werkzeugstellungen, denen jeweils verschiedene Arbeitsgänge zugeordnet sind. Um den Gesamtumfang der Scheibe den einzelnen Arbeitsgängen klar zuordnen zu können, wird die Scheibe mit einer 100-Teilung versehen; in dieser Teilung kann jeder Arbeitsgang genau vermerkt werden

Lösung: *Fräsen der I. Kurve a—b.* Nach Abb. 365 steigt die Kurve a—b auf $36 - 4 = 32$ Hundertstel um 19 mm. (Die Steigung der Kurvenbahn a—b für den Anteil des Arbeitsganges beträgt somit 19 mm.) Die Steigung der Kurve für den vollen Umfang, also für 100 Hundertstel, beträgt $\dfrac{19\cdot 100}{32} = \dfrac{1900}{32}$ mm; zu fräsende Spiralsteigung also $H_{s\,I} = \dfrac{1900}{32} = 59\dfrac{12}{32}$ mm. Der Wechselräderberechnung ist eine in der Nähe liegende, stets etwas höhere Steigung zugrunde zu legen, z. B. $H'_{s\,I} = 60$ mm, damit: [Gl. (413)] $u_w = \dfrac{u_g}{u_f} = 6/60 : 1/40 = \dfrac{240}{60} = \dfrac{4}{1} = \dfrac{96\cdot 64}{32\cdot 48}$. Die etwas höher angenommene Steigung von $H'_{s\,I} = 60$ mm ergibt der verlangten Steigung $H_s = 59\dfrac{12}{32}$ mm gegenüber einen Unterschied. Dieser Unterschied wird durch Einstellen der Teilkopf- und Frässpindel auf den Winkel σ ausgeglichen. Nach Gl. (423) wird: $\sin\sigma_I = \dfrac{H_{s\,I}}{H'_{s\,I}} = 59\dfrac{12}{32} : 60 = 0{,}98958$; $\sigma_I = 81°43'20''$. Wird nach Abb. 363 Winkel σ_I mit $81°43'20''$ eingestellt und werden Wechselräder mit $a = 96$, $b = 32$, $c = 64$ und $d = 48$ Zähnen aufgesteckt, so erhält das Werkstück die in Abb. 365 vorgeschriebene I. Kurve a—b.

Fräsen der II. Kurve c—d. Nach Abb. 365 steigt die Kurve c—d auf $49{,}5 - 40 = 9{,}5$ Hundertstel um 17 mm. (Die Steigung der Kurvenbahn c—d für den Anteil des Arbeitsganges beträgt hier 17 mm.) Die Steigung der Kurve

---

[1] Stehen die Achsen von Teil- und Frässpindel senkrecht zum Tisch (Abb. 361), so gilt, da $\sin\sigma = \sin 90° = 1$, nach Gl. (423): $H_w = H_s$. Daraus ist ersichtlich, daß Einstellwinkel σ stets kleiner als 90° ist. Je größer jedoch der Einstellwinkel an sich ist, um so geringer ist die unbedingt erforderliche Überlänge des Schaftfräsers. Vgl. Abb. 366.

für den vollen Umfang, also für 100 Hundertstel, beträgt $\dfrac{17 \cdot 100}{9,5} = \dfrac{1700}{9,5}$ mm, also $H_{sII} = \dfrac{1700}{9,5} =$ $178\dfrac{90}{95}$ mm. Mit $H'_{sII} \approx 180$ mm folgt: [Gl. (413)] $u_w = \dfrac{u_g}{u_f} = 6/180 : 1/40 = \dfrac{240}{180} = \dfrac{4}{3} = \dfrac{64 \cdot 48}{72 \cdot 32}$; nach Gl. (423): $\sin \sigma_{II} = \dfrac{H_{sII}}{H'_{sII}} = 178\dfrac{90}{95} : 180 = 0,99415$; $\sigma_{II} = 83° 48' 4''$. Wird nach Abb. 363 Winkel σ_{II} mit $83° 48' 4''$ eingestellt und werden Wechselräder mit $a = 64$, $b = 72$, $c = 48$ und $d = 32$ Zähnen aufgesteckt, so erhält das Werkstück die in Abb. 365 vorgeschriebene II. Kurve c—d.

7.712 Verschiedene Kurvensteigungen erhalten gleiche Wechselräder

Das Fräsen der Kurven a—b und c—d erfordert außer einer jedesmalig neuen Winkeleinstellung auch je eine neue Wechselräderanordnung. Der Vergleich der beiden Arbeitsgänge läßt jedoch auf eine bedeutende Vereinfachung schließen, die es ermöglicht, *mit nur einer einzigen Wechselräderanordnung* viele Kurvensteigungen zu erzeugen. Ist die größte gesuchte Steigung der zu fräsenden Kurven bekannt, so sind als einmalige Arbeit die Wechselräder für eine stets höhere Steigung zu berechnen und aufzustecken. Nun ist es möglich, mit diesen Wechselrädern alle Steigungen zu fräsen, die zwischen der gewählten größeren Steigung H_s und Null liegen, indem Teil- und Frässpindel auf einen Winkel eingestellt werden, dessen Sinuswert gleich dem Verhältnis zwischen der gesuchten und der durch die Wechselräder bestimmten Steigung ist.

Beispiel 359. Das Fräsen der Kurven a—b und c—d der Kurvenscheibe des Beispiels 358 ist mit nur einer Wechselräderanordnung vorzunehmen. Welche Wechselräder sind aufzustecken, und wie groß sind die Einstellwinkel von Teil- und Frässpindel?

Lösung: Zum Fräsen der Kurve a—b wurde im Beispiel 358 eine Steigung von $H'_{sI} = 60$ mm, für die Kurve c—d eine solche von $H'_{sII} = 180$ mm angenommen. Wird nun auch für die Kurve a—b die Steigung H'_{sII} mit 180 mm gewählt, was der größten Steigung des Beispiels entspricht, so liegt damit den beiden in ihren Steigungen verschiedenen Kurven die gleiche Wechselräderanordnung mit 64—72—48—32 Zähnen zugrunde. Der Kurve c—d entspricht ein Einstellwinkel von $83° 48' 4''$; zum Fräsen der Kurve a—b sind Teilkopf- und Frässpindel um den Winkel σ_{II} einzustellen. Es wird $\sin \sigma_{II}$ $= \dfrac{H_{sI}}{H'_{sII}} = 59\dfrac{12}{32} : 180 = 0,32986$; daraus $\sigma_{II} = 19° 15' 37''$. So ist es allein durch Winkelveränderung möglich, jede verlangte Steigung zu fräsen, die zwischen 180 mm und dem Wert Null liegt.

Anmerkung: Bei Einstellung der Fräsmaschine ist darauf zu achten, daß die Achsen der Teilkopf- und Frässpindel in der gleichen senkrechten Ebene liegen. Die Kurve wird nur grob angerissen und mit wenigen Millimetern Zugabe aus der Vollscheibe herausgesägt oder herausgeschnitten und auf der Fräsmaschine weiterbearbeitet. Jedoch sind der Anfangs- und Endpunkt eines jeden Kurvenzuges genauestens anzureißen, da es sich hier um Prüfpunkte für die Herstellung handelt. Weiterhin ist es wichtig, die nutzbare Fräserlänge möglichst voll auszunützen; dieselbe ist begrenzt und in ihren Grenzen gegeben.

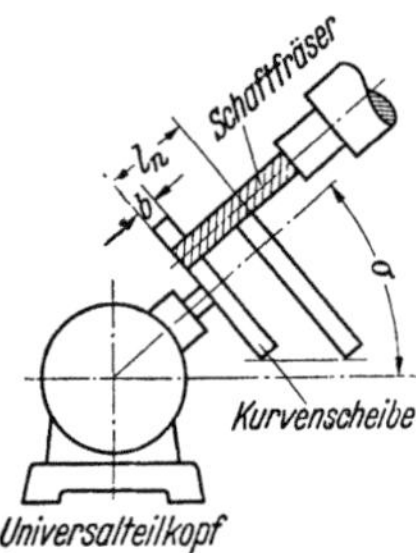

Abb. 366. Nutzbare Fräserlänge beim Fräsen von Spiralflächen

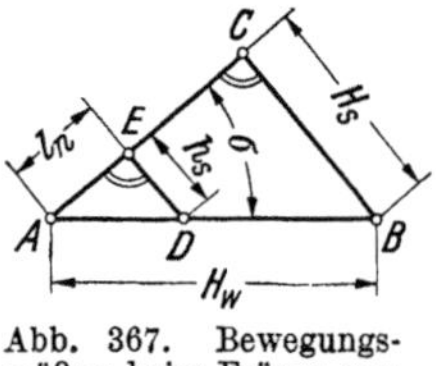

Abb. 367. Bewegungsgrößen beim Fräsen von Spiralflächen. Dreieck ABC entspricht einer vollen Umdrehung, Dreieck ADE einer Teildrehung der Teilspindel

Nutzbare Schneidenlänge des Schaftfräsers (Abb. 366)

$$l_n = l_s - b \qquad (424)$$

Vorläufiger Einstellwinkel (Abb. 366 und 367)

$$\tan \sigma = \frac{h_s}{l_n} \qquad (425)$$

Steigung der Spirale je Umdrehung der Teilspindel (Abb. 362)

$$H_s = \frac{h_s \cdot 100}{u} \qquad (426)$$

Längsverschiebung des Frästisches je Umdrehung der Teilspindel

$$H_w = \frac{H_s}{\sin \sigma} \qquad (427)$$

Endgültiger Einstellwinkel nach Gl. (423).

$l_n = $ nutzbare Schneidenlänge des Schaftfräsers [mm], $l_s = $ Schneidenlänge des Schaftfräsers [mm], $b = $ Breite der Kurvenscheibe $= $ Fräsbreite [mm], $\sigma = $ Einstellwinkel der Achsen von Teil- und Frässpindel [°], $h_s = $ Steigung der zu fräsenden Kurvenbahn für den Anteil des Arbeitsganges entsprechend dem Umfangswinkel φ [mm], $H_s = $ Steigung der Spirale je Umdrehung der

Teilspindel = Steigung der zu fräsenden Kurvenbahn, bezogen auf den vollen Umfang [mm], u = Anteil in Teilen von Hundert für den jeweiligen Kurvenzug, H_w = Längsverschiebung des Frästisches = Steigung je Umdrehung der Teilspindel, erreicht durch die Wechselräder u_w [mm].

7.72 Fräsen angenäherter Kurvensteigungen

Verwendet man eine angenäherte Konstruktion der archimedischen Spirale (Abb. 359), so läßt sich diese mit einfachen Mitteln maschinell herstellen.

Der Kreuzschlitten Abb. 368 wird auf den Rundtisch einer Fräsmaschine oder, wenn ein solcher nicht vorhanden, an einem Universalteilkopf, an dem die Spindel senkrecht gestellt ist, befestigt. Um eine Kurve (Umfangswinkel 90° oder kleiner) zu fräsen. ist es nur notwendig, die Quadratecke *1* (vgl. Abb. 359) mit dem Kreuzschlitten über den Mittelpunkt M des Drehtisches (Längs- bzw. Quer- sowie Höhenverstellung) zu kurbeln. Genaueinstellung erfolgt durch Nonius an der Kurbel. Die Kurve kann nun durch Drehen des Tisches unter Verwendung eines Schaftfräsers gefräst werden. Bei Umfangswinkeln größer als 90 bis 180° ist nach der Quadratecke *1* noch Ecke *2* über den Mittelpunkt M zu bringen, um die Kurve fertig fräsen zu können. Bei Serienausführung von Spiralflächen wird man zweckmäßig eine *Nachformfräsmaschine* oder einen *Pantograph* einsetzen. Nur die Schablone wird hier nach dem behandelten Verfahren angefertigt.

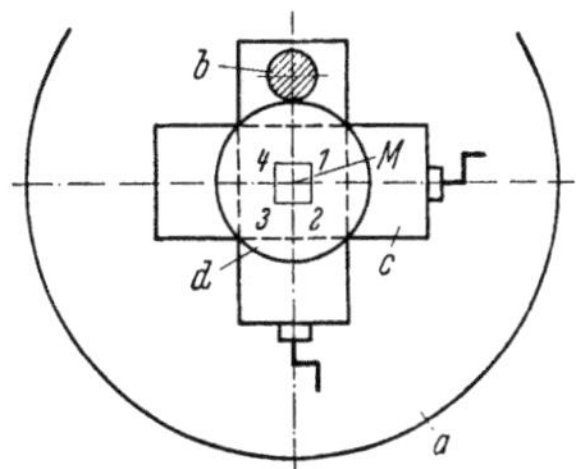

Abb. 368. Kreuzschlitten auf dem Rundtisch. a = Rundtisch, b = Schaftfräser, c = Kreuzschlitten, d = Werkstückrohling (zylindrisch), M = Mittelpunkt des Drehtisches

7.8 Bearbeiten kugeliger Oberflächen

Das Bearbeiten von kugeligen Flächen (Kugelschalen als Schleifschalen in der optischen Industrie bei Verarbeitung des optischen Glases zum Herstellen von Linsen usw.) unter Zuhilfenahme des Teilkopfes wird vorteilhaft, wenn derartige Arbeiten seltener auszuführen sind, sich also die Beschaffung von Sondereinrichtungen oder Sondermaschinen nicht lohnt. Jeder ebene Schnitt einer Kugel oder Kugelfläche ergibt einen Kreis. Die Angriffslinie (-fläche) des Bearbeitungswerkzeuges in Vorschubrichtung muß demnach ein Kreis sein; außerdem ist dieses Werkzeug so in Stellung zu bringen, daß bei einmaligem Umlauf des Werkstückes jede Phase der zu bearbeitenden Fläche von der kreisförmigen Schneidlinie (-fläche) des Werkzeuges erfaßt wird. Bearbeitungswerkzeug kann ein Fräs- oder Schleifwerkzeug sein. In die Frässpindel einer Senkrecht- oder Waagerechtfräsmaschine wird an Stelle des Fräsdorns das zylindrische Werkzeug in Form eines Messerkopfes, Schaft- oder Hohlfräsers eingespannt. Als Schleifwerkzeug wählt man eine dem Werkstück entsprechend große Topfscheibe bzw. bei ganz kleinen Kugelflächen einen zylindrischen Schleifstift. Die Werkstückspindel ist in eine bestimmte Winkelstellung gegenüber der Fräs- oder Schleifspindel zu bringen.

7.81 Außenfräsen kugeliger Flächen

Beim Drehen des winkelrechten Kegels ABM (Abb. 369) um seine Erzeugende AM bewegt sich der Kegelgrundkreis vom Durchmesser AB auf einer Kugelfläche. Der Drehung des Kegels um die Erzeugende AM entspricht die Drehung des Werkstückes um die gleiche Achse. Dreht sich also die zu fräsende Kugelfläche um die Achse AM, so berührt der mit Schneiden versehene Grundkreis AB des Zylinders (Werkzeug) jeden Punkt der Kugelfläche.

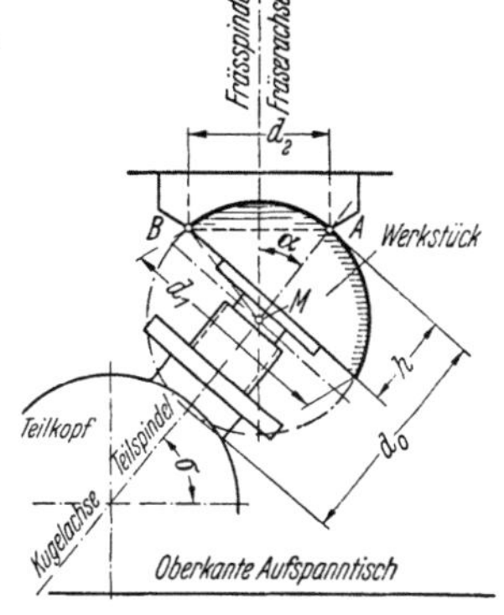

Abb. 369. Fräsen einer Außenkugelfläche mit dem Teilkopf auf der Senkrechtfräsmaschine

Das Werkstück ist im Teilkopf der Fräsmaschine eingespannt und erhält von ihm die langsame Drehbewegung um die Teilspindel- und Kugelachse AM. Der Schneidendurchmesser d_2 ist abhängig vom Werkstück, und zwar vom

Einstellwinkel der Teilspindel beim Fräsen kugeliger Flächen (Abb. 369 und 370)

$$\cos \sigma = \frac{d_2}{d_0} \tag{428}$$

$$\cos \sigma = \frac{h}{d_2} \tag{429}$$

$$\sin \sigma = \frac{d_1}{2\,d_2} \tag{430}$$

σ = Einstellwinkel der Teilspindel gegen die Waagerechte [°], d_2 = Schneidendurchmesser = Werkzeug [mm], d_0 = Kugeldurchmesser = Werkstück [mm], h = Höhe des Kugelabschnittes = Werkstück [mm]. σ = 90° — α, wenn α = Winkel, gebildet aus Fräser- und Kugelachse.

16a*

Kugeldurchmesser d_0 und von der Höhe h des Kugelabschnittes. Stets muß der Schneidendurchmesser d_2 größer sein als der Halbmesser $d_1/2$. Sind die Achsen von Fräs- und Teilspindel in eine Ebene gebracht, so wird das Werkzeug festgestellt und die Teilspindel um den Winkel σ gegen die Waagerechte geneigt.

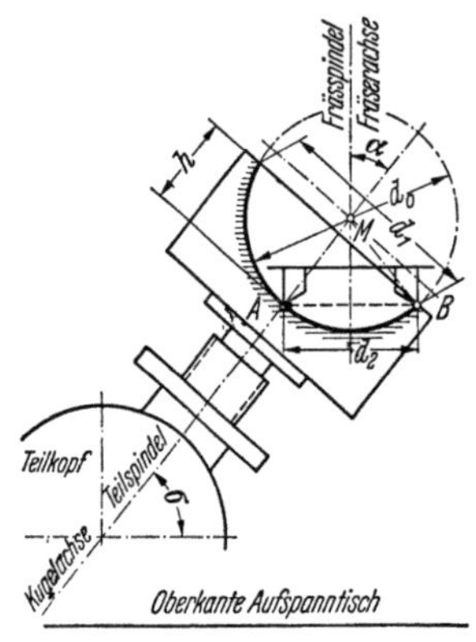

Abb. 370. Fräsen einer Innenkugelfläche mit dem Teilkopf auf der Senkrechtfräsmaschine

7.82 Innenfräsen kugeliger Flächen

In Abb. 369 liegt der Kugelmittelpunkt M unterhalb des Werkzeuges, es entsteht eine Außenkugelfläche. Liegt dagegen der Kugelmittelpunkt oberhalb des Werkzeuges in der Fräserachse, so entsteht die Innenkugelfläche (Abb. 370). Die Berechnung des Einstellwinkels σ erfolgt ebenfalls nach Gln. (428) bis (430). Einstellung vgl. Abb. 382.

Beispiel 360. Was folgert aus Gl. (428), wenn der Einstellwinkel $\sigma = 45°$ oder $\sigma = 90°$ betragen würde?

Lösung: Wird $\sigma = 45°$, so ergibt sich $\cos 45° = d_2/d_0$ oder $0{,}5\sqrt{2} = d_2/d_0$ oder $d_0 = d_2\sqrt{2}$, d. h. es entsteht eine Halbkugel. Wird $\sigma = 90°$, liegen also Fräserachse und Kugelachse in einer Geraden, so ergibt sich $\cos 90° = d_2/d_0$ oder $0 = d_2/d_0$ oder $d_0 = \infty$; man erhält eine Kugelfläche vom Durchmesser „unendlich", d. h. statt einer Kugelfläche ergibt sich eine Ebene.

7.83 Innenschleifen kugeliger Flächen

Das über das Fräsen von Außen- und Innenkugelflächen Gesagte gilt sinngemäß auch für die Bearbeitung durch Schleifen von gehärteten Kugelartformen auf der Spitzenschleifmaschine.

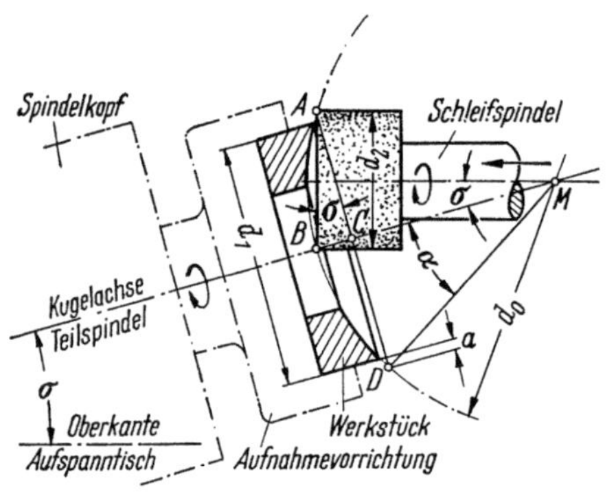

Abb. 371. Schleifen einer Innenkugelfläche mit dem Teilkopf

Spannt man das an der Innenfläche kugelig vorgearbeitete Werkstück unter dem Einstellwinkel σ (Abb. 371) in den Spindelkopf, so erzeugt die zylindrische Schleifscheibe vom Durchmesser d_2 an der Innenfläche des Werkstückes eine theoretisch genaue Kugelfläche vom Durchmesser d_0. Einstellwinkel σ ist abhängig von der Schleifscheibengröße d_2, da die Mittellinie der Schleifspindel durch den Kugelmittelpunkt M gehen muß. Aus arbeitstechnischen Gründen ist es angebracht, diesen Winkel möglichst klein zu halten, aus schleiftechnischen Gründen ist anzustreben den Durchmesser so groß wie möglich zu bekommen. Günstig ist es, wenn Punkt B der Schleifscheibenkante die höchste Stelle der Kugel auf der Mitte des Werkstückes trifft, und der gegenüberliegende Punkt A etwas (Maß a) über den äußersten Durchmesser der zu bearbeitenden Kugelfläche hinausgeht. Man erhält:

Einstellwinkel beim Schleifen kugeliger Innenflächen[1] (Abb. 371)	Hilfswinkel	$\sin \alpha = \dfrac{d_1 + 2a}{d_0}$	α = Hilfswinkel [°], d_1 = Werkstückdurchmesser [mm], $a = 1$ bis 3 [mm], d_0 = Kugeldurchmesser [mm], σ = Einstellwinkel der Teilspindel gegen die Waagerechte [°], d_2 = Schleifscheibendurchmesser [mm].	(431)
	Einstellwinkel	$\sigma = \dfrac{\alpha}{2}$		(432)
	Durchmesser der Schleifscheibe	$d_2 = \dfrac{d_1 + 2a}{2 \cos \sigma}$		(433)

[1] Aus Dreieck CDM: $\sin \alpha = \dfrac{CD}{DM}$ oder $\sin \alpha = \dfrac{d_1/2 + a}{d_0/2} = \dfrac{d_1 + 2a}{d_0}$. Aus Dreieck ABC: $\cos \sigma = \dfrac{AC}{AB}$; mit $AC = CD = \dfrac{d_1}{2} + a$ und $AB = d_2$ wird $\cos \sigma = \dfrac{d_1/2 + a}{d_2}$; daraus $d_2 = \dfrac{d_1 + 2a}{2 \cos \sigma}$.

Die Forderung, daß die Schleifscheibenkante das Werkstück im Punkt B berühren muß gilt nur, wenn die Kugelfläche voll ist.

Anmerkung: Die nach diesem Verfahren geschliffenen Kugelflächen haben bei sachgemäßer Durchführung eine Oberflächengüte, die hohen Ansprüchen genügt. Auch das *Läppen* von Außen- und Innenkugelflächen auf der Fräsmaschine ist möglich. Aufnahme der Werkstücke auf der Maschine entspricht der gleichen Aufspannung wie beim Fräsen. Die aus lunkerfreiem Perlitguß hergestellten Läppkörper haben kugelförmige Läppflächen, die nach dem beschriebenen Verfahren auf genauem Kugeldurchmesser geschliffen sind.

7.9 Fräsen von Schneid-, Stirnkerb-, Kupplungs- und Spitzzähnen

7.91 Fräsen von Schneidzähnen

Ist der Verlauf der zu fräsenden Einschnitte achsparallel zum zylindrischen Werkstück oder auch schraubenförmig gewunden, so ist ein Schrägstellen der Teilspindel nicht erforderlich. Beim Fräsen sich verjüngender, radial gerichteter Nuten auf der Universalfräsmaschine dient der Teilkopf außer dem Teilen auch dazu, das Werkstück in die richtige Lage relativ zum Werkzeug zu bringen. Die Neigung der Teilspindel, d. h. Winkel σ, welchen die Teilspindel mit der waagerechten Richtung einschließt, ist jeweils zu berechnen; desgleichen die einzustellende Frästiefe.

7.911 Verzahnen der zylindrischen Fläche

7.9111 Geradnuten

Zylindrischer Scheibenfräser. Für das Fräsen der Zähne in die Mantelfläche von Scheibenfräsern werden einfache oder doppelseitige Winkelfräser (DIN 1823) benutzt. Zum Fräsen der geraden, gleichlaufend zur Werkstückachse verlaufenden Zahnlücken in die zylindrische Mantelfläche mehrschneidiger Werkzeuge nach Abb. 372 (Fräser, Reibahlen usw.) ist die Tiefe h der Zahnlücke (Frästiefe) wichtig (Abb. 511).

Abb. 372. Verzahnung der Mantelfläche eines Scheibenfräsers. Arbeitsfräser = *Winkelfräser* (einseitig) für Werkzeuge mit gefrästen Zähnen

Sind Durchmesser d, Zähnezahl z und Schneidfasenbreite b bekannt, so ergibt sich folgender Rechnungsgang[1]: Wird der geringe Unterschied zwischen Bogen und Sehne AD vernachlässigt, so wird $\beta_1 = \dfrac{360° \, b}{d \, \pi}$. Hilfswinkel β_2 wird $\beta_2 = \beta - \beta_1$, Basiswinkel $\varepsilon = 90° - \dfrac{\beta_2}{2}$. Sehne s folgt aus $AM : AB =$

$$\sin \varepsilon : \sin \beta_2 \quad \text{oder} \quad \frac{d}{2} : s = \sin \varepsilon : \sin \beta_2 \quad \text{zu} \quad s = \frac{d \sin \beta_2}{2 \sin \varepsilon}.$$

Für Dreieck ABC mit Winkel $BAC = 180° - (\delta + \varepsilon)$ ergibt sich die Gleichung $h : s = \sin[180° - (\delta + \varepsilon)] : \sin \delta$; daraus

$$h = \frac{s \sin[180° - (\delta + \varepsilon)]}{\sin \delta} = \frac{s \sin(\delta + \varepsilon)}{\sin \delta}.$$

(Siehe **Berechnungstafel 16**, S. 316.)

Beispiel 361. Ein Scheibenfräser (90 mm Durchmesser) soll $z = 22$ Zähne erhalten. Das Fräsen der Zahnlücken in die zylindrische Mantelfläche erfolgt mit einem einseitigen Winkelfräser. Werkzeugwinkel $\delta = 70°$, Breite der Schneidfase $b = 0,6$ mm. Berechne die einzustellende Frästiefe.

Lösung: Nach Berechnungstafel 16 wird: [Z. 1] $\beta = \dfrac{360°}{z} = \dfrac{360°}{22} = 16,36°$; Teilwinkel $\beta = 16° \, 22'$.

[Z. 2] $\beta_1 = \dfrac{360° \, b}{d \, \pi} = \dfrac{360° \cdot 0,6}{90 \, \pi} = 0,76395°$; Hilfswinkel $\beta_1 = 0° \, 46'$. [Z. 3] $\beta_2 = \beta - \beta_1 = 16° \, 22' - 0°46'$; Hilfswinkel $\beta_2 = 15°36'$. [Z. 4] $\varepsilon = 90° - \dfrac{\beta_2}{2} = 90° - 7° \, 48'$; Hilfswinkel $\varepsilon = 82° \, 12'$. [Z. 5] $s =$

$$\frac{d \sin \beta_2}{2 \sin \varepsilon} = \frac{90 \cdot \sin 15° \, 36'}{2 \cdot \sin 82° \, 12'} = \frac{45 \cdot 0,26892}{0,99075} = 12,21;$$

Sehne $s = 12,21$ mm. [Z. 6] $h = \dfrac{s \sin(\delta + \varepsilon)}{\sin \delta}$

$$= \frac{12,21 \cdot \sin(70° + 82° \, 12')}{\sin 70°} = \frac{12,21 \cdot \sin 152° \, 12'}{\sin 70°} = \frac{12,21 \cdot \sin 27° \, 48'}{\sin 70°} = \frac{12,21 \cdot 0,46638}{0,93969} = 6,06;$$

Frästiefe $h = 6,06$ mm (Abb. 511). Das Teilen des Werkstückes nach erfolgtem Werkzeugdurchgang kann als unmittelbares oder mittelbares Teilen oder auch als Teilen mit Wechselrädern ausgeführt werden. Entscheidend für das zu wählende Teilverfahren sind die Zähnezahl des herzustellenden Fräsers und die Bauart des Teilkopfes.

---

[1] Ein vielfach gebräuchliches Verfahren des Versuches ist folgendes: der Arbeitsfräser wird zum Fräsen der Zahntiefe auf der Mantelfläche so eingestellt, daß nach dem vorsichtigen Einfräsen der ersten Lücke die danebenliegende Zahnlücke so weit eingefräst wird, daß die Anfänge eines Zahnes hervortreten. Dann erst ist zu erkennen, ob der Arbeitsfräser auf richtige Tiefe eingestellt wurde.

Zylindrische Reibahle[1]. Wird, wie allgemein üblich, ungleiche Zahnteilung gewählt (vgl. S. 220), so sind die Winkel der verschiedenen Zahnlücken ungleich und im Hinblick auf eine gleiche Fasenbreite die Zahntiefen verschieden. Die zeichnerische Ermittlung der Frästiefe ist einfach und liefert bei entsprechender Vergrößerung brauchbare Ergebnisse.

7.9112 Drallnuten

Achsteilung und Gleichförmigkeit. Geradegenutete Fräser, d. h. mit parallel zur Fräserachse liegenden Spanflächen, arbeiten ungleichförmig, während Fräser mit

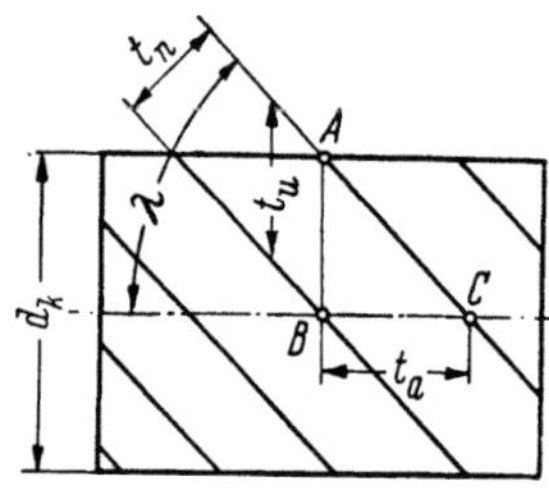

Abb. 373. Achsteilung und Normalteilung am drallverzahnten Walzenfräser

Drallnuten größere Gleichförmigkeit des Arbeitsablaufes geben. Als Walzenfräser (DIN 884) verwendet man mit Rücksicht auf die sonst unvermeidlichen Schnittkraftschwankungen schräggezahnte Fräser. Zähne mit hohem Drall (über 30° bis etwa 40°) ergeben einen schälenden Schnitt, neigen wenig zum Rattern und bringen die Späne gut von der Arbeitsfläche. Je größer der Drallwinkel, um so kleiner die größtmögliche Schnittkraftschwankung und um so ruhiger der Fräsvorgang. *Gleichförmiges Schneiden* wird erreicht, wenn die Fräsbreite gleich der (einfachen oder mehrfachen) Achsteilung t_a des Fräsers (Abb. 373) ist; damit stets der gleiche Spanungsquerschnitt unter Schnitt kommt, bevor der vorhergehende aus dem Werkstoff ausgetreten ist, wählt man:

Achsteilung der Fräserzähne
$$t_a = \frac{d_k \pi}{z} \cot \lambda \qquad (434)$$

t_a = Achsteilung der Fräserzähne, parallel zur Achse gemessen [mm], d_k = Kopfkreisdurchmesser [mm], z = Zähnezahl, λ = Drallwinkel = Neigungswinkel der Zähne gegen die Achse [°].

Anmerkung: Nach Abb. 373 ist die Zahnteilung $t_u = \frac{d_k \pi}{z}$ und $\tan \lambda = \frac{t_u}{t_a}$. Aus Gl. (434) läßt sich auch zu jeder Werkstückbreite der günstigste Drallwinkel errechnen; man erhält: $\tan \lambda = \frac{d_k \pi}{z\, t_a}$. Er wird um so größer, je kleiner die Fräsbreite ist. Mit zunehmendem Drallwinkel sinken die Kraftschwankungen durch Schneideneinund -austritt, so daß das Werkzeug sehr geschont wird. Zuweilen lassen sich Zahnteilung und Drallwinkel so auf die Fräsbreite abstimmen, daß sich die Kräfteschwankungen der einzelnen Zähne aufheben. Die sog. „*Gleichförmigkeitsbreite*" b_{gl} berechnet sich zu $b_{gl} = i\, t_a = i\, t_u \cot \lambda$, wenn i = Anzahl der gleichzeitig schneidenden Fräserzähne.

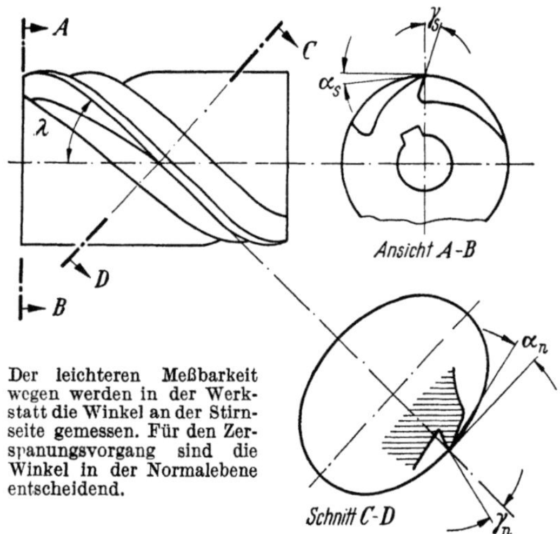

Der leichteren Meßbarkeit wegen werden in der Werkstatt die Winkel an der Stirnseite gemessen. Für den Zerspanungsvorgang sind die Winkel in der Normalebene entscheidend.

Ansicht A-B

Schnitt C-D

Abb. 374. Normalwinkel α_n, γ_n und Stirnwinkel α_s, γ_s an einem spitzverzahnten, drallnutigen Walzenfräser; $A-B$ Stirnebene, $C-D$ Normalebene

Schraubensteigung. Die Schneiden verlaufen beim drallgenuteten Walzenfräser in einer Schraubenlinie. Drallsteigung, Drallwinkel und Fräserdurchmesser sind voneinander abhängig. Die Schraubensteigung berechnet sich mit Bezug auf Abb. 338 nach Gl. (411) sinngemäß zu $H = d_k \pi \cot \lambda$. Die Drallrichtung wird wie die Gangrichtung bei der Schraube bestimmt; man spricht bei Fräsern von Rechts- und

---

[1] Reibahlen werden in gerad- und in drallgenuteter Ausführung hergestellt. Geradegenutete Reibahlen vermögen fast alle Aufgaben zu lösen. Drallgenutete Reibahlen werden mit Vorteil für die Bearbeitung von längsgenuteten Bohrungen verwendet, da sie die Unterbrechung des Bohrungsumfanges überbrücken.

Linksdrall (DIN 857). Berechnung der Wechselräder und der Tischverstellung siehe Beispiel 345; Berechnung der Hauptzeit und des Vorschubes siehe Beispiel 65.

Normal- und Stirnwinkel. An jedem Fräser wird die Schneide durch drei Winkel bestimmt: Freiwinkel α, Keilwinkel β und Spanwinkel γ (Abb. 286). Beim Frei- wie beim Spanwinkel unterscheidet man zwischen den Normalwinkeln α_n und γ_n, die senkrecht zur Schneidebene und den Stirnwinkeln α_s und γ_s, die in der Stirnebene des Fräsers, also senkrecht zur Fräserachse gemessen werden (Abb. 374). Große Drallwinkel ergeben zwischen Frei- und Spanwinkel der Normal- und Stirnebene erhebliche Unterschiede.

Stirnspanwinkel (Abb. 374)

$$\tan\gamma_s = \frac{\tan\gamma_n}{\cos\lambda}$$

γ_s = Stirnspanwinkel [°], γ_n = Spanwinkel [°], λ = Drallwinkel [°]. Bei Fräsern mit geraden Zähnen also $\lambda = 0°$ ist $\gamma_n = \gamma_s$. (435)

Fußkreisdurchmesser und Frästiefe. Abb. 516 zeigt eine Spitzverzahnung im Stirnschnitt. Der Fußkreisdurchmesser berechnet sich nach Z. 5 und die erforderliche Frästiefe nach Z. 7, B.T. 18. Diese Gleichungen gelten für gerade Nuten, die parallel zur Zylinderachse verlaufen. Für Drallnuten ist die Krümmung im *Normalschnitt* senkrecht zum Neigungswinkel der Zähne gegen die Achse maßgebend, in welchem

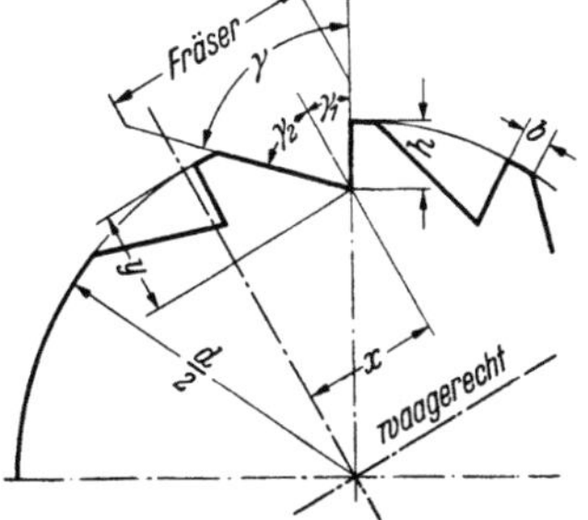

Abb. 375. Formfräsen der schraubenförmigen Nuten einer zylindrischen Reibahle mit linksgewundenen Zähnen (Drallzähne), mit doppelseitigem Winkelfräser für Spannuten mit Drall (vgl. Abb. 379)

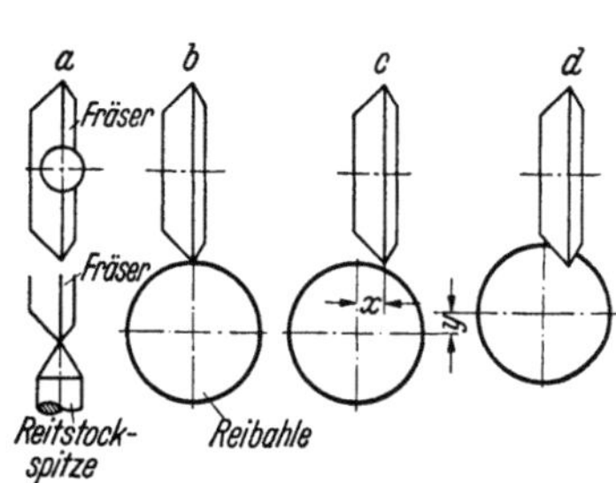

Abb. 376. Einstellungen beim Fräsen der Reibahle Abb. 375.

Die Einstellung des Werkzeuges zum Werkstück beeinflußt die Form der Nuten

der Krümmungshalbmesser $r_n = \dfrac{r}{\cos^2\lambda}$ und die zu diesem Krümmungshalbmesser gehörende „rechnerische Zähnezahl" $z_n = \dfrac{z}{\cos^3\lambda}$ beträgt. Sinngemäß folgt:

Kopfkreisdurchmesser des Ersatzzylinders

$$d_{kn} = \frac{d_k}{\cos^2\lambda}$$

Zähnezahl des Ersatzzylinders

$$z_n = \frac{z}{\cos^3\lambda}$$

Fußkreisdurchmesser des Ersatzzylinders

$$d_{fn} = \frac{d_{kn}\sin\left(\dfrac{\beta}{2} - \dfrac{180°}{z_n}\right)}{\sin\dfrac{\beta}{2}}$$

Frästiefe im Normalschnitt (Abb. 374)

$$h_n = \frac{d_{kn} - d_{fn}}{2}$$

d_{kn} = Kopfkreisdurchmesser des Ersatzzylinders [mm], d_k = Kopfkreisdurchmesser im Stirnschnitt [mm], λ = Drallwinkel = Neigungswinkel der Zähne gegen die Achse [°], z_n = Zähnezahl des Ersatzzylinders [vgl. Gl. (458) und (459)], z = Zähnezahl im Stirnschnitt, d_{fn} = Fußkreisdurchmesser des Ersatzzylinders [mm], β = Werkzeugwinkel [°], h_n = Frästiefe [mm]. Prägewalze mit Verzahnung (Abb. 516), $d_k = 81$ mm, $\lambda = 45°$, $\beta = 90°$ ergibt zwischen den Frästiefen im Stirn- und Normalschnitt $h - h_n = 1,62 - 1,15 = 0,47$ mm Unterschied.

(436)

(437)

(438)

(439)

Maschineneinstellung. Durch maßstäbliches Aufzeichnen der Abb. 375 ergeben sich der seitliche Abstand x und die Tiefenstellung y. Der Fräsmaschinentisch wird zunächst ohne eingespanntes Werkstück mit der Reitstockspitze nach der Mitte des Fräsers ausgerichtet (Abb. 376a). Dann wird die Reibahle eingespannt und der Tisch so tief gesenkt, daß der Fräser die Reibahle gerade von oben her berührt

(Abb. 376 b). Nunmehr seitliches Verstellen des Tisches um das Maß x (Abb. 376 c) und endlich Hochkurbeln desselben um y (Abb. 376 d).

7.912   Verzahnen der ebenen Fläche

Bei Scheiben- und Winkelfräsern verjüngt sich die Zahnlücke der seitlichen Zähne nach der Mitte des Fräsers zu, sowohl in ihrer Breite als auch in ihrer Tiefe.

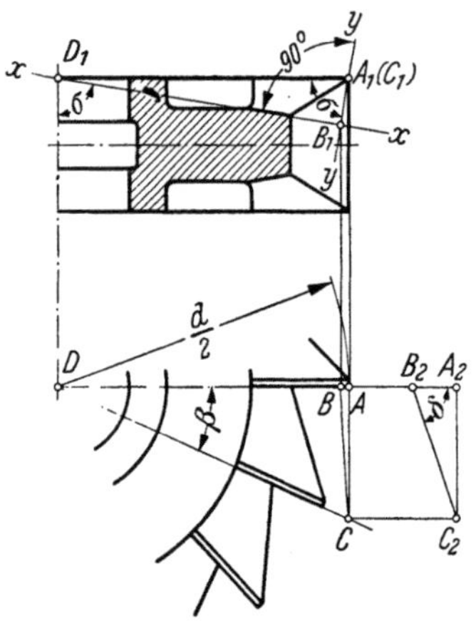

Abb. 377. Berechnung des Einstellwinkels σ beim Verzahnen einer ebenen Fläche.
[Als Maschinenwerkzeug ist ein *Winkelfräser* mit Fräserwinkel δ (Werkzeugwinkel) zu verwenden]

Beim Fräsen der seitlichen Zähne ist nach Abb. 509 der Arbeitsfräser so tief einzustellen, daß die Rückenfläche des zu erzeugenden Fräserzahnes die gleichmäßige Breite b (Fase) erhält. Das Werkstück muß beim Fräsen so geneigt werden, daß die Grundlinie seiner Zahnlücke waagerecht, d. h. gleichlaufend zum Frästisch, liegt.

Neigungswinkel σ des Zahngrundes zur Achse des zu verzahnenden Werkstückes ist gleich dem Einstellwinkel, unter dem die Teilspindel gegen die Waagerechte der Tischfläche geneigt werden muß. Winkel σ läßt sich aus dem Teilwinkel β des zu verzahnenden Fräsers und dem Werkzeugwinkel δ des Arbeitsfräsers berechnen. Die beim Fräsen waagerecht liegende Zahngrundlinie ist in Abb. 377 mit x—x bezeichnet. y—y ist eine Senkrechte in A_1 zur Zahngrundlinie, also zur Fräserbahn. Dreieck $A_2 B_2 C_2$ enthält den Werkzeugwinkel δ in wahrer Größe. Dreieck ACD:

$$\tan\beta = \frac{AC}{AD} = \frac{2\,AC}{d}\;;\;AC = \frac{d\tan\beta}{2}\,.$$

Dreieck $A_2 B_2 C_2$:

$$\tan\delta = \frac{A_2 C_2}{A_2 B_2}\;;\;\text{mit}\;A_2 C_2 = AC = \frac{d\tan\beta}{2}$$

und $A_2 B_2 = A_1 B_1$ ergibt sich:

$$\tan\delta = \frac{d\tan\beta}{2\,A_1 B_1}\;;\;A_1 B_1 = \frac{d\tan\beta}{2\tan\delta}\,.$$

Dreieck $A_1 B_1 D_1$:

$$\cos\sigma = \frac{A_1 B_1}{A_1 D_1}\;\text{oder}\;\cos\sigma = \frac{\tan\beta}{\tan\delta} = \tan\beta\cot\delta\,.$$

Siehe **Berechnungstafel 16**, S. 316.

Beispiel 362. Der Scheibenfräser im Beispiel 361 ist mit Stirnzähnen zu versehen. Der Winkelgrad des einseitigen Winkelfräsers zum Fräsen der Stirnzähne beträgt $\delta = 80°$. Berechne den Einstellwinkel σ der Teilspindel gegen die Waagerechte.

Lösung: Nach Berechnungstafel 16 wird [Z. 7]: $\cos\sigma = \tan\beta\cot\delta$. Mit $\beta = 16°22'$ (Beispiel 361) und $\delta = 80°$ folgt: $\cos\sigma = \tan 16°22' \cdot \cot 80° = 0,2937 \cdot 0,1763 = 0,0518$; Einstellwinkel $\sigma = 87°2'$.

Das Verzahnen einer Zylinderstirnfläche kann mit verschiedenen Winkelfräsern (Werkzeugwinkeln) erfolgen. Die Teilspindel ist gleichfalls unter dem Winkel $\sigma = 90° - \alpha$ schräg zu stellen. Gleichungen zur Berechnung des jeweiligen Winkels x siehe **Berechnungstafel 17**, S. 317.

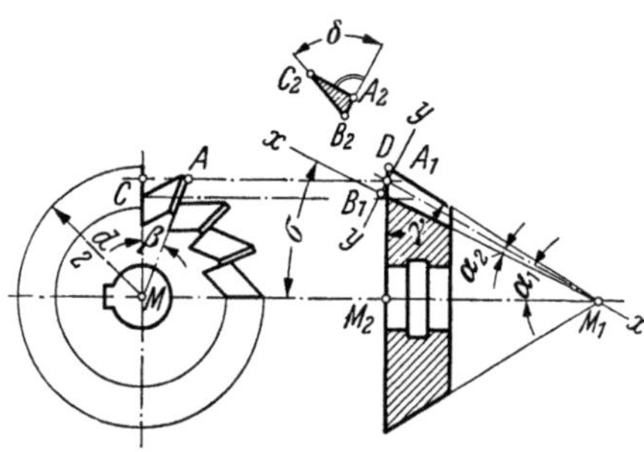

Abb. 378. Berechnung des Einstellwinkels σ beim Verzahnen einer Kegelfläche.
[Als Maschinenwerkzeug ist ein *Winkelfräser* mit Fräserwinkel δ (Werkzeugwinkel) zu verwenden]

7.913 Verzahnen der kegeligen Fläche

7.9131 Kurzer Kegel mit Geradnuten.

Auch hier muß die Fußlinie x—x (Abb. 378), also die Fräserbahn, waagerecht zur Oberkante Aufspanntisch liegen. Die Teilspindel ist zum Fräsen der Zähne des Winkelfräsers um den Winkel σ einzustellen; es ist dies der Winkel zwischen Zahngrundlinie und Achse des zu verzahnenden Fräsers und ergibt sich als Unterschied zweier Hilfswinkel: $\sigma = \alpha_1 - \alpha_2$.

Um den Werkzeugwinkel des zu verzahnenden Fräsers in wahrer Größe darzustellen, legt man durch den Punkt A_1 eines Zahnes senkrecht zu x—x eine Ebene y—y. Die Schnittlinie dieser Ebene y—y mit der Grundkreisfläche des Kegels ist $A_2 C_2$ in wahrer Größe. $A_2 B_2 C_2$ ist das um y—y herumgeklappte Dreieck und erscheint in wirklicher Größe mit dem Werkzeugwinkel δ des Arbeitsfräsers bei B_2.

Dreieck $A_2 B_2 C_2$: $\tan \delta = \dfrac{A_2 C_2}{A_2 B_2}$ oder $\tan \delta = \dfrac{AC}{A_1 B_1}$; $A_1 B_1 = \dfrac{AC}{\tan \delta}$. Dreieck ACM: $\sin \beta = \dfrac{AC}{d/2}$; $AC = \dfrac{d \sin \beta}{2}$ und $A_1 B_1 = \dfrac{d \sin \beta}{2 \tan \delta}$. Dreieck $A_1 M_1 M_2$: $\sin \alpha_1 = \dfrac{A_1 M_2}{A_1 M_1}$; $A_1 M_1 = \dfrac{A_1 M_2}{\sin \alpha_1}$. Nun ist $A_1 M_2 = CM = \dfrac{d \cos \beta}{2}$ und $A_1 M_1 = \dfrac{d \cos \beta}{2 \sin \alpha_1}$. Dreieck $A_1 B_1 M_1$: $\sin \alpha_2 = \dfrac{A_1 B_1}{A_1 M_1} = \dfrac{\sin \beta \sin \alpha_1}{\cos \beta \tan \delta} = \dfrac{\tan \beta \sin \alpha_1}{\tan \delta} = \tan \beta \cot \delta \sin \alpha_1$. Dreieck $A_1 M_1 M_2$: $\tan \alpha_1 = \dfrac{A_1 M_2}{M_1 M_2} = \dfrac{d \cos \beta}{2 M_1 M_2}$. Dreieck $D M_1 M_2$: $\tan \gamma = \dfrac{M_1 M_2}{d/2}$; $M_1 M_2 = \dfrac{d}{2} \tan \gamma$ und $\tan \alpha_1 = \dfrac{\cos \beta}{\tan \gamma} = \cos \beta \cot \gamma$. Siehe **Berechnungstafel 16**, S. 316.

Beispiel 363. Ein Winkelfräser mit einem Profilwinkel von $\gamma = 75°$ soll $z = 18$ Zähne erhalten. Der Werkzeugwinkel des Arbeitsfräsers beträgt $\delta = 70°$. Unter welchem Winkel σ (Abb. 510) ist die Teilspindel einzustellen?

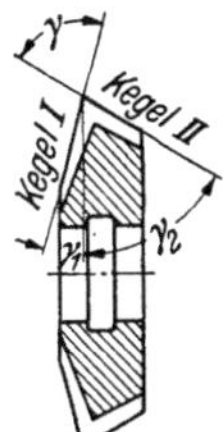
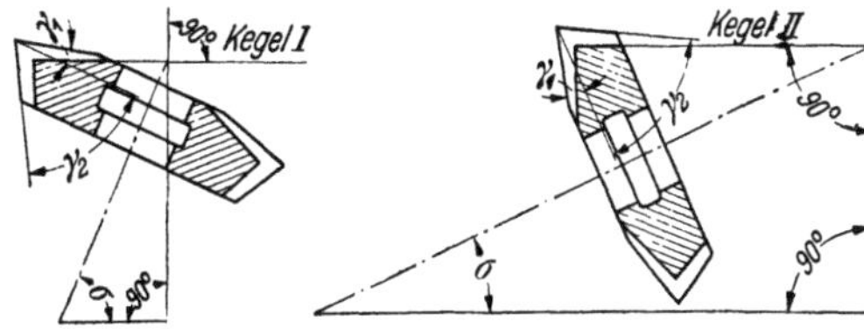

Nach DIN 1823 wird bei Winkelfräsern mit Doppelkegel für Spannuten mit Drall (Ausführung B) Winkel γ_1 mit β und Winkel γ mit α bezeichnet.

Diese doppelseitigen Winkelfräser werden zum Herstellen der Zähne vielzähniger Fräser mit Drallnuten verwendet. Einseitige Fräser würden sich nicht freischneiden und dadurch die Zahnbrust mit tiefen Fräsriefen überdecken.

Abb. 380 und 381. Einstellung der Teilspindel beim Winkelfräser mit Doppelkegel

Abb. 379. Winkelfräser mit Doppelkegel

Lösung: Nach Berechnungstafel 16 wird: [Z. 1] $\beta = \dfrac{360°}{z} = \dfrac{360°}{18} = 20°$; Teilwinkel $\beta = 20°$. Mit $\beta = 20°$ und $\gamma = 75°$ folgt: [Z. 9] $\tan \alpha_1 = \cos \beta \cot \gamma = \cos 20° \cot 75° = 0,93969 \cdot 0,26795 = 0,25179$; Hilfswinkel $\alpha_1 = 14°10'$. [Z. 10] $\sin \alpha_2 = \tan \beta \cot \delta \sin \alpha_1 = \tan 20° \cot 70° \sin 14°10' = 0,36397 \cdot 0,36397 \cdot 0,24474 = 0,03242$; Hilfswinkel $\alpha_2 = 1°51'$. [Z. 11] $\sigma = \alpha_1 - \alpha_2 = 14°10' - 1°51' = 12°19'$. Einstellwinkel $\sigma = 12°19'$.

Beispiel 364. In einen Winkelfräser nach Abb. 379 sind beiderseits $z = 16$ Zähne einzufräsen. Die Grundwinkel betragen $\gamma_1 = 15°$ und $\gamma_2 = 60°$, der Gesamtprofilwinkel $\gamma = 75°$. Der Winkel des Arbeitsfräsers sei $\delta = 70°$ (Abb. 378). Unter welchen Winkeln ist die Teilspindel zum Fräsen der beiden Kegelverzahnungen einzustellen?

Lösung: Der Winkelfräser ist nach einem Doppelkegel geformt; die Rechnung des Beispiels 363 ist somit (an Hand der Berechnungstafel 16) für jede der beiden Seiten besonders durchzuführen.

Kegel I. Gegeben: $z = 16$, $\gamma_1 = 15°$; $\delta = 70°$. Damit: [Z. 1] Teilwinkel $\beta = 22°30'$. [Z. 9] $\tan \alpha_1 = \cos \beta \cot \gamma_1 = \cos 22°30' \cot 15° = 3,44951$; $\alpha_1 = 73°50'$. [Z. 10] $\sin \alpha_2 = \tan \beta \times \cot \delta \sin \alpha_1 = \tan 22°30' \cot 70° \sin 73°50' = 0,14479$; $\alpha_2 = 8°20'$. [Z. 11] $\sigma = \alpha_1 - \alpha_2 = 73°50 - 8°20' = 65°30'$. Einstellwinkel (Abb. 380): $\sigma = 65°30'$.

Abb. 382. Fräsen eines Spitzsenkers auf der Universalfräsmaschine (Dionys Hofmann, Onstmettingen/Württ.)

Kegel II. Gegeben: $z = 16$, $\gamma_2 = 60°$, $\delta = 70°$. Damit Teilwinkel $\beta = 22°30'$. [Z. 9] $\tan \alpha_1 = \cos \beta \cot \gamma_2 = \cos 22°30' \cot 60° = 0,53340$; $\alpha_1 = 28°5'$. [Z. 10] $\sin \alpha_2 = \tan \beta \cot \delta \sin \alpha_1 = \tan 22°30' \cdot \cot 70° \cdot \sin 28°5' = 0,07097$; $\alpha_2 = 4°5'$. [Z. 11] $\sigma = \alpha_1 - \alpha_2 = 28°5' - 4°5' = 24°$. Einstellwinkel (Abb. 381) $\sigma = 24°$. Vgl. auch Beispiele 276 bis 278.

7.9132 Langer Kegel mit Geradnuten

Als Beispiel werde eine feste Kegelreibahle mit geraden Zähnen Abb. 383 gewählt. Das Drehen des Kegels erfolgt zweckmäßig mittels Kegelleitschiene (Abb. 259) und verlangt eine Verstellung derselben um den Einstellwinkel $\alpha/2$ nach Gl. (329). Nach Abb. 327 ist die Achse der Teilspindel aus der normalen waagerechten Lage auszuschwenken und so weit zu neigen, daß die Grundlinie der Zahnlücke des Werkstückes waagerecht, also parallel zur Tischfläche zu liegen kommt. Ebenso ist der Höhenreitstock, genau fluchtend mit der schräggestellten Teilspindel, in Schräglage zu bringen. Der entsprechende Neigungswinkel σ der Teilspindel-, Werkstück- und Höhenreitstockachse gewährleistet eine gleichmäßige Fräsfasenbreite am Werkstück. Gegebenenfalls notwendige Korrekturen der Fasenbreite erfolgen durch Änderung des Neigungswinkels σ.

Abb. 384 zeigt die Form der Zahnlücke am großen, Abb. 385 am kleinen Durchmesser der Kegelreibahle. Mit der Kegellänge l folgt:

Neigungswinkel für die Teilspindel (Fußkegelwinkel)

$$\tan \sigma = \frac{D_f - d_f}{2\,l}$$

$\sigma =$ Neigungswinkel für die Teilspindel = Winkel zwischen Zahnfußlinie und Achse der Kegelreibahle [°], $D_f =$ großer Fußkreisdurchmesser des Werkstückes [mm], $d_f =$ kleiner Fußkreisdurchmesser des Werkstückes [mm], $l =$ Kegellänge des Werkstückes [mm]. (440)

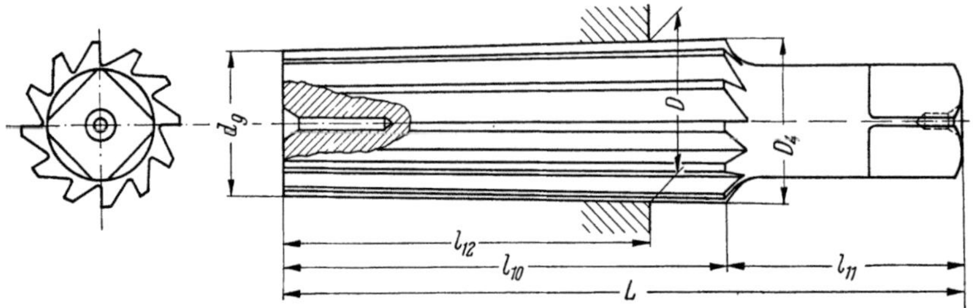

Abb. 383. Bezeichnung einer Fertigkegelreibahle Kegel 1 : 20* für Metrische Kegel 80: *Fertigkegelreibahle 80 DIN 205*
($D = 80$, $D_4 = 82,00$, $d_9 = 70,90$, $L = 340$, $l_{10} = 222$, $l_{12} = 182$ mm)

Um mit dem eigentlichen Fräsvorgang beginnen zu können, wird der Tisch so weit angehoben, daß der Winkelfräser das Werkstück an seinem kleinen Durchmesser gerade noch berührt. Nunmehr ist der Tisch um die Frästiefe h (Abb. 385) zu heben und mit dem Fräsen zu beginnen.

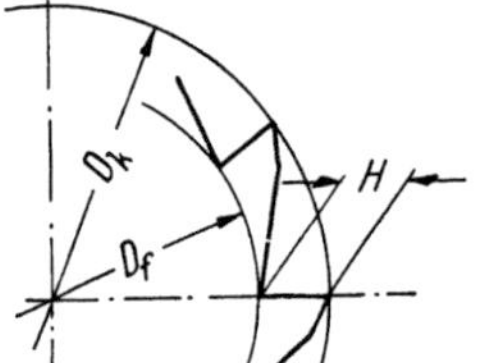

Abb. 384.   Abb. 385.
Form der Zahnlücke am stärkeren und schwächeren Ende
einer Kegelreibahle

7.9133 Langer Kegel mit Drallnuten

Zur Vermeidung von Rattermarken und zur Erzielung eines gut schälenden Schnittes werden die Spannuten der Kegelreibahlen schraubenförmig ausgeführt (Abb. 386). Zur Konstruktion der Verzahnung werden zweckmäßig drei Normalschnitte der

Abb. 386. Fräsen der Drallverzahnung an einer kegeligen Reibahle. Fräsmaschine mit automatischer Teilvorrichtung. Vgl. auch Abb. 344. (Reishauer — Werkzeuge A. G., Zürich/Schweiz)

Reibahle in vergrößertem Maßstab aufgezeichnet. Ausgehend vom Mittelschnitt sind unter Beachtung des gleichbleibenden Abstandes x (Abb. 375) von der Achse zur Fräserspitzenebene die Zahnprofile der großen und kleinen Stirnfläche zu entwerfen. Die Form der Zahnlücken läßt sich durch Aufzeichnen des Fräserprofils auf Transparentpapier mit nachfolgender Übertragung auf die Schnittzeichnungen bestimmen. Die stirnseitigen Profilzeichnungen ermöglichen die Messung der Frästiefen. Eine kleine, durch Profilverzerrung entstandene Ungenauigkeit (Schieflage des Fräserprofils) wird vernachlässigt.

Die *Drallsteigung* kann auch hier nach Gl. (411) berechnet werden. Man wählt statt des Kegels einen Ersatzzylinder[1] von mittlerem Durchmesser $d_m = (D_k + d_k)/2$

---

* Der halbe Kegelwinkel $\alpha/2$ berechnet sich nach Gl. (329) und mit Bezug auf Abb. 383 zu $\tan \alpha/2$

$$= \frac{D-d}{2\,l} = \frac{D-d_9}{2\,l_{12}} = \frac{D_4-d_9}{2\,l_{10}} = \frac{D_4-D}{2\,(l_{10}-l_{12})} = \frac{80-70,90}{2\cdot 182} = \frac{82,00-70,90}{2\cdot 222} = \frac{82,00-80}{2\,(222-182)} = \frac{1}{40}$$

$= 0,025$; $\alpha/2 = 1°\,25'\,56''$ (Kegel 1 : 20).

[1] Durch die mittels Wechselräder fest eingestellte Drallsteigung ergibt sich im Verhältnis der Durchmesserunterschiede an der Kegelreibahle ein unterschiedlicher Steigungswinkel innerhalb der Schneidenlänge. Man legt deshalb für die Errechnung der Drallsteigung den mittleren Reibahlendurchmesser zugrunde. Die Abweichung in Minus nach dem kleineren und in Plus nach dem größeren Durchmesser ist in den meisten Fällen der Werkzeugleistung nicht abträglich. Lediglich bei verhältnismäßig steilen Kegeln und größeren Schneidenlängen kann es notwendig werden, die Spannuten in zwei Arbeitsgängen mit unterschiedlichen Drallsteigungen zu fräsen.

(vgl. Abb. 384 und 385) und erhält $H = d_m\,\pi\cot\lambda$ oder:

Steigung der Drallnut bei Kegelreibahlen (Abb. 386)

$$H = \frac{(D_k + d_k)\,\pi\cot\lambda}{2} \qquad (441)$$

$H =$ Steigung der Schraubenlinie, bezogen auf den vollen Werkstückumfang des Ersatzzylinders [mm], $D_k =$ großer Kopfkreisdurchmesser des Werkstückes [mm], $d_k =$ kleiner Kopfkreisdurchmesser des Werkstückes [mm], $\lambda =$ Drallwinkel $=$ Neigungswinkel der Zähne gegen die Achse [°].

Beispiel 365. Wie groß ist die Drallsteigung einer Kegelreibahle mit den Kopfkreisdurchmessern 27 und 45 mm und dem Drallnutenwinkel 8°?

Lösung: [Gl. (441)] $H = \dfrac{(45 + 27)\,\pi\cot 8°}{2} = 36\,\pi\cdot 7,1154;$ Drallsteigung auf dem Ersatzzylinder $H = 804,73$ mm.

Aus Gl. (441) kann der Drallwinkel λ bei jedem Durchmesser des Kegels bestimmt werden; sinngemäß Gl. (408) gilt:

Drallwinkel bei Kegelreibahlen (Abb. 386)

beim Kegeldurchmesser D_k

$$\tan\lambda = \frac{D_k\,\pi}{H} \qquad (442)$$

beim Kegeldurchmesser d_k

$$\tan\lambda = \frac{d_k\,\pi}{H} \qquad (443)$$

$\lambda =$ Drallwinkel $=$ Neigungswinkel der Zähne gegen die Achse [°], $D_k =$ großer Kopfkreisdurchmesser des Werkstückes [mm], $H =$ Steigung der Schraubenlinie, bezogen auf den vollen Werkstückumfang des Ersatzzylinders [mm], $d_k =$ kleiner Kopfkreisdurchmesser des Werkstückes [mm].

7.92 Fräsen von Stirnkerbzähnen

Sehr häufig wird im Maschinenbau eine starre und doch ohne Zerstörung leicht lösbare Verbindung zwischen zwei Maschinenteilen benötigt. Diese Bedingungen erfüllt die Stirnkerbverzahnung (Abb. 387 und 388); mit ihr wurde es beispielsweise möglich, für vielfach gekröpfte Kurbelwellen und Kurbelzapfen auch die Vorteile der Kugellager bzw. Wälzlager zu verwenden, ohne eine Teilung vorzunehmen. Im Werkzeugmaschinenbau dient die Stirnkerbverzahnung zur Befestigung von Formscheibenmeißeln (Abb. 389), wo sie besonders bei breiten Formmeißeln oft große Kräfte schwingungsfrei zu übertragen hat.

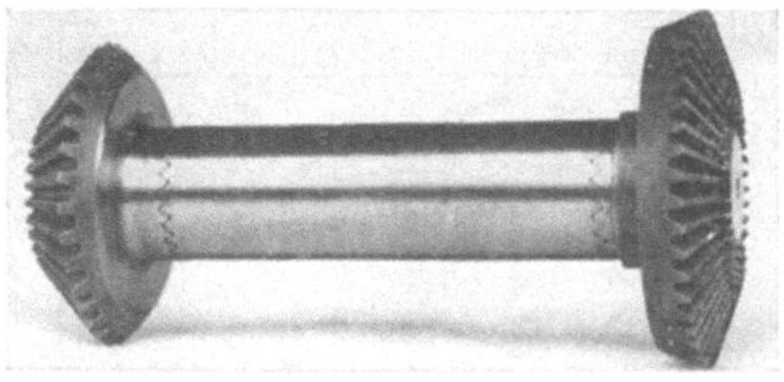

Abb. 387. Kegelradantrieb mit Hirth-Stirnkerbverzahnung mit 24 Zähnen (Stirnzahnkupplung)

7.921 Verzahnung ohne Spitzenspiel

Um zu erreichen, daß man beim Fräsen von Stirnkerbverzahnungen für beide Teile und für alle Zähnezahlen nur einen Fräserwinkel, also nur *ein* Werkzeug, benötigt, sind die Zähne beider Werkstücke nicht senkrecht, sondern schräg zur Werkstückachse zu fräsen. In Abb. 390 sind die Zähne um den Winkel γ geneigt zur Achse gefräst; man erhält eine symmetrische Kerbverzahnung. Zweckmäßig wird weiterhin das Werkstück vor dem Verzahnen nicht eben, sondern unter dem Winkel γ hohlkegelig gedreht. Man erreicht dadurch ein gleichbleibendes Spitzenspiel.

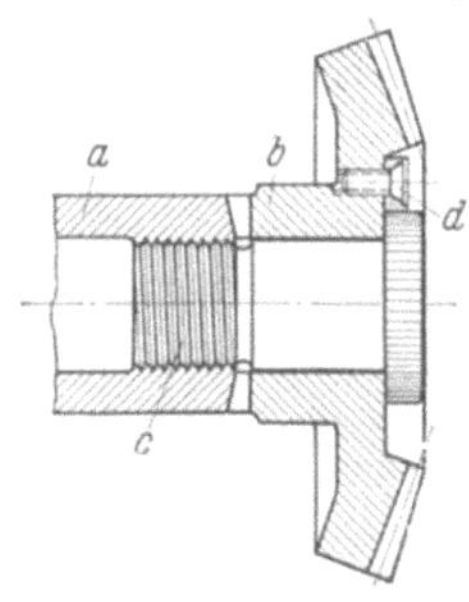

Abb. 388. Aufbau der Hirth-*Stirn-* oder *Plan-Kerbverzahnung*. In die Stirnflächen der Teile a und b ist je eine radiale Verzahnung gefräst; der Gewindebolzen c preßt die Werkstücke zusammen, die Sicherung d verhindert ein Lösen der Verbindung

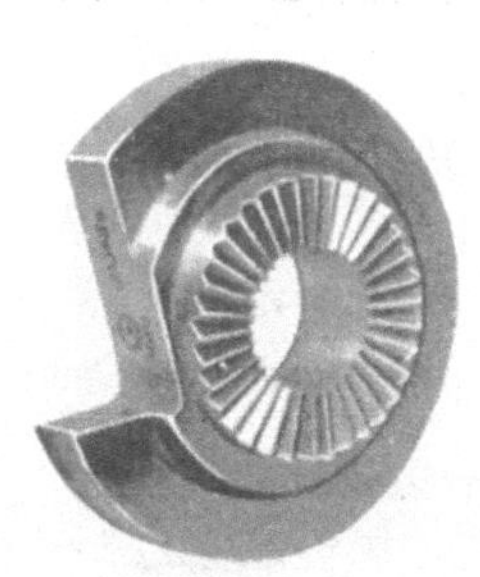

Abb. 389. Formscheibenmeißel mit Stirnkerbverzahnung (Stirnzahnkupplung)

Es ist $GH = AB$ und $DF = HJ$. Dreieck ABM: $\tan\dfrac{\beta}{4} = \dfrac{AB}{AM} = \dfrac{AB}{d/2}$; $AB = \dfrac{d}{2}\tan\dfrac{\beta}{4}$. Dreieck GHJ:

$\tan\dfrac{\delta}{2} = \dfrac{GH}{HJ}$; $HJ = \dfrac{GH}{\tan\dfrac{\delta}{2}}$. Nun ist $GH = AB = \dfrac{d}{2}\tan\dfrac{\beta}{4}$; damit $HJ = \dfrac{\dfrac{d}{2}\tan\dfrac{\beta}{4}}{\tan\dfrac{\delta}{2}}$. Dreieck CDF:

$$\sin\gamma = \frac{DF}{CD}; \text{ mit } DF = HJ = \frac{\frac{d}{2}\tan\frac{\beta}{4}}{\tan\frac{\delta}{2}} \text{ und } CD = \frac{d}{2} \text{ wird } \sin\gamma = \frac{\tan\frac{\beta}{4}}{\tan\frac{\delta}{2}}. \text{ Mit } \frac{\beta}{4} = \frac{90°}{z} \text{ erhält man:}$$

Zahn- neigungs- winkel (Abb. 390)	$$\sin\gamma = \frac{\tan\left(\dfrac{90°}{z}\right)}{\tan\dfrac{\delta}{2}}$$	γ = Zahnneigungswinkel = Abweichung der Fräsrichtung von der Senkrechten zur Werkstückachse [°], z = Zähnezahl der Stirnkerbverzahnung, δ = Prismenwinkel des Arbeitsfräsers = Werkzeugwinkel [°]. Die üblichen Zähnezahlen sind $z = 12$, 24, 48 und 96 je nach Größe der Bauteile; doch werden auch andere durch 12 teilbare Zähnezahlen ausgeführt. Nach DIN 847 beträgt der Prismenwinkel des Arbeitsfräsers $\delta = 45°$, 60° oder 90°.

(444)

Die Teilspindel ist ähnlich Abb. 382 und 509 um den Winkel σ schräg zur Oberkante Aufspanntisch einzustellen.

Einstellwinkel der Teilspindel gegen die Waagerechte $\boxed{\sigma = 90° - \gamma}$ (445)

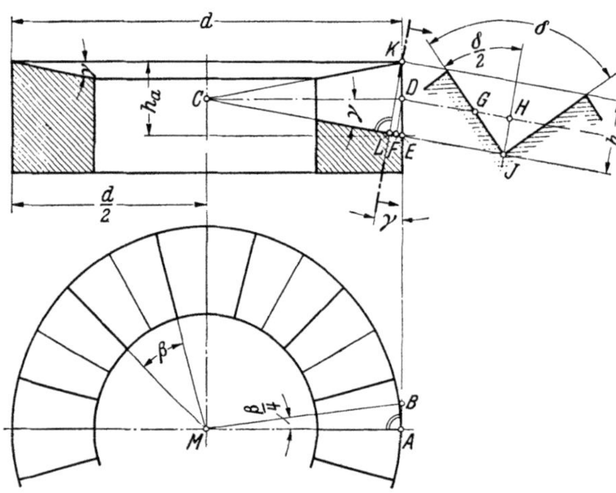

Abb. 390. Stirnkerbverzahnung **ohne** Spitzenspiel (Stirnzahnkupplung). [Als Maschinenwerkzeug ist ein *Prismenfräser* mit Fräserwinkel δ (Werkzeugwinkel) zu verwenden]

Der Cosinus des Winkels σ in Gl. (445) ergibt: $\cos\sigma = \cos(90° - \gamma) = \sin\gamma$ oder nach Gl. (444):

$$\cos\sigma = \tan\left(\frac{90°}{z}\right) : \tan\frac{\delta}{2} = \tan\left(\frac{90°}{z}\right)\cot\frac{\delta}{2}; \text{ damit:}$$

Einstellwinkel der Teilspindel gegen die Waagerechte

$$\boxed{\cos\sigma = \tan\left(\frac{90°}{z}\right)\cot\frac{\delta}{2}} \quad (446)$$

In Gln. (445) und (446) bedeutet: σ = Einstellwinkel der Teilspindel gegen die Waagerechte [°], γ = Zahnneigungswinkel [°], zu berechnen nach Gl. (444), z = Zähnezahl der Stirnkerbverzahnung, δ = Prismenwinkel des Arbeitsfräsers = Werkzeugwinkel [°].

Der Winkel σ, um den der Teilkopf einzustellen ist, darf nur kleiner als der errechnete Wert sein. Man ist dann sicher, daß die Verzahnung außen trägt.

Die Zahnhöhe am äußeren Durchmesser des Werkstückes ist in Abb. 390 mit $EK = h_a$ bezeichnet und parallel zur Werkstückachse zu messen; aus Dreieck CDE: $\tan\gamma = \dfrac{DE}{CD} = \dfrac{DE}{d/2}$ und $DE = \dfrac{d}{2}\tan\gamma$. Da $h_a = EK = 2\,DE$ erhält man:

Zahnhöhe am Werkstückaußendurchmesser, parallel zur Werkstückachse (Abb. 390) $\boxed{h_a = d\,\tan\gamma}$ (447)

h_a = Zahnhöhe am Werkstückaußendurchmesser, *parallel zur Werkstückachse* gemessen [mm], d = Werkstückaußendurchmesser [mm], γ = Zahnneigungswinkel [°] = Abweichung der Fräsrichtung von der Senkrechten zur Werkstückachse [zu berechnen nach Gl. (444)].

Während die Zahnhöhe h_a für die Nachprüfung am fertigen Werkstück benötigt wird, ist die Zahnhöhe $KL = h_s$, gemessen senkrecht zur Fräsrichtung, für die Einstellung der Fräsmaschine erforderlich.

Für das Dreieck EKL gilt: $\cos\gamma = \dfrac{KL}{EK} = \dfrac{h_s}{h_a}$ oder $h_s = h_a\cos\gamma$. Mit $h_a = d\tan\gamma$ [Gl. (447)] folgt $h_s = d\tan\gamma\cos\gamma = \dfrac{d\sin\gamma\cos\gamma}{\cos\gamma} = d\sin\gamma$. Für $\sin\gamma$ den Wert der Gl. (444) gesetzt:

Frästiefe, wenn kein Spitzenspiel vorhanden (Zahnhöhe am Werkstückaußendurchmesser, senkrecht zur Fräsrichtung)

$$h_s = \frac{d \, \tan\left(\dfrac{90°}{z}\right)}{\tan \dfrac{\delta}{2}} \qquad (448)$$

h_s = Zahnhöhe [mm], gemessen *senkrecht zur Fräsrichtung* (Frästiefe), d = Werkstückaußendurchmesser [mm], z = Zähnezahl der Stirnkerbverzahnung, δ = Prismenwinkel des Arbeitsfräsers = Werkzeugwinkel [°].

7.922 Verzahnung mit Spitzenspiel

Bei Herstellung der Verzahnung Abb. 390 entsteht die Spitzenlinie als Schnittkante zweier benachbarter Flanken; die Schnittkante selbst fällt gleichfalls unter den Winkel γ nach innen ab. Sollen die Zähne auf der ganzen Länge tragen, muß genügendes Spitzenspiel vorhanden sein. Die Zähne dürfen somit nicht spitz zulaufen, sondern müssen abgeflacht werden. Die Größe dieser Abflachung ist vom Rundungshalbmesser r des Fräsers (Abb. 391) abhängig. Bei vorhandenem Spitzenspiel berechnet sich die Frästiefe t folgend:

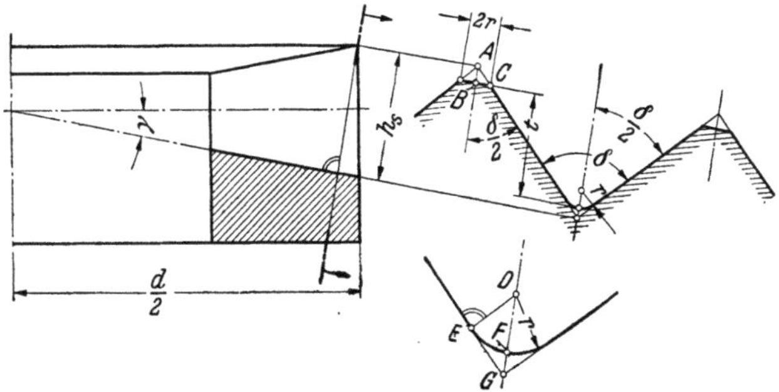

Abb. 391. Stirnkerbverzahnung mit Spitzenspiel (Stirnzahnkupplung)

Dreieck ABC: $AB = \dfrac{r}{\tan \dfrac{\delta}{2}}$. Dreieck DEG: $DG = \dfrac{r}{\sin \dfrac{\delta}{2}}$. Es ist $FG = DG - DF = \dfrac{r}{\sin \dfrac{\delta}{2}} - r =$

$r\left(\dfrac{1}{\sin \dfrac{\delta}{2}} - 1\right)$. Frästiefe $t = h_s - AB - FG = h_s - \dfrac{r}{\tan \dfrac{\delta}{2}} - r\left(\dfrac{1}{\sin \dfrac{\delta}{2}} - 1\right) = h_s - r\left(\dfrac{1}{\tan \dfrac{\delta}{2}} + \dfrac{1}{\sin \dfrac{\delta}{2}} - 1\right)$.

Für h_s den Wert der Gl. (448) eingesetzt:

Frästiefe, wenn Spitzenspiel vorhanden (Abb. 391)

$$t = \frac{d \, \tan\left(\dfrac{90°}{z}\right)}{\tan \dfrac{\delta}{2}} - r\left(\frac{1}{\tan \dfrac{\delta}{2}} + \frac{1}{\sin \dfrac{\delta}{2}} - 1\right) \qquad (449)$$

t = Frästiefe, wenn Spitzenspiel vorhanden [mm], d = Werkstückaußendurchmesser [mm], z = Zähnezahl der Stirnkerbverzahnung, δ = Prismenwinkel des Arbeitsfräsers = Werkzeugwinkel [°], r = Fräserrundungshalbmesser [mm]. Für den Fräserrundungshalbmesser sind Werte von 0,3—0,6—0,9 mm üblich.

Beispiel 366. Die Stirnseite einer Buchse von 50 mm Außendurchmesser und 20 mm Bohrung ist mit einer schräg zur Werkstückachse gefrästen Stirnkerbverzahnung zu versehen. Verzahnung ist mit $z = 40$ Zähnen und $\delta = 60°$ Werkzeugwinkel auszuführen. Um genügendes Spitzenspiel zu erhalten, sind die Zähne am Kopf bis zu einer Zahnspitzenbreite von $2\,r = 0,6$ mm abzuflachen. Fräserrundungshalbmesser beträgt $r = 0,3$ mm. Berechne Zahnneigungswinkel γ, Einstellwinkel σ, Zahnhöhen h_a und h_s sowie Frästiefe t.

Lösung: [Gl. (444)] $\sin\gamma = \dfrac{\tan\left(\dfrac{90°}{z}\right)}{\tan \dfrac{\delta}{2}} = \dfrac{\tan\left(\dfrac{90°}{40}\right)}{\tan \dfrac{60°}{2}} = \dfrac{\tan 2°15'}{\tan 30°} = \dfrac{0,03929}{0,57735} = 0,06805$; $\gamma = 3°54'$.

Um diesen Winkel ist das Werkstück vor dem Verzahnen hohlkegelig zu drehen.

[Gl. (445)] $\sigma = 90° - \gamma = 89°60' - 3°54' = 86°6'$. Um diesen Einstellwinkel σ ist der Teilkopf beim Einfräsen der Zähne gegen die Waagerechte nach oben zu neigen (Abb. 382).

[Gl. (447)] $h_a = d \, \tan\gamma = 50 \cdot \tan 3°54' = 50 \cdot 0,06817 = 3,40850$ mm. Zahnhöhe am Werkstückaußendurchmesser parallel zur Werkstückachse $h_a = 3,4085$ mm.

[Gl. (448)] $h_s = \dfrac{d \tan\left(\dfrac{90°}{z}\right)}{\tan\dfrac{\delta}{2}} = 50 \cdot 0{,}06805 = 3{,}40250$ mm.

Zahnhöhe am Werkstückaußendurchmesser senkrecht zur Fräsrichtung $h_s = 3{,}4025$ mm.

[Gl.(449)] $t = \dfrac{d \tan\left(\dfrac{90°}{z}\right)}{\tan\dfrac{\delta}{2}} - r\left(\dfrac{1}{\tan\dfrac{\delta}{2}} + \dfrac{1}{\sin\dfrac{\delta}{2}} - 1\right)$

$t = 3{,}40250 - 0{,}3\left(\dfrac{1}{0{,}57735} + \dfrac{1}{0{,}5} - 1\right) = 2{,}582885.$

Um $t = 2{,}58$ mm ist der Fräser in der Tiefe zuzustellen, nachdem die Fräserspitze vorher auf die Außenkante des Werkstückes angestellt wurde.

Beispiel 367. Welche Werte ergeben sich im Beispiel 366 für die Frästiefe t, wenn bei sonst gleichen Abmessungen der Fräserspitzenwinkel nicht $\delta = 60°$, sondern $\delta = 90°$ beträgt?

Lösung:

[Gl. (448)] $h_s = \dfrac{d \tan\left(\dfrac{90°}{z}\right)}{\tan\dfrac{\delta}{2}} = 50 \cdot 0{,}03929;$

$h_s = 1{,}96$ mm.

[Gl. (449)] $t = \dfrac{d \tan\left(\dfrac{90°}{z}\right)}{\tan\dfrac{\delta}{2}} - r\left(\dfrac{1}{\tan\dfrac{\delta}{2}} + \dfrac{1}{\sin\dfrac{\delta}{2}} - 1\right)$

$= 1{,}96450 - 0{,}3\left(\dfrac{1}{1{,}00000} + \dfrac{1}{0{,}70711} - 1\right)$

$= 1{,}54027;$ Frästiefe $t = 1{,}54$ mm.

Der bei Herstellung der Verzahnung verwendete Prismenfräser darf keine scharfkantige Umfangsschneide haben, sondern muß dort mit r abgerundet sein (Abb. 391). Die Zahngrundausrundung ist über die ganze Breite des Zahnes unveränderlich, also prismatisch.

7.93 Fräsen von Kupplungszähnen

Greifen bei einer gehärteten Klauenkupplung alle Zähne gleichzeitig ein, so lassen sich mit ihnen sehr große Drehmomente übertragen. Der einfachen Herstellung wegen (siehe S. 261) werden Klauenkupplungen zweckmäßig mit ungerader Zähnezahl ausgeführt. Einrücken erfolgt am besten während des Stillstandes oder Anlaufes des antreibenden Elementes. Ausrücken kann man sie meist nur in unbelastetem Zustande, also bei leerlaufender Maschine. Um die Kupplungszähne (Klauen) leichter ein- und ausrücken zu können, sind deren Flanken in der Regel unter 3 bis 5° geneigt. Bei einer Drehrichtung werden die Zähne unsymmetrisch, bei doppelter Drehrichtung symmetrisch ausgebildet; letzteres, um ein schnelles Ineinandergleiten der Zähne zu ermöglichen.

7.931 Verzahnung mit spitzen Zähnen

Abb. 392 und 393 zeigen eine vierzähnige Klauenkupplung mit schrägen Zähnen. Sollen wie hier die Zahnkronen und Zahnwurzeln je auf einer ebenen Fläche liegen, so müßte sich der Fräserwinkel von δ_a bis δ_i ändern; dies aber bedingt schwierige Herstellung. Läßt man dagegen nach Abb. 394 die Verlängerungen der Zahnkronen und Zahnwurzeln sich in einem Punkte M schneiden,

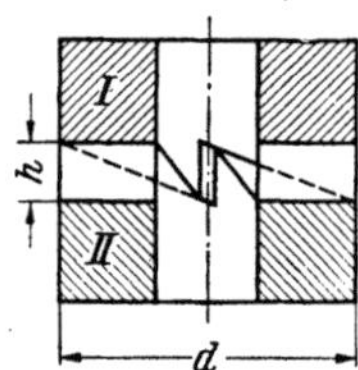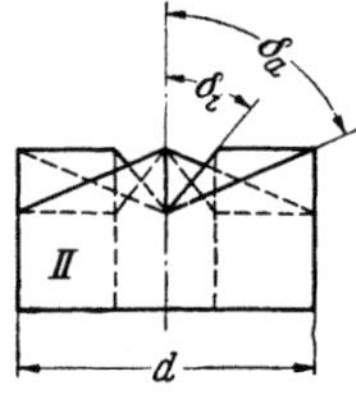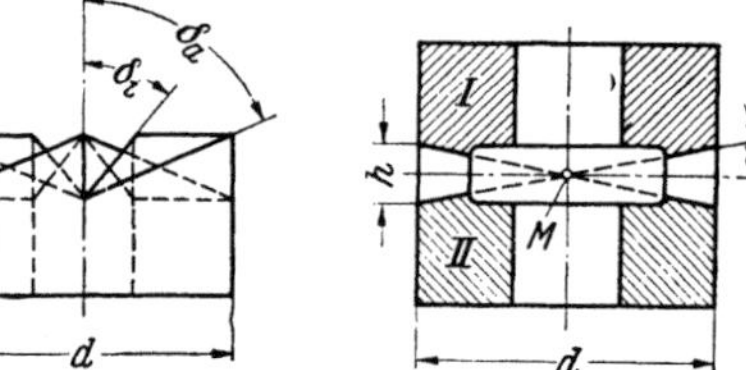

Abb. 392 und 393. Vierzähnige Klauenkupplung mit veränderlichem Fräserwinkel δ_a bis δ_i

Abb. 394. Klauenkupplung mit gleichbleibendem Fräserwinkel δ

so erhält man einfache geometrische Verhältnisse, und es kann jeder Zahn mit nur einem Fräser in einem Schnitt fertiggefräst werden. Der gleiche normale Winkelfräser kann außerdem für die verschiedensten Kupplungen verwendet werden. Dazu ist nur nötig, das Werkstück in einem bestimmten Zahnneigungswinkel γ zur Fräsrichtung einzustellen.

7.9311 Schräge Zähne mit geneigter Mitnahmefläche.
Die Neigung der eingriffs- oder kraftübertragenden Zahnfläche, kurz der Mitnahmefläche, beträgt nach Abb. 395 allgemein $\varepsilon = 5$ bis $6°$.

Die Zahnfußlinie und damit die Gerade $x-x$ ist um den Winkel γ gegen die Waagerechte geneigt. Legt man durch die Zahnflanken senkrecht zur Fräsrichtung $x-x$ einen Schnitt, so ergibt sich Fräserwinkel δ. Dreieck ABM: $BM = \dfrac{d}{2}\cos\omega$. Im gleichen Dreieck wird $AB = \dfrac{d}{2}\sin\omega$. Dreieck CDM:

$\sin\gamma = \dfrac{CD}{CM}$; mit $CM = BM = \dfrac{d}{2}\cos\omega$ folgt $\sin\gamma = \dfrac{CD}{d/2\cdot\cos\omega}$; daraus $CD = \dfrac{d}{2}\cos\omega\sin\gamma$. Dreieck

GEF: $\tan GEF = \dfrac{GF}{GE}$. Mit Winkel $GEF = (\delta - \varepsilon)$, $GF = AB = \dfrac{d}{2}\sin\omega$ und $GE = CD = \dfrac{d}{2}\cos\omega\times$

$\times\sin\gamma$ erhält man $\tan(\delta - \varepsilon) = \dfrac{\sin\omega}{\cos\omega\sin\gamma} = \dfrac{\tan\omega}{\sin\gamma}$. Die Auflösung nach γ ergibt $\sin\gamma = \dfrac{\tan\omega}{\tan(\delta - \varepsilon)}$.

In ähnlicher Weise erhält man die Gleichung $\sin\gamma = \dfrac{\tan\eta}{\tan\varepsilon}$. Durch Wegschaffen der beiden Hilfswinkel ω und η ergibt sich nach längerer mathematischer Umformung:

Zahnneigungswinkel γ bei Klauenkupplungen mit schrägen Zähnen und *geneigter* Mitnahmefläche

$$\sin\gamma = \frac{\tan\left(\dfrac{180°}{z}\right)}{\tan(\delta - \varepsilon) + \tan\varepsilon} \qquad (450)$$

γ = Zahnneigungswinkel [°], z = Zähnezahl der Kupplung, δ = Profilwinkel des Arbeitsfräsers = Werkzeugwinkel [°], ε = Flankenneigungswinkel [°]. Gl. (450) ist eine Näherungsgleichung. Der durch die Annäherung in die Rechnung gehende Fehler ist hauptsächlich abhängig von der Zähnezahl der Kupplung. Bei $z = 20$ ist der Fehler verschwindend klein, bei $z = 6$ beträgt er weniger als 1%.

Die halbe Zahnhöhe HJ (Abb. 395) des spitz ausgefrästen Zahnes berechnet sich aus dem Dreieck HJM zu $HJ = d/2\cdot\tan\gamma$. Die ganze Zahnhöhe h_a, gemessen am Werkstückaußendurchmesser parallel zur Werkstückachse, ergibt den Wert $h_a = d\tan\gamma$, wie in Gl. (447). Für die Einstellung der Fräsmaschine ist die Zahnhöhe h_s, gemessen am Werkstückaußendurchmesser, senkrecht zur Fräsrichtung erforderlich. Mit Bezug auf die Ableitung der Gl. (448) für h_s erhält man:

Zahnhöhe am Werkstückaußendurchmesser, senkrecht zur Fräsrichtung (Abb. 395)

$$\boxed{h_s = d\sin\gamma} \qquad (451)$$

h_s = Zahnhöhe [mm], gemessen senkrecht zur Fräsrichtung (Frästiefe), d = Werkstückaußendurchmesser [mm], γ = Zahnneigungswinkel [°].

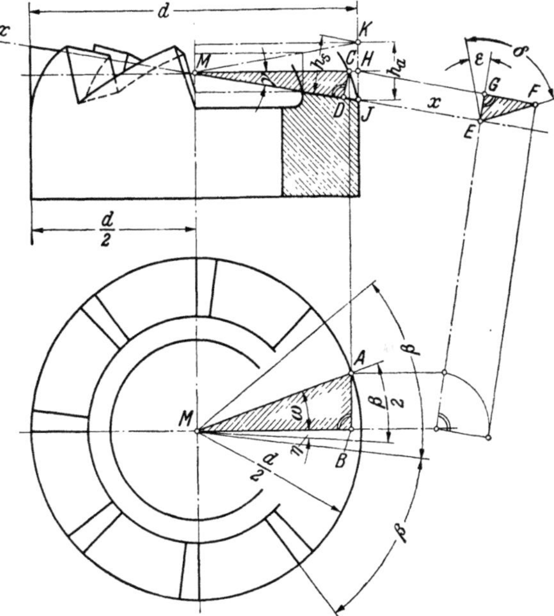

Abb. 395. Geometrische Verhältnisse einer Klauenkupplung mit gefrästen, schrägen Zähnen

Beispiel 368. Klauenkupplung nach Abb. 396 von $d = 80$ mm Außendurchmesser soll $z = 20$ schräge Zähne mit $\varepsilon = 5°$ Flankenneigungswinkel erhalten. Zähne sind mit Winkelfräser $\delta = 60°$ Werkzeugwinkel zu fertigen. a) Berechne den Zahnneigungs- und Hohldrehwinkel γ. b) Wie groß ist der Einstellwinkel der Teilspindel?

Lösung:

a) [Gl. (450)] $\sin\gamma = \dfrac{\tan\left(\dfrac{180°}{z}\right)}{\tan(\delta - \varepsilon) + \tan\varepsilon} = \dfrac{\tan\left(\dfrac{180°}{20}\right)}{\tan(60° - 5°) + \tan 5°} = \dfrac{\tan 9°}{\tan 55° + \tan 5°} = \dfrac{0{,}15838}{1{,}42815 + 0{,}08749}$

$= 0{,}10449$; Zahnneigungswinkel $\gamma = 6°0'$; b) [Gl. (445)] $\sigma = 90° - \gamma = 90° - 6°$; Einstellwinkel $\sigma = 84°$.

Beispiel 369. Welcher Unterschied ergibt sich zwischen den Zahnhöhen h_a und h_s (Abb. 395) bei der Klauenkupplung des Beispiels 368?

Lösung: [Gl. (447)] $h_a = d\tan\gamma = 80\cdot\tan 6°0' = 80\cdot 0{,}10510$; Zahnhöhe am Werkstückaußendurchmesser, parallel zur Werkstückachse $h_a = 8{,}41$ mm. [Gl. (451)] $h_s = d\sin\gamma = 80\cdot 0{,}10453$; Zahnhöhe am Werkstückaußendurchmesser, senkrecht zur Fräsrichtung $h_s = 8{,}34$ mm. Unterschied zwischen den Zahnhöhen beträgt $h_a - h_s = 8{,}41 - 8{,}34 = 0{,}07$ mm.

Beispiel 370. Kupplungsstück Abb. 396 ist mit $z = 8$ doppelwinkeligen Zähnen zu versehen. Arbeitsfräser hat $\delta = 60°$ Werkzeugwinkel, Flankenneigungswinkel $\varepsilon = 5°$. a) Wie groß ist der Einstellwinkel der Teilspindel gegen die Waagerechte? b) Wie groß ist die Frästiefe?

Lösung:

a) [Gl. (450)] $\sin \gamma = \dfrac{\tan\left(\dfrac{180°}{8}\right)}{\tan(60°-5°)+\tan 5°} = \dfrac{\tan 22°30'}{\tan 55°+\tan 5°} = 0{,}27329$; Zahnneigungswinkel $\gamma \approx 16°$.

Nach Gl. (445) wird $\sigma = 90° - \gamma = 90° - 16°$; Einstellwinkel $\sigma = 74°$. b) Die Frästiefe folgt nach Gl. (451) zu $h_s = d\sin\gamma = 80\cdot\sin 16° = 22{,}0512$; Zahnhöhe am Werkstückaußendurchmesser, senkrecht zur Fräsrichtung $h_s = 22{,}05$ mm.

Anmerkung: Nach dem Einschneiden der Zähne werden die Kanten abgeflacht; damit bleiben kleine dreieckige Oberflächen übrig. Letzteres ist notwendig, um die Gegenzähne aufzunehmen, wenn beim Kuppeln die Zähne zufällig im Augenblick des Eingreifens aufeinanderstoßen. Bleiben die Stirnflächen der Zähne scharf, so würden die Zähne nicht leicht ineinandergleiten, der Eingriff der Kupplung wäre schwieriger zu bewerkstelligen.

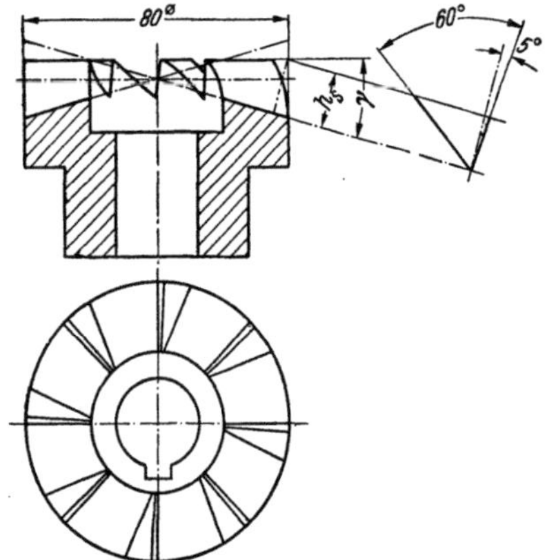

Abb. 396. Doppelwinkelige Kupplungszähne.
[Als Maschinenwerkzeug ist ein *Winkelfräser* mit Fräserwinkel $\delta = 60°$ (Werkzeugwinkel) zu verwenden]

Das *Fräsen von V-förmigen Zähnen* mittels symmetrischer doppelseitiger Winkelfräser gleicht dem Fräsen einer Stirnkerbverzahnung ohne Spitzenspiel nach Abb. 390. Beide Teile der Kupplung werden in der gleichen Weise gefräst, und die Geraden CK und CE schließen mit der Richtung CD in einer zur Achse senkrechten Ebene gleiche Winkel ein. Nach Berechnung des Zahnneigungswinkels γ aus Gl. (444) kann der Einstellwinkel nach Gl. (445) bestimmt werden.

Beispiel 371. Nach Abb. 390 sind in ein Werkstück (Kupplungsteil) von 80 mm Durchmesser mit einem doppelseitigen Winkelfräser mit 90° Werkzeugwinkel 20 V-förmige Nuten zu fräsen. Wie groß ist a) der Einstellwinkel der Teilspindel gegen die Waagerechte, b) die Zahnhöhe am Werkstückaußendurchmesser, parallel zur Werkstückachse, c) die Zahnhöhe am Werkstückaußendurchmesser, senkrecht zur Fräsrichtung?

Lösung: a) [Gl. (444)] $\sin\gamma = \dfrac{\tan\left(\dfrac{90°}{z}\right)}{\tan\dfrac{\delta}{2}} = \dfrac{\tan\left(\dfrac{90°}{20}\right)}{\tan\dfrac{90°}{2}} = \dfrac{\tan 4{,}5°}{\tan 45°} = 0{,}0787$; $\gamma = 4°31'$. Um diesen Winkel ist das Werkstück vor dem Verzahnen hohlkegelig zu drehen. [Gl. (445)] $\sigma = 90° - \gamma = 89°60' - 4°31' = 85°29'$; um diesen Winkel ist der Teilkopf beim Einfräsen der Zähne gegen die Waagerechte nach oben zu neigen. Gl. (446) ergibt den gleichen Wert. b) [Gl. (447)] $h_a = d\tan\gamma = 80\cdot\tan 4°31' = 80\cdot 0{,}0789$; Zahnhöhe am Werkstückaußendurchmesser, parallel zur Werkstückachse $h_a = 6{,}312$ mm. c) [Gl. (448)]

$$h_s = \frac{d\tan\left(\dfrac{90°}{z}\right)}{\tan\dfrac{\delta}{2}} = \frac{80\cdot\tan\left(\dfrac{90°}{20}\right)}{\tan\dfrac{90°}{2}} = \frac{80\cdot\tan 4{,}5°}{\tan 45°};$$

Zahnhöhe am Werkstückaußendurchmesser senkrecht zur Fräsrichtung $h_s = 6{,}296$ mm.

Bei einer bis zur Drehachse durchgeführten Verzahnung würden, entsprechend dem kegeligen Verlauf der Zähne, die Zahnflanken um die Wellenmitte herum weggefräst werden. Deshalb wird der wenig wirksame mittlere Teil weggelassen und die Verzahnung in Ringform ausgebildet.

7.9312 Schräge Zähne mit senkrechter Mitnahmefläche. Für den Sonderfall der senkrechten Mitnahmefläche (Abb. 395) wird $\varepsilon = 0$; Gl. (450) geht damit über in:

Zahnneigungswinkel γ bei Klauenkupplungen mit schrägen Zähnen und *senkrechter* Mitnahmefläche

$$\sin\gamma = \frac{\tan\left(\dfrac{180°}{z}\right)}{\tan\delta} \qquad (452)$$

γ = Zahnneigungswinkel [°], z = Zähnezahl der Kupplung, δ = Profilwinkel des Arbeitsfräsers = Werkzeugwinkel [°].

Das Profil GJH (Abb. 390) ist die Hälfte der V-Form und würde erzielt werden, wenn ein einseitiger Winkelfräser mit dem halben zu erzeugenden Winkel die doppelte Anzahl von Nuten fräsen würde. Um den Neigungswinkel σ der Teilspindel zu berechnen, braucht man daher nur in Gl. (446) den Winkel $\delta/2$ durch δ und die Zähnezahl z durch $2z$ oder $90°/z$ durch $180°/z$ zu ersetzen.

Einstellwinkel der Teilspindel gegen die Waagerechte bei Sägezähnen

$$\cos\sigma = \tan\left(\frac{180^\circ}{z}\right)\cot\delta \qquad (453)$$

σ = Einstellwinkel der Teilspindel gegen die Waagerechte [°], z = Zähnezahl der Kupplung, δ = Prismenwinkel = Werkzeugwinkel [°]. In Abb. 390 ist Winkel $GJH = \delta/2$ = halber Werkzeugwinkel.

Beispiel 372. Wie groß ist der Zahnneigungswinkel γ bei der Klauenkupplung des Beispiels 368, wenn der Flankenneigungswinkel $\varepsilon = 0^\circ$ beträgt?

Lösung: [Gl. (452)] $\quad \sin\gamma = \dfrac{\tan\left(\dfrac{180^\circ}{20}\right)}{\tan 60^\circ} = \dfrac{\tan 9^\circ}{\tan 60^\circ} = 0{,}09144$; Zahnneigungswinkel $\gamma = 5^\circ 15'$

Beispiel 373. Eine Kupplung mit 10 sägeförmigen Zähnen soll mittels eines einseitigen Winkelfräsers von 70° gefräst werden. Welchen Winkel muß die Teilspindel mit der waagerechten Richtung einschließen?

Lösung: [Gl. (453)] $\cos\sigma = \tan\left(\dfrac{180^\circ}{z}\right)\cot\delta = \tan\left(\dfrac{180^\circ}{10}\right)\cot 70^\circ = \tan 18^\circ \cot 70^\circ = 0{,}1182$; Einstellwinkel $\sigma = 83^\circ 13'$.

7.94 Verzahnung mit abgeflachten Zähnen

Sollen die Zähne an Krone und Wurzel mit einer Fläche versehen werden, so ergibt sich dadurch eine Verringerung der Zahnhöhe. Die Breite b der Abflachung an Zahnwurzel und Zahnkrone (Abb. 397) bleibt über die ganze Zahnlänge gleich. Diese Flächen von b mm Breite liegen parallel zu Zahnwurzel und Zahnkrone des spitz ausgeschnittenen Zahnes. Der Fräserneigungs- und Hohldrehwinkel γ bleibt damit der gleiche. Bei $\varepsilon = 0^\circ$ nimmt die Zahnhöhe h um den Betrag $b\cot\delta$ ab; man erhält $t = h_s - 2b\cot\delta$. Mit $h_s = d\sin\gamma$ ergibt sich:

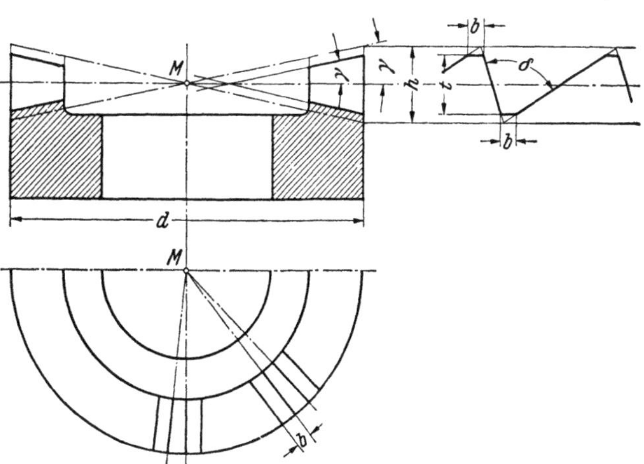

Abb. 397. Klauenkupplung mit gefrästen, schrägen Zähnen.
[Als Maschinenwerkzeug ist ein *Winkelfräser* mit Fräserwinkel δ (Werkzeugwinkel) zu verwenden]

Frästiefe bei abgeflachten Zähnen der Kupplung (Abb. 397)

$$t = d\sin\gamma - 2b\cot\delta \qquad (454)$$

t = Frästiefe bei abgeflachten Zähnen der Kupplung [mm], d = Werkstückaußendurchmesser [mm], γ = Zahnneigungswinkel [°], b = Flächenbreite [mm], δ = Profilwinkel des Arbeitsfräsers = Werkzeugwinkel [°].

Beispiel 374. Die Zähne der Klauenkupplung des Beispiels 368 sollen an Krone und Wurzel mit $b = 0{,}5$ mm Flächenbreite abgeflacht werden. Berechne die Frästiefe t (Abb. 397).

Lösung: Mit $d = 80$ mm, $\gamma = 6^\circ 0'$, $b = 0{,}5$ mm und $\delta = 60^\circ$ ergibt Gl. (454): $t = d\sin\gamma - 2b\cot\delta$
$= 80\cdot\sin 6^\circ 0' - 2\cdot 0{,}5\cdot\cot 60^\circ = 80\cdot 0{,}10449 - 2\cdot 0{,}5\cdot 0{,}57735 = 7{,}78185$; Frästiefe $t = 7{,}78$ mm.

7.95 Verzahnung mit prismatischen Zähnen

7.951 Gerade und ungerade Zähnezahl

Beim Fräsen von Kupplungszähnen nach Abb. 398 und 399 (Klauenkupplungen mit formgleichen Klauen und Lücken für wechselnde Drehrichtung) muß der Drehteil des Teilkopfes um $\sigma = 90^\circ$ verstellt werden, so daß die Spindelachse senkrecht steht. Derartige Klauenkupplungen finden im Werkzeugmaschinenbau ausgedehnte Verwendung; sie werden zweckmäßig mit ungerader Zähnezahl ausgeführt, da dann zur Herstellung nur so viele Fräserdurchgänge nötig wie Zähne vorhanden sind.

Beim Fräsen der radialen Klauenflanken nach Abb. 398 mit *gerader* Zähnezahl sind bei sechs Zähnen 2 mal 6 = 12 Schaltungen mit dem Teilkopf auszuführen. Die Reihenfolge der Schaltungen ist mit den Buchstaben *a* bis *m* gekennzeichnet. Zum Beispiel wird die zwischen den Zähnen *1* und *6* liegende Zahnlücke erst nach der siebenten Durchfräsung fertig; die erste Durchfräsung bearbeitet die Fläche *a* des Zahnes *6*, die siebente Einfräsung die Fläche *g* des Zahnes *1*. Im Gegensatz dazu zeigt Abb. 399 eine Klauenkupplung mit *ungerader* Zähnezahl. Die sieben Kupplungszähne können mit insgesamt sieben Schaltungen fertiggefräst werden; es ist demnach nur halb so oft zu schalten wie bei gerader Zähnezahl[1]. Die Reihenfolge der Schaltungen ist hier mit den Buchstaben *a* bis *g* gekennzeichnet. Als Beispiel sei angeführt, daß bei der ersten Durchfräsung *a* die Flanken der Zähne *7* und *4* bearbeitet werden, bei der nächsten Durchfräsung *b* die Flanken der Zähne *6* und *3* usw. Bedingung für die vereinfachte

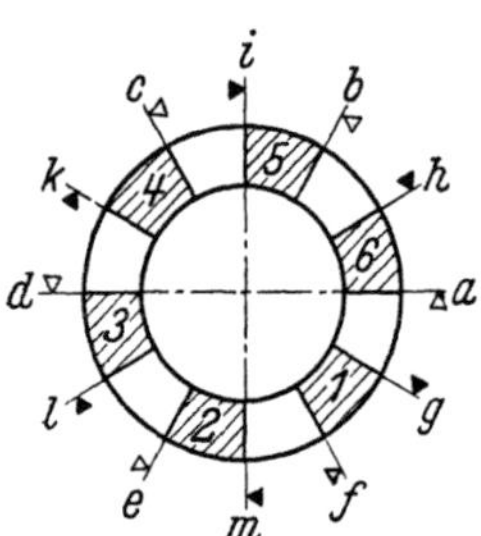

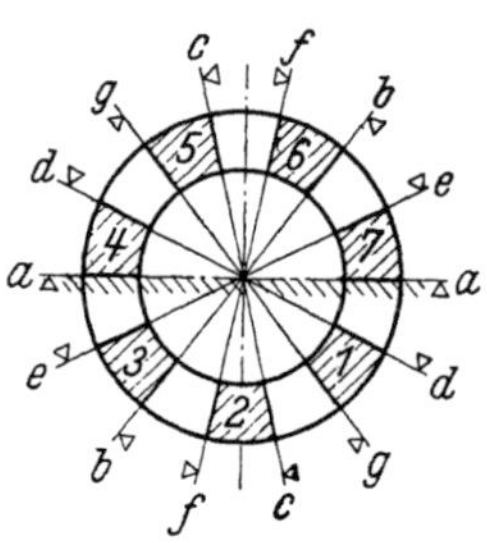

Abb. 398. *6* Kupplungszähne bei *12* Schaltungen (zwei Zähne oder Lücken liegen gegenüber)

Abb. 399. *7* Kupplungszähne bei 7 Schaltungen (einem Zahn liegt eine Lücke gegenüber)

Abb. 398 und 399. Fräserwege bei Herstellung von prismatischen Kupplungszähnen

Fertigungsmöglichkeit nach Abb. 399 ist jedoch, daß die Lücke zwischen den Kupplungszähnen am inneren Kreis mindestens die Hälfte der Lücke am äußeren Kreis ist, damit keine durch Handarbeit wegzunehmende Zwickel stehenbleiben.

7.952 Berechnung der Zähnezahl

Die Zähnezahl ist bei Klauenkupplungen abhängig von der minutlichen Drehzahl derselben und von der Zeit, die nach erfolgter Ruckeinrückung bis zur Mitnahme der Gegenzähne möglich sein darf. Als brauchbarer Wert kann diese Zeit mit $t = {}^1/_{20}$ Sekunde gewählt werden.

Bei d mm Außendurchmesser und n Umdrehungen je Minute der Kupplung beträgt die sekundliche Umfangsgeschwindigkeit eines Punktes am Kupplungsumfang $\dfrac{d \pi n}{60}$ mm/sek. Da einer Umdrehung der Weg $d\pi$ mm entspricht, so benötigt die Kupplung zu einer Umdrehung $(d\pi)$:

$$\left(\frac{d \pi n}{60}\right) = \frac{d \pi \cdot 60}{d \pi n} = \frac{60}{n}$$ Sekunden. Um nun in t Sekunden zu kuppeln,

sind $t : \left(\dfrac{60}{n}\right) = \dfrac{t n}{60}$ Umdrehungen erforderlich. Eine Zahnlänge, am Umfang der Kupplung gemessen, wäre somit $\dfrac{t n}{60} d \pi = \dfrac{t n d \pi}{60}$ mm. Die

Kupplung muß also $z = (d\pi) : \left(\dfrac{t n d \pi}{60}\right) = \dfrac{d \pi \cdot 60}{t n d \pi} = \dfrac{60}{t n}$ Zähne erhalten.

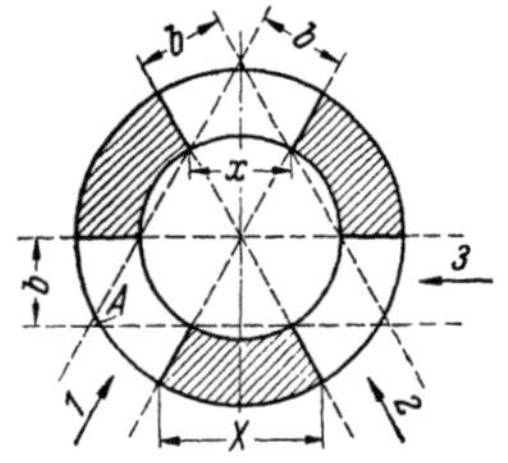

Abb. 400. Drei Arbeitsgänge des Fräsers bei einer dreizähnigen Klauenkupplung. *b* = Fräserbreite

Bestimmung der Zähnezahl bei Klauenkupplungen

$$z = \frac{60}{t n} \qquad (455)$$

z = Zähnezahl der Klauenkupplung, t = Kupplungszeit = Zeit, die nach erfolgter Ruckeinrückung bis zur Mitnahme der Gegenzähne möglich sein darf [sek], n = Umlaufzahl der Kupplung [1/min].

Anmerkung: Als Mindestzahlen der Zähne und Lücken ergeben sich, für viele Fälle genügend, je drei, welche nach Abb. 400 in drei Durchgängen gefräst werden können.

Beispiel 375. Die Klauenkupplung Abb. 400 hat $d = 56$ mm Innendurchmesser. a) Welche Breite b erhält der Scheibenfräser? b) Berechne das Prüfmaß x. c) Wie groß darf der Außendurchmesser D der Kupplung höchstens sein, damit bei A kein Werkstoff stehen bleibt? d) Welches Prüfmaß X ergibt sich am Außendurchmesser?

---

[1] Bei ungerader Zähnezahl sind Schaltbewegungen und Zähnezahl gleich. Wählt man dazu noch die kleinstmögliche ungerade Zähnezahl, z.B. an Stelle von sechs fünf, so ergibt sich eine Ersparnis an Schaltbewegungen von $E = 2z - (z - 1) = z + 1 = 6 + 1 = 7$, wenn z eine *gerade* Zähnezahl ist. Mit der verkleinerten Zahl der Schaltbewegungen erhält man weniger Verlust an Anlauf- und Leerlaufwegen und damit geringere Verlust-, Rüst- und Leerlaufzeit. Werden diese Arbeiten bei Einzelfertigung nach Anriß mit der Hobelmaschine ausgeführt, so ist die Ersparnis noch beachtlicher, da die Zeit des Ein- und Ausrichtens, die gegenüber der Arbeit mit dem Teilkopf größer ist, für jeden Zahn nur einmal gemacht werden muß.

Lösung: a) Fräsbreite b ist Höhe eines gleichseitigen Dreieckes mit der Seite $d/2$, also $b = d/4\sqrt{3}$ $= 14\sqrt{3}$; Scheibenfräser $b = 24{,}25$ mm. b) Dreieckseite $d/2 = x$; Prüfmaß $x = 28$ mm. c) Durchmesser D ist viermal Höhe des gleichseitigen Dreiecks, also $D = d\sqrt{3}$ oder $D = 4b = 4 \cdot 24{,}25$; Außendurchmesser $D = 97$ mm. d) Es gilt $X = D/2 = 97/2$; Prüfmaß $X = 48{,}5$ mm. Nach Z. 1, B. T. 39 wird gleichfalls $X = 2R\sin\alpha/2 = D\sin\alpha/2 = 97 \cdot \sin 30° = 48{,}5$ mm.

Beispiel 376. Nach DIN 885 hat der Scheibenfräser $b = 25$ mm Breite. Welcher Innendurchmesser ergibt sich damit für die Klauenkupplung im Beispiel 375?

Lösung: Aus $b = \dfrac{d}{4}\sqrt{3}$ folgt $d = \dfrac{4b}{\sqrt{3}} = \dfrac{4b\sqrt{3}}{3} = \dfrac{4 \cdot 25\sqrt{3}}{3}$; Innendurchmesser $d = 57{,}74$ mm.

Beispiel 377. Wie viele Zähne muß eine Klauenkupplung mit prismatischen Zähnen von $d = 100$ mm Außendurchmesser erhalten, wenn ihre Drehzahl $n = 80$ 1/min beträgt und die Zeit des Einkuppelns mit $t = 1/20$ Sek. angenommen wird?

Lösung: [Gl. (455)] $z = \dfrac{60}{tn} = \dfrac{60 \cdot 20}{80} = 15$; Zähnezahl $z = 15$.

Beispiel 378. Welche Kupplungsdauer ergibt sich, wenn die Klauenkupplung des Beispiels 377 statt mit 15 nur mit 3 Zähnen ausgeführt wird?

Lösung: Aus Gl. (455): $t = \dfrac{60}{zn} = \dfrac{60}{3 \cdot 80} = \dfrac{1}{4}$ Sek.; Zeit fünfmal so groß wie bei 15 Zähnen.

7.953 Drehrichtung und Zahnform

Die in Abb. 403 und 404 gezeigte Kupplung mit schrägen Zähnen eignet sich nur für *eine* Drehrichtung. Ihre Herstellung ist teurer als die der geradzahnigen

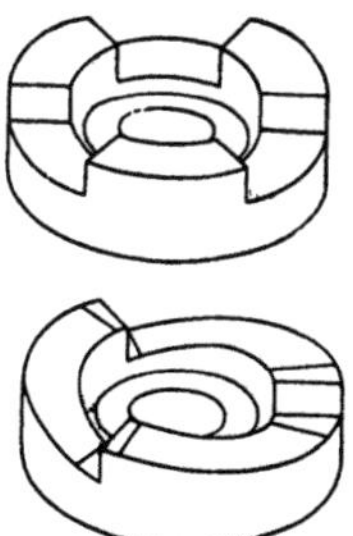

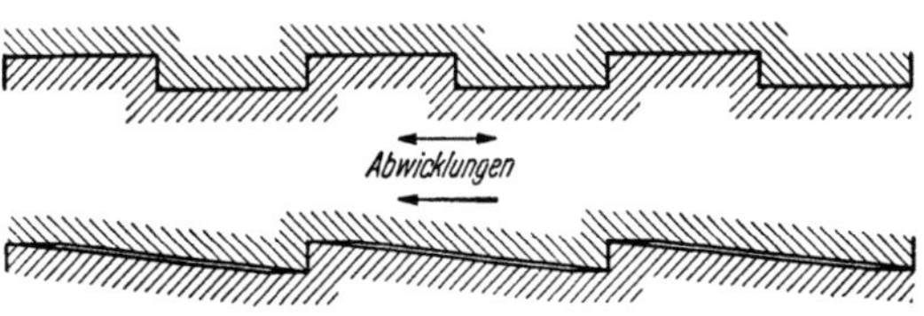

Abb. 401 und 402 (Abwicklung). Klauenkupplung mit geraden Zähnen für *wechselnde* Drehrichtung

Abb. 403 und 404 (Abwicklung). Klauenkupplung mit schrägen Zähnen für *eine* Drehrichtung

Kupplung Abb. 401 und 402, weil hier die Zähne (ganz gleich bei welcher Anzahl) einzeln ausgehobelt werden müssen.

7.96 Fräsen von Spitzzähnen

Die zur Vornahme der Einstellbewegung der Maschine nötigen Werte können für verschiedene Möglichkeiten der Maßangabe herzustellender Werkstücke[1] aus **Berechnungstafel 18**, S. 318, entnommen werden.

Beispiel 379. Scheiben nach Abb. 516 sind herzustellen; es ist $z = 8$, $d_f = 14{,}06$ und $d_k = 20$ mm. Berechne den zum Fräsen des Schnittstempels nötigen Werkzeugwinkel β und die Frästiefe h.

Lösung: (Berechnungstafel 18)

$$[\text{Z. 4}]\ \tan\frac{\beta}{2} = \frac{\sin\left(\dfrac{180°}{z}\right)}{\cos\left(\dfrac{180°}{z}\right) - \dfrac{d_f}{d_k}} = \frac{\sin\left(\dfrac{180°}{8}\right)}{\cos\left(\dfrac{180°}{8}\right) - \dfrac{14{,}06}{20}} = \frac{\sin 22° 30'}{\cos 22° 30' - 0{,}703} = \frac{0{,}3827}{0{,}9239 - 0{,}703} = 1{,}7325;$$

$\dfrac{\beta}{2} = 60° 22''$; $\beta = 120° 44''$. Ausgeführt Werkzeugwinkel $\beta = 120°$ (üblicher Prismenfräser).

$$[\text{Z. 7}]\ h = \frac{d_k - d_f}{2} = \frac{20 - 14{,}06}{2};$$ Frästiefe $t = 2{,}97$ mm. Dieser Wert ist durch Abrunden des halben Zentriwinkels von $60° 22''$ auf $60°$ nicht mehr mathematisch genau; doch ist der geringe Unterschied für den Betrieb ohne Bedeutung.

Beispiel 380. Scheiben nach Abb. 516 haben die Abmessungen $z = 16$, $d_k = 22{,}5$ mm, $\beta = 90°$. Wie groß werden Fußkreisdurchmesser und Frästiefe?

---

[1] Abb. 516 bis 521 zeigen verschiedene Verzahnungsformen bei Sperrädern. Sonderprofile mit Außenverzahnung werden wirtschaftlich mit ein- oder zweigängigen Vollwälzfräsern hergestellt.

Lösung: (Berechnungstafel 18)

$$[\text{Z. 5}] \quad d_f = \frac{d_k \sin\left(\dfrac{\beta}{2} - \dfrac{180°}{z}\right)}{\sin\dfrac{\beta}{2}} = \frac{22{,}5 \cdot \sin\left(\dfrac{90°}{2} - \dfrac{180°}{16}\right)}{\sin\dfrac{90°}{2}} = \frac{22{,}5 \cdot \sin(45° - 11{,}25°)}{\sin 45°} = \frac{22{,}5 \cdot \sin 33{,}75°}{\sin 45°};$$

Fußkreisdurchmesser $d_f = 17{,}68$ mm. [Z. 7] $h = \dfrac{d_k - d_f}{2} = \dfrac{22{,}5 - 17{,}68}{2}$; Frästiefe $h = 2{,}41$ mm.

Beispiel 381. Das Sperrad Abb. 405 ist in einer Auflage von 10 000 Stück zu fertigen. Wie groß ist der Profilwinkel β des Werkzeuges, mit dem der Stempel für das Blockwerkzeug zu fräsen ist?

Lösung: [Z. 3] $\beta = \gamma + \dfrac{360°}{z} = 80° + \dfrac{360°}{20} = 80° + 18° = 98°$; Werkzeugwinkel $\beta = 98°$.

Beispiel 382. Welche Frästiefe ergibt sich für das Sperrad Abb. 517, wenn $d_k = 18$ mm, $\beta = 45°$ und $z = 100$?

Lösung: [Z. 9] $d_f =$

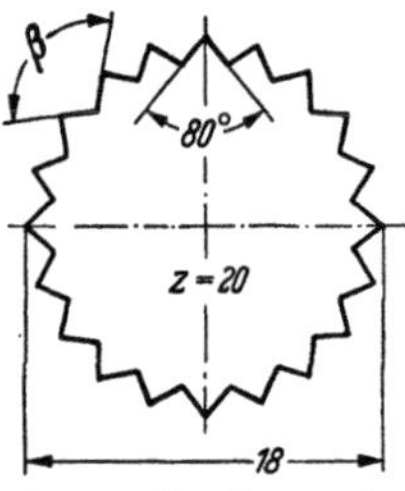

Abb. 405. Verzahnung eines Sperrades

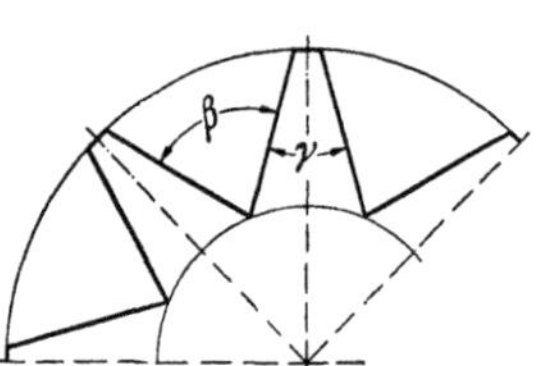

Abb. 406. Werkstück (Schaltrad) mit Verzahnung

$$\frac{d_k \sin\left(\beta - \dfrac{360°}{z}\right)}{\sin\beta} = \frac{18 \cdot \sin\left(45° - \dfrac{360°}{100}\right)}{\sin 45°};$$

Fußkreisdurchmesser $d_f = 16{,}834$ mm.

[Z. 7] $h = \dfrac{d_k - d_f}{2} = \dfrac{18 - 16{,}834}{2}$; Frästiefe $h = 0{,}583$ mm.

Beispiel 383. Für die Verzahnung Abb. 406 ist der Werkzeugwinkel β zu berechnen. Bei $z = 12$ Zähnen soll der Zahnwinkel $\gamma = 66°$ betragen (Berechnungstafel 18).

Lösung: [Z. 3] $\beta = \gamma + \dfrac{360°}{z} = 66° + \dfrac{360°}{12} = 66° + 30° = 96°$; Werkzeugwinkel $\beta = 96°$.

Beispiel 384. Eine Verzahnung nach Abb. 406 wird für $z = 14$ mit dem Werkzeugwinkel $\beta = 56°$ gefertigt. Welcher Zahnwinkel γ ergibt sich?

Lösung: [Z. 2] $\gamma = \beta - \dfrac{360°}{z} = 56° - \dfrac{360°}{14} = 56° - 25°42'51''$; Zahnwinkel $\gamma \approx 30°17'$.

8 Zahn- und Kettenradfertigung

Die meisten der angetriebenen Arbeitsmaschinen laufen wesentlich langsamer als die sie antreibenden Elektromotoren. Um wirtschaftlich zu sein, müssen letztere für verhältnismäßig hohe Drehzahlen ausgeführt werden. Aus diesem Grunde sind zur Erzielung der gewünschten Sekundärdrehzahl zwischen Motor und Maschinen geeignete Übertragungsorgane einzuschalten. Für derartige Reduktionsgetriebe verwendet man Zahnräder; dieses Maschinenelement erweist sich nicht nur als wirtschaftlich, sondern auch als platzsparend und zuverlässig, ganz abgesehen von der praktisch kleinen Abnützung. Eine erschöpfende Behandlung der Verzahntechnik bieten die Deutschen Industrienormen (DIN).

8.1 Abmessungen der Zahnräder[1]

(Berechnung der Abmessungen von Zahnrädern ohne Profilverschiebung)

Zahnräder sind Maschinenteile zur unmittelbaren Übertragung der Drehbewegung zwischen parallelen, sich schneidenden und sich kreuzenden Wellen. Vgl. *Gliederung der Zahnradtriebe S. 114.* Die Zähne des treibenden Rades drücken auf die des getriebenen Rades und die Flanken der zusammenarbeitenden Zähne wälzen sich mit möglichst geringem Gleiten aneinander ab.

Die Berührungskreise (Wälzkreise)[2] zweier zusammenarbeitender Zahnräder rollen mit gleicher Umfangsgeschwindigkeit aufeinander ab ($v_1 = v_2$). Auf dem Berührungskreis wird die Teilung abgetragen; deshalb wird dieser Kreis *Teilkreis d_0* genannt. Der Teilkreis (Teilzylinder) ist ein zur Radachse mittiger

---

[1] Sämtliche in diesem Abschnitt gegebenen Gleichungen beziehen sich auf Zahnräder mit **Evolventenverzahnung.** Der genaueren und einfachen Bearbeitung wegen ist die Evolventenverzahnung die am meisten verwendete und darum **genormte Verzahnung.** Sie besitzt nach DIN 867 ein Profilbild mit geraden Flanken und geraden Eingriffsstrecken. Ein besonderer Vorteil der Evolventenverzahnung ist ihre Unempfindlichkeit gegen Achsabstandveränderung (Evolvente und Evolventenfunktion vgl. Fußnote*, S. 343). Abmessungen der Zahnform vgl. Berechnungstafel 19, S. 320.

[2] Berühren sich die Wälzzylinder (Wälzkreise) außen, so liegen *Außenräder* vor. Berühren sich die Wälzzylinder von innen, so ergeben sich *Innenräder.*

Kreis (Zylinder); die Radachse ist bestimmt als Führungsachse des Rades (Achse der Bohrung, des Zapfens usw.). Eine *Teilung* ist die in einer festgelegten Richtung bestimmte Entfernung zwischen zwei aufeinanderfolgenden, gleichgerichteten Flanken. Die Teilungen zwischen den Rechtsflanken sind die Rechtsteilungen, die Teilungen zwischen den Linksflanken sind die Linksteilungen. Die *Teilkreisteilung* t_0 ist der Teilkreisbogen zwischen zwei aufeinanderfolgenden Rechts- oder Linksflanken.

Bedeutet bei einem Geradstirnrad z = Zähnezahl (z ist dabei die Anzahl der bei geschlossenem Radkörper auf dem Umfang des Teilkreises vorhandenen Zähne), d_o = Teilkreisdurchmesser, t_o = Teilkreisteilung, so ist, wenn Zahndicke s_0 und Lückenweite l_0 gleiches Maß haben, $d_0\,\pi = z\,t_0$; daraus $d_o = \dfrac{z\,t_0}{\pi}$.

Vereinfachte Konstruktion und Herstellung führten zur Wahl des rechnerischen Hilfswertes t_0/π als einfache Zahl. Man legt der Berechnung daher nicht die *Umfangsteilung* t_o, sondern die *Durchmesserteilung* oder den *Modul* $m = t_0/\pi$ zugrunde[1]. Da man den Modul nur in ganzen, halben, höchstens noch in viertel Millimetern annimmt (vgl. Z. 18, B.T. 19), so entstehen für den Teilkreisdurchmesser bei Geradstirnrädern auch meistens Maße in vollen, im ungünstigsten Falle solche in viertel Millimetern. Die Teilkreisteilung ist also ein wirkliches Maß am Zahnrad, während der Modul nur eine Rechengröße darstellt.

Ebenso ist der Durchmesser des Teilkreises $\left[d_0 = \dfrac{z\,t_0}{\pi} = z\,m\right]$ eine rein rechnerische, durch die angenommene Teilung festgelegte, aber von der Zahnform unabhängige Größe und als solche fehlerfrei und am Zahnrad nicht meßbar. Teilkreisdurchmesser, Modul und Zähnezahl sind somit fehlerfreie Bestimmungsgrößen einer Stirnradverzahnung. Davon abgeleitete Bestimmungsgrößen haben Nennmaße, von denen die entsprechenden am Stirnrad vorhandenen Istmaße abweichen können.

Wie Abb. 407 und 523 zeigen, ist außer dem Teilkreis noch der den Zahnkopf begrenzende *Kopfkreis* d_k und der den Zahnfuß begrenzende *Fußkreis* d_f zu unterscheiden. Der Kopfkreis ist die durchlaufend gedachte äußere (bei einem Innenrad die innere) Begrenzungslinie der Verzahnung in einer zur Radachse senkrechten Ebene. Der Fußkreis ist die durchlaufend gedachte innere Begrenzungslinie der Zahnlücken in einer zur Radachse senkrechten Ebene. Die *Zahnflanken* eines Stirnrades sind die zwischen Kopfzylinder und Fußzylinder liegenden Teile der Verzahnung; sie werden durch den Teilzylinder in die *Kopfflanken* und die *Fußflanken* unterteilt. Die *Zahnhöhe* h (Lückentiefe) ist der radiale Abstand zwischen Kopfkreis und Fußkreis. Die *Zahnkopfhöhe* h_{k_0} ist der radiale Abstand zwischen Kopfkreis und Teilkreis. Die *Zahnfußhöhe* h_{f_0} ist der radiale Abstand zwischen Fußkreis und Teilkreis. Bei Null-Rädern (vgl. S. 342) ist die Zahnfußhöhe h_{f_0} gleich der Zahnkopfhöhe $h_{k\,w_0}$ der Werkzeuge. Der spitze Winkel zwischen einer Tangente an das Zahnprofil und dem Mittelpunktsstrahl durch den Berührungspunkt heißt *Pressungswinkel* α. Der *Eingriffswinkel* α_0 ist derjenige Pressungswinkel, dessen Scheitel

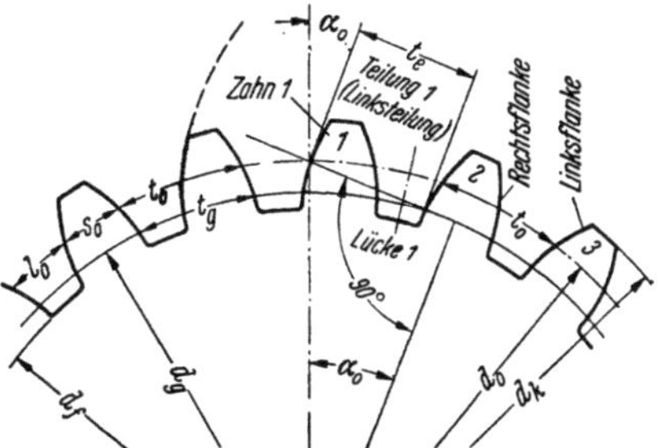

Abb. 407. Geradstirnrad (DIN 3960)

auf dem Teilkreis liegt (Abb. 407). Der Eingriffswinkel selbst kann am Zahnrad nicht unmittelbar gemessen werden; er wird vielmehr als mittlerer Eingriffswinkel aus dem Ist-Grundkreisdurchmesser oder der mittleren Eingriffsteilung errechnet. Der *Grundkreis* d_g (Grundzylinder) ist derjenige Kreis (Zylinder), dessen Evolventen[2] (Evolventenflächen) das Zahnprofil (die Zahnflanken) bilden. Die *Eingriffsteilung* t_e ist der Abstand zweier paralleler Tangentialebenen, die im Bereich der Evolventen an zwei aufeinanderfolgende Rechts- oder Linksflanken angelegt sind. Die Eingriffsteilung ist im Profilbild der Verzahnung der Abschnitt der zugehörigen Eingriffslinie zwischen zwei aufeinanderfolgenden gleichgerichteten Flanken eines Geradstirnrades und liegt in einer zur Radachse senkrechten Ebene. Die Eingriffsteilung ist eine besonders wichtige Größe. Voraussetzung für ein einwandfreies Zusammenarbeiten zweier Räder ist das Übereinstimmen ihrer Eingriffsteilungen. Die *Grundkreisteilung* t_g ist der Grundkreisbogen zwischen den Ursprungspunkten der die Zahnflanken bildenden Rechts- oder Linksevolventen. Die *Zahndicke* s_0 ist die Länge des Teilkreisbogens zwischen den beiden Flanken eine Zahnes. Die *Lückenweite* l_0 ist die Länge des Teilkreisbogens zwischen den beiden eine Zahnlücke einschließenden Zahnflanken. Zahndicke s_0 und Lückenweite l_0 ergeben zusammen die Teilkreisteilung t_0. Die *Zahndickensehne* $\overline{s}_0$ ist die Sehne des Teilkreisbogens zwischen den beiden Flanken eines Zahnes. Die *Übersetzung* i eines Räderpaares ist das Verhältnis der Drehzahl oder Winkelgeschwindigkeit des antreibenden zu der des angetriebenen Rades. Vgl. S. 115. Der *Achsabstand* a ist der Abstand der Radachsen zweier miteinander gepaarter Stirnräder. Die *Rechengröße* a_0 ist die Summe der Teilkreishalbmesser der beiden Räder. Bei einem Null-Getriebe ist die Rechengröße a_0 gleich dem Achsabstand a.

---

[1] Entgegen der Normbezeichnung m wird der Modul vielfach mit dem Formelzeichen m_0 belegt, um damit zu sagen, daß er sich auf den Teilkreis d_0 bezieht. Die Angabe, beispielsweise „Modul 4" ist falsch; es muß vielmehr heißen „Modul 4 mm". Die Maßgröße (Dimension) beim Modul sollte nie fortgelassen werden. Nicht nur die Teilung, sondern auch alle übrigen Verzahnungsgrößen werden durch den Modul ausgedrückt. Das Wort Modul kommt aus dem Lateinischen „modulus" und ist männlich; daher *der* Modul, des Moduls; Mehrzahl die Moduln, der Moduln usw.

[2] Jeder Punkt einer Tangente an den Grundkreis beschreibt beim Abrollen der Tangente auf dem Grundkreis eine **Evolvente.** Diese Kurve bestimmt das Zahnprofil. Die Berührungspunkte aller im Eingriff stehenden Zähne liegen auf einer Linie, die durch den Berührungspunkt der Teilkreise führt. Diese **Eingriffslinie** ist die Tangente an die Grundkreise.

Zusammenarbeitende Zähne berühren sich an den Zahnflanken. Um einem Klemmen der Zähne bei den unvermeidlichen Ungenauigkeiten der Zahnausführung vorzubeugen wird, wie bei Abb. 408 übertrieben dargestellt, ein *Flankenspiel* (Zahnlücke minus Zahndicke) in tangentialer Richtung vorgesehen. Das Flankenspiel richtet sich nach den zu erwartenden Herstellgenauigkeiten, insbesondere nach den Teil- und Zahnformfehlern, aber auch nach der Genauigkeit des Zusammenbaues.

Wegen des Totganges bei einer evtl. Bewegungsumkehr ist das Flankenspiel in möglichst kleinen Ausmaßen zu halten. Selbst geschliffene Zähne sind mit einem Flankenspiel zu versehen, um einerseits Raum für die schmierende Ölschicht und andererseits Raum für die Zahnausdehnung bei Erwärmung zu schaffen. Nach DIN 3960 ergibt sich die Größe des Flankenspiels aus der Größe der Zahndickenabmaße der beiden Räder und der Größe des Achsabstandsabmaßes des Getriebes. Es wird beeinflußt durch vorhandene Verzahnungsfehler. Man unterscheidet Eingriffs- und Verdrehflankenspiel. Das *Eingriffsflankenspiel* S_e ist der auf der Eingriffslinie bestimmte Abstand zweier Rechts-(Links-)Flanken eines miteinander kämmenden Räderpaares, dessen Links-(Rechts-) Flanken mit der Kraft Null aneinander anliegen. Das *Verdrehflankenspiel* S_d ist der Bogen des Teilkreises, um den sich jedes der beiden Räder bei festgehaltenem Gegenrad von der Anlage der Rechtsflanken bis zur Anlage der Linksflanken verdrehen läßt ($S_d = t_0 - s_{01} - s_{02}$). Gemessen wird das Eingriffsflankenspiel S_e, das den kürzesten Abstand der beiden zusammenarbeitenden Zahnflanken darstellt. Aus S_e kann das Verdrehflanken-

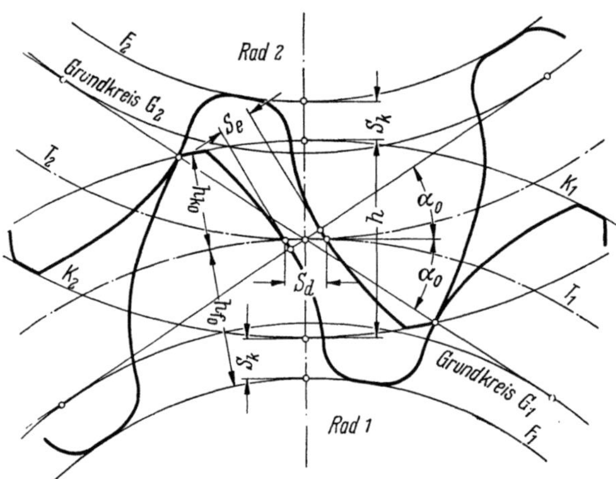

Abb. 408. Verdreh- und Eingriffsflankenspiel.
T_1 und T_2 = Teilkreisdurchmesser der Räder *1* und *2*; K_1 und K_2 = Kopfkreisdurchmesser der Räder *1* und *2*; F_1 und F_2 = Fußkreisdurchmesser der Räder *1* und *2*; G_1 und G_2 = Grundkreisdurchmesser der Räder *1* und *2*; $h + S_k$ = Zahnhöhe = Lückentiefe; h_{k0} = Zahnkopfhöhe; h_{f0} = Zahnfußhöhe; S_k = Kopfspiel; S_d = Verdrehflankenspiel; S_e = Eingriffsflankenspiel; α_0 = Eingriffswinkel

spiel S_d errechnet werden; es gilt $S_d \approx S_e/\cos \alpha$. Weiterhin ist Zahndicke $\hat{s}_0 = 0{,}5\,(t_0 - S_d)$ und Lückenweite $\hat{l}_0 = 0{,}5\,(t_0 + S_d)$. Vgl. auch B. T. 20, Z. 19 und 20. In den Zeichnungen bleibt das Flankenspiel unberücksichtigt. Das *Kopfspiel* S_k ist der Abstand des Kopfkreises eines Rades vom Fußkreis seines Gegenrades.

8.11 Flankenlinien bei Stirnrädern

Die Zahnform ist gegeben durch das *Zahnprofil* (Schnitt quer zum Zahn) und die *Flankenlinie*. Nach DIN 868 werden alle Wälzzahnräder auf die Planverzahnung bezogen. Die Planverzahnung der Stirnräder ist die Verzahnung einer Zahnplatte (Zahnstange), deren Zähne in Richtung ihrer Höhe durch das Profil und in Richtung ihrer Länge durch die Flankenlinien gekennzeichnet sind. Die Flankenlinien sind die Schnittlinien der Rechts- und Linksflanken mit dem Teilzylinder (Rechts- und Linksflankenlinien). Aus der Ansicht der Planverzahnung folgt also der gerade, schräge oder gekrümmte Verlauf der Flankenlinien (Abb. 409 a bis 409 e), aus dem Schnitt der Planverzahnung senkrecht zu diesen Flankenlinien, das Bezugsprofil.

Der Hauptnachteil aller Geradverzahnungen mit parallel zur Wellenachse verlaufenden Zahnflanken liegt darin, daß jeder Zahn von Ritzel und Rad beim Eingriffswechsel schlagartig belastet und plötzlich entlastet wird. Eine Verbesserung der Laufeigenschaften von Stirnrädern mit *Geradzähnen* nach Abb. 409 a ist möglich durch sogenannte *Stufenzähne* (Abb. 409 b), indem die Zahnbreite quer zur Achse in x Teile zerlegt wird und die einzelnen Teile um $t/x = t_0/x$ gegeneinander versetzt werden. Dadurch wird der Druckwechsel auf x schmale Zahnflanken verteilt und gleichmäßiger. Nachteilig ist, daß bei Teilungsfehlern die gesamte Umfangskraft von einem Teil der Zahnbreite aufgenommen werden muß; deshalb werden Zahnräder mit Stufenzähnen praktisch wenig verwendet. Besser sind Räder mit Zähnen, deren Flanken schräg zur Erzeugenden der Wälzzylinder verlaufen. Die Flankenlinien können dann gerade (*Schrägzähne*, Abb. 409 c), gebrochen (*Pfeilzähne*, Abb. 409 d) oder kreisbogen- bzw. spiralförmig (*Kreisbogenzähne*, Abb. 409 e) sein. Der Vorteil der Schrägverzahnung gegenüber geraden Zähnen liegt darin, daß stets mehr als ein Zahnpaar gleichzeitig im Eingriff steht und daß der Zahneingriff von einer Ecke der Flanke zur anderen wandert. Schrägverzahnung ergibt deshalb laufruhigere Getriebe als Geradverzahnung und wird im neuzeitlichen Getriebebau fast ausschließlich angewendet. Bei *Kurvenzahnstirnrädern* sind die Flankenlinien Stücke von spiraligen, zyklischen, evolventischen od. dgl. Kurven; das *Kreisbogenzahnstirnrad* ist ein Sonderfall.

8.12 Abmessungen bei Stirnrädern mit Geradzähnen

Unterschreitet bei Zahnrädern die Zähnezahl eine gewisse Grenze, so werden die Zähne *unterschnitten*, d. h. der Zahnfuß wird unterhalb des Teilkreises verschwächt; damit sind die Zähne am Fußende der Bruchgefahr ausgesetzt. Die Zähnezahl, bei der Unterschneidung gerade noch nicht auftritt, wird *Grenzzähnezahl*, das Rad selbst als *Grenzrad* bezeichnet. Getriebe, bei denen das treibende Rad $z_1 \geq 14$ (bei $\alpha_0 = 20°$) bzw. 25 (bei

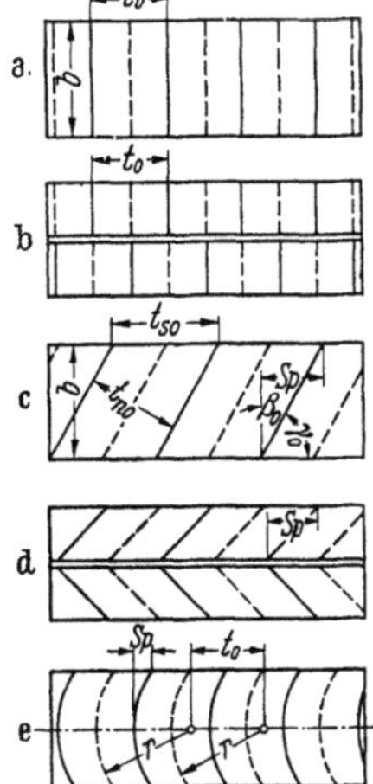

Abb. 409 a. Geradzähne;
Abb. 409 b. Stufenzähne;
Abb. 409 c. Schrägzähne;
Abb. 409 d. Pfeilzähne;
Abb. 409 e. Kreisbogenzähne.

Abb. 409 a bis 409 e. Form der Flankenlinien der Zahnstange bei Stirnrädern nach DIN 868.
Zeichen und Bezeichnungen: b = Zahnbreite; t_0 = Teilkreisteilung; t_{n0} = Normalteilung; t_{s0} = Stirnteilung; β_0 = Schrägungswinkel; γ_0 = Steigungswinkel (rechtssteigend); Sp = Sprung; r = Krümmungshalbmesser. Der Verlauf der Flankenlinien gibt die Flankenrichtung an (Rechts-Schrägverzahnung oder Links-Schrägverzahnung)

$\alpha_0 = 15°$ Eingriffswinkel) und ebenso das getriebene Rad $z_2 \geq 14$ bzw. 25 werden als *korrekturlos*[1] bezeichnet; sie sind auch unter dem Namen **Nullgetriebe** bekannt. Die folgenden Ausführungen über Zahnräder beziehen sich auf Nullgetriebe.

8.121 Geradstirnräder mit Außenverzahnung

Bei einem *Geradstirnrad* (Stirnrad mit geraden Zähnen) sind die Flankenlinien Geraden parallel zur Radachse; sie fallen mit den Teilzylindermantellinien zusammen. Bei einem Stirnrad mit Außenverzahnung (Außenrad) liegt die Verzahnung außen am Radkörper (Abb. 523); der Kopfkreis (Kopfzylinder) hat einen größeren Durchmesser als der Fußkreis (Fußzylinder). Für die Paarung zweier Stirnräder („Rad 1" und „Rad 2") in einem Getriebe sind die Übersetzung, der Achsabstand und das Profilbild der Verzahnung im Getriebe bestimmend. Berechnung der Radabmessungen vgl. **Berechnungstafel 20.**

Beispiel 385. Die Übertragung der Drehbewegung zweier gleichlaufender Wellen erfolgt bei einer Übersetzung von 3:1 ins Langsame mittels außenverzahnter Geradstirnräder. Berechne die für eine Werkzeichnung erforderlichen Verzahnungsmaße des Räderpaares, wenn das treibende Rad 25 Zähne und Modul 3,5 mm erhalten soll. (Gewöhnliche Arbeitsräder.)

Lösung: [Z. 7] $i = \dfrac{n_1}{n_2} = \dfrac{3}{1}$;

damit [Z. 7] $i = \dfrac{z_2}{z_1} = \dfrac{3}{1} = \dfrac{75}{25}$.

Für die größenmäßige Bestimmung eines Zahnrades ist der Eingriffswinkel α_0 nicht notwendig; er kennzeichnet jedoch die Zahnform und damit das Werkzeug.

Geradstirnrad $z_1 = 25$; $m = 3,5\ mm$

[Z. 2] $t_0 = m\,\pi = 3,5\,\pi = 10{,}996$; Teilkreisteilung $t_0 = 10{,}996$ mm.

[Z. 24] $d_{01} = z_1\,m = 25 \cdot 3,5 = 87,5$; Teilkreisdurchmesser $d_{01} = 87,5$ mm.

[Z. 27] $d_{k1} = m(z_1 + 2) = 3,5(25 + 2) = 3,5 \cdot 27$; Kopfkreisdurchmesser $d_{k1} = 94,5$ mm.

[Z. 10] $h = 2,2\,m = 2,2 \cdot 3,5 = 7,7$; Zahnhöhe (Frästiefe) $h = 7,7$ mm.

[Z. 22] $b = b_v\,m = 10\,m = 10 \cdot 3,5 = 35$; Zahnbreite $b = 35$ mm.

[Z. 38] $a_0 = m\left(\dfrac{z_1 + z_2}{2}\right) = 3,5\left(\dfrac{25 + 75}{2}\right) = 175$; Rechengröße = Achsabstand $a_0 = 175$ mm.

Geradstirnrad $z_2 = 75$; $m = 3,5\ mm$

[Z. 2] Teilkreisteilung (wie bei Rad z_1) $t_0 = 10{,}996$ mm.

[Z. 24] $d_{02} = z_2\,m = 75 \cdot 3,5 = 262,5$; Teilkreisdurchmesser $d_{02} = 262,5$ mm.
Zur Prüfung: $d_{02} = i\,d_{01} = 3\,d_{01}$ $= 3 \cdot 87,5 = 262,5$ mm.

[Z. 27] $d_{k2} = m(z_2 + 2) = 3,5(75 + 2) = 3,5 \cdot 77$; Kopfkreisdurchmesser $d_{k2} = 269,5$ mm.

[Z. 10] Zahnhöhe (wie bei Rad z_1): $h = 7,7$ mm.

[Z. 22] Zahnbreite (wie bei Rad z_1): $b = 35$ mm.

[Z. 21] Verdrehflankenspiel $S_d = 0,1$ mm.

Überschlägige Berechnung von Wellen bei kreisförmigem Querschnitt vgl. Berechnungstafel 37, S. 349.

---

[1] Zur Erzielung günstiger Zahnformen bei kleinen Zähnezahlen und bei vom normalen Wert abweichenden Achsabständen lassen sich die Verzahnungen nach DIN 870 korrigieren.

Abb. 410 zeigt das Stirnräderpaar mit den eingetragenen Verzahnungsmaßen. Außer diesen Maßen ist in Zeichnungen[1] bei Stirnrädern „Mitte Keilnut und dergleichen auf Mitte Zahn" anzugeben. Bei Segmenten ist zu vermerken: „Zähnezahl am ganzen Umfang". Zähnezahl am Segment. Mitte Zahn auf Mitte Segment bei dem einen Segment, Mitte Zahnlücke auf Mitte Segment beim anderen Segment.

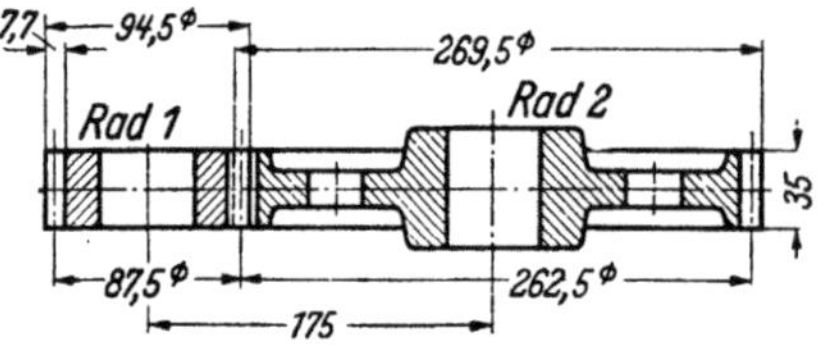

Abb. 410. Verzahnungsmaße bei außenverzahnten Geradstirnrädern (vgl. Beispiel 385)

Beispiel 386. Wie groß ist das Kopfspiel (Betriebskopfspiel) des Stirnradtriebes im Beispiel 385?

Lösung: [Z. 18, B.T. 20] Mit $h_{f0} = 1,2\,m = 1,2 \cdot 3,5 = 4,2$ mm und $h_{k0} = 1\,m = 3,5$ mm wird $S_k = h_{f0} - h_{k0} = 4,2 - 3,5 = 0,7$ mm. Der gleiche Zahlenwert ergibt sich mit $a_0 = 175$ mm, $d_{k1} = 94,5$ mm und $d_{f2} = m\,(z_2 - 2,4) = 3,5\,(75 - 2,4) = 254,1$ mm; man erhält $S_k = a_0 - 0,5\,(d_{k1} + d_{f2}) = 175 - 0,5\,(94,5 + 254,1)$; Kopfspiel $S_k = 0,7$ mm. Nach Z. 5, B.T. 19 soll das Kopfspiel *mindestens* $S_k = 0,1\,m = 0,1 \cdot 3,5 = 0,35$ mm sein. Kopf- und Fußkreise der beiden Räder haben den Abstand des Kopfspieles $S_k = 0,7$ mm.

8.122 Geradstirnräder mit Innenverzahnung

Die Paarung eines außenverzahnten Stirnrades (Außenrad) mit einem innenverzahnten Stirnrad (Innenrad Abb. 527) ergibt ein *Innengetriebe*. Eine Innenverzahnung (Abb. 528) besteht stets aus zwei ungleich großen Stirnrädern; das kleine Rad ist als Stirnrad mit Außenverzahnung (Abb. 523) ausgebildet und befindet sich innerhalb des größeren mit Innenverzahnung versehenen Rades. Bei Außenrädern ist der Kopfkreis die äußere, bei Innenrädern die innere Begrenzung der Verzahnung. Der Fußkreis ist der Kreis, bis zu dem die Zahnlücken in den Radkörper eindringen. In den Formeln für Innengetriebe gilt der Index 2 für das Innenrad, der Index 1 für das Außenrad. Berechnung der Radabmessungen vgl. **Berechnungstafel 21, S. 324.**

Vorzüge von Innengetrieben: Die günstigen Eingriffsbedingungen zwischen Ritzel und Innenrad erklären vor allem die geringe Walzenpressung; daher hohe Belastbarkeit und geringer Verschleiß. Durch gleichsinnige Krümmung der im Eingriff befindlichen Zahnflanken erhält man Geräuscharmut durch hohe Überdeckung. Geringer Raumbedarf. In den Umlaufgetrieben (Abschnitt 4.4) sind diese Eigenschaften in vollendeter Weise für die Aufgaben des Getriebebaues nutzbar gemacht worden.

Beispiel 387. Der Antrieb des liegenden Drehtisches eines senkrechten Dreh- und Bohrwerkes (Karuselldrehmaschine) besteht aus einem innenverzahnten Zahnkranz, dessen Trieb auf einer senkrechten Welle sitzt. Ritzel hat $z_1 = 18$, Innenrad $z_2 = 96$ Zähne; beide sind nach Modul $m = 6,5$ mm zu fertigen. Auf welchen Durchmesser ist der Zahnkranz vor dem Einarbeiten der Zähne auszudrehen?

Lösung: [Z. 7, B.T. 21] $d_{k2} = m\,(z_2 - 2) = 6,5\,(96 - 2) = 611$; Kopfkreisdurchmesser $d_{k2} = 611$ mm.

Beispiel 388. Ein Getriebe hat die Übersetzung $i = 2,25$. Der Achsabstand beträgt 100 mm. Welche Zähnezahl erhält das getriebene, innenverzahnte Geradstirnrad, wenn Modul 4 mm vorliegt?

1. Lösung: [Z. 6] $d_{02} = \dfrac{2\,a_0\,i}{i - 1} = \dfrac{2 \cdot 100 \cdot 2,25}{2,25 - 1} = 360$; Teilkreisdurchmesser $d_{02} = 360$ mm. [Z. 4] $z_2 = \dfrac{d_{02}}{m} = \dfrac{360}{4} = 90$; Zähnezahl des Innenrades $z_2 = 90$.

2. Lösung: Aus $z_2\,m = \dfrac{2\,a_0\,i}{i - 1}$ folgt $z_2 = \dfrac{2\,a_0\,i}{m\,(i - 1)} = \dfrac{2 \cdot 100 \cdot 2,25}{4\,(2,25 - 1)} = 90$.

Das treibende Rad erhält [Z. 3] $z_1 = z_2 - \dfrac{2\,a_0}{m} = 90 - \dfrac{2 \cdot 100}{4} = 40$ Zähne.

8.123 Geradstirnrad und Zahnstange

Die Zahnstange (Abb. 529) kann als unendlich großes Stirnrad mit Außenverzahnung angesehen werden, bei dem der Teilkreis in die Teilgerade übergegangen ist ($d_{02} = \infty$; $z_2 = \infty$; $i = \infty$). Die Zahnflanken werden, da ihr Krümmungshalbmesser gleichfalls unendlich wird, zu Geraden. Die Teilung wird auf der Teilgeraden als die gegenseitige Entfernung der Rechtsflankenlinien (bzw. der Links-

---

[1] Vgl. DIN 3966 „Angaben für Stirnräder in Zeichnungen". Diese Norm enthält nur diejenigen Angaben, die außer den üblichen Angaben über Werkstoff und Härte in Anlehnung an die „Bestimmungsgrößen und Fehler an Stirnrädern" nach DIN 3960 zur eindeutigen Kennzeichnung eines Stirnrades in Zeichnungen nötig sind. Zur Bezeichnung einzelner Zähne eines Stirnrades sind auf einer axialen Begrenzungsfläche, die dadurch zur Vorderseite des Rades erklärt wird, Zahn 1 und Zahn 2 zu kennzeichnen; wenn möglich so, daß die Zähne in Richtung der Uhrzeigerdrehung fortschreitend beziffert sind. Teilung 1 (Lücke 1) ist die Teilung (Lücke) zwischen Zahn 1 und Zahn 2 (Abb. 407).

flankenlinien) gemessen. Die für Stirnräder festgelegten Begriffe und Benennungen sind danach sinngemäß auch auf Zahnstangen anzuwenden. Berechnung der Zahnstangenabmessungen vgl. **Berechnungstafel 22, S. 325.**

Beispiel 389. Berechne die für eine Werkzeichnung erforderlichen Verzahnungsmaße eines Zahnstangentriebes, bestehend aus einem Geradstirnrad $z = 24$, $m = 4$ mm und einer 1100 mm langen Zahnstange. Eingriffswinkel 20°. Die Zahnstange soll bei 40×20 mm Querschnitt 85 Zähne erhalten und in der Breite etwas kleiner als das eingreifende Rad (Arbeitsrad!) sein.

Lösung: *Geradstirnrad $z_1 = 24$; $m = 4$ mm* (B.T. 20).

[Z. 2] $t_0 = m\,\pi = 4\,\pi = 12,56$; Teilkreisteilung $t_0 = 12,56$ mm.

[Z. 24] $d_{01} = z_1\,m = 24 \cdot 4$; Teilkreisdurchmesser $d_{01} = 96$ mm.

[Z. 27] $d_{k1} = m\,(z_1 + 2) = 4\,(24 + 2) = 4 \cdot 26$; Kopfkreisdurchmesser $d_{k1} = 104$ mm.

[Z. 8] $h_{k0} = 1\,m = 4$; Zahnkopfhöhe $h_{k0} = 4$ mm.

[Z. 10] $h = 2,2\,m = 2,2 \cdot 4 = 8,8$; Zahnhöhe $h = 8,8$ mm.

[Z. 22] $b = b_v\,m = 10\,m = 10 \cdot 4 = 40$; da hier die Radzahnbreite etwas größer als die Zahnstangenbreite sein soll, werde $b = 42$ gewählt; Radbreite $b = 42$ mm.

Zahnstange $z_2 = 85$; $m = 4$ mm (B.T. 22).

Mit Bezug auf Abb. 529 ergibt sich für 85 Teilungen eine Länge $z_2 t_0 = 85 \cdot 12,56 = 1067,60$ mm. Bei $L = 1100$ mm wird $l_1 = l_2 = \dfrac{L - (z_2 - 1)t_0}{2} = \dfrac{1100 - (85 - 1) \cdot 12,56}{2} = 22,48$; Abstand der Zahnmitten von

Ende Stange $l_1 = l_2 = 22,48$ mm. Mit $H = 20$ mm und $h = 8,8$ mm wird [Z. 1] $k = H - h = 20 - 8,8$; Kranzstärke $k = 11,2$ mm. Es soll mindestens $k = 1,6\,m = 1,6 \cdot 4 = 6,4$ mm sein; diese Bedingung ist mit $H = 20 - 8,8 = 11,2$ mm erfüllt. Zahnstangenbreite werde mit $b = 40$ mm gewählt.

[Z. 3] $a_1 = H - h_{k0} = 20 - 4 = 16$; Abstand der Teillinie $a_1 = 16$ mm.

[Z. 5] $a = a_1 + \dfrac{d_0}{2} = 16 + \dfrac{96}{2} = 64$;

Abstand der Radmitte $a = 64$ mm. Abb. 411 zeigt den Zahnstangentrieb mit den eingetragenen Verzahnungsmaßen.

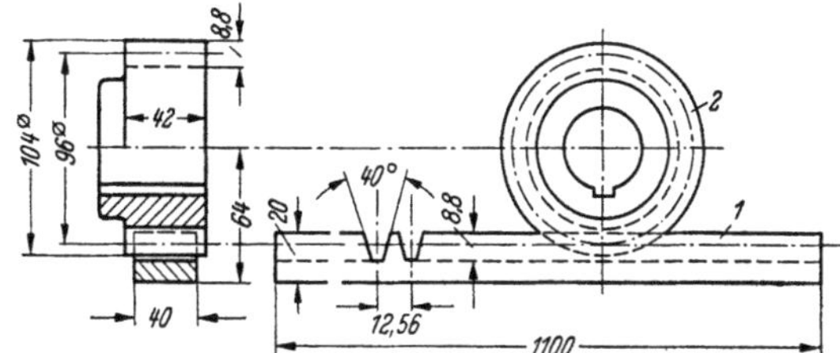

Abb. 411. Verzahnungsmaße beim Zahnstangentrieb (vgl. Beispiel 389)

Besondere Wichtigkeit hat die Paarung einer Zahnstange mit einem Stirnrad, weil sie bei verschiedenen Wälzverfahren die Grundlage der Fertigung für die Radflanken bildet. Die Form der Zahnstangenzähne wird daher als *Bezugsprofil* bezeichnet. Der Eingriffswinkel α_0 und der Abstand gleichliegender Zahnflanken bleibt über die Profilhöhe unverändert (Abb. 522). Bevorzugt ist nur die *Profilmittellinie*, und zwar dadurch, daß auf ihr Zahndicke und Lückenweite die gleiche Größe $t_0/2$ haben.

8.13 Abmessungen bei Stirnrädern mit Schrägzähnen

Bei einem Schrägstirnrad (Stirnrad mit schrägen Zähnen) sind die Flankenlinien Teile von Schraubenlinien auf dem Teilzylinder. Liegen die Flankenlinien bei senkrechter Lage der Radachse auf rechtssteigenden Schraubenlinien, so ist das Schrägstirnrad rechtssteigend. Der Zweck der Neigung der Zähne ist, den Beginn und das Ende des Eingriffes allmählich von einem zum anderen Ende der Zähne wandern zu lassen.

Wie bei Geradstirnrädern ist auch hier der *Teilkreis* d_0 derjenige zur Radachse senkrechte Kreis, dessen Mittelpunkt in der Radachse liegt und dessen Umfang gleich der Zähnezahl z mal einer bestimmten (möglichst genormten) Teilung t_{s0} oder dessen Durchmesser d_0 gleich der Zähnezahl z mal dem Stirnmodul m_s ist. Der spitze Winkel zwischen einer Tangente an eine Flankenlinie auf dem Teilzylinder und der Zylindermantellinie durch den Tangentenberührungspunkt heißt *Schrägungswinkel* β_0 (Abb. 412). Bei Geradstirnrädern ist $\beta_0 = 0$, d. h. die Flankenrichtung verläuft parallel zur Radachse. Der *Steigungswinkel* γ_0 ist der spitze Winkel zwischen einer Tangente an eine Flankenlinie und der Tangente an den Teilkreis in seinem Schnittpunkte mit der Flankenlinie. Der Steigungswinkel ist der Komplementwinkel zum Schrägungswinkel; es ist $\gamma_0 = 90° - \beta_0$. Der Teilkreisbogen zwischen den beiden Teilzylindermantellinien durch die Schnittpunkte einer Flankenlinie mit den beiden Stirnflächen der Verzahnung (Zahnbreite b) heißt *Sprung Sp* (Abb. 409c bis 409d und Abb. 412). Bei einem Stirnrad mit in der Planverzahnung gekrümmten Flankenlinien ist der Sprung Sp der größte Teilkreisbogen zwischen zwei Teilzylindermantellinien durch zwei Punkte innerhalb einer Flankenlinie (Abb. 409 e). Die *Sprungüberdeckung* ε_{sp} eines Schrägstirnrades ist das Verhältnis von Sprung zu Stirnteilung.

Als Schnitt der Verzahnung mit einer zur Radachse senkrechten Ebene (Stirnschnitt) erhält man das *Stirnprofil*. Das Zahnprofil ist im Stirnschnitt eine Evolvente, nicht im Normalschnitt. Das *Normalprofil* eines Schrägstirnrades erhält man als Schnitt der Verzahnung mit einer zu den Zahnflanken rechtwinkeligen Schraubenfläche (Normalschnitt). Schreibt man das Profil der Zahnstange im Normalschnitt vor (Bezugsprofil nach DIN 867), so ändert sich das Stirnschnittprofil mit dem Schrägungswinkel. Alle Maße in Umfangsrichtung wie Teilung, Zahndicke usw., nehmen mit dem Schrägungswinkel zu; die Zahnhöhen bleiben konstant. Während bei einem Geradstirnrad die Winkel an einer Flanke in einer zur Radachse senkrechten Ebene (Stirnschnitt) betrachtet werden, treten bei einem Schrägstirnrad in anderen Schnittflächen weitere Winkel auf. Nach DIN 3960 sind zu unterscheiden: *Stirneingriffswinkel* α_{s_0} = Eingriffswinkel in einer zur Radachse senkrechten Ebene (Stirnschnitt), *Normaleingriffswinkel* α_{n_0} = Eingriffswinkel in einer zur Flankenlinie senkrechten Ebene (Normalschnitt), *axialer Eingriffswinkel* α_{a_0} = Eingriffswinkel in einer die Radachse enthaltenden Ebene (Achsschnitt). Der Schrägungswinkel am Grundzylinder eines Schrägstirnrades heißt *Grundschrägungswinkel* β_g; er ist der spitze Winkel zwischen einer Tangente an die Kehlschraubenlinie einer eine Zahnflanke bildenden Evolventenfläche auf dem Grundzylinder und der durch den Tangentenberührpunkt gehenden Grundzylindermantellinie (Abb. 413).

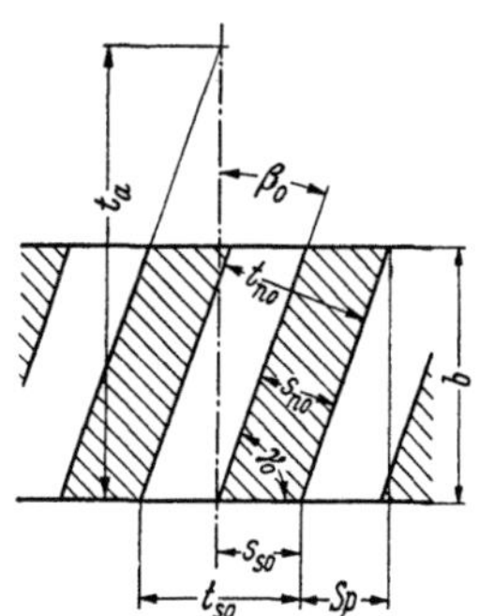

Abb. 412. Abwicklung des Teilzylinders eines rechtssteigenden Schrägstirnrades (DIN 3960)

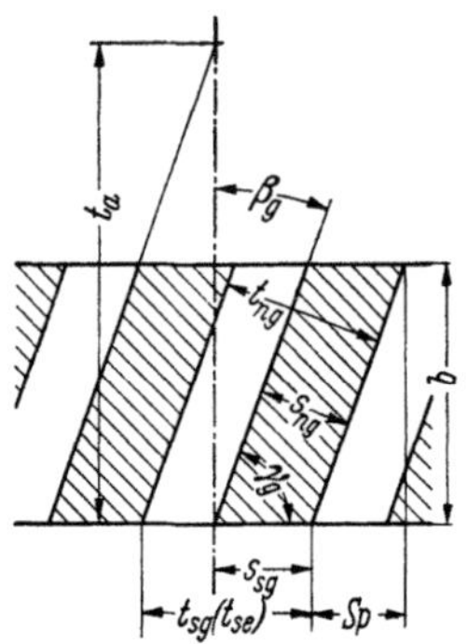

Abb. 413. Abwicklung des Grundzylinders eines rechtssteigenden Schrägstirnrades (DIN 3960)

Der Steigungswinkel am Grundzylinder heißt *Grundsteigungswinkel* γ_g; er ist der spitze Winkel zwischen einer Tangente an die Kehlschraubenlinie einer eine Zahnflanke bildenden Evolventenfläche auf dem Grundzylinder und der durch diesen Tangentenberührpunkt gehenden Tangente an den Grundkreis. Die *Steigungshöhe H* eines Schrägstirnrades ist der Abschnitt einer Parallelen zur Radachse zwischen zwei aufeinanderfolgenden Schnittpunkten mit einer (erforderlichenfalls zur Schraubenfläche ausreichender Länge ergänzten) Zahnflanke.

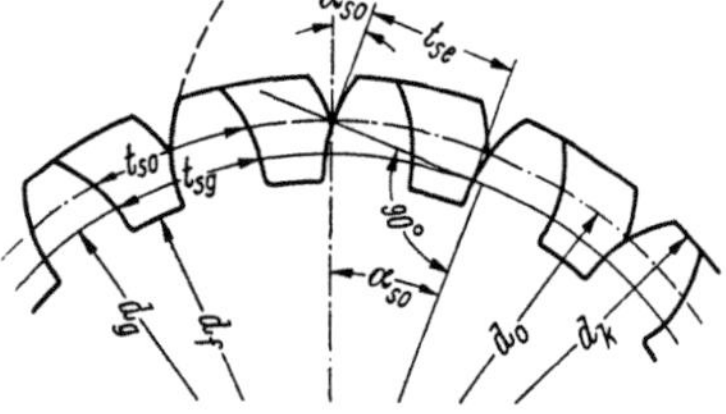

Abb. 414. Schrägstirnrad (DIN 3960)

Die Steigungshöhe H_R der Rechtsflanken kann von der Steigungshöhe H_L der Linksflanken verschieden sein.

Am Teilzylinder eines Schrägstirnrades unterscheidet man die Stirnteilung, die Normalteilung und die Achsteilung. Die in einer zur Radachse senkrechten Ebene (Stirnebene) vorhandene Teilkreisteilung wird als *Stirnteilung* t_{s_0} bezeichnet und ist das Nennmaß der Teilkreisteilung. Die *Normalteilung* t_{n_0} ist die Bogenlänge einer auf dem Teilzylinder rechtwinkelig zu den Flankenlinien verlaufenden Schraubenlinie zwischen zwei aufeinanderfolgenden Rechts- oder Linksflanken. Während die Stirnteilung t_{s_0} bzw. der *Stirnmodul* m_s zur Berechnung des Teilkreisdurchmessers und Ermittlung der Eingriffsverhältnisse dient, wird die Normalteilung t_{n_0} bzw. der *Normalmodul* m_n zur Bestimmung der Kopf-, Fuß- und Zahnhöhe und damit des Werkzeuges benutzt. Da also Normalmodul gleich Werkzeugmodul, wird man diesen mit Rücksicht auf den Werkzeugbestand entsprechend der normalen Modulreihe wählen. Die *Achsteilung* t_a ist der Abschnitt einer Parallelen zur Radachse zwischen zwei aufeinanderfolgenden Rechts- oder Linksflanken. Weiterhin bezeichnet man den Abstand zweier paralleler Tangentialebenen, die im Bereich der Evolventen an zwei aufeinanderfolgende Rechts- oder Linksflanken angelegt sind, als Eingriffsteilung. Der Abstand zwischen diesen Tangentialebenen ist die *Normaleingriffsteilung* t_{ne}. Der Abstand zwischen zwei parallelen Tangenten, die in einer zur Radachse senkrechten Ebene an zwei aufeinanderfolgende Rechts- oder Linksflanken angelegt sind, ist die *Stirneingriffsteilung* t_{se}; sie ist im Profilbild der Verzahnung der Abschnitt der zugehörigen Eingriffslinie zwischen zwei aufeinanderfolgenden gleichgerichteten Flanken eines Schrägstirnrades. Im allgemeinen wird die Normaleingriffsteilung gemessen; die Stirneingriffsteilung ist nur in einem Standgerät durch Anlegen von Meßschneiden meßbar. Die *Grundkreisteilung* t_{sg} ist der Grundkreisbogen zwischen den Ursprungspunkten der die Zahnflanken bildenden Rechts- oder Linksevolventen. Die *Zahndicke* s_{s_0} ist die Länge des Teilkreisbogens zwischen den beiden Flanken eines Zahnes. Die *Lückenweite* l_{s_0} ist die Länge des Teilkreisbogens zwischen den beiden eine Zahnlücke einschließenden Zahnflanken. Zahndicke s_{s_0} und Lückenweite l_{s_0} ergeben zusammen die Teilkreisteilung t_{s_0} (Stirnteilung). Die *Zahndicke* s_{n_0} im Normalschnitt ist das zwischen den beiden Flanken eines Zahnes liegende Stück einer Schraubenlinie, die auf dem Teilzylinder senkrecht zu den Flankenlinien verläuft. Die *Lückenweite* l_{n_0} im Normalschnitt ist das Stück einer Schraubenlinie auf dem Teilzylinder senkrecht zu den Flankenlinien zwischen den beiden eine Zahnlücke einschließenden Zahnflanken. Zahndicke s_{n_0} und Lückenweite l_{n_0} ergeben zusammen die Normalteilung t_{n_0}. Die *Zahndickensehne* $\overline{s}_{n_0}$ ist der zur mittleren Schraubenlinie eines Zahnes auf dem Teilzylinder senkrechte Abstand seiner beiden Schnittlinien mit ihm. Der *Achsabstand a* ist auch bei Schrägstirnrädern der Abstand der Radachsen zweier miteinander gepaarter Räder. Ebenso ist die *Rechengröße* a_0 die Summe der Teilkreishalbmesser der beiden Räder. (Bei Geradstirnrädern werden m_s und m_n zu m und $\cos\beta_0 = 1$.)

Der Schrägungswinkel β_0 soll normal 20° nicht überschreiten, jedoch so groß sein, daß der Zahn in der Radbreite um mindestens eine Teilung steigt, daß (Abb. 530) also $Sp \gtreqless t_{s_0}$. Wird die Radbreite b gleich dreimal Normalteilung t_{n_0} gemacht, also $b = 3\,t_{n_0}$, so ist $\dfrac{t_{n\,0}}{b} = \dfrac{t_{n\,0}}{3\,t_{n\,0}} = \dfrac{1}{3} = 0{,}3333 = \sin\beta_0$ und daraus $\beta_0 = 19°28' \approx 20°$. Beide Räder erhalten gleichen Schrägungswinkel β_0 mit gleicher Normalteilung $t_{n\,0}$, aber entgegengesetzte Steigung der Zähne. Die Durchmesser und Zähnezahlen entsprechen dem Übersetzungsverhältnis.

8.131 Schrägstirnräder für gleichlaufende Achsen

8.1311 Außenverzahnung. Schrägstirnräder haben bei gleicher Herstellungsgüte einen wesentlich ruhigeren Lauf als Geradstirnräder. Sie werden deshalb in allen schnellaufenden Getrieben bevorzugt. Die Schrägungswinkel zweier zusammenarbeitender Schrägstirnräder müssen bei gleichlaufenden Wellen gleich groß sein ($\beta_{0R} = \beta_{0L}$), jedoch entgegengesetzte Richtung haben, also *ein Rad linksgängig und ein Rad rechtsgängig* sein (Abb. 533)[1]. Während der Schrägungswinkel in jedem Zylinder (Teilkreis, Kopfkreis, Grundkreis) verschieden ist, ergibt sich für die Schraubensteigung des Zahnes in jedem Zylinder des Rades die gleiche Größe (Abb. 415). Berechnung der Radabmessungen vgl. **Berechnungstafel 23, S. 326.**

Beispiel 390. Die Drehzahlen zweier gleichlaufender Wellen verhalten sich wie 2:1. Das Übersetzungsverhältnis soll durch außenverzahnte Schrägstirnräder mit 32 (linkssteigend) und 64 (rechtssteigend) Zähnen, Normalmodul 5 mm verwirklicht werden. Die Räder sind mit 25° Schrägungswinkel und als gewöhnliche Arbeitsräder (20° Eingriffswinkel) auszuführen. Die für eine Werkzeichnung erforderlichen Verzahnungsmaße sind zu berechnen.

Lösung: Für beide Räder gemeinsame Abmessungen:

[Z. 2] $m_s = \dfrac{m_n}{\cos\beta_0} = \dfrac{5}{\cos 25°} = \dfrac{5}{0{,}90631} = 5{,}5168$; Stirnmodul $m_s = 5{,}517$ mm.

[Z. 5] $t_{s0} = \dfrac{t_{n\,0}}{\cos\beta_0} = \dfrac{5\,\pi}{\cos 25°} = \dfrac{5\,\pi}{0{,}90631} = 5{,}5168\,\pi$; Stirnteilung $t_{s0} = 17{,}332$ mm.

[Z. 20] $b = 10\,m_n = 10 \cdot 5 = 50$; Zahnbreite $b = 50$ mm.

[Z. 11] $h_{k_0} = 1\,m_n = 1 \cdot 5 = 5$; Zahnkopfhöhe $h_{k_0} = 5$ mm.

[Z. 12] $h_{f_0} = 1{,}2\,m_n = 1{,}2 \cdot 5 = 6$; Zahnfußhöhe $h_{f_0} = 6$ mm.

[Z. 13] $h = 2{,}2\,m_n = 2{,}2 \cdot 5 = 11$; Zahnhöhe $h = 11$ mm.

Für beide Räder verschiedene Radabmessungen:

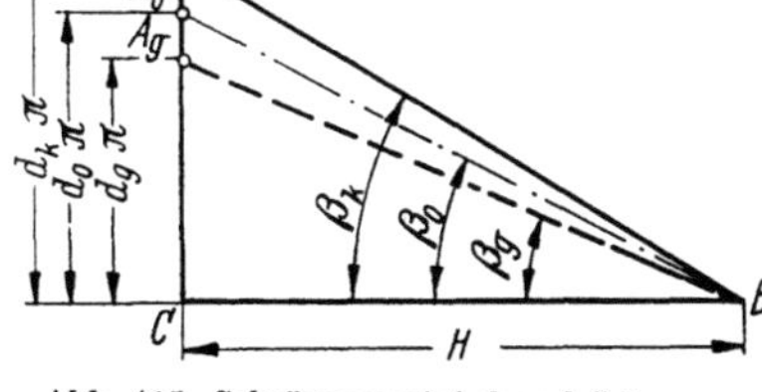

Abb. 415. Schrägungswinkel und Schraubensteigung beim Schrägstirnrad

Schrägstirnrad $z_1 = 32$; $m_n = 5$ *mm*; $\beta_{0L} = 25°$.

[Z. 22] $d_{01} = z_1\,m_s = 32 \cdot 5{,}517 = 176{,}544$; Teilkreisdurchmesser $d_{01} = 176{,}54$ mm.

[Z. 23] $d_{k1} = d_{01} + 2\,m_n = 176{,}54 + 2 \cdot 5 = 186{,}54$; Kopfkreisdurchmesser $d_{k1} = 186{,}54$ mm.

[Z. 43] $H_L = d_{01}\,\pi \cot\beta_{0L} = 176{,}54\,\pi \cdot \cot 25° = 176{,}54\,\pi \cdot 2{,}14451 = 1189{,}329$; Schraubensteigung für das linksgängige Rad $H_L = 1189{,}33$ mm.

Schrägstirnrad $z_2 = 64$; $m_n = 5$ *mm*; $\beta_{0R} = 25°$.

[Z. 22] $d_{02} = z_2\,m_s = 64 \cdot 5{,}517 = 353{,}088$; Teilkreisdurchmesser $d_{02} = 353{,}08$ mm. Da $i = 2$ wird $d_{02} = 2\,d_{01} = 2 \cdot 176{,}54 = 353{,}08$ mm.

[Z. 23] $d_{k2} = d_{02} + 2\,m_n = 353{,}08 + 2 \cdot 5$; Kopfkreisdurchmesser $d_{k2} = 363{,}08$ mm.

[Z. 43] $H_R = d_{02}\,\pi \cot\beta_{0R} = 353{,}08\,\pi \cdot \cot 25° = 353{,}08\,\pi \cdot 2{,}14451 = 2378{,}768$; Schraubensteigung für das rechtsgängige Rad $H_R = 2378{,}77$ mm.

[Z. 42] $a_0 = \dfrac{d_{01} + d_{02}}{2} = \dfrac{176{,}54 + 353{,}08}{2} = 264{,}81$ mm; der Achsabstand kann auch

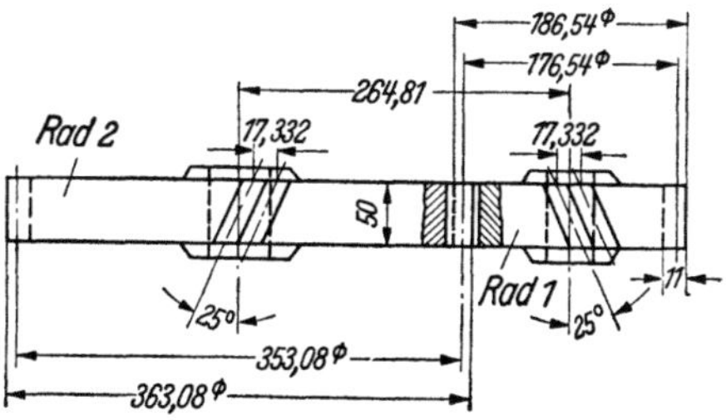

Abb. 416. Verzahnungsmaße bei Schrägstirnrädern für gleichlaufende Achsen (vgl. Beispiel 390)

aus den Zähnezahlen der Übersetzungsräder ermittelt werden: $a_0 = \dfrac{m_n}{\cos\beta_0}\left(\dfrac{z_1 + z_2}{2}\right) = \dfrac{5}{2 \cdot \cos 25°}(32 + 64) = \dfrac{5 \cdot 96}{2 \cdot 0{,}90631}$; Rechengröße = Achsabstand $a_0 = 264{,}81$ mm. Als Verdrehflankenspiel wird, dem Modul 5 mm entsprechend, $S_d = 0{,}15$ mm vorgesehen. Abb. 416 zeigt das Schrägstirnräderpaar mit den eingetragenen Verzahnungsmaßen.

---

[1] Nach DIN 3960 ist die Flankenrichtung rechtssteigend (*Rechts-Schrägverzahnung*), wenn bei Bewegung des Schrägstirnrades als Schraube (bei Außenverzahnung) oder Mutter (bei Innenverzahnung) in Richtung seiner Achse und seiner Längsbewegung gesehen eine Rechtsschraubbewegung mit Drehung im Uhrzeigersinn entsteht. Die Flankenrichtung ist linkssteigend (*Links-Schrägverzahnung*), wenn eine Linksschraubbewegung mit Drehung entgegen dem Uhrzeigersinn entsteht. (Vgl. auch Abschnitt 5.111).

Beispiel 391. Wie groß ist das Kopfspiel (Betriebskopfspiel) des Rädertriebes im Beispiel 390?

Lösung: [Z. 18, B.T. 20] Mit $h_{f0} = 6$ mm und $h_{k0} = 5$ mm wird $S_k = h_{f0} - h_{k0} = 6 - 5 = 1$ mm. Der gleiche Zahlenwert ergibt sich mit $a_0 = 264{,}81$ mm, $d_{k1} = 186{,}54$ mm und $d_{f2} = d_{02} - 2{,}4\, m_n = 353{,}08 - 2{,}4 \cdot 5 = 341{,}08$ mm; man erhält $S_k = a_0 - 0{,}5\,(d_{k1} + d_{f2}) = 264{,}81 - 0{,}5\,(186{,}54 + 341{,}08) = 1$; Kopfspiel $S_k = 1$ mm.

Beispiel 392. Der Lauf eines lärmenden geradverzahnten Stirnrädertriebes mit 20 und 28 Zähnen, Modul 3 mm, ist durch Einbau eines Schrägstirnrädertriebes mit gleichem Achsabstand und gleichen Zähnezahlen zu verbessern. Welchen Schrägungswinkel erhalten die gesuchten Schrägstirnräder, wenn sie mit dem nächst kleineren Normalmodul hergestellt werden?

Lösung: Die Übersetzung soll sich nicht ändern; damit sind auch die Teilkreisdurchmesser dieselben. Man erhält die Gleichung $z_1 m = \dfrac{z_1 m_n}{\cos \beta_0}$; daraus $\cos \beta_0 = \dfrac{z_1 m_n}{z_1 m}$ oder $\cos \beta_0 = \dfrac{m_n}{m}$. Mit $m = 3$ mm und $m_n = 2{,}75$ mm (nächst kleinerer Normalmodul!) wird $\cos \beta_0 = \dfrac{2{,}75}{3} = 0{,}9167$ und $\beta_0 = 23° 33'$.

Schrägungswinkel $\beta_{0R} = \beta_{0L} = 23° 33'$. Zur Prüfung muß sein: $a_0 = \dfrac{m_n}{\cos \beta_0}\left(\dfrac{z_1 + z_2}{2}\right) = m\left(\dfrac{z_1 + z_2}{2}\right)$. Mit $m_n = 2{,}75$ mm, $\cos \beta_0 = \dfrac{2{,}75}{3}$, $z_1 = 20$ und $z_2 = 28$ folgt $\dfrac{2{,}75 \cdot 3}{2{,}75}\left(\dfrac{20 + 28}{2}\right) = 3\left(\dfrac{20 + 28}{2}\right)$ oder $a_{0\,\text{schräg}} = a_{0\,\text{gerade}} = 72$ mm.

8.1312 Innenverzahnung. Die beiden zusammengehörenden Räder eines Schrägstirnrädergetriebes für gleichlaufende Achsen haben auch bei Innenverzahnung gleich große Schrägungswinkel. Bei Außenverzahnungen haben die Schrägungswinkel *entgegengesetzte*, bei Innenverzahnungen dagegen *gleiche* Schrägenrichtungen. Also: Rechtssteigendes Ritzel kämmt mit rechtssteigendem Rad und linkssteigendes Ritzel mit linkssteigendem Rad. Die für Innengetriebe mit geraden Zähnen abgeleiteten Beziehungen werden sinngemäß auf den Stirnschnitt übertragen. Der Achsabstand (Rechengröße) wird demnach $a_0 = m_{s0}\left(\dfrac{z_2 - z_1}{2}\right)$.

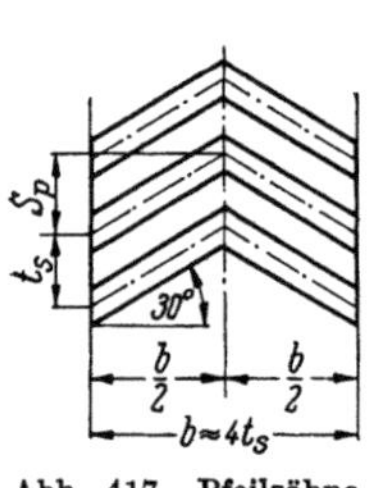

Abb. 417. Pfeilzähne   Abb. 418. Doppelpfeilzähne

8.1313 Pfeilverzahnung. Durch die Schräglage der Zähne entsteht bei Kraftübertragung eine Kraftkomponente in Richtung der Radachse (Axialschub), die eine erhöhte Lagerbeanspruchung ergibt. Läßt die vorhandene Lagerung keine Axialkräfte zu, so können diese durch Verwendung von *Pfeilzahnstirnrädern* ausgeschaltet werden. Bei Pfeilzahnstirnrädern sind also entgegengesetzt steigende Schräg- oder Kurvenzähne vereinigt. Die beiden Verzahnungen können dabei unmittelbar nebeneinander liegen (Abb. 417) oder durch einen Zwischenraum getrennt werden. Bei sehr großen Kräften und erheblichen Stößen finden auch Räder mit Doppelpfeilzähnen (Abb. 418) Anwendung; wechselnde Drehrichtung möglich.

8.132 Schrägstirnräder für sich kreuzende Achsen

Schrägverzahnte zylindrische Stirnräder, deren Achsen nicht (wie in Abb. 169 b) parallel liegen, sondern sich im Achswinkel Σ kreuzen, sind *zylindrische Schraubenräder*[1] (Abb. 171b). Es gelten die gleichen Formeln wie bei den zylindrischen Schrägstirnrädern für parallele Achsen; dabei ist der Schrägungswinkel β_0 bei Rad 1 durch β_{01}, bei Rad 2 durch β_{02} zu ersetzen. Der Achswinkel Σ ist demnach gegeben durch die Schrägungswinkel β_{01} und β_{02}. Vgl. **Berechnungstafel 24, S. 329.**

Diese Getriebe eignen sich nur zur Übertragung kleinerer und mittlerer Leistungen bei Übersetzungen von etwa 1:3 bis 5:1 und kleinen bis mittleren Drehzahlen. Grund dafür sind die von der Elastizität der

---

[1] Bei zylindrischen Schraubenrädern verhalten sich die Teilkreisdurchmesser *nicht* wie die Zähnezahlen; das kleinere Rad einer Paarung kann durchaus mehr Zähne haben als das große. Statt der Bezeichnung „Ritzel" für das kleinere Rad ist zweckmäßig von Antriebsrad und Abtriebsrad zu sprechen.

Werkstoffe abhängigen, sehr kleinen Berührungsflächen der Flankenpaare. Ihr Vorteil liegt in der verhältnismäßig einfachen Herstellung im Wälzverfahren und darin, daß beide Räder ohne Störung der Eingriffsverhältnisse axial verschoben werden können. Hauptverwendung: Ableitung von Schalt- und Steuerbewegungen (Nockenwellenantriebe), Schmierpumpenantriebe und in der Feinmechanik.

8.1321 Beliebige Achswinkel. Die Berechnung zylindrischer Schrägstirnräder ist verhältnismäßig einfach, wenn der Achsabstand beliebig gewählt werden kann. Es lassen sich dabei verschiedene Wege beschreiten, wie aus der Gleichung für das Übersetzungsverhältnis $i = \dfrac{n_1}{n_2} = \dfrac{z_2}{z_1} = \dfrac{d_{02}\cos\beta_{02}}{d_{01}\cos\beta_{01}}$ hervorgeht.

Beispiel 393. Mit welchem Schrägungswinkel sind zwei außenverzahnte Schrägstirnräder für sich unter 60° kreuzende Achsen zu versehen, wenn sich bei einem Verhältnis der Teilkreisdurchmesser von $d_{02} : d_{01} = 4 : 3$ die Zähnezahlen der beiden Räder wie 1,5 : 1 verhalten sollen?

Lösung: [Z. 20 bis 22, B.T. 24] Mit $u_1 = \dfrac{d_{02}}{d_{01}} = \dfrac{4}{3}$, $i = \dfrac{z_2}{z_1} = \dfrac{1,5}{1}$ und $\Sigma = 60°$ folgt:

$$\tan\beta_{01} = \frac{\dfrac{i}{u_1} - \cos\Sigma}{\sin\Sigma} = \frac{\dfrac{1,5\cdot 3}{1\cdot 4} - \cos 60°}{\sin 60°} = \frac{1,125 - 0,5}{0,86603} = 0,72168;\quad \text{treibendes Rad } \beta_{01} = 35°49'.$$

$$\tan\beta_{02} = \frac{\dfrac{u_1}{i} - \cos\Sigma}{\sin\Sigma} = \frac{\dfrac{4\cdot 1}{3\cdot 1,5} - \cos 60°}{\sin 60°} = \frac{0,8889 - 0,5}{0,86603} = 0,44906;\quad \text{getriebenes Rad } \beta_{02} = 24°11'.$$

Prüfung: [Z. 22, T. 24] $\Sigma = \beta_{01} + \beta_{02} = 35°49' + 24°11' = 60°$.

Anmerkung: Gangrichtung der Zähne beider Räder eines Getriebes muß gleich sein, es müssen also beide Räder entweder rechtsgängig oder linksgängig geschnitten werden. Die Summe der Schrägungswinkel ist gleich dem Winkel, unter welchem die Achsen der beiden Räder zueinander stehen. Meist wählt man für das treibende Rad z_1 zweckmäßig den größeren Schrägungswinkel β_{01}, da er günstigere Umfangskräfte ergibt. Bei gutem Wirkungsgrad kann $\beta_{01} = \Sigma/2 +$ etwa $3°$ angenommen werden.

8.1322 Sonderfälle. Die Gleichungen der Berechnungstafel 24 für beliebige Achswinkel gelten auch hier. Man unterscheidet:

8.13221 Gleich große Teilkreisdurchmesser bei $\Sigma \gtreqless 90°$. Das vorgeschriebene Übersetzungsverhältnis wird durch entsprechende Schrägungswinkel erreicht, es wird $d_{01} = d_{02} = a_0$ und $\Sigma =$ beliebig.

8.13222 Gleich große Teilkreisdurchmesser bei $\Sigma = 90°$. In den meisten Fällen werden sich zwei Schrägstirnräder rechtwinkelig kreuzen. Zeigen die Drehpfeile zweier zusammenarbeitender Schrägstirnräder nach gleicher Richtung (Abb. 419), so sind die Zähne rechtssteigend, zeigen sie nach entgegengesetzter Richtung (Abb. 420), so sind sie linkssteigend auszuführen. Auch in diesem Falle sind beide Räder entweder rechtsgängig oder linksgängig zu schneiden. Bei Schrägstirnrädern mit gleich großen Teilkreisdurchmessern wird das Übersetzungsverhältnis durch die verschieden großen Schrägungswinkel β_{01} und β_{02} erzielt. Für die gebräuchlichsten Übersetzungsverhältnisse ergeben sich die in Zahlentafel 12 angeführten Schrägungswinkel.

8.13223 Gleich große Schrägungswinkel. Soll bei Schrägstirnrädern für sich kreuzende Achsen die treibende Bewegung jeweils auf beide Räder verlegt werden, wird also wechselnde Antriebsrichtung verlangt, so sind die Schrägungswinkel der beiden Räder allgemein gleich dem halben Achswinkel auszuführen, unter dem die Räder arbeiten ($\beta_{01} = \beta_{02} = \Sigma/2$). Das vorgeschriebene Übersetzungsverhältnis wird durch entsprechende Durchmesser $d_{01} = 2a_0/(1 + i)$ und $d_{02} = 2a_0 i/(1 + i)$ erreicht. Vgl. Beispiel 407.

8.13224 Kleine Achswinkel. Bei kleinen Achswinkeln kann einer der beiden Schrägungswinkel gleich Null gesetzt werden; es ergibt sich damit ein Geradstirnrad. Der andere Schrägungswinkel ist dann gleich dem Achswinkel, also $\beta_{01} = 0$ und $\beta_{02} = \Sigma$.

8.1323 Achswinkel $\Sigma = 90°$. In den meisten Fällen werden sich Schrägstirnräder rechtwinkelig kreuzen. Für Übersetzungen ins Langsame können die

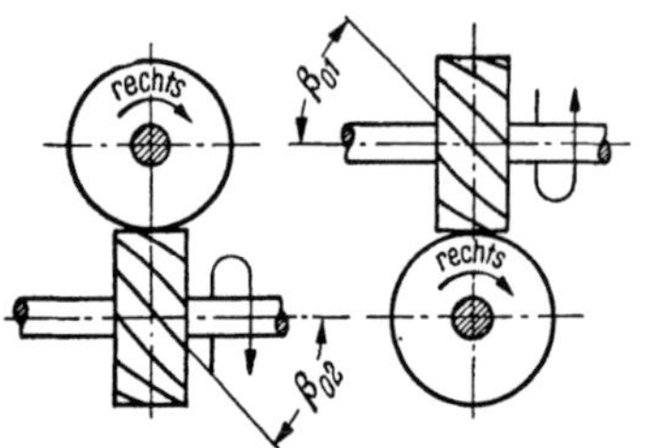

Abb. 419. Gleiche Drehrichtung bei **rechtssteigen**der Schraubenlinie (Achswinkel $\Sigma = 90°$)

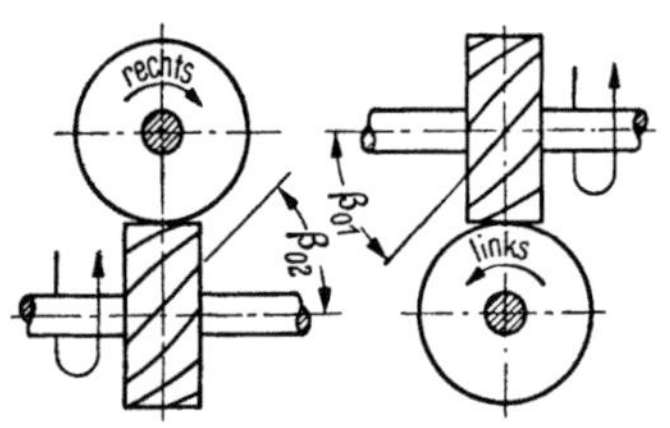

Abb. 420. Entgegengesetzte Drehrichtung bei **links**steigender Schraubenlinie (Achswinkel $\Sigma = 90°$)

Zahlentafel 12.

Schrägungswinkel *bei Schrägstirnrädern (Achswinkel $\Sigma = 90°$)* **für gleich große Durchmesser** *bei verschiedenen Übersetzungen*

Übersetzung i für Schrägstirnräder gleichen Durchmessers $i = \dfrac{n_1}{n_2} = \tan\beta_{01}$	Schrägungswinkel	
	des **treibenden** Schrägstirnrades β_{01} (Rad mit der kleineren Zähnezahl)	des **getriebenen** Schrägstirnrades β_{02} (Rad mit der größeren Zähnezahl)
1 : 1	45°	45°
1,5 : 1	56° 19′	33° 41′
2 : 1	63° 26′	26° 34′
2,5 : 1	68° 12′	21° 48′
3 : 1	71° 34′	18° 26′
3,5 : 1	74° 3′	15° 57′
4 : 1	75° 58′	14° 2′
4,5 : 1	77° 28′	12° 32′
5 : 1	78° 41′	11° 19′
6 : 1	80° 32′	9° 28′

Der Schraubenverlauf der Zähne ist bei beiden Rädern gleichzeitig rechts- oder linkssteigend.

Schrägungswinkel bei günstigstem Wirkungsgrad (η etwa 0,81) mit $\beta_{01} = 57°$, $\beta_{01} = 48°$, $\beta_{01} = 45°$ und $\beta_{01} = 39°$ angenommen werden. Berechnung der Radabmessungen bei Schrägstirnrädern für sich kreuzende Achsen vgl. **Berechnungstafel 24, S. 329.**

8.14 Flankenlinien bei Kegelrädern

8.141 Grundformen der Kegelradverzahnung

Das Planrad (Abb. 421) ist eine ebene, verzahnte Scheibe, deren Teilfläche (Plan-

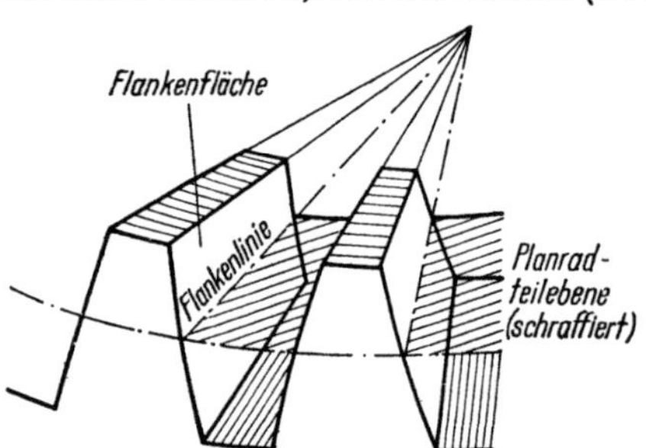

Abb. 421. Flankenfläche und Flankenlinie

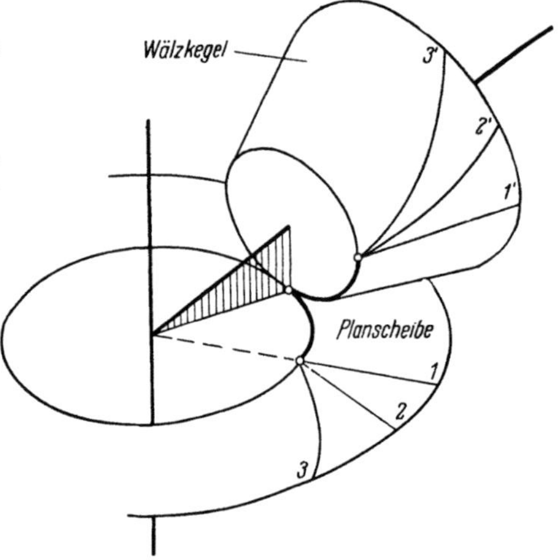

Abb. 422. Grundformen der Kegelradverzahnung

radteilebene) eine kreisförmige Planfläche senkrecht zur Drehachse ist. Ihre Mitte liegt im Schnittpunkt der Kegelradachsen. Die Zähne der Planscheibe sind in Richtung ihrer Höhe durch das Profil und in Richtung ihrer Länge durch die Flankenlinien gekennzeichnet. Die *Flankenlinie* ist die Schnittlinie der Flankenfläche mit dem Teilkegelmantel (beim Planrad wird dieser zur Planradteilebene). Die Flankenlinien sind also die Schnittlinien der Rechts- und Linksflankenflächen mit der Planradteilebene, so daß Rechtsflankenlinien und Linksflankenlinien zu unterscheiden sind (Abb. 422 und 423).

Die Flankenlinien *1*, *2* oder *3* des Planrades ergeben die Flankenlinien *1'*, *2'* oder *3'* am Kegelrad. Gerade *1* bildet sich auch als Gerade *1'* ab, entspricht also einem Kegelrad mit *geraden* Zähnen. Ebenso gehört zu *3'* ein Rad mit Bogen- oder Kurvenzähnen. Die Kurven nach *3* können Spiralen, Kreisbogen, zyklische Kurven, Evolventen usw. sein. Die Linie *2* ist eine Gerade wie *1*. Sie berührt einen Kreis in der Ebene des Planrades; daher kommt die Bezeichnung *„Tangentenzähne"* oder *„Schrägzähne"*. Ihre Aufwicklung *2'* aber ist eine kegelige Schraubenlinie, so daß für die aus den Flankenlinien *2* und *3* abgeleiteten Räder die gemeinsame Bezeichnung „Kegelräder mit Kurvenzähnen" gelten kann. Die Form und Lage der Flankenlinien kennzeichnet die Gerad-, Schräg- und Bogenverzahnung am Planrad.

8.142 Form der Flankenlinien (DIN 3971)

Auch bei Kegelrädern ist die Zahnform verschieden je nach den Anforderungen, die an die Laufruhe des Getriebes gestellt werden. Die einfachste Zahnform ergibt *Geradzähne*; die Flankenlinien der Planradverzahnung sind Geraden, die durch die Planradmitte gehen (Geradverzahnung, Abb. 423a). Bei Geradzahnkegelrädern gehen die Verlängerungen der geraden Flankenlinien durch den Achsschnittpunkt. Diese Kegelräder haben die gleichen Nachteile wie geradverzahnte Stirnräder; sie zeigen bei größeren Umfangsgeschwindigkeiten starke Geräuschbildung.

Für höhere Ansprüche an die Laufruhe erhalten auch die Kegelräder *Schrägzähne*; die Flankenlinien der Planradverzahnung sind gleichfalls Geraden, die einen innerhalb der Verzahnung liegenden, zur Planradachse mittigen Kreis berühren (Schrägverzahnung, rechtssteigend[1], Abb. 423b). Die Flankenlinien der Schrägzahnkegelräder sind Schraubenlinien auf den Teilkegelmantelflächen. Bogenverzahnungen am Planrad zeigen die Abb. 423c bis 423e. Die Flankenlinien der Planradverzahnung sind Kurven, die je nach dem Herstellungsverfahren verschiedene Lagen zur Wälzachse haben. Man unterscheidet Spiralzähne nach Abb. 423c, Evolventenzähne nach Abb. 423d und Kreisbogenzähne nach Abb. 423e. Gerad- und schrägverzahnte Kegelräder sind für kleine, bogenverzahnte auch für große Drehzahlen und Kräfte zu empfehlen. Innerhalb der beim Einbau leicht einzuhaltenden Grenzen ist eine gute Bogenverzahnung lagerungsunempfindlich. Übliche Übersetzungen sind $i = z_2 : z_1$ $= 1 : 1{,}5$ bis $10 : 1$ bei gerad- und schrägverzahnten, $i = 1 : 1$ bis $15 : 1$ bei bogenverzahnten und $i = 3 : 1$ bis $100 : 1$ bei achsversetzten Hypoidkegelradgetrieben (Abb. 171a). Die übliche Kleinstzähnezahl ist für Bogenzähne 4, für Hypoidzähne 1.

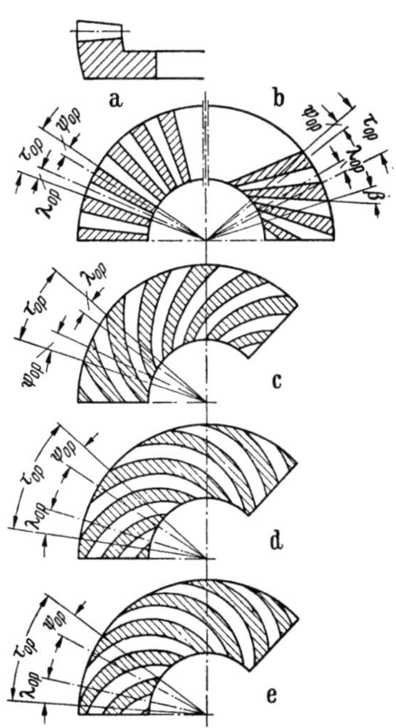

Abb. 423a. Geradzähne. Abb. 423b. Schrägzähne (rechtssteigend). Abb. 423c. Spiralzähne (rechtssteigend). Abb. 423d. Evolventenzähne (linkssteigend). Abb. 423e. Kreisbogenzähne (linkssteigend).

Abb. 423a bis 423e. Form der Flankenlinien des Planrades bei Kegelrädern (DIN 3971). *Zeichen und Bezeichnungen:* $\tau_{0\,p}$ = Teilungswinkel; $2\,\psi_{0\,p}$ = Zahndickenwinkel; $2\,\lambda_{0\,p}$ = Zahnlückenwinkel; $\beta = \beta_0$ (nach DIN 3971) = Schrägungswinkel. Die Indizes bedeuten: 0 (Null) = bezogen auf den Teilkreis oder Teilkegel, p = bezogen auf das Planrad

8.15 Abmessungen bei Kegelrädern mit Geradzähnen

Die Grundkörper der Kegelräder sind Kegel, deren Spitzen sich im Achsschnittpunkt *(Kegelscheitelpunkt)* M schneiden (Abb. 541 bis 545). Die ihnen entsprechenden Wälzkegel berühren sich entlang der gemeinsamen Mantellinie. Die wichtigste Bezugsgröße eines Kegelrades ist der Teilkegel. Da jeder Übersetzung bestimmte Teilkegelwinkel entsprechen, können Kegelräder nicht als Satzräder verwendet werden. Die Bezeichnungen, Bestimmungsgrößen und Fehler an Kegelrädern sind in DIN 3971 genormt.

---

[1] Die Verzahnung ist rechtssteigend oder linkssteigend, wenn beim Blick auf die Verzahnung von oben die Richtung der Flankenlinie an der Teilkegelspitze rechts oder links vorbeiweist.

18*

Der *Teilkegel* ist derjenige Kegel um die Radachse, auf den die Teilung t_0 bezogen ist. Er wird bestimmt durch den *Teilkegelwinkel* δ_0, der als fehlerfreie Größe ein Bezugsmaß für die Verzahnung ist. Der *Teilkreis* d_0 ist ein zur Radachse senkrechter Kreis auf dem Teilkegel; er ist eine rein rechnerische, durch die angenommene Teilung t_0 oder durch die Spitzenentfernung R_a festgelegte, aber von der Zahnform unabhängige Größe. Der Teilkreis ist somit fehlerfrei und am Kegelrad nicht meßbar. Die *Teilkreisteilung* t_0 ist der Teilkreisbogen zwischen zwei aufeinanderfolgenden Rechts- oder Linksflanken. Die *Spitzenentfernung* R eines Profilpunktes ist seine Entfernung von der Teilkegelspitze. Ein Punkt des Zahnprofils kann nur mit solchen Punkten des Gegenprofiles in Eingriff kommen, die die gleiche Spitzenentfernung R haben. Nach Abb. 424 unterscheidet man die *äußere Teilkegellänge* R_a, die *innere Teilkegellänge* R_i und die *mittlere Teilkegellänge* R_m. Der *Planradhalbmesser* ist der Halbmesser des die Planradteilebene begrenzenden Planradteilkreises; er ist gleich der äußeren Teilkegellänge R_a eines Kegelrades, das mit ihm in Eingriff kommen kann. Das einem Kegelrad mit dem Teilkegelwinkel δ_0 und der Zähnezahl z zugehörige Planrad hat als *Planradzähnezahl*[1] $z_p = z/\sin \delta_0$. Nach Abb. 423 b ist der *Schrägungswinkel* β der spitze Winkel zwischen einer Tangente an die Flankenlinie auf dem Teilkegel und einer Teilkegelmantellinie (beim Planrad: eines Strahles zur Planradmitte) in der Spitzenentfernung. Bei Geradzahnkegelrädern ist der Schrägungswinkel β gleich Null. Die *Zahndicke* s_0 ist die Länge des Teilkreisbogens zwischen den beiden Flanken eines Zahnes. Die Zahndickensehne s_0 ist die Sehne des Teilkreises zwischen den beiden Flanken eines Zahnes. Die *Lückenweite* l_0 ist die Länge des Teilkreisbogens innerhalb einer Zahnlücke. Unter dem *Zahndickenwinkel* $2\psi_{0\,p}$ versteht man nach Abb. 423 den Zentriwinkel über dem Bogen, der von den beiden Flankenlinien eines Zahnes auf dem Planradteilkreis eingeschlossen wird. Sinngemäß ist der *Zahnlückenwinkel* $2\lambda_{0p}$ der Zentriwinkel über dem Bogen, der von den beiden eine Zahnlücke begrenzenden Flankenlinien auf dem Planradteilkreis eingeschlossen wird. Der *Teilungswinkel* $\tau_{0\,p}$ ist nach Abb. 423 der Zentriwinkel über dem Bogen, der von zwei benachbarten Rechts- oder Linksflankenlinien auf dem Planradteilkreis eingeschlossen wird. Die Kopfflächen bilden den *Kopfkegel*; seine Achse fällt mit der Radachse zusammen. Der von der Radachse und einer Mantellinie des Kopfkegels eingeschlossene Winkel ist der *Kopfkegelwinkel* δ_k. Der *Kopfwinkel* $\varkappa_k$ ist der Winkel in einem Achsschnitt zwischen der Kopfkegelmantellinie und der Teilkegelmantellinie. Der *Kopfkreis* ist derjenige größte Kreis auf dem Kopfkegel, auf dessen Umfang die scharfkantig gedachten Zahnkopfkanten liegen; der *Kopfkreisdurchmesser* ist d_k. Die Fußflächen bilden den *Fußkegel*; seine Achse fällt mit der Radachse zusammen. Der von der Radachse und einer Mantellinie des Fußkegels eingeschlossene Winkel ist der *Fußkegelwinkel* δ_f. Der *Fußwinkel* $\varkappa_f$ ist der Winkel in einem Achsschnitt zwischen der Fußkegelmantellinie und der Teilkegelmantellinie. Der *Fußkreis* ist derjenige größte Kreis auf dem Fußkegel, auf dessen Umfang die Zahnfußkanten liegen; der *Fußkreisdurchmesser* ist d_f. Die *Fußkegellänge* R_f ist die Mantellänge des von dem Fußkreis begrenzten Fußkegels. *Ergänzungskegel* ist der Kegel um die Radachse, dessen Mantellinien auf den Teilkegelmantellinien in der Spitzenentfernung R senkrecht stehen. Derjenige Ergänzungskegel, dessen Mantellinien den Teilkegel in der Spitzenentfernung R_a senkrecht treffen, heißt *Rückenkegel* (vgl. Abb. 572). Der *Grundkreis* der Verzahnung des abgewickelten Rückenkegels ist derjenige Kreis, dessen Evolventen die Flankenprofile des abgewickelten Rückenkegels bilden. Dieser Grundkreishalbmesser r_{rg} wird für angenäherte zeichnerische Darstellungen und zur Herstellung von Schablonen und Modellen benutzt. Der *Rückenkegelwinkel* δ_{r0} ist der Winkel zwischen einer Rückenkegelmantellinie und der Radachse. Die *Zahnhöhe* h ist der auf der Rückenkegelmantellinie gemessene Abstand zwischen Kopfkegel und Fußkegel des Rades. Sie setzt sich zusammen aus der *Zahnkopfhöhe* h_{k0} (= Abstand zwischen Teilkreis und Kopfkegel) und der *Zahnfußhöhe* h_{f0} (= Abstand zwischen Teilkreis und Fußkegel).

Das DIN 867 entsprechende Bezugsprofil für Kegelräder hat Zahnkopfhöhe = Modul und Zahnfußhöhe = Modul + Kopfspiel. Auf dem Planradteilkreis ist Zahndicke = Zahnlückenweite = halbe Teilung und Eingriffswinkel $\alpha_0 = 20°$. Die *Zahnform* erhält man als Schnitt der Planradverzahnung mit einer Kugel um die Planradmitte. An der Zahnform unterscheidet man die Kopflinie, die Fußlinie und die dazwischenliegenden Zahnflanken (Rechts- und Linksflanken).

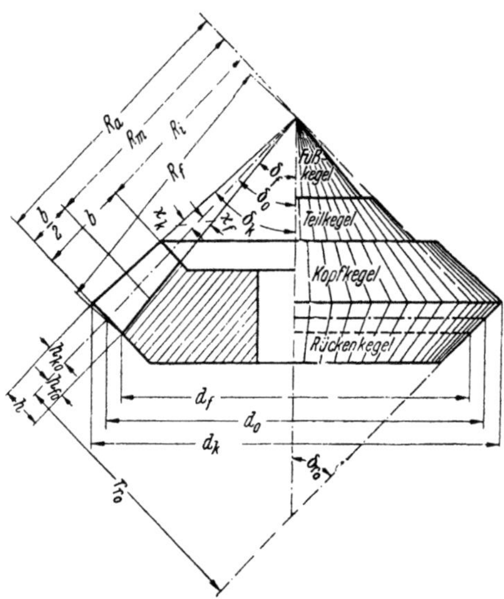

Abb. 424. Bestimmungsgrößen am Fuß-, Teil-, Kopf- und Rückenkegel (DIN 3971)

---

[1] Für die praktische Rechnung wird die Verzahnung des Wälzkegels einer Stirnradverzahnung auf dem Ergänzungskegel gleichgesetzt. Für Getriebe ohne Profilverschiebung wird als Ausgangspunkt der Maße für den Teilkreisdurchmesser der genormte Modul, also auch die genormte Umfangsteilung verwendet. Da die Zahnflanken ebenfalls in der Mantelfläche des Ergänzungskegels zu betrachten sind, entsprechen auch die Zahnflanken des Kegelrades denen des gedachten Stirnrades auf dem Ergänzungskegel.

Bezugsfläche der Verzahnung. Nach DIN 3971 und Abb. 425 ist die Bezugsfläche eine frei wählbare, zur Radachse senkrechte Ebene. Sie ist an Stelle der am Rad nicht vorhandenen Teilkegelspitze diejenige Fläche, auf die die Verzahnung beim Herstellen, Messen und Einbauen bezogen wird. Die Lage der Bezugsfläche zur Teilkegelspitze wird als fehlerfrei angenommen. Die am Zahnrad vorhandenen Fehler werden von der Bezugsfläche aus als wirksame Fehler der Verzahnung erfaßt.

Man unterscheidet den *Spitzenabstand der Bezugsfläche* k_b als die Entfernung der Teilkegelspitze von der Bezugsfläche, den *Kopfkreisabstand* k_k als die Entfernung des Kopfkreises von der Bezugsfläche und den *Hilfsflächenabstand* k_h als die Entfernung einer frei wählbaren, zur Radachse senkrechten, ebenen Hilfsfläche von der Bezugsfläche. Die *Hilfsfläche*, festgelegt durch den Hilfsflächenabstand k_h, ist erforderlich beim Bearbeiten als Anlagefläche, wenn sich die Bezugsfläche hierzu nicht eignet. Der Abstand k_h ist mit 0,01 bis 0,02 zu tolerieren. Die Bestimmungsmaße der zum Verzahnen fertigbearbeiteten Kegelradkörper werden nach DIN 3971 von der Bezugsfläche aus festgelegt. Nach Abb. 425 ist mit der Achse der *Bohrung B* die Führungsachse des Rades gegeben. Die *Rückenfläche* des Rades wird festgelegt durch den Rückenkegelwinkel δ_{r_0} (Abb. 539), den Kopfkreisdurchmesser d_k und den Kopfkreisabstand k_k. Sie dient als Ausgangsfläche beim Schleifen der Bezugsfläche. Weiterhin wird auf der Rückenfläche die Zahndicke gemessen. Die *Kopfkegelfläche* wird festgelegt durch den Kopfkegelwinkel δ_k, den Kopfkreisdurchmesser d_k und den Kopfkreisabstand k_k.

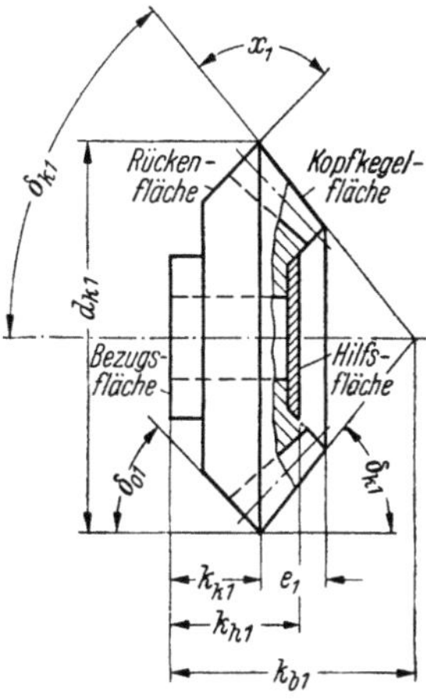

Abb. 425. Wahl der Bezugsfläche und Hilfsfläche an einem Kegelrad (DIN 3971); vgl. auch Abb. 539

8.151 Geradzahnkegelräder mit Achswinkel $\delta_A = 90°$

Der Achswinkel δ_A ist der Winkel zwischen den beiden Radachsen eines Kegelradgetriebes. Bei Nullgetrieben ist der Achswinkel gleich der Summe der beiden Teilkegelwinkel. Berechnung der Radabmessungen vgl. **Berechnungstafel 25, S. 331.**

Beispiel 394. Bei $\delta_A = 90°$ Achswinkel soll ein Geradzahnkegelrädergetriebe mit $i = z_2 : z_1 = 70 : 38$ übersetzen. Die beiden Räder sind mit Modul $m = 6,5$ mm auszuführen. Für das 38zähnige Rad dieses Getriebes sind die Abmessungen zu berechnen.

Lösung:

[Z. 2] $t_0 = m \pi = 6,5 \pi$; Teilung $t_0 = 20,420$ mm.

[Z. 4] $h_{k_0} = 1 m = 1 \cdot 6,5$; Zahnkopfhöhe $h_{k_0} = 6,5$ mm.

[Z. 5] $h_{f_0} = 1,2 m = 1,2 \cdot 6,5$; Zahnfußhöhe $h_{f_0} = 7,8$ mm.

[Z. 6] $h = 2,2 m = 2,2 \cdot 6,5$; Zahnhöhe $h = 14,3$ mm.
Den gleichen Zahlenwert ergibt die Summe $h = h_{k_0} + h_{f_0} = 6,5 + 7,8 = 14,3$ mm.

[Z. 9] $\hat{s}_0 = \dfrac{t_0}{2} = \dfrac{m \pi}{2} = \dfrac{6,5 \pi}{2}$; Zahndicke $\hat{s}_0 = 10,210$ mm. Bei spielfreiem Eingriff ergibt sich für die Lückenweite der gleiche Zahlenwert.

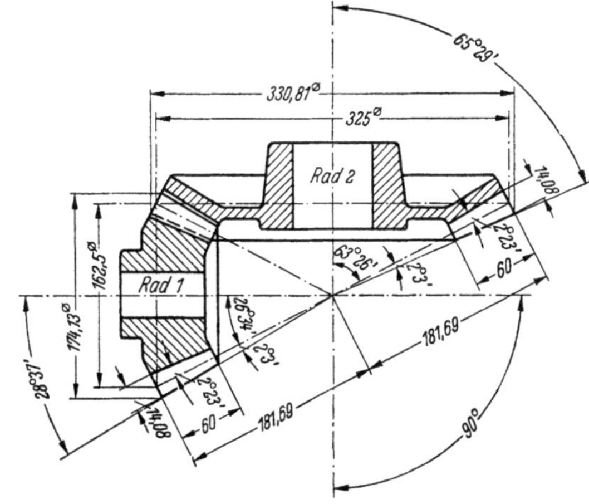

Abb. 426. Verzahnungsmaße eines Geradzahnkegelräderpaares (Achswinkel 90°, $z_1 = 25$, $z_2 = 50$, $m = 6,5$ mm)

[Z. 14] $d_{01} = z_1 m = 38 \cdot 6,5$; Teilkreisdurchmesser $d_{01} = 247$ mm.

[Z. 15] $\tan \delta_{01} = \dfrac{z_1}{z_2} = \dfrac{38}{70} = 0,54286$; Teilkegelwinkel $\delta_{01} = 28° 29' 44''$.

[Z. 17] $d_{k1} = d_{01} + 2 m \cos \delta_{01} = 247 + 2 \cdot 6,5 \cdot \cos 28° 29' 44'' = 247 + 13 \cdot 0,878806$; Kopfkreisdurchmesser $d_{k1} = 258,42$ mm.

[Z. 25] $R_a = \dfrac{z_1 m}{2 \sin \delta_{01}} = \dfrac{38 \cdot 6,5}{2 \sin 28° 29' 44''} = \dfrac{247}{2 \cdot 0,47713}$; äußere Teilkegellänge $R_a = 258,86$ mm.

[Z. 21] $\tan \varkappa_k = \dfrac{m}{R_a} = \dfrac{6,5}{258,86} = 0,02511$; Kopfwinkel $\varkappa_k = 1° 26' 18''$.

[Z. 22] $\tan \varkappa_f = \dfrac{1{,}2\,m}{R_a} = \dfrac{1{,}2 \cdot 6{,}5}{258{,}86} = 0{,}030132$; Fußwinkel $\varkappa_f = 1°43'54''$.

[Z. 23] $\delta_{k1} = \delta_{01} + \varkappa_k = 28°29'44'' + 1°26'18''$; Kopfkegelwinkel $\delta_{k1} = 29°56'2''$.

[Z. 13] $b = \dfrac{R_a}{3} = \dfrac{258{,}86}{3} = 86{,}29$; Zahnbreite gewählt $b = 86$ mm.

[Z. 41] $a_1 = \dfrac{d_{02}}{2} - m \sin \delta_{01} = \dfrac{70 \cdot 6{,}5}{3} - 6{,}5 \cdot \sin 28°29'44'' = 227{,}5 - 6{,}5 \cdot 0{,}47713$; Kopfkreisabstand

$\qquad a_1 = 224{,}40$ mm.

[Z. 40] $e_1 = \dfrac{b \cos \delta_{k1}}{\cos \varkappa_k} = \dfrac{86 \cdot \cos 29°56'2''}{\cos 1°26'18''} = \dfrac{86 \cdot 0{,}86661}{0{,}99969}$; Abstand der Drehkanten $e_1 = 74{,}55$ mm.

[Z. 32] $x_1 = 90° - \varkappa_k = 89°59'60'' - 1°26'18''$; äußerer Zahnwinkel $x_1 = 88°33'42''$.

[Z. 33] $y_1 = 90° + \delta_{k1} = 90° + 29°56'2''$; innerer Zahnwinkel $y_1 = 119°56'2''$.

[Z. 34] $z_1 = 90° - d_{k1} = 89°59'60'' - 29°56'2''$; Prüfwinkel $z_1 = 60°3'58''$.

8.152 Geradzahnkegelräder mit Achswinkel $\delta_A \gtrless 90°$

Berechnungstafel 25 gilt auch, wenn der Achswinkel δ_A eines Kegelradtriebes kleiner oder größer als 90° ist. Die in jedem Falle nötigen Kegelwinkel δ_{01} und δ_{02} können an Hand der **Berechnungstafel 26, S. 334** bestimmt werden.

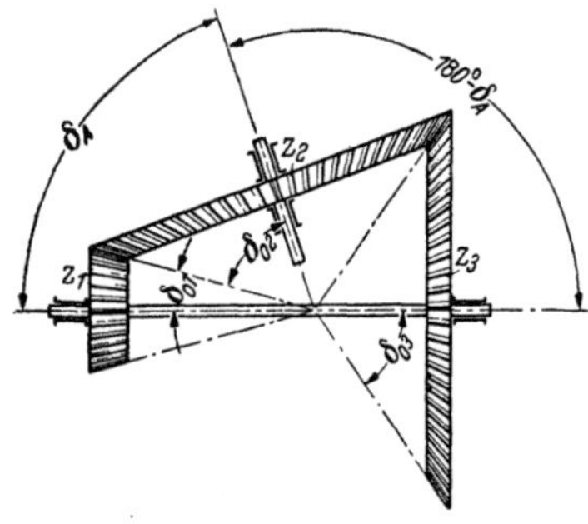

Abb. 427. Kegelräderwendetrieb

Beispiel 395. Berechne für den Kegelräderwendetrieb (Abb. 427), bestehend aus drei Geradzahnkegelrädern $z_1 = 29$, $z_2 = 98$ und $z_3 = 98$, die Kegelwinkel δ_{01}, δ_{02} und δ_{03} für den Fall, daß Achswinkel $\delta_A = 70°$.

Lösung: Die Geradzahnkegelräder z_1 und z_2 schneiden sich unter dem Achswinkel $\delta_A = 70°$; die Größe des Winkels δ_{01} folgt (Z. 4, B.T. 26) zu $\cot \delta_{01} = \dfrac{z_2}{z_1 \sin \delta_A} + \cot \delta_A = \dfrac{98}{29 \cdot \sin 70°} + \cot 70° = \dfrac{98}{29 \cdot 0{,}93969} + 0{,}36397 = 3{,}73205$; $\delta_{01} = 15°$. Da $z_2 = z_3$, wird $\delta_{02} = \delta_{03} = \dfrac{180° - \delta_A}{2} = \dfrac{180° - 70°}{2} = 55°$. Kegelwinkel $\delta_{01} = 15°$, $\delta_{02} = 55°$ und $\delta_{03} = 55°$. Einfacher ist folgender Rechnungsgang: $\delta_{02} = \delta_{03} = \dfrac{180° - 70°}{2} = 55°$ $(z_2 = z_3)$; damit $\delta_{01} = 70° - 55° = 15°$.

Beispiel 396. Zwei Geradzahnkegelräder mit $z_1 = 43$ und $z_2 = 35$ Zähnen schneiden sich unter einem Achswinkel $\delta_A = 102°$ (Abb. 543). Berechne den Kegelwinkel δ_{02}.

Lösung: [Z. 9, B.T. 26] $\cot \delta_{02} = \dfrac{z_1}{z_2 \sin (180° - \delta_A)} - \cot (180° - \delta_A) = \dfrac{43}{35 \cdot \sin (180° - 102°)} - \cot (180° - 102°) = \dfrac{43}{35 \cdot \sin 78°} - \cot 78° = \dfrac{43}{35 \cdot 0{,}97815} - 0{,}21256$; $\cot \delta_{02} = 1{,}0434$; Kegelwinkel $\delta_{02} = 43°48'$.

Anmerkung: Liegt der Achswinkel δ_A zwischen 90 und 180°, so ergibt sich für Cotangens ein negativer Wert. Die Funktion eines solch stumpfen Winkels ist gleich derselben Funktion, von der er sich von 180° unterscheidet. So geht Z. 6, B.T. 26, mit $z_1 = 43$, $z_2 = 35$ und $\delta_A = 102°$ über in: $\cot \delta_{02} = \dfrac{z_1}{z_2 \sin \delta_A} + \cot \delta_A = \dfrac{43}{35 \cdot \sin 102°} + \cot 102° = \dfrac{43}{35 \cdot \sin 78°} - \cot 78°$.

8.153 Spiralkegelräder

Theoretisch sind, wie bei Stirnrädern, zahlreiche Möglichkeiten für die Ausbildung der Zahnform gegeben. Die praktisch verwendeten Zahnformen werden jedoch von den Herstellungsverfahren bestimmt. Nach Abb. 423a bis 423e wird zwischen Geradzahn-, Schrägzahn- und Bogenverzahnungen unterschieden, wobei die beiden letzteren unter dem Sammelbegriff „*Spiralkegelräder*" zusammengefaßt werden. Vgl. auch Abschnitt 8.52.

Räder, deren Umfangsgeschwindigkeiten etwa 6 m/s oder bei kleineren Rädern ($d_0 > 80$ mm) eine Drehzahl von 1000 1/min überschreiten, sind mit Spiralverzahnungen auszuführen. Konstruktion und Berechnung von Spiralkegelrädern richten sich nach der Werkzeugmaschine auf der sie verzahnt werden. Es sei auf die jeweiligen *Betriebsanleitungen* verwiesen.

8.154 Versetzte Kegelräder

Es handelt sich hierbei um Kegelradpaarungen mit sich kreuzenden Achsen (Abb. 171a), auch bekannt unter dem Namen „*Kegelschraubgetriebe*" und „*Hypoidgetriebe*". Die Ritzelachse geht im Kreuzungsabstand a an der Radachse vorbei, wodurch an den Zahnflanken eine zusätzliche Gleitbewegung in Richtung der Flankenlinien auftritt. Vorwiegende Verwendung in bogenverzahnter und gehärteter Ausführung bei Hinterachsen von Kraftfahrzeugen. Der Achsabstand a wird bei versetzten Kegelrädern möglichst gering gehalten ($a = 0,1\, d_{02}$ bis $0,2\, d_{02}$).

8.16 Abmessungen beim Schneckentrieb (Schnecke und Schneckenrad)

Schneckentriebe ermöglichen große Übersetzungen in einer Stufe und dienen zur Kraftübertragung zwischen sich kreuzenden Achsen. *Verwendungsgebiete bei Werkzeugmaschinen*: Hauptantriebe von ratterfreien Abstichdrehmaschinen, von Senkrechtbohrwerken, von Hobelmaschinen und besonders für Tischantriebe von Verzahnmaschinen. Schneckentriebe sind Schraubtriebe. Zwischen Schnecke und Schneckenrad liegt Linienberührung vor. Der Achswinkel ist der Winkel zwischen den beiden durch Parallelverschiebung zum Schnitt gebrachten, gekreuzten Achsen von Schnecke und Schneckenrad und beträgt, abgesehen von seltenen Ausnahmen, $\Sigma = 90°$. Bei Schneckentrieben gibt es im Gegensatz zu Stirnradtrieben keine Satzräderverzahnung, sondern eine *Paarverzahnung*. Zu einem Schneckenrad paßt stets nur eine Schnecke. Schneckentriebe zeichnen sich bei geringem Raumbedarf durch unübertroffene Laufruhe aus und erreichen hohe Wirkungsgrade.

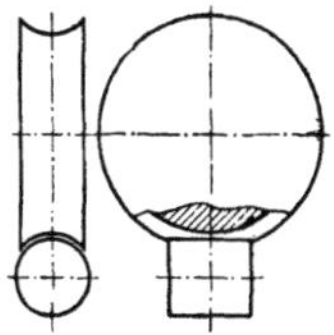

Abb. 428. Zylinderschnecken-Globoidradtrieb (*Zylinderschneckentrieb*)

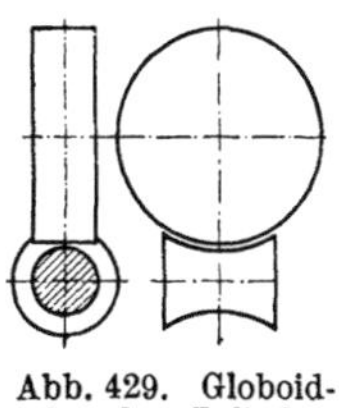

Abb. 429. Globoidschnecken-Zylinderradtrieb

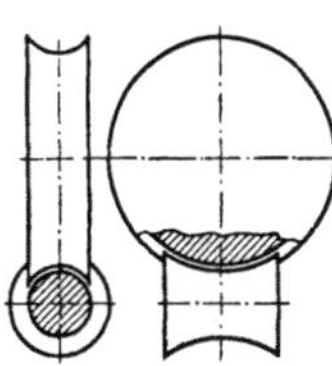

Abb. 430. Globoidschnecken-Globoidradtrieb (*Globoidschneckentrieb*)

Abb. 428 bis 430. Schneckentriebe nach DIN 3975

Man unterscheidet nach DIN 3975 den Zylinderschnecken-Globoidradtrieb[1], kurz **Zylinderschneckentrieb** (Abb. 428), den Globoidschnecken-Zylinderradtrieb (Abb. 429) und den Globoidschnecken-Globoidradtrieb, kurz Globoidschneckentrieb (Abb. 430). Schneckentriebe nach Abb. 429 und 430 werden von Spezialfirmen hergestellt und fallen hier deshalb außer Betracht.

8.161 Flankenform der Schnecken

Die Flankenform ist eines der hervorstechendsten Merkmale der Schnecken; sie ist gekennzeichnet durch die Lage der erzeugenden Linie auf der Schneckenzahnflanke oder auf der Oberfläche des erzeugenden Werkzeuges. Fertigungstechnisch unterscheidet man:

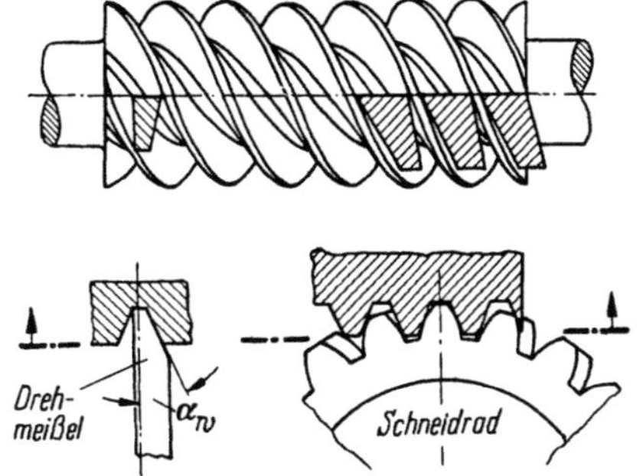

Abb. 431. Flankenform A (ZA-Schnecke) nach DIN 3975
Achsschnittprofil ist geradflankig

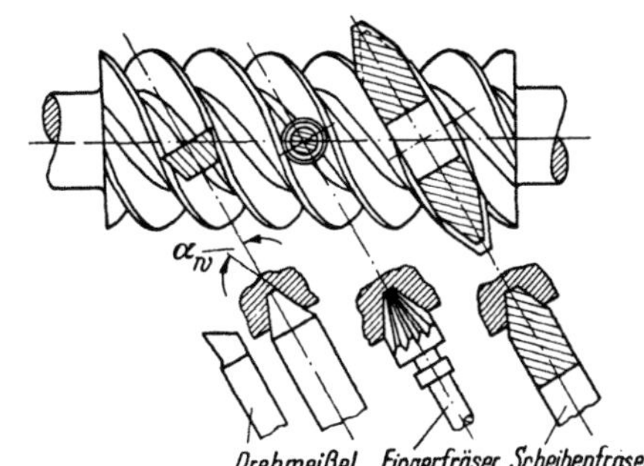

Abb. 432. Flankenform N (ZN-Schnecke) nach DIN 3975
Achsschnittprofil ist leicht konkav

---

[1] *Globoide* sind Umdrehungskörper mit einem Kreisbogen als Erzeugende.

Flankenform A (ZA-Schnecke). *Die Schneckengänge besitzen im Achsschnitt Trapezprofil.* Die auf der Drehmaschine geschnittene Schnecke besitzt im Achsschnitt geradlinige Flanken und zeigt im Stirnschnitt eine archimedische Spirale **(Spiralschnecke).** Diese Zahnflankenform entsteht, wenn ein trapezförmiger Drehmeißel so angestellt wird, daß seine Schneiden im Achsschnitt liegen (Abb. 431). Die erzeugende Linie für die Flankenform ist eine Gerade. Die beiden Schneidkanten für die Links- und Rechtsflanken sind symmetrisch zu einer Achssenkrechten, d. h. um den halben Erzeugungswinkel α_w geneigt. α_w ist der spitze Winkel im Achsschnitt zwischen Flankenlinie und der Normalen auf die Achse. Angenähert wird diese Flankenform auch durch Wälzschneiden mit im Achsschnitt arbeitenden evolventischen Schneidrädern erzeugt. Das zu der Schnecke mit der Flankenform A gehörige Schneckenrad zeigt im Mittelschnitt Evolventen als Zahnflanken (Abb. 557).

Flankenform N (ZN-Schnecke). *Die Schneckengänge besitzen im Normalschnitt Trapezprofil,* sind also im Normalschnitt geradflankig **(Normalschnecke).** Die erzeugende Gerade befindet sich in einer Ebene, die zur Schneckenachse unter dem mittleren Steigungswinkel geneigt ist. Diese Flankenform entsteht, wenn ein in Achshöhe eingestellter, trapezförmiger, also geradflankiger Drehmeißel schneidet, der — im Gegensatz zu Flankenform A — in der Mitte der Zahnlücke um den Mittensteigungswinkel geschwenkt ist (Abb. 432), d. h. im Normalschnitt angestellt wird. Der Erzeugungswinkel α_w ist der spitze Winkel zwischen der Normalen auf den Kegel des Werkzeuges bzw. auf die Werkzeugschneide und einer Achse parallel zur Achse des Kegels. Die beiden Drehmeißelschneiden sind symmetrisch zu einer Lotrechten auf die Achse um den Eingriffswinkel (im Normalschnitt) geneigt. Die Flanken der ZN-Schnecke sind im Achsschnitt leicht gekrümmt; in den für beide Flanken getrennten und parallel aus der Achsebene verschobenen Schnittebenen sind gerade Flankenlinien vor-

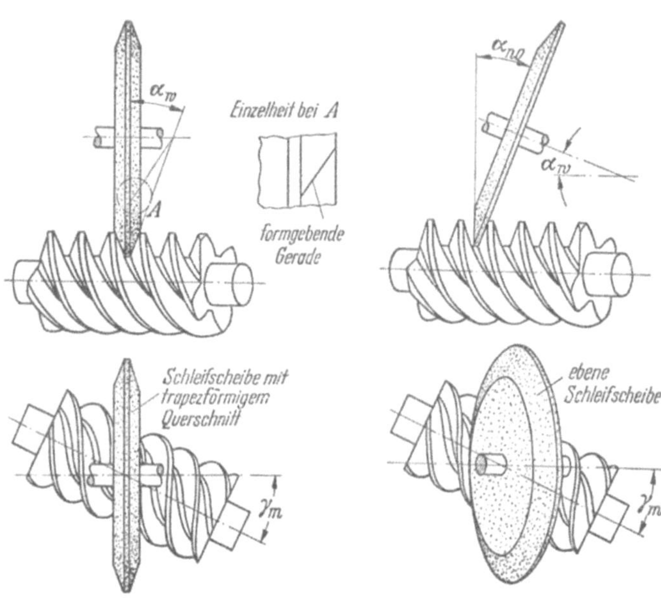

Abb.433. Flankenform K (ZK-Schnecke) nach DIN 3975. **Achsschnittprofil ist schwach konvex**

Abb. 434. Flankenform E (ZE-Schnecke) nach DIN 3975. **Achsschnittprofil ist konvex**

handen. Angenähert wird die Flankenform N auch durch Fräsen mit Fingerfräser oder verhältnismäßig kleinem Scheibenfräser erzeugt. Bezeichnungsbeispiel einer Normalschnecke s. S. 328, B.T. 28.

Flankenform K (ZK-Schnecke). *Das im Schneckengang angestellte Rotationswerkzeug* (Scheibenfräser oder Schleifscheibe) *besitzt Trapezprofil.* Die formgebende Gerade ist die Mantellinie des kegelförmigen Werkzeuges (Doppelkegel). Die Flankenform K entsteht, wenn ein sich drehendes Werkzeug arbeitet, das unter dem mittleren Steigungswinkel γ_m so gegen die Achse geschwenkt ist, daß sich die Zahnlückenmitte der Schnecke und die Achsabstandslinie von Schnecken- und Kegelachse decken. Der Erzeugungswinkel α_w ist der spitze Winkel zwischen der Normalen auf den Kegel des Werkzeuges bzw. auf die Werkzeugschneide und einer Achse parallel zur Achse des Kegels. Bei festliegenden Angaben der Schnecke (Modul m, Mittenkreisdurchmesser d_m, Zähnezahl z_1, Erzeugungswinkel α_w) ist die Flankenform K nur abhängig vom Durchmesser des Fräs- oder Schleifwerkzeuges. Je kleiner der Durchmesser ist, desto geringer ist das Vor- und Nachschneiden und damit die Wölbung (Balligkeit) der Zahnflanken[1].

Flankenform E (ZE-Schnecke). *Die Evolventenschnecke stellt ein schrägverzahntes Evolventenstirnrad* mit $\beta_0 = 87°$ bis $45°$, also großem Schrägungswinkel und kleinem Steigungswinkel γ_m *dar;* die erzeugende Gerade[2] tangiert einen Grundzylinder um die Schneckenachse **(Evolventenschnecke).** Die Flankenform E entsteht, wenn ein trapezförmiger Drehmeißel so angestellt wird, daß seine Schneidenebene parallel zur Achsschnittebene und um den Abstand r_g über oder unter der Achse steht. Der Abstand r_g und der Einstellwinkel der Schneide $(90° - \gamma_g)$ müssen der Beziehung $r_g = m/2 \cdot z_1 \cdot \cot \gamma_g$ entsprechen. Der Erzeugungswinkel α_w ist bei Flankenform E gleich dem Eingriffswinkel α_0 des Bezugsprofiles. Die Flanken-

---

[1] Wäre der Werkzeugdurchmesser unendlich klein, so entstünde eine reine archimedische Spiralschnecke mit gerader Flanke im Achsschnitt. Wäre er unendlich groß, so entstünde eine reine Evolventenschnecke mit großem Ballen. Gibt man dem Fräser bzw. der Schleifscheibe ein balliges Kreisbogenprofil, so erhält man eine *Hohlflankenschnecke.*

[2] Die Zahnform der Evolventenschnecke ist in einem *Tangentialschnitt* zum Grundzylinder gerade, während sie bei der Spiralschnecke im *Achsschnitt* gerade ist.

form E kann auch mit einem ebenen Werkzeug (Schleifscheibe) erzeugt werden, dessen Achse zur Schneckenachse um den Mittensteigungswinkel γ_m geschwenkt und zur Schneckenachse um den Erzeugungswinkel α_w geneigt ist (Abb. 434). Die Balligkeit nimmt mit wachsendem Steigungswinkel zu und ist bei gleichen Verhältnissen stärker als bei der ZK-Schnecke. Da die Flankenform E der Flankenform von Stirnrädern mit Evolventenzähnen entspricht, kann sie auch durch Wälzfräsen mit besonderen Wälzfräsern und durch Wälzschleifen erzeugt werden. Die Zahnflanken können also mit Plan- oder Profilschleifscheiben ähnlich wie bei Stirnrädern geschliffen werden.

Flankenform H (ZH-Schnecke). *Das im Schneckengang angestellte Rotationswerkzeug* (Scheibenfräser oder Schleifscheibe) *besitzt ein konvexes* (balliges) *Profil.* Die Hohlflankenform H (nach NIEMANN) ist ähnlich der Flankenform K, jedoch mit balliger Schleifscheibe geschliffen.

Anmerkung: Alle diese Formen sind untereinander *nicht* austauschbar, aber grundsätzlich gleichwertig. Voraussetzung für eine einwandfreie Paarung bleibt stets die Übereinstimmung des Schneckenradfräser- und des Schneckenprofiles. Das Schneckenradfräswerkzeug muß stets die gleiche Flankenform haben wie die zugehörige Schnecke.

Hinsichtlich der Schneckenform unterscheidet man zwei ganz verschiedene Arten von Schneckengetrieben, und zwar solche mit Zylinder- und andere mit Globoidschnecken (vgl. Abb. 428 bis 430). Bei den Zylinderschnecken sind die Schneckengänge auf einem Zylinder, bei den Globoidschnecken dagegen auf einem Globoid angeordnet.

8.162 Abmessungen der Zylinderschnecken

Schnecken sind die Kleinräder in Getrieben mit sich kreuzenden Achsen, bei denen eine Drehbewegung auf Schneckenräder übertragen wird. Schnecken haben einen oder mehrere Zähne, die wie die Gänge von Schrauben unter gleichbleibender Steigung um die Achse der Schnecke gewunden sind. Die Zahl z_1 der Zähne einer Schnecke ist die Anzahl der in einem zur Schneckenachse senkrechten Schnitt geschnittenen Zähne. Die Steigungsrichtung der Schnecken, die sich wie bei Schrauben bestimmt, ist vorzugsweise rechtssteigend, nur bei bestimmten Anforderungen an den Drehsinn werden linkssteigende Schnecken angewendet (Abbildung 548 und 549).

8.1621 Spiralschnecke (ZA-Schnecke)

Unter der Teilung einer Schnecke versteht man schlechthin den Abstand zweier benachbarter, gleichgerichteter Zahnflanken voneinander. Im einzelnen kann bei Schnecken unter Teilung verschiedenes verstanden werden, abhängig von der Richtung des Schnittes, in dem die Teilung gemessen wird. *Normalteilung t_n* ist die Länge des senkrecht (normal) zum Zahn verlaufenden Bogens der Mittenzylinderschraubenlinie zwischen zwei benachbarten, gleichgerichteten Flanken (Rechts- bzw. Linksflanken) der Schneckenzähne. *Stirnteilung t_s* ist die Bogenlänge zwischen den Zahnflanken des Stirnschnittes. *Achsteilung t_a* ist der Abstand zweier benachbarter, gleichgerichteter Flanken der Schneckenzähne im Achsschnitt. *Eingriffsteilung t_e* wird im allgemeinen nur bei Evolventenschnecken gemessen. Diese Grundzylinderteilung ist der kürzeste Abstand zweier gerader Flankenlinien in der den Grundzylinder tangierenden Ebene. Nach DIN 3975 gilt als *Mittenkreis* der Schnecke ein Kreis um die Schneckenachse, dessen Durchmesser der Nenndurchmesser der Schnecke ist. *Mittenkreisdurchmesser d_{m1}* ist eine rein rechnerische, von der Zahnform unabhängige Größe, als solche fehlerfrei und an der Schnecke nicht meßbar[1]. Die *Formzahl z_F*, eine dimensionslose Zahl, kennzeichnet die Gestalt der Schnecke, insbesondere ihr Widerstandsmoment gegen Durchbiegung. Abb. 550 bis 552 zeigen den Einfluß der Formzahl auf die Gestalt von

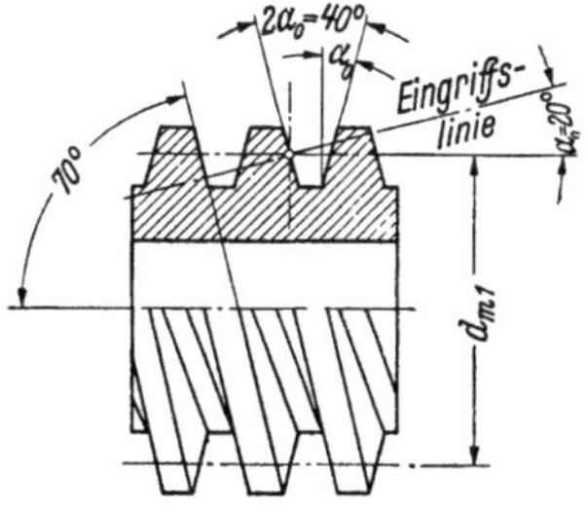

Abb. 435. Achsschnitt der Zylinderschnecke (ZA-Schnecke) mit trapezförmigem Zahnprofil

Schneckentrieben mit gleichem Achsabstand a, gleicher Übersetzung i und gleicher Zähnezahl der Schnecken $z_1 = 1$. Formzahl z_F ist das Verhältnis des Mittenkreisdurchmessers d_{m1} der Schnecke zum Modul m; dabei ergibt sich der Modul aus der Achsteilung t_a, geteilt durch π. Beim Schneckentrieb ist der Modul m an der Schnecke der *Achsmodul* und am Schneckenrad der *Stirnmodul*. Achsschnitt der Schnecke (Abb. 435) ist das Bezugsprofil für den Schneckentrieb. Zylinderschnecken erhalten trapezförmige Zahnprofile (Zahnstange) mit der üblichen Neigung der Flanken unter 70° gegen die Längsachse. Die Abmessungen der Zahnhöhe, des Zahnkopfspiels und der Zahndicke entsprechen im Achsschnitt der Schnecke dem Bezugsprofil nach DIN 867. Die *Steigungshöhe H* ist an jedem Durchmesser der Schnecke gleich. Ihre Maßhaltigkeit ist sehr wesentlich mitbestimmend für gute Eingriffs-

---

[1] Ein Teilkreis ist an der Schnecke nicht vorhanden, da die bestimmende Achsteilung an allen Halbmessern gleich groß ist.

verhältnisse eines Schneckentriebes. Das gleiche trifft auf die Achsteilung und auf den Teilungssprung, das heißt den Unterschied zweier aufeinanderfolgender Teilungen, zu. Eine Überprüfung des Steigungswinkels wird durch die Prüfung der Steigungshöhe überflüssig. Abmessungen der Spiralschnecke vgl. **Berechnungstafel 27, S. 335.**

Beispiel 397. Eine Zylinderschnecke mit einfach rechtssteigend geschnittenem Gewinde (Abb. 436) hat folgende Abmessungen: Steigungshöhe $H = 31{,}416 = 10\,\pi$ mm; Kopfkreisdurchmesser $d_{k1} = 90$ mm; Fußkreisdurchmesser $d_{f1} = 52$ mm; Mittenkreisdurchmesser $d_{m1} = 75$ mm. a) Berechne die Größe des Steigungswinkels für den Fall, daß Kopfkreis-, Mittenkreis- und Fußkreisdurchmesser in Rechnung gesetzt werden. b) Welcher Unterschied ergibt sich zwischen äußerem und innerem Steigungswinkel?

Lösung: a) [Z. 8] $\tan \gamma_m = \dfrac{H}{d_{m1}\,\pi} = \dfrac{10\,\pi}{75\,\pi} = 0{,}13333$; Steigungswinkel am Mittenkreisdurch-

messer $\gamma_m = 7°35'41''$; $\tan \gamma_k = \dfrac{H}{d_{k1}\,\pi} = \dfrac{10\,\pi}{90\,\pi} = 0{,}11111$; Steigungswinkel am Kopfkreisdurch-

messer $\gamma_k = 6°20'24''$; $\tan \gamma_f = \dfrac{H}{d_{f1}\,\pi} = \dfrac{10\,\pi}{52\,\pi} = 0{,}19231$; Steigungswinkel am Fußkreisdurch-

messer $\gamma_f = 10°53'9''$. b) $\gamma_f - \gamma_k = 10°53'9'' - 6°20'24'' = 4°32'45''$; Unterschied zwischen äußerem und innerem Steigungswinkel $= 4°32'45''$ (Abb. 437).

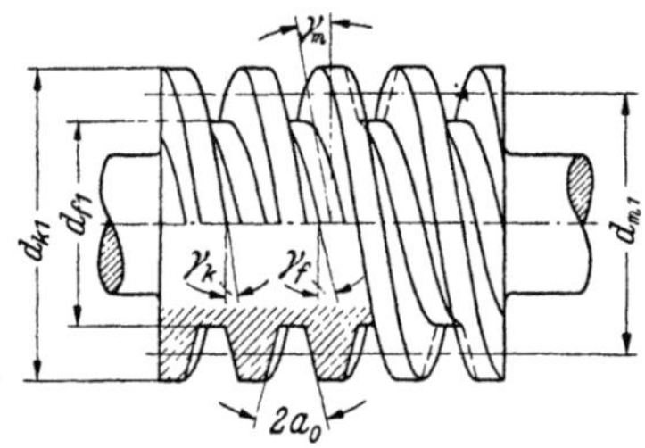

Abb. 436. Steigungswinkel am Kopfkreis-, Mittenkreis- und Fußkreisdurchmesser

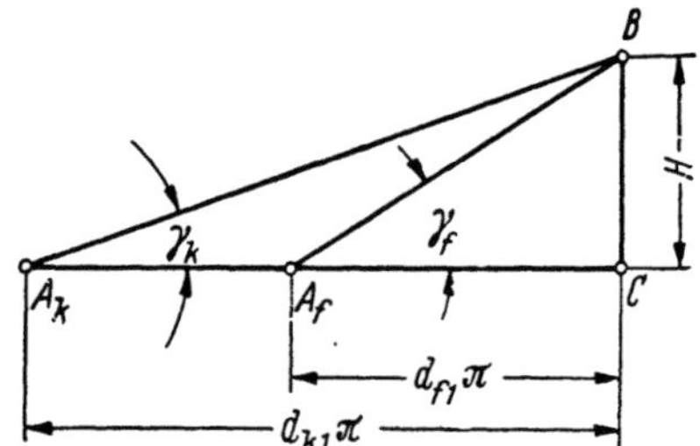

Abb. 437. Veränderlichkeit des Steigungswinkels vom Kopfkreis- zum Fußkreisdurchmesser

Anmerkung: Beispiel 397 zeigt, daß sich der Steigungswinkel γ des Schraubenganges einer Schnecke bei gleichbleibender Steigungshöhe mit dem Durchmesser ändert (Abb. 437). Dies bedingt, daß beim Entwurf der Schnecke auf die jeweils vorliegende Größe des vorhandenen Fräsers Rücksicht zu nehmen ist. Wird die Schnecke mit einem nach der Lückenform gebildeten Schneidmeißel ausgedreht, so verursacht die Verschiedenheit in den Steigungswinkeln γ_k und γ_f am äußeren und inneren Schneckenumfang ungleiche Winkellagen der beiden Seitenrücken des Meißels gegenüber den Schraubenflächen. Um den Schnittvorgang nicht ungünstig zu beeinflussen und um nicht eine übermäßige Verjüngung des Meißelquerschnittes am Fußende zu erhalten, beschränke man sich auf einen Winkelunterschied von $\gamma_f - \gamma_k = 6$ bis $7°$.

8.1622 Evolventenschnecke (ZE-Schnecke).

Eine besondere Bestimmungsgröße bei Schnecken mit Flankenform E ist der Grundzylinder mit dem Durchmesser d_{g1}; es ist der Zylinder um die Schneckenachse, von dem aus die Evolventenflankenform entwickelt wird. Grundzylindersteigungswinkel γ_g ist nach DIN 3975 der Winkel zwischen einer erzeugenden geraden Linie e auf einer den Grundzylinder tangierenden Ebene und einer Stirnfläche (Abb. 554). Die Grundzylinderteilung t_g ist der kürzeste Abstand zweier gleichgerichteter gerader Flankenlinien in der den Grundzylinder tangierenden Ebene. Sie ist zugleich die Eingriffsteilung der Evolventenschnecke. Abmessungen der Evolventenschnecke vgl. **Berechnungstafel 28, S. 338.**

Beispiel 398. Wie groß ist die Steigungshöhe einer 10zähnigen Evolventenschnecke mit Normalmodul $m_n = 0{,}5$ mm bei einem Mittenkreisdurchmesser von 8,23 mm?

Lösung: [Z. 1] Mit $d_{m1} = 8{,}23$ mm, $z_1 = 10$, $t_n = 0{,}5\,\pi$ und $m_n = 0{,}5$ mm erhält man

$$H = \frac{d_{m1}\,z_1\,m_n\,\pi}{\sqrt{(d_{m1})^2 - (z_1\,m_n)^2}} = \frac{8{,}23 \cdot 10 \cdot 0{,}5\,\pi}{\sqrt{8{,}23^2 - (10 \cdot 0{,}5)^2}} = \frac{41{,}15\,\pi}{\sqrt{42{,}7329}} = 19{,}77 \text{ mm}.$$

Die für die Wechselräderberechnung erforderliche Steigung beträgt $H = 19{,}77$ mm.

8.163 Abmessungen der Schneckenräder

Schneckenräder sind die globoidischen Gegenräder zu jeweils einer bestimmten Schnecke. Schneckenräder mit hohl geschnittenen Zähnen kommen in drei Ausführungen zur Anwendung; Abb. 438 zeigt das günstigste Kranzprofil. Durch den ausgekehlten Radkranz wird die Schnecke reichlich umfaßt und bietet so den Schneckengängen ein großes Zahnfeld, d. h. eine größtmögliche Nutzfläche. Arbeiten Schneckenräder mit kleiner Zähnezahl mit vielzähnigen Schnecken zusammen, so ergeben sich für das Rad scharfe Zahnspitzen, die nicht genügend Widerstand bieten und schädlich auf das Getriebe einwirken. Hier erscheint ein Kranzprofil nach Abb. 439 zweckmäßiger. Ein noch kleineres Zahnfeld ergibt das vollständig zylindrisch abgedrehte Kranzprofil nach Abb. 440. Getriebe, welche Schrägstirnräder als Schneckenräder haben (Abb. 441), kommen seltener zur Anwendung. Zahnanlage ist wesentlich kleiner als bei Schneckenrädern mit Hohlzähnen. Die Zähne des Schrägstirnrades sind dem Steigungswinkel der Schnecke entsprechend schraubenförmig gewunden (Beispiel 400).

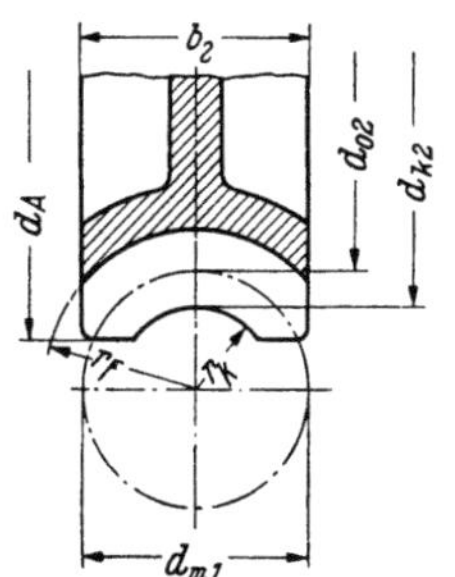
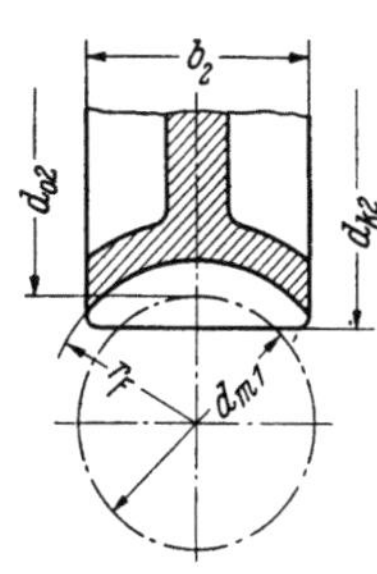

Abb. 438 bis 440. Kranzprofile bei Schneckenrädern mit hohlgeschnittenen Zähnen

Nach DIN 3975 sind an einem *Schneckenrad* verschiedene Bestimmungsgrößen zu unterscheiden. *Teilkreisteilung* t_0 ist der Teilkreisbogen zwischen zwei aufeinanderfolgenden Rechts- oder Linksflanken. Bei Schneckenrädern für Schneckentriebe mit rechtwinkelig gekreuzten Achsen ist der (*Stirn-*)*Modul* gleich dem (*Achs-*)*Modul* der Schnecke. Beide werden mit m bezeichnet. Der *Teilkreisdurchmesser* $d_{0\,2}$ ist eine rein rechnerische, von der Zahnform unabhängige Größe, als solche fehlerfrei und am Rad nicht meßbar. Die *Zahnform* der Schneckenräder ergibt sich zwangsläufig aus der Zahnform der mit dem Schneckenrad gepaarten Schnecke. Die Zahnform der Schneckenräder wird nur im Mittelschnitt angegeben, d. h. in einer Schnittebene, die senkrecht auf der Schneckenradachse steht und die Schneckenachse enthält. Der Mittelschnitt enthält die Scheckenachse und ist nicht an die Breite des Schneckenrades gebunden. *Zahndicke* s_0 ist die Länge des Teilkreisbogens zwischen den beiden Flanken eines Zahnes, *Lückenweite* l_0 ist die Länge des Teilkreisbogens innerhalb einer Zahnlücke. *Zahnkopfhöhe* ist bei nicht korrigierten Getrieben gleich dem Modul. *Kopfkreis* (Kopfkreisdurchmesser d_{k2}) ist im Mittelschnitt derjenige Kreis, auf dem die Zahnkopfkanten liegen. *Außendurchmesser* d_A ist der größte Durchmesser des Schneckenradkörpers. *Kehlhalbmesser* r_k ist der Halbmesser des Kehlkreises, der die Mantellinien des globoidischen Schneckenradkörpers bildet. Der *Umfassungswinkel* ϑ ist der Zentriwinkel in einem Achsschnitt des Schneckenrades senkrecht zur Schneckenachse mit der Schneckenradbreite b als Sehne und dem Mittenkreishalbmesser r_{m1} der Schnecke als Halbmesser. *Zahnfußhöhe* ist gleich der Summe von Zahnkopfhöhe und Kopfspiel. Das *Kopfspiel* S_k zwischen Schneckenradzahnfuß und Schneckenzahnkopf beträgt $0{,}167\,m$ bis

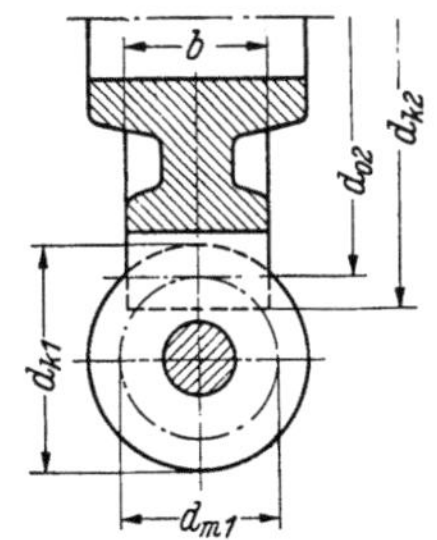

Abb. 441. Zylinderschnecke und Schrägstirnrad

$0{,}3\,m$; zu bevorzugen ist gleichfalls $S_k = 0{,}2\,m$. Das *Verdrehflankenspiel* S_d ist der Bogen des Schneckenradteilkreises, um den sich das Schneckenrad bei festgehaltener Schnecke von der Anlage der Rechtsflanken bis zur Anlage der Linksflanken verdrehen läßt. Der Drehsinn von Schnecke und Schneckenrad ist unterschiedlich je nach der Steigungsrichtung der Schnecke und Lage des Schneckenrades (Abb. 442 und 443). Bei Schneckenrädern für Schnecken mit Flankenform A ergibt sich im Mittelschnitt die Zahnflankenform eines Stirnrades mit Evolventenzähnen. *Grundkreis* (Grundkreisdurchmesser d_{g2}) ist derjenige Kreis um die Schneckenradachse, von dem die Evolvente der Zahnflanke im Mittelschnitt entwickelt wird. Berechnung der Radabmessungen bei Schneckenrädern mit ZA-Schnecken vgl. **Berechnungstafel 29**, S. 338.

Beispiel 399. Welche Umlaufrichtungen ergeben sich für das Schneckenrad, wenn sich die Schnecke im Uhrzeigersinn oder im Gegensinne dreht und rechtssteigend geschnitten ist?

Lösung: In Abb. 442 dreht sich die rechtssteigende Schnecke nach rechts, in Abb. 443 nach links. Ändert sich die Drehrichtung der Schnecke, so ändert sich auch die Drehrichtung des Schneckenrades.

Beispiel 400. Eine dreizähnige Schnecke, 50 mm Mittenkreisdurchmesser, Normalmodul 4 mm, soll mit einem 60zähnigen *Schrägstirnrad* in Eingriff gebracht werden. Welche Schraubensteigung erhalten die Zähne des Rades?

Lösung: [(Z. 25, B.T. 24)] $H_2 = \dfrac{z_2\, m_n\, \pi}{\sin \beta_{02}}$; mit $\beta_{02} = 90° - \gamma_{02}$ (vgl. Abb. 485), $\sin \beta_{02} = \sin(90° -$

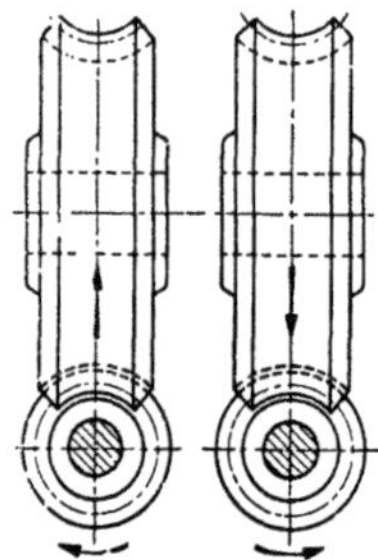

$- \gamma_{02}) = \cos \gamma_{02}$ erhält man $H_2 = \dfrac{z_2\, m_n\, \pi}{\cos \gamma_{02}} = \dfrac{z_2\, m_n\, \pi}{\cos \gamma_m}$. Nun ist (Z. 7, B.T. 28)

$\cos \gamma_m = \dfrac{m_n}{m_s}$ und $m_s = \dfrac{d_{m1}}{z_1}$ (Z. 5, B.T. 28); damit $H_2 = \dfrac{z_2\, m_n\, \pi\, m_s}{m_n}$ oder:

Schraubensteigung eines als Schneckenrad ausgebildeten Schrägstirnrades (Abb. 441)

$$\boxed{H_2 = \frac{z_2\, \pi\, d_{m1}}{z_1}} \quad (456)$$

$H_2 =$ Schraubensteigung zur Berechnung der Wechselräder [mm], $z_2 =$ Zähnezahl des Schneckenrades, $d_{m1} =$ Mittenkreisdurchmesser der Schnecke [mm], $z_1 =$ Zähnezahl der Schnecke.

Mit den Zahlenwerten: $H_2 = \dfrac{z_2\, \pi\, d_{m1}}{z_1} = \dfrac{60\, \pi \cdot 50}{3} = 1000\, \pi$; Schraubensteigung $H_2 = 3141{,}59$ mm.

Abmessungen bei Schneckenrädern mit ZE-Schnecken vgl. **Berechnungstafel 30**, S. 341.

Abb. 442.   Abb. 443.
Umlaufrichtungen von Schnecke und Rad bei rechtssteigendem Schneckengewinde

8.17 Korrigierte Verzahnung, Profilverschiebung

Bei der Evolventenverzahnung ist es möglich, den Achsabstand zu vergrößern oder zu verkleinern. Man darf das Bezugs- oder Werkzeugprofil (die Zahnstange) um eine Strecke $x\,m$ vom Radmittelpunkt nach außen oder innen verschieben. Das so entstehende Rad wird im Gegensatz zum *Null-Rad* ein *V-Rad* genannt. Der Betrag $x\,m$ heißt *Profilverschiebung*, die auf den Modul m bezogen wird. Die dimensionslose Zahl x heißt *Profilverschiebungsfaktor*. Vgl. **Berechnungstafel 31**, S. 342.

8.2 Abmessungen der Kettenräder

Der Kettentrieb, vorwiegend bei größeren Achsentfernungen angewandt, gewährleistet eine kraftschlüssige Übertragung von drehenden Bewegungen und somit eine unveränderliche Übersetzung (vgl. S. 113). Eine nachträgliche Änderung des Übersetzungsverhältnisses im Betrieb kann durch einfaches Auswechseln des Ritzels geschehen, ohne daß der Wellenabstand geändert werden müßte. Gegenüber dem Riementrieb hat dieser den Vorteil, daß jeder Schlupf ausgeschlossen ist. Gut laufende Kettentriebe bedingen einwandfreie Kettenräder; diese erhalten Zähne, deren Form aus der Bewegung der Kettenglieder und deren Abmessungen folgt. Bei Zahnrädern ist der Fußkreisdurchmesser von untergeordneter Bedeutung, da die Zahnflanken aufeinander abwälzen. Bei Kettenrädern dagegen verlangt die Paarung von Kette und Kettenrad die genaue Einhaltung des Fußkreises, damit die Rollenmittelpunkte als die Eckpunkte eines Sehnenvielecks auf dem der Kettenteilung und der Kettenradzähnezahl entsprechenden Teilkreis liegen. Man unterscheidet Block-, Rollen- und Zahnkettenräder.

8.21 Blockkettenräder

Die inneren Gelenke der Blockkette bestehen (Abb. 444) aus einem profilierten Stahlblock, in dessen Bohrungen die äußeren Gelenke eingreifen. Übliche Form der Blockkettenräder zeigt Abb. 562. Bei Werkzeugmaschinen finden sie vielfach Anwendung zum Aufhängen von Gewichten an Schlitten

Abb. 444. Blockkette

führungen, zur Betätigung von Transportvorrichtungen usw. Berechnung der Radabmessungen vgl. **Berechnungstafel 33**, S. 345.

8.22 Rollenkettenräder

Den Aufbau der *Rollenkette* zeigen Abb. 445 und 446. Hülse a ist in die Innenlasche b eingepreßt. In Hülse a ist Stift c gelagert. Dieser ist mit festem Sitz in den Außenlaschen d befestigt. Die Vernietung dient lediglich als Sicherung gegen ein Herausziehen des Stiftes nach etwaiger Überlastung. Auf der Hülse a ist mit Laufsitz Rolle e gelagert. Sie setzt beim Zahneingriff die Reibung herunter, bewirkt einen geräuscharmen Lauf sowie eine gleichmäßige Abnutzung aller tragenden Teile. Außerdem werden unvermeidbare Teilungsunterschiede in Rad und Kette ausgeglichen. Rollen vom Außendurchmesser d_1 sitzen also drehbar auf fest in Innengliedern steckenden Hülsen, die sich auf fest in Außengliedern eingepreßten Bolzen drehen. Der Aufbau der *Hülsenkette* (Abb. 447) ist der gleiche wie bei der Rollenkette. Hierbei wird lediglich auf die Rolle e verzichtet. Der Verschleiß am Außendurchmesser der Hülse und am Kettenrad ist größer als bei Verwendung der Rollenkette.

Die Rolle vom Durchmesser d_1 liegt am Grunde der Lücken auf; das Aufliegen der Laschen auf einem Absatz des Rades ist wegen der zusätzlichen Biegebeanspruchung zu vermeiden.

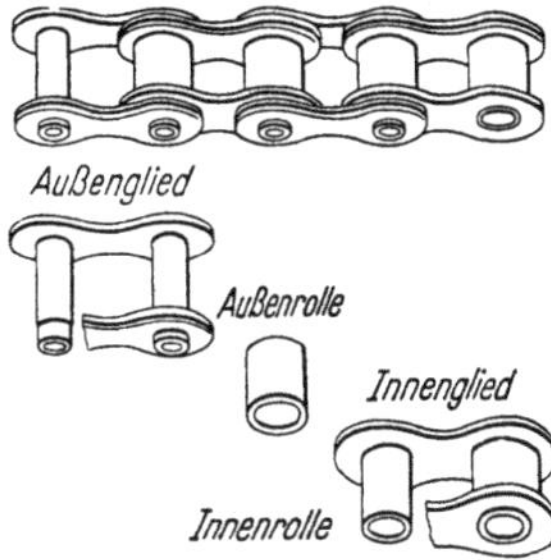

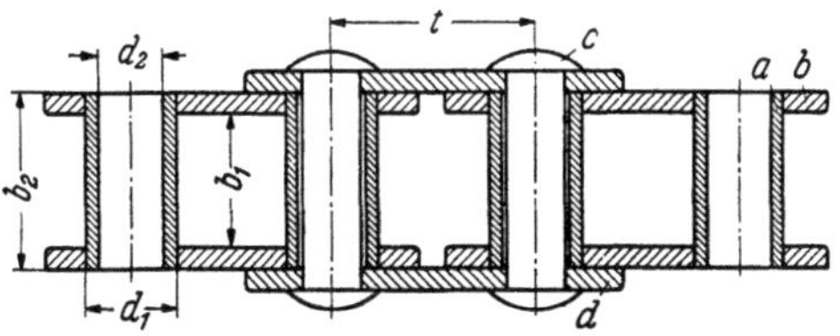

Abb. 445. Einfachrollenkette

Abb. 446. Teile der Einfachrollenkette

Infolge der reichlich bemessenen langen Lagerfläche zwischen Bolzen und Büchse eignen sich diese Ketten gut für Antriebszwecke bis zu 4 m je Sekunde Geschwindigkeit. Besonders sind sie für rauhen Betrieb in staubigen, feuchten und überhitzten Räumen geeignet. Empfehlenswerte Kettengeschwindigkeiten für Hülsenketten: bis 20 mm Teilung = 4 m/s, bis 40 mm Teilung = 3,5 m/s, bis 60 mm Teilung = 3 m/s, bis 80 mm Teilung = 2,5 m/s, bis 100 mm Teilung = 2 m/s. Rollen- und Hülsenketten sind in DIN 73232 und DIN 8180 genormt.

Die Ausführungsformen von Kettenrädern für Rollenketten sind nach DIN 73231, Bl. 2 genormt. Durch Nebeneinanderlegen von zwei, drei oder mehr solcher Rollenketten, die durch entsprechend lange Bolzen fest verbunden sind, entstehen einfache (Abb. 448), zweifache (Abb. 449) und dreifache (Abb. 450) Kettenräder.

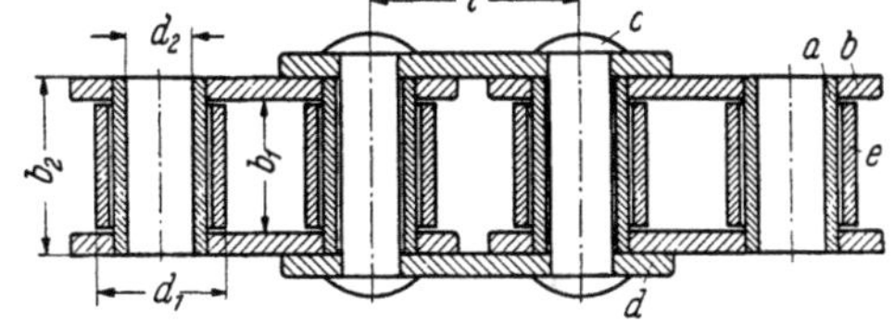

Abb. 447. Einfachhülsenkette

Man verwendet diese mehrfachen Kettenräder für hohe Kräfte und Geschwindigkeiten. Abmessungen und Bruchlasten der Ketten DIN Kr 3231, Bl. 1 in 14 Größen der Teilung von 8 bis 76,2 mm für Einfach- bis Dreifachrollenketten.

Der Teilkreis der Kettenräder mit Durchmesser d_0 (Abb. 564) ist der Kreis durch die Gelenkmittelpunkte der aufgelegten Kette, also der Kreis durch die *Eckpunkte des Polygons*, in dem sich die Kette auf das Rad auflegt.

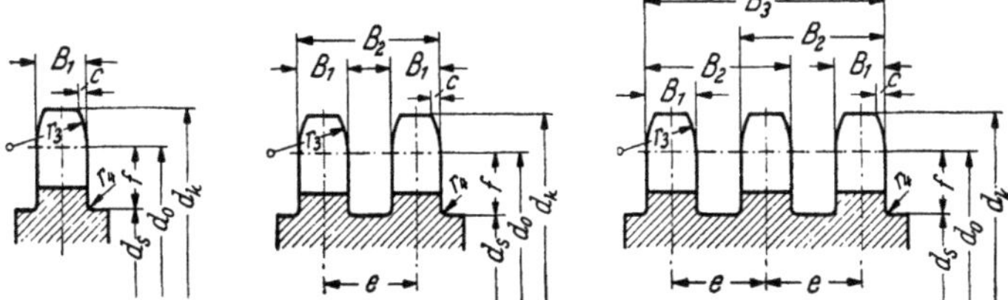

Abb. 448 (einfach) Abb. 449 (zweifach) Abb. 450 (dreifach)

Ausführungsformen der Rollenkettenräder. d_0 = Teilkreisdurchmesser; d_k = Kopfkreisdurchmesser; d_s = Durchmesser der Freidrehung unter dem Fußkreis; f = Abstand des Zahnkranzes vom Teilkreis; B = Zahnbreite (B_1 einfach, B_2 zweifach, B_3 dreifach); c = Abfasung der Zahnbreite; e = Abstand (axial) bei Vielfachketten; r_3 = Zahnfasenhalbmesser; r_4 = Abrundung am Zahnkranz (Nabe). Vgl. auch Abb. 564.

Die *Teilkreisteilung* t_b (als Bogen auf dem Teilkreis gemessen) ist also etwas größer als die *Kettenteilung* t (Abstand der Gelenkmittelpunkte). Durch t und d_0 ist der *Teilungswinkel* 2α festgelegt; es gilt $t/d_0 = \sin\alpha$. Berechnung der Radabmessungen vgl. **Berechnungstafel 34,** S. 345.

Beispiel 401. Wie kann der Teilkreisdurchmesser eines Rollenkettenrades (Abb. 564) durch einfache Multiplikation errechnet werden?

Lösung: Nach Z. 7, B.T. 34 wird der Umkreis eines regelmäßigen Vieleckes $d_0 = \dfrac{t}{\sin\left(\dfrac{180°}{z}\right)}$;

hierin ist d_0 = Teilkreisdurchmesser = Durchmesser des Umkreises, t = Teilung der Kette = Seitenlänge des Vielecks und z = Zähnezahl des Kettenrades = Anzahl der Seiten des Vielecks. Die Errechnung des Teilkreisumfanges vereinfacht sich, wenn man für den Wert $\sin\left(\dfrac{180°}{z}\right)$ den Quotienten $\dfrac{1}{n}$ setzt; damit:

Teilkreisdurchmesser eines Kettenrades (Abb. 564)

$$\boxed{d_0 = t\,n}$$

d_0 = Teilkreisdurchmesser des Kettenrades [mm], t = Teilung der Kette [mm], n = Zähnezahlfaktor. Nach Gl. (457) ist zur Ermittlung des Teilkreisdurchmessers nur die Teilung t mit dem unter der entsprechenden Zähnezahl z aufgeführten Wert n zu multiplizieren.   (457)

Für $z = 52$ und $t = 12,7$ mm wird $\dfrac{1}{n} = \sin\left(\dfrac{180°}{z}\right) = \sin\left(\dfrac{180°}{52}\right) = \sin 3,4615° = \sin 3°\,27'\,41'' = 0,0604$.

Somit wird $n = \dfrac{1}{0,0604} = 16,562$ und weiterhin $d_0 = t\,n = 12,7 \cdot 16,562$; Teilkreisdurchmesser $d_0 = 210,34$ mm. Für Zähnezahlen von 10 bis 65 enthält DIN 73233 ausgerechnete Werte von n.

8.23 Transmissionskettenräder

Diese Rollenkettenräder (Abb. 565 und 566) und auch die zu ihrer Herstellung benötigten Werkzeuge sind nicht genormt. Die Werksnormen der Kettenrad- und Fräserhersteller stimmen deshalb vielfach nicht überein.

Die Höhe der Zähne ist gleich dem Rollendurchmesser d. Die Rollen haben in den Zahnlücken ein Spiel u (Abb. 565) zur Vermeidung des Aufsetzens der Rollen auf die Zahnkuppen bei der unvermeidlichen Dehnung der Kette. Der Halbmesser R der Zahnflanken geht von der Rollenmitte aus und ergibt eine bestimmte Breite k des Zahnkopfes. Abweichend davon wird bei Ausführung Abb. 566 der Halbmesser R der Zahnflanken um einen Punkt (E) geschlagen, der um das Maß a unter dem Teilkreis liegt. Daraus ergibt sich eine geringere Breite k des Zahnkopfes. Das erforderliche Rollenspiel wird durch Vergrößerung der Abrundung gegenüber dem Rollenhalbmesser erzielt. Punkt E ergibt sich durch die Vieleckskonstruktion. Bei schnellaufenden Rollenkettentrieben ist darauf zu achten, daß das kleine Rad möglichst nicht weniger als 15 Zähne hat. Je kleiner das Kettenrad ist, desto größer ist die Gelenkbewegung und damit auch der Verschleiß von Kette und Rad. Berechnung der Radabmessungen vgl. **Berechnungstafel 35,** S. 347.

Abb. 451. Zahnkette mit Innenführungsplatten (Innenführung)

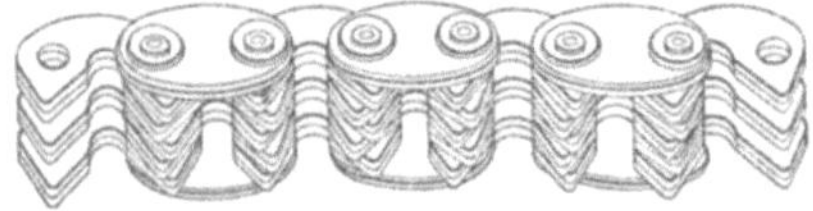

Abb. 452. Zahnkette mit Außenführungsplatten (Außenführung)

Abb. 453. Zahnkette ohne Führungsplatten (Rad mit seitlichen Flanschen)

8.24 Zahnkettenräder

Die Vorteile der geräuscharm laufenden Zahnkettentriebe macht sich in ständig steigendem Umfange auch der Werkzeugmaschinenbau zunutze. Neben dem Einbau in Dreh-, Schleif- und Universalfräsmaschinen finden Zahnkettentriebe auch in Langfräsmaschinen Verwendung, wo sie sich durch ein Minimum an Geräusch, gleichmäßigen Lauf und lange Lebensdauer vorteilhaft bewähren. Zahnketten eignen sich für stoßfreie Belastung; man unterscheidet drei Ausführungen, deren Verschiedenheit in der Art der Führung besteht, die man der Kette, dem jeweiligen Zweck entsprechend, verleiht.

Um ein Abgleiten der Kette in axialer Richtung zu verhüten, finden Zahnketten mit Innenführung (Abb. 451) für höchste Geschwindigkeiten oder Zahnketten mit Außenführung (Abb. 452) Verwendung. Bei Zahnketten ohne Führung (Abb. 453) werden Räder mit seitlichen Flanschen verwendet. Entsprechend sind die Kettenradformen (Abb. 454 und 455). Die Räder für Zahnketten (Abb. 567) haben *gerade* Zahnflanken, wobei der Winkel zwischen den Zahnflanken, auf die sich ein Kettenglied auflegt, $\beta = 50°$ bis $75°$ beträgt. Entsprechend dieser Festlegung wird der Winkel zwischen der Links- und Rechtsflanke eines Zahnes bei kleinerer Zähnezahl kleiner.

Jede Zahnkette besteht aus mehreren gestanzten Laschen, die der Länge und Breite nach beliebig aneinandergelegt werden können und durch Stifte oder Bolzen miteinander verbunden sind. Die Breite richtet sich nach der zu übertragenden Kraft; die Länge der Kette, also die Anzahl der Glieder, ist abhängig von der Größe der Räder und des Achsabstandes. Bei den schlupffrei arbeitenden Zahnkettentrieben bleibt der Verschleiß ohne nachteiligen Einfluß auf den Zahneingriff und den Gang des Getriebes. Im Neuzustande (Abb. 456) tragen alle in Betracht kommenden Zähne. Im stark verschlissenen Zustande (Abb. 457) ist die Teilung der Kette beträchtlich größer als diejenige des Rades. Die Kette verlagert sich im Rade nach außen hin; sie läuft auf einem größeren Teilkreis, bleibt aber dennoch im rich-

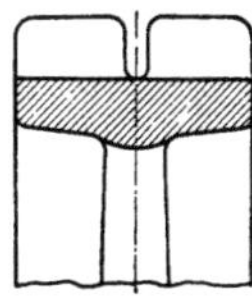

Abb. 454. Zahnkettenrad mit Innenführung

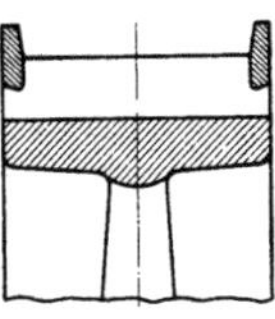

Abb. 455. Zahnkettenrad mit Außenführung

Abb. 456. Rad und Kette im Neuzustande

Abb. 457. Kette verbraucht, liegt weit außen auf

tigen Anliegen, und alle von der Kette umfaßten Radzähne arbeiten, die Last gleichmäßig tragend. Bei den höchstzulässigen Kettengeschwindigkeiten von etwa 6,5 m/s arbeitet das Getriebe geräuschlos[1]. Jede Ungenauigkeit in der Zahnform der Zahnkettenräder hat geräuschvollen Lauf zur Folge.

Wie bei Evolventenzahnrädern gibt es auch hier eine Grenzzähnezahl, unterhalb derer Unterschneidung der Zähne auftritt. Die Grenzzähnezahl ist bestimmt für $\gamma = 0°$ (Abb. 567). Vgl. Abb. 458 bis 460; Abb. 460 zeigt die Unterschneidung der Zähne. Berechnung der Radabmessungen vgl. **Berechnungstafel 36,** S. 348.

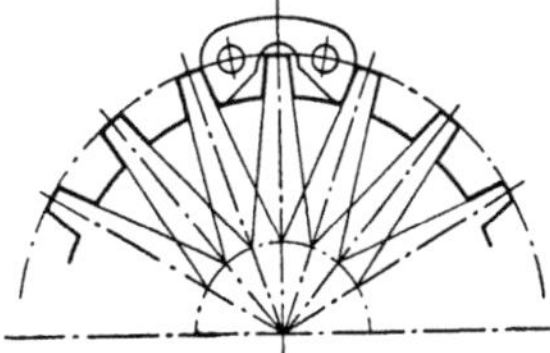

$t = 19{,}05;\ d_0 = 109{,}68;\ z = 18$

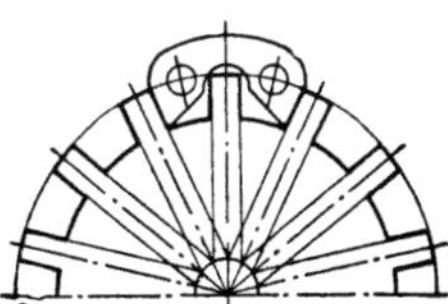

$t = 19{,}05;\ d_0 = 85{,}61;\ z = 11$

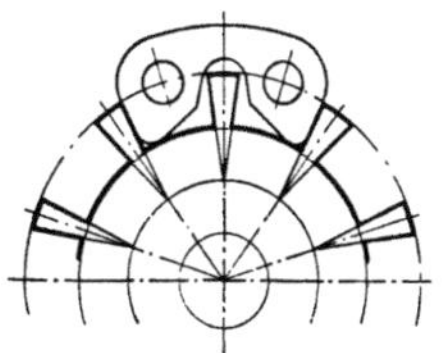

$t = 19{,}05;\ d_0 = 61{,}66;\ z = 10$

Abb. 458 bis 460. Zahnkettenräder für verschiedene Zähnezahlen

Beispiel 402. Für ein Zahnkettenrad mit 18 Zähnen und $^3/_4'' = 19{,}05$ mm Teilung ist der Teilkreisdurchmesser zu berechnen.

Lösung: Mit $t = 19{,}05$ mm und $z = 18$ ergibt Z. 6, B.T. 36:

$$d_0 = \frac{t}{\sin\left(\dfrac{180°}{z}\right)} = \frac{19{,}05}{\sin\left(\dfrac{180°}{18}\right)} = \frac{19{,}05}{\sin 10°} = \frac{19{,}05}{0{,}17365} = 109{,}703.$$

Teilkreisdurchmesser = Kopfkreisdurchmesser $d_0 = d_k = 109{,}703$ mm (Abb. 567).

Beispiel 403. Für ein Zahnkettenrad mit 20 Zähnen und 25,4 mm Teilung ist der Kopfkreisdurchmesser zu berechnen.

Lösung: [Z. 7, B.T. 36] $d_k = t \cot\left(\dfrac{180°}{z}\right) = 25{,}4 \cdot \cot\left(\dfrac{180°}{20}\right) = 25{,}4 \cdot \cot 9° = 25{,}4 \cdot 6{,}3138;$ Kopfkreisdurchmesser $d_k = 160{,}37$ mm (Abb. 568).

Beispiel 404. Ein $z = 20$zähniges Zahnkettenrad hat $t = 40$ mm Teilung und $r = 14$ mm Abrundungshalbmesser des Kettengliedes. Berechne (Abb. 567) die Zahnkopfdicke k und den Zahnflankenwinkel γ bei $\beta = 50°$ Flankenwinkel des Kettengliedes.

Lösung: Der Kettenteilung t entspricht eine Bogenlänge $t_b = t\,C$. Wert C ist aus B.T. 43 zu entnehmen. Für $z = 20$ oder $\alpha = 360°/20 = 18°$ wird $C = 1{,}0041$; damit $t_b = t\,C = 40 \cdot 1{,}0041$; Bogenteilung $t_b = 40{,}164$ mm. [Z. 8, B.T. 36] $k' = \overset{\frown}{t_b} - 2\,r = 40{,}164 - 2 \cdot 14$; theoretische Zahnkopfdicke k' $= 12{,}164$ mm. Die tatsächliche Zahnkopfdicke k wird wegen des erforderlichen Spieles zwischen Kettenglied und Rad etwas schwächer gewählt. Zahnkopfdicke (Bogenlänge) $k = 12$ mm. [Z. 10, B.T. 36] Mit $\beta = 50°$ und $\alpha = 18°$ wird $\gamma = \beta - 2\,\alpha = 50° - 2 \cdot 18°$; Zahnflankenwinkel $\gamma = 14°$.

---

[1] Wegen des geräuschlosen, ruhigen Ganges hat man auch die Bezeichnung „Geräuschlose Zahnketten" eingeführt, weil sich die Kette bei der verhältnismäßig hohen Geschwindigkeit von 6,5 m/s im Betriebe nicht mehr bemerkbar macht als ein gut laufender Lederriemen.

8.25 Lastkettenräder

Für Förder- und Lastketten verwendet man außer den gezeigten Getriebeketten noch *Gallketten* und normale *Rundstahlketten*.

Für ihre Verwendung als Kettenförderer werden sie mit aufgesetzten Haken, Bechern oder Latten versehen. Die einfachen Rundstahlketten besitzen noch den Vorteil, daß sie in jeder Richtung (räumlich) abgelenkt werden können. Das Kettenrad für eine Rundstahlkette wird mit *Kettennuß* bezeichnet.

8.3 Zahnradfertigung nach dem Teilverfahren
(Zahnräder ohne Profilverschiebung)

Die Wahl des Herstellungsverfahrens richtet sich nach Werkstoff, Baugröße, Stückzahl und Qualität der Verzahnung. Für Zahnräder des Maschinenbaues steht die spanende Fertigung der Verzahnung durch Hobeln, Fräsen, Räumen, Schaben und Schleifen im Vordergrund. Die zwei grundsätzlich verschiedenen Wege zur Herstellung von Zahnrädern sind das **Teilverfahren** und das **Wälzverfahren**. Während zu dem ersteren Verfahren das Fräsen der Zähne mit Zahnformfräsern sowie das Fräsen, Hobeln oder Stoßen der Zähne nach Schablonen gehört, zählt zu dem zweiten und neueren Verfahren das Wälzfräsen und Wälzstoßen. Das *Formfräsverfahren* mit Scheiben- und Fingerfräser für Stirnradverzahnungen mit geraden und schrägen Zähnen und Pfeilverzahnungen im Teilverfahren behält in der neuzeitlichen Verzahnungstechnik eine Bedeutung für das Verzahnen größerer Räder, für die die Herstellung schneckenförmiger Wälzfräser unwirtschaftlich ist. Bei Herstellung der einzelnen Räder wird stets die endgültige Zahnform ausgeführt. Es handelt sich dabei mehr um die werkstattmäßig richtige Ausführung eines Werkstückes mit vorgeschriebenen Abmessungen und Ausführungstoleranzen, während erst die Paarung mit einem Gegenrad zu einem Getriebe bestimmte Eingriffseigenschaften ergibt.

Zahlentafel 13. *Zähnezahlbereich des 8teiligen Fräsersatzes (Zahnformfräser bis Modul 10 mm) für Umfangsgeschwindigkeiten bis etwa 1 m/s*

Fräser-Nr.	Für Räder mit	Fräser-Nr.	Für Räder mit
1	12—13 Zähnen	5	26— 34 Zähnen
2	14—16 Zähnen	6	35— 54 Zähnen
3	17—20 Zähnen	7	55—134 Zähnen
4	21—25 Zähnen	8	135 bis Zahnstange

Zahlentafel 14. *Zähnezahlbereich des 15teiligen Fräsersatzes (Zahnformfräser über Modul 10 mm) für Umfangsgeschwindigkeiten bis etwa 3 m/s*

Fräser-Nr.	Für Räder mit		Fräser-Nr.	Für Räder mit	
1	12	Zähnen	5	26— 29	Zähnen
$1^1/_2$	13	Zähnen	$5^1/_2$	30— 34	Zähnen
2	14	Zähnen	6	35— 41	Zähnen
$2^1/_2$	15—16	Zähnen	$6^1/_2$	42— 54	Zähnen
3	17—18	Zähnen	7	55— 79	Zähnen
$3^1/_2$	19—20	Zähnen	$7^1/_2$	80—134	Zähnen
4	21—22	Zähnen	8	135 bis Zahnstange	
$4^1/_2$	23—25	Zähnen			

8.31 Formfräsen der Geradstirnräder

Für das Formfräsen der Zähne wird ein scheibenförmiger Formfräser (Abb. 54) oder ein Fingerfräser (Abb. 57) benutzt, dessen Schneide die Form der Zahnlücke besitzt[1]. Beim Einstellen des Zahnformfräsers muß die Fräsermitte mit der Radachse zusammenfallen (sonst Schiefstehen der Zähne!) und die Frästiefe eingehalten werden. Ein tieferes Einfräsen in der Absicht, den Radzähnen ein größeres Verdrehflankenspiel zu verschaffen, ist unstatt-

Zahlentafel 15. *Zähnezahlbereich des 26teiligen Fräsersatzes (Zahnformfräser) für Umfangsgeschwindigkeiten bis etwa 5 m/s*

Fräser-Nr.	Für Räder mit		Fräser-Nr.	Für Räder mit	
1	12	Zähnen	5	26— 27	Zähnen
$1^1/_2$	13	Zähnen	$5^1/_4$	28— 29	Zähnen
2	14	Zähnen	$5^1/_2$	30— 31	Zähnen
$2^1/_2$	15	Zähnen	$5^3/_4$	32— 34	Zähnen
$2^3/_4$	16	Zähnen	6	35— 37	Zähnen
3	17	Zähnen	$6^1/_4$	38— 41	Zähnen
$3^1/_4$	18	Zähnen	$6^1/_2$	42— 46	Zähnen
$3^1/_2$	19	Zähnen	$6^3/_4$	47— 54	Zähnen
$3^3/_4$	20	Zähnen	7	55— 65	Zähnen
4	21	Zähnen	$7^1/_4$	66— 79	Zähnen
$4^1/_4$	22	Zähnen	$7^1/_2$	80—102	Zähnen
$4^1/_2$	23	Zähnen	$7^3/_4$	103—134	Zähnen
$4^3/_4$	24—25	Zähnen	8	135 bis Zahnstange	

---

[1] Das profilierte Werkzeug schneidet *eine* Zahnlücke und nach erfolgter Weiterschaltung die nächste. Der Vorteil dieses Profilverfahrens (relativ einfaches Werkzeug) wurde heute wieder aufgegriffen beim *Zahnradschleifen*, wobei die Profilierung der Schleifscheibe mittels Evolventenbewegung des Abritzdiamanten erfolgt.

haft. Jede einzelne Lücke wird durch Vorschieben des Aufspanntisches in Längsrichtung der Zahnlücke ausgefräst. Nach jedem Schnitt wird das Rad mit Hilfe des Teilkopfes so viel gedreht, wie die **wirkliche** Zähnezahl des Stirnrades verlangt. Beim Schnittgang des Fräsers wird eine Zahnlücke in ganzer Breite ausgeschnitten. Das Werkstück steht beim Spanabheben still. Der Fräshub und der Rücklauf des Maschinentisches müssen solange wiederholt werden, bis alle Zahnlücken des Stirnrades gefräst sind (vgl. S. 40). Das Verzahnen von Geradstirnrädern im Formverfahren kann auf jeder Fräsmaschine mit Teileinrichtung vorgenommen werden.

Scheibenförmige Zahnformfräser, auch **Modulfräser** genannt, erzeugen sog. Satzräder, von denen jedes mit Fräsern gleicher Teilung gefräste Rad mit einem anderen Rad beliebiger Zähnezahl der gleichen Teilung kämmt. Mit der Zähnezahl eines Rades ändert sich die Form der Lücke und damit auch die Form des Fräsers. Dies hat zur Folge, daß bei jeder Zähnezahl von 12 aufwärts bis zur Zahnstange derselben Teilung theoretisch die Zahnlücken verschieden sind und daß, strenggenommen, jede Zähnezahl einer gegebenen Teilung ein anderes Werkzeug erfordert. Da es jedoch praktisch untunlich ist, für jede Zahnzahl eines jeden Moduls einen eigenen Modulfräser anzufertigen, so werden verschiedene Zähnezahlen zu einer Gruppe vereinigt, für welche ein einziger Fräser genügt. Die Fräserform entspricht stets der *kleinsten* Zähnezahl der jeweiligen Gruppe. Vgl. Zahlentafeln 13 mit 15; für höhere Umfangsgeschwindigkeiten sollten nur abgewälzte, wenn möglich geschliffene Räder verwendet werden.

Beispiel 405. Ein 45zähniges Geradstirnrad, Modul 3,5 mm, ist mit zugehöriger Zahnstange auf der Universalfräsmaschine in Einzelfertigung zu fräsen. Welche Zahnformfräser sind zu wählen?

Lösung: Zur Herstellung des 45zähnigen Geradstirnrades, Modul 3,5 mm, ist (nach Zahlentafel 13) ein Zahnformfräser Modul 3,5 mm, Nr. 6 des 8teiligen Satzes für 35—54 Zähne[1], zur Herstellung der zugehörigen Zahnstange ein Zahnformfräser Modul 3,5 mm, Nr. 8 des 8teiligen Satzes für Zähnezahlen von 135 bis unendlich zu verwenden.

Das Formfräsen kann für das *Vorverzahnen* von Stirn- und Kegelrädern empfohlen werden. Sehr große Räder werden, da die erforderlichen Wälzfräser zu teuer sind, vielfach nur im Formfräsverfahren hergestellt. Die größten herstellbaren Moduln sind beim Wälzfräsen 40, beim Formfräsen mit Scheibenfräser 60 und mit Fingerfräser 80 mm. Die größten Raddurchmesser sind beim Wälzfräsen 8000, beim Formfräsen 12000 mm. Bei sorgfältiger Bearbeitung und Verwendung von geschliffenen Fräsern genügt das Formfräsen in vielen Fällen. Die Genauigkeit ist von den Fräser- und Einstellfehlern sowie von den Ungenauigkeiten der Teilgetriebe abhängig.

8.32 Formfräsen der Schrägstirnräder

Sind Schrägstirnräder auf Universalfräsmaschinen in Einzelfertigung herzustellen, so wird die Wahl des Zahnformfräsers nach der Zähnezahl des Ersatzstirnrades (die für den Normalschnitt maßgebende Zähnezahl) des betreffenden Schrägstirnrades bestimmt, die einem gedachten Geradstirnrad entspricht, dessen Durchmesser $d_n = 2 r_n$ in folgender Weise gefunden wird.

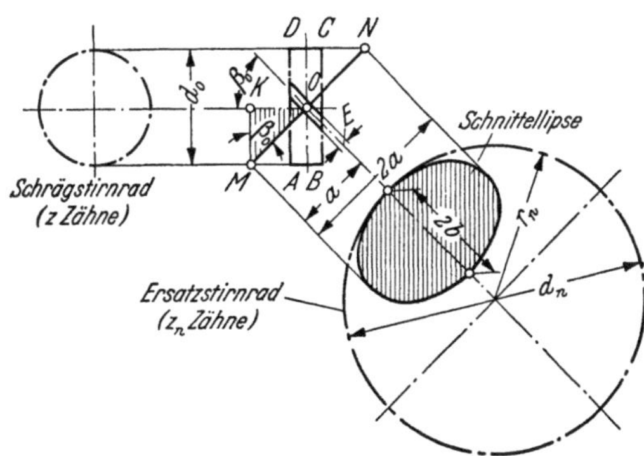

Abb. 461. Teilkreisdurchmesser des Ersatzstirnrades eines Schrägstirnrades

Wird durch einen Zylinder $ABCD$ (Abb. 461), dessen Durchmesser gleich dem Teilkreisdurchmesser d_0 des Schrägstirnrades ist, senkrecht zur Zahnschräge ein Schnitt MN gelegt, so stellt dieser Schnitt eine Ellipse dar, deren kleine Achse $2b$ gleich dem Teilkreisdurchmesser d_0 und deren große Achse $2a$ gleich $d_0/\cos\beta_0$ ist. Der Halbmesser r_n des Ersatzstirnrades ergibt sich als größter Krümmungs-

---

[1] Dadurch, daß aus Gründen der Vereinfachung mit dem Zahnformfräser Nr. 6 des 8teiligen Satzes alle Zähnezahlen von 35 bis 54 zu fräsen sind, entstehen gewisse Ungenauigkeiten, die jedoch kaum wahrnehmbar sind. Im Betrieb wälzen sich die Zahnflanken unter dem Arbeitsdruck gegenseitig ab, so daß sich diese entstehenden Ungenauigkeiten durch Abnutzung noch etwas ausgleichen.

halbmesser der bei diesem Schnitt entstehenden Schnittellipse zu $r_n = a^2/b$. Mit $a = d_0/2 \cos\beta_0$ und $b = d_0/2$ folgt:

Teilkreisdurchmesser des Ersatzstirnrades (Abb. 461)

$$d_n = \frac{d_0}{\cos^2\beta_0} \qquad (458)$$

*d_n = Teilkreisdurchmesser des Ersatzstirnrades [mm], d_0 = Teilkreisdurchmesser des Schrägstirnrades [mm], β_0 = Schrägungswinkel des Schrägstirnrades [°].

Nun ist aber der käufliche Zahnformfräser nicht mit dem Durchmesser, sondern mit der Zähnezahl für das diesem Durchmesser entsprechende Geradstirnrad beschriftet. Da es sich bei Berechnung des Ersatzdurchmessers und der Ersatzzähnezahl um ein gewöhnliches Geradstirnrad handelt, so gilt[1]:

Zähnezahl des Ersatzstirnrades (Rechnerische Zähnezahl)

$$z_n = \frac{z}{\cos^3\beta_0} \qquad (459)$$

z_n = Zähnezahl des Ersatzstirnrades (Beschriftung auf dem Zahnformfräser), z = Zähnezahl des Schrägstirnrades, β_0 = Schrägungswinkel des Schrägstirnrades [°].

Die rechnerische Zähnezahl z_n ist also die Zähnezahl desjenigen Geradstirnrades, das den gleichen Normalmodul, den gleichen Eingriffswinkel, die gleiche Zahndicke im Teilkreis und auch die gleiche Meßweite wie das zu vergleichende Schrägstirnrad hat.

Beispiel 406. Es sind die Zahnformfräser für zwei zusammenarbeitende Schrägstirnräder zu bestimmen, die folgende Abmessungen besitzen: Normalteilung $t_{n0} = 5\,\pi$ mm; Schrägungswinkel $\beta_{01} = \beta_{02} = 45°$; Zähnezahl des kleinen Rades $z_1 = 18$; Zähnezahl des großen Rades $z_2 = 36$.

Lösung: [Gl. (459)] $z_{n1} = \dfrac{z_1}{\cos^3\beta_{01}} = \dfrac{18}{0,707^3} \approx 51$; $z_{n2} = \dfrac{z_2}{\cos^3\beta_{02}} = \dfrac{36}{0,707^3} \approx 102$.

Zur Herstellung des 18zähnigen Schrägstirnrades ist nach Zahlentafel 13 ein Zahnformfräser Modul 5 mm, Nr. 6 des 8teiligen Satzes für 35 bis 54 Zähne, zur Herstellung des 36zähnigen Schrägstirnrades ist ein Zahnformfräser Modul 5 mm, Nr. 7 des 8teiligen Satzes für 55 bis 134 Zähne zu verwenden.

Verzahnen im Formverfahren. Das Fräsen der Schrägstirnräder auf Universalfräsmaschinen nach dem Teilverfahren (vgl. Abb. 339) gleicht in allen Maßnahmen dem Fräsen schraubenförmiger Nuten und läßt sich unter Zuhilfenahme des Universalteilkopfes vollständig einwandfrei vornehmen. Der scheibenförmige Zahnformfräser muß tangential zum Zahnverlauf eingestellt werden. Hierzu wird der Tisch um den Schrägungswinkel β_0 verschwenkt. Die Schräglage der Zähne entsteht als resultierende Bewegung aus der Drehbewegung des Werkstückes und der geradlinigen Vorschubbewegung des Tisches. Die beiden Einzelbewegungen werden dabei durch Wechselräder so abgestimmt, daß das Verhältnis zwischen den Drehbewegungen des Werkstückes und den Verschiebungen des Tisches der Schraubensteigung der Zahnflanke entspricht. Nach dem Fertigstellen einer jeden Lücke wird geteilt, indem der Tisch mit dem Werkstück gesenkt, in die Ausgangsstellung gebracht, erneut gehoben und das Werkstück mit Hilfe eines Teilkopfes um einen Zahn gedreht wird.

Beispiel 407. Zwei sich unter 90° kreuzende Wellen sollen mit gleicher Drehzahl abwechselnd mit Rechts- und Linksdrehung laufen. Bewegungsübertragung erfolgt mittels Schrägstirnrädern. Die eine Welle trägt ein rechtsgängiges, 15zähniges Rad; der Kopfkreisdurchmesser dieses Rades wurde zu 46,424 mm ermittelt. Zur Anfertigung des Gegenrades steht eine Universalfräsmaschine mit 6 mm Steigung der Tischvorschubspindel und Universalteilkopf B, Maschinentafel 6, S. 359, zur Verfügung. Zu bestimmen sind sämtliche zur Herstellung dieses Schrägstirnrades notwendigen Angaben. Bei Berechnung der aufzusteckenden Drallwechselräder ist eine Prüfung aufzustellen. Zwischen den Schrägungswinkeln der beiden Räder ist als Höchstunterschied ein solcher von 20 Minuten zulässig ($\pi = 3{,}14$). Frästiefe $h = 13\,m_n/6$.

Lösung: *Zur Fertigung notwendige Radabmessungen.* Da abwechselnd bald das eine, bald das andere Rad treibend sein soll, bekommen beide Räder einen Schrägungswinkel von 45°. Bei Rädern mit gleichem Schrägungswinkel ($\beta_{01} = \beta_{02} = 45°$) entspricht das Über-[2]

$$[\text{Z.17}]\ d_{k2} = m_n\left(\frac{z_2}{\cos\beta_{02}} + 2\right)$$
$$46{,}424 = m_n\left(\frac{15}{\cos 45°} + 2\right)$$
$$46{,}424 = m_n\left(\frac{15}{0{,}70711} + 2\right)$$
$$46{,}424 = m_n \cdot 23{,}212$$
$$m_n = \frac{46{,}424}{23{,}212} = 2\ \text{mm};$$

$$[\text{Z.16}]\ d_{02} = d_{k2} - 2\,m_n$$
$$d_{02} = 46{,}424 - 2\cdot 2$$
$$d_{02} = 42{,}424\ \text{mm};$$
[lt. Angabe] $$h = \frac{13}{6}\,m_n = \frac{13\cdot 2}{6}$$
$$h = 4{,}333\ \text{mm};$$
$$[\text{Z.25}]\ H_2 = d_{02}\,\pi\cot\beta_{02}$$
$$H_2 = 42{,}424\,\pi\cdot\cot 45°$$
$$H_2 = 133{,}21136 = 133{,}21\ \text{mm.}**$$

Vgl. B.T. 24, S. 329

setzungsverhältnis den Durchmessern und Zähnezahlen. Gangrichtung und Normalteilung sowie Stirnteilung sind gleich, so daß sich folgende Radabmessungen ergeben: Zähnezahl $z_2 = 15$, Schrägungswinkel $\beta_{02} = 45°$, Kopfkreisdurchmesser $d_{k2} = 46{,}424$ mm. Steigungshöhe (s. oben) $H_2 = 133{,}21$ mm.

Wechselräder für die Rundschaltung. Statt des genauen Wertes der Schraubensteigung werde mit $H_2 = 133{,}20$ mm gerechnet:

$$\left.\begin{array}{l}\text{TSp.} = \quad\ \ 6\ \text{mm Stg.}\\ \text{ASp.} = 133{,}20\ \text{mm Stg.}\end{array}\right\}\ [\text{Gl. (412)}]\ u_g = \frac{h_T}{H} = \frac{6}{133{,}20}.$$

---

* $3^2 = 3\cdot 3$ oder $a^2 = a\cdot a$; ebenso $\cos^2\beta_0 = \cos\beta_0\cdot\cos\beta_0$ und $\cos^3\beta_0 = \cos\beta_0\cdot\cos\beta_0\cdot\cos\beta_0$.

[1] $z_n = \dfrac{d_n}{m_n} = \dfrac{d_0}{m_n\cos^2\beta_0} = \dfrac{z\,m_n}{\cos\beta_0\,m_n\cos^2\beta_0} = \dfrac{z}{\cos^3\beta_0}$ Der sich für z_n ergebende Zahlenwert ist auf die nächste ganze Zahl aufzurunden.

** *Ohne* besondere Berechnung von d_{02} wird (B.T. 24, Z. 25): $H_2 = \dfrac{z_2\,m_n\,\pi}{\sin\beta_{02}} = \dfrac{15\cdot 2\cdot\pi}{\sin 45°}$; Steigungshöhe $H_2 = 133{,}21$ mm.

$$[\text{Gl. (413)}]\quad u_w = \frac{u_g}{u_f} = \frac{\dfrac{6}{133{,}20}}{\dfrac{1}{80}} = \frac{6 \cdot 80}{133{,}20} = \frac{400}{111}.$$

Zähler und Nenner mit 23 vervielfacht sowie Nenner um 1 verkleinert:

$$\frac{9200}{2553} \approx \frac{9200}{2552} = \frac{1150}{319}.$$

Vergrößerung des Zählers 1150 um 2, des Nenners 319 um 1:

$$\frac{1150}{319} \approx \frac{1152}{320}.\quad \text{Wechselräder}: \frac{1152}{320} = \frac{72 \cdot 96}{40 \cdot 48}.$$

$$\text{Prüfung}: [\text{Gl. (417)}]\quad H_w = \frac{h_T}{u_g} = \frac{h_T}{u_w\, u_f} = \frac{6}{\dfrac{72 \cdot 96}{40 \cdot 48}\dfrac{1}{80}} = \frac{6 \cdot 40 \cdot 48 \cdot 80}{1 \cdot 72 \cdot 96};\quad H_w = 133{,}33 \text{ mm}.$$

Der Unterschied in der Schraubensteigung beträgt $133{,}33 - 133{,}21 = 0{,}12\,$mm. (Von der Einhaltung der genauen Schraubensteigung hängt sowohl der gute Eingriff als auch der ruhige Gang eines Schrägstirnrädertriebes ab. Dies gilt insbesondere für Schrägstirnräder für parallele Achsen. Da die Schraubensteigungen in demselben Verhältnis wie die Zähnezahlen der beiden Räder stehen, sind die Steigungen möglichst genau einzuhalten. Schrägstirnräder für sich kreuzende Achsen lassen kleine Ungenauigkeiten in der Steigung zu, da nur ein kleiner Teil der Zahnfläche in der Mitte der Zähne im Eingriff steht.)

Tischverstellung. Der Aufspanntisch wird um den Schrägungswinkel β_0, hier also um $\beta_{0\,2} = 45°$, geschwenkt (vgl. Abb. 339), so daß der Fräser in Richtung der Zahnlücke schneidet.

Anmerkung: Hat das eine Schrägstirnrad rechts-, das andere linkssteigende Zähne, so muß der Aufspanntisch zum Fräsen des Gegenrades in die entgegengesetzte, spiegelbildliche Schwenkstellung gebracht werden. Diese Arbeitsweise ist nur bei kleinen Schrägungswinkeln möglich. Überschreitet der Schrägungswinkel das Maß 45°, so ist die Verwendung eines Universalfräskopfes nach Abb. 340 erforderlich. Bei beispielsweise 60° Schrägungswinkel bleibt der Tisch der Fräsmaschine in seiner Nullstellung stehen, während die Frässpindel des Universalfräskopfes um 30° schräggestellt wird. (Vgl. Beispiel 344.)

Prüfung des Schrägungswinkels. a) Die Wechselräder 72, 40, 96 und 48 ergeben bei 6 mm Tischvorschubspindelsteigung die Schraubensteigung $H_w = 133{,}33$ mm. Damit ist auch eine Veränderung der Winkelgröße verbunden. Der zugehörige Schrägungswinkel berechnet sich aus der Beziehung [Z. 25, B.T. 24] $H = H_w = d_0\,\pi \cot\beta_{0\,w}$ zu

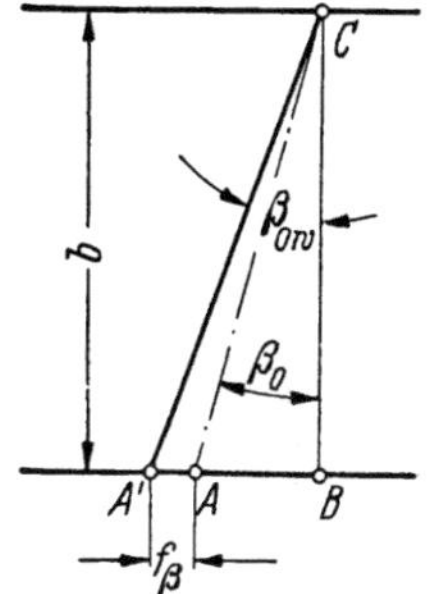

Abb. 462. Flankenrichtungsfehler

$$\cot\beta_{0\,w} = \frac{H_w}{d_0\,\pi} = \frac{133{,}33}{42{,}424\,\pi} = \frac{133{,}33}{133{,}21};\quad \cot\beta_{0\,w} = 1{,}00090;\quad \beta_{0\,w} = 44°58'58''.$$

b) Die Auflösung der Gleichung $H = \dfrac{z\,m_n\,\pi}{\sin\beta_0}$ [Z. 25, B.T. 24] nach $\sin\beta_0$ ergibt

$$\sin\beta_0 = \frac{z\,m_n\,\pi}{H} = \frac{z\,m_n\,\pi}{H_w}.$$

Nun ist $H_w = \dfrac{h_T}{u_w\,u_f}$ und damit $\sin\beta_{0w} = \dfrac{z\,m_n\,\pi\,u_w\,u_f}{h_T}.$

Mit $z = 15$, $m_n = 2$ mm, $u_w = \dfrac{72 \cdot 96}{40 \cdot 48}$, $u_f = \dfrac{1}{80}$ und $h_T = 6$ mm erhält man:

$$\sin\beta_{0\,w} = \frac{15 \cdot 2\,\pi \cdot 72 \cdot 96}{6 \cdot 40 \cdot 48 \cdot 80} = 0{,}225\,\pi;\quad \beta_{0\,w} = 44°58'58''.$$

Der Schrägungswinkel des gefrästen Rades weicht von dem des vorhandenen Rades um $1'2'' = 1{,}03$ Minuten ab, ein Unterschied, der als zulässig bezeichnet werden kann.

Teilen des Werkstückes. Das Teilen beim Fräsen schraubenförmiger Nuten erfolgt nach dem mittelbaren Teilverfahren. Während des Fräsens der Schraubennut nimmt die Teilscheibe mit der Teilkurbel und dem Teilstift an der Drehung teil. Ist eine schraubenförmige Zahnlücke fertiggefräst und steht die Teilspindel still, so ist die durch Wechselräder mit der Tischvorschubspindel verbundene Teilscheibe festgebremst, und es läßt sich die Teilkurbel gegenüber der Teilscheibe, also auch die Teilspindel, um die gewünschte Teilung weiterdrehen. Teilkurbeldrehungen bestimmen sich nach Gl. (383):

$$n_k = \frac{z_2}{z_1\,n} = \frac{40}{1 \cdot 15};\quad n_k = 2\frac{10}{15}.$$

Nach dem Fertigfräsen einer Zahnlücke sind mit der Teilkurbel zunächst zwei volle Kurbeldrehungen auszuführen und dann auf dem 15er Lochkreis um 10 Löcher weiterzuteilen.

Wahl des Zahnformfräsers. [Gl. (459)] $z_{n2} = \dfrac{z_2}{\cos^3\beta_0} = \dfrac{15}{\cos^3 45°} = \dfrac{15}{0{,}70711^3} = \dfrac{15}{0{,}35339} = 42{,}5;\ z_{n2} = 43.$

Zur Herstellung des 15zähnigen Schrägstirnrades mit Normalmodul 2 mm und 45° Schrägungswinkel ist (nach Zahlentafel 13) ein Zahnformfräser Modul 2, Nr. 6 des 8teiligen Satzes zu verwenden.

Beispiel 408. Statt des verlangten Schrägungswinkels $\beta_0 = 25°$ wurde am Werkstück ein solcher von $\beta_{0\,w} = 25°2'$ erzielt. Wie groß ist der *Flankenrichtungsfehler*[1] f_β (Abb. 462) auf $b = 100$ mm und $b = 60$ mm Zahnbreite?

---

[1] Die Vorteile der Schrägstirnräder (günstigerer Eingriff, größere Belastbarkeit und ruhiger Lauf) können nur in vollem Maße ausgeschöpft werden, wenn sie maßhaltig gefertigt werden, d. h., wenn der Eingriff der Zähne über die gesamte Radbreite so erfolgt, daß die Flanken von Rad und Gegenrad in den beiden Wälzkreisen genau den gleichen Schrägungswinkel haben. Nach DIN 3960 ist der Flankenrichtungsfehler f_β die Abweichung der Flankenlinie auf dem Teilzylinder von ihrer Sollrichtung. Gemessen wird meist die Abweichung seines Tangenswertes vom Sollwert. Er wird in μ, bezogen auf 100 mm Zahnbreite, angegeben (z. B. 20 μ je 100 mm). Der Flankenrichtungsfehler wird als positiv bezeichnet, wenn die Abweichung im Sinne einer Rechtssteigung, als negativ, wenn sie im Sinne einer Linkssteigung liegt (ausgehend vom Sollwert des Schrägungswinkels β_0).

Lösung: Dreieck ABC: $AB = BC \tan\beta_0 = b \tan\beta_0$. Dreieck $A'BC$: $A'B = BC \tan\beta_{0\,w} = b \tan\beta_{0\,w}$. Es folgt $A'B - AB = f_\beta = b \tan\beta_{0\,w} - b \tan\beta_0$ oder:

Flankenrichtungsfehler (Abb. 462)

$$f_\beta = b\,(\tan\beta_{0\,w} - \tan\beta_0) \qquad\qquad (460)$$

f_β = Flankenrichtungsfehler [mm], b = Zahnbreite [mm], $\beta_{0\,w}$ = Schrägungswinkel am Werkstück [°], β_0 = verlangter Schrägungswinkel [°].

Mit den Zahlenwerten: $f_\beta = 100\,(\tan 25°2' - \tan 25°) = 100\,(0,4670 - 0,4663) = 100 \cdot 0,0007$; Flankenrichtungsfehler $f_\beta = 0,07$ mm oder $f_\beta = 70\,\mu$ je 100 mm. Für $b = 60$ mm Zahnbreite wird das Ergebnis für $b = 100$ mm Zahnbreite nach dem einfachen Dreisatz auf die vorliegende Radbreite umgerechnet; es wird $f_\beta = \dfrac{0,07 \cdot 60}{100} = 0,042$ mm oder $42\,\mu$.

8.33 Formfräsen der Geradzahnkegelräder

8.331 Vor- und Fertigfräsen auf der Universalfräsmaschine

Geradzahnkegelräder mit theoretisch genauen Zahnformen lassen sich nur durch Hobeln auf Sondermaschinen[1] herstellen. Es sind daher gefräste Geradzahnkegelräder ungenau und können keinen Anspruch auf einwandfreie Verzahnung machen, weil der Zahnformfräser von außen nach innen durchaus gleiche Zahnform erzeugt. Auf Universalfräsmaschinen mit Zahnformfräser nach Zahlentafel 13 bis 15 hergestellte Geradzahnkegelräder müssen daher stets durch Nacharbeiten verbessert werden. Erforderliche Berechnungen vgl. **Berechnungstafel 38, S. 349.**

8.332 Vorfräsen auf dem Fräsautomat

Das Vorfräsen von Geradzahnkegelrädern auf der Universalfräsmaschine läßt sich gegebenenfalls zur Entlastung der Kegelradhobelmaschine anwenden, für die dann nur noch die Fertigbearbeitung bleibt. Wird das Vorfräsen auf mehrspindeligen Teilköpfen mit einem mehrteiligen Fräsersatz vorgenommen, dann ist dieses Arbeitsverfahren noch durchaus wirtschaftlich. Zweckmäßig ist eine möglichst kleine Anzahl von Vorfräsern, mit der praktisch jedes vorkommende Rad bearbeitet werden kann. Da es sich um Schrupparbeiten handelt, können durch das Zusammenfassen mehrerer Räder auf ein Werkzeug Fehler in der Zahnform in Kauf genommen werden.

Abb. 463 zeigt ein wirtschaftliches Verfahren zum Vorfräsen von Geradzahnkegelrädern zur Entlastung der Sondermaschine; diese wird nur noch für die Fertigbearbeitung eingesetzt. Auf den Frässchlitten wird für dieses *Profilfräsen im Einzelteilverfahren* ein Winkelfräskopf mit senkrechter Frässpindel aufgesetzt. Für ein Geradzahnkegelrad Werkstoff 20 MnCr 5, Zähnezahl $z = 16$, Modul $m = 8,47$ mm, 60 m/min Schnittgeschwindigkeit und 250 mm/min Vorschubgeschwindigkeit beträgt die Fräszeit 4,9 Min.

Abb. 463. Vorfräsen von Geradzahnkegelrädern auf dem Fräsautomat (Carl Hurth, Maschinen- und Zahnradfabrik, München)

---

[1] Geradzahnkegelräder können erzeugt werden im *Wälzverfahren* durch geradflankiges Werkzeug mit Oktoidenverzahnung oder im *Schablonenverfahren* durch Spitzstichel mit Kugelevolventen- oder beliebiger Flankenform (vgl. DIN 3971, S. 5). Die Oktoidenverzahnung hat am Planrad ebene Zahnflankenflächen. Man nennt diese Zahnform *Oktoide*, weil die Eingriffslinie solcher Zähne auf der Kugeloberfläche die Form einer 8 (lateinisch octo) annimmt. Die Zahnflanke eines Planrades mit Kugelevolventenverzahnung hat doppelt gekrümmtes Profil, das im Zahnkopf einer Innen- und im Zahnfuß einer Außenverzahnung gleichkommt. Der Wendepunkt des Zahnflankenprofils liegt in der Planradebene. Bei dem von TREDGOLD eingeführten Näherungsverfahren wird die Kegelradverzahnung auf eine Stirnradverzahnung zurückgeführt. Die Teilkreishalbmesser dieser *Ersatzstirnradverzahnung* sind gleich den Mantellinien der Ergänzungskegel (Rückenkegel) der zugehörigen Kegelräder.

8.34 Formfräsen der Zylinderschnecken

Zum Fräsen der Schnecken mit kleiner Steigungshöhe auf Universalfräsmaschinen ist außer dem Universalteilkopf noch ein Universalfräskopf nach Abb. 340 zu benutzen. Um den Fräser in Richtung des Schraubenganges zu bringen, ist die Frässpindel des Universalfräskopfes nach dem Mittensteigungswinkel der Schnecke (Z. 8, B.T. 27) einzustellen (siehe „Gewindefräsen", S. 241). Ist es möglich, größere Steigungshöhen von Schnecken durch eine entsprechende Schrägstellung des Aufspanntisches zu erreichen, so werden Schnecken auf der Universalfräsmaschine wie Schrägstirnräder gefräst (Abb. 339).

8.35 Formfräsen der Schneckenräder.

Theoretisch einwandfrei geschnittene Schneckenräder sind nur auf Sondermaschinen herzustellen. Trotzdem wird es bei der allgemeinen Verwendung der Universalfräsmaschine, besonders in Ausbesserungswerkstätten vorkommen, daß auf ihr Schneckenräder zu fräsen sind. Man hat wegen des gewindeartigen Zahnes zwischen dem Vor- und Nachfräsen des Rades zu unterscheiden.

Das **Vorfräsen** erfolgt nach dem Teilverfahren mittels eines scheibenförmigen Zahnformfräsers (nach Zahlentafel 13 bis 15) vom gleichen Mittenkreisdurchmesser wie die zum Schneckenrad gehörige Zylinderschnecke.

Der Zahnformfräser ist über Radmitte einzustellen und das Schneckenrad zwischen Teilkopf und Reitstock einzuspannen (Abb. 464). Der Aufspanntisch der Maschine ist um den Mittensteigungswinkel der Schnecke (Z. 8, B.T. 27) aus der Nullstellung nach rechts oder links, je nach der Steigungsrichtung des Schneckenrades, zu schwenken, so daß der Zahn in die Schnittebene des Fräsers kommt. Das Werkstück wird dem Fräser in senkrechter Richtung von unten her durch Hochkurbeln der Konsole zugeführt. Der Zahn wird also

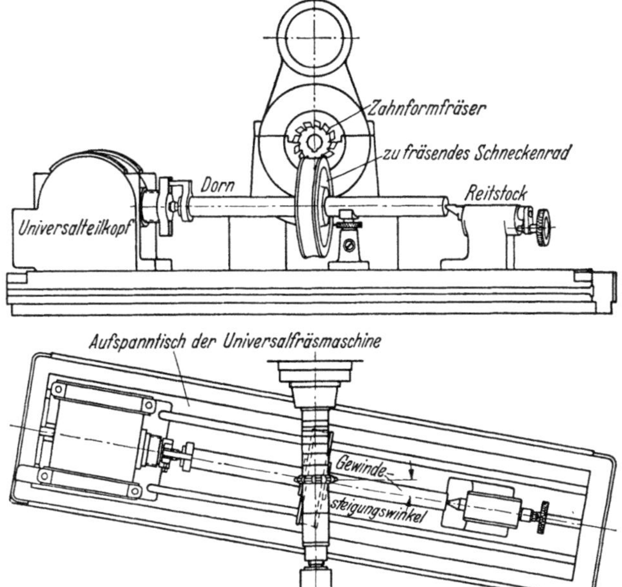

Abb. 464. **Vorfräsen** eines Schneckenrades mit **Zahnformfräser** auf der Universalfräsmaschine (Einzelfertigung)

von oben nach unten eingeschnitten. Nach Fertigstellung einer Zahnlücke wird die Konsole so weit gesenkt, daß das Schneckenrad mit Hilfe des Teilkopfes um den Betrag einer Teilung gedreht werden kann, dann wieder bis zum Anschlag hochgekurbelt, die nächste Zahnlücke vorgefräst usw. Es ergeben sich auf diese Weise schrägstehende Zähne mit kreisbogenförmiger Fußbegrenzung.

Das **Nachfräsen** (Fertigfräsen) eines in obenstehender Weise vorgefrästen Schneckenrades erfolgt mittels eines zylindrischen Wälzfräsers für Schneckenräder von gleicher Steigung, gleichem Mittenkreisdurchmesser und damit gleichem Mittensteigungswinkel wie die zukünftig zu dem Schneckenrad gehörige Schnecke.

Dabei ist der Aufspanntisch in seine Nullstellung (rechtwinkelig zur Frässpindel) zu bringen und der Dorn, auf dem das Schneckenrad sitzt, zwischen den Spitzen von Teilkopf und Reitstock freilaufend (Mitnehmer zwischen Radspindel und Teilkopf wird entfernt!) einzuspannen, so daß es durch den schneckenförmigen Fräser, genau wie später durch die Getriebeschnecke, in Drehung versetzt wird. Die Drehung des Werkstückes erfolgt also in diesem Falle durch den Schneckenradfräser selbst. Der Winkeltisch der Maschine muß dabei bis zur Erreichung der vollen Zahntiefe (d. h. des richtigen Achsabstandes zwischen Schnecke und Schneckenrad) allmählich hochgekurbelt werden.

8.36 Formfräsen der Zahnstangen

An Stelle der Kreisteilung des Zahnrades tritt eine Längsteilung (Abb. 466). Fast ausschließlich findet das Formfräsverfahren mit Zahnformfräsern nach Zahlentafeln 13 bis 15 Anwendung; die Zahnstange wird dabei in einen Schlitten gespannt, der durch eine **Längenteilvorrichtung** nach dem Durchfräsen einer Zahnlücke um eine Zahnteilung weitergeschaltet wird. Die Frässpindel ist gleichlaufend zum Aufspanntisch gelagert.

Zu einer vollständigen Zahnstangenteileinrichtung gehört (Abb. 465) eine Teileinrichtung, eine Aufspannvorrichtung und ein drehbarer Fräskopf. Die Teileinrichtung besteht aus einem Stirnradgetriebe, das am Ende des Aufspanntisches mit der Tischvorschubspindel in Verbindung gebracht wird. Hat die Tischvorschubspindel eine Steigung von 6 mm, so bedeutet eine volle Umdrehung der Teilkurbel eine Tischbewegung in seiner Längsrichtung von 1 mm. Die Verstellung der Teilkurbel von Loch zu Loch bewirkt eine Verschiebung des Tisches um $^1/_{100}$ mm.

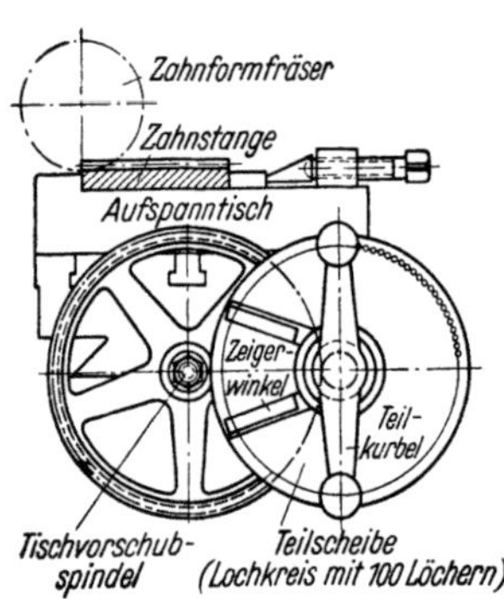

Abb. 465.
Zahnstangenteilvorrichtung

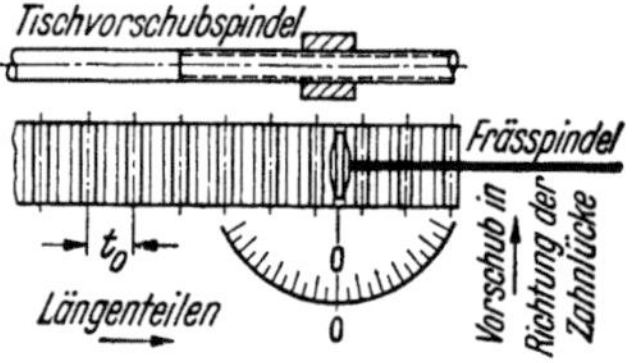

Abb. 466. Längenteilen einer **Geradzahnstange** auf der Universalfräsmaschine

8.361 Geradzahnstange

Nach Abb. 466 erfolgt das Längenteilen gleichlaufend zur Tischvorschubspindel und in Richtung der Achse der Frässpindel. Der Fräsmaschinentisch bleibt in Nullage; er ist je Zahnlücke um die Teilung t_0 weiterzuschalten.

Beispiel 409. Wie viele Teilkurbeldrehungen sind beim Fräsen einer Zahnstange Modul 6,5 mm nötig, um den Tisch um eine Zahnteilung weiterzuschalten? Zahnstangenteilvorrichtung nach Abb. 465.

Lösung: Modul 6,5 mm entspricht einer Teilung von 6,5 $\pi \approx$ 20,42 mm. Um den Tisch mit Zahnstange um eine Teilung, d. h. um 20,42 mm fortzurücken, muß die Kurbel 20mal voll herum und außerdem noch um die Entfernung von 42 Löchern der Teilscheibe weitergedreht werden [1/100 mm = 1 Loch; 42/100 mm = 42 Löcher]. Teilkurbeldrehungen: 20 Umdrehungen und 42 Löcher.

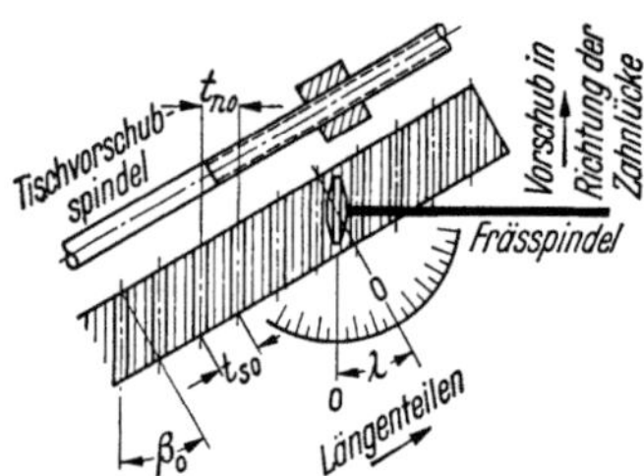

Abb. 467. Längenteilen einer **Schrägzahnstange** auf der Universalfräsmaschine

8.362 Schrägzahnstange

Bei einer Zahnstange mit Schrägverzahnung sind die Flankenlinien bei waagerechter Lage der Stirnflächen rechtssteigende oder linkssteigende Geraden. Nach Abb.467 erfolgt das Längenteilen gleichlaufend zur Tischvorschubspindel und schräg zur Achse der Frässpindel. Der Fräsmaschinentisch ist um den Einstellwinkel λ = Schrägungswinkel β_0 schrägzustellen; er ist je Zahnlücke um die Stirnteilung t_{s0} (Z. 5 B. T. 23) weiterzuschalten.

Beispiel 410. Wie viele Teilkurbeldrehungen sind beim Fräsen einer Zahnstange mit Schrägzähnen ($\beta_0 = 28°$, $m_n = 4$ mm) nötig, um den Tisch um eine Zahnlücke weiterzuschalten? Zahnstangenteilvorrichtung nach Abb. 465.

Lösung: [Z. 5, B.T. 23] $t_{s0} = \dfrac{m_n \pi}{\cos\beta_0} = \dfrac{4\pi}{\cos 28°} = \dfrac{4\pi}{0,88295}$; Stirnteilung t_{s0} = 14,23 mm. Teilkurbel ist je Teilung um 14 volle Umdrehungen und 23 Löcher weiterzudrehen.

Anmerkung: Bei einer gleichzeitigen Verwendung von mehreren Fräsern ist die Teilung ein entsprechendes Vielfaches. Werden also beim Zahnstangenfräsen statt eines Fräsers mehrere gleichartige Zahnformfräser in einem Satz verwendet, so ist entsprechend der Anzahl der gleichzeitig arbeitenden Zahnformfräser eine entsprechend vielfache Teilung zu schalten. Werden bei Herstellung kleinerer Zahnstangen Satzfräser verwendet, deren Gesamtbreite der Länge der zu fräsenden Zahnstange entspricht, so ist diese mit einmaligem Durchfräsen fertiggefräst (Ersparnis an Bearbeitungszeit!). Gleiches gilt auch für die automatische Zahnstangenfräsmaschine; vgl. Fußnote 1 auf S. 41. Mit dem Zahnstangenteilgerät können in Verbindung mit der Universalfräsvorrichtung nicht nur Zahnstangen, sondern auch Nuten gefräst und Teilungsmarkierungen aller Art ausgeführt werden.

8.4 Kettenradfertigung nach dem Teilverfahren

Kettenräder werden nach dem Teilverfahren mit Formfräsern oder nach dem Wälzfräsverfahren hergestellt. Die Herstellung einzelner Räder kann auf einer Universalfräsmaschine mit Universalteilkopf geschehen. Die Fräser haben das Profil der Zahnlücke eines Kettenrades. Auch hier beansprucht jede Radzähnezahl einen bestimmten Fräser.

8.41 Formfräsen der Rollenkettenräder

Ähnlich wie bei Formfräsern für Evolventenzahnräder (8-, 15- bzw. 26 teiliger Satz) lassen sich auch die Formfräser für Rollenkettenräder (Abb. 468) zu einem 5 teiligen Satz zusammenfassen, indem ein Fräser für mehrere Zähnezahlen mit genügender Genauigkeit anzuwenden ist. Bei größeren Zähnezahlen ist die Zahnformveränderung mit der Zähnezahl geringer als bei kleineren Zähnezahlen.

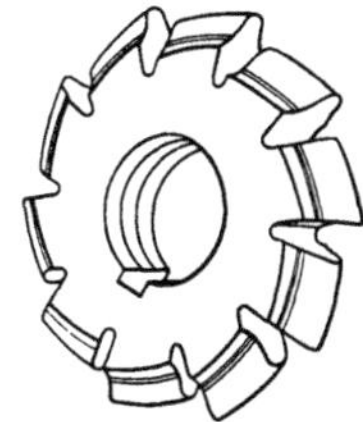

Abb. 468. Formfräser für Rollenkettenräder

Zahlentafel 16. *Zähnezahlbereich des 5 teiligen Fräsersatzes (Zahnformfräser) für Rollenkettenräder*

Fräser-Nr.	Für Räder mit	Die Fräserform
1	8— 9 Zähnen	entspricht stets
2	10—13 Zähnen	der kleinsten
3	14—20 Zähnen	Zähnezahl der
4	21—34 Zähnen	jeweiligen
5	35 und mehr Zähnen	Gruppe

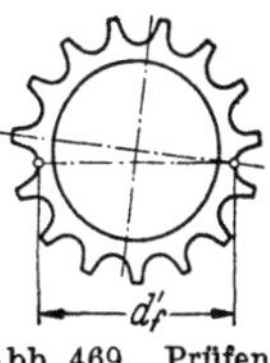

Abb. 469. Prüfen des Fußkreisdurchmessers bei ungerader Zähnezahl

Bei gerader Zähnezahl läßt sich der Fußkreisdurchmesser ohne weiteres bestimmen. Bei ungerader Zähnezahl ist eine Zwischenrechnung notwendig. Um Unregelmäßigkeiten bei der Einstellung des Formfräsers zu verhüten, ist der Fußkreisdurchmesser bei der Fertigung mittels Rachenlehre zu prüfen (Abb. 469).

Fußkreisprüfmaß bei Rollenkettenrädern mit ungerader Zähnezahl

$$d'_f = d_0 \cos\left(\frac{90°}{z}\right) - d$$

d'_f = Fußkreisprüfmaß [mm], d_0 = Teilkreisdurchmesser [mm], z = Zähnezahl, d = Rollendurchmesser [mm]. (461)

8.42 Formfräsen der Zahnkettenräder

Da bei diesen Rädern die Anlage der *gerad*linigen Kettenglieder an beiden Flanken der Lücke erfolgt, müssen die Zahnflanken bezüglich Flankenform und Flankenwinkel mit größter Genauigkeit hergestellt werden. Bei Anfertigung größerer Stückzahlen ist ein hinterdrehter Formfräser (Abb. 470) zu empfehlen, der die Form der Zahnlücke in einem Schnitt herstellt. Mit diesem Fräser kann jede Zähnezahl genau gefräst werden; trotzdem sich mit jeder Zähnezahl der Zahnwinkel δ ändert, bleibt der Flankenwinkel β immer gleich.

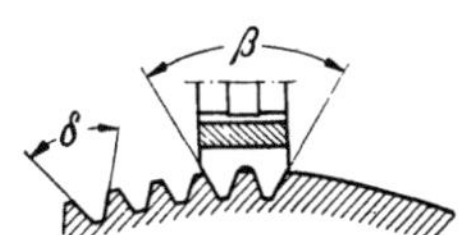

Abb. 470. Zweiprofiliger Formfräser zur Herstellung von Zahnkettenrädern

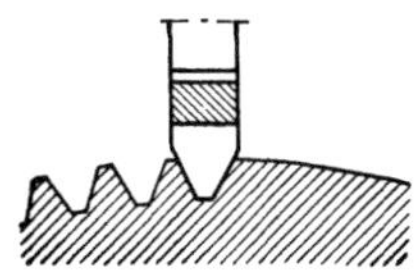

Abb. 471. Einprofiliger Formfräser zur Herstellung von Zahnkettenrädern

Die formgebenden Schneidkanten des Fräsers werden in die Richtung der Flankengeraden gelegt. Fräser nach Abb. 471 haben gleichfalls die Form einer Zahnlücke. Diese Zahnkettenformfräser sind so konstruiert, daß zum Fräsen sämtlicher Zähnezahlen nur zwei Fräser für jede Kettenteilung erforderlich sind.

Sind nur einzelne Zahnkettenräder anzufertigen, so können Nutenfräser einfachster Form, normale geradflankige Trapezgewinde- oder Zahnstangenfräser mit 30° Flankenwinkel verwendet werden (Abb. 472). Der Scheibenfräser benötigt je Zahnlücke zwei Schnitte und muß in einem bestimmten Abstand x (Abb. 473) von der Werkstückmitte eingestellt werden, damit der richtige Zahnflankenwinkel β gefräst wird.

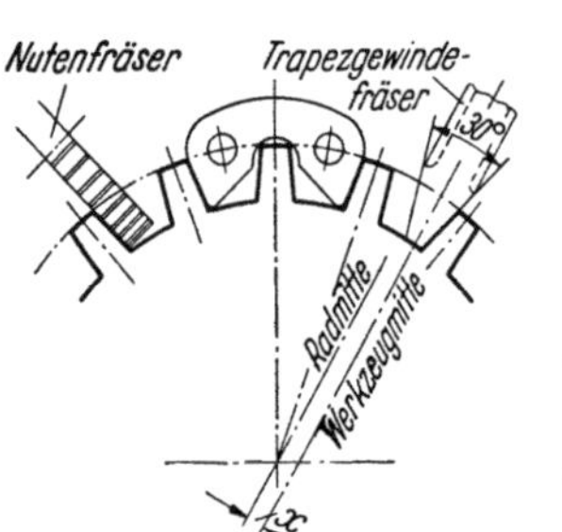

Abb. 472. Scheibenfräser zur Herstellung von Zahnkettenrädern

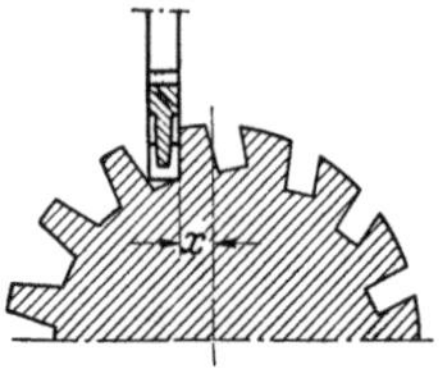

Abb. 473. Fräsen des Zahnkettenrades mittels Scheibenfräser

Zahlentafel 17.
Zähnezahlbereich des 2teiligen Fräsersatzes (Zahnformfräser) für Zahnkettenräder

Fräser-Nr.	Für Räder mit
1	15—21 Zähnen
2	22 und mehr Zähnen

Abstand x beim Fräsen von Zahnkettenrädern mit dem Scheibenfräser (Abb. 473)

$$x = \frac{t}{2} \frac{\sin\left(\dfrac{\beta}{2} - \dfrac{180°}{z}\right)}{\sin\left(\dfrac{180°}{z}\right)} - r \qquad (462)$$

$x =$ Maß für die Fräsereinstellung [mm], $t =$ Sehnenteilung [mm], $\beta =$ Flankenwinkel des Kettengliedes [°], $z =$ Zähnezahl, $r =$ Abrundungshalbmesser (Abb. 567) des Kettengliedes [mm].

Anmerkung: Jedes unnötige Vertiefen der Zahnlücke zwingt zur Verringerung der Scheibenfräserbreite und würde dadurch die Fertigung erschweren. Es ist ratsam, sich bei Verwendung einer bestimmten Zahnkette an die Maßangaben der Herstellerfirmen zu halten; andernfalls muß in solchen Fällen ein Kettenglied nachgemessen werden.

Beispiel 411. Die Zahnlücken des Zahnkettenrades im Beispiel 404 sind mit einem Scheibenfräser zu fräsen. Um welches Maß x ist der Fräser von der Werkstückmitte einzustellen?

Lösung: [Gl. (462)] $x = \dfrac{t}{2} \dfrac{\sin\left(\dfrac{\beta}{2} - \dfrac{180°}{z}\right)}{\sin\left(\dfrac{180°}{z}\right)} - r = \dfrac{40}{2} \dfrac{\sin\left(\dfrac{50°}{2} - \dfrac{180°}{20}\right)}{\sin\left(\dfrac{180°}{20}\right)} - 14 = 20 \dfrac{\sin 16°}{\sin 9°} - 14 =$

$= 35{,}241 - 14$; $x = 21{,}24$ mm. [Wichtig ist, daß der Fräser nicht zu breit (Abb. 473) gewählt wird, da er sonst leicht den nachfolgenden Zahn anfräst].

Außer den Verzahnungen für Zahn- und Kettenräder können in gleicher Weise bei Einzelfertigung auch die verschiedenartigen Kerbverzahnungen, Keilwellen und ähnliche Profile mit hinterdrehten scheibenförmigen Formfräsern im Teilverfahren verzahnt werden. Das Zahnprofil des Fräsers entspricht dabei der Form der zu fräsenden Zahnlücken. Der ständig steigende Bedarf an Zahnrädern verlangt die wirtschaftliche Fertigung der Verzahnungen. Es sind die verschiedensten Verfahren entwickelt worden, nach denen die Verzahnungen der Stirnräder, Kegelräder, Schnecken und Schneckenräder sowie Sonderverzahnungen[1] gefertigt werden.

8.5 Zahnradfertigung nach dem Wälzverfahren

Beim Wälzverfahren entspricht das Werkzeug einem der beiden miteinander kämmenden Räder eines Räderpaares, das Werkstück dem anderen. Man läßt also die Flanken des einen Zahnrades als Schneidwerkzeuge wirken, stellt Schneidrad (Werkzeug) und Zahnrad (Werkstück) auf richtigen Achsabstand und zwingt sie, sich so zu drehen, also aufeinander abzuwälzen, wie es dem Verhältnis der Werkzeug- und Werkstückzähnezahl entspricht. Das Verzahnungswerkzeug kann eine dem Stirnrad, der Zahnstange oder Schnecke entsprechende Form aufweisen.

Da das Erzeugungsprofil der Wälzwerkzeuge durch Schneidkanten dargestellt wird, entsteht die Zahnflanke des Werkstückes durch mehrere aufeinanderfolgende Schnitte, sog. *Hüllschnitte*. Das erzeugte Zahnprofil besteht somit aus einer Anzahl polygonförmig aneinandergereihter, gerader Schnittlinien und weicht von der theoretisch richtigen Evolventenkurve ab. Doch können diese Abweichungen praktisch vernachlässigt werden. Die in **Berechnungstafel 32,** S. 344 angeführten Beispiele zeigen Formeln auf, wie sie zur Bestimmung von Differential-, Modul-, Roll- und Werkzeugkopfwechselrädern bei ver-

---

[1] Unter *Sonderverzahnungen* sind alle Zahnprofile zu verstehen, die wohl durch Wälzverfahren hergestellt werden können, deren Flanken aber keine oder nur teilweise Evolventen sind.

schiedenen nach dem Wälzverfahren arbeitenden Verzahnmaschinen erforderlich sind. Die Errechnung von Teilwechselrädern ist meist nicht notwendig, da diese für die gebräuchlichen Werkstückzähnezahlen in den Bedienungsanleitungen der Maschinen angegeben sind. Gleiches gilt für die Berechnung der Vorschubwechselräder.

8.51 Verzahnen der Stirnräder

Wälzfräsen. Beim Wälzfräsen (Abb. 59) werden bei ununterbrochener Spanabnahme und fortlaufendem Teilen gleichzeitig alle Zähne angeschnitten und nach Zurücklegen des Schaltweges längs der Lücke auch gleichzeitig fertig. Werkzeug und Werkstück drehen sich wie Schnecke und Schneckenrad (Pausenloses Verfahren). Normale *Wälzfräser* (vgl. Fußnote 1, S. 237) können zum Verzahnen von Stirnrädern mit geraden und schrägen Zähnen Verwendung finden. *Ein Wälzfräser schneidet die Zähne normaler Evolventenstirnräder gleicher Teilung von jeder beliebigen Zähnezahl des Werkstückes richtig.* Für Schrägstirnräder besitzt die Wälzfräsmaschine (*Pfauter*) ein Differentialgetriebe, über das dem Werkstücktisch von einer besonderen Wechselrädergruppe aus eine Zusatzdrehung in Abhängigkeit von der senkrechten Vorschubbewegung des Wälzfräsers erteilt wird. Vgl. *Berechnungstafel 32, Zeile 1.* Innenverzahnte Räder lassen sich auf der Wälzfräsmaschine nicht herstellen.

Wälzhobeln. Das Werkzeug ist eine als *Hobelmeißel* (*Kamm-Meißel*) ausgebildete und in einem Stößel gelagerte kurze Zahnstange (*Maag*). Der Kammeißel führt nur die Schnittbewegung aus, während die gesamte Wälzbewegung vom Werkstück durchgeführt wird. Sie entsteht aus einer parallelen Verschiebung des Werkstückes und einer gleichzeitigen Verdrehung durch ein Schneckengetriebe. Der Drehweg des Werkstückes, gemessen an dessen Teilkreis, muß dem Verschiebeweg des Wälzschlittens genau gleich sein. Die Übereinstimmung der Wälzbewegung wird durch zwei Wechselrädersätze erreicht, einen für die Verschiebung des Tisches, die vom Modul des Werkstückes abhängig ist (Modulwechselräder), und einen für die Verdrehung des Werkstückes (Teilwechselräder), abhängig von der Zähnezahl des Werkstückes. Da der kurze Kammeißel für eine vollständige Umdrehung des Werkstückes nicht ausreicht, muß in gewissen Abständen ein Teilvorgang zwischengeschaltet werden. Ist der Stößel in der obersten Lage festgehalten, so wird das Werkstück um eine oder mehrere Teilungen zurückverschoben. Schneiden, Wälzen und Teilen sind somit nicht kontinuierlich. Bei Geradstirnrädern bewegt sich der Stößel in Richtung der Werkstückachse, bei Schrägstirnrädern auf einer um den Schrägungswinkel gegen die Werkstückachse geneigten Bahn. Der Kammeißel hat das Profil einer Zahnstange, gerade Schneidkanten und ist an Köpfen und Flanken prismatisch hinterschliffen. Vgl. *Berechnungstafel 32, Zeile 2.*

Wälzstoßen. Ein Stirnrad mit bestimmtem Modul läßt sich herstellen, wenn man es sich mit einem zweiten Stirnrad von gleichem Modul mit beliebiger Zähnezahl abwälzen läßt. Das zweite Stirnrad ist als *Schneidrad* (*Werkzeug*) ausgebildet. Auf der Wälzstoßmaschine (*Lorenz*) werden Schneidrad und Werkstück in Eingriff gebracht und wie zwei Stirnräder mit parallelen Achsen zu einer den Zähnezahlen entsprechenden Wälzbewegung gezwungen, wobei gleichzeitig das Schneidrad die zur Spanabnahme notwendige senkrechte Hubbewegung ausführt. Der Vorschub ist durch die Anzahl der Stößelhübe für eine Werkzeugumdrehung gegeben. Während des aufwärtsgehenden Leerhubes führt der Werkstücktisch eine Abhebebewegung aus, um die freie Rückführung der Werkzeugschneiden zu ermöglichen. Die Erzeugung von Innenverzahnungen im Wälzverfahren ist allein dem Schneidrad vorbehalten. Bei Innenschrägverzahnung sind Dreh- und Flankenrichtung von Schneidrad und Innenrad gleich. Im Stoßwälzverfahren mit Schneidrädern werden weiterhin Zahnstangen mit geraden oder schrägen Zähnen, Radblöcke aus einem Stück mit verschiedenen Zähnezahlen, Pfeilverzahnungen usw. hergestellt. Für alle evolventenförmigen Verzahnungen gleichen Moduls wird jeweils nur *ein* Schneidrad bei beliebiger Zähnezahl des Werkstückes benötigt, bei Schrägstirnrädern nur alle Werkstücke gleichen Moduls und gleichen Schrägungswinkels. Beim Stoßen von Schrägstirnrädern muß der Stößel während der Hubbewegung noch eine dem Schrägungswinkel entsprechende, zur Wälzbewegung zusätzliche Drehbewegung ausführen. Die in der Stößelführung eingebaute gerade Führungsbüchse wird gegen eine Schraubenführung ausgetauscht. Für jede Zahnschräge muß eine entsprechende Schraubenführungsbüchse angefertigt werden.

Wälzschleifen. Beim Schleifen von Zahnflanken nach dem Wälzverfahren entsteht die Evolventenform durch gemeinsame Wälzbewegung von Schleifscheibe und Werkstück. Bei der *Niles*-Zahnflankenschleifmaschine wird die Evolventenverzahnung durch Abrollen des zu schleifenden Gerad- oder Schrägstirnrades an einer als Zahnstangenzahn ausgebildeten *Doppelkegelscheibe* erzeugt. Schleifschlitten bewegt sich senkrecht. Scheibe schleift erst linke, dann rechte Zahnflanke; dazwischen wird die Rollbewegung umgesteuert. Rollwechselräder bewirken das genaue Abwälzen des zu schleifenden Werkstückes an der Schleifscheibe. Vgl. *Berechnungstafel 32, Zeile 3.* Die Zahnflankenschleifmaschine von *Maag* arbeitet mit zwei *Tellerscheiben*, deren Schleifebenen unter dem halben Flankenwinkel so geneigt sind, daß diese beiden Ebenen als Flankenwinkel wirken. Die Schleifscheiben führen nur die Schnittbewegung aus. Das Gerad- oder Schrägstirnrad wälzt sich an den beiden feststehenden Tellerscheiben ab, wodurch die Evolventenverzahnung erzeugt wird. Wälzbewegung mittels Rollbogen und Stahlbändern und axialer Vorschub erzeugen einen Kreuzschliff. Rollbogendurchmesser entspricht dem Durchmesser des Erzeugungswälzkreises am zu schleifenden Rad. Nach einem oder mehreren Durchgängen der Schleifscheiben wird der Axialvorschub aus- und die Teilbewegung eingeschaltet. Das Schleifen von Stirnrädern mit der *Schleifschnecke* (*Reishauer*) entspricht dem Schraubwälzverfahren. Als Schleifwerkzeug wird eine einzähnige Schleifschnecke mit Zahnstangenprofil verwendet, die im Gegensatz zum Wälzfräsen die Zahnform durch unendlich viele Hüllschnitte erzeugt. Bei jeder Umdrehung der Schleifschnecke dreht sich das Werkstück stetig um einen Zahn ohne Teilvorgang weiter. Zum Schleifen von Schrägstirnrädern ist der Werkstückantrieb mit einem Differentialgetriebe ausgerüstet, zu dessen Antrieb Wechselräder benötigt werden. Vgl. *Berechnungstafel 32, Zeile 4.*

Wälzschaben. Das Schabewerkzeug, das als Rad (*Hurth*) oder Zahnstange im Wälzverfahren arbeitet, ist schrägverzahnt und bildet mit dem Werkstück ein Schraubgetriebe; damit führen die Flanken der

Werkzeug- und Werkstückzähne zueinander eine Gleitbewegung aus. Das *Schaberad* ist ein Zahnrad, in dessen Zahnflanken über die gesamte Breite nebeneinander mehrere, vom Zahnkopf zum Zahnfuß verlaufende Schneidnuten eingearbeitet sind. Beim Diagonalschaben für kleinere Radbreiten wird das Schaberad schräg über das zu schabende Werkstück vorgeschoben.

8.52 Verzahnen der Kegelräder

In ähnlicher Weise wie bei Stirnrädern durch die Zahnstange, kann das Bezugsprofil jeder beliebigen Kegelradverzahnung durch die Zähne eines Planrades mit 180° Teilkegelwinkel verkörpert werden. Die Schneiden der Werkzeuge bilden die geraden Flanken dieser Planradzähne und können in Form von Fräsern, Messerköpfen oder Hobelmeißeln zur Wirkung kommen. Je nachdem die Werkzeuge eine kreisende oder geradlinige Bewegung ausführen, entstehen Zähne mit in der Längsrichtung gekrümmtem oder geradlinigem Verlauf.

Wälzhobeln. Gerad- und schrägverzahnte Kegelräder lassen sich im Wälzverfahren durch Hobeln herstellen. Dabei verkörpert das Werkzeug meist einen oder mehrere Zähne des Erzeugungsplanrades. Die Wälzbewegung ist je nach Bauweise verschieden; entweder ist sie auf Werkstück und Werkzeug verteilt oder das Werkstück vollführt allein die gesamte Wälzung. Bei der *Einzahnmeißel-Hobelmaschine* (*Bilgram-Reinecker*) erfolgt die Wälzung durch Rollbogen und Wälzbänder und wird nur vom Werkstück ausgeführt. Zu jedem Kegelwinkel eines Kegelrades ist ein besonderer Rollbogen erforderlich. Teilgerät schaltet nach jedem Hub des Werkzeuges. Sämtliche Zähne des Werkstückes werden bei einem Arbeitsgang gleichzeitig am Kopf beginnend bis zum Fuß ausgearbeitet. Bei den mit *zwei Meißeln* arbeitenden Kegelradhobelmaschinen von *Gleason* und *Heidenreich & Harbeck* ist die Wälzung auf Werkstück und Werkzeug verteilt. Die beiden Hobelmeißel stehen sich so gegenüber, daß sie mit ihren Flankenschneidkanten eine Zahnlücke des gedachten Planrades bilden. Während der eine Meißel schneidet, läuft der andere im abgehobenen Zustand zurück. Der Hobelschlitten dreht sich dabei in der Ebene eines Planrades, und das Werkstück wird an dieser Ebene vorbeigewälzt. Zwischen den beiden Hobelmeißeln wird der Zahn geformt. Nach Fertigbearbeitung eines Zahnes laufen Werkzeug und Werkstück zurück, wonach auf dem nächsten Zahn geteilt wird. Für die Wälzbewegung des Werkzeugkopfes müssen Wechselräder aufgesteckt werden. Vgl. *Berechnungstafel 32, Zeile 5*. Bei nicht korrigierten Räderpaaren ist die Übersetzung der Werkzeugkopfwechselräder für beide Räder gleich.

Wälzfräsen. Die Wälzfräsmaschinen für das Verzahnen der Geradzahnkegelräder arbeiten mit *Fräsköpfen*, die am Umfang mit auswechselbaren Schneidmessern bestückt sind. Beim Verzahnen schneidet dabei abwechselnd ein Messer des einen und anschließend ein Messer des anderen Fräskopfes. Bei Wälzfräsmaschinen mit zwei ineinandergreifenden Messerköpfen liegt die Wälzung nur im Werkstück (*Klingelnberg*) oder sie ist auf Werkstück und Werkzeug verteilt. Bei allen Maschinen wird die Wälzung durch Schneckengetriebe und Wechselräder erzeugt. Bogenverzahnte Kegelräder werden nach dem Schraubwälzverfahren hergestellt. Die Bogenform des Planrades besteht aus Teilen von Evolventen. Das Planrad wird durch einen kegeligen Wälzfräser (*Schraubwälzfräser*) verkörpert (*Klingelnberg*), der zum Fräsen des Palloidkegelrades durch das Werkstück geschraubt wird. Der Wälzfräser zeigt im Schnitt das Zahnstangenprofil, hat also gerade Zahnflanken. Zur Erzeugung einer der Verschwenkung des Fräskopfes entsprechenden Zusatzdrehung des Werkstückes sind Differentialwechselräder aufzustecken. Vgl. *Berechnungstafel 32, Zeile 6*.

Wälzschleifen. Die Maschinen von *Reinecker und Maag* wälzen mit *Rollbogen und Wälzbändern*. Die Wälzbewegung besteht aus einer Drehbewegung des Werkstückes um seine Achse und einer Schwenkbewegung des Wälzständers um die senkrecht durch die Kegelspitze laufende Maschinenachse. Die beiden Einzelbewegungen werden durch Wälzsegmente und Wälzbänder in Übereinstimmung gebracht. Geteilt wird wahlweise nach jedem Durchlauf oder nach jedem Vor- und Rücklauf der Scheiben mit Wechselrädern. *Gleason* und *Heidenreich & Harbeck* bauen Schleifmaschinen für geradverzahnte Kegelräder mit *zwei gegeneinander geneigten Schleifscheiben*, die in benachbarte Zahnlücken greifen. Die Maschinen arbeiten stets mit Teilungsschaltung von Zahn zu Zahn. Nach dem Abwälzverfahren werden Kegelräder mit geraden und schrägen Evolventenzähnen selbsttätig geschliffen.

8.53 Verzahnen der Schnecken

Schnecken können gleichfalls im Wälzverfahren hergestellt werden. Als Maschinen kommen die Wälzfräsmaschine und die Wälzstoßmaschine in Betracht.

Schälen auf der Wälzfräsmaschine. Das Werkstück wird in der Fräseraufnahme und das Werkzeug (*Schälrad*) auf den Werkstückaufspanndorn aufgespannt. Das an Stelle des Wälzfräsers aufgespannte Werkstück muß tangential an dem auf dem Werkstücktisch aufgespannten Schälrad vorbeigeschoben werden. Entsprechend dieser tangentialen Verschiebung muß das Schälrad eine gleich große, gleichgerichtete Zusatzdrehung im Teilkreise erhalten, die durch Differentialwechselräder geregelt wird.

Schälen auf der Wälzstoßmaschine. Dabei verschrauben sich Werkstück und *Schneidrad* mit gekreuzten Achsen wie Schnecke und Schneckenrad. Die Zähne des Werkstückes werden auch hier in steter Spanabnahme geschält; das Schneidrad arbeitet als Schälrad. Der axiale Vorschub des Werkstückes erfolgt mittels der Quervorschubeinrichtung. Die Einleitung der Zusatzbewegung in das Tischgetriebe kann sowohl durch Einrechnen in die Teilwechselräder als über ein Differentialgetriebe mit entsprechender Wechselrädergruppe erfolgen. Es lassen sich zylindrische Schnecken, Globoidschnecken, Spindeln und Schnecken mit Sonderprofilen herstellen.

8.54 Verzahnen der Schneckenräder

Die Verzahnungsarbeiten sind auf üblichen Wälzfräsmaschinen mit dem Wälzfräser nach dem Wälzfräsverfahren vorzunehmen. Fräser und Werkstück drehen sich wie Schnecke und Rad im Getriebe zueinander (Wälzschraubfräsverfahren). Nach der Vorschubrichtung des Werkzeuges unterscheidet man:

Wälzfräsen mit Radialvorschub. Bei radialem Vorschub des Werkzeuges gegen das Werkstück, oder umgekehrt, verhalten sich deren Drehzahlen umgekehrt wie die Zähnezahl des Werkstückes zur Zähnezahl (Gangzahl) des Fräsers. Der *zylindrische Wälzfräser* muß axial so zur Radeinlaufseite eingestellt sein, daß seine zuerst eindringenden Zähne die Zahnlücken allmählich vorschneiden. Das radiale Verschieben des Fräsers bewirkt ein Verringern des Mittenabstandes zwischen Fräser und Werkstück bis auf denjenigen im Betrieb.

Wälzfräsen mit Tangentialvorschub. Auch bei diesem Wälzverfahren drehen sich Fräser und Werkstück wie Schnecke und Rad im Getriebe zueinander. Bei Tangentialvorschub des einseitig *kegelig angespitzten Schneckenradwälzfräsers* tritt zu diesen Drehungen noch eine der tangentialen Fräserbewegung größen- und richtungsgleiche Zusatzdrehung des Werkstückes im Teilkreis. Diese Zusatzdrehung wird von der Schlittenspindel des Tangentialfräskopfes abgeleitet und über Differentialwechselräder und Differential dem Teilgetriebe der Wälzfräsmaschine zugeführt. Vgl. *Berechnungstafel 32, Zeile 7.* Das tangentiale Verschieben des Werkzeuges besorgt eine Quervorschubeinrichtung. Der Wälzfräser wird in tangentialer Richtung zum Werkstück so eingestellt, daß die Schruppzähne des kegeligen Teiles den Schneckenradkranz (Werkstück) gerade berühren. Der Fräser hat dann so weit axial zu wandern, bis seine vollen Zähne (zylindrischer Teil) die Radflanken nicht mehr berühren, d. h. bis keine Späne mehr fallen. In gleicher Weise arbeiten die meist bei Einzelfertigung üblichen *Schlagmesser*, die man sich als Wälzfräser vorstellen kann, an denen alle Zähne bis auf einen oder einige entfernt sind.

8.6 Kettenradfertigung nach dem Wälzverfahren

Für besonders große Zähne oder für Einzelfälle (bei großem Verhältnis Teilung zu Rollendurchmesser) findet noch heute zweckmäßigerweise das mit Formfräsern oder -meißeln arbeitende Teilverfahren Anwendung. Wirtschaftlich jedoch werden Kettenradverzahnungen nur im Wälzverfahren hergestellt. Dieses durch sein stetiges Arbeiten ausgezeichnete Verfahren ist neben der Zahnradfertigung für die Herstellung aller in gleichbleibender Teilung außen verzahnten oder genuteten Drehkörper von zylindrischer oder scheibenförmiger Grundform anwendbar.

8.61 Block-, Rollen-, Transmissions- und Gallsche Kettenräder

Diese vier Kettenarten laufen mit beachtlichem Spiel auf den Kettenrädern; zum Verzahnen werden deshalb fast ausschließlich **hinterdrehte Wälzfräser** benutzt. Zur Herstellung theoretisch genauer Kettenräder müßte für jede Zähnezahl ein eigener Fräser verwendet werden. Die Teilung der Fräser muß größer sein als die des Kettenrades. Der Unterschied zwischen Fräser- und Radteilung ist um so größer, je kleiner die Zähnezahl des Rades ist. Im allgemeinen genügt für alle Zähnezahlen von 6 an aufwärts *ein* Wälzfräser. Rollenkettenräder werden bis 3/4″ Teilung mit 12,7 mm Rollendurchmesser auch auf Wälzstoßmaschinen mit **Schneidrad** verzahnt. Bei normalen Genauigkeitsanforderungen können auch hier alle Kettenradzähnezahlen mit dem gleichen Schneidrad hergestellt werden. Für Kettenräder zu Hülsen- und Rollenketten sind die *Bezugsprofile von Wälzwerkzeugen* mit DIN 8197 festgelegt; zugehörige Wälzfräser siehe DIN 2315. Profile von Zahnlückenfräsern für Kettenräder zu Hülsen- und Rollenketten siehe DIN 8198.

8.62 Zahnkettenräder

Der meist **hinterschliffene Wälzfräser** wird nur für die Verzahnung eines Rades mit bestimmter Zähnezahl hergestellt, da nur bei diesem die geforderte Form genau verwirklicht werden kann. Benachbarte Zähne bringen schon kleine Abweichungen, d. h., beim Schneiden größerer Zähnezahlen wird der Zahnfuß zu dick, bei kleineren zu schwach. Für Zahnkettenräder ist die Verwendung von Wälzfräsern auf Wälzfräsmaschinen zu bevorzugen.

9 Tafeln

9.1 Bewegungstafeln und 9.2 Zahlentafeln vgl. Inhaltsverzeichnis

9.3 Berechnungstafeln

Berechnungstafel 1. *Umfangsgeschwindigkeit, Durchmesser und Umlaufzahl.* (Vgl. dazu S. 2)

Zeile	Formel	Einheit			Berechnungs-größe
		v	d	n	
1	$v = d\,\pi\,n$	mm/min	mm	1/min	Umfangs-geschwindig-keit $\boldsymbol{v}$
2	$v = d\,\pi\,n$	m/min	m	1/min	
3	$v = \dfrac{d\,\pi\,n}{60}$	mm/s	mm	1/min	
4	$v = \dfrac{d\,\pi\,n}{60}$	m/s	m	1/min	
5	$d = \dfrac{v}{\pi\,n}$	mm/min	mm	1/min	Durchmesser $\boldsymbol{d}$
6	$d = \dfrac{v}{\pi\,n}$	m/min	m	1/min	
7	$d = \dfrac{60\,v}{\pi\,n}$	mm/s	mm	1/min	
8	$d = \dfrac{60\,v}{\pi\,n}$	m/s	m	1/min	
9	$n = \dfrac{v}{d\,\pi}$	mm/min	mm	1/min	Umlaufzahl $\boldsymbol{n}$
10	$n = \dfrac{v}{d\,\pi}$	m/min	m	1/min	
11	$n = \dfrac{60\,v}{d\,\pi}$	mm/s	mm	1/min	
12	$n = \dfrac{60\,v}{d\,\pi}$	m/s	m	1/min	

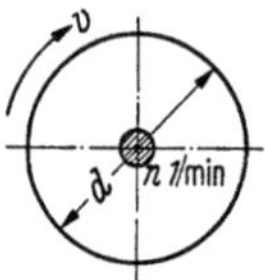

Abb. 474. Umfangsgeschwindigkeit bei gleichförmiger, kreisliniger Bewegung

Diese Berechnungstafel dient gleichzeitig zur Ermittlung der **Schnittgeschwindigkeitsverhältnisse** für sämtliche Werkzeugmaschinen mit drehender Schnittbewegung. Wird in der Gleichung $v = d\,\pi\,n$ (Zeile 2) der Durchmesser nicht in m, sondern in mm eingesetzt, so erhält man die Gleichung $\boldsymbol{v = \dfrac{d\,\pi\,n}{1000}}$. Zeile 4 würde sinngemäß ergeben:
$$v = \frac{d\,\pi\,n}{60000} \text{ oder } v = \frac{d\,n}{19100}.$$

Beim Drehen wird gemäß einem AWF-Vorschlag zweckmäßig mit dem ursprünglichen Werkstückdurchmesser D gerechnet (Abb. 12). Ebenso legt man für n die Lastdrehzahlen (vgl. Fußnote 3, S. 2) zugrunde, weil dies die Mindestdrehzahlen sind und die damit berechnete Hauptzeit nicht überschritten wird.

Anmerkung: Mit $d = 200$ mm und $v = 60$ m/min ergibt sich nach Z. 9 eine Umlaufzahl von $n = \dfrac{v}{d\,\pi}$

$= \dfrac{60 \cdot 1000\,\frac{\text{mm}}{\text{min}}}{200\,\text{mm} \cdot 3{,}14} = 95{,}5\,\dfrac{1}{\text{min}} = 95{,}5\ \text{min}^{-1}$. Man kann also schreiben: $n = 95{,}5\,\dfrac{1}{\text{min}}$ oder $n = 95{,}5$ 1/min (gesprochen: eins durch Minute) oder $n = 95{,}5\ \text{min}^{-1}$ (gesprochen: Minute hoch minus eins). Die frühere Schreibweise war $n = 95{,}5$ U/min mit U statt Umdr. als Abkürzung für Umdrehung. Die Gleichungen der Zeilen 1 bis 4 besagen: Einem Vielfachen des Durchmessers oder der Drehzahl entspricht *dasselbe* Vielfache der Umfangsgeschwindigkeit.

Berechnungstafel 2. *Geschwindigkeitsverhältnisse beim Kurbelschwingenantrieb.* (Vgl. dazu S. 8)

Zeile	Berechnungsgröße	Zeichen	Formel
1	Kurbelwinkel	β	$\cos\beta = \dfrac{L}{2\,l}$
2	Kurbelwinkel	α	$\alpha = 180° - \beta$
3	Mittlere Arbeitsgeschwindigkeit	v_{mA}	$v_{mA} = \dfrac{L\,180°\,n_L}{1000\,\alpha°}$
4	Mittlere Rücklaufgeschwindigkeit	v_{mR}	$v_{mR} = \dfrac{L\,180°\,n_L}{1000\,\beta°}$
5	Umfangsgeschwindigkeit von Z am Kurbelhalbmesser r	v	$v = \dfrac{2\,r\,\pi\,n_L}{1000}$
6		v	$v = \dfrac{2\,e\cos\beta\,\pi\,n_L}{1000}$

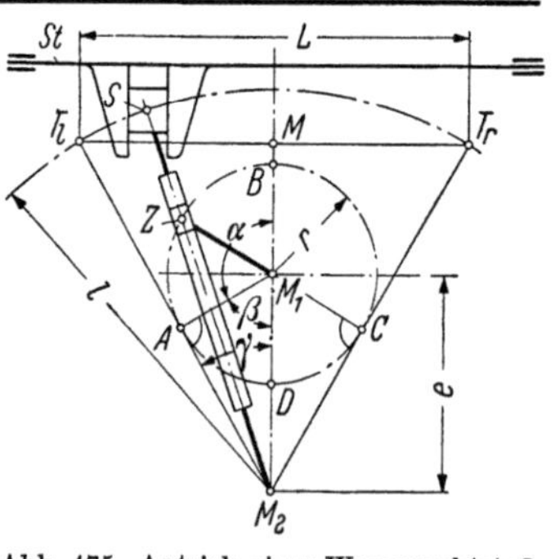

Abb. 475. Antrieb einer Waagerechtstoßmaschine durch Kurbelschwinge[1]

[1] In Abb. 475 sitzt Kurbelzapfen Z, dessen Halbmesser $AM_1 = r$ in Länge verstellbar ist, in einem Zahnrad, das von einem Ritzel mit gleichförmiger Geschwindigkeit angetrieben wird. Zapfen Z greift in den Längsschlitz eines Schwinghebels (Kulisse) $M_2S = l$ ein, der um Drehpunkt M_2 schwingt und mittels Gleitsteins S den Stößel St hin- und herbewegt. Tangenten AM_2 und CM_2 bestimmen jeweils die äußersten Stößelstellungen.

Fortsetzung von Berechnungstafel 2. (Vgl. dazu S. 8)

Zeile	Berechnungsgröße	Zeichen	Formel
7	Größte Arbeitsgeschwindigkeit	$v_{A\max}$	$v_{A\max} = \dfrac{l}{e}\left(\dfrac{v}{1+\cos\beta}\right)$
8	Größte Rücklaufgeschwindigkeit	$v_{R\max}$	$v_{R\max} = \dfrac{l}{e}\left(\dfrac{v}{1-\cos\beta}\right)$
9	Geschwindigkeitsverhältnis	q	$q = \dfrac{v_{mR}}{v_{mA}} = \dfrac{\alpha}{\beta}$

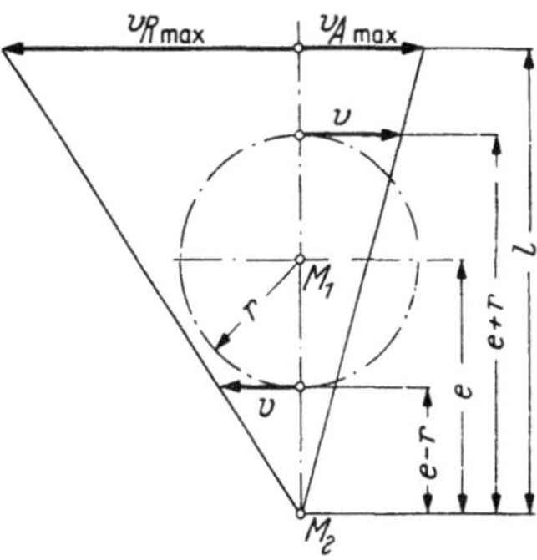

Abb. 476. Größtgeschwindigkeiten bei Vor- und Rücklauf der Kurbelschwinge

β = Kurbelwinkel [°], L = Hublänge [mm], l = Schwingenlänge [mm], α = Kurbelwinkel [°], v_{mA} = mittlere Arbeitsgeschwindigkeit [m/min], n_L = Anzahl der Doppelhübe je min [DH/min] = Umlaufzahl des Kurbelzapfens Z [1/min], v_{mR} = mittlere Rücklaufgeschwindigkeit [m/min], v = Umfangsgeschwindigkeit des Kurbelzapfens [m/min], r = Kurbellänge [mm], $v_{A\max}$ = größte Arbeitsgeschwindigkeit [m/min], e = Abstand des Kurbeldrehpunktes vom Schwingendrehpunkt [mm], $v_{R\max}$ = größte Rücklaufgeschwindigkeit [m/min], q = Geschwindigkeitsverhältnis. Vgl. auch Gln. (16) und (17).

Berechnungstafel 3. *Hauptzeitberechnung beim Gewindewirbeln.* (Vgl. dazu S. 28)

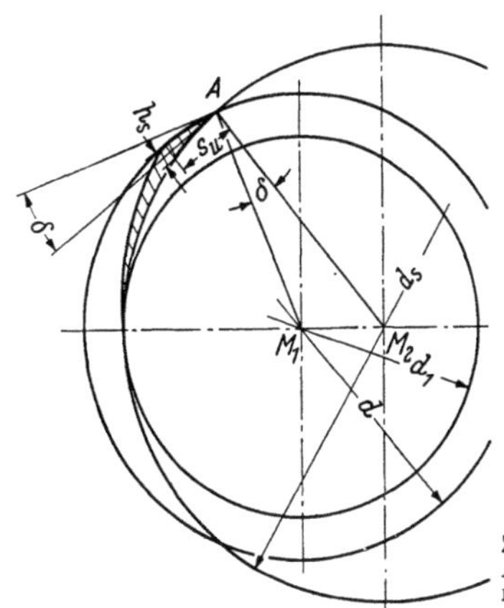

Abb. 477. Außengewinde.

$$A M_1 = \frac{d}{2}, \quad A M_2 = \frac{d_s}{2},$$
$$M_1 M_2 = \frac{d_s - d_1}{2}$$

Abb. 478. Innengewinde.

$$A M_1 = \frac{D_1}{2}, \quad A M_2 = \frac{d_s}{2},$$
$$M_1 M_2 = \frac{D - d_s}{2}$$

Zeichen und Bezeichnungen in Abb. 477 und 478 vgl. S. 302, rechts von Z. 3 bis 11

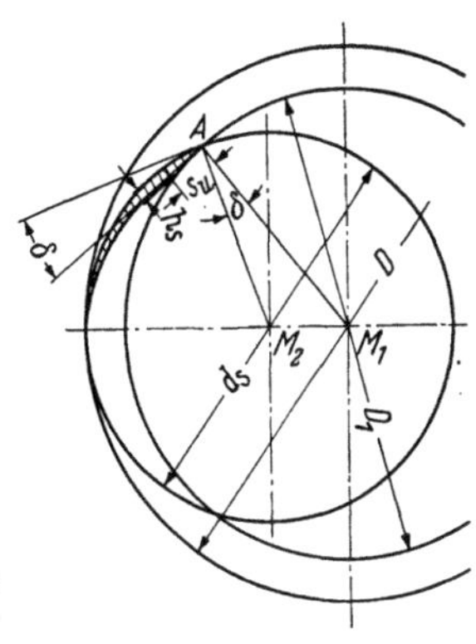

Abb. 477 und 478. Geometrische Zusammenhänge (Anschnittverhältnisse) beim Gewindewirbeln

Zeile	Berechnungsgröße	Art des Gewindes	Zeichen	Formel				
1	Wirbelspitzenkreisdurchmesser (Zahlenwerte in mm)	Außengewinde	d_s	Gewindenenndurchmesser d (Außendurchmesser des Bolzengewindes)	bis 40	über 40-60	über 60·80	über 80-100
				Wirbelspitzenkreisdurchmesser d_s	$d+3$	$d+4$	$d+6$	$d+8$
				Obige Werte [mm] für Steigungswinkel 0° bis 5°. Bei 5° bis 15° Werte verdoppeln. Bei 15° und höheren Werten möglichst verdreifachen. Sollte bei dem nach obigen Angaben festgelegten Wirbelspitzenkreisdurchmesser beim Wirbeln ein Überschnitt auftreten, so ist dieser dadurch zu vermeiden, daß der Wirbelspitzenkreis weiter vergrößert wird.				
		Innengewinde	d_s	Gewindenenndurchmesser D	bis 40	über 40-60	über 60-70	über 70
				Wirbelspitzenkreisdurchmesser d_s	D_1-2	D_1-4	D_1-6	konstant 65
				D_1 = Kerndurchmesser des Muttergewindes [mm]				

Fortsetzung von Berechnungstafel 3. (Vgl. dazu S. 28)

Zeile	Berechnungsgröße	Art des Gewindes	Zeichen	Formel		
2	Zahlenwerte für Schnittgeschwindigkeiten [m/min]	Außen- und Innengewinde		**Werkstoff**	**Festigkeit [kp/mm²]**	**v [m/min]**
				C 45	50– 70	180·330
				St 50.11	50– 60	240-350
				St 60.11	60– 70	200-290
				Werkzeugstahl	150-190	40– 60
				Kupfer		420 600
				Messing		550-720
3	Schnittgeschwindigkeit	Außen- und Innengewinde	v	$v = \dfrac{d_s \pi n_s}{1000}$		
4	Wirbelspindeldrehzahl (Werkzeugdrehzahl)	Außen- und Innengewinde	n_s	$n_s = \dfrac{v\,1000}{d_s \pi}$		
5	Anschnittwinkel	Außengewinde	δ	$\cos \delta = \dfrac{d^2 + 2\,d_1\,d_s - (d_1)^2}{2\,d\,d_s}$		
6		Innengewinde	δ	$\cos \delta = \dfrac{(D_1)^2 + 2\,D\,d_s - D^2}{2\,D_1\,d_s}$		
7	Umfangsvorschub von Schnitt zu Schnitt	Außengewinde	s_u	$s_u = \dfrac{h_s}{\sin \delta}$		
8		Innengewinde	s_u	$s_u = \dfrac{h_s}{\tan \delta}$		
9	Werkstückdrehzahl	Außengewinde	n_w	$n_w = \dfrac{s_u\,n_s}{d\,\pi}$		
10		Innengewinde	n_w	$n_w = \dfrac{s_u\,n_s}{D_1\,\pi}$		
11	Hauptzeit (Reine Wirbelzeit)	Außen- und Innengewinde	t_h	**Eingängige Gewinde** $\;t_h = \dfrac{L}{n_w\,h}$	**Mehrgängige Gewinde** $\;t_h = \dfrac{L\,n}{n_w\,H}$	

v = Schnittgeschwindigkeit [m/min], d_s = Wirbelspitzenkreisdurchmesser [mm], n_s = Wirbelspindeldrehzahl = Werkzeugdrehzahl [1/min], δ = Anschnittwinkel [°], d = Außendurchmesser des Bolzengewindes [mm], d_1 = Kerndurchmesser des Bolzengewindes [mm], D_1 = Kerndurchmesser des Muttergewindes [mm], D = Außendurchmesser des Muttergewindes [mm], s_u = Umfangsvorschub von Schnitt zu Schnitt [mm], h_s = maximale Spanungsdicke [mm], n_w = Werkstückdrehzahl [1/min], t_h = Hauptzeit = reine Wirbelzeit [min], h = Gewindesteigung des eingängigen Gewindes [mm], L = Schaltweg des Wirbelwerkzeuges [mm], H = Gewindesteigung des mehrgängigen Gewindes [mm], n = Anzahl der Teilungen (Gänge) je Steigung des Gewindes [Gl. (294)]

Berechnungstafel 4. *Berechnung von Riemenlängen (Flachriementrieb).* (Vgl. dazu S. 108)

D und d = Durchmesser der Scheiben, a = Achsabstand, δ = Neigungswinkel des Riemens gegenüber gemeinschaftlicher Zentrale, α und β = Neigungswinkel der Trums (Abb. 481). Umschlingungswinkel vgl. Anmerkung S. 112.

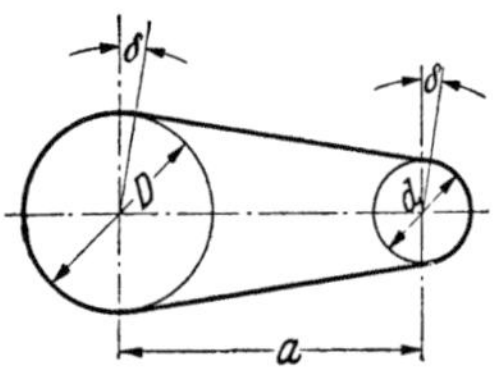

Abb. 479. Offener Riementrieb

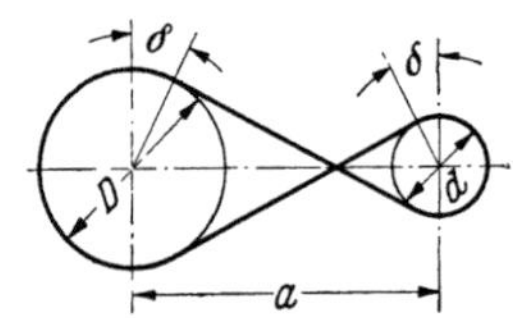

Abb. 480. Gekreuzter Riementrieb

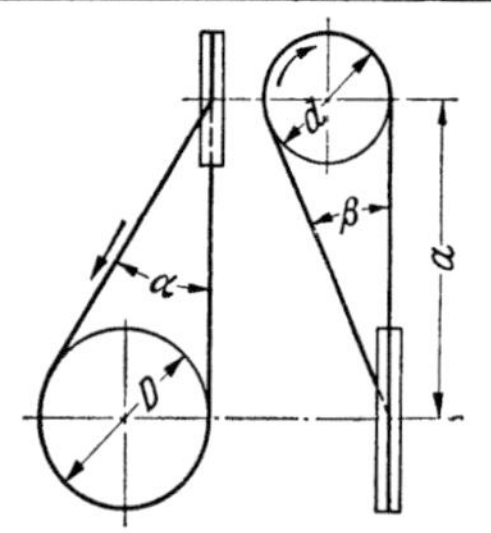

Abb. 481. Halbgekreuzter Riementrieb. (Vgl. auch Abb.164)

Zeile	Berechnungsgröße	Zeichen	Formel		Riemenlage
1	Neigungswinkel	δ	$\sin \delta = \dfrac{D - d}{2\,a}$	$\cos \dfrac{\alpha}{2} = \dfrac{D - d}{2\,a}$, wenn α = Umschlingungswinkel	**Riemen offen**

Fortsetzung von Berechnungstafel 4. (Vgl. dazu S. 108)

Zeile	Berechnungsgröße	Zeichen	Formel	Riemenlage
2	Riemenlänge für offenen Trieb (Genaue Gleichung)	L	$L = \pi D \left(\dfrac{180^\circ + 2\,\delta}{360^\circ} \right) + \pi d \left(\dfrac{180^\circ - 2\,\delta}{360^\circ} \right) + 2\,a \cos \delta$	**Riemen offen**
3	Riemenlänge für offenen Trieb (Angenäherte Gleichung)	L'	$L' = \dfrac{\pi (D + d)}{2} + 2\,a + \dfrac{(D-d)^2}{4\,a}$ · Gültig für 180°–140° Umschlingungswinkel	
4	Riemenlänge für offenen Trieb, wenn $D = d$	L''	$L'' = \pi D + 2\,a$	
5	Achsabstand (Berechnet aus Z. 3)	a	$a = \dfrac{L'}{4} - \dfrac{\pi}{8}(D + d) + \sqrt{\left[\dfrac{L'}{4} - \dfrac{\pi}{8}(D + d) \right]^2 - \dfrac{(D-d)^2}{8}}$ Bei Umschlingungswinkeln unter 140° empfiehlt sich Kontrolle durch Gegenrechnung unter Benutzung der genauen Formel für die Riemenlänge nach Z. 2.	
6	Neigungswinkel	δ	$\sin \delta = \dfrac{D + d}{2\,a}$ · $\cos \dfrac{\alpha}{2} = \dfrac{D + d}{2\,a}$, wenn $\alpha =$ Umschlingungswinkel	**Riemen gekreuzt**
7	Riemenlänge für gekreuzten Trieb (Genaue Gleichung)	L	$L = \pi (D + d) \left(\dfrac{180^\circ + 2\,\delta}{360^\circ} \right) + 2\,a \cos \delta$	
8	Riemenlänge für gekreuzten Trieb (Angenäherte Gleichung)	L'	$L' = \dfrac{\pi (D + d)}{2} + 2\,a + \dfrac{(D + d)^2}{4\,a}$ · Gültig für 180°–140° Umschlingungswinkel	
9	Riemenlänge für gekreuzten Trieb, wenn $D = d$	L''	$L'' = \pi D + 2\,a + \dfrac{D^2}{a}$	
10	Riemenlänge für halbgekreuzten Trieb (Angenäherte Gleichung)	L	$L = 2\,a + \pi D \left(\dfrac{180^\circ + \alpha}{360^\circ} \right) + \pi d \left(\dfrac{180^\circ + \beta}{360^\circ} \right)$	**Riemen halbgekreuzt** (Abb. 164 und Abb. 481)
11	Neigungswinkel der Trums ($\alpha = 2\,\alpha/2$ und $\beta = 2\,\beta/2$)	$\dfrac{\alpha}{2}$	$\tan \dfrac{\alpha}{2} = \dfrac{D}{2\,a}$ · Beim halbgekreuzten Trieb müssen die Scheiben genau zylindrisch sein; außerdem ist die treibende Scheibe um e_1 (Abb. 164), die getriebene um e_2 gegen das Mittelkreuz zu verschieben.	
12		$\dfrac{\beta}{2}$	$\tan \dfrac{\beta}{2} = \dfrac{d}{2\,a}$	
13	Riemenlänge beim Winkeltrieb (Leitrollentrieb)		Länge muß ausgemessen oder zeichnerisch ermittelt werden	**Winkeltrieb**
	D und d = Durchmesser der Scheiben, a = Achsabstand der Riemenscheiben, e = Zwischenraum zwischen Spannrolle und treibender Riemenscheibe, δ_1 und δ_2 = Neigungswinkel der Riementrums Abb. 482. Spannrollentrieb. Drehpunkt des schwenkbaren Systems der Spannrolle soll auf der Verbindungslinie $A-B$ liegen		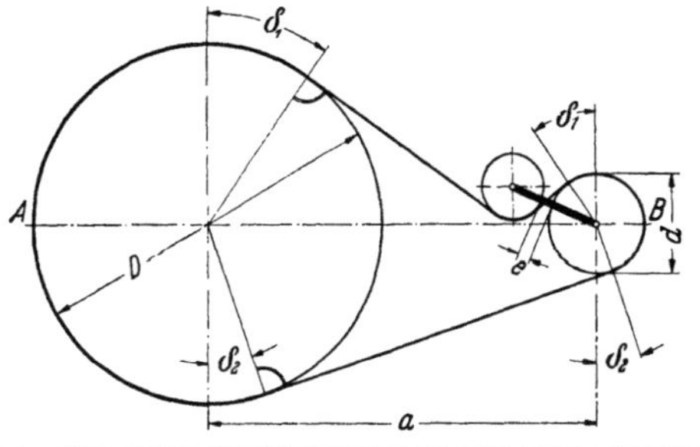	**Spannrollentrieb** Spannrollen nur in ungünstigen Fällen verwenden: bei sehr kleinen oder sehr großen Achsabständen, bei senkrechten Antrieben, großen Überlastungen, bei Übersetzungen bis $15:1$. Die Spannrolle soll möglichst groß, stets gerade zylindrisch sein.
14	Riemenlänge beim Spannrollentrieb (Angenäherte Gleichung)	L	$L = \pi D \left(\dfrac{180^\circ + \delta_1 + \delta_2}{360^\circ} \right) + \pi d \left(\dfrac{180^\circ + \delta_1 - \delta_2}{360^\circ} \right) + a (\cos \delta_1 + \cos \delta_2)$	

Fortsetzung von Berechnungstafel 4. (Vgl. dazu S. 108)

Zeile	Berechnungsgröße	Zeichen	Formel	Riemenlage
15	Neigungswinkel	δ_1	$\sin\delta_1 = \dfrac{D+d}{2a}$	Ist L_o=Riemenlänge des offenen Triebes, L_g=Riemenlänge des gekreuzten Triebes, so kann man für den Spannrollentrieb angenähert rechnen: $L \approx \frac{1}{2}(L_o + L_g)$.	gedreht oder geschliffen und nicht zu nah an einer Scheibe angeordnet sein.
16		δ_2	$\sin\delta_2 = \dfrac{D-d}{2a}$		

Übersetzung: Diese soll möglichst nicht über $i = 5:1$ bzw. $i = 1:5$ betragen. Darüber hinaus ist der Einbau einer Spannrolle erforderlich. Bei Spannrollentrieb geht man bis $i = 15:1$ bzw. $i = 1:15$. **Achsabstand:** Offener Trieb bei schmalem Riemen $a \geqq 2D$, bei breitem Riemen $a \geqq 4D$. Gekreuzter Trieb $a \geqq 20b$ (b = Riemenbreite). Halbgekreuzter Trieb $a \geqq 20b$ (nach GEHRKENS) bzw. $a \geqq 10\sqrt{bD}$ (nach VÖLKERS). **Riemenverbindung:** Die nach den obigen Gleichungen berechneten Riemenlängen sind theoretische Werte ohne Zugabe für Vernähen, Verleimen oder Verkitten. Bei einfachen Lederriemen rechnet man mit einer Überlappung von 3mal Riemenbreite bzw. 15—20 cm, die der theoretischen Länge zuzuschlagen ist. **Riemenlänge:** Beim Winkel- und Spannrollentrieb ist es zweckmäßig, die Riemenlänge einer maßstäblichen Zeichnung zu entnehmen oder aber nach dem Zusammenbau der einzelnen Antriebselemente mit einem Bandmaß bzw. einer dehnungsfreien Schnur auszumessen. Eine allgemeingültige Berechnung läßt sich nicht aufstellen.

Berechnungstafel 5. *Berechnung von Riemenlängen (Keilriementrieb).* (Vgl. dazu S. 111)

D_m und d_m = Mittlere (wirksame) Scheibendurchmesser[1]; a = Achsabstand; α = Neigungswinkel des Riemens gegenüber gemeinschaftlicher Zentrale; β = Umschlingungswinkel. Endlose Keilriemen siehe DIN 2215 Blatt 1 und Blatt 2

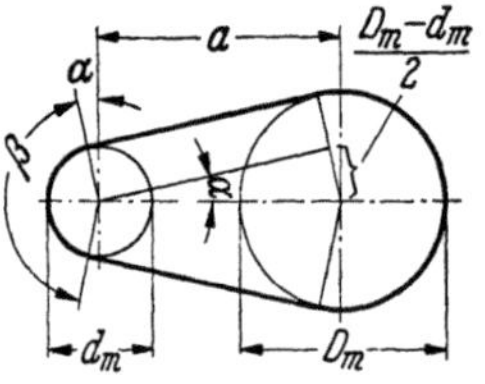

Abb. 483. Keilriementrieb nach DIN 2218

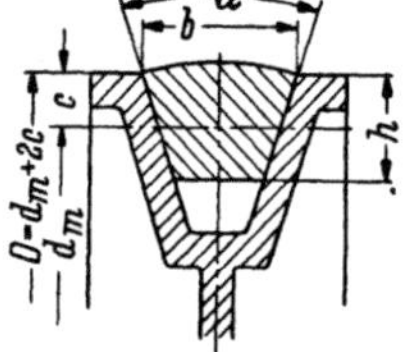

Rillenwinkel α [32°, 34°, 36°] vermindert sich mit abnehmendem Durchmesser d_m. Normale Scheiben haben je nach Profilgröße bis zu 8 bis 16 Rillen.

Abb. 484. Keilriemenscheibe, einrillig

Zeile	Berechnungsgröße	Zeichen	Formel	
1	Umschlingungswinkel (Genaue Gleichung)	β	$\cos\dfrac{\beta}{2} = \dfrac{D_m - d_m}{2a}$	Winkel β bezieht sich auf die kleinere Scheibe
2	Umschlingungswinkel (Angenäherte Gleichung)	β	$\beta = 180° - 60° \cdot \left(\dfrac{D_m - d_m}{a}\right)$	Zu Zeile 2: Brauchbar für Umschlingungswinkel von $\beta=180°$ bis 110°; bei kleineren Winkeln ist nach Zeile 1 zu rechnen
3	Neigungswinkel	α	$\sin\alpha = \dfrac{D_m - d_m}{2a}$	
4	Mittlere Riemenlänge (Genaue Gleichung)	L_m	$L_m = \left(\dfrac{d_m + D_m}{2}\right)\pi + 2a\sin\dfrac{\beta}{2} + \dfrac{\pi\,\alpha}{90°}\left(\dfrac{D_m - d_m}{2}\right)$	
5	Mittlere Riemenlänge (Angenäherte Gleichung)	L_m	$L_m = \left(\dfrac{d_m + D_m}{2}\right)\pi + 2a + \dfrac{(D_m - d_m)^2}{4a}$ Brauchbar für Umschlingungswinkel von $\beta=180°$ bis etwa 140°; bei kleineren Winkeln ist nach Zeile 4 zu rechnen	
6	Innenlänge (Genaue Gleichung)	L_i	$L_i = L_m - \pi h$	Innenlänge L_i ist der innere Umfang des neuen, noch nicht aufgelegten Riemens
7	Innenlänge (Angenäherte Gleichung)	L_i	$L_i = L_m - 2b$	
8	Außenlänge	L_a	$L_a = L_m + \pi h$	

$b =$	5	6	8	10	13	17	20	Breite	d. Keilriemens
$h =$	3	4	5	6	8	11	12,5	Höhe	
$\alpha = 35°$ bis $39°$								Keilwinkel	

[1] Die mittlere Riemenlänge L_m ist stets mit den mittleren (wirksamen) Durchmessern d_m und D_m zu berechnen. Es ist zu beachten, daß die Bestellänge bei *Schmalkeilriemen* nach DIN 7753 gleich der Außenlänge L_a ist, während die Bestellänge bei *Normalkeilriemen* nach DIN 2215 gleich der Innenlänge L_i ist. Durch Änderung des Verhältnisses Breite/Höhe von 1 (DIN 2215) auf 1,2 (DIN 7859) kommt man beim Schmalkeilriemen mit weniger Sorten und bei gleicher Leistung mit geringeren Abmessungen (Rillentiefe, Mindestdurchmesser, Breite der Riemenscheiben) aus als beim Normalkeilriemen.

Fortsetzung von Berechnungstafel 5. (Vgl. dazu S. 111)

Zeile	Berechnungsgröße	Zeichen	Formel	
9	Achsabstand (Berechnet aus Z. 5)	a	$a = \dfrac{1}{8}\left(\sqrt{u^2 - 8\,(D_m - d_m)^2} - u\right)$ darin ist: $u = \pi\,(D_m + d_m) - 2\,L_m$	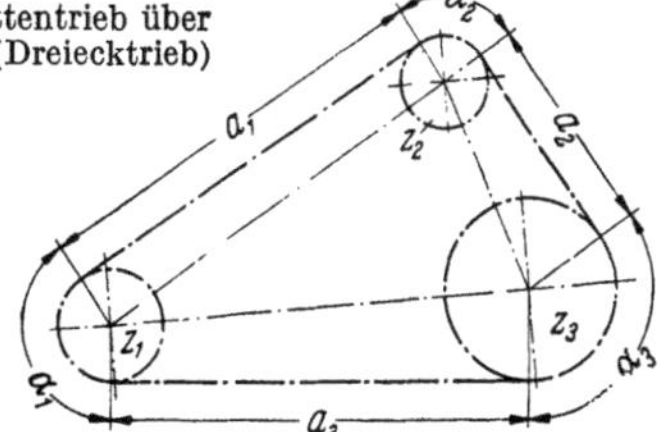 Abb. 485. Endloser Keilriemen nach DIN 2215
10	Kleiner mittlerer Scheibendurchmesser (berechnet aus Z. 5)	d_m	$d_m = D_m - a\,\pi + \sqrt{a\,[4\,(L_m - 2\,a - \pi\,D_m) + a\,\pi^2]}$	
11	Großer mittlerer Scheibendurchmesser (berechnet aus Z. 5)	D_m	$D_m = d_m - a\,\pi + \sqrt{a\,[4\,(L_m - 2\,a - \pi\,d_m) + a\,\pi^2]}$	

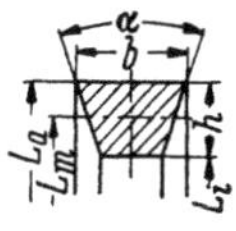

Anmerkung: Zu Zeile 4 und 5: Die gefundene mittlere Riemenlänge ist den normalen Riemenlängen nach DIN 2215, Bl. 1 u. 2 anzupassen; diese Anpassung kann durch Durchmesserausgleich (Zeile 10 und 11) oder Änderung des Achsabstandes (Zeile 9) erreicht werden. Zu Zeile 9: Empfehlenswerter Achsabstand $a \approx D_m + 3c$. Der Achsabstand soll sich so verändern lassen, daß man den Riemen spannungslos auflegen und um mindestens 4% der mittleren Riemenlänge nachspannen kann. Um im Betriebe die nötige Vorspannung des Riemens zu haben, ist der Achsabstand für eine um 0,5 bis 1% größere als die wirkliche mittlere Riemenlänge zu bestimmen. Nach DIN 2217 gehören zu $b = 5, 6, 8, 10, 13, 17, 20$ die Werte $c = 1,5, 2, 2,5, 3, 4, 5, 6$. Vielfach üblich ist die Angabe der Innen- bzw. Außenlänge, insbesondere als Liefermaß. Die Innenlänge wird im Herstellerwerk am ungespannten neuen Riemen gemessen. Mit ihr ist es nur mittelbar möglich, den Keilriementrieb für gegebene Achsabstände, Scheibendurchmesser und Vorspannungen auszulegen. Keilriemen, die in großer Stückzahl in Sondertrieben laufen, werden in *Meßvorrichtungen* (Längenmeßmaschine) vermessen, die den Einbauverhältnissen angepaßt sind [24].

Berechnungstafel 6. *Berechnung von Kettenlängen.* (Vgl. dazu S. 113)

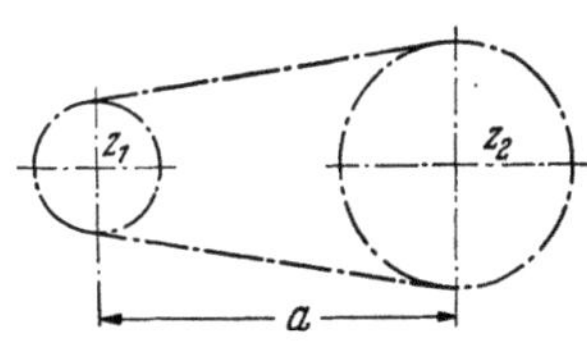

Abb. 486. Kettentrieb über zwei Räder

Abb. 487. Kettentrieb über drei Räder (Dreiecktrieb)

Zum Ausgleich der *Kettenlängung* sei ein Kettenrad um etwa $2\,t$ nachstellbar. Senkrecht übereinander liegende Kettenräder sind zu vermeiden.

Zeile	Berechnungsgröße	Zeichen	Formel
1	Kettenlänge bei Kettentrieben über zwei Räder [Ausgedrückt in Anzahl der Kettenglieder]	X	$X = 2\dfrac{a}{t} + \dfrac{z_1 + z_2}{2} + \left(\dfrac{z_2 - z_1}{2\,\pi}\right)^2 \dfrac{t}{a}$ X = Anzahl der Kettenglieder, a = Achsabstand in mm, a/t = Achsabstand, ausgedrückt durch Teilungen, t = Kettenteilung (Sehnenteilung) in mm, z_1 = Zähnezahl des kleinen Kettenrades (Antriebszähnezahl), z_2 = Zähnezahl des großen Kettenrades (Abtriebszähnezahl)
2	Länge der Kette [mm]	L	$L = X\,t$ — Die Sollängen L der Ketten ergeben sich durch Multiplikation der Gliederzahl X mit der Kettenteilung t als untere absolute Nennlänge.
3	Achsabstand bei Kettentrieben über zwei Räder	a	$a = \dfrac{t}{4}\left[\left(X - \dfrac{z_1 + z_2}{2}\right) + \sqrt{\left(X - \dfrac{z_1 + z_2}{2}\right)^2 - 2\left(\dfrac{z_2 - z_1}{\pi}\right)^2}\right]$ Bedeutung der Kurzzeichen siehe Zeile 1
4	Kettenlänge bei Kettentrieben über drei Räder (Zeichnerische Bestimmung)	X	Messen der Tangentenlängen a_1, a_2, a_3 sowie der Winkel $\alpha_1, \alpha_2, \alpha_3$ und Berechnen der Kreisbögen nach den Tabellenwerten des Einheitskreises, umgerechnet in die tatsächlich vorliegenden Werte der Teilkreisdurchmesser. Die Addition der Tangentenlängen a_1, a_2, a_3 und der Bogenlängen b_1, b_2, b_3 ergibt die Kettenlänge L. $L = a_1 + a_2 + a_3 + b_1 + b_2 + b_3$ Die gefundene Kettenlänge L, durch die Kettenteilung dividiert, ergibt die Anzahl der Kettenglieder. $X = \dfrac{L}{t}$ Vgl. Beispiel 138

Anmerkung: Zu Zeile 1: Die Anzahl der Glieder ist stets auf eine volle Gliedzahl zu *erhöhen*, damit keine Schwierigkeiten beim Auflegen der Kette entstehen. Möglichst gerade Gliederzahlen wählen, damit verkröpfte Glieder vermieden werden. Bei ganz kleinen Unterschieden ist eine Teilung zuzugeben. Zu Zeile 3: Mit der Forderung, daß der Umschlingungswinkel der Kette für das kleine Rad etwa 120° nicht unterschreiten soll, ergibt sich für Übersetzungsverhältnisse über 1:3,5 der Mindestabstand der Wellen für Triebketten zu $a_{min} = d_{k_2} + 0,5\, d_{k_1}$. Hierin bedeuten d_{k_1} und d_{k_2} die Kopfkreisdurchmesser des kleinen und großen Kettenrades. Zu Zeile 4: Vgl. Zeile 1.

Berechnungstafel 7. *Bestimmungsgrößen des Spitzgewindes (im Achsschnitt).* Vgl. dazu S. 136

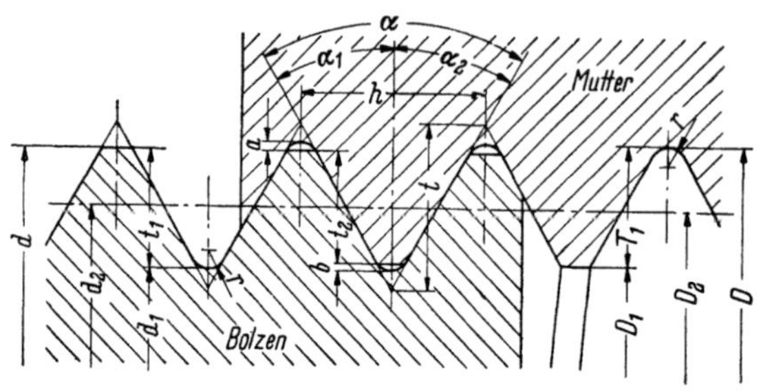

Abb. 488. Axialschnitt eines Gewindepaares (Bolzen und Mutter) mit symmetrischem Profil

Flankenwinkel α = Neigung der Gewindeflanken zueinander:

Metrisches Gewinde　$\alpha = 60°$
Whitworth-Gewinde　$\alpha = 55°$
Trapezgewinde　　　$\alpha = 30°$
Flachgewinde　　　　$\alpha = 0°$

Weitere Erläuterungen für Bolzen- und Muttergewinde s. S. 136 und Z. 1 bis 13 nachstehender Tafel

Zeile	Berechnungsgröße	Formel	Zeile	Berechnungsgröße	Formel
1	Teilflankenwinkel (Unsymmetrisches Profil)	In jedem Falle muß sein $\alpha_1 + \alpha_2 = \alpha$	8	Spitzenspiel im Außendurchmesser	$a = \dfrac{1}{2}\,(D - d)$
2	Teilflankenwinkel (Symmetrisches Profil)	$\alpha_1 = \alpha_2 = \dfrac{\alpha}{2}$	9	Spitzenspiel im Kerndurchmesser	$b = \dfrac{1}{2}\,(D_1 - d_1)$
3	Profilhöhe (Höhe des scharf ausgeschnitten gedachten Profildreiecks)	*Unsymmetrisches Profil* $t = \dfrac{h}{\tan\alpha_1 + \tan\alpha_2}$	10	Flankenspiel	$s = \dfrac{1}{2}\,(D_2 - d_2)$
4		*Symmetrisches Profil* $t = \dfrac{h}{2}\cot\dfrac{\alpha}{2}$	11	Flankendurchmesser $(d_2 = D_2)$	$d_2 = d - \dfrac{3}{8}\,h\cot\dfrac{\alpha}{2}$
5	Gewindetiefe (Höhe des tatsächlich ausgeschnittenen Profiles)	Bolzen $t_1 = \dfrac{1}{2}\,(d - d_1)$	12	Steigungswinkel (eingängiges Gewinde)	$\tan\varphi = \dfrac{h}{d_2\,\pi}$
6		Mutter $T_1 = \dfrac{1}{2}\,(D - D_1)$	13	Steigungswinkel (n-gängiges Gewinde)	$\tan\varphi = \dfrac{H}{d_2\,\pi}$
7	Tragtiefe (Überdeckung)	$t_2 = \dfrac{1}{2}\,(d - D_1)$			

(bezogen auf den Flankendurchmesser d_2 (Vgl. Abb. 211))

Berechnungstafel 8. *Maße für Fertigung und Aufbau von Trapezgewinden.* (Vgl. dazu S. 137)

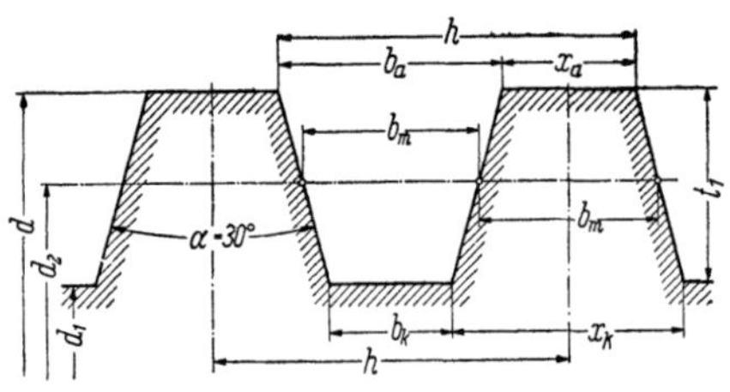

Abb. 489. Gewindebolzen mit Trapezgewinde

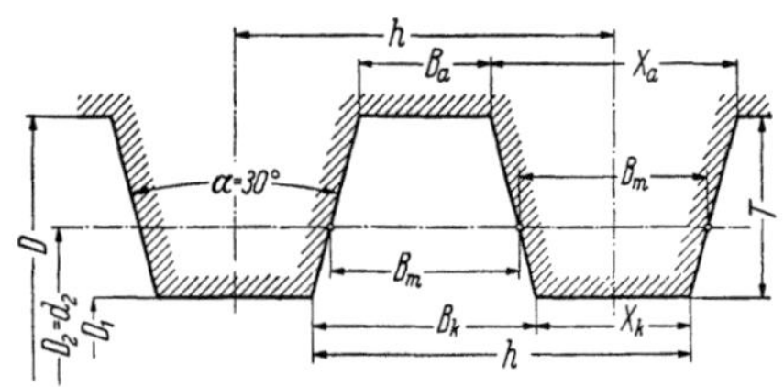

Abb. 490. Gewindemutter mit Trapezgewinde

Fortsetzung von Berechnungstafel 8. (Vgl. dazu S. 137)

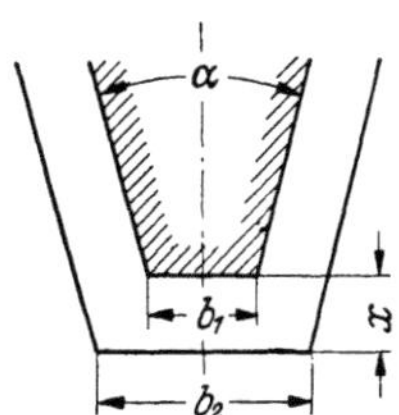

Abb. 491. Diamantverstellung beim Schleifen von Trapezgewinden

Die Breiten von Bolzen und Mutter im Achsschnitt sind nicht gleich. Die Profile des Bolzens unterscheiden sich somit von denen der Mutter. Läßt man den Spielraum zwischen Bolzen und Mutter außer acht, so ist: Außenbreite b_a des Bolzens gleich Kernbreite B_k der Mutter. Kernbreite b_k des Bolzens gleich Außenbreite B_a der Mutter. Die mittlere Breite b_m ist bei Bolzen und Mutter gleich ($b_m = B_m$). Bei Annahme von Spielraum (vgl. Z. 2 und 13) sind die Durchmesser d_1 und d für Bolzen und Mutter nicht gleich, ebenso ist die Breite b_a für Bolzen abweichend von B_k der Mutter.

Das Profil Abb. 492 und die Formeln der Zeilen 22 bis 26 gelten für alle genormten Trapezgewinde.

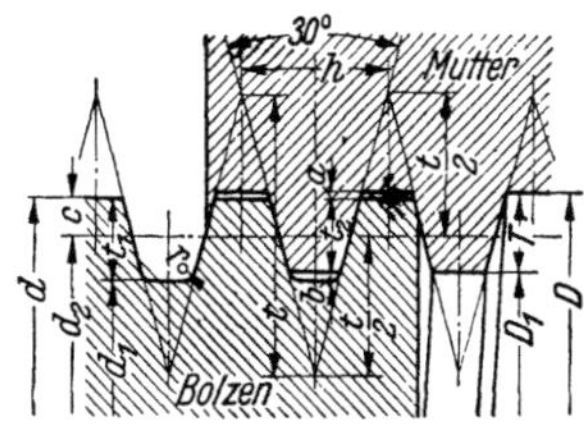

Abb. 492. Trapezgewinde DIN 103. Bolzen und Mutter miteinander verschraubt. Erläuterungen s. Z. 1, 2, 13 sowie 22 bis 33 nachstehender Tafel

Die Teillinie (Abb. 492) schneidet weder den Zahn noch die Zahnlücke in ihren Mitten, denn sie ist keine Symmetrielinie. Es stimmen also die Abmessungen für die Zahnlücke nicht mit den Abmessungen des Zahnes überein.

Zeile	Berechnungsgröße	Zeichen	Formel
1	Steigung	h	Aus Normblatt DIN 103, DIN 378, Blatt 1, 2 und DIN 379 entnehmen! „a" ist je nach Größe der Steigung h verschieden genormt; eine Übersicht gibt nebenstehende Tafel: <table><tr><td>$h =$</td><td>2—12</td><td>14—48</td><td>mm</td></tr><tr><td>$a =$</td><td>0,25</td><td>0,5</td><td>mm</td></tr></table>
2	Spitzenspiel (Abb. 492) (Spiel am Außendurchmesser)	a	
3	Lückenbreite am Bolzenkerndurchmesser d_1 (Einstechbreite)	b_k	$b_k = 0{,}5\,h\left(1 - \tan\frac{\alpha}{2}\right) - 2\,a\,\tan\frac{\alpha}{2}$
4			$b_k = \dfrac{0{,}683\,h - a}{1{,}866}$ — Gilt für Trapezgewinde mit $\alpha = 30°$ Flankenwinkel
5	Breite des Gewindeganges am Bolzenaußendurchmesser d	x_a	$x_a = 0{,}5\,h\left(1 - \tan\frac{\alpha}{2}\right)$
6			$x_a = 0{,}366\,h$ — Gilt für Trapezgewinde mit $\alpha = 30°$ Flankenwinkel
7	Lückenbreite am Bolzenaußendurchmesser d	b_a	$b_a = 0{,}5\,h\left(1 + \tan\frac{\alpha}{2}\right)$
8			$b_a = 0{,}634\,h$ — Gilt für Trapezgewinde mit $\alpha = 30°$ Flankenwinkel
9	Breite des Gewindeganges am Bolzenkerndurchmesser d_1	x_k	$x_k = 0{,}5\,h\left(1 + \tan\frac{\alpha}{2}\right) + 2\,a\,\tan\frac{\alpha}{2}$
10			$x_k = \dfrac{1{,}183\,h + a}{1{,}866}$ — Gilt für Trapezgewinde mit $\alpha = 30°$ Flankenwinkel
11	Breite des Gewindeganges am Flankendurchmesser d_2 (Mittenbreite)	b_m	$b_m = \dfrac{h}{2}$ — Mittenbreite b_m ist für Bolzen und Mutter gleich, also $b_m = B_m$
12	Nachzustellender Betrag für die Diamantverstellung beim Schleifen von Trapezgewinden (Abb. 491)	x	$x = \dfrac{b_2 - b_1}{2}\tan\left(45° + \dfrac{\alpha}{4}\right)$ — Für Trapezgewinde mit $\alpha = 30°$ Flankenwinkel gilt $x = 0{,}6516\,(b_2 - b_1)$
13	Grundspiel (Abb. 492) (Spiel am Kerndurchmesser)	b	Aus Normblatt DIN 103, DIN 378, Blatt 1, 2 und DIN 379 entnehmen! „b" ist je nach Größe der Steigung h verschieden genormt; eine Übersicht gibt nebenstehende Tafel: <table><tr><td>$h =$</td><td>2—4</td><td>5—12</td><td>14—48</td><td>mm</td></tr><tr><td>$b =$</td><td>0,5</td><td>0,75</td><td>1,5</td><td>mm</td></tr></table>

20*

Fortsetzung von Berechnungstafel 8. (Vgl. dazu S. 137)

Zeile	Berechnungsgröße	Zeichen	Formel	
14	Breite des Gewindeganges am Mutterkerndurchmesser D_1 (Gangbreite an der Kernbohrung)	X_k	$X_k = 0{,}5\,h \left(1 - \tan\dfrac{\alpha}{2}\right) - 2\tan\dfrac{\alpha}{2}(a-b)$	
15			$X_k = \dfrac{0{,}683\,h - a + b}{1{,}866}$	Gilt für Trapezgewinde mit $\alpha = 30°$ Flankenwinkel
16	Lückenbreite am Mutteraußendurchmesser D	B_a	$B_a = 0{,}5\,h \left(1 - \tan\dfrac{\alpha}{2}\right) - 2\,a\tan\dfrac{\alpha}{2}$	
17			$B_a = \dfrac{0{,}683\,h - a}{1{,}866}$	Gilt für Trapezgewinde mit $\alpha = 30°$ Flankenwinkel
18	Breite des Gewindeganges am Mutteraußendurchmesser D	X_a	$X_a = 0{,}5\,h \left(1 + \tan\dfrac{\alpha}{2}\right) + 2\,a\tan\dfrac{\alpha}{2}$	
19			$X_a = \dfrac{1{,}183\,h + a}{1{,}866}$	Gilt für Trapezgewinde mit $\alpha = 30°$ Flankenwinkel
20	Lückenbreite am Mutterkerndurchmesser D_1 (Lückenbreite an der Kernbohrung)	B_k	$B_k = 0{,}5\,h \left(1 + \tan\dfrac{\alpha}{2}\right) + 2\tan\dfrac{\alpha}{2}(a-b)$	
21			$B_k = \dfrac{1{,}183\,h + a - b}{1{,}866}$	Gilt für Trapezgewinde mit $\alpha = 30°$ Flankenwinkel
22	Dreieckshöhe (Spitzenhöhe)	t	$t = 1{,}866\,h$	
23	Gewindetiefe des Bolzens	t_1	$t_1 = 0{,}5\,h + a$	
24	Tragtiefe (Überdeckung)	t_2	$t_2 = 0{,}5\,h + a - b$	
25	Gewindetiefe der Mutter	T	$T = 0{,}5\,h + 2\,a - b$	
26	Abstand (Lage der Mittellinie)	c	$c = 0{,}25\,h = (d - d_2) : 2$	
27	Bolzenaußendurchmesser (Nenndurchmesser)	d	d aus Normblatt entnehmen	
28	Bolzenkerndurchmesser	d_1	$d_1 = d - 2\,t_1$	
29	Rundung am Kern des Bolzengewindes (Kraftgewinde)	r	$h = 2\text{--}12$ | $h = 14\text{--}48$ | mm $r = 0{,}25$ | $r = 0{,}5$ | mm	
30	Mutteraußendurchmesser	D	$D = d + 2\,a$	
31	Mutterkerndurchmesser	D_1	$D_1 = d - 2\,(T - a)$	
32	Flankendurchmesser für Bolzen u. Mutter $(d_2 = D_2)$	d_2	$d_2 = d - 0{,}5\,h$	
33	Flankenwinkel	α	$\alpha = 30°$	
34	Querschnitt der Zahnlücke der Gewindespindel Rundung r unberücksichtigt! [Vgl. Gl. (213)]	f	$f = 0{,}5\,t_1 \left(h - 2\,a\tan\dfrac{\alpha}{2}\right)$	$f =$ Querschnittsfläche im Achsschnitt
35			$f = 0{,}5\,t_1\,(h - 0{,}536\,a)$	Gilt für Trapezgewinde mit $\alpha = 30°$ Flankenwinkel
36	Querschnitt der Zahnlücke der Gewindemutter	f	$f = 0{,}5\,T \left(h - 2\,b\tan\dfrac{\alpha}{2}\right)$	$f =$ Querschnittsfläche im Achsschnitt
37			$f = 0{,}5\,T\,(h - 0{,}536\,b)$	Gilt für Trapezgewinde mit $\alpha = 30°$ Flankenwinkel

Die Zeilen 14–21 betreffen die **Gewindemutter**, die Zeilen 22–37 den **Aufbau des Gewindes**.

Zu Zeile 1: Für mehrgängige Trapezgewinde wird $h = \dfrac{H}{n}$, wobei $H =$ Steigung des n gängigen Gewindes [Gl. (294)]. Für Tr 48×24 (2gäng) wird $d = 48$, $H = 24$ und $h = \dfrac{24}{2} = 12$ mm.

Zur Prüfung muß sein:
$$b_a + x_a = h \quad \text{(Bolzengewinde)}$$
$$B_a + X_a = h \quad \text{(Muttergewinde)}$$

Anmerkung: Die Norm sieht nur mm-Steigungen vor. Für Trapezgewinde mit **Zollsteigungen** gelten die Gleichungen dieser Tafel ebenso. Werden Trapezgewinde als **Kraftgewinde** verwendet, so ist das Gewindeprofil im Kern der Spindel mit dem Halbmesser r auszurunden. Zwei-, drei- und **mehrgängige Gewinde** erhalten die zwei-, drei- oder mehrfache Steigung mit dem der einfachen Steigung entsprechenden Gewindeprofil.

Fortsetzung von Berechnungstafel 8. (Vgl. dazu S. 137)

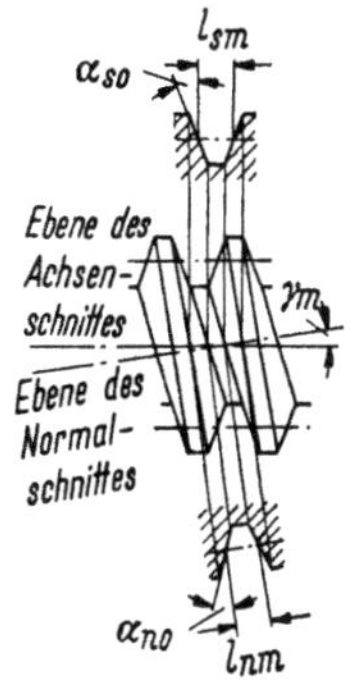

Zeile		Zeichen	Formel	
38		α_{n_0}	$\tan\alpha_{n_0} = \tan\alpha_{s_0}\cos\gamma_m$	Ausbildung des scheibenförmigen Gewindefräsers (Einzelfräser): Das Fräserprofil entspricht dem Umriß des Gewindes, senkrecht zum Gewindegang gemessen (Normalschnitt). Ist das Gewindeprofil im Achsschnitt maßbestimmend, so muß der Fräser korrigiert werden. Es bedeutet: α_{n_0} = halber Flankenwinkel des Gewindeprofils im Normalschnitt (in der Ebene senkrecht zum Gewindegang gemessen), α_{s_0} = halber Flankenwinkel des Gewindeprofils im Achsschnitt, γ_m = Mittensteigungswinkel = mittlerer Steigungswinkel des zu fräsenden Gewindes, l_{nm} = Lückenweite im Normalschnitt am Mittenkreisdurchmesser, l_{sm} = Lückenweite im Achsschnitt am Mittenkreisdurchmesser.
39	Normal- und Stirnschnitt	α_{s_0}	$\tan\alpha_{s_0} = \dfrac{\tan\alpha_{n_0}}{\cos\gamma_m}$	
40		l_{nm}	$l_{nm} = l_{sm}\cos\gamma_m$	
41		l_{sm}	$l_{sm} = \dfrac{l_{nm}}{\cos\gamma_m}$	

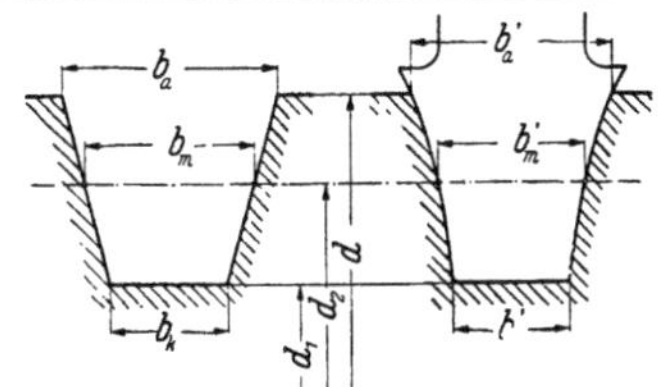

Abb. 493.
Beziehungen zwischen
Normal- und Stirnschnitt

Berechnungstafel 9. *Steigungswinkel eines Gewindes, bezogen auf Außen-, Flanken- und Kerndurchmesser*
Da jedem Punkt des Gewindeprofiles ein bestimmter Durchmesser zugeordnet ist, ergeben sich verschiedene, dem jeweiligen Durchmesser entsprechende Steigungswinkel. Vgl. Abb. 354

Zeile	Berechnungsgröße		Zeichen	Formel (Vgl. dazu S. 241)		
1	Steigungswinkel bezogen auf den (Vgl. auch Z. 12 und 13, B.T. 7)	Außendurchmesser	φ_a	$\tan\varphi_a = \dfrac{h}{d\,\pi}$	Bolzengewinde	φ_a = Steigungswinkel, bezogen auf den Außendurchmesser des Bolzengewindes [°], h = Gewindesteigung [mm], d = Außendurchmesser des Bolzengewindes [mm], φ_m = Steigungswinkel, bezogen auf den Flankendurchmesser des Bolzengewindes [°], d_2 = Flankendurchmesser des Bolzengewindes [mm], φ_k = Steigungswinkel, bezogen auf den Kerndurchmesser des Bolzengewindes [°], d_1 = Kerndurchmesser des Bolzengewindes [mm], φ_A = Steigungswinkel, bezogen auf den Außendurchmesser des Muttergewindes [°], D = Außendurchmesser des Muttergewindes [mm], φ_M = Steigungswinkel, bezogen auf den Flankendurchmesser des Muttergewindes [°], D_2 = Flankendurchmesser des Muttergewindes [mm], φ_K = Steigungswinkel, bezogen auf den Kerndurchmesser des Muttergewindes [°], D_1 = Kerndurchmesser des Muttergewindes [mm]
2		Flankendurchmesser	φ_m	$\tan\varphi_m = \dfrac{h}{d_2\,\pi}$		
3		Kerndurchmesser	φ_k	$\tan\varphi_k = \dfrac{h}{d_1\,\pi}$		
4		Außendurchmesser	φ_A	$\tan\varphi_A = \dfrac{h}{D\,\pi}$	Muttergewinde	
5		Flankendurchmesser	φ_M	$\tan\varphi_M = \dfrac{h}{D_2\,\pi}$		
6		Kerndurchmesser	φ_K	$\tan\varphi_K = \dfrac{h}{D_1\,\pi}$		

Bei mehrgängigen Gewinden ist für die Steigung $H = n \cdot h$ statt h in die Formel für die Steigungswinkel einzusetzen.

Berechnungstafel 10. *Breiten des schräggestellten Gewindemeißels (Trapezgewinde).* Vgl. dazu S. 173

Abb. 494 und 495. Trapezgewinde, *Bolzen im Achs- und Normalschnitt*

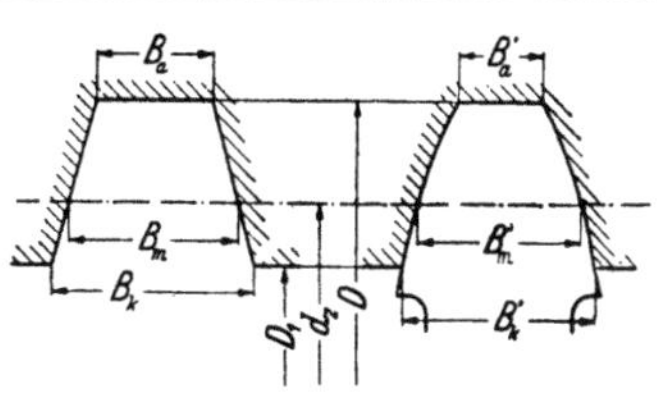

Abb. 496 und 497. Trapezgewinde, *Mutter im Achs- und Normalschnitt*

Die Abweichungen von der Geraden sind stark übertrieben gezeichnet; vgl. auch Anmerkung zu dieser Tafel

Meißelbreite	Zeile	Bolzengewinde (Abb. 495)	Zeile	Muttergewinde (Abb. 497)
		Für Steigungswinkel bis etwa 10°		
Außen	1	$b_a' = b_a\,\dfrac{\cos\varphi_a}{\cos(\varphi_m - \varphi_a)}$	8	$B_a' = B_a\,\dfrac{\cos\varphi_A}{\cos(\varphi_M - \varphi_A)}$

Fortsetzung von Berechnungstafel 10. (Vgl. dazu S. 173)

Meißelbreite	Zeile	Bolzengewinde (Abb. 495)	Zeile	Muttergewinde (Abb. 497)
Flanken (Mitte)	2	$b'_m = b_m \dfrac{\cos \varphi_m}{\cos (\varphi_m - \varphi_m)}$	9	$B'_m = B_m \dfrac{\cos \varphi_M}{\cos (\varphi_M - \varphi_M)}$
	3	$b'_m = b_m \cos \varphi_m$	10	$B'_m = B_m \cos \varphi_M$
Kern (Innen)	4	$b'_k = b_k \dfrac{\cos \varphi_k}{\cos (\varphi_m - \varphi_k)}$	11	$B'_k = B_k \dfrac{\cos \varphi_K}{\cos (\varphi_M - \varphi_K)}$

Für Steigungswinkel über 10°

Außen	5	$b'_a = \dfrac{b_a}{\cos \varphi_m (1 + \tan \varphi_m \tan \varphi_a)}$	12	$B'_a = \dfrac{B_a}{\cos \varphi_M (1 + \tan \varphi_M \tan \varphi_A)}$
Flanken (Mitte)	6	$b'_m = \dfrac{b_m}{\cos \varphi_m (1 + \tan \varphi_m \tan \varphi_m)}$	13	$B'_m = \dfrac{B_m}{\cos \varphi_M (1 + \tan \varphi_M \tan \varphi_M)}$
Kern (Innen)	7	$b'_k = \dfrac{b_k}{\cos \varphi_m (1 + \tan \varphi_m \tan \varphi_k)}$	14	$B'_k = \dfrac{B_k}{\cos \varphi_M (1 + \tan \varphi_M \tan \varphi_K)}$

Die Zeilen 1 bis 14 gelten für den Fall, daß die Meißelschneide senkrecht zur mittleren Schraubenlinie steht. Steht die Meißelschneide senkrecht zur inneren oder äußeren Schraubenlinie, so ist in den obigen Gleichungen im Nenner φ_k oder φ_a bzw. φ_K oder φ_A an Stelle von φ_m bzw. φ_M zu setzen.

b_a' bzw. $B_a' =$ Meißelbreite am Außendurchmesser des Bolzen- bzw. Muttergewindes [mm], b_a bzw. B_a = Profilbreite am Außendurchmesser des Bolzen- bzw. Muttergewindes [mm], φ_a bzw. φ_A = Steigungswinkel der Schraubenlinie am Außendurchmesser des Bolzen- bzw. Muttergewindes [°], φ_m bzw. φ_M = Steigungswinkel der Schraubenlinie am Flankendurchmesser des Bolzen- bzw. Muttergewindes [°], b_m' bzw. $B_m' =$ Meißelbreite am Flankendurchmesser des Bolzen- bzw. Muttergewindes [mm], b_m bzw. B_m = Profilbreite am Flankendurchmesser des Bolzen- bzw. Muttergewindes [mm], b_k' bzw. $B_k' =$ Meißelbreite am Kerndurchmesser des Bolzen- bzw. Muttergewindes [mm], b_k bzw. B_k = Profilbreite am Kerndurchmesser des Bolzen- bzw. Muttergewindes [mm], φ_k bzw. φ_K = Steigungswinkel der Schraubenlinie am Kerndurchmesser des Bolzen- bzw. Muttergewindes [°].

Anmerkung: Die Zeilen 1 bis 14 gelten auch für das Flachgewinde (nicht genormt!), da man es als Trapezgewinde mit einem Flankenwinkel von 0° ansehen kann. Die Unterscheidung zwischen den Breiten b_a, b_m und b_k bzw. B_a, B_m und B_k im Achsschnitt fällt beim Flachgewinde gleichfalls fort. Sowohl das Trapezgewinde als auch das Flachgewinde wurden *ohne Spielraum* im Durchmesser zwischen Bolzen und Mutter angenommen. Bei Annahme von Spielraum sind die Durchmesser d_1 und d (Bolzen) sowie D_1 und D (Mutter) nicht gleich (vgl. B.T. 8); auch ist die Breite b_a für Bolzen abweichend von B_k der Mutter. Beim Trapezgewinde sind die Flanken des Profils beim Bolzen in der Regel nach innen gekrümmt (Abb. 495); sie können aber auch, je nach Größe des Flankenwinkels, nach außen gewölbt oder gerade sein. Bei der Mutter ergibt sich aber stets ein nach außen gebogenes Profil. Die Größe der Krümmung der Flanken ist meist sehr gering, so daß sie kaum von der Geraden abweicht. Die Meißelflanke kann also entweder geradlinig oder mit dem Krümmungskreis ausgeführt werden, der durch diese drei Punkte geht.

Berechnungstafel 11. *Beziehungen zwischen Diametralpitch, Circularpitch, Modul und Teilkreisdurchmesser*

Zeile	Berechnungsgröße	Zeichen	Einheit	Formel. (Vgl. dazu S. 149)		
1	Diametralpitch	p	$\dfrac{1}{\text{Zoll}}$	$p = \dfrac{\pi}{t_p} = \dfrac{1''}{m} = \dfrac{25,4}{m}$	$p = \dfrac{z}{d_0}$	Festwert: $\pi = 3,14$ Umrechnungsfaktor: $1'' = 25,4$ mm $\dfrac{1''}{\pi} = 8,09''$
2	Circularpitch	t_p	Zoll	$t_p = \dfrac{\pi}{p} = \dfrac{\pi m}{1''} = \dfrac{\pi m}{25,4}$	$t_p = \dfrac{d_0 \pi}{z}$	Vielfache von $\pi = 3,1415927$ siehe Tafel 9.6, Nr. 1, S. 356
3	Modul	m	mm	$m = \dfrac{1''}{p} = \dfrac{1'' t_p}{\pi}$	$m = \dfrac{d_0}{z}$	Diametral- und Circularpitchreihe siehe Zeilen 19 und 20, Berechnungstafel 19, S. 320
4	Teilkreisdurchmesser für Zahnräder	d_0	Zoll	$d_0 = \dfrac{z}{p} = \dfrac{z t_p}{\pi}$	Teilkreisdurchmesser in mm vgl. B.T. 20, Z. 24	
	Vergleich der *Verzahnungssysteme*					
5	Modulsystem			Die Durchmesserteilung d_0/z wird als genormte, möglichst ganze Zahl vorgeschrieben:	$m = \dfrac{d_0 \,[\text{mm}]}{z} = 1,\ 1,5,\ 2 \ldots$	

Fortsetzung von Berechnungstafel 11. (Vgl. dazu S. 149)

Zeile	Berechnungsgröße		Formel
6	Diametral-pitchsystem	Das umgekehrte Verhältnis, die Zähnezahl je Einheit des in Zoll gemessenen Teilkreisdurchmessers wird als kennzeichnende genormte Größe gewählt:	$p = \dfrac{z}{d_0\,[\text{Zoll}]} = 1,\ 2,\ 3,\ 4 \ldots$
7	Circular-pitchsystem	Die Teilung wird unmittelbar gestuft:	$t_p = 1/16'',\ 1/8'',\ 3/16'' \ldots$

Anmerkung: Mit Diametralpitch (Durchmesserteilung) wird die Anzahl Zahnteilungen auf $1''$ Länge des Teilkreisdurchmessers bezeichnet. Mit Circularpitch (Umfangsteilung) wird die Länge einer Zahnteilung in Zoll auf dem Teilkreisumfang bezeichnet. Bei der Zahnstange, die dem abgewickelten Umfange des Zahnrades gleichzusetzen ist, wird Diametralpitch gleich der Anzahl Teilungen, die auf die Länge von $\pi \cdot 1'' = \pi'' = 3,14''$ entfällt. (Setzt man $3,14''$ angenähert $3^1/_8''$ oder genauer $3^9/_{64}''$ und mißt durch Anlegen eines Zollstabes an die Zahnstange die Zahl der Zähne auf $3^1/_8''$, so erhält man den gewünschten Diametralpitch). Vgl. auch Fußnote S. 149.

Berechnungstafel 12. *Formeln für die Wechselräderberechnung an Gewindeschleifmaschinen*
(Herbert Lindner G.m.b.H., Berlin); Wechselrädersätze s. Maschinentafel 3, S. 358. Vgl. dazu S. 177

Zeile	Wechselräder (Abb. 245) für		FS 20	FS 3	FS 30
1	Gewinde-steigung	Metrisch (h)	$u_w = \dfrac{a\,c}{b\,d} = \dfrac{6\,h}{25,4}$ * oder $u_w = \dfrac{a\,c}{b\,d} = \dfrac{6\,h}{25,4 \cdot 12}$ **		$u_w = \dfrac{a\,c}{b\,d} = \dfrac{6\,h}{25,4}$
2		Zoll $\left(\dfrac{1''}{\text{Gangzahl}}\right)$	$u_w = \dfrac{a\,c}{b\,d} = \dfrac{6}{Gg/1''}$ * oder $u_w = \dfrac{a\,c}{b\,d} = \dfrac{6}{Gg/1'' \cdot 12}$ **		$u_w = \dfrac{a\,c}{b\,d} = \dfrac{6}{Gg/1''}$
3		(Achs-)Modul ($m\,\pi$)	$u_w = \dfrac{a\,c}{b\,d} = \dfrac{6\,m\,\pi}{25,4} = \dfrac{3 \cdot 94\,m}{4 \cdot 95}$ * oder $u_w = \dfrac{6\,m\,\pi}{25,4 \cdot 12} = \dfrac{94\,m}{16 \cdot 95}$ **		$u_w = \dfrac{6\,m\,\pi}{25,4} = \dfrac{3 \cdot 94\,m}{4 \cdot 95}$
4	Steigungskorrektur „K" auf 25 mm Länge		$u_{wk} = \dfrac{a\,c}{b\,d} = \dfrac{25 \pm K}{K} \begin{bmatrix} 25 + K \text{ für } u_w > 1 \\ 25 - K \text{ für } u_w < 1 \end{bmatrix}$		
5	Nutenzahl „n" beim Hinterschleifen von Werkzeugen		$u_{w1} = \dfrac{a_1\,c_1}{b_1\,d_1} = \dfrac{1}{6}\,n$	kein Hinter-schliff	$u_{w1} = \dfrac{a_1\,c_1}{b_1\,d_1} = \dfrac{1}{6}\,n$
6	Hinterschleifen von drallgenuteten Werkzeugen [H = Drallsteigung; h = Gewindesteigung]		$u_{w2} = \dfrac{a_2\,c_2}{b_2\,d_2} = \dfrac{252\,h}{H}$ *** * oder $u_{w2} = \dfrac{a_2\,c_2}{b_2\,d_2} = \dfrac{21\,h}{H}$ **	kein Aus-gleich-ge-triebe	$u_{w2} = \dfrac{a_2\,c_2}{b_2\,d_2}$ *** $u_{w2} = \dfrac{252\,h}{H}$

* Hebelstellung: Normale Steigung (bis 6 mm). ** Hebelstellung: Hohe Steigung (über 6 mm). *** Bei gegenläufiger Gangrichtung von Gewinde und Drallnut bei 4 Wechselrädern 1 Zwischenrad, bei 6 Wechselrädern kein Zwischenrad verwenden. Bei gleichläufiger Gangrichtung von Gewinde und Drallnut bei 4 Wechselrädern 2 Zwischenräder, bei 6 Wechselrädern 1 Zwischenrad verwenden.

Berechnungstafel 13. *Bestimmungsgrößen bei Kegelberechnungen.* (Vgl. dazu S. 179)

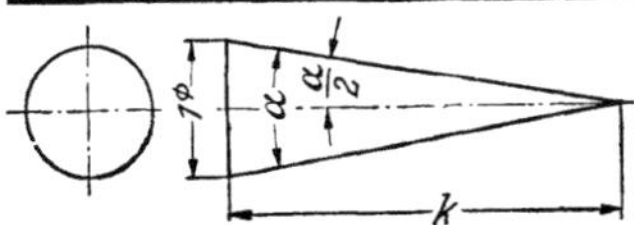

Abb. 498. Kegel. „**Kegel 1 : k**" [DIN 254] bedeutet: Auf die Länge k [mm] verjüngt sich der Kegel im Durchmesser um 1 [mm] [k ist die Länge, für die $D - d = 1$]

Abb. 499. Kegelstumpf. **Verjüngung:** Bei einem Kegelstumpf mit dem großen Durchmesser D, dem kleinen Durchmesser d und der Länge l ist (nach DIN 254) unter Verjüngung das Verhältnis $(D - d) : l$ zu verstehen (vgl. Z. 10). α = Kegelwinkel = Winkel zwischen den Mantellinien eines Kegels, gemessen im Achsschnitt. $\alpha/2$ = Neigungswinkel = Winkel zwischen einer Mantellinie und der Kegelachse

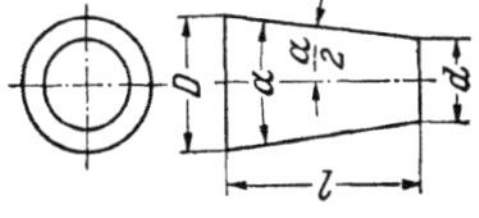

Fortsetzung von Berechnungstafel 13. (Vgl. dazu S. 179)

Zeile	Berechnungsgröße	Zeichen	Formel	Zeile	Berechnungsgröße	Zeichen	Formel
1	Großer Kegeldurchmesser[1]	D	$D = Vl + d$	11	Kegelverjüngung oder „Verjüngung" (Kegelangabe)	V	$V = 2 \tan \frac{\alpha}{2}$
2			$D = 2\,l \tan \frac{\alpha}{2} + d$	12			$V = 2N$
3	Kleiner Kegeldurchmesser	d	$d = D - Vl$	13	Neigung der Mantellinie zur Kegelachse (Neigungsangabe)	N	$N = \frac{D - d}{2\,l}$
4			$d = D - 2\,l \tan \frac{\alpha}{2}$	14			$N = \frac{1}{2} V = \frac{1}{2k}$
5	Kegellänge[2] [Abstand der beiden Durchmesser D und d]	l	$l = \frac{D - d}{V}$	15	Kegelverjüngung in Prozenten [%]	V [%]	$V\,[\%] = \frac{D - d}{l} 100$
6			$l = \frac{D - d}{2 \tan \frac{\alpha}{2}}$	16	Großer Kegeldurchmesser	D	$D = \frac{V\,[\%] \cdot l}{100} + d$
7			$l = \frac{D - d}{2} \cot \frac{\alpha}{2}$	17	Kleiner Kegeldurchmesser	d	$d = D - \frac{V\,[\%] \cdot l}{100}$
8	Halber Kegelwinkel $\frac{\alpha}{2}$ (= Einstellwinkel an der Bearbeitungsmaschine[3])	$\frac{\alpha}{2}$	$\tan \frac{\alpha}{2} = \frac{D - d}{2\,l}$	18	Kegellänge	l	$l = \frac{D - d}{V\,[\%]} 100$
9			$\tan \frac{\alpha}{2} = \frac{1}{2} V = \frac{1}{2k}$	19	Halber Kegelwinkel	$\frac{\alpha}{2}$	$\tan \frac{\alpha}{2} = \frac{V\,[\%]}{200}$
10	Kegelverjüngung oder „Verjüngung" (Kegelangabe)	V	$V = \frac{D - d}{l} = \frac{1}{k}$	20	Neigung der Mantellinie zur Kegelachse	N	$N = \frac{D - d}{2\,l} 100$

(Kegelverjüngung in Prozenten)

Prozente sind Hundertstel, also Brüche mit dem Nenner 100. Es bedeutet $V\,[\%] = \frac{V}{100}$. Vgl. nebenstehende Umrechnungsbeispiele a) bis c).

a) Kegelverjüngung $3 : 10 = 3 \frac{100}{10} = 30\%$ Konizität.

b) Kegelverjüngung $1 : 1^1/_3 = 1 \frac{100}{1{,}333} = 1 \frac{100 \cdot 3}{4} = 75\%$ Konizität.

c) Kegelverjüngung $7 : 19 = 7 \frac{100}{19} = 36{,}84\%$ Konizität.

Anmerkung: Um die Anzahl der für die Kegelherstellung und der für die Prüfung benötigten Werkzeuge, Lehren und Meßeinrichtungen einzuschränken, wird empfohlen, bei Neukonstruktionen nur die in DIN 254 (Begriffe und Vorzugswerte) aufgeführten Kegel zu verwenden. Die Norm bezieht sich auf Kegel mit kreisförmigem Querschnitt. Vgl. Beispiele 264 und 265

---

[1] Die großen Durchmesser der Kegel sind der Reihe der Normdurchmesser nach DIN 3 zu entnehmen. Ausgenommen sind diejenigen für Kegelstifte nach DIN 1, sowie für Schrauben, Niete und Morsekegel.

[2] Längen sind für Morsekegel, Werkzeugkegel 1:20 und Kegel 1:50 genormt.

[3] Bei Kegeln ist der halbe Kegelwinkel $\alpha/2$ anzugeben, auch wenn die Enddurchmesser D und d und die Länge des Kegels eingeschrieben sind.

Berechnungstafel 14. *Formeln für die Wechselräderberechnung an der Hinterdrehmaschine* (J. E. Reinecker, Maschinenbau G.m.b.H., Einsingen/Ulm). Vgl. dazu S. 205

Legende (Spalte "Gleichung"): u_w = Wechselräderverhältnis, a = Rad am Antriebsbolzen, b = Rad am Wechselradbolzen hinten, c = Rad am Wechselradbolzen vorn, d = Rad an der Leitspindel

Zeile	Gewinde	Gleichung für $u_w = \dfrac{a\,c}{b\,d}$ (Abb. 299)		Vorgelege	Schalthebel A
1	Zollgewinde [h = Gewindesteigung in Zoll]	$u_w = \dfrac{a\,c}{b\,d} = \dfrac{2\,h}{1}$			links
2		$u_w = \dfrac{a\,c}{b\,d} = \dfrac{h}{2}$		4 : 1	rechts
3		$u_w = \dfrac{a\,c}{b\,d} = \dfrac{h}{8}$		16 : 1	rechts
4	Metrisches Gewinde [h = Gewindesteigung in mm]	$u_w = \dfrac{a\,c}{b\,d} = \dfrac{10\,h}{127}$			links
5		$u_w = \dfrac{a\,c}{b\,d} = \dfrac{5\,h}{2 \cdot 127}$		4 : 1	rechts
6		$u_w = \dfrac{a\,c}{b\,d} = \dfrac{5\,h}{8 \cdot 127}$		16 : 1	rechts
7	Modulgewinde [m = (Achs-)Modul in mm]	$u_w = \dfrac{a\,c}{b\,d} = \dfrac{400\,m}{21 \cdot 77}$			links
8		$u_w = \dfrac{a\,c}{b\,d} = \dfrac{100\,m}{21 \cdot 77}$		4 : 1	rechts
9		$u_w = \dfrac{a\,c}{b\,d} = \dfrac{25\,m}{21 \cdot 77}$		16 : 1	rechts
10	Mehrgängige Gewinde [n = Gangzahl des zu schneidenden Gewindes; vgl. S. 135]	Rad a muß teilbar sein: 1. Ohne Vorgelege durch den Nenner des Bruches $1/n$			links
11		2. Mit Vorgelege 4:1 durch den Nenner des Bruches $4/n$		4 : 1	rechts
12		3. Mit Vorgelege 16:1 durch den Nenner des Bruches $16/n$		16 : 1	rechts
13	Mehrgängige Gewinde [z_b = Anzahl der Zähne, um die Wechselrad b beim Teilen gegenüber Wechselrad a verdreht werden muß a = Zähnezahl des Wechselrades a n = Gangzahl des zu schneidenden Gewindes]	1. Mit oder ohne Vorgelege [gültig für den ganzen Drehzahlbereich n = 1,5—208 1/min]	$z_b = \dfrac{a}{n}$		links
14		2. Mit Vorgelege 4 : 1 [gültig für den Drehzahlbereich 18,4—52 1/min]	$z_b = 4\,\dfrac{a}{n}$	4 : 1	rechts
15		3. Mit Vorgelege 16 : 1 [gültig für den Drehzahlbereich 1,5—13 1/min]	$z_b = 16\,\dfrac{a}{n}$	16 : 1	rechts

Berechnungstafel 15. *Fräsen von Zapfen an Wellen.* (Vgl. dazu S. 207)

Form	Zeile	Genaue Formel		Angenäherte Formel	
Abb. 500. *Zweikant* symmetrische Form	1	$D = s + 2t$		Geometrische Beziehungen zwischen S, s und D (Abb. 500):	
	2	$s = D - 2t$	Bezeichnungen in den Abb. 500 bis 507	a) Sehnenlänge $\quad S = \sqrt{D^2 - s^2}$ b) Schlüsselweite $\quad s = \sqrt{D^2 - S^2}$ c) Durchmesser des Umkreises $\quad D = \sqrt{S^2 + s^2}$	
	3	$t = \dfrac{D - s}{2}$	D = Eckenmaß = Durchmesser des Zapfens (Durchmesser des Umkreises), s = Schlüsselweite, d = Durchmesser des Inkreises, h = Abstand der Vieleckspitze von der Gegenseite, t = Frästiefe. Bezeichnung einer Schlüsselweite von $s = 22$ mm: SW 22. Siehe auch **Berechnungstafel 39.**	Schlüsselweiten für Zweikante siehe Zeilen 12 bis 15 dieser Tafel.	
Abb. 501. *Dreikant* gleichseitig spitze Form	4	$D = \dfrac{4h}{3}$		$D = 2d$	$D \approx 1,333\,h$
	5	$d = \dfrac{2h}{3}$		$d = 0,5\,D$	$d \approx 0,667\,h$
	6	$h = \dfrac{3d}{2}$		$h = 0,75\,D$	$h = 1,5\,d$
	7	$t = \dfrac{h}{3}$		$t = 0,25\,D$	$t \approx 0,333\,h$
Abb. 502. *Dreikant* gleichseitig stumpfe Form	8	Nebenstehende Formeln (Zeilen 8 bis 11) gelten nur unter Zugrundelegung des Verhältnisses $h:D = 0,77$. Dieses Verhältnis ist gültig für übliche Dreikante gleichseitig stumpfer Form.		$D \approx 1,85\,d$	$D \approx 1,3\,h$
	9			$d \approx 0,54\,D$	$d \approx 0,7\,h$
	10	$s_1 = \sqrt{3}\left(h - \dfrac{D}{2}\right) - \sqrt{h(D-h)}$; Mit $h = 0,77\,D$ folgt:		$h \approx 0,77\,D$	$h \approx 1,43\,d$
	11	$s_1 \approx 0,047\,D$		$t \approx 0,23\,D$	$t \approx 0,3\,h$
Abb. 503. *Vierkant* quadratisch spitze Form	12	$D = s\sqrt{2}$	Bei Vierkanten und Vierkantlöchern für Spindeln, Handräder und Kurbeln, ist DIN 79 anzuwenden. Vierkante für Werkzeuge sind nach DIN 10 zu bestimmen.	$D \approx 1,414\,s$	**DIN 475 Schlüsselweiten.** Für alle Zwei-, Vier-, Sechs- und Achtkante, auch wenn sie nicht durch Schlüssel bedient werden, gelten die Schlüsselweiten (Nennmaß) $s = 3 - 3,5 - 4 - 4,5 - 5 - 5,5 - 6 - 7 - 8 - 9 - 10 - 11 - 12 - 14 - 17 - 19 - 22 - 24 - 27 - 30 - 32 - 36 - 41 - 46 - 50$. Bezeichnung einer Schlüsselweite von $s = 24$ mm: SW 24.
	13	$s = \dfrac{D\sqrt{2}}{2}$		$s \approx 0,707\,D$	
	14	$t = \dfrac{D(2 - \sqrt{2})}{4}$		$t \approx 0,146\,D$	
	15	$t = \dfrac{s(\sqrt{2} - 1)}{2}$		$t \approx 0,207\,s$	
Abb. 504. *Vierkant* quadratisch stumpfe Form	16	$s_1 = \dfrac{\sqrt{2}}{2}\left(s - \sqrt{D^2 - s^2}\right)$		$D \approx 1,30\,s$	Nebenstehende Formeln gelten nur unter Zugrundelegung des Verhältnisses $s:D = 0,77$. Dieses Verhältnis ist gültig für übliche Vierkante quadratisch stumpfer Form.
	17	Das Maß für die Sehne s_1 kann nach dieser Gleichung bei allen Vierkanten quadratisch stumpfer Form bei gegebener Schlüsselweite s und gegebenem Übereckmaß D berechnet werden; mit $s = 0,77\,D$ folgt:		$s \approx 0,77\,D$	
	18	$s_1 \approx 0,093\,D$		$t \approx 0,16\,s$	
	19			$t \approx 0,12\,D$	

Fortsetzung von Berechnungstafel 15. (Vgl. dazu S. 207)

Form	Zeile	Genaue Formel		Angenäherte Formel		
Abb. 505. *Fünfkant* gleichseitig spitze Form	20	$D = \dfrac{2\,h}{1 + \cos 36°}$	Statt $\cos 36°$ kann auch $\sin 54°$ oder $0{,}25\,(\sqrt{5}+1)$ gesetzt werden; es ist $\cos 36° = \sin 54° = 0{,}25\,(\sqrt{5}+1) = 0{,}8090$	$D \approx 1{,}106\,h$	$D \approx 1{,}236\,d$	
	21	$d = D \cos 36°$		$d \approx 0{,}809\,D$	$d \approx 0{,}889\,h$	
	22	$h = \dfrac{D}{2}\,(1 + \cos 36°)$		$h \approx 0{,}905\,D$	$h \approx 1{,}118\,d$	
	23	$t = \dfrac{D}{2}\,(1 - \cos 36°)$		$t \approx 0{,}096\,D$	$t \approx 0{,}119\,d$	$t \approx 0{,}106\,h$
Abb. 506. *Sechskant* gleichseitig spitze Form	24	$D = \dfrac{2\,s\,\sqrt{3}}{3}$	Schlüsselweiten für Sechskante siehe Z. 12 bis 15 dieser Tafel.	$D \approx 1{,}155\,s$	Soll z. B. ein Wellenende ein Zweikant (Ausgeflächter Zapfen (Abb. 508) zum Festhalten oder auch zum Drehen erhalten, so kann man die Abflachungen nicht allein durch die Hauptansicht festlegen, sondern erst in Verbindung mit der Seitenansicht erkennt man, ob die Schlüsselflächen groß genug sind. Abb. 500 bis 507 zeigen jeweils die Seitenansichten.	
	25	$s = \dfrac{D\,\sqrt{3}}{2}$		$s \approx 0{,}866\,D$		
	26	$t = \dfrac{D\,(2 - \sqrt{3})}{4}$		$t \approx 0{,}067\,D$		
	27	$t = \dfrac{s\,(2\sqrt{3} - 3)}{6}$		$t \approx 0{,}077\,s$		
Abb. 507. *Achtkant* gleichseitig spitze Form[1]	28	$D = \dfrac{s}{\cos 22° 30'}$	Schlüsselweiten für Achtkante siehe Zeilen 12 bis 15 dieser Tafel.	$D \approx 1{,}082\,s$		
	29	$s = D \cos 22° 30'$		$s \approx 0{,}924\,D$		
	30	$t = \dfrac{D}{2}\,(1 - \cos 22° 30')$		$t \approx 0{,}038\,D$		
	31	$t = \dfrac{s}{2}\left(\dfrac{1}{\cos 22° 30'} - 1\right)$		$t \approx 0{,}041\,s$		Abb. 508. Zweikant in zwei Ansichten

[1] Für das n-Kant (gleichseitig spitze Form) von s [mm] Schlüsselweite berechnet sich der Durchmesser D [mm], auf den die Welle vor dem Anfräsen der Flächen zu drehen ist nach der Gleichung $D = s : \cos\left(\dfrac{180°}{n}\right)$. Sinngemäß der Zeilen 29 bis 31 folgt die Schlüsselweite zu $s = D \cos\left(\dfrac{180°}{n}\right)$, die Frästiefe zu $t = \dfrac{D}{2}\left[1 - \cos\left(\dfrac{180°}{n}\right)\right]$ oder $t = \dfrac{s}{2}\left[\dfrac{1}{\cos\left(\dfrac{180°}{n}\right)} - 1\right]$. Um Zeit zu sparen und trigonometrische Berechnungen zu vermeiden, bedient man sich zur Berechnung von D und s der Tafeln über Halbmesser ($D = 2\,R$ und $s = 2\,r$) regelmäßiger Vielecke; vgl. Berechnungstafel 39.

Anmerkung: Nach DIN 475 (Schlüsselweiten) beträgt das *Eckenmaß* beim Zweikant (2 kt, Abb. 500) $= d$, beim Vierkant (4 kt, Abb. 503) $= e_1$, beim Vierkant (4 kt, Abb. 504) $= e_2$, beim Sechskant (6 kt, Abb. 506) $= e_3$, beim Achtkant (8 kt, Abb. 507) $= e_5$.

Berechnungstafel 16. *Fräsen von Schneidzähnen (Fräserverzahnungen).* (Vgl. dazu S. 249)

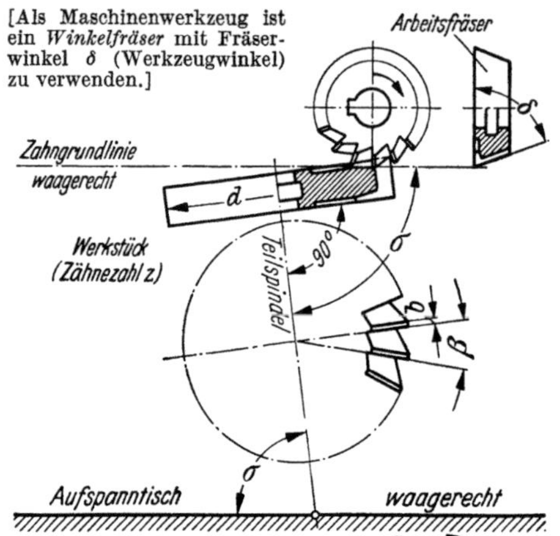

[Als Maschinenwerkzeug ist ein *Winkelfräser* mit Fräserwinkel δ (Werkzeugwinkel) zu verwenden.]

b = Schneidfasenbreite., d = Fräserdurchmesser, z = Fräserzähnezahl, δ = Winkelgrad des Arbeitsfräsers, γ = Winkelgrad des zu verzahnenden Fräsers

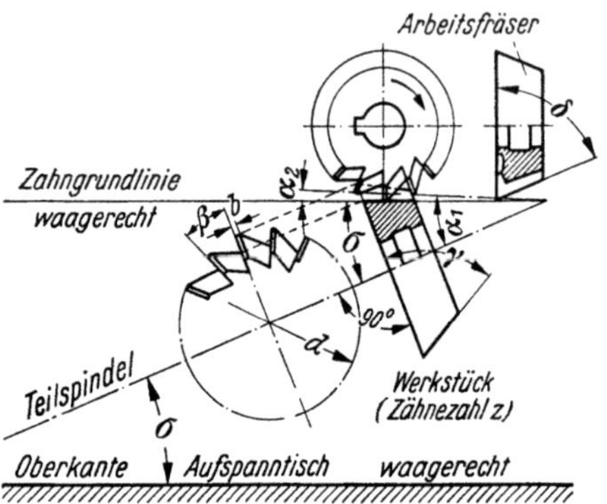

Abb. 509. Einstellung der Teilspindel zum Fräsen von Zähnen an **Stirnflächen**

Abb. 510. Einstellung der Teilspindel zum Fräsen von Zähnen an **Kegelflächen**

Lage der Verzahnung	Zeile	Berechnungsgröße	Zeichen	Formel	
Verzahnen der **zylindrischen** **Mantelfläche** (Abb. 511)	1	Teilwinkel (Zähnezahl = z)	β	$\beta = \dfrac{360°}{z}$	
	2	Hilfswinkel	β_1	$\beta_1 = \dfrac{360° \, b}{d\,\pi}$	
	3		β_2	$\beta_2 = \beta - \beta_1$	
	4		ε	$\varepsilon = 90° - \dfrac{\beta_2}{2}$	
	5	Sehne	s	$s = \dfrac{d \sin \beta_2}{2 \sin \varepsilon}$	
	6	Einzustellende Frästiefe	h	$h = \dfrac{s \sin (\delta + \varepsilon)}{\sin \delta}$	
Verzahnen der **ebenen** Fläche[1] (Abb. 377 und 509)	7	Einstellwinkel der Teilspindel gegen die Waagerechte[2]	σ	$\cos \sigma = \tan \beta \cot \delta$	Teilwinkel $\beta = \dfrac{360°}{z}$
	8	Zahngrundneigungswinkel (Abb. 512)	α	$\sin \alpha = \tan \beta \cot \delta$	
Verzahnen der **kegeligen** Fläche (Abb. 510)	9	Hilfswinkel	α_1	$\tan \alpha_1 = \cos \beta \cot \gamma$	
	10		α_2	$\sin \alpha_2 = \tan \beta \cot \delta \sin \alpha_1$	
	11	Einstellwinkel der Teilspindel gegen die Waagerechte	σ	$\sigma = \alpha_1 - \alpha_2$ [vgl. auch Gl. (358)]	

Abb. 511. Berechnung der Frästiefe beim Verzahnen der Mantelfläche eines Scheibenfräsers

Abb. 512. Einstellwinkel der Teilspindel gegen die Waagerechte; vgl. auch Abb. 382.

Die Fasenbreite b kann bei Scheiben- und Walzenfräsern mit 0,4 bis 1 mm gewählt werden, je nach Größe des Durchmessers und des Zahnes.

[1] Seitenstirnverzahnung; vgl. auch Berechnungstafel 17.
[2] Die Teilspindel ist von der waagerechten bis zur senkrechten Lage in jede Zwischenstellung schwenkbar. Das Schwenken der Spindel erfolgt nach einer außen am Teilkopfkörper angebrachten Teilung mit Nonius auf 6 Min. Einstellung. Vgl. auch Abb. 382.

Berechnungstafel 17. *Fräsen von Stirnzähnen mit verschiedenen Fräsern.* (Vgl. dazu S. 252)

Zeile	Zeichen	Form der Verzahnung	Maschinenwerkzeug
		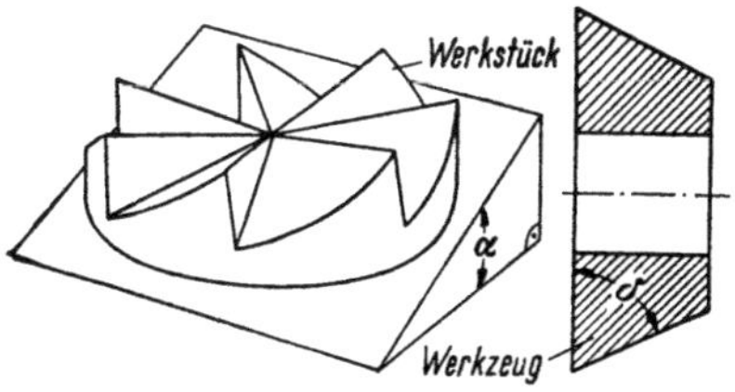 Abb. 513. Form A (Werkzeugwinkel δ)	**Winkelfräser** für Werkzeuge mit gefrästen Zähnen, Ausführung A für gerade Spannuten. Bezeichnung eines Winkelfräsers (A) von Durchmesser $d_1 = 50$ mm, Breite $b = 12$ mm und Winkel $\delta = 70°$ rechtsschneidend: *Winkelfräser A 50 × 12 × 70° rechts DIN 1823* (Werkzeugwinkel δ wird nach DIN 1823 mit α bezeichnet)
1	α	$\sin\alpha = \tan\left(\dfrac{360°}{z}\right)\cot\delta$	
		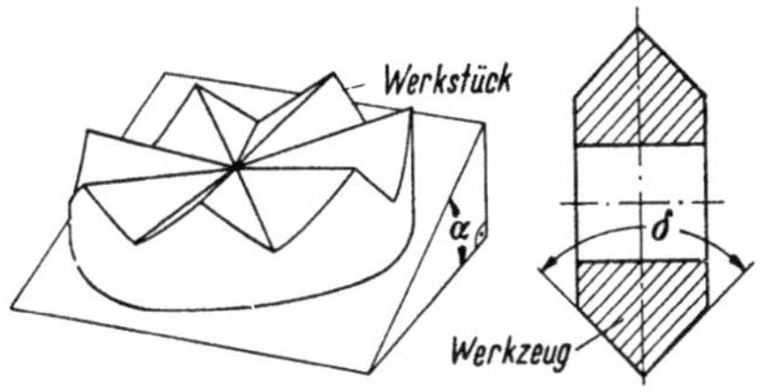 Abb. 514. Form B $\left(\text{Werkzeugwinkel } \delta = \dfrac{\delta}{2} + \dfrac{\delta}{2}\right)$	**Prismenfräser.** Bezeichnung eines Prismenfräsers mit Fräserwinkel $\delta = 60°$ von Durchmesser $d_1 = 56$ mm, Werkzeugtyp N (für allgemeine Baustähle, weichen Grauguß, mittelharte Nichteisenmetalle nach DIN 1836): *Prismenfräser 60°/56 N DIN 847* (Werkzeugwinkel δ wird nach DIN 847 mit α bezeichnet)
2	α	$\sin\alpha = \tan\left(\dfrac{180°}{z}\right)\cot\delta$	
		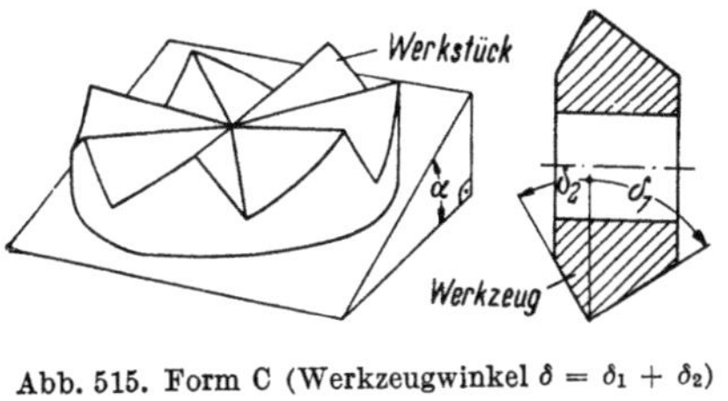 Abb. 515. Form C (Werkzeugwinkel $\delta = \delta_1 + \delta_2$)	**Winkelfräser** für Werkzeuge mit gefrästen Zähnen, Ausführung B für Spannuten mit Drall. Bezeichnung eines Winkelfräsers (B) von Durchmesser $d_1 = 50$ mm, Breite $b = 12$ mm und Winkel $\alpha = \delta_1 + \delta_2 = 70°$ rechtsschneidend: *Winkelfräser B 50 × 12 × 70° rechts DIN 1823*
3	α	$\sin\alpha = 0{,}5\left[\sqrt{(\cot\delta_1 + \cot\delta_2)^2\cot^2\left(\dfrac{180°}{z}\right) + 4\cot\delta_1\cot\delta_2} - (\cot\delta_1 + \cot\delta_2)\cot\left(\dfrac{180°}{z}\right)\right]$	

Abb. 513 bis 515. Verzahnen einer ebenen Fläche (Zylinderstirnfläche) mit Winkel- und Prismenfräser; es bedeuten:

$$\alpha = \text{Zahngrundneigungswinkel}$$
$$z = \text{Zähnezahl des Werkstückes}$$

Anmerkung: Die Stirnzähne der Werkstücke Abb. 513 bis 515 laufen gegen die Achse zusammen. Die Stirnenden der Zähne sind scharf. Die Annahme von zunächst scharfen Zähnen ist für die Ableitung der Gleichungen zur Berechnung des Zahngrundneigungswinkels einfacher. Um die Stirnenden der Zähne mit einheitlicher Breite (Fasenbreite) zu versehen ist es praktisch hinreichend genau, die Frästiefe zu verringern. Damit erhalten die Verzahnungen von Stirnfräsern auf den ebenen, senkrecht zur Achse liegenden Flanken eine Spannute mit veränderlicher Tiefe und eine Fase mit gleichbleibender Breite. Beim Fräsen derartiger Zahnformen ist die Teilspindel unter dem Winkel $\sigma = (90° - \alpha)$ schrägzustellen, so daß der Zahngrund gleichlaufend zur Tischebene liegt (Abb. 512).

Berechnungstafel 18. *Fräsen von Spitzzähnen (Sperradverzahnung)*

Zeile	Berechnungsgröße	Zeichen	Formel (vgl. dazu S. 263)	Form der Verzahnung
1	Teilungswinkel (Zentriwinkel)	α	$\alpha = \dfrac{360°}{z}$ $\qquad$ $z = \text{Zähnezahl}$ Maßgebend für die Wahl von z ist der zulässige Drehwinkel (Teilungswinkel α) von Zahn zu Zahn	In den Abb. 516 bis 521 bedeuten: $d_k = $ Kopfkreisdurchmesser, $d_f = $ Fußkreisdurchmesser, $d_h = $ Hilfskreisdurchmesser (Abb. 520 und 521) 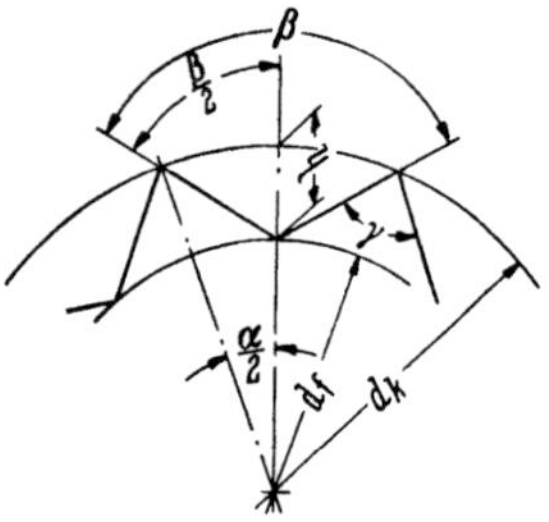
2	Zahnwinkel	γ	$\gamma = \beta - \dfrac{360°}{z}$	
3			$\beta = \gamma + \dfrac{360°}{z}$	
4	Werkzeugwinkel	β	$\tan\dfrac{\beta}{2} = \dfrac{\sin\left(\dfrac{180°}{z}\right)}{\cos\left(\dfrac{180°}{z}\right) - \dfrac{d_f}{d_k}}$	
5	Fußkreisdurchmesser	d_f	$d_f = \dfrac{d_k \sin\left(\dfrac{\beta}{2} - \dfrac{180°}{z}\right)}{\sin\dfrac{\beta}{2}}$	**Abb. 516.** Sperrad mit Spitzverzahnung. Als Maschinenwerkzeug ist ein *Prismenfräser* mit Fräserwinkel β (Werkzeugwinkel) zu verwenden
6			$d_f = \dfrac{d_k \sin\dfrac{\gamma}{2}}{\sin\dfrac{\beta}{2}}$	
7	Zahnhöhe = Frästiefe	h	$h = \dfrac{d_k - d_f}{2}$ (radial)	
8			Es sind zu berechnen Teilungswinkel α nach Z. 1, Zahnwinkel γ nach Z. 2, Werkzeugwinkel β nach Z. 3, Zahnhöhe = Frästiefe h nach Z. 7 dieser Tafel	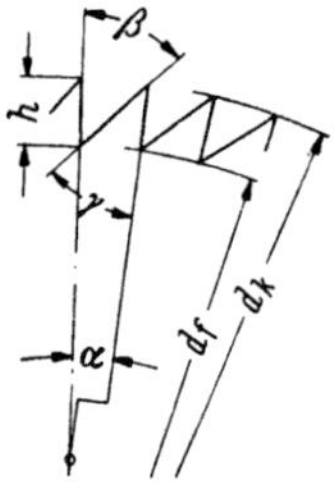
9	Fußkreisdurchmesser	d_f	$d_f = \dfrac{d_k \sin\left(\beta - \dfrac{360°}{z}\right)}{\sin\beta}$	**Abb. 517.** Sperrad mit Sägeverzahnung. Als Maschinenwerkzeug ist ein *Winkelfräser* mit Fräserwinkel β (Werkzeugwinkel) zu verwenden
10			$d_f = \dfrac{d_k \sin\gamma}{\sin\beta}$	
11			Es sind zu berechnen Teilungswinkel α nach Z. 1, Zahnwinkel γ nach Z. 2, Werkzeugwinkel β nach Z. 3, Zahnhöhe = Frästiefe h nach Z. 7 dieser Tafel	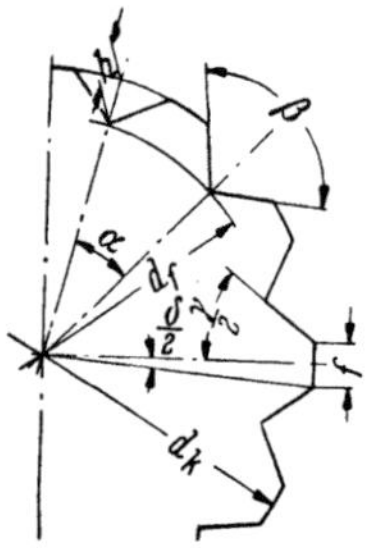
12	Zahndickenwinkel für die Breite des Zahnrückens	δ	$\sin\dfrac{\delta}{2} = \dfrac{f}{d_k}$	
13			$\delta \approx \dfrac{f \cdot 180°}{d_k\,\pi}$	
14	Fußkreisdurchmesser	d_f	$d_f = \dfrac{d_k \sin\left(\dfrac{\gamma}{2} + \dfrac{\delta}{2}\right)}{\sin\dfrac{\beta}{2}}$	**Abb. 518.** Sperrad mit Einkerbungen (Bedingungen wie bei Abb. 516)

Fortsetzung von Berechnungstafel 18. (Vgl. dazu S. 263)

Zeile	Berechnungsgröße	Zeichen	Formel	Form der Verzahnung
15	Es sind zu berechnen Teilungswinkel α nach Z. 1, Zahnwinkel γ nach Z. 2, Werkzeugwinkel β nach Z. 3 Zahnhöhe = Frästiefe h nach Z. 7 dieser Tafel			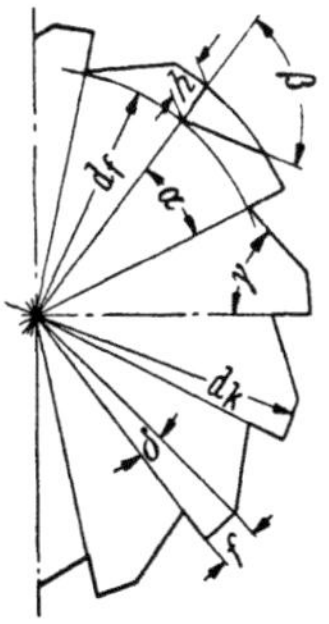
16	Zahndickenwinkel für die Breite f des Zahnrückens	δ	$\sin \dfrac{\delta}{2} = \dfrac{f}{d_k}$	
17			$\delta \approx \dfrac{f \cdot 360°}{d_k \pi}$	
18	Fußkreisdurchmesser	d_f	$df = \dfrac{d_k \sin(\gamma + \delta)}{\sin \beta}$	Abb. 519. Sperrad mit radialen Zahnflanken (Bedingungen wie bei Abb. 417)
19	Flankenrichtungswinkel	γ	$\sin \gamma = \dfrac{d_h}{d_k}$ [für $d_h = 0{,}3\, d_k$ wird $\sin \gamma = 0{,}3$]	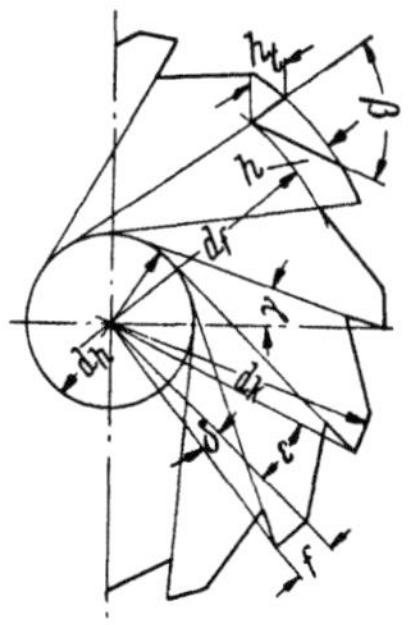
20	Zahndickenwinkel für die Zahnkopfdicke f	δ	$\sin \dfrac{\delta}{2} = \dfrac{f}{d_k}$	
21	Zentriwinkel	ε	$\varepsilon = \dfrac{360°}{z} - \delta$	
22	Zahnhöhe = Frästiefe (tangential)	h_t	$h_t = \dfrac{d_k \sin \dfrac{\varepsilon}{2} \cos\left(\beta + \gamma - \dfrac{\varepsilon}{2}\right)}{\sin \beta}$	Abb. 520. Sperrad mit nichtradialen Zahnflanken. Die Zahnflanke ist im Winkel γ zur Radialrichtung zurückstehend (Bedingungen wie bei Abb. 417)
23	Zahnhöhe = Frästiefe (radial)	h	$h = \dfrac{d_k - d_f}{2}$	
24	Teilungswinkel (Zentriwinkel)	α	$\alpha = \dfrac{360°}{z}$ \qquad $z = $ Zähnezahl	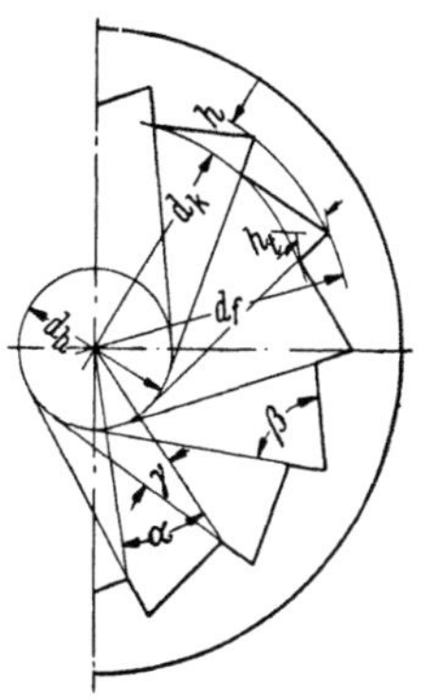
25	Flankenrichtungswinkel	γ	$\sin \gamma = \dfrac{d_h}{d_k}$ \qquad Üblich im Maschinenbau $\gamma = 17°$ bis $30°$	
26	Hilfskreisdurchmesser	d_h	$d_h = d_k \sin(45° - \gamma)$	
27	Zahnhöhe = Frästiefe (tangential)	h_t	$h_t = \dfrac{d_k \sin \dfrac{\alpha}{2} \cos\left(\beta + \dfrac{\alpha}{2} - \gamma\right)}{\sin \beta}$	Abb. 521. Sperrad mit Innenverzahnung (Bedingungen wie bei Abb. 417)
28	Zahnhöhe = Frästiefe (radial)	h	$h = \dfrac{d_f - d_k}{2}$	

Berechnungstafel 19. *Abmessungen der Zahnform nach DIN 867.* (Vgl. dazu S. 264)

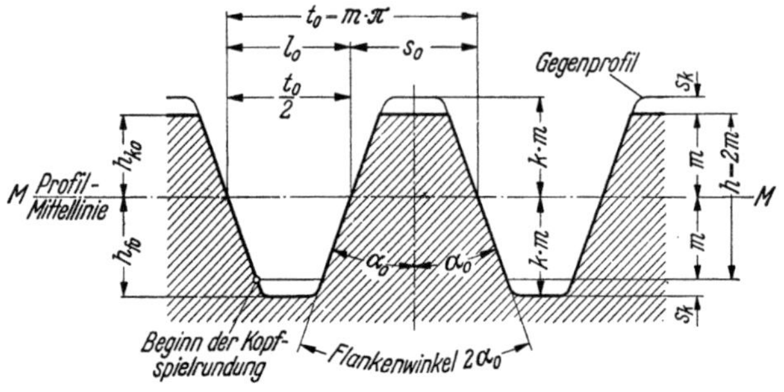

Abb. 522. Das genormte Bezugsprofil (DIN 867) mit Gegenprofil.

Mit diesem genormten Zahnstangenprofil, dem „Bezugsprofil", läßt sich jedes normgerecht hergestellte Zahnrad zum Eingriff bringen. Das Bezugsprofil kann als Normallehre für Zahnräder, Werkzeuge und Meßgeräte betrachtet werden. Das Gegenprofil zum Normalprofil der Planverzahnung ist das Bezugsprofil für die Verzahnwerkzeuge der Stirnräder. *Bezugsprofil für Stirnräder* mit Evolventenverzahnung siehe DIN 867, *Bezugsprofile von Verzahnwerkzeugen* für Evolventenverzahnungen nach DIN 867 siehe DIN 3972. Der Kopfkreis des Zahnrades wird vom Verzahnwerkzeug nicht bearbeitet, die Zahndicke richtet sich nach den Anforderungen der jeweiligen Bearbeitungsstufe. Nach DIN 3972 sind vier Bezugsprofile (I, II, III und IV) der Verzahnwerkzeuge festgelegt. Die Evolvente als Zahnflanke geht in eine Gerade über, die zur Profilmitte MM unter dem Eingriffswinkel $\alpha_0 = 20°$ geneigt ist.

Zeile	Berechnungsgröße	Zeichen	Formel
1	Eingriffswinkel	α_0	$\alpha_0 = 20°$ (= halber Flankenwinkel)
			Alte Verzahnungswerkzeuge $\alpha_0 = 15°$. DIN 867 (größte Verbreitung) $\alpha_0 = 20°$. Maag-Verzahnung (große Verbreitung) $\alpha_0 = 15°$. Amerikanische Verzahnung (in Europa selten) $\alpha_0 = 14^1/_2°$. Beim Geradstirnrad ist der Eingriffswinkel α_0 derjenige Pressungswinkel, dessen Scheitel auf dem Teilkreis liegt (Abb. 407). Der Pressungswinkel α ist der spitze Winkel zwischen einer Tangente an das Zahnprofil und dem Mittelpunktsstrahl durch den Berührpunkt.
2	Zahnkopfhöhe	h_{k0}	$h_{k0} = y\,m$ y = Zahnhöhenfaktor; m = Modul. **Norm ist $y = 1{,}0$.** Die Kopfhöhe wird von der Profilmittellinie aus gemessen. Normalverzahnung $h_{k0} = m$ (größte Verbreitung). Hochverzahnung $h_{k0} > m$ (selten, für geräuscharme Getriebe). Stumpfverzahnung $h_{k0} < m$, z. B. $y = 0{,}8$ (selten, für schwere Antriebe)
3			$h_{k0} = 1{,}0\,m$
4	Kopfspiel (= Abstand des Kopfkreises eines Rades vom Fußkreis seines Gegenrades)	S_k	$S_k = p\,m = h - h_g$ p = Kopfspielkennwert. **Norm ist $p = 0{,}2$.** Das Kopfspiel ist abhängig vom Herstellungsverfahren und von Sonderbedürfnissen, mindestens $s_k = 0{,}1\,m$
5			$S_k = 0{,}1\,m$ bis $0{,}3\,m$
6	Kopfspielrundung	r	Die Kopfspielrundung beginnt dort, wo das Gegenprofil aufhört (Form der Rundung ist abhängig vom Herstellungsverfahren).
7	Zahnfußhöhe	h_{f0}	$h_{f0} = k\,m$ k = Fußhöhenkennwert. **Norm ist $k = 1{,}2$.** Die Zahnfußhöhe wird von der Profilmittellinie aus gemessen. Bei Null-Rädern (vgl. S. 267) ist die Zahnfußhöhe h_{f0} gleich der Zahnkopfhöhe h_{kw0} der Werkzeuge. Bei V-Rädern unterscheiden sich die Zahnfußhöhe h_{f0} der Zahnräder und die Zahnkopfhöhe h_{kw0} der Werkzeuge um das Maß der Profilverschiebung (vgl. B.T. 31).
8			$h_{f0} = 1{,}0\,m + S_k$
9			$h_{f0} = (1{,}0 + p)\,m$
10	Gemeinsame Zahnhöhe [= Summe der (von den Wälzkreisen aus gemessenen) Kopfhöhen der beiden Stirnräder]	h_g	$h_g = 2\,y\,m$ Falls y vom genormten Werte $y = 1$ (DIN 867) abweicht. Bei Schrägstirnrädern wird die gemeinsame Zahnhöhe h_g mit dem Zahnhöhenfaktor y auf den Normalmodul m_n bezogen; es ist $h_g = 2\,y\,m_n$. Berechnung der Größe h_g der Zustellung für die Verzahnmaschinen bei abweichender Bearbeitungszugabe oder bei Zahndicken-Abmaßen zur Erreichung bestimmter Flankenspiele für die Bezugsprofile I bis IV siehe DIN 3972.
11			$h_g = 2\,m$
12	Teilkreisteilung	t_0	$t_0 = \dfrac{d_0\,\pi}{z} = m\,\pi$ t_0 = Abstand zweier gleichgerichteter Flanken auf einer Parallelen zur Profilmittellinie (Umfangsteilung)

Fortsetzung von Berechnungstafel 19. (Vgl. dazu S. 264)

Zeile	Berechnungsgröße	Zeichen	Formel	
13	Modul	m	$m = \dfrac{t_0}{\pi}$	Modulreihe für Zahnräder nach DIN 780 siehe Zeile 18 [Modul = Durchmesserteilung] Einem Vielfachen oder Bruchteil des Moduls entspricht dasselbe Vielfache oder derselbe Bruchteil der Teilung
14	Zahndicke	s_0	$s_0 = \dfrac{t_0}{2} = \dfrac{m\,\pi}{2}$	Gemessen auf der Profilmittellinie $M{-}M$, jedoch ohne Flankenspiel.
15	Lückenweite	l_0	$l_0 = \dfrac{t_0}{2} = \dfrac{m\,\pi}{2}$	Zahndicke $=$ Lückenweite $= \dfrac{t_0}{2}$. Es muß sein: $t_0 = s_0 + l_0$
16	Zahnkopfhöhe des Werkzeuges	$h_{k\,w_0}$	$h_{k\,w_0} = h_{f_0} = 1{,}0\,m + S_k = (1{,}0 + p)\,m = k\,m$ Die Zahnkopfhöhe des Werkzeuges entspricht der Zahnfußhöhe des Zahnrades	
17	Zahnfußhöhe des Werkzeuges	$h_{f\,w_0}$	$h_{f\,w_0} > 1{,}0\,m$	Die Zahnfußhöhe des Werkzeuges muß größer sein als die Zahnkopfhöhe des Zahnrades, damit der Fuß des Werkzeuges beim Verzahnen nicht mitschneidet.

Zeile	Berechnungsgröße		Zeichen	Formel							
18	Modulreihe Für Zahnräder nach DIN 780 (Maße in mm)	Vgl. auch Berechnungstafel 11	m	0,3 0,4 0,5 0,6 0,7 0,8	0,9 1 1,25 1,5 1,75 2	2,25 2,5 2,75 3 3,25 3,5	3,75 4 4,5 5 5,5 6	6,5 7 8 9 10 11	12 13 14 15 16 18	20 22 24 27 30 33	36 39 42 45 50 55	60 65 70 75 — —
19	Diametralpitchreihe In den Ländern mit Zollsystem (Maße in 1/Zoll)		p	1 1,25 1,5 1,75	2 2,25 2,5 2,75	3 3,5 4 5	6 7 8 9	10 11 12 14	16 18 20 22	24 26 30 —	
20	Circularpitchreihe In den Ländern mit Zollsystem (Maße in Zoll)		t_p	$^1/_{16}$ $^1/_8$ $^3/_{16}$ —	$^1/_4$ $^5/_{16}$ $^3/_8$ $^7/_{16}$	$^1/_2$ $^9/_{16}$ $^5/_8$ $^{11}/_{16}$	$^3/_4$ $^{13}/_{16}$ $^7/_8$ $^{15}/_{16}$	1 $1^1/_{16}$ $1^1/_8$ $1^3/_{16}$	$1^1/_4$ $1^5/_{16}$ $1^3/_8$ $1^7/_{16}$	$1^1/_2$ $1^5/_8$ $1^3/_4$ $1^7/_8$	2 3 — —

Berechnungstafel 20. *Abmessungen bei Geradstirnrädern (Außenverzahnung).* (Vgl. dazu S. 267)

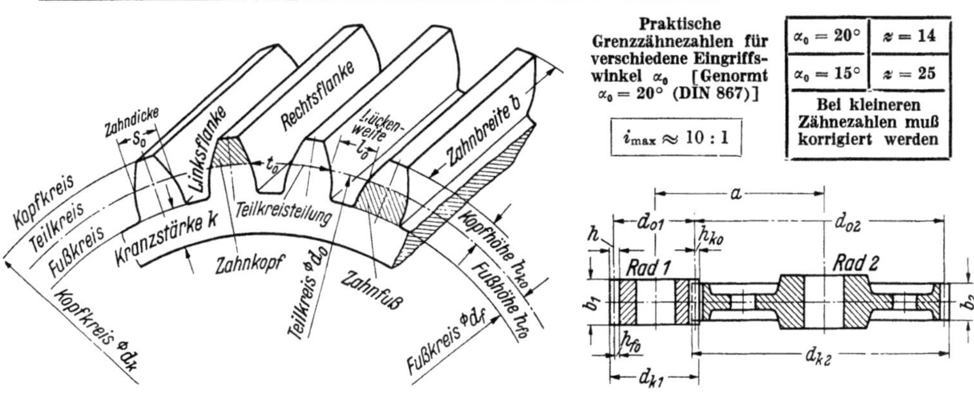

Abb. 523. Bezeichnungen beim Geradstirnrad (Außenrad).

Hauptabmessungen eines Zahnes: achsig die Zahnbreite, tangential die Zahndicke im Teilkreis und radial die Zahnhöhe

Abb. 524. Verzahnungsabmessungen beim Geradzahnaußengetriebe. Maße für den Radkörper sind weggelassen. (Vgl. S. 268, Fußnote 1). Allgemein: $b_1 = b_2$

Fortsetzung von Berechnungstafel 20. (Vgl. dazu S. 267)

Zeile	Berechnungsgröße	Zeichen	Formel [für Rad z_1* (Kleinrad)] Normalverzahnung	Anmerkung
1	Modul (Durchmesserteilung) [z_2 ist die Zähnezahl des Großrades 2]	m	$m = \dfrac{t_0}{\pi} = \dfrac{d_{01}}{z_1} = \dfrac{d_{k1}}{z_1+2} = \dfrac{d_{k1}-d_{01}}{2} = \dfrac{2a_0}{z_1+z_2}$	Vgl. Z. 18, B. T. 19
2	Teilkreisteilung (Umfangsteilung, gemessen als Bogen auf dem Teilkreis)	t_0	$t_0 = m\pi = \dfrac{d_{01}\pi}{z_1} = \dfrac{d_{k1}\pi}{z_1+2} = \widehat{s_0} + \widehat{l_0}$	
3	Eingriffsteilung — Auf der Eingriffslinie gemessene „Eingriffsteilung" ist gleich „Grundkreisteilung".	t_e	$t_e = t_g = m\pi\cos\alpha_0 = t_0\cos\alpha_0$	$[\cos\alpha_0 = d_{g1}:d_{01}]$
4	Grundkreisteilung	t_g	$t_g = t_0\cos\alpha_0 = t_e$	[Nur wenn Flankenprofile genaue Evolventen des gleichen Grundkreises sind]
5	Zähnezahl des treibenden Rades	z_1	$z_1 = \dfrac{d_{01}}{m} = \dfrac{d_{01}\pi}{t_0} = \dfrac{d_{k1}-2m}{m} = \dfrac{2a_0}{m} - z_2$	Räderverhältnis = Zähnezahlverhältnis $= u = \dfrac{z_1}{z_2} = \dfrac{d_{01}}{d_{02}}$
6	Zähnezahl des getriebenen Rades	z_2	$z_2 = \dfrac{d_{02}}{m} = \dfrac{d_{02}\pi}{t_0} = \dfrac{d_{k2}-2m}{m} = \dfrac{2a_0}{m} - z_1$	
7	Übersetzung (Übersetzungsverhältnis)	i	$i = \dfrac{n_1}{n_2} = \dfrac{z_2}{z_1} = \dfrac{d_{02}}{d_{01}} = \dfrac{2a_0}{d_{01}} - 1$	Vgl. auch Rädertriebe, festgelagert S. 114, Rädertriebe, umlaufend S. 121
8	Zahnkopfhöhe — Nach DIN 867 (Vgl. Berechnungstafel 19)	h_{k0}	$h_{k0} = 1\,m$	*Kopfspiel* S_k ist das im Profilbild zu messende Spiel zwischen Kopflinie und Fußlinie von Rad und Gegenrad. Radiales Kopfspiel $S_k = 0,2\,m$ (Abb. 525). *Verdrehflankenspiel* S_d dient zur Berücksichtigung von Teil- und Formfehlern der Flanken, des außermittigen Laufes, der Schmierung und der Erwärmung und erstreckt sich auf die ganze Flanke (Abb. 525). *Rad und Ritzel.* Ein einzelnes Zahnrad bezeichnet man als Rad, wenn dessen Durchmesser größer als die Zahnbreite ist, und als Ritzel, wenn dessen Durchmesser gleich oder kleiner als die Zahnbreite ist. *Vorgelege.* Haben in dem rückkehrenden Stirnradtrieb (Vorgelege) Abb. 234 die Räder z_1 und z_2 den Modul m, so bestimmt sich der Modul m' des Räderpaares z_3, z_4 zu $m' = m\left(\dfrac{z_1 + z_2}{z_3 + z_4}\right).$
9	Zahnfußhöhe	h_{f0}	$h_{f0} = 1,2\,m$	
10	Zahnhöhe = Lückentiefe (Radialer Abstand zwischen Kopfkreis und Fußkreis)	h	$h = 2,2\,m$ — Bei Normverzahnung wird für zwei Räder: $h_{k01} = h_{k02}$, $h_{f01} = h_{f02}$, $h_1 = h_2$	
11			$h = h_{k0} + h_{f0}$	
12			$h = (d_k - d_f):2$	
13	Zahndicke — Gemessen als Bogen des Teilkreises	$\widehat{s_0}$	$\widehat{s_0} = \dfrac{t_0}{2} = \dfrac{m\pi}{2}$ — Bei spielfreiem Eingriff im Teilkreis	
14	Lückenweite — Gemessen als Bogen des Teilkreises	$\widehat{l_0}$	$\widehat{l_0} = \dfrac{t_0}{2} = \dfrac{m\pi}{2}$	
15	Zahndickensehne — Gemessen als Sehne des Teilkreises	$\overline{s_0}$	$\overline{s_0} = d_0 \sin\left(\dfrac{\widehat{s_0}}{d_0}\right)$ — Zu Zeile 13 bis 16 vgl. Anmerkung S. 324	
16	Lückenweitensehne — Gemessen als Sehne des Teilkreises	$\overline{l_0}$	$\overline{l_0} = d_0 \sin\left(\dfrac{\widehat{l_0}}{d_0}\right)$	
17	Zahnhöhe über der Zahndickensehne (Messen der Zähne im Teilkreis mit Zahnmeßschiebelehre)	h_0	$h_0 = \dfrac{d_0}{2}\left[1 - \cos\left(\dfrac{\widehat{s_0}}{d_0}\right)\right] + h_{k0} = \dfrac{(\overline{s_0})^2}{4\,d_0} + h_{k0}$	
18	Kopfspiel	S_k	$S_k = h_{f0} - h_{k0} = a_0 - 0,5\,(d_{k1} + d_{f2})$	Vgl. Beispiel 386
19	Zahndicke — Gemessen als Bogen des Teilkreises	$\widehat{s_0}$	$\widehat{s_0} = \dfrac{1}{2}(t_0 - S_d) = \dfrac{1}{2}(m\pi - S_d)$	Mit Verdrehflankenspiel (Abb. 408 und 525)
20	Lückenweite — Gemessen als Bogen des Teilkreises	$\widehat{l_0}$	$\widehat{l_0} = \dfrac{1}{2}(t_0 + S_d) = \dfrac{1}{2}(m\pi + S_d)$	

Zahnabmessungen (Randbeschriftung zu Zeilen 8–20)

Fortsetzung von Berechnungstafel 20. (Vgl. dazu S. 267)

Zeile	Berechnungsgröße	Zeichen	Formel [für Rad z_1 (Kleinrad)] **Normalverzahnung**
21	**Übliches Verdrehflankenspiel** $S_d = \widehat{l_0} - \widehat{s_0}$ bei Stirnradverzahnung (Fa. Pfauter, Ludwigsburg-Württ.) Abb. 525. Kopfspiel S_k und Verdrehflankenspiel S_d. Vgl. auch Abb. 408	S_d	Übliches Verdrehflankenspiel für häufige Modulwerte:

Modul	1	1,5	2	2,5	3	4
Kleinstwert	0,05	0,05	0,075	0,075	0,1	0,13
Mittelwert	0,075	0,075	0,1	0,1	0,13	0,18
Höchstwert	0,1	0,1	0,13	0,13	0,15	0,2

Modul	5	6	8	10	12	16	24
Kleinstwert	0,15	0,2	0,25	0,3	0,4	0,5	0,75
Mittelwert	0,2	0,25	0,3	0,4	0,5	0,7	1
Höchstwert	0,25	0,3	0,4	0,5	0,6	0,8	1,25

Das Nennmaß (Maß, auf das die Abmaße bezogen werden) der Zahndicke ist nach DIN 867 gleich der Hälfte der Teilkreisteilung t_0. Zur Erzielung eines Flankenspiels werden die Dicken der Zähne um ein gewisses Abmaß kleiner als ihr Nennmaß hergestellt. Diese Abmaße sind nach DIN 3963 in der Größe gestuft.

Zeile	Berechnungsgröße	Zeichen	Formel
22	**Zahnbreite** siehe Abb. 523. Vgl. auch Abb. 409a und 409c Abb. 526. Abschrägung der Zahnkanten. Zahnbreite ist der Abstand zwischen den die Verzahnung in Richtung der Radachse begrenzenden Stirnflächen. Seitliches Abschrägen der Zähne verringert Zahneckbruchgefahr.	b	$b = b_v\, m$ Zahnbreitenverhältnis (Richtwerte) $b_v = 5$ für Schieberädergetriebe (aus Raumersparnis) $b_v = 10$ für bearbeitete Räder mittlerer Beanspruchung (gewöhnliche Arbeitsräder) $b_v = 15$ bis 25 für genau bearbeitete Räder bei sehr guter Lagerung Anhaltswerte für die Zahnbreite b: $b/d_{01} \leqq 1,2$ bei starrer beiderseitiger Lagerung $b/d_{01} \leqq 0,75$ bei einseitiger (fliegender) Lagerung
23	Kranzstärke (bei gegossenen Rädern)	k	$k \geqq 1,6\, m$ — Für Nullräder ist Teilkreisdurchmesser = Wälzkreisdurchmesser
24	Teilkreisdurchmesser des treibenden Rades	d_{01}	$d_{01} = z_1\, m = d_{k1} - 2\, m = \dfrac{z_1\, d_{k1}}{z_1 + 2} = 2\, a_0 - d_{02}$
25	Teilkreisdurchmesser des getriebenen Rades (Großrad 2)	d_{02}	$d_{02} = \dfrac{2\, a_0\, i}{1 + i}$
26	Teilkreisdurchmesser des treibenden Rades (Kleinrad 1)	d_{01}	$d_{01} = \dfrac{2\, a_0}{1 + i}$
27	Kopfkreisdurchmesser (Drehmaß)	d_{k1}	$d_{k1} = d_{01} + 2\, m = m\,(z_1 + 2)$
28			$d_{f1} = d_{01} - 2,4\, m = m\,(z_1 - 2,4)$
29	Fußkreisdurchmesser	d_{f1}	$d_{f1} = d_{01} - 2\, h_{kw}$
30			$d_{f1} = m\,(z_1 - 2) - 2\, S_k$
31	Grundkreisdurchmesser	d_{g1}	$d_{g1} = d_{01} \cos \alpha_0$
32			$d_{g1} = z_1\, m \cos \alpha_0$
33	Eingriffswinkel	α_0	$\cos \alpha_0 = \dfrac{d_{g1}}{d_{01}} = \dfrac{d_{g1}}{z_1\, m}$

$i = \dfrac{n_1}{n_2} = \dfrac{z_2}{z_1} =$ Übersetzungsverhältnis des Räderpaares; siehe auch S. 115ff.

$h_{kw} =$ Kopfhöhe des Verzahnwerkzeuges nach DIN 3972

$S_k =$ Kopfspiel = Abstand des Kopfkreises eines Rades vom Fußkreis seines Gegenrades

Die Wahl des Eingriffswinkels α_0 (vgl. Z. 1, B. T. 19) und der Zahnhöhen ermöglicht eine weitgehende Beeinflussung der Verzahnungseigenschaften.

Teil-, Kopf-, Fuß- und Grundkreisdurchmesser

Zahnabmessungen

21*

Fortsetzung von Berechnungstafel 20. (Vgl. dazu S. 267)

Zeile	Berechnungsgröße		Zeichen	Formel [für Rad z_1 (Kleinrad)] Normalverzahnung	
34	Betriebseingriffswinkel		α_b	$\alpha_b = \alpha_0$	Ein Nullgetriebe entsteht durch die Paarung zweier Nullräder, deren Teilkreise zugleich ihre Betriebswälzkreise sind.
35	Betriebswälzkreisdurchmesser		d_{b1}	$d_{b1} = d_{01} = 2\,a\left(\dfrac{z_1}{z_1 + z_2}\right) = \dfrac{2\,a}{1+i}$	
36	Achsabstand	Bei Null- oder V-Nullgetrieben ist der Achsabstand a gleich der Rechengröße a_0	a	$a = \dfrac{d_{b1} + d_{b2}}{2} = \dfrac{d_{b1}\,(z_1 + z_2)}{2\,z_1} = \dfrac{d_{b2}\,(z_1 + z_2)}{2\,z_2}$	Teil-, Kopf-, Fuß- und Grundkreisdurchmesser
37				$a = \dfrac{d_{b1}\,(1+i)}{2}$	
38	Rechengröße (d_{02} und z_2 sind Abmessungen des Großrades 2)		a_0	$a_0 = \dfrac{d_{01} + d_{02}}{2} = m\left(\dfrac{z_1 + z_2}{2}\right)$	Spielfreier Achsabstand bei Getrieben ohne Profilverschiebung
39				$a_0 = 0{,}5\,m\,z_1\,(1+i)$	
40				$a_0 = 0{,}5\,d_{01}\,(1+i)$	
41	Bohrung im Radkörper (Wellendurchmesser)		d	Vgl. B. T. 37, S. 349	

Anmerkung: Zu Zeile 1: Es ist zweckmäßig, den Modul m den für Stirnräder genormten Modulwerten (Z. 18, B.T. 19) zu entnehmen, um die vorhandenen *Profilwerkzeuge* verwenden zu können. Zu Zeile 8 bis 12: Viel gebräuchliche Werte waren $h_{k_0} = 6/6\,m$, $h_{f_0} = 7/6\,m$, $h = 13/6\,m$ und $S_k = 1/6\,m$. Zu Zeile 21: Verdrehflankenspiel ist das Spiel im Teilkreis (Zahnluft) bei bearbeiteten Verzahnungen; es ist zu messen, wenn die beiden Teilkreise aufeinanderliegen. Haben Zahnräder festen, unverstellbaren Achsabstand, so ist bei Geradstirn- und Kegelrädern die errechnete Zahndicke (auf dem Teilkreis im Bogen gemessen) bei beiden Rädern um folgende Werte zu vermindern:

Modul [mm]	2—2,5	2,5—4	4—5	5—8	8—12	12—15	15—25
Zahndicke ist zu vermindern um [mm]	0,05	0,08	0,10	0,12	0,20	0,23	0,25
Erzieltes Spiel = Zahnluft [mm]	0,05 bis 0,1	0,10 bis 0,15	0,15 bis 0.20	0,20 bis 0,25	0,30 bis 0,40	0,40 bis 0,45	0,45 bis 0,50

Zu Zeilen 13 bis 16: Für ein Geradstirnrad $z = 45$, $m = 10$ mm, $\alpha_0 = 20°$ mit $\widehat{s_0} = \widehat{l_0} = \dfrac{10\,\pi}{2}$ $= 15{,}708$ mm wird die Zahndickensehne $\overline{s_0} = d_0 \sin\psi_0 \left(\psi_0 = \text{halber Zahndickenwinkel} = \dfrac{90°}{z} = \dfrac{90°}{45} = 2°\right) = 450 \times$ $\times \sin 2° = 15{,}705$ mm. In Zeile 15 ist $\dfrac{\widehat{s_0}}{d_0}$ das Bogenmaß des Winkels ψ_0. Für die Umrechnung auf das Sehnenmaß wird mit $1° = 0{,}01745$ Bogenlänge des Einheitskreises (vgl. Z. 11, B.T. 42) der halbe Zahnwinkel im Teilkreis in Winkelgraden $\psi_0 = 57{,}295780 \cdot \left(\dfrac{\widehat{s_0}}{d_0}\right)$; man erhält gleichfalls $\overline{s_0} = \overline{l_0} = 450 \cdot \sin\left(\dfrac{57{,}295780 \cdot 15{,}708}{450}\right) = 450 \cdot \sin 2°$ $= 15{,}705$ mm. Zu Zeile 21: Wechselräder werden mit geringster Zahnluft eingebaut, dürfen aber nicht klemmen. Die Zahndicke soll gleich dem errechneten Wert sein, also ohne jeden Abzug für Zahnluft. Zu Zeile 24: Der Teilkreisdurchmesser d_{01} des Ritzels wird vielfach nach der Faustformel $d_{01} \approx (2 \text{ bis } 2{,}2)\,d$ bestimmt, wenn $d = $ Wellendurchmesser.

Berechnungstafel 21. *Abmessungen bei Geradstirnrädern (Innenverzahnung).* (Vgl. dazu S. 268)

Fehlende Abmessungen siehe Berechnungstafel 20

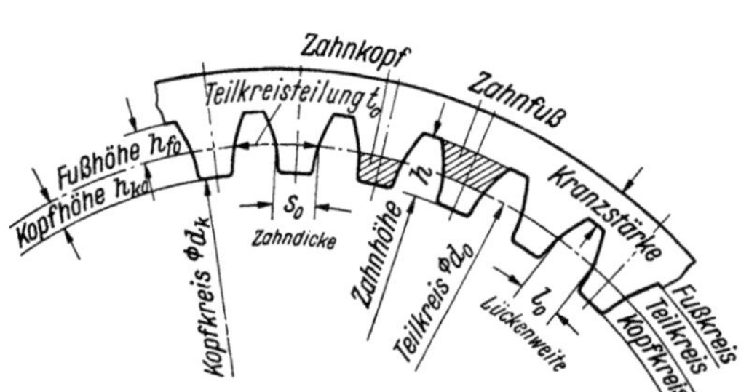

Abb. 527. Bezeichnungen beim Geradstirnrad (Innenrad)

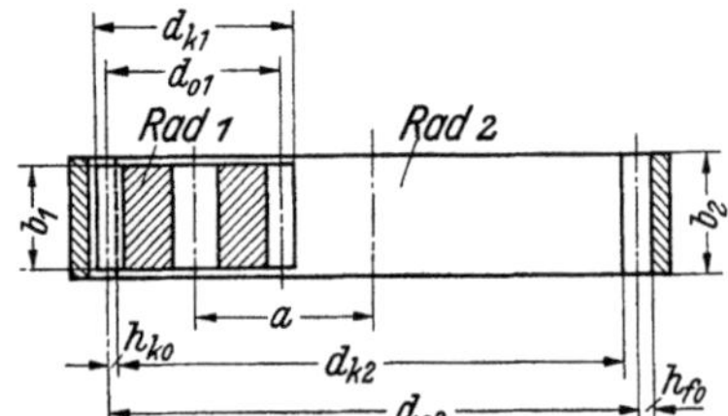

Abb. 528. Verzahnungsabmessungen beim Geradzahninnengetriebe. Maße für den Radkörper sind weggelassen. (Vgl. S. 268, Fußnote 1). Allgemein: $b_1 = b_2$.

Fortsetzung von Berechnungstafel 21. (Vgl. dazu S. 268)

Zeile	Berechnungsgröße	Zeichen	Formel [für Rad z_2 (Innenrad)] **Normalverzahnung**
1	Modul (Durchmesserteilung) [z_2 ist die Zähnezahl des Großrades 2]	m	$m = \dfrac{t_0}{\pi} = \dfrac{d_{02}}{z_2} = \dfrac{d_{k2}}{z_2 - 2} = \dfrac{d_{02} - d_{k2}}{2} = \dfrac{2\,a_0}{z_2 - z_1}$
2	Teilkreisteilung (Umfangsteilung, gemessen als Bogen auf dem Teilkreis)	t_0	$t_0 = m\,\pi = \dfrac{d_{02}\,\pi}{z_2} = \dfrac{d_{k2}\,\pi}{z_2 - 2} = \widehat{s_0} + \widehat{l_0}$
3	Zähnezahl des treibenden Rades	z_1	$z_1 = \dfrac{d_{01}}{m} = \dfrac{d_{01}\,\pi}{t_0} = \dfrac{d_{k1} - 2\,m}{m} = z_2 - \dfrac{2\,a_0}{m}$
4	Zähnezahl des getriebenen Rades	z_2	$z_2 = \dfrac{d_{02}}{m} = \dfrac{d_{02}\,\pi}{t_0} = \dfrac{d_{k2} + 2\,m}{m} = \dfrac{2\,a_0}{m} + z_1$
5	Teilkreisdurchmesser des treibenden Rades (Kleinrad 1)	d_{01}	$d_{01} = \dfrac{z_1\,t_0}{\pi} = z_1\,m = d_{k1} - 2\,m = d_{02} - 2\,a_0 = \dfrac{2\,a_0}{i - 1}$
6	Teilkreisdurchmesser des getriebenen Rades (Innenrad 2)	d_{02}	$d_{02} = z_2\,m = d_{k2} + 2\,m = \dfrac{z_2\,d_{k2}}{z_2 - 2} = 2\,a_0 + d_{01}$ $= \dfrac{2\,a_0\,i}{i - 1}\qquad i = $ Übersetzungsverhältnis des Räderpaares; vgl. S. 115 ff.
7	Kopfkreisdurchmesser des getriebenen Rades (Innenrad 2)	d_{k2}	$d_{k2} = d_{02} - 2\,m = m\,(z_2 - 2)$
8			$d_{f2} = d_{02} + 2\,h_{kw}$
9	Fußkreisdurchmesser des getriebenen Rades (Innenrad 2)	d_{f2}	$d_{f2} = d_{02} + 2{,}4\,m = m\,(z_2 + 2{,}4)$
10			$d_{f2} = d_{02} + 2\,m + 2\,S_k$
11	Rechengröße (Bei Null- oder V-Nullgetrieben ist die Rechengröße a_0 gleich dem Achsabstand a)	a_0	$a_0 = \dfrac{d_{02} - d_{01}}{2} = m\left(\dfrac{z_2 - z_1}{2}\right) = 0{,}5\,m\,z_1\,(i - 1)$

Zu Zeile 7–10: Der Kopfkreisdurchmesser darf keine Werte annehmen, die kleiner als der Grundkreisdurchmesser sind, da Evolventen nur bis zum Grundkreis ausgebildet werden können. Kopfhöhe h_{kw} und Kopfspiel S_k vgl. Z. 29 und 30, B.T. 20.

Anmerkung: Soll ein Klemmen der Zähne vermieden werden, so muß die kleinste Zähnezahldifferenz von Innenrad und Ritzel $z_2 - z_1 = 12$ sein. Für den radialen Einbau muß $z_2 - z_1$ mindestens 15 sein. Mit Rücksicht auf die Verwendung normaler Werkzeuge soll das *Innenrad* mindestens 50 Zähne haben. Innenverzahnungen werden meist mit dem normalen Eingriffswinkel $\alpha_0 = 20°$ ausgeführt. Innenverzahnungen sind, wenn irgend möglich, als Ringe mit durchgehender Kopfkreisbohrung auszuführen. Wo dies nicht möglich ist, muß ein Hinterstich für den Schneidradauslauf und die abgehenden Späne vorhanden sein. Der Durchmesser des Hinterstiches soll wenigstens $d_H = d_{02} + 3\,m$ betragen.

Berechnungstafel 22. *Abmessungen bei Geradzahnstangen.* (Vgl. dazu S. 269)

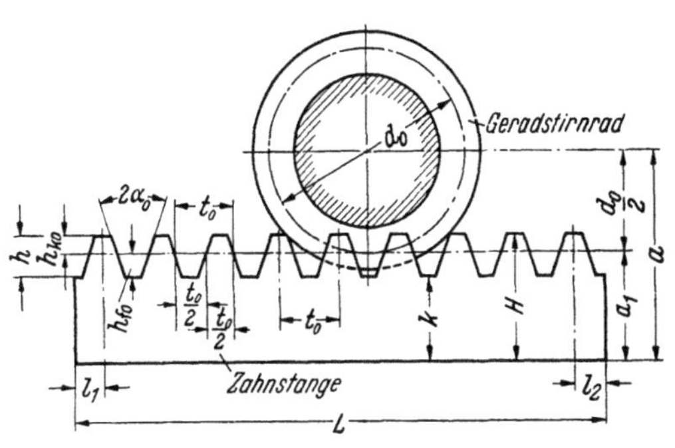

Abb. 529. Verzahnungsabmessungen der Zahnstange mit Geradzähnen.

Das Profil der Zahnstange deckt sich genau mit dem Bezugsprofil Abb. 522. Wird der Abstand der Zahnstangenprofilmittellinie von der Ritzelachse als Zahnstangenachsabstand bezeichnet, so gilt $a_0 = 0{,}5\,d_0$ oder $a_0 = r_0$. Bei der Zahnstange ist der Eingriffswinkel gleich dem Winkel zwischen dem Flankenprofil und der Senkrechten auf die Teilgerade.

Fehlende Abmessungen siehe Berechnungstafel 20

Fortsetzung von Berechnungstafel 22. (Vgl. dazu S. 269)

Zeile	Berechnungsgröße	Zeichen	Formel [für die Zahnstange] Normalverzahnung	
1	Kranzstärke	k	$k = H - h$	k = mindestens $1{,}6\,m$
2	Gesamthöhe	H	$H = k + h$	Vgl. auch DIN 3966 „Angaben für Stirnräder in Zeichnungen (ersetzt DIN 869, Bl. 1)"
3	Abstand der Teillinie	a_1	$a_1 = H - h_{k_0}$	
4	Abstand der Zahnmitten vom Ende der Stange	l_1	$l_1 = l_2 = \dfrac{L - (z_2 - 1)\,t_0}{2}$	z_2 = Anzahl der Zähne der Zahnstange
5	Abstand der Radmitte	a	$a = a_1 + \dfrac{d_0}{2}$	Die Zahnstange erhält die Umfangsgeschwindigkeit des Teilkreiszylinders
6	Weg der Zahnstange bei n Radumdrehungen je Min. (Verschiebegeschwindigkeit)	s	$s = z\,m\,\pi\,n$ [mm/min]	z = Zähnezahl des Geradstirnrades, m = Modul [mm], n = Radumdrehungen [1/min]

Berechnungstafel 23. *Abmessungen bei Schrägstirnrädern (gleichlaufende Achsen).* (Vgl. dazu S. 271)

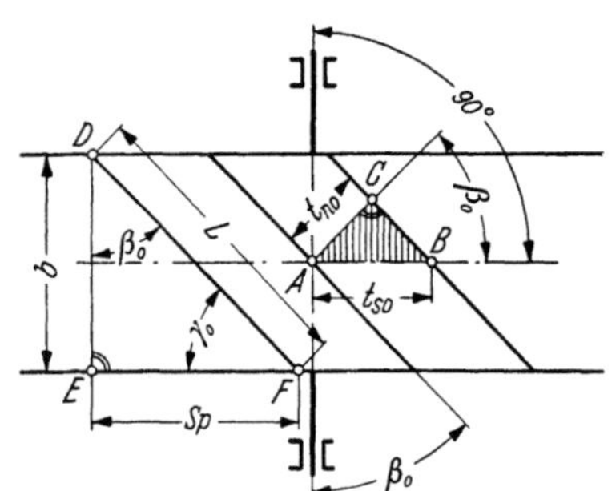

Abb. 530. Normal- und Stirnteilung beim Schrägstirnrad

Zeiger: n = Normalschnitt, s = Stirnschnitt, o = Teilkreiswerte

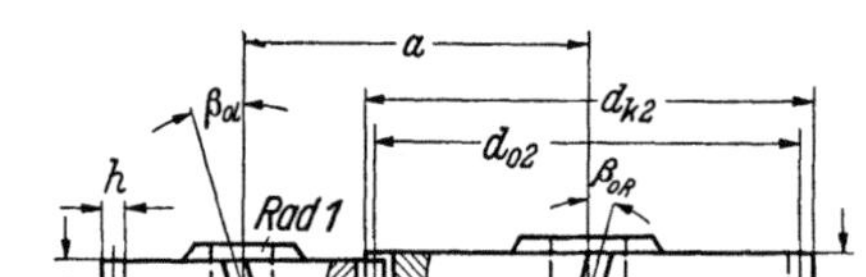

Abb. 531. Verzahnungsabmessungen beim Schrägzahn-außengetriebe (gleichlaufende Achsen). Maße für den Radkörper sind weggelassen. (Vgl. S. 268, Fußnote 1.) Allgemein: $b_1 = b_2$

Praktische Grenzzähnezahlen bei $h = 2{,}2\,m_n$ und $\alpha_{n\,0} = 20°$. (Bei kleineren Zähnezahlen muß korrigiert werden)

$z =$	14	13	12	11	10	9	8	7	6	5
$\beta_0 \approx$	0°	13°	19°	23°	28°	32°	35°	39°	43°	47°

Für die genormte Verzahnung ergibt sich die kleinste ohne Korrektur noch zulässige Zähnezahl bei Eingriffswinkel $\alpha_{n_0} = 20°$ und Zahnhöhe $h = 2{,}2\,m_n$ (bei $y = 1$) aus nebenstehender Tafel.

Zeile	Berechnungsgröße	Zeichen	Formel [für Rad z_1 (Kleinrad)] Normalverzahnung
1	Normalmodul (Werkzeugmodul)	m_n	$m_n = m_s \cos\beta_0 = \dfrac{t_{n_0}}{\pi} = \dfrac{t_{s_0}\cos\beta_0}{\pi} = \dfrac{d_{0_1}\cos\beta_0}{z_1} = \dfrac{d_{k_1}\cos\beta_0}{z_1 + 2\cos\beta_0}$
2	Stirnmodul (z_2 ist die Zähnezahl des Großrades 2)	m_s	$m_s = \dfrac{m_n}{\cos\beta_0} = \dfrac{t_{s_0}}{\pi} = \dfrac{t_{n_0}}{\pi\cos\beta_0} = \dfrac{d_{0_1}}{z_1} = \dfrac{d_{k_1}}{z_1 + 2\cos\beta_0} = \dfrac{2\,a}{z_1 + z_2}$
3	Achsmodul	m_a	$m_a = \dfrac{t_a}{\pi} = \dfrac{m_n}{\sin\beta_0} = \dfrac{m_n}{\cos\gamma_0} = m_s \tan\gamma_0 = m_s \cot\beta_0$
4	Normalteilung im Teilkreis (Werkzeugteilung)	t_{n_0}	$t_{n_0} = m_n\,\pi = m_s\,\pi\cos\beta_0 = t_{s_0}\cos\beta_0 = \dfrac{d_{0_1}\,\pi\cos\beta_0}{z_1} = t_{s_0}\cos\beta_0$ $= \dfrac{d_{k_1}\,\pi\cos\beta_0}{z_1 + 2\cos\beta_0}$ Normalteilung und Stirnteilung (bedingt durch die gleichen Schrägungswinkel) sind für beide Räder gleich.

Fortsetzung von Berechnungstafel 23. (Vgl. dazu S. 271)

Zeile	Berechnungsgröße	Zeichen	Formel [für Rad z_1 (Kleinrad)] **Normalverzahnung**
5	Stirnteilung im Teilkreis	t_{s0}	$t_{s0} = m_s \pi = \dfrac{m_n \pi}{\cos\beta_0} = \dfrac{t_{n0}}{\cos\beta_0} = \dfrac{d_{01}\pi}{z_1} = \dfrac{d_{k1}\pi}{z_1 + 2\cos\beta_0} = t_a \tan\beta_0$
6	Achsteilung	t_a	$t_a = m_a \pi = \dfrac{t_{n0}}{\sin\beta_0} = \dfrac{t_{s0}}{\tan\beta_0} = \dfrac{H_1}{z_1}$
7	Normaleingriffsteilung	t_{ne}	$t_{ne} = t_{n0}\cos\alpha_{n0} = m_n \pi \cos\alpha_{n0} = t_{sg}\cos\beta_g = t_{se}\cos\beta_g$ $= t_{s0}\cos\alpha_{s0}\cos\beta_g$
8	Stirneingriffsteilung (Abb. 414)	t_{se}	$t_{se} = t_{s0}\cos\alpha_{s0} = m_s \pi \cos\alpha_{s0}$ — Die Stirneingriffsteilung t_{se} ist nur in einem Standgerät durch Anlegen von Meßschneiden meßbar. Meist wird die Normaleingriffsteilung t_{ne} gemessen.
9	Grundkreisteilung	t_{sg}	$t_{sg} = t_{se} = t_{s0}\cos\alpha_{s0} = \dfrac{t_{ne}}{\cos\beta_g} = \dfrac{d_{g1}\pi}{z_1}$
10	Zähnezahl	z_1	$z_1 = \dfrac{d_{01}}{m_s} = \dfrac{d_{01}\pi}{t_{s0}} = \dfrac{d_{01}\cos\beta_0}{m_n} = \dfrac{(d_{k1} - 2m_n)\cos\beta_0}{m_n}$
11	Zahnkopfhöhe	h_{k0}	$h_{k0} = 1\,m_n$
12	Zahnfußhöhe	h_{f0}	$h_{f0} = 1{,}2\,m_n$
13	Zahnhöhe = Lückentiefe	h	$h = 2{,}2\,m_n$
14			$h = h_{k0} + h_{f0}$
15			$h = (d_k - d_f) : 2$
16	Zahndicke im Stirnschnitt	$\overset{\frown}{s_{s0}}$	$\overset{\frown}{s_{s0}} = \dfrac{t_{s0}}{2} = \dfrac{m_s \pi}{2}$ — Bei spielfreiem Eingriff im Teilkreis
17	Zahndicke im Normalschnitt	$\overset{\frown}{s_{n0}}$	$\overset{\frown}{s_{n0}} = \dfrac{t_{n0}}{2} = \dfrac{m_n \pi}{2}$ — $\overset{\frown}{t_{s0}} = \overset{\frown}{s_{s0}} + \overset{\frown}{l_{s0}}$, $\overset{\frown}{t_{n0}} = \overset{\frown}{s_{n0}} + \overset{\frown}{l_{n0}}$
18	Zahndickensehne (Näherungsgleichung)	$\overline{s_{n0}}$	$\overline{s_{n0}} \approx s_{s0}\cos\beta_0 \times \left[1 - \dfrac{1}{6}\left(\dfrac{s_{s0}\cos^2\beta_0}{d_{01}}\right)^2\right]$
19	Zahnhöhe über der Sehne $\overline{s_{n0}}$ (Näherungsgleichung)	h_{n0}	$h_{n0} \approx h_{k0} + \dfrac{(s_{s0})^2 \cos^4\beta_0}{4\,d_{01}}$
20	Zahnbreite	b	gewöhnlich $b \approx 10\,m_n$ — Vgl. Z. 22 u. 23, B.T. 20. Gesamtzahnbreite bei *Pfeilverzahnung* (Pfeil- und Doppelpfeilzähne) vgl. Abb. 417 u. 418
21	Kranzstärke	k	mindestens $1{,}6\,m_n$
22	Teilkreisdurchmesser	d_{01}	$d_{01} = \dfrac{z_1 t_{s0}}{\pi} = z_1 m_s = \dfrac{z_1 m_n}{\cos\beta_0} = d_{k1} - 2m_n = \dfrac{z_1 d_{k1}}{z_1 + 2\cos\beta_0}$
23	Kopfkreisdurchmesser (Drehmaß)	d_{k1}	$d_{k1} = d_{01} + 2m_n = m_n\left(\dfrac{z_1}{\cos\beta_0} + 2\right) = d_{01}\left(1 + \dfrac{2\cos\beta_0}{z_1}\right)$
24			$d_{k1} = 2(a + m_n) - d_{02} = 2a - d_{f2} - 2S_k$
25	Fußkreisdurchmesser	d_{f1}	$d_{f1} = d_{01} - 2{,}4\,m_n = m_n\left(\dfrac{z_1}{\cos\beta_0} - 2{,}4\right)$
26			$d_{f1} = m_n\left(\dfrac{z_1}{\cos\beta_0} - 2\right) - 2S_k = d_{01} - 2h_{kw}$

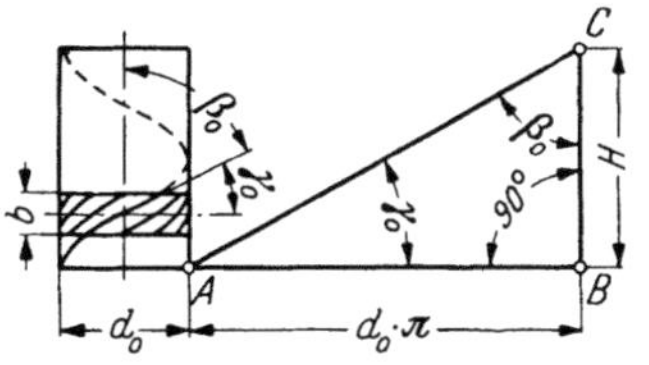

Spalte rechts (Zeilen 24–26): $a =$ Achsabstand, $S_k =$ Kopfspiel, $h_{kw} =$ Kopfhöhe des Verzahnwerkzeuges nach DIN 3972.

Randbemerkung (Zeilen 11–15): Nach DIN 867 (vgl. Berechnungstafel 19). Kopfspiel vgl. Z. 18, B.T. 20.

Randbemerkung (Zeilen 22–26): Teil-, Kopf-, Fuß- und Grundkreisdurchmesser.

Abb. 532. Schraubenlinie mit Abwicklung am Schrägstirnrad[1]

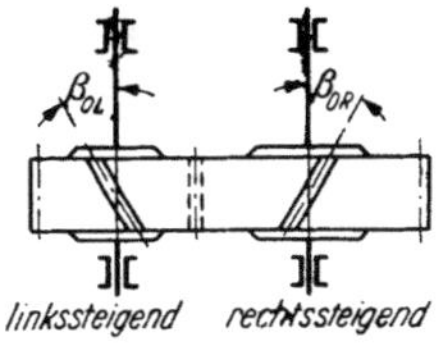

Abb. 533. Schrägungswinkel bei Schrägstirnrädern für gleichlaufende Achsen

[1] Rad ist rechtssteigend. Rechtssteigende Zahnräder nennt man solche, deren Zahnverlauf, bezogen auf die Drehachse, eine Rechtsschraube ist.

Fortsetzung von Berechnungstafel 23. (Vgl. dazu S. 271)

Zeile	Berechnungsgröße	Zeichen	Formel [für Rad z_1 (Kleinrad)] **Normalverzahnung**	
27	Grundkreisdurchmesser (Abb. 414)	d_{g1}	$d_{g1} = d_{01} \cos \alpha_{s0} = z_1 m_s \cos \alpha_{s0} = \dfrac{z_1 m_n}{\sqrt{(\tan \alpha_{n0})^2 + (\cos \beta_0)^2}}$	
28	Stirneingriffswinkel (= Eingriffswinkel in einer zur Radachse senkrechten Ebene = *Stirnschnitt*)	α_{s0}	$\cos \alpha_{s0} = \dfrac{\cos \beta_0}{\sqrt{\tan^2 \alpha_{n0} + \cos^2 \beta_0}} = \dfrac{\cos \alpha_{n0}}{\sqrt{1 + \sin^2 \alpha_{n0} \tan^2 \beta_0}}$ Die Gleichungen gelten für den Teilkreis. Im Betriebswälzkreis erhalten alle drei Winkel statt der Null den Index b.	
29	Normaleingriffswinkel (= Eingriffswinkel in einer zur Flankenlinie senkrechten Ebene = *Normalschnitt*)	α_{n0}	$\tan \alpha_{n0} = \tan \alpha_{s0} \cos \beta_0 = \tan \alpha_{a0} \cos \gamma_0$ [$\alpha_{n0} = 20°$ (DIN 867); bei Werkzeugmaschinen teils noch $\alpha_{n0} = 15°$]	Zu Zeile 28: $\tan \alpha_{s0} = \dfrac{\tan \alpha_{n0}}{\cos \beta_0}$
30	Axialer Eingriffswinkel (= Eingriffswinkel in einer die Radachse enthaltenden Ebene = *Achsschnitt*)	α_{a0}	$\cos \alpha_{a0} = \dfrac{\cos \gamma_0}{\sqrt{\tan^2 \alpha_{n0} + \cos^2 \gamma_0}} = \dfrac{\cos \alpha_{n0}}{\sqrt{1 + \sin^2 \alpha_{n0} \tan^2 \gamma_0}}$	
31	Betriebseingriffswinkel im Stirnschnitt	α_{sb}	$\alpha_{sb} = \alpha_{s0}$	Zu Zeile 35: Bei Null- und V-Nullgetrieben (vgl. B. T. 31, S. 342) ist der Achsabstand a (Z. 35) gleich der Rechengröße a_0 (Z. 42).
32			$\cos \alpha_{sb} = \dfrac{d_{g1}}{d_{b1}} = \dfrac{d_{g2}}{d_{b2}} = \dfrac{a_0}{a} \cos \alpha_{s0}$	
33	Betriebswälzkreisdurchmesser	d_{b1}	$d_{b1} = d_{01} = 2a \left(\dfrac{z_1}{z_1 + z_2} \right)$	Die Betriebswälzkreise zweier miteinander gepaarter Schrägstirnräder teilen den Achsabstand im Verhältnis der Zähnezahlen.
34	Betriebsschrägungswinkel	β_b	$\beta_b = \beta_0 \quad (\beta_b = $ Schrägungswinkel im Wälzkreis)	
35	Achsabstand	a	$a = \dfrac{d_{b1} + d_{b2}}{2} = \dfrac{d_{b1}(z_1 + z_2)}{2 z_1} = \dfrac{d_{b2}(z_1 + z_2)}{2 z_2}$	
36	Schrägungswinkel (Teilkreisschrägungswinkel)	β_0	$\beta_{0R} = \beta_{0L}$ (gewöhnlich $19° 28'$; Grenzwerte für einfache Schrägverzahnung $\beta_0 = 10°$ bis höchstens $25°$, um große Axialkräfte zu vermeiden). Bei Geradstirnrädern ist $\beta_0 = 0$.	$\sin \beta_0 = \dfrac{z_1 m_n \pi}{H_1}$
37			$\cos \beta_0 = \dfrac{m_n}{m_s} = \dfrac{t_{n0}}{t_{s0}} = \dfrac{z_1 m_n}{d_{01}} = \dfrac{z_1 m_n}{d_{k1} - 2 m_n} = \dfrac{m_n(z_1 + z_2)}{2 a_0}$	Vgl. auch Gl. (460)
38	Grundschrägungswinkel (Abb. 413)	β_g	$\tan \beta_g = \tan \beta_0 \cos \alpha_{s0}$ oder $\sin \beta_g = \sin \beta_0 \cos \alpha_{n0}$	
39	Steigungswinkel (Abb. 530 u. 532)	γ_0	$\gamma_0 = 90° - \beta_0$	Während der Schrägungswinkel β_0 den Winkel zwischen Flankenlinie und Richtung der Radachse angibt, stellt der Steigungswinkel γ_0 den Winkel zwischen Flankenlinie und Tangente dar. Beide Winkel ergänzen sich zu $90°$.
40	Sprung (Abb. 530)	Sp	$Sp = b \tan \beta_0$	Der größte tangentiale Abstand Sp innerhalb einer Flankenlinie wird als **Sprung** bezeichnet. Es soll sein $Sp \geq t_{s0}$. Das Verhältnis $Sp : t_{s0}$ wird mit *Sprungüberdeckung* εsp bezeichnet.
41	Grundsteigungswinkel (Abb. 413)	γ_g	$\gamma_g = 90° - \beta_g$	
42	Rechengröße (d_{02} und z_2 sind die Abmessungen des Großrades 2)	a_0	$a_0 = \dfrac{d_{01} + d_{02}}{2} = m_s \left(\dfrac{z_1 + z_2}{2} \right) = \dfrac{m_n}{\cos \beta_0} \left(\dfrac{z_1 + z_2}{2} \right) = \dfrac{d_{01}(z_1 + z_2)}{2 z_1}$	

Fortsetzung von Berechnungstafel 23. (Vgl. dazu S. 271)

Zeile	Berechnungsgröße	Zeichen	Formel [für Rad z_1 (Kleinrad)] **Normalverzahnung**	
43	Steigungshöhe Schraubensteigung je Umdrehung (Abb. 532)	H_1	$H_1 = d_{01}\,\pi\cot\beta_0 = z_1\,m_s\,\pi\cot\beta_0 = \dfrac{z_1\,m_n\,\pi}{\sin\beta_0}$ (Bei $d_{01} = d_{02}$ wird $H_1 = H_2$)	Die Steigung des Zahnes ist in jedem Zylinder (Teil-, Kopf- und Fußkreis) des Rades gleich.
44	Übersetzungsverhältnis	i	$i = \dfrac{n_1}{n_2} = \dfrac{d_{02}}{d_{01}} = \dfrac{z_2}{z_1}$	Die für beide Räder gleich großen Schrägungswinkel β_{0R} und β_{0L} sind ohne Einfluß auf das Übersetzungsverhältnis; siehe auch S. 115 ff.

Anmerkung: Zu Zeile 1: Es ist zweckmäßig, den Modul der Normalteilung m_n den für Stirnräder genormten Modulwerten (Z. 18, B.T. 19) zu entnehmen, um die vorhandenen Profilwerkzeuge verwenden zu können. Zu Zeile 36: Bei Hochleistungsgetrieben mit *doppelter Schrägverzahnung* bewegt sich der Schrägungswinkel von $\beta_0 = 30°$ bis $45°$. Teilkreisdurchmesser und Zähnezahl des Ersatzstirnrades vgl. Gln. (458) und (459)

Berechnungstafel 24. *Abmessungen bei Schrägstirnrädern (gekreuzte Achsen).* (Vgl. dazu S. 272)

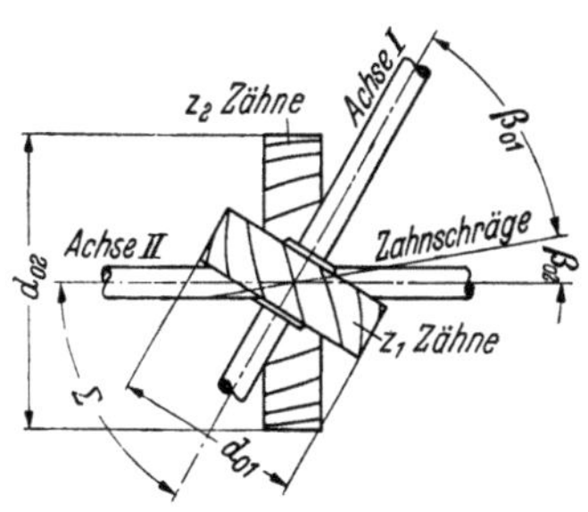

Abb. 534. Außenverzahnte Schrägstirnräder für sich unter beliebigem Achswinkel Σ kreuzende Achsen

Zeiger:

n = Normalschnitt
s = Stirnschnitt
o = Teilkreiswerte

Normalmodul m_n und Schrägungsrichtung sind beiden Rädern gleich. Schrägungswinkel sind bei Ritzel β_{01} und Rad β_{02} verschieden.

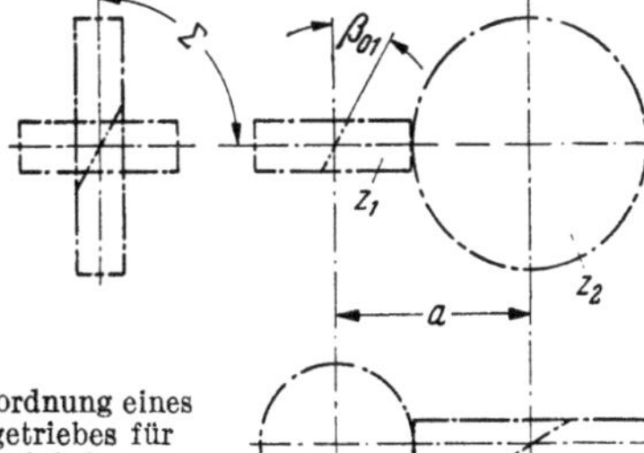

Abb. 535. Dreirißanordnung eines Schrägzahnaußengetriebes für $\Sigma = 90°$ Achswinkel.
Beliebige Achswinkel s. S. 273; gleich große Schrägungswinkel s. S. 273

Fehlende Abmessungen siehe Berechnungstafel 23

Zeile	Berechnungsgröße	Zeichen	Formel [für Rad z_1 (Kleinrad)] **Normalverzahnung**	
1	Normalmodul (Werkzeugmodul)	m_n	$m_n = m_{s1}\cos\beta_{01} = \dfrac{t_{n0}}{\pi} = \dfrac{t_{s01}\cos\beta_{01}}{\pi} = \dfrac{d_{01}\cos\beta_{01}}{z_1} = \dfrac{d_{k1}\cos\beta_{01}}{z_1 + 2\cos\beta_{01}}$	
2	Stirnmodul	m_{s1}	$m_{s1} = \dfrac{m_n}{\cos\beta_{01}} = \dfrac{t_{s01}}{\pi} = \dfrac{t_{n0}}{\pi\cos\beta_{01}} = \dfrac{d_{01}}{z_1} = \dfrac{d_{k1}}{z_1 + 2\cos\beta_{01}}$	
3	Normalteilung im Teilkreis (Werkzeugteilung)	t_{n0}	$t_{n0} = m_n\,\pi = m_{s1}\,\pi\cos\beta_{01} = t_{s01}\cos\beta_{01} = \dfrac{d_{01}\,\pi\cos\beta_{01}}{z_1} = \dfrac{d_{k1}\,\pi\cos\beta_{01}}{z_1 + 2\cos\beta_{01}}$	Die Normalteilung ist bei beiden Rädern gleich, die Stirnteilung durch die verschiedenen Schrägungswinkel verschieden. (Ausnahme, wenn $\beta_{01} = \beta_{02} = 45°$)
4	Stirnteilung im Teilkreis	t_{s01}	$t_{s01} = m_{s1}\,\pi = \dfrac{m_n\,\pi}{\cos\beta_{01}} = \dfrac{t_{n0}}{\cos\beta_{01}} = \dfrac{d_{01}\,\pi}{z_1} = \dfrac{d_{k1}\,\pi}{z_1 + 2\cos\beta_{01}}$	
5	Achsteilung	t_{a1}	$t_{a1} = m_{a1}\,\pi = \dfrac{t_{n0}}{\sin\beta_{01}} = \dfrac{t_{s01}}{\tan\beta_{01}} = \dfrac{H_1}{z_1}$	
6	Zähnezahl	z_1	$z_1 = \dfrac{d_{01}}{m_{s1}} = \dfrac{d_{01}\,\pi}{t_{s01}} = \dfrac{d_{01}\cos\beta_{01}}{m_n} = \dfrac{(d_{k1} - 2\,m_n)\cos\beta_{01}}{m_n}$	

Fortsetzung von Berechnungstafel 24. (Vgl. dazu S. 272)

Zeile	Berechnungsgröße	Zeichen	Formel [für Rad z_1 (Kleinrad)] Normalverzahnung
7	Zahnkopfhöhe	h_{k0}	$h_{k0} = 1\,m_n$
8	Zahnfußhöhe	h_{f0}	$h_{f0} = 1{,}2\,m_n$
9	Zahnhöhe = Lückentiefe	h	$h = 2{,}2\,m_n$
10			$h = h_{k0} + h_{f0}$
11			$h = (d_k - d_f):2$ [Nach DIN 867 (vgl. Berechnungstafel 19). Kopfspiel vgl. Z. 18, B.T. 20]
12	Zahndicke im Stirnschnitt	$\widehat{s_{s0}}$	$\widehat{s_{s0}} = \dfrac{t_{s0}}{2} = \dfrac{m_s\,\pi}{2}$
13	Zahndicke im Normalschnitt	$\widehat{s_{n0}}$	$\widehat{s_{n0}} = \dfrac{t_{n0}}{2} = \dfrac{m_n\,\pi}{2}$ [Gemessen als Bogen des Teilkreises; Bei spielfreiem Eingriff im Teilkreis]
14	Zahnbreite	b	gewöhnlich $b \approx 10\,m_n$ [Vgl. Z. 22 u. 23 B.T. 20]
15	Kranzstärke	k	mindestens $1{,}6\,m_n$

Wie bei Geradstirnrädern ist auch hier das **Kopfspiel** S_k gleich dem Abstand des Kopfkreises vom Fußkreis des Gegenrades. $S_k = h_{f0} - h_{k0}$. Nach DIN 867 wird $S_k = 0{,}2\,m_n$.

Abb. 536. Verzahnungsabmessungen beim Schrägzahnaußengetriebe für $\Sigma = 90°$ Achswinkel. Maße für den Radkörper sind weggelassen. (Vgl. S. 268, Fußnote 1.) Allgemein: $b_1 = b_2$

Zeile	Berechnungsgröße	Zeichen	Formel
16	Teilkreisdurchmesser	d_{01}	$d_{01} = z_1 m_{s1} = \dfrac{z_1 m_n}{\cos\beta_{01}} = d_{k1} - 2 m_n = \dfrac{z_1 d_{k1}}{z_1 + 2\cos\beta_{01}}$
17	Kopfkreisdurchmesser (Drehmaß)	d_{k1}	$d_{k1} = d_{01} + 2 m_n = m_n\left(\dfrac{z_1}{\cos\beta_{01}} + 2\right) = d_{01}\left(1 + \dfrac{2\cos\beta_{01}}{z_1}\right)$
18	Fußkreisdurchmesser	d_{f1}	$d_{f1} = d_{01} - 2{,}4\,m_n = m_n\left(\dfrac{z_1}{\cos\beta_{01}} - 2{,}4\right)$

[Teil-, Kopf- und Fußkreisdurchmesser]

Zeile	Berechnungsgröße	Zeichen	Formel
19	Schrägungswinkel	β_{01}	$\cos\beta_{01} = \dfrac{z_1 m_n}{d_{01}} = \dfrac{m_n}{m_{s1}} = \dfrac{z_1 m_n}{d_{k1} - 2 m_n}$	$\sin\beta_{01} = \dfrac{z_1 m_n \pi}{H_1}$	Für $\Sigma = 90°$ wird $\sin\beta_{01} = \cos\beta_{02}$
20	**Schrägungswinkel des treibenden Rades (Kleinrad 1)**	β_{01}	$\beta_{01} = \Sigma - \beta_{02}$
21	**des getriebenen Rades (Großrad 2)**	β_{02}	$\beta_{02} = \Sigma - \beta_{01}$

$$\tan\beta_{01} = \frac{\dfrac{i}{u_1} - \cos\Sigma}{\sin\Sigma}\ {}^{*} \qquad\qquad \tan\beta_{02} = \frac{\dfrac{u_1}{i} - \cos\Sigma}{\sin\Sigma}\ {}^{*}$$

Hierin bedeutet $i = z_2/z_1$ ein beliebiges Zähnezahlverhältnis und $u_1 = d_{02}/d_{01}$ ein gleichfalls beliebiges Verhältnis der beiden Teilkreisdurchmesser zweier zusammenarbeitender Schrägstirnräder. β_{01} soll größer als β_{02} sein! **Beide** Räder müssen entweder rechts- oder linkssteigend geschnitten werden!

Zeile	Berechnungsgröße	Zeichen	Formel
22	Achswinkel (Abb. 535)	Σ	$\Sigma = \beta_{01} + \beta_{02}$
23	Steigungswinkel	γ_{01}	$\gamma_{01} = 90° - \beta_{01}$ Zu Zeile 24: $a_0 = \dfrac{z_1 m_n}{2}\left(\dfrac{1}{\cos\beta_{01}} + \dfrac{i}{\sin\beta_{01}}\right)$
24	Rechengröße (d_{02} und z_2 sind die Abmessungen des Großrades 2)	a_0	$a_0 = \dfrac{d_{01} + d_{02}}{2} = \dfrac{1}{2}(z_1 m_{s1} + z_2 m_{s2}) = \dfrac{m_n}{2}\left(\dfrac{z_1}{\cos\beta_{01}} + \dfrac{z_2}{\cos\beta_{02}}\right)$
25	Steigungshöhe Schraubensteigung je Umdrehung	H_1	$H_1 = d_{01}\pi\cot\beta_{01} = z_1 m_{s1}\pi\cot\beta_{01} = \dfrac{z_1 m_n \pi}{\sin\beta_{01}}$ Schraubensteigung eines als Schneckenrad ausgebildeten Schrägstirnrades siehe Gl. (456)
26	Übersetzungsverhältnis	i	$i = \dfrac{n_1}{n_2} = \dfrac{d_{02}\cos\beta_{02}}{d_{01}\cos\beta_{01}} = \dfrac{z_2}{z_1}$	Achswinkel Σ beliebig	Siehe auch S. 115 ff. Für $d_{01} = d_{02}$ und $\Sigma = 90°$ ist $i = \tan\beta_{01}$; siehe Zahlentafel 12, S. 274
27		i	$i = \dfrac{n_1}{n_2} = \dfrac{d_{02}}{d_{01}}\tan\beta_{01} = \dfrac{d_{02}}{d_{01}}\cot\beta_{02} = \dfrac{z_2}{z_1}$	Achswinkel $\Sigma = 90°$

* Liegt der Achswinkel Σ zwischen 90 und 180°, so ergibt sich für Cosinus ein negativer Wert. Die Funktion eines solch stumpfen Winkels ist gleich derselben Funktion, von der er sich von 180° unterscheidet.

Anmerkung: Zu Zeile 1: Es ist zweckmäßig, den Modul der Normalteilung m_n den für Stirnräder genormten Modulwerten (Z. 18, B.T. 19) zu entnehmen, um die vorhandenen Profilwerkzeuge verwenden zu können. Zu Zeile 20: Das *treibende* Rad erhält stets die *größere* Zahnschräge. Zu Zeile 24: Bei Null- und V-Nullgetrieben ist der Achsabstand a gleich der Rechengröße a_0. Teilkreisdurchmesser und Zähnezahl des Ersatzstirnrades vgl. Gln. (458) und (459).

Berechnungstafel 25. *Abmessungen bei Geradzahnkegelrädern (Achswinkel $\delta_A = 90°$).* (Vgl. dazu S. 277)

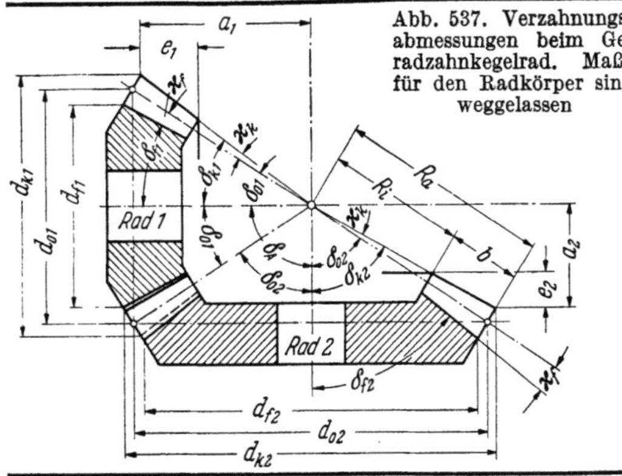

Abb. 537. Verzahnungsabmessungen beim Geradzahnkegelrad. Maße für den Radkörper sind weggelassen

$$i_{max} \approx 5 : 1$$

Für die genormte Verzahnung ergibt sich die kleinste ohne Korrektur noch zulässige Zähnezahl aus folgender Tafel:

Praktische Grenzzähnezahlen für
$\alpha_0 = 20°$ **Eingriffswinkel und** $h = 2,2\,m$

$\delta_{01} =$	$< 15°$	$\geqq 15°$	$\geqq 27°$	$\geqq 35°$	$\geqq 42°$
$z_1 =$	14	13	12	11	10

Bei kleineren Zähnezahlen muß korrigiert werden

Die Durchmesser am Kegelrad werden wie bei Stirnrädern senkrecht zur Achse gemessen.

Zeile	Berechnungsgröße	Zeichen	Formel [für Rad z_1 (Kleinrad)] Normalverzahnung	
1	Modul im Teilkreis (außen)[1]	m	$m = \dfrac{t_0}{\pi} = \dfrac{d_{01}}{z_1} = \dfrac{d_{k1}}{z_1 + 2\cos\delta_{01}}$	
2	Teilkreisteilung (Teilung im Teilkreis außen)	t_0	$t_0 = m\,\pi = \dfrac{d_{01}\,\pi}{z_1}$	
3	Zähnezahl Vgl. auch Z. 29 bis 31 dieser Tafel	z_1	$z_1 = \dfrac{d_{01}}{m}$	Zahl der bei geschlossenem Radkörper vorhandenen oder möglichen Zähne

Abb. 538. Zahnabmessungen beim Geradzahnkegelrad

Zeile		Berechnungsgröße		Zeichen	Formel	
4		Zahnkopfhöhe (außen)	Die Angabe, z. B. „Zahnkopfhöhe (außen)", bedeutet: „Höhe des Zahnkopfes des äußeren Zahnprofiles in mm". Die Zahnkopf- und Zahnfußhöhe wird auf der Normalen des Teilkegels in der Spitzenentfernung R_a gemessen.	h_{k0}	$h_{k0} = 1\,m$	Nach DIN 867 (vgl. Berechnungstafel 19) Kopfspiel $S_k = 0,2\,m$ Zahnhöhe = Lückentiefe
5		Zahnfußhöhe (außen)		h_{f0}	$h_{f0} = 1,2\,m$	
6		Zahnhöhe (außen)		h	$h = 2,2\,m$	
7					$h = h_{k0} + h_{f0}$	
8					$h = (d_k - d_f) : 2$	
9		Zahndicke (außen)		$\overset{\frown}{s_0}$	$\overset{\frown}{s_0} = \dfrac{t_0}{2} = \dfrac{m\,\pi}{2}$	Zur Erzielung eines Flankenspieles kann die Verzahnung mit negativen Zahndickenabmaßen versehen werden.
10		Lückenweite (außen)		$\overset{\frown}{l_0}$	$\overset{\frown}{l_0} = \dfrac{t_0}{2} = \dfrac{m\,\pi}{2}$	
11		Eingriffsflankenspiel		S_e	$S_e =$ der auf der Eingriffsfläche im Abstande R_a von der Kegelspitze bestimmte Bogen zwischen zwei Rechts-(Links-)Flanken eines miteinander kämmenden Räderpaares, dessen Links-(Rechts-)Flanken mit der Kraft Null aneinander anliegen (vgl. DIN 3971)	
12		Verdrehflankenspiel		S_d	$S_d =$ der Bogen des Wälzkreises, um den sich jedes der beiden Räder bei festgehaltenem Gegenrad von der Anlage der Rechtsflanken bis zur Anlage der Linksflanken verdrehen läßt (vgl. DIN 3971)	
13		Zahnbreite (Höchstwert für gefräste Geradzahnkegelräder)		b	$b = \dfrac{d_{01}}{6\sin\delta_{01}} = \dfrac{z_1\,m}{6\sin\delta_{01}}$	$b \leqq R_a/3$ (R_a siehe Z. 25, B. T. 25) Vgl. auch Z. 22, B. T. 20

(Spalte links, über Zeile 4–10, vertikal: Zahnabmessungen)

Zu Zeile 1: Es ist zweckmäßig, den Modul m den für Stirnräder genormten Modulwerten (Z. 18, B. T. 19) zu entnehmen, um die vorhandenen Profilwerkzeuge verwenden zu können. Zu Zeile 5: Im Heft 2 der Schriftenreihe Antriebstechnik (herausgegeben von der Fachgemeinschaft Getriebe und Antriebselemente im Verein Deutscher Maschinenbauanstalten e. V.) wurde für die Berechnung der Abmessungen von Geradzahnkegelrädern ohne Profilverschiebung die Zahnfußhöhe mit $h_{f0} = 1,1236\,m$ angenommen. Der Fußwinkel $\varkappa_f$ ergibt sich damit aus $\tan\varkappa_f = 1,1235\tan\varkappa_k$.

[1] Modul im Teilkreis (innen) vgl. Z. 2, B.T. 38, S. 349. Für Nachprüfung der Übertragungsfähigkeit wird vielfach ein *mittlerer Durchmesser* d_m und auch ein *mittlerer Modul* m_m eingesetzt. Es ist $d_{m1} = d_{01} - b\sin\delta_{01}$ und $m_m = \dfrac{d_m}{z} = \dfrac{m\,(R_a - b/2)}{R_a}$; bei $b \approx 1/3\,R_a$ wird $m_m \approx 0,8\,m$.

Fortsetzung von Berechnungstafel 25. (Vgl. dazu S. 277)

Zeile	Berechnungsgröße	Zeichen	Formel [für Rad z_1 (Kleinrad)] **Normalverzahnung**	
14	Teilkreisdurchmesser (außen)	d_{01}	$d_{01} = \dfrac{z_1\, t_0}{\pi} = z_1\, m = 2\,R_a \sin\delta_{01}$	Zu Zeile 13: Bei größeren Zahnbreiten b besteht die Gefahr, daß sich infolge Verlagerungen oder Einbauungenauigkeiten die Belastung auf das schwache Zahnende konzentriert.
15	Teilkegelwinkel[1] = Winkel zwischen der Radachse und einer Teilmantellinie	δ_{01}	$\tan\delta_{01} = \dfrac{z_1}{z_2} = \dfrac{d_{01}}{d_{02}} = \dfrac{1}{i}$ Gilt nur für Achsenwinkel $\delta_A = 90°$. Hier ist $\delta_{02} = 90° - \delta_{01}$. Für $i = 1:1$ wird $\delta_{01} = \delta_{02} = 90° : 2 = 45°$.	
16	(z_2 und d_{02} sind die Abmessungen des Großrades 2)	δ_{02}	$\tan\delta_{02} = \dfrac{z_2}{z_1} = \dfrac{d_{02}}{d_{01}} = i$	Zu Zeile 14: Der Teilkreis d_0 ist eine rein rechnerische Größe, die durch die angenommene Teilung t_0 oder durch die Teilkegellänge R_a festgelegt ist. Er ist als solche fehlerfrei und am Kegelrad nicht meßbar.
17	Kopfkreisdurchmesser, wenn $h_{k_0} = m$	d_{k1}	$d_{k1} = d_{01} + 2\,m\cos\delta_{01} = m\,(z_1 + 2\cos\delta_{01})$	Zu Zeilen 17 und 18: Die Gleichungen gelten nur bei Geradzahnkegelrädern, die durch den Rückenkegel (Abb. 424) begrenzt sind.
18	Fußkreisdurchmesser, wenn $h_{f_0} = 1,2\,m$	d_{f1}	$d_{f1} = d_{01} - 2,4\,m\cos\delta_{01} = m\,(z_1 - 2,4\cos\delta_{01})$	
19	Grundkreisdurchmesser	d_{g1}	$d_{g1} = 2\,R_a \sin\delta_{01}\cos\alpha_0 = d_{01}\cos\alpha_0$	
20	Achswinkel ($\delta_{02} =$ Teilkegelwinkel des zweiten Rades)	δ_A	$\delta_A = \delta_{01} + \delta_{02}$ Vgl. auch B.T. 26, S. 334	
21	Kopfwinkel = Winkel in einem Achsschnitt zwischen der Kopf- und Teilkegelmantellinie	$\varkappa_k$	$\tan\varkappa_k = \dfrac{h_{k_0}}{R_a} = \dfrac{m}{R_a} = \dfrac{2\sin\delta_{01}}{z_1} = \sqrt{\dfrac{4}{(z_1)^2 + (z_2)^2}}$	
22	Fußwinkel = Winkel in einem Achsschnitt zwischen der Fuß- und Teilkegelmantellinie	$\varkappa_f$	$\tan\varkappa_f = \dfrac{h_{f_0}}{R_a} = \dfrac{1,2\,m}{R_a} = 1,2\tan\varkappa_k = \dfrac{2,4\sin\delta_{01}}{z_1}$	
23	Kopfkegelwinkel = Winkel zwischen Radachse und einer Kopfkegelmantellinie	δ_{k1}	$\delta_{k1} = \delta_{01} + \varkappa_k$	Zu Zeilen 44 und 45: Eine wichtige Besonderheit des Kegelrades ist der Spitzenabstand der Bezugsfläche k_b, der vom Achsschnittpunkt ausgeht. Die Bezugsfläche ist eine frei wählbare, zur Radachse senkrechte Ebene. Sie ist an Stelle der am Rad nicht vorhandenen Teilkegelspitze diejenige Fläche, auf die die Verzahnung beim Herstellen, Messen und Einbauen bezogen wird.
24	Fußkegelwinkel = Winkel zwischen Radachse und einer Fußkegelmantellinie	δ_{f1}	$\delta_{f1} = \delta_{01} - \varkappa_f$	
25	Äußere Teilkegellänge (Planradhalbmesser)	R_a	$R_a = \dfrac{d_{01}}{2\sin\delta_{01}} = \dfrac{z_1\,m}{2\sin\delta_{01}} = \dfrac{m}{\tan\varkappa_k} = \dfrac{m}{2}\sqrt{(z_1)^2 + (z_2)^2} = \dfrac{d_{01}}{2}\sqrt{1 + i^2}$	
26	Innere Teilkegellänge	R_i	$R_i = R_a - b$	
27	Mittlere Teilkegellänge	R_m	$R_m = R_a - \dfrac{b}{2}$	Die beiden letzten Gleichungen für R_a in Zeile 25 gelten nur für $\delta_A = 90°$
28	Fußkegellänge	R_f	$R_f = \dfrac{R_a}{\cos\varkappa_f} = \dfrac{h_{f_0}}{\sin\varkappa_f} = \dfrac{1,2\,m}{\sin\varkappa_f}$	
29	Planradzähnezahl	z_p	$z_p = \dfrac{2\,R_a}{m} = \dfrac{z_1}{\sin\delta_{01}} = \dfrac{z_2}{\sin\delta_{02}}$	
30	Planradzähnezahl für $\delta_A = 90°$		$z_p = \sqrt{(z_1)^2 + (z_2)^2}$	
31	Ergänzungszähnezahl	z_{r1}	$z_{r1} = \dfrac{z_1}{\cos\delta_{01}}$ $z_{r1} =$ Zähnezahl des Ersatzstirnrades = Rechnerische Zähnezahl	

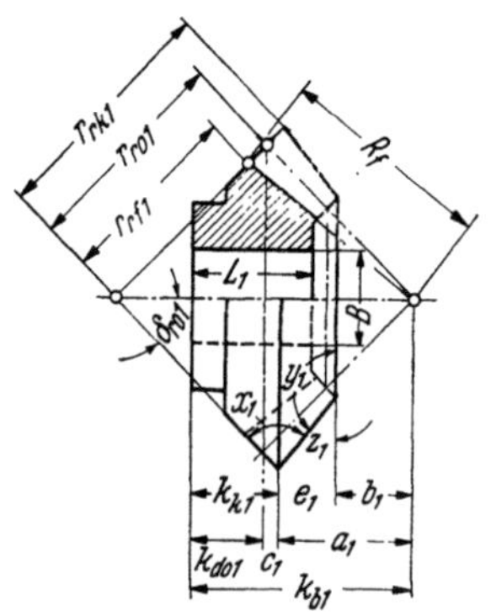

(Spalte "Vgl. auch Abb. 424" — seitlich zu den Zeilen 25–28.)

Abb. 539. Rückenkegel-, Abstands- und Prüfmaße beim Geradzahnkegelrad; vgl. auch Abb. 425

---

[1] Bei einem Teilkegelwinkel $\delta_0 = 0°$ wird aus dem Kegelrad ein *Stirnrad*; Kegelräder mit einem Teilkegelwinkel von 90° werden als *Planräder* bezeichnet.

Fortsetzung von Berechnungstafel 25. (Vgl. dazu S. 277)

Zeile	Berechnungsgröße	Zeichen	Formel [für Rad z_1 (Kleinrad)] **Normalverzahnung**	
32	Äußerer Zahnwinkel	x_1	$x_1 = 90° - \varkappa_k$	
33	Innerer Zahnwinkel	y_1	$y_1 = 90° + \delta_{k1}$	
34	Prüfwinkel	z_1	$z_1 = 90° - \delta_{k1}$	Die Umfänge der Wälzkegel bilden zugleich die Teilkreise, auf denen die Teilung gemessen wird. Der Kegelradzahn steht als pyramidenförmiger Körper senkrecht auf dem Wälzkegel und wird durch zwei parallele Grundflächen begrenzt. Diese Grundflächen stehen ebenfalls senkrecht auf dem Wälzkegel und bilden die Mantelfläche des auf dem Wälzkegel senkrecht stehenden Rückenkegels. Die Mantellinien der Rückenkegel sind somit die Teilkreishalbmesser für das *Aufzeichnen der Verzahnung*. Die Umgrenzungsbögen der Kreissektoren (Halbmesser = Mantellinie des abgewickelten Rückenkegels) stellen für das Aufzeichnen der Verzahnung die Teilkreise selbst dar.
35	Rückenkegelwinkel	δ_{r01}	$\delta_{r01} = 90° - \delta_{01}$	
36	Teilkreishalbmesser des abgewickelten Rückenkegels (Abb. 539 u. 572)	r_{r01}	$r_{r01} = \dfrac{d_{01}}{2\cos\delta_{01}} = R_a \tan\delta_{01}$	
37	Kopfkreishalbmesser des abgewickelten Rückenkegels (Abb. 539)	r_{rk1}	$r_{rk1} = r_{r01} + h_{k0} = r_{r01} + m$	
38	Fußkreishalbmesser des abgewickelten Rückenkegels (Abb. 539)	r_{rf1}	$r_{rf1} = r_{r01} - h_{f0} = r_{r01} - 1,2\,m$	
39	Grundkreishalbmesser des abgewickelten Rückenkegels	r_{rg1}	$r_{rg1} = r_{r01} \cos\alpha_0$	
40	Abstand der Drehkanten (Projektion der Zahnbreite)	e_1	$e_1 = \dfrac{b\cos\delta_{k1}}{\cos\varkappa_k}$	
41	Kopfkreisabstand	a_1	$a_1 = \dfrac{d_{02}}{2} - m\sin\delta_{01} = m\left(\dfrac{z_2}{2} - \sin\delta_{01}\right)$	Abstand der Kopfkanten von der geometrischen Achse des Gegenrades
42	Abstand von Kegelspitze bis Kopfkreis (innen)	b_1	$b_1 = a_1 - e_1 = \dfrac{d_{kt1}}{2}\cot\delta_{k1}$	Die Werkstatt benötigt zum Drehen des Radkörpers außer anderen Konstruktionsmaßen, wie Nabenbohrung, Nabenlänge usw., insbesondere den Kopfkreisdurchmesser d_{k1} nach Zeile 17, den Abstand der Drehkanten e_1 nach Zeile 40, den Kopfkegelwinkel δ_{k1} nach Zeile 23. Weitere Prüfmaße sind der äußere Zahnwinkel x_1 (Zeile 32), der innere Zahnwinkel y_1 (Zeile 33) sowie der Winkel z_1 (Zeile 34).
43	Abstand von Teilkreis bis Kopfkreis (außen)	c_1	$c_1 = h_{k0}\sin\delta_{01} = m\sin\delta_{01}$	
44	Teilkreisabstand von der Bezugsfläche	k_{d01}	$k_{d01} = \dfrac{d_{01}}{15} + 6$	
45		k_{d02}	$k_{d02} = \dfrac{1,25\,k_{d01}}{i}$ $\qquad$ $i = \dfrac{z_2}{z_1} = \dfrac{d_{02}}{d_{01}}$	
46	Spitzenabstand der Bezugsfläche	k_{b1}	$k_{b1} = a_1 + c_1 + k_{d01}$	
47	Nabenlänge	L_1	$L_1 = 1,2\,B$ bis $1,5\,B$ $\qquad$ $B =$ Bohrungsdurchmesser des Rades	
48	Übersetzungsverhältnis (bei Achswinkel $\delta_A = 90°$)	i	$i = \dfrac{n_1}{n_2} = \dfrac{d_{02}}{d_{01}} = \tan\delta_{02} = \dfrac{1}{\tan\delta_{01}} = \dfrac{z_2}{z_1}$	Vgl. auch: Rädertriebe, festgelagert S. 114; Rädertriebe, umlaufend S. 121
49	Kopfkreisdurchmesser (außen)	d_{ka1}	$d_{ka1} = d_{k1}$	Weitere Zahnkranzabmessungen (Abb. 540) berechnen sich wie folgt: d_{k1} nach Z. 17, b nach Z. 13, δ_{k1} nach Z. 23, $\varkappa_k$ nach Z. 21, δ_{01} nach Z. 15, b_1 nach Z. 42, e_1 nach Z. 40, k_{b1} nach Z. 46 dieser Tafel
50	Kopfkreisdurchmesser (innen)	d_{kt1}	$d_{kt1} = d_{ka1} - \dfrac{2\,b\sin\delta_{k1}}{\cos\varkappa_k}$	
51	Kranzstärke (außen)	e_{a1}	Konstruktiv wählbar	
52	Kranzstärke (innen)	e_{t1}	Konstruktiv wählbar	
53	Kranzdurchmesser (außen)	d_{a1}	$d_{a1} = d_{ka1} - 2\,e_{a1}\cos\delta_{01}$	

Spaltenhinweise: Zeichen zu Zeile 32–39 „Abb. 539"; Zeichen zu Zeile 40–48 „Vgl. Abb. 539"; Zeichen zu Zeile 49–53 „Zahnkranzabmessungen; vgl. Abb. 540".

Fortsetzung von Berechnungstafel 25. (Vgl. dazu S. 277)

Zeile	Berechnungsgröße	Zeichen	Formel [für Rad z_1 (Kleinrad)] **Normalverzahnung**	
54	Kranzdurchmesser (innen)	d_{i_1}	$d_{i_1} = d_{k\,i_1} - 2\,e_{i_1}\cos\delta_{01}$	
55	Außenkranz-projektion	h_1	$h_1 = e_{a_1}\sin\delta_{01}$	Angaben in Zeichnungen für die Verzahnung von Kegelrädern vgl. DIN 869 Bl. 2 „Richtlinien für die Bestellung von Kegelrädern"
56	Innenkranz-projektion	f_1	$f_1 = e_{i_1}\sin\delta_{01}$	
57	Äußere Zahnbreite	b_a	$b_a = \dfrac{b}{\cos\varkappa_k}$	

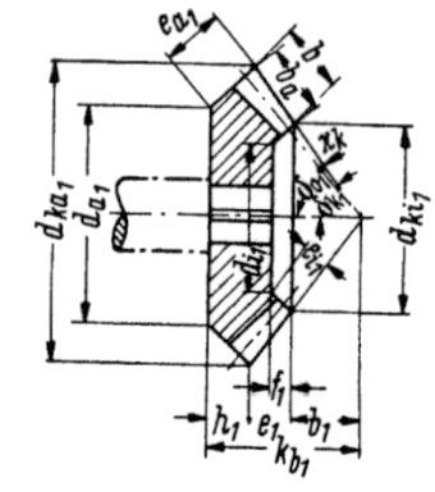

(Spalte Zeichen: Zahnkranzabmessungen; vgl. Abb. 540)

Abb. 540. Zahnkranzabmessungen

Schrägverzahnung, Bogenverzahnung. Die Berechnung der Bestimmungsgrößen für diese Verzahnungen (Abb. 423) ist auf den vorstehenden Gleichungen aufgebaut. Die Berechnungsanleitung hierfür ist jeweils den Betriebsanleitungen der für die einzelne Verzahnung in Frage kommenden Kegelraderzeugungsmaschinen zu entnehmen. In diesen Anleitungen sind auch die Gleichungen für die Berechnung der Maschineneinstellwerte enthalten.

Berechnungstafel 26. *Kegelwinkel δ_{01} und δ_{02} bei Geradzahnkegelrädern mit verschiedenem Achswinkel δ_A.*
Radabmessungen (Bestimmungsgrößen) nach Berechnungstafel 25

Zeile	Getriebeausführung	Zeichen	Formel (vgl. dazu S. 278) **Normalverzahnung**		
1	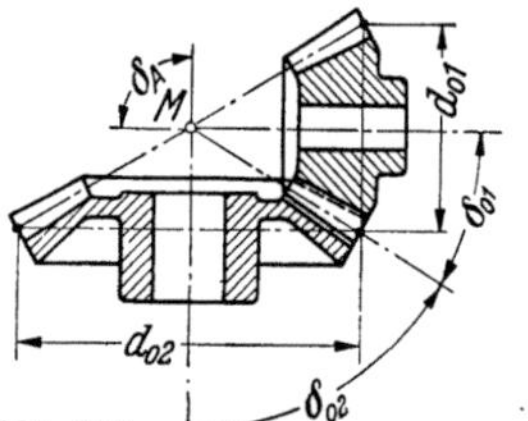 Die beiden Geradzahnkegelräder schneiden sich unter einem Achswinkel von $\delta_A = 90°$. Achsschnittpunkt M liegt **über** der Teilkreisebene des großen Rades $[\delta_A = \delta_{01} + \delta_{02}]$ (Abb. 541. Rechtwinkliges Kegelradgetriebe)	δ_{01}	$\tan\delta_{01} = \dfrac{z_1}{z_2} = \dfrac{d_{01}}{d_{02}}$ [Vgl. auch Z. 15, B.T. 25]	$\delta_{01} = 90° - \delta_{02}$	
2		δ_{02}	$\tan\delta_{02} = \dfrac{z_2}{z_1} = \dfrac{d_{02}}{d_{01}}$ [Vgl. auch Z. 16, B.T. 25]	$\delta_{02} = 90° - \delta_{01}$	
3	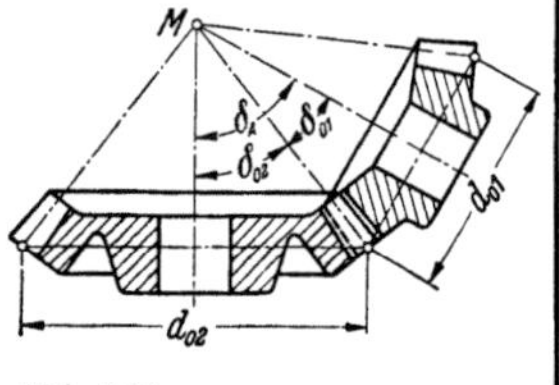 Die beiden Geradzahnkegelräder schneiden sich unter einem Achswinkel δ_A, der kleiner als 90° ist. Achsschnittpunkt M liegt **über** der Teilkreisebene des großen Rades $[\delta_A = \delta_{01} + \delta_{02}]$ (Abb. 542. Spitzwinkliges Kegelradgetriebe)	δ_{01}	$\tan\delta_{01} = \dfrac{\sin\delta_A}{i + \cos\delta_A}$	$i = \dfrac{z_2}{z_1}$	Bei $z_1 = z_2$ wird $\delta_{01} = \delta_{02} = \dfrac{\delta_A}{2}$
4		δ_{01}	$\cot\delta_{01} = \dfrac{z_2}{z_1\sin\delta_A} + \cot\delta_A$		
5		δ_{02}	$\tan\delta_{02} = \dfrac{\sin\delta_A}{u + \cos\delta_A}$	$u = \dfrac{z_1}{z_2}$	
6			$\cot\delta_{02} = \dfrac{z_1}{z_2\sin\delta_A} + \cot\delta_A$		
7	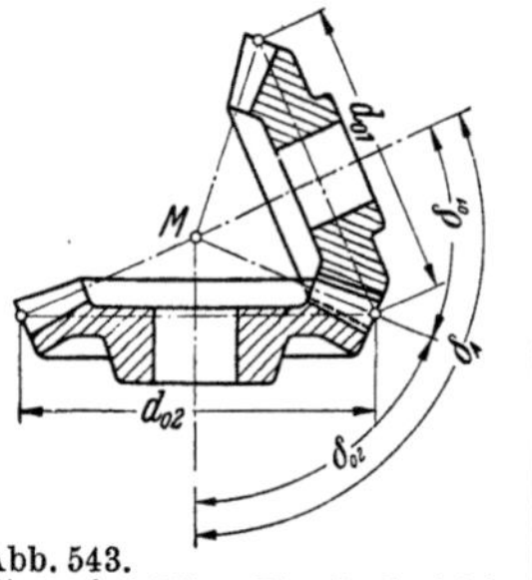 Die beiden Geradzahnkegelräder schneiden sich unter einem Achswinkel δ_A, der größer als 90° ist. Achsschnittpunkt M liegt **über** der Teilkreisebene des großen Rades $[\delta_A = \delta_{01} + \delta_{02}]$ (Abb. 543. Stumpfwinkliges Kegelradgetriebe)	δ_{01}	$\cot\delta_{01} = \dfrac{z_2}{z_1\sin(180° - \delta_A)} - \cot(180° - \delta_A)$		
8			$\tan\delta_{01} = \dfrac{\cos(\delta_A - 90°)}{i - \sin(\delta_A - 90°)}$	$i = \dfrac{z_2}{z_1}$	
9		δ_{02}	$\cot\delta_{02} = \dfrac{z_1}{z_2\sin(180° - \delta_A)} - \cot(180° - \delta_A)$		
10			$\tan\delta_{02} = \dfrac{\cos(\delta_A - 90°)}{u - \sin(\delta_A - 90°)}$	$u = \dfrac{z_1}{z_2}$	

Abb. 541. Rechtwinkliges Kegelradgetriebe

Abb. 542. Spitzwinkliges Kegelradgetriebe

Abb. 543. Stumpfwinkliges Kegelradgetriebe

Fortsetzung von Berechnungstafel 26

Zeile	Getriebeausführung	Zeichen	Formel (vgl. dazu S. 278) Normalverzahnung	
11	Die beiden Geradzahnkegelräder schneiden sich unter einem Achswinkel δ_A, der größer als 90° ist. Achsschnittpunkt M liegt **auf** der Teilkreisebene des großen Rades[1] $[\delta_A = \delta_{01} + \delta_{02}]$ Abb. 544. Planradkegelradgetriebe	δ_{01}	$\delta_{01} = \delta_A - 90°$	Diese Ausführung ist nur anzuwenden, wenn das Verhältnis $\sin\delta_{01} = \dfrac{z_1}{z_2}$ vorliegt.
12		δ_{02}	$\delta_{02} = 90°$ (Planrad)	
13	Die beiden Geradzahnkegelräder schneiden sich unter einem Achswinkel δ_A, der größer als 90° ist. Achsschnittpunkt M liegt **unter** der Teilkreisebene des großen Rades $[\delta_A = 180° + \delta_{01} - \delta_{02}]$ Abb. 545. Innenkegelradgetriebe	δ_{01}	Berechnung des Kegelwinkels δ_{01} nach Zeile 3 oder 4 dieser Tafel	
14		δ_{02}	Berechnung des Kegelwinkels δ_{02} nach Zeile 5 oder 6 dieser Tafel (Innenkegel sind als Wälzkörper kaum gebräuchlich)	
15	Für sämtliche Kegelrädertriebe (Abb. 541 bis 545)	i	$i = \dfrac{n_1}{n_2} = \dfrac{z_2}{z_1} = \dfrac{\sin\delta_{02}}{\sin\delta_{01}}$	Siehe auch S. 114 ff.
16			$i = \sin\delta_A \cot\delta_{01} - \cos\delta_A$	

Anmerkung: Zu Zeile 1: Die Achse eines Zahnrades (Radachse) ist gegeben durch seine Führungsachse, die durch die Achse der Radbohrung bzw. die Achse seiner Führungszapfen bestimmt ist. Zu Zeile 4: Für den praktisch häufig vorkommenden Fall, daß die Achsen der beiden Geradzahnkegelräder rechtwinklig zueinander stehen ($\delta_A = 90°$) werden, da $\sin 90° = 1$ und $\cot 90° = 0$, $\cot\delta_{01} = z_2/z_1$ oder $\tan\delta_{01} = z_1/z_2$. Zu Zeilen 7 und 9: Funktionen stumpfer Winkel (90° bis 180°) sind auf Funktionen spitzer Winkel zurückzuführen; es gilt: $\sin(180° - \delta_A) = \sin\delta_A$ und $\cot(180° - \delta_A) = -\cot\delta_A$. Zu Zeilen 7 bis 10: Ist der Wert $[z_2 \cdot \sin(\delta_A - 90°)]$ *kleiner als* z_1, so ist der Achsschnittpunkt nach Abb. 543 über die Teilkreisebene des großen Rades zu legen. Zu Zeilen 13 und 14: Ist der Wert $[z_2 \cdot \sin(\delta_A - 90°)]$ *größer als* z_1, so ist der Achsschnittpunkt nach Abb. 545 unter die Teilkreisebene des großen Rades zu legen. Alle übrigen Radabmessungen können, wie bisher, an Hand der **Berechnungstafel 25** ermittelt werden. Den Drehsinn erhält man durch Betrachtung von der Kegelspitze aus.

Berechnungstafel 27. *Abmessungen der ZA-Schnecke (Spiralschnecke).* (Vgl. dazu S. 282)

Die Tafeln 27 und 28 beschränken sich auf vorwiegend verwendete *Zylinderschneckentriebe*, bestehend aus einer zylindrischen Schnecke und einem globoidförmigen Rad. Behandelt werden nur Getriebe mit $\Sigma = 90°$ Achswinkel (Abb. 171 c) und ohne Profilverschiebung.

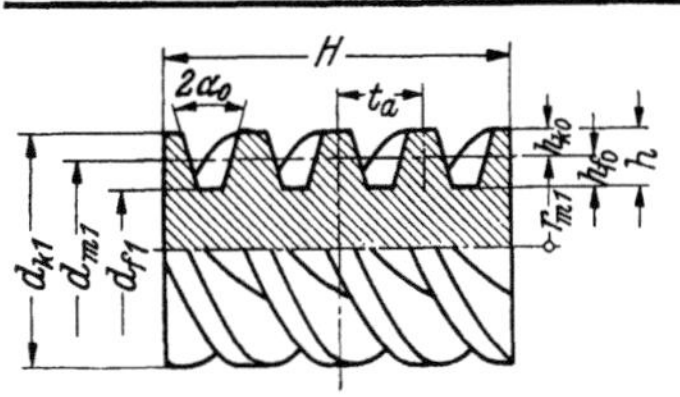

Abb. 546. Achsschnitt einer vierzähnigen Zylinderschnecke, Bestimmungsgrößen

$$i_{max} \approx 50 : 1 \; ; \; i_{min} \approx 5 : 1$$

Richtwerte des Gesamtwirkungsgrades bei ein- und mehrzähnigen Schnecken

η		z_1
0,6	(0,8)	1
0,7	(0,85)	2
0,75	(0,88)	3
0,8	(0,9)	4

Klammerwerte gelten für Hochleistungsgetriebe mit flüssiger Reibung.

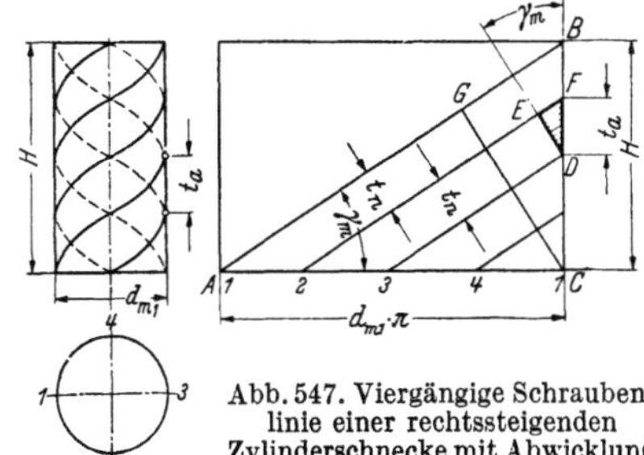

Abb. 547. Viergängige Schraubenlinie einer rechtssteigenden Zylinderschnecke mit Abwicklung

[1] Ein besonderer **Fall** besteht für $\delta_{02} = 90°$; der Wälzkegel geht in eine ebene Fläche über. Die zugehörige Radausbildung bezeichnet man als *Planrad*. Dieses entspricht der Zahnstange bei der parallelen Achslage der Stirnräder. Es bestimmt also insbesondere als Erzeugungsplanrad, entsprechend der Erzeugungszahnstange der Stirnräder, bei allen Wälzverfahren die Zahnform.

Fortsetzung von Berechnungstafel 27 (Vgl. dazu S. 282)

Zeile	Berechnungsgröße	Zeichen	Formel [für Zylinderschnecke z_1] **Normalverzahnung**
1	**Steigungshöhe** (= Abstand zweier Windungen gleichgerichteter Flanken ein und desselben Schneckenzahnes im Achsschnitt)	H	$H = z_1 t_a = z_1 m \pi = d_{m1} \pi \tan \gamma_m$ Die Steigungshöhe H ist maßgebend für die Berechnung der Wechselräder an der Bearbeitungsmaschine. Berechnung von H ist ohne Einfluß auf die Steigungsrichtung.
2	**Steigungsrichtung**		Schnecken mit rechtssteigenden Zähnen sind rechtssteigende Schnecken (Abb. 548); vorzugsweise Anwendung. Schnecken mit linkssteigenden Zähnen sind linkssteigende Schnecken (Abb. 549); Anwendung nur bei bestimmten Anforderungen an den Drehsinn.
3	**Zähnezahl** (Die Gänge der Schnecke werden als Zähne bezeichnet)	z_1	$z_1 = \dfrac{H}{t_a} = \dfrac{H}{m \pi}$ Rechtssteigende Schnecke bedingt rechtssteigendes Rad, linkssteigende Schnecke linkssteigendes Rad. Mehrzähnige Schnecken vgl. Abb. 226 bis 228.
4	**Normalteilung**	t_n	$t_n = t_a \cos \gamma_m$
5	**Achsteilung**	t_a	$t_a = \dfrac{H}{z_1} = m \pi$
6	**(Achs-)Modul** Modul im Achsschnitt[1]	m	$m = \dfrac{t_a}{\pi} = \dfrac{d_{02}}{z_2}$
7	**Formzahl** (Kennzeichnet die Gestalt der Schnecke), DIN 3975	z_F	$z_F = \dfrac{d_{m1}}{m} = \dfrac{z_1}{\tan \gamma_m}$
8	**Mittensteigungswinkel** (= spitzer Winkel zwischen einer Tangente an die Flankenlinie auf dem Teilzylinder und einer zur Schneckenachse senkrechten Stirnfläche)	γ_m	$\tan \gamma_m = \dfrac{z_1 m}{d_{m1}} = \dfrac{z_1}{z_F}$ $= \dfrac{H}{d_{m1} \pi} = \dfrac{z_1 t_a}{d_{m1} \pi}$
9	**Eingriffswinkel im Achsschnitt**	α_a	$\tan \alpha_a = \dfrac{\tan \alpha_{n0}}{\cos \gamma_m}$ α_{n0} = Eingriffswinkel im Normalschnitt, γ_m = Mittensteigungswinkel

Spaltentexte (Spalte zu Zeile 4/5): *Normalteilung t_n und Normalmodul m_n sind bei ZA-Schnecken fertigungstechnisch nicht erforderlich. Achsteilung und Achsmodul sind — ebenso wie die Steigungshöhe — vom Schneckendurchmesser unabhängig.*

Spaltentext (Spalte zu Zeile 7/8): *Formzahl z_F vgl. Abb. 550 bis 552.*

Zeile	Berechnungsgröße		Zeichen	Formel
10	**Erzeugungswinkel**		α_w	Bei Flankenform A ist der Erzeugungswinkel α_w der spitze Winkel im Achsschnitt zwischen der Flankenlinie und der Normalen auf die Achse (Abb. 431). Bei Flankenform N und K ist der Erzeugungswinkel α_w der spitze Winkel zwischen der Normalen auf den Kegel des Werkzeuges bzw. auf die Werkzeugschneide und einer Achse parallel zur Achse des Kegels (Abb. 432 und 433). Das Kopfspiel S_{k1} zwischen Schneckenzahnfuß und Schneckenradzahnkopf beträgt 0,167 m bis 0,3 m. Es soll an der Schnecke so klein wie möglich bemessen werden, um deren Widerstandsmoment so groß wie möglich zu machen. Zu bevorzugen ist $S_{k1} = 0,2\,m$. (Vgl. Berechnungstafel 19). Kopfspiel S_{k2} vgl. Abb. 556 und Fußnote 1, S. 339.
11	Zahnabmessungen	Zahnkopfhöhe	h_{k0}	$h_{k0} = 1\,m$
12		Zahnfußhöhe	h_{f0}	$h_{f0} = 1,2\,m$
13		Zahnhöhe = Lückentiefe	h	$h = 2,2\,m$
14				$h = h_{k0} + h_{f0}$
15				$h = (d_{k1} - d_{f1}) : 2$
16		Kopfspiel	S_{k1}	$S_{k1} = 0,2\,m$

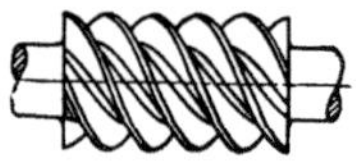

Abb. 548. Rechtssteigende Schnecke

Abb. 549. Linkssteigende Schnecke

---

[1] Der nach DIN 3975 mit m bezeichnete Modul der Schnecke ist *Achs*modul; für das zugehörige Schneckenrad ist dieser Modul m auch gleichzeitig der *Stirn*modul.

Fortsetzung von Berechnungstafel 27. (Vgl. dazu S. 282)

Zeile	Berechnungsgröße	Zeichen	Formel [für Zylinderschnecke z_1] **Normalverzahnung**

Zahnabmessungen

17	Zahndicke (= Länge des senkrecht zum Zahn verlaufenden Bogens der Mittenzylinderschraubenlinie zwischen zwei Flanken eines Zahnes)	s_{nm}	$s_{nm} = \dfrac{m\,\pi}{2}\cos\gamma_m$

Abb. 550   Abb. 551

Abb. 550 bis 552. Einfluß der Formzahl auf die Gestalt von Schneckentrieben mit gleichem Achsabstand, gleicher Übersetzung und gleicher Zähnezahl der Schnecken ($z_1 = 1$) nach DIN 3975. Achswinkel $\Sigma = 90°$. Außer in besonderen Fällen hat die Schnecke einen kleineren Durchmesser als das Schneckenrad und einen Steigungswinkel, der kleiner ist als 45°.

18	Lückenweite (= Länge des Bogens auf der Mittenzylinderschraubenlinie, die senkrecht zum Zahn verläuft und innerhalb einer Zahnlücke liegt)	l_{nm}	$l_{nm} = \dfrac{m\,\pi}{2}\cos\gamma_m$

Abb. 552

Mitten-, Kopf- und Fußkreisdurchmesser

19	Mittenkreisdurchmesser (= willkürlich angenommene Größe, auf die die einzelnen Abmessungen der Schnecke bezogen werden) d_{m1} ist der Nenndurchmesser der Schnecke und eine rein rechnerische, von der Zahnform unabhängige Größe, als solche fehlerfrei und an der Schnecke nicht meßbar.	d_{m1}	$d_{m1} = z_F\,m$

Beispiele für $a_1 = a_2 = a_3$ und $i_1 = i_2 = i_3$ sowie einzähniger Schnecke ($z_1 = 1$)

Abb. 550	$z_F =$	7	10	17
Abb. 551	$d_{m1} =$	1	1,27	1,75
Abb. 552	$\gamma_m =$	8,1°	5,7°	3,4°

20			$d_{m1} = \dfrac{H}{\pi\tan\gamma_m} = \dfrac{v\cdot 60\cdot 1000}{\pi\,n}$

Bei voller Schnecke: $d_{m1} \approx 2\,m \times \left(1{,}4 + 2\sqrt{z_1}\right)$. Bei aufgesetzter Schnecke: $d_{m1} \approx 2\,m\left(5{,}3 + \dfrac{z_1}{10}\right)$

$v =$ Umfangsgeschwindigkeit im Mittenkreis [m/s]; $n =$ Umlaufzahl der Schneckenwelle [1/min]

21	Kopfkreisdurchmesser	d_{k1}	$d_{k1} = d_{m1} + 2\,m$
22	Fußkreisdurchmesser	d_{f1}	$d_{f1} = d_{m1} - 2\,(m + S_k)$
23			$d_{f1} = d_{m1} - 2{,}4\,m$

Es ist ratsam, die Schneckenradfräserliste einer einschlägigen Zahnradfabrik zu Rate zu ziehen, aus der Modul, Mittenkreisdurchmesser, Zähnezahl und Steigungsrichtung der Schnecke zu ersehen sind. Vgl. B.T. 29, Z. 36

24	Schneckenlänge (= Abstand der Enden der Zähne, gemessen in Richtung der Schneckenachse) d_{k2} und d_{02} vgl. Abb. 555	b_1	$b_1 = \sqrt{(d_{k2})^2 - (d_{02})^2}$
25			$b_1 = 2\,m\sqrt{z_2 + 1}$ (bei Schneckentrieben ohne Profilverschiebung)

$H =$ Steigungshöhe
$b_1 =$ Schneckenlänge
$t_a =$ Achsteilung

$b_{1\,min} > 10\,m$ oder $b_{1\,min} > 3{,}2\,t_a$

Abb. 553. Steigung und Schneckenlänge

26	Durchmesser der Schneckenwelle [cm]	d	Vgl. Berechnungstafel 37, S. 349
27	Übersetzungsverhältnis	i	Vgl. Z. 32 und 33 Berechnungstafel 29, S. 340

Riegel, Rechnen, 5. Aufl.

Berechnungstafel 28. *Abmessungen der ZE-Schnecke (Evolventenschnecke).* (Vgl. dazu S. 282)

Zeile	Berechnungsgröße	Zeichen	Formel [für Zylinderschnecke z_1] **Normalverzahnung**
1	Steigungshöhe (Maßgebend für die Berechnung der Wechselräder an der Bearbeitungsmaschine)	H	$H = d_{m1}\,\pi\,\tan\gamma_m = \dfrac{z_1\,m_n\,\pi}{\cos\gamma_m} = z_1\,t_s = \dfrac{d_{m1}\,z_1\,m_n\,\pi}{\sqrt{(d_{m1})^2 - (z_1\,m_n)^2}} = z_1\,m_s\,\pi$
2	Normalteilung	t_n	$t_n = m_n\,\pi = t_s\cos\gamma_m$
3	Stirnteilung	t_s	$t_s = \dfrac{H}{z_1} = m_s\,\pi = \dfrac{t_n}{\cos\gamma_m} = \dfrac{m_n\,\pi}{\cos\gamma_m}$
4	Normalmodul	m_n	$m_n = m_s\cos\gamma_m = \dfrac{H\cos\gamma_m}{z_1\,\pi} = \dfrac{t_n}{\pi}$
5	Stirnmodul	m_s	$m_s = \dfrac{m_n}{\cos\gamma_m} = \dfrac{t_s}{\pi} = \dfrac{t_n}{\pi\cos\gamma_m} = \dfrac{d_{m1}}{z_1}$
6	Zähnezahl	z_1	$z_1 = \dfrac{H}{t_s}$ Mehrzähnige Schnecken vgl. auch Abb. 226 bis 228
7	Mittensteigungswinkel	γ_m	$\tan\gamma_m = \dfrac{H}{d_{m1}\,\pi}$ $\sin\gamma_m = \dfrac{z_1\,m_n}{d_{m1}}$ $\cos\gamma_m = \dfrac{m_n}{m_s}$
8	Erzeugungswinkel	α_w	Bei Flankenform E ist der Erzeugungswinkel α_w gleich dem Eingriffswinkel α_0 des Bezugsprofiles (Abb. 434).
9	Zahnkopfhöhe	h_{k0}	$h_{k0} = 1\,m_n$
10	Zahnfußhöhe	h_{f0}	$h_{f0} = 1{,}2\,m_n$
11	Zahnhöhe	h	$h = 2{,}2\,m_n$
12	Mittenkreisdurchmesser	d_{m1}	$d_{m1} = \dfrac{H}{\pi\tan\gamma_m} = \dfrac{z_1\,m_n}{\sin\gamma_m}$
13	Kopfkreisdurchmesser	d_{k1}	$d_{k1} = d_{m1} + 2\,m_n$
14	Fußkreisdurchmesser	d_{f1}	$d_{f1} = d_{m1} - 2{,}4\,m_n$
15	Grundzylinderdurchmesser	d_{g1}	$d_{g1} = \dfrac{d_{m1}\tan\gamma_m}{\tan\gamma_g} = \dfrac{H}{\tan\gamma_g}$
16	Grundzylindersteigungswinkel	γ_g	$\cos\gamma_g = \cos\gamma_m\cos\alpha_w$
17	Grundzylinderteilung	t_g	$t_g = m_s\,\pi\cos\gamma_g$
18	Zahnabmessungen		In Zeilen 11 bis 18, B.T. 27 ist statt (Achs-)Modul m der Normalmodul m_n zu setzen
19	Schneckenlänge	b_1	In Zeile 25, B.T. 27 ist statt (Achs-)Modul m der Stirnmodul m_s zu setzen
20	Übersetzungsverhältnis	i	Vgl. Z. 33 und 34, B.T. 29

Anmerkung zu Zeilen 2 bis 6: Beim Achswinkel von 90° ist der (Stirn-)Modul m_s des Schneckenrades gleich dem (Achs-)Modul m_a der Schnecke. Beide werden nach DIN 3975 mit m bezeichnet; somit $m_s = m_a = m$. Nach Abb. 557 ist $t_0 = t_s = t_a = m\,\pi$. Die Normalteilung und der Normalmodul sind an Schnecke und Rad gleich groß.

Spaltenbeschriftung zu Zeilen 12 bis 14: Mitten-, Kopf- und Fußkreisdurchmesser

Abb. 554. Bestimmungsgrößen bei ZE-Schnecken

Das Evolventenschneckengetriebe gleicht einem Schrägstirnrädergetriebe mit $\Sigma = 90°$ Achswinkel. Die Evolventenschnecke ist ein Evolventenschrägstirnrad mit großem Schrägungswinkel β_0 und kleinem Steigungswinkel γ_0.

Bezeichnungsbeispiel: Nach DIN 3976 hat eine Zylinderschnecke (Z) mit Flankenform N, Modul $m = 10$ mm, Mittenkreisdurchmesser $d_{m1} = 95$ mm, rechtssteigend (R), Zähnezahl $z_1 = 2$ die Bezeichnung

Schnecke

$ZN\ 10 \times 95\ R\ 2\ DIN\ 3976$

Berechnungstafel 29. *Abmessungen bei Schneckenrädern mit ZA-Schnecken.* (Vgl. dazu S. 283)

Abb. 555. Verzahnungsabmessungen beim Schneckenrad mit scharf gedrehten Zahnspitzen für Zylinderschnecke. Maße für den Radkörper sind weggelassen. Kranzprofile bei Schneckenrädern siehe Abb. 438 bis 440

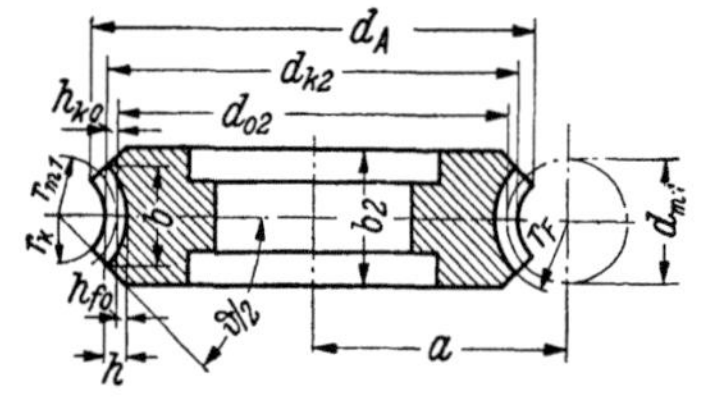
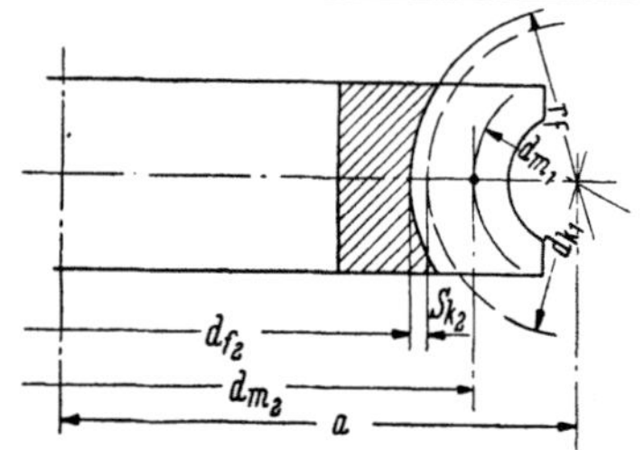

Abb. 556. Mittenkreisdurchmesser beim Schneckentrieb

Fortsetzung von Berechnungstafel 29. (Vgl. dazu S. 283)

Gebräuchliche Schneckentriebe mit Zylinderschnecken haben Achsabstände von $a = 50$ mm bis $a = 500$ mm (kleinere Achsabstände nur in der Feinwerktechnik). Ordnet man den Achsabstand nach der Normzahlreihe $R\,10$, so erhält man die Norm-Achsabstände $a = 50, 63, 80, 100, 125, 160, 200, 250, 315, 400, 500$. Die Übersetzungen werden nach DIN 3976 zwischen $i \approx 7,5$ und $i \approx 100$ eingegrenzt.

Zeile	Berechnungsgröße	Zeichen	Formel [für Schneckenrad z_2] **Normalverzahnung**	
1	Mittensteigungswinkel	γ_m	Vgl. Zeile 8, Berechnungstafel 27	
2	Steigungsrichtung	—	Rechtssteigendes Rad bedingt rechtssteigende Schnecke, linkssteigendes Rad bedingt linkssteigende Schnecke. Vgl. auch Abb. 548 und 549	
3	Achsteilung	t_a	$t_a = m\,\pi = \dfrac{d_{02}\,\pi}{z_2}$	Für Schneckenräder, die mit Spiralschnecken (ZA-Schnecken) in Eingriff stehen gilt: *Bei Schneckenrädern für Schneckentriebe mit rechtwinklig gekreuzten Achsen ist der (Stirn-)Modul m_s des Schneckenrades gleich dem (Achs-)Modul m_a der Schnecke. Beide werden nachfolgend mit m bezeichnet.*
4	(Achs-)Modul Modul im Achsschnitt	m	$m = \dfrac{t_a}{\pi} = \dfrac{d_{02}}{z_2}$	
5	Teilkreisteilung (= Teilkreisbogen zwischen zwei aufeinander folgenden Rechts- oder Linksflanken)	t_0	$t_0 = m\,\pi = \dfrac{d_{02}\,\pi}{z_2} = t_a$	
6	Zähnezahl — Die Zähnezahlen von Rad und Schnecke sollen *keinen* gemeinsamen Teiler besitzen, weil der Fräser zur Herstellung des Rades die gleiche Zähnezahl (Gangzahl) wie die Schnecke selbst hat.	z_2	$\alpha_0 = 20° \;\mid\; z_2 = 17$ $\alpha_0 = 15° \;\mid\; z_2 = 30$ — Bei kleineren Zähnezahlen muß korrigiert werden. $z_2 = \dfrac{d_{02}}{m} = i\,z_1$ — Einzähnige Schnecke und z_2 kleiner als 40 sowie zweizähnige Schnecke und z_2 kleiner als 50 } ergeben ungünstige Eingriffsverhältnisse.	
7	Teilkreisdurchmesser, gemessen in der Radmittelebene	d_{02}	$d_{02} = \dfrac{z_2\,t_0}{\pi} = z_2\,m = 2a - d_{m1}$	Der Teilkreisdurchmesser ist die fehlerfreie Größe am Schneckenrad.
8	Zahndicke (= Länge des Teilkreisbogens zwischen den beiden Flanken eines Zahnes im Mittelschnitt)	s_0	$s_0 = \dfrac{m\,\pi}{2}$	Das Nennmaß der Zahndicke s_0 ist gleich der Achsteilung t_a der Schnecke weniger der am Halbmesser von der Größe $a - r_{02}$ in Achsrichtung gemessenen Zahndicke des Schneckenzahnes.
9	Zahnlückenweite (= Länge des Teilkreisbogens innerhalb einer Zahnlücke im Mittelschnitt)	l_0	$l_0 = \dfrac{m\,\pi}{2}$	Das Nennmaß der Zahnlückenweite l_0 ist gleich der am Halbmesser von der Größe $a - r_{02}$ in Achsrichtung gemessenen Zahndicke des Schneckenzahnes.
10	Zahnkopfhöhe	h_{k0}	$h_{k0} = 1\,m$	Schnecke und Schneckenradfräser müssen genau formengleich sein; es ist deshalb vorteilhaft, wenn die endgültigen Abmessungen der Schnecke und damit auch des Rades nach vorhandenen Fräswerkzeugen gewählt werden. Vgl. B.T. 29, Z. 36
11	Zahnfußhöhe[1]	h_{f0}	$h_{f0} = 1,2\,m$	Nach DIN 867 (Vgl. Berechnungstafel 19)
12			$h = 2,2\,m$	
13	Zahnhöhe = Lückentiefe	h	$h = h_{k0} + h_{f0}$	
14			$h = (d_{k2} - d_{f2}) : 2$	
15	Radbreite im Zahngrund	b	$b = 2\,r_F \sin\dfrac{\vartheta}{2} = 2\sqrt{(z_F + 1)\,m}$ [Nutzbare Zahnbreite]	
16	Halber Umfassungswinkel	$\dfrac{\vartheta}{2}$	$\tan\dfrac{\vartheta}{2} = \dfrac{x}{\dfrac{d_{m1}}{2\,t_0} + 0,6} = \dfrac{2\,x\,t_0}{d_{m1} + 1,2\,t_0}$	Zahlenwert x siehe Zeile 17

[1] Die Zahnfußhöhe h_{f0} des Schneckenrades ist gleich der Summe von Modul und Kopfspiel S_{k2} (Abb. 556); damit $h_{f0} = m + S_{k2}$. Das Kopfspiel S_{k2} zwischen Schneckenradzahnfuß und Schneckenzahnkopf beträgt $0,167\,m$ bis $0,3\,m$. Zu bevorzugen ist $S_{k2} = 0,2\,m$; in diesem Falle wird $h_{f0} = 1,2\,m$.

Fortsetzung von Berechnungstafel 29. (Vgl. dazu S. 283)

Zeile	Berechnungsgröße		Zeichen	Formel [für Schneckenrad z_2] **Normalverzahnung**	
17		Zahlenwerte für den Umfassungswinkel	x	Zähnezahl des Schneckenrades $z_2 =$ | 28 | 36 | 45 | 56 | 62 | 68 | 76 | 84 Zahlenwert $x =$ | 1,9 |2,1 |2,3 |2,5 |2,6 |2,7 |2,8 | 2,9	
18	Zahnabmessungen	Fußhalbmesser (Halbmesser der tiefsten Zahnausfräsung)	r_F	$r_F = \dfrac{d_{m_1}}{2} + h_{f_0}$ $r_F = \dfrac{1}{2}\,(d_{m_1} + 2{,}4\,m)$	$d_{m_1} =$ Mittenkreisdurchmesser der Schnecke [Z. 19 u. 20, B.T.27]. Durchmesser $2\,r_F$ muß stets dem äußeren, Durchmesser $2\,r_K$ stets dem inneren Fräserdurchmesser entsprechen. Kopf- und Fußkreisdurchmesser des Schneckenradfräsers sind um das Kopfspiel größer als bei der Schnecke. (Vgl. Abb. 555 bis 559)
19		Kehlhalbmesser (= Halbmesser des Kehlkreises, der die Mantellinie des Schneckenradkörpers bildet)	r_K	$r_K = a - 0{,}5\,d_{k_2}$	
20				$r_K = \dfrac{d_{m_1}}{2} - h_{k_0}$	
21				$r_K = \dfrac{1}{2}\,(d_{m_1} - 2\,m)$	
22	Kopfkreisdurchmesser, gemessen in der Radmittelebene		d_{k_2}	$d_{k_2} = d_{0\,2} + 2\,m$	Auf dem Kopfkreis des Mittelschnittes liegen die Kopfkanten.
23	Außendurchmesser (Durchmesser über die scharf gedrehten Zahnspitzen)		d_A	$d_A = d_{k_2} + 2\,r_K \left(1 - \cos\dfrac{\vartheta}{2}\right)$	d_A ist der größte Durchmesser des Schneckenradkörpers.
24				$d_A = d_{k_2} + (d_{m_1} - 2\,m)\left(1 - \cos\dfrac{\vartheta}{2}\right)$	
25	Außendurchmesser nach Abb. 439		d_A	$d_A \approx d_{k_2} + m$ (Richtwert)	
26	Mittenkreisdurchmesser (Abb. 556)		d_{m_2}	$d_{m_2} = 2\,a - d_{m_1}$	Der Mittenkreis des Schneckenrades ist durch den Mittenkreis der Schnecke bestimmt. $r_{m_1} = 0{,}5\,d_{m_1}$ = Mittenkehlhalbmesser
27	Grundkreisdurchmesser		d_{g_2}	$d_{g_2} = d_{0\,2}\cos\alpha_{s0\,2}$	Stirneingriffswinkel $\alpha_{s0\,2} = \tan\alpha_{0\,2} : \cos\gamma_m$
28				$d_{g_2} = z_2\,m\cos\alpha_{s0_2}$	
29	Fußkreisdurchmesser		d_{f_2}	$d_{f_2} = d_{0\,2} - 2{,}4\,m = d_{k_2} - (4\,m + 2\,S_{k_2})$	
30	Schneckenradbreite (Richtwerte)	Abstand der Zahnenden, gemessen in Richtung der Schneckenradachse	b_2	Für Räder nach Abb. 555 $b_2 = b + 0{,}25\,t_0$	Für Räder nach Abb. 439 und 440 $b_2 = 0{,}8\,d_{m_1}$
31	Achsabstand Bei Zähnezahlen unter 30 ist zwecks Vermeidung von Unterschnitt eine Profilverschiebung des Schneckenrades vorzunehmen. Der Achsabstand vergrößert sich entsprechend. Die Schneckenabmessungen bleiben unverändert.		a	Ohne Profilverschiebung: $a = \dfrac{d_{m_1} + d_{0\,2}}{2} = \dfrac{m}{2}\,(z_F + z_2)$	d_{m_1} (Mittenkreisdurchmesser) der Schnecke) siehe Z. 19 u. 20, B.T. 27
32				$a = \dfrac{m\,(14\,z_2 + 30)}{30} + \dfrac{d_{m_1}}{2}$	Bei weniger als 30 Zähnen des Schneckenrades
33	Übersetzungsverhältnis		i	$i = \dfrac{n_1}{n_2}$ $i = \dfrac{z_2}{z_1}$	Wie bei Schrägstirnrädern für sich kreuzende Achsen ist das Übersetzungsverhältnis gleich dem Verhältnis der Zähnezahlen, nicht aber gleich dem Verhältnis der Teilkreisdurchmesser.
34				$i = \dfrac{d_{0\,2}}{d_{m_1}\tan\gamma_m}$	
35	Achswinkel (Kreuzungswinkel) Drehsinn von Schnecke und Schneckenrad vgl. Abb. 442 und 443.		Σ	Der Achswinkel ist in der Regel 90°. Bei von 90° abweichenden Achswinkeln ist der Modul m_1 der Schnecke nicht gleich dem Modul m_2 des Schneckenrades; es gilt: $m_2 = \dfrac{m_1}{\sin\Sigma}$.	

Fortsetzung von Berechnungstafel 29. (Vgl. dazu S. 283)

Zeile	Berechnungsgröße	Zeichen	Formel [für Schneckenrad z_2] **Normalverzahnung**
36	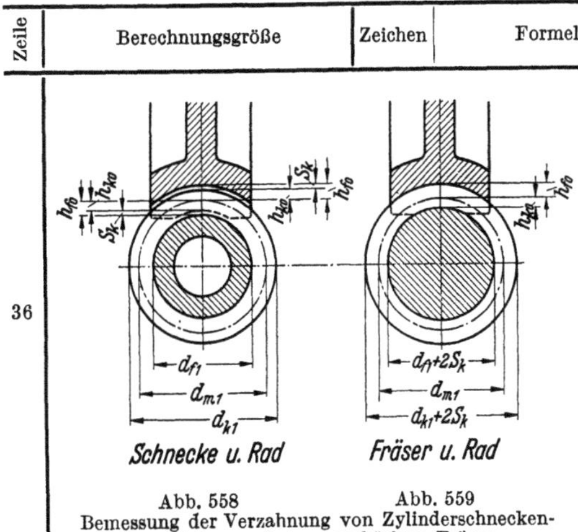		**Bemessung der Verzahnung des Schneckentriebes und des zugehörigen Fräsers** 1. Zylinderschnecke und Fräser haben gleichen Mittenkreisdurchmesser (d_{m_1}). 2. Zylinderschnecke und Rad haben gleiche Zahnkopfhöhe (h_{k_0}) und gleiche Zahnfußhöhe (h_{f_0}). [Üblich ist $h_{k_0} = 1\,m$ und $h_{f_0} = 1{,}2\,m$]. 3. Das Kopfspiel (S_k) zwischen dem Zahnkopf der Zylinderschnecke und dem Zahngrund des Rades sowie zwischen dem Zahnkopf des Rades und dem Zahngrund der Schnecke beträgt demnach $0{,}2\,m$. 4. Die Zahnkopfhöhe des Fräsers ist gleich der Zahnfußhöhe der Zylinderschnecke. 5. Die Zahnfußhöhe des Fräsers ist gleich der Zahnkopfhöhe der Zylinderschnecke. 6. Zwischen Fräser und Rad besteht also kein Spiel, da auch der Zahngrund des Fräsers das Rad bearbeitet.

Abb. 558   Abb. 559
Bemessung der Verzahnung von Zylinderschneckengetrieben und der zugehörigen Fräser

Nur wenn Zylinderschnecke und Schneckenradfräser formengleich sind und die Schnecke im Getriebe in der gleichen Stellung eingebaut wird, die der Fräser gegenüber dem Rad bei der Herstellung einnahm, lassen sich einwandfreie Eingriffsverhältnisse eines Schneckengetriebes und genaue rechtwinklige Lagen der Achsen von Schnecke und Rad erreichen. Sind verschiedene Hersteller an einem Getriebe tätig, ist es unbedingt notwendig, daß beide von Schnecke und Schneckenrad Kenntnis haben.

Berechnungstafel 30. *Abmessungen bei Schneckenrädern mit ZE-Schnecken.* (Vgl. dazu S. 284)

Zeile	Berechnungsgröße		Zeichen	Formel [für Schneckenrad z_2] **Normalverzahnung**	
1	Normalteilung	Beim Achswinkel von 90° ist der (Stirn-)Modul m_s des Schneckenrades gleich dem (Achs-)Modul m_a der Schnecke. Beide werden nach DIN 3975 mit m bezeichnet; somit $m_s = m_a = m$. Nach Abb. 557 ist $t_0 = t_s = t_a = m\,\pi$. Die Normalteilung und der Normalmodul sind an Schnecke und Rad gleich groß.	t_n	$t_n = m_n\,\pi = t_s \cos\gamma_m$	Die Form der Schneckenradzähne folgt aus der Zahnform der Schnecke, nach der das Wälzwerkzeug für die Bearbeitung der Schneckenradverzahnung gebildet ist. Abmessungen der *ZE*-Schnecke (Evolventenschnecke) vgl. Berechnungstafel 28
2	Stirnteilung		t_s	$t_s = m_s\,\pi = \dfrac{t_n}{\cos\gamma_m} = \dfrac{m_n\,\pi}{\cos\gamma_m}$	
3	Normalmodul		m_n	$m_n = \dfrac{t_n}{\pi} = m_s \cos\gamma_m$	
4	Stirnmodul		m_s	$m_s = \dfrac{t_s}{\pi} = \dfrac{m_n}{\cos\gamma_m} = \dfrac{d_{02}}{z_2}$	
5	Zahnkopfhöhe		h_{k_0}	$h_{k_0} = 1\,m_n$	d_{g_2} ist derjenige Kreis um die Schneckenradachse, von dem aus die Evolvente der Zahnflanke im Mittelschnitt entwickelt wird. Eingriffswinkel α_{02} ist der spitze Winkel zwischen Berührungsebene des Teilzylinders und einer Normalen an das Flankenprofil im Mittelschnitt. $\alpha_{s02} = \dfrac{\tan\alpha_{02}}{\cos\gamma_m}$.
6	Zahnfußhöhe	Zahnabmessungen	h_{f_0}	$h_{f_0} = 1{,}2\,m_n$	
7				$h = 2{,}2\,m_n$	Bei Zähnezahlen unter 30 ist zwecks Vermeidung von Unterschnitt eine *Profilverschiebung des Schneckenrades* vorzunehmen. Der Achsabstand vergrößert sich entsprechend. Die Schneckenabmessungen bleiben unverändert. Profilverschiebung [mm]: $xm = h_{f_0} - \dfrac{(\sin\alpha_a)^2 \cdot z_2\,m}{2}$. Korrigierter Kopfkreisdurchmesser [mm]: $d_{k_2} = m\,(z_2 + 2\,x) + 2\,h_{k_0}$.
8	Zahnhöhe = Lückentiefe		h	$h = h_{k_0} + h_{f_0}$	
9				$h = (d_{k_2} - d_{f_2}) : 2$	

Fortsetzung von Berechnungstafel 30. (Vgl. dazu S. 284)

Zeile	Berechnungsgröße	Zeichen	Formel [für Schneckenrad z_2] **Normalverzahnung**	
10	Zähnezahl	z_2	$z_2 = \dfrac{d_{02}}{m_s}$ — Einzähnige Schnecke und z_2 kleiner als 40 sowie zweizähnige Schnecke und z_2 kleiner als 50 } ergeben ungünstige Eingriffsverhältnisse.	Vgl. auch Z. 6, B.T. 29
11	Teilkreisdurchmesser	d_{02}	$d_{02} = \dfrac{z_2\, t_s}{\pi} = z_2\, m_s = \dfrac{z_2\, m_n}{\cos \gamma_m}$	Anmerkung: Zu Zeile 3: Es ist zweckmäßig, den Modul m den für Stirnräder genormten Modulwerten zu entnehmen, um die vorhandenen Profilwerkzeuge verwenden zu können (Z. 18, B.T. 19). Geht man bei Zylinderschnecken im Schnitt senkrecht zum Zahnverlauf auf dem Mittenkreiszylinder von genormten Moduln aus, so ergeben sich π-Steigungen. Dabei erhält man bei gleichem Modul senkrecht im Schnitt zum Zahnverlauf auch gleichbleibende Zahndicken. Dies wiederum hat zur Folge, daß *der gleiche Scheibenfräser zum Schneiden aller Zylinderschnecken gleichen Normalmoduls verwendet werden kann.* Dadurch erwachsen geringe Fräserkosten, die die wirtschaftlichen Vorteile des Fräsens von Schnecken auch bei kleinen Stückzahlen gestatten.
12	Grundkreisdurchmesser	d_{g2}	$d_{g2} = d_{02} \cos \alpha_{so\,2}$	
13	Kopfkreisdurchmesser	d_{k2}	$d_{k2} = d_{02} + 2\, m_n$	
14	Außendurchmesser nach Abb. 439	d_A	$d_A = d_{k2} + 2\, m_n$	
15	Achsabstand	a	$a = \dfrac{d_{m1} + d_{02}}{2} = \dfrac{1}{2}\left(\dfrac{z_1\, m_n}{\sin \gamma_m} + \dfrac{z_2\, m_n}{\cos \gamma_m}\right)$	
16	Mittensteigungswinkel	γ_m	Vgl. Z. 7, B.T. 28	

Berechnungstafel 31. *Korrigierte Verzahnung bei Geradstirnrädern.* (Vgl. dazu S. 284)

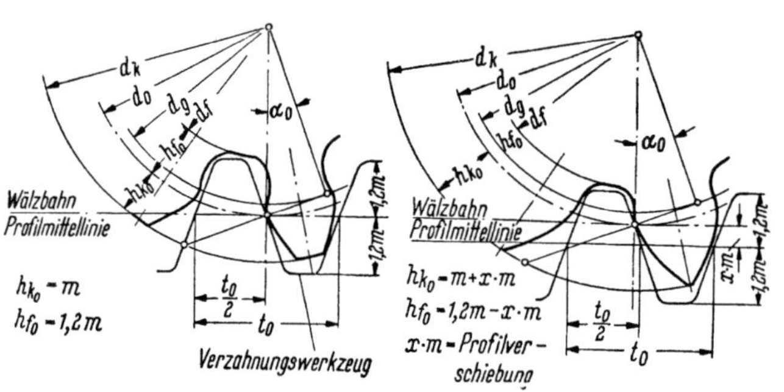

Abb. 560. 8 zähniges Rad *ohne* Profilverschiebung (Eingriffswinkel $\alpha_0 = 20°$)

Abb. 561. 8 zähniges Rad *mit* Profilverschiebung (Eingriffswinkel $\alpha_0 = 20°$)

Während die Profilbezugslinie des Bezugsprofils bei einem **Null-Rad** den Teilkreis berührt (Abb. 560), ist dies bei einem Stirnrad mit Profilverschiebung (***V*-Rad**) nicht der Fall (Abb. 561). Liegt die Profilbezugslinie außerhalb des Teilkreises, dann ist das Stirnrad ein V_{plus}-Rad; schneidet die Profilbezugslinie den Teilkreis, dann ist das Stirnrad ein V_{minus}-Rad. Das Stirnrad kann Außenverzahnung oder Innenverzahnung haben.

Die **Profilverschiebung** an einem V-Rad ist der Abstand der Profilbezugslinie des Bezugsprofils vom Teilkreis. Bei einem V_{plus}-Rad ist die Profilverschiebung positiv, d. h. die Profilbezugslinie ist radial nach außen, also von der Radachse weg, verschoben. Bei einem V_{minus}-Rad ist die Profilverschiebung negativ, d. h. die Profilbezugslinie ist radial nach innen, also zur Radachse hin, verschoben. Die Größe der Profilverschiebung wird mit dem **Profilverschiebungsfaktor** x in Teilen des Moduls ausgedrückt. Gegenüber nichtkorrigierten Rädern (Nullrädern) ändern sich bei korrigierten Rädern (V-Rädern) die Abmessungen. Die folgenden Gleichungen gelten als *grundlegende Abmessungen der Geradstirnräder für V-Außengetriebe, und zwar für V_{plus}-Räder.* Für V_{minus}-Räder sind die Vorzeichen der Profilverschiebungsfaktoren umzukehren.

Fortsetzung von Berechnungstafel 31. (Vgl. dazu S. 284)

Zeile	Berechnungsgröße	Zeichen	Formel [für Rad 1 und Rad 2] **Korrigierte Verzahnung**	
1	Teilkreisdurchmesser	d_{01}	$d_{01} = z_1\, m$	Vgl. auch B.T. 20, Z. 24
2		d_{02}	$d_{02} = z_2\, m$	
3	Kopfkreisdurchmesser (*mit* Kopfkürzung)	d_{k1}	$d_{k1} = 2\,(a + m - x_2\, m) - d_{02}$	
4		d_{k2}	$d_{k2} = 2\,(a + m - x_1\, m) - d_{01}$	
5	Kopfkreisdurchmesser (*ohne* Kopfkürzung)	d_{k1}	$d_{k1} = d_{01} + 2\, m\,(1 + x_1)$	
6		d_{k2}	$d_{k2} = d_{02} + 2\, m\,(1 + x_2)$	
7	Fußkreisdurchmesser	d_{f1}	$d_{f1} = d_{01} - 2\,(h_{kw} - x_1\, m)$	
8		d_{f2}	$d_{f2} = d_{02} - 2\,(h_{kw} - x_2\, m)$	
9	Betriebseingriffswinkel*	α_b	$ev\,\alpha_b = \dfrac{2 \tan\alpha_0\,(x_1 + x_2)}{z_1 + z_2} + ev\,\alpha_0$	
10	Rechengröße (Achsabstand f. Nullgetriebe)	a_0	$a_0 = m\left(\dfrac{z_1 + z_2}{2}\right)$	
11	Achsabstand	a	$a = a_0\,\dfrac{\cos\alpha_0}{\cos\alpha_b} = \dfrac{m\,(z_1 + z_2)}{2}\cdot\dfrac{\cos\alpha_0}{\cos\alpha_b}$	
12	Nennmaß der Zahndicke am Teilkreis als Bogenmaß (ohne Flankenabmaß)	$\widehat{s}_{01}$	$\widehat{s}_{01} = \dfrac{t_0}{2} + 2\, x_1\, m \tan\alpha_0$	x_1 und x_2 ohne Berücksichtigung des Vorzeichens nur mit dem absoluten Betrag einsetzen
13		$\widehat{s}_{02}$	$\widehat{s}_{02} = \dfrac{t_0}{2} + 2\, x_2\, m \tan\alpha_0$	
14	Vorhandenes Kopfspiel	S_k	$S_k = a - \dfrac{d_{k1} + d_{f2}}{2} = a - \dfrac{d_{k2} + d_{f1}}{2}$	
15	Pressungswinkel am Betriebswälzkreis bei vorgeschriebenem Achsabstand	α_b	$\cos\alpha_b = \dfrac{m\,(z_1 + z_2)\cos\alpha_0}{2\, a}$	Gegenüber nichtkorrigierten Rädern (Nullrädern) ändern sich bei korrigierten Rädern (*V*-Rädern) der Kopfkreisdurchmesser (Z. 3 bis 6) und der Fußkreisdurchmesser (Z. 7 und 8).
16	Summe der Profilverschiebungsfaktoren		$x_1 + x_2 = (z_1 + z_2)\,\dfrac{ev\,\alpha_b - ev\,\alpha_0}{2 \tan\alpha_0}$ $x_1 = 0;\quad x_2 = 0$ — Beim Nullgetriebe sind die Teilkreise zugleich ihre Betriebswälzkreise.	
17	Profilverschiebung	$x\, m$	x ist positiv, wenn das Bezugsprofil von der *Radachse weg* verschoben ist. x ist negativ, wenn das Bezugsprofil zur *Radachse hin* verschoben ist.	

18	Profilverschiebungsfaktor x für $\alpha_0 = 20°$	Zähnezahl z	6	7	8	9	10	11	12	13
		Faktor x	0,471	0,412	0,353	0,294	0,235	0,177	0,118	0,059

Bezugsprofil. Beim Zahnprofil werden nach der Lage der Schnittfläche Stirnprofil und Normalprofil unterschieden. Das Normalprofil einer Planverzahnung ist das *Bezugsprofil für die Verzahnung* aller Stirnräder, die mit der Zahnstange in Eingriff kommen können (DIN 867). Das Gegenprofil zum Normalprofil der Planverzahnung ist das *Bezugsprofil für die Verzahnwerkzeuge* der Stirnräder (DIN 3972). Das Kopfspiel S_k beträgt 0,167 m oder 0,25 m, je nach dem Bezugsprofil des Verzahnwerkzeuges nach DIN 3972. Bei dem in DIN 867 genormten Bezugsprofil wäre $S_k = h_{kw} - m$ und würde zwischen 0,1 und 0,3 m liegen.

Herstellung. Für die Werkzeug- und Werkstück-Wälzbewegung wird die gleiche Wechselrädereinstellung verwendet, wie bei Nullrädern; nur das *Werkzeug* hat einen um $x\, m$ größeren Abstand von der Radmitte als beim Null-Rad. Demzufolge verändern sich allein die Abmessungen des *V*-Rades, nämlich Kopf- und Fußkreis, sowie die Zahndicken s und Zahnlückenweiten l.

Bei *V*-Rädern unterscheiden sich die Zahnfußhöhe h_{f_0} der Zahnräder und die Zahnkopfhöhe h_{kw} der Werkzeuge um das Maß der Profilverschiebung. Bei Null-Rädern ist die Zahnfußhöhe h_{f_0} gleich der Zahnkopfhöhe h_{kw} der Werkzeuge.

* Wickelt man von einer Rolle mit dem Durchmesser d_g (Grundkreisdurchmesser) einen Faden ab, wobei das freie Stück immer straff gespannt wird, dann beschreibt das Ende dieses Fadens eine *Evolvente*. Zur Berechnung zahlreicher Größen der Evolventenverzahnung benutzt man zweckmäßig die *Evolventenfunktion* $ev\,\alpha$ (gesprochen „evolut" α), die als Funktion von α tabelliert vorliegt. Es ist $ev\,\alpha_b = \tan\alpha_b - \widehat{\alpha}_b$. Für $\alpha_0 = 20°$ ist $\cos\alpha_0 = 0{,}93969$, $ev\,\alpha_0 = 0{,}014904$, $\sin\alpha_0 = 0{,}34202$, $\tan\alpha_0 = 0{,}36397$.

Berechnungstafel 32. *Formeln für die Wechselräderberechnung an Verzahnmaschinen.* (Vgl. dazu S. 296)

Zeile	Zu bearbeitendes Werkstück	Maschinenart	Zu bestimmende Wechselräder	Formel	Bedeutung der Formelzeichen
1	Schrägstirnrad	Pfauter-Schnellwälz-fräsmaschine (Type P 400)	Differential-wechselräder	$\dfrac{a\,c}{b\,d} = \dfrac{C \cdot \sin \beta_0}{\pi\, m_n\, z_1}$	$C = 15$ (für Type P 400), $\beta_0 =$ Schrägungswinkel [°], $m_n =$ Normalmodul [mm], $z_1 =$ Fräserzähnezahl (Gangzahl des Wälzfräsers)
2	Schrägstirnrad	Maag-Wälzhobel-maschine (Type SH 1¹/₂)	Modulwechsel-räder	$\dfrac{a\,c}{b\,d} = \dfrac{m_n}{C \cdot \cos \beta_0}$	$m_n =$ Normalmodul [mm], $C = 4$ (für Type SH 1¹/₂), $\beta_0 =$ Schrägungswinkel [°]
3	Schrägstirnrad	Niles-Zahnflanken-schleifmaschine (Type RS 3)	Rollwechselräder	$\dfrac{a\,c}{b\,d} = \dfrac{C}{d_w}$	$C = 59{,}7686$ (für Type RS 3), $d_w =$ Wälzkreisdurchmesser [mm]. Bei 40° Flankenwinkel der Schleifscheibe ist $d_w = d_0$; Teilkreisdurchmesser d_0 nach Z. 22, B.T. 23
4	Schrägstirnrad	Reishauer-Zahnflanken-schleifmaschine (Type ZA)	Differential-wechselräder	$\dfrac{a\,c}{b\,d} = \dfrac{C\,z}{24\,H}$	$C = 814{,}301$ (für Type ZA), $z =$ Zähnezahl des Werkstückes, $H =$ Steigungshöhe [mm]
5	Geradzahnkegelrad	Heidenreich & Harbeck Hydraulischer Kegelradhobler (Type 26 H)	Werkzeugkopf-wechselräder	$\dfrac{a\,c}{b\,d} = \dfrac{C \cdot \sin \delta_0}{z \cdot \cos \varkappa_f}$	$C = 20$ (für Type 26 H), $\delta_0 =$ Teilkegelwinkel [°], $z =$ Zähnezahl des Werkstückes, $\varkappa_f =$ Fußkegelwinkel [°]
6	Palloidspiralkegel-rad	Klingelnberg-Kegelradwälzfräsmaschine (Type AFK 151, AVAU oder AFK 153)	Differential-wechselräder	$\dfrac{a\,c}{b\,d} = \dfrac{C_1}{z_p \cdot \cos \Delta\delta_p - C_2}$	$C_1 = 6$, $C_2 = 0{,}2$ (für Type AFK 151, AVAU oder AFK 153), $z_p =$ Planradzähnezahl, $\delta_p =$ Korrektionswinkel zur Erzeugung einer ballenförmigen Tragzone [°]
7	Schneckenrad	Pfauter-Wälzfräs-maschine mit Tangentialfräskopf (Type RS 1/2)	Differential-wechselräder	$\dfrac{a\,c}{b\,d} = \dfrac{C}{z_1\, t_a}$	$C = 15''/16$ (für Type RS 1/2), $z_1 =$ Zähnezahl der Schnecke, $t_a =$ Achsteilung [mm]

Anmerkung: In den Gleichungen zur Bestimmung der Wechselräder erscheint die eine Seite zunächst in Form eines Bruches (Formel-Sollwert), der dann, wie bei der Bestimmung von Wechselrädern für die Drehmaschine (vgl. Abschnitt 5), so erweitert wird, daß man zu brauchbaren, in dem vorliegenden Wechselrädersatz vorhandenen Zähnezahlen kommt. In den technischen Unterlagen zu den Maschinen sind meist Hinweise für die richtige Anwendung schwierigerer Gleichungen zur Bestimmung bestimmter Wechselrädergruppen, z. B. Teilwechselräder für Primzahlräder usw. gegeben. Die Maschinenkonstanten (C, C_1, C_2 usw.) erfassen jeweils alle konstanten Übersetzungen der Getriebezüge für den Antrieb des Werkzeuges und Werkstückes.

Berechnungstafel 33. *Abmessungen bei Blockkettenrädern.* (Vgl. dazu S. 284)

Zeile	Berechnungsgröße	Zeichen	Formel
1	Zähnezahl	z	$z_1 =$ treibend $z_2 =$ getrieben
2	Übersetzungsverhältnis	i	$i = \dfrac{n_1}{n_2} = \dfrac{z_2}{z_1}$
3	Teilungswinkel	α	$\alpha = \dfrac{360°}{z}$
4	Halber Teilungswinkel	β	$\beta = \dfrac{\alpha}{2} = \dfrac{180°}{z}$
5	Winkel zwischen Zahn und Glied	γ	$\tan \gamma = \dfrac{\sin\beta}{\dfrac{t_2}{t_1} + \cos\beta}$
6			$\tan \gamma = \dfrac{t_1 \sin\dfrac{\alpha}{2}}{t_1 \cos\dfrac{\alpha}{2} + t_2}$
7	Teilung (Sehnenteilung)	T	$T = \dfrac{t_1 \cos\dfrac{\alpha}{2} + t_2}{\cos\gamma}$
8	Teilkreisdurchmesser	d_0	$d_0 = \dfrac{t_1}{\sin\gamma}$
9	Kopfkreisdurchmesser	d_k	$d_k = d_0 + 0,8\,D$ bis $d_k = d_0 + D$ $D =$ Dicke der Blockrundung
10	Fußkreisdurchmesser	d_f	$d_f = d_0 - D$
11	Halbmesser d. Zahnlücke	r_t	$r_t = 0,54\,D$

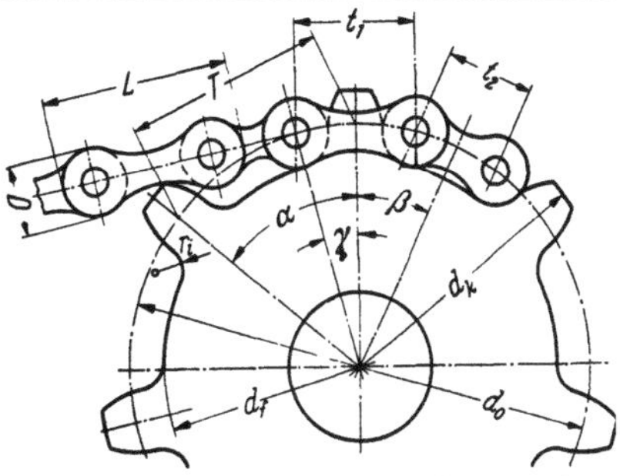

Abb. 562. Zahnform beim Blockkettenrad.

Bei Bestellungen sind der Rollendurchmesser D und die Rollenabstände t_1 und t_2 anzugeben bzw. ein Kettenglied einzusenden. $t_1 =$ Mittenentfernung der Stifte im Glied, $t_2 =$ Mittenentfernung der Stifte im Block. Blockkette s. Abb. 444

$z =$	5	6	7	8	9	10
$d_0 =$	41,26	49,15	57,15	65,18	73,20	81,23
$z =$	11	12	13	14	15	16
$d_0 =$	89,28	97,33	105,38	113,44	121,52	129,59
$z =$	17	18	19	20	21	22
$d_0 =$	137,67	145,75	153,82	161,90	169,98	178,05

An den Halbmesser r_t schließt sich die Kopfflanke als Evolvente mit 40° Flankenwinkel an. Blocklänge $= t_2 + D$

Berechnungstafel 34. *Abmessungen bei Hülsen- und Rollenkettenrädern.* (Vgl. dazu S. 285)

Zeile	Berechnungsgröße	Zeichen	Formel
1	Antriebszähnezahl	z_1	$z_1 = \dfrac{z_2}{i}$
2	Abtriebszähnezahl	z_2	$z_2 = z_1\, i$
3	Antriebsdrehzahl	n_1	$n_1 = n_2\, i$
4	Abtriebsdrehzahl	n_2	$n_2 = \dfrac{n_1}{i}$
5	Übersetzungsverhältnis	i	$i = \dfrac{n_1}{n_2} = \dfrac{z_2}{z_1}$

Zähnezahl möglichst groß, nicht kleiner als 12; günstig für das kleine Rad sind die Zähnezahlen von 18 bis 25. Bei Kettengeschwindigkeiten von 3 bis 5 m/s kann i bis 7:1 gewählt werden; es gilt:

$$\text{Kettengeschwindigkeit } v = \frac{d_{01}\, n_1}{19100} = \frac{d_{02}\, n_2}{19100} \ \text{[m/s]}$$

Zeile 6: Verhältnis der Kettenteilung zur Drehzahl des kleinen Rades. [Bei diesen Drehzahlen arbeiten die einzelnen Kettenteilungen sicher, geräuscharm und mit langer Lebensdauer] $t =$ Kettenteilung

Kleines Rad n_1 mit $z_1 = 18$–30 Zähnen	Kettenteilung Zoll	mm	Kleines Rad n_1 mit $z_1 = 19$–20 Zähnen	Kettenteilung Zoll	mm
1700—2200	$^1/_2$	12,7	400—500	$1^1/_2$	38,1
1400—1700	$^5/_8$	15,875	350—400	$1^3/_4$	44,45
1000—1400	$^3/_4$	19,05	300—350	2	50,8
750—1000	1	25,4	250—300	$2^1/_4$	57,15
500—750	$1^1/_4$	31,75	unter 250	$2^1/_2$	63,5

Zeile	Berechnungsgröße	Zeichen	Formel
7	Teilkreisdurchmesser	d_0	$d_0 = t\,n = \dfrac{t}{\sin\alpha} = \dfrac{t}{\sin\left(\dfrac{180°}{z}\right)}$ Berechnung von n nach Z. 18

Fortsetzung von Berechnungstafel 34. (Vgl. dazu S. 285)

Zeile	Berechnungsgröße	Zeichen	Formel
8	Fußkreisdurchmesser[1]	d_f	$d_f = d_0 - d_1$ | $d_1 =$ Rollendurchmesser
9	Kopfkreisdurchmesser[2]	d_k	$d_k = t \cot\alpha + 2k = d_h + 2k$
10	Durchmesser der Freidrehung unter dem Fußkreis (Abb. 448 bis 450)	d_s	$d_s = d_h - g + 2r_4$
11			$d_s = d_0 - 2f$
12	Hilfsmaß	d_h	$d_h = d_0 \cos\alpha = t \cot\alpha$ | $d_h =$ Einbeschriebener Kreis des Teilungspolygons
13	Zahnfußhalbmesser	r_1	$r_1 = (0{,}51 \pm 0{,}005)\, d_1$
14	Zahnkopfhalbmesser	r_2	$r_2 = (0{,}8 \pm 0{,}2)\, t$ bei z bis 50
15			$r_2 \approx 0{,}5\, d_1$ bei $z > 40$
16	Übergang	h	Gerader Übergang zur Zahnflanke bzw. des Zahnflankenwinkels γ.
17	Zahnkopfhöhe	k	siehe Tabelle DIN 8196
18	Zähnezahlfaktor (Einheitswert des Teilkreisdurchmessers)	n	$n = \dfrac{1}{\sin\alpha} = \dfrac{1}{\sin\left(\dfrac{180°}{z}\right)}$ [vgl. Z. 7]
19	Teilungswinkel	2α	$2\alpha = \dfrac{360°}{z}$; $\alpha = \dfrac{180°}{z}$; $\sin\alpha = \dfrac{t}{d_0}$
20	Zahnflankenwinkel	γ	$\gamma = 15° \pm 2°$ bei $v < 12$ m/s
21			$\gamma = 19° + 3°\,30' - 3°$ bei $v > 8$ m/s
22	Zahnlückenspiel	u	$u = 0{,}02\, t$ (Abb. 564)
23	Zahnbreite	B_1	$B_1 = 0{,}9\, b_1$ (Abb. 448)
24	Zahnbreite über 2 Zähne	B_2	$B_2 = B_1 + e$ (Abb. 449)
25	Zahnbreite über 3 Zähne	B_3	$B_3 = 2B_2 - B_1$ (Abb. 450)
26	Abfasung der Zahnbreite	c	$c = 0{,}13\, d_1$ (Abb. 448 bis 450)
27	Zahnfasenhalbmesser	r_3	$r_3 = 1{,}5\, d_1$

Zu Zeile 14/15 (Spalte rechts):

t	h
	γ nach Zeile 21
6	0,52
8	0,65
9,525	0,82
12,7	0,98 – 1,15
15,875	1,25
19,05	1,55
25,4	2,1
31,75	2,5
38,1	3,3
44,45	3,7
50,8	3,8
63,5	5,1
76,2	6,3

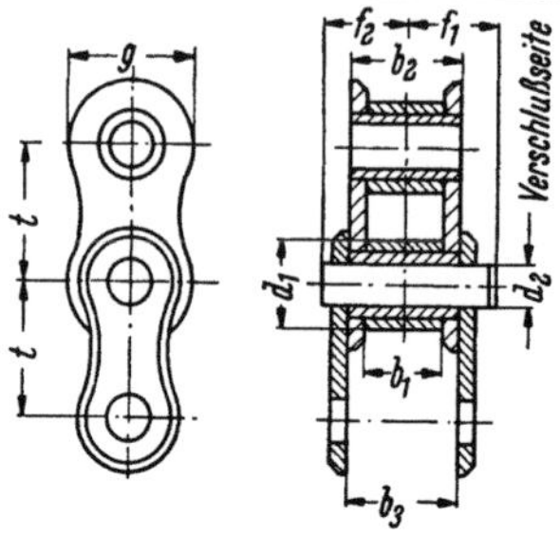

Abb. 563. Hauptabmessungen der Einfach-Rollenkette DIN 8180*

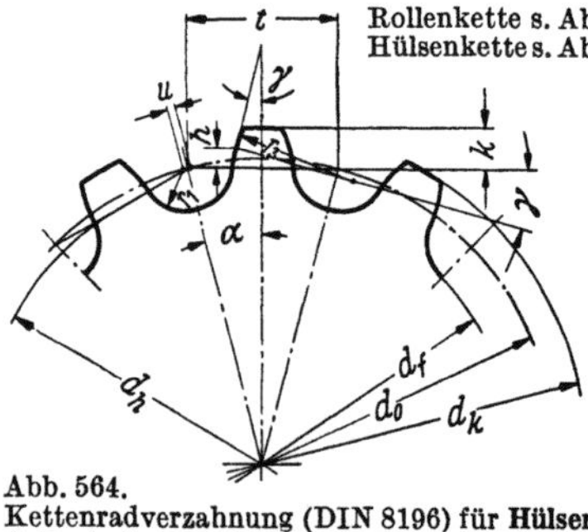

Abb. 564. Kettenradverzahnung (DIN 8196) für **Hülsen- und Rollenketten** nach DIN 73 233 (Kraftfahrzeugbau

Hülsenketten unterscheiden sich von den **Rollenketten** dadurch, daß bei ersteren die Hülsen unmittelbar im Zahngrund der Kettenräder gleiten, ohne sich drehen zu können, während die Rollen sich frei auf den Hülsen drehen, deshalb mit weniger Reibung auf den Kettenrädern abrollen und durch das Ölpolster zwischen Rolle und Hülse besonders geräuscharm laufen.

---

[1] Bei *ungerader* Zähnezahl siehe Gl. (461).

[2] Die Grenze der Kettenlängung wird erreicht, wenn die Auflage der Kettenglieder auf den Zahnflanken den Kopfkreisdurchmesser d_k des Rades überschreitet. Entsprechend muß d_k wenigstens betragen: $d_k \geqq 1{,}02\, d_0 - d_1 \sin\gamma$; hierin ist $d_0 =$ Teilkreisdurchmesser des Kettenrades, $d_1 =$ äußerer Durchmesser der Kettenrollen bzw. Hülsen (Abb. 445, 447) und $\gamma =$ Zahnflankenwinkel.

* Die Ketten können auch als Zweifach-, Dreifach-, Vierfach-Rollenketten usw. hergestellt werden.

$t =$ Teilung; $b_1 =$ innere Breite; $d_1 =$ Hülsen- oder Rollendurchmesser; $g =$ Laschenbreite; $r_4 =$ Rundungshalbmesser; $f = t/2 =$ Abstand des Zahnkranzes vom Teilkreis (Abb. 448 bis 450).

Fortsetzung von Berechnungstafel 34. (Vgl. dazu S. 285)

Zeile	Berechnungsgröße	Zei-chen	Formel									
28	Rollenkette (Abb. 445 und 446)		Teilung $t =$	8	9,525			12,7					15,875
			Innere Kettenbreite $b_1 =$	3	3,2	3,9	5,8	3,2	4,8	5,2	6,4	7,8	6,4
			Teilung $t =$	15,875	19,05	25,4	30	31,75	35	38,1	44,45	63,5	76,2
			Innere Kettenbreite $b_1 =$	9,6	11,7	17	17	19,6	18	25,4	31	38,1	45,7
29	Kettenrad		Einfach Abb. 448, zweifach Abb. 449, dreifach Abb. 450										
30	Achsabstand	a	Mindestens das 1,5fache vom Durchmesser des großen Rades, jedoch nicht größer als die 100fache Teilung. Berechnung von a siehe B.T. 6, Z. 3										
31	Länge der Kette	L	Siehe B.T. 6										
32			Normbezeichnung: Bezeichnung einer Kettenradverzahnung mit 26 Zähnen (z) für Zweifachrollenkette 15,875 × 9,65 mit Zahnflankenwinkel $\gamma = 15°$ von Oberflächengüte B an den Zahnprofilen (∇): **Kettenradverzahnung 26 z 2 × 15,875 × 9,65 × 15° B DIN 8196**										

Anmerkung: Die Bemessung eines Kettentriebes wird bestimmt durch den Verschleißwiderstand (Gelenkflächenpressung) und die Mindestbruchlast der gewählten Kette. Ausführliche Angaben über die *Profilabmessungen* der Kettenräder für Hülsen- und Rollenketten (Stahlgelenkketten) siehe DIN 8196. Ausführliche Angaben über die *Berechnung der Kettentriebe* siehe DIN 8195 (Hülsenketten, Rollenketten, Berechnung der Antriebe). In diesem Normblatt sind auch Leistungs-Drehzahl-Diagramme enthalten, die eine Auswahl der Kette ermöglichen.

Berechnungstafel 35. *Abmessungen bei Transmissionskettenrädern.* (Vgl. dazu S. 286)

Zeile	Berechnungsgröße	Zei-chen	Formel
1	Zähnezahl	z	Bei schnellaufenden Transmissionskettentrieben soll das kleine Rad möglichst nicht weniger als 15 Zähne haben
2	Übersetzungsverhältnis	i	$i = \dfrac{n_1}{n_2} = \dfrac{z_2}{z_1}$ 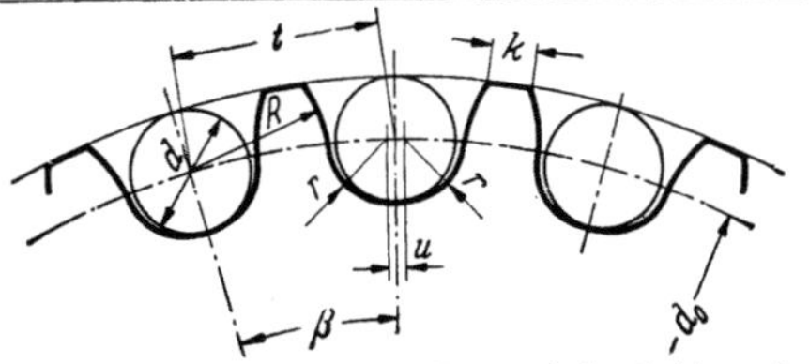
3	Teilungswinkel	β	$\beta = \dfrac{360°}{z}$
4	Halber Teilungswinkel	γ	$\gamma = \dfrac{\beta}{2} = \dfrac{180°}{z}$
5	Rollendurchmesser	d	d [vgl. Z. 7]
6	Sehnenteilung (Mittenentfernung zweier Rollen)	t	$t = \dfrac{d_0 \sin \beta}{2}$ — Während das Sehnenmaß t für alle Zähnezahlen gleichbleibt, ändert sich die Bogenteilung t_b jedesmal.
7	Teilung und Rollendurchmesser	d	Teilung t: 15, 20, 25, 30, 35, 40, 45, 50, 55, 60; Rollen ∅: 9, 12, 15, 17, 18, 20, 23, 26, 28, 32
8	Bogenteilung (Mittenentfernung zweier Rollen)	t_b	$t_b = \dfrac{d_0}{2} \operatorname{arc} \beta°$ — Bogenteilung t_b ändert sich bei jeder Zähnezahl. — Arcus $\beta° = \operatorname{arc} \beta° = \hat{\beta}$ Vgl. Z. 8, B.T. 42
9	Teilkreisdurchmesser	d_0	$d_0 = \dfrac{t}{\sin \gamma} = \dfrac{t}{\sin\left(\dfrac{180°}{z}\right)}$ 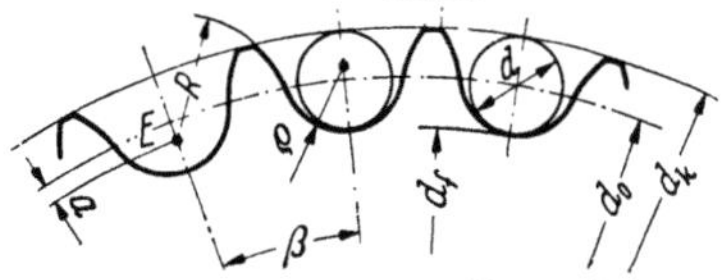
10	Fußkreisdurchmesser	d_f	$d_f = d_0 - d$
11	Kopfkreisdurchmesser	d_k	$d_k = d_0 + 0,8\,d$
12	Halbmesser für den Zahngrund	r	$r = 0,54\,d$
13	Lückenspiel	u	$u = 0,1\,d$ bis $0,2\,d$
14	Zahnkopfhalbmesser	R	$R = t - \dfrac{d+u}{2}$ — Halbmesser R der Zahnflanken geht von Rollenmitte aus und ergibt eine bestimmte Breite k des Zahnkopfes
15	Zahnkopfhalbmesser (Abb. 566)	R	Halbmesser R der Zahnflanken geht von Punkt E aus, der um das Maß a unter dem Teilkreis liegt. $\left(\text{Geringere Breite } k \text{ des Zahnkopfes und } \varrho > \dfrac{d}{2}\right)$

Abb. 565. Zahnform 1 beim Transmissionskettenrad

Abb. 566. Zahnform 2 beim Transmissionskettenrad.

Zur Sicherung eines guten Eingriffs werden die Zahnflanken meist stärker gekrümmt; aus dem gleichen Grunde werden auch die Zähne seitlich zugespitzt

Berechnungstafel 36. *Abmessungen bei Zahnkettenrädern.* (Vgl. auch S. 287)

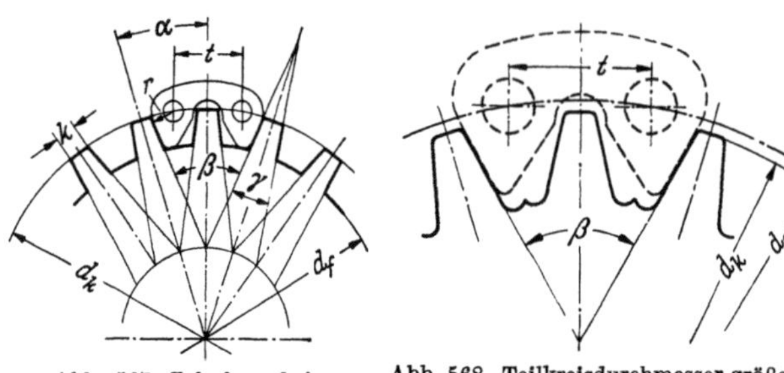

Abb. 567. Zahnform beim
Zahnkettenrad

Abb. 568. Teilkreisdurchmesser größer als
Kopfkreisdurchmesser

Es ist zweckmäßig, dem treibenden Rade eine *ungerade* Zähnezahl zu geben, da dadurch ein gleichmäßigeres Abnützen der Räder stattfindet, als wenn bestimmte Zähne der Kette in ständiger Wiederkehr ein und dieselben Zähne der Räder treiben. Wenn möglich, soll man bei kleinen Teilungen nicht unter 17, bei mittleren nicht unter 19, bei großen nicht unter 21—23 Zähne gehen. Mit Rücksicht auf die Normung sind für das Antriebsritzel die Zähnezahlen 17, 19, 21, 23 und 25, für die übrigen Räder die Zähnezahlen (34), 38, 57, 76, 95 und 114 vorzuziehen.

Zeile	Berechnungsgröße	Zeichen	Formel
1	Zähnezahl	z_1	Möglichst groß, nicht kleiner als 17; bei stoßartiger Belastung $z_1 \geqq 23$; vgl. auch Text oben rechts neben Abb. 568
2	Übersetzungsverhältnis	i	$i = \dfrac{n_1}{n_2} = \dfrac{z_2}{z_1}$ Bei Geschwindigkeiten von 4 bis 7 m/s kann i bis 6,5:1, ausnahmsweise bis 8:1 gewählt werden.
3	Teilungswinkel	α	$\alpha = \dfrac{360°}{z}$ Zahnkette s. Abb. 451 bis 453

4	Sehnenteilung	t

Kleines Rad treibend			Kleines Rad getrieben			Teilung	
n_{max}	z_{min}	$z_{günstig}$	n_{max}	z_{min}	$z_{günstig}$	Zoll	mm
6000	13	15—17	6000	15	15—17	$^3/_8$	9,52
4000	13	15—17	2400	17	19—21	$^1/_2$	12,7
2400	13	17—21	1800	17	21—23	$^5/_8$	15,87
1600	13	17—21	1200	21	25—27	$^3/_4$	19,05
1200	15	17—23	1000	27	29—31	1	25,4
700	17	17—27	600	29	33—38	$1^1/_2$	38,1
500	17	19—27	400	31	35—40	2	50,8

5	Bogenteilung	t_b	$t_b = tC$ Verhältniszahl C zwischen Bogen- und Sehnenlänge s. B.T. 43
6	Teilkreisdurchmesser	d_0	$d_0 = \dfrac{t}{\sin\left(\dfrac{180°}{z}\right)} = \dfrac{\widehat{t}\,z}{\pi}$ In Abb. 567 ist $d_0 = d_k$; die Bolzenmitten liegen auf dem Teilkreis vom Durchmesser d_0, wobei t eine Sehnenteilung ist, welcher der Teilungswinkel α entspricht. Siehe Beispiele 402 u. 403
7	Kopfkreisdurchmesser (Drehdurchmesser)	d_k	$d_k = t \cot\left(\dfrac{180°}{z}\right)$
8	Zahnkopfdicke (Bogenlänge)	k	$k < (t_b - 2r)$ Theoretische Zahnkopfdicke $k' = \widehat{t_b} - 2r$; tatsächliche Zahnkopfdicke $k < k'$ wegen Spiel zwischen Kettenglied und Rad
9	Flankenwinkel des Kettengliedes	β	$\beta = 75°$ bei Ketten kleinerer Teilung; $\beta = 60°$ bei Ketten größerer Teilung; $\beta = 50°$ meistgebräuchlicher Winkel Die Zahnkette verlangt Radzähne mit geraden Flanken. Jede Ungenauigkeit in der Zahnform hat geräuschvollen Lauf zur Folge. Teilungsfehler bei der Bearbeitung ergeben ruckweisen Lauf und vorzeitigen Verschleiß.
10	Zahnflankenwinkel	γ	$\gamma = \beta - 2\alpha$
11	Achsabstand	a	$a = 1,5\, d_k$ Mindestens das 1,5fache vom Durchmesser des großen Rades, jedoch nicht größer als 70 × Teilung (durch Betriebsverhältnisse gegeben)

Berechnungstafel 37. *Berechnung von Wellen bei kreisförmigem Querschnitt*

Zeile	Berechnungsgröße	Einheit	Zeichen	Formel	Bemerkungen
1	Wellendurchmesser	cm	d	$d \approx \sqrt[3]{\dfrac{360\,000}{\tau_{t\,zul}}\dfrac{N}{n}}$ $\tau_{t\,zul}$ = zul. Verdrehbeanspruchung [kp/cm²] N = Leistung [PS] n = Drehzahl [1/min]	*Überschlägige* Berechnung
2	Drehmoment (Wirkungsgrad nicht berücksichtigt)	kp cm	M_t	$M_t = 71\,620\,\dfrac{N}{n}$ *	$M_t = P\,r = W_p\,\tau_{t\,zul}$ W_p = polares Widerstandsmoment [kpcm]
3	Wellendurchmesser	cm	d	$d \geqq 14{,}4\,\sqrt[3]{\dfrac{N}{n}}$	Wellen aus gewalztem Rundstahl mit $\tau_{t\,zul} = 120$ kp/cm²
4				$d \geqq 0{,}347\,\sqrt[3]{M_t}$	
5	Wellendurchmesser	cm	d	$d \geqq 10{,}0\,\sqrt[3]{\dfrac{N}{n}}$	Maschinenwellen mit $\tau_{t\,zul} = 360$ kp/cm²
6				$d \geqq 0{,}240\,\sqrt[3]{M_t}$	
7	Wellendurchmesser	cm	d	$d \geqq 12{,}0\,\sqrt[4]{\dfrac{N}{n}}$	Lange Triebwerkswellen unter Zulassung eines maximalen Verdrehungswinkels von $1/4°$ je Meter
8				$d \geqq 0{,}731\,\sqrt[4]{M_t}$	
9	Wellendurchmesser aus gewalztem Rundstahl nach DIN 1013	mm	d	5, 6, 7, 8, 9, 10, 12, 14, 16, 18, 20, 22, 24, 25, 26, 28, 30, 32, 34, 36, 38, 40, 42, 45, 50, 60, 70, 80, 90, 100, 110, 120, 130, 140, 150	

(Bemerkung zwischen Zeile 2 und 8, Formelspalte: Wählt man den Wellendurchmesser im Bereich des größten Drehmomentes nach den Gleichungen Zeile 4, 6 und 8, so erübrigt sich in den meisten Fällen eine Prüfung der Spannungen in der Welle.*)*

Achsen tragen sich drehende Maschinenteile wie Laufräder, Rollen und Seiltrommeln; sie werden nur auf Biegung beansprucht. *Wellen* haben die Aufgabe, Drehmomente zu übertragen. Für die Einleitung bzw. Abgabe des Drehmomentes werden auf der Welle z. B. Kupplungen, Zahnräder, Riemenscheiben, Läufer von elektrischen Maschinen oder von Turbomaschinen fest angebracht. Dabei entstehen außer den Drehmomenten oft große Biegemomente (Eigengewicht der Räder und Ketten bei schweren Trieben). Bei der Bemessung von Wellen sind neben den Beanspruchungen die elastischen Verformungen und möglichen Schwingungen zu berücksichtigen.

Beispiel: [Z. 1] Mit $N = 50$ PS, $n = 500$ 1/min und $\tau_{t\,zul} = 300$ kp/cm² wird $d = \sqrt[3]{\dfrac{360\,000}{300} \cdot \dfrac{50}{500}} = \sqrt[3]{120} = 4{,}93$ cm; Wellendurchmesser $d = 50$ mm.

---

* Bedeutet bei Zahn- oder Kettengetrieben n_1 = Antriebsdrehzahl [1/min] und n_2 = Abtriebsdrehzahl [1/min], so gilt: $M_{t_1} = 71\,620\,\dfrac{N}{n_1}$ und $M_{t_2} = 71\,620\,\dfrac{N}{n_2}$. Die Auflösung der Gleichung nach n ergibt $n = 71\,620\,\dfrac{N}{M_t}$. Diese Grundgleichung zeigt den Zusammenhang zwischen Drehzahl, Drehmoment und Leistung; sie besagt: Bei gleichbleibendem Drehmoment steigt die Leistung mit wachsender Drehzahl linear an; bei gleichbleibender Leistung sinkt mit wachsender Drehzahl das Drehmoment (nach einem hyperbolischen Gesetz) ab. Vgl. auch Gl. (234)

Berechnungstafel 38.

Fräsen von Geradzahnkegelrädern auf der Universalfräsmaschine (behelfsweise Einzelfertigung)

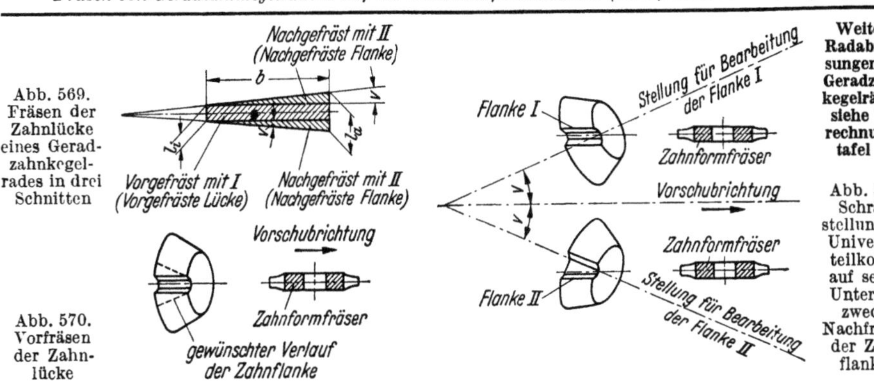

Fortsetzung von Berechnungstafel 38

Zeile	Berechnungsgröße	Zeichen	Formel [für Rad z_1 (Kleinrad)] (vgl. dazu S. 292 und B.T. 25)
1	Modul (außen) = Nennmodul	m	$m = \dfrac{d_{01}}{z_1}$
2	Modul (innen) = der Kegelspitze zugewandt	m_i	$m_i = \dfrac{d_{01} - 2\,b \sin \delta_{01}}{z_1}$
3	Teilkegelwinkel (z_2 und d_{02} sind die Abmessungen des Großrades 2)	δ_{01}	$\tan \delta_{01} = \dfrac{z_1}{z_2} = \dfrac{d_{01}}{d_{02}}$
4	Lückenweite (außen)	$\widehat{l_0}$	$\widehat{l_0} = \dfrac{m\,\pi}{2}$
5	Lückenweite (innen)	$\widehat{l_i}$	$\widehat{l_i} = \dfrac{m_i\,\pi}{2}$
6	Teilkreisdurchmesser des abgewickelten Rückenkegels (Teilkreisdurchmesser des Ersatzstirnrades)	d_{r01}	$d_{r01} = \dfrac{d_{01}}{\cos \delta_{01}} = \dfrac{z_1\,m}{\cos \delta_{01}}$
7	Ergänzungszähnezahl [Zähnezahl des Ersatzstirnrades = Rechnerische Zähnezahl]; vgl. B.T. 25, Z. 31	z_{r1}	$z_{r1} = \dfrac{z_1}{\cos \delta_{01}}$
8	Fußwinkel	$\varkappa_f$	$\tan \varkappa_f = \dfrac{2\,h_{f0} \sin \delta_{01}}{d_{01}}$
9	Neigungswinkel für Teilspindel (= Winkel zwischen Zahnfußlinie und Radachse)	σ_1	$\sigma_1 = \delta_{01} - \varkappa_f$
10	Erforderliche Drehungen der Teilkurbel zum Vor- bzw. Rückwärtsdrehen des Werkstückes	$n_k{}'$	$n_k{}' = \dfrac{z_2\,(\widehat{l_0} - \widehat{l_i})}{2\,d_{01}\,\pi\,z_1}$
11	Winkel, um den der Universalteilkopf auf seiner Unterlage zu schwenken ist	λ	$\tan \lambda = \dfrac{\widehat{l_0} - \widehat{l_i}}{2\,b}$ $b = $ Zahnbreite

Vorzunehmende Arbeiten: Rad fliegend auf Bolzen oder in Futter spannen, das auf Teilspindel befestigt ist. Teilspindel aufrichten, bis Zahnfußlinie der zu fräsenden Zahnlücke waagerecht zu liegen kommt. Vorfräsen sämtlicher Zahnlücken mit einem Fräser, der die Form der inneren Zahnlücke (kleinste Zahnform) besitzt (Abb. 570). Nachfräsen der beiden Flanken des Zahnes mit einem Fräser, welcher der äußeren Zahnform entspricht (Abb. 571). Dazu Schrägstellen des Universalteilkopfes auf seiner Unterlage (Kreuzplatte). Verstellung für die Flanken I nach der einen, für die Flanken II nach der entgegengesetzten Richtung. Dieselbe Lage des Kegelrades zur Tischachse kann erreicht werden, wenn die Teilkurbel *vor* dem Fräsen einer Flanke um einige Löcher nach links und für die Gegenflanke nach rechts verstellt wird. Bei diesem Verfahren wird zur Verbreiterung der Zahnlücken nicht der ganze Teilkopf, sondern nur die Teilspindel mit Hilfe der Teilscheibe um einen entsprechenden Winkel geschwenkt. Der zu fräsende Zahn wird also auch hier etwas aus der Mitte gerückt, so daß die gerade zu bearbeitende Flanke in einem bestimmten Winkel zur Tischachse steht.

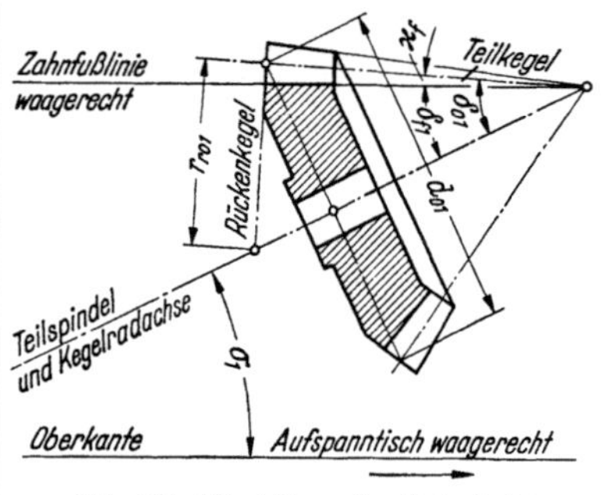

Abb. 572. Einstellung der Teilspindel

Anmerkung: Zu Zeile 5: Dieser Wert gibt zugleich die größte zulässige Breite des Fräsers in der Teilkreislinie an. Zu Zeile 6: Werden die Rückenkegel in die Ebene abgewickelt, dann entsteht die Ersatzstirnradverzahnung. Der Teilkreisdurchmesser des abgewickelten Rückenkegels r_{01} des Kegelrades z_1 ist der Abstand zwischen Rückenkegelspitze und dem Teilkreis d_{01} des Kegelrades. Zu Zeile 7: Die Ergänzungszähnezahl z_{r1} des Kegelrades z_1 ist diejenige Zähnezahl die, mit der Teilkreisteilung t_0 multipliziert, den Umfang des Teilkreises des abgewickelten Rückenkegels ergibt. Viele Untersuchungen am Kegelrad können vereinfacht werden, wenn man statt des Kegelrades das zugehörige „Ergänzungsstirnrad" betrachtet. Zu Zeile 10: z_2 = Zähnezahl des Schneckenrades im Teilkopf, z_1 = Zähnezahl der Schnecke im Teilkopf, d_{01} = Teilkreisdurchmesser des zu fräsenden Geradzahnkegelrades z_1. Vgl. weiterhin Berechnungstafel 25 „Abmessungen bei Geradzahnkegelrädern".

Berechnungstafel 39. *Seitenlängen, Sehnen, Halbmesser, Flächen, Zentriwinkel, Dachwinkel und Kantenwinkel regelmäßiger Vielecke*

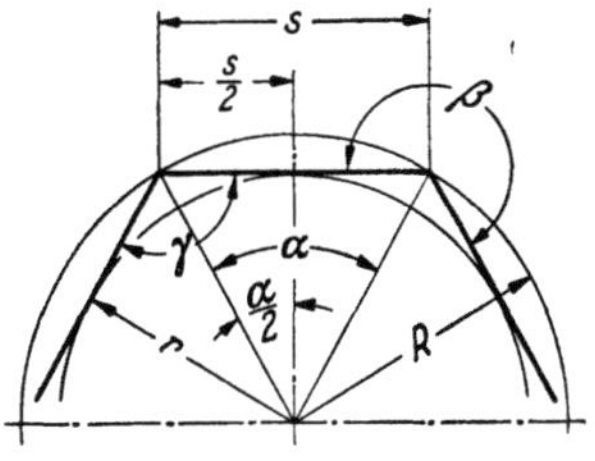

Abb. 573.
Regelmäßiges Vieleck

n = Anzahl der Seiten (n-Eck)
s = Seite des Vielecks (Sehne)
R = Umkreishalbmesser (Außenhalbmesser)
r = Inkreishalbmesser (Innenhalbmesser)
F = Fläche des Vielecks
α = Zentriwinkel (Teilungswinkel)
β = Dachwinkel
γ = Kantenwinkel

$$1\quad s = 2R\sin\frac{\alpha}{2}$$

$$2\quad s = 2r\tan\frac{\alpha}{2}$$

$$3\quad R = \frac{s}{2\sin\frac{\alpha}{2}} = \frac{r}{\cos\frac{\alpha}{2}}$$

$$4\quad r = \frac{s\cot\frac{\alpha}{2}}{2}$$

$$5\quad r = R\cos\frac{\alpha}{2}$$

$$6\quad F = \frac{n}{2}R^2\sin\alpha = nr^2\tan\frac{\alpha}{2} = n\frac{s^2}{4}\cot\frac{\alpha}{2}$$

$$7\quad \alpha = \frac{360°}{n}$$

$$8\quad \beta = 180° + \frac{360°}{n}$$

$$9\quad \gamma = 180° - \frac{360°}{n}$$

n	s		R		r		F			α	β	n
3	$1{,}732R$	$3{,}464r$	$0{,}577s$	$2{,}000r$	$0{,}289s$	$0{,}500R$	$0{,}433s^2$	$1{,}299R^2$	$5{,}196r^2$	120°	300°	3
4	$1{,}414R$	$2{,}000r$	$0{,}707s$	$1{,}414r$	$0{,}500s$	$0{,}707R$	$1{,}000s^2$	$2{,}000R^2$	$4{,}000r^2$	90°	270°	4
5	$1{,}176R$	$1{,}453r$	$0{,}851s$	$1{,}236r$	$0{,}688s$	$0{,}809R$	$1{,}721s^2$	$2{,}378R^2$	$3{,}633r^2$	72°	252°	5
6	$1{,}000R$	$1{,}155r$	$1{,}000s$	$1{,}155r$	$0{,}866s$	$0{,}866R$	$2{,}598s^2$	$2{,}598R^2$	$3{,}464r^2$	60°	240°	6
7	$0{,}868R$	$0{,}963r$	$1{,}152s$	$1{,}110r$	$1{,}038s$	$0{,}901R$	$3{,}635s^2$	$2{,}736R^2$	$3{,}371r^2$	51°25′43″	231°25′42″	7
8	$0{,}765R$	$0{,}828r$	$1{,}307s$	$1{,}082r$	$1{,}207s$	$0{,}924R$	$4{,}828s^2$	$2{,}828R^2$	$3{,}314r^2$	45°	225°	8
9	$0{,}684R$	$0{,}728r$	$1{,}462s$	$1{,}064r$	$1{,}374s$	$0{,}940R$	$6{,}182s^2$	$2{,}893R^2$	$3{,}276r^2$	40°	220°	9
10	$0{,}618R$	$0{,}650r$	$1{,}618s$	$1{,}052r$	$1{,}539s$	$0{,}951R$	$7{,}694s^2$	$2{,}939R^2$	$3{,}249r^2$	36°	216°	10
11	$0{,}564R$	$0{,}587r$	$1{,}775s$	$1{,}042r$	$1{,}703s$	$0{,}960R$	$9{,}364s^2$	$2{,}974R^2$	$3{,}230r^2$	32°43′38″	212°43′38″	11
12	$0{,}518R$	$0{,}536r$	$1{,}932s$	$1{,}035r$	$1{,}866s$	$0{,}966R$	$11{,}196s^2$	$3{,}000R^2$	$3{,}215r^2$	30°	210°	12
16	$0{,}390R$	$0{,}398r$	$2{,}563s$	$1{,}020r$	$2{,}514s$	$0{,}981R$	$20{,}109s^2$	$3{,}062R^2$	$3{,}183r^2$	22°30′	202°30′	16
20	$0{,}313R$	$0{,}317r$	$3{,}196s$	$1{,}013r$	$3{,}157s$	$0{,}988R$	$31{,}569s^2$	$3{,}090R^2$	$3{,}168r^2$	18°	198°	20
24	$0{,}261R$	$0{,}263r$	$3{,}831s$	$1{,}009r$	$3{,}798s$	$0{,}991R$	$45{,}575s^2$	$3{,}106R^2$	$3{,}160r^2$	15°	195°	24
32	$0{,}196R$	$0{,}197r$	$5{,}101s$	$1{,}005r$	$5{,}077s$	$0{,}995R$	$81{,}225s^2$	$3{,}121R^2$	$3{,}152r^2$	11°15′	191°15′	32
48	$0{,}131R$	$0{,}131r$	$7{,}645s$	$1{,}002r$	$7{,}629s$	$0{,}998R$	$183{,}08s^2$	$3{,}133R^2$	$3{,}146r^2$	7°30′	187°30′	48
64	$0{,}098R$	$0{,}098r$	$10{,}190s$	$1{,}001r$	$10{,}178s$	$0{,}999R$	$325{,}69s^2$	$3{,}137R^2$	$3{,}144r^2$	5°37′30″	185°37′30″	64

Anmerkung: Beim Vierkant, Sechskant, Achtkant usw. versteht man nach Abb. 573 unter *Schlüsselweite* den doppelten Inkreishalbmesser; es ist SW = $2r$. Bezeichnung einer Schlüsselweite von $2r = 48$ mm: SW 48. Das *Eckenmaß* ergibt sich als der doppelte Umkreishalbmesser; es ist $e = 2R$. Siehe auch Berechnungstafel 15

Berechnungstafel 40. *Teilung des Kreisumfanges in n gleiche Teile*

$$\left[\text{Teilungsstrecke} = \text{Sehne} = \text{Vieleckseite} = \text{Durchmesser} \times \sin\frac{180°}{n} * \text{ oder } s = D\sin\frac{180°}{n}\right]$$

n	$\sin\frac{180°}{n}$	n	$\sin\frac{180°}{n}$	n	$\sin\frac{180°}{n}$	n	$\sin\frac{180°}{n}$	n	$\sin\frac{180°}{n}$
1	0,00000	21	0,14904	41	0,07655	61	0,05148	81	0,03878
2	1,00000	22	0,14231	42	0,07473	62	0,05065	82	0,03830
3	0,86603	23	0,13617	43	0,07300	63	0,04985	83	0,03784
4	0,70711	24	0,13053	44	0,07134	64	0,04907	84	0,03739
5	0,58779	25	0,12533	45	0,06976	65	0,04831	85	0,03695
6	0,50000	26	0,12054	46	0,06824	66	0,04758	86	0,03652
7	0,43388	27	0,11609	47	0,06679	67	0,04687	87	0,03610
8	0,38268	28	0,11196	48	0,06540	68	0,04618	88	0,03569

* Um den Abstand von Löchern auf Lochkreisen zu bestimmen, rechnet man nach der Formel $s = D\sin\frac{180°}{n}$. Darin bedeuten s den Lochabstand, D den Durchmesser des Lochkreises und n die Anzahl der gleichmäßig auf dem Umfang des Lochkreises verteilten Löcher. Der Abstand der Löcher voneinander entspricht also der Länge der Seite s eines einbeschriebenen regelmäßigen Vielecks (Abb. 573) mit ebenso vielen Ecken, wie Löcher vorgesehen sind. Beispiel: Der Umfang eines Kreises mit dem Durchmesser $D = 280$ mm soll in $n = 22$ Teile geteilt werden. Die (in den Zirkel zu nehmende) Teilungsstrecke beträgt $s = 280 \cdot 0{,}14231 = 39{,}84680$ mm.

Fortsetzung von Berechnungstafel 40

n	$\sin\dfrac{180°}{n}$	n	$\sin\dfrac{180°}{n}$	n	$\sin\dfrac{180°}{n}$	n	$\sin\dfrac{180°}{n}$	n	$\sin\dfrac{180°}{n}$
9	0,34202	29	0,10812	49	0,06407	69	0,04551	89	0,03529
10	0,30902	30	0,10453	50	0,06279	70	0,04486	90	0,03490
11	0,28173	31	0,10117	51	0,06156	71	0,04423	91	0,03452
12	0,25882	32	0,09802	52	0,06038	72	0,04362	92	0,03414
13	0,23932	33	0,09506	53	0,05924	73	0,04302	93	0,03377
14	0,22252	34	0,09227	54	0,05814	74	0,04244	94	0,03341
15	0,20791	35	0,08964	55	0,05709	75	0,04188	95	0,03306
16	0,19509	36	0,08716	56	0,05607	76	0,04132	96	0,03272
17	0,18375	37	0,08481	57	0,05509	77	0,04079	97	0,03238
18	0,17365	38	0,08258	58	0,05414	78	0,04027	98	0,03205
19	0,16459	39	0,08047	59	0,05322	79	0,03976	99	0,03173
20	0,15643	40	0,07846	60	0,05234	80	0,03926	100	0,03141

Berechnungstafel 41. *Messen von Fräsern mit ungeraden Zähnezahlen*

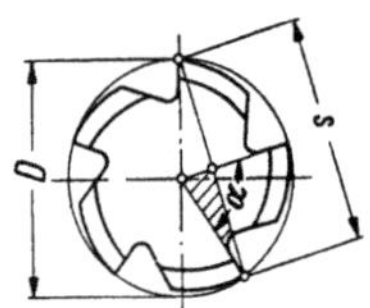

Abb. 574. Ungerade Zähnezahlen an Fräsern; vgl. auch Abb. 469

Bei dem Meßverfahren nach Abb. 574 wird die Sehne s über zwei geeignete Zahnspitzen gemessen. Der gesuchte Durchmesser berechnet sich zu

$$D = \frac{s}{\sin\alpha}. \text{ Mit } \alpha = \frac{180°\,n}{z} \text{ folgt } D = \frac{s}{\sin\left(\dfrac{180°\,n}{z}\right)}.$$

Zähnezahl z	5	7	9	11
Überbrückte Zähne n	2	3	4	5
Fräserdurchmesser D	1,050 s	1,025 s	1,015 s	1,010 s

Berechnungstafel 42. *Bogenmaß und Bogenlänge*

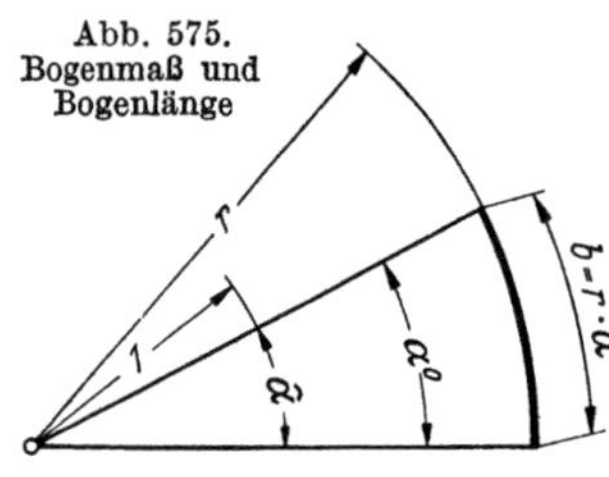

Abb. 575. Bogenmaß und Bogenlänge

1. Beispiel: Das Bogenmaß von $22°34'42''$ berechnet sich nach Zeile 11 wie folgt:

$$
\begin{aligned}
20° &= 2° \cdot 10 = 0,3491 \\
2° & = 0,0349 \\
30' &= 3' \cdot 10 = 0,0087 \\
4' & = 0,0012 \\
40'' &= 4'' \cdot 10 = 0,0002 \\
2'' & = 0,0000 \\
\hline
\text{Bogenmaß } \hat{\alpha} &= 0,3941
\end{aligned}
$$

2. Beispiel: Aus einem Kreise von 35 mm Halbmesser ist ein Zentriwinkel von $22°34'42''$ auszuschneiden. Der zugehörige Bogen berechnet sich nach Z. 11 wie folgt:

$$b = \hat{\alpha}\,r = 0,3941 \cdot 35 = 13,7935;$$

Bogenlänge $b = 13,7935$ mm

(Vgl. Anmerkung zu Z. 13 bis 16, B.T. 20)

Zeile	Berechnungsgröße	Einheit	Formel	
1	Kreisbogen zum Zentriwinkel $\alpha°$ (Bogenlänge)	mm	$b = \dfrac{d\,\pi}{360°}\,\alpha°$	Zum Zentriwinkel 360° gehört der Kreisumfang (voller Bogen) $d\,\pi$, zum Zentriwinkel 1° gehört der Bogen $b = \dfrac{d\,\pi}{360°} = \dfrac{r\,\pi}{180°}$.
2			$b = \dfrac{r\,\pi}{180°}\,\alpha°$	
3	Bogenmaß des Zentriwinkels $\alpha°$	mm	$\hat{\alpha} = \dfrac{\pi}{180°}\,\alpha°$	Der Kreis, dessen Halbmesser die Längeneinheit beträgt (Kreis mit Halbmesser 1), wird *Einheitskreis* genannt. Zum Zentriwinkel 360° gehört auf dem Einheitskreis der Bogen $2\,\pi$, zum Zentriwinkel $\alpha°$ demnach der Bogen $\hat{\alpha} = \dfrac{2\,\pi}{360°}\,\alpha°$.
4			$\hat{\alpha} = \dfrac{1}{57,3°}\,\alpha°$	
5			$\hat{\alpha} = 0,01745\,\alpha°$	

Fortsetzung von Berechnungstafel 42

Zeile	Berechnungsgröße	Einheit	Formel
6	Zusammenhänge zwischen dem Gradmaß $\alpha°$ und dem Bogenmaß $\hat{\alpha}$		Aus Zeilen 3 bis 5 ergeben sich folgende Werte:

Gradmaß $\alpha° =$	$0°$	$1°$	$30°$	$45°$	$60°$	$90°$	$135°$	$180°$	$270°$	$360°$
Bogenmaß $\hat{\alpha} =$	0	$\dfrac{\pi}{180}$	$\dfrac{\pi}{6}$	$\dfrac{\pi}{4}$	$\dfrac{\pi}{3}$	$\dfrac{\pi}{2}$	$\dfrac{3\pi}{4}$	π	$\dfrac{3\pi}{2}$	2π
Angenähert $=$	0	$0{,}017$	$0{,}524$	$0{,}785$	$1{,}05$	$1{,}57$	$2{,}36$	$3{,}14$	$4{,}71$	$6{,}28$

7 — Winkeleinheit mit dem Bogenmaß 1 — *Grad*

$$\alpha° = \frac{\hat{\alpha}\,180°}{\pi} = \frac{1 \cdot 180°}{\pi} = 57{,}3° \;(\text{genau } \alpha° = 57°17'44{,}81'' = 57{,}295780°)$$

Der Zentriwinkel, der im Einheitskreis zu der Bogenlänge $b = 1$ (Längeneinheit) gehört, wird mit „*natürliche Winkeleinheit mit dem Bogenmaß 1*" bezeichnet.

8 — Arcus $\alpha°$

$$\frac{\text{Bogen}}{\text{Halbmesser}} = \frac{b}{r} = \text{arc}\,\alpha° = \hat{\alpha} = \frac{\pi}{180°}\cdot\alpha°$$

Man nennt diesen Quotienten das *Bogenmaß des Winkels* und bezeichnet ihn mit Arcus $\alpha°$, abgekürzt arc $\alpha°$ oder auch $\hat{\alpha}$ (Arcus heißt Bogen). Das Bogenmaß ist als Quotient zweier Längen eine reine Zahl.

9 — Kreisbogen (auf dem Einheitskreis) zum Zentriwinkel von 1° gehörig

$$b = \frac{r\,\pi}{180°}\alpha° = \frac{1\,\pi}{180°}\,1° = \frac{\pi}{180} = 0{,}01745 \;(\text{vgl. auch Z. 11})$$

Das Bogenmaß b ist somit eine unbenannte Zahl; es ist die Länge des Bogens (arcus), der zwischen den Schenkeln des Winkels im Einheitskreis liegt.

10 — Kreisbogen (Bogenlänge) — *mm* — $b = \hat{\alpha}\,r$

Der Bogen, der in einem beliebigen Kreise zum Zentriwinkel $\alpha°$ gehört, wird aus dem entsprechenden Bogen im Einheitskreis durch Multiplikation mit dem Halbmesser r gefunden (Abb. 575).

11 — *Bogenmaß der Winkel* Länge der Kreisbogen für den Halbmesser $r = 1$ (vgl. 1. Beispiel zu Beginn der Tafel)

Grade α	Bogenmaß $\text{arc}\,\alpha = \hat{\alpha}$	Minuten α	Bogenmaß $\text{arc}\,\alpha = \hat{\alpha}$	Sekunden α	Bogenmaß $\text{arc}\,\alpha = \hat{\alpha}$
$1°$	$0{,}01745$	$1'$	$0{,}00029$	$1''$	$0{,}00000$
$2°$	$0{,}03491$	$2'$	$0{,}00058$	$2''$	$0{,}00001$
$3°$	$0{,}05236$	$3'$	$0{,}00087$	$3''$	$0{,}00001$
$4°$	$0{,}06981$	$4'$	$0{,}00116$	$4''$	$0{,}00002$
$5°$	$0{,}08727$	$5'$	$0{,}00145$	$5''$	$0{,}00002$
$6°$	$0{,}10472$	$6'$	$0{,}00175$	$6''$	$0{,}00003$
$7°$	$0{,}12217$	$7'$	$0{,}00204$	$7''$	$0{,}00003$
$8°$	$0{,}13963$	$8'$	$0{,}00233$	$8''$	$0{,}00004$
$9°$	$0{,}15708$	$9'$	$0{,}00262$	$9''$	$0{,}00004$

Berechnungstafel 43. *Berechnung der Verhältniszahl C zwischen Bogenlänge und Sehnenlänge*

$$C = \frac{b}{s} = \frac{\pi\,\alpha°}{360°\sin\dfrac{\alpha°}{2}}$$

C = Verhältniszahl, b = Bogenlänge, s = Sehnenlänge, α = Zentriwinkel (Vgl. dazu Beispiel 404)

Beispiel: Für $z = 6$ wird $\alpha° = \dfrac{360°}{z} = \dfrac{360°}{6} = 60°$; damit $\dfrac{\alpha°}{2} = 30°$ und $\sin\dfrac{\alpha°}{2} = \sin 30° = 0{,}5$;

Verhältniszahl $C = \dfrac{b}{s} = \dfrac{\pi\,60°}{360°\sin 30°} = \dfrac{\pi}{6\cdot 0{,}5} = \dfrac{\pi}{3} = 1{,}0472$ (vgl. nachfolgende Zahlentafel)

z	$\alpha° = \dfrac{360°}{z}$	C	z	$\alpha° = \dfrac{360°}{z}$	C	z	$\alpha° = \dfrac{360°}{z}$	C
6	$60°$	$1{,}0472$	24	$15°$	$1{,}00286$	50	$7°\,12'$	$1{,}00065$
7	$51°\,25'\,43''$	$1{,}0344$	25	$14°\,24'$	$1{,}00264$	55	$6°\,32'\,44''$	$1{,}00054$
8	$45°$	$1{,}0263$	26	$13°\,50'\,46''$	$1{,}00244$	60	$6°$	$1{,}00046$
9	$40°$	$1{,}0206$	28	$12°\,51'\,26''$	$1{,}00209$	65	$5°\,32'\,18''$	$1{,}00040$
10	$36°$	$1{,}0168$	30	$12°$	$1{,}00182$	70	$5°\,\,8'\,34''$	$1{,}00035$
11	$32°\,43'\,38''$	$1{,}0139$	32	$11°\,15'$	$1{,}00160$	75	$4°\,48'$	$1{,}00031$
12	$30°$	$1{,}0115$	34	$10°\,35'\,18''$	$1{,}00142$	80	$4°\,30'$	$1{,}00027$
13	$27°\,41'\,32''$	$1{,}0098$	35	$10°\,15'\,\,9''$	$1{,}00135$	85	$4°\,14'\,\,7''$	$1{,}00024$
14	$25°\,43'$	$1{,}0084$	36	$10°$	$1{,}00127$	90	$4°$	$1{,}00021$

Fortsetzung von Berechnungstafel 43

z	$\alpha° = \dfrac{360°}{z}$	C	z	$\alpha° = \dfrac{360°}{z}$	C	z	$\alpha° = \dfrac{360°}{z}$	C
15	24°	1,00735	38	9° 28′ 25″	1,00114	95	3° 47′ 22″	1,00019
16	22° 30′	1,00646	40	9°	1,00103	100	3° 36′	1,00017
17	21° 10′ 35″	1,00572	42	8° 34′ 17″	1,00094	105	3° 25′ 43″	1,00016
18	20°	1,00509	44	8° 10′ 55″	1,00085	110	3° 16′ 22″	1,00014
19	18° 56′ 50″	1,00457	45	8°	1,00081	115	3° 7′ 50″	1,00013
20	18°	1,00412	46	7° 49′ 34″	1,00078	120	3°	1,00012
22	16° 21′ 49″	1,00341	48	7° 30′	1,00071	127	2° 50′ 4″	1,00011

9.4 Umrechnungstafeln

Umrechnungstafel 1. *Maß- und Zahlenbeziehung zwischen Gangzahl auf 1″ und Zollsteigung*

3 Gang auf 1″ = $^{1}/_{3}$″ Steigung,
$3^{1}/_{4}$ Gang auf 1″ = $^{4}/_{13}$″ Steigung,
$4^{1}/_{2}$ Gang auf 1″ = $^{2}/_{9}$″ Steigung
usw.

z Gang auf 1 Zoll
$= \dfrac{1}{z}$ Zoll Steigung
(Vgl. dazu S. 145)

Umrechnungstafel 2. *Maß- und Zahlenbeziehung zwischen Gangzahl auf 1″ und Millimetersteigung*

2 Gang auf 1″ = $^{1}/_{2}$″ Steigung $= \dfrac{25{,}4}{2} = \dfrac{127}{10}$ mm Steigung,
$3^{1}/_{2}$ Gang auf 1″ = $^{2}/_{7}$″ Steigung $= \dfrac{25{,}4 \cdot 2}{7} = \dfrac{127 \cdot 2}{35}$ mm Steigung
usw.

z Gang auf 1 Zoll
$= \dfrac{25{,}4}{z}$ Millimeter Steigung
(Vgl. dazu S. 146)

Umrechnungstafel 3. *Maß- und Zahlenbeziehung zwischen (Achs-)Modul und Millimetersteigung*

(Achs-)Modul 1 mm = 1 · π mm = 3,14 mm Steigung,
(Achs-)Modul 3 mm = 3 · π mm = 9,42 mm Steigung,
(Achs-)Modul $5^{1}/_{2}$ mm = 5,5 · π mm = 17,27 mm Steigung
usw.
(Genaue Werte für Vielfache von π siehe Tafel 9.6, Nr. 1.)

(Achs-)Modul m
$= m\,\pi$ Millimeter Steigung
(Vgl. dazu S. 146)

Umrechnungstafel 4. *Maß- und Zahlenbeziehung zwischen Diametralpitch und Zollsteigung*

Diametralpitch 1 $= \dfrac{\pi''}{1} = \dfrac{3{,}14''}{1} = 3{,}14''$ Steigung,
Diametralpitch 3 $= \dfrac{\pi''}{3} = \dfrac{3{,}14''}{3} = 1{,}047''$ Steigung,
Diametralpitch $5^{1}/_{2} = \dfrac{\pi''}{5{,}5} = \dfrac{3{,}14''}{5{,}5} = 0{,}571''$ Steigung
usw.
(Genaue Werte für Vielfache von π siehe Tafel 9.6, Nr. 1)

Diametralpitch p
$= \dfrac{\pi}{p}$ Zoll Steigung
(Vgl. dazu S. 149)

Umrechnungstafel 5. *Maß- und Zahlenbeziehung zwischen Diametralpitch und Gangzahl auf π Zoll*

Diametralpitch 1 = 1 Gang auf π Zoll,
Diametralpitch 3 = 3 Gang auf π Zoll,
Diametralpitch $5^{1}/_{2} = 5^{1}/_{2}$ Gang auf π Zoll usw.
(Genaue Werte für Vielfache von π siehe Tafel 9.6, Nr. 1)

Diametralpitch p
$= p$ Gang auf π Zoll
(Vgl. dazu S. 149)

Umrechnungstafel 6. *Maß- und Zahlenbeziehung zwischen Millimetersteigung und Gangzahl auf 1″*

$$3\,\text{mm Steigung} = \frac{25,4}{3} = \frac{254}{30} = \frac{127}{15}\ \text{Gang auf } 1''$$

$$6\,\text{mm Steigung} = \frac{25,4}{6} = \frac{254}{60} = \frac{127}{30}\ \text{Gang auf } 1''$$

$$12\,\text{mm Steigung} = \frac{25,4}{12} = \frac{254}{120} = \frac{127}{60}\ \text{Gang auf } 1''$$

usw.

h Millimeter Steigung
$$= \frac{25,4}{h}\ \text{Gang auf 1 Zoll}$$

(Vgl. dazu S. 150)

9.5 Näherungswerttafeln

Näherungswerte für $\pi/1''$, π, $1''$ und π'' zur Berechnung von Wechselrädern

Zu Tafel 1: Vgl. Beispiele 176, 179. Zu Tafel 2: Vgl. Beispiele 183, 215, 236, 248. Zu Tafel 3: Vgl. Beispiele 146, 174, 209, 212. Zu Tafel 4: Vgl. Beispiel 189.

Näherungswerttafel 1

Für $\dfrac{\pi}{1''} = \dfrac{3,1415927}{25,4} = 0,1236848\ \left[\dfrac{1}{\text{mm}}\right]$

Nr.	Näherungswert	Fehler ⁰/₀₀
1	$\dfrac{\pi}{1''} \approx 0,1236842 = \dfrac{47}{4\cdot 95}$	$-0,005$
2	$\dfrac{\pi}{1''} \approx 0,1236858 = \dfrac{10\cdot 20}{33\cdot 49}$	$+0,008$
3	$\dfrac{\pi}{1''} \approx 0,1236772 = \dfrac{11\cdot 17}{24\cdot 63}$	$-0,061$
4	$\dfrac{\pi}{1''} \approx 0,1236979 = \dfrac{5\cdot 19}{24\cdot 32}$	$+0,106$
5	$\dfrac{\pi}{1''} \approx 0,1236686 = \dfrac{11\cdot 19}{26\cdot 65}$	$-0,131$
6	$\dfrac{\pi}{1''} \approx 0,1237013 = \dfrac{3\cdot 127}{44\cdot 70}$	$+0,133$
7	$\dfrac{\pi}{1''} \approx 0,1237113 = \dfrac{12}{97}$	$+0,214$
8	$\dfrac{\pi}{1''} \approx 0,1236559 = \dfrac{23}{6\cdot 31}$	$-0,234$
9	$\dfrac{\pi}{1''} \approx 0,1236364 = \dfrac{2\cdot 17}{11\cdot 25}$	$-0,392$
10	$\dfrac{\pi}{1''} \approx 0,1237345 = \dfrac{5\cdot 22}{7\cdot 127}$	$+0,402$
11	$\dfrac{\pi}{1''} \approx 0,1236264 = \dfrac{5\cdot 9}{14\cdot 26}$	$-0,472$
12	$\dfrac{\pi}{1''} \approx 0,1236221 = \dfrac{157}{10\cdot 127}$	$-0,507$
13	$\dfrac{\pi}{1''} \approx 0,1238095 = \dfrac{13}{7\cdot 15}$	$+1,008$

Näherungswerttafel 2

Für $\pi = 3,1415927$

Nr.	Näherungswert	Fehler ⁰/₀₀
1	$\pi \approx 3,1415929 = \dfrac{5\cdot 71}{113}$	$+0,00006$
2	$\pi = 3,1415525 = \dfrac{16\cdot 43}{3\cdot 73}$	$-0,013$
3	$\pi \approx 3,1416667 = \dfrac{13\cdot 29}{4\cdot 30}$	$+0,024$
4	$\pi \approx 3,1415094 = \dfrac{9\cdot 37}{2\cdot 53}$	$-0,027$
5	$\pi \approx 3,1417004 = \dfrac{8\cdot 97}{13\cdot 19}$	$+0,034$
6	$\pi \approx 3,1417112 = \dfrac{25\cdot 47}{17\cdot 22}$	$+0,038$
7	$\pi \approx 3,1417322 = \dfrac{19\cdot 21}{127}$	$+0,044$
8	$\pi \approx 3,1418181 = \dfrac{27\cdot 32}{11\cdot 25}$	$+0,072$
9	$\pi \approx 3,1412338 = \dfrac{43\cdot 45}{14\cdot 44}$	$-0,114$
10	$\pi \approx 3,1410256 = \dfrac{5\cdot 49}{6\cdot 13}$	$-0,181$
11	$\pi \approx 3,1425620 = \dfrac{39\cdot 39}{22\cdot 22}$	$+0,308$
12	$\pi \approx 3,1404959 = \dfrac{4\cdot 95}{11\cdot 11}$	$-0,349$
13	$\pi \approx 3,1428571 = \dfrac{22}{7}$	$+0,402$
14	$\pi \approx 3,1400000 = \dfrac{157}{50}$	$-0,507$

Näherungswerttafel 3
Für $1'' = 25{,}4000000$ mm (DIN 4890)

Nr.	Näherungswert [mm]	Fehler $^0/_{00}$
1	$1'' \approx 25{,}4000000 = \dfrac{127}{5}$	$0{,}000$
2	$1'' \approx 25{,}3995433 = \dfrac{89 \cdot 125}{6 \cdot 73}$	$-0{,}018$
3	$1'' \approx 25{,}4008439 = \dfrac{7 \cdot 20 \cdot 43}{3 \cdot 79}$	$+0{,}033$
4	$1'' \approx 25{,}4009747 = \dfrac{13 \cdot 49 \cdot 90}{37 \cdot 61}$	$+0{,}038$
5	$1'' \approx 25{,}4010695 = \dfrac{10 \cdot 19 \cdot 25}{11 \cdot 17}$	$+0{,}042$
6	$1'' \approx 25{,}4014599 = \dfrac{40 \cdot 87}{137}$	$+0{,}057$
7	$1'' \approx 25{,}3982301 = \dfrac{70 \cdot 41}{113}$	$-0{,}069$
8	$1'' \approx 25{,}3968254 = \dfrac{40 \cdot 40}{7 \cdot 9}$	$-0{,}125$
9	$1'' \approx 25{,}4032258 = \dfrac{90 \cdot 35}{4 \cdot 31}$	$+0{,}127$
10	$1'' \approx 25{,}3963636 = \dfrac{8 \cdot 27 \cdot 97}{11 \cdot 75}$	$-0{,}143$
11	$1'' \approx 25{,}3910204 = \dfrac{24 \cdot 36 \cdot 36}{35 \cdot 35}$	$-0{,}354$
12	$1'' \approx 25{,}4117647 = \dfrac{18 \cdot 24}{17}$	$+0{,}463$
13	$1'' \approx 25{,}3846154 = \dfrac{11 \cdot 30}{13}$	$-0{,}606$

Näherungswerttafel 4
Für $\pi'' = 79{,}7964546$ mm

Nr.	Näherungswert [mm]	Fehler $^0/_{00}$
1	$\pi'' \approx 79{,}7959184 = \dfrac{10 \cdot 17 \cdot 23}{7 \cdot 7}$	$-0{,}007$
2	$\pi'' \approx 79{,}7979798 = \dfrac{79 \cdot 100}{9 \cdot 11}$	$+0{,}019$
3	$\pi'' \approx 79{,}7991903 = \dfrac{8 \cdot 97 \cdot 127}{5 \cdot 13 \cdot 19}$	$+0{,}034$
4	$\pi'' \approx 79{,}7931034 = \dfrac{2 \cdot 13 \cdot 89}{29}$	$+0{,}042$
5	$\pi'' \approx 79{,}8000000 = \dfrac{19 \cdot 21}{5}$	$+0{,}044$
6	$\pi'' \approx 79{,}7922078 = \dfrac{48 \cdot 128}{7 \cdot 11}$	$-0{,}053$
7	$\pi'' \approx 79{,}8035714 = \dfrac{41 \cdot 109}{7 \cdot 8}$	$+0{,}089$
8	$\pi'' \approx 79{,}8039216 = \dfrac{10 \cdot 11 \cdot 37}{3 \cdot 17}$	$+0{,}093$
9	$\pi'' \approx 79{,}7872340 = \dfrac{30 \cdot 125}{47}$	$-0{,}116$
10	$\pi'' \approx 79{,}7802198 = \dfrac{22 \cdot 330}{7 \cdot 13}$	$-0{,}203$
11	$\pi'' \approx 79{,}7727273 = \dfrac{27 \cdot 65}{2 \cdot 11}$	$-0{,}297$
12	$\pi'' \approx 79{,}8285714 = \dfrac{22 \cdot 127}{5 \cdot 7}$	$+0{,}4\,02$

In den *Näherungswerttafeln für die Berechnung von Wechselrädern* enthält die Spalte „Näherungswert" jeweils den Dezimalbruch der Annäherung und anschließend diese Annäherung in einfachen Zahlen. Die Fehler der Näherungswerte sind hier auf den Wert 25,4 mm für 1 Zoll bezogen; der Einfachheit wegen ist keine Rücksicht auf die Temperatur (vgl. S. 141) genommen. Wert Nr. 1 in Tafel 1, für praktische Zwecke nahezu ohne Fehler, erfordert ein besonderes Wechselrad mit 47 oder 95 Zähnen; ein solches Rad ist gerechtfertigt, wenn Modulgewinde oft benötigt werden. Gleiches gilt für den Wert Nr. 1 in Tafel 2; er erfordert die beiden Sonderräder mit 71 und 113 Zähnen. Ermittlung dieser Werte vgl. Beispiel 227, S. 158. Die Spalte „Fehler" gibt die $\pm$-Abweichung des betreffenden Näherungswertes von seinem genauen Zahlenwert an, wenn dieser auf 1000 seines Wertes umgerechnet wird. Das Vorzeichen besagt nicht, daß das Fehlerergebnis F einer Fehlerberechnung das gleiche Vorzeichen erhält.

9.6 Tafeln für Vielfache von π und Teile von 25,4

Tafel 1. *Vielfache von $\pi \approx 3{,}1415927$*[*]

$0{,}3 \cdot \pi = 0{,}9424778$	$2 \quad \cdot \pi = 6{,}2831854$	$5{,}5 \cdot \pi = 17{,}2787599$	$8 \cdot \pi = 25{,}1327416$
$0{,}4 \cdot \pi = 1{,}2566371$	$2{,}25 \cdot \pi = 7{,}0685836$	$6 \quad \cdot \pi = 18{,}8495562$	$9 \cdot \pi = 28{,}2743343$
$0{,}5 \cdot \pi = 1{,}5707964$	$2{,}5 \cdot \pi = 7{,}8539818$	$6{,}5 \cdot \pi = 20{,}4203526$	$10 \cdot \pi = 31{,}4159270$
$0{,}6 \cdot \pi = 1{,}8849556$	$2{,}75 \cdot \pi = 8{,}6393799$	$7 \quad \cdot \pi = 21{,}9911489$	$11 \cdot \pi = 34{,}5575197$
$0{,}7 \cdot \pi = 2{,}1991149$	$3 \quad \cdot \pi = 9{,}4247781$		
$0{,}8 \cdot \pi = 2{,}5132742$	$3{,}25 \cdot \pi = 10{,}2101763$		
$0{,}9 \cdot \pi = 2{,}8274334$	$3{,}5 \cdot \pi = 10{,}9955745$	Nicht angeführte Vielfache von π, z.B. $6{,}75\,\pi$,	
$1 \quad \cdot \pi = 3{,}1415927$	$3{,}75 \cdot \pi = 11{,}7809726$	können folgend ermittelt werden:	
$1{,}25 \cdot \pi = 3{,}9269909$	$4 \quad \cdot \pi = 12{,}5663708$		
$1{,}5 \cdot \pi = 4{,}7123891$	$4{,}5 \cdot \pi = 14{,}1371672$	$5{,}5 \quad \pi = 17{,}2787599$	
$1{,}75 \cdot \pi = 5{,}4977872$	$5 \quad \cdot \pi = 15{,}7079635$	$1{,}25\,\pi = 3{,}9269909$	
		$6{,}75\,\pi = 21{,}2057508$	

[*] Unendliche, irrationale Dezimalbrüche bricht man an einer Stelle hinter dem Komma ab, wo der Fehler, der dadurch entsteht, vernachlässigt werden kann. Endziffern, die 5 oder mehr betragen, werden dabei aufgerundet, z.B. $\pi = 3{,}141592653 \ldots \approx 3{,}1415927$ (auf 7 Stellen genau). Gegenüber dem Wert $\pi = 3{,}1415927$ beträgt bei Verwendung des Wertes $\pi = 3{,}14$ der Fehler $\dfrac{3{,}1415927 - 3{,}14}{3{,}1415927} = \dfrac{0{,}0015927}{3{,}1415927} = $ rd. $0{,}0006 = \dfrac{0{,}6}{1000} = 0{,}6^0/_{00}$. Die Zahl 3,14 ist also um $0{,}6^0/_{00}$ oder 0,06% zu klein.

Tafel 2. *Teile von 25,4, berechnet auf 7 Dezimalstellen*

25,4 : 1 = 25,4000000	25,4 : 14 = 1,8142857	25,4 : 27 = 0,9407407	25,4 : 39 = 0,6512820
25,4 : 2 = 12,7000000	25,4 : 15 = 1,6933333	25,4 : 28 = 0,9071428	25,4 : 40 = 0,6350000
25,4 : 3 = 8,4666666	25,4 : 16 = 1,5875000	25,4 : 29 = 0,8758620	25,4 : 41 = 0,6195121
25,4 : 4 = 6,3500000	25,4 : 17 = 1,4941176	25,4 : 30 = 0,8466666	25,4 : 42 = 0,6047619
25,4 : 5 = 5,0800000	25,4 : 18 = 1,4111111	25,4 : 31 = 0,8193548	25,4 : 43 = 0,5906976
25,4 : 6 = 4,2333333	25,4 : 19 = 1,3368421	25,4 : 32 = 0,7937500	25,4 : 44 = 0,5772727
25,4 : 7 = 3,6285714	25,4 : 20 = 1,2700000	25,4 : 33 = 0,7696969	25,4 : 45 = 0,5644444
25,4 : 8 = 3,1750000	25,4 : 21 = 1,2095238	25,4 : 34 = 0,7470588	25,4 : 46 = 0,5521739
25,4 : 9 = 2,8222222	25,4 : 22 = 1,1545454	25,4 : 35 = 0,7257142	25,4 : 47 = 0,5404255
25,4 : 10 = 2,5400000	25,4 : 23 = 1,1043478	25,4 : 36 = 0,7055555	25,4 : 48 = 0,5291666
25,4 : 11 = 2,3090909	25,4 : 24 = 1,0583333	25,4 : 37 = 0,6864864	25,4 : 49 = 0,5183673
25,4 : 12 = 2,1166666	25,4 : 25 = 1,0160000	25,4 : 38 = 0,6684210	25,4 : 50 = 0,5080000
25,4 : 13 = 1,9538461	25,4 : 26 = 0,9769230		

9.7 Maschinentafeln

Maschinentafel 1. *Wechselrädersätze für Leitspindeldrehmaschinen.* (Vgl. dazu S. 141)

Satz Nr.	Zähnezahlen der Wechselräder	
1	25, 30, 35, 40, 45, 50, 55, 60, 65, 70, 80, 90, 97, 100, 110, 127	*Satz Nr. 5 Fünfer-Satz.* Von dem Rad mit kleinster Zähnezahl (25) bis zur größten Zähnezahl (125) steigt diese um fünf je Rad.
2	25, 30, 35, 40, 45, 50, 60, 65, 70, 75, 80, 85, 95, 100, 110, 112, 127	
3 Normwechselrädersatz	20, 22, 24, 25, 26, 30, 32, 34, 35, 36, 40, 42, 44, 45, 48, 50, 51, 54, 55, 57, 60, 65, 68, 70, 72, 75, 76, 80, 84, 85, 89, 90, 95, 96, 97, 100, 105, 110, 112, 114, 115, 120, 125, 127, 140 (nach DIN 781)	Weitere Wechselrädersätze für Leitspindeldrehmaschinen siehe Beispiele 204, 232, 236, 237 und 249.
4	Alle Wechselräder mit Zähnezahlen von 18 bis 80 je einmal vorhanden (immer um 1 Zahn steigend)	

Weitere Wechselrädersätze: Beispiel 228, Teilwechselräder einer Niles-Zahnflankenschleifmaschine; Beispiel 270, Wechselräder zum Kegeldrehen auf einer Karusselldrehmaschine; Maschinentafel 3, Wechselräder für eine Gewindeschleifmaschine; Maschinentafel 4, Wechselräder für eine Hinterdrehmaschine; Maschinentafeln 5 bis 7, Wechselräder für Universalteilköpfe.

Maschinentafel 2. *Ausschnitt aus einer Gewindeschneidtabelle.* (Vgl. dazu S. 161)

Whitworthgewinde	Spindelstock	Schere hinten	Schere vorn	Leitspindel	Hebelstellung	Nortonschwinge in Stellung — Anzahl der Gänge auf 1″ engl.								
						1	2	3	4	5	6	7	8	9
	40	—	—	40	A	2	$2^1/_4$	$2^1/_2$	$2^3/_4$	$2^7/_8$	3	$3^1/_4$	$3^3/_8$	$3^1/_2$
					B	4	$4^1/_2$	5	$5^1/_2$	$5^3/_4$	6	$6^1/_2$	$6^3/_4$	7
					C	8	9	10	11	$11^1/_2$	12	13	$13^1/_2$	14
					D	16	18	20	22	23	24	26	27	28
	40	—	—	80	D	32	36	40	44	46	48	52	54	56

Leitspindel: 4 Gang auf 1 Zoll. Wechselräder: 40, 40, 45, 50, 55, 60, 65, 70, 75, 80, 127

Maschinentafel 3. *Wechselrädersätze für die Gewindeschleifmaschine*
(Herbert Lindner, G. m. b. H., Berlin). Vgl. dazu S. 176
Formeln für die Wechselräderberechnung siehe B. T. 12

Satz Nr.			Zähnezahlen
1	*Gewindewechselräder* Wechselräder für die Einstellung von metrischer und Zollsteigung	u_w	27, 30, 36, 36, 42, 48, 52, 57, 60, 60, 63, 66, 72, 75, 90, 96, 108, 120, 127
2	*Gewindewechselräder* Wechselräder für die Einstellung von Modulsteigung	u_w	27, 30, 32, 33, 36, 39, 42, 47, 48, 54, 60, 66, 72, 76, 80, 94, 95, 96, 120
3	*Korrekturwechselräder* Wechselräder für Steigungskorrektur „k" auf 25 mm Länge	u_{wk}	37, 39, 40, 41, 41, 42, 46, 48, 49, 50, 50, 51, 52, 53, 54, 55, 56, 56, 57, 61, 63, 64, 65, 65, 66, 67, 110, 111, 112, 112, 112, 113
4	*Nutenwechselräder* Wechselräder für die Einstellung der Spannutenzahl ·	u_{w1}	30, 36, 40, 48, 50, 54, 60, 72, 80, 80
5	*Drallwechselräder* Wechselräder für die Einstellung der schraubenförmigen Spannut	u_{w2}	24, 25, 26, 28, 30, 32, 34, 36. 38, 40, 42, 44, 45, 46, 48, 50, 52, 54, 56, 60, 65, 68, 70, 72, 75, 76, 80, 80

Maschinentafel 4. *Wechselrädersätze für die Hinterdrehmaschine*
(J. E. Reinecker, Maschinenbau G. m. b. H., Einsingen/Ulm). Vgl. dazu S. 205
Formeln für die Wechselräderberechnung siehe B. T. 14

Satz Nr.	Bezeichnung der Wechselräder	Zähnezahlen der Wechselräder	Zahl der Räder	Abmessungen der Wechselräder
1	Nutenwechselräder Wechselräder zur Hervorbringung der der Nutenzahl entsprechenden Umdrehungen der Hubscheibe	30, 35, 36, 40, 40, 42, 45, 50, 52, 54, 55, 55, 56, 60, 63, 65, 72, 72	18	Modul m = 2 mm Bohrung = 28 mm Zahnbreite = 24 mm
2	Gewindewechselräder Wechselräder zur Hervorbringung der Längsbewegung des Werkzeugschlittens	18, 20, 22, 24, 25, 30, 36, 40, 42, 45, 50, 60, 65, 66, 70, 75, 75, 80, 85, 90, 95, 96, 98, 99, 100, 105, 114, 120, 125, 127, 128, 132, 135, 144	34	Modul m = 2 mm Bohrung = 28 mm Zahnbreite = 23 mm Leitspindel hat $^1/_2''$ Steigung
3	Drallwechselräder Wechselräder zur Hervorbringung der schraubenförmigen Spannut	18, 21, 24, 28, 30, 35, 36, 40, 45, 48, 50, 54, 60, 63, 64, 65, 66, 70, 75, 80, 84, 90, 96, 100, 108, 112, 120, 126	28	Modul m = 1,5 mm Bohrung = 18 mm Zahnbreite = 15 mm

Maschinentafel 5. *Rechnerische Angaben für den Wotan-Universalteilkopf*
(Wotan-Werke G.m.b.H., Düsseldorf-Holthausen) Abb. 316 und 317

A

13 Stück Wechselräder	25-30-35-40-50-55-60-70-75-80-85-90-100			Zähnezahlen
1 Teilscheibe	1. Seite: 16-18-20-23-31-37-41-47 2. Seite: 17-19-21-29-33-39-43-49			Lochkreiszahlen
Schnecke: einzähnig	**Schneckenrad: 60 Zähne**			$i = 60 : 1$
Anzahl der Wechselräder	Drehrichtung der Kurbel	Drehrichtung der Teilscheibe	Anzahl der Zwischenräder	Ausgleichteilen
2	rechts	rechts	2	
2	rechts	links	1	
4	rechts	rechts	1	
4	rechts	links	0	

Teilscheibe für unmittelbares Teilen mit drei Lochkreisen mit 10, 12 und 16 Löchern. Schnecke und Schneckenrad lassen sich beim unmittelbaren Teilen außer Eingriff bringen; die Teilspindel vermag sich dadurch frei zu drehen.

Maschinentafel 6. *Rechnerische Angaben für den Schuchardt & Schütte-Universalteilkopf*
(Schuchardt & Schütte, Berlin) Abb. 319 u. Abb. 331

B

16 Stück Wechselräder	20-24-25-28-32-36-40-44-48-56-64-72-80 86-96-100; 1 Zwischenrad mit 24 Zähnen			Zähnezahlen
3 Stück Teilscheiben	Scheibe I: 15-16-17-18-19-20 Scheibe II: 21-23-27-29-31-33 Scheibe III: 37-39-41-43-47-49			Lochkreiszahlen
Schnecke: einzähnig		**Schneckenrad: 40 Zähne**		
Teilkopfübersetzung	Mittelbares Teilen $i = 40 : 1$ Ausgleichteilen $i = 80 : 1$ Rundschalten $i = 80 : 1$		Vgl. Abb. 319	
Anzahl der Wechselräder	Drehrichtung der Kurbel	Drehrichtung der Teilscheibe	Anzahl der Zwischenräder	Ausgleichteilen
2	rechts	rechts	1	
2	rechts	links	2	
4	rechts	rechts	0	
4	rechts	links	1	

Teilscheibe für unmittelbares Teilen mit 12 Teilnuten. Schnecke und Schneckenrad lassen sich beim unmittelbaren Teilen außer Eingriff bringen; die Teilspindel vermag sich dadurch frei zu drehen.

Maschinentafel 7. *Rechnerische Angaben für den Loewe-Universalteilkopf*
(Ludw. Loewe & Co., A.G., Berlin) Abb. 318, 341, 345, 350

C

26 Stück Wechselräder	24-28-30-32-36-37-40-48-48-48-49-56-60 64-66-68-72-72-76-78-80-84-86-90-96-100	Zähnezahlen
3 Stück Teilscheiben	Scheibe I: 15-16-17-18-19-20 Scheibe II: 21-23-27-29-31-33 Scheibe III: 37-39-41-43-47-49	Lochkreiszahlen
Schnecke: einzähnig	**Schneckenrad: 40 Zähne**	$i = 40 : 1$

Die Bauart der Ausgleichteilvorrichtung verlangt, daß die gewählte Hilfsteilzahl in allen Fällen etwas kleiner als die gesuchte Teilzahl angenommen wird, daß stets vier Wechselräder verwendet werden und daß das letzte getriebene Wechselrad (Rad *d* Abb. 318) mit 48 Zähnen in Rechnung gesetzt wird. **Der Drehsinn der Teilscheibe ist dem Drehsinn der Zeigerkurbel entgegengesetzt.** — Ausgleichteilen

Schrifttum

Dieses Verzeichnis erhebt keinen Anspruch auf Vollständigkeit. Es soll dem Leser jedoch dazu helfen, das eine oder andere ihn besonders interessierende Teilgebiet an Hand einer Veröffentlichung aus neuerer Zeit genauer zu studieren.

Bücher

[1] MAYER, E.: Wechselräderberechnung für Drehbänke, 6. Aufl., Werkstattbücher, H. 4, Berlin/Göttingen/Heidelberg: Springer 1950.

[2] KLEIN, H. H.: Das Fräsen, 3. Aufl., Werkstattbücher, H. 88, Berlin/Göttingen/Heidelberg: Springer 1955.

[3] LANGHEINRICH, G., u. R. FÄSSLER: Die Vorkalkulation für Arbeiten auf Außen-Rundschleifmaschinen zwischen den Spitzen, München: Hanser 1958.

[4] KRUG, H.: Flüssigkeitsgetriebe bei Werkzeugmaschinen, 2. Aufl., Berlin/Göttingen/Heidelberg: Springer 1959.

[5] SCHALLBROCH, H.: Das Waagerecht-Bohr- und Fräswerk und seine Anwendung, Berlin/Göttingen/Heidelberg: Springer 1959.

[6] Klingelnberg Technisches Hilfsbuch, 14. Aufl., hrsg. von F. POHL und R. REINDL, Berlin/Göttingen/Heidelberg: Springer 1960.

[7] BÜLTMANN, W.: Die Arbeitszeitermittlung der Verzahnungsarbeiten in der Einzel- und Reihenfertigung von Stirnrädern, Kegelrädern, Schneckenrädern und Schnecken, Berlin/Göttingen/Heidelberg: Springer 1960.

Aufsätze

[8] v. SCHMUDE, H.: Wechselräderberechnung mit Hilfe des Kettenbruches. Maschinenbau. Der Betrieb 11 (1932) S. 184—187.

[9] VOGEL, W.: Gesetze und Berechnung von Gewindedrehstählen für steilgängige Schrauben und Schnecken. Werkstattstechnik 27 (1933) S. 134, 275 und 29 (1935) S. 121, 135, 299.

[10] STAU, C. H.: Die Hinterdrehbank. Energie u. Technik 1 (1950) S. 8—11.

[11] LEINWEBER, P.: Schnelles Berechnen ungewöhnlicher Wechselradübersetzungen. Werkst. u. Betr. 85 (1952) S. 91—95.

[12] MAGNUS, H.: Hubscheiben mit archimedischer Spirale zum Hinterdrehen von Profilfräsern. Werkst. u. Betr. 86 (1953) S. 710/11.

[13] RIEGEL, F.: Schleifen von Kegelflächen (Größtmaßbestimmung des Schleifscheibendurchmessers zum Schleifen hinterschnittener Kegelflächen). Der Maschinenmarkt 59 (1953) Nr. 85 S. 4/5.

[14] STENDER, W.: Schälen von Gewindespindeln. Werkstattstechnik u. Maschinenbau 44 (1954) S. 531 bis 538.

[15] LICH, O.: Die Progressiv-Schaltung auf der Drehbank. Werkst. u. Betr. 87 (1954) S. 168.

[16] WEILENMANN, R.: Beitrag zur Berechnung des Leistungsbedarfs beim Fräsen. Werkst. u. Betr. 90 (1957) S. 296—298.

[17] GOEBEL, H.: Sonder-, Dreh-, Fräs- und Bohrmaschinen — einzeln und kombiniert. Industrie-Anzeiger 1957, Nr. 46 S. 655—666.

[18] Ausschuß Feinbearbeitung der VDI-Fachgruppe Betriebstechnik (ADB): Gliederung und Begriffsbestimmungen der Fertigungsverfahren, insbesondere für die Feinbearbeitung. Werkstattstechnik u. Maschinenbau 47 (1957) S. 570—576.

[19] HÖHN, A.: Leistungsberechnung beim Fräsen. Das Industrieblatt 1958, S. 383—386.

[20] HAKE, O.: Moderne Trennverfahren. Industrie-Anzeiger 1958, Nr. 11.

[21] LINSINGER, E.: Erfahrungen und Fortschritte beim Gewindeschälen. Werkst. u. Betr. 91 (1958) S. 545—550.

[22] KLEMM, W.: Das Schrägeinstechschleifen. Fertigungstechnik u. Betrieb 9 (1959) S. 279—286.

[23] Der Leistungsbedarf bei der spanenden Formung. Walter-Mitt. 1959, H. 22.

[24] KRETSCHMER, A., u. H. SÜSSER: Eine neue Längenmeßmaschine für Keilriemen. DIN-Mitt. 38 (1959) H. 12 S. 564/65.

[25] RANDHAHN, H.: Weitere Fortschritte auf dem Gebiet der Oxydkarbid-Schneidkeramik und deren Anwendung. Industrie-Anzeiger 1960, Nr. 1.

[26] SCHLÜTTER, G.: Standardisierung der Zähnezahlen von Messerköpfen. Fertigungstechnik u. Betrieb 10 (1960) S. 217/18.

[27] MEIER, B.: Bearbeiten von Innenkegeln. Werkst. u. Betr. 94 (1961) S. 90.

[28] KORHAMMER, A.: Wechselräder-Berechnung für beliebige Genauigkeit. Die Maschine 15 (1961) S. 37—39.

Sachverzeichnis

(Vgl. auch Inhaltsverzeichnis S. V)

---

* Ein Strich (—) drückt aus, daß hier das erste Wort (bzw. bei Zusammensetzungen der erste Wortteil) des darüberstehenden Begriffes einzusetzen ist, bei zwei Strichen die ersten beiden Wörter (bzw. Wortteile) usw.

If you have any concerns about our products,
you can contact us on
ProductSafety@springernature.com

In case Publisher is established outside the EU,
the EU authorized representative is:
**Springer Nature Customer Service Center GmbH
Europaplatz 3, 69115 Heidelberg, Germany**

Printed by Libri Plureos GmbH
in Hamburg, Germany